土木工程施工组织设计精选系列　6

基　础　设　施

中国建筑工程总公司　编著

中国建筑工业出版社

图书在版编目（CIP）数据

土木工程施工组织设计精选系列. 6，基础设施/中国建筑工程总公司编著. —北京：中国建筑工业出版社，2006

ISBN 978-7-112-08638-2

Ⅰ. 土... Ⅱ. 中... Ⅲ. ①土木工程-施工组织-案例-中国②基础设施-市政工程-工程施工-施工组织-案例-中国 Ⅳ. TU721

中国版本图书馆 CIP 数据核字（2006）第 126822 号

多年来的施工实践表明，施工组织设计是指导施工全局、统筹施工全过程，在施工管理工作中起核心作用的重要技术经济文件。本书精选了 21 篇水厂、路桥施工组织设计实例，皆为优中择优之作，基本上都是获奖工程。例如，大庆市萨环东路立交桥获 2006 年度中国建筑工程鲁班奖。希望这些高水平建筑公司的一流施工组织设计佳作能够得到读者的喜爱。

本书适合从事土木工程的建筑单位、施工人员、技术人员和管理人员，建设监理和建设单位管理人员使用，也可供大中专院校师生参考、借鉴。

* * *

责任编辑：郭 栋

责任设计：郑秋菊

责任校对：张树梅 王金珠

土木工程施工组织设计精选系列 6

基础设施

中国建筑工程总公司 编著

*

中国建筑工业出版社出版、发行（北京西郊百万庄）

新 华 书 店 经 销

霸州市顺浩图文科技发展有限公司制版

北京蓝海印刷有限公司印刷

*

开本：787×1092 毫米 1/16 印张：69½ 字数：1726 千字

2007 年 3 月第一版 2007 年 3 月第一次印刷

印数：1—3000 册 定价：**119.00** 元

ISBN 978-7-112-08638-2

（15302）

本社网址：http://www.cabp.com.cn

网上书店：http://www.china-building.com.cn

编辑委员会

前　言

施工组织设计是指导项目投标、施工准备和组织施工的全面性技术、经济文件，在工程项目中依据施工组织设计统筹全局，协调施工过程中各层面工作，可保证顺利完成合同规定的施工任务，实现项目的管理精细化、运作标准化、方案先进化、效益最大化。编制和实施施工组织设计已成为我国建筑施工企业一项重要的技术管理制度，也是企业优势技术和现代化管理水平的重要标志。

中建总公司作为中国最具国际竞争力的建筑承包商和世界500强企业，一向以建造“高、大、新、特、重”工程而著称于世：中央电视台新台址工程、“神舟”号飞船发射平台、上海环球金融中心大厦、阿尔及利亚喜来登酒店、香港新机场、俄罗斯联邦大厦、美国曼哈顿哈莱姆公园工程等一系列富于时代特征的建筑，均打上了“中国建筑”的烙印。以这些项目为载体，通过多年的工程实践，积累了大量的先进技术成果和丰富的管理经验，加以提炼和总结，形成了多项优秀施工组织设计案例。这是中建人引以为自豪的宝贵财富，更是中建总公司在国内外许多重大项目投标中屡屡获胜的“法宝”。

此次我们将中建集团2000年后承揽的部分优势特色工程项目的施工组织设计案例约230余项收录整理，汇编为交通体育工程、办公楼酒店、文教卫生工程、住宅工程、工业建筑、基础设施、安装加固及装修工程、海外工程8个部分共9个分册，包括了各种不同结构类型、不同功能建筑工程的施工组织设计。每项施工组织在涵盖了从工程概况、施工部署、进度计划、技术方案、季节施工、成品保护等施工组织设计中应有的各个环节基础上，从特色方案、特殊地域、特殊结构施工以及总包管理、联合体施工管理等多个层面凸现特色，同时还将工程的重点难点、成本核算和控制进行了重点描述。为了方便阅读，我们在每项施工组织设计前面增加了简短的阅读指南，说明了该项工程的优势以及施工组织设计的特色，读者可通过其更为方便的找到符合自己需求的各项案例。该丛书为优势技术和先进管理方法的集成，是“投标施工组织设计的编写模板、项目运作实施的查询字典、各类施工方案的应用数据库、项目节约成本的有力手段”。

作为国有骨干建筑企业，我们一直把引领建筑行业整体发展为己任，特将此书呈现给中国建筑同仁，希望通过该书的出版提升建筑行业的工程施工整体水平，为支撑中国建筑业发展做出贡献。

目　录

第一篇

宝鸡水厂改扩建工程土建、安装施工组织设计

编制单位：中建一局
编 制 人：沈培　高振国　闫增龙　马海东　谢荣震
审 核 人：刘小明

宝鸡水厂的运行模式为EPC合同下的BUT项目，即施工总承包模式，由法国OTV公司牵头联合体总承包，中建一局负责土建及安装施工，该工程水工构筑物多，防水性能要求高，预埋件、预留洞多，且采取比国内标准较高的国际标准施工，水池的迎水面要求达到清水混凝土，施工难度很大，其设备安装种类多，安全与环保要求高，对联合体的总承包组织管理要求高，本施工组织设计对上述难点的解决很有特色。

目 录

1 工程概况

1.1 项目简介

宝鸡水厂改扩建工程是由法国威立雅水务、北京首创水务与宝鸡市自来水公司以合作形式成立的宝鸡创威水务有限责任公司作为业主，投资1.5亿多元人民币进行建设的项目，是陕西省宝鸡市2004年重大工程建设项目之一。项目采用BOT项目运作方式、以EPC（设计、采购、施工）合同形式组成的联合体承包，联合体共五方：法国OTV公司作为联合体牵头方并承担国外设备采购，中国建筑一局（集团）有限公司承担土建、安装工程，中国化学工程第七建设公司承担电气自动化工程，中国市政工程西南设计研究院承担设计任务，中国通用机械工程总公司承担国内设备采购。北京磐石建设监理有限公司承担工程监理任务。

宝鸡水厂项目分为九公里水厂（图1-1）和冯家山水厂（图1-2）两个水厂的改扩建工程，改扩建的核心技术由法国威立雅水务系统提供。工程的主要内容有土建工程、机电安装工程、电气工程等，包括清水池、砂滤池、沉淀池、细格栅站、活性碳间、检漏沟、流量计井等新建、改建的构筑物和隔栅机、刮泥机、搅拌器、鼓风机系统、反冲洗系统、大袋系统等机械设备，以及厂区道路、绿化、围墙等工程。九公里水厂改建后的设计生产能力为每天5万立方米，冯家山水厂新建部分设计生产能力每天4万立方米。水厂建成后可日新增供水能力6.5万立方米，宝鸡市的城市自来水日供水能力达到23.2万立方米。

图1-1 九公里水厂全景

图1-2 冯家山水厂沉淀池、砂滤池

宝鸡水厂改扩建工程的建设和实施，进一步提高了宝鸡城市供水能力，改善了城市基础设施条件，对宝鸡市区域经济发展、保障和提高人民生活水平起到了极大的促进作用。

1.2 工程施工的重点与难点

（1）结构工程是工程施工的重点，也是难点。

本工程的构筑物主要是水工构筑物，系钢筋混凝土结构，对防水性能要求很高；构筑物内部有很多预埋止水钢套管、塑料套管、预埋铁件、大量的预留洞口、溢流堰、滤梁等，标高和平整度要求精度很高，结构复杂；池壁迎水面为清水混凝土，表面观感要求高。

预埋钢套管和预留洞口处的加强钢筋极密，钢筋锚固长度比民用建筑要求的要长，钢筋安装和支设模板的施工难度大；混凝土的坍落度要求在180～200mm，根据天气变化调整混凝土的初凝时间，一般为6h；否则，容易出现施工冷缝，浇筑混凝土的施工难度大；混凝土的振捣时间要控制好。

(2) 安装工程是工程施工的难点。

因为土建材料和施工工艺条件的约束，设备基础、溢流堰口、滤梁等部位的标高和平整度不可能达到安装设备的精度，这就要求在土建工程满足土建的验收标准后，继续修整，使其达到安装设备的条件。

国外设备例如闸板阀、刮泥机、慢速搅拌器、鼓风机等平整度的精度要求达到0.2/1000，且必须整体安装，难度极大。

进口流量计要求先对位，法兰点焊后，取出流量计，然后正式焊接法兰。

加氯机安装时管道的连接采用胶粘法，胶为进口的德国汉高胶。

(3) 与联合体的协作是工程施工的重点，也是难点。

本项目是由五家单位组成的联合体承包，单位之间、专业之间的良好配合确保了本项目的顺利实施。

(4) 安全与环保是施工的重点。

本项目采用法国安全和环保标准，高于我国现行的相关标准，给施工提出了更高要求。

2　联合体管理

2.1　联合体成员分工

(1) 法国OTV公司为联合体的牵头方，领导联合体各成员的工作，协调联合体与业主、监理的关系，组织并协调设计、施工、采购工作。特别是在交叉作业时，组织并协调各方的相互配合，相互创造条件，保证工程顺利完成。

(2) 中建一局（集团）有限公司主要负责土建、安装工程的施工，包括九公里水厂、冯家山水厂改扩建工程所有建、构筑物，厂区道路、绿化，工艺管线、设备安装等。

(3) 中国通用机械工程总公司主要负责采购国内机械设备，并将其运至施工现场。

(4) 中国化学工程第七建设公司主要负责所有室内桥架制作及安装，低压电缆头制作，配电柜到各设备的供电、控、信号电缆，流量计信号、电源等引线供货、安装，分析仪表支架制作及安装等。

(5) 中国市政工程西南设计研究院主要负责施工图纸的初步设计，细节设计，包括土建施工图、工艺施工图及电气部分施工图。

2.2　项目部组织机构和职责

(1) 宝鸡水厂项目部组织机构图如图2-1所示。

(2) 相关职责如下：

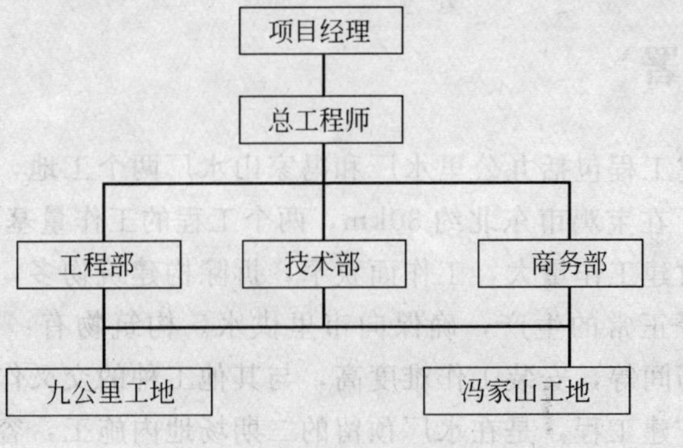

图 2-1 宝鸡水厂项目部组织机构图

1）项目经理

项目经理是公司在项目上的全权委托代理人，代表公司处理执行合同中的一切事宜，对执行合同负主要责任。负责计划的制定和执行，是组织施工的指挥员，是项目协调工作的纽带、项目控制的中心。项目经理领导并负责整个项目的经营管理，指导和协调项目部工作，协调与联合体、外部的关系，保证工程的正常顺利的进行。

2）总工程师

总工程师是施工现场工程技术、质量管理工作的组织和指挥者，主管项目技术部和工程部门的工作，组织编制项目施工组织设计、施工技术方案、专业施工技术方案和工序设计，选择或编制工法、工艺标准，负责授权范围内各类施工技术方案的审核与审批，组织设计协调和工程洽商工作，组织编制项目总进度控制计划、年度和阶段计划；审核月、周计划，领导材料计划编制工作，负责工程材料、设备的选型、报批工作及材质的控制，负责组织做好各项施工技术总结工作。

3）商务部

了解工程造价信息，参与合同的制定与评审，为合同评审提供依据，并对合同进行实施性评审，负责编制施工预算及决算工作，负责与分包的结算，核算成本，工程款的申请，分包、分供合同管理，报表和资金月报，负责工程变更洽商，及时办理现场签证手续，做好增、补预算及经济索赔工作，负责工程合同和分包合同的管理及具体实施工作，对工程变更或设计修改要组织评审，保存记录，待工程竣工后，将记录交公司经营部。

4）工程部

负责编制施工准备计划，明确准备阶段应该完成的工作，为公司提供本项目年、季、月施工生产计划，编制各专业旬、日作业计划，实施施工方案、技术措施，负责施工过程控制，按关键工序及特殊工艺作业指导书，进行质量控制，负责文明施工及安全生产事宜，制定工序产品和最终产品的防护措施，负责材料采购、检验和试验送试，记录和计量器具的使用和管理，负责办理施工现场签证手续。

5）技术部

负责编制和监督实施施工方案、技术措施，负责编制工程项目质量计划，参加工程质量问题的调查分析、制订纠正和预防措施，负责工程项目的技术资料、工程质量记录管理，负责对不合格品的纠正措施实施跟踪检查，负责办理工程变更洽商手续，负责统计技术应用及成果上报工作。

3 施工总体部署

宝鸡水厂改扩建工程包括九公里水厂和冯家山水厂两个工地，九公里水厂在宝鸡市南约 9km，冯家山水厂在宝鸡市东北约 30km，两个工程的工作量基本相当。

九公里水厂的改建工作量大，工作面狭窄，拆除构建筑物多，必须注意不能影响到已有建筑、生产车间等正常的生产，确保向市里供水。构筑物有：清水池、砂滤池、沉淀池、活性碳间、加药间等，安装工作难度高，与其他工种的交叉作业量大。

冯家山水厂是扩建工程，是在水厂预留的二期场地内施工，容易进行工作部署，土建工作和安装工作内容基本与九公里水厂相同。由于冯家山水厂的地基为湿陷性黄土层，需要对构筑物采取地基处理、结构和防水检漏措施。

构筑物为混凝土结构，防水性能要好；水池的迎水面为清水混凝土，外观要求高；混凝土工程量近 10000m^3，模板支设工作量大且较有难度；钢筋绑扎与预留预埋套管埋件配合作业量大，精度要求高；安装国内和国外设备必须要有厂家工作人员的现场指导，精度要求达到国家标准或国际标准。

由于本工程交叉作业量大，要求各工种的协同工作能力高；土建工作对力工数量需求多，安装工作对技术工种需求多，各工种材料运输的人力需求多，选择一专多能型的施工队是最佳的。

材料须经过业主审批方可采购使用。机械设备选择在当地租赁，价格合理。

土方弃置选择就近场地与当地村组协调解决，以恢复平整为宜。

3.1 施工总体规划及部署

3.1.1 划分施工作业流水段

(1) 划分原则

根据工地、工种、构筑物结构特点和大小划分合理的流水段，尽可能做到均匀流水；土建工程构筑物的流水段划分应该有利于结构的防水；安装工程构筑物的划分应有利于工艺顺序和施工的连续；

便于运输的组织、安排和调度，进行人、机、料的合理投入和配置。

(2) 流水段划分

按照地理位置将工程分为九公里工地和冯家山工地；

按照工种将每个工地分为土建工程和安装工程；

按照构筑物的特点将土建工程分为独立的各个单体工程，每个单体工程根据结构特点分为若干流水施工作业面，即流水段，各工种按工序要求进行施工；

按照水厂工艺和工作内容将安装工程分为设备、管道、电气、仪表等工作。

其中，清水池土建工程水平方向划分流水段如图 3-1 所示。

3.1.2 交叉施工原则

(1) 工作面交叉和工序交叉

由于各项施工所处的部位不同，在某种程度上工作面相对独立，又相互衔接，各分部分项工程又存在先后顺序和互为条件，因此，以不影响主导工序为原则。

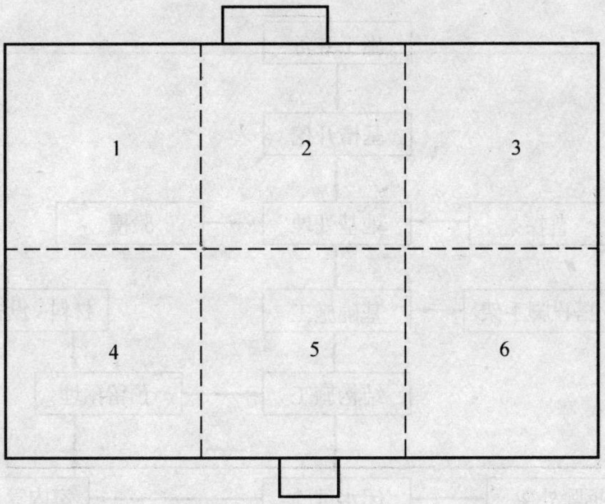

图 3-1 清水池水平方向流水段划分

各分部分项工程在时间顺序上存在工序先后或流水作业，因此，在工序或流水作业施工上应科学、合理、紧凑安排，通过质量“三检”，精细施工作业及时验收，进行下道工序或流水作业。凡是关系到关键线路施工的工序或流水作业，一旦具备条件必须采取措施提前插入，以保证后续工程施工有充裕的时间。在条件不能完全具备的情况下，可采取分段施工的方法。

（2）解决现场各分部分项工程施工进度发生矛盾的原则

所有进度必须服从总控制进度计划，保证主导工序的施工进度，选择合理的穿插时机，必须根据总控制进度计划进行统一组织、安排和协调。

明确责任，正确划分各作业组或作业队的责任和权利，建立固定的协调和例会制度，建立现场施工的协调解决机制。

一切从工程全局出发，各分部分项施工队应在统一管理和协调下开展施工，互相支持、互相创造施工作业条件，并注意上下工序交接、检查和现场成品保护。

3.1.3 施工工艺流程

施工工艺流程框图如图 3-2 所示。

3.1.4 各专业的工作安排

（1）结构工程

结构施工根据施工段组织班组进行流水作业。

确保劳动力各工种（钢筋工、混凝土工、模板工、架子工、瓦工）的不间断流水作业，材料（钢筋、混凝土、模板、架料、砖）的合理流水供应，机械设备（地泵、小型水平混凝土输送车、汽车吊等）的高效合理使用，从而便于现场组织、管理和调度，加快工程进度，有效控制质量。

随着主体结构施工的进行，砌筑工程随之插入施工，和机电安装专业进行交叉施工，从而有效缩短工期；回填土待基础结构验收合格后进行。

（2）装饰工程

结构工程完成后，在保证工期和质量的前提下，尽量优化计划，避免不必要的工期浪费。

本工程在结构验收完成后进行。需要确定所有装修材料的选型和施工样板，各装修部

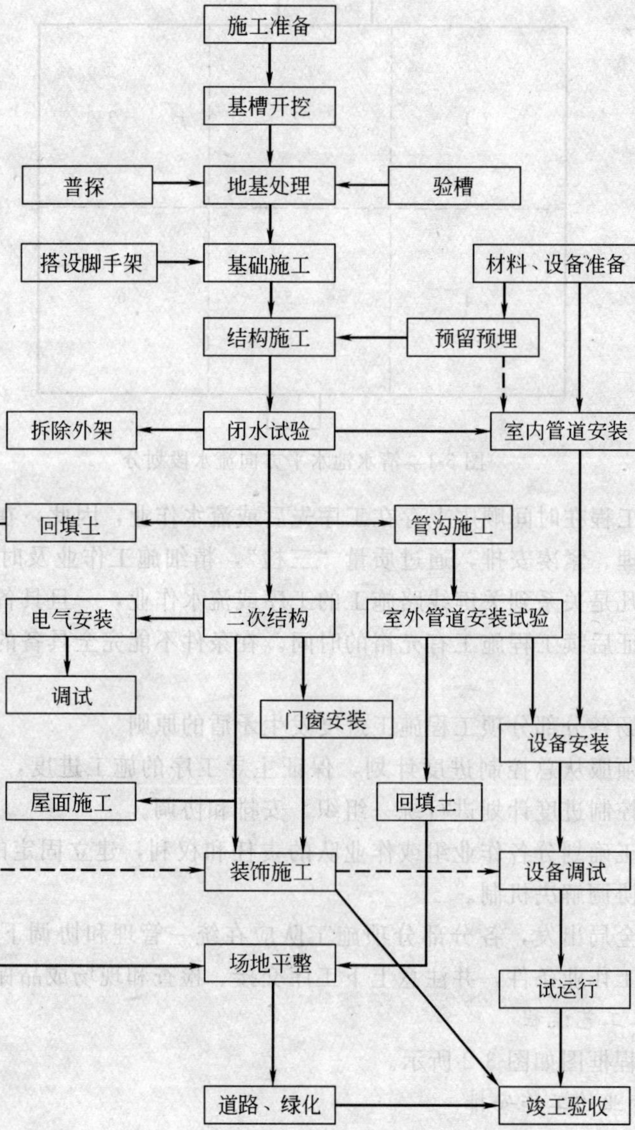

图 3-2　施工工艺流程框图

位的施工详图、施工方案，按材料样板确定材料供应商并完成供货合同，并安排部分材料进场，装修使用的垂直运输机械：外用龙门架安装完成。

通过充分的准备、精心组织、合理安排，施工过程中加强工序过程控制，做好成品保护措施，确保装修施工的顺利进行。

（3）安装工程

了解设备的性能和产品使用要求，充分掌握安装步骤和方法，及时做好准备工作，为正确有效安装做好准备。

结构施工过程中，进行工艺管线的预留预埋工作，并进行材料设备的准备工作；随着结构工程的施工，及时插入管道安装工作；随着粗装修工程的施工，及时插入设备安装；积极配合与协助业主进行设备、材料的选型和定货；在施工过程中，积极协调和解决各专业间的交叉施工中存在的问题，为施工顺利进行创造良好的条件；组织、协调专业安装施工以及各系统的调试和联动调试；协助业主进行设备的安装施工及调试。

通过充分的准备、精心组织、合理安排，施工过程中加强工序过程控制，做好成品保护措施，确保装修施工的顺利进行。

3.2 施工机械配置计划

主要施工机械配置如表3-1所列。

主要施工机械配备表 表3-1

序号	机械设备名称	型号/规格	数量	生产能力	备注
1	地泵	HBTS80	2台	—	良好
2	反铲挖土机	HITACHI	2台	700m³/d	良好
3	螺旋钻机	400mm	1台	—	良好
4	装载机	ZL50	2台	3t	良好
5	混凝土搅拌机	JDY350	2台	0.5m³/盘	良好
6	自卸汽车	8t	6台	8t	良好
7	叉车	CPCD10	1台	—	良好
8	电焊机	BX3-330	8台	—	良好
9	电渣压力焊机	JSD-600	2台	—	良好
10	卷扬机	JD114	2台	—	良好
11	经纬仪	J2	2台	—	良好
12	水准仪	DS3	4台	—	良好

3.3 周转材料配置计划

主要周转材料配置如表3-2所列。

主要周转材料计划表 表3-2

序号	名　称	材料选型及规格	单位	投入量	备　注
1	梁、板模板	竹胶板	m²	3000	按流水段陆续投入
2	基础、柱模板	竹胶板	m²	450	按流水段陆续投入
3	钢管架料	φ48mm×3.5mm	t	172	按流水段陆续投入
4	安全网	密目	m²	7400	安全防护、环保
5	扣　件	直角、旋转、接头	个/t	43071/62	分批投入
6	捯　链	3t	个	8	一次投入
7	尼龙吊带	BE	副	8	一次投入
8	跳　板	木跳板	块/m²	1565/1170	分批投入
9	木　方	杨木、松木	m³	350	分批投入

3.4 劳动力投入计划

本工程劳动力实行专业化组织，按不同工种、不同施工部位来划分作业班组，使专业班组从事性质相同的工作，保证操作技能和施工效率，从而保证施工质量和施工进度。本工程根据工程各分部分项工程，分阶段配置劳动力，并根据施工生产情况及时调配相应专业劳动力，对劳动力实行动态管理。

劳动力配置见表 3-3。

劳动力配置计划表 **表 3-3**

工种	2004 年						2005 年												2006 年			
	7 月	8 月	9 月	10 月	11 月	12 月	1 月	2 月	3 月	4 月	5 月	6 月	7 月	8 月	9 月	10 月	11 月	12 月	1 月	2 月	3 月	4 月
钢筋工	10	20	20	20	20	20	10	10	40	60	80	80	80	80	80	60	60	40	20	20	20	20
木工	20	40	40	40	40	40	30	20	20	40	60	60	60	60	60	80	80	80	60	40	40	20
混凝土工	20	40	40	40	40	40	20	20	40	40	60	80	80	80	80	80	80	60	40	40	40	20
架子工	20	20	20	20	20	20	20	20	20	20	20	20	20	20	20	20	20	20	20	20	20	20
瓦工	20	20	20	20	20	20	20	20	20	20	30	40	40	40	40	40	40	40	20	40	40	30
抹灰工	10	10	10	20	20	20	20	20	20	20	20	20	20	30	30	40	40	40	20	30	30	20
电焊工	10	10	10	10	10	10	10	10	10	10	10	10	10	10	10	10	10	10	10	10	10	6
电工	6	6	6	6	6	6	6	6	6	6	6	6	6	6	6	6	6	6	6	6	6	6
管工	20	20	20	20	20	20	20	20	20	20	20	40	40	40	40	40	40	40	40	40	40	40
钳工	6	6	6	6	6	6	6	6	6	6	6	6	6	6	6	6	6	6	6	6	6	6
力工	10	10	10	10	10	10	10	10	10	10	10	10	10	10	10	10	10	10	10	10	10	10
合计	152	202	202	212	212	212	172	162	212	252	322	372	372	382	382	392	392	352	252	262	262	198

4 施工进度计划及保证措施

4.1 施工进度总体安排

（1）工期目标

开工日期 2004 年 7 月 1 日，竣工日期 2006 年 4 月 17 日，工期 656 天。

（2）各分部工程的工期安排

1）施工准备： 2004.07.01—2004.07.10；

2）各分部工程： 2004.07.11—2006.03.31；

3）竣工清理及竣工验收： 2006.04.01—2006.04.17。

4.2 施工进度计划保证措施

（1）完善的计划保证体系

本项目的计划体系以日、周、月、总控计划构成工期计划主线，并由此派生出设计配合进度计划、设备进场计划、技术保障计划、物资材料供应计划、劳动力计划、质量检验与控制计划、资金需求计划、环保、安全计划及后勤保障等一系列计划，在各项工作中做到未雨绸缪，使进度计划管理层次分明、深入全面、贯彻始终。

（2）施工管理的保障

1）建立例会制度，保证各项计划的落实

每日召开经理部生产例会，协调管理事务，总结日计划完成情况，发布次日计划，分析工程进展形势，互通信息，协调各方关系，制定工作对策。制定四级控制计划，通过日计划保证周计划，通过周计划保证月计划，通过月计划保证总进度计划。

2）加强与业主、监理、联合体各方的合作与协调，积极主动为业主服务

积极协助完成业主、监理和联合体的工作，接受业主、监理监督，与各方建立和谐、高效的合作关系，加强工程各方的配合与协调，使现场发生的任何问题能够及时、快捷地解决，为工程创造出良好的环境和条件。

(3) 总部对工程项目的服务和支持

为确保工程顺利完成，公司总部全方位地为项目经理部提供了人力、财力、物力上的支持，在整体策划、工程实施、过程服务和控制、技术保证、专业设备保障、后勤服务保障以及社会资源的调配方面提供了指导和支持，有力保证了工程的顺利进行。

5 施工总平面布置

5.1 施工现场平面布置

5.1.1 九公里水厂施工现场的布置

(1) 施工区

施工现场在宝鸡市以南的川陕公路9km处东侧，该区域长为220m，宽为50m，近似长条形。

由于工程性质属于改建，因此按照分段施工原则，在单位工程施工时应把施工区域与水厂的办公生产区域分隔开，围挡采用砖墙和脚手架相结合的办法，因地制宜。

将办公区南侧的报废加油站的广场改建为钢筋加工区，用于原材、加工和成品堆放，其办公室改建为临时仓库。在南侧围墙处搭设木工棚。按公司CI标准进行粉刷标识。租用水厂的空余房屋作为联合体提供的材料、设备的仓库。

(2) 办公区

以川陕公路东侧临街空地作为办公区，其长为60m，宽为20m，四周以高2.1m的砖墙做围挡，中间设一樘宽6m的钢大门。东侧设一排钢结构活动板房楼，2层，共28间，作为联合体各方办公使用。门口处设门卫室，北侧设临时厕所，厕所内接通水电线路，安装蹲便器和抽水马桶。楼前空地为停车场。

办公室内安装空调，安装电话线并接通宽带，利于现代化联络。

外墙面布置CI形象图标和文字。内墙明显处标识一图八板。在南侧设旗杆3根。

(3) 生活区

由于现场场地狭小，现场不设工人生活区，租用水厂附近农村的民房作为工人生活用房。

5.1.2 冯家山水厂施工现场的布置

(1) 施工区

施工场地长260m，宽60m，四周以高2.4m，砖墙做围挡，北侧设钢大门作为主出入口。外墙面布置CI形象图标和文字。门宽6m，入口处设门卫，标识一图八板。

沿建筑物四周和材料堆放场布置环形施工临时道路作为水平运输的通道，路宽4m，

长430m，路面平整后铺石渣并压实。

由于现场搅拌混凝土，故在场内中部设搅拌站、加工堆放场以及其他材料堆放场，西侧设三级沉淀池，面积约600m²。

租用水厂的空余房屋作为联合体提供的材料、设备的仓库。

电源外线接入配电室。水源由北侧接入；厕所设在现场中部靠东围墙，并建化粪池。临电电线敷设要尽量采用暗敷方式。

部分空闲场地绿化处理，美化施工环境。

(2) 办公区

租用水厂办公楼部分房间作为联合体各方的办公室和会议室，安装空调，安装电话线并接通宽带，利于联络。

在场地的东侧设一排现场办公室，砖木结构，共10间，约360m²。布置施工队各部门办公室、仓库及生活设施。办公室按公司CI标准进行粉刷和内部装修。

(3) 生活区

由于现场场地有限，现场不设工人宿舍区，租用水厂附近农村的民房作为工人生活用房。

5.2 临时用水方案

本方案包括施工生产给水系统及排水系统。

5.2.1 生产给水系统

水厂的水源丰富。供水网络接入施工区，设置水表给水系统管道采用ϕ100mm焊接钢管，在每个用水点预留施工用水甩口。

闭水试验的用水采用原水，即未处理的水，采用80m³/h的潜水泵在水厂细隔栅站水池内取水。潜水泵等设备须经过消毒处理才允许使用。

5.2.2 排水系统

按照现场施工卫生设施要求，设相应的排水管道。施工现场根据地形情况靠边墙设置排水沟和三级沉淀池，通过排水沟就近引入污水管线或排水沟，保证雨水排泄通畅。

闭水试验后排水通过泵送至水厂原有排水沟内。

现场厕所的污废水先排入化粪池处理后，再运出现场。

5.3 临时用电方案

5.3.1 九公里水场施工区

九公里水场现场用电高峰按结构施工阶段的使用情况考虑，根据工程施工需要，现场施工用电设备容量如表5-1所列，配电线路形式为380/220V。

用电负荷表 表5-1

序号	设备名称	功率(kW)	数量	需要系数	总容量
1	电焊机	35/75	5	0.6	215kV·A
2	钢筋加工机械	15	若干	0.7	42kW
3	木工机械	20	若干	0.7	28kW
4	混凝土振捣机械	5	若干	0.7	14kW
5	室外照明	现场照明用电按动力电的10%计算，取22.9kW			

用电负荷的总容量计算：

$$\sum P_e=1.1(K_1\times\sum P_1/\cos\varphi+K_2\times\sum P_2+K_4\times\sum P_4)$$
$$=1.1\times(0.7\times84/0.7+0.6\times215+1\times22.9)$$
$$=235.9\text{kV}\cdot\text{A}$$

式中 K_1——电动机需要系数，K_1 取 0.7；

K_2——电焊机需要系数，K_2 取 0.6；

K_4——室外照明需要系数，K_4 取 1；

$\cos\varphi$——电动机的平均功率因数，取 0.7。

总用电量取 250kV·A。

5.3.2 冯家山水厂施工区

冯家山现场用电高峰按结构施工阶段的使用情况考虑，根据工程施工需要，现场施工用电设备容量如表 5-2 所列，配电线路形式为 380/220V。

用电负荷表 表 5-2

序号	设备名称	功率(kW)	数量	需要系数	总 容 量
1	混凝土拌合站	50	1	0.7	35kW
2	电焊机	35/75	5	0.6	215kV·A
3	钢筋加工机械	15	若干	0.7	42kW
4	木工机械	20	若干	0.7	28kW
5	混凝土振捣机械	5	若干	0.7	14kW
6	室外照明	现场照明用电按动力电的 10%计算，取 33.4kW			

用电负荷的总容量：

$$\sum P_e=1.1(K_1\times\sum P_1/\cos\varphi+K_2\times\sum P_2+K_4\times\sum P_4)$$
$$=1.1\times(0.7\times119/0.7+0.6\times215+1\times33.4)$$
$$=281.4\text{kV}\cdot\text{A}$$

式中 K_1——电动机需要系数，K_1 取 0.7；

K_2——电焊机需要系数，K_2 取 0.6；

K_4——室外照明需要系数，K_4 取 1；

$\cos\varphi$——电动机的平均功率因数，取 0.7。

总用电量取 300kV·A。

6 主要分部工程施工方案

6.1 地基处理

6.1.1 概况

九公里水厂位于宝鸡市清姜河畔，南靠秦岭，西临清姜河，地形西北低，东南高，场地为非湿陷性黄土，采用灰土换填的方法提高地基承载力。清水池、砂滤池、沉淀池的灰土换填的厚度为1m。地基承载力不低于250kPa。

冯家山水厂地处宝鸡市凤翔县长青镇，周围是黄土塬地貌，属于湿陷性黄土区，根据规范要求，地基须经过加固，采取防水检漏措施和结构措施。因此，冯家山水厂的主要构筑物地基采用设灰土挤密桩的方法加固。在灰土桩以上设600mm厚的灰土褥垫层，保证地基的整体性和承载力不低于220kPa。地下水位深，不会影响灰土桩和褥垫层施工。

6.1.2 灰土挤密桩施工

(1) 工艺流程

冯家山水厂地基处理灰土挤密桩共4528根，桩体直径为0.4m，桩间距0.9m，呈梅花形布置。施工时采用螺旋钻机钻进成孔，重锤夯实机分层回填灰土。灰土挤密桩平面布置如图6-1所示，施工工艺流程如图6-2所示。

(2) 施工方法

为了防止机械的扰动，在进行构筑物基坑土方开挖时，槽底设计标高以上预留0.5m不挖，平整后进行灰土挤密桩施工。

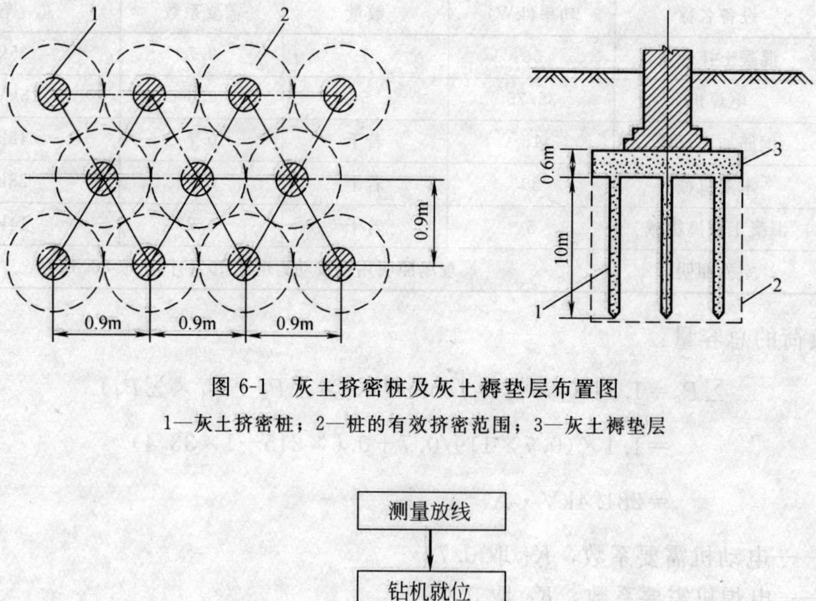

图6-1 灰土挤密桩及灰土褥垫层布置图

1—灰土挤密桩；2—桩的有效挤密范围；3—灰土褥垫层

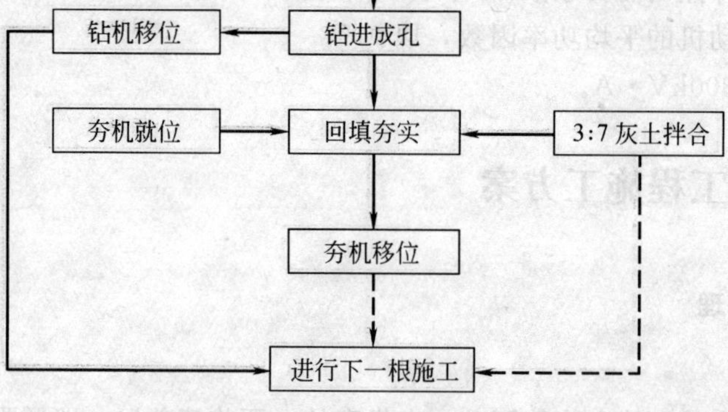

图6-2 施工工艺流程图

首先按设计准确放出桩位，然后螺旋钻机就位并钻孔。在钻杆上标出根据设计标高、设计桩长和实际基坑标高计算出的入地长度，在钻进至该刻度后停止钻进，开始反转提钻，当完全提出后用钢尺测量孔深，达到设计长度后钻机移位，进行3∶7灰土回填。

回填时分层进行夯实，每次回填厚度不超过0.3m，采用重锤夯机进行夯实，落锤高度不小于2m，每层夯实不少于10锤。如图6-3所示。

施工时，逐层以料斗定量向孔内下料，逐层夯实，夯实高度应超过桩顶设计标高0.3m，挖土时将桩头多余部分铲除。

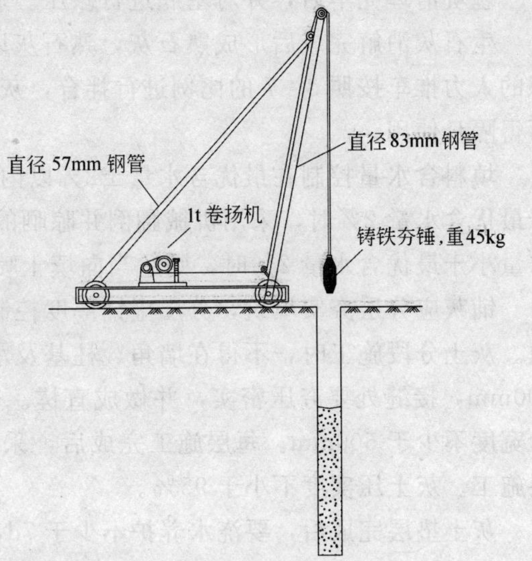

图6-3　夯扩挤密桩夯实示意图

（3）灰土挤密桩施工要点

施工前，在现场进行成孔、夯填工艺和挤密效果试验，以确定分层填料厚度、夯击次数和夯实后干密度等要求。

桩的施工顺序应先外排后里排，同排内应间隔1～2孔进行；以免因振动挤压造成相邻孔缩孔或坍孔。

成孔后应立即对孔底进行清理夯实、夯平，夯击次数不少于8击，并立即开始进行夯填灰土。

（4）质量控制

对桩身夯填质量进行随机抽样检验。施工过程中，在施工面以下1.0m深度处，用人工取桩身灰土环刀样检验夯填质量。某一区域施工完成后，用挖探井剖桩取样的方法检验桩身的夯填质量。最终抽检数量为成桩数的2%。要求桩体灰土压实系数$\lambda_c \geqslant 0.95$、桩间土密实度不小于0.88。

原料土采用本场地黄土，开工前做土和3∶7灰土击实试验，用最大干密度控制桩身和桩间土的夯填质量。

6.1.3　*灰土垫层施工*

九公里工地构筑物的地基需要灰土换填，冯家山工地构筑物的灰土桩地基加固处理完成后，清除桩头以上预留的土方，准备做灰土褥垫层。两个工地的灰土配合比和压实要求以及施工工艺相同。

（1）施工机械和材料

灰土采用人工拌合，翻斗车装运至基坑内，采用16t压路机进行碾压，对基坑尺寸较小和压路机无法碾压的地段，采用蛙式打夯机夯实。

生石灰消解3～4d后过筛，料径≤5mm，活性CaO＋MgO含量不小于50%。采用就地挖出的黏性土及塑性指数大于4的粉土，土内有机质含量≤5%。土料在使用前应过筛，其颗粒不得大于15mm。

（2）施工要点

基坑清理完毕后，并对基底进行碾压。局部松土处，挖除并用灰土分层回填夯实。

生石灰消解完成后形成熟石灰，熟石灰以粉末状为最佳。熟石灰和土过筛后用相同容积的人力推车按照3∶7的比例进行拌合，灰土拌合应均匀，颜色一致，当天料当天用完，不得隔日使用。

填料含水量控制在最优含水量±2%以内，达到“手握成团，落地开花”。当含水量大于最优含水量2%时，采用机械翻倒并晾晒的办法，使回填灰土的含水量达到要求。当含水量小于最优含水量2%时，则适当向填土喷洒水，使含水量达到要求。

铺灰应分层夯实填筑，分层虚铺厚度控制在250～300mm，夯实碾压遍数不少于4～5遍。灰土分段施工时，不得在墙角、柱基及承重墙下接缝，上下两层的接缝距离不得小于500mm，接缝处要夯压密实，并做成直槎。当灰土地基高度不同时，应做成阶梯形，每阶宽度不少于500mm。每层施工完成后，采用灌砂法进行压实度试验，合格后进入下一层施工。灰土压实度不小于95%。

灰土垫层完成后，要浇水养护不少于7d，或在灰土表面做临时性覆盖，30d内不得受雨水浸泡。及时进行基础施工与基础回填。

雨期施工时，采取适当防雨、排水措施，以保证灰土在基坑内无积水的状态下进行。刚夯实完的灰土，如突遇雨，应将松软灰土铲去，并补填夯实，稍受潮的灰土可在晾干后补夯。

(3) 灰土地基质量验收标准（表6-1）

灰土地基验收标准 **表6-1**

项目	检查项目	允许偏差或允许值		检查方法
		单位	数值	
主控项目	地基承载力	kPa	220	按规定方法
	配合比	3∶7		按拌合体积比
	压实系数	95%		现场实测
一般项目	石灰粒径	mm	≥5	筛分法
	土料有机质含量	%	≥5	实验室焙烧法
	土颗粒粒径	mm	≥15	筛分法
	含水量（与要求的最优含水量比较）	%	±2	烘干法
	分层厚度偏差（与设计要求比较）	mm	±50	水准仪

6.2 结构工程

6.2.1 概况

宝鸡水厂工程主要防水构筑物有清水池、砂滤池、沉淀池、细格栅站等，均为钢筋混凝土结构，混凝土等级为C25，抗渗等级为P6。水池墙体的迎水面要求为清水混凝土。

清水池长约44m，宽约27m。由于工序要求，混凝土的浇筑工作须分段进行，垂直方向分为底板、墙体、顶板三部分，水平面是在其长方向设置两道后浇带，在短方向中间部位设一条施工缝。水平施工段平面见图6-4。竖向施工缝设置见图6-5。

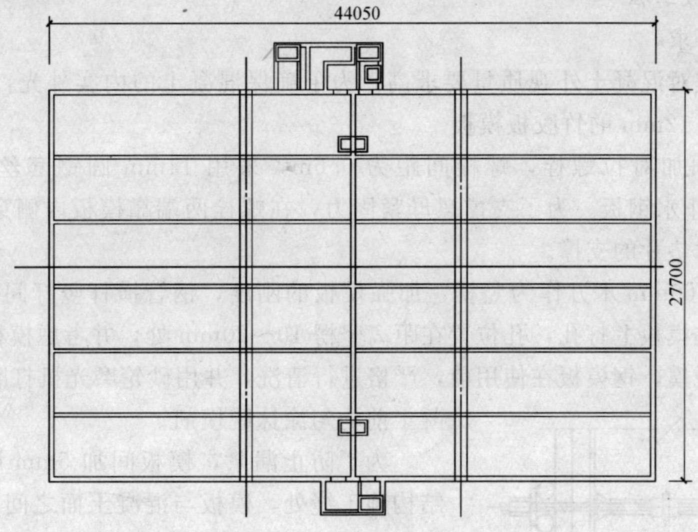

图 6-4 清水池水平施工段平面图

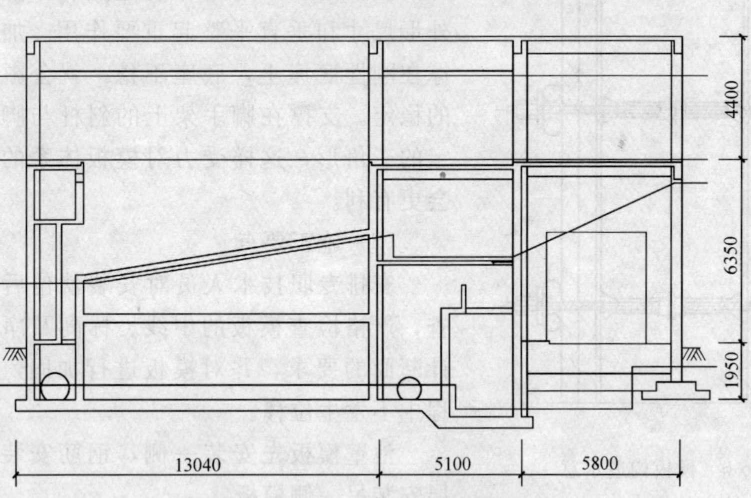

图 6-5 砂滤池竖向施工缝剖面图

砂滤池内结构复杂，从最佳闭水效果分析，减少施工缝和合理设置施工缝显得特别重要。

后浇带和竖直施工缝均预埋 1.5mm 厚的镀锌钢板做止水带，水平施工缝设企口并在槽内贴止水条。

施工缝应避开预埋套管；如不能避开，浇筑混凝土表面要超过套管高的 1/3。

池体内的溢流堰、设备基础标高和平整度标高精度要求高，误差应在 2mm 以内。这些标准是设备安装的要求，但是由于混凝土材料、操作工具和施工工艺的原因，土建工程不可能达到，因此，需要采取打磨等措施进行修整。

本工程的混凝土施工是质量控制的重点。结构工程质量直接影响闭水效果、安装调试，直接影响工期。因此，结构工程中的模板工程工作量大、有一定难度，混凝土工程的浇筑、振捣工作要求有较高的操作水平。

6.2.2 模板工程

(1) 材料要求

由于本工程对混凝土外观质量要求高，为了确保混凝土的内实外光，采用1.22m×2.44m、厚度为12mm的竹胶板模板。

模板支设须加对拉螺栓，螺栓间距为0.6m，采用14mm圆钢套丝制成，中间焊75mm×75mm止水钢板。为了支撑螺母紧固力，在螺栓两端靠模板内侧穿圆木垫片，并焊小钢片作为木垫片的支撑。

用80mm×60mm木方作为竖楞，加强模板的刚度，钢管横杆竖杆间距为0.6m。设对拉螺栓需要在模板上打孔，孔位置在距离竖楞10～20mm处，并考虑模板的重复使用。

为了便于脱模，钢模板在使用前，严格进行清洗，并用砂轮磨光机打磨光滑，浇筑混凝土前均匀涂抹脱模剂。

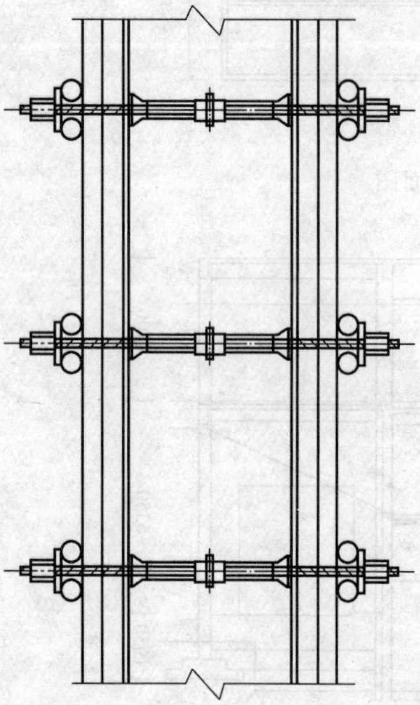

图6-6 模板构造示意

为了防止漏浆，模板间加5mm厚不干胶粘条，结构施工缝处，模板与混凝土面之间加不干胶粘条，封闭模板。模板构造示意见图6-6。

模板的加固是施工的重点和难点，对混凝土的外形尺寸和垂直平整起重要作用。加固的斜杆必须撑在刚性底座上，底座不稳，就会影响到模板整体的稳定。支撑在脚手架上的斜杆与脚手架要形成稳定的三角形，这样受力对模板体系的刚度和稳定性会更有利。

(2) 施工要点

安排专职技术人员对安装就位后的模板进行检查，严格检查模板的中线、标高及净空是否满足设计断面的要求，并对模板进行加固，保证在灌注过程中不发生位移。

池壁模板先安装一侧，钢筋安装完毕后，再分层安装另一侧模板。

模板表面应平整，每次使用后，清除模板表面残留混凝土，并对模板表面打磨，使板面光滑、平整。

模板的拆除必须按下列规定执行：

拆除模板时，先将加固的钢管、木方拆掉，然后用砂轮锯将对拉螺栓外露部分切除。不得用气焊，防止螺栓受热过多，影响混凝土的闭水效果。

对于竖向构件的拆模，一定要做到混凝土强度达到1.2MPa以后拆模，以便于保护混凝土的棱角不受破损。梁底必须在支模时设置小块板，并将独立支撑的可调顶撑定位准确，确保早拆后的支撑保留。

6.2.3 钢筋工程

钢筋加工量大，安装时投入的运输劳动力占钢筋工的70%，绑扎剪力墙钢筋有一定难度。钢筋水平方向采用绑扎搭接，竖直方向的采用闪光对焊焊接。

为避免和改善池体混凝土应力集中，减少混凝土的细微温度裂缝，结构配筋宜细而密。预留孔洞特别是预埋钢套管处的加密钢筋宜根据施工难易程度，调整形状和尺寸，便于浇筑混凝土，不致产生狗洞。

6.2.4 混凝土工程

(1) 材料

选用宝鸡当地质量可靠、服务周到、价格合理的商品混凝土，采用泵车泵送，并配合现场的地泵进行混凝土的浇筑工作。

委托的配合比设计要保证5h缓凝效果，要求180～200mm的坍落度，增加流动性。

(2) 施工过程控制

本工程采用42m泵车输送混凝土入模，局部可用地泵。

混凝土浇筑前，对模板、支架、钢筋和预埋件进行检查，符合要求后方能浇筑；同时，清除模板内的垃圾、泥土和钢筋上的油污等杂物。

混凝土浇筑合理分段分层进行，使混凝土沿高度均匀上升，尤其是浇筑墙体混凝土时要注意。采用插入式振捣时，混凝土浇筑层厚度应大于振捣器作用部分长度的1.25倍。

混凝土自高处倾落的自由倾浇高度不大于2m。

混凝土浇筑连续进行，避免停泵；如确因特殊原因导致两层混凝土间的间歇灌筑时间超过配合比规定的时间时，其间歇层按施工缝处理。

振捣器要避免碰撞钢筋、模板、预埋件、止水带等，在施工缝和预埋件部分特别注意振捣密实。在振捣上层时，应插入下层混凝土的深度不小于5cm，以消除两层间的接缝；同时，要在下层初凝前进行。

因泵送底板混凝土的表面水泥浆较厚，在浇筑后要进行处理。先初步按设计标高用长刮杠刮平，然后在初凝前用木抹子压实3遍，最后一遍要掌握好时间，一般以初凝时间为准。由于白天、夜晚温度不同，对凝结有影响，可用手指按压法控制抹压时间，用以闭合收水裂缝。

防水混凝土的养护对其抗渗性能影响极大，特别是早期湿润养护更为重要。在混凝土进行终凝（浇筑后4～6h）后即应覆盖，浇水湿润养护不少于14d。

底板施工时正值当地高温多雨季节，因此要采取预防措施：及时掌握当地近几天的天气情况，尽量避开雨天施工。

(3) 滤梁滤柱混凝土浇筑

本工程的重点部位在滤梁、滤柱，主要是几何尺寸和轴线偏差、平整度的控制。

为保证滤梁、滤柱的几何尺寸和轴线偏差、平整度，通气孔、预埋螺栓位置正确，方便施工。按施工图纸要求进行施工放线，轴线测量误差±1mm。

钢筋骨架制作安装：按施工图纸规格标准及保护层要求，做到钢筋下料准确，安装牢固，允许偏差±5mm，上下四边保护层为20±5mm。

模板制作安装：模板采用新模板，方木平直，无扭曲破损，木方须经刨床刨平，规格统一，误差±1mm；模板配制由熟练工人1～2人专人配制，规格统一，误差±1mm；安装定位由熟练工人1～2人专人配制，规格统一，误差±1mm；加固牢固，保证振动无偏移。

通气孔、预埋螺栓进行可靠固定，根据施工图纸要求在模板上按通气孔、预埋螺栓大小尺寸开孔，将通气孔PVC管和预埋螺栓穿孔，固定在模板上，通气孔PVC管高程和位置误差±2mm，预埋螺栓高程和位置误差±2mm。

按设计要求和施工配合比配制搅拌混凝土，采用插入式振捣棒振捣，分层浇灌，先四角四边、然后中间，充分振捣密实；抹平压实收光，表面平整度误差±2mm。

6.3　装饰工程

6.3.1　装饰工程概况（表 6-2）

装饰工程概况表　　表 6-2

项　目	类　别	施　工　范　围	附　注
室内楼地面	地砖	砂滤池、沉淀池、活性碳间	200mm×200mm
	防腐涂料	沉淀池的 PACL、PAM 间、加药间地面以及防溅墙	池体以外为环氧自流平
室外走道板	地砖	砂滤池、沉淀池室外楼梯及走道板	150mm×150mm
内墙	涂料	砂滤池、沉淀池、活性碳间、加药间	耐水腻子
	吸声墙	砂滤池的反冲洗泵房、鼓风机房	防水吸声板
	瓷砖	砂滤池内的 4 个阀门井、活性碳间二层墙裙	200mm×300mm
顶棚	涂料	沉淀池、加药间、活性碳间	耐水腻子
	吊顶	砂滤池的 MCC 间、鼓风机房、反冲洗泵房	吸声板
外墙	瓷砖	冯家山所有构筑物外墙	100mm×300mm
	涂料	九公里所有构筑物外墙	耐水腻子
屋檐	彩瓦	所有构筑物屋檐	全瓷
门窗	彩钢	所有构筑物	断桥隔热

装饰工程工程量不大，但是在其施工的同时，工艺安装、水电安装、动力电缆桥架安装等也在施工，交叉作业难度大，相互之间有影响。

向业主递交拟使用的材料报验单，待业主批复后即进行采购。及时选择材料，确保不延误工期，采购的材料质量可靠，价格合理。

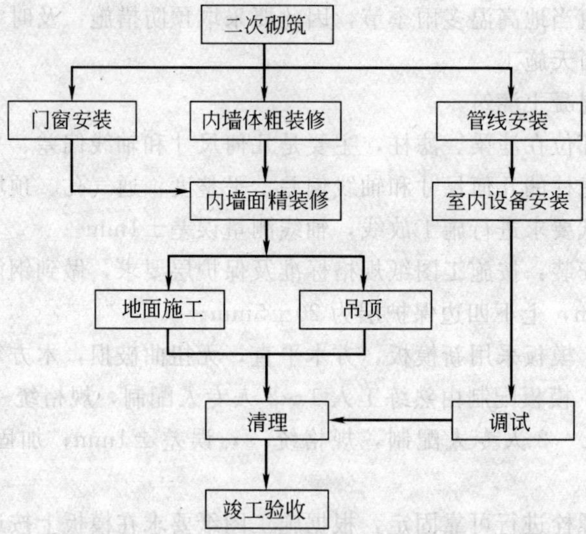

图 6-7　装饰工程工艺流程框图

根据色卡固定配比来调涂料颜色，采购一次到位，且必须验色，防止颜色不一。

6.3.2 装饰工程工艺流程（图 6-7）

6.3.3 环氧涂料工程

在加氯加药间改造工程中，防腐施工要求质量高、效果好、施工工期短。加药间的防溅池体采用环氧厚浆 RE 型涂料，池体以外，厂房的地面采用环氧自流平 MS 型涂料。

（1）构造

1）环氧自流平涂层构造如图 6-8 所示，自流平涂层总厚度为 3mm。

2）环氧厚浆型涂层构造如图 6-9 所示，RE 环氧厚浆型涂层总厚度为 200～250μm。

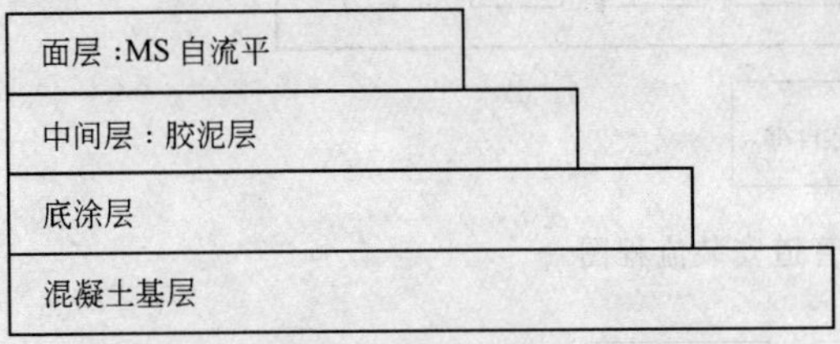

图 6-8 环氧自流平涂层构造

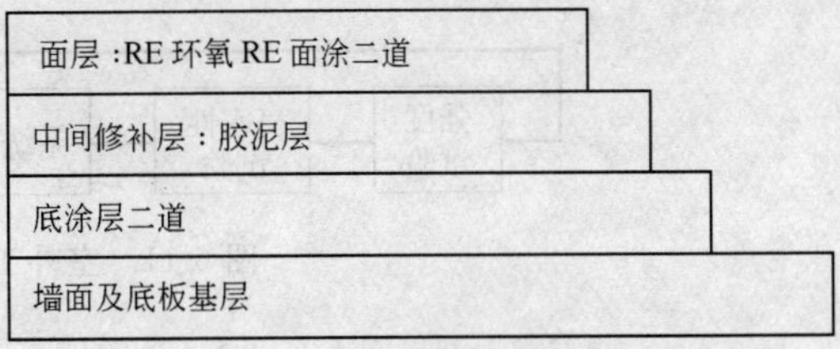

图 6-9 环氧厚浆型涂层构造

（2）施工准备

混凝土必须坚固、密实、平整、干燥、洁净。基层的坡度和强度应符合设计要求，无空鼓、不起砂、无油脂。基层经保养后必须干燥，到地面涂料施工时，要求的干燥程度为：在深 20mm 的厚度层内含水率＜6%，即表面干燥泛白。

基层面平整度用 2m 直尺检查，允许＜5mm。

（3）施工工序（图 6-10）

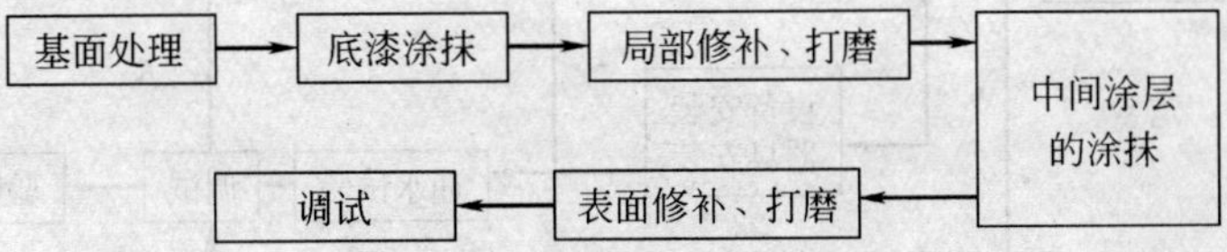

图 6-10 涂料地面施工工序

（4）注意事项

严禁交叉施工，严禁无关人员进入施工现场。搬运到施工现场的材料，务必放在能够避免风、雨及阳光直射的地方，并做好防火安全措施。工程完成后，按照维护要求进行使用，注意防尘。

6.4 管道安装工程

管道安装分为室内工艺管道安装和室外工艺管道安装。

室外工艺管道安装流程，如图 6-11 所示。

构筑物内工艺管道安装流程，如图 6-12 所示。

安装时一般从总进入口开始操作，总进口端头加好临时堵头以备试压用，把预制好的管道运到安装部位按编号依次排开，安装前清扫管膛，安装完后找直找正，复核甩口的位置、方向及变径。

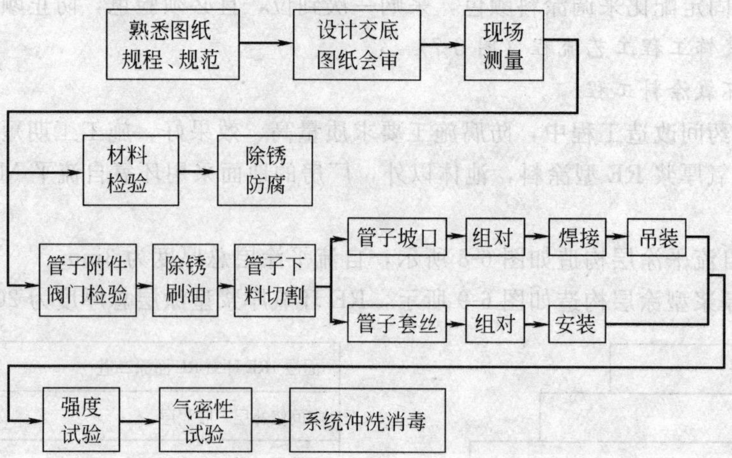

图 6-11　室外工艺管道安装流程图

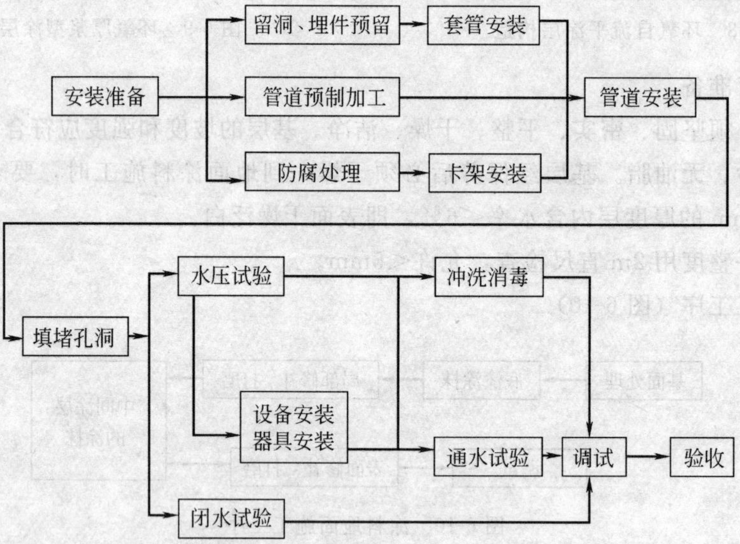

图 6-12　构筑物内工艺管道安装流程图

6.4.1　工艺管道施工程序

在充分理解设计意图和施工图纸所规定的标准、规程和规范的基础上，本着先大管后小管、先地下后地上、先易后难的原则组织施工。

6.4.2　安装工艺及技术措施

(1) 管道施工测量放线

(2) 管道沟槽土方开挖

(3) 管道垫层施工

(4) 管道安装的规定

各种管道的材质、规格必须符合设计要求，质保书、合格证齐全。

管道附件、阀件经耐压试验合格后才允许使用。

施工前必须熟悉施工图纸，理解设计意图，掌握好对接口的工艺要求。管道安装的位置，应根据施工图结合土建构筑物测定的轴线、标高。设计有防腐要求的管道，应在安装前防腐完毕，并经检查确认。

管道安装前应将管腔内的杂物清理干净，安装过程中应及时、牢固地封闭管道临时敞开口。

(5) 钢管焊接

等厚管子、管件间的对焊组对应使内壁平齐，当设计无明确规定时，内壁间的错边量应符合下列要求：①一、二级焊缝，应≤10%壁厚，且≤1mm；②三、四级焊缝，应≤20%壁厚，且≤2mm。

管口对接前，应用手提砂轮机或使用专用砂纸对坡口表面及其二侧进行清理，除去毛刺、油、漆、锈等污物，清理范围应大于10mm，事后经外观检查，不得有裂纹、夹层等缺陷。清理和检查合格的组对管口应及时完成焊接工作。

组对应采用螺栓连接的组对器；如需采用焊接组对卡具时，焊接工艺和焊接材料应与管道焊接的要求一致。焊接卡具的拆除采用氧乙炔焰切割，残留的焊疤应用手提砂轮机打磨掉。经卡具组对并固定好后的两管口中心线应在同一直线上，其平直度偏差不得超过1mm/m，全长偏差不得超过10mm。禁止用强力组对的方法来减少偏心量或不同偏心度偏差，也不得用加热法来缩小对口间隙。

点固焊的场地应不受风雨环境的影响，其工艺及焊接材料应与管道焊接相一致。点固焊的长度一般为10～15mm，点焊高度应为2～4mm，且不超过管壁厚度的2/3。点焊的间距视管径大小而定，一般以50～300mm为宜，且每个焊口不得少于3处。

焊件组对时，点固焊及固定卡具焊缝的焊接，选用的焊接材料及工艺措施应与正式焊接要求相同。采用卡具组对拆卸卡具时，不应损伤母材，拆除后应对残留痕迹打磨修整，并认真检查。采用根部点焊时，应对焊缝认真检查；如发现缺陷，及时处理。

不得在焊件表面引弧和试验电流大小。正式施焊前应在试板上试焊，调整好焊接参数，方可正式施焊。焊接中应注意起弧和收弧的焊接质量，收弧时应将弧坑填满，多层焊的层间接头应错开。埋弧焊时，纵焊缝两端应装有引弧板和熄弧板。管道焊接时，管内应防止穿堂风。

除工艺上有特殊要求外，每条焊缝应一次连续焊完；若因故被迫中止，应根据工艺要求采取措施防止裂纹，再焊前必须检查，确认无裂纹后，方可按原工艺要求继续施焊。对不合格的焊缝，应进行质量分析，定出措施后方可返修。同一部位的返修次数不得超过3次。

(6) 管道法兰安装

法兰螺孔应光滑等距，法兰盘接触面应平整，保证密闭，止水沟线几何尺寸准确。法兰的规格、工作压力和介质必须符合设计要求。

平焊法兰时，必须使管子与法兰端面垂直。检查时，可用法兰弯尺或拐尺从相隔90°两个方向检查垂直度，偏差不许超过±1mm，确认合格然后点焊。插入法兰的管子端部，距法兰密封面应为管壁厚度的1.3～1.5倍，如双面焊接管道法兰，法兰内侧的焊缝不得突出法兰密封面。

管道采用法兰连接时，法兰要垂直于管道中心线，其表面应相互平行。

铸铁螺纹法兰，管子与法兰盘上紧后，管子端部不应超过法兰密封面，离密封面不应小于5mm。连接法兰前应将其密封面处理干净，焊缝高出密封面部分应锉平，确保接口处的严密性。

螺栓使用前应涂油润滑。拧紧螺栓时，要按对称或十字交叉进行组装，每个螺栓不准一次拧紧到底，应分2～3次拧紧。拧紧后螺杆要突出螺母，但突出长度不宜大于螺杆直径的1/2，螺母应置于法兰的同一面上。

法兰衬垫的内圆不得突入管内，其外圆到法兰螺栓孔为止。法兰中间不得放置斜面垫或两个以上衬垫，垫圈边宽应一致。对不涂敷胶粘剂的垫圈，在剪裁制作时，应留一个把手露出法兰外，便于安装。

垫片的材料应根据管道输送介质的性质、温度及工作压力进行选择且必须符合设计和施工规范的规定。法兰用紧固件是指法兰的螺栓、螺母和垫圈。其类型和材质，取决于法兰的公称压力和工作温度。

公称压力≤2.5MPa，工作温度≤350℃时，可选用精制六角螺栓和A型半精制六角螺母。工程压力≤0.6MPa时，可选用粗制螺栓和螺母。公称压力≥4～20MPa，工作温度＞350℃时，应选用精制“等长双面螺栓”（两端螺纹长度相等）和A型精制六角螺母。

螺栓和螺母材料必须匹配，严禁使用硬度高于螺栓硬度的螺母，避免螺母破坏螺杆上的螺纹。

一般情况下螺母不设垫圈。当螺杆上螺纹长度稍短，无法拧紧螺栓时，可设一钢制平垫圈，但不得采用垫圈叠加方法来补偿螺纹长度。

（7）不锈钢管道的安装

不锈钢管道的焊接采用氩弧焊。焊接前先将其坡口上的毛刺用锉刀、砂纸清除掉，再在施焊前2h内，用不锈钢丝刷及丙酮（或工业酒精），将管端、坡口面及内外壁30mm的脏物、油渍清除干净。在距焊口4～5mm以外，两侧管的40～50mm长度区间内，用板遮挡住，或涂白硅粉，以防止焊接中的飞溅物落在上面。

不锈钢管道焊接后，应除去熔渣和焊缝两侧的飞溅物，并按设计规定进行酸洗和钝化处理。

有关焊缝的规定：直管段两环缝间距不小于100mm，焊缝距弯管起点不得小于100mm，且不小于管外径，环缝距支、吊架净距不小于50mm，需做热处理的焊缝，距支、吊架不得小于焊缝宽度的5倍，且不小于100mm。在管道焊缝上不得开孔；如必须开孔时，焊缝应无损探伤检查合格。

有关注意事项：不锈钢管的原材料及配件，焊条必须有制造厂的合格证明书。焊接前应对所焊接的管材进行人工清洗或化学清洗。管材切割时，需用等离子切割机切割，当用砂轮切割机时，其砂轮片必须是专用的，不得用以切割其他材质的管子。

(8) 给水镀锌管道丝扣连接、安装

钢管螺纹加工施工方法：

管螺纹加工分为手工和电动机械加工两种。人工绞板或轻便电动套丝机套丝的工作原理基本相同，即在绞板上装着四块板牙，用以切割管壁产生螺纹。

套丝时，首先将管子固定在管子压力上，再把绞板套进管段的端部。先调整绞板的活动刻度盘，使板牙符合需要的距离，用固定螺钉把它固定，再调整绞板上的三个支脚，使其贴管子，防止套丝时出现斜丝。

绞板调整好后，手握绞板手柄，平稳地向里推进，按顺时针方向转动，操作时用力要均匀，不应过猛。

第一次套完后，松开板牙，再调整它的距离，使其比第一次小一点，再用同样的方法套一次，并要防止乱丝。第二次丝扣快套完时，稍稍松开板牙，边转边松，即成为锥形丝扣。

套完丝扣后，随即清理管口，将管子端面毛刺去净，使管口保持光滑。

(9) HDPE 双壁波纹管（高强聚氯乙烯）管道的安装

1) 安装顺序如下：

下管 → 清理管口 → 清理胶圈、上胶圈 → 安装机具设备 → 在插口外表和胶圈上刷润滑剂 → 顶推管子使其插入承口 → 检查

2) 安装方法：

下管：应按下管的技术要求将管子下到槽底；如管体有向上放的标志，应按标志摆放管子。

清理管口：将承口内的所有杂物予以清除，并擦洗干净，因为任何附着物都可能造成接口漏水。

清理胶圈、上胶圈：将胶圈上的粘接物清擦干净，把胶圈弯成心形或花形（大口径）装入承口槽内，并用手沿整个胶圈按压一遍，确保胶圈各个部分不翘不扭，均匀一致地卡在槽内。

安装机具设备：将准备好的机具设备安装到位，安装时注意不要将已清理的管子部位再次污染。

在插口外表面和胶圈上刷润滑剂：润滑剂用厂方提供的，也可用肥皂水，将润滑剂均匀地刷在承口内已安装好的胶圈内表面，在插口外表面刷润滑剂时应注意刷至插口端部的坡口处。顶推管子，使其插入承口。

检查：检查插口推入承口的位置是否符合要求，用探尺伸入承插口间隙中，检查胶圈位置是否正确。

3) 注意事项：

胶圈应在承口槽内插正，并用手压实。安装完一节管子后，当卸下安装工具时，承口可能要脱开，故安装前应准备好配套工具，如用钢丝绳和手扳葫芦将安装好的管子锁住。锁管时应在插口端做出标记，锁管前后均应检查使其符合要求。当管子需要截短后再安装时，插口端应加工成坡口形状。在弯曲段利用管道接口的接转角安装时，应先将管子沿直线安装，然后再转至要求的角度，转角后弯曲的内侧将有部分进入承口内，外侧有部分伸出。

(10) U-PVC管道安装

1) 连接程序如下：

准备 → 清理工作面及胶圈 → 上胶圈 → 刷润滑剂 → 对口、插入 → 检查

2) 操作方法及要求：

准备：检查管材、管件及橡胶圈的质量，并根据作业项目参考表准备工具。当连接的管子需要切断时，需在插口端另行倒角，并应画出插入长度标线，然后再进行连接。切断管材时，应保证断口面平正且垂直管轴线。

清理：将承口内的橡胶圈沟槽、插口端工作面及橡胶圈清理干净，不得有土或其他杂物。

上胶圈：将橡胶圈正确安装在橡胶圈沟槽中，不得装反或扭曲。为了安装方便，可用水浸湿胶圈，但不得在橡胶圈上涂润滑剂安装。

刷润滑剂：用毛刷将润滑剂均匀地涂在装嵌在承口处的橡胶圈和管子插口端外表面上，但不得将润滑剂涂到承口的橡胶圈沟槽内，润滑剂可采用V形脂肪酸盐，禁止用黄油或其他油类做润滑剂。

对口插入：将连接管道的插口对准承口，保持插入管端的平直，用手动葫芦或其他拉力机械将管一次插入至标线；若插入阻力过大，切勿强行插入，以防橡胶圈扭曲。

检查：用塞尺顺承插口间隙插入，沿管圆周检查橡胶圈的安装是否正确。

3) 注意事项：

承口装嵌橡胶圈的槽内不得涂上各种油及润滑剂，防止在接口时将橡胶圈推出。接口插管时应一次插到底；若插入阻力过大或发现插入管道反弹时，应退出检查橡胶圈是否正常。

(11) 管道试压

铺设暗装给水管道，在隐蔽前做好单项水压试验。管道系统安装完后，进行综合水压试验。水压试验时应在管道系统最高点安装排气阀，充满水后进行加压；当压力升到1.0MPa时停止加压，稳压10min后进行检查，如各焊口和阀门均无渗漏，持续到规定时间，观察其压力下降是否在允许范围内，通知监理进行验收，办理交接手续。然后，把水泄净。

(12) 管道冲洗

给水管道的冲洗工序是管道工程竣工验收前的一项重要工作。冲洗管内污泥、脏水及杂物，保证水流速≥1.0m/s，时间安排在消毒前，且城市管网用水量小、水压偏高的时段进行。

开闸放水时，应先开出水闸门，且开来水阀门，进行支管冲洗；检查沿线有无异常声响、冒水或设备故障等现象。冲洗时应连续冲洗，直至出水口处浊度、色度与入水口处冲

洗水浊度、色度相同时为止。冲洗应用自来水连续进行，保证有充足的流量。

（13）管道消毒

管道冲洗结束后要进行消毒，消毒用氯离子浓度为 20mg/L，将一定量的漂白粉溶解后，漂白粉含氯量以 25%为标准；高于或低于 25%时，应按实际纯度折合漂白粉使用量。取配制好的药剂投加入管道系统，同时打开管道系统中阀门少许，使漂白粉流经全部需消毒的管道。当这部分水自末端流出时，检验出水口出水含氯量不低于 20mg/L 时才可以停止加药，关闭出水阀门。然后关闭所有阀门，记下时间，浸泡 24h。24h 后取样，送到水质检测部门进行化验，然后把水泄净。

管道冲洗消毒施工框图如下：

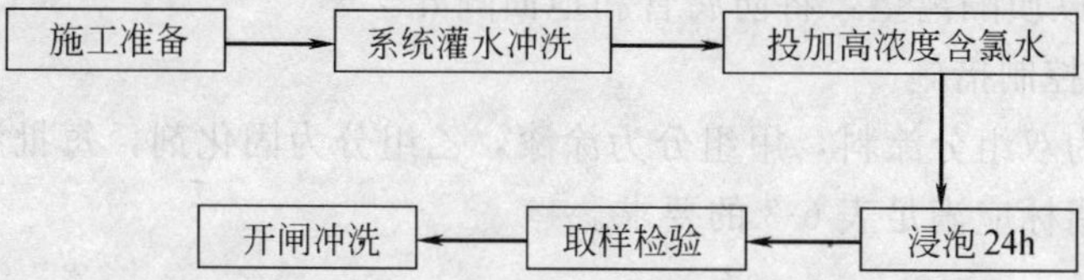

（14）管道防腐

1）主要技术要求

内壁防腐：采用机械喷沙除锈，等级达到 Sa2.5 级，机械刷涂 8701 饮用水防腐涂料，干膜厚度≥0.4mm。

外壁防腐：采用环氧煤沥青防腐层特加强级（底漆—面漆—面漆，玻璃丝布，面漆—面漆，玻璃丝布，面漆—面漆），干膜厚度≥0.6mm。

2）施工方法

内外壁喷砂除锈：采用干式机械喷砂除锈，磨料采用石英砂过筛，石英砂粒径 1～3mm，除锈时出口压力不小于 0.6MPa，除锈后其质量等级应达到 Sa2.5 级，即完全除去金属表面的油脂、污垢、浮锈、氧化皮等附着物，所有残留的痕迹所引起的轻微变色只能是点状或线状分布，并且单位面积上不能超过 5%。

内壁刷涂 8710 饮用水防腐涂料：内壁喷砂除锈经检验合格后，立即涂刷一道涂料，绝不能隔夜刷涂或在雨天刷涂，第一道刷涂要均匀、无漏刷、无流挂。钢管两端预留 150～250mm 不刷，留待焊接，第一道涂料实干固化前约 4h，刷涂第二道涂料。依次刷完其余 4 道。涂料的配置要严格按照产品说明书要求的方法和比例进行，并且要有充分的熟化时间（约 30min）。

外壁涂刷环氧煤沥青防腐层特加强级。

涂刷底漆：施工环境温度在 15℃以上时，选用常温型环氧煤沥青；环境温度在－8～＋15℃时，选用低温型。施工时，空气相对湿度应低于 80%。雨、雪、雾及大风的气候条件下，停止防腐层的露天施工。由专业人员按产品说明书所规定的比例往漆料中加入固化剂（一般甲组分：乙组分为 10：1），使用前，应熟化15～30min，刚开桶的底漆和面漆，不应加稀释剂。配好的涂料在必要时加入5%的稀释剂，超过使用期的涂料严禁使用。钢管表面处理后，应及时刷涂底漆，当空气湿度大时，必须立即涂刷底漆。钢管两端预留150～250mm不涂底漆。底漆要求涂敷均匀，无漏刷、无气泡、无凝块。干膜厚度不小于25μm。

涂刷面漆和缠玻璃丝布：底漆实干后，刷涂两道面漆同时缠绕玻璃丝布，然后再刷涂两道面漆，同时缠绕玻璃丝布，待其实干后涂刷最后两道面漆。缠绕用的玻璃丝布必须干燥、清洁。缠绕时玻璃丝布应拉紧，表面应平整，无褶皱和鼓包，压边宽度为20～25mm，布头搭接长度为100～150mm。

成品的堆放和养护：涂敷好的防腐管，宜静止自然固化。堆放时，应采用宽度不小于150mm的垫木和软质隔离垫，将防腐管和地面隔开。

3）产品质量控制措施

环氧煤沥青为双组分涂料，甲组分为涂漆，乙组分为固化剂，每批涂料都必须提供检验报告，其技术指标应满足表6-3的要求。

环氧煤沥青技术指标要求 **表6-3**

序号	项目		指标		实验方法
			底漆	面漆	
1	黏度(涂-4黏度计,25±1℃)(s)	常温型	60～100	80～150	GB/T 1723
		低温型	40～80	50～120	
2	细度(μm)		不大于80	不大于80	GB/T 1724
3	固体含量(%)	常温型	不小于70	不小于80	GB/T 1725
		低温型		不小于75	

玻璃丝布：玻璃丝布作为环氧煤沥青玻璃钢防腐层的加强基布，宜选用经纬密度(10×10)根/cm^2、厚度为0.1～0.12mm、中碱9含碱量不超过12%、无捻、平纹、两边封边、带芯轴的玻璃丝布。玻璃丝布布面宽度宜采用500mm。

材料的验收：底漆、面漆、固化剂和稀释剂四种配套材料为同一生产厂家生产，涂料应包括厂名、生产日期、存放期限等内容完整的商品标志、产品使用说明书。

防腐管的质量检验和修补：

外观检查：对防腐层外观进行100%检查，要求表面平整，无空鼓和褶皱，压边和搭边粘结紧密，玻璃布网眼应灌满面漆。对防腐层的空鼓和褶皱应铲平，并按相应防腐层要求，补偿面漆和缠绕玻璃丝布至符合要求。

厚度检查：测管子两段和中间共三个截面，每个截面测上、下、左、右共4点，每个点厚度都不应小于0.4mm，对不合格的防腐层，可在防腐层固化前刷涂面漆至合格。

漏点检查：用电火花检漏仪对防腐管逐根进行检查，检漏电压为10000V。检查时，探头应接触防腐层表面，对漏点部位进行标示，将漏点周围50mm范围内的防腐层用砂轮机或砂纸打毛，然后刷涂面漆至合格，固化后在进行漏点检查。

粘结力检查：用锋利的刀刃垂直划破防腐层，形成边长约100mm、夹角45°～60°的切口，从切口尖端撕开玻璃布。符合下述条件的为合格：实干的防腐层，撕开面积约

$50cm^2$，撕开处应不漏铁，底漆和面漆应普遍粘结。固化后的防腐层，只能撕裂，且破坏处不能漏铁，底漆和面漆应普遍粘。

粘结力不合格的防腐管，不能做补涂处理，应铲除全部防腐层并重做。

（15）管道涂漆

快速砂滤池内压缩空气管道 *DN*250、*DN*200 以及鼓风机房和反洗泵房内工字钢梁，均采用立邦 HI-PON40 环氧面漆进行手工涂漆施工。该产品系双组分高光泽环氧树脂系面漆，具有优良的耐药品性、耐磨性、耐油性和耐水性。

另外，反洗泵进出水管（*DN*700、*DN*500、*DN*600）、滤后水管（*DN*450）、放空管（*DN*150）、反洗泵房旁通管（*DN*200）采用立邦 HI-PON50 聚氨酯面漆进行手工涂漆施工，该产品系双组分高光泽聚氨酯树脂系面漆，具有优良的耐药品性、耐磨性、耐油性和耐水性，同时具有高光泽性和快干性。

1）管道涂漆施工框图如下：

管道表面处理 → 管道喷砂除锈 → 刷一道底漆 → 刷两道面漆

2）涂刷的主要施工方法：

涂漆施工一般应在管道试水合格后进行，未经试压的大直径钢板卷管如需涂漆，应留出焊缝位置及有关标记。管道安装后不易涂漆的部位，应预先涂漆。

表面处理：涂料施工前，管道进行喷砂除锈，滚涂两道环氧煤底漆。焊缝处不得有焊渣、毛刺。表面个别部分凹凸不平的长度不得超过 5mm。对于焊缝及个别锈层处理采用手工处理的方法清除，用刮刀、锉刀、钢丝刷或砂纸将金属表面的锈层、氧化皮、铸砂等除掉。

涂漆准备：涂漆前，保证被涂的管材表面必须清理干净，做到无锈、无油、无酸碱、无水、无灰尘等。使用前，必须熟悉涂料的性能、用途、技术条件等；涂料不可乱混合，否则会产生不良现象；色漆开桶后必须搅拌才能使用，如搅拌不均匀，对色漆的遮盖力和漆膜性能都有影响；漆中如有漆皮或粒状物，要用 120 目钢丝网过滤后使用；采用与涂料配套的固化剂混合比为：主漆∶固化剂＝4∶1（重量比）。

涂漆施工：施工的环境温度宜在 15～35℃之间，相对湿度在 70%以下。涂漆的环境空气必须清洁，无煤烟、灰尘及水汽。涂漆的方法采用手工滚涂涂刷，使用滚子时，检查滚子是否有破损及掉毛现象。涂料使用前应充分搅拌均匀，适当加水稀释，防止头遍漆刷不开。

涂漆施工工序：室内管道先涂刷一道环氧底漆和一道面漆。接着进行立邦面漆的涂刷。一道漆涂装完毕后，在进行下道漆涂装之前，一定要确认是否已达到了规定的涂装间隔时间；否则，就不能进行涂装。涂刷的环氧底漆和面漆都应保证第二层的颜色最好与第一层颜色略有区别，以便检查第二层是否有漏涂现象。每层漆膜厚度一般不宜超过 30～40μm。

6.5 设备安装工程

宝鸡水厂项目设备安装主要包括反冲洗水泵 6 台、鼓风机 4 台、空气压缩机 4 台、回流污泥泵 8 台、刮泥机 4 台、螺旋输送器 1 套、闸板阀 32 台。

设备安装顺序如下：

施工准备 → 设备基础检查验收 → 设备开箱检查交接 → 设备运输到位 → 设备吊装就位 → 找正固定 → 单体试车 → 配合系统

6.5.1 泵类设备安装方案

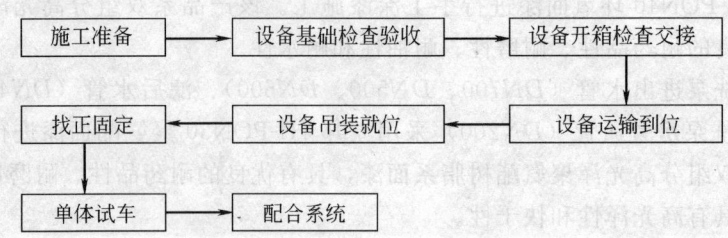

宝鸡水厂项目泵种类有三种：潜污泵（离心泵）（图 6-13），计量投加泵（图 6-14），螺杆泵（图 6-15）。潜污泵输送介质为水（安装在砂滤池反冲洗泵房内）；计量泵介质为絮凝剂（安装在粉末活性炭间及 PAC、PAM 投加间）；螺杆泵介质为污泥（安装在沉淀池回流污泥泵房内）。

图 6-13 潜污泵（离心泵）

图 6-14 计量投加泵

（1）安装程序

安装程序如下：

技术准备 → 基础验收 → 开箱检验 → 出口管化学螺栓安装 → 设备安装 → 泵提升装置安装 → 工艺管道安装 → 试车准备 → 单体试车 → 交工验收

（2）主要工序安装技术要求

1）技术准备

安装前应准备下列技术资料：

设备的出厂合格证书，试运转记录，随机技术图纸和安装说明书；设备的安装图；基础图；装箱清单；有关安装规范及安装技术要求或方案。

2）基础验收

基础施工完毕，养护期满达到设计要求，可进行土建与安装专业的工序交接，基础交接时，基础上应标出纵横中心线、标高等位置，安装将依据该记录及有关设计图纸，对基础进行复查。验收合格后，进行基础表面的处理工作。

3）基础处理

根据主机地脚螺栓孔的相对尺寸以及基础纵横中心线等，在基础上放出安装基准线；放置垫铁处铲平，其他表面铲麻处理，清除基础表面的油污。对基础外观进行检查，不得有裂纹、蜂窝、露筋等缺陷。

图 6-15 螺杆泵

4）开箱检验

设备的开箱检验应在外商、业主、施工单位的有关人员共同参与下进行。检验后，要提交有签证的检验记录。按照装箱清单核对设备名称、型号、规格、包装箱数，并检查包装状况。对设备和零部件的外观进行检查，并核对数量。检查随机技术资料和专用工具是否齐全。开箱后若暂不安装设备和零部件，应采取适当的防护措施。

5）设备吊装

设备吊装工作按起重操作规程进行，吊装设备要用设备上的专用吊耳。必须捆绑设备时，应用专门吊装带进行，或在绳索上套防护品。吊运设备应在排子上进行，严禁直接撬别、捶击、牵拉设备。设备吊装顺序应先高后低，先大后小，先里后外。

6）找平找正

潜污泵：出口管安装时，要找正找平，泵体与出口管为自动对接。出口管安装允许偏差如下：标高允许±5mm，中心线偏差 5mm，法兰面垂直长偏差≤0.5mm/m。

计量泵和螺栓泵：纵向水平在轴的延伸端测量，横向水平在机加工面上或进、出口法兰面上测量。位置和标高偏差要求同上。水平度偏差：纵向≤0.10mm/m，横向≤0.20mm/m。

设备的所有管口均应加盲板封闭，管道吹扫干净后，正式连接时方可拆除盲板。

7）联轴节对中

仅限于计量泵和螺杆泵。

针对每台设备的联轴形式，按随机技术文件或规范要求，在工程质量单上给出找正对中数据。

8）设备防护措施

安装好的设备进出口要加临时盲板。与其他专业交叉作业时，设备应搭防护棚，防止弄脏表面。若可能应恢复原包装箱。长时间外露的设备应有防雨、雪措施。不锈钢设备在安装过程中和安装后，尽量避免与碳钢直接接触。设备上的压力表、油杯等易损件应卸下保存，防止碰坏和丢失。敞开的管口要包好。通电的设备要挂牌提示，防止误操作，损坏设备。

6.5.2 闸门、插板阀的安装

宝鸡水厂项目电动闸板阀，大部分为进口设备，全不锈钢材质（SS316L），主要由阀门和提升两大部分组成，其结构设计合理，密封性能好，防腐蚀性能强，使用寿命长，安

装方便，启闭灵活。其结构形式为方形，固定方式采用同种材质的不锈钢膨胀螺栓固定，设备本身对基础墙面的平整度（≤3mm/m）要求极高。

在基础验收通过后，将固定的位置定位画线，用电钻打孔注意钻孔要打正、打直。栽好螺栓后用吊带将已贴好密封条的闸板阀就位，紧固螺栓。

安装试运行，闸门关闭5min，检查泄漏量。

启动闸开按钮，检验闸门从全闭到全开过程中，运行是否平稳，有无卡涩、振动现象。当开度达到100%时，自动停车。

若以上检验过程均符合要求，则此闸门试运行合格。

试运行用水排净，用电源断开。

（1）阀门安装

阀门安装前应进行清洗，清除污垢和锈蚀。阀门与管道连接时，其中至少一端与管道连接法兰可自由伸缩，以方便管道系统安装后，阀门可在不拆除管道的情况下进行装卸。

阀门安装时与侧面墙距离应保持300mm以上，其阀底座与基础应接触良好。

阀门安装标高偏差应控制在±10mm范围内，位置偏移应小于±10mm，阀门水平度偏差应小于0.5/1000，垂直度偏差应小于0.5/1000。阀门与管道法兰调整在同一平面上，其平行度偏差应小于1/1000，阀门与管道法兰连接处应无渗漏。

阀门操作机构的旋转方向应与阀门指示方向一致；如指示有误，应在安装前重新标识。检查阀门的密封垫料，应密封良好，垫料压盖螺栓有足够的调节余量。

手动（或电动）操作机构应能顺利地进行阀板的升降，上下位置准确，限位可靠及时。

（2）安全技术措施

闸井闸槽断开部位必须围栏或增加盖板，防止人员坠落，必要时使用安全带。试运时，应注意手轮是否脱开，板杆是否在电动的位置上。防止电动机启动时一旦保护装置失效，手轮可能高速转动伤害操作者。使用手动启闭机与闸门时，要摇动均匀，不要在开启或关闭时用力过猛，以防损伤定位装置。试运行时设置试车标志。

6.5.3 通风系统的安装方案

（1）鼓风机主要结构说明

鼓风机内介质流程：空气由入口进入，从轴向进入叶轮，高速旋转的叶轮将气体加速，气体流经叶轮时改变方向（变成径向）进入扩压器，在此减速将动能转换成压力能进入集气箱，从此处再进入锥形喷射器，再进入排放系统。

联轴节：电机与变速箱之间的连轴节是一个弹性圆盘形联轴节，该联轴节在径向与轴向上均有伸缩性，同时也能承受过量的压力。

润滑油系统：润滑油系统对变速箱中的轴承及齿轮出进行润滑。润滑油系统有两个油泵，任一个都能输送所需油量。这两个泵一个是用于机器运行，一个备用。备用泵是在开/停阶段用于润滑和润滑后。在启动阶段，两个泵将同时运行一段时间，也就是说在这个阶段压力将上升到正常压力。备用泵属电动泵，运行用泵属齿轮传动。油箱安装有电动油加热器，当油温低于10℃时对油进行加热。

油通过油冷却器和油过滤器送到润滑点，通过排放管线和底部法兰流入油箱。有2个冷却器采用风冷。

油系统安装了两个压力机。在启动阶段，如果机械泵后压力高于1.5bar，则其中一个压力机给出信号，停止电动泵的工作。由于停电或损坏（泄露）发生在润滑油系统中，油低于1bar，另一个压力计给出信号，以停止鼓风机。

当油箱中油温高于70℃时，恒温调节器将使鼓风机停车。

（2）控制和监视系统

控制和监视系统将确保在操作过程中及在开/停车系统中正确的操作条件。

控制系统有开/停车功能，鼓风机的操作，润滑油系统，即或放空阀，阔牙期和预转动。

监视器由最少五个自动调压器、自动调温器和感应器上的电流线圈组成。电流线圈是安全系统的一部分；如果发生问题，安全系统将立即停止鼓风机的运行。

6.5.4 刮泥机安装

（1）安装前的准备工作

检查设备的规格、性能是否符合图纸及标书要求，检查设备说明书、合格证和设备试验报告是否齐全。

检查设备的外表驱动装置、刮板、链条、轴座等是否受损变形，零部件是否齐全。复测土建工程的标高、池内宽度等尺寸是否满足设计图纸要求，以及检查所有的埋件留孔是否符合安装条件。

位于池底敷设的导轨其直线度偏差应小于2/1000，全长范围的偏差不大于10mm，导轨的平面度偏差应小于2/1000，全长范围内平面度偏差应小于10mm。池底二次粉刷后至导轨顶面的距离应控制在3～5mm。

（2）设备安装

工作桥的安装：由于池径较小，工作桥在工厂已做成整体，在安装现场用吊车吊至安装点，两端调整，保证两端高差不超过10mm。调整好后，用电焊焊牢。

驱动机构安装：将驱动机构吊至工作桥中心安装位置，从上到下将减速机、联轴器、减速机座、传动立轴等组合好，调整减速机座，要求减速机中心与池中心重合，同轴度允许偏差为10mm，机座标高应符合设计要求，允许偏差0～10mm；刮泥机主轴对机座底面的垂直度允许偏差为0.5mm/m，总偏差不大于2mm，调整后拧紧连接螺栓。

刮臂的安装：分别把主刮臂与副刮臂安装在立轴上，调节索具螺旋扣，使主刮臂与同一圆锥面内通过同一标高基准点的高差不大于5mm；然后，再调整主刮臂与副刮臂的拉紧力度。

刮板的安装：刮板在运行一周内要达到应与池底坡度相吻合，钢刮板与池底距离为50mm，橡胶刮板与池底的距离不应大于10mm。分段刮板运行轨迹重叠量为150～250mm。

水下轴承的安装：先把水下轴、水下轴承、水下轴承座、集泥槽刮板组装在一起，放在沉淀池的集泥槽上，调节集泥槽刮板与集泥槽壁的间隙，要求四周均匀，用点焊方式将水下轴承座焊接在预埋板上；然后，用螺栓将水下轴与立轴连接，连接时若错位太大，应重新调整水下轴承座，手动扳转一周，感觉应无明显轻重不同的反应，无卡阻现象，轻便灵活。调整好后，再将水下轴承焊牢。调整好对夹轴承，注满润滑脂，处理好密封工作。

整机安装完毕，应对各润滑部位加足润滑油，用手动旋转一周，运行应平稳正常，不得有冲击、振动和不正常的声响。

6.5.5 滤梁、滤板、滤头安装方案

(1) 施工流程图

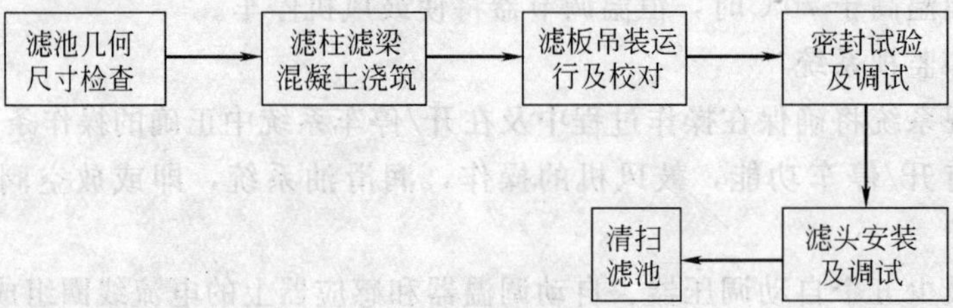

(2) 主要施工程序及施工方法

工程开工前，首先应由施工技术人员参加图纸会审，提出图纸存在的问题及不清楚的地方并请设计院及时解决，针对工程具体情况编制施工方案，并报业主及监理审批；然后，向施工班组进行技术交底，对重点部位及关键地方编制技术措施。

滤池完工后，对滤池几何尺寸进行认真检查，主要检查池宽、池长、滤梁支撑牛腿等，这是今后安装工程最为重要的一环；若此环节出现错误，必然对今后造成无法安装和不能正常运转的损失。所以，必须对滤池的几何尺寸按设计误差进行检查和验收；若不符合图纸工艺要求，必须采取措施进行修补。

清扫滤池：为保证今后滤头的运行安全，清扫滤池应贯穿于施工过程的全部。所以，在进行施工过程中，应派专人用空压机等工具除尘。

根据滤池的平面位置和滤板的重量，混凝土滤板的安装使用25t汽车吊。

将滤板从滤池的一角沿着边线逐排安装。

按照标好的轴线安装滤板，尺寸误差不得超过2mm。为了方便以后的工作，如果在滤板下没有人孔，则不安装最后的滤板。当所有的滤板就位后，拧紧螺栓但是不要过紧。

在滤板间和滤池的周边使用SIKA LATEX型无收缩树脂砂浆。

良好的密封要求在滤板边缘和滤池周边的连接处表面粗糙。

6.6 电气安装工程

6.6.1 电气工艺流程和内容

(1) 电气安装工艺流程如图6-16所示。

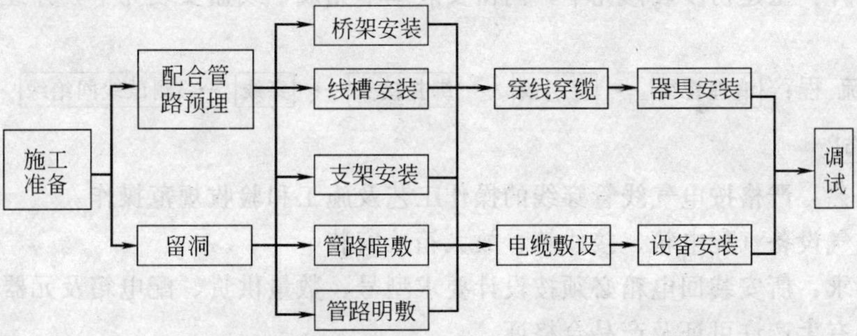

图6-16 电气安装工艺流程

(2) 内容

电气安装工程内容包括电气管线、线盒、开关箱等的预留、电气接地焊接，重复接地的焊接、电气线盒的清理、穿线、电气设备安装（配电箱、接地管等）、灯具、开关、插座等安装、电气调试等。

6.6.2 施工方法

(1) 电气管线、线盒预埋

材料要求：所有管线、线盒应符合设计要求型号、规格。材质应符合国家标准，并有生产许可证及产品合格证。

作业条件：楼层的标高线和墙位置均已标好；在底层钢筋扎完后，上层钢筋未绑扎前，依据图纸放出安装电线管走向及线盒的安装点。

工艺流程：[线管、线盒放线]→[预制加工（线盒上锁母、封堵，钢管喇叭口加工、弯管、开关箱孔盒加工）]→[线盒固定]→[管路连接]→[固定线管]→[焊接接地]→[封堵管头]。

操作工艺：严格按施工及验收规范要求操作。暗管应线路短、弯曲少、距离墙、地表面不小于 15mm；弯曲应采用专用的手工弯管器或液压管机弯曲，弯曲半径不小于管的直径的 5 倍，弯曲部不应有裂纹、扭曲、折皱的现象；管口排列整齐，出基础面不小于 50mm；管与箱盒的连接，盒箱开口应与管径相吻合，要求一管一孔，不得开长孔，盒箱严禁气焊开孔，应用专用的开口器开孔，管箱应用锁紧螺母，进行连接；锁紧螺母应露出 2～4 丝扣，两根管进入箱盒者，管长短要一致，间距要均匀，排列整齐。管与管的连接，应采用锯工割管器、砂轮锯进行切管，断口处平齐、不歪斜，管口要铣光滑，无毛刺，管内无杂质；连接用套管的长度不小于管径的 1.5～3 倍，且在中心，焊口牢固、严实。露出地面基础的钢筋应打喇叭口，管口光滑，无楞边刺口。

（2）电气接地、重复接地及引下线制作

材料要求：符合设计要求和国家标准。作业条件：接地母线应在墙面完成前，预留出接地点。

工艺流程：现场准备→加工接地极、母线→摆位、焊接→清洗药皮、防腐。

注意事项：焊接应符合规范要求，不得有虚焊，牢固焊完后要防腐。

（3）管内穿线

材质要求：所有导线要符合设计要求型号、规格。材质应安装完毕，并经过校正达到优良。

作业条件：土建初步装修完毕，门窗安装基本完成，线盒安装完毕，并经过校正达到优良。

工艺流程：清理管线→穿引线→绑扎接头→穿线→测试线间绝缘→线间连接→缠绝缘胶布。

操作工艺：严格按电气线管穿线的操作工艺及施工和验收规范操作。

（4）电气设备（配电箱、接线箱、放大箱）安装

材料要求：所安装回电箱必须按设计要求型号、数量供货、配电箱及元器件应符合国家标准，并有生产许可证及产品合格证。

作业条件：土建进行初装时，只装箱壳，土建初装完毕后，进行箱芯安装、接线等工作。

工艺流程：清除预埋盒→安装壳、固定→配管进箱→引入导线→安装箱芯→接线。

注意事项：配电箱体必须端正、横平竖直，箱面与墙面平行，线管入箱需用锁母锁紧，一孔一管，不得气焊开孔，线管排列整齐，间距均匀，长度一致。接线排列整齐，零火线分清，绑扎成束、成排，方向顺时针，压线牢固，接触良好。

（5）灯具、开关、插座的安装

材料要求：所安装灯具、开关、插座需按设计要求的型号、规格、数量供货。材质应符合国家标准，并有生产许可证及产品合格证。

作业条件：室内外装修，抹灰等全部完成，电气测试全完，线头留出有一定长度。

工艺流程：准备工作混凝土电气接线→固定电气设备→安装装饰面板→电气测试。

操作工艺：采用胶木底座，导线绝缘支应伸出胶木底座外。采用软硬线相接要紧密、牢固，充分保证电气的导通与灯具接线用螺母钉压紧，导线不允许有松动现象。所以，面板安装必须平整、紧贴墙面，与屋墙面板高差不大于 2mm，与室面板高差不大于 5mm。

(6) 电气调试

本工程为照明工程，调试具体流程为：

380V、220V电源由室外送入→总配电箱→分配电器→开关→用电器

7 季节性施工措施

7.1 冬期施工措施

7.1.1 工程概况

冬施具体期限根据现场温度实测来确定。

根据进度安排，冬期施工主要内容有：粗装修施工、小型结构施工、机电设备安装施工。

7.1.2 生活安排

经理部办公室采用空调取暖。劳务承包方办公室、工人宿舍采用电暖气采暖，每个房间1台，并在工人宿舍增加被褥和御寒衣服。

7.1.3 施工总体安排

在现场设立天气预报黑板（保证文明施工要求，且字体要稍大点），头一天写明第二天气象台的天气预报情况。在现场安装温度计，测量温度。

开工前认真查阅施工图纸、方案、相关安全质量规范，针对冬施中要进行的分项工程及所用的人、机、料、施工工艺、安全质量施工注意点等，做到冬施中重点突出、心中有数。

临建施工时认真查看现场总平面布置图、平面临时水布置图及相关资料，确保各类临时地下、地上管线、管沟平面位置及标高，保证地下管线的埋深、做好地上管线、管沟的保温。

开工前，组织管理人员学习冬施规范标准、进行冬施方案交底，提高冬施安全、质量、技术等意识，避免在冬施中造成损失。加强对工人的冬施技术交底，培训测温人员，提高对冬施工作的责任心和操作水平（保证测温记录的真实性、完整、准确性）。

成立冬施领导小组。

7.1.4 冬期施工注意事项

入冬前，要对现场的施工设备（如小型机械、电气设备等）进行检查维修，安全部门要加强对施工人员的冬施安全教育。施工现场必须按方案要求做好防冻保温工作，注意天气预报，注意大风天气及寒流袭击对安全生产带来的影响，冬施现场保温材料准备好。

各种化学外加剂及有毒物品、油料等可燃物品要设专库存放、专人负责管理，并建立严格的领发制度。

电、气焊操作必须经申请同意，并设专人看火，配备好消防器材和消防用水。各种架子、上人马道要牢固可靠，并定期进行检修，大风或雪后要认真清扫、检查，及时消除隐患，施工人员要做到遵章守纪，杜绝违章作业、违章指挥和冒险作业。保证消防设施及消防用水水源供应，保持道路通畅，消火栓和消防水源应有明显标志。

7.2 雨期施工措施

7.2.1 施工准备

雨期施工主要内容包括结构、室内外装修、室外管线等工程。

雨期施工前认真查阅施工图纸、方案、相关安全质量规范，认真查看现场总平面布置图、平面临水临电布置图，找出雨期施工中要进行的分项工程及所用的人、机、料、施工工艺、安全质量施工注意点等。

成立防汛领导小组，制定防汛计划紧急预防措施，包括现场施工和与施工有关的周边建筑物和临时建筑以及施工人员安全计划。

7.2.2 一般措施

夜间均设专职的值班人员，保证昼夜有人值班并做好值班记录，同时设置天气预报员，负责收听和发布天气情况。特殊气候及时通报项目领导和现场施工人员，及时做好预防准备和措施。做好施工人员的雨期施工培训工作，组织相关人员进行一次全面检查施工现场的准备工作，包括临时设施、临电、机械设备防护等项工作。

检查施工现场及生产生活基地的排水设施，疏通各种排水渠道，清理雨水排水口，保证雨天排水通畅。现场道路两旁设排水沟，保证路面不积水，随时清理现场障碍物，保持现场道路畅通。道路两旁一定范围内不准堆放物品，保证视野开阔，道路畅通。施工现场、生产基地的工棚、仓库、食堂、临时住房等暂设工程各分管单位应在雨期前进行全面检查和整修，保证基础、道路不塌陷，房间不漏雨，场区不积水。

7.2.3 专项措施

(1) 原材料的储存和堆放

水泥全部存入仓库，没有仓库的搭设专门的棚子，保证不漏、不潮，下面架空通风，四周设排水沟，避免积水。现场可充分利用结构首层堆放材料；砂、石料一定要有足够的储备，以保证工程的顺利进行。场地四周要有排水出路，防止淤泥渗入；空心砖应在底部木方垫起，上部用防雨材料覆盖；模板堆放场地碾压密实，防止因地面下沉造成倒塌事故。

雨期所需材料、设备和其他用品，如水泵、抽水软管、草袋、塑料布、苫布等由材料部门提前准备，及时组织进行。水泵等设备应提前检修；雨期前对现场配电箱、闸箱、电缆临时支架等仔细检查。

脚手架等做好避雷工作，也可利用建筑物自身的避雷设施，接地电阻一定要符合要求。

(2) 装修施工

雨期装修施工应精心组织，合理安排雨期装修施工工序。按照晴、雨、内、外相结合的原则安排施工，晴天多做外装修，雨天做内装修。外装修作业前要收听天气预报，确认无雨后方可进行施工，雨天不得进行外装修作业。雨天室内工作时，应避免操作人员将泥水带入室内造成污染。一旦污染楼地面及时清理。

室内木作、油漆及精装修在雨期施工时，其室外门窗采取封闭，防止作业面被雨水淋湿、浸泡。

外墙施工遇雨时，进行覆盖。继续施工时，对已施工部位进行检查，以确认是否受损、是否需返工。

内装修先安好门窗或采取遮挡措施。结构封顶前的电梯井、楼梯口、通风口及所有洞口在雨天用塑料布及多层板封堵。水落管一定要安装到底，并安装好弯头，以免雨水污染外墙装饰。

每天下班前关好门窗，以防雨水损坏室内装修，防止门窗玻璃被风吹坏。

（3）机电安装

设备预留孔洞做好防雨措施。

现场中外露的管道或设备，用塑料布或其他防雨材料盖好；室外架空线路施工立杆时，基坑挖出的土要把标桩埋上；同时，坑四周用土围堆，防止雨水流入。

直埋电缆敷设完后，立即铺砂、盖砖及回填夯实，防止下雨时，雨水流入沟槽内；室外电缆中间头、终端头制作选择晴朗无风的天气，油浸纸绝缘电缆制作前须摇测电缆绝缘及校验潮气；如发现电缆有潮气浸入时，应逐段切除，直至没有潮气为止；敷设于潮湿场所的电线管路、管口、管子连接处作密封处理。

8 试验、试车方案

8.1 结构闭水试验

8.1.1 目的

根据设计要求，水池类构筑物按照《给水排水构筑物施工及验收规范》进行闭水试验的规定，特对宝鸡水厂清水池、砂滤池、沉淀池、细格栅站等蓄水构筑物的结构进行闭水试验，以确定其闭水效果。

8.1.2 条件

（1）池体混凝土浇筑完成并且已达到设计强度，抗渗等级满足设计要求。

（2）钢筋混凝土水池的防水层、防腐层及回填土施工前。

（3）进水、出水、排空、溢流管道安装和穿墙管口的填塞密封已经完成。

8.1.3 准备工作

（1）池体混凝土的缺陷修补：修补、剔除局部的蜂窝、麻面、对拉螺栓、预埋筋。

（2）池体结构检查：检查变形缝嵌缝有无开裂等。

（3）其他工作：包括临时封堵管口，安装闸阀，清扫池内杂物，装备清水池顶部的人孔井，通气孔盖板，设置水位观测标尺，标定水池最高水位等。

8.1.4 步骤和检查方法

多个水池连在一起的构筑物，按照是否连通各个分开，对单个水池进行闭水试验。注水一次到设计水位。这样可以让所有渗漏点充分暴露，便于采取措施，节约用水量。

因为清水池系有盖池体，故不考虑蒸发量，闭水试验在秋冬季节，亦不考虑蒸发。

（1）注水

在原有细格栅站处用水泵抽水进行池体注水，一次注到设计水位。考虑混凝土底板和墙体吸收水分，根据实际情况，在注水完成后的5h内补充一次水至原标高。

在注水过程中和注水完成以后，应对池体作外观检查，一有渗漏，就标记出渗漏位置，但不得放水。

即使渗水量符合标准要求，但如果池壁外表面出现渗漏的现象，也被认为结构混凝土不符合规范要求。

如果条件允许，一个池体闭水完成后，可以打开阀门，使水靠连通作用流到另外一个池内，以节省电力。部分剩余水可用水泵抽取。

(2) 水位观测

注水时的水位用游标卡尺测定。

注水至设计标高进行渗水量测定时，直接在池壁上标出位置。

注水至设计水深后至开始进行渗水量测定的间隔时间应不少于24h。

测读水位的末读数与初读数的时间间隔应不少于24h。

(3) 水池渗水量的计算

水池渗水量按照下式计算：

$$q=A_1(E_1-E_2)/A_2$$

式中　q——渗水量［L/(m^2·d)］；

A_1——水池的水面面积（m^2）；

A_2——水池的浸湿总面积（m^2）；

E_1——水池中水位初读数（mm）；

E_2——水池中水位末读数（mm）。

注：① 当连续观测时，前次的 E_2 即为下次的 E_1；
② 不做蒸发量的测定，雨天不做渗水量的测定和外观检查；
③ 按上式计算结果，渗水量如超过规定标准，应经检查、处理后重新进行测定。

8.1.5　质量标准

在闭水试验中，应进行外观检查，不得有漏水和阴湿现象。水池渗水量按池壁（不包括内隔墙）和池底的浸湿面积计算，钢筋混凝土水池不得超过2L/(m^2·d)。

8.2　砂滤池曝气试验

8.2.1　目的

检查在滤板间接缝的密闭性。

8.2.2　程序

在反冲洗系统、滤板安装完毕并且嵌缝材料达到设计强度后，在填砂前进行曝气试验。

实验步骤如下：

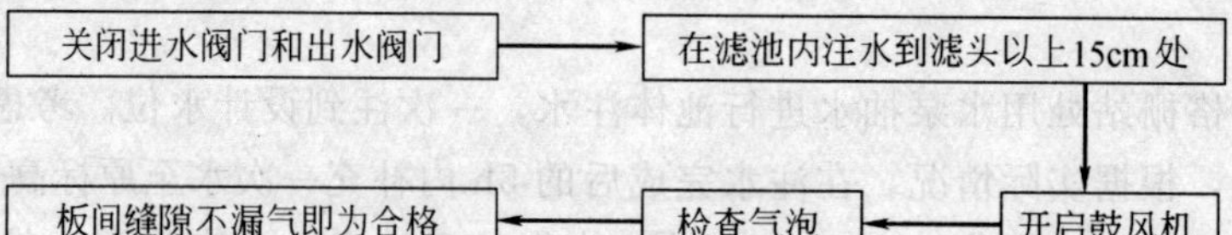

当以上的检查通过后，经过许可注入砂子。任何在分流时的偏差都应更正，并重新试验。

8.3 设备试车方案

驱动电机应空载单试2h，单试时应检查转向，记录电机电流、电压和轴承温度等参数，以不超出规范要求为合格。单试合格后可带动设备进行联动试车。

8.3.1 泵类设备单体试车

试车前的准备工作：按规定加注合格的润滑油（脂）。电机的转向应正确，旋转部件加装防护网。泵入口加临时过滤网。滤网通流面积应大于入口面积的2倍。盘车检查应灵活，无卡涩现象。

（1）离心泵试车

打开进口阀，关闭出水口阀，点动电动机；无异常情况时，启动电动机。转速稳定后，缓慢开启出口阀，调至设计压力，连续运转4h。

每0.5h记录一次。泵出口压力、运行电流、轴承温度和电机温度、轴承处振动值，应符合技术文件规定。无规定时，应符合下列要求：

轴承温度：滚动轴承温度≤80℃，滑动轴承温度≤70℃，振动值≤0.10，转速≤0.08rpm，轴承处双振幅≤0.06mm。

检查有无异常响声，各紧固件有无松动情况；有异常现象，应立即停车检查处理。

运转4h后，上述各项参数合格，为单体试车合格。

（2）计量泵试车

打开进、出口阀、点动电动机，无异常情况时，启动电机，转速稳定后运行0.5h，缓慢关闭出口阀，调整出口压力的25%、50%、75%、100%，分别运转15min，最后在设计压力下运行1h。

运转中应无异常声响，传动与调节机构工作应平稳。

润滑油温度不应高于60℃，轴承温度不应高于70℃。

填料密封的泄漏量应符合技术文件的规定。

每0.5h记录一次：泵出口压力、运行电流、轴承温度和电机温度、轴承处振动值。

（3）潜水泵试车

测量电缆接头的电压降应不低于电机规定值。启动前，出口管内不加水。启动电动机，压力、流量不应大于额定值。安全保护装置及仪表均安全、正确、可靠。出口管应无异常的振动。停泵后，出口管内的水没有完全流入池内后，不得再次启动电动机。

连续运转4h，记录压力、电流、电压和振动情况。

（4）涡轮泵试车

向泵内注入液体，进出口全开，启动电动机。连续运转2h，记录轴承温度、电流、电压和振动情况。

8.3.2 刮泥机试车

试车准备工作：向减速箱内加注规定的润滑油。旋转部件应加防护罩。

无负荷试车：连接皮带轮，启动电动机，连续运转1h，记录电流、电压、轴承温度和振动值等参数。试车结束后，检查齿轮和桥架跑轮的磨损、温度升高和连接螺栓的情况。

负荷试车：操作同单体试车，在联动试车时进行。

8.3.3　空压机试车

无负荷试车：启动电动机，空转1h，记录电机电流、电压、各轴承温度和振动情况。

负荷试车：同无负荷试车。时间为2h。

试车准备：电动闸板阀安装完，闸门与混凝土墙壁的间隙按规范规定二次抹面完成，加好润滑油，调试完电动铸铁闸门，清理完闸井或闸槽内。试运需要的水，电满足要求。

电动闸门允许泄漏量为1.25L/(m·min)。

8.3.4　鼓风机试车

(1) 鼓风机开车

1) 试车准备

自控装置满足开车要求，检查油箱的纯净度，对鼓风机充润滑油，检查油量，按技术资料要求的型号充入油，油必须是新的且绝对干净，通过试镜检查油量，检查润滑油管线是否损坏。

开动润滑油泵，检查转向及压力的变化。不要让油泵无油转动或在错误的方向上转动；油温低于10℃时不开泵。

对油系统进行拆卸和安装，用油进行清洗。方法如下：

拆下连接到变速箱和鼓风机上的管道连接件。使油通过清洗管道流回油箱。用10℃以上的外部油系统冲洗1h。把管线重新安装在变速箱和鼓风机上，检查连接到鼓风机和变速箱上的接头通道是否干净。

在10℃以上油温和1.5～3.0bar油压下，由系统向外流0.5h。

人工转动鼓风机，小心倒转一圈。

检查油过滤器，如果必要则清洗或更换。检查鼓风机的吸入系统、消声器、补偿器、空气过滤器（内/外）是否安装正确和干净。

特别检查叶轮前部、入口和入口管线。

检查入口管和入口过滤器之间的伸缩接头安装是否正确，锥形喷射器、放空阀、止回阀安装情况，放空阀的功能和控制，检查IGV控制系统的功能和控制，检查油冷却的功能和控制，检查风扇马达。

2) 模拟试车

用手转动鼓风机，检查转动是否流畅。

启动鼓风机最多2～3s，检查转动方向；若方向错误，马达调相（长时间的转动方向错误对变速箱及鼓风机将产生损坏，为了保护马达线圈，停止15min后再启动）。

3) 开车程序

打开放空阀或旁通阀⟶进口导叶处于最小位置⟶给油冷却供风⟶启动电动油泵⟶电动油泵油压正常后，启动鼓风机主电机⟶齿轮油泵产生足够油压时，停电动泵⟶使进口导叶微开⟶鼓风机达到额定转速，检查确定各轴承温升，各部分震动都符合规定⟶进口导叶全开始，慢慢关闭放空阀和旁通阀⟶放空阀关闭后，阔压器和/或进出口导叶进入正常工作，启动程序完成。

(2) 鼓风机试车

1）试车过程中进行检查和调整：放空阀的打开和关闭时间；启动后，放空阀显示信号大约180s；止回阀功能；在压力管道中，空气管道的积累；润滑油压力和温度应稳定；运行中的润滑油压力和温度。

2）润滑油冷却的调整：

当气冷时，调整自动调温阀使风扇马达开/停；在运行中润滑油的温度；试一下扩压器的调节；试一下IGV的调节；试一下安全监视器，自动调温器和自动调压器，以及在操作中的紧急停车；试一下正常的开停车系统。

3）马达过载保护：

在操作温度下，检查油的泄露。

运行过程中，检查如下项目：①操作压力和温度；②油量：试镜，油标尺；③油温；自动调温器；④油压：压力表。

9 安全、文明施工措施

水厂厂区的室外管道、工艺管沟纵横交错，尤其九公里水厂几乎将原厂区室外地坪挖填一遍；水工构筑物很多，主体结构留有大量的洞口和预埋件；多工种交叉作业等等，这些不利因素影响工程施工的安全。因此，如何保证安全顺利地进行施工是本工程管理的重点。

业主极其重视安全生产工作。在施工时，我方采用法国威立雅水务公司安全防护标准，布置现场安全防护设施，配备安全防护和劳动保护用品，加强安全教育和检查，召开安全周例会，普及急救知识，发放急救药品等。

9.1 现场安全管理及保证措施

9.1.1 安全管理目标

无死亡、重伤及消防、机械事故，年轻伤频率控制在2‰以内。

进场后根据《职业卫生安全管理体系标准》、《建筑施工安全检查标准》的要求管理现场，建立现场安全管理体系，制定安全生产责任制及响应的措施和制度，确保安全生产目标的实现。

9.1.2 安全保证体系

(1) 安全管理方针：安全第一、预防为主。

(2) 安全保证体系：建立以项目经理为组长，项目总工程师、安全总监为副组长，各专业责任师为组员的项目安全及文明施工领导小组，在公司安全部门的领导监督下，项目形成安全管理的纵横网络。项目经理部配备主管安全的安全总监一名，专职安全员1名。超过50人的施工队伍配备专职安全员，50人以下的施工队伍有兼职安全员，专门负责各施工队伍的安全管理。安全管理体系框图如图9-1所示。

(3) 安全生产责任制：项目经理是项目安全生产的第一责任人，对整个工程项目的安全生产负责；项目总工负责主持整个项目的安全技术措施、脚手架的搭设及拆除、大型机械设备的安装及拆卸、季节性安全施工措施的编制、审核工作；主管安全生产的安全总监具体负责安全生产的计划和组织落实工作；项目各专业工长是其工作区域（或服务对象）

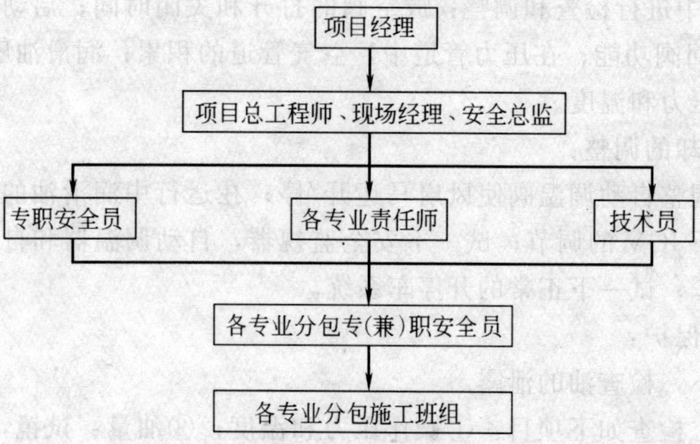

图 9-1 项目安全管理体系框图

安全生产的直接责任人，对其工作区域（或服务对象）的安全生产负直接责任；专职安全员负责对分管的施工现场，对所属各专业施工队伍的安全生产负监督检查、督促整改的责任。

(4) 安全管理制度

安全教育制度；安全学习制度；安全技术交底制度；安全检查制度；安全值班制度；外脚手架、大中型机械设备安装安全验收制度；持证上岗制度；安全隐患停工制度；安全生产奖罚制度。

(5) 制定阶段安全管理计划：根据现场实际情况在施工组织设计中制定各阶段安全管理计划，对各阶段易发生的安全事故隐患，如高空坠落物体打击、触电伤害、机械伤害、火灾等，事先制定技术措施加以防范。

9.1.3 确保工程安全措施

(1) 安全标志

(2) 现场保健急救

施工现场配备治疗一般疾病和工伤急救的药品。现场利用黑板、宣传栏进行夏季防暑、冬季防寒、平日防流行病和养成良好卫生习惯的宣传教育，并在各班组选择责任心强的职工开展急救培训。

(3)“三宝四口”及临边防护

(4) 脚手架防护

架子工必须持证上岗。脚手架搭设必须有施工方案和安全技术交底。架子工应在专业工长和专职安全员的指导下严格按规程要求搭设，脚手架应有分部、分段，按施工进度书面验收，验收后才能投入使用。

(5) 防护措施

按规定作好结构内洞口、临边的防护工作。为减轻后期防护工作，对工程各楼层上的预留孔洞，结构施工时在洞口增加安全防护钢筋，混凝土浇筑后，在洞口上用层板盖住并固定。楼梯处及楼层临边部位用钢管设防护栏杆，并用立网围护。立体的交叉作业对底层的安全防护工作要求高，为此在建筑底层的主要出入口将搭设双层防护棚及安全通道。

外装修时，经常性检查外脚手架及防护设施的设置情况，发现不安全因素则及时整改加固，并及时汇报主管部门。随时检查各种洞口临边的防护措施情况，因施工需要拆除的防护，应在施工结束后及时恢复。

9.1.4 临时用电安全防护措施

(1) 配电箱、开关箱应装设在干燥、通风及常温场所，不得装设在易受外来固体物撞击、强烈振动、液体浸溅及热源烘烤的场所。

(2) 开关箱实行“一机一闸一漏”制，熔丝不得用其他金属代替，且开关箱上锁编号，有专人负责。

(3) 项目经理部制订施工现场的临时用电安全管理制度。

(4) 项目经理部设置专职的临电技术负责人负责临电管理，按规定完善各种安全用电技术资料。

(5) 施工现场临时用电采用三相五线制接零保护供电系统。

(6) 施工现场实施“三级配电、两极配电保护、专机专箱”的配电模式。

(7) 配电室用房必须符合防尘，防介质腐蚀、防砸、防火、防潮等规定，配置大门警示牌及用于维护的专用标牌。

9.1.5 消防保卫措施

(1) 严格遵守当地有关消防方面的法令、法规，配备专、兼职消防人员，制定有关消防管理制度，完善消防设施，消除事故隐患。

(2) 施工现场禁止吸烟，吸烟必须在指定的吸烟室。

(3) 在库房、木工加工房及各楼层、生活区均匀布置消防器材、消防栓，并由专人负责定期检查，保证完好。

(4) 坚持现场用火审批制度，现场内未经允许不得生明火，电气焊作业必须申请动火证，工作时要随身携带灭火器材。

(5) 对易燃物品的使用要按规定执行，指定专人、设库存放分类管理。

(6) 新工人进场要进行防火教育，重点区域设消防人员，施工现场值勤人员昼夜值班，搞好“四防”工作。

(7) 把消防安全工作提高到政治影响的高度上去考虑，现场杜绝任何可能出现的安全隐患。

9.2 文明施工管理

鉴于本工程特点，我们重点控制和管理现场布置、临建规划、现场文明施工、控制扬尘、水、噪声污染、废弃物管理、资源的合理使用以及环保节能型材料设备的选用等。

9.2.1 文明施工目标及管理组织

(1) 本工程文明施工的目标是：达到安全文明工地的标准。

(2) 成立以项目经理为组长的文明施工领导小组，全面负责施工现场文明施工的领导工作。

9.2.2 文明施工规划及管理

(1) 平面管理

进场后我们对现场施工区域主要道路及材料堆放场进行硬化处理，并留设排水坡度。在材料堆场、施工道路及建筑物四周均设置排水沟。在大门入口设冲洗沟和沉淀池，进出载重车辆均用高压水冲洗轮胎。生产污水及生活污水必须经过处理达标后，才能排入市政管网。现场道路要求通畅整洁、无杂物乱堆放，并由专人定期打扫。施工现场按总平面进行美化，减少污染。所有建筑垃圾均随时清理出施工场地，送到指定的垃圾排放点，在办公区均匀设置一定数量的不锈钢垃圾桶，所有生活垃圾必须装入垃圾桶，定时派人清理。

（2）治安工作

两个施工现场各设立由1名保卫干事和2名保安员组成的治安保卫小组，负责现场的治安保卫工作。建立门卫制度，项目人员出入要佩戴统一发放的胸卡，凭证出入。严格执行外来人员登记制度和车辆出入检查制度。建立夜间巡查制度，对施工现场进行巡视管理。保卫组将建立施工队伍人员档案，以加强对施工队伍人员的管理，保证工程的顺利进行。施工人员不得在施工现场围墙以外逗留、休息。

（3）场容布置

根据施工现场情况本工程需要设置大门，大门双开，完全封闭式，且开启自如，车辆出入时打开，不用时关闭。

对现有围墙按公司CI手册要求进行统一粉刷，做到牢固、美观、封闭完整的要求，为美化环境，在主要出入口和围墙边进行绿化和摆放盆花。

在工地大门入口处竖立质量方针、工程简介、现场平面布置、组织机构、公司简介、安全生产、质量保证、消防保卫、环境保护等标牌。

10　环保和节能施工方案

10.1　环保措施

本工程是在已运行的水厂内进行的施工建设，因此，必须站在保证水厂正常运行、防止污染净化水、保证宝鸡市民的正常生产生活的高度，将环境保护和节能工作搞好。

10.1.1　控制扬尘污染

（1）场地

建筑结构内的施工垃圾、渣土清运采用容器吊运，并适量洒水，减少粉尘对空气的污染。严禁凌空抛撒垃圾、渣土。

在出场大门处设置车辆清洗冲刷台，运土车辆经清洗和覆盖后出场，严防车辆携带泥沙出场，造成道路的污染。

场地四周设集水沟并设沉淀池。沉淀池的水须经三级沉淀后方可排入市政系统，定期将池内的沉淀物清除。

（2）机械

车辆出入施工现场要将车辆和槽帮冲洗干净，土方等运输车辆必须加盖，防止遗撒、飞扬。

对商品混凝土运输车要加强防止遗洒的管理，要求所有运输车卸料溜槽处必须装设防止遗撒的活动挡板，混凝土卸完后必须清理干净方准离开现场。

（3）材料

水泥和其他易飞扬物、细颗粒散体材料，安排在库内存放。

土方和石灰堆放时必须用密目网完全覆盖，每天洒水两次。

10.1.2 防止水污染

(1) 确保雨水管网与污水管网分开使用，严禁将非雨水类的其他水体排进市政雨水管网。

(2) 施工现场厕所设化粪池，将厕所污物经过沉淀后排入市政的污水管线。

(3) 现场交通道路和材料堆放场地统一规划排水沟，控制污水流向，设置沉淀池，污水经沉淀后再排入市政污水管线，严防施工污水直接排入市政污水管线或流出施工区域污染环境。

(4) 加强对现场存放涂料、油品、外加剂和其他化学品的管理，对存放油品和化学品的库房进行防渗漏处理，采取有效措施，在储存和使用中，防止油料跑、冒、滴、漏，污染水体。

(5) 禁止施工人员进入水厂一期的生产车间。经过经理部批准备案后，准许施工人员佩戴胸卡进入水厂一期，进行与改造工程有关的活动。

10.1.3 限制光污染措施

选择金属元素探照灯等新型灯具，调整照射方向或采取遮挡措施，满足夜间施工工区的照明要求。

10.1.4 材料设备及废弃物的管理措施

现场所有材料堆放场地统一规划，堆放场地全部用混凝土硬化。

水泥和其他易飞扬物、细颗粒散体材料，安排在库内存放，运输时防止遗撒、飞扬，卸运时采取码放措施，减少污染。施工现场易燃、易爆、油品及化学品设立专用仓库。

及时回收可再生资源。

所有进场机械设备进行入场检查，登记造册。漏油严重、排气超标、消声效果差的机械严禁入场。

防止施工现场火灾、爆炸的发生。对现场施工管理人员和操作人员进行消防培训，增强消防意识。对电锯房、木工棚、油库、化学品仓库等一律配备符合消防规定数量的环保型灭火器。严格落实各项消防规章及防火管理制度。

10.2 节约能源措施

节能措施与安全文明施工和环境保护的措施是一个整体，有很紧密的联系。节能工作完成的好坏将影响施工成本和企业管理形象，具有重要意义。为此，施工时采取下列措施：

(1) 安装水表、电表，按施工阶段控制水电用量，指派计划员负责监督水电节约措施的实施，并随时了解用水用电情况，控制浪费水电现象。

(2) 经常对现场所有供水阀门进行检测、维修、更换，杜绝跑、冒、滴、漏。检查临时电路，严查私拆私接。

(3) 项目各部门制定节约纸张计划，非机密性办公用纸两面使用。推行无纸化办公、文件无纸化管理和网络化传输。

(4) 对废弃物的管理，逐步实现废弃物管理的资源化、无害化、减量化。项目要做到油漆、涂料等包装物回收率100%，有毒有害废物分类率达到100%。

设置有毒有害固体废弃物的存放点（地面作防渗处理），并及时消纳；设置无毒无害固体废弃物存放点；设置可回收物分类存放点；设置生活垃圾存放点。

11　经济效益分析

宝鸡水厂改扩建工程执行 EPC（设计、采购、施工）合同，由联合体承包，中建一局首次按 EPC 条款进行履约。

宝鸡水厂项目部所承建工程，任务重、工期紧，上级领导非常重视此项工程，在满足工程质量、进度的同时，要求项目人员有成本控制意识，特别是对材料的控制，材料占工程主体。

合同措施，上级领导亲自到项目上进行合同交底和成本预测，分析清单报价和市场价悬殊部分，主要是：①钢筋量价差；②混凝土采用商品混凝土，宝鸡市场独家，价格高；③构筑物为清水混凝土面，模板投入量大，周转次数少；④土方开挖量大，场地狭窄发生运费大；⑤大量回填土需要外购；等等。

合同为固定总价合同，只有抓自身内部管理，通过"三控制"原则，即进度控制、质量控制和成本控制，达到项目既定的收益率；另外，局里领导在施工中尤其强调注意进度控制，使施工进程严格地按计划进度进行，防止工期延误。严重的工期延误，往往会带来一系列的被动，导致施工质量难以保证，工程成本也大量增加，甚至失控。结合现实情况控制成本管理，防止发生亏损，主要应抓以下诸项工作：

（1）对工程实际支出严格掌握，并与其报价单中的款额进行对比；如发生超支应立即探明原因，采取补救措施；

（2）抓紧工程款的月报和结算工作，注意催款，力争执行月初的资金使用计划；

（3）按计划进度施工，采取一切措施防止属于承包商责任的工期拖延；

（4）注意工程范围的变更及工程变更，注意属于业主责任的工期延长，适时提出索赔要求；

（5）注意物价上涨给施工成本带来的大量增加，及时地利用调价的规定，要求相应的经济补偿。

针对（4）、（5）两点，项目部采取经济补偿主要分包管理措施：

1）由专业分包商完成某一专业性的部分工程，有利于采用专业技术，保证施工的质量，也易于保证工期；

2）分包施工意味着施工风险的部分转移，从而减少了承包商所承担的风险，有利于保护承包商的经济利益；

3）分包商自己的专业设备进行施工，免除了承包商自己投资购买专业施工设备，大大缓解了承包商在施工初期的资金投入额；

4）把部分涉及当地村民利益的小型分散工程分包出去，由当地的分包商完成，可使承包商解脱许多繁杂的群众性的事务和纠缠，例如土方挖运、拆除等工程分包给了当地村民，具有价格低并免除了弃置费，协调了某些问题等优势。

EPC 合同是总价合同，工程变更、价格调整以及施工索赔很难在本工程执行。如何控制成本是我们面临着一场严峻的考验，项目部采用各种办法控制成本，采取措施如下：

① 成本预测

首先熟悉施工图，由各专业责任师按图纸提供材料清单量，然后对照投标报价清单量，确定分部分项工程价格。

② 成本计划

对主要材料价格，到宝鸡市场去调查，定货时做到货比三家，然后按工程进度编制材料资金计划及进场时间。

③ 成本控制

施工队领料时，按责任师批准的数量领取材料，施工时责任师随时到现场抽查材料损耗量。

④ 成本核算

对实际发生量超出计划量，查明原因及时调整，严格奖罚。

⑤ 成本分析

因项目构筑物不是同时开工，这样我们能及时核算已完构筑物发生的成本，分析发生成本增加原因，为下一构筑物开工前准确预测成本积累了一定经验。

⑥ 成本考核

为取得项目成本理想成果，我们采取最为人们容易接受的经济手段管理项目，建立各种成本考核制度，做到奖罚分明。

通过以上措施，形成全员抓成本，做到事先、事中、事后控制，以最低的消耗进行施工，把成本控制在最低线，形成良好局面，取得最佳的经济效益。

总之，材料分供控制在最低线，分包结算量、价控制到误差范围，力争取得最佳的经济效益。本项目收益率达到10％。

第二篇

淮南第一污水处理厂施工组织设计

编制单位： 中建四局六公司
编 制 人： 张家元　柴文　陈涛　王皓荣　桂沛军
审 核 人： 自蓉　韩战友

[简介]　淮南第一污水处理厂修建在电厂的粉煤灰堆场上，现场做粉喷桩地基处理。本工程结构形式多，工程量大，工期短（仅几个月，有效工期6个月），工程质量标准高，场地狭窄。施工中遵照“先地下，后地上，先主体，后安装，平面分区，流水施工”的原则组织施工。直径为50m的终淀池采取预制壁板现场安装，环向预应力绕丝施工工艺，提升泵房采取沉井二次制作，分段下沉方案，沉井施工采取除土干沉法，施工很有特色。

目 录

1 工程概况

1.1 编制说明

淮河流域水污染日趋严重，国家提出要治理淮河，并在2000年实现淮河水整体变清，为实现国家提出的这一目标，淮南市政府决定在田家庵修建第一污水处理厂，这是一项功在当代、利在千秋的造福工程。

淮南第一污水处理厂位于淮河南岸，淮南市造纸厂北侧，田家庵电厂丙灰场内，占地105亩。建筑用地原为电厂粉煤灰堆场，煤灰堆置深度均在9～10m，东西两侧厂前区地坪标高27.0m，生产区地坪标高26.5m，建筑用地范围已开挖至标高。

本工程由淮南市公共事业局投资兴建，中国市政工程华北设计研究院设计，淮南市三友监理公司监理。

本施工组织设计编制时，对工程整体施工组织机构、施工总平面布置、主要工程施工方法、质量保证措施、施工进度计划及保证措施、劳动力和材料供应计划、安全生产和文明施工及环保措施、施工机械设备的选用和布置等诸多因素，尽可能作充分考虑，突出实用性、科学性，并在施工时将编制详细的施工专项方案。

1.2 编制依据

☆ 淮南市第一污水处理厂工程招标文件

☆ 中国市政工程华北设计研究院“淮南第一污水处理厂工程”施工图及施工图所指定图集

☆ 淮南市第一污水处理厂工程招标图纸答疑会议纪要

☆ 淮南市第一污水处理厂图纸会审纪要

☆《土方与爆破工程施工及验收规范》(GBJ 201—83)

☆《砖石工程施工及验收规范》(GB 50203—98)

☆《混凝土结构工程施工及验收规范》(GB 50204—92)

☆《屋面工程技术规范》(GB 50207)

☆《地下防水工程施工及验收规范》(GBJ 208—83)

☆《地面与楼面工程施工及验收规范》(GB 50209—95)

☆《钢筋焊接及验收规程》(JGJ 18—96)

☆《装饰工程施工及验收规范》(JGJ 73—91)

☆《给水排水构筑物施工验收规范》(GBJ 141—90)

☆《给水排水工程施工手册》

☆《万吨装配式环向绕丝水池施工工法》(YJGF 13—96)

☆《建筑施工安全检查标准》(JGJ 59—99)

☆《建筑工程施工现场供用电安全规范》(GB 50194—93)

☆《建筑工程冬期施工规程》(JGJ 104—97)

☆《给水排水构筑物工程质量检验评定标准》(参照 GB 50268—97)

☆《UEA 补偿收缩混凝土防水工法》(YJGF 22—92)

☆《市政工程质量检验评定标准（污水处理厂工程）》(TBJ 104—91)

☆ 公司 ISO 90002 体系《质量保证手册》、《质量体系程序文件》

1.3 建筑、结构概况

厂区内有以下构筑物：终沉池（4 座）、氧化沟（2 座）、厌氧池（2 座）、回流泵房（2 座）、旋流沉砂池（1 座）、配水井（1 座）、细格栅池（1 座）。建筑物：污泥脱水机房、综合办公楼、配电房、门卫室、提升泵站、机修车间、餐厅。室外工程：厂区内给排水管道、电缆沟、混凝土道路等。详细说明见各阶段工程施工说明。

1.4 工程特点

基础：整个污水处理厂都坐落在粉煤灰堆场上，现场做粉喷桩对地基进行处理，处理后地基承载力不小于 100kPa，在粉喷桩复合地基上部做 300mm 厚的砂石垫层，保证构筑物受力的均匀性。

结构：厂区内建筑物众多，结构形式也比较多，如氧化沟钢筋混凝土结构，长度达 107m 左右，属于超长结构设计；终沉池壁板、集水槽为预制，装配后外侧预应力绕丝；提升泵站采用沉井方法施工；污泥脱水机房为预制吊装厂房；综合办公楼为框架结构；这都给施工带来很大的难度。

工程量大：整个厂区有 105 亩的占地面积，其主要项目的实物量有：全部现浇混凝土量为 34800m^3，预制混凝土量为 734m^3，钢筋用量：12359t。

施工期短：整个厂区内的构筑物施工工期为合同签订后的 12 个月，含设备安装及调试移交，且设备为外方提供，这样土建施工的有效工期将缩短至 6 个月，所以施工难度较大。

工程的质量标准高：本工程大部分虽为构筑物，且施工完成后回填，但氧化沟、厌氧池等池壁必须一次浇捣光滑，终沉池池壁预制构件等均不做抹面，为清水混凝土要求。工程质量等级为确保省优。

施工场地较为狭窄：在 105 亩占地面积上，仅有西部长 145m、宽 35m 的一块地方布置现场，当时淮南市还没有商品混凝土，所以，在这么小的场地上要布置混凝土搅拌站、钢筋加工车间、办公、宿舍等临时设施，所有的预制构件均无法安排在场内预制。

水平运输量大：混凝土施工高峰阶段，需连续不断的施工，泵送混凝土量大，混凝土产量每天约为 1000m^3 左右，则每天进场的材料约为：水泥 400t，砂子 1000t，石子 2000t，各种外加剂 20t，现场混凝土搅拌站处仅依靠西侧一个门进出，运输繁忙。在混凝土浇筑前一天，尽可能在砂、石堆场堆满材料，水泥罐、粉煤灰罐需满罐，外加剂备足，并根据每小时砂、石、水泥用量，编制材料需用及运输计划。

设备为外方提供：本工程设备为外方提供，这就为设备安装带来一定的难度。施工时需认真理解其工艺流程，积极配合设备调试及试运转工作。

2 施工部署

2.1 工程施工目标

（1）质量目标：确保省优“黄山杯”。

（2）安全目标：杜绝重大伤亡事故和机械事故，轻伤事故频率控制在1.2‰以内，实现“五无”（无死亡、无重伤、无坍塌、无中毒、无火灾）目标。

（3）工期目标：本工程确保在承诺工期内完成。

2.2　施工指导思想

（1）要采用先进的科学技术，采取有效的组织措施，创出一流的质量和一流的工期来完成，为淮南第一污水处理厂项目早日完成投产作出贡献。

（2）发挥本公司总部在淮南的优势，从公司各科室、各分公司抽调有一定施工经验、责任心强的工程、技术、经济、材料、政工等各类管理干部，组成淮南第一污水处理厂项目经理部，任命一名有多年施工、管理经验的公司副经理为项目经理，全权负责现场的各个方面的工作，以使在整个工程实行项目法施工中，作到统一计划协调、统一现场管理、统一组织指挥、统一物资供应、统一资金收付、统一对外联络等六个统一。参与施工的单位，完全在项目经理部领导下，协作配合，共同完成这一任务。

（3）发挥公司的集团优势，各专业分公司协同配合，共同参与施工任务，发挥公司知识密集的优势，动员科技干部和广大职工，解放思想，积极推广应用先进的施工建材、新技术，开展合理化建议活动。完善现场的政治思想工作，使每一个参与施工的中建四局六公司职工充满主人翁的责任感、荣誉感，发挥出最大的积极性。

2.3　组织机构

（1）施工管理机构系统图（图2-1）

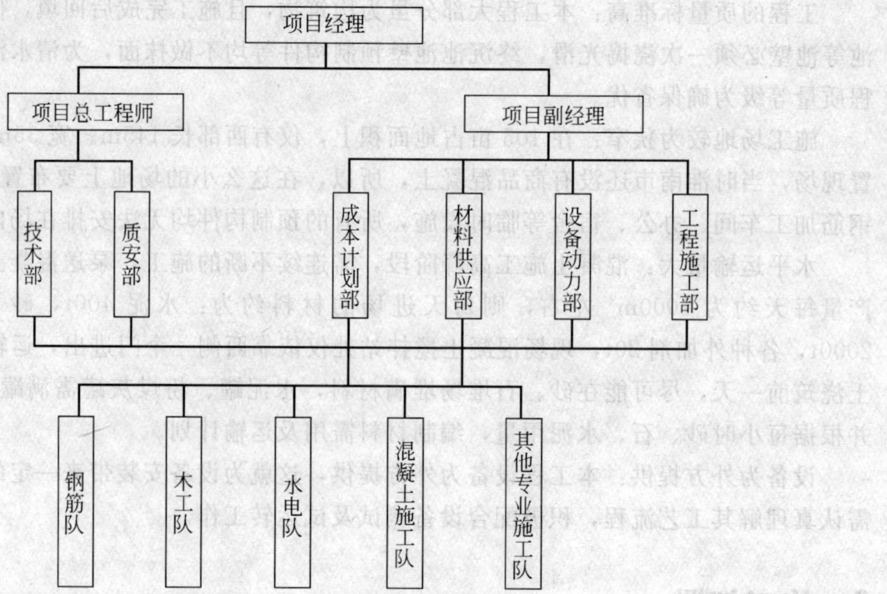

图2-1　项目经理部组成

（2）项目领导层及工作职责

项目领导层由一名项目经理、一名项目副经理、一名项目总工程师组成，其中：

1）项目经理：为现场总负责人，全面负责本工程各项管理工作。

2）项目副经理：分别负责土建与安装工程的生产调度、机械设备管理、材料供应与劳动力调动等。

3）项目总工程师：技术攻关、内业资料、预结算、工程质量、安全生产和文明施工管理等。

（3）项目管理层及工作职责

项目管理层由各专业工长和内业管理人员组成，成立以下各专业管理部门：

1）工程施工部：负责全部施工管理，主要由各专业工长组成。

2）质量安全部：负责工程质量、安全生产和文明施工管理。

3）技术管理部：负责工程的技术管理工作。

4）物资部：负责组织材料进场、周转材料与料具的租赁管理以及机械设备对内租赁、现场电器设计布置、机具的操作与维修保养等。

5）成本计划部：负责工程档案资料、预算、任务结算等管理。

6）综合办公室：负责职工住食宿、现场卫生、保卫、业余娱乐等。

（4）项目作业层及工作范围

1）基础施工队：主要负责土方挖运，基坑防护等。

2）结构施工队：负责结构的施工，分钢筋班、木工班与混凝土班等。

3）装饰施工队：负责装饰工程施工，分瓦工班、油漆班等。

4）安装施工队：负责安装工程施工，分电工班、管工班等。

5）普工班：为现场零散用工。

6）防水专业班：主要负责工程的防水施工。

7）二线技术班组：包括塔吊班、电工班、机修班、焊接班等。

8）后勤服务班：主要为炊事班与警卫班等。

2.4 施工准备

2.4.1 施工技术准备

（1）做好调查工作

1）气象、地形和水文地质情况调查。

2）地上、地下情况的调查。

3）各种物资资源和技术条件的调查。

（2）做好与设计的结合、配合工作

1）会同建设单位、监理单位、规划局等做好轴线、标高的引测。

2）根据设计方案，对新材料、新工艺、新机具进行事先调研工作。

3）组织学习、内审施工图：全面熟悉和掌握施工图的全部内容，领会设计意图，准备进行施工图会审。

4）进行技术交底：工程开工前，项目总工程师组织进行全面的交底，各班组长接受交底后组织操作工人认真学习，并要求落实。

5）编制施工图预算、材料需用计划；并做好劳动力、材料及机械台班需用量分析。

6）编制施工组织设计：在总体施工部署指导下，进行必要的调整，制定切实可行的施工方案，以确保工程好、快、省、安全地完成。

2.4.2 施工现场准备

(1) 根据给定永久性坐标和高程，按建筑总平面图要求，进行施工场地控制网测量，设置场区永久性控制测量标桩。

(2) 做好“三通一平”工作：确保水通、电通、路通和场地平。

(3) 组织机械设备进场，并进行相应的保养和试运转等工作。

(4) 根据材料需要量计划组织其进场，按规定地点和方式储存或堆放。

2.5 施工区域划分及施工流程

由于本工程规模大、单体多，按我公司指定的工期计划，必须对整个工程进行合理的分区，并组织好施工流程，全盘规划各施工段的衔接、流水，才能够在预定工期内完成所有施工任务。

(1) 施工区域划分

本工程由终沉池（4座）、氧化沟（2座）、厌氧池（2座）、回流泵房（2座）、旋流沉砂池、配水井、细格栅池、污泥脱水机房、综合办公楼、配电房、门卫室、提升泵站、机修车间、餐厅及厂区内给排水管道、电缆沟、道路等部分组成，因此，在施工组织上，可按照不同结构、施工区域及工程安装要求，将整个工程分为三个阶段并行施工，再通过综合考虑本工程的工期及材料、劳动力周转，把每个区域作为一个流水段，分别组织流水施工。

(2) 施工流程

1) 总体施工流程

总体施工流程是指导整个施工的关键线路，贯穿于整个施工过程中。根据本工程特点、规模及工期要求，我们对本工程作总体规划。

在考虑本工程的整体施工流程时，应遵循“先地下，后地上；先主体，后安装，平面分区，流水施工”的原则，抓紧施工结构工程，确保在规定时间内完成构筑物地下及地上结构的施工，为后面的安装工程提供作业面。

根据本工程的特点和现场实际情况，污水处理厂区内的建筑物和构筑物共分三个阶段实施，具体为：

第一阶段（主要构筑物施工）：终沉池、氧化沟、厌氧池、回流泵房、旋流沉砂池、配水井、细格栅池。

第二阶段（建筑物施工）：污泥脱水机房、综合办公楼、配电房、门卫室、提升泵站、机修车间、餐厅。

第三阶段：厂区内给排水管道、电缆沟、道路。

2) 施工流水段的划分（以第一阶段为例）

先将整个厂区内主要构筑物终沉池、氧化沟、厌氧池分为8个施工流水段。按片分为3个施工区域：沉淀池区、氧化沟区、厌氧池区。按先施工深基坑，后施工浅基础的顺序依次流水施工。然后再进行回流泵房、旋流沉砂池、配水井、细格栅池等构筑物的施工。

2.6 主要周转物资配置情况

为保证模板周转，终沉池配置2套模板，氧化沟配置1套模板，厌氧池配置1套模板。主要周转材料配置见表2-1。

主要周转材料一览表 表 2-1

名 称	单 位	数 量
钢模板	$100m^2$	137.57
九夹板	$100m^2$	100
钢管	t	1068.86
扣件	1000 个	168.7

2.7 劳动力组织

(1) 劳动力组织

施工劳动力是施工过程中的实际操作人员，是施工质量、进度、安全、文明施工的最直接的保证者。我们选择劳动力的原则为：具有良好的质量、安全意识；具有较高的技术等级；具有相类似工程施工经验的人员。

本工程劳动力划分为三大类：

第一类为专业性强的技术工种，包括机操工、机修工、维修电工、焊工等。这些人员均属我公司自有职工，具有丰富的施工经验，持有相应上岗操作证。组织时，选派曾经参与过相类似工程施工的职工。

第二类为熟练技术工种，包括木工、钢筋工、混凝土工、瓦工、粉刷工、防水工等。以施工过类似工程的劳务分包为主组成；

第三类为非技术工种，此类人员的来源为长期与我公司合作的成建制施工劳务队伍，进场人员具备相当素质。

劳务层组织由项目经理部根据项目部每月劳动力计划在公司内部进行平衡调配。劳动力计划安排详见表 2-2。

劳动力计划表 表 2-2

工 种	按工程施工阶段投入劳动力情况	
	地基与基础	主 体 结 构
普 工	15	30
木 工	40	100
钢筋工	60	60
混凝土工	20	80
电焊工	2	10
防水工	10	
机械工	6	10
普通电工	2	2
管理人员	10	18
其他工种	15	15

(2) 劳动力考核

采用劳务招标的形式选拔高素质的施工作业队伍进行本工程的施工。竞标的主要指标是各自承诺的质量、安全、工程进度、文明施工等。

对进入本工程的劳动力特别是专业性强的技术工种和熟练技术工种都要进行考核。由专门的考核小组对这些员工进行实际操作与理论水平的考核评审。考核评审合格方可进入本项目施工。

(3) 劳动力培训

对考核合格的劳务队伍，转入培训。对工人进行技术、安全、思想和法制教育，教育工人树立“质量第一、安全第一”的正确思想，遵守有关施工和安全的技术法规，遵守地方治安法规。

上岗前要对所有员工集中进行安全教育，现场各项规章制度教育，从各工种抽人员组成消防救护队，进行消防急救培训。

将项目的质量、文明施工目标层层分解、交底，让每一个员工明确自己的目标和要求。对关键性的工艺、工法有针对性地组织相关工种人员进行培训。

(4) 劳动力的储备

除按劳动力计划组织劳动力进场外，还要按进度计划储备一批高素质的施工作业队，储备人数为劳动力计划的10%～15%，这批人员可根据现场需要，随时调配，优先保证本工程作业需要

3 施工总平面布置

3.1 总平面布置原则

(1) 施工现场道路的布置须满足材料运输的要求。

(2) 施工现场总平面布置能够配合施工进度的要求。

(3) 临时设施尽量一步到位，避免出现挪位现象。

(4) 材料的堆场以方便施工和运输为原则。

(5) 满足方便生产、有利于生活、安全防火、环保和劳保要求。

3.2 现场设施

(1) 根据该工程的具体位置及现场情况，绘制总平面布置图（略）。

(2) 现场办公室、生活区按文明施工的要求，与施工现场隔开。

(3) 现场办公室包括项目管理人员办公室，现场会议室，活动室等。

(4) 设配电房、钢筋加工车间、木工加工车间、现场材料库等。

(5) 进入装饰及安装阶段，现场车间撤销，设装饰、安装材料堆场。

3.3 现场平面的管理

为了搞好施工现场的文明施工，为施工创造有利的条件，通过以下措施加强现场平面的管理：

(1) 施工平面由项目副经理负责，日常工作由各工长分片区包干管理，未经同意不得任意占用场地或改变场地用途。

(2) 现场道路做好混凝土路面，排水明沟用砖砌并保护畅通。

(3) 现场出入口挂出入制度、工程简介、安全管理制度，保卫人员要维持好工作秩序

和纪律。

(4) 施工现场的水准点、轴线控制点、埋地电缆、架空电线有醒目标志，并加以保护，任何人不得损坏、移动。

(5) 每周五下午的生产例会上按《文明施工管理实施细则》表总结评比，奖优罚劣。

(6) 凡进入现场的设备、材料需出示有关部门所签放行条，警卫进行登记方可，所有设备、材料必须按平面布置图指定的位置堆放整齐，不得任意堆放或改动。

(7) 现场在两处出入口设门卫，所有人员凭出入证出入，甲方等有关单位发给特别通行证，无关人员禁止入内，保卫全天值班，特别加强夜间巡逻，防止偷盗现场材料，维持良好工作秩序和劳动纪律，禁止打架斗殴等行为发生。

3.4 现场用电布置

3.4.1 电气定位

施工用电总容量为860kV・A，混凝土浇筑过程中用电明细表见表3-1，最小施工用电量计算如下：

混凝土浇筑时施工用电明细表 **表3-1**

名　称	单　位	数　量	功率(kW)
配料机	台	4	3
搅拌机	台	4	23.5
混凝土输送泵	台	1	60.5
混凝土输送泵	台	1	77
振动泵	台	10	1.1
办公区	系统	1	5
夜间工地照明	系统	1	5
夜间生活照明	系统	1	3

$$\sum P_{\min}=3\times4+4\times23.5+60.5+77+10\times1.1+5+5+3=267.5\text{kW}$$

供电容量应为 $S_{\min}=1.05K\sum P/\cos\varphi=1.05\times1\times267.5/0.8=351.09\text{kV}\cdot\text{A}$

由上计算可知在混凝土浇筑时最小供电容量（$S_{\min}$）应为351kV・A。但现场变压器仅为250kV・A，连混凝土浇筑时的最小容量都不能满足，故在混凝土浇筑时，必须有1台发电机辅助供电。

我公司拟设置两台柴油发电机，发电量分别为150kW、160kW，在市政供电正常并且浇筑混凝土时，投入其中一台160kW发电机辅助供电；若市政供电停电，两台发电机均需投入。

在原有杆上变压器低压侧设置配电间，内设低压配电柜1台，电源切换箱1台，柴油发电机2台。

配电设主回路五个，第一回路（N_1）给现场混凝土搅拌及输送设备供电；第二回路（N_2）同第一回路，并兼为办公区及生活区供电；第三、第四、第五回路（N_3、N_4、N_5）为施工现场机具及加工车间供电。

场区线路 N_1、N_2 两回路沿围墙明敷（局部架空），N_3、N_4、N_5 三回路埋地暗敷。供电导线全部采用三相五芯电缆。

场区电器金属外壳均需可靠接地，配电间接地系统电阻不大于4Ω。

3.4.2 计算各供电回路负荷、选择导线

(1) N_1 回路

N_1 回路用电设备见表3-2。

N_1 回路用电设备一览表 表3-2

名　称	单　位	数　量	功　率(kW)
配料机	台	2	3
搅拌机	台	2	23.5
输送泵	台	1	77

总功率：　$\sum P=2\times3+2\times23.5+77=130\text{kW}$

电流：$I=K\sum P/\sqrt{3}U_{线}\cos\varphi\cdot\eta=0.8\times130\times100/1.732\times380\times0.8\times0.9=219\text{A}$

式中 K——利用系数计0.8；

$\cos\varphi$——功率因数计0.8；

η——平均功率 计0.9；

$U_{线}$——线电压380V。

查表得 N_1 进线应为：VV－3×120＋2×70

(2) N_2 回路

用电设备见表3-3。

N_2 回路用电设备一览表 表3-3

设 备 名 称	单　位	数　量	功　率(kW)
配料机	台	2	3
搅拌机	台	2	23.5
输送泵	台	1	60.5
办公室及生活区用电			15

总功率：$\sum P=2\times3+2\times23.5+60.5+15=128.5\text{kW}$

电流：$I=K\sum P/\sqrt{3}U_{线}\cos\varphi\cdot\eta=0.8\times128.5\times1000/1.732\times380\times0.9\times0.8$

$=217\text{A}$

故查表得 N_2 箱进线应为：VV－3×120＋2×70

(3) N_3 回路

N_3 回路主供现场北侧施工机电设备用电，用电负荷由现场投入的施工机电设备决定，用电高峰时设备明细如下：

交流焊机　42kW×2台＝84kW

手扳振动器　1.5kW×4台＝6kW

插入式振动器　1.1kW×10台＝11kW

钢筋搭接焊机　21kV·A×10台 210kV·A

潜水泵　2.2kW×4台＝8.8kW

钢筋调直机　7.5kW×1台＝7.5kW

其他用电量　　　　　　　5kW

合计：电焊机组：294kV·A（参考系数0.6，利用系数0.5）

电动机组：33.3kW（参考系数0.5，利用系数0.5）

$\sum P = 294\times0.5\times0.6+33.3\times0.5\times0.5=147.47\text{kW}$

计算电流：　$I=K\sum P/\sqrt{3}U_{线}\cos\varphi\cdot\eta$

$=147.7\times1000/1.732\times380\times0.8\times0.9=311\text{A}$

故 N_3 回路干线（P_3 箱进线）应为 VV－3×120＋2×70。

（4）N_4 回路

N_4 回路主供现场东南侧机电设备用电，负荷估定最高为100kW。

计算电流：　$I=K\sum P/\sqrt{3}U_{线}\cos\varphi\cdot\eta$

$=0.8\times100\times1000/1.732\times380\times0.8\times0.9=168\text{A}$

故查表得 N_4 箱进线应为 VV－3×95＋2×50。

$N_{4\text{-}1}$ 箱进线估定为 VV－3×70＋2×35；$N_{4\text{-}2}$ 箱进线估定为 VV－3×35＋2×16。

（5）N_5 回路

N_5 回路主供现场西南侧施工机具用电，负荷估定最高为80kW。

计算电流：$I=K\sum P/\sqrt{3}U_{线}\cos\varphi\cdot\eta$

$=0.8\times122\times1000/1.732\times380\times0.9\times0.85=193.85\text{A}$

故 N_5 回路进线为 VV－3×70＋2×35；$N_{5\text{-}1}$ 箱进线为 VV－3×35＋2×16。

3.4.3　安全用电技术措施及要求

（1）现场采用五芯电缆敷设

1）本工程室外电缆采用埋地敷设。

2）电缆直埋深度应不小于0.6m，电缆敷设必须符合规范。

3）电缆穿越建筑物、构筑物等易受机械损伤的场所应加钢管保护。

（2）电器选择原则

1）所用电器必须是国家鉴定质量可靠的定型合格产品。不论是新购还是延用旧电器，必须完整、无损，动作可靠，绝缘良好，严禁使用破损电器。

2）配电箱内的电器应与配电线路一一对应配合，作分路设置，以确保专路专控。

3）用电设备实行"一机一闸"制，并做到电器额定值与用电设备额定容量相适应。

4）总配电箱和开关箱设置的漏电保护器，其额定漏电动作电流和额定的漏电动作时间应作合理配合，使其具有分级、段保护功能。末级配电箱漏电保护器动作电流≤30mA，动作时间≤0.1s。

5）进入配电箱和开关箱电缆线做固定连接，整齐，严禁通过插销做活动连接。

6）专用保护零线必须通过专用接线端子板连接紧密，与工作接零分开。

（3）接地装置

施工现场除利用变压器中性点工作接地作总配电房重复接地，还应在现场保护零线中端和末端各作一组重复接地，不应少于三处，并满足接地电阻 $R<10\Omega$ 的要求。

（4）防止触电注意事项

1）要严格遵守安全用电规范和操作规程。在检修电气设备前应先切断电源，并用试电笔确认无电后才能进行工作，不得带电作业。

2）各种运行的电气设备（包括照明灯具）的金属外壳及所有配电系统电器的金属外壳必须与专用保护零线紧密连接。

3）要经常对电气设备进行检查，发现温升过高或绝缘下降，应及时查明原因，消除故障。

4）临时线路及设备的绝缘必须良好。

5）临时变压器应挂警告牌。

6）在潮湿环境中施工，应采用36V及以下电压的照明。

7）电动机械、电气照明设备拆除，不应留有可能带电的电线；如果电线必须保留，应将电源切断，并将裸露电线端部包上绝缘胶布。

8）操作高压电源时，应使用安全用具，如绝缘棒、绝缘手套、绝缘靴等。

9）停电工作时，必须在切断电源的开关上挂出“有人工作，不准合闸”的警告牌子。挂有上述警告牌的开关，不经挂牌人同意，在任何情况下不得合闸。更不能擅自将警告牌摘除。

（5）电气防火注意事项

1）施工现场应有足够的灭火器，并放在合适位置。

2）配电房要整洁，禁止堆放杂物、工具等易燃易爆物品。

3）各种配电箱应设置在道路通畅、便于操作的地方，周围禁止堆放任何杂物、易燃易爆物品。

4）导线接头要紧密牢固，作好绝缘防护，避免相间、线间短路而产生电弧。

5）暂设生活间照明灯具离地不得小于2.4m，避开易燃物，灯具插座不得安挂在床头、蚊帐边。

6）宿舍内不得使用电炉、电水壶、电炒锅等家用电器。

3.5　现场用水布置

（1）由业主提供的水源接二路ϕ50mm镀锌钢管环绕工地，每隔25m设置一自来水龙头或分接支口（供水设置详见施工用水用电组织设计）。

（2）在施工现场内沿施工道路开设断面为200mm×300mm的明沟，在出水口设置沉淀池，污水经沉淀后流入院区管网。

（3）按施工现场排水图施工下水管道和排水沟，其断面构造及坡度应符合设计要求，在排水沟与市政排污水管道接驳前应设三级沉淀池。现场的主排水沟沿施工道路布置，排水沟净宽为200mm，排水坡度为1‰～2‰，其他临时设施前的排水沟与主排水沟相连，穿道路处须预埋暗管。搅拌站处的泥水须经过沉淀后方可排入排水沟。

3.6　现场施工机械布置

（1）设备配置说明

1）根据工程特点和施工工期要求，配置相应的施工设备，其中重点配置混凝土前后台设备。混凝土后台配用2台自配35m^3/h搅拌站，采用ZL40装载机上料。计量均采用微机自动控制，计量精度误差＜2%。

2）混凝土水平运输：搅拌机出来的料直接进入到2台HB60混凝土输送泵料斗，由输送泵送至混凝土浇捣处。为保证连续作业，配备备用混凝土输送泵 HB50 1 台。零星混凝土水平输送采用 1.5t 机动翻斗车 6 台送至混凝土浇捣处。

3）为确保混凝土泵连续作业和降水需求，自备 2 台 150kW 柴油发电机组作为浇筑混凝土时补充用电及停电时备用。

4）4 个 ϕ50m 圆池构件的拼装用 16t 液压汽车吊。

5）因建筑面积较大，场地承载能力差，所以为完成现场钢筋模板吊运、混凝土浇捣前池内余土清理等垂直运输工作，配备 1 台 15t 履带吊。

以上所需设备均为我公司自有设备，进场前，专业人员均要对设备彻底维修保养，并经检测合格方可进场。

（2）保证措施

工程质量的关键是保证计量、搅拌、泵送，常规中小设备视工程进度要求随时进场。

1）有进场设备，在公司生产基地维修后进场。

2）场配备技术过硬的机修工、电工，保证机械故障在最短时间解决。

3）现场配备足够的易损件、备品、配件。

4）配备 4 台 JZC750 搅拌机，4 台拖式混凝土泵，其中 1 台施维英泵、1 台楚天泵，现场另设 2 台备用泵。

5）计量电脑、传杆器配备 2 套，1 套备用，约 1.2 万元。

6）所有机操、机修、电工应集中由机械工程师统一领导，统一指挥调度、平衡，现场办公，及时解决施工中的问题。

（3）主要施工机械

进场主要设备见表 3-4，一般设备见表 3-5。

主要设备一览表 **表 3-4**

序号	设备名称	规格型号	数量	生产厂家	用　途	功率(kW)
1	轮式装载机	LK500	1	多田野	上料	77
2	轮式装载机	ZL20C	1	柳工		65.8
3	轮式装载机	KLD65Z	1	日本川崎		76
4	配料机	HPD1200	2	深圳	砂石、水泥计量	10×2
5	配料机	HP800	2	陕西		9×2
6	搅拌机	JZC350	4	郑州建机	混凝土搅拌	23.25
7	拖式混凝土泵	BP2000HDR200	1	施维英	泵送混凝土	132
8	拖式混凝土泵	HBT60	1	湖北建机		60.1
9	发电机组	SP150	1	湛江超霸	备用、急用	120
10	发电机组	150GF	1	江苏泰兴		160
11	机动翻斗车	FCY15	5	江苏句容	运料	11×5
12	汽车吊	QY-16A	1	徐州	安装、卸料	119
13	履带吊	W1001A	1	上海		88
14	拖式混凝土泵	HPT50	1	扬州	泵送混凝土	55(备用)
15	拖式混凝土泵	HP60D	1	夹江		77(备用)

一般设备一览表　　表 3-5

序号	设备名称	规格型号	数量	生产厂家	功率(kW)	用　途
1	绕丝机		1	山东	7.3	ϕ50m 圆池绕丝用
2	挤压式砂浆泵	UBJ_3	2	温州	5.5×2	
3	灰浆机	HJ200	2	南京	3×2	喷浆时制浆
4	潜水泵	QY-15m		上海		明排水
5	污水泵	4PW	2	上海	7.5×2	$120m^3/h$,扬程 10.5m
6	离心水泵	ISO-50-200	2	安徽	2.2×2	$25m^3/h$,扬程 12.5m
7	钢筋切断机	GQ40	4	合工大	5.5×4	加工钢筋
8	钢筋弯曲机	GJB_7-40B	4	合工大	3×4	加工钢筋
9	钢筋对焊机	UN_1-100	2	上海	100kV·A	钢筋连接
10	埋弧焊机	MH36	4	无锡		现场钢筋搭接
11	交流电焊机	BX_1-330	12	上海	21×12	埋弧焊机配套
12	交流电焊机	BX_2-500	4	上海	42×4	
13	插入式振动器	JG6-30	10	上海	0.5×10	
14	插入式振动器	ZX-50	20	上海	1.1×20	
15	平板振动器	ZW-20	8	上海	1.5×8	
16	木工平刨	MB524	1	南京	3	木制品加工
17	木工压刨	MB104	1	牡丹江	7.5	
18	木工圆锯	MJ106	1	上海	4	
19	激光经纬仪	J_2-JD	1	苏州		测量
20	水准仪	DSZ_3	1	苏州		
21	全站仪	NLKONC100	1	日本		
22	蛙式打夯机	HC70D		河南	3	
23	卷扬机	5T	1	山西	11	混凝土搅拌
24	搅拌机	JZC350	1	扬州	5.5	

4　主要施工方法

4.1　施工测量

所有建筑物的定位均利用全站仪对所有控制点进行精确测定，并将污水处理厂附近的国家城市等级点进行联测，使其坐标与高程统一为一个系统，便于以后使用。

(1) 工程定位放线方法概述及外控网的建立

1) 进场后，首先对甲方提供的施工定位图进行图上复核，以确保设计图纸的正确；其次，与甲方一道对现场的坐标点和水准点进行交接验收，发现误差过大时，应与甲方或设计院共同商议处理方法，经确认后方可正式定位。

2) 现场建立控制坐标网和水准点。水准点由永久水准点引入，设置在距建筑物 30～

80m 处稳定、可靠的土层内，水准点应采取保护措施，确保水准点不被破坏。

3）工程定位后要经建设单位和规划部门验收合格后方可开始施工。

4）因为本工程各单位工程的各纵横轴线互相垂直，决定矩形控制轴线网。

（2）基础施工测量

1）基础施工测量包括基槽开挖的抄平放线、基础放线、±0.000 标高以下的抄平放线。在这些工作中，±0.000 标高线的测定对确保槽底标高正确无误是至关重要的；此外，还应根据建筑物的大小适当考虑沉降测量。

2）土方开挖期间，对于标高的测定，采用专人负责、随挖随测的方法。在接近基底时，应将标高点引到基坑内，作为底板施工阶段垫层浇筑、支底板模板的依据。

3）土方开挖阶段的和定位按工程定位放线图进行控制；当地下室垫层浇筑完毕后，将各角点控制连线投放到基坑底。

（3）上部结构施工测量

1）上部结构垂直度的控制：由于本工程地面以上的建筑物不多，而且大部分为单层建筑，所以使用线坠进行轴线竖向引测。

2）上部结构标高引测：

±0.00 以上的标高测法，主要是用钢尺沿结构外部向上竖直测量，在建筑物四周共设 2 处，以便于相互校核。施测要点：①起始标高线用水准仪根据水准点引测，必须保证精度。②由±0.00 水平线向上量高差时，所用钢尺应经过检定，量高差时尺身应铅直并用标准拉力，同时要进行尺长和温度改正。③观测时尽量做到前后视线等长。并采用铝合金直尺以硬铅笔画水平线，以确保精度。④当高度超过约 30cm 长时，应精确地定出第二基点，由第二基点向上量测。⑤标高引测后，在楼层结构墙柱部位做出相应标记，然后以此为基准点，采用自动安平水准仪进行楼层结构施工标高控制。

（4）测量定位放线的主要要求

1）本工程测量定位放线的形式，因受建筑物布置形状、施工条件、外界影响等因素的制约，宜选择以外控法为主测量定位放线方式。

2）采用较为先进的测量仪器是保证本工程测量定位放线精度的关键。而采用一般测量工具（如长尺、锤砣等），只能用作局部测量定位，同时须接受主控网的检验复核。

3）测量定位放线的人员应专一，并且具有较高的测量定位放线水平及专业技术知识。

4）增加投点次数，加强各环节的检验，是保证本工程垂直度控制精度的又一关键。

5）以结构实际形心与设计形心坐标之差作为建筑物的垂直度控制的评价标准，准确、及时反映建筑物测量定位放线精度。对各种因素所影响的测量定位放线精密程度进行信息反馈，以便及时调整、修正控制参数。

6）施工人员在投测段变更时要注意对偏差及时进行检查纠正，以取得更好的测量定位放线结果，测量过程中要因地制宜地采取措施，对测量结果提出符合实际要求的方法与措施。

（5）验线工作

为保证工程测量精度、明确责任和防止错误，在每次放线前，主管施工员对测量人员进行技术交底。测量人员根据交底情况画出书面的测量放线示意图，然后据此进行测量放线（包括控制轴线和标高）。待控制轴线投测完毕和控制标高引测完毕后，测量人员自己首先进行复核，在复核无误后放线记录，交技术负责人审核，经技术负责人审核签字和内部监理复核签字认可后，方可进行建筑物的细部放样。在所有线均放出后，再请监理及甲方进行验线。

1）验线所用的仪器、工具应另行备量，按计量法进行检定。

2）验线人员、仪器、测设方法要尽量与放线时有所区别。

3）验线的主要部位：①原始坐标基准点及定位条件；②所建立的轴线控制网；③原水准点及辅助水准点。

（6）沉降观测

1）本工程氧化沟建筑体量大，按要求需进行沉降观测，沉降观测是施工中一项重要工作。为了能准确反映建筑物的沉降及沉降量的变化，分析不均匀沉降对工程结构的影响。

2）布置沉降观测点，沉降观测点位置标高应符合设计要求。

3）距建筑物外墙最近端 30m 处，布置一处深式水准基点，不受建筑物基坑挖土及建筑物垂直压力的影响。深式水准点的标高由业主或规划部门指定的永久性城市水准点引测，通过业主、监理工程师验收合格后，作为工程施工的水准参照点。沉降观测亦以此深式水准基点为准。

4）测量精度采用Ⅱ级水准测量，视线长度控制在 20～30m 内，视线高度差不宜低于 0.30m，水准测量采用闭合法。

5）沉降观测方法与次数，根据有关规范规定及设计要求：当浇筑基础垫层时，在垫层上埋设临时观测点，进行第一次沉降观测；当建筑施工到板墙结构时，再根据设计布置和要求埋设观测点。以后每一个月进行一次沉降观测，工程竣工后，第一年沉降观测不少于 4 次，第二年不少于 2 次，以后每年 1 次，直至沉降稳定为止。

6）每次沉降观测后，均应向业主、监理工程师、设计师提供观测成果报告，注明本次沉降量、累计沉降量、沉降观测日期、沉降观测人员、测量仪器、工程进行的时间及空间进度等。

7）沉降观测必须由专业测量师负责，采取定人员、定仪器、定时间的三定方针，以确保观测结果的准确。沉降观测仪器采用精密水准仪及 5m 长铝合金塔尺，水准观测误差在±0.3mm/km 以内。沉降观测仪器须经权威检测部门校验合格。

8）沉降观测点位置与埋设方法按设计及规范要求布置。日常施工过程中，注意保护好沉降观测点；当发现异常应及时汇报，分析原因及其后果，采取纠正措施。

9）工程竣工时，沉降观测提供以下成果：

建筑物平面图。图上标有观测点位置及编号。

沉量统计表。是根据沉降观测原始记录整理而成的各个观测点的每次下沉量和累积下沉量的统计值。

点的下沉量曲线。

4.2 第一阶段构筑物施工

第一阶段主要构筑物有终沉池（内径 50m，外径 51.3m，共 4 座）、氧化沟（107.5×57.75m，2 座）、厌氧池（58.07m×21.8m，2 座）。其中氧化沟、厌氧池均为现浇钢筋混凝土结构 C25 P6 混凝土，氧化沟底板中部设一道伸缩缝，内外壁均用伸缩缝分段，厌氧池外壁板设两道伸缩缝。终沉池：底板为 C25 P6 现浇混凝土，壁板为预制装配式预应力绕丝结构；壁板为 C30 P6 混凝土预制，集水槽为 C25 P6 混凝土预制，板顶圈梁为 C20 壁板间接缝、悬臂梁为 C30 P6 微膨胀混凝土。

4.2.1 井点降水法

(1) 现场地质情况

1) 2 层粉煤灰：全场地分布，除堤坝边较薄，其他部位均较厚，一般为 9～10m，因其冲填时间以及离排放口距离的不同，其状态和含水量也不相同。一般呈松散或极松散状态。粉煤灰大于 0.05mm 粒径占总数的 40.9%，0.05～0.005mm 粒径占总数的 57.2%，小于 0.005mm 粒径的占总数的 1.9%。天然含水量为 63.4%，天然表观密度 13.8kN/m^3，天然干表观密度 8.3kN/m^3。

2) 3 层素填土：成分以黏性土为主，场区内局部分布，为筑堤坝填土。

3) 4 层黏土：场区内大部分存在，厚度及埋深变化较大，厚度为 0.00～5.6m，层底标高为 20.17～15.86m。

4) 5 层粉质黏土：厚度 0.00～4.00m，层底标高为 16.16～12.15m。

5) 6 层粉土：以粉土为主，次为粉砂局部夹粉砂薄层。

(2) 井点系统布置

考虑到场地粉煤灰含水层富水性以及开挖期间需截桩，降水周期较长，大面积降水费用高，决定大面积范围内采用明排水，终沉池中心深处采用轻型井点降水，两者结合实施降水。

根据基坑内土层的水文地质条件，结合该基坑面积较大以及粉煤灰的渗透系数，拟采用单排环状布置的 60 轻型机组井点系统进行降水，每台泵可带总管长为 60m。井点管长度为 8m、7m、4m，滤管长度 0.83m，总长度分别为 8.83m、7.83m、4.83m。井管直径为 48mm，集水管为 ϕ127mm 焊接钢管，每根长约 4m。

基坑涌水量和所要求的降水效果如下：

1) 基坑中心处要求降水的深度为 S=5.87m。

2) 井点管长度 S=7.83m（终沉池）/4.83m（氧化沟、厌氧池）。

3) 井管间距 D=1～1.5m。

4) 基坑中心临时井点降水深度 S=8.83m（终沉池）/4.83m（氧化沟、厌氧池）

5) 以上降水深度满足水降至混凝土垫层下 500mm。

(3) 施工工艺流程

放线定位⟶挖沟槽（宽 50cm，深 100cm）⟶冲孔（冲水法）⟶埋管⟶填砂⟶连接集水总管⟶安装真空泵⟶开动真空泵排气⟶抽水⟶测量观测井中地下水位变化。

1) 井点支管的埋设：选用高压冲水管冲击成孔后再放井点支管的施工方法，冲孔直径为 30cm，考虑到在粉煤灰中成孔，可能造成坍塌现象，现场先行试成孔，若不能成功，采用套管法（PW3008T 履带吊冲击）成孔。

2) 冲孔作业时应事先挖好导流的排水沟（用 MU10 机制砖、M5 水泥砂浆砌筑，外抹 1∶2 水泥砂浆），并使排水通畅。汇集到集水井（场地北侧建两个 6m×6m×3m）中的水，应及时采用强排水（采 7.5kW 泥浆泵）的方法排出，抽至场地东北角排水沟内，防止满溢，影响工地文明施工。

3）终沉池中心部位开挖深度较深，为降低地下水位并避免流砂现象，在中间排设临时井点，深度为8.83m，临时井点的拆除时间根据现场施工状况；若临时井点停抽水后出现起泡、泛水现场，则将临时井点埋入底板内（井管报废），并采取切一根，堵一根的方法。

4）所有井点管在地面以下0.5～1.0m的深度内，用黏土填实，以防止漏气。井点管埋设完毕，应接通总管与抽水设备，接头要严密，并进行试抽水，检查有无漏气、淤塞等情况，出水是否正常；如有异常情况，应检修好方可使用。

5）抽水时间：为达到降水的深度，要求抽水时间为1周左右，即可开挖。

构筑物竣工并进行回填后，方可拆除井点系统，所留孔洞用砂填塞。

（4）井点施工有关注意事项

1）井点进场施工前，首先将基坑内井点位置处的多余粉煤灰挖除，基坑外沿井点位置开挖深度为1m，宽0.50m。应沟沟相通，井点管完成后，沟内水排至集水井，以免在施工时水溢满场地，影响施工进度和环境卫生，以保证成孔施工的顺利进行。

2）降水过程中，为加强降水井点降水系统的维护和检查，须由专人负责24h值班，并应做好抽水记录。

3）井点使用时，应保证连续不断地抽水，并备有双电源，以防断电。

4.2.2　基槽开挖

由于本工程土方开挖量大，基槽开挖采用机械大开挖。施工流程为：放线定位→机械开挖（预留50cm）→人工开挖、截桩→排水沟、集水坑。

开挖前，应标出每个构筑物定位控制线位置，在基坑四周设控制桩，经监理复核后，办理定位放线报验手续。本工程为经过处理的喷粉桩复合基础，为避免挖掘机挖断、压碎桩头，机械开挖至距砂石垫层底标高上50cm处，然后再由人工开挖、截桩至设计标高。基坑开挖放坡系数为1：1.5，基坑周围留1.5m工作面。在机械开挖前要对挖掘机、推土机、自卸汽车等进行检查，防止在开挖过程中出现机械故障，影响施工进度。

基坑四周设300mm宽砖砌排水沟，其上抹15mm厚1：2水泥砂浆，每个池设四个1000mm×1000mm×800mm砖砌集水坑，排水沟以1%的坡度排向集水坑，用水泵将积水排出坑外。人工开挖时，在基坑内设控制桩，测量员随时复测控制桩标高和测试喷粉桩的标高，并用红油漆做出标志，防止超挖；同时，作为截桩时的控制标高。

桩间粉煤灰开挖到位后，按施工要求在每根桩身标识3个截桩点，再用三合板制成的套板在桩身上划出截桩面的标高。第一截桩面：根据施工要求进行截桩；第二截桩面：距设计标高20cm；第三次修到桩设计标高。

人工截桩时，根据截桩面标高提高500mm，用4磅手锤、钢钎沿桩身一周凿5cm深“V”形槽后，再用3支扁钢钎在不同方向同时用力向桩心打入，从而将上部桩身凿除。

人工截除粉喷桩时，手锤不得使用4磅以上大锤，三支扁钢钎向桩心打入时，要同时用力；否则，将会造成因锤过大而使下部桩体破坏、桩头破裂等，从而影响桩的整体质量。第三截桩采用自己研制的截桩机械施工。

基坑开挖至设计标高待业主和监理复核验收后，即进行砂石垫层的施工。

4.2.3 主体结构工程施工

(1) 砂石垫层施工

1) 基坑挖至设计标高，待业主和监理复核后即进行砂石垫层的施工，施工前垫层四周用MU10机制砖、M5水泥砂浆砌400mm高砖胎模，入土100mm，作为砂石垫层的砖胎模。

2) 设砂石垫层前，应将基底表面杂物清除干净。

3) 砂石垫层施工前，由测量员测定基底标高，按5m×5m的距离打入网格控制桩，控制砂石垫层的标高，使砂石垫层厚度不小于300mm。

4) 砂石垫层每层铺厚为150mm。用平板振动器振实，采用一夯压半夯、全面夯实的方法。

5) 由于终沉池砂石垫层铺设由中心向四周方向铺设。

6) 氧化沟砂石垫层按伸缩缝分两段施工。

7) 砂石垫层砂石采用人工级配砂砾石，粒径在50mm以下，石含量在5%以内，砂含泥量应小于3%，拌合均匀后再铺夯压实。

8) 砂石垫层施工完成后，严禁小车及人在垫层上行走，经检查合格立即进入下道混凝土垫层的施工。

(2) 终沉池单体施工

1) 施工工艺流程

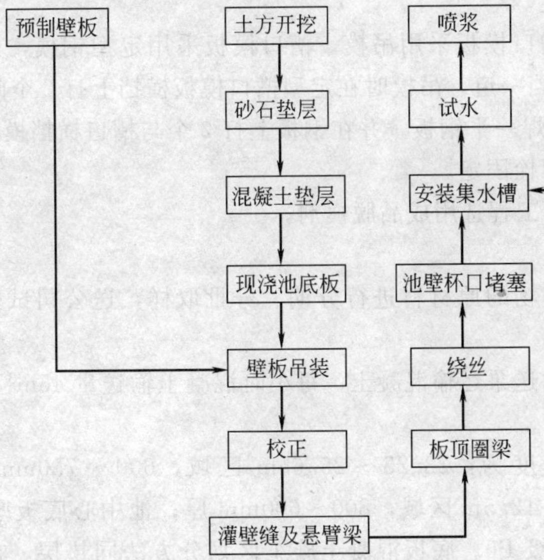

2) 混凝土垫层施工

垫层混凝土厚度100mm，强度等级C10。混凝土垫层施工时，以东西方向池中心线为界，分1区、2区进行施工。施工前，在300mm厚砂石垫层面上，根据图纸要求坡度(1∶12)，用C15细石混凝土打100mm厚灰饼，以控制垫层的整体坡度。垫层混凝土用机动翻斗车从后台搅拌站直接运进池内，翻斗车道用铁脚手板铺设，沿车道每隔8m铺4m×4m转车台。混凝土垫层采取平板振动器振捣。混凝土垫层施工时，施工人员不宜在砂石垫层上乱走动，以避免破坏砂石垫层和混凝土灰饼。

3）现浇底板

混凝土垫层施工前，先完成进水管和排泥管的施工。

在垫层混凝土强度到0.7MPa后，清除上面灰浆、浮灰等，核对圆形水池中心位置，弹出十字线，校对集水坑、排污管、槽杯口的里外弧线，控制杯口吊斗位置，杯口里侧吊绑弧线及加筋区域弧线。

A. 钢筋工程

a. 钢筋加工在现场制作，根据材料进度计划制作，以满足工程需要，圆弧形钢筋现场放大样制作，以保证圆弧形部分的曲度。

b. 钢筋绑扎前先预制35mm厚的砂浆垫块，并绑以扎丝。绑扎按加筋区域弹线布筋，先布弧形筋，再布放射筋，然后再布弧形筋，绑扎成整体。垫起保护层高度，在上下两层钢筋之间，用ϕ16的钢筋做成"几"形钢筋支撑，钢筋支撑按1000mm×1000mm设置，以保证两层钢筋的位置准确。

c. 钢筋搭接选用双面焊，焊缝长度不得小于$5d$，在不方便焊接的地方可采用搭接，搭接长度不得小于$42d$。接头位置错开50%。

B. 模板

a. 底板侧模：采用定型钢模板，侧模制作时要放足大样，保证模板的曲度。底板侧模使用ϕ48mm钢管支撑，水平3道，上道距板上口15cm，下道距板底15cm，中道居中，竖杆每500mm设一道，砂石垫层外搭设双排脚手架，脚手架立杆下部打入粉煤灰层500mm深，用横杆及斜撑固定。

b. 底板槽口模板：底板槽口模板采用吊模，槽口模板采用定型钢模，吊模槽口定型模板制作时，每隔50cm设横挡一道，吊模时在定型槽口模板横挡上打2个间距为100mm的ϕ10的孔，并在吊模钢管上焊一平钢板，并在钢板上打2个与槽口横挡模板位置一致的ϕ10mm的螺栓孔，用ϕ10的螺栓固定。

c. 为使混凝土表面光滑本工程选用成品脱模剂。

C. 混凝土工程

a. 由现场试验员负责对进场的原材料进行分期、分批取样，送公司试验室检验，不合格的材料坚决不用。

b. 现场使用两台混凝土输送泵运输混凝土，每小时混凝土输送量45m^3，以满足施工需要。

c. 终沉池混凝土底板厚度为：23.25～25.65m区域，600～750mm厚；12.5～23.25m区域，600mm厚；3～12.5m区域，800～600mm厚；池中心底板厚600mm。混凝土强度等级为C25，抗渗等级P6。底板混凝土施工区划分方法同垫层，在每区底板上以东西加强带为界线分两侧施工，每侧布置一根混凝土输送管。混凝土施工前，用ϕ10钢筋焊在底板钢筋上。泵送混凝土每次浇筑宽度为3m，分层放坡浇筑，放坡坡度为1∶8；池底板上每90°设一条2m宽C30混凝土加强带，加强带中上下均加设ϕ18加强筋。加强带C30微膨胀混凝土的要求为：两侧混凝土浇筑完后并在初凝前，要把加强带混凝土浇入，以保证底板混凝土形成整体。1号输送泵4h循环更换混凝土配合比，轮回输送C25、C30混凝土。

底板混凝土施工时，每根混凝土输送管处用三台插入式振动棒振捣。每台振动棒负责振动 1.5m 宽混凝土带，以免混凝土出现漏振、超振。振实后 20min，第三台振动棒再对其进行二次复振。混凝土施工时要随打随抹，并在混凝土初凝前进行第二次抹平压实。

d. 混凝土浇筑过程中，随时观察模板、支撑以及钢筋的情况，以防止变形，混凝土振捣时要振捣密实，不得少振、漏振。

e. 混凝土浇筑完毕后要在其上覆盖薄膜，其上覆盖草袋浇水养护，养护时间不少于 14d。

4）预制壁板

终沉池的壁板在本公司金家岭预制构件厂进行预制。在土方开挖时即进行预制，壁板吊装时再根据需要运至现场。预制壁板共分 4 种板，YB-1 板计 110 块，YB-1a、YB-1b 板各 1 块，YB-1c 板共 8 块，规格均为 110mm×3530mm×200mm（弧心角 2.52°）。制作时先预制 YB-1a、YB-1b、YB-1c 壁板。

在预制现场做壁板砖砌底胎模，胎模制作前，先放足大样，制作与壁板弧度相同的刮尺，砖上抹 1∶2 水泥砂浆，用刮尺刮平、收光。壁板侧模与端头模板均使用 200mm×100mm×5mm 槽钢，端头用两个 ϕ20mm 螺栓固定，制作时侧模中间用三道双层 ϕ8mm 对拉螺栓固定，侧模槽钢上开 ϕ8mm@200mm 的双层孔，用来穿过分布筋，端头板一端居中位置开一 20mm×100mm 的槽口，用来穿 ϕ18 的壁板吊筋。

构件现场堆放采用三点支承。

预制壁板混凝土强度达到设计强度 90%时方可运送、吊装。

5）壁板施工

壁板吊装前应先将杯口清除干净，清除表面浮浆、松动的混凝土等杂物，用水准仪找出杯底标高，使全圆周杯口底标高误差控制在±5mm 以内，对标高超过规定的进行处理，处理完后，在杯口底抹 16mm 厚水泥砂浆，找平后再铺设 4mm 厚的橡胶板一层。

壁板吊装使用液压汽车吊 QY16 吊装。吊装前，在环槽上口弹出壁板安放线，将每块壁板两侧凿毛，两边搭设环形脚手架，用以固定壁板。

壁板吊装采用逆时针顺序进行，每吊装完一块板，即将壁板临时固定。底板施工时，在板上预埋固定撑角（ϕ22 钢筋），撑脚距壁板中间位置 2m，每块壁板一个撑脚，用以固定斜撑。壁板上口用定型卡具，下口用木楔临时固定，待壁板吊装完后，再用经纬仪进行校正，保证终沉池的圆度，再固定。

6）壁板间接缝

壁板吊装完后，即进行壁缝板间接缝及悬臂梁的施工。施工前先将预制板边清理干净，绑扎钢筋，用预制垫层（25mm）及钢筋 ϕ16 支撑，以保证钢筋位置的准确性。

钢筋绑扎完后，待甲方及监理检查合格后再支设模板。

底板施工时先在底板上于壁板位置两侧预埋固定撑角（ϕ22 钢筋），撑角距壁板边 2m，每块壁板位置设两个撑角，用来固定斜撑。

壁板灌缝施工前预制壁板已临时固定完毕，终沉池壁四周内外均有环形双排钢管脚手架，壁板灌缝模板可用环形脚手架固定，内外脚手架上口每隔 2m 用钢管连接。

壁板缝模板采用 500mm 宽钢模板，钢管脚手架支撑，横向钢管 50cm 一档，每个板缝用 2×5 根 ϕ28mm 的可调螺栓支撑模板，壁板模板一次安装到位。

壁板混凝土厚度 200mm，高度为 3530mm，宽度为 200、240mm，混凝土强度等级为 C30 微膨胀细石混凝土。接缝混凝土施工前，应将缝内杂物清理干净，并洒水湿润两侧预制壁板。混凝土施工，用机动翻斗车从搅拌站将混凝土直接送至现场，再用人工传送，倒入 ϕ150mm 串筒内（串筒上部安一 ϕ500mm 喇叭口接料斗），利用串筒将混凝土送至壁板底。混凝土采取插入式振动棒振捣，且每层振捣高度为 400mm。壁板缝混凝土施工完后，要将落在现场的混凝土渣清理干净。

挑梁面预埋件要按图预埋，不得遗忘。浇捣挑梁混凝土时，要时时观察梁上预埋件的位置是否准确。

壁缝施工在冬期进行，在混凝土中掺入少量抗冻剂。壁板缝混凝土施工完后在表面覆盖薄膜，要派专人进行养护。

7）板顶圈梁

待壁板缝混凝土强度达到设计强度的 70%后，即进行池顶圈梁的施工。

池顶圈梁模制作定型钢模板支设，制作时注意保证模板的曲度。

模板支撑牢固，浇捣混凝土时连续完成，不留施工缝。

池壁板上部圈梁截面为 350mm×200mm，混凝土强度等级为 C20。混凝土施工前，将模内杂物清理干净，在圈梁底预铺 30mm 厚同种混凝土配合比的细石混凝土。在从后台用机动翻斗车从后台搅拌站运至现场，人工传送，振动棒振捣。圈梁混凝土施工时间应为：接缝混凝土施工完毕，立即施工圈梁混凝土，以尽快能进行壁板绕丝。圈梁混凝土施工完后，要将现场的混凝土渣清理干净。

8）绕丝

绕丝前检查校正池体半径，应符合设计要求及施工规范。清理壁板表面，铲去壁缝混凝土毛刺，应将高低不平的凸缝凿成弧形。

检查卡具的几何尺寸，卡具与卡片对应编号，配套后捆在一起。绕丝机在地面组装，组装好后即安装大链条。大链条在离池底 50cm 高处沿水平绕池一圈，前进方向的一头绕过两个小链轮，用特制花蓝螺栓拉紧器将链条拉拢，拆除多余链条，将链条连接好，利用丝杆调整弹簧大链条的松紧，一切就绪后进行空车试运，测定行走小车的速度和绕丝机提升速度，并观察行车轮是否平稳，电刷中心柱情况是否正常。

试车后，绕丝机由池底提升至池顶，开始从上到下绕丝。绕丝过程中注意以下环节：

a. 绕丝前用绕丝测定仪做出应力应度曲线，以测定钢丝应力，做好记录。每根钢丝的始、末端都要加一对相同的卡具，始端的正卡具是越拉越紧（紧卡具），末端的卡具与始端方向相反（松卡具）。当绕丝机继续向前张拉时，松卡具被拉松，应绕过两圈再打紧。如此，当后绕的钢丝拉断时，钢丝立即收缩，这时松卡具可夹住钢丝，不致使前面绕的钢线全部松弛。

b. 在一根锚固槽旁边选择位置，一边设置卡具，一边测定应力，应力测定采用应力仪从上至下在一条竖直线上进行，并做好记录。

c. 为保证钢丝紧紧缠在应力盘上，必须给予绕丝盘以初拉力，初拉力借助于调整牵制器上弹簧和顶丝来控制。

d. 钢丝间距的大小由机械上下挂档来控制，先在池壁画一固定竖直线，绕丝机每次通过这一固定竖直线位置时挂档下降，至 25mm 时立即退空档。空档操作杆要加以固定，防止机械振动而自动挂档，使大链条脱落造成事故。间距准确与否与挂档熟练程度有关，要固定专人操作；如出现间距不准，可待下圈转到此位置时用小撬杠、手锤敲打调整即可。

e. 钢丝接头应采用前接头法，一根钢丝应在牵制器剩下 3m 左右时停车，卸去空盘，换上重盘，将接头在牵制器前接好；然后，钢丝盘反向转动，使钢丝仍然绷紧，接好后，继续开车使接头缓缓通过牵制器，在应力盘上绕好，同时调整应力盘钢丝接头，防止被压，重叠挤出，直到钢丝接头走出应力盘，使用前接钢丝没有应力损失，拉力均匀，绕丝完后无松坠现象，钢丝接头采用 18～20 号镀锌钢丝，紧密缠绕且不小于 25cm，铁丝一头压下缠丝，最后将两个头在后方扭结。

f. 池外壁底周围应先清理干净，绕丝机尽量缠到底部，以保证绕丝的圆度。

9）池壁环槽杯口灌缝

绕丝完成后进行池壁环槽杯口的灌缝，首先对槽杯口进行清理，清除杂物，冲洗干净。槽杯口干燥后，用水平管找出防水油膏位置弹线，然后灌注防水油膏至指定位置。细石混凝土灌缝：灌缝前，要将槽口清洗干净。灌缝细石混凝土掺入少量微膨胀剂。灌缝施工时先灌池内槽口后灌池外槽口，浇灌时一次到位不留施工缝。

灌缝完成后，浇水湿润养护超过 14d 后要涂刷高效防水涂料。

10）集水槽安装

环槽杯灌缝完后成即进行集水槽的安装。集水槽与预制壁板同时进行预制。根据进度计划运至现场，满足施工要求。

集水槽用 QY16 吊车吊装，吊装就位后，调整集水槽的圆度，用激光经纬仪找圆，位置准确后，将预埋件焊牢，与池壁接缝处用水泥砂浆塞实。

11）喷浆

喷浆施工应在水池满水试验合格后的满水条件下进行，试水结束后，应尽快进行钢丝保护层的喷浆，以免钢丝暴露在大气中发生锈蚀。

喷浆前，必须对受喷面进行除污去油，清洗干净。

喷浆机罐内压力宜为 0.5MPa，供水压力应相适应，输料管不宜小于 10m，管径不宜小于 25mm。沿池壁的圆周方向自池身上端开始喷浆，喷口至喷池面的距离，应以回弹物较少、喷层密实确定；每次喷浆厚度为 15～20mm，共喷 3 遍，总厚度不少于 40mm。

喷枪应与喷射面保持垂直，当遇障碍物时，其入射角不宜大于 15°，喷浆应连环旋射，出浆量应稳定且连续，不得滞射和扫射，保持层厚和密实。喷浆宜在气温高于 15℃时进行，当有大风、冰冻、降水或低温时，不得进行。

喷浆凝结后，应遮盖湿润养护。

在进行下一工序前，应对水泥砂浆保护层进行外观和粘结情况的检查，当有空鼓应凿开检查。

（3）其他水池施工方案

1）施工工艺

挖土→修整基土→截桩→做排水沟→砂石垫层→混凝土垫层→底板钢筋→止水钢板的安装→钢筋验收→浇筑底板混凝土→养护→墙板钢筋→钢筋验收→封模→浇外墙混凝土→浇内墙混凝土。

在垫层上定出工程轴线、底板边线、墙板边线以及模板边线，并用红油漆做好标志，确保墙板插筋的正确位置，经检查钢筋配置及绑扎符合要求后进行支模。

用与底板混凝土强度等级相同的细石混凝土作钢筋垫块，留置试块保证其在使用时达到混凝土强度等级。

2）垫层混凝土施工

混凝土垫层厚度均为100mm，强度等级均为C10。混凝土垫层施工前，在300mm厚砂石垫层面上，用C15细石混凝土做出100mm厚灰饼，以控制垫层的整体平整度。垫层混凝土用机动翻斗车从后台搅拌站直接送入沟内，翻斗车道用铁脚手板在砂石垫层上铺成，沿车道每隔8m铺4m×4m转车台。混凝土垫层采取平板振动器振捣。混凝土垫层混凝土施工时，施工人员不宜在砂石垫层面上乱走动，以避免破坏砂石垫层和混凝土灰饼。

3）钢筋施工

钢筋工程施工时，施工员必须熟悉图纸，掌握设计需用钢筋的规格、数量、钢筋的种类等，并应对照图纸进行配料，复杂部位要进行放样。钢筋绑扎可采用20～22号钢丝。

底板钢筋的绑扎必须满扎，不得采用梅花式扎法，上下排钢筋采用ϕ16钢筋支脚，钢筋支脚间距1000mm×1000mm，支脚必须放在垫块上。墙体钢筋绑扎同底板但应采用梅花式绑扎，搭接长度应满足要求。

壁板处插筋应根据定位轴线带线控制，钢筋插好后，对其规格、数量进行检查，最后与底板上层钢筋焊接固定。

距底板顶面0.5m处设施工缝，沿水池四周钢筋混凝土墙内设500mm×3mm钢板止水带与墙内钢筋焊接固定，并保证其顺直。

水平钢筋一般采用对焊连接，在现场可采用绑扎连接或双面焊连接技术。竖向钢筋分两次到位，采用电渣压力焊连接技术，在不方便处可采用绑扎连接式搭接。

4）模板

A. 底板、外壁板吊模支撑

底板侧模采用钢模板，钢管脚手架支撑，底板侧模钢管用ϕ48mm钢管，在砂石垫层外搭设双排脚手架，脚手架立杆入粉煤灰层500mm深。底板侧模钢管支撑水平3道，上道距底板上口15cm，下道距底板下口15cm，中道居中，竖向每50cm支撑一道，用斜撑固定在砂石垫层外双排钢管脚手架上。

底板施工时，在上层钢筋网上先预埋@500ϕ16的钢筋，钢筋伸出壁板位置3cm，钢筋与底板上层钢筋焊接，作为上部壁板支撑用对拉螺栓，底板上20cm设一道，施工缝上30cm一道，水平间距600mm，壁板外侧用钢管固定。

B. 壁板

a. 壁板构造

外壁板600～400mm厚，大部分为5.5m高，少量6.5m高，壁模采用九夹板制作，用两根60cm×120cm木枋做主楞。为防止浇筑混凝土时胀膜，模板采用ϕ16对拉螺栓对拉，穿壁对拉螺栓间距在水平方向上为300mm，垂直方向由下至上分别为300mm（7道）、400mm（3道）、500mm（3道），木楞间距采用300cm。

模板验算：

新浇混凝土自重标准值24kN/m³，新浇混凝土对模板侧压力值按下列两式计算：

$$F_1 = 0.22 V_c t_0 B_1 B_2 v^{1/2}$$

$$F_1 = v_0 H$$

式中 F_1——新浇混凝土对模板的侧压力，kN/m^2；

v_0——混凝土的重力密度，取 $24kN/m^3$；

t_0——新浇混凝土的初凝时间，取 $t_0=6h$；

B_1——外加剂影响修正系数，取 $B_1=1.2$；

B_2——混凝土坍落度影响修正系数，取 $B_2=1.15$；

v——混凝土浇筑速度，取 $v=20m/h$。

$$F_1 = 0.22 \times 2400 \times 6 \times 1.2 \times 1.15 \times 20^{1/2} = 195.5kN/m^2$$

壁板施工前在底板施工时已施工 50cm，壁板混凝土浇筑高度最高处为 6m，取 6m 验算：$F_1=24\times6=144kN/m^2$，取 $F_1=144kN/m^2$

新浇混凝土时模板侧压力设计值：

$$F=F_1\times 分项系数\times 折减系数$$

分项系数取 1.2，采用木模板，折减系数取 0.9：

$$F=F_1\times1.2\times0.9=155.5kN/m^2$$

倾倒混凝土对垂直面模板产生的荷载标准值，因使用混凝土输送管，取 $2kN/m^2$。

设计标准值：$2\times1.4\times0.9=2.52kN/m^2$

荷载组合：$F=155.5+2.52=158.02kN/m^2$

计算简图见图 4-1。

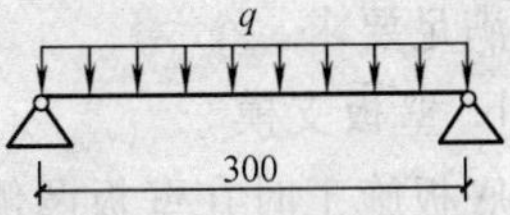

图 4-1 模板计算简图

强度验算取 1.0m 宽板带进行验算，则：

$$q=1.0\times158.02kN/m^2=158.02kN/m$$

$$M=qL^2/8=158.02\times0.3^2/8=1.78kN\cdot m$$

模板的净截面抵抗矩：

$$W=bh^2/6=1/8\times1.0\times0.019^2=0.0000602m^3$$

$$\delta=1.78/0.0000602=28672kN/m^2=28.67N/mm^2<f=50N/mm^2$$

强度满足要求。

挠度验算：

$$I=bh^3/12=1/12\times1000\times19^3=571583mm^4$$

$$E=6.0\times10^3N/mm^2$$

$$V=5qfL^4/384EI = 5\times158.02\times300^4/384\times6.0\times10^3\times571583 = 4.86mm<h/400=15mm$$

挠度满足要求。

木楞验算：

木枋截面尺寸为 6cm×12cm，间距为 300mm。计算简图如图 4-2 所示。

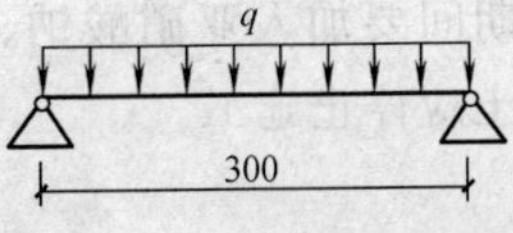

图 4-2 木楞计算简图

荷载计算：

$$q=0.3\times158.02=47.4kN/m$$

$$M=qL^2/8=47.4\times0.3^2/8=0.533kN\cdot m$$

强度验算：

$$W=1/6bh^2=1/6\times0.006\times0.122=0.000144\text{m}^3$$

$$\delta=M/W=0.533/0.000144=3701\text{kN/m}^2=3.7\text{N/mm}^2<f=15\text{N/mm}^2$$

强度满足要求。

对拉螺栓验算：

2.1m 以下，对拉螺栓采用 $\phi16$ 间距 300mm×300mm，

$$N=158.02\times0.3\times0.3=14.22\text{kN}$$

$$N/A_\text{m}=14220/144=98\text{N/mm}^2<210\text{N/mm}^2$$

满足要求。

2.1～4m 对拉螺栓采用 $\phi16$ 间距 300mm×400mm，

$$f=24\times3.9\times1.2\times0.9+2\times1.4\times0.9=103.6\text{kN/m}^2$$

$$N=103.6\times0.3\times0.4=12.43\text{kN}$$

$$N/A_\text{m}=12430/144=86\text{N/mm}^2<210\text{N/mm}^2$$

4m 以上，对拉螺栓 $\phi16$ 间距 300mm×500mm，

$$f=24\times2\times1.2\times0.9+2\times1.4\times0.9=54.36\text{kN/m}^2$$

$$N=54.36\times0.3\times0.5=8.2\text{kN}$$

$$N/A_\text{m}=8200/144=60.2\text{N/mm}^2<210\text{N/mm}^2$$

满足要求。

b. 壁板支模

底板施工时在壁板两侧预埋钢筋撑角，作为壁板支撑时用。

壁板木楞均采用两根 6cm×12cm 木枋，对拉螺杆按梅花形分布，2.1m 以下间距为 300mm×300mm，2.1～4m 间距为 300mm×400mm，4m 以上间距为 300mm×500mm，预制钢垫块（其中一部分楔形钢垫作为外壁外侧对拉螺杆垫片），每个对拉螺杆壁内侧加 2cm 厚的木垫块，壁板 2.1m 以下的对拉螺杆设双层螺帽。

c. 内壁模板

模板施工时，两侧搭双排脚手架固定内壁模板，脚手架上口每隔 2m 用钢管连接。

为了不使壁板左右位移，用钢管脚手架固定，钢管水平 80cm 一道，立杆 1m 一道，用斜撑固定在底板预埋钢筋撑角上。

壁板支模时，先支一侧模板（外壁板先支内侧直模板）。绑完钢筋后，清扫壁板内杂物，经业主、监理验收后，再安装另一侧模板，然后进行混凝土浇筑。

5）混凝土施工

A. 混凝土配合比及外加剂

a. 配合比：现场试验人员在监理的见证下，分期、分批对现场材料取样，并送公司中心试验室检验，不合格的材料坚决不用。中心试验室根据材料送样、图纸要求、施工要求，制定出合理的配比单。

b. 外加剂：C25 以上混凝土均掺入木质硫磺钙减水剂、粉煤灰，以减少水泥用量、减少水化热。微膨胀混凝土另加入 UEA 膨胀剂。混凝土冬期施工期间要加入亚硝酸钠、三乙醇胺混合防冻剂，冬期施工中连续 5d 气温达 0℃以下时，混凝土应停止施工。

B. 底板混凝土施工

该工程混凝土为 C25 P6，底板混凝土采用阶梯式斜面分层法，边浇边退地进行浇筑，

混凝土在振捣时，直插振捣要快插慢抽，并呈梅花式布点，掌握好振捣时间，不能漏振，也不能过振。

在底板混凝土施工时，应控制混凝土浇筑进度，防止底板混凝土出现冷缝；另一方面还应控制好混凝土的内部温度，表面温度和空气温度之间的差值，使其不超过25℃。具体采取技术措施如下：

a. 控制浇筑速度。采用“一个坡度，分层浇筑，循序推进，一次到顶”的浇筑方法来缩小混凝土浇筑面以及加大浇筑速成度，缩短每层混凝土浇筑时间。

b. 混凝土配制。根据泵送混凝土和浇筑进度要求，配制混凝土坍落度为12cm，初凝时间约为6h，为控制台混凝土初凝时间，掺用木质素磺酸钙，保证新浇混凝土的覆盖时间。为降低水泥水化热，并保证混凝土的抗渗性，采用42.5级矿渣水泥，添加减水剂，掺粉煤灰。减少水泥用量，减少水化热。

c. 加强混凝土布料和振捣。混凝土振捣是否密实是混凝土施工的关键，混凝土采用泵管前加布料杆布料，保证布料到位。终凝前对混凝土浇筑面抹压二次，防止发生收缩裂缝。

底板混凝土施工时，每根混凝土输送管处用三台插入式振动棒振捣。每台振动棒负责振动1.5m宽混凝土带，以免混凝土出现漏振、超振。振实后20min，第三台振动棒再对其进行二次复振。混凝土施工时要随打随抹，并在混凝土初凝前进行第二次抹平压实。

C. 壁板混凝土施工

外壁板厚度600～400mm，高度5500mm；内壁板厚度250mm、350mm，高度4890～6500mm。混凝土强度等级C25，抗渗等级P6。混凝土施工时同底板分区，并以伸缩缝为界分段施工。先施工内池壁，后施工外池壁。

内外壁板均较高，混凝土不能直接入模。故池壁混凝土利用串筒将混凝土送入池壁底，串筒长2m，且可两两相连接。混凝土浇筑前，浇入同混凝土配合比的水泥砂浆70mm厚。混凝土分层并按1∶8的放坡进行施工，每层混凝土施工厚度为1m。当混凝土施工3m高后，即可抽掉串筒，由输送管直接将混凝土送入模板内。由于伸缩缝将内外壁板分成多段，每段壁板可分开施工，且为避免用电高峰，所以该池壁只用1号泵进行施工。每根混凝土输送管处配置2台振动棒，混凝土每施工300mm厚要振捣一次，振点间距500mm。每台振动棒负责3m长壁板混凝土的振捣，向前推移。混凝土振捣时，不得直接振动钢筋、模板、预埋管等。

利用池内满堂脚手架和外壁模板架，在壁板两侧搭设900mm宽操作平台，以便池壁混凝土的浇筑，且顺混凝土输送管走向，将池内操作平台相连，通道宽900mm，均用铁脚手板铺成。

D. 混凝土取样及养护

试验人员根据混凝土的施工现状对混凝土取样，并根据施工要求，在现场不定时做坍落度试验并记录。混凝土施工后，覆盖塑料薄膜，上铺草袋并洒水养护，养护时间不少于14d。冬期施工期间，不得洒水养护。

E. 加强带施工

底板钢筋绑扎完后，根据图纸要求放出加强带边线，并绑扎加强钢筋；利用支撑铁作为直立筋，在加强带边线上绑扎钢丝网，把加强带混凝土同底板混凝土相隔开。底板混凝土浇筑后，混凝土未初凝前把 C30 微膨胀混凝土浇入加强带，以保证底板混凝土形成整体，不留施工缝。

F. 混凝土输送管线及支架

混凝土输送泵在后台布置好后，输送管沿主干道两侧直接铺自然地面上。输送管进入池后，浇筑底板时，输送管搁置在钢管架上，钢管架宽 1m，整体搭设至浇筑现场，且在混凝土作业平面上每隔 3m 放一排钢管架，以便输送管移动。浇筑池壁时，输送管直接搁置在模板架上，每根输送管头均配置 6m 软管，以便混凝土的浇筑。

6）混凝土施工时注意事项

A. 在混凝土浇筑前，应先检查后台机械并保养，电路调试，架设混凝土泵管、试泵。

B. 进行材料的进场检、试验、配合比的申请、试模等准备工作，严格按规定的配合比准确计量并称量每种用料，投入混凝土搅拌机，外加剂的掺加方法，应遵从所采用外加剂的使用要求，且混凝土搅拌时间不小于 180s。

C. 混凝土浇筑现场的用电，振动棒的准备等工作，操作人员的通道准备，现场照明准备。

D. 浇竖向结构时，必须保证混凝土的自落高度不超过 2m，必要时应加设串筒或在墙模上开口，施工缝必须清理干净，冲水湿润，应在底部开口，便于清除杂物。

E. 浇筑伸缩缝处混凝土，必须保证橡胶止水条位置的正确，并不得碰坏。

F. 浇筑混凝土时不得振动钢筋，破坏钢筋的位置，特别是底板底钢筋混凝土垫块不得碰掉。

G. 防水混凝土要严格执行本公司的地下防水混凝土作业指导书。

7）养护

混凝土进入终凝（8h）即应覆盖，浇水湿润养护不少于 14d。

冬期施工时，防水混凝土不宜用电热法和蒸汽养护。冬期混凝土浇筑后应在裸露混凝土表面采用塑料薄膜和麻袋，覆盖并进行保温，对边、棱角部位的保温厚度，应增大到厚度的 2～3 倍，模板外和混凝土表面覆盖的保温层不应采用潮湿状态的材料，也不应将保温材料直接铺盖在潮湿的混凝土表面。

8）拆模

防水混凝土的养护要求较严，因此不宜过早拆模，拆模时防水混凝土的强度必须达到设计强度等级的 70%。混凝土表面温度与环境温度之差，不得超过 15℃，以防混凝土表面产生裂缝。拆模时混凝土温度与环境温度差大于 20℃时，拆模后的混凝土表面应及时覆盖，使其缓慢冷却。拆模时，应注意勿使模板和防水混凝土结构受损。

（4）水池满水试验方法

1）混凝土强度达到设计强度 100%，即进行满水试验。

2）试水前将沟、池内清理干净，临时封堵预留孔洞、预埋管口及进出水口等，不得渗漏。

3）注水利用现场给水管网，设两根 $\phi75$ 给水管注水，放水利用排水系统排出现场外。

4）充水：

① 向水池内充水分三次进行：第一次充水为设计水深 1/3。一般先充水至池壁底部的

施工缝以上，检查底板的抗渗质量；当无明显渗漏时，再继续充水至设计水深的1/3。第二次充水为设计水深的2/3。第三次充水至设计水深。

② 充水时的水位上升速度不得超过1m/d，相邻二次充水的间隔时间必须大于48h。

③ 每次充水要测读24h的水位下降值，计算渗水量，在充水过程中和充水以后，应对水池作外观检查；当发现渗水量过大时，应停止充水，待做出处理后方可继续充水。

5）水位观测

① 充水时的水位用水位标尺测定。

② 充水至设计水深进行渗水量测定时，采用水位测针测定水位。水位测针的读数精度应达1/10mm。

③ 充水至设计水深后至开始进行渗水量测定的间隔时间不少于24h。

④ 测读水位的初读数与末读数之间的间隔时间应为24h。

⑤ 连续测定的时间依实际情况而定；如第一天测定的渗水量符合标准，应再测定一天；如第一天测定的渗水量超过允许标准，而以后的渗水量逐渐减少，可继续延长观测。

6）水池允许渗水量计量：

$Q_y = q_1(A_d + A_b) < 2L/(m^2 \cdot d)$，为符合要求。

（5）抗裂缝措施与施工监测

1）混凝土裂缝控制概述

大部分裂缝是由于混凝土内外温差变化产生，因而须控制混凝土的温升：通过选用低水化热水泥，掺加外加剂，选择强度较高、级配较好、收缩性小、含泥量少的碎石，选择含泥量较少的中粗砂，通过控制混凝土的出机温度及入模温度等措施来控制混凝土的温升。

通过对混凝土的保湿、保温养护，使混凝土的水化热降温速率延缓，减小结构内外温差，防止产生过大的温度应力和产生温度裂缝。

减少混凝土的收缩，提高混凝土的极限拉伸强度。在满足可泵性的条件下，尽量降低砂率，砂率控制在40%～45%；混凝土浇筑采用薄层连续浇筑，对大面积的板面要进行拍打振实，去除表面浮浆及泌水，实行多次抹面，以减少表面收缩裂缝。

加强施工监测，全面了解混凝土在强度发展过程中内部的温度场分布及表面应力情况，并且根据温度梯度变化情况，定性、定量地指导施工，控制降温速率，达到控制裂缝的目的。

2）混凝土原材料与混凝土品质的控制措施

底板混凝土：底板混凝土的水泥采用水化热低、早期强度低的32.5级矿渣硅酸盐水泥；粗骨料选用级配良好、热膨胀系数较低、强度较高且未风化的花岗石石子，以减少混凝土收缩及降低水泥用量；石料的含泥量控制在1%以内，最大粒径不超过31.5mm，以满足泵送要求；细骨料采用不含有机质的中粗砂，细度模数控制在2.5，含泥量不大于2%；搅拌用水采用自来水；掺加Ⅱ级以上粉煤灰，粉煤灰的使用不仅做到废物利用，减少水泥用量，降低水化热的产生；同时，有利于提高混凝土的后期强度；掺加减水剂，尽量减少用水量，提高混凝土的强泵性，减少水化热的产生；掺加缓凝剂，尽量延长混凝土的凝结时间，混凝土的初凝时间控制不小于6h；掺加微膨胀剂，以提高混凝土的膨胀抗收缩裂缝性能。控制混凝土的入模温度，坍落度控制在10～12cm。

底板混凝土的配比设计须由富有同类型混凝土配比设计经验的南通市权威建筑科研机构进行。在试验室设计的同时在施工现场制作试验试块，以确保最佳的配合比。

外墙板混凝土：外墙板混凝土的水泥采用普通硅酸盐 32.5 级水泥，水泥的水化热须严格经试验确定，从优质 32.5 级普通硅酸盐水中选用低水化热种类水泥；粗骨料选用级配良好，热膨胀系数较低、强度较高且未风化的花岗石石子或碎石，以减少混凝土收缩及降低水泥用量，石料的含泥量控制在 1%以内，最大粒径不超过 30mm，以满足泵送要求；细骨料采用不含有机质、细度模数控制不小于 2.4 的中粗砂，含泥量不大于 2%；搅拌用水采用自来水；掺加Ⅱ级以上粉煤灰，粉煤灰掺量为水泥的 10%；掺加微膨胀剂，以提高混凝土的膨胀抗收缩裂缝性能。控制混凝土的入模温度，坍落度控制在 8～11cm。

3）混凝土的保温养护与温度监测控制

保温养护材料厚度按下述公式计算确定：

混凝土的最高温升计算：

$$T_{\max}=T_0+\frac{W}{10}+\frac{F}{50}$$

式中 T_0——混凝土浇灌温度（℃）；

W——单位水泥用量（kg/m^3）；

F——单位磨细粉煤灰掺量（kg/m^3）。

保温材料厚度的确定：

$$\delta=\frac{0.3H\lambda_1(T_a-T_b)}{\lambda_2(T_{\max}-T_a)\cdot K}$$

式中 H——底板厚度（m）；

λ_1——覆盖材料导热系数（草包为 0.14）；

λ_2——混凝土导热系数，取 2.3；

$$T_a=T_{\max}-\Delta T(\Delta T\text{ 为温差})$$

T_b——施工时日平均气温（℃）；

K——传热系数修正值，取 1.5。

本工程底板保温养护采用外蓄方法：在混凝土终凝前，底板表面保温保湿养护采用 1 层薄膜、2 层草包覆盖；另外，现场另备 1 层薄膜 1 层草包，以作救急备用材料。要求薄膜与草包覆盖严密，特别做好墙板插筋薄弱环节外的保湿保温养护工作。薄膜间及草包间应互相搭接，确接宽度 150mm，确保混凝土无外露部位。

对于墙板的保温养护工作：由于墙体较薄，内外散热速率差别不大，温度差较小。因而采取延缓胶合板模板的拆除时间，以胶合板模板作为墙板保温养护材料，同时做好墙板混凝土的保温工作。

4）其他施工控制措施

在按规范制作强度试块及抗渗试块的同时，制作不同龄期的同工程养护条件的强度测试试块，以及时了解混凝土的强度发展，及其与温差变化、温度降率的关系。

每隔 1h，对每台泵车的混凝土坍落度进行检查，严格控制底板混凝土的坍落度误差为±2cm。

及时排除混凝土浇筑过程中产生的浮浆与泌水。

混凝土的浇筑严格按上述方案进行浇筑，及时做好混凝土的保湿保温养护。

延长外墙胶合板模板的拆除时间，待外墙混凝土养护7d后，拆除模板；模板拆除后立即进行其外侧的防水涂膜施工及基坑回填工作，以利用回填的保温养护性能，控制混凝土外墙上裂缝的产生与微细裂缝的开展。

4.2.4 回填土施工

试水试验合格、厂区内金属管道安装完毕后，进行土方回填。土方回填采用自卸式汽车进行土方倒运，用打夯机进行夯实。回填土的施工质量严格按照设计要求和《土方与爆破工程施工及验收规范》GBJ 201—83以及其他的相关规定进行。

(1) 准备工作

为保证回填工作按要求保质、保量、尽快完成，回填前必须做好充足的施工准备：

1) 必须清除坑内钢管、扣件、木方等建筑材料，且坑底充分夯实。

2) 回填土前，应先会同业主、监理单位、建设单位和质监站对池体工程进行各项检查，做好隐蔽记录和办理验收手续。

3) 回填土前，已拆下的模板等零星材料必须码放整齐，并且距临边的距离不得小于1.5m。

4) 回填土质量：回填土中不得含有草根、垃圾等有机杂物，优先选用现场基坑开挖中的原土。

5) 运土及夯实机械的选用：每个施工区域采用运输采用2～4台翻斗汽车进行土方倒运，一台铲运机配合进行铺土，回填土的压实采用蛙式打夯机进行。

(2) 施工方法

1) 施工前，先将浮土清除，基坑的边坡必须稳定。填土区如有表面滞水时，应采取排水措施，以保证基坑无积水。已填好的土如遭受水浸泡应把上层稀泥铲除后，再进行下道工序。填方区应碾压成中间稍高两边稍低，以利排水。

2) 对于无法采用机械施工的区域采用汽车运土和用手推车送土，人工用铁锹、耙等工具进行填土，由一端向另一端自下而上分层铺垫，分层夯实。用打夯机械夯实时，基坑上部较宽处可采用碾压机压实，每层铺土厚度不大于30cm，可用样桩控制分层厚度。回填时最佳含水率为8%～12%，分段施工时，每铺好一层土，应经密实度检验合格后方可进行上层回填。

3) 必须分段填筑时，每层接缝处应做成斜坡形（倾斜度应大于1:1.5）。夯迹重叠0.5～1.0m，上下层错缝距离不应小于1m。接缝部位不得在基础下、壁板角等重要部位。最后填土高于自然地面5cm。

4) 人工夯实填土时，夯前应初步平整，夯实时要按照一定方向进行，一夯压半夯，夯夯相接，行行相连，每遍纵横交叉，分层夯打。夯实基坑时，行夯路线应由四边处开始，然后再夯中间。对于基础边缘及壁板角等打夯机械夯实不到的地方，采用人工木夯夯实。

5) 蛙式夯机夯实：填土初步整平，厚度不宜大于250mm。打夯机依次打夯，均匀分布不留间隙，夯打遍数不少于3遍，两台夯机同一线路夯实距离不得小于10m。对于大面积的回填土方，利用运土工具铲运机来压实填方，在施工过程中采用轮式铲运机进行，每层填土的最大厚度按照具体土质选用：当采用粉质黏土时，不应超过500mm；采用粉土时，不超过800mm。碾压方向应从两边逐渐压向中间，碾轮每次重叠宽度不小于250mm。车轮子下沉量不超过20mm时，其密实度则达到要求。

(3) 质量控制与检验

1) 填土应严格控制含水量，施工前应检验。若铺土后发现含水量小于最优含水量时，可洒水湿润。最优含水量控制：简单检验一般以"手握成团，落地开花"为宜。

2) 土料运至施工现场应有专职人员检验土质和含水量是否符合要求，用插钎检验铺土厚度。通过试验求出土在一定含水量范围内，达到设计密实度要求时的合理夯实遍数，以此指导施工。

3) 为了确保按照合理的施工方法和施工机械进行土方回填，在土方回填施工前，应进行土方回填的碾压（夯击）试验，从而确定合理的铺土厚度、回填土的最佳含水率和压实遍数等施工参数。

(4) 施工注意要点

1) 回填土应按规定每层取样测量夯实后的干表观密度，在符合设计要求或规范要求后，才能回填上一层。

2) 严格控制每层回填厚度。

3) 严格控制回填土料质量、含水量、夯实遍数等，是防止回填土下沉的重要环节。

4) 雨天应不进行土方回填的施工；如确须在雨天进行，必须满足有关的规定要求后，才能进行。

4.3　第二阶段工程施工

4.3.1　提升泵站沉井施工

提升泵站位于污水厂区外，内径为15m，外壁厚600mm，刃脚宽600mm，高1200mm。池壁混凝土分两次浇筑，一次下沉，施工缝处采用3mm钢板止水带，待水位降至刃脚下不小于600mm时干封底。池壁、底板、顶板及梁混凝土强度等级C25、抗渗等级P6、水灰比≤0.5，封底垫层、格栅渠底部及池底找坡用C10混凝土。

(1) 方案选择

1) 选择原则：为确保沉井顺利下沉，在制作中不发生大的沉降，防止因地基变形导致井壁开裂，采取以下措施：①尽可能将井体放在好土层上制作；②选用合适的支垫方式；③铺设砂垫层；④选择合适的下沉系数。

2) 方案确定：由于现场①②层土结构差强度低。现场确定沉井制作在③层粉质土上进行，在标高21.8m处预先开挖出直径22m的工作坑。沉井分两次制作：先预制9.2m，待下沉到位后再施工上部3.4m壁板。其优点是：①易于控制井内除土及沉井下沉速度，便于及时纠偏；②时间利用率高，有利于争取工期。

(2) 降水

由于第六层土中含流砂，且具有一定的承压性，考虑降水效果及费用，采用二级环状轻型井点降水。井点降水布置如图4-3所示。

井点管设计长度7m（井点管外露基坑面1.2m），滤管长度0.83m，总长度7.83m，管径48mm，滤水管外包二层120码尼龙过滤网和一层塑料纱网，管外为1∶3瓜子片砂

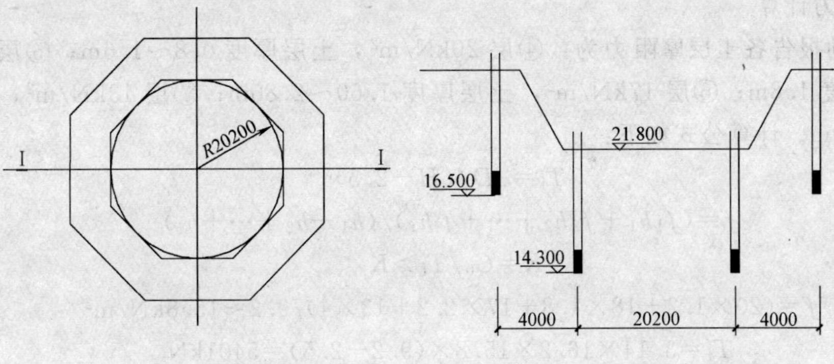

(a) 井点降水平面布置图　　(b) I—I 剖面图

图 4-3　井点降水布置图

混合过滤层；集水管采用 ϕ127mm 钢管焊接，每根长约 4m，选用 JSJ60 型轻型真空泵机组，离心泵功率为 7.5kW，最大排水量 $60m^3/h$，最大抽吸深度为 9.6m。成井：采用高压冲水管冲击成孔，水冲孔孔径 0.3～0.35m 左右，井点管在地面以下 0.5～1.0m 的深度内，用黏土填实，防止漏气。

(3) 方案设计

1) 承垫方式：选用承木承垫方式，承垫木规格选用 200mm×200mm×2000mm 松木。

2) 承垫木的面积及数量计算，采用下列公式：

$$A=G_0/R_a$$

$$n=G_0/A[P]$$

式中 R_a 取 $3000kN/m^2$；[P] 取 $180kN/m^2$；

沉井重量：$G_0=15.6\times3.14\times9.2\times0.6\times2.5\times9.8=6624.6kN$

承垫木与刃脚踏面间接触总面积 $A=6624.6/3000=2.21m^2$

承垫木需要的最少根数 $n=6624.6/2.21\times180=17$ 根

现场承垫木规格为 200mm×200mm×1200mm，安全系数取 2.0，则需承垫木总根数为：

$2.21\times2/0.2\times0.3\approx74$ 根，取 76 根

承垫木抗剪验算：

$$\tau\geqslant G_0/2A(\tau \text{ 取 } 2000kN/m^2)$$

则　$6624.6/2\times0.2\times0.2\times76=1090kN/m^2<2000kN/m^2$

3) 砂垫层计算：

砂垫层铺设宽度 B 应符合条件：$B\geqslant b+2L$

则　$b+2L=0.3+2\times1.2=2.7m$

取　$B=2.8m$

砂垫层厚度取 0.5m，验算如下：

$$L+2h_s\tan\alpha+\gamma_s h_s=135.3/1.2+2\times0.5\times0.5+18\times0.5$$

$$=80.5kN/m^2<110kN/m^2$$

砂垫层厚度符合施工要求。

4）摩阻力计算

根据地勘报告各土层摩阻力为：④层 20kN/m²，土层厚度 0.8～1.6m；⑤层 18kN/m²，土层厚度 1.8m；⑥层 17kN/m²，土层厚度 1.60～2.80m；⑦层 13kN/m²，土层厚度 7.3～8.70m。计算公式如下：

$$T_f=\pi Df(H-2.5)$$

$$f=(f_1h_1+f_2h_2+\cdots+f_ih_i)/(h_1+h_2+\cdots+h_i)$$

$$K=G_0/T_f>K_s$$

$$f=(20\times1.2+18\times1.8+17\times2.2+13\times4)/9.2\approx15.8\text{kN/m}^2$$

$$T_f=3.14\times16.2\times15.8\times(9.2-2.5)=5401\text{kN}$$

$$K=6489/5401\approx1.2>K_s=1.15$$

故该沉井可利用自重安全下沉，无需再采用其他辅助措施。

（4）沉井预制

根据定位轴线，以沉井中心为圆心、10m 为半径清理出一工作坑；工作坑利用人工挖至 21.500m 标高处，沿沉井井壁位置做 500mm 厚、2800mm 宽砂垫层，并在砂垫层中埋入 200mm×200mm×1200mm 规格承垫木 76 根（承垫木在“十”字中心线处放四根，分成四个区域，每区摆放 18 根）。在砂垫层面上用 MU10 砖、1∶3 水泥砂浆砌筑刃脚部分胎模，胎模表面用 1∶3 水泥砂浆粉刷后批腻子一道。刃脚胎模示意见图 4-4。

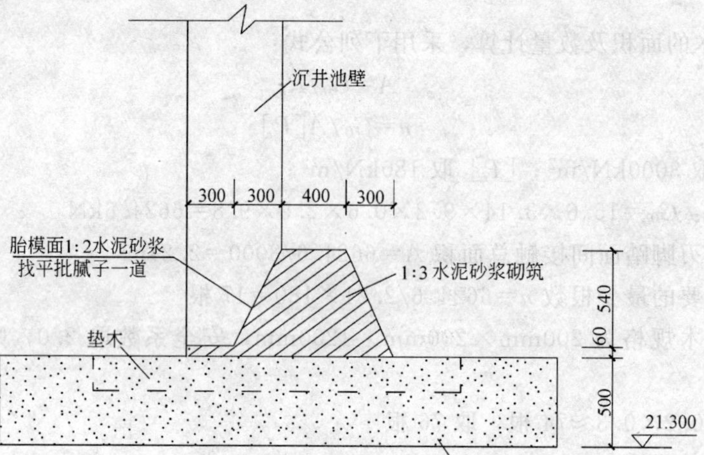

图 4-4 刃脚胎模示意图

（5）沉井下沉

木垫拆除后在自重作用下沉井刃脚平稳地刺入砂垫层，受砂垫层极限承载力的影响，沉井处于静止状态，随后即可除土下沉。

1）除土：本工作采用干沉法，即采用人工挖土，履带吊吊土的施工方法。井内除土操作方法为先内后外，开挖一致，挖土采取分层开挖，每层厚度 250mm，中央部分的土面应始终高于四周的土面 300mm。挖土时，在挖除刃脚附近和刃脚下部的土方时要求对称、均衡，挖土的进度要相同，土面的高程要保持一致（土层高差控制在 50mm 左右）。沿刃脚内侧 2500mm 开始向中央部分挖土，留好土台（即井壁内侧暂留 1m 土不挖）。当预留 2500mm 宽土台经不住沉井刃脚的挤压而破坏坍塌，沉井便可均匀地下沉；若破坏不了土台时，可对称地将土台挖去，使沉井下沉；沉井每次下沉量控制在 200mm。

2）沉井内的集水井、排水沟，随着沉井的下沉而随时施作，其断面应保持排水沟沟底坡度 1%，并使集水井内应保持最低水位。详见图 4-5。

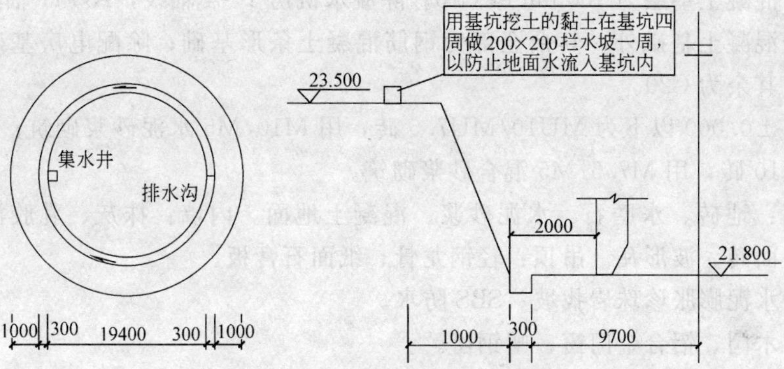

图 4-5　沉井预制现场平剖面图

3）测量观测：挖土时严密观测，及时纠偏，每 4h 对轴线位置及高程观测一次，要求竖向及水平偏差不超过井高的 1%。

4）下沉：沉井下初期井外侧土体约束作用小，井体稳定性差，每天以下沉 10～30cm 为宜，待沉井下沉到距设计标高 2m 左右时，应放慢下沉速度，采用偏除土方法纠正偏斜，控制挖土并根据上部结构重量及土质情况，预留 5～10cm 让沉井缓慢下沉，沉井到位稳定后（8h 内累计下沉量不大于 1cm）再进行下部施工。

5）沉井封底：当沉井下沉大到设计标高后，井内继续降水，以保持较低的地下水位；整平土基使土基面由沉井内壁四周向集水井倾斜，在集水井处为最低点。由集水井向井壁四周辐射 300mm×200mm 排水沟（每隔 45°角度一道），沟底铺 100mm 细碎石，然后在沟内放 ϕ80PVC 管外裹 2 层纱滤网，最后用细碎石填满排水沟，这样使井底的水通过排水盲沟汇集到集水井，用泵排出。沉井下沉到位，采用法兰盘短管封底法封底。封底构造如图 4-6 所示。

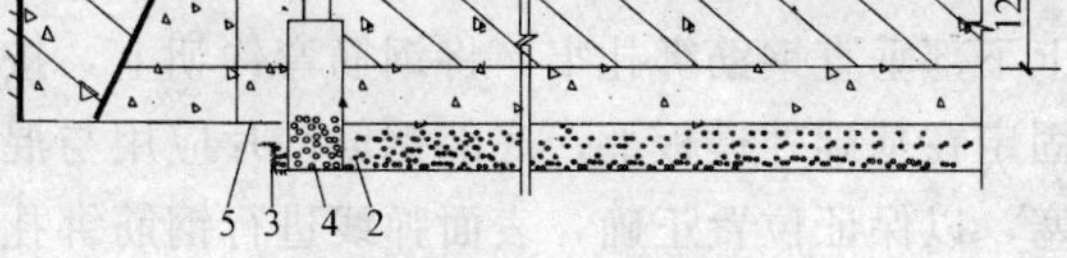

图 4-6　沉井封底构造方法

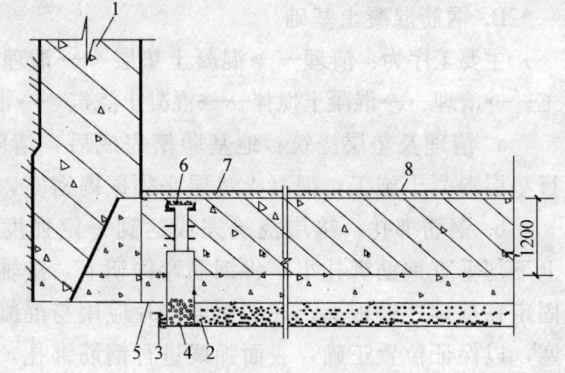

1—沉井壁；2—碎石盲沟；3—集水井；4—ϕ600～800mm 带孔钢管或混凝土管外包钢丝网；5—混凝土封底；6—法兰盘盖；7—钢筋混凝土底板；8—抹水泥防水砂浆

4.3.2　脱水机房、综合楼等附属工程施工

（1）主要工程概况

主要附属工程有脱水机房、综合楼、机修、餐厅、仓库、车库、配电房等。

脱水机房位于污水处理厂区西侧，与终沉池相邻，其中脱水机房为单跨一层厂房，地基梁、排架柱、屋架、屋面板、天沟板均为预制后吊装，屋架共有五榀（YKW-18），厂房平面轴线尺寸为18m×24m。办公综合楼建筑面积1900m^2，共3层（局部4层），门厅部分4层为框架，其余部分均为砖混结构，该建筑一层层高3.9m，二层3.3m，三、四层3.6m，总高度15.75m。

地基：3∶7灰土、砂石垫层。

基础：混凝土垫层为100mm厚C10；除脱水机房1～4轴线，A～H轴线间基础为独立杯形钢筋混凝土基础外，其余全部为钢筋混凝土条形基础；除配电房基础的混凝土为C25P6外，其余为C20。

墙体：±0.000以下为MU10/MU7.5砖，用M10/M5水泥砂浆砌筑；±0.000以上墙体为MU10砖，用M7.5/M5混合砂浆砌筑。

楼地面：地砖、水磨石、水泥砂浆、混凝土地面。内墙：抹灰、乳胶漆、面砖。外墙：抹灰、面砖、波形瓦。吊顶：轻钢龙骨、纸面石膏板。

屋面：水泥膨胀珍珠岩找坡、SBS防水。

门窗：木门、铝合金门窗、塑钢窗。

（2）主要工序施工方法

1）基础工程

A. 土方开挖

采用人工开挖，放坡系数为1∶0.33，挖出土方均运至相邻粉煤灰堆场堆放。砂石垫层及3∶7灰土垫层所用的材料在厂区料场处经机械搅拌均匀后，用机动翻斗车运至现场进行铺设，垫层每层铺150mm，分层用平板振动器夯实，最后再浇水夯实一遍，垫层的密实度不小于0.94。

B. 钢筋混凝土基础

主要工序为：清理——→混凝土垫层——→清理——→钢筋绑扎——→支模板——→相关专业施工——→清理——→混凝土搅拌——→混凝土浇筑——→混凝土振捣——→混凝土找平——→混凝土养护。

a. 清理及垫层浇筑：地基验槽完成后，清除表层浮土及扰动土，不得积水，立即进行垫层混凝土施工，混凝土垫层必须振捣密实，表面平整，严禁晾晒基土。

b. 钢筋绑扎：垫层浇筑完成达到一定强度后，在其上弹线、支模、铺放钢筋网片。上下部垂直钢筋绑扎牢，将钢筋弯钩朝上，按轴线位置校核后用木方架成井字形，将插筋固定在基础外模板上；底部钢筋网片应用与混凝土保护层同厚度的水泥砂浆或塑料垫块垫塞，以保证位置正确，表面弹线进行钢筋绑扎，钢筋绑扎不允许漏扣，柱插筋除满足冲切要求外，应满足锚固长度的要求。当基础高度在900mm以内时，插筋伸至基础底部的钢筋网上，并在端部做成直弯钩；当基础高度较大时，位于柱子四角的插筋应伸到基础底部，其余的钢筋只须伸至锚固长度即可。插筋伸同基础部分长度应按柱的受力情况及钢筋规格确定。与底板筋连接的柱四角插筋必须与底板筋成45°绑扎，连接点处必须全部绑扎，距底板5cm处绑扎第一个箍筋，距基础顶5cm处绑扎最后一道箍筋，作为标高控制筋及定位筋，柱插筋最上部再绑扎一道定位筋，上下箍筋绑扎完成后将柱插筋调整到位并用井字木架临时固定；然后，绑扎剩余箍筋，保证柱插筋不变形走样，两道定位筋在打柱混凝土前必须进行更换。钢筋混凝土条形基础，在T字形与十字交接处的钢筋沿一个主要受力方向通长放置。

c. 模板安装：钢筋绑扎及相关专业施工完成后立即进行模板安装，模板采用小钢模，利用架子管或木方加固。锥形基础坡度＞30°时，采用斜模板支护，利用螺栓与底板钢筋拉紧，防止上浮，模板上部设透气及振捣孔；坡度≤30°时，利用钢丝网（间距 30cm），防止混凝土下坠，上口设井字木控制钢筋位置。

不得用重物冲击模板，不准在吊帮的模板上搭设脚手架，保证模板的牢固和严密。杯口芯模用木模拼成，表面刷成品脱模剂。

d. 清理：清除模板内的木屑、泥土等杂物，木模浇水湿润，堵严板缝及孔洞，清除积水。

e. 混凝土搅拌：根据配合比及砂石含水率计算出每盘混凝土材料的用量。认真按配合比用量投料，严格控制用水量，搅拌均匀，搅拌时间不少于 90s。

f. 混凝土浇筑：混凝土施工时，用钢管搭设手扒车行车架子（2m 宽），以方便运输。

浇筑现浇柱下条形基础时，注意柱子插筋位置的正确，防止造成位移和倾斜。在浇筑开始时，先满铺一层 5～10cm 厚的混凝土并捣实，使柱子插筋下段和钢筋网片的位置基本固定，然后对称浇筑。对开锥形基础，应注意保持锥体斜面坡度的正确，斜面部分的模板应随混凝土浇捣分段支设并顶压紧，以防模板上浮变形；边角处的混凝土必须捣实。严禁斜面部分不支模，用铁锹拍实。基础上部柱子后施工时，可在上部水平面留设施工缝。施工缝的处理应按设计要求或规范规定执行。条形基础根据高度分段分层连续浇筑，不留施工缝，各段各层间应相互衔接，每段长 2～3m，做到逐段逐层呈阶梯形推进。浇筑时先使混凝土充满模板内边角，然后浇筑中间部分，以保证混凝土密实。分层下料，每层厚度为振动棒的有效振动长度。防止由于下料过厚，振捣不实或漏振、吊帮的根部砂浆涌出等原因造成蜂窝、麻面或孔洞。

g. 混凝土振捣：采用插入式振捣器，插入的间距不大于振捣器作用部分长度的 1.25 倍。上层振捣棒插入下层 3～5cm。尽量避免碰撞预埋件、预埋螺栓，防止预埋件移位。

h. 混凝土找平：混凝土浇筑后，表面比较大的混凝土，使用平板振捣器振一遍，然后用木杆刮平，再用木抹子搓平。收面前必须校核混凝土表面标高，不符合要求处立即整改。

浇筑混凝土时，经常观察模板、支架、螺栓、预留孔洞和管有无走动情况，一经发现有变形、走动或位移时，立即停止浇筑，并及时修整和加固模板，然后再继续浇筑。

i. 混凝土养护：已浇筑完的混凝土，一般养护不得少于 7d。养护设专人检查落实，防止由于养护不及时而造成混凝土表面裂缝。

j. 模板拆除：侧面模板在混凝土强度能保证其棱角不因拆模板而受损坏时方可拆模，拆模前设专人检查混凝土强度，拆除时采用撬棍从一侧顺序拆除，不得采用大锤砸或撬棍乱撬，以免造成混凝土棱角破坏。杯口芯模用木模拼成，表面刷成品脱模剂，在不影响杯口尺寸的情况下，及时将杯口芯模抽出。基础模板拆除后，在杯基杯口面上弹出中线并用油漆标识，用 1∶2 水泥砂浆将杯底不平处找平。

C. 砖墙基础

砖基砌筑前，在基础面上弹出砖墙边线，并用 1∶2 水泥砂浆或细石混凝土进行基础整体找平，砖基砌筑时，第一皮砖应砌筑丁砖，在砖墙转角处立好基础皮数杆，杆上应标明砖皮数及地圈梁位置。

2）主体工程

A. 砖砌体工程

工艺流程：作业准备——→砖浇水——→砂浆搅拌——→砌砖墙——→验收。

操作工艺如下：

a. 砖浇水：砌体用砖必须在砌筑前1d浇水湿润，一般以水浸入砖四边1.5cm为宜，含水率为10%～15%，常温施工不得用干砖上墙；雨期不得使用含水率达饱和状态的砖砌墙；冬期砖不得浇水，可适当增大砂浆稠度。

b. 砂浆搅拌：砂浆配合比采用重量比，计量精度水泥为±2%，砂、灰膏控制在±5%以内，机械搅拌时，搅拌时间不得少于2min。

c. 砌砖墙：

① 组砌方法：砌体一般采用一顺一丁砌法。砖柱不得采用先砌四周后填心的包心砌法。

② 排砖撂底：一般外墙第一层砖撂底时，两山墙排丁砖，前后檐纵墙排条砖。根据弹好的门窗口位置线及构造柱的尺寸，认真核对窗间墙、垛尺寸，其长度是否符合排砖模数；如不符合模数时，可将门窗口的位置左右移动。若留破活，七分头或丁砖排在窗口中间、附墙垛或其他不明显的部位。移动窗位置时，应注意暖卫立管及门窗开启时不受影响；另外，在排砖时还要考虑在门窗口上边的砖墙合拢时也不出现破活。所以，排砖时必须全盘考虑。前后檐墙排第一皮砖时，要考虑甩窗口后砌条砖，窗角上必须是七分头才是好活。

③ 选砖：外墙砖要棱角整齐，无弯曲、裂纹，颜色均匀，规格基本一致。敲击时声音响亮、焙烧过火变色、变形的砖可用在基础或不影响外观的内墙上。

④ 盘角：砌砖前应先盘好角，每次盘角不要超过五层，新盘的大角，及时进行吊、靠；如有偏差及时修整。盘角时要仔细对照皮数杆的砖层和标高，控制好灰缝大小，使水平缝均匀一致。大角盘好后再复查一次，平整和垂直度符合要求后，再挂线砌墙。

⑤ 挂线：砌24墙时，可采用挂外手单线（视砖外观质量要求情况，如果质量好要求高也可挂双线，提高砌砖质量。）可照顾砖墙两面平整下道工序控制抹灰厚度奠定基础。

⑥ 砌砖：砌砖采用一铲灰、一块砖、一挤揉的“三一”的砌砖法。砌砖时砖要放平。里手高，墙面就要张；里手低，墙面就要背。砌砖一定要跟线，“上跟线，下跟棱，左右相邻要对平”，砌筑砂浆要随搅拌随使用，一般水泥砂浆必须在3h内使完，混合砂浆必须在4h内用完。

⑦ 留槎：砖混结构施工缝一般留在构造柱处。一般情况下，砖墙上不留直槎；如果不能留斜槎时，可留直槎，但必须砌面凸槎，并应加设拉结筋。拉结筋的数量为每120mm墙厚设一根$\phi6$的钢筋，间距沿墙高不得超过500mm。其埋入长度从墙的留槎处算起，一般每边均不小于500mm，末端加90°弯钩。

⑧ 预埋木砖和墙体拉结筋：木砖预埋时应小头在外，大头在内，数量按洞口高度决定。洞口高在1.2m以内，每边放2块；高1.2～2m，每边放3块；每2～3m；每边放4块，预埋木砖的部位一般在洞口上边或下边四皮砖，中间均匀分布。木砖要提前做好防腐处理，防腐材料一般用沥青油。预埋木砖的另一种方法：按照砖的大小尺寸制作砂浆块，制作时将木砖预埋好，达到强度后，按部位要求砌在洞口。

墙体拉结筋的位置、规格、数量、间距均按设计及施工规范要求留置，不得错放、漏放。

⑨ 安装过梁、梁垫：安装过梁、梁垫时，其标高、位置及型号必须准确，坐灰饱满；如坐灰厚度超过 2cm 时，要用细石混凝土铺垫，边梁安装时，两端支座长度必须一致。

⑩ 构造柱做法：在构造柱连接处必须砌成马牙槎。每一个马牙槎高度方向为五皮砖，并且是先退后进。拉结筋按设计要求放置，设计无要求按构造要求放置。

⑪ 每层承重墙最上一皮砖，在梁或梁垫下面。挑檐应是整砖丁砌层。

B. 模板工程

a. 梁柱模板：在施工过程中，框架柱采用九夹板拼制，梁模制作采用九夹板拼装，梁、柱节点处模板用九夹板拼装到位，对于≥4m 的梁支设模板时要按设计及施工规范要求起拱，起拱高度宜为跨度的 1/1000～3/1000。所有圆弧形梁均在现场放足尺大样，支设模板中一定要控制好标高。

b. 楼板模板：楼板底模采用九夹板，板面涂刷脱模剂，钢管脚手架作支撑，立杆间距不大于 1000mm，支撑的水平管纵横每隔 1.2m 各设一道，楼板铺九夹板只要在两端及交接处钉牢，中间尽量少钉或不钉，以利于拆模。

c. 楼梯模板：现浇混凝土楼梯采用木模板，钢管脚手架支撑与主体结构同时进行，为上下交通提供方便，楼梯模板施工前根据实际层高放样，先装平台梁及基础模板再装楼梯底模板，然后安装楼梯外帮侧板，外帮侧板应先在其内侧弹出楼梯底板厚度线，套画出踏步侧面位置线，钉好固定踏步侧板的挡木，在现场装钉侧板。楼梯高度要均匀一致，特别要注意最下步及最上步的高度，必须考虑到楼地面的粉刷厚度，防止粉面层厚度不同而形成梯步高度不协调。

d. 施工缝的留设：施工缝留置在梯段三分之一处，施工缝留置应与楼梯板垂直。

e. 脱模剂：为便于混凝土表面光洁、不拉裂、损坏，增加模板的周转次数，选用成品脱模剂。

f. 振捣口：因本工程层高较高，故柱模支设时在柱中设置浇筑口，待混凝土浇灌至浇灌口时再封模。

C. 钢筋工程

a. 钢筋加工顺序：柱钢筋→梁主筋→次梁筋→楼板主筋→板负弯矩筋。

b. 加工厂地：钢筋加工均在厂地内加工车间进行，再根据施工进度要求将加工好的钢筋用人工运至现场，进行绑扎。

c. 钢筋标识：钢筋加工成型后分类型、分部位挂牌堆放，塔吊运至施工绑扎位置。

d. 混凝土垫块：按设计要求，事先制作钢筋混凝土保护层垫块（柱、梁保护层厚度 25mm、板保护层厚度 15mm），并加上 22 号扎丝，制作垫块的混凝土强度等级同相应构件的混凝土强度等级。

e. 钢筋连接：框架柱竖向钢筋采用电渣压力焊，现场连接；其余钢筋接头均按设计要求进行冷搭接，搭接钢筋长度按设计及规范要求。

f. 钢筋绑扎：钢筋绑扎按施工图和规范要求进行。所有柱的预埋插筋除应满足锚固长度外，应与下部筋绑牢，必要时附加水平筋焊牢，但注意不能伤及主筋，主筋与分布筋位置一定要摆放正确。

g. 梁板筋绑扎顺序：主梁筋→次梁筋→板主筋→板负筋。在梁板绑扎时应注意梁的标高、轴线关系、梁的截面尺寸、钢筋的规格、数量等。次梁与主梁相交时，次梁筋位于主筋上。

h. 钢筋固定：框架柱主筋设定位箍筋，定位箍筋采用“井”字形箍，并与柱主筋绑扎牢固。

i. 墙体拉结筋按标准图 97CG—329 进行施工。

D. 混凝土工程

a. 材料用量、投放：水泥、水计量误差为±2%，粗、细骨料的计量误差为±3%。

b. 搅拌时间：为使混凝土搅拌均匀，自全部拌合料装入搅拌筒中起到混凝土开始卸料止，混凝土搅拌的最短时间不少于 90s。

c. 混凝土运输：在无塔吊垂直运输单体工程混凝土施工前，应在现浇板上用钢管脚手板搭设手推车道，车道宽 2.5m。混凝土自搅拌机卸出后，应及时运输到浇筑地点。在运输过程中，要防止混凝土离析、水泥浆流失；如混凝土运到浇筑地点有离析现象时，必须在浇筑前进行二次拌合。

d. 柱的混凝土浇筑

① 柱浇筑前底部应先填 5～10cm 厚与混凝土配合比相同的减石子砂浆，柱混凝土应分层浇筑振捣，使用插入式振捣器时每层厚度不大于 50cm，振捣棒不得触动钢筋和预埋件。

② 柱高在 2m 之内，可在柱顶直接下灰浇筑；超过 2m 时，应采取措施（用串桶）或在模板侧面开洞口安装斜溜槽分段浇筑。每段高度不得超过 2m，每段混凝土浇筑后将洞模板封闭严实，并用箍箍牢。

③ 柱子混凝土的分层厚度应当经过计算确定，并且应当计算每层混凝土的浇筑量，用专制料斗容器称量，保证混凝土的分层准确，并用混凝土标尺杆计量每层混凝土的浇筑高度，混凝土振捣人员必须配备充足的照明设备，保证振捣人员能够看清混凝土的振捣情况。

④ 柱子混凝土应一次浇筑完毕，如需留施工缝时应留在主梁下面。无梁楼板应留在柱帽下面。在与梁板整体浇筑时，应在柱浇筑完毕后停歇 1～1.5h，使其初步沉实，再继续浇筑。

⑤ 浇筑完后，应及时将伸出的搭接钢筋整理到位。

e. 梁、板混凝土浇筑

① 梁、板应同时浇筑，浇筑方法应由一端开始用“赶浆法”，即先浇筑梁，根据梁高分层浇筑成阶梯形；当达到板底位置时再与板的混凝土一起浇筑，随着阶梯形不断延伸，梁板混凝土浇筑连续向前进行。

② 梁高过高时，浇筑与振捣必须紧密配合，第一层下料慢些，梁底充分振实后再下第二层料，用“赶浆法”保持水泥浆沿梁底包裹石子向前推进，每层均应振实后再下料，梁底及时性梁侧部位要注意振实，振捣时不得触动钢筋及预埋件。

③ 梁柱节点钢筋较密时，此处宜用小粒径石子同强度等级的混凝土浇筑，并用小直径振捣棒振捣。

④ 浇筑板混凝土的虚铺厚度应略大于板厚，用平板振捣器垂直浇筑的方向来回振捣，

厚板可用插入式振捣器顺浇筑方向拖拉振捣，并用铁插尺检查混凝土厚度，振捣完毕后用长木抹子抹平。施工缝处或有预埋件及插筋处用木抹子找平。浇筑板混凝土时，不允许用振捣棒铺摊混凝土。

f. 楼梯混凝土浇筑：①楼梯段混凝土自下而上浇筑，先振实底板混凝土，达到踏步位置时再与踏步混凝土一起浇捣，不断连续向上推进，并随时用木抹子（或塑料抹子）将踏步上表面抹平。②施工缝位置：楼梯混凝土宜连续浇筑，多层楼梯的施工缝应留置在楼梯段 1/3 的部位。

g. 所有浇筑的混凝土楼板面应当扫毛，扫毛时应当顺一个方向扫，严禁随意扫毛，影响混凝土表面的观感。

h. 养护

由于本工程混凝土施工在夏季，因此，混凝土浇筑完毕后，可在 4h 以后即可加以覆盖和浇水，浇水次数应能保持混凝土有足够的润湿状态，养护期一般不少于 7d。

i. 混凝土试块留置：按照规范规定的试块取样要求做试块的取样。

E. 脱水机房构件预制

a. 施工准备

天沟板、屋面板均在预制厂生产，需要安装时运进现场进行吊装，基础梁、柱、屋架重量较重，且运输不方便，均放在施工现场进行预制，预制方法均采用叠加法。构件预制时将场地平整后，按构件尺寸在场地上用 1∶3 水泥砂浆砖砌胎模，胎模面用 1∶3 水泥砂浆粉刷后批石灰膏腻子，叠加生产时，在下层构件面上铺塑料薄膜 2 层。混凝土预制构件在浇筑混凝土前，将预备插筋、预埋铁件、预备洞等全部安装到位，不得遗漏。预留洞均用同直径的 PVC 管进行预埋。预制构件截面尺寸和重量见表 4-1。

预制构件截面尺寸及重量一览表 **表 4-1**

构件名称	截面尺寸(宽×高×长)(mm)	重量(kN)
基础梁 JL	240×450×5950	16
排架柱 BZ	400×600×8000	48
抗风柱 KZ	400×400×9575	38.3
屋架 YKJ	220×2160×18000	63.8
屋面板 YWB	1500×240×6000	14
天沟板 TGB	600×6000	20.1

以上构件吊装时，均采用 W-1001 履带式吊车进行吊装，钢丝绳选用 $\phi17$mm，铁扁担上方选用 $\phi24.5$mm 钢丝绳。钢丝绳验算如下：

$$[F_g]=\alpha F_g/K，则\ K=\alpha F_g/[F_g]$$

式中 $[F_g]$——钢丝绳的允许拉力（kN）；

F_g——钢丝绳的破断拉力（kN）；

K——钢丝绳的安全系数，应大于 6；

α——钢丝绳的换算系数，取 0.85。

$\phi17$ 钢丝绳破断拉力为 167.5kN，$\phi24.5$mm 钢丝绳破断拉力为 312.0kN；以屋架吊装为例：屋架总重 63.8kN，扁担下方 2 根 $\phi17$mm 钢丝绳受力，每根钢丝绳受力 22.6kN；扁担上方 2 根 $\phi23$mm 钢丝绳受力，每根钢丝绳受力 45kN。

则 $K_1=0.85\times167.5/22.6=6.30>6$，符合安全要求；

$K_2=0.85\times355.0/45=684>6$，符合安全要求。

经过验算，钢丝绳的选用均符合安全要求。

b. 预制柱、地基梁吊装

吊装前，先检查厂房的轴线是否正确，将基础杯口里的垃圾等杂物清除并用水清洗干净后，在杯口顶面处四周弹出中线，用吊车将预制柱、基础梁进行翻身 90°，使其小面朝上，在柱三面弹出吊装中线，在基础梁面上弹出吊装中线。中线弹出后，用吊车将构件移至基础杯口附近，使吊车能将构件直接安装到位。

c. 预制柱吊装

用 $\phi17$ 钢丝绳，活络卡环在上柱身处（吊点至柱顶距离为 $0.293L$，L 为柱身总长）将柱子捆绑扎好，吊车将柱子吊起后插入杯口中，用撬杠校正柱子，使柱子中心线对准杯口顶面中心线，再用 8 块木楔块将柱子固定在杯口内，最后架设经纬仪检查柱子是否垂直，校正柱子采用敲打木楔法进行，柱子校正到位后，用 C30 细石混凝土（内掺 JM-Ⅲ外加剂 12%）灌缝。灌缝共分两次进行，第一次施工至木楔块底，待混凝土强度达到 75%后将木楔取出，用细石混凝土将杯口填平，灌缝前将杯口内杂物应清除干净。细石混凝土施工时，切忌不可碰动木楔块，以免影响柱子的垂直度。

d. 基础梁吊装

杯口灌缝完后，将杯口表面进行找平，并在杯口面弹出基础梁吊装中线后利用吊车，采取两点起吊法将基础梁吊装到位，钢绳选用 $\phi17$ 钢丝绳，见图 4-7。

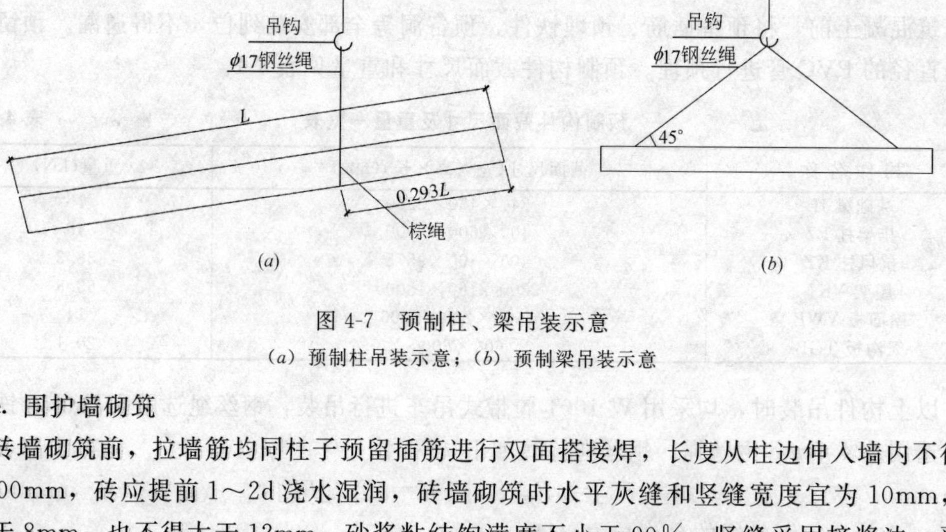

图 4-7　预制柱、梁吊装示意

(*a*) 预制柱吊装示意；(*b*) 预制梁吊装示意

e. 围护墙砌筑

砖墙砌筑前，拉墙筋均同柱子预留插筋进行双面搭接焊，长度从柱边伸入墙内不得小于 1000mm，砖应提前 1～2d 浇水湿润，砖墙砌筑时水平灰缝和竖缝宽度宜为 10mm，不得小于 8mm，也不得大于 12mm。砂浆粘结饱满度不小于 90%，竖缝采用挤浆法，严禁用水冲浆灌缝，砖墙砌筑时，在砖墙拐角处，纵横墙交接处立皮数杆，以保证砖墙的水平度，皮数杆上标明门窗洞口位置，门窗洞口处需预埋木砖时，预埋水泥块木砖，不得先砌墙后预埋。

厂房围护砖墙内共设三道现浇钢筋混凝土圈梁，圈梁模板均采用木模支设，圈梁内钢筋同柱预留插筋进行双面搭接焊，混凝土浇筑时和 W-1001 履带吊垂直运输，混凝土浇筑完毕后应加强养护，并派专人负责。

为使吊装工程施工时，吊车能进入厂房并方便吊装以及大型设备运入厂房，A 轴处除杯基外均不施工，砖墙、圈梁均预埋钢筋。

f. 屋架、屋面板吊装

吊装前在屋架上弦杆上弹出屋面板、天沟板位置，在下弦两端弹出屋架安装中心线，屋架翻身时，在屋架两端布置方木井架（井架高度与下一榀屋架平面一样高），吊车吊钩基本上要对准屋架的平面中心，然后起吊杆使屋架脱模，并松开转向刹车，让车身自由回转，接着起钩；同时，配合起落吊杆，争取一次将屋架扶直；做不到一次扶直时，应将屋架转到与地面成70°后再刹车，在屋架接近立直时，应调整吊钩，使对准屋架下弦中点，以防屋架吊起后摆动太大。为使屋架翻身中保证混凝土的抗裂度达到要求，翻身前在屋架表面加绑横木，用以加固屋架平面刚度，同时也能使操作人员站在屋架上安装屋面板，支撑与拆除吊装绑扎的卡环等。绑扎钢丝前，用千斤顶先略微顶起叠加浇屋架的上弦，使钢丝能穿过构件间与横杆扎牢，屋架翻身时，将预制在外侧三榀屋架吊起放置在A轴处（南北方向放置），以方便整个厂房吊装。屋架绑扎吊点要求：翻身时，采取四点绑扎，吊装时也采取四点绑扎，在下弦两侧牵棕绳，以防屋架吊装中，屋架左右摆动而碰伤自身和围护砖墙。

屋架吊装时应使屋架徐徐上升，屋架上升至柱顶时，牵动两侧棕绳使屋架中心线与柱中心线对准，以便落钩就位。落钩时，应缓慢进行，并在屋架刚接触柱顶时即刹车进行对线工作，对好线后，即用钢丝绳作临时固定，并同时进行垂直度校正。第一榀屋架吊装到位后，利用墙外双排钢管脚手架进行临时加固；第二榀屋架吊装到位并经校正后，立即将两屋架间水平支撑焊接到位，以便将屋架最后固定，随后将屋面板吊装并焊接到位；第三榀屋架吊装到位后，用2根120mm×120mm×4mm的角钢在屋架一侧同第二榀屋架进行临时焊接固定，随之吊屋面板至屋架上焊接做最后的固定。以此施工方法循复，直至屋面结构全部吊完。屋架吊装示意图见图4-8。

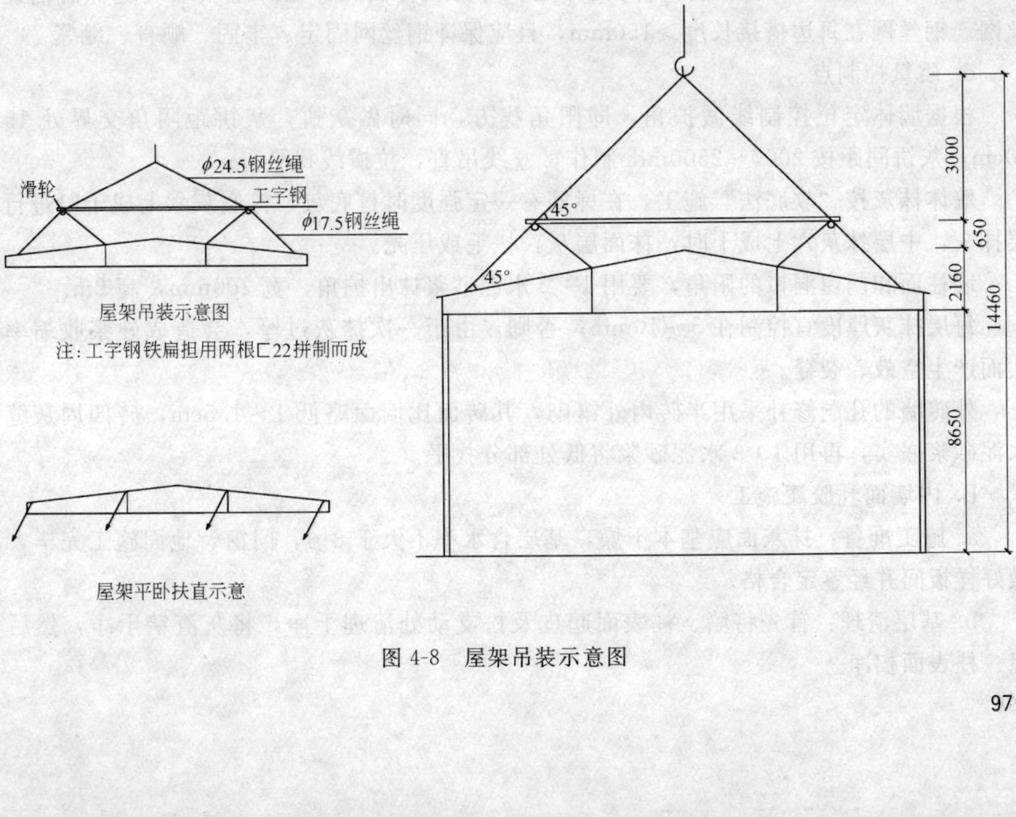

图4-8 屋架吊装示意图

屋面结构吊装完毕后，A 轴处、4—5 轴线间结构方可再进行施工。

3）饰面工程

主体工程经过验收后，内外装修同步进行。各种饰面大面积施工前均应先做“样板间”。经过检查认可后，方可大面积施工。

A. 内外抹灰工程

工艺流程：基层清扫──→基层处理──→做阳角护角──→做灰饼──→冲筋──→抹底层灰──→搓毛（压光）。

a. 施工准备

施工前首先熟悉图纸，弄清各部位作法。抹灰前组织质检站、业主、监理、设计等，对结构、水电管线预埋和留洞的数量、质量进行检查、验收，符合要求后方可抹灰。

b. 材料要求

水泥、砂、石灰膏等应符合规范质量要求，严禁使用强度及安定性不合格的水泥。水泥宜用普通硅酸盐水泥，禁止使用细砂和特细砂及受冻过的石灰膏。砂子含泥量＜3%，水泥、砂均应送检复试后方可使用。

c. 基层要求

① 基层修补：基层表面凸出太多的部位，事先进行剔平或用 1∶2 水泥砂浆分层补平，基层洞、眼应用 1∶3 水泥砂浆嵌塞密实平整。

② 界面清理：基层表面油污、灰尘、隔离剂等，均应在抹灰前清除干净，并在抹灰前浇水湿润。混凝土表面用 1∶1 水泥砂浆掺 20%的 108 胶弹涂一度，毛化处理。

③ 浇水湿润：墙面应提前 1d 对墙面进行浇水，抹灰前再浇水湿润一遍，抹底灰前，应对基层进行刷浆处理（108 胶掺量为水泥重量的 10%～15%的 108 胶素水泥浆），并随刷随抹。

④ 界面处理：不同基层材料的交界处，为防止界面交界处产生收缩裂缝，需铺设钢丝网。钢丝网在每边搭接长度＞150mm，且应保证钢丝网固定、牢固、顺直、绷紧。

d. 质量控制点

根据墙体定位控制线做护角，即阳角找方，同时做灰饼，灰饼距阴角交界处 15～20cm，灰饼间距按 2000～2500mm 制作，立线吊直，拉横线找平。

墙体抹灰按“软底法”施工，在标筋有一定强度时打底灰，待底灰六七成干时进行中层抹灰，中层抹灰六七成干时，抹面层灰，搓毛或压光。

墙柱面和门窗洞口的阳角，要用 1∶2 水泥砂浆抹出护角，宽 200mm，高 2m。

每层抹灰厚度宜控制在 5～10mm；否则，由于一次抹灰过厚，会造成砂浆收缩率过大而产生空鼓、裂缝。

外砖墙的孔洞修补采用半砖内外镶砌，其砖面比墙面略低 1～1.5cm，砖四周灰缝用水泥砂浆嵌实，再用 1∶3 水泥砂浆将低处部分找平。

B. 内墙面乳胶漆施工

a. 施工准备：抹灰面应基本干燥，基层含水率不大于 8%，门窗、地面施工完毕，应做好样板间并经鉴定合格。

b. 基层清理：首先将墙、柱表面起皮及松支动处清理干净，将灰渣铲干净，然后将墙、柱表面扫净。

c. 基层修补：修补前，先涂刷一遍用三倍水稀释后的108胶水；然后，用油膏将墙、柱表面的坑洞、缝隙补平，干燥后用砂纸将凸出处磨掉，将浮尘扫净。

d. 刮腻子：遍数可由墙面平整程度决定，一般为两遍，腻子以纤维素溶液、福粉、白水泥加少量108胶、光油和石膏粉拌合而成。第一遍用抹灰钢光匙横向满刮，一刮板紧接着一刮板，接头不得留槎，每刮一刮板最后收头要干净平顺。干燥后磨砂纸，将浮腻子及斑迹磨平、磨光，再将墙柱表面清扫干净。第二遍用抹灰钢光匙竖向满刮，所用材料及方法同第一遍腻子，干燥后用砂纸磨平并扫干净。

e. 做角：抹灰面满刮一遍腻子后，即可用色粉弹出阴、阳角线，用白水泥加胶把阴阳角做顺直，这样至少要做两遍，直至顺直。

f. 刷第一遍乳胶漆：乳胶漆在使用前要先用筛子过滤，涂刷顺序是先刷顶板后刷墙柱面，墙柱面是先上后下，乳胶漆用排笔涂刷。使用新排笔时，将活动的排笔毛拔掉。乳胶漆使用前应搅拌均匀，适当稀释，防止头遍漆刷不开，由于乳胶漆干燥较快，因此，应连续迅速操作。涂刷时，从一头开始，逐渐向另一头推进，要上下顺刷，互相衔接，后一排笔，避免出现干燥后接头。待第一遍乳胶漆干燥后，复补腻子，腻子干燥后用砂纸磨光，清扫干净。

g. 刷第二遍乳胶漆：第二遍乳胶漆操作要求同第一遍，使用前要充分搅拌；如果很稠，不宜加水或少加水，以防露底。

h. 工程质量通病及防治措施：

① 透底：产生原因是涂层薄，因此，刷涂料时除应注意不漏刷外，还应保持涂料的稠度，不可随意加水过多。有时磨砂纸时磨穿腻子，也会出现透底。

② 接槎明显：涂刷时要上下顺刷，后一排笔紧接着一排笔；若间隔时间稍长，就容易看出接头，因此，大面积涂刷时，应配足人员，互相衔接。

③ 刷纹明显：涂料稠度要适中，排笔蘸漆量要适当，多理多顺，防止刷纹过大。

④ 刷分色线：施工前认真画好粉底，用力均匀，起落要轻，排笔蘸漆量要适当，从上至下或从左至右刷。

⑤ 配料：涂刷带颜色的乳胶漆时，配料要合适，保证独立面每遍用同一批乳胶漆，并且一次用完，保证颜色一致。

C. 内墙面砖

a. 施工顺序：内墙面面砖施工顺序为由下向上。

b. 施工流程：基层处理——→选砖预排——→弹出瓷砖定位线——→铺贴瓷砖——→补缝清理。

c. 基层处理：面砖应贴在湿润、洁净的基层上，并根据不同的基层进行不同处理。基层处理同抹灰工程。

d. 选砖：派专人挑选规格、颜色一致的釉面砖分类编号堆放，并用目测剔除缺棱、掉角、裂缝等缺陷。做到“统一归类、统一使用”，使用前在清水中浸泡2～3h，直至无气泡为止，阴干备用。

e. 排序：粘贴前要找好规矩，用水平尺找平，阴、阳角必须方正，纵横皮数和块数应事前算好，必须预排，不准在顶皮及底皮都用非整砖。排砖图从阳角到阴角，非整砖用在阴角处，最好不出现30mm内的窄条砖。

f. 铺贴：根据水平线，放好第一皮砖下直尺，作为粘贴第一皮面砖的依据。竖缝每隔3～5块弹垂直控制线：由下至上、从左至右，逐行粘贴，保证每块面砖的上口齐平，面砖的左边口必须以垂线对准；每贴好一皮砖后，应及时用靠尺板横向靠平竖向靠直，偏差应及时纠偏，严禁在水泥浆收水后再纠偏。

g. 套割碰角：采用面砖面层遇到穿墙管道为凸出物时，必须套割，阳角必须碰角。

h. 清理：待水泥浆开始收水时，用白水泥扫缝，工作完后应及时清理面层。

外墙面砖施工

i. 工程质量通病及防治措施

① 空鼓：基层清理不够干净；抹底子灰时，基层没有保持湿润；面砖铺贴前，没有事先浸泡或底子灰面没有保持湿润；面砖背抹JCTA陶瓷粘剂掺水泥不够均匀或量不足；配合比不准，稠度控制不好，粘贴砂浆不饱满，面砖勾缝不严均可引起空鼓。

② 墙面脏：主要因为铺贴完成后，没有及时将饰面清洗干净，贴砖用JCTA陶瓷粘剂掺水泥粘着砖面，以及擦缝时没有将多余白水泥彻底清洗干净。此时，可用棉纱稀盐酸加20%水刷洗，然后用清水冲洗干净即可。

粘贴外檐波形瓦时，根据现场尺寸及波形瓦的尺寸进行弹线分格，再用JCTA陶瓷粘剂掺水泥粘贴波形瓦。应随时检查垂直度、平整度，有无空鼓现象；若有不符合要求之处，应立即返工重贴。

D. 吊顶

a. 工艺流程：弹顶棚标高水平线⟶画龙骨分档线⟶安装主龙骨吊杆⟶安装主龙骨⟶安装次龙骨⟶安装罩面板⟶刷防锈漆⟶安装压条。

b. 弹顶棚标高水平线：根据楼层标高水平线，用尺竖向量至顶棚设计标高，沿墙、柱四周弹顶棚标高水平线。

c. 画龙骨分档线：按设计要求的主、次龙骨间距布置，在已弹好的顶棚标高水平线上画龙骨分档线。

d. 安装主龙骨吊杆：弹好顶棚标高水平线及龙骨分档位置线后，确定吊杆下端头的标高，按主龙骨位置及吊挂间距，将吊杆无螺栓丝扣的一端与楼板预埋钢筋连接固定。未预埋钢筋时可用膨胀螺栓。

e. 安装主龙骨：①配装吊杆螺母；②在主龙骨上安装吊挂件；③安装主龙骨：将组装好吊挂件的主龙骨，按分档线位置使吊挂件穿入相应的吊杆螺栓，拧好螺母；④主龙骨相接处装好接件，拉线调整标高、起拱和平直；⑤安装洞口附加主龙骨，按图集相应节点构造，设置连接卡固件；⑥钉固边龙骨，采用射钉固定；设计无要求时，射钉间距为1200mm。

f. 安装次龙骨：①按已弹好的次龙骨分档线，卡放次龙骨吊挂件；②吊挂次龙骨：按设计规定的次龙骨间距，将次龙骨通过吊挂件吊挂在大龙骨上，间距为600mm；③当次龙骨长度需多根延续接长时，用次龙骨连接件，在吊挂次龙骨的同时相接，调直固定。

g. 安装罩面板：在安装罩面板前必须对顶棚内的各种管线进行检查验收，并经打压试验合格后，才允许安装罩面板。在已装好并经验收的轻钢骨架下面，按罩面板的规格、拉缝间隙、进行分块弹线，从顶棚中间顺通长次龙骨方向先装一行罩面板，作为基准，然后向两侧伸延分行安装，固定罩面板的自攻螺钉间距为150～170mm。

h. 安装压条：待一间顶棚罩面板安装后，经调整位置，使拉缝均匀，对缝平整，按压条位置弹线，然后按线进行压条安装。其固定方法宜用自攻螺钉，螺钉间距为 300mm。

i. 刷防锈漆：骨架罩面板顶棚、碳钢或焊接处未做防腐处理的表面（如预埋件、吊挂件、连接件、钉固附件等），在各工序安装前应刷防锈漆。

j. 应注意的质量问题：

① 吊顶不平：主龙骨安装时吊杆调平不认真，造成各吊杆点的标高不一致；施工时应认真操作，检查各吊点的紧挂程度，并拉通线检查标高与平整度是否符合设计要求和规范标准的规定。

② 骨架局部节点构造不合理：吊顶骨架在留洞、灯具口、通风口等处，应按图纸上的相应节点构造设置龙骨及连接件，使构造符合图纸上的要求，保证吊挂的刚度。

③ 骨架吊固不牢：顶棚的骨架应吊在主体结构上，并应拧紧吊杆螺母，以控制固定设计标高；顶棚内的管线、设备件不得吊固在骨架上。

④ 罩面板分块间隙缝不直：罩面板规格有偏差，安装不正；施工时注意板块规格，拉线找正，安装固定时保证平整对直。

⑤ 压缝条、压边条不严密不平直：加工条材规格不一致；使用时应经选择，操作拉线找正后固定、压粘。

E. 门窗工程

a. 木门安装施工

① 门框安装：安装时应按设计图纸的水平标高和平面位置，按其开启方向，对应编码安放。用通线及线锤作水平和吊直较正，然后用拉条与邻近的固定物连接牢靠。在砌墙前安框，应按设计要求在边框装设埋木砖。因受条件限制及其他原因留框洞时，在砌体预留木砖，每边固定点应不少于 3 处，其间距不大于 0.8～0.9m。用木楔将框临近固定在门洞内壁，将框用砸扁钉牢在木砖上，钉帽打入 1～2mm。安装时应考虑抹灰层厚度，立框时与抹灰外皮平。

② 门扇安装：依照图纸及设计要求确定开启方向和使用小五金、门锁型号规格。用尺量框内上、中、下尺寸，对应画在门扇上，修后先塞入框内校对；如不合适，再画线进行修饰，直至合适为止。门扇立挺与框接合部分要刨成斜面，以不影响缝隙为准。门扇开启后易碰墙，为固定门扇位置应安装门轧头（止门器或门脚手工艺制）。

③ 门小五金的安装：合页铰距门窗上、下端宜取立梃高度的 1/10，并避开上、下冒头，安装后应开关灵活。小五金均应用木螺钉固定，不利用钉子代替，应用锤打入 1/3 深度。采用硬木时，应先钻 2/3 深度的孔，孔径为木螺钉直径的 0.9 倍。不宜在中冒头与立梃的结合处安装门锁。门拉手应位于门高度中点以下，门拉手距地面以 0.9～1.05m 为宜。小五金要安装齐全，位置适宜，固定可靠。

④ 施工注意事项：有贴脸的门窗框安装后与抹面不平，主要因为立框时没掌握好抹灰层的厚度。门框与门洞缝隙过大或过小，安装门窗框时事先没有量一下洞口尺寸，计算缝隙宽度，安装时心框的两根梃各修掉一部分再安装，超出 2cm 的，可把框、扇同时分匀改小。

由于预埋的木砖数量少或将木砖碰松动时，会引起门框安装不牢，砌墙时直接砌木砖，干后木砖收缩活动时，应再向砌体面钉上钉子，增加磨擦部分。为保证门窗框安装牢固要求，木砖的设置一定要满足数量和间距要求。2m 以内高的门窗框每边不少于 3 块木砖，木砖间距应在 0.8～0.9m 为宜；2m 高以上门窗框，每边木砖间距不得大于 1.2m。

钉子伸入木砖及砌体深度不够，固定不牢；为满足窗框安装牢固，钉子进入木砖或砌体内应有 40～50mm。

合页铰不平，螺钉松动，螺钉倾斜，缺少螺钉；合页铰槽深浅不一，安装时螺钉钉入太长，或倾斜拧入。因此，合页铰模深浅一致，安装螺钉严禁一次钉入，钉入深度不得超过螺钉长度 1/3，拧入深度不得小于 2/3，拧时不得倾斜；安装时如遇木节，应在木节上钻眼，重新塞入木塞处理后再拧螺钉；同时，应注意拧足螺钉数。

b. 铝合金门窗、塑钢窗施工

① 防腐处理：门窗框四周侧面防腐处理如有设计要求时，按设计要求执行；如设计无专门要求时，在门窗框四周侧面涂刷防腐沥青漆。连接铁件、固定件等安装用金属零件，除不锈钢外，均应进行防腐处理。

② 就位和临时固定：根据门窗安装位置墨线，将铝合金门窗、塑钢窗装入洞口就位，将木楔塞入门窗框与四周墙体间的安装缝隙，调整好门窗框的水平、垂直、对角线长度等位置及形状偏差符合检评标准，木楔或其他器具临时固定。

③ 门窗框与墙体的连接固定：连接铁件与预埋件焊接固定：适用于钢筋混凝土和砖墙结构。连接铁件用紧固件固定。射钉：适用于钢筋混凝土结构。金属膨胀锚螺栓：适用于混凝土结构。塑料胀锚螺栓：适用于混凝土和砖墙结构。不论采取哪种方法固定，铁脚至窗角的距离不应大于 180mm，铁脚间距应按设计要求或间距应不大于 600mm。

④ 门窗框与墙体安装缝隙的密封：铝合金门窗、塑钢窗安装固定后，应先进行隐蔽工程验收；检查合格后，再进行门窗框与墙体安装缝隙的密封处理。门窗框与墙体安装缝隙的处理，如设计有规定时，按设计规定执行；如设计未规定填缝材料时，应填塞水泥砂浆；如室外侧留密封槽口，填嵌防水密封胶。

⑤ 安装五金配件应齐全，并保证其使用灵活。

⑥ 安装门窗扇及门窗玻璃：门窗扇及门窗玻璃的安装应在洞口墙体表面装饰工程完工后进行。

地弹簧门应在门框及地弹簧主机入地安装固定好之后安装门窗，先将玻璃嵌入门扇构架并一起入框就位，调整好框扇缝隙，最后再将门扇上的玻璃填嵌密封胶。

平开门窗一般在框与扇构架组装上墙，安装固定好后安装玻璃，先调整好框与扇的缝隙，再将玻璃入扇调整，最后镶嵌密封条和填嵌密封胶。

推拉门一般在门窗框安装固定好后，将配好玻璃的门窗扇整体安装，即将玻璃入扇镶装密封完毕，再入框安装，调整好框与扇的缝隙。

⑦ 施工注意事项：

门窗框固定不好，水平度、垂直度、对角线长度等超差，门窗框起鼓变形；门窗框临时固定后，在填塞与墙体缝隙时，注意不要使门窗移位倾斜变形，应待门窗框安装固定后再除掉定位木楔或其他器具。

铝合金门窗表面腐蚀变色：施工时严格做好产品保护，及时补封好破损掉落的保护胶纸和薄膜，并及时清除溅落在铝合金门窗表面的灰浆污物。

门窗扇玻璃密封条脱落：玻璃厚度与扇梃镶嵌槽及密封条的尺寸配合要符合国家标准及设计要求，安装密封条时应留有伸缩余量。

门窗表面划痕：使用工具清理铝合金门窗表面时不得划伤、割伤铝合金型材表面。

外观不整洁：门窗表面胶污尘迹应用专门溶剂或洁净的水及棉纱清洗掉，填嵌密封多余的胶痕要及时清理掉，确保完工的铝合金门窗表面整洁、美观。

4）楼地面工程

A. 基土回填

a. 填土土料应符合设计及规范要求，应选用砂土、粉土、黏性土及其他有效填料的土类，并过筛，去草皮等杂质，土的粒径不得大于50mm。对于淤泥、耕植土、腐植土和有机物含量大于8%的土类，均不得作为填土，且应尽量采用同类土回填。

b. 填土料应经试验或现场施工人员鉴定合格后采用。

c. 土方回填前，应清除基底的垃圾、树根等杂物，排除积水、淤泥；填土层如有地下水或滞水时，应在四周设置排水沟和集水井，将水位降低。

d. 土方回填采用蛙式打夯机大面夯实，局部辅以人工打夯。填土时，应从最低部分开始，由一端向另端，自下而上分层铺填，主附楼、附房都须从下向上统一分层进行，每层虚铺厚度不大于30cm，严格控制填土含水量（过干的土在压实前应加以湿润，过湿的土应予晾干），一般填土土料含水量以“手握成团，落地开花”为宜；每层压实遍数不少于4遍，打夯要按一定方向进行，一夯压半夯，夯夯相接，行行相连，两遍纵横交叉分层夯打，行夯路线由四周开始，然后夯向中间，局部人工夯填，用60～80kg铁夯，由4人拉绳，2人拉夯，举高不小于0.5m，一夯压半夯，按次序进行，对与沿墙、柱基础的连接处，应重叠夯填密实；当天的回填土应在当天压实。

e. 填土压实系数不小于0.93，最终回填标高及表面平整度符合设计及规范要求。

B. 水泥混凝土垫层

a. 在铺设垫层前，应检查地漏标高并对立管、套管和地漏等穿过楼板、地面的节点之间进行密封处理，密封处理采用1∶1水泥砂浆或C20细石混凝土把四周稳牢堵严，在管四周留出深8～10mm沟槽，采用防水涂料裹住管口和地漏。

b. 混凝土的配合比通过试验确定，浇筑时的坍落度宜为10～30mm。

c. 混凝土浇筑前，应清除基层杂物，洒水湿润，并预先做好木桩，以控制浇筑厚度。混凝土采用机械振捣，必须振捣密实，表面抹平搓毛。

d. 混凝土浇筑后进行浇水养护。

C. 水泥砂浆找平层

a. 铺设前，应将下一层基层表面清理干净；当下一层为水泥混凝土时，应予湿润；当表面光滑时，尚应划毛或凿毛。铺设时先刷一遍水泥浆，其水灰比为0.4～0.5，并应随刷随铺设水泥砂浆找平层。

b. 水泥砂浆初凝前须进行抹平，终凝前须进行搓毛；但当上层为防水涂料隔离层时，水泥砂浆表面应进行压光且应保证其平整度；终凝后，必须进行洒水养护。

c. 对于卫生间等有排水坡度要求的房间，必须将流水坡度找好，并要在地漏四周找出不小于5%的泛水，必须弹好水平线，避免楼地面“倒流水”或积水。

D. 水泥砂浆楼地面

a. 施工顺序：清理基层——→洒水湿润——→刷素水泥浆结合层一道——→冲筋贴灰饼——→铺灰连压三遍成活——→养护。

b. 基层处理：将混凝土基层上的杂物清除干净，不得有油污、浮灰，用钢錾子和钢丝刷将粘在基层上的水泥浆皮錾掉铲尽，并用清水冲洗干净，冲洗后的基层最好不要上人。

c. 弹线做标志块：地面抹灰前，应先根据四周墙上＋50cm 标高线找出水泥砂浆面层标高（20mm 厚），在墙上弹出水平标高线，此标高线要保证水泥砂浆的厚度，但水泥砂浆面层如遇管线等出现局部面层厚度减薄处并在 10mm 以下时，须采取防止开裂措施（如内配钢丝网），符合设计要求后方可铺设面层。对于管道井等面积不大的房间，可根据四周墙上的水平基准线直接用长木杠抹标筋，施工中进行几次复尺即可；对于面积较大的房间，应根据水平基准线，在四周墙角处每隔 1.5～2m 用 1∶2 的水泥砂浆抹标志块，标志块大小一般为 8～10cm 见方。待标志块结硬后，再以标志块的高度做出纵横方向通长的标筋以控制面层的厚度，地面标筋用 1∶2 水泥砂浆，宽度一般为 8～10cm，注意面层厚度应与门框的锯口线吻合。

d. 施工方法：

① 水泥砂浆配合比：面层水泥砂浆配合比为 1∶2，采用机械搅拌，必须拌合均匀，颜色一致，搅拌时间不应小于 2min，严格控制水灰比（0.36～0.40），稠度不大于 3.5cm。宜采用半干硬性砂浆，以手捏成团稍出浆为准。

② 操作要求：铺抹前一天基层浇水湿润，面层施工前，再刷一道水灰比为 0.4～0.5 的水泥浆结合层，随即进行面层铺抹，随刷随铺随拍实；用短木杠按标筋标高刮平，刮时要从房间由里往外刮到门口，符合门框锯口线标高，然后再用木抹子搓平，并用钢皮抹子紧跟着压头遍，要压得轻一些，使抹子纹浅一些，以压光后表面不出现水纹为宜。当水泥砂浆面层干湿度不适宜时，可采取淋水或撒布干拌的 1∶1 水泥和砂（体积比，砂须过 3mm 筛）进行抹平压光工作；同时，把踩的脚印压平并随手把踢脚板上的灰浆刮干净。当水泥砂浆开始初凝时，可用钢皮抹子压第二遍，要压实、压光、不漏压，抹子与地面接触时发出“沙沙”响声，并把死坑、砂眼和脚印都压平。第二遍压光时，面层表面要清除气泡、孔隙，做到平整光滑。等到水泥终凝前，再用铁抹子压第三遍。抹压时用力要稍大些，并把第二遍留下的抹子纹、毛细孔，压平、压实、压光。水泥砂浆地面压光一定要三遍成活，每遍抹压时时间要掌握得当，才能保证施工质量，过早或过迟都会造成地面起砂、脱皮等质量事故。压光工作应在水泥终凝前完成。

③ 养护：水泥砂浆面层铺满 24h（夏天）或 48h（春秋），即可进行浇水养护，时间不少于 14d，最好以砂或锯末屑覆盖，浇水应用喷壶洒水，保持锯末屑或砂湿润即可。

④ 水泥砂浆面层抗压强度达不到 5MPa 前，不准在上面行走或进行其他作业，以免损坏地面。

⑤ 质量通病及防治措施：

起砂、起泡：原材料一定要满足质量要求，不合格坚决不能使用，充分搅拌均匀，严格控制水灰比，稠度不宜大于 3.5cm，掌握好面层的压光时间，压光一般不少于三遍，第一遍随铺随压，第二遍应在水泥初凝前进行，第三遍主要是消除抹痕和闭塞毛细孔，亦应在终凝前进行，切忌在终凝后压光，连接养护时间不得少于 14 昼夜。

面层空鼓：认真、严格处理好基层（清洁、平整、湿润），严格控制原材料质量和水灰比，素水泥浆涂刷与铺设面层紧密配合，随刷随铺。

E. 混凝土地面

a. 清理基层：基层表面的浮土、砂浆块等杂物应清理干净。

b. 刷素水泥浆：浇灌混凝土前应先在已湿润后的基层表面刷一道1：(0.4～0.45)(水泥：水)的素水泥浆，并进行随刷随铺；如基层表面为光滑面，还应在刷浆前将表面凿毛。

c. 冲筋贴灰饼：小房间在房间四周根据标高线做出灰饼，大房间还应冲筋（间距1.5m)；有地漏的房间要在地漏四周做出0.5%的泛水坡度；冲筋和灰饼均应采用混凝土制作（软筋)，随后铺混凝土。

d. 铺混凝土：按要求把混凝土搅拌均匀，严格控制其坍落度；每一层制作一组试块，铺混凝土后用长杠刮平，振捣密实，表面塌陷处应用混凝土补平，再用长刮杠刮一次，用木抹子搓平。

e. 撒水泥砂子干面灰：砂子先过3mm筛子后，用铁锹拌干面（水泥：砂子=1：1)，均匀地撒在混凝土面层上，待灰面吸水后用长刮杠刮平，随即用木抹子搓平。

f. 第一遍抹压：用铁抹轻轻压面层，把脚印压平。

g. 第二遍抹压：当面层开始凝结，地面面层上有脚印但不下陷时，用铁抹子进行第二遍抹压，注意不得漏压，并将面层的凹坑、砂眼和脚印压平。

h. 第三遍抹压：当地面面层上人稍有脚印，而抹压无抹子纹时，用铁抹子进行第三遍抹压，第三遍抹压用力要稍大，将抹子纹抹平压光，压光的时间应控制在终凝前完成。

i. 养护：地面交活24h后，及时满铺湿润锯末养护，以后每天浇水2次，连续养护7d。

F. 地砖面层铺贴

a. 施工准备

① 进场材料经检查合格；32.5级矿渣硅酸盐水泥、中（中粗）砂、水泥色浆。

② 基层处理：先拉线检查基层平整度，然后清扫基层并用水刷净；基层表面层提前一天浇水湿润。

③ 浸水：铺贴前应将砖块浸水湿润，阴干备用，阴干时间一般为3～5h。

④ 弹线定位：根据墙面+50cm线确定地面标高线及平面位置线，可用尼龙线或棉线绳在墙面标高点上拉出地面标高线，以及垂直交叉的定位线；注意卫生间有泛水要求，在弹线定位时就要以地漏为中心留出排水坡度，以符合设计要求。

b. 铺贴地砖

① 按定位线的位置铺贴地砖：用1：1水泥砂浆摊抹于瓷砖背面，即将其置于地面结合层进行铺贴，并用橡胶锤敲击地砖表面，使其与地面标高线吻合，贴实。铺贴8块以上应用水平尺检查平整度；若有高起的部分应用橡胶锤敲平；低于标高线者应将其揭起，重新用粘结砂浆垫高、调平。

② 大面铺贴：以铺好的标准高度面为基准线进行大面铺贴，并用拉出的对称平直线控制地砖拼缝的齐整平直，水泥砂浆应饱满地摊抹于砖背，贴地后用橡胶锤敲平拍实，防止亏灰空鼓；同时，需及时擦净表面的灰砂余浆。

③ 擦缝：面砖铺贴应在养护2d后再进行擦缝工作，采用同品种、同强度等级、同颜色的水泥色浆，调成干性团，在缝隙上擦抹，最后将砖面擦净。

G. 水磨石地面

a. 清理、抄线：先将基层清理和用水冲洗干净，冲洗后，扫除积水；然后，按地面设计标高抄平，定出水平标高线。再按找平找坡要求做好房间（或开间）内四角的塌饼，塌饼标高为室内地面标高与磨石面层厚度之差。并按间距为 1.5m 左右引出中间塌饼。隔一昼夜后，铺设找平层，找平层用木蟹搓至与塌饼平。

b. 嵌分格条：找平层铺抹后，一般隔 1～2d 即可按设计分格尺寸在地面弹线。然后嵌分格条（铜条或玻璃条）。嵌分格条时，应用靠尺顺线贴直，并用纯水泥浆抹八字角固定分格条。固定分格条的灰埂不宜过高或过低。灰埂太高，妨碍石子靠近分格条；太低，分格条又固定不牢。一般灰埂的高度为分格条高度的 1/2 为宜。分格条在十字或丁字交接处，应留出 4～5cm 一段不抹灰埂，以免石子达不到交接处，造成交接处出现无石子的光水泥面，影响美观。要求嵌设完毕的分格条达到上平一致。镶嵌牢固，接头严密。

c. 铺浆：分格条嵌好后，一般浇水养护 3～5d，即可开始铺设面层水泥石子浆。面层铺设前，应先清除分格条内的积水和浮砂，然后满刷纯水泥浆 1 道。随即铺设面层水泥石子浆，铺设的方法是先在分格条的中间堆料，然后用抹子在分格条的两边同时压实。

如在同一平面上有几种颜色的水磨石面层，则应先做深色，后做浅色，先做大面，后做镶边。且应待前一种色浆凝固后，再抹后一种色浆，以免互相串色。但间隔时间不宜过长，一般以 1 昼夜为度。

对比例恰当、拌合均匀的水泥石子浆，表面不需要再撒石子；如水泥浆较多，有浮浆泛出时，则应均匀地撒一层相同比例的石子，然后拍实压平，并用较轻的滚筒（筒身直径为 22～30cm，长 60～100cm，重 25～30kg）纵横滚压 1 遍，至表面出浆后，进行补石子，隔 1～2h，再用较重的滚筒（筒身直径为 20～30cm，长 60～100cm，重 50～100kg）纵横滚压 1～2 遍，待表面出浆后，用木抹子搓平，并用铁板压一遍。

d. 开磨：当温度为 20～30℃时，一般 2～3d（以石子不松动为准）后，即可开始磨第一遍（一般用 60 号粗砂轮）。磨的顺序是先磨出分格条，再磨中间。磨石时，要求随磨随洒水，并随时清扫石浆。

第一遍磨完后，用同比例颜色水泥浆进行上浆。1 昼夜后进行浇水养护。2～3d 后用 120～180 号细砂轮磨第 2 遍；6～7d 后用 180～240 号细砂轮磨第 3 遍。

e. 打蜡：第 3 遍磨光后，用清水将表面冲洗干净，然后擦草酸。擦草酸的方法是先在磨石表面均匀地涂刷草酸溶液，随即用 280～320 号油石进行细磨。由于草酸对水泥石的腐蚀所起的化学抛光作用和草酸与水泥中的氧化钙化合生成不溶于水的草酸钙对水磨石微小孔隙所起的填补作用，一般擦草酸后，可使水磨石表面达到光洁的要求。

待水磨石表面干燥后，在水磨石表面上薄薄涂一层蜡，稍干后，用磨光机研磨，直到表面光滑、亮洁为止。

5）屋面工程

本工程屋面为 SBS 卷材保温防水屋面，其施工要点如下：

A. 找平层施工

找平层宜在砂浆收水后进行二次压光，表面应平整。不得起砂、有裂纹。找平层应按 6m×6m 间距设 20mm 宽分隔缝。基层转角处应抹成圆弧形，其半径不少于 50mm。

B. 保温层施工

保温层采用 1∶8 膨胀珍珠岩找坡，最薄处 80mm，并整平压实；保温层内预埋

ϕ50PVC 管，管两侧每隔 30cm 钻 ϕ10mm 洞眼，PVC 管上每隔 5m 接一排气口，排气管弯口距屋面排水层面不小于 25cm。

C. 卷材防水层施工

SBS 卷材防水层施工前应先清除杂物，检查平整度、排水坡度和完整性，施工时严格按施工规范进行：

a. 涂刷基层处理剂：在基层表面满刷一道冷底子油，涂刷应均匀，不透底。

b. 铺贴附加层：管根、阴阳角部位加铺一层卷材。按规范及设计要求，将卷材裁成相应的形状进行铺贴。

c. 铺贴卷材：将 SBS 改性沥青防水卷材按铺贴长度进行裁剪并卷好备用，操作时将已卷好的卷材，用直径 30mm 的管穿入卷心，卷材端头比齐开始铺的起点，点燃汽油喷灯或专用火焰喷枪，加热基层与卷材交接处，喷枪距加热面保持 300mm 左右的距离，往返喷烤、观察当卷材的沥青刚刚熔化时，手扶管心两端向前缓缓滚动铺设，要求用力均匀、不窝气，铺设压边宽度应掌握好，满贴法搭接宽度为 80mm，条粘法搭接宽度为 100mm。

d. 热熔封边：卷材搭接缝处用喷枪加热，压合至边缘挤出沥青粘牢。卷材末端收头用橡胶沥青嵌缝膏嵌固填实。

D. 穿过屋面防水层的管道、设备、预埋件应在防水层施工以前安装好，并做好防水处理。基层坡度、平整度、阴角弧度、基层含水率等严格按规定要求施工。

4.4 第三阶段工程施工

污水处理厂厂区雨水、污水管、电缆沟及道路待设计施工图出来后，再编制详细的施工方案。

4.5 安装工程施工方法

4.5.1 工艺管道施工

(1) 钢卷管加工预制

此工序在金家岭基地生产车间进行，其制作成品为 1.8m 长各种规格钢卷管。成品质量验收由直属分公司质安科进行，每发一批管子必须经质安员签字验收后方可放行，质安员验收依据 GB 50235—97 内 4.3 卷管加工条款进行验收。主要要求如下：

1) 卷管的同一筒节上的纵向焊缝不宜大于两道，两纵缝间隙不宜小于 300mm。

2) 卷管的周长及圆度偏差见表 4-2。

卷管周长及圆度偏差　　表 4-2

公称直径(mm)	＜800	800～1200	1300～1600
周长偏差(mm)	±5	±7	±9
圆度偏差(mm)	外径的 1%且不应大于 4	4	6

3) 卷管端面与中心的垂直偏差不得大于管子外径的 1%，且不得大于 3mm，平直度偏差不得大于 1mm/m。

4) 焊缝隙不能双面成型的卷管，当公称直径大于或等于 600mm 时，宜在管内进行封底焊。

5）在卷管加工过程中，应防止板材表面损伤；对有严重伤痕的部位必须进行修磨，使其圆滑过渡，且修磨处的壁厚不小于设计厚度。

6）焊接严格遵守焊接工艺。

（2）现场施工前期准备工作

1）管件加工

管件加工前，认真熟悉图纸，确定各种规格、弯头、三通、异径管的数量，管件按标准图 S311 进行放样。卷管放样前对单根钢卷管应进行样圆，对于 *DN*1500 钢卷管管件内应做支撑措施，各管节组对焊接严格遵守焊接工艺。允许偏差应符合表 4-3 条款：

允许偏差　　表 4-3

检验内容	标准		允许偏差(mm)	检验方法
弯头	周长	$DN>1000$	≤6	用卷尺测量
		$DN\leqslant1000$	≤4	
	端面与中心的垂直度		≤外径的1%且≤3	用角尺、直尺测量
异径管	椭圆度		≤各端外径的1%且≤5	用卡尺测量
三通	支管垂直度		≤高度的1%且≤3	用角尺、直尺测量

管件加工完毕，用风轮机进行机械除锈，机械除锈达三级，并逐个焊口进行煤油渗透试验，合格结束清理干净，在除锈后尽快进行内壁防腐。

2）管子组对

由于金家岭加工钢卷管长度为 1.8m，为减少安装时焊接工作量，在保证现场运输便利的情况下，可以将钢卷管两节、两节提前组对。预制组对时，管端坡口形式为 V 形，角度为 60°，两管端间隙宜为 2～4mm。对接时先点焊后满焊，公称直径大于或等于 800mm 时，点焊长度 80～100mm，点焊间隙不宜大于 400mm，点焊厚度等于满面焊第一道焊缝厚度，另外两管端焊缝宜放于管道中心垂线上半圆 45°左右处。管子对口时在距接口 200mm 处测量平整度，当管子 $DN\geqslant100$mm 时，允许偏差 2mm，但全长允许偏差均为 10mm，内壁错边量不宜超过壁厚的 1%且不大于 2mm，检验合格后，按满焊→除锈→煤油渗透→内壁防腐工序进行。

管子组对只有在平整、干燥的场地进行操作，才能保障其焊接质量及除锈、防腐质量。根据现场场地庞大，需搭设两个简易工棚，一个位于水厂西南大门西侧，其地面用 $\delta=14$mm 钢板铺设平整，面积为 4m×5m，高度 3.5m；另一个位于现场配水井及沉砂池空隙处，地坪素土夯实，高度为 3.5m。

3）管沟土方开挖采用 WY-100 型反铲挖掘挖土，工人清理；然后，砌筑砖胎模，铺设砂石垫层。

（3）工艺管道钢卷管安装阶段

在土建管道基础垫导层施工完，检验合格后，在保证工艺管道标高以下的管道已施工完的情况，可以进行大面积管道安装阶段。

1）安装程序

在整个管道安装中，根据综合布线和现场情况，确定工艺管道钢卷管，先从 4—1、

4—2 两 $DN1500$ 开始施工；然后以厌氧池——▶氧化沟——▶终沉池为顺序，自上而下、从东向西依次进行。

2）管道运输

先按施工图将预制的各管子、管逐段运输到现场，由于场地复杂各异，直接机械运输受到一定限制，在场地土方开挖后，机械运输更难以保证，因此，整个管道运输主要靠人工、手拉葫芦和简易拖车进行，水平运输用直卸吊车。

3）管道连接

按照单管组对工艺进行管道连接，整段连接长度，根据现场具体情况定，直管整管连接长度可在 10～20m 范围内，组对完，用自制衔车（见图 4-9），将管段吊空，下面垫木方、枕木，对其外壁进行除锈、防腐，防腐实干后，按轴线标高进行安装，对口处提前预留操作坑，操作坑宽度和管道开挖一致，长度以 500mm 为宜。

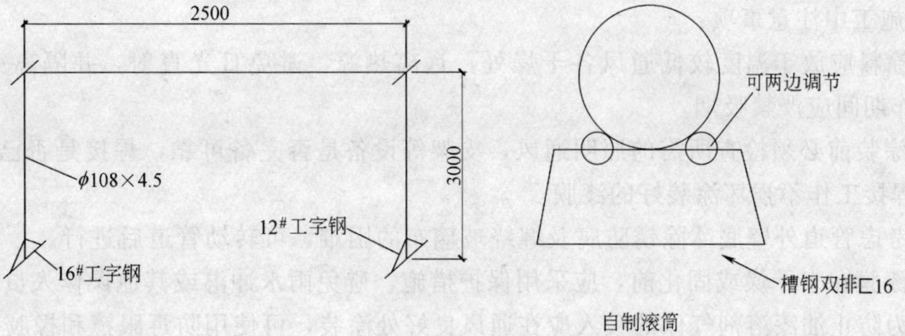

图 4-9 自制衔车

4）除锈、防腐

A. 钢材表面处理：此项工作外壁处理待钢管放入沟槽，架空之后进行，采用电动角向磨光机除锈，不平整处用砂轮片磨光，除锈质量达到要求（即 ST3 级，彻底除掉钢管表面上所有松动或翘起的氧化皮、疏松的锈和其他污物）后，必须立即涂装一道保养底漆，内壁处理在预制场地，管子组对经检查合格后即可进行。

B. 涂装工艺：

a. 不应在下雨或 5 级以上的大风的情况下进行防腐涂料的涂装，遇到下雨天气，而工程又必须同时进行时，则可在钢管上方盖上雨布，现场做简易工棚。

b. 涂装前应检查所用的品种型号和规格，严格按照涂装所需的顺序进行；另外，严格按照涂料甲乙组分进行配比，通常环氧型涂料需混合热化 30min 后才能使用。

c. 由于本工程工作量较大，采用滚筒涂装，涂装时滚筒上所蘸的涂料应分布均匀。涂刷时滚动速度要保持一致，不可太快，也不可过分用力压滚筒，对焊缝等凸出部位应小心处理。

d. 根据设计要求外壁涂装顺序如下：环氧富锌底漆一道、环氧云铁底漆一道、厚浆型环氧煤沥青涂面漆一道，外缠玻璃布一道，再涂环氧煤沥青涂面漆一道，缠玻璃布一道，最后以环氧煤沥青涂面漆收尾。内壁防腐顺序为：厚浆型环氧煤沥青涂底漆一道，同类型面漆三道。涂装过程中，为使防腐涂料能够发挥最佳性能，足够的漆膜厚度极其重要，因此，.必须严格控制漆膜的厚度。外壁防腐时环氧煤沥青涂面漆涂装后，应立即缠绕玻璃布，缠绕时应紧密，不能出现褶皱，压边应均匀，压边宽度为30～40mm。玻璃布接头的搭接长度为100～150mm，玻璃布的油浸透率应达到95%以上，严禁出现大于50mm×50mm的空白，管端或施工中断处应留出长150～250mm的阶梯形接槎，阶梯宽度应为50mm。依照涂料产品说明书中的涂装间隔时间严格操作，见表4-4。

涂装间隔时间表　　**表4-4**

名　称	温　度	涂装间隔时间	
		最　短	最　长
环氧煤沥青涂底漆	20℃	42h	5天
环氧煤沥青涂面漆	30℃	16h	2天
环氧富锌底漆	25℃	24h	7天
环氧铁底漆	25℃	16h	不限

C. 施工中注意事项：

a. 涂料应放于温度较低通风各干燥处，远离热源，避免日光直射，并隔离火种，油漆工工作期间应严禁吸烟。

b. 涂装前必须检查所需的照明通风，支架等设备是否完备可靠，焊接是否已经结束，尽量使焊接工作不损坏涂装好的漆膜。

c. 考虑管道外壁底冰除锈防腐及缠绕玻璃布的困难，可转动管道后进行。

d. 漆膜在未干燥或固化前，应采用保护措施，避免雨水冲淋或其他操作人员的践踏。

e. 为防止油漆溶剂气体的吸入应在通风良好处涂装，可使用防毒眼镜和橡胶手套。

5）试压

对口结束，经检查合格后可进行水压试验，试验压力为0.4MPa，工作压力为0.05MPa。先利用临时水管将系统灌水并注满，充分浸泡24h后再进行试压，加压时逐步用电动试压泵待升压，在试验压力稳压10min，再降至工作压力，不渗、不漏为合格。水压实验前还应进行系统人工清理，试压结束，对接处要进行除锈、防腐处理，破坏部分补刷。一切安装工序经业主、监理验收后，可进行土方夯实回填。

6）工艺管道安装设备（表4-5）

工艺管道安装设备一览表　　**表4-5**

名　称	型　号	数　量	名　称	型　号	数　量
交流电焊机	BX-500	5	手拉葫芦	10t	4
角向磨光机		4	直卸吊车	10t	1
电焊条烘箱	HY704-2型红外线	1	鼓风机	3#～5#	4
手拉葫芦	5t	3	坡口机		2

4.5.2　建筑电气

(1) 工艺流程

施工准备→基础接地装置→预埋穿线管、盒、洞→避雷带敷设→墙内预埋管、箱、盒→明配管→桥架安装→清管穿线及导线连接、封端→配电箱（柜）安装→灯具、开关、插座安装→电缆敷设及封端→各项系统、设备及接地装置调试。

(2) 电气暗配管

1）按图纸设计确定灯具、插座、开关、配电箱、烟感、温感、设备等位置，确定管路敷设的路径，配合土建预埋线管、接线盒及预埋件。

2）敷管前做好事先的选管、锯管和弯管准备工作。选管按图纸设计管材、管径，管路敷设取最近距离，弯头少。对于管子，全长超过 30m，无弯头；管子全长 20m，一个弯头；全长超过 12m，两个弯头；全长超过 8m，三个弯头。管径增大一级或加设接线盒，弯头半径不小于管子直径的 6 倍，弯扁度小于 0.1 倍管直径。

3）管口要去除毛刺，保持光滑，发现线管有砂眼、裂缝和塌陷等缺陷的锯除。管子的固定，在现场浇混凝土前用钢丝，将管子绑扎在钢筋上。

4）管子的连接，电线管采用丝接，并加装跨接线，小于 ϕ25mm 的加装铜芯软线 2.5mm^2；钢管采用加管箍焊接，小于 ϕ25mm 的加焊 ϕ6mm 圆钢，ϕ32mm 的用 ϕ8mm 圆钢，ϕ40～50mm 的用 ϕ10mm 圆钢，并与接地装置构成电气通路。

5）钢管、配电箱连接地线均焊专用的接地螺栓，管路敷设于板筋上，避免三重叠，钢管、电线管一律内防腐，钢管进入灯头盒、开关盒、接线盒及配电箱时，管口露出箱（盒）应小于 5mm，大于 3mm。

6）埋管是主体施工阶段电气安装工程施工的主要内容，是保证下道工序顺利进行的关键工序，故必须注意。应该详细熟悉图纸，严防漏配现象发生，严禁事后在墙上、楼板上剔槽打洞，砖墙内配管应随土建砌墙时跟进，随砌随埋，尽量不要在墙上剔槽，严禁横向剔槽。

7）开关盒、灯头插座盒等预埋盒应固定牢固，位置和标高准确，用软制材料密封，防止堵塞、损坏。浇筑混凝土时，派专人看护，如发现问题立即处理。管连接时管箍内不得留有空隙，接口处要置于管箍中间，管路在钢筋混凝土内的固定间距不应大于 1m。

（3）明配管

按图纸设计确定灯具、插座、开关、配电箱、设备等位置，确定管路敷设的路径，配合土建、装饰打好布管固定点的孔眼，固定点的间距按规范要求，管进盒加锁母，其接地跨接线采用铜芯软线接地环连接，所有进出箱的线管成排汇总，排列整齐美观、横平竖直，所有金属管、支件刷防火漆。

（4）接地保护

1）可利用相应的结构基础底板水平主筋两根，采用≥ϕ16mm 螺纹钢，把上下垂直交叉两根钢筋焊接，检查其中无断接头，构成不大于 10m×10m 的均匀网格，作为自然联合接地体，并在基础柱台上敷设一根 40mm×4mm 扁钢，过柱处与柱内两根主筋焊接。

2）各类设备的接地引下线按图设计施工，采用铜芯线作为引下线的，与接地极连接时必须搪锡。采用钢材作为引下线的直接与接地体焊接。

3）在距室外地坪下 0.8m 处，沿外壁及大楼四周敷设 40mm×4mm 镀锌扁钢作为等电位环带。

4）利用 40mm×4mm 镀锌扁钢将基础承台钢筋网、桩基钢筋连接起来构成等电位接地网格。

5）女儿墙上采用镀锌扁钢 25mm×4mm 架空（h=0.15m）敷设，每隔 1m 用支持卡固定，并与柱内防雷引下线焊接，作为接闪器。

6）焊接工艺是接地保护施工的主要内容，故必须严格施工。电焊条必须妥善存放，以免受潮，焊接工作电压和焊接时间要准确把握，不得随意变更参数。对于被焊件的表面要求清洁除锈；圆钢与圆钢搭接的长度大于圆钢直径的6倍，双面焊；圆钢与扁钢搭接焊的长度大于扁钢直径的2倍，双面焊；扁钢与扁钢焊接长度大于扁钢直径的2倍，三面焊。焊缝要求饱满、均匀、光顺，不得有沙眼、夹渣、咬肉等缺陷。

(5) 清管穿线及导线连接、封端

1) 清扫管路，除去残留的灰尘和水分，管子端部要安上护线套再进行穿线，入管导线平行成束，不能相互缠绕，导线的连接方法采用绞接、焊接、压接和螺栓连接法。

2) 导线连接牢固，包扎严密，绝缘良好，不伤线芯，管内无接头。

3) $10mm^2$ 以下单股导线，可直接接线，端部弯一圆圈，弯曲方向与螺栓（螺母）拧紧方向一致，$10mm^2$ 以下多股导线装接线端子，可采用压接法，对于线色相线为黄、绿、红色，零线为黑色，接地保护线为黄、绿双色软线，对于导线的绝缘做好各项测试记录。

(6) 电缆、桥架安装

桥架、竖井内排列整齐，挂标示牌，其注明线路编号、电缆型号规格及其始地点，挂装牢固；并在桥架、线槽内相应敷设铜母线和 $16mm^2$ 铜芯线。电缆采用专用绑扎带固定，间距为每隔2m绑扎固定。封端时，线芯要填满端子，不得留有空隙，压接点不得小于两个点，铠装电缆干包头中，电缆的接地线与钢带连接要烫锡，色带的包扎要均匀、紧密、整齐；桥架及线槽间，每隔30m内用金属线跨接。制作的过程按规范施工，并做好各项测试记录。

(7) 配电箱、柜的安装

1) 根据设计要求加工定货。暗装配电箱根据预留洞尺寸，找好标高、水平、竖直，并将箱体用砂浆填实周边，明装箱量好尺寸，用膨胀螺栓固定（$\phi10$），不破坏箱面油漆，水平端正、不歪斜。

2) 配电箱、柜进场时，设备应有铭牌，并注明厂家名称，附备件齐全，设备开箱检查应由甲、乙方及供货单位共同进行，并做好检查记录。

3) 基础型钢安装时，应将型钢调直，然后按图纸要求预制加工基础型钢架，并刷好防锈漆，把基础型钢架设在预留铁件上，用水平尺找平找正，用电焊固定，将接地扁钢与基础型钢两端焊牢，焊接长度为扁钢宽度的2倍。

4) 柜安装应按图纸布置稳放，就位后先找正两端的柜，再在柜高2/3处绷小线找正，采用0.5mm铁片调整，最后用M12镀锌螺栓固定。柜体与柜体，柜体与挡板，均用镀锌螺栓连接，每台柜应单独与接地干线连接。

5) 按图纸敷设柜与柜之间控制电缆连接线、柜顶母线、柜二次连接线。送电空载运行24h，无异常现象，办理验收手续。

6) 配电箱安装工艺流程：设备进场检验⟶弹线定位⟶明装配电箱螺栓固定暗装配电箱⟶盘面组装⟶箱体固定⟶绝缘摇测。

7) 配电柜安装工艺流程：设备进场检验⟶设备搬运⟶柜体稳装⟶柜上母带配线⟶柜二次回路配线⟶柜试验调整⟶送电试运行验收。

(8) 电缆敷设封闭插接母线安装

1) 根据设计图要求选择电缆插接母线。施工前应对电缆进行详细检查，并做绝缘摇测，用1kV摇表摇测，线间及对地的绝缘电阻应不低于10MΩ。设备进场后，应根据装箱装单由安装单位，建设（监理）单位及供货单位对进场设备及附件共同进行检查。

2）电缆敷设前，应事先把电缆排列图画出来，防止电缆交叉，拐弯处以最大截面电缆允许半径为准，同等级电压的电缆支架敷设时水平净距不得小于35mm，标志牌应注明电缆编号、规格、型号及电压等级，沿支架桥敷设电缆，在其两端拐弯处交叉应挂标志牌。

3）本工程的电缆既有沿桥架敷设的，也有穿保护钢管在电气竖井内明设的，做法参照电气规范及相关工艺标准中电缆敷设相关要求，电缆的排列和敷设要求详见技术交底。

4）本工程插接母线有由变压器至低压进线柜沿水平敷设的，也有在电气竖井内垂直敷设的。具体作法参照电气规范及有关技术标准及相关技术交底。

(9) 灯具、开关、插座安装

1）工艺流程：灯具、开关、插座的检验⟶组装⟶安装接线⟶通电试运行。

2）灯具安装前，应对灯具进行外观检查，完好无损的灯具方可使用。根据灯具的安装场所，检查灯具是否符合要求，灯内配线是否符合设计及工艺标准，检查标志灯的批示方向是否正确，应急灯是否可靠灵敏，3kg以上的灯具须埋吊钩或螺栓，预埋件必须牢固可靠。走廊的吊顶低于2.4m处，灯具金属外壳应做良好接地处理。灯具安装牢固、端正，位置正确。

3）开关、插座规格、型号符合设计要求，产品应有合格证，进场检查合格。所有开关的切断位置一致，电器灯具的相线应经开关控制，单相插座应左零右火，三孔或三相插座接地保护均在上方；翘板开关距地面1.4m，距门口为15～20cm，开关不得放在门后，成排安装的开关、插座高度应一致，高低差不大于2mm，同一室内安装的插座高低差不应大于5mm。

(10) 电气调试

在接线前应对各回路导线间的绝缘情况进行测试，相间、相地间、相零间、地零间的绝缘电阻均要大于0.5MΩ方为合格，并做好记录。接地的测试按图纸要求不大于1Ω为合格；如达不到，在柱台板混凝土浇筑前，增焊接地极与接地网格直至测试的电阻达到要求，做好测试记录。各项测试记录，确认合格后办理验收和交接手续。

(11) 电气安装各分项工程质量要求

1）管路敷设分项检验批质量标准：材质及规格、品种型号必须符合设计及规范要求，各种材料必须有合格证件，在10层内敷设必须内外防腐后，外壁另进行两道沥青漆处理，在混凝土内敷设宜做内防腐，$\phi32$以下管子连接采用套管焊接，所有连接处及进出盒箱处均应焊跨接地线，管路弯曲半径≥$10D$，凹扁度≤0.10mm，保护层≥15mm。

2）管内穿线分项质量标准：材质及品种、规格、型号必须符合设计及规范要求，材料必须有合格证，导线绝缘电阻必须≥0.5MΩ以上，穿线前应在盒、箱位置标高准确、无误的情况下进行；同时，在穿线前必须将箱、盒清理干净，做到导线分色正确，余量适量。

3）接地装置分项质量标准：材质的品种、规格、型号必须符合设计及规范要求，材料必须有合格证及钢材抄件，接地电阻摇测必须符合要求，焊接长度：圆钢≥$6D$，圆钢与扁钢≥$6D$，扁钢与扁钢≥$2D$，且须三面焊，要求焊缝饱满，平整光滑，焊后将焊药清干净，在焊接处进行防腐处理。

4）电气器具及配电箱安装质量标准：材质及品种、规格、型号必须符合设计及规范要求，并必须有合格证。开关、插座及配电箱安装应做到横平竖直，标高准确，紧贴墙面，固定牢靠，接地保护良好。灯具安装必须牢固，并符合规范要求，接线正确。所有接压线不伤线芯及绝缘层，箱内接压线做到整齐、美观、牢靠并编号正确。

（12）建筑电气安装工程通病预防措施

1）管路敷设

管路敷设通病：管路不齐，套丝乱扣，管口进入箱盒不一致，钢管管口出现毛刺，弯曲半径不够，有扁凹、开裂和严重锈蚀现象，该进行防腐处理的未做，墙面、地面敷设管路出现裂缝。

原因分析：锯管管口不齐，是因为操作时，钢锯不垂直和不正所导致套丝乱扣，原因是板牙掉出或缺乏润滑油。管口入箱盒长短不一致，是由于箱盒外边未用锁，箱盒内又没有设挡板而造成。管口有毛刺是由于锯管后未用锉刀打光口，弯曲半径太小是因为煨管时肘出弯太急，弯管器的槽过宽也会出现管径弯扁、表面凹裂现象，出现裂缝是因为管路的保护层太薄引起，在受力的情况下出现裂缝。

预防措施：锯管时人必须站稳，手腕不颤动，出现马蹄口时，可用板锉锉平，然后再用圆锉将管口锉成喇叭口。套丝时应先检查板牙是否符合规格、标准、应加润滑油。管口入箱盒时可在外部加锁母，吊顶配管时必须在箱（盒）内外用锁母锁定，配电箱入管较多时，可在箱内设置一块平挡板，将入箱的管子顶住，待管路固定后，拆去此板确保管口入箱一致。管子煨弯时应用定型的弯管器，随着煨弯随着向后移动煨弯器，使煨出的弯平滑，敷设管路时，保护层一定要大于20mm以上，这样才能避免出现裂缝现象。

2）金属管线保护地线和防腐

通病：金属管线保护地线截面不够，焊接面太小，达不到标准，煨弯及焊接处刷防腐漆有遗漏。

原因：金属管线敷设焊接地线时，对焊接地线的作用和重要性概念不清，对金属管线刷防锈漆的目的、部位不明确。

预防措施：金属管线接头处，用ϕ6mm以上的钢筋焊接，双面满焊，焊接长度要求达到跨接地线直径的6倍以上。金属管线刷防腐漆除了直接埋设在混凝土中可免刷外，其他部位均应进行防腐处理；另外，防雷接地线的各焊接处，清除皮后，刷防腐漆，最后再刷银粉。

3）箱盒安装质量

通病：箱盒安装标高不一致，箱盒开孔不整齐，铁盒变形，箱盒抹灰缺阳角，现浇混凝土墙内箱盒移位，安装电器后，箱盒内脏物未清除。

原因分析：稳箱盒时未参照土建装修预放的统一水平线控制标高，尤其是在现浇混凝土墙、柱内配管的模板放平线未找，铁盒用电气焊切割开孔，致使箱盒变形，孔径不规矩。木盒开孔用钢锯锯成长方口，甚至敲掉一块箱帮，土建施工时模板变形或移动，而使箱盒移位，凹过墙面，土建施工抹底子灰时，盒子口没有抹整齐，安装电器没有清除残存及箱盒的脏物和灰砂。

预防措施：稳箱、盒找标高时，可以参照土建装修统一测放的水平线（水平的+0.5m装饰线），在混凝土、柱内稳箱盒时，除参照钢筋上的标高点外，还应与土建技术人员联系定位，用经纬仪测定出标高，以确定室内各点地平线。稳装现浇混凝土墙内的箱盒时，应与钢筋网先连接牢固，并在后面加撑子，使其能被模板顶牢，不易移位。箱盒开眼孔，必须用专用的开孔工具，保持箱盒眼孔整齐；穿线前，应先清除箱、盒内灰渣，再刷道防锈漆；穿线后，用接线盒的盖板将盒子临时盖好，盒盖周边要小于圆木或插座的开关面板，但应大于盒子，待土建装修喷浆完成后，再拆除盒子盖，安装电器，灯具，这样可以保持盒内干净。

4）管内穿线

质量通病：先穿线后戴护口，或者根本不戴护口；导线背扣或死扣，损伤绝缘层；相线未进开关，螺口灯头相线未接到灯头的舌簧上；穿线过程中，弄脏经油漆粉刷好的墙面和顶板（棚），穿线不分颜色。

原因分析：穿线前放线时，将整盘线往外抽拖，引起螺旋圈集中，出现背扣，导线任意在地上拖拉而被弄脏，操作人员手脏。相线和零线因使用同一颜色的导线，不易区别，而且在断线、留头时没有严格做好记号，导致相线和零线混淆不清，结果相线未进开关，也未安在螺灯头的舌簧上。

预防措施：穿线之前应严格戴好护口，管口无丝扣的可戴塑料内护口，放线时应用放线车，将整盘导线放在盘上，并在线轴上做好记录，自然转动线轴，放出导线。一般穿入管内的干线可不分色，为保证安全和施工方便，按要求分色为 L1 相线黄色，L2 相线绿色，L3 相线红色，N（中性线）为淡蓝色，PE（保护线）为黄绿双色线。

5）导线连接

质量通病：剥切绝缘层时损伤线芯，导线焊接时，清理表面不彻底，焊接不饱满，表面无光泽，导线和设备、器具压接时，压得不紧，不加弹簧垫。

预防措施：剥切导线塑料绝缘层时，应用专用剥线钳，剥切橡皮绝缘层时，刀刃禁止直角切割，要以斜角剥切；多股导线与设备、器具连接时，必须压接线鼻子，而且压接丝必须加弹簧垫，所有电气用的连接螺栓、弹簧垫圈必须镀锌处理，不允许多股线自身缠圈压接。

6）设备安装

A. 开关插座安装

通病：金属盒子生锈腐蚀，插座内有不干净的灰渣，盒子抹灰不齐整，安装盖板后，四周墙面仍有损坏残缺，特别是外观质量，暗开关、插座芯安装不牢固，安装好的暗开关板，插座盖板被喷浆污染，插座左零右火上接地线错误，插座开关接线头不打返扣，导线在孔里松动。

原因分析：各种铁制暗盒子，出厂时没有做好防腐防锈处理，抹灰时只注意大面积的平直，忽视盒子的修整，抹罩面石膏时常仍未加以修整，待喷浆时再修补，由于墙面已干结，造成粘结不牢、易脱落；没有喷浆前先安装电器灯具，工序颠倒使开关板、插座板、电器具被喷浆弄脏。电工开关插座接线不明白施工工艺，不懂规范标准要求，所以将线接错，插座线进孔不打扣。

预防措施：在安装开关、插座时，应先扫净盒内灰渣脏土，铁盒应先焊好接地线，然后全部进行防腐处理，如出现锈蚀，应补刷一次防锈漆。各种箱盒的口边用高强度等级水泥泵浆抹口；如箱盒进墙过深，可在箱口和贴脸之间抹水泥砂浆补齐。对于暗装开关、插座盒子较深于墙面内的应采取其他补救措施，土建装修进行到墙面，顶板喷完浆活时，才能安装电气设备。要求工序绝对不能颠倒，开关插座导线压接必须做扣、压紧，相线、零线、接地一定按规范做：左零，右火，上接地。

B. 箱、盘安装

通病：箱体不正，贴脸和门扇变形，箱盘面接地位置不明显，预留墙洞抹水泥砂浆不合格，在 24cm 砖墙或 16cm 混凝土墙内安装配电箱，墙背面普遍裂缝。

原因分析：箱体制做时未校正，在运输和搬运过程中造成变形，稳装箱体时与装修抹灰层厚度不一致，造成深浅不一，箱盘面接地线装在盘背后，没有装在盘面上，没有很好掌握安装标准，预留洞沫水泥砂浆时，没有掌握尺寸，在 24cm 厚的砖墙或 16cm 厚的混凝土墙内暗装的配电箱，因墙体薄，箱体背面对钉钢板网，抹灰不粘贴，致使墙面普遍出现裂缝。

预防措施：箱体在搬运过程中不能对角搬运或就地拖拉，入室贮存分层摆放，上方不能负重。箱盘面要装接地，保护箱体的保护接地线可以做在盘后，但盘面的接地线必须做在盘面的明显处，以便于检查测试，不准将接地线压在配电箱的固定螺钉上。

C. 开关柜安装

通病：安装运输中，开关柜普遍碰坏油漆。由于基础槽钢作法不统一，柜与柜并列安装时拼缝不平整，柜与柜之间的外接线的编号不按照标准接线图编号，垂直距离超过标准。

原因分析：搬运起吊开关柜时，没有采取有效的保护措施，设备进场后，存放保管不善，过早地拆去包装，造成人为的或自然的侵蚀损伤，安装开关柜时不做槽钢基础，有时在底部开螺钉孔过早，而且采用电气焊开孔，造成槽钢因受热而变形。

预防措施：成套设备搬运、起吊应按吊装规程办事，加强对成套设备的验收、保管，不到安装时不得拆除设备的包装箱或包装皮。安装成套柜时，要在混凝土地面上按安装准设置槽钢基座，基座应用水平尺找平，用角尺找方，安装时先中央找平再向两边进行找平，最后在上面再拉一道通线，局部垫薄铁片找平找齐，找平整后，在基础槽钢上打孔，用螺钉固定好。

D. 灯具安装

通病：吊顶上嵌入灯具安装不牢，灯具接线、螺灯口接线不对。

原因分析：没有专用固定吊筋或吊筋过小，导线分色不清，未校查清楚，导线未分色。

预防措施：换用符合要求的吊筋，凡超重的灯具均用专用吊筋，按要求分色，按图纸要求查清后再接线。

4.5.3 室内给、排水

(1) 给水系统

1) 作业条件：①暗装管道应在吊顶未封闭前进行安装。②明装托、吊管道必须在安装层的结构顶板完成后进行。③立管安装在结构完成后进行，每层应有明确的标高线。④支管安装应在墙体砌筑完毕，墙面未装修前进行。

2) 工艺流程：安装准备⟶预制加工⟶干管安装⟶立管安装⟶支管安装⟶管道试压⟶管道防腐和保温⟶管道冲洗。

3）管道安装：①管材采用镀锌管丝扣连接，立管穿楼板均加装钢套管，套管高出卫生间地面50mm，下口与楼板平。管道安装宜有2‰～3‰的坡度坡向泄水装置。②设在吊顶内的管道均需保温，保温采用10mm厚阻燃型高压聚乙烯泡沫塑料管壳，对缝粘接后外缠玻璃丝布，外刷面漆两道。③立管采用U形管卡固定，高度距地1.8m，支管采用管卡固定。管道安装完毕需分系统进行水压试验，试验压力为1.0MPa。系统竣工前，进行冲洗和通水试验。

（2）排水系统

1）作业条件：①设备层内排水管道的敷设应在设备层内模板拆除清理后进行。②楼层内排水管道的安装应与结构施工隔开1～2层，且管道穿越结构单位的孔洞已预留完毕，室内弹出房间尺寸线和准确的水平线。

2）工艺流程：安装准备→预制加工→干管安装→立管安装→支管安装→卡件安装→封口安装→闭水试验→通球试验。

3）管道安装：①室内排水管道采用硬聚乙烯（UPVC）螺旋管，立管底部及排出管采用排水铸铁管，柔性胶圈接口。UPVC管粘结或螺母挤压密封圈连接。压力排水管道采用焊接钢管。吊顶内的排水管保温采用10mm厚阻燃型高压聚乙烯泡沫塑料管壳或板材，对缝粘结后外缠密纹玻璃丝布，外刷面漆两道。②管道安装时应按要求安装支架、吊架，并按设计要求，调整好管道的坡度。管道安装完毕后，均应按要求进行灌（满）水试验和通水、通球试验。

（3）消防系统

1）作业条件：主体结构已验收，现场已清理干净，管道安装所需的基准线应测定并标明，如吊顶标高、地面标高、内隔墙位置线等，设备基础检验符合设计要求。

2）工艺流程：安装设备→干管安装→立管安装→消火栓及支管安装水流指示器、消防水泵、高位水箱、水泵结合器安装→管道试压→管道冲洗→节流装置安装→消火栓配件各系统通水调试。

3）管道安装：消火栓系统管道采用焊接钢管，焊接连接。焊接钢管外刷樟丹防锈漆两道，明装管道外刷银粉两道。阀门采用蝶阀，全部在施工时一次安装，管道采用墙内栽角钢U形管卡固定。管道安装完毕要进行水压试验，试验压力1.4MPa，室内消火栓系统交付使用前，要进行管道冲洗。

（4）雨水系统

雨水系统采用焊接钢管焊接，其安装在结构完成后逐一进行。安装完成后，需做好闭水实验。

（5）卫生洁具安装

1）施工程序：安装准备→卫生洁具及配件检验→卫生洁具安装→卫生洁具配件预装→卫生洁具与墙、地缝处理→卫生洁具外观检测→通水试验。

2）卫生洁具安装遵照规范要求，要求支架牢固、平面尺寸安装高度正确，器具表面完整，无倾斜。

3）洁具及配件的检验：洁具及配件的规格标准，质量可靠，表面光滑、美观、无裂纹、色调一致。

4）卫生洁具的支托架防腐良好，埋设平整牢固，洁具放置平稳。支架与洁具接触紧密，洁具排水口与排水管承口的连接以及透气管与透气管的连接处都严密不漏。

5）安装好的洁具逐一进行通水试验，并采取相应的遮盖措施，防止装修施工时洁具瓷面受损和洁具损坏。卫生洁具安装的允许偏差和检验方法按设计及规范要求采用。

（6）水压（满水）试验

1）试压前的准备：①编制水压试验方案，并报业主和监理单位批准；②试压管道应采取安全有效的固定和保护措施，特别是在球墨铸铁管的管道的三通和弯头部位增设加固支撑，但接头部位必须明露；③将试压管段末端封堵，按试压方案关闭隔断阀门（如隔断阀为闸阀，则拆除闸阀更换为堵板），拆除管道中的安全阀、止回阀和湿式报警阀等部件，仪表、设备、安装加压设备和不少于两块量程为试验压力 1.5～2.0 倍的压力表，一般应安装在试压泵的出口处和管道系统的末端。

2）水压试验步骤：①缓慢注水，同时将管道内气体排除；②充满水后，进行初步严密性检查；③检查无误后，启动加压泵，对系统增压，区域小系统采用手动泵缓慢升压，较大系统使用电动泵升压，升压时间不得小于 10min；④升至规定工作压力后，停止加压，观察接头部位是否有漏水现象；⑤观察压力稳定后，再采用分级升压，每升一级检查管身、接口、附件处有无异常，补压至规定的强度试验压力，停止加压，根据要求，进行检查；⑥将管道内水压降至工作压力，进行外观检查，无漏水现象判定为严密性合格；⑦如在试压时无法稳定压力，则说明管道中的空气没有完全排空，应放空系统，重新灌水并试验；⑧试验合格后放水并恢复系统，填写试验记录。

（7）管道冲洗

给水管道系统、空调水管道系统、自动喷水灭火管道系统、消火栓灭火管道系统都要进行冲洗，冲洗流速一般不宜小于 3.0m/s，冲洗前应解决好排水措施；如加设临时排水管，疏通排水沟渠，系统冲洗介质采用干净自来水，并要求保证连续冲洗，冲洗结果以目测排出的冲洗水的颜色、透明度与入口处水基本一致即为合格。其他应注意的要点有：

1）管网冲洗的水流方向应与管网正常运行时的水流方向相一致。

2）管网冲洗结束后，应将管网内的水排除干净；必要时，应采用压缩空气吹干。

3）原则上，自动喷水灭火系统应采用水冲洗；在条件无法允许时，也可以用压缩空气吹扫末端管网。

4）冲洗水流速一般为 3.0m/s，特殊情况不能低于 1.5m/s。

5）管道冲洗，在安装之前，管道及配件的内外壁必须用 100～300kPa 的高压水冲洗，并能保证将管道内杂物冲洗干净后方可安装；安装后系统的清洗，先把换热设备与系统分离开（即关闭设备进出口阀门），开启旁通阀（可以临时设置），向管网最高点（膨胀水箱，冷却塔水盘等）或设定补水点灌水，直至系统灌满水为止。接着从系统的最低点处把脏水放出，按上述方法反复多次，直至系统无脏物。然后启动冷冻水泵，冷却水泵，使水循环多次，停泵后将系统水放尽，检查水过滤器，确认系统管网清洁时止。

（8）管道系统消毒

饮用水管道系统在正式交付使用前，需采用每升水中含 20～30mg 的游离氯的清水灌满管道进行消毒。含氯水在管中应静置 24h 以上。消毒后，再用饮用水冲洗管道，并在出水口处取样送卫生防疫部门，检验合格后，关闭所有阀门，封闭所有管道出入口，以防异物进入。

（9）防腐油漆

1）金属管道防腐时应在安装前进行除锈，并刷樟丹一道，安装后再刷一道樟丹。

2）生产、生活给水管、消防管、自动喷水灭火管的管道，除按要求涂色和涂圈色外，水平管应每隔3m、立管每层离地1.5m处，要写上管道名称符号和分区号。

3）为辨别管道内介质流向，在管道可见部位用鲜明的颜色箭头标出介质流动方向，箭头底的宽度为长度的3倍。

4）刷油要求涂刷均匀，用力往复涂刷，不应有“花脸”和局部堆积现象。当涂漆环境温度低于5℃时，要采取适当的防冻措施。涂第二层油漆时，要待第一层干燥后进行，第二层厚度要求均匀；油漆工程的除锈和涂漆要注意其他成品（特别是装饰层）的保护，不要造成交叉污染。

4.6 冬雨期施工

4.6.1 冬期施工

（1）冬期施工准备

1）技术准备

施工技术方案（措施）的制定必须以确保施工质量及生产安全为前提，具有一定的技术可靠性和经济合理性。

制定的施工技术方案（措施）中，应具有以下内容：施工部署（进度安排），施工程序，施工方法，机具与材料调配计划，施工人员技术培训（测温人员，掺外加剂人员）与劳动力计划，保温材料与外加剂材料计划，操作要点，质量控制要点，检测项目等方面。

2）生产准备

根据制定的进度计划安排好施工任务及现场准备工作，如现场供水管道的保温防冻，搅拌机棚的保温，场地的整平及临时道路的设置，装修工程的门窗洞口封闭及保温。

3）资源准备

根据制定的计划组织好外加剂材料、保温材料、施工仪表（测温剂）、职工劳动保护用品等的准备工作。

（2）冬期施工主要的技术措施

1）土方工程

a. 基础土方工程应尽量避开在冬期施工；如需在冬期施工，则应制定详尽的施工计划、合理的施工方案及切实可行的技术措施；同时，组织好施工管理，争取在短时间内完成施工。

b. 施工现场的道路要保持畅通，运输车辆及行驶道路均应增设必要的防滑措施（例如沿路覆盖草袋）。

c. 在相邻建筑侧边开挖土方时，要采取对旧建筑物地基土免受冻害的措施。施工时，尽量做到快挖快填，以防止地基受冻。

d. 基坑槽内应做好排水措施，防止产生积水，造成由于土壁下部受多次冻融循环而形成塌方。

e. 开挖好的基坑底部应采取必要的保温措施，如保留脚泥或铺设草包。

f. 土方回填前，应将基坑底部的冰雪及保温材料清理干净。

g. 室外基坑或管沟可用含冻土块的土回填，但冻土块体积不超过填土总体积的15%。室内的坑、槽、管沟不得用含有冻土块的土回填。

h. 回填采用人工回填时，每层铺土厚度不超过20cm，夯实厚度为10～15cm。

i. 回填土工作应连续进行，防止基土或填土层受冻。

2）钢筋工程

A. 钢筋冷拉

a. 钢筋负温冷拉时，可采用控制应力法或控制冷拉率方法。对于不能分清炉批的热轧钢筋冷拉，不宜采用控制冷拉率的方法。

b. 在负温条件下采用控制应力方法冷拉钢筋时，由于伸长率随温度降低而减少；如控制应力不变，则伸长率不足，钢筋强度将达不到设计要求，因此，在负温下冷拉的控制应力应较常温提高。冷拉控制应力最大冷拉率应符合相关规范规定。

B. 钢筋负温焊接

a. 从事钢筋焊接施工的施工人员必须持有焊工上岗证，才可上岗操作。

b. 负温下钢筋焊接施工，可采用闪光对焊、电弧焊（帮条、搭接、坡口焊）及电渣压力焊等焊接方法。

c. 焊接钢筋应尽量安排在室内进行；如必须在室外焊接，则环境温度不宜太低，在风雪天气时，还应有一定的遮蔽措施。焊接未冷却的接头，严禁碰到冰雪。

C. 闪光对焊

a. 负温闪光对焊，宜采用预热闪光焊或“闪光—预热—闪光”焊接工艺。钢筋端面比较平整时，宜采用预热闪光焊；端面不平整时，宜采用“闪光—预热—闪光”焊工艺。

b. 与常温焊接相比，应采取相应的措施，如增加调伸长度10%～20%左右，提高预热时的接触压力，增长预热间歇时间。

c. 施焊时，选用的参数可根据焊件的钢种、直径、施焊温度和焊工技术水平灵活选用。

D. 电弧焊接

a. 焊接时必须防止产生过热、烧伤、咬肉和裂纹等缺陷，在构造上应防止在接头处产生偏心受力状态。

b. 为防止接头热影响区的温度突然增大，进行帮条、搭接电弧焊时，应采用分层控温施焊。帮条焊时帮条与主筋之间用四点定位焊固定，搭接焊时用两点固定，定点焊缝离帮条或搭接端部20mm以上。

c. 坡口焊时焊缝根部、坡口端面以及钢筋与钢垫板之间均应熔合良好。

E. 电渣压力焊接

a. 焊接电流的大小，应根据钢筋直径和施焊时的环境温度而定。

b. 接头药盒拆除的时间宜延长2min左右；接头的渣壳宜延长5min，方可打渣。

3）混凝土工程

A. 基本要求

a. 冬期施工的混凝土宜选用硅酸盐水泥或普通硅酸盐水泥，水泥强度等级不宜低于32.5级，每立方米混凝土中的水泥用量不宜少于300kg，水灰比不应大于0.6，并加入早强剂及防冻剂。

b. 为减少冻害，应将配合比中的用水量降至最低限度，办法是控制坍落度、加入减水剂、优先选用高效减水剂等。

c. 模板和保温层，应在混凝土冷却到5℃后方可拆除；当混凝土与外界温差大于20℃时，拆模后的混凝土表面应临时覆盖，使其缓慢冷却。

d. 未冷却的混凝土有较高的脆性，所以结构在冷却前，不得遭受冲击荷载或动力荷载的作用。

B. 混凝土的拌制

a. 拌制混凝土用的骨料必须清洁，不得含有冰雪和冻块，以及易冻裂的物质。在掺有含钾、钠离子的外加剂时，不得使用活性骨料。在有条件的时候，砂石筛洗应抢在零上温度时做，并用塑料纸、油布盖好。

b. 拌制掺外加剂的混凝土时，如外加剂为粉剂，可按要求掺量直接撒在水泥上面，和水泥同时投入；如外加剂为液体，使用时应先配制成规定浓度溶液，然后根据使用要求，用规定浓度溶液配制成施工溶液。各溶液要分别置于有明显标志的容器中，不得混淆。每班使用的外加剂溶液应一次配成。

c. 当施工期处于0℃左右时，可在混凝土中添加早强剂，掺量应符合使用要求及规范规定，且应注意在添加前应做好模拟试验，以核实有关技术措施。对于有限期拆模要求的混凝土，还应适当提高混凝土强度设计等级。

d. 严格控制混凝土水灰比，由骨料带入的水分及外加剂溶液中的水分均应从拌合水中扣除。

e. 搅拌掺有外加剂的混凝土时，搅拌时间应取常温搅拌时间的1.5倍。

f. 混凝土拌合物的出机温度不宜低于10℃，入模温度不得低于5℃。

C. 混凝土的运输和浇筑

a. 混凝土搅拌场地应尽量靠近施工地点，以减少材料运输过程中的热量损失；同时，也应正确选择运输用的容器（包括形状，大小，保温措施）。

b. 混凝土浇筑前，应清除模板和钢筋上，特别是新老混凝土交接处的冰雪及垃圾。

c. 分层浇筑的混凝土时，已浇筑层在未被上一层的混凝土覆盖前，不应低于计算规定的温度，也不得低于2℃。

d. 混凝土浇筑现场可根据情况搭设暖棚，暖棚内专人负责采用电热器加热，并保持暖棚内温度在10℃以上。

D. 混凝土的养护

a. 冬期浇筑的混凝土，由正温转入负温养护前，混凝土的抗压强度不应低于设计强度的40%，对于C10以下的混凝土不得小于5MPa。

b. 采用的保温材料（草袋，麻袋），应保持干燥。

c. 在模板外部保温时，除基础可随浇筑随保温外，其他结构必须在设置保温材料后方可浇筑混凝土。钢模表面可先挂草帘、麻袋等保温材料并扎牢，然后再浇筑混凝土。

d. 保温材料不宜直接覆盖在刚浇筑完毕的混凝土层上，可先覆盖塑料薄膜，上部再覆草袋、麻袋等保温材料。保温材料的铺设厚度为：一般情况下0℃以上铺1层；0℃以下铺2层或3层；大体积混凝土浇筑及二次抹面压实后应立即覆盖保温，其保温层厚度、材质应根据计算确定。

e. 拆模后的混凝土也应及时覆盖保温材料，以防混凝土表面温度的骤降而产生裂缝。

4）砌体工程

A. 材料要求

a. 水泥宜采用普通硅酸盐水泥，强度等级为32.5R，水泥不得受潮结块。

b. 普通砖在砌筑前，应清除表面污物、冰雪等。遭水浸后冻结的砖和砌块不得使用。

c. 石灰膏等宜采取保温防冻措施；如遭冻结，应经融化后方可使用。

d. 砂宜采用中砂，含泥量应满足规范要求，砂中不得含有冰块及直径大于1cm的冻结块。

e. 砌筑砂浆的稠度，宜比常温施工时适当调整，并宜通过优先选用外加剂方法来提高砂浆的稠度。在负温条件下，砂浆的稠度可比常温时大1～3cm，但不得大于12cm，以确保砂浆与砖的粘结力。

B. 施工方法

a. 砌筑应采用“三一砌筑法”；若采用平铺砂浆时，应使铺灰长度满足砂浆砌筑时的温度不致过低。

b. 严禁使用遭冻结的砂浆进行砌筑。

c. 当室外温度低于＋5℃，砖，砌块等材料不得浇水，砂浆的搅拌时间也应有所增长，一般为常温搅拌时间的1.8倍，约为2.5～3min。

d. 采取措施，防止砂浆在搅拌、运输、存放过程中的热量损失。

e. 砂浆的搅拌可在保温棚内（棚内温度在5℃以上）进行，砂浆要随拌随用，存储时间不超过60min，不可积存和两次倒运。

f. 搅拌地点应尽量靠近施工现场，以缩短运距。

g. 砌体的水平及垂直灰缝的厚度应保证在8～12mm，一般宜控制在10mm左右。

h. 控制砌体砌筑高度，每日砌筑一般高度不超过1.80m。

i. 每天收工前，应将顶面的垂直灰缝填满；同时，在砌体表面覆盖保温材料（如草包、塑料薄膜）。

5）装饰工程

A. 装饰抹灰工程

a. 正温下先抢做外粉饰，最低气温低于0℃后，如果必须外粉饰时，脚手架应挂双层草帘封闭挡风，并用掺盐的水拌砂浆，当气温在0～－3℃时（指3d内预期最低温度），掺2％的盐水（按水重百分比）。

b. 白天气温接近0℃、晚上可能达到0℃以下时，应缩小操作面，尽量不安排外粉饰作业。

c. 内粉饰前应封闭门窗，配好玻璃。

B. 油漆，涂料工程冬期施工

a. 冬期油漆、涂料工程的施工应在采暖条件下进行，室内温度保持均衡，不得突然变化。室内相对湿度不大于80％，以防止产生凝结水。刷油质涂料时，环境温度不宜低于＋5℃，刷水质涂料时不宜低于＋3℃，并结合产品说明书所规定的温度进行控制。－10℃时各种油漆均不得施工。

b. 油漆工程冬期施工时，气温不能有剧烈的变化，施工完毕后至少保养两昼夜以上，直至油膜和涂层干透为止。

C. 其他装饰工程冬期施工

a. 玻璃施工：从寒冷中运到暖和处的玻璃，应待其温度缓和后方可进行裁割，安装门窗玻璃宜在正温下进行。

b. 饰面板（砖）工程冬期施工：冬期进行饰面板（砖）工程施工时，砂浆的使用温度不得低于＋5℃；如低于＋5℃则不但不能保证施工质量，而且加大了操作的难度。施工中砂浆硬化前应采取有效防冻措施。

6）地面工程

a. 室内地面找平层，面层施工时应将门窗通道口进行遮盖保温，确保在室内温度为5℃以上的条件下进行施工，室外部分预计3d温度在0℃左右时，水泥砂浆应掺1%～2%的盐水溶液搅拌，并有可靠的防冻保暖措施。

b. 冬期所用水泥砂浆应采用硅酸盐水泥和普通硅酸盐水泥，应尽量减少用水量，砂浆稠度应小于5cm。

c. 对于大面积混凝土地坪随捣随抹的施工，应在施工前做好各项准备工作，施工时适当加快浇筑及振捣速度（保证混凝土内部密实的前提下），浇筑厚度略高于设计厚度，振捣整平后铺设塑料薄膜，其上及时铺盖保温材料。

7）屋面工程

a. 屋面工程的冬期施工，应选择无风晴朗天气进行，充分利用日照条件提高面层温度。在迎风面宜设置活动的挡风装置。

b. 屋面各层施工前，应将基层上面的积雪、冰雪和杂物清扫干净。所用材料不得含有冰雪、冻块。

c. 用沥青胶结的整体保温层和板状保温层，应在气温不低于－10℃时施工；用水泥、石灰或乳化沥青胶结的整体保温层和板状保温层，应在气温不低于5℃时施工；如气温低于上述要求，应采取保温防冻措施。

d. 找平层为水泥砂浆时，砂浆的强度等级不得小于M5。

e. 防水层采用卷材时，采用热熔法施工时气温不应低于－10℃；当采用涂料做防水层时，必须使用熔剂型涂料，施工时温度不得低于－5℃。

f. 防水工程应选择施工质量及信誉好的单位进行施工，操作人员均应持证上岗。

4.6.2 雨期施工

雨期施工时，应做好以下工作：

(1) 做好天气预报

本工程由专人负责天气预报工作，及时掌握天气变化，遇有暴雨和大风等天气，事先向有关领导汇报，并及时通知现场有关施工人员，采取必要的防护措施。

(2) 建立值班制度

有专人夜间值班，负责处理雨期施工有关事宜；同时，应提前做好人员、材料、物资等方面的准备；如遇特大洪水或连日暴雨，可立即投入抢险工作。

(3) 整修道路

施工现场临时道路用C15混凝土浇筑，局部石屑硬化处理，以防止尘土、泥浆被带出场外，派专人清扫及湿润，保护环境卫生，加强现场文明。现场施工道路严格按有关标准铺设，达到道路畅通，路基坚实，路面平整，路中央起拱，路面高出自然地面10～15cm。

(4) 完善排水设施

施工现场疏通好排水沟，达到排水畅通、无积水。特别是建筑物墙根四周要高于自然地坪，严禁积水。

(5) 维修加固临时设施

现场办公室、宿舍、仓库、工棚等临时设施要做到墙体稳固，屋面不漏，通风良好，地面干燥。

(6) 加强设备管理

垂直运输设备基础周围必须夯填坚实、平整，不得积水。垂直运输设备必须有可靠的避雷装置。各种施工机械必须搭设防雨棚。

(7) 妥善保管各种施工材料

小型电动工具、水泥等应在仓库或敞棚中存放，地材应堆放在较高的地点，易被雨水冲失的材料要砌筑挡墙，钢材底部应垫高，露天堆放时间较长时应用防水材料覆盖。

(8) 准备防水器材

对雨具、篷布、塑料布、水泵等常用器材要提前做好准备，以便随时使用。

(9) 室外使用的中小型机械的配电箱必须按规定加设防雨罩或搭设防雨棚，漏电接地保护装置应灵敏有效，定期检查线路绝缘情况。

5 质量保证措施

5.1 质量保证体系

5.1.1 建立质量保证体系

以GB/19000—ISO 9001系列标准为依据，按照建筑工程的系统管理方法和要素确定各部门、各层次岗位之间相互关系，合理安排顺序，通过质量保证体系的正常运行，测量分析过程控制的信息成果，不断改进控制的程序和方法，推行生产控制和合格控制的全过程的质量控制。公司定期对项目的管理体系进行内审，对施工技术、管理制度、工程质量监控等综合质量控制水平进行监控、指导检查，确保项目质量管理体系持续有效的运行。

5.1.2 质量管理组织

(1) 本工程设置质量安全部，部门人员均持有岗位证书。其中质检负责人为大专学历，中级职称，具有丰富的工程施工管理经验。

(2) 成立以项目经理为首、各部门负责人和现场施工管理人员和生产队长参加的全面质量管理领导小组，由工程质量负责人和专职质量检查员经常督促检查，项目经理对工程质量终身负责，对质量工作进行全面领导。实行“过程精品、动态管理、目标考核、严格奖惩”，根据公司质量目标，建立材料，过程“三检”、跟踪检查。通过施工过程中各阶段，各重要环节的施工操作，进行全过程的管理监控，保证工程质量始终处于受控状态，使项目全面质量管理工作从细从严，按照项目创优计划，根据施工进度分项分部落实，按照“工程质量管理责任制”的规定推行生产控制和合格品的全过程质量控制，努力提高工程质量控制水平。

5.1.3 质量责任制

(1) 项目经理是工程项目实施的最高领导者的执行者，对工程质量终身负责

1) 严格执行国家有关法规、条例、条文、规范、施工操作规程及各项技术规定和质量标准，按照施工图和施工组织设计要求精心组织施工。

2) 根据本企业的质量目标，建立、完善项目经理部质量管理体系，并确保体系的贯彻执行。

3) 组织或参与施工组织设计的编制，由上级技术负责人的审批。制订实现项目质量目标的措施，并分解到项目的有关责任人员，确保贯彻执行。

4) 建立精干的项目质量管理机构和相关的职能部门，制定项目各项规章制度，明确各职能部门和人员的责任和权限，并经常予以督促检查。

5) 要进行全员质量意识教育，特别要经常组织项目的管理人员和班组长学习国家法律、法规、规范标准、操作规程和企业的各项规章制度。

6) 接受建设、监理、设计和上级等有关单位和部门的检查，虚心听取他们的意见，特别要正确对待他们指出的问题，并认真进行整改。

7) 负责解决施工中出现的一般质量问题，并分析原因，从严要求。项目出现质量事故应及时报告，并积极配合上级主管部门对事故的调查、分析、处理。

8) 组织或参与项目经理部定期的质量检查，研究项目上存在的质量问题和改进工程质量的措施和办法，制定整改的措施，并确保整改得到落实。

9) 负责组织顾客满意度调查和项目竣工后的工程回访。

(2) 项目经理部技术负责人对工程质量负技术领导和管理责任

1) 严格执行国家有关质量方面的方针、政策、法规、条例、规范、强制性标准和上级有关指示精神。

2) 协助项目经理建立、完善质量管理体系，抓好分管的技术管理方面的工作，确保体系的正常运行。

3) 参与或编制施工组织设计。应确保施工组织设计中质量技术措施安全、可靠、全面、科学、先进、合理。

4) 主持工程图纸审、设计交底的施工组织设计交底，确保施工组织设计的顺利贯彻执行。

5) 经常对施工组织设计招待情况进行检查，遇有变化和其他特殊情况需要施工组织设计进行调整或修改的，要及时做出补充施工组织设计，并报原批准人审批后，予以认真贯彻执行。

6) 抓好项目工程质量控制资料及技术资料和管理，及时收集整理工程项目中各种质量技术资料，并建立相关的台账，做到准确、真实、可靠，确保工程原始技术质量资料完整无缺。

7) 负责对项目技术管理人员的技术工人的教育和培训工作。

8) 负责工程定位测量复核及计量等过程控制管理，并组织对原材料及配合比、预制构件、半成品的试验、检验工作。

9) 组织或参与项目的定期质量检查；发现不合格品和隐患要及时提出，制定纠正和

预防措施，并组织实施。

10）负责解决项目上出现的一般质量事故。项目发现质量事故，要积极配合主管部门对事故进行调查、分析、处理。

(3) 项目经理部工程质量管理部门对工程质量负直接管理责任

1）严格认真地执行《中华人民共和国建筑法》、《建设工程质量管理条例》、《工程建设强制性标准条文》、规范、操作规程和上级有关等有关质量方面的规定。

2）按照施工组织设计提出的质量目标，督促有关人员按照目标分解的要求做好工程中每个过程、每个环节、每道工序的工作，做到认真负责，兢兢业业，一丝不苟。

3）负责检查施工过程中各个环节和各个工序的工程质量，认真执行自检、互检、交接检，即“三检”制度。发现未按照施工图纸、施工验收规范和操作规程施工的要及时制止和纠正，并向项目经理汇报。不准降标准，不准当“好人”，不准擅离职守。

4）参加项目经理部组织的定期质量检查以及检查情况的分析，并负责对整改措施的落实，写出检查总结，确保整个检查资料的完整。

5）经常组织班组学习规范、标准、操作规程和专业技术知识，提高职工的业务素质。

6）参与解决施工中出现的一般质量问题和技术问题，发生质量事故应积极配合上级主管部门对事故的调查、分析、处理。

7）及时督促项目上各相关部门（人员）建立相应的台账，以及与质量方面有关的资料，必须确保其资料的真实性、准确性和完整性。

8）负责做好隐蔽工程的检查验收和分项、分部（子分部）工程及单位（子单位）工程的质量评定前的准备工作，确保项目一次交验合格。

9）负责监督或参与项目上使用的各种原材料、半成品、构配件、设备等试验和检验，使其资料与施工同步。

(4) 项目经理部材料组质量责任

1）材料组负责执行上级主管部门颁发的各种规章制度，加强定额供应，实行单位工程材料成本核算。每月25日前，按项目生产部门提供的物资需用计划平衡后，编制项目采购计划报公司材料科。

2）配合公司材料科按采购计划、合同中的内容认真验收好各种材料进场的数量、质量，严格把好验收关，杜绝质差、不合格的物资进场，杜绝物资进场时短斤少两。

3）搞好文明施工现场工具管理，按施工平面布置图组织好进场物资堆放、装卸工作，合理存放，避免二次转运及保管不善造成的不必要的经济损失。

4）协同项目实验员、公司材料采购员对进场的A、B类物资进行见证取样工作，并提供实际进场物资数量，确保无误，做好各种物资质量记录归档。

5）协助公司材料科对不合格的物资（包括业主提供的物资）清理退场工作，并做好各种退场记录，按公司材料科制定的纠正和预防措施会同相关部门及班组进行实施整改工作。

6）认真验收业主提供物资，并按公司采购程序文件内容执行，并做好业主提供的物资记录，单独存放、发放。

7）负责对现场所进的各种物资进行状态标识，对批准的“紧急放行”“例外转序“的物资，要做好使用部位的记录，以便具有可追溯性。

8）严格验收制度，所有进场物资必须检验合格后方可办理入库，钢材、水泥在进场验收时，必须与质量保证书同行。

9）各种物资进场后要严格按照公司采购程序文件中的内容进行管理、发放、记录并做好各种物资归档，每月 28 日前做好材料收发存月报，报项目财务部门及公司材料科，确保工程成本的准确性，建立健全进货台账、材质台账、消耗台账，按时完成主管部门布置的相关统计资料。

（5）项目经理部机械员质量职责

1）根据项目施工需要提出设备需要计划，并与动力部门配合安排设备进场。

2）按公司设备租赁的有关规定，项目需各种设备与公司签订租赁合同，履行合同规定的责任。

3）加强现场设备的维护保养，做好“十字作业”（清洁、润滑、坚固、调整、防腐），定期保养和计划修理，确保设备安全技术状况良好，使用正常。

4）遵守设备操作规程，严禁违章作业、违章指挥，确保设备安全运转，防止机械事故发生。

5）严禁设备长期带病运转，克服重使用轻保养，只使用不维修，拼设备短期行为。在设备退场时要进行一次全面保养，退场设备应机容整洁，性能良好，并经动力部门确认。凡交回不合格设备，其维修费用由项目承担。

6）项目机械员要督促，检查操作工按时填写机械履行历书，做好设备运转记录、维修保养记录、润滑记录，填写项目施工机械使用情况表。

（6）项目经理部测量、试验员质量职责

1）负责对业主提供物质的取样、送样；

2）编辑项目工程试验计划；

3）收到材料员通知后，对需进行实验的物资取样、送样，并填写委托试验单；

4）及时领取并转发实验报告；

5）协助对需在现场试验的项目进行实验；

6）负责检验、测量、试验设备状态的标识；

7）负责测量设备的使用、保养；

8）对检验、测量和试验设备的使用管理与核准有监督权，对失准的设备有权停止使用；

9）参与施工试验、检验中出现的不合格品鉴别和评定。

（7）项目经理部施工员的质量职责

1）在项目经理的领导下，对主管的分部、分项工程施工进度、施工质量以及各部门确定的双增双节措施负责贯彻落实。

2）参与施工组织设计及重大施工方案的讨论，认真熟悉图纸、技术规范和工艺标准的要求。

3）组织施工班组自检和互检，并对分项工程进行评定，对工程产品质量具体负责。

4）执行责任范围内操作岗位的不合格品处置。

5）做好质量记录。

（8）班组长对工程质量负直接操作责任

1）严格按照施工组织设计、操作规程和项目经理部的要求，安排指导班组成员进行施工，对本班组的施工质量认真负责。

2）接受技术交底，根据施工任务、质量标准、技术要求和操作方法，认真合理分配工作。

3）组织班组搞好自检、互检、交接检。道工序负责，不给不道工序留困难，并做好“三检”记录。

4）认真执行“谁施工谁负责”原则，对违反操作规程、质量达不到要求的应坚决返工修正。

5）定期组织班组学习规范、操作规程及作业指导书等技术要求，提高本班组专业技能，保证工程质量。

6）经常组织讨论本班组消除质量通病的措施，对施工难度大、质量要求高的项目，要先做样板，经有关人员确定后，根据样板安排生产。

7）发生质量事故时，应积极配合调查组的工作。

5.1.4　质量管理制度

（1）技术交底制

1）公司总工程师组织技术、质安、经营部门对项目经理部施工管理人员就施工组织设计所采用的规范、标准、检验、试验要求，各工序的施工工艺、技术质量、安全措施、特殊过程及其控制方法进行书面形式的交底。

2）施工工长就施工方案、保证质量、安全、进度的技术措施、检验试验项目和要求、作业指导书、成品保护措施、特殊过程控制方法向施工班组进行书面形式的交底。

（2）建立质量制度

项目经理部应根据企业对项目明确的质量目标，结合项目实际制定项目各项目管理制度。如施工组织设计（方案）审批制度；图纸会审制度；技术交底制度；测量定位控制管理制度；质量检查制度；质量事故报告及处理制度；原材料采购、检验、保管制度；三检制；样板制；挂牌制；质量保修制度等等。

（3）测量制度

认真进行工程定位放线及轴线标高的测量工作，并做好记录。实行技术负责人对工程坐标控制网及轴线、水准点等控制桩的复核责任制，并确保工程轴线控制网测量定位及控制桩、控制点得到有效保护。

（4）会审制度

组织项目有关人员熟悉图纸，参加图纸会审，形成图纸会审记录，并将修改的部分标识到施工图纸，同时做好交底。

（5）分包管理制度

分包方的选择与管理应按照本单位制定的《分包方管理工作程序》进行控制，对分包方的资质、执照、生产许可证、有关管理人员的技术水平以及质量、安全、进度等方面的情况进行考察评价，在合作的全过程中也应对其进行重新评价，并建立合格分包方名册。

（6）材料管理制度

对原材料、半成品、构配件、设备等的采购，应按照本企业质量管理体系中《材料采购控制程序》进行控制，原材料、半成品、构配件、设备等必须进行检验或试验，凡检测出不合格的产品绝不能用到工程上，对合格的材料按施工组织设计平面图指定的位置，分门别类整齐堆放，并做好标识。

(7) 质量“三检制”

在施工过程中操作班组应严格执行自检、互检、交接检制度，专业质检员要督促生产班组做好质量“三检”工作，对班组不认真执行“三检”、无检查记录的不给予验收。单位和项目经理部定期检查中发现不合格，应按照本企业制定的《不合格品的控制程序》及时进行纠正，并做好相关的记录。

(8) 项目经理部“九不准”制度

1) 上道工序质量不合格，不准进行下道工序施工。

2) 没有技术和质量交底不准施工。

3) 未经隐检、预检及检查验收手续签认之前，不准进行下道工序。

4) 没有材质证明和试验报告或检验不合格的材料不准用于工程。

5) 工地不准擅自变更混凝土配合比。

6) 未经考试合格的特殊工种，不准从事该专业的施工，做到持证上岗。

7) 严格按图施工不准任意变更图纸要求，凡须变更的应办完手续后再施工。

8) 没有进行结构验收不准进行装饰工程。

9) 成品保护措施不到位不准施工。

5.2 质量管理措施

5.2.1 工程的质量检验

(1) 材料的检验

1) 进场材料的质量验收

a. 对材料外观、尺寸、性状、数量等进行检查。通过对实物检查，可以杜绝外观、尺寸不合格或实物性能与标准不符合的劣质材料。

b. 检查材料的质量证明文件。材料内在的物理及化学性能指标、生产日期、采用标准、代表批量等主要参数必须在生产厂家产品质量证明文件中注明。

c. 对涉及地基基础与主体结构安全或影响主要功能的材料，应按照有关规范规定进行抽样复试。通过对这些材料抽样复试，检验其实际质量与所提供的质量证明文件是否相符。

2) 材料的见证取样和送检

a. 见证人员应是建设单位或监理单位人员，具有建筑专业知识。

b. 见证人员必须经培训考核合格，取得“见证人员证书”，并在建设行政主管部门委托的工程质量机构备案。

c. 取样时，见证人员必须在现场见证施工人员进行现场取样，并将试样上做出标志、封存，共同签字。

d. 见证人员必须和施工人员一起，将试件样送达检测单位。

e. 见证人员应向检测单位出示“见证人员证书”及见证人书面授权书，必须在检测单位委托单上签字。

(2) 过程检验

1) 工序的验收

每道工序完成后，班组长对施工工序进行的检查并做好自检记录。上道工序应满足下道工序的施工条件和要求，相关专业工序之间也应进行中间交接检验，使各工序间和各相关专业工程之间形成一个有机的整体，由施工工长做好交接检记录。专职质检员检查后，填好验收记录，在验收记录相关栏目中签字。

2）分项、分部工程验收

分项工程质量的验收应为监理单位的专业监理工程师，施工单位的则为专业质量检查员、项目技术负责人；分部（子分部）工程质量的验收应为监理单位的总监理工程师，勘察、设计单位的单位项目负责人，分包单位、总包单位的项目经理。

3）隐蔽工程验收

施工单位应对隐蔽工程先进行检查，符合要求后通知建设单位、监理单位、勘察、设计单位和质量监督机构等参加验收。施工单位先填好验收表格，并填上自检的数据、质量情况等，然后再由监理工程师验收并签字认可。

（3）最终验收

1）单位（子单位）工程质量的验收应为建设单位的单位项目负责人，监理单位的总监理工程师，施工单位的单位项目负责人，设计单位的单位项目负责人。

2）验收合格质量要求：

a. 所含分部（子分部）工程的质量均应验收合格。

b. 质量控制资料应完整。

c. 所含分部工程有关安全和功能检测资料应完整。

d. 主要功能项目的抽查结果应符合相关专业质量验收规范。

e. 观感质量验收应符合要求。

3）质量控制资料核查与安全和功能检验资料核查和主要功能抽查，应为建设单位的总监理工程师；观感质量检查应由总监理工程师组织相关专业 3 名以上监理工程师和施工单位项目经理等参加。

5.2.2　技术组织措施

（1）施工方案编制计划（表 5-1）

施工方案编制计划　　表 5-1

施工方案名称	编制时间	备注	施工方案名称	编制时间	备注
施工组织设计	工程开工前		土方开挖方案	施工前	
临时用电施工方案	工程开工前		混凝土施工方案	施工前	
测量方线方案	工程开工前		模板支撑方案	施工前	

（2）测量放线

设立专门的测量放线小组，测量仪器及工具事先检查、定期校正。测量控制的重点是保证构筑物垂直的控制。

（3）模板工程

鉴于模板工程是影响工程质量好坏的重要环节，本工程采用“一次成优”的质量控制法，其具体的施工流程说明如下：

1）工程技术人员在工序开工前将各工序部位的模板安装图详细绘出，工人按图施工，质检员严格按图检查验收。

2）认真做好工序交接检，当钢筋工程完工后应组织钢筋、木工班组长和技术员进行现场交接检，凡钢筋位置不符合要求的必须整改完后方可封模。

3）提高模板施工质量标准，垂直平整度在规定范围之内，尤其要重视外壁板垂直度，这是影响工程质量的重要因素。

4）模板拆模后要进行清理修正，涂刷隔离剂后才能继续使用。

5）为保证板缝能满足优良标准要求，在模板安装完毕后，应用透明胶纸粘贴板缝。

（4）钢筋工程

1）钢筋进场后要及时进行原材料检测试验，合格材料方可使用。

2）钢筋工程施工前要认真做好翻样、交底工作。钢筋密集处要保证钢筋位置准确，又要保证混凝土顺利浇捣。

3）钢筋工程安装后，工程质检人员应对钢筋进行检查，做好隐蔽验收。重点进行下列内容检查：根据设计图，检查钢筋的种类、直径、根数、间距是否正确，特别要检查负筋位置是否准确；检查钢筋接头位置及搭接长度是否符合要求；绑扎是否牢固、有无松动脱扣现象；检查混凝土保护层是否符合要求；检查钢筋对焊接头是否符合要求。

4）由于钢筋的偏位一直是工程施工中的质量通病，因此，本工程在施工中将采取在楼板模上进行二次放线的方法，对壁板筋进行重复校核，在浇混凝土前还要再三复核壁板位置是否正确。

（5）混凝土工程

1）严格执行材料进场验收制度，特别是对水泥要有计划地提前做好试验工作，杜绝不试验而先使用的现象。

2）预拌混凝土到现场后有专职质检员进行检验。

3）作业面设技术人员和专职质检员跟班作业，对振捣密实度、下料方法、高低差留置、平整度、钢筋进行监督检查，对不符合施工工艺标准的将行使质量否决权，有权下令停工整改，直至符合工艺标准才能继续施工。

6 安全、文明施工保证措施

6.1 企业安全生产体系

（1）安全生产对于施工企业具有极为特殊的重要性，并且具有很强的专业性和系统性。为此，企业建立以企业法人为首的各级安全生产决策体系（安全生产委员会），以企业分管领导为首的各级安全技术、安全技术措施计划、安全技术经费保证体系，以安全生产监督管理部门为主的安全生产监督管理体系，以工会劳动保护为主的监督、检查体系，以党、团组织为主的思想政治保障体系，并且充分发挥职工代表大会在安全生产中的群众监督管理网络。

（2）企业设置负责施工安全生产的职能部门，全面负责本企业各项安全生产的监督管理工作。安全生产监督管理机构的专职人员必须经培训、考核合格后持证上岗。安全生产监督管理职能部门的人员中应有机电设备专业人员，对动力、机电、大型设备等统筹管理并负责其安全运行。

(3) 企业在年度计划营业额中确定适当比例的安全生产投入费用；在成本中列专项科目，单独核算，以有效解决安全生产的经费来源。安全生产经费包括以下项目：

1) 安全防护设施、用具用品的购置、更新。

2) 消防设施、设备的购置、更新。

3) 安全教育经费。

4) 安全技术培训。

5) 安全技术改造、更新。

6) 其他专项安全生产活动经费等。

(4) 企业为本企业从事危险作业的人员办理意外伤害保险，并支付保险金。亦为现场的工作人员办理意外伤害保险，保险期限自项目开工之日起至竣工验收合格之日止。

6.2　项目安全生产体系

(1) 项目安全领导小组组成

组　长：由项目经理担任。

副组长：由项目经理、项目总工程师担任。

成　员：由质安、材料、劳资、动力组成。

(2) 领导小组职责

1) 领导小组为项目安全生产的最高决策机构。

2) 负责制定布置本项目安全生产、文明施工工作。

3) 定期召开本项目安全工作会议，解决安全生产中存在的问题。

4) 定期组织本项目安全生产、文明施工检查工作。

6.3　安全技术管理

(1) 安全教育

1) 健全和落实安全教育培训制度，定期组织本企业职工和分包单位职工进行多层次的安全生产教育和培训。安全生产教育和培训应包括安全生产法规、安全生产技术知识、专业安全技术知识、典型经验和事故教训和文明施工等内容。

2) 专职安全员和特殊工种持证上岗率必须100%，严禁无证上岗。

3) 进入施工现场的各类人员必须经过公司、项目部、班组三级安全教育，从而深入了解本企业、本项目有关安全生产的管理制度和办法，熟悉本工种的安全操作规定和规范，并经考试合格后方准上岗。

4) 特殊工种作业人员按规定通过专业技术培训、考核取得操作证后，还必须接受安全技术培训，考试合格后方可上岗作业。

(2) 安全技术方案

1) 据工程项目的规模和特点，在施工组织设计或施工方案中制定针对性强、权责清晰、实施有效的安全技术方案（措施），特殊和危险性大的工程及施工现场的安全设施的搭设安装及拆卸等，均必须单独编制安全技术方案（措施）。

2) 安全技术方案（措施）必须遵守国家有关安全生产的法律、法规和行业有关安全生产的规范、规程；必须全面考虑施工现场的实际情况、工程特点和作业环境；凡施工过程均从技术上制定全面、具体、有效的措施予以预防。

3）安全技术方案（措施）必须有设计、有计算、有详图、有文字说明。安全技术方案（措施）可由项目经理部技术人员编制，由项目经理部技术负责人审批，报公司技术、安全、工程等管理部门备案。

（3）安全技术交底

1）施工企业必须健全和落实安全技术交底制度。安全技术交底应由上向下分级进行，最终落实到操作人员。安全技术交底必须有针对性、指导性及可操作性。

2）项目经理部经理、技术负责人及安全管理人员应向分包商的技术负责人及安全管理人员进行安全技术交底；项目经理部各类专业技术人员应会同分包商的技术负责人及安全管理人员向作业班组进行详尽的安全技术交底；每天进行施工作业前，必须由工长会同安全员施工操作人员进行有针对性的安全交底，并做好记录。

3）各级安全技术交底工作必须按照规定程序实施书面交底签字制度，接受交底人必须全数在书面交底上签字确认，并存档以备查验。

（4）安全检查

1）施工企业必须健全和落实安全检查制度，通过安全检查，促进企业对劳动保护和安全生产规章制度的贯彻落实，识别和发现不安全因素，揭示和消除安全事故隐患，预防安全事故的发生。

2）分公司实行月度巡检制度；项目经理部至少每周一次，由项目经理组织项目技术、安全等专职管理人员，对施工现场进行安全生产专项检查，并对重要生产设施和重点作业部位加大巡检周期密度；项目经理部专职安全管理人员必须实行全日巡检制度，对于高危险性的作业应实行旁站监督。

3）项目应建立安全检查台账，将每次检查的情况、整改的情况详细记录在案，便于一旦发生事故时追溯原因和责任。

4）在安全检查中发现的安全隐患由检查组织者签发安全隐患整改通知单，监督落实整改方案并进行复查。对检查发现的重大安全隐患有可能立即导致人员伤亡或财产损失时，安全检查人员有权责令立即停工，待整改验收后方可恢复施工。

5）实行安全生产责任目标考核制度，在规范和完善企业内部不同层次不同职能的安全生产管理工作具体责任范围与内容的基础上，按年度逐级签订安全生产目标责任状，并进行严格考核。安全生产目标责任状应对安全生产的各项指标进行量化，明确对各级主要责任人的物质奖励与经济处罚，使安全生产与各级主要责任人的经济利益挂钩。

（5）安全档案

项目经理部必须建立工程项目安全管理内业资料档案。安全管理资料应满足《建筑施工安全检查标准》JGJ 59—99 中 3.0.2、3.0.3 表的要求。安全管理内业资料由项目经理部专职安全管理人员负责，主要应包括安全生产责任制、安全技术措施与交底、安全教育、安全防护措施及用品、临时用电组织设计、施工机械管理、作业人员持证上岗、安全技术措施经费使用、安全检查与验收、工伤事故统计等方面的记录或台账。

6.4 施工现场安全管理

施工企业必须强化对施工现场的综合整治和管理，强化对施工人员的不安全因素和现场实物状态的监控，并应坚持“四全”的动态管理（全员、全过程、全方位、全气候），使施工过程的安全生产、文明施工始终于受控状态。

（1）安全标志和安全防护

1）施工现场应划分施工区、生活办公区，并应有明显的分界。各区域应设置导向牌，导向牌应牢固、美观。充分和正确使用安全标志，布置适当的安全标语。用具的各项防护性能指标必须符合国家有关标准的规定，进场时必须检验有关证明。

2）施工区内必须设置安全通道并设立明显标志，安全通道应满足人员紧急疏散的要求。在人员通道、现场搅拌站和临近小区道路上方都应采用钢管搭设安全防护棚。高压线路侧面和上方采用竹竿和模板搭设隔离墙和防护棚。临近施工区域的人行通道必须搭设防护棚，在施工区域外的公共人行道上搭设防护棚还符合施工现场所在地的有关规定并设明显的标志牌，确保行人安全。

3）坚持使用“三宝”：进入现场人员必须戴安全帽；必须穿胶底鞋，不得穿硬底鞋、高跟鞋、拖鞋或赤脚；高空作业必须系安全带；做好“四口”、“五临边”的防护工作。

（2）安全用电

施工用电应符合《施工现场临时用电安全技术规范》及其他用电安全规范的要求。施工用电采用 TN-S 系统（三相五线制），设专用保护零线（PE 线），实行三级配电、两级保护。总配电箱设过载、短路保护和漏电保护开关；分配电箱设过载、短路保护；开关箱设过载、短路保护，做到一机一闸一漏电保护。各配电箱、开关箱均采用金属制作，有门有锁，专人管理，箱内电器选用优质产品。干线架空或埋地敷设，支线敷设符合要求。危险场所及手持灯具采用安全电压照明。PE 线接到电箱外壳和用电机具外壳。施工现场临时用电设施必须经验收后方可投入使用。

（3）施工机械的使用

1）建立健全施工现场的各种施工机械、机具、设备的进场验收等一系列验收制度。各种施工机械、机具、设备进入施工现场必须经过验收后方可投入使用，参加各项验收的部门的人员必须在验收文件上签字，否则验收无效。

2）施工企业要建立和落实各种施工机械设备机具的专人管理制度和定期维修保养制度，严格按照标准、规范定期进行检查、维修和保养，检修施工机械设备、机具的同时必须检验防护装置，并建立相应的资料档案。

（4）治安保卫制度

1）项目保卫制度：①在项目经理的领导下，对职工、民工进行“四防”教育，协助领导检查安全防范管理工作和制度落实情况。②维护内部治安秩序，做好治保会、义务消防队组建，领导工作。③定期向上级机关汇报本单位治安工作，遇重大问题及时上报，完成领导交办任务。

2）门卫制度：①对进出工地的车辆和非本单位人员，一律实行登记制度。②坚守工作岗位，恪守工作职责，严格交接手续，认真做好记录。③提高警惕，加强责任心，认真做好防火防盗工作。④着装规范、整齐，说话和气、讲文明、讲礼貌。

6.5　现场文明施工保证措施

（1）场内布置“四整齐”即：脚手工具堆放一头齐，各类材料、木门窗构配件分类堆放整齐，临时设施搭设、消防设施安放整齐。

(2)“四净”即：操作地点周围整洁干净、各种材料清底用净、门窗管道、暖卫电器具上残留灰浆清净、临设工程室内外干净。

(3)“四清”即：工完场地清、活完脚下清、当日作业当日清、搅拌机台刷洗清。

(4)“四不见”即：不见零散建筑材料、构件、工具等，不见杂物、烟头纸堆，不见剩灰浆、刨花、废钢丝短管等，不见电线、焊线随地走。

(5)“三好”即：安全生产好，正确使用“三宝”，搞好“四口”、“五临边”防护，施工秩序好，成品、半成品保护好。

(6) 实行场地卫生片区包干制度，明确施工现场各区域卫生负责人。

(7) 食堂必须办卫生许可证，并应符合卫生标准。生、熟食操作应分开，熟食操作时应有防蝇罩，禁止使用非食用塑料制品作熟食容器。炊事和茶水工需持有效的上岗证明，食堂工作人员应按期到医院进行健康检查。

(8) 现场卫生间必须设良好的冲水设备，同时设简易化粪池式集粪池，加盖并定期清洁。每日派专人负责清洁卫生。

(9) 现场要设置足够的垃圾池和垃圾桶。定期搞好环境卫生，清除垃圾，积极搞好“除四害”工作。

(10) 污水要经过处理才能排放。场地内设沉淀池和冲洗池，并做到：

1) 所有的生活污水必须处理后方能经排水渠排入市政排水网。

2) 施工中产生的泥浆必须经过沉淀后才能排入市政排水网式河流，泥浆和淤泥要使用封闭的专用车辆进行运输。

(11) 建立健全安全、保卫制度，落实治安、防火、计划生育管理责任人。

(12) 严格执行来访者登记的制度，不准留宿家属及闲杂人员。

(13) 工人集体宿舍内按设计架设用电线路，严禁任意拉线接电，严禁使用电炉和明火烧煮食物，集体宿舍每天派专人负责卫生保安工作。

(14) 工人集体宿舍床铺全部用钢管搭设，并作适当分隔。宿舍内通道应留有足够宽度，以满足消防疏散要求。

(15) 经常对工人进行法纪和文明教育，并制订相应的管理制度，坚决清除在施工现场打架斗殴及进行黄、赌、毒等非法活动。

(16) 工地现场各处按要求放置足够的消防设施。

(17) 在办公与生活区的适当位置进行绿化，美化环境。

7 施工进度保证措施

7.1 施工进度计划

(1) 进度控制原则

1) 以承诺作为工期控制目标，必须按时全面交付给业主正式使用。

2) 以项目施工工期的总目标和各主要控制点去控制各施工段、分部分项工程的施工进度，以此为据确定分目标，将目标层层分解、落实，以保证分目标的实现来确保总目标。

3）采用信息化施工技术、计算机辅助管理技术、网络计划技术等方法进行进度控制。

4）在控制计划中，对业主可能分包的项目，也必须综合考虑，并提请业主代表或总监理工程师，协调督促分包单位遵照执行，以确保总目标的实现。

（2）施工安排

1）该工程项目工序繁多，施工中各分项工程、工序的合理组织安排是影响工程进度的关键。

2）第一阶段工程是整个工程中最主要的项目，它的进度快慢直接影响该工程的进度，因此，必须以合理的资源配置、合理的施工工艺，按施工程序组织合理的流水作业，在结构施工中，水电安装全力配合主体施工。第一阶段工程主要以模板、钢筋和混凝土三工序为中心。水、电安装及其他专业的预留预埋、混凝土的拆模和养护等工序均插入作业，不占用工期。

3）安装工程虽不占有网络计划的关键线路，但该项目工程各专业配合繁杂，一旦一个环节出现问题，会影响关键线路的正常进行，在主体施工中，水电预埋必须服从主体工程施工，而在室内装饰工程施工中应互相配合，统一指挥。

（3）计划管理模式

1）一级计划：以施工总控制进度计划做指令性计划，此计划确定关键线路控制点，作为控制工期里程碑，任何单位和个人不能以任何理由和借口予以变动。

2）二级计划：编制月计划，要求详细、具体，分部、分项、分工序编排，流水穿插顺序明确。此计划执行半月后，检查执行情况，再向后补充十天计划，计划期仍为一个月，如此连续又称旬流动计划。

3）三级计划：即周计划，以形象进度形式表达，按两周流动。

4）四级计划：由施工队针对现场情况，每天下午 17：00 以协调会和碰头会的形式检查当日工作，安排次日工作，解决施工现场机具、材料、技术、质量、安全、人力等方面的问题，平衡人、财、物的使用。

7.2 工期保证措施

（1）技术措施保证

1）与业主签订施工总承包合同，并迅速办齐一切开工手续，事先对本工程作全面、准确的了解，以保证及时开工及开工后的顺利施工，对施工中可能会出现的各种问题有充分的预计并制订出各种相应的预防措施。

2）熟悉图纸，优化施工方案，提出针对本工程的合理化建议，编排合理的施工工序流程图，利用我公司成熟的施工经验，应用新技术，科学合理地加快施工进度。

3）及时组织施工图纸会审交底，及时地解决施工图纸中的技术问题。

4）组织施工队伍对各分部分项工程进行技术、质量交底，避免返工。

5）采取跟踪管理，在第一时间解决施工中的技术问题。经常查阅蓝图、翻样图、修改图图纸及会审纪要，按图、按操作规程施工。

6）发挥我公司施工技术管理的优势，组织几支作业队，平面分区域同步进行，立体交叉施工，确保工期目标实现。

7）项目部将成立一支由项目工程师、施工总管负责，各劳务单位抽调技术过硬、作风顽强的工人组成突击队，负责对质量要求高、施工难度大、工期紧的分部分项工程进行施工，并解决现场发生的一切突发事件，确保工期。

8）施工中将应用计算机对工程计划进行管理，保证工程进度处于动态控制之中：同时应用我公司比较成熟的新技术，如快拆模板施工技术、混凝土楼面一次收光技术、钢筋连接新技术等等，保证工程质量一次成优，减少不必要的返工而影响进度。

（2）材料供应保证

1）及时做好各类材料的要料计划，按公司项目管理法中的材料计划规定执行，根据实际情况编制切实可行的材料供应计划，保证材料供应跟上施工的要求。

2）根据工程特点及时掌握市场信息，采用多渠道，少环节，供需方直接洽谈的方法，按工程进度签订材料供应合同，明确材料进场日期，并将材料供求计划及时反馈给业主、监理。

3）加强周转材料管理，按计划及时组织进退场，并做到堆放整齐，现场无散落，加强材料质量把关，不合格品材料不得进入场内。

4）按合同及计划要求，掌握甲供料的动态，办好甲供料的交接。

（3）机械设备保证

1）为保证进度本工程采用1台塔吊、1台施工升降机施工。

2）所有使用机械设备进场前必须经维修、保养，确保100％的完好率。

3）现场备置机械、设备的各种常用零、配件，确保机械设备的故障及时排除。

4）加强机械设备管理，认真做好机械设备的保养、维修、校检，做好使用记录。

5）根据施工总进度计划表及分项进度计划，制定设备进退场计划。充分发挥我公司设备先进的优越条件，择优选择目前较为先进的机械。

（4）劳动力保证

1）在与劳务单位签订合同前，对其资质、技术力量、组织能力、施工力量及以往业绩作全面的了解，在确认为合格分包商的前提下，才能签订分包合同。

2）在劳务合同安全协议中，明确双方的目标和责任，并要求劳务单位根据合同工期及施工总进度计划表，阶段分项计划表，排出各种劳动力平衡计划及机械设备的供应计划。

3）劳务单位进厂后进行技术、质量、安全以及操作工序标准交底。全体动员，进行思想教育，使全体职工在农忙期间集中精力，想工程所想，干工程所干。牢固树立全员质量、工期意识，从思想上确保工程按期交付业主使用。

4）农忙期间，从资金上予以保证。首先，保证一线工人的正常开支，保证工人吃好住好；其次，对不回原籍坚守岗位的工人家庭邮寄部分资金，保证农村家属农忙雇工开支和购买化肥、种子等用款需要，真正从根本上解决一线工人思想上、经济上的后顾之忧。

5）在施工过程中，及时掌握劳务单位的各种动向，督促劳务单位确保劳动力的数量，合理调配人员使用，做到专业班组，专人管理。实行经济责任制，制定农忙期间保证劳动力、保证工期进度的奖罚措施。

8 产品保护措施

8.1 半成品的保护

(1) 对门窗、装饰品、金属制品等，应按规定要分门、别类，放置在地基平整，干燥、牢固，排水、通风良好，无污染的地方。堆放要整齐、平直，下垫木板，水平位置上下应一致。不得在成品上堆放重物，以防变形损坏。侧向堆放时应加撑脚，防止倾覆。

(2) 以上半成品由项目部的材料员进行维护和管理，加工产品于进场前由加工车间进行维护。

8.2 主要分部分项工程成品保护

(1) 楼地面成品保护

1) 水泥砂浆及块料面层的楼地面，应设置保护栏杆，直至成品达到规定强度后方能拆除。

2) 冬雨期施工要求做好防冻、防雨措施。

3) 水泥砂浆、地砖、花岗石等硬块料贴在楼地面时，不允许放有棱角的硬材料和易污染的油、酸、漆、水泥等。

4) 严禁在楼地面上生火。

5) 下道工序进场施工时，应对施工范围内的楼地面进行覆盖保护，如涂刷油漆、粉砂浆等。楼地面应铺设防污染塑料布，操作架的钢管应设垫板，钢管扶手、挡板等硬物应轻放，不得抛敲撞击楼地面。

6) 楼地面的成品保护工作由项目经理部、施工工长、班组长具体指导和实施，并派值班人员看管。

(2) 门窗成品保护

1) 木门安装后，应按规定设置拉档，无下坎的门框加钉水平拉条；如有运输水泥砂浆小车通过时，在门框上钉好保护角条，以免碰坏门框。

2) 门窗框上的塑料保护膜要保持完好，不得随意剥落，以免损坏。

3) 不得利用门窗框销头作架子横档使用，窗口进出材料时应设置保护挡板，以防碰伤、污染。

4) 作业脚手架搭设与拆除时，不得碰撞或挤压门窗，也不能随意在门窗上敲击、涂写或打钉挂物，门窗开启时应按规定扣好风钩、门碰。

5) 门窗成品由施工工长、班组长进行布置、指导和实施保护工作。

(3) 屋面防水成品保护

1) 屋面防水施工完工后，应立即清理干净，保证排水畅通，不得在防水屋面上堆材料、杂物、机具，不得在上面用火或敲踩。

2) 屋面防水成品保护，由项目部技术人员、施工工长提出保护措施，并由班组实施。

(4) 装饰成品保护

1）所有室内外、楼上楼下、房间、走道等每一装饰成活后，均应按规定清理干净，不得在成品上进行涂写、敲击、刻画。

2）作业架子拆除时，应注意防止碰撞装饰成品，门窗及时关闭开启，保持室内通风干燥，风雨时应将门窗关严，防止装饰品霉变、受潮，严禁用火、用水，防止损坏、污染和变色。

3）因工作需要进房间检查、测试、调试时，应换穿工作鞋，防止泥浆、杂物污染。

4）装饰成品保护由项目经理部派专人看管保护。

（5）卫生洁具的保护

在卫生间的卫生洁具安装后要进行保护，浴缸、洗手池、抽水马桶要用五夹板覆盖，以防止打坏。

8.3 最终产品的保护

（1）在工程未办理竣工验收移交手续前，任何人不得在工程内使用房间、设备及其他一切设施。

（2）在装饰安装分区或分层完成成活后，按保护区楼层范围大小、高低、层数，派专职人员负责值班、巡察，严格按规定的成品保护职责、制度、办法，全面做好规定范围内所有成品的保护工作。

（3）专职成品保护值班人员的工作，一直到工作竣工验收、办理移交手续后才终止。

（4）工程竣工后，在未办理移交手续前，由项目经理指派专职人员全面负责成品保护工作。

9 成本控制措施

9.1 降低工程造价的主要措施

本工程工期紧，施工内容多，质量要求高，为确保我公司在履行合同全部内容的前提下尽力为业主节省投资和降低施工成本，拟采取以下降低成本的主要措施：

（1）加强施工管理，严格按照操作规程和施工及验收规范操作，一次达到质量标准（避免返工、修补和窝工）。在图纸会审和施工过程中，根据规范和以往经验积极提出合理化建议，在保证质量前提下最大限度地节约业主投资。

（2）根据本工程的特点、合同要求、结合相关工程的成本管理经验，通过科学的预测制订《成本控制计划》。该计划是实现成本目标的具体安排，是施工过程中成本管理工作的行动纲领。

（3）充分利用我公司现有资源降低现场费用。以强大的技术、管理优势做后盾，以智密集型的项目法施工模式组成精练高效的项目班子，减少了管理费开支；工具式办公房和工具式围墙等减少临建费用；自有的大型机械设备和周转工具降低了机械费、模板等方面的开支。

（4）加强施工管理，合理安排工序，加强对网络进度计划中关键工序的控制，采用单体工程分段流水施工，缩短工期、降低成本。工期缩短大大减少机械使用时间、减少模板占用量和使用时间、减少人工投入量、减少间接费用的开支，从而使综合成本降低。

(5) 通过采用新技术、新工艺、新材料、新设备，用先进的施工技术降低材料消耗和施工成本。

1) 混凝土采用外掺粉煤灰技术，混凝土掺加一定配比的粉煤灰不仅减少水泥的水化热，降低混凝土内部温升，增加混凝土和易性、可泵性，而且节约水泥、降低造价。

2) 采用先进的钢筋连接技术，如电渣压力焊工艺可提高工程质量，加快工程进度，从而降低成本。

3) 采用泵送混凝土技术，可加快施工速度，降低劳动力投入，减少劳动量，减少混凝土遗撒，达到高效节约的目的。

(6) 降低质量成本。施工项目质量成本包括内部质量成本和外部质量成本。降低内部质量成本的途径是加强施工管理，严格按照操作规程和施工及验收规范操作，一次达到质量标准，以优良的施工质量杜绝返工、修补和窝工，减少材料器具浪费等。降低外部质量成本的途径是严格地控制成品、半成品的采购质量，不合格品不准进场，降低损耗率，以优良的质量减少下一步工序的施工人员、材料的投入。如本工程各种池的混凝土浇筑过程中，采用合理的模板体系、严格控制振捣、拆摸养护工序，从而达到清水混凝土不抹灰的标准，减少后期工程量。

(7) 定期进行成本核算，随时掌握收集信息并与成本计划比较，对施工项目的各项费用实施有效控制，发现偏差则分析原因，并采取措施纠正，从而实现成本控制目标。

(8) 强化全员成本意识。降低成本不是一个人一个部门能够实现的，必须使参与施工的各个部门、每一个员工具有积极的成本意识，在施工的每一个环节中进行控制。建立严格的奖罚制度，对成本管理中作出成绩的员工或部门给予奖励，对造成成本亏损、消耗增加的员工、部门进行处罚，以充分调动群众的积极性。

9.2　新材料、新工艺、新技术、新设备的应用

(1) 基坑支护技术：在粉煤灰场地上实施轻型井点降水。

(2) 高强高性能混凝土技术：

1) 预拌混凝土的应用技术：电子计量，自拌泵送混凝土施工。

2) 应用高性能复合型外加剂 JM-Ⅲ，该外加剂减水效果好，减水率可达 25%～28%，且混凝土稠度适中，不分层离析。坍落度可由普通混凝土的 4～5cm 提高到 18～22cm，且 1～2h 坍落度损失小于 10%～15%，达到泵送效果。同强度条件下，可节约水泥 10%～20%。

(3) 高效钢筋和预应力混凝土技术：直径 50m 的终沉池壁板采用环向预应力绕丝。

(4) 粗直径钢筋连接技术：ϕ16 以上竖向钢筋接头均采用电渣压力焊，电渣压力焊接头使钢筋受力更加合理，减少钢筋接头长度，从而节约钢材，并且操作简单，速度快。

(5) 新型模板和脚手架应用技术：本工程所有模板均采用九夹板组合大模板。

(6) 建筑节能和新型墙体应用技术：办公大楼及生产车间窗子均采用塑料窗。

（7）新型建筑防水和塑料管应用技术：

1）终沉池壁杯口采用高效防水涂料、防水密封油膏（冷施工）；变形缝内设橡胶止水带，它具有强度高、延性大、高弹性、耐老化等良好性能，能大大提高本工程的防水效果。

2）办公大楼及生产车间屋面防水均采用SBS卷材防水。

3）办公大楼及生产车间室内电线管、落水管均采用PVC管。

（8）企业的计算机应用和管理技术：本工程应用投标报价和工程造价、网络计划编制、劳动力管理、工程质量管理和文档资料管理等单项软件。

第三篇

柳州市河东沿江截污工程施工组织设计

编制单位：中建五局五公司

编 制 人：赖卫祖

审 核 人：肖扬明

[简介] 该工程战线长，地形复杂，沿线有大量的民居及厂房、高压电线塔，须穿过王家村和河东桥两个泵站，还须穿过鱼塘。地下管线情况错综复杂，沿途有自来水管、煤气管道、军用和民用光缆。而且该管线工程须从河东大桥及壶东大桥下穿过，与防洪堤已建的两条穿堤涵垂直相交。在施工过程中必须采取严密的措施保护这些已建的建筑物、构筑物及管道。河东沿江截污工程地质条件复杂，顶管过程中部分地段须穿过回填土和淤泥，且该管线工程与柳江平行，与柳江的垂直距离仅40～45m，地下水位高，施工期间正好处于柳州的洪水期，施工过程中极容易发生塌方、涌流等现象，必须采取严密的监控措施。有的地段顶距较长，须采用中继间和触变泥浆套。

目　　录

1　工程概况

1.1　工程概况

柳州市河东沿江截污工程包括管线工程及污水提升泵站工程。管线工程起点为河东大桥北侧 270m，一直沿规划路铺设至三棉厂污水提升泵站，经三棉厂污水提升泵站提升的污水通过压力输送管排至已建文昌路排水管。管线全长为 6202.61m，管径为 400～1650mm。污水提升泵站共两座，分别为木佔冲污水提升泵站（17 万 m^3/d）和三棉厂污水提升泵站（23.5 万 m^3/d）。

本合同的工程范围为 A 标段，桩号 K0＋000～K2＋340，其中主要包括顶管施工 1957m（管径 1200mm 的长度 762m，管径 1350mm 的长度 925m，管径 1650mm 的长度 270m），明挖开槽施工 383m（管径 1200mm 的长度 135m，管径 1350mm 的长度 41m，管径 1650mm 的长度 207m）。

1.2　地形、地貌、地质、地下水情况

柳州市河东沿江截污工程截污管道位于柳州市河东片柳江河的东岸以东 110～200m 左右，管道总体呈南北向。截污管道分三段，北段沿途经过河东大桥、壶东大桥，地势变化不大，仅局部形成低洼积水池塘；南段变化比较大，局部可形成低洼积水池塘、冲沟等地表形态；东段管道总体呈东西向，该段西部地势变化不大，地面标高变化在 89.33～90.68m 之间，东部处于柳州市第三棉纺厂北面分布的大面积低洼池塘上，地势变化较大，地面标高变化在 80.19～89.57m 之间。场区地貌上属柳江河Ⅱ级冲积阶地。

柳州市河东沿江截污工程 A 标段场区内岩土层自上而下可分为：①层杂填土；②层素填土；③层淤泥；④层淤泥质土；⑤层表层黏土；⑥层硬塑状黏土；⑦层可塑状黏土；⑧层硬塑状粉质黏土；⑨层含圆砾粉质黏土；⑩层可塑状粉质黏土；⑪层圆砾。

管道北段及南段的地下水位埋深 2.5～4.5m，该层地下水属上层滞水，主要赋存于①层杂填土、②层素填土中，池塘积水及大气降雨是其主要补给来源；东段上层滞水主要分布于线路东段。该段上层滞水对混凝土基础、混凝土基础中的钢筋无腐蚀性。

1.3　主要工程内容

主要工程量见表 1-1。

主要工程量一览表　　　　**表 1-1**

项　　目	单　位	数　量
挖土方	m^3	39868
挖工作坑土方	m^3	41077
回填土方	m^3	37846
挖淤泥	m^3	11930
回填 C15 混凝土	m^3	500
回填 C15 毛石混凝土	m^3	500
D400 钢筋混凝土管(180°基础，橡胶圈接口)	m	9

续表

项　　　目	单　位	数　量
D500 钢筋混凝土管(180°基础)	m	2
D600 钢筋混凝土管(180°基础,橡胶圈接口)	m	104
D1200 钢筋混凝土管(180°基础,钢丝网接口)	m	135
D1350 钢筋混凝土管(180°基础,钢丝网接口)	m	41
D1650 钢筋混凝土管(180°基础,钢丝网接口)	m	207
D1200 钢筋混凝土管(顶管),埋深＜6m	m	102
D1200 钢筋混凝土管(顶管),6m＜埋深＜9m	m	660
D1350 钢筋混凝土管(顶管),埋深＜6m	m	98
D1350 钢筋混凝土管(顶管),6m＜埋深＜9m	m	827
D1650 钢筋混凝土管(顶管),6m＜埋深＜9m	m	270
ϕ1000 圆形污水检查井	座	4
砖砌直线污水检查井 1100×1500	座	3
砖砌直线污水检查井 1100×1950	座	8
砖砌 90°四通直线污水检查井 2050×2700	座	1
砖砌 45°扇形污水检查井 D1350	座	3
砖砌 90°扇形污水检查井 D1650	座	1
砖砌矩形 90°三通污水检查井 2200×2200	座	1
砖砌跌水井(D1650 跌落 2m)	座	1
P2 节点截流井	座	1
P3 节点截流井	座	1
P7 节点截流井	座	1
C25 钢筋混凝土检查井 5.5×4.5×4.8	座	26
C25 钢筋混凝土检查井 6.5×5.5×4.7	座	11

1.4　本合同工程的施工重点

经过认真研究施工图纸，项目部对以下工程内容进行重点控制：

(1) 管道基础处理。

(2) 顶管管道工程的施工中工作坑加固及井壁的支护，工作坑及开挖工作面的安全防护措施。

(3) D1650 管道顶进过程中轴线、标高的控制，顶管过程中塌方的处理及长距离顶管时中继间、触变泥浆套的应用。

(4) 明挖管道开挖工作面的支护、降水及安全防护。

(5) 检查井工程中钢筋及混凝土的施工。

2　指导思想及基本方针

2.1　指导思想

我公司曾承建过多个与此相似的环境项目污水管道工程，有成熟的施工经验和科学的管理方法及精干的技术人才，对污水管道工程的明挖开槽、顶管施工及检查井浇砌筑等工艺流程较熟悉，对于本项工程施工，我公司的指导思想是：进一步深化改革之路，发挥公司的集团优势，以公司为龙头组建项目经理部，选派有丰富经验的顶管施工人员担任项目经理部领导和部门负责人，实行集体领导、统一指挥、优化组合，通过全过程优化管理，以达到高速、优质、安全低耗，顺利完成本污水管道工程。

2.2 总体目标

(1) 质量目标

确保柳州市河东沿江截污工程 A 标段质量达到广西壮族自治区柳州市优良工程。

(2) 工期目标

本工程按阶段进行工期目标管理，确保工期控制在 186d 以内。

(3) 安全生产目标

安全管理实现“四无”、“一杜绝”、“一控制目标”。即无特大和主要责任重大设备事故，无重大火灾事故，无工地重大经济损失事故，无重大交通事故。杜绝施工中人为责任的人身伤亡事故。年重大伤亡事故控制在 0.3‰以内。

(4) 文明施工目标

施工期间，现场整齐、清洁，无人为污染，做好施工段内环境保护工作，争创文明施工工地。

2.3 基本方针

(1) 本工程是柳州市河东沿江截污工程 A 标段，该工程已列入我公司重点工程，实行全公司参与，全力以赴，全面保证，确保全胜。在人力、物力、财力上优先保重大工程的“四全”“三优先”的基本方针。

(2) 发挥不等不靠，有条件快上，没有条件创造条件上，一切工作往前赶和超前准备，超前部署，超前施工“一赶”“三超前”的工作作风。

(3) 加大科技投入，引用进和使用适合工程特点的新技术、新工艺、新设备，确保工程质量，加快施工进度。

(4) 与业主、设计单位、监理单位密切配合协作，确保各项目标的实现。

(5) 贯彻执行 ISO9002 施工系列标准，严格按颁布的质量程序文件及质量手册建立、健全严格的质量保证和监督体系，以一流的工作质量和服务质量来确保工程质量。

3 施工准备

我公司在投标过程中，就已对拟调入本工程的人员、机械做好了基本的准备工作，签定施工合同后，我公司已在最短的时间内做好人员进场、机械设备的调进工作，达到开工要求并可组织施工。开工前具体做好如下准备工作：

3.1 技术准备

(1) 熟悉技术文件，组织有关人员学习、会审图纸，进行图纸交底。

(2) 编制各分项工程详细的施工设计方案。

(3) 编制加工订货计划，特别是对于管道的生产及订货工作，我项目部已签订了管材购销合同，在生产过程中，还将对其进行全面监控，以确保质量达到设计要求。

(4) 现场勘察地形、水文地质、建筑物、地下管道等情况，并在业主和设计院现场交底后，复核和建立现场测量控制网。

(5) 进场前，项目部对所有测量仪器送有关单位校核，确保施工测量时仪器正常使用。

3.2 障碍物清除

开工前，项目部对施工现场地上、地下及空中障碍物进行全面调查、了解，根据施工进度制定出排除各种障碍的时间，积极配合业主做好征地、拆迁排障等工作。

3.3 临时设施

项目部已根据业主提供的用地范围，租用房屋设立中建五局五公司柳州市河东沿江截污工程 A 标段项目经理部、搅拌站及材料设备仓库等临时设施。详见总平面布置示意图（略）。

3.4 其他基本施工条件准备

(1) 根据各施工地段的特点，事先做好规划，修建必要的临时围挡、场内及场外道路以满足施工的要求。

(2) 生产、生活用水已做好规划，及时与工程附近单位协商落实。安装为自己所用的供水管网和设施，并按监理的指示和有关部门的规定，对供水设施采取适当的保护措施，在通水前装好计量装置。

(3) 生产及生活用电已做好规划，及时与工程附近单位协商落实，安装现场变配电设施，沿线架设临时用电线路供自己使用，并按监理的指示和有关部门的规定，妥善设置好安全防护装置。考虑到临时用电短缺，项目部已配备柴油发电机，作为施工、生产备用电源。

3.5 水文气象测报

为合理安排施工进度计划，项目部事先做好水文气象测报工作，及时向水文气象等部门咨询相关情况。

3.6 材料准备

我项目部根据进度安排及时订购工程所需相关材料，积极备料，以满足工程需要。

4 施工组织机构与专业技术人员

4.1 施工部署

在保证质量的前提下，集中力量，加快施工进度，确保按业主要求工期竣工。根据我们对沿线的施工现场环境、水、电、房、地质资料等情况进行的详细考察，为方便施工、便于管理，本公司对本项目施工部署如下：

4.1.1　施工区段划分

第一施工区段：

(1)　桩号 K0＋000～K0＋120　　D1200 顶管段
　　桩号 K0＋330～K0＋510　　D1650 顶管段
(2)　桩号 K0＋540～K0＋630　　D1650 顶管段
　　桩号 K0＋767.317～K0＋860　　D1350 顶管段
(3)　桩号 K0＋860～K1＋004.28　　D1350 顶管段
　　桩号 K1＋010.22～K1＋130　　D1350 顶管段
(4)　桩号 K1＋130～K1＋390　　D1350 顶管段

第二施工区段：

(1)　桩号 K1＋390～K1＋630　　D1350 顶管段
(2)　桩号 K1＋630～K1＋697.89　　D1350 顶管段
　　桩号 K1＋697.89～K1＋850　　D1200 顶管段
(3)　桩号 K1＋850～K2＋101.33　　D1200 顶管段
(4)　桩号 K2＋101.33～K2＋340　　D1200 顶管段

第三施工区段：

(1)　桩号 K0＋120～K0＋212.52　　D1200 明挖管段
(2)　桩号 K0＋212.52～K0＋330　　D1650 明挖管段
(3)　桩号 K0＋510～K0＋540　　D1650 明挖管段
　　桩号 K0＋630～K0＋690　　D1650 明挖管段
　　桩号 K0＋690～K0＋93.669　　D1200 明挖管段
　　桩号 K0＋732.669～K0＋767.32　　D1350 明挖管段
　　桩号 K1＋004.276～K1＋010.221　　D1350 明挖管段

4.1.2　施工任务的组织与安排

(1) 在业主提供的用地范围附近修建临时设施，项目经理部设立在王家村，桩号为 K1＋310 附近。

抓住枯水季节集中力量进行位于临江地段的施工。各施工点在项目经理部统一指挥、计划、管理、组织、协调下进行平行施工，对人员、材料、设备实行动态管理，各分部分项工程进行流水施工。

(2) 施工顺序总体部署原则是：先地下后地上，先工作井形成，管线敷设、管道顶进，后闭水试验。分区段施工，避免全面开花。

关键控制点：开挖工作面、工作坑加固及井壁的支护，管道铺设、顶进，施工中的安全施工防护措施。

4.2　施工组织机构

项目部根据工程特点采用项目法组织施工，组建中建五局五公司柳州市河东沿江截污工程 A 标段项目经理部。根据在以往项目施工中积累的施工组织、管理经验，选调有相应的专业、业务水平高的人员组成各职能管理部门，抽调技术素质好，操作技能高的工人组成精干的施工队。大力加强内部施工技术、质量、安全管理，强化项目竞争机制，优化劳动组合，层层落实岗位责任制，项目的组织职能管理采用直线与职能综合式组织形成，在项目管理中按本公司 ISO9002 领导小组发布的《质量保证管理手册》及相应的程序文件进行工程质量管理。

经理部设项目经理一名，常务副经理一名，总工程师一名，经理部下设工程部、技质部、设备部、物供部、财务人事部、综合办、质安部。

项目经理、常务副经理、总工程师、各职能部门的岗位职责：

项目经理：对工程项目管理全面负责，主管财务人事部、办公室。

常务副经理：协助项目经理对本工程项目进行全面管理，分管物资设备部、合约部。

总工程师：主管工程技术、质量、计划与计量工作，分管技质部、工程部、管材供应部。

综合办：负责工程项目对外公共关系及联络，办好日常业务、后勤、保卫等工作。

工程部：负责工程项目生产计划、施工组织安排、计量等现场施工日常管理工作，工程预、决算；负责工程施工的安全措施检验，安全教育，安全宣传，监督整改和对外协调等施工现场管理工作。

技质部：负责工程项目施工技术、方法、标准、规范实施指导、施工图设计、编制施工作业技术指导书，计量器具技术的鉴定、预制件、拌合站等技术管理工作。

财务人事部：负责工程施工所需的各项资金、劳动工资管理、劳动纪律、人员调配等管理工作。

设备部：负责工程施工所用机械设备的检查、性能鉴定工作。

物供部：负责工程施工所用材料，购配件的采购供应工作。

质安部：负责工程施工质量、安全工作。

经理部下设顶管施工队、管道安装队、土建施工队、机械施工队、测量队、机修组、试验室、拌合站，各工作队配备管道安装工、泥工、电工、机修工、机械工等相应的作业人员。

顶管施工队：下设顶管一队、顶管二队负责顶管设施的安装和管道敷设的顶进施工。

机械施工队：负责土方工程的施工。

管道安装队：负责明挖开槽管道的敷设施工。

土建施工队：负责检查井浇、砌筑及其他构筑物恢复的工程施工。

机修组：负责所有工程施工机械设备的维修。

测量队：负责土方开挖、管道敷设的放线、检验及竣工测量。

实验室：负责工程原材料，构配件检验试验，工序检验、隐蔽工程及施工过程、分部分项工程检验，试验室日常管理工作。

拌合场：负责管基、检查井混凝土搅拌等工作。

5 施工方法及关键工序技术方案

工程主要特点：工程包括明挖管道，不开槽埋设管道（顶管），施工现场位于市郊，施工管线长，部分管线在市区防洪堤的地段，部分管线要穿越鱼塘、道路或在其附近施工；同时，施工作业面分散，不集中，作业队伍多，需重点注意材料堆放、现场文明施工、安全等方面的工作。在人员组织、材料利用上需综合考虑，统筹安排，以确保工期和质量。

5.1　主要施工方案

（1）施工现场分三段同时施工，各段选一处能兼顾该段所有建、构筑物的场地设立施工营地，内设搅拌站、材料设备仓库、加工间、停车场等。

（2）土方工程主要选用反铲挖掘机为主，以推土机、装载机为辅，自卸车运土的机械施工。

（3）降水根据地质情况，选用集水坑降水；如工程施工必要时，在水深地段采用轻型井点降水；若特殊地段降水深度大时，采用深井降水。施工围堰采用草袋围堰。

（4）护壁支撑拟采用钢板桩密支撑，以确保开挖面和工作面处于安全状态。工作坑后背进行土体加固。

（5）顶管的顶进主要采用工具管进行手掘式顶进。

（6）模板以钢模为主，并在施工前做好排板设计。

（7）焊接钢筋主要采用闪光对焊。

（8）所有浇筑、砌体工程组织熟练技工操作。

5.2　测量放线

5.2.1　平面测量控制网的建立

（1）根据业主提供的初始参照点及现场建筑总平面图，采用三角导线传递法建立场内平面测量控制网，控制网设稳定的场内一级控制桩，由一级控制桩引测各管线控制点。在传递过程中，技术负责人必须进行技术复核，做好复核记录。

（2）测量仪器及测量工具采用光学经纬仪、普通水准仪、精密水准仪、钢卷尺等。测量工作由测量小组完成。

（3）场内设的平面测量控制桩，其位置必须设在通视良好，不易破坏的地方，尽量避开施工道路及材料堆场，防止人为破坏。

5.2.2　水准点的建立及高程传递

（1）根据业主提供的水准点用水准仪建立场内水准高程系统，施工现场必须要设的永久性水准点，在沉降观测及高程测量时，必须闭合或进行附合检测，并进行闭合差或附合差分配。所有的测量结果达到规定的精确度。

（2）高程传递时，应反复校核，并做好记录。

5.2.3　沉降观测

（1）沿项目监理指定的路线每隔 100m 左右，设立一个沉降测量参照交叉点，在每个交叉处设置 3 个点：在管沟中线设置 1 点，在左右 5m 处各设置 1 点。按照技术规范要求，对每个交叉进行测量。

（2）现场管道的施工对附近的建筑物与构筑物有一定的影响，沉降观测按设计要求进行；如沉降有变化立即通知监理及设计院，加大观测密度。认真做好沉降观测记录，并绘制出建筑物沉降曲线。

(3) 采用耐久的丙烯酸类塑料制成标准定位标记。使用可拆换的参照点，参照点由不锈钢吊环螺栓组成，其总体尺寸为长 60mm，直径 30mm，锚柄为直径 20mm 镀镉钢制地脚螺栓，其尾端上有外螺纹，可用于安装可拆换的参照点，并带有配套的塑料保护帽和完整的保护环。

(4) 沉降观测记录必须及时送交监理。并保留观察点，以便于工程竣工后甲方委托单位继续观测及本公司回访观测。

5.2.4 *施工测量措施*

(1) 建立现场测量专业组，专业组隶属于项目技术负责人管理。

(2) 测量仪器按照其有效期限由工地计量员定期送当地仪器检测所检查、校正。

(3) 建立测量复核制度，每次控制点引用时，须经项目技术负责人组织复核，关键性的复核邀请项目经理参加，细部尺寸由各单位施工负责人组织复核。

(4) 每次测量均需完整的详细的记录，作为主要的工程技术资料进行归档保管。

5.3 土方工程

(1) 该工程土方量较大、各段开挖深度不等，根据各段特点，工程中除小型管沟和少量零星土方采用人工开挖外，其他采用机械开挖，选用反铲挖掘机。

(2) 本工程土方开挖根据土的类别，按技术规范和设计要求，视实际情况放坡，采取适当的支撑，以保证周围地基的稳定并确保所建工程和邻近构筑物的安全；同时，防止滑坡、塌方伤人。

(3) 采用反铲挖掘机开挖时，为不破坏基底土的结构，应在基底留 200mm 厚度以上的保护层，该层只能人工开挖、整平、不能使用机械挖掘，以保护地基原状土不受扰动。

(4) 基坑和管沟的开挖过程中，对土质情况、标高变化经常检查，做好原始记录及给出断面图，如遇不良地基，管道地基承载力不能满足设计要求，进行地基处理。如果项目监理工程师另有指示，则按项目监理工程师要求施工并做好记录。

(5) 过渔塘段采用抽干塘内积水，并清除塘内淤泥和采取相应的导排措施，以确保添土固结，路基表面应充分平整，以便于碾压设备的正常工作。清除干净后，采用推土机平整，并用振动压路机先静压后振动碾压，再铺设碎石填筑便道。便道设排水沟，与便道附近原有排水系统贯通。管道过渔塘段的开挖，在干塘后，管道基础沿线的湖底表面淤泥及杂物清除干净，并在两边填 50cm 厚的施工路堤，然后进行基坑开挖。

(6) 回填及压实：

1) 回填采用现场预留的所挖土方，回填前应在项目监理指导下，在现场进行测定干密度与含水量相关的原位土密度及含水量的试验，严格控制土的含水量，确定最少压（夯）实遍数。

2) 深浅基坑相连时，先填深坑，相平后与浅坑全面分层填实，管道回填应在其两侧用细土同时细心回填，防止管道中心偏移。

3) 工程回填土方时，根据每层的铺土的厚度和压实遍数及使用机具严格按规范要求进行。

(7) 泥土外运：土方尽量在施工场地调配平衡；如有部分泥土外运，采用密封运输余土，泥土外运车辆进入公路以前，应保持车辆清洁，在公路入口立警示牌，注意行车安全。

5.4　不良地基的处理

管基础遇淤泥、淤泥质土、冲填土、松散杂填土等软弱地基，采取以下处理加固措施：

(1) 淤泥、软土处理加固

将淤泥清除干净；将管道基础超挖 500mm，超挖部分先用 12t 以上压路机将碎石碾压入土层内，要求每层碾压厚度为 100mm，直至压路机轮迹深度不超过 5mm 为止；然后，用级配碎石回填至管基底，并夯实，要求压实密度大于 $2.0t/m^3$ 以上。

(2) 杂填土处理加固

杂填土含软土较少和厚度不大时，用 20～30cm 长的片石，尖端朝下，密夯入土中，以提高表层土的密实度。

杂填土为稍湿的黏土、砂土时，用重锤夯实。

(3) 流砂处理

采取水下挖土，使坑内水压与坑外水压相平衡或减少水头差。

沿坑四周打板桩，深入坑底一定深度，减少动水压力。

往坑底抛石，增加土的压重和减少动水压力，同时组织快速施工。

5.5　护壁支撑

开挖的地段较深，或临近混凝土路面，工作坑护壁及邻近建筑物叙保护时，采用钢板桩密支撑，以确保开挖面和工作面处于安全状态。

(1) 钢板桩选用符合 GB 700—88 的低碳钢轧制成，每根板桩的长度相同。

(2) 支撑挖好一层支撑好一层，并严密顶紧，支撑牢固，严禁一次将土挖好后再支撑。

(3) 挡土板或板桩与坑壁间的填土要分层回填压实，使其严密接触。

(4) 施工中经常检查支撑和观测邻近建筑物的情况；如发现支撑有松动、变形、位移等情况时及时，加固或更换。换支撑时先加新支撑，后拆旧支撑。

(5) 开挖较深的地方，除观测邻近建筑物变形外，还应测试板桩和支撑的内应力；当应力达到设计值的 90%时（或支护变形大于 10mm 时），采取防范措施。

(6) 支撑的拆除按回填顺序依次进行。多层支撑自下而上逐层拆除，拆除一层，经回填夯实后，再拆上层。拆除支撑时，注意防止附近建筑物或构筑物产生下沉和破坏。

5.6　施工围堰、降水

(1) 当污水收集管道及其附属构筑物通过水体时，采用围堰施工，草袋围堰，木板桩支撑。

1) 围堰应构造简单，堰体符合稳定、抗冲、防渗要求，基土在水压力作用下不得发生管涌现象。

2) 考虑波浪、壅高和围堰的沉陷等情况，堰顶高出施工其间围堰内最高水位 0.5m

以上，并留有临时加高的余地，投标人在围堰附近准备临时加高用的黏土及草袋。

3）堰顶宽不小于1.5m，堰内边坡不陡于1∶1，堰外边坡视水深及水流速确定，不陡于1∶1.5；当围堰水深不大时，堰内边坡不陡于1∶0.5，堰外边坡不陡于1∶1。

(2) 根据管道敷设方式，水文、地质情况，做出降低地下水位的设计和施工方案，保证施工人员的工作面干燥。并满足降低后的地下水位低于施工工程下底面50cm。

1）在进行地下水位降低前，根据地质勘察报告对地下水进行评价，包括水位降低对周围构筑物地基的影响、地下水抽降停止后水位回升引起的浮托作用。

当开挖的部位低于地下水位时，根据地质情况，选用集水坑降水、井点降水或两者相结合等措施降低地下水位。集水井规格，采用直径或宽度0.7～0.8m，井底低于排水沟0.7～1.0m。

2）如工程施工必要时，在水深地段采用轻型井点降水；若特殊地段降水深度大时，采用深井降水。

3）工地排出水流严禁随地流淌或渗入土层，必须排入管道或临时排水系统。

5.7 开槽施工敷设管道

(1) 定位放线，确定沿线桩号、坐标、地面高程并与设计图复核，确定管道中心线，计算设计开挖深度，结合水文、地质条件，合理确定开挖顺序，按先深后浅的原则。

高程控制：铺设管道的高程用龙门板来控制，每节管板二头的检查井和中间部位设立三块龙门板，并且在龙门板上定出管道中心线，龙门板在施工过程中须经常复核中心线、高程、放样和复核的原始记录，经监理认可后妥善保管。

(2) 土方开挖时，采用机械反铲开挖，开挖工作中注意各种公共设施，保证各种地上地下构筑物不被破坏。根据实际地质情况，在需要降低地下水位的线段，做降低地下水位的施工排水处理，确保排水系统将地下水位降低至施工工程下底面以下0.5m。

(3) 开挖时，根据实际情况采用木挡土板支撑，特殊地段采用钢板桩支撑，并对支撑随时检查，并确保施工处于安全状态。

(4) 当开挖到设计槽底标高以上20cm时，改为人工开挖，提请项目监理验槽，地基的处理按项目监理的指令执行，并使项目监理满意。

(5) 钢筋混凝土管道安装工艺流程：

1）钢筋混凝土管道选用符合GB/T 11836—89规定的钢筋混凝土排水管。

2）钢筋混凝土管道混凝土基础施工工艺流程：

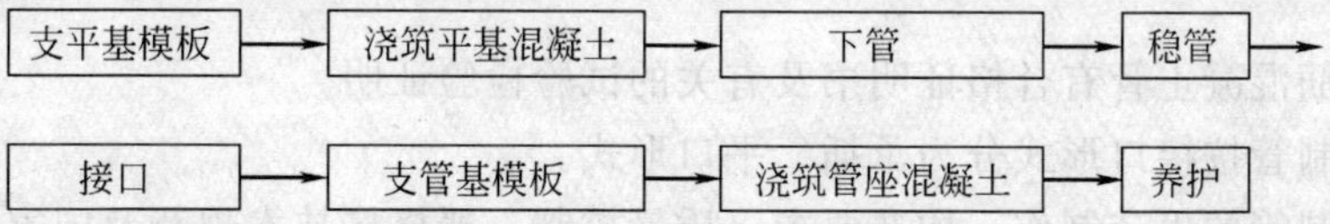

基础施工前必须复核龙门板的标高，在沟槽底每隔4m处各钉一只样桩，并用样尺检查桩顶的标高以控制挖土面、垫层面和混凝土基础。沟槽开挖以后，保持不受水的浸泡，修整槽底，边挖边修，并立即进行基础施工，混凝土基础浇筑按技术规范要求进行，浇筑完毕，12h内不得浸水，并应进行养护。管座基础留变形缝时，缝的位置与柔性接口相一致。

(6) 管道铺设：

1) 在管道铺设前检查槽底或基础高程、宽度、两侧堆土、地基并清除杂物；同时，对管材及管件进行复检，合格后方能使用，并使项目监理满意。

2) 钢筋混凝土管在铺设前检查其承口、插口工作面的平整度，管端及接头部用钢刷彻底清刷干净。

3) 吊管前找出管体重心，做出标志。

4) 管道下沟槽时，不得与槽壁支撑及槽下的管道相互碰撞，沟内运管不影响天然地基。

5) 管道安装时，管的中心高程逐节调整正确，每安装一段管道后，用仪器检验管道的线型和高程，确保断面高程及平面位置准确。

(7) 管道接口：

1) 钢筋混凝土管道橡胶圈柔性接口或钢丝网接口：橡胶圈使用前逐个检查，不得有裂痕、破损、气泡、飞边等缺陷。

2) 钢筋混凝土管道接口采用吊链拉入法：在已稳固的管子上栓住钢丝绳，在待安装管子的承口处加垫方木后背横梁，用钢丝绳和吊链连好，绷紧对正，两侧同步拉吊链，将已套好橡胶圈的插口徐徐拉入承口中，注意随时校正胶圈位置和状态。钢丝网接口时注意养护。

(8) 管道基础、支线管、砖砌封堵，按设计技术规范执行，并使监理工程师满意。

(9) 管线交叉情况出现时，则对现况管线加以保护并且加固工程管基，不压坏现况管线，并保证其检修方便。

(10) 构筑物的回填按技术规范要求进行。

(11) 管道回填：

1) 管道安装完毕通过密闭性检验合格后，尽快回填。

2) 回填土前，将管沟内软泥、木料等杂物清理干净，去除回填土中的砖头、石块及其杂硬物体。

3) 管道回填土时，两侧对称回填，应分层夯实。每层厚度不超过 20cm，回填土内不得含有砖头、石块等杂物。管顶 50cm 内的回填土应用木夯分层夯实。管顶 50cm 以上至地面的回填土可用其他夯实设备夯实，当管顶以上填土高度达到 1.5m 以上时使用碾压机械，回填压实到 CJJ—90 所规定的密实度。

5.8　钢筋混凝土管及其附件

(1) 钢筋混凝土管有合格证明书及有关的试验检验证明。

(2) 预制管按接口形式分为承插、平口形式。

(3) 预制管的生产制作、构造要求、质量控制，严格按技术规范及国家相关的设计规范规程执行。

(4) 管材及配套附件应符合技术规范要求和国家现行的有关标准，并具出厂合格证。

(5) 管子吊装、运输要轻起轻放，不能碰撞损坏两头插口部位；管道只能排放成一排，不允许叠高。

(6) 管道铺管前，管材必须严格地进行外观检查，管子内外表面无裂纹、蜂窝、露筋、空鼓；管子端面、表面、插口必须光滑、平整。

（7）管道的检验及包装等按技术规范要求执行。

5.9 顶管施工

5.9.1 工作坑

（1）工作坑工艺流程

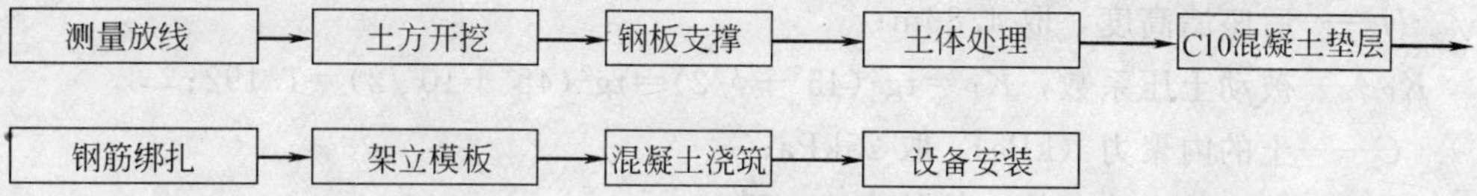

（2）位置的选定：根据管线设计，工作坑的位置可选在检查井处，避免重复开挖；工作坑处便于排水、出土和运输；工作坑尽量远离建筑物；现场应进行平整。

（3）工作坑应有足够的空间和工作面，保证下管、安装顶进设备和操作间距。其底部尺寸根据管径大小、管节长度、出土方式及后背不同情况而定。

（4）工作井上设置钢架管栏杆，涂刷红白相间油漆起警示作用；同时，设台阶、梯子等安全设施，以确保施工安全。

（5）工作坑根据土质、管子重量及地下情况，采用混凝土基础。工作坑内设置集水井临时排水，保证工作人员在干燥环境下操作。工作坑上设密封门，密封门安装在坑壁的表面上，以防止土从坑壁和管子之间的空隙流入坑内。其构造如图 5-1 所示。

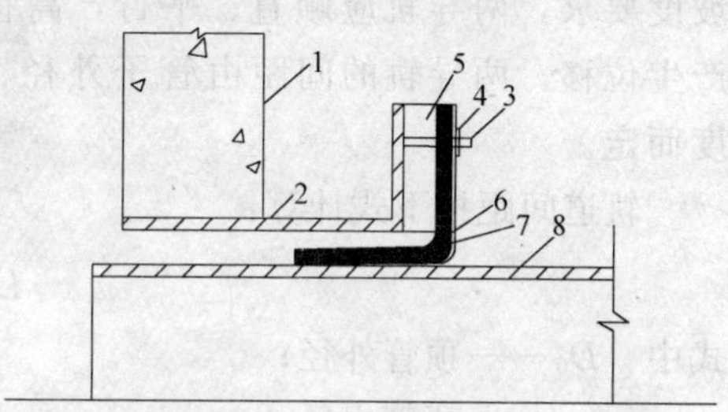

图 5-1 工作坑壁橡胶止水带封门
1—工作坑混凝土墙；2—钢管；3—预埋螺栓；4—紧固螺母；5—环形木盘；6—压板；7—橡胶止水带；8—顶进管道

（6）工作坑护壁支撑力保证足够的强度、刚度、稳定性，支撑部件型号、尺寸、支撑点布置、桩入土深度等计算确定。顶管时，工作井支护采用钢板支护满井支撑，管井底下 1m 以内采用钢筋混凝土支护，确保安全。

（7）对于临近房屋，施工场地复杂，地下水位丰富，影响周围安全时，采用地下连续墙或沉井等方法施工。

（8）工作井允许偏差应符合表 5-1 规定。

允 许 偏 差　　表 5-1

项　目	允许偏差	项　目	允许偏差
长度与宽度	0.5%	壁厚	10mm
对角线尺寸	1.0%	底高程	40mm

5.9.2 工作坑后背导轨

（1）后背要有足够的强度和刚度，且压缩变形均匀，并应根据顶管段的长度、地质条件、管道敷土深度等，进行强度和稳定性计算。

（2）后背采用浇筑混凝土、钢垫块及方木联合等加固法。后背的土体进行加固处理，加固后土体的各项指标不低于原状土的指标。

后背承载力按下式计算：

$$R=\alpha B(\gamma H^2 K_P/2+2CH\sqrt{K_P}+\gamma hHK_P)$$

式中　R——总推力的反力；

α——系数（一般为1.5～2.5之间，根据经验取2.0）；

B——后座墙宽度（m），后座墙宽取4.5m；

γ——土的容重（kN/m^3），取19.5；

H——后座墙高度，取4.86m；

K_P——被动土压系数，$K_P=tg^2(45°+\phi/2)=tg^2(45°+10°/2)=1.192$；

C——土的内聚力（kPa），取25kPa；

h——地面后座墙顶部土体的高度，取1m。

$R=2.0\times4.5\times(19.5\times4.86^2\times1.192/2+2\times25\times4.86\times\sqrt{1.192}+19.5\times1\times4.86\times1.192)=5875.46kN$

(3) 安装导轨是顶管施工中的一项重要工作，安装导轨必须符合管子轴线、高程和坡度要求，两导轨应顺直、平行，高程及坡度应与管道一致，安装牢固，使用中不得产生位移。两导轨的间距由管子外径、管外底距枕木的距离、导轨高度、导轨上部宽度而定。

轨道间距按下式计算：

$$L=\sqrt{D_0^2-d^2}$$

式中　D_0——顶管外径；

d——顶管内径。

根据以上公式，可确定：

$L_{D1200}=0.796m$；

$L_{D1350}=0.895m$；

$L_{D1650}=1.085m$。

导轨采用工字钢制作，两根道轨之间用槽钢连接，两导轨顺直、平行、等高，其纵坡与管道设计坡度一致。

导轨安装允许偏差为：

轴线位置：3mm；

顶面高程：0～3mm；

两轨间距：±2mm。

5.9.3　顶铁

顶铁采用环形顶铁，用16mm厚钢板制作，如图5-2所示。顶铁轴线必须与管道中心线平行、对称，使顶铁及混凝土管均匀受力，顶铁与管口之间采用木胶垫作为缓冲材料衬垫。

5.9.4　设备安装

(1) 工作坑的总电源闸箱必须安置，工作坑内一律使用36V以下的照明设备。

(2) 工作坑井口上安装型钢龙门架，在龙门架钢梁上安装电动葫芦。

(3) 千斤顶固定在支架上，并与管道中心线的垂直线对称，且采用偶数千斤顶，其行

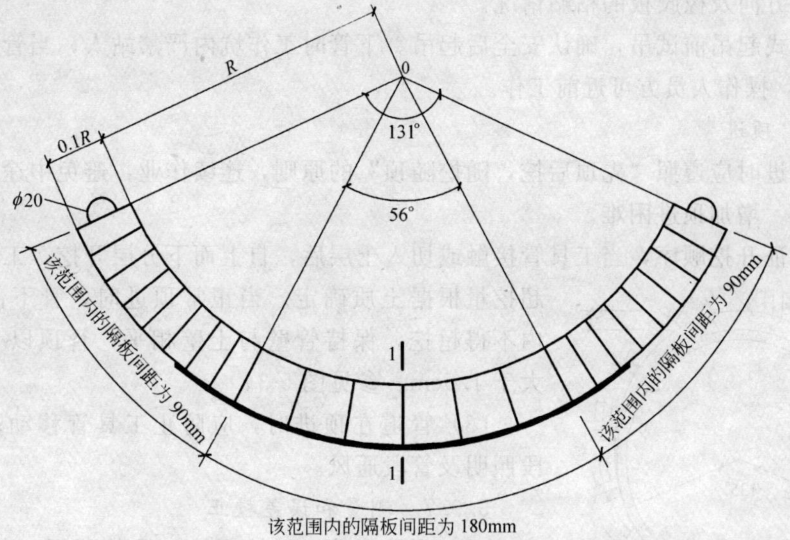

图 5-2 环形顶铁剖面图

程同步。油压控制箱设置在千斤顶附近，与之匹配，千斤顶的油路并联，并有进油、退油控制系统。

根据施工经验，顶力计算如下：

$$P = K_{黏}(22D_1 - 10)L$$

式中 P——计算顶力（kN）；

D_1——管道外径（m）；

L——计算顶进长度（m）；（根据图纸可知，D1200 钢筋混凝土管最大顶进长度为 60m，D1350 钢筋混凝土管最大顶进长度为 81m，D1650 钢筋混凝土管最大顶进长度为 66m）

$K_{黏}$——黏性土系数，可在 1.0～1.3 之间选用，取 1.2。

通过以上公式确定：

D1200 钢筋混凝土管最大顶力为 1560.96kN；

D1350 钢筋混凝土管最大顶力为 3262.03kN；

D1650 钢筋混凝土管最大顶力为 2616.32kN。

$$P \times 1.2 < R$$

根据设计文件，D1200、D1350 管允许顶力为 6900kN，D1650 管允许顶力为 4300kN，管材满足顶力要求。

根据以上计算所得数据，千斤顶及相匹配的高压油泵选用吉林四平生产的千斤顶及相匹配的高压油泵，顶力 400t，行程 110cm，千斤顶外长 170cm。

根据以上计算，在一次顶进距离达 60m（D1200）、81m（D1350）及 66m（D1650）的情况下，后靠背、顶机顶力及管材所能承受的最大顶力均满足最大顶力的要求。

5.9.5 下管

（1）下管前，根据实际情况制定下管方法、设备及安全措施。

（2）对下管前已验收合格入库存放管道的外观等进行复检，合格方使用；同时，检查管口的连接方向及橡胶板的粘贴情况。

(3) 正式起吊前试吊，确认安全后起吊。下管时工作坑内严禁站人；当管节距导轨小于 50cm 时，操作人员方可近前工作。

5.9.6 顶进

(1) 顶进时应遵照“先顶后挖，随挖随顶”的原则，连续作业，避免中途停止，以造成阻力增大，增加顶进困难。

(2) 保证开挖顺序，当工具管接触或切入土层后，自上而下分层开挖，工具管迎面的超挖量根据土质确定。当正常顶进时，管下部 135°范围内不得超挖，保持管壁与土壁相平，管顶以上挖量不得大于 1.5cm。参见图 5-3。

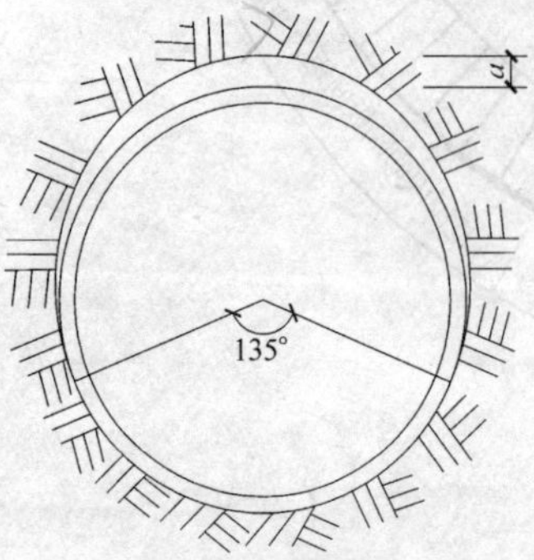

图 5-3 管道超挖示意图

a—最大超挖量

(3) 管道在顶进时，应防止工具管移动；并保证管段照明及管段通风。

5.9.7 测量和误差校正

(1) 测量次数：开始顶第一节管子时，每顶进 20～30cm 测量一次高程和中心线，正常顶进中，每顶进 1m 测量不少于 1 次。校正时每顶进一个工作班即测量 1 次。

(2) 校正时，根据具体情况拟采用挖土校正法、顶木校正法、顶镐校正法。

5.9.8 增长顶管距离措施

(1) 如果单向顶进距离过长，阻力过大，则安装中继间千斤顶，保证允许顶力 D1200、D1350 管在 6900kN 之内，D1650 管在 4300kN 之内。中继间与前后管之间，连接应有良好的密封。

(2) 中继间的外壳在伸缩时，滑动部分必须有止水功能。

(3) 中继间安装前应检查各部件，确认正常方可安装，安装完毕进行试运转检查后方可使用。

5.9.9 触变泥浆套

(1) 为减少顶进过程阻力，增加顶进强度，防止土方坍塌，采用触变泥浆。

(2) 泥浆搅拌器必须保证充分搅拌，用水泥砂浆置换触变泥浆，置换后管道上的注浆孔保证严密。

5.9.10 顶进时的通风及地面沉降监测和其他

(1) 严格按设计图纸和技术规范执行。

(2) 顶进管时，对地面、相邻建筑物和埋入地下的公共设施的沉降和隆起进行监测，并采取如开挖、支撑和降水等控制措施来限制沉降。

(3) 顶进过程中做好进度、挖运土量、顶力大小、测量及沉降曲线等相应记录，做到完整、清晰。

(4) 顶管接口处理严格按技术规范执行，确保接口质量和接口处的刚度。管道与工作井的连接按设计图的规定进行施工。

(5) 顶进过程必须严格执行技术规范，施工质量应符合规范规定。

(6) 管道安装后顺直，无返坡、清洁、不积水、管节无裂缝。

5.10 脚手架工程

(1) 搭设脚手架和工作平台必须具有足够的强度和刚度，能够安全承受施工最大的静荷载和动荷载力，并符合规范要求。

(2) 脚手架搭设时，各杆件相交伸出端头应大于10cm，以防杆件滑脱落，连墙杆随砌随设，与墙锚拉，墙体两边用扣件扣紧。

(3) 脚手架拆除时，严格依照“由上而下，后绑先拆，先绑后拆”的原则拆除。

5.11 管井（检查井、截流井）

(1) 管井施工工艺框图

测量放线 → 基坑开挖 → 支撑 → 基础处理 → 砌、浇筑管井 → 防水处理

(2) 施工要点：

1) 检查和复核检查井等的位置，确保管井的位置，高程与设计图纸一致。

2) 施工前做好砂浆配合比试验，砌筑材料须经过试验合格，并由监理工程师批准方可使用。

3) 砂浆采用搅拌机搅拌，先将水泥与砂干拌均匀，再加入其他材料拌合。

4) 砂浆拌合后使用时，均应入贮灰斗内；如砂浆出现泌水现象，应在砌筑前再次拌合。砂浆应随拌随用，水泥砂浆和混合砂浆必须分别在拌成后3h和4h内使用完毕；如施工最高气温超过30℃，必须分别在拌成后2h和3h内使用完毕。

5) 保证砌筑前砖含水量10%～15%，砌体不得有上下通缝，必须为上、下错缝，内外搭接，管道端头井壁须发碹加固。

6) 砖墙面勾缝前，清除墙面上粘结的砂浆、泥浆和杂物等，并洒水湿润。砖墙面勾缝做到横平竖直，深浅一致，不出现丢缝、开裂和粘结不牢的现象。勾缝完毕，进行墙面清扫。

7) 砌筑检查井及附属设施的安装严格按照技术规范执行。

5.12 模板、钢筋混凝土工程

(1) 水泥、骨料等原材料及钢筋、模板符合技术规范要求。

(2) 使用定型钢模板，须保证模板结构的强度、刚度和稳定性。

(3) 模板的安装正确、坚实牢固，有足够的支柱、撑杆和拉条，能承受混凝土浇筑时的侧向压力。

(4) 保证模板安装的质量，拼缝严密不得漏浆，与混凝土接触面无污物、钉子、裂缝或其他损伤；模板不得与钢筋和脚手架发生关系。

(5) 从混凝土浇筑开始至模板拆除的时间，不少于GB 50204—92中规定的周期，模板的拆除，保证不影响混凝土质量和对结构造成破坏。

(6) 钢筋的采购、检验、加工、制作、连接、固定、保护层严格设计及规范进行。

(7) 混凝土配合比设计取得项目监理批准后，用下料牌将混凝土配合比换算出各种材料的实际用量标明并挂于搅拌机上，严格按下料牌投料。

(8) 采用机械搅拌施工，拌合场配备计量器具，搅拌机上配有精确的量水装置。

(9) 在每天开始浇筑混凝土前，以及在混凝土浇筑间隔时间较长时，测定骨料的天然含水量，使混凝土搅拌的水灰比保持批准的正确值。

(10) 混凝土搅拌成功后，采用机械运输，以防产生离析或干燥；同时，保证混凝土在浇筑时所要求的和易性。

(11) 保证运送混凝土的车辆不漏浆、不吸水，在运输过程中防止暴晒和雨淋，也不装载过满，以免水泥浆溢出。

(12) 在浇筑混凝土前，特别注意预埋件是否安好，并保证预埋件准确固定在图纸所示的位置。

(13) 采用人工摊铺混凝土，以保证均匀浇筑，防止产生离析现象。

(14) 混凝土自高处倾落时的高度不超过2m，混凝土浇筑时连续分层进行，保持一个均匀的高度；不得任意加水；须充分捣实，振捣器不与钢筋、模板碰撞，也不能从混凝土中快速拨出，以免留下空穴，振动连接时间的长短以混凝土达到要求的密实度而不导致离析为准。

(15) 混凝土浇筑温度保持在（5～30℃）之间；否则，应采取相应的防寒或降温措施。混凝土分层浇筑过程中，采用插入振捣时，层厚$<$45cm；人工捣固时，层厚$<$30cm。

(16) 采用草袋覆盖进行养护，以保证混凝土不受日晒、风吹、大雨、流水、污染或机械损伤等情况的影响，确保其有适宜的硬化条件并防止其发生不正常收缩。

(17) 施工缝接口采用企口缝、楔形缝、槽口缝或嵌入止水带等。施工缝、变形缝按技术规范要求进行施工。

(18) 浇筑新的混凝土前，应清理干净已浇筑过的施工缝表面，除去浮浆等，并使表面湿润。

(19) 预制混凝土构件的安装按图纸上标出的位置、高程及其要求进行，构件表面无刻痕及损伤，棱角保持良好。安装前后如发现有裂缝、受到损坏或其他方面质量不满足要求时予以报废，并更换。

(20) 混凝土的试验按技术规范要求进行。

5.13　闭水试验

(1) 管道及检查井外观质量验收合格、管道未覆土且沟槽无积水的情况下进行闭水试验准备。闭水试验前，将试验管段两端砌24cm厚砖墙，并用水泥砂浆抹面，养护3～4d，向试验管段内充水，在充水时注意排气；同时，检查砖堵、管身、接口有无渗漏，再泡24h后，即可试验。

(2) 试验水为上游管顶以上2m，带井试验。当地下水位很高时，试验水头为上游管顶以上5m，且在检查井回填土以后进行闭水试验。

(3) 实测渗水量计算：

$$q=W/(T\times L)$$

式中 q——实测渗水量［L/(min·m)］；

W——补水量（L）；

T——观察时间（min）；

L——试验管段长度（m）。

当 q 小于或等于允许渗水量时，即认为合格。

5.14 季节性施工措施

本工程施工需经历冬雨期，为加快施工进度，保证工程质量和施工安全，由项目技术部负责制定详细的冬雨期施工措施，并严格遵照执行。冬雨期施工措施的实施检查监督由项目工程部负责。

5.14.1 雨期施工措施

(1) 临近雨期前，对办公室、宿舍、材料库、机具棚等做全面检查和维修，做好防漏工作。

(2) 做好现场排水系统，设排水沟及截水设施、集水井，备足水泵及时排除积水和土层涌水，有组织地将地面雨水和涌水通过沉淀池使泥沙基本沉淀后，排入排水系统。

(3) 及时测量砂、石含水率，掌握其变化幅度，及时调整混凝土、砂浆配合比，以适应工程施工需要。

(4) 对在现场施工的工作人员发放必要的劳动保护用品，如安全帽、水鞋、雨衣、手套、手灯等。

(5) 施工时就做好防雷设施，现场机电设备要做好防雨、防漏电措施，凡可能漏电伤人或易受雷击的电器设备及建筑物设置接地或避雷装置，并定期派专业人员检查这些装置的效果。

(6) 施工尽量避开雨天，并在周围设置排水明沟。

(7) 重视汛期水情和气象预报，设专人负责，一旦发现可能危及工作安全和人身财产安全的洪水或气象灾害的预兆时，立即采取有效防洪和防止气象灾害的措施，以确保工程和人身财产的安全及保证按计划进行。

(8) 汛期由于临河地下水位上升，特别注意加强降水工作，将地下水位控制在工作面以下 50cm，保持作业面的干燥；同时，加强基坑的支护，防止塌方。

(9) 合理安排施工程序，对不适宜在雨天汛期施工的有关工序，结合当时气象条件，合理调整施工部署，以提高效率，保证质量和安全。

(10) 暑期施工混凝土时，宜采用低水化热水泥，以防混凝土出现裂缝，加强混凝土的养护；同时，延长养护时间，不小于 28d。

(11) 及时做好材料准备工作，安排好雨具、薄膜、编织布、篷布；混凝土浇筑时若遇暴雨，应用编织布、篷布将施工处加以覆盖，并按规范要求留设施工缝。

5.14.2 冬期施工措施

(1) 冬期施工前，由工程技术负责人对技术员、测温保温人员进行技术交底及培训，掌握冬期施工方法及要求。

(2) 做好测温观测记录，及时收听收看天气预报，防止寒流袭击，提前做好预防工作。

(3) 当室外平均气温连续 5d 低于 5℃时，混凝土面板的施工按冬期施工执行。冬期混凝土施工时，应掺加防冻性外加剂，以提高早期强度。

（4）混凝土浇筑后及时保温覆盖，加强保养。拆模时间以现场同条件试压强度为准。

（5）做好冬期施工砂浆及掺外加剂的试配、试验工作，提出施工配合比。

（6）砌体砌筑时在砂浆中按比例加入防冻剂，有必要时对砂进行加热或采用热水搅拌砂浆。

（7）工地的临时供水做好保温防冻。冬期施工做好施工道路、脚手架的防滑措施。

（8）本工程投入的机械设备多，需做好机械的防冻工作，在水箱内的冷却循环水中加入防冻剂，以防止水结冰，把水箱胀裂。

6 施工总平面布置

6.1 施工总平面布置

经过仔细勘察现场，结合本分段的特点，施工总平面布置考虑以下内容：

（1）项目经理部和项目监理工程师办公室租用民房设在王家村，K1＋310 桩号附近，主要有项目部办公室、员工生活区、会议室、食堂等。

（2）根据现场实际情况，本工程分三个施工段，设立三个施工营地，营地内设搅拌站、材料设备仓库、加工间、停车场等。

6.2 交通组织

（1）在施工前期及施工过程中，组织职工学习有关交通安全方面的规章制度，树立“安全第一、预防为主”的指导思想。

（2）施工现场设立醒目的交通标志牌，在夜间设立警示灯。工作坑、管沟开槽施工时进行现场围护。

（3）在施工期间，将在工程沿线必要处设立交通疏导员及醒目的安全标志和交通疏导装置。设专职交通疏导员，交通疏导员连续轮换值守，佩戴和使用交通部门的服装和工具，疏导经过现场的行人、非机动车辆并使其与现场保持一定的安全距离。

（4）设临时便道、便桥。对于给部分单位和居民造成的交通不便，采用搭设临时便道或便桥以供通行；同时，在开工前用书面形式通知这些单位和当事人。项目部能够保证这些便道、便桥达到开工前所具有的同等安全、稳定和排水的要求。

7 施工进度安排计划及工期保证措施

7.1 施工进度计划及工期

本工程总工期为 186d，总体安排：安排二个顶管施工队，准备相应的顶进设备及工作坑开挖所需的龙门架，进行顶管的施工；同时安排一个明敷管道施工队施工，进行开槽管的施工。

第一施工区（顶管）：计划工期 180d，2004 年 2 月 1 日至 2004 年 7 月 29 日；

第二施工区（顶管）：计划工期 176d，2004 年 2 月 1 日至 2004 年 7 月 25 日；

第三施工区（明挖管）：计划工期 70d，2004 年 3 月 10 日至 2004 年 5 月 20 日；

验收：计划工期 6d，2004 年 7 月 30 日至 2004 年 8 月 4 日。

支管工程等根据各区段施工特点穿插完成。

7.2 工期保证措施

7.2.1 技术措施

（1）把握大好施工季节，掀起施工高潮，顶管作业按三班制进行施工，昼夜突击，制定措施，减少汛期、雨期施工。

（2）在详细分析的基础上编制控制总进度网络图，根据网络图做好资金、材料、机械、设备、劳动力的准备工作，防止由于准备不充分而影响工程进度。

（3）根据现场实际进度及时进行网络计划调整及工期成本、劳动力的优化，尽量做到工期短，成本低。

（4）对分项工程特别是顶管、开槽管、检查井工程的安排要编制详细的月计划、旬计划、周计划、日计划。使工程有条不紊，井然有序，不致因计划欠周密而造成施工窝工、返工现象。

（5）严格按施工程序施工，严格做好施工准备工作，加强质量控制，搞好各工序的施工质量，防止由于质量问题返工而造成工期的延续。

7.2.2 组织措施

（1）选派有丰富实践经验及理论水平的人员组织项目管理班子，提高管理水平，加快工程进度。

（2）加快工程进度，在必要时可采用增加工作面、增加设备、增加工作队伍，增加工作人数等措施来保证施工进度。

（3）加强设备的使用，维护和保养工作，提高施工机械的完好率、出勤率，充分利用有效时间，做到满负荷运转；做好备用机械设备的落实。对于施工过程中可能出现的意外情况，应制定相应的应变对策，做到有备无患。

7.2.3 经济措施

（1）建立内部经济责任制，搞好分配，特别是抓好劳动定额管理，采取层层落实施工任务、层层落实承包指标、奖罚分明等措施；同时，做好后备进场队伍的落实，必要时以大会战、单项工程突击等行之有效的措施赶进度，赶工期。

（2）加强项目财务管理，及时筹措本项目的各项资金，深入施工现场，及时发现和解决生产一线的有关问题。对于客观工程成本，做到严格把关，即要做到不影响工程的正常开展，又节约施工费用，做好工程的计量工作，尽量利用好回收的工程款项，加快资金的周转。

7.2.4 其他配套措施

（1）加强对职工的思想教育，树立职工的工期意识。

（2）改善同外部的配合条件，防止由于未同外部处理好关系而造成工期延误。

（3）改善劳动条件，提高劳动效率。

（4）抓住关键线路，实行强有力调度。

8　材料构件用量、施工机械设备使用、劳动力安排计划

根据本工程的特点，组织有经验、懂管理、听指挥的精干技术人才，进场足够的设备、施工队伍，拟安排施工人员、材料和机械设备数量计划如下：

（1）材料构件用量组织计划表

（2）施工机械设备使用组织计划表

（3）人员配备、进场计划

（4）劳动力安排组织计划表

（5）工、机、料进场运输方式

1）施工人员根据我公司施工分布情况从广西南宁、桂林、云南、湖南等地调入施工现场，劳务人员从本公司劳务基地调入。

2）机械设备进场运输：采用公路运输，自行式机械（汽车、装载机、吊车）自行进入现场，其他机械设备利用汽车运输进场。

3）工程用主材、水泥、钢材、砂、碎石等采用公路汽车运输，以承包人自运为主，在交通方便的拌合场建立材料仓库，以免停工待料，影响工期。

4）管材的运输主要采用汽车运输。

9　工程质量保证体系及措施

9.1　质量管理保证措施

施工是形成工程实体的阶段，也是形成最终产品质量的重要阶段，为保证工程施工质量达到设计和规范标准的要求，按本公司 ISO 9002 贯标工作领导小组发布执行的《质量保证手册》和 28 个质量程序文件及支持性文件，对本工程的施工质量进行全面的控制管理。

在签订合同后，按本公司《质量保证手册》编制本工程的质量计划，具体落实岗位人员的质量职责、工作程序、规定工作方法，做好质量记录，以便追本溯源。

9.2　质量保证组织管理体系

项目质量内控体系如图 9-1 所示。

项目质量外控体系如图 9-2 所示。

成立以项目经理为组长、总工程师为副组长的全面质量管理领导小组。各施工队成立 QC 小组开展质量管理活动。

各专业工程技术人员，在总工程师的领导下，对指导、监督和保证工程质量的施工能否达到技术标准及规范要求，负有直接责任。

建立质量控制管理制度，包括：图纸学习会审制度、技术交底制度、材料检验试验制度、隐蔽工程验收制度、工程质量整改制度、设计变更制度、分部分项工程检验制度、业务学习制度及施工调度会议制度。

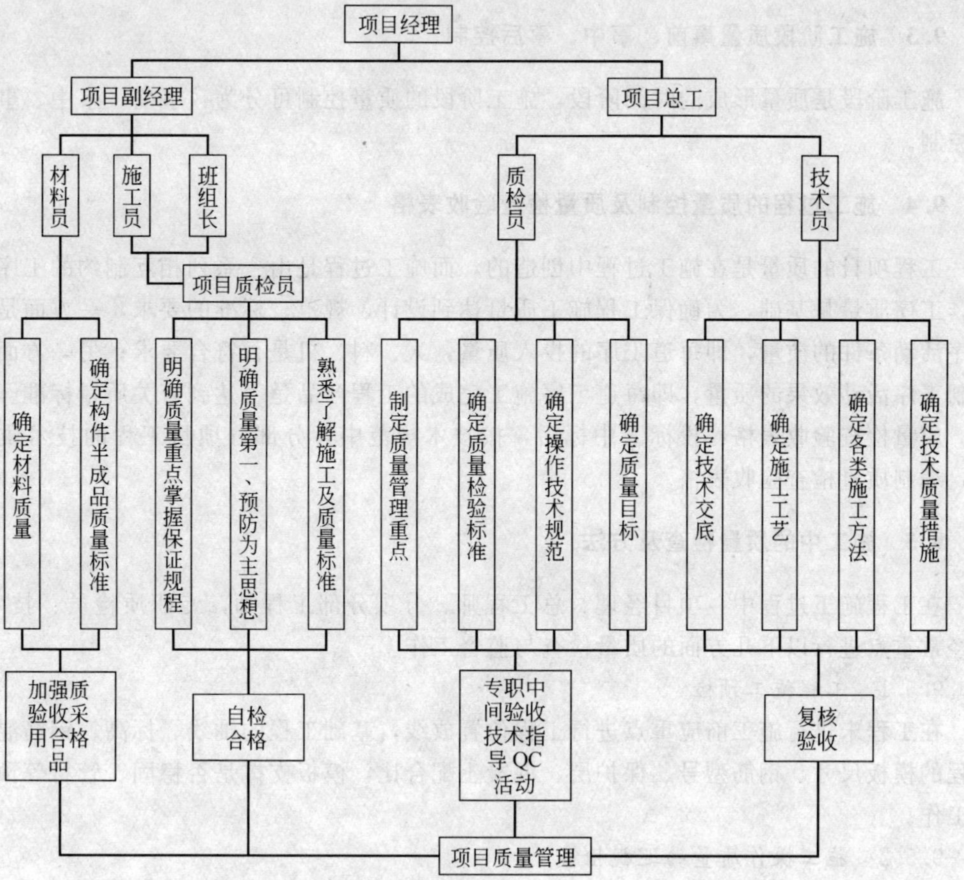

图 9-1 项目质量内控体系

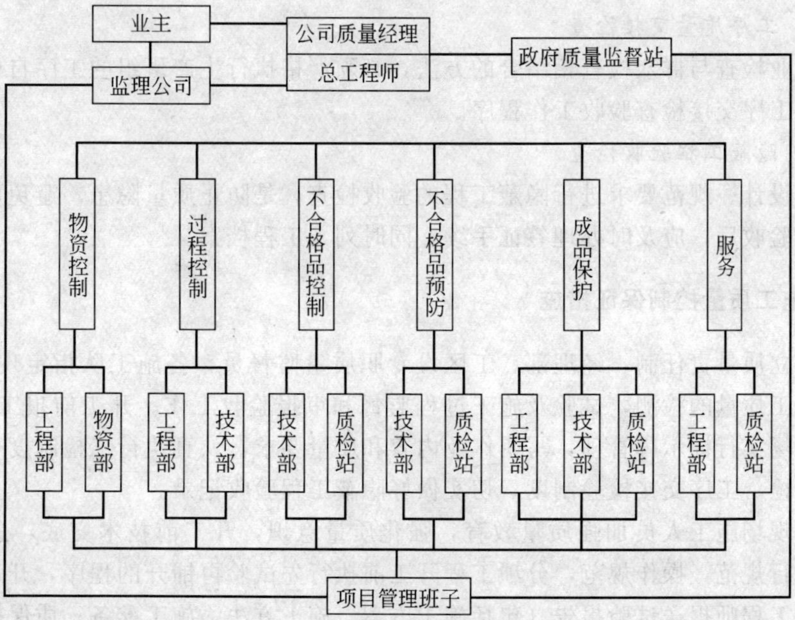

图 9-2 项目质量外控体系

9.3　施工阶段质量事前、事中、事后控制

施工阶段是质量形成的时间阶段，施工阶段的质量控制可分为：事前、事中、事后质量控制。

9.4　施工过程的质量控制及质量检查验收表格

工程项目的质量是在施工过程中创造的，而施工过程是由一系列相互制约的工序所构成。工序质量是基础，为确保工程施工质量达到设计、规范、标准的要求，一方面是控制工序活动条件的质量，即每道工序的投入质量，人、料、机是否符合要求；另一方面又要控制工序活动效果的质量，即每道工序施工完成的工程产品是否达到有关质量标准。

质量检查验收表格：投标人中标后，按技术规范中各分部分项目工程的技术质量要求，编制质量检查验收表格。

9.5　施工中的质量检查及方法

在工程施工过程中，项目经理、总工程师、分项分部工程师，专职质检员、技术员，应经常重点进行以下几方面的质量检查与监督工作。

9.5.1　工程施工预检

在工程未进行施工前应重点进行工程位置放线，基础工程的轴线、标高、钢筋混凝土工程的模板尺寸、钢筋型号、保护层、混凝土配合比，模板支撑是否稳固、管材等预防检查工作。

9.5.2　施工操作质量的巡视检查

在施工过程中，必须注意加强对操作质量的巡视检查，对违章操作、不符合质量要求的要及时纠正，防患于未然。

9.5.3　工序质量交接检查

坚持专业检查与群众检查相结合的方法，必须严格执行生产班组的工序自检、互检与专业专职的工序交接检查验收工作程序。

9.5.4　隐蔽工程验收检查

坚持按设计、规范要求进行隐蔽工程的验收检查，是防止质量隐患、避免质量事故的重要措施。验收后，应及时办理签证手续，同时列入工程档案。

9.6　施工质量控制保证措施

(1) 建立质量责任制，经理部、工区设专职质量监督员，各施工队指定现场监督员，负责组织施工质量的检测，试验及施工过程监督和审报验收工作。开工前报工程师备案。分项施工现场实行标示牌管理，写明作业内容和质量要求，认真执行三检制度——工序自检、工序互检、工序交接检验制度，切实做好隐蔽工程验收记录。

(2) 对现场施工人员加强质量教育，强化质量意识，开工前技术交底，进行应知教育，严格执行规范，操作规范，分项工程开工前执行先试验再铺开的程序，开工前必须按技术规范向工程师报送试验报告（包括施工方案、施工方法、施工准备、质保措施等）经工程师审核批准后方铺开施工。

(3) 加强质量监控，确保规范规定的检验、抽检频率、现场质检的原始资料必须真实、准确、可靠，不得追记。

(4) 完备检验手段，加强工地试验室的管理，加强标准计量基础工作和材料检验工作，不合格材料严禁用于本工程。

(5) 建立质量惩罚制度，对质量事故严肃处理，坚持三不放过：事故原因不明不放过，不分清责任不放过，没有改进措施不放过。

10 施工安全生产保护措施

10.1 组织管理措施

(1) 建立安全管理体系，由项目经理对工程项目的安全生产负总的责任，定期开展安全生产活动。坚持每日上下班进行安全检查，对工人进行安全教育，使人人关心安全，人人参加安全管理。设立专职的安全监督、检查体系。随时进行安全检查，对安全措施不落实的有权不准开工或给予停工、罚款、黄牌警告，甚至勒令退场等处罚。

根据安全生产的需要以及我公司项目施工管理的经验，建立如图 10-1 所示的安全管理保证体系。

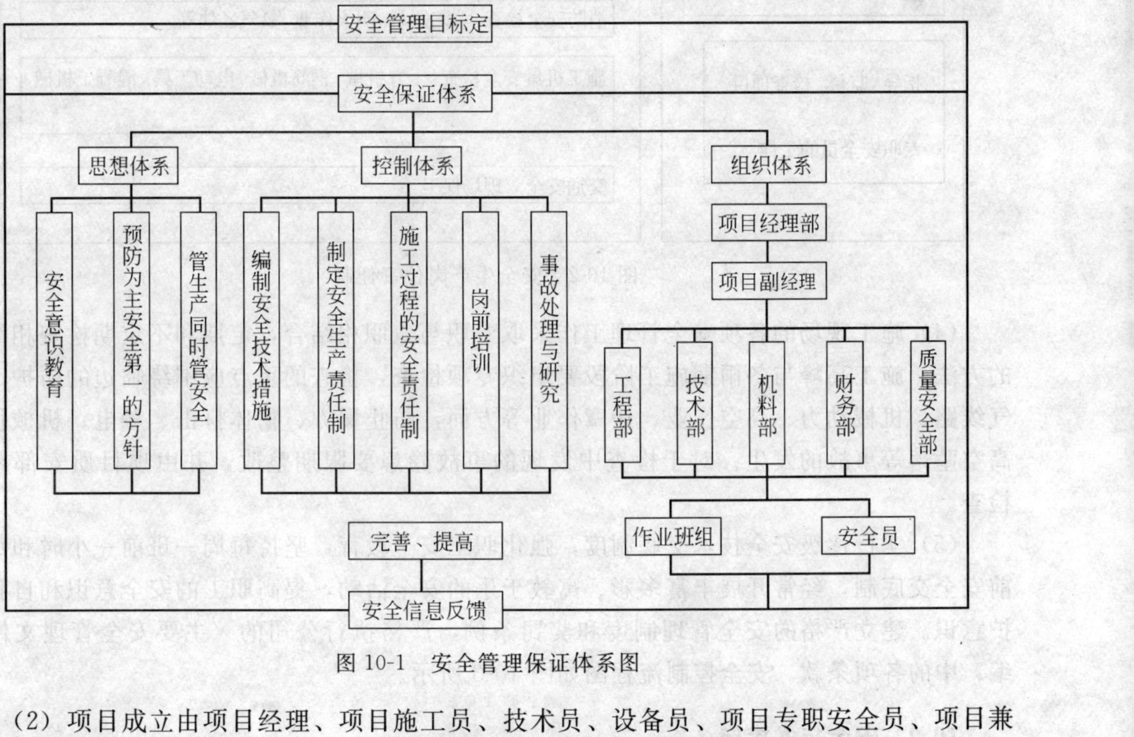

图 10-1 安全管理保证体系图

(2) 项目成立由项目经理、项目施工员、技术员、设备员、项目专职安全员、项目兼职安全员组成的安全管理小组，负责本工程的施工安全管理工作。项目专、兼职安全员在项目经理和公司安监站的领导下负责项目日常安全巡视、监督、检查和管理工作。

(3) 制定安全生产岗位责任制，明确各部门和岗位人员的安全职责。公司安监站、项目质安部的主要安全职责如图 10-2 所示。

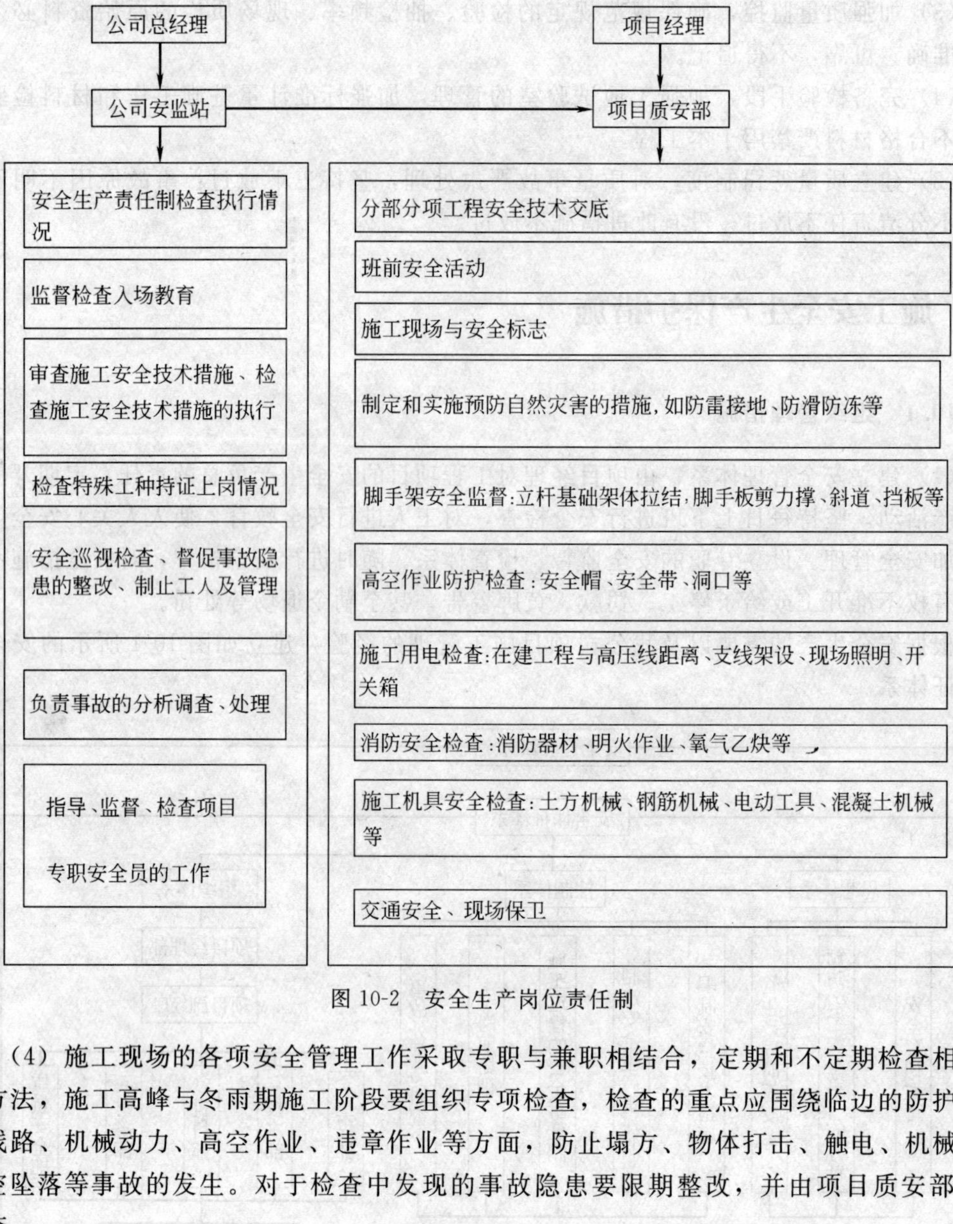

图 10-2 安全生产岗位责任制

(4) 施工现场的各项安全管理工作采取专职与兼职相结合，定期和不定期检查相结合的方法，施工高峰与冬雨期施工阶段要组织专项检查，检查的重点应围绕临边的防护、电气线路、机械动力、高空作业、违章作业等方面，防止塌方、物体打击、触电、机械伤人高空坠落等事故的发生。对于检查中发现的事故隐患要限期整改，并由项目质安部跟踪检查。

(5) 实行逐级安全技术交底制度，强化职工安全教育，坚持每周一班前一小时和每班前安全交底制，经常开展丰富多彩、寓教于乐的安全活动，提高职工的安全意识和自我防护意识。建立严格的安全管理制度和奖罚条例，严格执行公司的《主要安全管理文件汇编》中的各项条款。安全控制流程图如图 10-3 所示。

10.2 安全技术措施

(1) 防止塌方事故：土方开挖根据土的类别，按技术规范要求，视实际情况放坡。必要时护坡，根据实际情况采用钢板桩支撑，并对支撑随时检查，以保证周围地基的稳定并确保所建工程和邻近构筑物的安全，并确保施工处于安全状态。

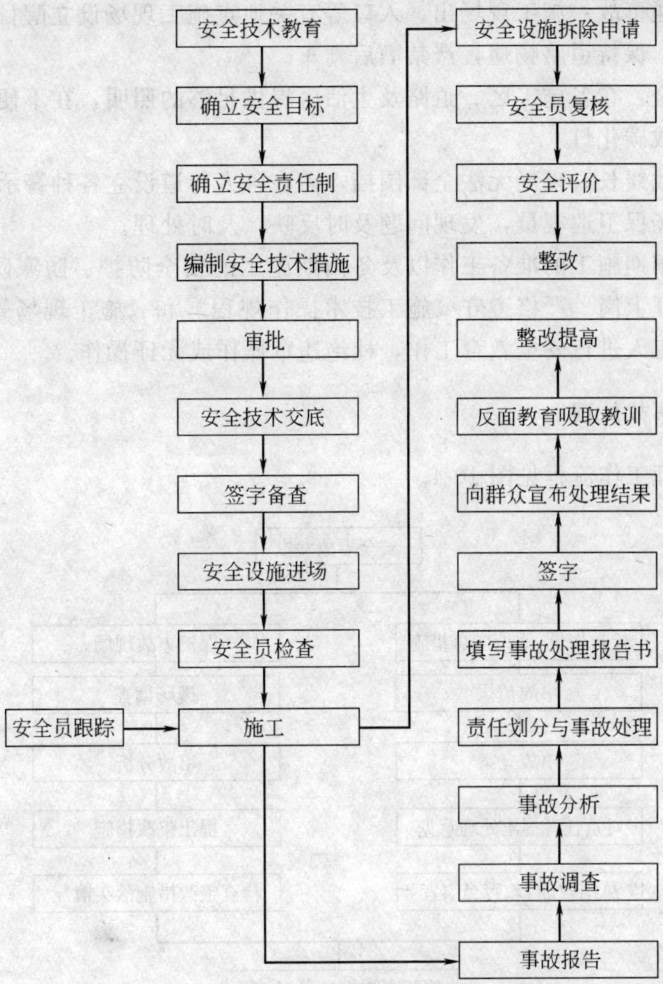

图 10-3　安全控制流程图

(2) 防止坠落、打击事故：基坑洞口四周设 0.9m 高的防护栏杆和砖砌排水沟，人员上下的人行梯宽 1.2m 以上，并设防滑条和防护栏杆。施工用地范围设置明显标志，非施工人员不准进入施工现场。进入施工现场的工作人员必须佩戴安全帽。严禁向下抛投物体。

(3) 防止架子倒塌事故：进料平台布置在远离人员、车辆密集处，平台支撑必须稳固可靠。脚手架与构筑物要拉结牢固，脚手架搭设必须要求进行，并经项目技术负责人、项目专职安全员及各分包单位专职安全员组织验收合格后，方可使用。

(4) 防止触电事故：场内用电按平面图统一布置。临时用电方案由公司安监站和技术部审批后实施，所有动力用电线路均采用三相五线制，以确保安全用电。所有机械需有接零接地保护，配电箱设漏电保护器，所有配电箱保证一闸一保险，并派专人管理。

(5) 防止火灾事故：工地设置足够的消防器材，并加强对用火制度的管理，预防火灾的发生，凡明火作业，须经有关部门批准方可实施。对易燃、易爆、有毒物品要分库存放，存放处远离火源、电源，并配有灭火器。每库之间要有一定的安全距离，并由专人保管，严格领发料制度。

(6) 防止交通事故：施工现场出、入口等有关地点施工现场设立醒目的交通标志，在夜间设立警示灯，保持道路畅通，严禁酒后驾车。

(7) 照明安全：在各施工区、道路及生活区提供足够的照明，在不便采用电器照明的地方可采用气灯或碳化灯。

(8) 本工程战线长，现场无法全部围挡，需在各人行道设立各种警示标志及必须的保护措施。设立现场保卫巡视员，发现问题及时反映，及时处理。

(9) 做好冬雨期施工的准备工作以及冬雨期施工的安全防护、防寒防暑等各项工作。特殊工种必须持证上岗。严格遵守《施工技术操作规程》和《施工现场管理条例》，对新工人和变换工种工人进行安全教育工作，杜绝违章操作或无证操作。

10.3 安全事故处理

安全事故处理工作流程见图10-4。

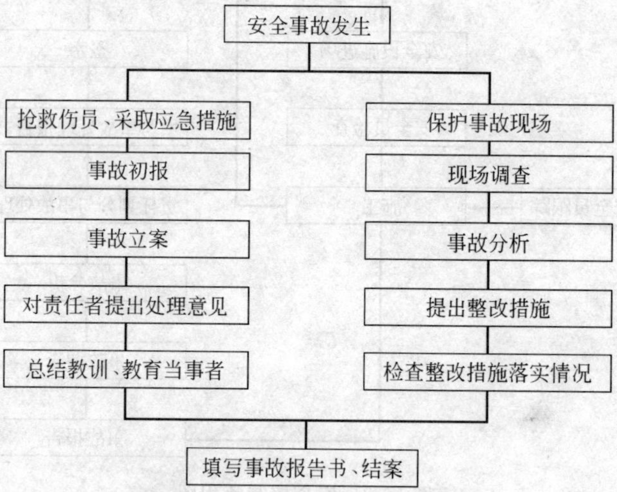

图10-4 安全事故处理流程图

11 文明施工及环境保护

(1) 在施工过程中，将在技术、组织、管理方面时因施工而造成周围环境生态平衡等损坏采取有效控制措施，确保文明施工。

(2) 认真贯彻当地市政府对施工现场的管理规定，加强文明施工管理；认真学习环境保护法，并执行当地环保部门的有关规定，并充分发挥经理部中技术部的作用，会同有关部门组织环境监测调查和掌握环境状态，督促全体职工自觉做好环境保护工作，并认真接受业主和环境部门的监督指导。

(3) 在通往工地的入口处及交通必经道路上，设置展示工程的牌子，在工程现场设工程简介展示。生活区合理有序、文明卫生，宿舍内统一布置，统一管理。

(4) 生产区、堆料场及设备机具布置应符合ISO 9002标准、各行业标准及规定，制作多个警示牌及标语，深抓安全管理。管理人员挂牌上岗，全面实施岗位现任制。

(5) 对业主及相关单位及公司内部全面准确及时报道有关工程进展情况及工地的风采风貌、好人好事，必要时以工程简报形式推出。与指挥部及有关单位结合定期与不定期结合检查文明施工的情况，及时发现处理出现的问题。积极参加当地的公益事业活动及指挥部要求参加的其他活动。

(6) 施工场地应做到，不用的施工材料及时清除出场。

(7) 施工时尽可能少干扰现有环境，做好环境卫生、噪声控制及防火。

(8) 施工场界噪声控制在要求范围之内。除抢险施工外，其作业时间限制在7：00～12：00和14：00～22：00。因工艺要求必须连续施工的，须办理夜间施工许可证。噪声超标时，必须采取措施。

(9) 保证在各施工阶段尽量选用低噪声的机械设备和工法，在满足施工要求的条件下，应选择低噪声的机具，施工场地合理布局，优化作业方案和运输方案，保证施工安排和场地布局，考虑尽量减少施工对居民生活的影响、减少噪声的强度和敏感点受噪声干扰的时间。超标严重的施工场地要有必要的噪声控制设施，我们将采取隔声屏障等方法，有电力供应时不许使用发电机。

(10) 在工区内和生活区垃圾集中收集和处理，垃圾处理在经批准的专门建造的焚烧炉内焚烧，焚烧后的废渣按规定进行处理。

(11) 有毒污水、生活污水均采用地埋式污水处理装置处理后达标外排，有毒的物质，必须按指定的地点埋地下，防止人、畜中毒，污染水源及污染环境。

(12) 对于现有水资源的保护，我们采取一系列措施，做到现场无积水、排水不外溢、不堵塞、水质达标。

(13) 施工中应减少回填土方的堆放时间和堆放量，及时清运施工泥浆、弃土和渣土，建立登记制度，防止中途倾倒事件发生，并做到运输途中不撒落。保证回填土的质量，不得将有毒有害物质和其他工地废料、垃圾用于回填。施工场地内无废弃砂浆和混凝土，运输道路和操作面落地料及时清除，砂浆、混凝土倒运时应及时采取防撒落措施。

(14) 建造临时性厕所设施，包括输水、抽水马桶、小便池和洗手盆、化粪池，并安装满足要求的污水处理设施来处理所有住房、办公室、生活区和别的建筑物中排出的污水。

(15) 工程办公室、职工宿舍、现场施工工地等每天专人清扫，保持清洁卫生，垃圾定点堆放，定时运出。严禁乱倒、乱卸或用于回填垃圾。施工现场设置垃圾站，及时清理、清运。

(16) 施工中注意保护好有关地下设施、地下管道、电缆等，并对这些设施妥善保护、支撑、维护，避免危及邻近建筑物设施，并且不能影响邻近建筑构成设施的正常使用。

(17) 做好施工标志，安装好施工现场各类适当的警告标牌，搞好夜间安全照明设施的建造、安装和维护。

(18) 现场各施工作业层，有良好的排水通路，流水有明确的流向，防止出现雨水、污水等回溢乱流，到处积水情况，雨水、污水排入指定地点及下水道，保持现场清爽干净。

(19) 施工现场设置专用油料库，油库内严禁放置其他物资，库房地面和墙面做防渗漏处理，储存、保管专人负责，防止油料跑、冒、滴、漏，污染水体。

(20) 水泥及其他飞扬颗粒散体材料安排库内存放，运输和卸运时做到宁慢勿散，以防止遗撒飞扬，减少扬尘土。

(21) 对易产生粉尘、扬尘的作业面，制定操作规程和洒水降尘制度。配备洒水车，定期洒水抑尘，并规定汽车扬尘易发路段须减速行驶。

(22) 如果没有项目监理代表或有关部门的批准，不得砍倒、移动或损坏任何树木。

(23) 通向河道的沟、渠设置留泥井，以便泥沙沉积，防止淤塞河道。排入其他水体的沟渠等均有阻止泥沙流入水体的措施，防止水土流失。

(24) 履带式机械设备限制在施工区域内行驶，在已硬化的道路上行驶采取保护路面的措施。

(25) 在现场挖掘的所有化石、有价值的文物和对考古有历史价值的遗迹或物品，一旦发现，采取保护措施，并马上通知监理工程师、业主及相关部门。

(26) 指定专职环境保护人员 2 名，负责施工期间施工对环境影响的检测和监督工作。

12　缺陷责任期内对工程修复及维护的组织方案

工程施工交付使用后，我项目经理部将撤走大部分机械设备及人员，留守人员着手负责缺陷责任期内的工作。

按照合同条款的要求，缺陷责任期为设计文件规定的该工程的合理使用年限内保修，我部根据多年从事污水管道缺陷修复的经验，成立缺陷修复领导小组，由项目经理任组长，主任工程师任副组长。

缺陷修复并不仅仅是按照监理工程师发出的修补、重建、修复缺陷、变形等指令进行修复，因为随着时间和使用的加长，很多问题会在缺陷责任期间出现，我部修复领导小组将定期对全线进行检查，做到随时发现，随时修复。

缺陷责任期内，我部将采取措施对出现的问题做到及时处理，将所承建的工程以合同所要求的条件，做到让监理工程师认可后方移交业主。

第四篇

葫芦岛市老城区污水处理厂工程施工组织设计

编制单位：中建六局二公司
编 制 人：雷学玲
审 核 人：贺国利　张　杰

［简介］ 葫芦岛市老城区 7 万吨/日污水处理厂工程位于辽宁省葫芦岛市龙港区稻池村东 500m，属于市政工程，主要功能为生活污水处理。该工程共包括：进水闸井粗格栅间及提升泵房、细格栅间及涡流沉砂池、SBR 反应池（两座）、综合间、投药及加氯间、接触池、污泥储池、厂区水渠、运泥车库、综合楼、警卫室、大门等 12 个单位工程。

场区位于五里河下游入海口地段，地下水非常丰富，实测水位高于池底标高。另外，SBR 反应池基坑面积大，而且基坑内部不能设置管井，降水时间长，因此施工期间降水难度大。

粗格栅及提升泵房采取有高差（2350mm）不均衡沉井施工技术，施工难度较大。

SBR 反应池底板长 95.2m、宽 49.3m、厚 350mm、设计没有伸缩缝及后浇带，属于超长薄壁钢筋混凝土结构，有效控制混凝土开裂是保证工程质量的重点。池壁高 7.36m，池体长 92.2m，中间设一道隔墙，施工时不允许留施工缝，混凝土连续浇筑量大。池壁与池底板分离，池壁钢筋无处生根，池壁模板加固及钢筋固定难度大，而且池底板及池壁均为无粘结预应力混凝土，预应力部分施工技术含量高。

目　　录

1 工程概况

1.1 工程建设概况（表 1-1）

工程建设概况一览表 **表 1-1**

工程名称	葫芦岛市老城区污水处理厂工程	工程地址	辽宁省葫芦岛市龙港区稻池村东 500m
建设单位	葫芦岛英格环境投资管理有限公司	勘察单位	地矿部葫芦岛工程勘察院
设计单位	中国市政工程东北设计研究院	监理单位	成都信达工程建设监理有限公司
质量监督部门	葫芦岛市质监站	总包单位	中国建筑工程总公司
合同工期	2003.7.1～2004.5.30，总日历工期 334 天		
合同工程投资额（万元）	1644.8117		
工程主要功能或用途	生活污水处理		

1.2 工程设计概况

1.2.1 施工平面布置

本工程为群体建筑，各单位工程平面组成详见施工平面布置图（略）。

1.2.2 设计概况

各单位工程设计概况详见表 1-2～表 1-14。

(1) 进水闸井、粗格栅间及提升泵房设计概况见表 1-2、表 1-3。

工程建筑设计概况 **表 1-2**

占地面积	297.27m²			建筑面积	294.97m²		
层数	一层	长	18.740m	宽	15.740m	檐高	9.600m
±0.000 相当于绝对标高			4.800m	室内外高差	300mm		
装饰	墙面	刮腻子喷大白					
	地面	细石混凝土地面					
	踢脚	水泥砂浆踢脚线					
	天棚	水泥砂浆罩面					
	门	M-1 浅灰色压型钢板保温电动折叠门；M-2 塑钢保温门					
	窗	塑钢窗					
屋面		——氯化聚乙烯防水卷材 ——1∶3 水泥砂浆找平 25 厚 ——50 厚聚苯乙烯保温 ——1∶8 白灰炉渣找坡最薄处 30 厚 ——B 级隔气层 ——1∶3 水泥砂浆找平 20 厚 ——钢筋混凝土屋面板					

工程结构设计概况 **表 1-3**

基础	沉井基础，长×宽×高＝22.870m×15.000m（局部 6.400m）×7.300m（局部 9.650m），壁厚 400mm，±0.000m顶板厚 200mm，后浇钢筋混凝土底板厚 500mm、700mm	
主体结构	结构形式	钢筋混凝土排架结构，跨距 15.00m，柱距 6.00m
	主要结构尺寸	围护结构为 370mm 厚砖墙，MU7.5 砖、M5 混合砂浆砌筑 排架柱 600mm×400mm，板厚 500mm、700mm
混凝土强度等级、抗渗等级		沉井混凝土 C25 P8，封底混凝土 C20，梁 C25，柱 C25，垫层 C10
钢筋		HPB235、HRB335 级
预制构件		预应力钢筋混凝土屋面板 1500mm×6000mm

（2）细格栅间及涡流沉砂池设计概况见表 1-4、表 1-5。

工程建筑设计概况 **表 1-4**

占地面积	389.41m²			建筑面积	778.82m²		
层数	二层	长	24.74m	宽	15.74m	檐高	14.80m
±0.000 相当于绝对标高			4.800m	室内外高差		300mm	
装饰	墙面	刮腻子喷大白					
	地面	细石混凝土地面					
	踢脚	水泥砂浆踢脚线					
	天棚	水泥砂浆罩面					
	楼面	水磨石楼面					
	门窗	浅灰色压型钢板保温电动折叠门、塑钢保温门					
屋面		同粗格栅及提升泵房					

工程结构设计概况 **表 1-5**

基础	钻孔压浆桩	桩径		400mm
		桩数量		86 根
	承台顶标高	−0.9m	承台梁高	700mm
主体结构	结构形式	排架结构，跨距 15.00m，柱距 6.00m		
	主要结构尺寸	工字形截面排架柱 850mm×400mm，框架柱 400mm×400mm，框架梁 250mm×550mm，池底板厚 250mm，池壁厚 200mm，围护结构为 370mm 厚砖墙，MU7.5 砖、M5 混合砂浆砌筑		
混凝土强度等级、抗渗等级		池体混凝土 C25P8，楼板混凝土 C25，梁 C25，排架柱 C30，圈梁 C20		
钢筋		HPB235、HRB335 级		
预制构件		预制钢筋混凝土薄腹梁，预应力钢筋混凝土屋面板 1500mm×6000mm		

（3）SBR 反应池（两座）设计概况见表 1-6。

（4）综合间设计概况见表 1-7、表 1-8。

（5）接触池设计概况见表 1-9。

（6）污泥储池设计概况见表 1-10。

（7）投药及加氯间设计概况见表 1-11、表 1-12。

工程结构设计概况 **表 1-6**

地基基础	钻孔压浆桩	持力层	砾砂层	桩长	6.2m	桩数量	971 根
	桩径	400mm		桩顶标高		1.04m	
	池底板	厚 350mm,池底标高 0.99m					
主体结构	结构类型	半地下敞口式无粘结预应力混凝土水池					
	主要结构尺寸	池壁厚 400mm,池体长×宽×高=92.2m×46.3m×7.71m 柱:250mm×250mm,保温墙:240mm 厚 进水渠承台梁:$b\times h$=500mm×350mm					
混凝土强度等级及抗渗抗冻要求		池底板底层垫层 C15、上部垫层 C20； 池壁底板预应力混凝土 C35 P8、F200,二次浇筑混凝土 C25 P8、F200					
钢筋		HPB235、HRB335 级					
预应力结构		预应力钢绞线 ϕ15.24,抗拉强度 1860N/mm^2					
保温		池壁外侧砌 240mm 厚砖墙保温					
防腐		池内壁刷湿固化聚氨酯沥青防腐漆防腐					

工程建筑设计概况 **表 1-7**

占地面积	798.7m^2			建筑面积	1319.49m^2		
层数	两层	长	36.740m	宽	21.740m	檐高	11.200m
±0.000 相当于绝对标高			5.300m	室内外高差		300mm	
装饰	墙面	刮腻子喷大白					
	地面	细石混凝土地面					
	踢脚	水泥砂浆踢脚线,H=1500					
	天棚	水泥砂浆罩面					
	门	M-1 浅灰色压型钢板保温电动折叠门;M-2 塑钢保温门					
	窗	塑钢窗					
屋面		同粗格栅提升泵房					

工程结构设计概况 **表 1-8**

地基基础	类型	钻孔压浆桩基础	桩长(m)	6.4,5.8,6.8,5.4		
			桩径(mm)	400		
			数量(根)	152		
承台梁高(mm)		550、480、400	底板厚(mm)	300	池底板厚(mm)	中间 300 周边 700
主体结构	主体结构形式	框排架结构,跨度 21m,柱距 6m				
	结构尺寸	围护结构墙(mm)	370			
		柱(mm)	400×400,370×400,700×400			
		梁(mm)	300×550,350×600			
		屋面板	黑龙江省建筑设计研究院专利产品拱板,专利号 8510			
混凝土	柱、梁	C25				
	±0.000 以下水池	C25,抗渗等级 P8				
	垫层	C15				

工程结构设计概况 **表 1-9**

地基基础	钻孔压浆桩基	桩长(m)	6.84,7.04		
		桩径(mm)	400		
		数量(根)	176		
	底板厚(mm)		中间 400,周边 600		
主体结构	结构形式		地下钢筋混凝土水池		
	主要结构尺寸	池壁厚(mm)	300	柱(mm)	300×300
		现浇梁(mm)	200×300,250×400		
		现浇板厚(mm)	130		
池体混凝土			强度等级 C25,抗渗等级 P8,抗冻等级 F200		
钢筋			HPB235、HRB335 级		
保温做法			池壁外侧 3.750m 以上周圈设 240mm 厚保温砖墙,池顶板上铺 200mm 厚细砂、300mm 厚黏土		

工程结构设计概况 **表 1-10**

地基基础	钻孔压浆桩基	桩长(m)	6.34,6.84
		桩径(mm)	400
		数量(根)	369
	底板厚(mm)		中间 350,周边 850 底板底标高 0.790m(四周)、1.290m(中间)
主体结构	结构形式		半地下敞口式钢筋混凝土水池
	主要结构尺寸	池壁厚(mm)	350
		保温墙(mm)	240
		水池尺寸(m)	35×35.8×8.35
混凝土	池体混凝土		强度等级 C25,抗渗等级 P8,抗冻等级 F200
	垫层混凝土		C15
	后浇带混凝土		C30
钢筋			HPB235、HRB335 级
保温			标高 3.400m 以上池壁外贴 240mm 厚保温砖墙
防腐			池内壁刷湿固化聚氨酯沥青防腐漆

工程建筑设计概况 **表 1-11**

占地面积(m^2)		816.96	建筑面积(m^2)	825.9
层数		地上一层		
装饰	墙面	大白浆		
	地面	水磨石地面、地面砖地面、耐酸釉面砖地面		
	顶棚	水泥砂浆罩面、麻刀白灰罩面		
	门	M-1:浅灰色压型钢板电动折叠保温门;M-1～M-1:镶板门		
	窗	C-1、C-2:平开塑钢窗;C-3～C-6:推拉塑钢窗		
防水	地下	-0.060m 标高处,1:2 水泥砂浆加防水剂 20mm 厚		
	屋面	氯化聚乙烯防水卷材		
保温	屋面	50mm 厚苯板		

工程结构设计概况 **表 1-12**

基础	类型	钻孔压浆桩基础	桩长(m)	7.87、7.75、6.75、5.85	桩径(mm)	400
		桩数量	7.87m,37 根;7.75m,5 根;6.75m,48 根;5.85m,9 根			
	承台梁顶标高(m)	①～⑤轴:－0.400;⑥～11 轴:－1.000				
	底板厚度(mm)	100	承台梁高(mm)	①～⑤轴:500;⑥～11 轴:1000		
主体结构	结构形式	①～⑤轴砖混结构;⑥～11 轴排架结构				
	主要结构尺寸	①～⑤轴:外墙 370mm,内墙 240mm,构造柱 240mm×240mm;⑥～⑪轴:柱 400mm×600mm,梁 370mm×500mm				
混凝土等级及抗渗要求	基础	承台梁 C20,垫层 C15,杯口填实 C25				
	溶液池	C25,抗渗等级 P8,抗冻等级 F200				
	主体墙板	C25				
预应力结构	预应力钢筋混凝土屋面板:6000mm×1500mm×240mm,3000mm×1500mm×240mm,预应力钢筋混凝土薄腹梁					

(8) 综合楼设计概况见表 1-13、表 1-14。

工程建筑设计概况 **表 1-13**

占地面积		738.26m²	建筑面积		1830.89m²
层数	东西方向三层		层高	首层	3.6m
				二层	3.4m
	南北方向一层			顶层	3.6m
			全高		12.8m
内墙	门厅、接待厅		大理石墙面		
	卫生间、男女浴室		釉面砖墙面		
	厨房、餐厅		砖墙乳胶漆墙面		
	水箱间、车库、仓库、机修间		刮腻子喷大白		
楼地面	大理石地面、楼面　地砖地面、楼面　防静电地板 水泥砂浆楼面细石混凝土地面				
门	镜钢玻璃门、保温门、镶板门				
窗	隐框镜面镀膜玻璃幕、塑钢推位窗、连窗门				
防水	屋面	氯化聚乙烯卷材			
	地下	－0.06m 处设防潮层,1:2 水泥砂浆加 5%防水剂 20mm 厚			
保温	屋面	50mm 苯板保温			

(9) 运泥车库设计概况:

一层砖混结构,长 13.00m,宽 14.00m,高度 5.30m。

(10) 警卫室设计概况:

一层砖混结构,长 7.10m,宽 6.80m,高度 3.50m。

(11) 厂区水渠设计概况:

厂区水渠呈"丁"字形布置,一端与细格栅及涡流沉砂池相连,另一端与 SBR 反应池进水渠相连。架空钢筋混凝土水渠,渠深 1.80m,下由现浇钢筋混凝土柱支撑,东西方向渠长 16.50m,南北方向渠长 73.60m。

工程结构设计概况　　　　**表 1-14**

地基基础	桩基类型	钻孔压浆桩	桩径(mm)	400
	承台梁顶标高(m)	−0.800	梁高(mm)	500、550、600
主体结构	结构形式	砖混结构		
	主要结构尺寸(mm)	外墙为 370 厚,内墙 240 厚		
		板厚 100		
		构造柱 370×240、370×300、240×300		
混凝土强度等级		承台梁 C20	垫层 C10	构造柱、梁板、楼梯 C20
材料	MU10 砖,M5 水泥砂浆(地下)、M5 混合砂浆(地上)			
	钢筋 HPB235、HRB335 级			

本工程抗震设防烈度Ⅵ度。

1.3　现场条件

(1) 地质条件

场地地层构造如下:

粉土①:灰褐-黄褐色,湿、软可塑状态,层厚 0.30～3.10m。

粗砂②:黄褐色,灰黑色,饱和,混土量较高,松散状态为主,局部呈稍密状态,层厚 0.20～3.80m。

淤泥②-1:灰黑色,饱和,流塑状态。

细中砂②-2:黄褐色,饱和,松散状态。

粉质黏土②-3:黄褐-灰白色,湿,可塑。

砾砂③:黄褐色,饱和,中密-密实状态,层厚 0.40～6.60m。

(2) 场地位置及地形

场地位于五里河和茨山河间地段,稻池乡北东角,地面绝对标高为 1.540～2.890m,由西北向东南倾斜,地形起伏较大。在地貌上属河口三角洲地段,微地貌单元为冲洪积阶地。

(3) 地下水

本工程位于五里河下游入海口地段,属冲洪积扇下部,第四系冲洪积层较厚,地下水类型为潜水,局部具微承压性,含水层主要为粗砂及砾砂层,透水性强,勘察期间实测稳定水位为 0.000～1.700m。渗透系数 $K=119.38$m/d。

(4) 标准冻深

标准冻层深度 1.100m。

(5) 周边道路及交通条件

场区南面与五里河仅十余米之隔,东面及北面紧靠农田,仅在西侧有出入口,交通不便。

1.4　工程特点

(1) 本工程位于五里河下游入海口地段,属冲洪积扇下部,含水层主要为粗砂及砾砂,透水性强,地下水非常丰富,勘察期间实测稳定水位为 0.000～1.700m,高于池底标高。另外,SBR 反应池基坑面积大,而且基坑内部不能设置管井,降水时间长(必须持续降水至池体施工完且回填土完为止）；粗格栅及提升泵房沉井施工降水深度至少7.5m，基于以上原因，本工程施工期间降水难度大。

（2）粗格栅及提升泵房沉井平面形状不规则，而且刃脚底标高不同，下沉过程中控制均匀下沉难度相当大。

（3）SBR反应池底板长95.2m，宽49.3m，厚350mm，设计没有伸缩缝及后浇带，属于超长薄壁钢筋混凝土结构，有效控制混凝土开裂是保证工程质量的关键。池壁高7.36m，不允许留施工缝，混凝土连续浇筑量大，池壁模板加固难度大，而且池底板及池壁均为无粘结预应力混凝土，预应力部分施工技术含量高。

2 施工总体部署

2.1 工程目标

（1）工期目标

2003年7月1日开工，2003年11月30日前达到交付安装条件，2004年5月30日前竣工，合同工期总日历天数334天。

（2）质量目标

工程质量按国家和辽宁省现行质量评定标准和施工技术验收规范进行评定，达到辽宁省“世纪杯”标准。

（3）安全目标

杜绝重伤亡事故，轻伤事故频率控制在3‰以内。

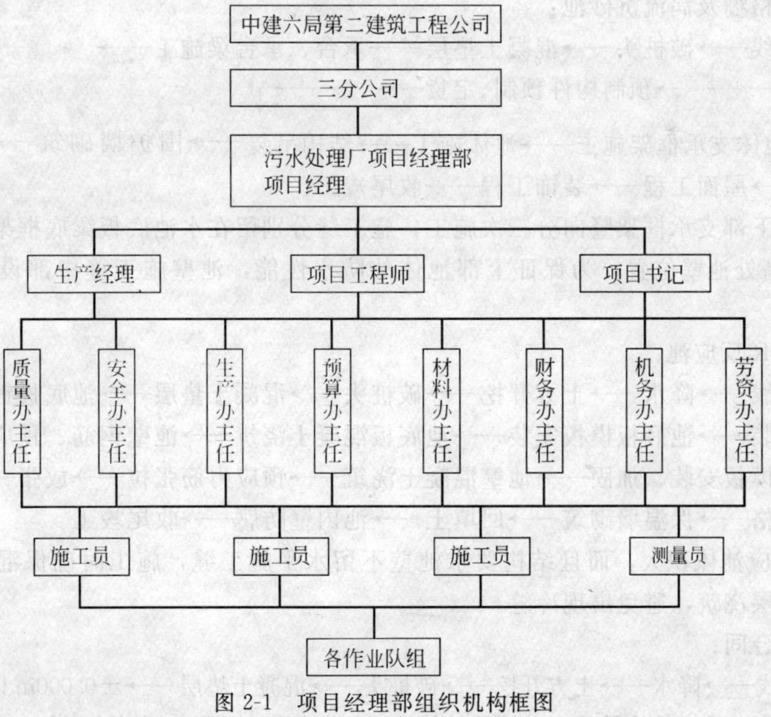

图2-1 项目经理部组织机构框图

（4）文明施工目标

严格按照葫芦岛市文明施工标准及总公司 CI 战略的要求，进行现场管理，创葫芦岛市市级文明样板工地。

（5）成本目标

科学管理，精心施工，积极推广科技进步，力争降低成本 1%以上。

2.2 项目经理部组织机构

项目经理部是本项目管理实施者，对工程的进度、成本、质量、安全和现场文明施工等负全面责任。

项目经理部组织机构如图 2-1 所示。

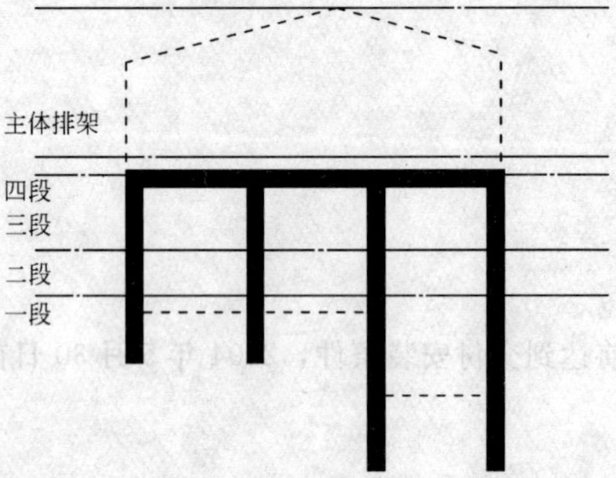

图 2-2 施工缝留设位置

2.3 施工工艺流程

（1）进水闸井、粗格栅及提升泵房：

测量放线⟶降水⟶土方开挖⟶沉井预制⟶沉井下沉⟶封底⟶井内钢筋混凝土底板及内隔墙施工⟶顶板施工⟶排架柱施工⟶预制屋面梁、屋面板吊装⟶围护墙体砌筑⟶屋面及装修工程⟶收尾竣工。

沉井施工平面上不分段，整体施工，竖向分四段组织施工，施工缝位置如图 2-2 所示，为保证其防水效果，施工缝中部设 BW 膨胀止水条。

（2）细格栅及涡流沉砂池：

测量放线⟶破桩头⟶混凝土垫层⟶承台、承台梁施工⟶

⟶（预制构件预制、定货）池体支承框架施工⟶池体施工⟶结构吊装⟶围护墙砌筑⟶4.900m 现浇板施工⟶屋面工程⟶装饰工程⟶收尾竣工。

池体及下部支承框架竖向分三次施工，施工缝分别留在水池底板梁底框架柱上及底板上 500mm 高处池壁位置，为保证上部池体的防水性能，池壁施工缝中部设 BW 膨胀止水条。

（3）SBR 反应池：

测量放线⟶降水⟶土方开挖⟶破桩头⟶混凝土垫层⟶池底板钢筋安装⟶预应力筋安装⟶池底板模板安装⟶池底板混凝土浇筑⟶池壁钢筋、预应力钢绞线安装⟶池壁模板安装、加固⟶池壁混凝土浇筑⟶预应力筋张拉⟶放张⟶封锚⟶试水试验合格⟶保温墙砌筑⟶回填土⟶池内壁防腐⟶收尾竣工。

SBR 反应池体积大，而且结构要求池壁不留水平施工缝，施工时确保混凝土足够供应，连续分层浇筑，避免出现冷缝。

（4）综合间：

测量放线⟶降水⟶土方开挖⟶破桩头⟶混凝土垫层⟶±0.000m 以下池体施工⟶框排架施工⟶结构吊装⟶围护结构施工⟶屋面工程⟶装饰工程⟶收尾竣工。

针对结构特征，池体平面上以后浇带为界，分两段施工，池体竖向分三段施工，施工缝分别留在池底板上500mm及池壁牛腿根部位置，±0.000m现浇顶板与池壁同时施工，施工缝位置如图2-3所示，为保证池体防水效果，施工缝中间设BW膨胀止水条。

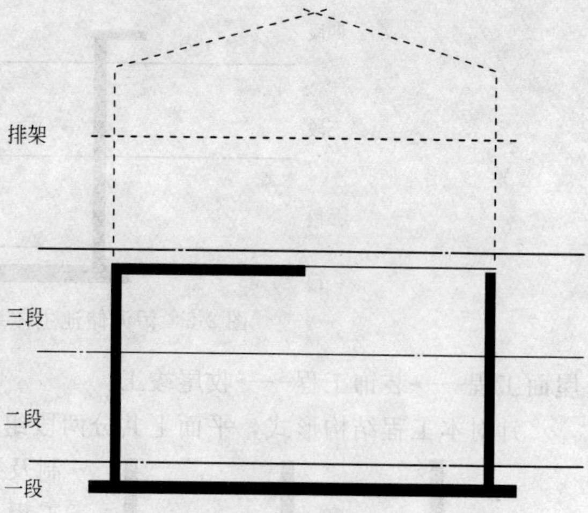

图2-3　综合间主体结构竖向分段示意图

（5）接触池：

测量放线⟶降水⟶土方开挖⟶破桩头⟶混凝土垫层⟶池底板施工⟶池内现浇柱、池壁施工⟶池顶板及悬臂池壁施工⟶导流墙砌筑⟶试水试验合格⟶保温砖墙砌筑⟶回填土⟶顶板上回填砂土⟶收尾竣工。

池底板一次施工，不留施工缝，池体竖向共分四段施工，施工缝具体位置如图2-4所示，池壁上施工缝中间设BW膨胀止水条，以保证池体防水效果。

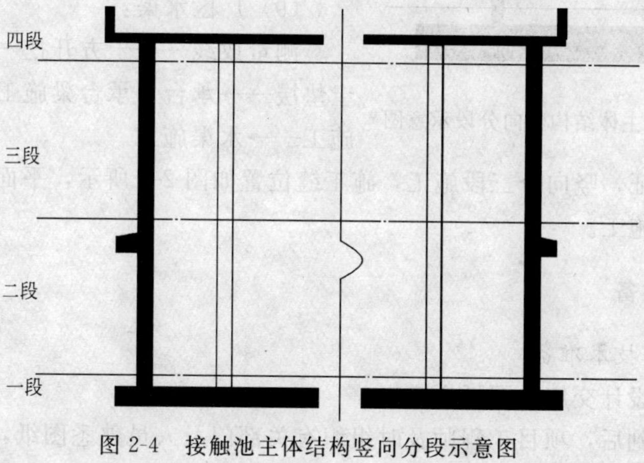

图2-4　接触池主体结构竖向分段示意图

（6）污泥储池：

测量放线⟶降水⟶土方开挖⟶破桩头⟶混凝土垫层⟶池底板⟶池壁⟶内部框架⟶试水试验⟶保温墙砌筑⟶回填土⟶湿固化防腐漆涂刷⟶收尾竣工。

针对结构特征，平面以后浇带为界分四段组织施工，竖向共分四段施工，施工缝分别留在池底板上500mm高池壁位置，池壁牛腿顶面以上每2.5m一段直至池顶板面，走道板与池壁一同浇筑。如图2-5所示。

为保证池体防水性能，池壁施工缝采取凹形接缝，中部设BW膨胀止水条。

（7）投药及加氯间：

测量放线⟶土方开挖⟶破桩头⟶混凝土垫层⟶承台、承台梁施工⟶

⟶①～⑤轴主体结构施工⟶溶液池施工⟶围护结构施工⟶

⟶⑥～⑪轴预制柱预制、屋面梁及屋面板订货⟶结构吊装⟶围护结构施工

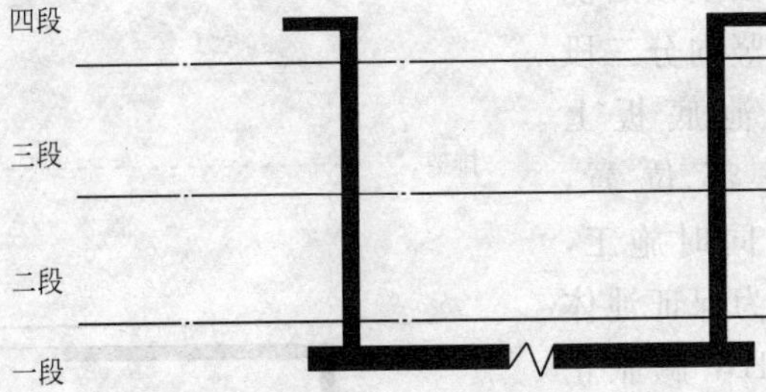

图 2-5 污泥储池主体结构竖向分段示意图

屋面工程——→装饰工程——→收尾竣工。

针对本工程结构形式，平面上共分两段组织施工，图纸到位后及时安排预制构件的预制及外委加工订货。主体砌筑、装饰工程、屋面工程，在平面上按两个施工段流水施工。

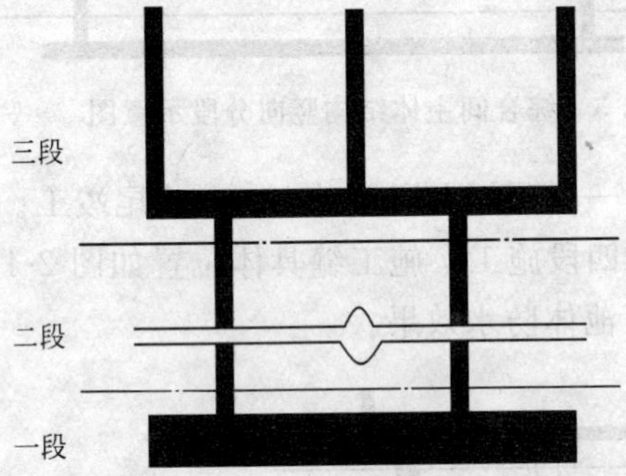

图 2-6 厂区水渠主体结构竖向分段示意图

（8）综合楼：

测量放线——→土方开挖——→破桩头——→混凝土垫层——→承台梁施工——→主体结构施工——→结构验收——→屋面工程——→装饰装修工程——→收尾竣工。

（9）厂区水渠：

测量放线——→土方开挖——→破桩头——→混凝土垫层——→承台、承台梁施工——→现浇混凝土柱施工——→水渠施工。

针对结构特征，竖向分三段施工，施工缝位置如图 2-6 所示，平面以设计混凝土伸缩缝为界，分六段施工。

2.4 施工准备

2.4.1 施工技术准备

（1）施工图设计交底及图纸会审

施工图纸收到后，项目工程师及时组织有关部门及人员熟悉图纸，进行图纸自审，并与业主方联系，尽早进行施工图交底及图纸会审，进一步了解设计意图、工艺及工程施工中的重点和难点，对图纸中存在的问题及时解决，为工程的顺利施工创造有利条件。

（2）图纸、规范、标准、图集等

施工图纸审核后，由项目工程师下发至有关部门，收集图纸中涉及的图集、标准及本工程适用的有关规范，并负责配备齐全。项目经理部按照《文件控制程序》对项目上使用的文件、规范、标准、图集等版本的有效性进行控制。严禁使用已作废版本。

（3）设备及器具

根据本工程的特点及施工方案，由项目工程师及机械员确定满足本工程施工所需的设备、计量和测量、试验器具，并负责配备齐全。

（4）测量基准交底、复测及验收

工程正式开工前，测量工程师接收业主提供的水准点及坐标控制点，由此引出建筑物各部位的控制轴线，经业主、监理复测合格后方可正式投入使用。

(5) 技术工作计划

1) 施工方案编制计划：施工前由项目工程师按单位工程编制单位工程施工方案，并对技术含量高、施工难度大的分项工程编制详细的分项工程施工方案，以指导现场施工。

2) 混凝土强度及抗渗、抗冻试验计划，详见表 2-1。钢筋接头试验计划见表 2-2，防水工程试验计划见表 2-3。

混凝土强度及抗渗、抗冻试验计划 表 2-1

序号	取样部位	取样组数	养护条件	龄期
1	基础垫层	每种配合比、每拌制 100 盘且不超过 $100m^3$ 取样不少于 1 组	标养	28d
2	桩承台、承台梁	每种配合比，每拌制 100 盘且不超过 $100m^3$ 取样不少于 1 组	标养	28d
3	每层现浇板每层混凝土柱	连续浇筑混凝土超过 $1000m^3$ 时同一配合比的混凝土不超过 $200m^3$ 取样不少于 1 组	标养	28d
4	抗渗混凝土	SBR 反应池每池留 4 组，池底板 2 组，池壁 2 组，其他工程每池留置 2 组，池底板 1 组，池壁 1 组，每组 6 块，并留置 2 组同条件养护试块	标养、同条件养护	28d
5	抗冻混凝土	每池留置 5 组，每组 3 块	标养	28d
6	结构实体检验	同条件养护的部位由监理(建设)、施工等各方共同选定 (1)同一强度等级不少于 3 组，不宜少于 10 组； (2)结构实体钢筋保护层厚度检验；对梁、板类构件，应各抽取构件数量的 2%且不少于 5 个构件	同条件养护(现场见证)	

钢筋接头试验计划表 表 2-2

序号	取样的分层、分段部位	接头方式	钢筋直径	钢筋级别	取样组数
1	同一楼层、池底板、池壁	对焊	$\phi14$、$\phi16$ $\phi18$、$\phi20$ $\phi22$、$\phi25$	HRB335 级	以不超过 300 个接头为 1 批进行拉伸试验
2	同一楼层排架柱	电渣压力焊	$\phi20$、$\phi22$、$\phi25$	HRB335 级	以不超过 300 个接头为 1 批进行拉伸试验

防水工程试验计划 表 2-3

序号	防水工程的部位	试验方法	试验次数
1	屋面	持续淋水 2h	一次
2	池体	满水试验，每次注水高度 $H/3$，分三次注水，每次注水间隔 24h	一次

3) 其他准备：

a. 委托有资质的试验单位做出混凝土配合比及砂浆配合比。

b. 组织有关人员绘制施工总平面布置图，编制施工组织设计及项目质量计划。

c. 做好各种成品、半成品的委托加工计划。

d. 做好"四新"推广应用计划。

e. 组织编制施工预算。

2.4.2　施工现场准备

(1) 工程轴线控制网测量定位及控制桩、控制点的保护

工程轴线控制网测量定位必须按国家《工程测量规范》GB 50206—93 进行。测量工程师接受红线桩及坐标点、水准点后，准确施测出各个轴线，先用经纬仪定线，再用钢尺丈量，要求往返丈量，取平均值作为结果，其丈量误差控制在1‰之内。控制桩位置设在整个施工中不易损坏且便于架设仪器处，并设置双层控制桩，加强现场控制桩和控制点的保护，设立明显警告标志，设置保护装置，防止车辆碰撞、碾压和人为破坏，并定期检查复核。所有桩点均明确标识、防止错用。

(2) 大型临设

根据本工程实际工程量设一座混凝土集中搅拌站，搅拌能力 $100m^3/h$，施工生产临建设施按照经建设单位审批的施工总平面布置图在开工前搭设完毕，现场四通一平也必须完成。

2.4.3　各种资源需用计划

(1) 劳动力需用计划见表 2-4。

(2) 主要施工机械、设备配置计划见表 2-5。

劳动力需用计划表　　　　表 2-4

序号	工　种	施　工　阶　段		
		准备阶段	全面施工阶段	收尾和竣工交验阶段
1	灰土工	5	16	2
2	水暖工	2	2	2
3	机械工	5	15	3
4	电工	2	2	1
5	电气焊工	3	10	2
6	瓦工	5	40	5
7	木工	5	60	6
8	钢筋工	5	80	5
9	混凝土工	10	45	4
10	起重工	0	8	2
11	架子工	10	15	2
12	抹灰工	5	20	5
13	油工	0	20	2
14	放线工	2	2	0
15	试验工	2	2	1
16	水电安装工	5	15	5
17	壮工	20	40	6
合　计		86	402	60

现场主要施工机械、设备表 **表 2-5**

序号	设备名称	型号规格	功率(kW)	数量	主要性能
1	混凝土搅拌机	JS500	18.5	2台	25～30m³/h
2	混凝土搅拌机	JZC750	22.5/台	2台	22.5～30m³/h
3	混凝土输送泵	HBT60	110/台	2台	60m³/h
4	混凝土配料机	HPW800D	9	1台	
5	钢筋切断机	CQ40	7.5/台	2台	6～40mm
6	钢筋弯曲机	CW40-2	3/台	2台	6～40mm
7	钢筋拉伸机	GJ4-14		2台	
8	对焊机	Un-100	100	1台	
9	电焊机	Bx-500	38/台	4台	
10	汽车起重机	QY-25		1辆	25t
	汽车起重机	QY-16		1台	16t
11	插入式振动器	ZN50	1.5/套	20套	
12	平板式振动器		1.5/台	8台	
13	龙门架	18m		3台	
14	卷扬机	1t	11.4/台	3台	
		3t	7.5/台	1台	
15	潜水泵		3/台	65台	
16	污水泵	3	3/台	8台	
17	蛙式打夯机	HW60	2.2/台	8台	
18	机动翻斗车	JS-1		10台	
19	装载机	ZL40		2台	
20	木工平刨	MB514	3/台	1台	
21	木工压刨	MB106B	7.5/台	1台	
22	木工圆锯	MJ106	4/台	1台	
23	经纬仪	J_2		2台	
24	激光经纬仪	JZ-JD		1台	
25	水准仪	一级		4台	

2.5 施工总平面图

(1) 施工总平面布置依据

业主提供的可用场地及业主要求的大门位置、工程施工需要及有关规定等。

(2) 施工总平面图的绘制及布置原则

施工总平面图的布置，在满足施工工艺要求的前提下，按照尽量紧凑、尽量缩短运输路线的原则，搅拌站钢筋棚分别设置。

(3) 施工总平面图的内容

1) 临建布置

根据现场实际情况，现场布置混凝土搅拌站、钢筋加工场、材料库、机修车间等生产临建设施，生活临建设施布置在场外。现场临时围墙利用厂区正式围墙，建大门一处，并按照总公司 CI 战略的要求进行设置。

2）垂直运输设施

综合楼、细格栅间及涡流沉砂池、综合间各设置一台龙门架，作为砖、砂浆、装修材料及零星物件等的运输。

3）水平运输设施

混凝土、砂浆等的水平运输采用机动翻斗车。

4）施工临时用水、用电布置

A. 施工用电：①本工程电源由业主提供不小于700kV·A 的变压器，并备 200kW 发电机一台，以保证现场电网临时停电时施工能正常进行。②临时用电设计：临时用电源采用中性点接地系统，配电线路采用三相五线制，使用电缆线埋地铺设，具体施工方法另行编制“施工现场临时用电施工组织设计”。

B. 施工用水：本工程现场用水有施工用水和消防用水两部分，经计算现场施工用水取消防用水量（10L/s）为施工用水总量，选用 ϕ100mm 钢管为供水管，接指定地点。

2.6 施工进度计划及工期保证措施

（1）工期目标

开工日期：2003 年 7 月 1 日。

竣工日期：2004 年 5 月 30 日。

总日历工期：334 天。

（2）施工总工期计划

开工日期：拟定 2003 年 7 月 1 日，具体以业主和监理工程师签署确定的开工日期为准。

完工日期：2004 年 5 月 30 日。

工程施工过程中，科学组织，合理安排，运用统筹法、网络技术，选择最优施工方案，始终抓住工程中的重点、难点，发扬“能攻善战、敢为人先、争创一流”的精神，并想业主之所想，急业主之所急，确保本工程在 2004 年 5 月 30 日前竣工，保质、保量完成本包标全部工程。

3 主要项目施工方法

3.1 施工测量

（1）平面控制

根据本工程平面分布特点，平面控制以“外控法”为主。根据业主指定的工程测量基准桩引测出场区平面控制网。根据场区平面控制网分别建立单位工程平面控制桩，并设双层控制。为保证投点精度，投测时使用有效计量器具，水平拉尺测距可沿通视线上分段设置调平控制桩，减小钢尺挠度影响。除对尺长进行校核外还应进行闭合差调整；若精度超过允许范围，需重新投点。

（2）标高控制

采用DS3水准仪根据业主提供的高程点，沿建（构）筑物周围统一测设水准点，以保证整个场区各单位工程标高统一性。在场区适当坚硬的地方测设出三个水准点，其闭合差不大于3mm。地下工程施工时，把高程引测至基坑底部。

（3）沉降观测

施工完毕，按规范在构筑物上设沉降观测点，并进行一定时期内的沉降观测。

3.2 降水措施

从“场地岩土工程勘察报告”及现场实际情况来看，此部位含水层渗透系数较大（$K=119.38$m/d），地下水丰富，基坑面积大（达5000m^2），基坑短边长约52m，而且施工正值雨期，此部位地下水还要受潮汐影响，考虑到以上因素，本工程采用管井井点降水及明沟、集水井排水相结合的降水方案，通过排水管将水排至南侧五里河，使基坑保持干燥的操作面。

3.2.1 降水计算

地下水降到基底以下500mm即标高0.490m位置，井点管的埋置深度经计算确定。

（1）埋置深度确定（以SBR反应池为例）

井点管的埋置深度按下式计算：

$$H \geqslant H_1 + h + iL + l$$

式中 H——井点管的埋置深度（m）；

H_1——井点管埋设面至基坑底面的距离（m）；

h——基坑中央最深挖掘面至降水曲线最高点安全距离，取0.5m；

L——井点管中心至基坑中心的短边距离（m）；

i——降水曲线坡度，取1/8；

l——滤管长度（m），取1m。

$$H \geqslant (2.5-0.99)+0.5+1/8\times 25+1=6.14\text{m}$$

按理论计算，井点管埋置深度取7m能够满足降水要求，但是考虑到此工程降水时间较长，而且井周围土质中含有大量粉细砂，尽管在井管周围填碎石滤料，也不可避免细砂颗粒透过滤管在井底沉淀，而大大减小井的有效深度，因此，井点管埋置深度取8m。

（2）井点管根数确定

井点管根数按下式确定：

$$n = m \times \frac{Q}{q}$$

式中 Q——井点系统总涌水量（m^3/d）；

m——井点备用系数，考虑堵塞等因素，一般取1.2；

q——单根井点管出水量（m^3/d），按下式求得：

$$q = 65\times 3.14\times d\times \sqrt{L}\times 3$$

其中，d——滤管直径（m），取 0.4m；

L——滤管长度（m），取 1.5m。

1）基坑涌水量计算（以一座 SBR 反应池为例按无压非完整井计算）：

$$Q=1.366K\frac{(2H-S)S}{\lg R-\lg X}$$

式中 K——渗透系数（m/d），取 119.38m/d；

H——含水层厚度（m），经计算取 10.54m；

S——水位降低值（m），经计算取 1.21m；

R——抽水影响半径（m），经计算取 83.7m；

X——基坑假设半径（m），经计算取 40.5m；

代入上式得： $Q=12419\text{m}^3/\text{d}$。

2）井点管根数

$$n=m\times\frac{Q}{q}$$

其中 $q=603\text{m}^3/\text{d}$，经计算：$n=20.6$，考虑到施工正值雨期，实际地下水位可能会高于地质报告中给定值，故取 $n=24$。

同样方法可以算得粗格栅及提升泵房管井深度 12m，共设 9 眼，可以满足降水要求。

3.2.2 降水设备确定

降水井采用水泥无砂滤管，上部接近地表一节采用预制的水泥管，井径 0.4m，钻孔直径 0.6m。井管与孔壁间填砾石，规格 2～5mm，过筛后投入井内。

抽水设备选用 2.5 吋潜水泵，流量 $40\text{m}^3/\text{h}$，功率 3kW，每口井一台，水泵数量必须有储备，开二备一。

3.2.3 井点布置

降水井沿 SBR 反应池及粗格栅提升泵房基坑周圈环形布置，三面降水必然对中间基坑水位产生影响，故中间基坑不考虑设置降水井，SBR 反应池降水井中心距基础垫层边 2m，粗格栅及提升泵房降水井中心距沉井外壁 3m。

详见降水井及明渠布置图（图 3-1）。

3.2.4 降水的实施

成井后应进行洗井，用大泵量的水泵洗井，直到水路畅通，见到清水为止。井洗好后，经技术人员验收合格后，方可进入下一步的施工；同时，对已完成的井应做好井口防护措施。降水井施工结束，统一测定井口坐标和高程，并测定井内静止水位。

排水管沟采用 1200mm 宽砖砌明渠，穿过施工道路处采用 *DN*600 承重钢筋混凝土管，明渠沿基坑南、北、东三面布置，在转角处设 2000mm×2000mm×2000mm 沉淀池，以沉淀水泵排出的细砂。排水明沟、沉淀池采用 MU7.5 砖、M5 水泥砂浆砌筑，内抹 20mm 厚 1∶2 水泥砂浆，沟底按 0.5% 坡度找坡。降水井抽出的地下水排放到南侧五里河。

降水运行期间，尤其是运行初期，应随时观测各降水井的水位及流量，掌握场地总出水量、水位下降速度等情况，对各降水井的出水量进行调整。随着基础施工的进行，可酌情减少降水井的工作数量。降水运行时间应根据施工进度情况确定，必须在回填土施工完

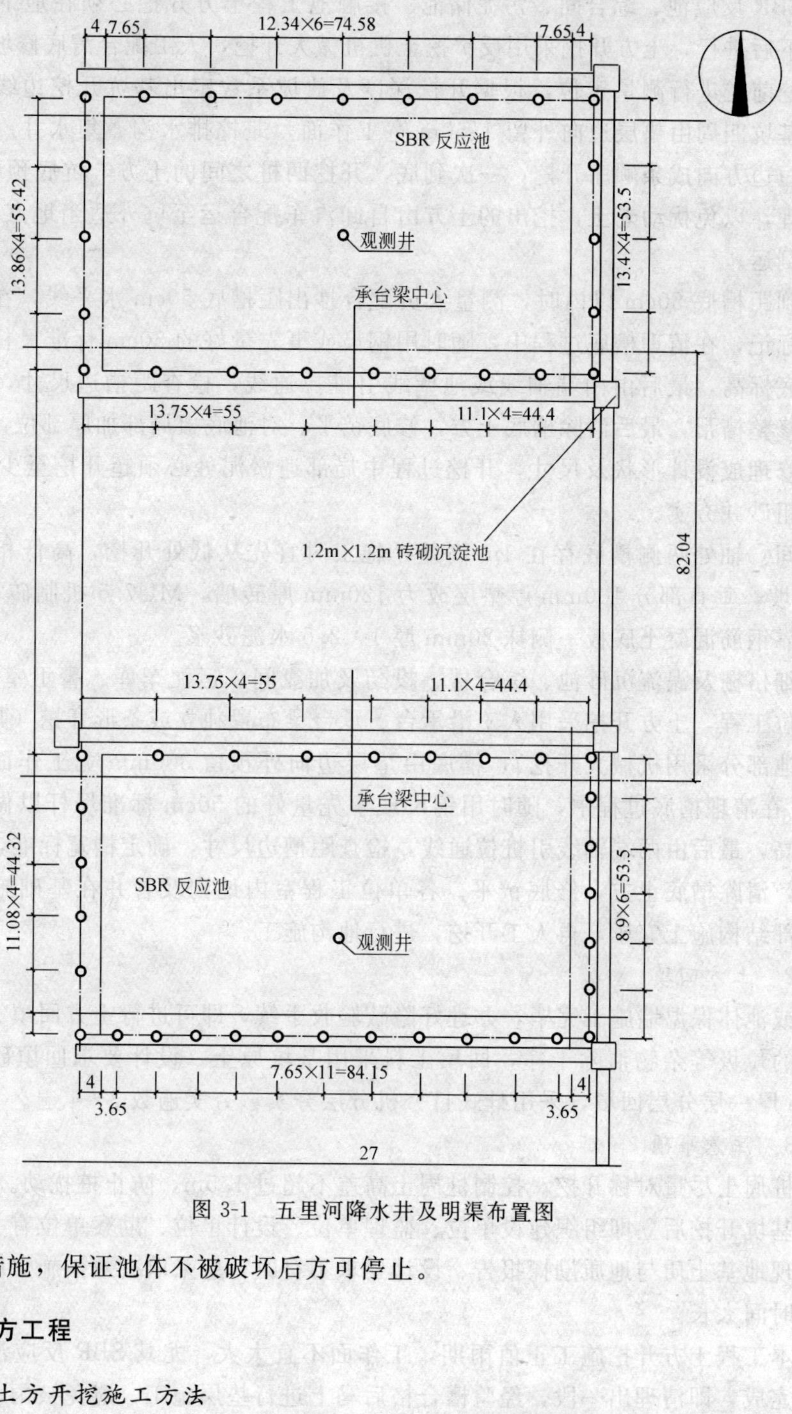

图 3-1 五里河降水井及明渠布置图

并采取抗浮措施，保证池体不被破坏后方可停止。

3.3 土方工程

3.3.1 土方开挖施工方法

根据各单位工程设计情况，细格栅及涡流沉砂池、综合楼、投药及加氯间、运泥车库、警卫室、厂区水渠、大门桩基施工前需要填土，待桩检验完毕，施工垫层前人工挖土并清理至设计标高，粗格栅及提升泵房沉井施工土方开挖另行考虑，SBR 反应池、综合间、污泥储池、接触池四个单位工程土方开挖以机械开挖为主，人工配合清底修坡。

（1）SBR反应池、综合间、污泥储池、接触池工程土方开挖必须在地下水位降至基底标高以下后进行，土方开挖采用反铲挖土机机械大开挖，人工配合清底修坡以及清理桩周土，开挖前先进行测量定位，根据开挖深度及放坡系数定出基坑开挖边线，边坡系数1：0.6，基坑四周由垫层边向外留1.50m宽工作面，兼挖排水沟、集水井。挖土机驶入基坑内沿短边方向成条顺序开挖，一次到底，开挖两桩之间的土方，坑底预留200mm厚由人工清理，以免扰动老土，挖出的土方由自卸汽车配合运至坑外适当地点，留作回填，避免二次倒运。

在挖到距槽底50cm以内时，测量人员配合抄出距槽底50cm水平线，在槽帮或桩上做出水平标记，在清理槽底过程中，随时用钢尺或事先量好的50cm标准尺杆以做好的标记校核槽底标高，最后由两端轴线或池壁线引桩拉通线，检查距槽边尺寸，确定槽宽标准，据此修整槽帮，最后清除槽底土方，修底铲平。对池底板局部加厚部位，人工按施工图纸要求修理成设计形状及尺寸，开挖过程中局部遇淤泥处必须超开挖至少300mm，然后回填中粗砂并夯实。

综合间Ⓒ轴处两侧槽底存在1m高差，施工时宜先从低处开挖，高低相接位置修成1：0.5边坡，垂直部分100mm厚垫层改为120mm厚砖墙，MU7.5机制砖、M5水泥砂浆砌筑，靠钢筋混凝土底板一侧抹20mm厚1：2.5水泥砂浆。

（2）细格栅及涡流沉砂池、综合楼、投药及加氯间、运泥车库、警卫室、厂区水渠、大门等单位工程，土方开挖采用人工沿承台、承台梁布置独立或条形开挖（其中投药加氯间中溶液池部分采用机械大开挖），槽底由垫层边向外预留300mm宽工作面，边坡坡度1：0.33，在清理槽底过程中，随时用钢尺或事先量好的50cm标准尺杆以做好的标记校核槽底标高，最后由两端轴线引桩拉通线，检查距槽边尺寸，确定槽宽标准，据此修整槽帮；最后，清除槽底土方，修底铲平。各单位工程室内地沟及管井在基础施工时暂不施工，待上部结构施工完毕，再人工开挖，进行地沟施工。

3.3.2　土方回填

基础或池体保温墙施工完毕，办理好隐蔽验收手续，即可进行土方回填。土方回填前应将基底的垃圾等杂物清除干净，回填土料采用基坑原土（设计要求回填砂部分除外），每250mm厚一层分层回填，采用蛙式打夯机分层夯实，夯实遍数3～4遍。

3.3.3　注意事项

（1）桩周土尽量对称开挖，控制桩周土高差不超过1.5m，防止桩扰动。

（2）基坑开挖后立即组织建设单位、监理单位、设计单位、勘察单位有关人员进行验槽；如发现地基土质与地质勘探报告、设计要求不符时，应采取有效措施立即处理，避免基坑暴露时间太长。

（3）本工程土方开挖施工正值雨期，工作面不宜太大，尤其SBR反应池可分段、分片地分期完成，即清理出一段，经验槽合格后马上进行垫层施工，避免被雨水浸泡。

（4）基坑开挖完毕四周设置1.2m高安全防护栏杆，并刷红白相间的油漆及警示标牌。

（5）合理安排工序，防止错挖和超挖。

（6）夜间施工要有足够的照明，在危险地段设置明显标志，机电设备要有漏电保护器和可靠的接地保护。

3.4 粗格栅及提升泵房沉井施工

3.4.1 工程概况

进水闸井、粗格栅及提升泵房工程±0.000m以下部分设计采用钢筋混凝土沉井，沉井平面图及剖面图分别见图3-2、图3-3及图3-4。

沉井混凝土强度等级C25，抗渗等级P8。封底混凝土C20，厚度不小于1200mm，其上设500mm厚钢筋混凝土底板。井内设有400mm厚的内隔墙，将沉井分为进水闸井和提升泵房。±0.000m位置设有200mm厚现浇钢筋混凝土顶板。±0.000m相当于绝对标高4.800m。

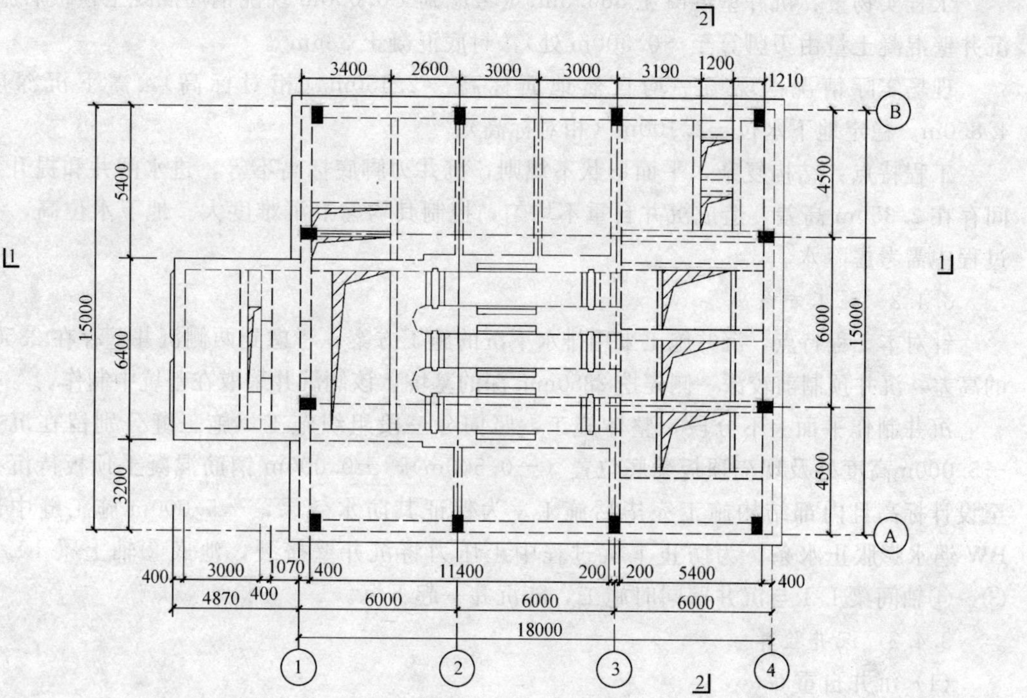

图3-2 标高±0.000平面图

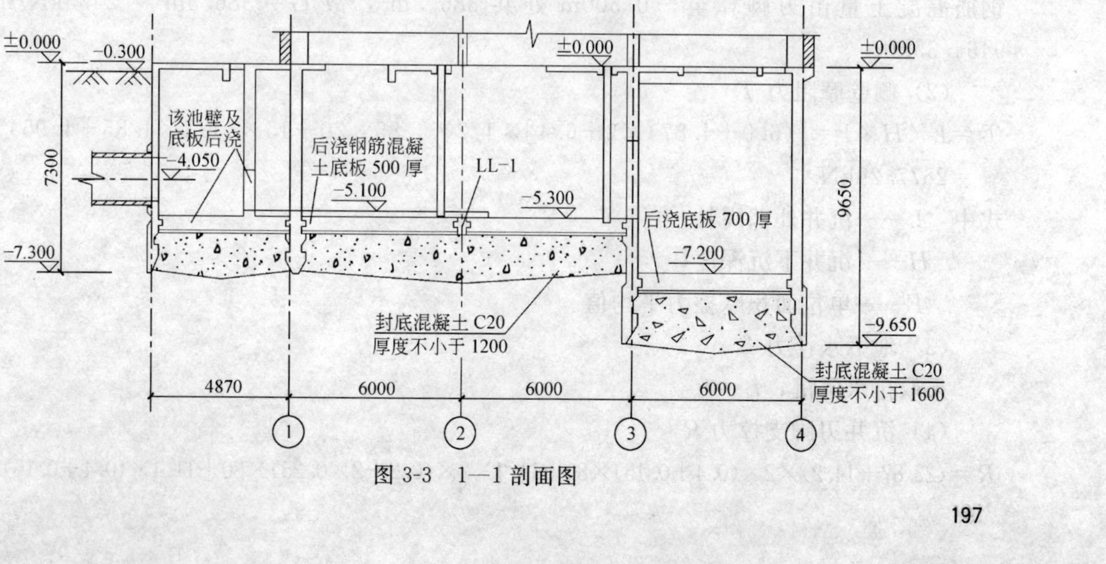

图3-3 1—1剖面图

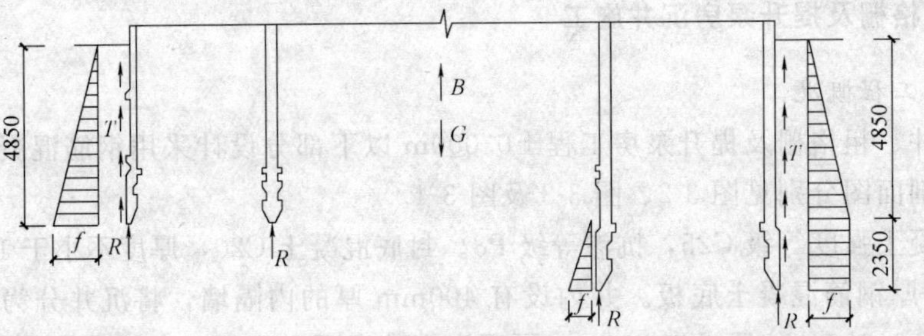

图 3-4 沉井受力简图

工程实物量：沉井壁混凝土 386.3m³（考虑到±0.000m 现浇钢筋混凝土顶板后施工，沉井壁混凝土量由刃脚算至－0.500m 处），封底混凝土 336m³。

现场实际情况：现场平均自然地面标高－2.450m（相对标高），需下沉深度约4.850m。稳定地下水位－3.100m（相对标高）。

工程特点：结构复杂，平面形状不规则，沉井刃脚底标高不等，进水闸井和提升泵房间存在 2.350m 高差，造成沉井自重不均匀，控制其均匀下沉难度大。地下水位高，下沉过程中需考虑降水。

3.4.2 施工方案

针对本工程特点，沉井施工采用排水下沉的施工方案，考虑到两侧沉井壁存在 2350mm 的高差，沉井预制前较深一侧先挖 2350mm 深的基坑，该侧沉井采取在基坑中制作。

沉井制作平面上不分段，整体施工，竖向分三段组织施工，施工缝分别留在沉井壁－5.000m高度处及现浇顶板梁底位置（－0.500m），±0.000m 钢筋混凝土顶板待沉井沉至设计标高且内部结构施工完毕后施工。为保证其防水效果，－5.000m 施工缝中部设 BW 遇水膨胀止水条。为防止下沉过程中土压力将沉井壁挤裂，池底②轴上梁 LL-1 与③～④轴间梁 L-1 与沉井壁同时施工，随沉井一起下沉。

3.4.3 沉井验算

（1）沉井自重 G

沉井受力简图如图 3-4 所示。考虑到±0.000m 现浇钢筋混凝土顶板后施工，沉井壁钢筋混凝土量由刃脚算至－0.500m 处共 386.3m³，故 $G=386.3\text{m}^3\times24.5\text{kN/m}^3=9464.35\text{kN}$

（2）侧壁摩阻力 T

$$T=L\times H\times F=[(6.0+4.87)\times2+6.4]\times1/2\times4.85\times20+15\times(1/2\times4.85+1.95)\times20$$
$$=2677.29\text{kN}$$

式中 L——沉井外部周长；

H——沉井下沉深度；

F——单位面积摩擦力平均值。

（3）地下水浮力 B

采取排水下沉，$B=0$。

（4）沉井刃脚支撑力 R

$$R=(22.87+14.2)\times2\times(0.4+0.15)\times80+11.4\times2\times(0.2+2\times0.25)\times80+11.4\times(0.4+0.15)\times80$$

$=5040.56\text{kN}$

根据地质报告，粉质黏土层地基承载力标准值 $[F]=80\text{kPa}$

(5) 下沉系数 K

$$K=(G-B)/(T+R)=(9464.35-0)/(2677.29+5040.56)=1.23$$

可满足下沉要求。

(6) 垫架间距

根据沉井的自重和地基（或砂垫层）的容许承载力按下式计算：

$$n=\frac{G}{F[f]}$$

式中 n——每米内垫木根数（根）；

G——沉井的单位长度重力（kN/m）；

F——每根垫木与地基（或砂垫层）的接触面积（m^2）；

$[f]$——砂垫层（或地基土）的承载力设计值（kN/m^2）。

则 $n=0.71$ 根，取垫架间距 1m。

(7) 砂垫层厚度 h

$$h=\frac{G/[f]-L}{2\text{tg}\alpha}=\frac{9464.35/(121.5\times80)-2}{2\text{tg}22.5}=\frac{-1.03}{0.8284}=-1.24$$

式中 h——砂垫层厚度（m）；

L——垫木长度（m）；

α——砂垫层扩散角（°），不大于 45°，一般取 22.5°。

计算结果为负值，说明不设砂垫层按 1m 间距铺设枕木（160mm × 220mm × 2000mm），地基承载力可满足要求，但考虑到施工找平方便，施工时表层设 500mm 厚砂垫层。

3.4.4 施工工艺流程

测量放线——→平整场地——→打降水井——→较深一侧开挖基坑——→铺设砂垫层——→

降　水

垫架刃脚支设——→井壁制作——→垫架模板拆除——→挖土下沉——→封底——→钢筋混凝土底板及内隔墙施工——→闸墩施工——→±0.000m 顶板施工

3.4.5 施工准备

降水井成井过程中，了解清楚土的力学指标、休止角、摩擦系数、地质构造、分层情况、地下水文情况、地下埋设物、障碍物等情况，绘制详细的地质剖面图，对现场要做好查勘工作，查清和排除地面及地面以下的树根、电缆线路、古墓、古井等障碍物。

场地整平后，首先根据基坑底面几何尺寸、开挖深度及边坡定出基坑开挖边线，再根据图纸上的沉井坐标定出沉井纵横轴线控制桩。

3.4.6 沉井制作

(1) 平整场地、工作基坑开挖

沉井壁较深一侧先挖 2350mm 深基坑，基坑开挖前先放出开挖边线，基坑底南北两侧分别留 1.5m 宽工作面，东面靠细格栅一侧由于离承台外皮仅有 220mm 宽距离，垂直挖土，不考虑放坡，由刃角外皮线向外留 260mm 宽，以便砌筑 240mm 厚砖墙，内抹 20mm 厚水泥砂浆，做刃脚胎模。

沉井壁较浅一侧将自然地面上的积水、杂物等清理干净，按提前施测好的标高进行初步找平。

（2）砂垫层铺设

根据地质报告，沉井制作时持力层为粉土层，承载力标准值 $[f]=80\text{kPa}$，为较差天然地基。为将沉井的重量扩散到更大面积上，避免制作中发生不均匀沉降，易于找平，便于铺设垫木和抽除，刃脚下铺设 500mm 厚砂垫层。砂垫层选用中砂，用平板振动器振捣并洒水，控制其干表观密度≥1.56t/m^3。

（3）刃脚支垫

刃脚支设采用垫架法，在砂垫层上铺承垫木和垫架，垫架间距取 1.0m，共用枕木 120 根。垫木采用 160mm×220mm×2000mm 枕木，在垫木上支设刃脚及井壁模板，浇筑混凝土。

垫架铺设应对称进行，同一条沉井壁上设 2 组定位架，每组由 2～3 个垫架组成，位置在距离两端各 $0.15L$ 处（L 为沉井壁边长），在其中间支设一般垫架，垫架垂直井壁铺设。

砂垫层铺平夯实后铺设垫木，铺设垫木时用水准仪找平，应使顶面保持在同一水平面上，高差在 10mm 以内，并在垫木间用砂填实，垫木埋深为其厚度的一半。

预制时外圈沉井壁刃脚加 150mm×100mm×10mm 角钢护角，中间沉井壁采用 10mm 厚钢板按刃脚形状制作型钢护角，护角与混凝土锚固用 $\phi12$ 钢筋，锚固筋长 400mm，每 300mm 设 1 道，每道 2 根。具体作法见图 3-5。

（4）沉井壁制作

1）模板支设

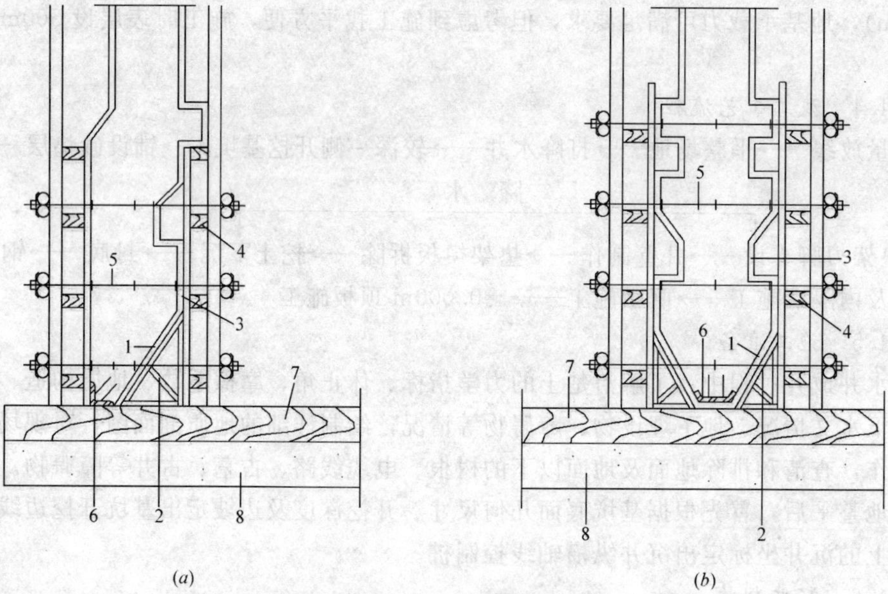

图 3-5 刃脚支模示意图

（a）周边刃脚支模示意图；（b）中间刃脚支模示意图

1—刃脚模板；2—垫架；3—模板；4—50×70 木方；5—$\phi12$ 对拉螺栓；

6—角钢护角；7—枕木；8—砂垫层

沉井壁模板采用 P2515 定型钢模板，不符合模数处采用木模。模板加固采用 ϕ12mm 对拉螺栓，螺栓横向间距 600mm，纵向间距 500mm，中部设 3mm×50mm×50mm 止水片。模板支撑采用在沉井壁内外两侧搭设双排钢管脚手架。

2）钢筋绑扎

井壁竖筋一次绑好，水平筋分段绑扎，与内隔墙及底板连接部位预留连接钢筋，在井壁施工时预埋，对应于钢筋位置在木模板上开豁口，以保证钢筋位置准确。

3）混凝土浇筑

利用汽车吊吊送混凝土至沉井浇筑部位，通过串筒沿井壁均匀分层浇筑，每层下料先从沉井壁较浅一侧开始，避免沉井倾斜。

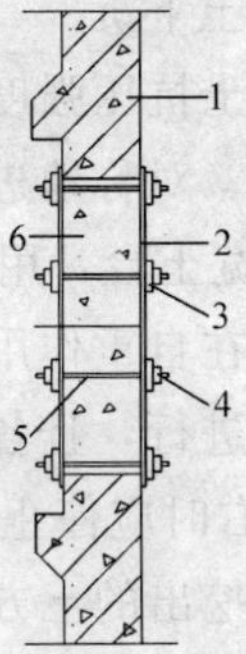

图 3-6　*DN*1500 管孔临时封闭措施
1—沉井壁；2—10mm 厚钢板；
3—50×100 木方；4—螺帽；
5—ϕ12 对位螺栓；
6—砂石配重

两节混凝土的接缝处设深 15mm、宽 20mm 凹形施工缝，继续浇筑混凝土时接缝处先用小扁錾子将混凝土施工缝处浮浆凿掉、剔平，直至清出密实的混凝土面，用清水冲洗干净；当施工缝处混凝土表面干燥后，固定 BW 止水条。

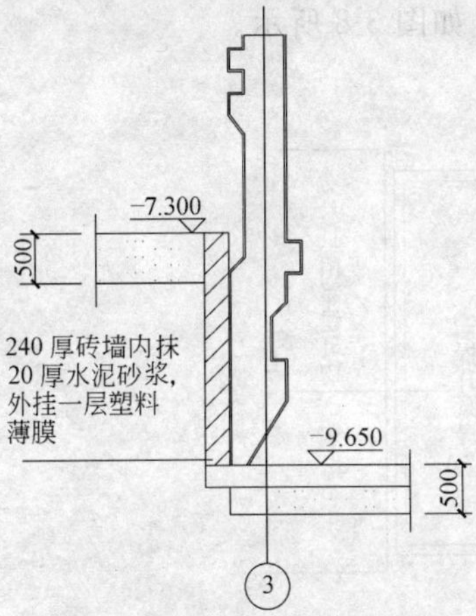

图 3-7　深浅基坑处处理措施

4）沉井壁孔洞处理

沉井外壁 *DN*1500 洞口在下沉前用钢板、木板封闭，中间填与孔洞重量相等的砂石配重，外侧钢板与内侧木板用 ϕ12mm 对拉螺栓加固，外圈 8 个，内圈 4 个，具体作法见图 3-6。

5）深浅基坑处处理措施

③ 轴线处沉井刃脚两侧存在 2350mm 的高差，为方便砂垫层铺设，砌 240mm 厚砖墙，内抹 20mm 厚水泥砂浆，外挂一层厚塑料布，兼作刃脚模板，具体作法见图 3-7。

3.4.7　沉井下沉

（1）架设施工平台

在沉井上口铺木跳板，形成施工操作平台，在每仓中部适当位置留洞口，以利提升井内弃土。

（2）降水

沉井施工前，在沉井的南、西、北三面设置 8 口 12m 深 ϕ400mm 降水井，在沉井下沉前，每口井中设一台 3in 潜水泵昼夜抽水，保证挖土下沉干作业。

（3）垫架拆除

刃脚垫架待混凝土达到设计强度的 100%后拆除。抽除垫架应分区、分组、依次对称、同步地进行，抽除次序为先抽内隔墙下垫架，再抽除外墙两短边下的垫架，然后抽除长边下一般垫架，最后同时抽除定位垫架。抽除方法是将垫架底部的土挖去，使垫架下空，利用绞磨或卷扬机将相对垫木抽出。

(4) 挖土下沉

待混凝土抗压强度达到设计强度的100%后开始下沉。采用人工挖土，从井中间挖向四周，均衡、对称地进行，使沉井能均匀竖直下沉。每层挖土厚度为0.4～0.5m，在刃脚处留1.2m宽土台，用人工逐层切削，每次削5～10cm，当土垅挡不住刃脚的挤压而破碎时，沉井便在自重作用下破土下沉。同一刃脚底标高部分，削土时应沿刃脚方向全面、均匀、对称地进行，且各孔格内挖土高差不得大于500mm，使均匀平稳下沉。在离设计深度20cm左右时应停止取土，靠自重下沉至设计标高。

沉井内挖出的土方，装于吊斗内用8t塔式起重机吊至井外，用自卸汽车运至弃土地点堆放。

(5) 测量控制与观测

沉井位置标高的控制，是在井外地面及井壁顶部四面设置纵横十字中心控制线、水准基点，下沉时在井壁上四侧设水平点，于壁外侧用红铅油画出标志，用水准仪来观测沉降。

井内中心线与垂直度的观测利用井壁内侧上部预埋钢筋、下部预埋水平标板来控制。井壁内侧标出垂直轴线，各吊一个线坠，对准下部标板，如图3-8所示。

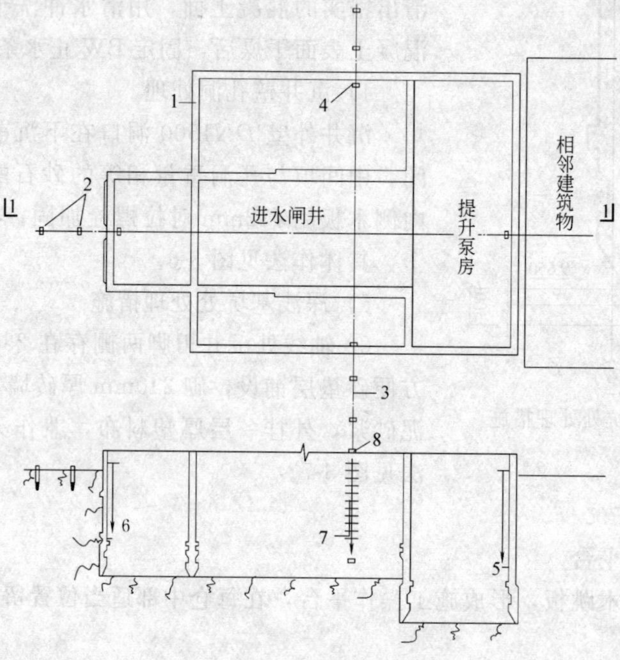

图3-8 沉井下沉测量控制方法

1—沉井；2—中心线控制点；3—沉井中心线；4—钢标尺；5—铁件；6—线坠；7—壁外下沉标尺；8—沉井观测点

挖土时随时观测垂直度，当垂球离墨线边达50mm时，即应纠正。沉井下沉过程中，每班至少观测2次，接近设计标高时应加强观测，每2h 1次，预防超沉，并应在每次下沉后进行检查，做好记录；当发现倾斜、位移、扭转时，及时通知值班队长，指挥操作工人及时纠正，使误差在允许范围内。

(6) 下沉倾斜、位移的预防及纠正

倾斜产生的主要原因有以下几点：

1）刃脚下土质软硬不均。

2）拆刃脚垫架，承垫木抽出未对称、均匀地进行。

3）挖土不均，使井内土面高低悬殊。

4）刃脚下掏空许多，使沉井不均匀，突然下沉。

5）井内局部出现流砂现象。

6）刃脚局部被障碍物搁住。

7）井外施工荷载对沉井一侧产生较大偏压。

施工中针对上述原因予以预防，可避免或减少倾斜；当沉井偏斜达到允许偏差值1/4时就应纠偏，沉井下沉过程中要做到勤测、勤纠、缓纠。沉井初沉阶段纠偏应根据“沉多则少挖”、“沉少则多挖”的原则在开挖中纠偏。终沉阶段要加强监控，缓中求稳，严格控制超沉。如沉井已经倾斜，可采取在刃脚较高一侧加强挖土，并可在较低的一侧适当回填砂石；必要时可配局部偏心压载，都可以使偏斜得到纠正。待其正位后，再均匀分层取土下沉。

位移纠正措施一般是有意使沉井向位移相反方向倾斜，再沿倾斜方向下沉，至刃脚中心与设计中心位置吻合时再纠正倾斜，使偏差在允许范围以内。

3.4.8 沉井封底

当沉井下沉到设计标高经2～3d下沉已稳定，或经观测在8h内累计下沉量不大于10mm时，即可进行封底施工。首先将新老混凝土接触面冲刷干净，对井底进行修整，使其成锅底形，再在其上浇封底混凝土，刃脚下混凝土切实填严，振捣密实，以保证沉井的最后稳定。封底混凝土达到50%设计强度后，在垫层上绑钢筋，浇筑上层底板混凝土。

3.5 SBR反应池无粘结预应力混凝土施工

3.5.1 材料及机具

（1）材料

1）选用鞍山市北方预应力工程有限责任公司生产的无粘结低松弛预应力钢绞线。规格为ϕ15.24，其力学性能见表3-1。

预应力钢绞线力学性能一览表 **表3-1**

抗拉强度（N/mm²）	屈服负荷（kN）不小于	伸长率（%）	千米松弛（%）	截面积（mm²）	每米理论质量（kg）	润滑脂质量（g/m）	护套厚度（mm）	松弛级别
1860	234.6	＞3.5	＜2.5	140	1.225	＞50	0.8～1.2	Ⅱ

2）张拉锚：AVM15-1 单孔锚。

3）挤压锚：APM15-1。

4）承压板：90mm×90mm×14mm Q235钢板。

（2）机具设备

1）油泵：YZB-15 4台。

2）千斤顶：YDC-230 4台。

3）电焊机：3台。

4）无齿锯：1台。

5）挤压机：ZY-600　2台。

（3）无粘结预应力筋及锚具的验收

1）预应力筋验收

a. 技术资料齐全，验收批不大于30t，要求每批出具出厂合格证、试验报告单。其内容为：无粘结预应力筋的强度、松弛值、伸长率、弹性模量及外包层塑料、油脂的检测报告。资料不全不能使用。

b. 外包塑料完好，无破损。

c. 油脂应充足饱满。

2）锚具的验收

张拉端全部选用AVM15-1型锚具，要求：

a. 所选用锚具全部为Ⅰ类锚具。

b. 有出厂合格证及试验报告。

c. 无裂纹、锈蚀。

3）锚具的复检

锚具进厂后按1000套为一验收批，并做下列检查和试验：

a. 外观检查：应从每批中抽取10%，但不少于10套锚具，检查其外观尺寸；当有一套裂纹或超过产品标准允许偏差时，应取双倍数量的锚具进行检查；如仍有一件不合格时，则该批锚具不得使用。

b. 硬度检查。

c. 锚具和钢绞线的组装件试验。

4）张拉设备及校验

a. 施加预应力所用千斤顶选用YDC-230型千斤顶。液压泵选用YZB-15型电动油泵。

b. 张拉设备的校验：张拉设备的校验期不得超过半年，新购置的张拉设备在使用前必须进行校验，千斤顶修理后和更换千斤顶后，重新进行校验。校验时油泵与千斤顶应编号成套试验，使用中不得互换。使用中校验周期不得超过半年，并有校验报告。校验两种情况：①千斤顶顶试验机（主动），确定张拉力与压力表读数的关系曲线供张拉钢绞线时使用。②试验机顶千斤顶（被动），确定压力表读数与已施加的压力之间的关系曲线供当一端张拉另一端测力时使用。

c. 张拉操作人员必须进行培训后才能上岗。

3.5.2　钢绞线运输、堆放

（1）钢绞线应成盘或顺直运输。成盘运输时盘径不宜小于2m，每盘长度不宜超过200m。

（2）钢绞线装卸吊装时，应保持成盘或顺直状态下起吊。搬运不得摔、砸、踩、踏，严禁钢丝绳或其他坚硬吊具，与无粘结预应力筋的外包层直接接触。

（3）如果成盘钢绞线长时间堆放，不应与地面接触，应在盘下垫方木，并应采取必要的覆盖措施。

3.5.3　预应力筋的制作

（1）预应力筋的制作长度应根据施工图、施工方法，所用张拉千斤顶的形式以及锚固方式、张拉程序确定。

（2）如果在下料过程中遇到钢绞线有死弯的，应去除死弯部分，以保证每根钢绞线通长顺直。

（3）为避免预应力筋在下料的过程中破损，需提供平整、干净的场地。

（4）在制作过程中根据预应力筋的长短以及所应铺设的位置逐根编号，并在堆放过程中分号堆放，以免造成施工时的混乱。

（5）在制作过程中发现外包层有破损的地方，应用防水胶布搭接1/2缠绕。

（6）马凳筋应按照各种高度逐根编号，分堆堆放。

3.5.4　预应力筋的铺设

（1）为保证底板预应力筋线型的正确，误差在±5mm之间，在预应力筋的下部设置支撑马凳，支撑马凳的间距1.2m，施工时马凳筋放在底层普通钢筋上；池壁水平钢绞线绑扎在已形成的普通钢筋的骨架上，为保证池壁向钢绞位置准确，在每束预应力钢筋中附加的$\phi16$筋上焊$\phi12$短钢筋骨架，纵向共设4层，绑扎在已成形的钢筋网上；为保证池壁顶部竖向预应力筋承压板位置准确，在承压板下增设两根$\phi16$钢筋，沿池壁通长设置，具体作法如图3-9所示。

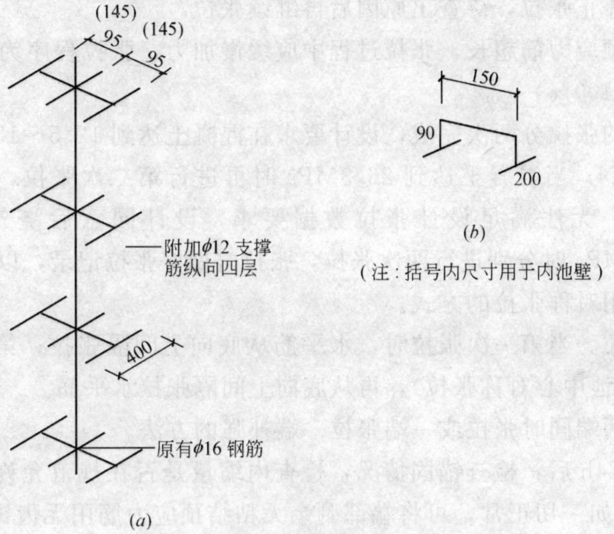

图3-9　钢绞线支撑示意图

（*a*）纵向钢绞线支撑骨架；（*b*）钢筋马凳示意图

（2）为保证线型顺直，应采用多点画线或挂线的方法，按点铺设预应力筋。

（3）施工中遇有洞口，预应力筋应以1∶6.5水平偏移的曲率绕过洞口的两侧，预应力筋离洞口边不应小于150mm。

（4）预应力筋集束布置，应保持预应力筋的平行铺设，避免产生扭绞。

（5）预应力筋铺设完毕后应仔细检查，遇到有预应力筋位置改变时应及时改正。

（6）做好自检及隐检。

（7）混凝土浇筑时，应派专人跟随看护；遇有预应力筋位置改变时，应及时改正。

3.5.5　张拉作业

（1）张拉前的准备

1）根据施工要求采用千斤顶及油的配套校验，以确定千斤顶张拉力与油泵压力表读数间的关系，保证张拉力准确无误。

2）清理穴模，清理撑压板，去除张拉部分钢绞线的外包层。

3）安装张拉锚具，安装时应保证夹片清洁、无杂物。

4）张拉伸长值的计算：$\Delta L = F_{FM} L_P / A_P E_P$，$E_P$ 值由钢绞线厂家提供，以及复算。计算参数 $K=0.004$，$\mu=0.12$。

5）确定张拉顺序。

6）张拉班组的安全教育、技术交底及工作分配。

7）准备张拉记录表。

8）搭设张拉操作平台或作业空间的准备（张拉工作面至少保证离张拉端 1.2m 的距离）。

（2）张拉

1）根据现场同条件养护试块确定预应力筋的张拉时间，经试压达到张拉所需强度后方可开始张拉。

2）张拉时应以控制应力为主并校核理论伸长值张拉；当实际张拉伸长值超出理论值的±6%的范围应停止张拉，待查出原因后再继续张拉。

3）本工程的预应力筋超长，张拉过程中应缓慢加力，张拉程序为：$(0 \longrightarrow 10\% \longrightarrow 30\% \longrightarrow 60\% \longrightarrow 100\%)\sigma_{con}$。

4）预应力筋的张拉分两次完成，设计要求在混凝土达到 12.5～15.0MPa 时进行第一次张拉，$N_1=89$kN；当混凝土达到 26.3MPa 时再进行第二次张拉，$N_2=193.9$kN。由于施工程序所限，无法满足设计张拉数据要求，设计同意后浇筑混凝土强度达到 12.5MPa 及 26.3MPa 时分别进行两次张拉，张拉时做好张拉记录，以备存档。

5）池底板采用对称张拉的方式。

6）池壁的张拉。当第一次张拉时，水平筋从底向上间隔张拉；第二次张拉时，先张拉池壁竖向筋（以池中心对称张拉），再从底向上间隔张拉水平筋。

7）张拉采用两端同时张拉或一端张拉一端补强的方法。

8）张拉完毕 24h 后，检查锚固情况，检查内缩量是否在规范允许范围内；如有超出范围应再次补拉。如一切正常，可将端部剩余无粘结预应力筋用无齿锯切掉，钢筋的余留长度不小于 30mm。

（3）封锚

锚具的封锚按照图纸的要求进行封锚，在涂环氧树脂的时候必须待防水砂浆实干后进行，以免环氧树脂与砂浆分离。

3.5.6 质量安全要求

（1）预应力筋的切割采用砂轮锯，不得采用电弧切割。切割时工人应站在角磨的旁侧，不能同时切割两根或更多绞线，以防锯片碎裂伤人。

（2）预应力筋进场验收时应具备产品合格证。

（3）锚具、钢绞线进场时应具备产品合格证，进场后接受监理的监督，进行二次复检。

（4）锚具应妥善保管，使用时不得有水或粘污其他杂物。也不得被电流通导，工具夹片当开裂或牙面破坏时则需要更换。

(5) 张拉时需根据情况搭设张拉平台，张拉平台应保证足够的宽度和安全性，并在张拉前进行安全检查。

(6) 张拉时工人不得站在千斤顶的后面，以防突发事件。

(7) 池壁的预应力筋铺设时在池壁的外侧应有脚手架。

(8) 在开始施工前，做好技术安全交底工作。

3.5.7 无粘结预应力施工流程

无粘结预应力施工流程如图 3-10 所示。

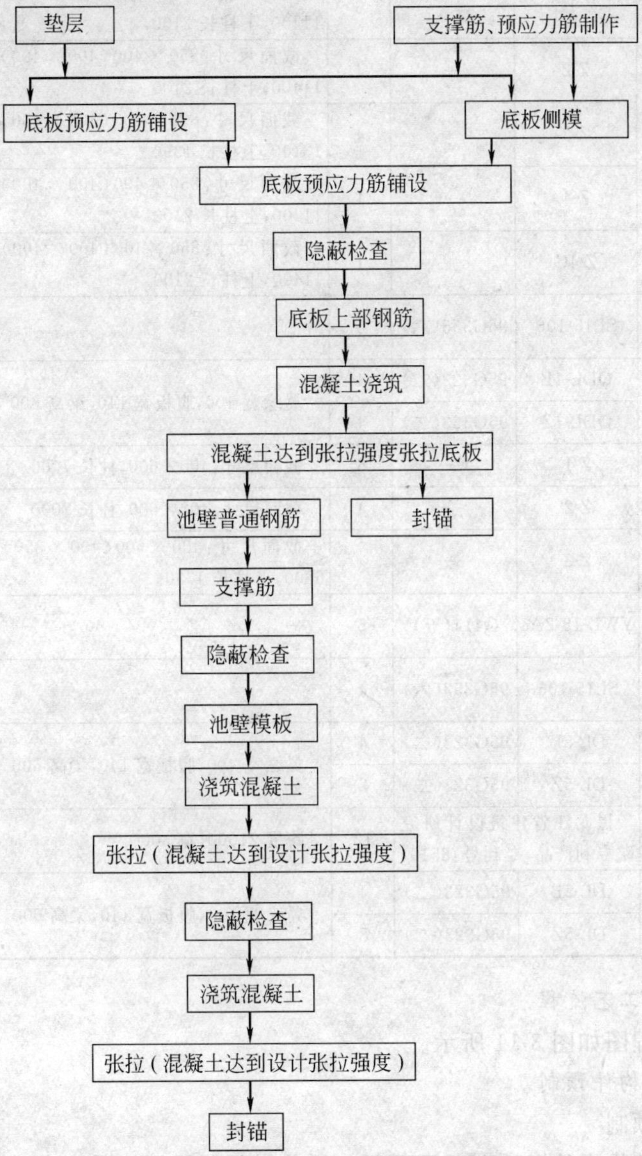

图 3-10 无粘结预应力施工流程图

3.6 排架结构主体施工

本工程粗格栅提升泵房、细格栅涡流沉砂池、综合间、投药加氯间均为框排架结构，预制柱、吊车梁在现场就近预制，预制薄腹梁、综合间拱板在现场预制场预制，预制屋面板委托有资质的构件厂生产，运至现场后集中安装。各单位工程预制构件见表 3-2。

预制构件统计一览表　　　　**表 3-2**

单位工程名称	构件名称	编号	图集号	数量	构件尺寸(mm)	单体质量(t)
细格栅	预制柱	Z-1	—	1	截面尺寸:850×400(400×400),下柱长 11400,上柱长 2	8.33
		Z-1C	—	3	截面尺寸:850×400(400×400),下柱长 11400,上柱长 2100	8.33
		Z-2	—	4	截面尺寸:850×400(400×400),下柱长 11400,上柱长 2100	7.40
		Z-3	—	4	截面尺寸:850×400(400×400),下柱长 13100,上柱长 1360	8.62
		Z-4	—	1	截面尺寸:850×400(400×400),下柱长 11400,上柱长 2100	8.33
		Z-4C	—	1	截面尺寸:850×400(400×400),下柱长 11400,上柱长 2100	8.33
	钢筋混凝土屋面梁	SL15-106	96G353(六)	5	—	7.56
	钢筋混凝土吊车梁	QDL-1B	95G323(二)	4	翼缘宽 400,腹板宽 140,梁高 600	1.70
		QDL-1Z	95G323(二)	4		1.68
投药加氯间	预制柱	Z-1	—	6	截面尺寸:400×600,柱长 7000	4.116
		Z-2	—	4	截面尺寸:400×600,柱长 7000	4.116
		Z-3	—	4	截面尺寸:400×600(400×350),下柱长 6800,上柱长 1730	4.59
	钢筋混凝土屋面梁	YWL-18-2Aa	G414(五)	5	—	8.6
粗格栅	钢筋混凝土屋面梁	SL15-106	96G353(六)	4	—	7.56
	钢筋混凝土吊车梁	DL-5B	95G323(二)	4	翼缘宽 400,腹板宽 140,梁高 600	1.70
		DL-5Z	95G323(二)	2		1.68
综合间	拱板	黑龙江省建筑设计研究院专利产品,专利号:8510		12	跨度 21000,宽 3000	19
	吊车梁	DL-5B	95G323(二)	4	翼缘宽 400,腹板宽 140,梁高 600	1.70
		DL-5Z	95G323(二)	8		1.68

3.6.1　施工工艺流程

施工工艺流程图如图 3-11 所示。

3.6.2　预制构件预制

(1) 排架柱预制

排架柱在建筑物内的空地上叠层预制，投药加氯间矩形柱采用定型钢模板，支撑采用 ϕ48mm 脚手钢管。细格栅工字形柱底模及下芯模用砖砌胎模，表面抹 1∶2 水泥砂浆后上铺地板革，上芯模及侧模用木模拼成，涂刷隔离剂。脱模时，先将构件与胎模分离后起吊，在模板上开排气孔，以防止浇筑时产生气泡，影响混凝土的密实度。

混凝土搅拌时掺加适量早强剂，以便于尽早达到吊装强度，混凝土从一端向另一端分

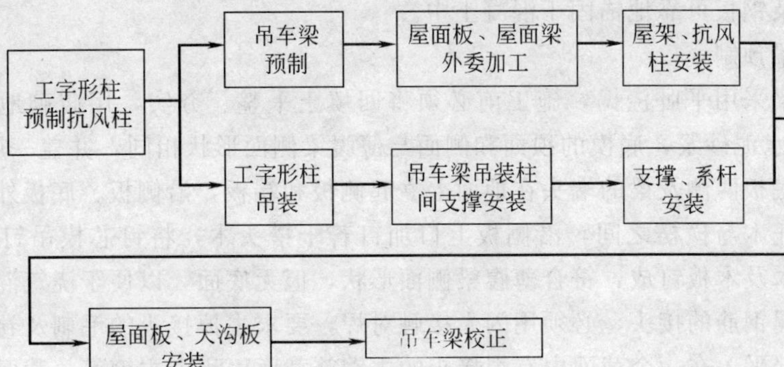

图 3-11 排架结构施工工艺流程图

层浇筑，分层振捣，分层厚度为 20～30cm。混凝土浇筑一次性振捣完，不允许留设施工缝。浇筑前检查模板尺寸及支撑的牢固情况及钢筋有无歪斜、扭曲、绑扎点松脱等现象，预埋件的尺寸、位置及预留墙拉筋规格、数量、位置要正确，保护层的垫块厚度适当。浇筑过程中，要注意保持钢筋、埋件、螺栓孔以及预留孔的位置准确，注意模板四周各个节点处以及锚固板与混凝土之间捣实。芯模四侧对称下料振动，以防因单侧压力过大，使芯模偏移。

(2) 吊车梁预制

吊车梁在建筑物外面的空地上就近预制，吊车梁模板采用木模内钉薄钢板，模板由侧板、端板、夹木、斜撑、立档等组成，立档主要是保持侧模形状，每 600mm 设一道，夹木夹于侧模外侧，下端采用 $\phi6$ 钢筋拉结，斜撑上端钉于托木上，下端钉于地面中的木块上，底模用砖砌地模，表面用 1∶2.5 水泥砂浆抹平压光，砖缝内穿 $\phi6$ 对拉钢筋拉结。在梁顶面增加吊环预埋件 200mm×100mm×10mm，$\phi16$ 钢筋爪子，长 450mm，支模方法见图 3-12。

吊车梁的主钢筋通长设置，不得有接头，除端部锚固处允许施焊外，主钢筋其他部位不许施焊，箍筋及架立筋与纵筋之间一律采用绑扎，梁上下部的两排钢筋应与角钢或钢板

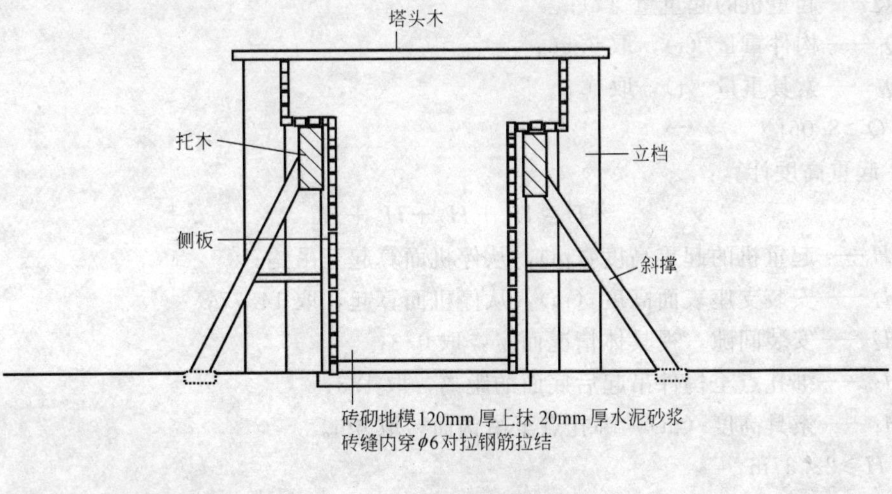

图 3-12 吊车梁支模方法

焊牢，使角钢及钢板可靠地锚固于混凝土中。

(3) 屋面梁预制

预制屋面梁采用平卧浇捣，施工前必须将回填土平整、夯实，用砖砌地胎模，上抹20mm厚1∶3水泥砂浆，底模的顶面和侧面与薄腹梁侧面形状相同，并盖一层塑料薄膜，以便脱模。沿底板两侧及梁的端头在地面上立起侧板和端板，沿侧板、底板外钉夹木，用斜撑撑于侧板托木与横楞之间，沿侧板上口加钉若干搭头木，将钉芯模吊钉在搭头木下方，芯模用方木及木板钉成，符合薄腹梁侧面形状，但无底面，以便于浇筑混凝土。

屋面梁下翼钢筋的接头，必须用闪光接触对焊，要求去掉接头的毛刺及卷边，且在焊接前需将端头锉平，在一个截面内有焊接头的主钢筋截面面积占主钢筋总截面面积的百分率不应大于25%，接头的截面之间的距离不得小于45倍钢筋直径。

屋面梁混凝土强度等级达到设计强度等级30%时方可脱模，80%时可扶直，翻身，100%时始可移动。吊装、扶直、平移和吊装必须平稳，防止急牵、冲击、受扭或歪曲。扶直后的梁应搁置在两端支承点上，不许在跨中增设支点，梁两侧应布置斜撑以防倾倒。

预制构件混凝土浇筑时，除按常规做试块外，另做一组同条件养护试件，以确定混凝土实际强度是否达到翻身、吊装要求。

3.6.3 结构吊装方法选择

根据本工程特点采用综合吊装方法，即柱子、柱间支撑、吊车梁、屋架等构件按分件吊装法，屋面板及屋架支撑系杆采用节间吊装法。起重机从一端开始，顺序吊装至另一端。吊装顺序为：

工字柱吊装⟶吊车梁、柱支撑吊装⟶屋面梁吊装⟶屋面板、天沟板吊装。

(1) 吊装机械选用

吊装机械根据构件尺寸、重量及安装位置而定，所选起重机的三个工作参数即起重量Q、起重高度H、工作幅度（回转半径）R均必须满足结构吊装要求，以预制薄腹梁为例计算如下。

1) 起重量计算：

$$Q \geqslant Q_1 + Q_2$$

式中 Q——起重机的起重量（t）；

Q_1——构件重量（t），取7.56；

Q_2——索具重量（t），取0.5。

则 $Q \geqslant 8.06$t

2) 起重高度计算：

$$H \geqslant H_1 + H_2 + H_3 + H_4$$

式中 H——起重机的起重高度（m），从停机面算起至吊钩；

H_1——安装支座表面高度（m），从停机面算起，取14.77；

H_2——安装间隙，视具体情况而定，取0.3；

H_3——绑扎点至构件吊起后底面的距离，取1.3；

H_4——索具高度（m），绑扎点至吊钩面，取6m。

则 $H \geqslant 22.37$m

3) 起重壁（吊杆）长度计算：

$$h_1/a=14.77/7.5=2.0$$

查表得：$h_2=0.97$，$\cos\alpha=0.622$

$$h=h_1+h_2-h_3=14.77+0.97-1.7=14$$

查表得：$l=30$m。

4）工作幅度计算：$R=F+l\cos\alpha=1.5+30\times0.622=20.16$

由此，选择 50t 汽车吊可满足预制薄腹梁吊装要求。

（2）工字形柱及抗风柱吊装

1）准备工作：

a. 用一台 QY25 型汽车吊对预制柱进行脱模翻身，使小面朝上，并移到吊装位置，使杯口中心、绑扎点、柱脚中心三点共圆弧。

b. 检查厂房的轴线和跨距。

c. 在柱身上弹出中线，可弹三面，两个小面和一个大面。

d. 在基础杯口的内壁及底面弹出房屋设计轴线，并在杯口内壁弹出供抹杯底找平层使用的标高线。

e. 根据柱子顶面和柱脚的实际长度和上条所述标高线，用水泥砂浆或细石混凝土抹杯底，调整其标高，使柱安装后各顶面标高基本一致。

f. 将杯口侧壁及柱脚在其安装后将埋入杯口部分的表面凿毛，并清除杯底垃圾。

g. 准备吊装索具和两台经纬仪。

h. 用回弹仪检查柱子混凝土是否达到吊装设计要求强度。

2）绑扎：工字形柱采用垂直吊法一点绑扎，工字形柱绑扎点设在柱牛腿根部，抗风柱吊点设在柱顶下 5m 处。

3）起吊：采用一台 QY25 型汽车吊单机旋转法起吊，起重机边起钩边回转，使柱子沿柱脚旋转而吊起柱子，汽车吊停机点位于绑扎点、杯口中心线、柱脚中心三点共圆弧的圆心上。

4）就位和临时固定：

a. 操作人员在柱吊至杯口上空后，应各自站好位置，稳住柱脚并将其插入杯口。

b. 当柱脚接近杯底时（约离杯底 3～5cm），刹住车，插入 8 个楔子（每个柱面垫 2 个），此时指挥人员应目测两个面的垂直度，并通过起重机操作，使柱身大致垂直。

c. 用橇杠橇动或大锤敲打楔子。使柱身中线对准杯底中线，应先对两个小面，然后平移柱，对准大面。

d. 落钩，将柱放到杯底，并复查对线，落实柱脚。

e. 打紧四周楔子，应两面同时在柱的两侧对面打，一人打时要转圈分两次或三次逐步打紧。

f. 先落吊杆，落到吊索松弛时再落钩，并拉出活络卡环的销子，使吊索散开。

g. 随时用坚硬的石块，将柱脚卡死，每边卡两点并要求卡到杯底，不可卡在杯口中部。

5）拉风柱临时固定：

a. 使用铁楔临时固定，铁楔斜度与杯口壁基本一致；如柱与基础上口间隙过大，可增加铁楔。

b. 因垂直于大面的方向稳定性较差，在吊装时，应立即校正并在两个大面都卡好坚硬石块后再松钩。

c. 加设缆风和临时加固。

6）校正：

a. 平面位置校正：采用反推法，假定柱子偏左，需向右移，先在左边杯口与柱间空隙中部放一大锤，然后在右边杯口上放丝杠千斤顶推动柱，使其绕大锤旋转，以移动柱脚。

b. 垂直度校正：采用敲打楔子法，敲打杯口的楔子，给柱身施加一定水平力，使柱绕柱脚转动而垂直。为减少敲打时楔子的下行阻力，应在楔子与杯形基础之间垫以小钢楔或钢板。敲打时可稍松动对面的楔子，但严禁将楔子取出，并应用坚硬的垫块将柱脚卡住，以防柱发生水平位移。

7）最后固定：钢筋混凝土柱子是在柱与杯口的空隙内浇灌细石混凝土做最后固定的，灌缝在校正后立即进行，灌缝前将杯口空隙内的木屑等垃圾清除干净，并用水湿润柱和杯口内壁。对于因柱底不平或脚底面倾斜而造成柱脚与杯底间有较大空隙的情况，应先灌一层稀水泥砂浆，填满空隙后再灌细石混凝土，灌缝分两次进行，第一次灌至楔子底面，待混凝土达设计强度25%后，再拔出楔子，全部灌满。

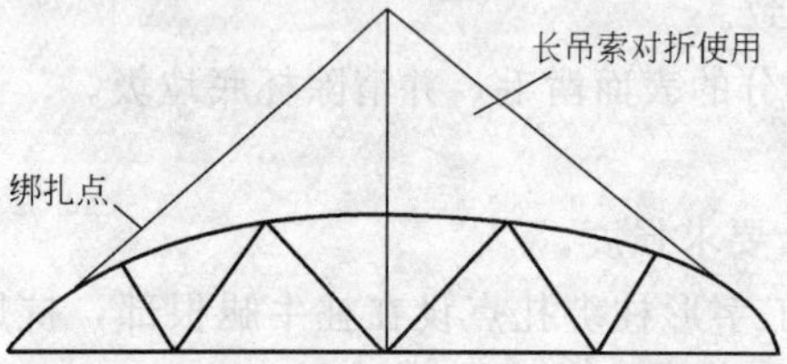

图 3-13　屋架翻身和吊装的绑扎示意图

(3) 屋架吊装

1）绑扎：屋架的绑扎应在节点上或靠近节点，翻身或立直屋架时，吊索与水平线的夹角不宜小于60°，吊装时不宜小于45°，绑扎中心必须在屋架重心之上。屋架绑扎示意图如图3-13所示。

2）翻身：屋架翻身时，在两端置以方木井字架，以便屋架由平卧翻转立直后搁置其上，先将起重机吊钩基本对准屋架平面的中心，然后起吊杆，松开转向刹车让车身自由回转，接着起钩；同时，配合起落吊杆，争取一次将屋架扶直。做不到一次扶直时，应将屋架转到与地面成70°后再刹车。在屋架接近立直时，调整吊钩，使对准屋架下弦中点，以防屋架吊起后摆动太大。屋架表面加绑钢管横杆，用以加强屋架平面刚度；同时，也能使操作人员站在屋架上，安装屋面板、支撑及拆除吊点绑扎的卡环等。

3）起吊：屋架采用25t汽车吊单机吊装，起吊前在屋架上弦自中央向两边分别弹出屋面板的安装位置线，在屋架下弦两端弹出屋架中线；同时，在柱顶弹出屋面板安装中线，起吊时先将屋架吊离地面20cm左右，使屋架中心对准安装位置中心，然后徐徐升钩，将屋架吊至柱顶以上，再用溜绳旋转屋架，使其对准柱顶，以便落钩就位。落沟时应缓慢进行，并在屋架刚接触柱顶时即刹车进行对线工作，对好线后即做临时固定，并同时进行垂直线校正和最后固定。

4）临时固定、校正、最后固定：第一榀屋架就位后，先在两侧各设置两道缆风做临时固定，并用缆风来校正垂直度，校好后立即将其与抗风柱连接固定。以后的各榀屋架，可用屋架校正器做临时固定和校正。15m跨屋架用一根校正器，18m跨屋架用两根校正器。

（4）屋面板吊装

1）绑扎：采用 QY-16 型汽车吊进行吊装作业。用兜索绑扎，并注意要对称布置使板起吊时呈水平，兜索与板的夹角大于 60°，使用横吊梁。

2）安装、固定：安装顺序为自跨边向跨中两边对称进行，屋面板在屋架上的搁置长度要符合设计规定，四角要落实，每块板至少有三个角与屋架焊牢。

（5）天沟板、支撑吊装：

1）采用一台 QY-16 型汽车吊进行吊装作业。

2）安装天沟板时，尽量使各天沟板成一条直线，并落实垫平，焊接牢固后方可松钩，吊钩超过人高方可转动起重臂。

3）在拧紧螺栓后要将丝扣破坏，防止松动。安装钢支撑对孔时必须用尖头扳手。安装中必须保证拧紧每一个螺栓后才能松钩。

4）吊装支撑时，绳结一定要绑扎牢固，绑扎点要平衡。

3.6.4 吊装工程施工安全技术措施

（1）梁柱吊装顺序与安装步骤应按施工组织设计要求进行，必须更改时，应经公司工程技术部批准。

（2）凡参与吊装的人员必须持证上岗，安排熟练的老工人进行安装。汽车吊司机应熟悉和掌握吊装规程。

（3）在正常吊装前应全面检查吊装设备机具，若有缺陷及时修理，特别是吊车的油压系统必须正常。

（4）钢丝绳在吊装前应经常检查，看是否有严重磨损及断丝现象，其安全系数应大于 5.5，绳卡应紧固可靠。

（5）吊钩在吊装前应检查表面有无裂纹和伤痕，其磨损不应超过原横截面的 10%。

（6）汽车吊在吊装中发现问题应立即停止作业，不准“带病”作业，不准超负荷作业，特别是柱、梁与地面的其他重物连结（如钢筋拉结），司机在作业时发现起吊时间与使劲超过平常所用规定（根据经验），应立即停止吊装进行检查，不得继续操作，以免发生重大事故。

（7）在固定柱子时，不得任意挪动钢楔子；在未临时固定前，不得将柱子上的钢丝绳拆除。

（8）在汽车吊吊臂下不准站人。

（9）汽车吊在正式吊装前应进行全面检查和试吊，做静负荷和动负荷试验，经技术鉴定后方可使用。静负荷试验应为梁与柱重量的 125%，试验时将重物吊离地面 1m 左右，悬空停留 10mm 左右，以检验起重设备的强度和起吊能力。动荷载试验应在静荷载试验合格后进行，所用重量为起吊构件重量的 110%，试验时应吊着重物反复升降、变幅、旋转和移动，以检验汽车吊的各部分运行情况；如发现不正常现象，应更换和修理。

（10）在吊装过程中，汽车吊负荷情况下尽量避免和减少起重臂的升降，绝对禁止在起重臂未落稳前做其他操作。

（11）在进行节点焊接时，焊工不得在屋面梁上行走，特别是还未固定的梁。节点焊接应在工具式活动操作架上操作。

（12）焊工必须经过严格培训，持证上岗。

（13）高空施焊应注意下方是否有人，不得顺手乱扔焊条头。

（14）非焊接工人不得任意使用电焊工具。

（15）在焊接过程中发现有漏电现象，应立即关上电源，通知电工修理。

（16）敲打熔渣时，必须戴眼镜，防止熔渣溅入眼内。

（17）电焊机必须有接地线。

（18）下班前应先切断电源，将开关拉下。

（19）现场设防火消防设备，组织现场义务消防小组。

3.7　钢筋工程

3.7.1　原材料要求

（1）钢筋采用 HPB235 级及 HRB335 级两种钢筋，进场必须有产品合格证及出厂检验报告，进场后按批量抽取试件作力学性能检验，对于进口钢材增加化学检验，经检验合格后方可使用。

（2）所有材料进场后，均需做好明显的标识，并按规格分类堆放整齐；且材料垫放的离地高度应控制在 100～200mm。

（3）原材料的供应必须由合格供应商进货，且需要采取“货比三家”的方式选定。

3.7.2　钢筋制作与加工

钢筋在现场钢筋加工场集中制作成形，制作前先熟悉图纸，弄清所要加工部位钢筋的品种、规格、几何尺寸、平面形状、数量、各种钢筋之间的位置关系以及加工的质量要求。制作过程中严格按钢筋配料单下料，加工好的半成品，应按绑扎的顺序堆放好，并挂牌标识。

3.7.3　钢筋绑扎、连接

（1）钢筋连接形式

直径小于或等于 ϕ14mm 的钢筋采用绑扎搭接；直径大于 ϕ14mm 的钢筋采用闪光对焊连接；池体长度大于 30m 时，其池壁水平筋及底板筋中间可设绑扎接头。柱竖向钢筋直径大于或等于 22mm 时采用电渣压力焊连接，必须保证接头位置设置在结构受力较小处，同一构件内的接头宜相互错开，同一连接区段内纵向钢筋接头面积百分率：焊接接头不大于 50％，绑扎搭接接头面积百分率符合下列规定：①对梁类、板类及墙类构件，不宜大于 25％；②对柱类构件，不宜大于 50％。

当纵向受拉钢筋的绑扎搭接接头面积百分率不大于 25％时，其最小搭接长度如表 3-3 所列。

（2）钢筋绑扎

纵向受拉钢筋的最小搭接长度　　**表 3-3**

钢筋类型		混凝土强度等级		
		C15	C20～C25	C30～C35
光圆钢筋	HPB235 级	45d	35d	30d
带肋钢筋	HRB335 级	55d	45d	35d

注：表中 d 为连接钢筋的直径（mm）。

1）底板池壁筋绑扎：事先弹好底板钢筋的分档标志，并摆好下层钢筋。绑扎钢筋时，除靠近外围两行的相交点全部扎牢外，中间部分的相交点，可相隔交错扎实，但必须保证钢筋不位移。摆好钢筋马凳后，即可绑上层钢筋的纵横两个方向定位钢筋，并在定位钢筋上画出分档标志；然后，穿放纵横钢筋，绑扎方法与下层钢筋相同。池壁钢筋插筋按图纸要求，伸入基础深度要符合设计要求，并绑扎固定牢固，以确保位置准确，必要时可采用电焊焊牢。底板钢筋绑扎后应随即垫好砂浆垫块，待底板混凝土浇筑后在底板上放线，再校正预埋池壁插筋，位移严重的应进行处理。先绑 2～4 根立壁钢筋，并画好分档标志，然后绑其余竖筋，最后绑其余横筋。立壁双排钢筋间设 $\phi6$ 拉钩，纵横间距 1m，双排钢筋的外侧绑砂浆垫块，保证钢筋保护层厚度。为保证池底板上层钢筋位置准确，在底板区域内设置 $\phi16$ 钢筋马凳，纵横间距 1m。

2）柱筋绑扎：在已立好的柱纵筋上用粉笔画出箍筋间距，然后将已套好的箍筋往上移动，由上往下采用缠扣绑扎，箍筋与主筋垂直，箍筋转角与主筋交点均绑扎，主筋与箍筋非转角部分的相交点成梅花式交错绑扎，弯钩叠合处沿柱子竖向错开布置。

3）梁筋绑扎：在主梁模板上分画箍筋间距，主筋穿好箍筋，按已画好的间距逐个分开⟶固定弯起筋和主筋⟶穿次梁弯起筋和主筋并套好箍筋⟶放主梁架立筋⟶隔一定距离将梁底主筋与箍筋绑牢⟶绑架立筋⟶再绑主筋。

（3）成品保护

1）钢筋绑完后，按设计要求，放好水泥砂浆保护垫块。

2）钢筋绑扎时应及时做好预埋及预留工作，预留孔洞时不准随意截断钢筋，预埋镀锌钢管时不准将钢筋抬起。

3）绑扎好的钢筋，严禁随意上人踩踏；浇筑混凝土时，必须保证钢筋位置正确。

4）在混凝土浇筑时，特别是浇筑板、梁时很难保证柱筋位置正确，因此，采取如下方法固定：在混凝土浇筑前预先把轴线投测到模板上，根据轴线找正柱筋位置，并用 $\phi10$ 或 $\phi12$ 的箍筋，把柱筋在梁上全部焊住，并把箍筋与梁钢筋焊住，使所有柱、梁、底板钢筋焊连成整体。并在混凝土浇筑中，及时带线检查钢筋偏位情况。

5）二次施工前（第一次浇混凝土后）应清理和修整立筋，才可绑二次施工的钢筋。垫好钢筋垫块，保证钢筋保护层正确。

6）对钢筋要重点验收，验收重点为控制钢筋的品种、数量、规格、绑扎牢固、搭接长度，并认真填写隐蔽工程验收单，交监理验收，做到万无一失。

3.8 模板工程

3.8.1 模板配置及安装过程控制原则

按业主指定的技术规范进行模板安装过程中的检查验收。

3.8.2 模板设计要求

模板配制应保证工程结构和构件各部分形状尺寸和相互位置准确，具有足够的承载力、刚度和稳定性，能可靠地承受新浇筑混凝土面的自重和侧压力，以及在施工过程中所产生的荷载。构造简单，装拆方便，并便于钢筋的绑扎安装和符合混凝土的浇筑、养护等要求。

3.8.3 模板配制方案

池壁模板及现浇顶板均采用12mm厚木胶合板，以保证清水混凝土实现，池壁内外模板采用50mm×70mm木方作楞，木楞间距200mm，并用两端带ϕ6钢筋撑头的ϕ12对拉螺栓加固，纵横间距500mm，对拉螺栓中间满焊止水环，两端钢筋撑头与两侧模板间加30mm厚木板，拆模后除去垫木，沿止水环平面将螺栓割掉，拉杆孔洞凿毛清洗干净后凹坑用环氧砂浆封堵密实，反应池池壁模板及对拉螺栓具体作法见图3-14。

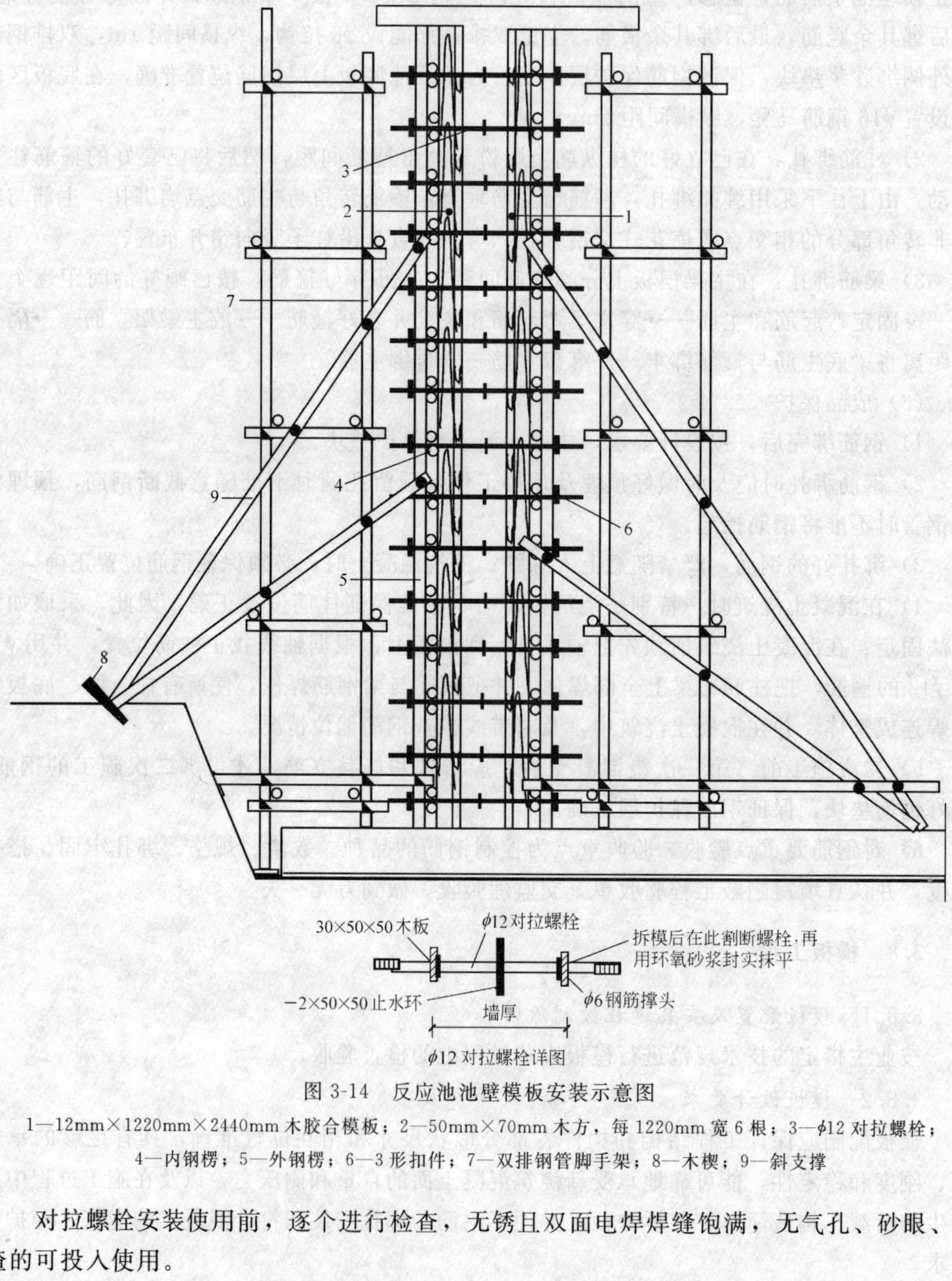

图3-14 反应池池壁模板安装示意图

1—12mm×1220mm×2440mm木胶合模板；2—50mm×70mm木方，每1220mm宽6根；3—ϕ12对拉螺栓；4—内钢楞；5—外钢楞；6—3形扣件；7—双排钢管脚手架；8—木楔；9—斜支撑

对拉螺栓安装使用前，逐个进行检查，无锈且双面电焊焊缝饱满，无气孔、砂眼、夹渣的可投入使用。

池壁模板的支撑方法：地面以下采用直接支撑在土坡上的方法，地面以上采用地面支设斜撑的方法。池壁内模的支撑方法，在池内设置双排钢管脚手架，并设水平撑杆，钢管脚手架里皮立杆离池壁 300m，外皮立杆离池壁 2800mm，纵立杆及大横杆间距 1200mm。

水池底板区域内设 ϕ25mm 支撑钢筋，支撑筋的底部及 1/2 底板厚位置均满焊 4mm×100mm×100mm 的钢板，纵横间距 3m，以支承 ϕ48 钢管，搭设操作架，钢筋支腿作法见图 3-15。操作架拆除后打掉钢筋周围的混凝土保护层，截断外露钢筋，然后用环氧砂浆密封。

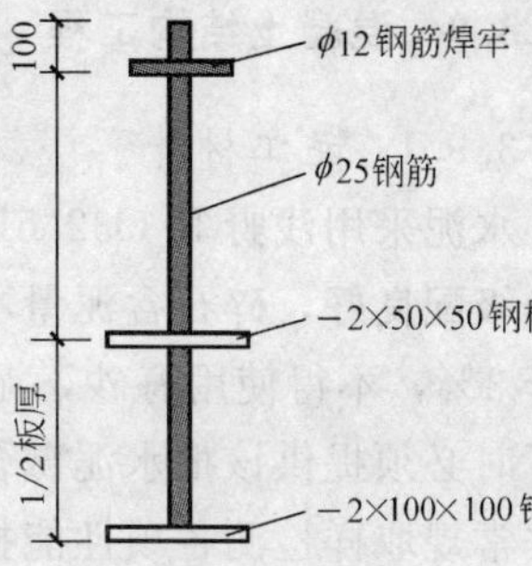

图 3-15　ϕ25 钢筋支撑详图

（单位：mm）

3.8.4　基础模板

池底板、承台、承台梁模板采用组合钢模板。

3.8.5　柱、梁模板施工

柱梁模板采用组合钢模板，柱箍采用 ϕ48 钢管对拉螺杆对拉，ϕ48 钢管抱箍与四周脚手架连接。梁板模板施工时，先测定标高，铺设梁底板，根据楼层上弹出的梁线进行平面位置校正、固定。较浅的梁（一般为 450mm 以内）支好侧模，而较深的梁先绑扎梁钢筋，再支侧模；然后，支平台模板和柱、梁、板交接处的节点模。梁模板采用组合钢模板，ϕ48mm 钢管加固，梁高≥700mm 的设一排 ϕ12mm 对拉螺杆，水平间距 600mm。

3.8.6　模板拆除

对竖向结构，在其混凝土浇筑 24h 后，待其自身强度能保证构件不变形、不缺棱掉角时，方可拆模。跨度≤8m 的梁板底模待其混凝土抗压强度达到设计抗压强度的 75% 时方可拆除；跨度＞8m 时必须待其混凝土抗压强度达到设计抗压强度的 100% 时方可拆除。

3.8.7　模板工程质量保证措施

（1）模板需进行设计计算，满足施工过程中刚度、强度和稳定性要求，能可靠地承受所浇混凝土的重量、侧压力及施工荷载。

（2）为了提高工效，保证质量，模板重复使用时应编号定位，清理干净模板上砂浆，刷隔离剂，使混凝土达到不掉角、不脱皮，表面光洁。

（3）精心处理柱、梁、板交接处的模板拼装，做到稳定、牢固、不漏浆，固定在模板上的预埋件和预留孔洞均不得遗漏，安装必须牢固，位置准确，模板量大拼缝宽度应控制在 1.5mm 以内。

（4）模板施工严格按木工翻样的施工图纸进行拼装、就位和设支撑。模板安装就位后，由技术员、质量员按平面尺寸、端面尺寸、标高、垂直度进行复核验收。

（5）浇筑混凝土时专门派人负责检查模板，发现异常情况及时加以处理。

（6）由于钢筋绑扎及模板施工穿插进行，安全施工难度将会大为增大，必须提高施工人员安全意识，时时做好安全防护措施。

（7）在模板工程施工过程中，施工人员需按施工质量控制程序图严格把关。

3.9 混凝土结构工程

3.9.1 施工材料

水泥采用浅野 P. O32.5R 及浅野 P. O42.5R 普通硅酸盐水泥，石子采用 5～25mm 碎石，级配良好，碎石含泥量不大于 1%，泥块含量不大于 0.5%，砂采用中砂，含泥量不大于 3%，不得使用海砂，泥块含量不大于 1.0%。为防止混凝土发生碱骨料反应，水泥出厂时必须提供该批水泥碱含量，砂石出厂应具有该批砂石的碱活性检测报告。进场后，除按常规取样检测各项性能指标外，增加碱含量指标检测。拌制混凝土用水采用不含有害物质的洁净水，不得采用海水。抗渗、抗冻混凝土碎石含泥量不得大于 1.0%，泥块含量不得大于 0.5%，砂含泥量不大于 3.0%，泥块含量不得大于 1.0%，普通混凝土砂、石含泥量见表 3-4、表 3-5。

砂中含泥量、泥块含量（按重量计）(%) 表 3-4

混凝土强度等级	含泥量	泥块含量
≥C30	≤3.0	≤1.0
＜C30	≤5.0	≤2.0

碎石中针、片状颗粒、含泥量、泥块含量（按重量计）(%) 表 3-5

混凝土强度等级	针、片状颗粒含量	含泥量	泥块含量
≥C30	≤15.0	≤1.0	≤0.5
＜C30	≤25.0	≤2.0	≤0.7

混凝土外加剂 SBR 反应池采用 GR-FS-2 泵送防水剂（具有减水、缓凝、引气、防水四种功效）、硅粉防腐剂，其他单位工程外加剂采用 GR-FS-2 泵送防水剂及 GRF-2 型防腐剂，以提高混凝土的抗渗、抗冻、抗腐蚀及缓凝性能。掺合料采用一级粉煤灰，取代水泥质量不超过总量的 20%。

混凝土配合比提前由试验室试配确定，使用期间不准自已随便改动。配合比应符合下列规定：水泥用量不得少于 300kg/m³，掺有活性掺合料时，水泥用量不得少于 280kg/m³，砂率宜为 35%～45%，灰砂比为 1：(2～2.3)，水灰比不得大于 0.55，预应力混凝土水灰比不大于 0.40。混凝土浇筑时坍落度见表 3-6。实际坍落度与要求坍落度的允许偏差见表 3-7。

混凝土浇筑时的坍落度 (mm) 表 3-6

<table>
<tr><th>结构部位</th><th>坍落度</th><th colspan="2">结构部位</th><th>坍落度</th></tr>
<tr><td>垫层</td><td>10～30</td><td rowspan="3">钢筋混凝土池
底板、池壁</td><td rowspan="2">泵送时</td><td rowspan="2">160～180</td></tr>
<tr><td>基础承台、承台梁</td><td>30～50</td></tr>
<tr><td>现浇梁、板、柱</td><td>30～50</td><td>吊车入模时</td><td>30～50</td></tr>
</table>

混凝土坍落度与要求坍落度之间的允许偏差 (mm) 表 3-7

要求坍落度	允许偏差	要求坍落度	允许偏差
＜40	±10	≥100	±20
50～90	±15		

3.9.2 分段要求及施工顺序

钢筋混凝土水池施工按施工工艺流程中确定施工缝位置分段施工，同一施工区段内科学组织，统筹安排，确保足够混凝土供应，连续施工，不得出现冷缝。

同一施工区段内池底板混凝土采用 2 台输送泵浇筑，2 个浇筑点，由远点开始，倒退施工，对称合拢，斜面分层，一个坡度，薄层浇筑，一次到顶。一旦输送泵出现故障，立即更换修理，另一台输送泵改为中心开花，扩散方式浇筑，混凝土浇筑顺序如图 3-16、图 3-17 所示。

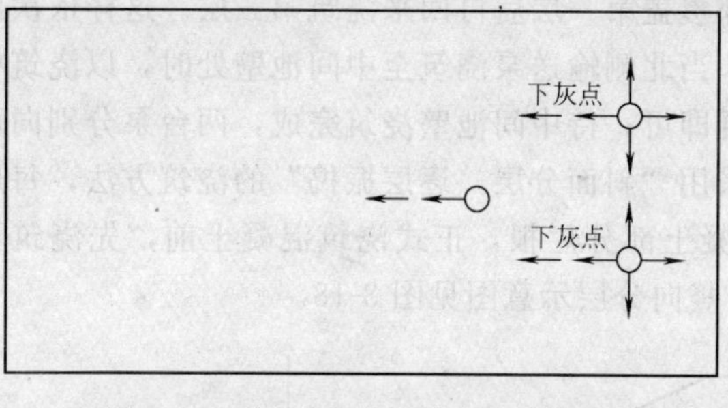

图 3-16 池底板混凝土浇筑顺序示意

图 3-17 池壁混凝土浇筑顺序图

池侧壁的混凝土浇筑由一点开始下料，向两侧对称分为两个浇筑递推面，沿斜面分层浇筑，直至两个递推面闭合，即完成该段施工。

3.9.3 施工要点

(1) 原材料计量

各种原材料严格按试验室配合比配制，砂、碎石、水由配料机电脑计量，水泥、外加剂、粉煤灰、硅粉人工上料，粉煤灰、硅粉按每罐用量提前过磅秤秤好后装袋，液体外加剂采用铁桶计量，称量准确后在桶内壁液体表面周圈做红油漆标记，具体操作时上料人员责任心要强，不得漏放、少放或多放，电子计量秤经检查，确保计量准确。原材料计量允许偏差见表 3-8。

混凝土原材料计量允许偏差 (mm) **表 3-8**

混凝土组成材料	每盘计量	累计计量
水泥、掺合料	±2	±1
粗、细骨料	±3	±2
水、外加剂	±2	±1

(2) 搅拌

本工程混凝土在现场搅拌站集中搅拌，按顺序投料，由于外加剂比较多，搅拌时间要适当延长，一般不小于 2min。以确保混凝土良好和易性为准，不能盲目赶工期缩短搅拌时间，混凝土坍落度控制在 16～18cm 之间，在保证可泵性的前提下宁稠不稀。

(3) 运输及泵管布置

混凝土采用两台输送泵运输至现场浇筑，输送泵管沿四周池壁布置，SBR 反应池池壁混凝土浇筑时落灰点分别设置在东北角（北池）及东南角（南池）位置，泵管布置在池壁的正上方，以保证混凝土自泵管出来后直接入模浇筑。

竖向泵管用钢抱箍夹紧，垂直泵管的底部弯头处受力较大，故用钢架重点加固，泵管布置完毕，对弯管接头处的密封性逐处进行检查，以免漏气影响泵送，并且避免泵管因侧壁受不均匀摩擦而出现局部受损现象。

（4）浇筑

反应池池壁混凝土：平面分段竖向分层浇筑，竖向共分3层，底下2层每2m厚为1层，第三层厚3.16m，连同走道板一同浇筑，混凝土从底层开始浇筑，进行一定距离后回来浇筑第二层，如此依次向前浇筑以上各分层；待第一层预计浇筑大约2h（20m远）后，回来浇筑第二层，待第二层浇筑至能够全部覆盖第一层后再回来浇筑第三层。这样依次向前浇筑能保证不出现冷缝，也能避免胀模；当北侧输送泵浇筑至中间池壁处时，以浇筑中间池壁为主，能保证西部池壁混凝土不初凝即可；待中间池壁浇筑完成，两台泵分别向西浇筑，最后汇合到西南角处。每一浇筑层采用“斜面分层，逐层振捣”的浇筑方法，每层下料厚度≤500mm。为防止刚开始浇筑混凝土部分烂根，正式浇筑混凝土前，先浇筑至少10cm厚与混凝土成分相同的水泥砂浆，竖向分层示意图见图3-18。

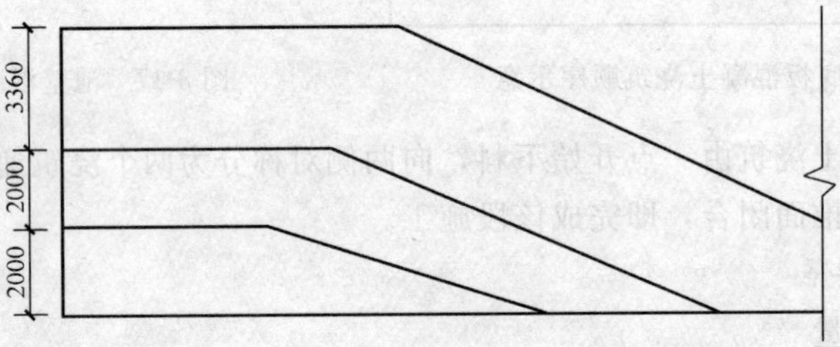

图3-18　反应池池壁混凝土浇筑竖向分层示意

（5）混凝土振捣

混凝土振捣采用插入式振动棒，由池壁顶向下振捣，每台输送泵的出灰口处配置3台振捣器，3个振捣人员必须密切配合，每500mm厚一层分层振捣，振捣点每300mm远一点按顺序振捣，不得漏振，振动棒宜快插慢拔，上层振捣应插入下层3～5cm；同时，振动时间要适宜，以混凝土表面泛浆不再显著下沉为宜，不得过振或振动不足。施工期间派经验丰富的混凝土工操作，工长在现场监督，禁止池壁混凝土漏振或振捣不足出现蜂窝、麻面。

在池壁混凝土浇筑振捣的同时，模板内外侧各安排两人与内侧混凝土浇筑同步用小锤敲击模板；若发现已振捣过的混凝土处有空响声，证明内侧混凝土漏振或未振捣密实，应随时通知振捣人员重新振捣密实。

振捣人员及敲击模板人员责任心必须要强，尤其是预埋套管、预留洞、预埋件周围必须加强振捣，确保混凝土密实；振捣时严禁碰撞预应力钢绞线，以免移位或将橡胶皮破损。

为提高振捣人员及敲击模板人员的责任心，确保池壁混凝土的浇筑质量，在每次交接班时，值班负责人用粉笔在模板外做好标记，记录好振捣人员。拆模后若发现有漏振现象，追究振捣人员责任，若振捣好的可适当奖励。

（6）混凝土养护

池壁混凝土拆模后外包一层塑料布养护，养护时间不少于14d，防止因风吹、日晒、气候干燥，混凝土表面失水，出现塑性收缩裂缝。

(7) 混凝土试件留置

抗冻抗渗混凝土施工除按常规留置抗压强度试件外，还要按规范要求留置抗渗、抗冻试件。

(8) 施工缝处理

池体后浇带两侧垂直施工缝及池壁水平施工缝处均采用凹形接缝，并通长设置BW遇水膨胀止水条，施工时要求施工缝处平整但不光滑，用2m直尺检查，表面平整度不大于5mm，粘贴BW膨胀止水条前先用小扁錾子将混凝土施工缝处浮浆凿掉、剔平，直到清出密实的混凝土面，混凝土凹坑30mm宽、10mm深，再用钢丝刷子刷一遍。最后，用清水冲洗干净。当施工缝处混凝土表面干燥后，即可固定BW膨胀止水条。BW膨胀止水条采用预埋22号镀锌钢丝的方法固定，施工缝处混凝土浇筑完毕，找平时在混凝土表面上池壁中间预埋30mm宽、10mm深的木条，木条下每隔500mm左右预埋一根22号镀锌钢丝，钢丝从中间对折，总长度为250～300mm，每段钢丝露出混凝土面长度为100mm左右，两段钢丝的间距为40mm（因BW止水条的截面规格为20mm×30mm）。为防止钢丝在使用时，由于混凝土表面的水泥浆强度不够而发生松动，在每根钢丝的中间放一小石子，用石子将钢丝压在混凝土中。每根钢丝的预埋位置应在一条直线上，固定止水条时，先将去掉隔离纸的止水条利用其黏性，压在施工缝混凝土表面上，再用预埋的钢丝将其绑牢固定，接头部位除按材料说明要求进行搭接处理外，还要用预埋钢丝绑牢。

在固定BW膨胀止水条前，先排好施工缝上部结构两侧模板的模数，并放好一侧的模板，等固定好BW膨胀止水条后，马上支另一侧模板并固定好，尽量缩短BW膨胀止水条的露天放置时间。充分利用两侧模板作为其挡水屏障，并适当根据天气情况（如有雨、露或霜），在模板顶用塑料布进行覆盖，防止BW膨胀止水条在浇筑混凝土前遇湿膨胀。

3.10 预埋件及穿墙套管施工

3.10.1 预埋件位于混凝土上表面

(1) 平板形预埋件尺寸较小，可将预埋件直接绑扎在主筋上；但在浇筑混凝土时，必须随时观察其位置情况，出现问题及时解决。

(2) 角钢预埋件亦可直接绑扎在主筋上，为防止角钢下混凝土振捣不密实，在固定前首先在预埋件上钻孔，以供混凝土施工时排气。

(3) 面积大的预埋件，除需用锚筋固定外，还需在其上部点焊适当规格角铁，以防位移，必要时在锚板上钻孔排气。对特大的预埋件，须在锚板上钻振捣孔，但钻孔位置、大小不得影响锚板使用。

3.10.2 预埋件位于混凝土侧面

(1) 预埋件距混凝土表面浅、面积小时，可采用螺栓紧固卡使埋件紧贴模板，成型后拆除卡子，重复使用。

(2) 预埋件面积不大时，可用铁钉或木螺钉将预先打孔的埋件固定于模板上；当混凝土断面较小时，将预埋件锚筋接长，绑扎固定。

(3) 当预埋件面积较大时，在预埋件内侧焊螺帽，用螺栓穿过模板与螺帽连接固定。

3.10.3 预埋件固定位置检查

锚筋不得与主筋相碰，且应放在主筋内侧，预埋件不应突出于混凝土表面。

预埋件位置允许偏差：中心线位移5mm，水平标高±3mm。

3.10.4 预埋件的防水作法

用加焊止水钢板的方法既简便，又可获得一定防水效果。施工时应注意将铁件及止水钢板周围的混凝土浇捣密实，保证质量。

3.10.5 穿墙套管施工

在管道穿过防水混凝土结构处，预埋套管，套管上加焊止水环，止水环应与套管满焊严密，止水环数量按设计规定。安装穿墙管道时，先将管道穿过预埋套管，按图将位置尺寸找准，予以临时固定；然后，一端以封口钢板将套管及穿墙管焊牢，再从另一端将套管与穿墙管之间的缝隙以防水材料填满后，用封口钢板封堵严密。

3.11 砌体工程

（1）本工程±0.000m以下砌体、接触池导流墙及池壁外保温砖墙采用MU7.5砖，其余部分采用MU7.5轻骨料混凝土砌块，施工时按照施工总计划安排砌块进场，按现行国家标准《砌体基本力学性能试验方法标准》及出厂合格证进行验收；砌块运至现场，分规格、分等级堆放，并在堆垛上设立标志，标明品种、规格、强度等级，一般堆放高度不超过1.6m，堆垛间留设通道。

（2）水泥选用P.O32.5级普通硅酸盐水泥，水泥进入现场时必须附有出厂检验报告和准用证。在现场设的水泥库中按品种、强度等级、出厂日期堆放，并保持干燥。

（3）配制砂浆用洁净的中砂，不得含草根、废渣等杂物，含泥量不超过5%，使用前过筛。

3.12 装饰工程

污水处理厂工程以大型抗渗抗冻混凝土水池为主，装饰工程有普通抹灰工程、水泥砂浆地面、地面砖地面、乳胶漆工程、普通木门、塑钢窗工程等，均为常规作法，不做介绍。

3.13 屋面工程

3.13.1 操作工艺

基层处理──→找坡层施工──→保温层施工──→找平层施工──→留设分格缝──→设置排汽孔──→铺贴卷材──→复杂部位增强处理──→浇水试验。

3.13.2 施工准备工作

（1）人员培训：通过专业技术培训，组织工人学习施工规范，交流施工经验，严格技术交底，熟悉操作规程，建立一支素质较高的专业防水工程施工队伍，持证上岗。

（2）材料准备：本工程采用氯化聚乙烯卷材防水，对进场的卷材品种、规格、型号、外观质量和性能指标应进行严格验收；卷材进场后分类堆放，防止变形或损坏，远离火源，避免暴晒和雨淋。

3.13.3 基层处理和保温层、找平层施工

施工前基层清理干净，除去表面松动的尘粒，不得有屋面积水。对阴阳角、管道根部等更应仔细清理。严格按设计要求，用体积比为1∶8的白灰炉渣按2%坡度找坡。分层铺设，用滚筒压实后不得直接在找坡层上行车或堆放重物。聚苯乙烯保温板铺设平稳，缺棱掉角部分用碎渣填实。

找平层为25mm厚1∶3水泥砂浆，找平层应粘结牢固，无松动、起壳、起砂等现象。排汽道应纵横贯通，并应与大气连通的排汽孔相通。排汽孔的数量宜为$36m^2$屋面面积设置1个。排出口应埋设排气管，排汽管应设置在结构层上，穿过保温层的管壁应设排汽孔。铺设屋面防水卷材的找平层设分格缝，缝宽为20mm，并嵌填密封材料。分格缝纵横间距不宜大于6m。

3.13.4 铺贴卷材

(1) 卷材铺贴

1) 本屋面坡度小于3%，因此宜平行于屋脊铺贴卷材。并按照“先远后近”的原则；还应注意从檐口处向屋脊处铺贴；从落水口处向“分水岭”处铺贴。

2) 根据铺设卷材的配置方案，从流水坡度的下坡开始弹出基准线，使卷材的长方向与流水坡度垂直。

3) 铺贴卷材可根据卷材的配置方案，从混凝土垫层的一端开始，先用粉线弹出基准线施工时，可将卷材沿长方向并使涂胶粘剂一侧向外对折，把卷材一边对准基准线铺展；或将已涂胶粘剂的卷材卷成圆筒形，然后在圆筒中心插入一根30mm×1500mm的铁管，由两人分别持铁管的两端，并使卷材的一端固定在预定的部位，再沿基准线铺展卷材。在铺卷材的过程中，不允许拉伸卷材，也不得有褶皱存在。

4) 每铺完一张卷材，应立即用干净松软的长把滚刷从卷材的一端开始，朝横向顺序用力滚压一遍，以彻底排除卷材与基层之间的空气。

5) 卷材的防水层的搭接宽度是确保防水层质量的关键。卷材接缝的搭接宽度为100mm，在与搭接有关部位每隔1m左右处，涂刷少许胶粘剂，待其基本干燥后，再用漆刷均匀涂刷在翻开的卷材接头的两个粘结面上，涂胶20s左右，以指触基本不粘手后，一边压合一边驱除空气，粘合后再用压辊滚压一遍。

6) 特殊部位的附加层卷材，应在大面积屋面卷材施工前铺贴完毕；如穿墙管等是最容易发生渗漏的薄弱部位，在铺贴卷材前，应采用聚氨酯涂膜防水材料进行附加增强处理。

(2) 特殊部位的施工

1) 卷材防水屋面的基层与突出屋面结构（女儿墙、立墙、变形缝等）的连接处以及女儿墙的转角处（水落口、天沟、檐口、屋脊等）均应做成圆弧。

2) 天沟、檐沟与屋面交接处的附加层宜空铺，空铺宽度200mm，天沟、檐沟卷材收头应固定密封。

3) 当墙体为砖墙时，可在砖墙上留凹槽，将截齐的卷材端部压入预留的凹槽内，并用压条或垫片钉压固定，钉距不大于900mm，然后用密封材料将凹槽嵌缝封严。凹槽距屋面找平层最低高度不应小于250mm，凹槽上部的墙体亦应做防水处理。

4) 当墙体为混凝土时，卷材收头可采用金属压条钉压，并用密封材料封固。

5）雨水口周围与屋面结构的连接处，均应封固严实、粘结牢固。穿过屋面的管道、设备层等与屋盖间的空隙应用密封材料封严。

6）卷材与卷材、卷材与基层之间，以及周边、转角部位及卷材搭接缝必须粘结牢固，不允许有漏粘、翘连缺陷。每层卷材铺完应经检查合格后，再进行下道工序施工。

抗渗混凝土工程质量控制程序 **表 3-9**

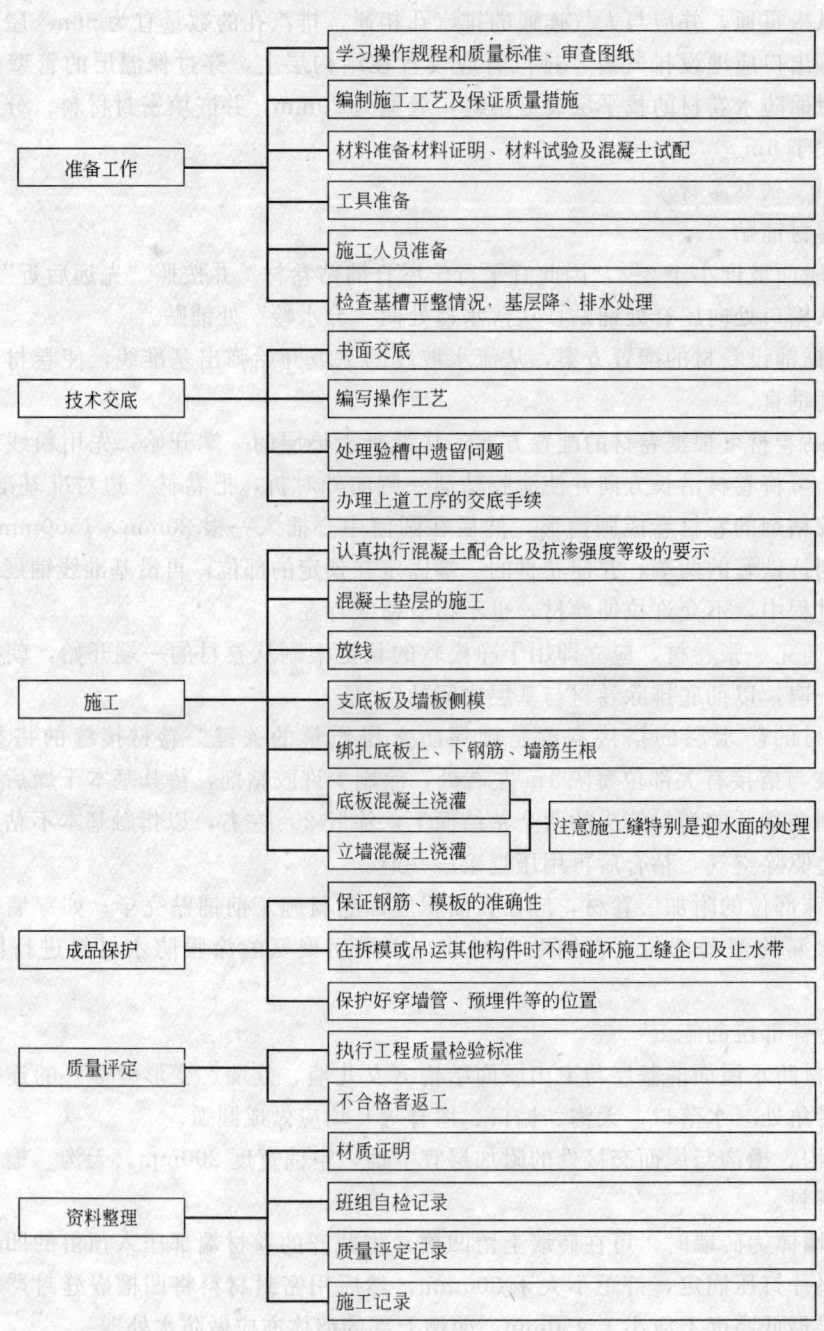

准备工作	学习操作规程和质量标准、审查图纸	
	编制施工工艺及保证质量措施	
	材料准备材料证明、材料试验及混凝土试配	
	工具准备	
	施工人员准备	
	检查基槽平整情况，基层降、排水处理	
技术交底	书面交底	
	编写操作工艺	
	处理验槽中遗留问题	
	办理上道工序的交底手续	
施工	认真执行混凝土配合比及抗渗强度等级的要求	
	混凝土垫层的施工	
	放线	
	支底板及墙板侧模	
	绑扎底板上、下钢筋、墙筋生根	
	底板混凝土浇灌	注意施工缝特别是迎水面的处理
	立墙混凝土浇灌	注意施工缝特别是迎水面的处理
成品保护	保证钢筋、模板的准确性	
	在拆模或吊运其他构件时不得碰坏施工缝企口及止水带	
	保护好穿墙管、预埋件等的位置	
质量评定	执行工程质量检验标准	
	不合格者返工	
资料整理	材质证明	
	班组自检记录	
	质量评定记录	
	施工记录	

7）阴阳角、水落口、管子根部周围是容易发生渗漏的薄弱部位，应做增补处理。处理方法是先铺一层卷材附加层，在转角周边加宽不小于250mm。

8）卷材层铺贴完毕验收合格后，即进行浇水试验。

3.14 水池满水试验

水池施工完毕后按照《给水排水构筑物施工及验收规范》GBJ 141—90 进行满水试验。水池满水试验必须在池体的混凝土强度达到设计强度后进行，具体做法按《给水排水构筑物施工及验收规范》GBJ 141—90 第五章和附录一进行。满水试验期间要加强沉降观测；如发现问题要及时反馈信息，及时处理。水池满水试验合格后，立即进行保温墙砌筑及回填土施工。

3.15 抗渗混凝土工程施工控制与管理

（1）抗渗混凝土工程质量控制程序，见表3-9。

（2）抗渗混凝土工程质量工艺流程，见表3-10。

（3）抗渗混凝土工程质量控制点设置，见表3-11。

抗渗混凝土工程质量工艺流程　　表3-10

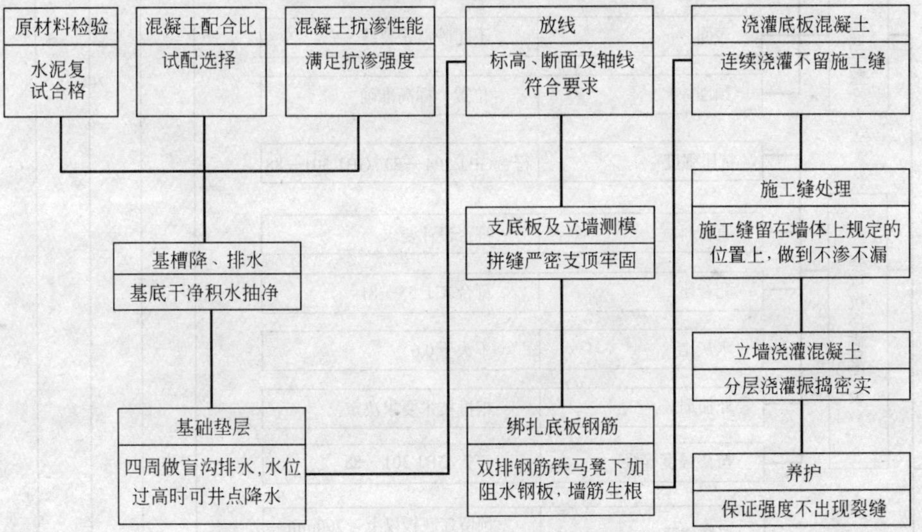

抗渗混凝土工程质量控制点设置　　表3-11

工程项目	班组目标	分项项目	管理点设置	规范标准	对策措施	检查工具及检查方法
抗渗混凝土结构	混凝土密实，不渗不漏，强度、抗渗符合规定要求	原材料外加剂、预埋件等	材质证明、加工图纸	符合有关规定	施工前分别检查各种材料的规格标准 检查预埋件，应符合加工图纸要求	试验室验定
		抗压强度、抗渗等级	现场及标养混凝土试块	符合规范及设计规定	抗压试块需符合 GBJ 201—93 及 GBJ 301—88 规定 抗渗试块需符合水工及施工混凝土标准要求	试验室验定

续表

工程项目	班组目标	分项项目	管理点设置	规范标准	对策措施	检查工具及检查方法
抗渗混凝土结构	混凝土密实，不渗不漏，强度、抗渗符合规定要求	混凝土板面平整密实墙面垂直好	垂直、平整	板面 5mm 墙面 4mm	基底清理干净浇灌垫层浇水温润 混凝土振捣密实，底板与垫层粘结好 施工缝按要求留设并埋设止水带，然后继续浇灌墙身混凝土 严格掌握配合比坍落度	观察检查
		墙面、板面裂缝		不允许	混凝土分层浇灌机械振捣密实 振捣必须充分返浆但也严禁有渗漏 加强管理	观察检查

（4）抗渗混凝土工程质量控制，见表 3-12。

抗渗混凝土工程质量控制 **表 3-12**

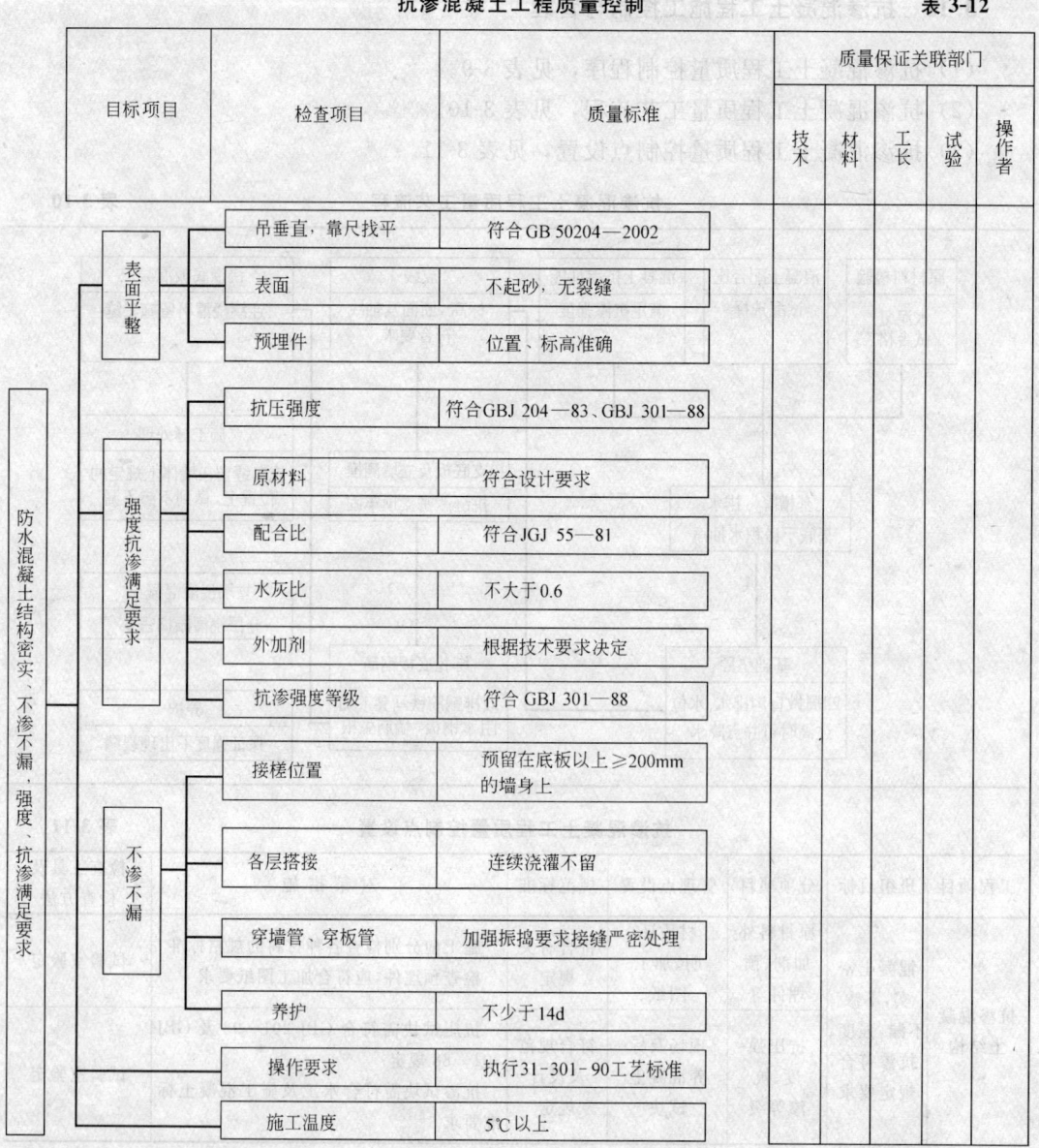

目标项目		检查项目	质量标准	质量保证关联部门：技术	材料	工长	试验	操作者
防水混凝土结构密实、不渗不漏，强度、抗渗满足要求	表面平整	吊垂直，靠尺找平	符合 GB 50204—2002					
		表面	不起砂，无裂缝					
		预埋件	位置、标高准确					
	强度抗渗满足要求	抗压强度	符合GBJ 204—83、GBJ 301—88					
		原材料	符合设计要求					
		配合比	符合JGJ 55—81					
		水灰比	不大于0.6					
		外加剂	根据技术要求决定					
		抗渗强度等级	符合 GBJ 301—88					
	不渗不漏	接槎位置	预留在底板以上≥200mm的墙身上					
		各层搭接	连续浇灌不留					
		穿墙管、穿板管	加强振捣要求接缝严密处理					
		养护	不少于14d					
		操作要求	执行31-301-90工艺标准					
		施工温度	5℃以上					

（5）抗渗混凝土工程关联部门质量保证措施，见表 3-13。

抗渗混凝土工程关联部门质量保证措施 **表 3-13**

部门	措施	执行人
技术	制定施工工艺，贯彻规范规程监督执行，发现问题及时解决	
材料	水泥、砂、石、外加剂等必须符合要求，工具要满足要求	
施工员	贯彻规范规程的工艺要求，监督施工人员合理安排人、料和机械的使用	
实验室	水泥、砂、石、外加剂和抗压抗渗试块的检验，根据要求提供配合比	
操作者	严格按工艺标准进行操作、养护和成品保护	

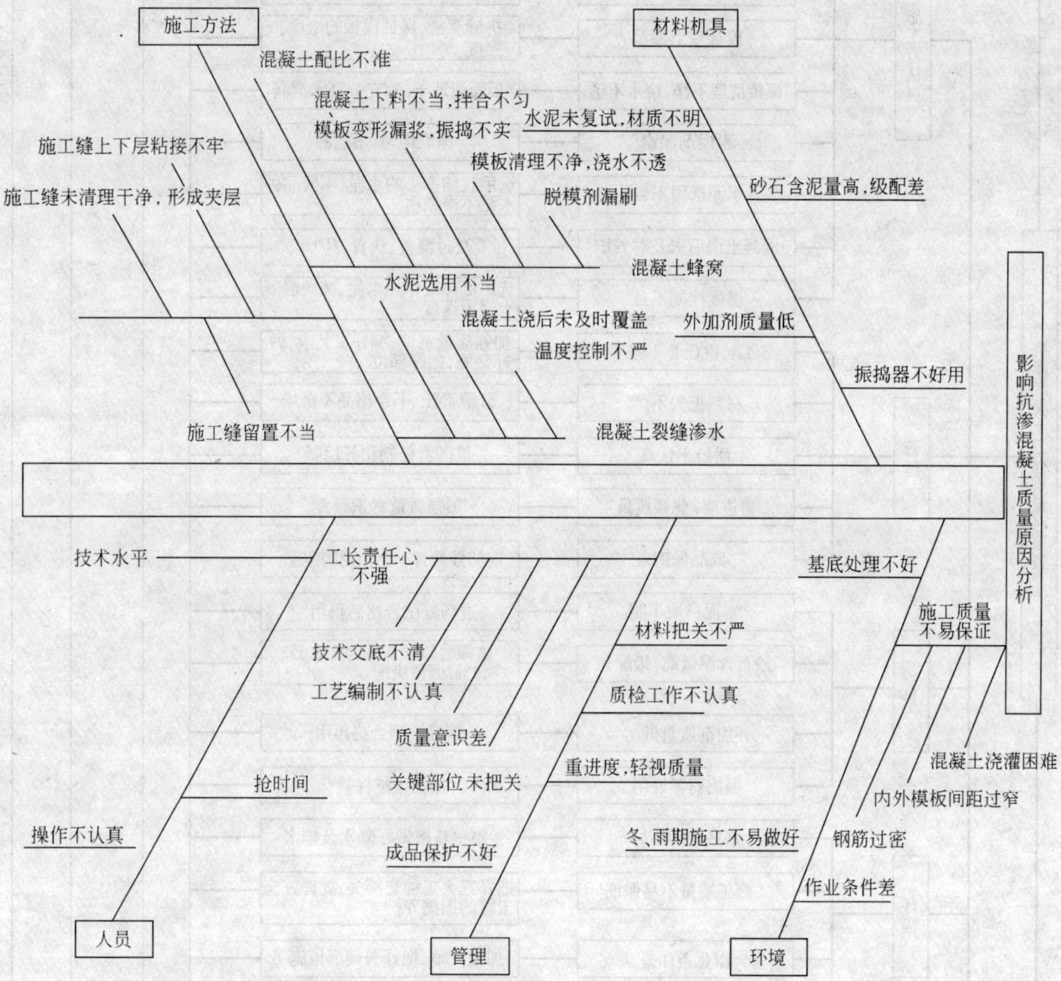

图 3-19 抗渗混凝土工程质量原因分析

（6）抗渗混凝土工程质量原因分析，见图 3-19。

（7）抗渗混凝土工程质量对策，见表 3-14。

（8）抗渗混凝土工程工艺质量管理卡，见表 3-15。

抗渗混凝土工程质量对策 **表 3-14**

	项目	影响质量因素	采取对策及执行的措施	执行部门	执行时间	执行人员
抗渗混凝土工程质量对策表	施工方法	施工缝留置不当	应留在墙身上200mm以上			
		施工缝不清扫，形成夹层	剔净凿毛，水冲后浇浆再浇混凝土			
		施工缝粘接不牢	先浇一层水泥砂浆再浇混凝土			
		混凝土配合比不准，拌合不匀	先做配比试验，过秤，控制搅拌时间			
		混凝土下料不当，振捣不实	分层浇灌，严格按振捣半径振捣			
		模板变形漏浆	拼缝严密，保证模板的刚度、强度			
		模板清理不净，浇水不透	板面清理干净，充分浇水湿润			
		脱模剂漏刷	涂刷均匀，不遗漏			
		水泥选用不当	选用收缩率小的水泥，不同品种水泥不得混用			
		混凝土浇后未及时养护	及时覆盖，认真养护			
		温度控制不当	选用低热或中热水泥，减缓混凝土浇灌速度			
	管理	工长责任心不强	加强质量意识，编好工艺卡，做好交底，把好部位			
		材料把关不严	分清责任，不合格品不进场			
		质检不认真	贯彻责任制和三检制			
		重进度，忽视质量	加强质量意识教育			
		成品保护差	加强教育，增加保护措施			
	料具	水泥材质不明	进场复试合格后再用			
		砂石含泥量高，级配差	过筛后砂含泥量<3%，石<1%，调整级配			
		外加剂质量低劣	需经检测合格再用			
		振捣器不好用	加强维护保养			
	环境	基底处理不好	整平基槽做好降水及排水			
		施工质量不易保证	把好三大工种交接关，处理好施工缝的振捣养护			
		作业条件差	加强交底，把好关键部位施工			
		冬雨期施工不易保证质量	增加季节性施工措施			
	施工人员	技术水平低	加强技术培训			
		操作不认真	贯彻责任制，增强责任心			
		抢时间	加强质量意识教育			

抗渗混凝土工程工艺质量管理卡　　表 3-15

<table>
<tr><td>施工准备</td><td colspan="9">原材料：水泥：P. O. 32. 5 级及以上的普硅水泥；砂、中砂含泥量≤3%；石子：宜用 40mm 粒径以下卵石含泥量≤1%；掺合料：粉煤灰掺量应严格控制；外加剂：视具体情况选用（包括防水剂）
混凝土完成试配后确定配合比
现场降水及排水继续进行
钢筋完成隐、检验收
模板完成预检验收，模板内清理，浇水湿润
技术交底完毕</td></tr>
<tr><td>操作工艺</td><td colspan="9">基底处理：挖槽后基底整平，随着降、排水的进行，基底积水由四周排水沟排至集水坑后抽出
混凝土搅拌必须按试验室的配合比通知单进行操作，混凝土运至浇灌地点按规定制作试块留存
垫层施工的关键在于表面平整，可采用平板振捣器振捣
垫层干硬后弹线，铺放钢筋并垫以水泥砂浆块，留出保护层
底板施工可结合面积和板厚，采取全面分层，分段分层或斜面分层的方式，从短边开始沿线沿长边进行，可以从中间向外（四个方向或一个方向），也可以从外向中间连续浇灌，不留施工缝
凡底板有双层钢筋者，上层钢筋可采用吊挂也可以采用支铁马凳的方式，铁马凳下可加钢板阻水
立墙与底板交接的施工缝，应留在底板以上 500mm（或至少 200～300mm）的立墙上并按要求埋置止水带
拆模时抗压强度至少应达到 1. 2MPa
养护终凝后即浇水不少于 7～14d，3d 以内每日 4～6 次，以后 2～3 次</td></tr>
<tr><td>质量标准</td><td colspan="9">原材料、外加剂和预埋件须符合设计和规范标准要求
防水混凝土须密实，其强度和抗渗等级须符合设计要求及有关标准规定
施工缝、变形缝、止水带、穿墙管件、支模铁件的设置和构造须符合设计和施工规范规定
混凝土表面平整、无露筋、蜂窝等缺陷，预埋件标高、位置准确</td></tr>
<tr><td>成品保护</td><td colspan="9">保证钢筋和模板的准确
拆模和吊运其他物件时，不得碰坏施工缝企口或撞动止水带
保证穿墙管、电门盘及预埋件的位置，防止振捣时被挤偏或预埋件凹进混凝土内</td></tr>
<tr><td>应注意的质量问题</td><td colspan="9">振捣不当脱模过早等原因造成的蜂窝、麻面等
漏振等原因造成的孔洞
因管道密集、预埋件和钢筋稠密处浇灌混凝土有困难，应采用相同抗渗等级的细石混凝土，大管以下部位可经套管浇灌，面积大的预埋钢板下应另开浇灌孔解决
由于施工缝接槎未处理好而造成的渗水、漏水等</td></tr>
<tr><td rowspan="4">技术安全节约措施</td><td colspan="6" rowspan="4">浇灌混凝土的平台架子和脚手板要在班前检查完毕，发现问题要及时派人修理
振捣器的电源胶皮线要经常检查，防止破损、漏电；操作人员要戴绝缘手套，穿胶鞋
专业电工应保证电源电路安全可靠，经常检测电器绝缘情况
翻斗车在使用前，务必对刹车进行检验
利用塔吊料斗吊运混凝土时，要注意信号人员与操作人员配合，防止意外事故发生
夜间施工运输道路及施工现场应架设照明设备</td><td colspan="2">检查验收结果</td><td></td></tr>
<tr><td colspan="2">检查评定等级</td><td></td></tr>
<tr><td colspan="2">参加检查验收人</td><td></td></tr>
<tr><td colspan="2">验收部门</td><td></td></tr>
<tr><td>施工组织设计编制人</td><td></td><td>施工员</td><td></td><td>班组长</td><td></td><td>施工时间</td><td></td><td>竣工验收时间</td><td></td></tr>
</table>

4 质量、安全、环保技术措施

4.1 质量保证措施

4.1.1 质量保证体系

为对本工程质量实施有效管理，工程开工前建立工程质量保证体系。

4.1.2 质量目标及质量控制点设置

(1) 本工程质量总目标达到辽宁省“世纪杯”标准，分部工程质量目标分解见表4-1。

工程质量目标分解一览表 **表 4-1**

序号	分部工程名称	质量目标	目标要求
1	地基与基础工程	一次验收合格	1. 所有分项工程必须符合《建筑地基基础工程施工质量验收规范》GB 50202—2002规定 2. 地下防水混凝土必须优良，做到不渗不漏
2	主体工程	一次验收合格	1. 所有分项工程必须符合《建筑工程施工质量验收标准》GB 50300—2001及工程施工质量验收规范规定，其中钢筋工程、混凝土工程、模板工程必须一次验收合格 2. 现浇混凝土一律按清水混凝土标准施工，防水混凝土必须一次验收合格，做到不渗、不漏 3. 主体结构必须一次验收合格，杜绝不合格工程和质量事故
3	建筑装饰装修工程	合格	1. 所有分项工程必须符合《建筑工程施工质量验收标准》GB 50300—2001及工程施工质量验收规范规定 2. 面层与基层结合必须牢靠，无空鼓、裂纹、麻面、起砂，颜色协调，无污染 3. 门窗表面平整光洁、无刨痕、毛刺、缺棱掉角等，塑钢门窗无划痕、碰伤，无锈蚀 4. 装饰每一道工序先做样板，鉴定合格后方能大面积施工
4	屋面工程	合格	1. 所有分项工程必须符合《建筑工程施工质量验收标准》GB 50300—2001及工程质量验收规范规定 2. 屋面防水完成后对整个屋面进行浇水试验，时间不少于2h，然后进行观察，无渗漏
5	采暖、卫生工程	合格	所有分项工程必须符合《建筑工程施工质量验收标准》GB 50300—2001及工程质量验收规范规定
6	电气安装工程	合格	1. 所有分项工程必须符合《建筑工程施工质量验收标准》GB 50300—2001及工程质量验收规范规定 2. 成套配电柜（盘）及动力开关安装、避雷针（网）及接地装置、消防控制系统必须优良

(2) 质量控制点设置

正确设置质量控制点，并严格进行实施是进行工序质量控制的重点，施工前针对影响质量的关键部位或薄弱环节，设置工序质量控制点，施工过程中实行重点控制，以保证工程质量，质量控制点设置情况详见表4-2。

工程质量控制点设置一览表 **表 4-2**

序号	工程项目	质量控制要点	控制手段
1	地基与基础工程	1. 开挖范围及边线（从中线向两侧量测）	测量
		2. 高程	测量
		3. 位置（轴线及高度）	测量
		4. 外形尺寸	测量
		5. 与柱连接钢筋型号、直径、数量	现场检查
		6. 混凝土强度	审核配合比、现场取样制作试件、审核试验报告
		7. 地下管线预留孔道及预埋	现场检查、量测

续表

序号	工程项目	质量控制要点	控制手段
2	主体结构工程	1. 防水混凝土的原材料、外加剂及预埋件符合设计要求及有关标准规定	取样检测
		2. 防水混凝土必须密实,其强度和抗渗等级、施工缝、变形缝、止水带、穿墙管件等符合设计要求及有关标准规定	现场检查
		3. 线、高程及垂直度	测量
		4. 断面尺寸	量测
		5. 钢筋:数量、位置、直径、接头	现场检查、量测
		6. 施工缝处理	旁站
		7. 混凝土强度:配合比、坍落度、强度	现场制作试件、审核试验报告
		8. 预埋件:型号、位置、数量、锚固	现场检查、量测
3	建筑装饰装修工程	1. 材料配合比	试验
		2. 室内抹灰厚度、平整度、垂直度	要求做样板间
		3. 室内地坪厚度、平整度	要求做样板间
		4. 门窗:位置、尺寸、嵌填、定位、安装、关闭、开关	检查、量测
4	屋面工程	1. 找平层:厚度、坡度、平整度、防裂度	观察、量测
		2. 保温层:厚度、平整度	观察、量测
		3. 防水面层:填嵌、粘结、平整	观察
		4. 水落管:安装、接头、排水	观察
5	室内给水排水管道安装工程	1. 安装位置及坡度、接头	观察、量测
		2. 管阀连接位置、接头	观察、量测
		3. 水压试验	观察、量测
		4. 水表、消火栓、卫生洁具、器件	水压试验
		5. 自动喷洒、水幕、位置、间距、方向	观察、量测
		6. 水泵安装位置、标高、试运转轴承温升排水系统通水试验	观察、量测 通水试验
6	室内电气线路安装工程	1. 变配电设备安装:位置、标高、线路连接	观察、量测
		2. 屏柜、附件及线中安装	观察、量测
		3. 绝缘、接地	观察、量测

4.1.3 质量控制程序

(1) 质量策划

质量策划是施工安装项目实施前的准备工作，实施前要进行质量策划，确定质量目标，并将质量目标层层分解，做到环环相扣，人人有责，形成互相制约、互相协调、互相促进的目标管理网络，并由总工程师组织编制工程项目质量计划，把从施工准备直至施工安装全过程纳入规范化、标准化管理轨道，所有质量活动均处于有效控制之中。本工程按照项目法组织施工，并成立项目经理部，对本工程实施质量管理。

1）项目经理：是本工程实施的最终负责人，在质量管理活动中负以下责任：

a. 保证公司制定的质量管理体系在本项目实现持续有效运行。

b. 优化配置资源要素。保证工程实现工期目标和质量目标，满足工程合同要求。

2）项目副经理：是本工程施工安装的生产组织者，在质量管理活动中负责：

a. 合理调度人力物资等资源要素，保证实现或提前合同规定的工期。

b. 正确执行公司的质量保证体系文件，按设计图纸和国家规范标准组织施工安装，对工序质量进行监控。

c. 协调业主（监理）分承包方与项目相互之间关系。

d. 参加内部质量审核，落实质量纠正措施和相互之间关系。

e. 对施工图纸、设计变更、技术资料、项目质量文件和记录，进行控制和管理。

3）项目工程师：是本工程质量计划和质量文件实施负责人，在质量活动中负责：

a. 对施工准备、施工安装和交付全过程的质量活动进行控制、管理、监督、改进和预防。

b. 对进场的材料、半成品、构件、机械设备的合格性进行监控。

c. 对分包工程质量实施管理、监督、检查。

d. 解决业主（监理）、设计、分承包与项目相互间的质量接口发生的问题。

e. 根据公司内部质量审核程序文件，负责对质量审核的结果进行评定，制定改进和预防措施。

f. 技术培训。

4）工长、技术员、测量员、试验员、计量员，在主管领导的指导下，负责所管部位和分项施工安装全过程的质量控制，使其符合图纸（包括变更）和规范要求，有特殊规定者符合特殊要求。

5）材料员、构件员、机械员，负责对进场的物资和机械设备进行质量验收，对不合格者退货。对有特殊要求的物资，执行项目工程的指令，对业主或业主指定的分承包提供的物资负责按合同规定进行验收。

6）安全员负责项目施工的安全监督检查工作。机械员负责项目机械的维修、保养等工作。质量检查员在项目工程师的指导下，对工程施工安装全过程进行质量监控和核定。

（2）采购

采购包括物资采购与分承包方采购二类活动，分别执行公司《物资采购控制程序》、《工程供方评审控制程序》、《劳务供方评审控制程序》。

物资采购由项目材料员根据月旬施工计划采购，采购前需进行市场调研，并对物资分供方进行选择和评定，对生产厂家的考察评定内容：营业执照、产品生产许可证、质量认证证书、生产、供应质量保证能力、信誉履约情况。对中间商的考察评定内容：营业执照、资金、质量保证能力、交货质量、储存运输能力、信誉履约情况。对考察合格的分供方与其签订供货协议，并明确对其供货材料的技术标准要求。

材料进场后，按有关规定对其外观质量、数量等进行验收，需复试者由材料员、见证员取样复试。

（3）产品标识和可追溯性

原材料、半成品按施工平面布置图规划堆放，并挂牌标识；分项工程由分项工程质量检验评定表进行标识；单位工程由工程质量等级证书作为审核品质标识。

施工过程各阶段追溯可按出现问题的工程部位、施工日志，逐步查阅分部分项工程质量评定表、隐蔽工程验收记录、工程检验报告进行追溯。

（4）过程控制

1）施工准备阶段控制

图纸自审与会审：项目工程师组织本项目技术员、质检员、预算员、材料员及土建工长、水电工长等审查图纸，形成图纸自审记录，并及时与业主联系，进行由设计单位、建设单位（监理单位）及施工单位三方参加的图纸会审，形成图纸会审记录，三方签字盖章后下发至有关人员，与施工图纸等效使用。

施工规划：对质量控制起主要作用的施工规划内容是施工方案、安排施工顺序、选择施工方法、选用施工机具等，以保证工程质量为目标，同时注意施工方案的优选。

技术交底：总工程师向项目工程师、项目工程师向技术员、工长向班组三级交底，目的是使参与项目施工的人员了解担负的施工任务的设计意图、施工特点、技术要求、质量标准、应用新技术、新工艺、新材料、新结构的特殊技术要求和质量标准等，从而建立技术负责制、质量责任制，加强施工质量检验、监督与管理。交底的主要要求是：以设计图纸、施工规范、工艺规程和质量检验评定标准为依据，编制技术交底文件，突出交底重点，注重可操作性。

预检：由工长及时进行预检，预检的目的是通过对以后各施工工序有重大影响的项目进行检查，防止可能发生差错造成质量事故，预检由施工单位进行，做出记录。土建工程规定的预检项目有：测量放线、模板、翻样、混凝土施工缝留置、方法及接槎处理、地面基层处理等。

隐蔽验收：凡被下道工序所掩盖包裹而进行质量检查的过程，分项工程，由工长组织隐检，填写隐检报告单交质检员检查验收，及时向业主（监理）提出隐检报告，并督促其及时完成隐检工作。一般项隐蔽由现场质检、甲方监理共同验收，关键项由公司部门、甲方会同设计院、市质检共同验收把关，设备安装前耐压、密封等可靠性检测，水、暖、电隐蔽前耐压检测会同甲方验收签认，把事故消灭在隐蔽之前。

2）施工过程控制

根据本工程的特点，粗格栅及提升泵房沉井施工、SBR 反应池预应力钢筋混凝土施工及冬雨期施工确定为关键过程，抗渗、抗冻混凝土外加剂及原材料计量、防水工程确定为特殊过程，施工时由项目工程师编写专项施工措施，并进行过程能力保证鉴定，合格后方可施工。

（5）检验和试验

送检试验项目，由现场试验员取样，业主（监理）参加验证，试验过程或部位检验和试验的控制，执行公司质量体系文件及葫芦岛市的有关规定。

建筑材料试验和施工试验委托葫芦岛市建设工程质量监督站试验室进行检验，按规范要求，对规定建筑材料及施工半成品、成品进行性能测试的工作。试验的目的是检查质量状况，以便做出材料是否可用、施工试验项目是否符合质量要求，进行继续施工的决策。

按国家规定，建筑材料、设备及构件供应单位对供应的产品质量负责。在原材料、成品、半成品进场后，除应检查是否有按国家规范、标准及有关规定进行的试（检）验记录外，还要按规定进行某些材料的复试，无出厂证明或质量不合格的材料构配件和设备不得使用。

进行试验的原材料及制品有：水泥、钢筋、钢结构用钢材、焊条、焊剂及焊药、砖、砂、石、外加剂、防水材料等。

施工试验的项目有：回填土、回填砂、砂浆试块强度、混凝土试块强度、防水、试水等。

材料及施工试验按下列程序进行：填写试验委托单，送试样、检查核对试样尺寸、数量、外观、编号、委托单内容，进行必试项目和要求项目的试验，填写试验记录单、计算与评定、填写试验报告、复核签章、登记建账、签发试验报告。

(6) 检验、测量和试验设备的控制

现场设兼职计量员一名，负责对检验、试验设备定期周检，确保施工过程的各个工序，使用合格的受控设备，并建立计量台账。

(7) 不合格品的控制

工程中采购、进货、过程检验业主或监理发现的不合格品，项目副经理、项目工程师组织有关部门对其进行标识、记录、隔离、评审和处置，并书面通知操作人员，防止误用或进入下道工序。

(8) 纠正或预防措施

对实际或潜在不合格因素，由项目工程师及时提出，项目副经理组织，采取纠正或预防措施。

对容易出现质量通病的工序，重点分析所用材料、工艺生产设备、操作规程、操作技术等，按公司相关文件予以预防。

(9) 防护和交付

项目工程师制订竣工验收前已完工程的保护措施和办法，工长对已完工序采取措施，设专人对重要工序进行防护，避免后续工序对上道工序的破坏。

(10) 职工素质保证

对项目经理、施工员、预算员、质量员、安全员、材料员、计划员、劳务员、机械员、统计员、会计员坚持先培训后上岗，持证上岗率达100%。

对入场职工进行质量、安全知识教育，对重要工序及新工艺、新材料施工前，由项目工程师进行技术培训，特殊工种人员持证上岗。

对从事与质量活动有关的管理人员，进行GB/T 19001—2000、ISO 9001：2000系列标准和公司质量体系文件的学习，重点掌握质量体系对本岗位职责及技术、技能操作的要求。

(11) 内部质量审核

由公司定期组织对项目质量体系运行效果及工程质量进行审核，为质量管理体系的改进及管理评审提供可靠依据。对内审中不合格项，由项目经理负责按照纠正或预防措施进行纠正，以保持质量体系在本项目的持续有效运行。

(12) 质量记录及工程技术资料

工程施工技术资料是施工中的技术、质量和管理活动的记录，也是工程档案的形成过程，按各专业质量检验评定标准的规定及实施细则，全面、科学、准确地记录施工及试(检)验资料，按规定积累、计算、整理、归纳，手续必须完备，用以评定单位工程质量等级，移交建设单位及档案部门，不得出现伪造、涂改、后补等现象。

4.1.4 工程质量保证措施

(1) 为确保地基、基础和主体结构工程质量安全可靠，对水泥、钢材、钢筋等材料材质，与相关形成的砂浆试件、混凝土试件、焊接试件与构件试件等，以及工程重要部位所采用的防水抗渗等材料与试件，均必须做试验检验记录；对不合格者，按公司不合格品控制程序进行控制。

(2) 各项试件必须按相应施工规范、标准及规定留置足够的试件数量，其制作方法、规格、养护条件均应符合相关施工规范标准的要求，时间、温度、环境、记录准确，检验人员、单位、审核者均必须签字或盖章，试验成果应达到设计或相关施工规范的规定。

(3) 严格按照材料质量标准验收材料，把好原材料的入场质量关，进场材料必须附质量证明书，对钢材、水泥、砂石等材料要根据材料性质，按批量进行复试，合格后方可用于工程中，不经检验不得放行。

(4) 在抽取材料试验样品时坚持业主见证取样，使样品质量真实反映母体的质量状况。

(5) 施工过程控制：根据本工程的特点将降低地下水施工、SBR反应池预应力钢筋施工、池底板及池壁混凝土连续浇筑、粗格栅提升泵房沉井施工作为关键过程加以重点控制。

(6) 在工程项目经理部的统一领导下，建立健全工程项目质量保证体系，配齐各级管理人员，职责分工明确，严格执行质量一票否决权制度，层层签订工程质量责任状及工程质量目标责任状，严格奖罚制度。

(7) 按照GB/T 19001—2000、ISO 9001：2000系列标准，对项目管理人员进行质量职能分配，编制工程项目质量计划。从材料验收到施工安装全过程，严格按照质量计划组织施工，实行事前预控、事中监督、事后总结，将工程质量纳入有效控制之中。

(8) 按照工程质量目标分解表，严格控制每个分部工程质量，以分项保分部，以分部保单位工程优良目标的实现，实行层层预控、层层把关，以确保分部优良目标及单位工程质量目标的实现。

(9) 本工程所有预留洞、槽施工时，要结合其他专业图进行预留，严禁凿洞。

(10) 本工程在用检验和试验设备。必须定期进行周检，以保证检验和试验数据的准确性和有效性；一旦发现失准，必须对其检验数据重新进行检验，并将所用设备及时送检。

(11) 实行全面质量管理，并运用统计技术，对施工过程中的常见病、多发病进行统计分析，查找影响质量问题的主要因素，并采取对策逐步改进，使产品质量得到有效控制。

(12) 明确施工质量管理控制点和质量问题的主要因素，并采取对策逐步改进，使产品质量得到有效控制。

(13) 严格执行工序质量控制程序标准，实行班组自检、互检、交接检，强化质量预控，上一道工序不合格，不得进入下一道工序。

(14) 编制工程成品、半成品保护措施，做好工程保护工作，避免不必要的返修。

(15) 竣工资料的控制：

严格执行《建设工程文件归档整理规范》GB/T 50328—2001和各项施工技术规程、规范、工程质量评定标准的要求，施工过程中形成的各类工程技术档案一律采用A4幅面纸，为减少工作量，可以用碳素墨水笔填写一份后复印，复印后正式签字盖章有效，工程技术档案一式七份。

工程档案资料必须随工程进度及时填写、积累、不得后补，资料内容完整、真实、准确，字迹清晰、无涂改，签字、盖章手续齐全。

4.2 安全保证措施

4.2.1 安全管理措施

认真贯彻建设工程施工管理规定，按《建筑施工安全检查评分标准》JGJ 59—99 的规定，实行安全施工现场达标。

(1) 安全三宝使用，进入施工现场必须戴安全帽，高空作业要系好安全带，做好“四口、五临边”防护。

(2) 施工现场的坑、井沟和各种孔洞、易燃易爆场所，必须设置围栏或盖板和安全标志，夜间施工要有足够照明并设红灯示警。

(3) 主体结构施工时，为防止物体坠落伤人，采取双排外架封闭施工，将施工干扰降低至最低程度。

(4) 焊机上要有防雨盖，下有防潮垫，一二次电线接头处有防护装置，二次线使用接线柱，一次电源采用橡胶套电缆或穿塑料软管，长不大于 3m。

(5) 振捣器、打夯机、手电钻、潜水泵等手持电动工具，都应装灵敏、有效的漏电保护装置。

(6) 合理布置消防栓和灭火器材并派人定期检查，保持有效，消火栓周围严禁堆放，确保消防通道畅通。

(7) 施工现场禁止动用明火，确因需要必须当地负责人申请，并采取防火措施，电气焊按使用签字并派人看护。

(8) 对使用的机械设备必须定期检查，对发现的隐患立即采取措施解决。

4.2.2 安全管理制度

对进场人员由专职安全员分工种进行入场教育和上岗安全教育并记录，特殊工种持证上岗。

由项目工程师编制分项工程安全技术措施，工长向班组进行安全技术交底。

上班前工长对班组长、班组长对班组成员分别就安全注意事项进行交底并记录。

专职安全员，每天对现场安全生产情况进行监督检查；发现不安全隐患，随时向有关人员提出整改建议，并督促其整改并记录。

每周三下午 14：30，由项目生产经理组织安全、技术、工长、机械、水电施工员等人员进行安全文明施工检查；发现问题立项整改、反馈，记录保存在安全员处。

每旬由项目经理组织各有关人员总结每旬安全生产情况及安全注意事项并落实到责任人。

4.3 现场文明施工及环保措施

(1) 现场围挡、封闭及标牌管理

施工场区围挡利用工程正式围墙，主入口处设置钢大门，并建立门卫制度，禁止外单位人员随便进入，入口设置“八牌一图”，施工人员着装整洁，进入现场必须戴好安全帽。

(2) 施工场地

定期对施工现场进行彻底检查清扫，不留死角，日常施工做到自产自清、日产日清、工完料净脚处清。

搞好施工环境卫生，现场施工垃圾及水泥袋、废木料、钢筋头等集中堆放，专人管理，定期清理出现场。

施工机具定期进行维修保养，每日下班前将砂浆、混凝土等清理干净，表面油污用棉纱擦净。

现场设置污水沉淀池，污雨水集中排至厂区排水管网，确保场地平整干燥，无大面积积水。

（3）材料堆放

现场大宗材料堆放严格按施工总平面布置图位置定点存放，并设专人负责管理，材料、机具根据计划及工程实际进展情况分批量进场。

现场材料、成品、半成品、废品等按品种、规格等定分点区分堆堆放，做到成垛、成堆、成捆有序，并挂牌标识，无论谁看都能一目了然，知道是什么、什么规格、有多少。

根据物品使用频率，科学合理安排其摆放地点，经常使用的东西靠近作业区，不常使用的东西可放远些，减少二次搬运，物品摆放相对集中，避免东一堆、西一堆，看上去杂乱无章，给人一种混乱的感觉。物品的摆放不仅平面合理，还要同时考虑符合安全规定要求。

现场材料堆放管理是一个动态管理的过程，对摆放位置及存放方法不合理、不合适的，随时发现随时调整到合适位置。

（4）现场防火

现场严禁动用明火；若因工程需要不可避免时，应向甲方申请动火证，并设专人监护，对木工棚、电气焊、对焊等重点防火处配置有效的灭火器及水桶，并派专人定期检查，确保消防器材有效。周围严禁堆放其他物品，确保道路畅通。现场设置固定吸烟室，严禁施工人员随处吸烟，乱扔烟头。禁止施工现场动火焚烧油毡、塑料、橡胶等废旧物品，以消除火险隐患，减少环境污染。

（5）综合治理

施工人员自觉遵守社会公德，维护良好的工作秩序和劳动纪律，禁止打架、斗殴等流氓行为发生。

下班时间安排专人巡逻值班，防止集体财产被盗。

禁止随地大小便，严禁乱抛、乱倒建筑垃圾，保护好周边环境；同时，与周边单位搞好合作，防止扰民或民扰，若发生纠纷，采取适当方式调停。

严格要求进出现场车辆避开人行车流高峰期，适量装载，砂、石料车上用篷布遮盖，防止泼洒路面。

（6）监控措施

按公司《施工管理程序》文件的要求实施公司主管部门对该项目的监控，从施工准备至工程交付的全部过程中由公司各要素控制部门按月（项目每旬）进行综合考评，及时纠正现场缺陷。对存在的各类问题，按公司《纠正预防措施程序》及时消项。

5 经济效益分析

5.1 节约材料方面

（1）钢筋接长采用电渣压力焊、闪光对焊，节约搭接钢材。

（2）集中下料，连接配筋，合理搭配长短钢筋接头，减少钢筋断头，降低成本。

（3）工地采用限额领料，合理使用各种材料、工具，不得长材短用。

（4）各种材料、构件做好验收、保管，防止损坏、亏方、亏吨。

（5）进行合理的流水作业，使用早拆支撑体系，加快钢管和横木的周转，降低工程成本。

（6）安装水表、电表，节约能源。

5.2　施工方面

（1）使用多层覆膜竹胶合模板，提高混凝土质量，达到清水混凝土要求，从而取消墙体抹灰层，只在混凝土表面稍加修补就行，从而降低造价。

（2）注意机械的合理使用、保养、维护，提高机械的利用率，不用的机械及时退还，减少台班费、停滞费的支出。

（3）明确工期目标及奖罚条例，相互制约、相互促进，保证一次成优，避免返工损失。

（4）严格按图纸计算材料用量，确保定购材料数量的准确性。

5.3　文明施工方面

（1）大型工具、模板、脚手架，不准高空抛掷，及时回修，堆放整齐。

（2）严格进行成品保护，对进场的成品、半成品、构件等及已完工程项目进行有效的保护，杜绝剔凿、磕碰、污染。

5.4　提高工效方面

（1）场地布置要合理，减少二次搬运。

（2）缩短工期，尽可能提前竣工，以减少管理费和人工费的多余开支。

（3）在施工中采用新技术、新工艺。

（4）保证工程质量，杜绝返工现象，力争一次成优，以减少维修费用。

5.5　科技应用

采用新技术、新工艺，优化施工方案，提高质量，加快进度，降低造价。

（1）混凝土采用泵送高效布料工艺

加速施工进度，减少工人的劳动强度，缩短工期。

（2）平铺覆膜多层板配模快拆技术

该项技术用于柱、梁、楼板施工，具有施工方便、快捷，浇筑的混凝土顶板平整、美观的功效；同时，保证清水混凝土实现，减少室内顶棚面抹灰，降低成本，缩短工期，彻底解决顶棚面抹灰空鼓、开裂的质量通病。

（3）钢筋闪光对焊、电渣压力焊接技术

ϕ16 以上水平钢筋采用闪光对焊连接，ϕ18 上竖向钢筋采用电渣压力焊连接，节约钢筋，降低成本；同时，该项技术能够保证钢筋的焊接的质量。

（4）混凝土外加剂的采用

合理地选用混凝土外加剂，提高混凝土的和易性、流动性、减水性和提高早期强度，缩短施工周期，加大周转工具的利用率。

（5）微机管理的应用

采用计算机技术深化项目施工管理、材料供应、成本控制等计算机应用技术，加强动态管理。

（6）墙拉筋植筋技术应用

框架与填充墙之间的拉墙筋在框架结构施工时暂不预埋，待砌筑前采用植筋技术后植，节省人工的同时减少因后凿对混凝土结构的破坏。

5.6 经济效益

（1）SBR 反应池底板 $\phi18$ 钢筋采用闪光对焊接头，代替绑扎搭接接头，节约钢筋，降低成本。

SBR 反应池底板长 95200mm，宽 49300mm，配筋 $\phi18@150$，双向双层，每座反应池闪光对焊接头合计 5844 个，两座反应池共节约钢筋重量 15.446t，共计节约金额 5.4061 万元。

（2）污水处理厂工程以大型抗渗抗冻混凝土水池为主，在抗渗混凝土中掺加粉煤灰，等量代换水泥，节约水泥，降低成本。

经统计共节约 P.O42.5 级普通硅酸盐水泥 286t，节约 P.O32.5 普通硅酸盐水泥 198t，共计节约金额 6.864 万元。

（3）盘圆钢筋采用冷拉工艺调直，节约钢筋，降低成本。

该污水处理厂工程用 $\phi6.5$ 钢筋 8.674t、$\phi8$ 钢筋 39.594t、$\phi10$ 钢筋 28.58t，将盘圆钢筋采用冷拉工艺调直，冷拉率 5%，共计节约钢筋 3.842t，节约金额 1.3447 万元。

第五篇

北京清河污水处理厂施工组织设计

编制单位：中建国际建设公司
编 制 人：刘月波　李海龙　郑连平

[简介]　清河污水处理厂工程共有11个单位工程布置在7.31hm^{2}的厂区内，施工中将单位工程分成3个区，组织3个施工队伍，按六阶段进行控制目标，组织施工，布局合理，部署紧凑，实施效果较好，对曝气池抗浮锚杆施工技术及污水处理厂的设备安装技术叙述详细。

目 录

1　工程概况

1.1　工程简介

清河污水处理厂是由北京市排水集团投资兴建的现代化污水处理厂。该厂位于北京市海淀区东升乡，在清河北岸，清河镇以东，距八达岭高速路约1.7km。具体位置为冶金试验厂以东，黑泉村以西，清河灌渠以南，永泰北路以北。厂区总占地面积30.1hm^2，设计规模日处理污水20万吨的一期工程已投入使用。

现拟建项目为清河污水处理厂二期工程，由北京市市政工程设计研究总院设计，工程位于厂区北部，占地面积7.41hm^2，设计规模日处理污水20万吨，该项目的建成，使清河污水厂达到日处理污水40万吨的能力，将彻底改变清河水质，美化环境。

1.2　工程地质和水文条件

1.2.1　工程地质条件

拟建场地地质情况，按地层沉积年代及成因类型将土层划分为人工堆积层，新近沉积层和第四纪沉积层，土层描述如下：

(1) 人工堆积层。分布于地表，厚度在0.60～1.90m左右，该层岩性为粉质黏土、黏质粉土填土①层，局部房渣土①1层，淤泥填土①2层，细砂、粉砂填土①3层。

(2) 新近沉积层。在人堆积层以下均分布有新近沉积的砂质粉土、黏质粉土②层，粉质黏土、含有机质重粉质黏土②1层，含有机质黏土②2层，粉砂、细砂②3层，黏质粉土、砂质粉土②4层；细砂、粉砂③层，中砂、细砂③1层；卵石、圆砾④层，细砂、粉砂④1层。

(3) 第四纪沉积层。该土层分布在新近沉积层以下，包括第四纪沉积的黏质粉土、砂质粉土层⑤层，黏土、重粉质黏土⑤1层，粉质黏土、黏质粉土⑤2层，细砂、粉砂⑤3层；卵石、圆砾⑥层，细砂、中砂⑥1层；黏质粉土、砂质粉土⑦层；黏土、重粉质黏土⑦1层，粉质黏土、黏质粉土⑦2层；细砂、粉砂卵石⑧层，黏土、重粉质黏土⑧1层，粉质黏土、黏质粉土⑧2层。

1.2.2　水文条件

根据北京京岩工程有限公司2003年1月提供的《岩土工程勘察报告》，施工场区钻探实测到有2层地下水，第一层为潜水，埋深2.90～7.2m，第二层为潜水—微承压力，埋深14.30～18.60m，近3～5年最高地下水位标高在35.000～36.000m，总体变化比较平稳。

场区潜水水质对混凝土结构的腐蚀性从无腐蚀性—有弱腐蚀性，在干湿交替环境下，对钢筋混凝土中的钢筋有弱腐蚀性。

1.2.3　现场条件

(1) 地形条件

拟建厂区原为鱼塘分布，现除少部分尚待回填现已干涸的鱼塘外，其余地区地形基本平整，现场地面标高在37.470～40.580m，场地未做过平整，保持原貌。

(2) 现场水电条件

临时用水、用电线路未通，由施工单位与有关单位联系自行解决。

(3) 现场交通条件

场地西边入口紧临南马坊西路，其余三边无交通路线，场地内无临时道路，西边入口在施工期间不能解决主要大宗材料进场问题，现场需开设其他与外界城市道路相接的临时道路。

(4) 施工场地条件

结构物外边线和红线之间距离较近，结构物外场地狭小，给现场材料堆放及加工和临设布置带来困难。

根据现场实测，曝气池南侧围墙在施工红线以里4.3m，位于曝气池结构内，且曝气池距一期管线距离较近，给施工带来一定困难。

1.2.4 工程内容

(1) 清河污水处理厂一期完善工程。

(2) 清河污水处理厂二期工程厂区内所有建筑物的土建工程及相关的上、下水、照明、动力、通信、暖通、空调、消防、火灾报警等服务设施的供货、安装、调试。

(3) 清河污水处理厂二期工程厂区内所有构筑物的土建工程及部分设备的供货、安装和调试。

1.2.5 主要结构设计形式

(1) 曝气池与沉淀池为主要工程，设计形式为半地下构筑物水池，为全现浇钢筋混凝土结构。

(2) 鼓风机房结构设计形式为排架结构。

(3) 污泥干燥间采用钢结构设计。

(4) 干污泥堆置棚采用网架结构设计。

1.3 工程重点难点分析

(1) 曝气池、沉淀池基坑开挖是工程前期的重点和难点

根据本工程所处的施工环境、土质、地下水条件等特点，施工降水，基坑开挖方案的选择，不仅要保证基坑顺利形成，为结构施工创造条件，还要根据现场条件，采取有针对性的保护措施，确保降水和土方开挖过程中，一期构筑物、地下管线的安全和稳定。除此之外，还要针对汛期施工的特点，在降水、排水、施工道路、边坡防护等方面采取相应措施。

(2) 曝气池基底抗浮锚杆的施工是制约主体结构施工的重点

本工程曝气池基底坐落在含水土层，为解决当池内低水位或无水情况下由于地下水的作用引起的池体上浮，采用了地基下设置锚杆拉固的抗浮设计。由于抗浮锚杆关系到今后污水处理构筑物的安全、正常运行，对其提出了较高的精度和质量要求，其施工过程具有技术复杂、材料控制及操作控制要求严格等特点。该项工作能否顺利实施，直接制约着主体结构的施工，成为本工程的又一重点、难点项目。必须从施工方案的制定、施工组织环节抓起，严格控制施工全过程，并与有关部门密切配合，做好试验、检测工作，确保达到设计质量要求。

（3）施工的组织与方案制定是施工过程中的难点

1）大面积、大方量现浇钢筋混凝土单元组合式结构形式的特点，决定了施工组织施工层次、流水段的合理划分、施工方法的正确选择成为关系到工程能否按计划工期目标实现的重点和难点。

2）污水处理厂构筑物结构的高精度要求及各种特殊性能要求对施工工艺提出了高标准，施工过程中面临着诸多有待深入研究、解决的技术课题。

3）雨期和冬期施工是直接影响本工程能否顺利进行的工作内容，提前制定专项方案、措施，提前做好准备工作，保证雨期和冬期施工进度和工程质量不受影响。

4）污水处理厂工程是集构筑物、各种专业管线、设备为一体的综合工程，随主要构筑物主体结构的形成，将逐步进入构筑物、管线、设备安装的交叉施工阶段，如何充分利用时间和空间，合理安排施工顺序和作业面的穿插施工，是对施工组织、管理水平的重大考验。

1.4　施工难点对策

（1）合理调配各种资源投入

完成本工程的施工，需要有较大的资源投入。但仅依靠大量资源投入，很难实现经济效益。因此，对本工程进行周密策划，合理调配好各种资源，将不仅有利于组织施工，同时也将给企业带来较好的经济回报。投入先进的机械设备和充足的周转材料，确保工程的顺利实施和进行。

（2）制定有针对性的专项工程施工方案

针对其施工难点、特点制定专门施工措施，确保工程质量。根据该工程特点，我们制定了有针对性的各专项施工方案，诸如：测量工程、降水施工、基坑支护、土方工程、模板工程、混凝土工程、变形缝、施工缝、后浇带工程、防水工程等专项施工方案及各种施工措施。确保工程质量。

（3）采用先进的管理手段，确保质量目标的实现

本工程的质量目标为确保优良、结构长城杯，争创“鲁班奖”。为实现目标，我们将在工程施工中采取一系列的先进管理手段，使每道工序受控，同时将严格按照“鲁班奖”工程的质量标准组织施工，积累工程资料。

（4）抓好几个关键施工环节的工作

1）沉淀池基坑开挖面积大，基坑虽然不深，但根据地质报告，基底全部坐落在含水层上；同时，由于二期结构紧邻一期厂区施工，针对不同地段施工环境，采取可行的降水、支护及对一期范围的防护措施，是关系到本工程能否在确保一期工程安全的前提下顺利进行的第一步工作。

2）决定工程质量目标能否实现的关键内容为结构物成品的质量，为达到污水处理厂工程对结构外观、内涵质量的高标准、高精度、高性能要求，我们将对模板、钢筋、混凝土施工技术全过程进行重点控制。

（5）做好与各单位的施工配合

本工程自身的特点，决定了施工过程从始至终伴随着工程各方之间的配合，土建施工作为实现各方有效配合的接合部，我们将积极主动的配合业主、监理、设计的工作，努力为其他专业施工单位创造条件，提供方便，共同实现工程的最终目标。

2　施工部署

2.1　项目组织机构

根据本工程的施工难点，我项目部配备有丰富施工管理能力和施工经验的工程技术人员，组成工程项目经理部，全面负责施工的组织管理，实现项目的各项指标，对所需一切资源进行合理配置，进一步充分发挥项目管理功能，提高项目整体管理效率，使项目管理机构能有序、高效地运转，确保工程施工中各道工序、各个环节都处于受控状态，确保保质、保安全，如期完成工程进度。

2.2　施工段划分

本工程包括一期完善项目，共12个单位工程。其中二期工程11个单位工程，分布在7.41hm^{2}的场地上。一期完善项目（沉淀池）为1个单位工程，与二期沉淀池毗邻。

2.2.1　构（建）筑物

根据本工程建（构）筑物的平面布置，结合拟定的劳动力安排，将工程项目划分为三个区域，如图2-1所示。

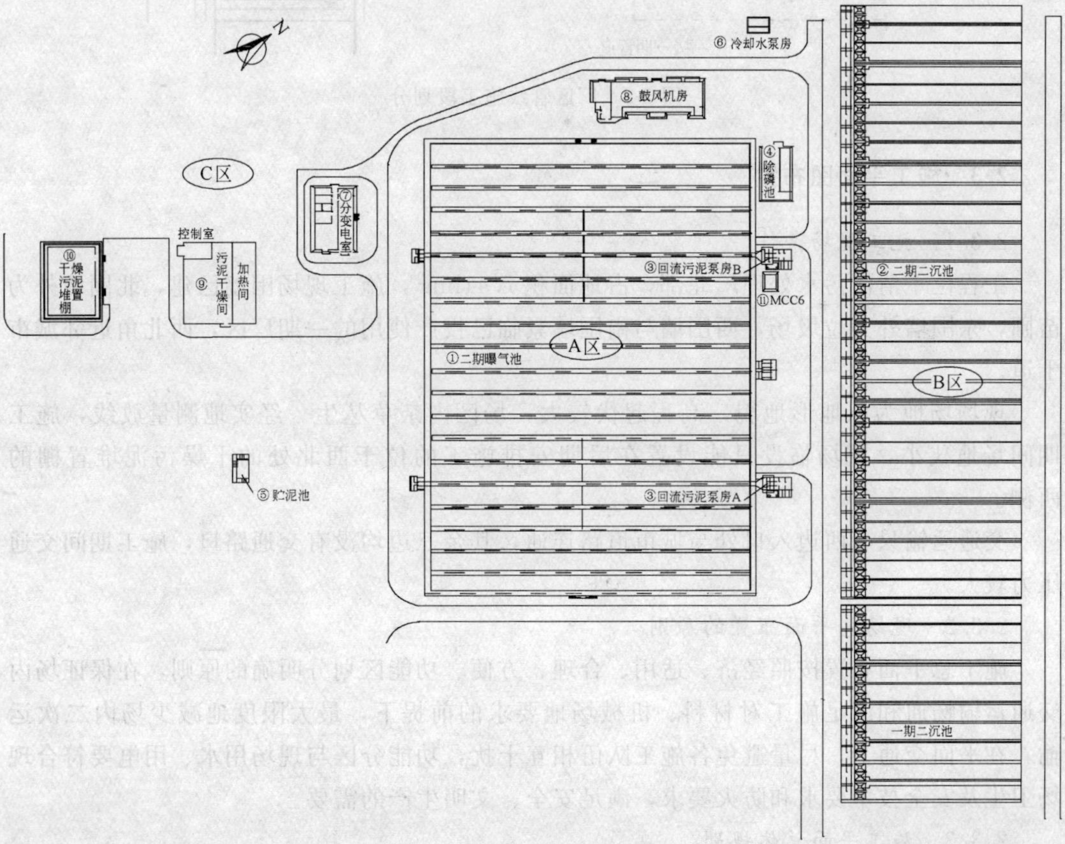

图2-1　施工总体区段划分图

A 区：以曝气池为主体，还包括两座回流污泥泵房、MCC6、除磷池。

B 区：以沉淀池为主体，包括一期沉淀池。

C 区：包括干燥污泥堆棚、污泥干燥间、分变电室、鼓风机房、冷却泵房、贮泥池。

2.2.2 厂区管线

根据厂区管线分布情况，将厂区管线划分为三个施工段，详见图 2-2。

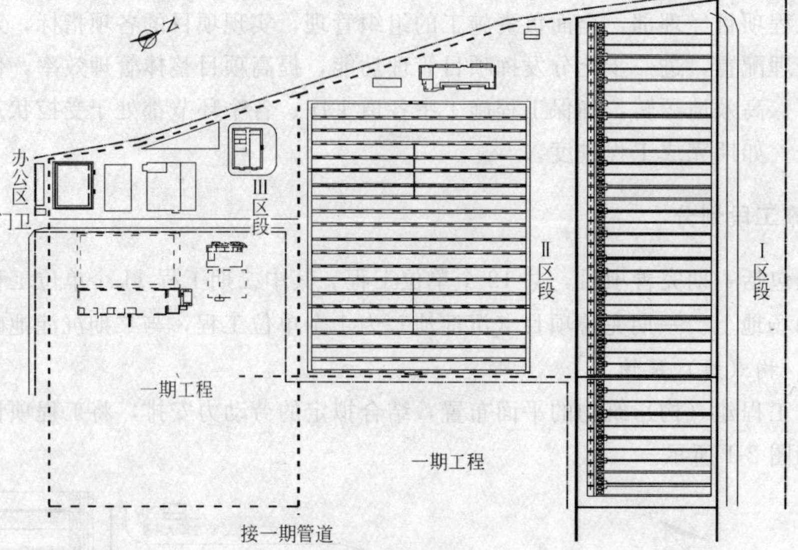

图 2-2 厂区管线施工段划分

2.3 施工平面图布置

2.3.1 施工现场条件

工程位于清河污水处理厂北部，占地面积 7.41hm²，施工现场围墙已建，北围墙外为苗圃，东围墙外为垃圾场，西围墙与南围墙紧临已投产使用的一期厂区，西北角近邻城市干道。

现场场地为原地形地貌，高程起伏较大，场区内杂草丛生。经实地测量放线，施工期间场地狭小，现场临设只能设置在后期安排施工的位于西北处的干燥污泥堆置棚的西侧。

交通运输只有西边入口处与城市道路连通，其余三边均没有交通路口，施工期间交通压力较大。

2.3.2 现场总平面布置的原则

施工总平面布置按照经济、适用、合理、方便、功能区划分明确的原则，在保证场内交通运输畅通和满足施工对材料、机械场地要求的前提下，最大限度地减少场内二次运输，在平面交通上，尽量避免各施工队伍相互干扰，功能分区与现场用水、用电要符合现场卫生及安全技术要求和防火要求，满足安全、文明生产的需要。

2.3.3 施工平面总体规划

本现场功能分区划分为施工生产区和施工生活区。施工生产区布置在二期工程施工现场内，生活区布置在厂区西北角，污泥干燥堆置棚西侧，主要用于工人生活、休息。

2.3.4 现场临水布置

(1) 临水用量计算

由计算结果可知，水源管径取 *DN*125，可满足现场施工要求。

(2) 施工用水布置

根据总平面图布置和用水情况：自水源接至办公区、生活区、现场材料仓库、木工加工棚、厂区门口以及施工现场建筑物与构筑物附近。主管线沿南围墙与西围墙布置，通过支管连接到各用水场地，主管根据区域实际用水量采用 *DN*125 与 *DN*100 两种管径，在围墙第一个拐角处变径，其余分支布线采用 *DN*65 管径，另在管段中间根据消防要求设置 *DN*65 消火栓。

2.3.5 施工现场临时用电布置

(1) 现场施工用电计算

本工程用电高峰出现在曝气池、沉淀池主体施工阶段，用电主要施工机械有：塔吊、混凝土输送泵、电焊机、混凝土振动器、钢筋加工机械、木工加工机械、基坑降水设备和夜间施工照明等。综合考虑各种机械在某个时间中的最大用电量。

(2) 变压器选择

根据计算结果，选用三台型号 SL7-400/10 400kV·A 变压器，接自附近高压电网。

(3) 施工现场用电平面布置

根据用电设备在施工现场的布置情况，现场西北角设置变压器，供曝气池以西建筑物施工和办公区和加工区用电，两台设置在东边围墙处，供沉淀池、曝气池施工现场及东边加工场地用电。

从变压器配电箱接出，采用线杆架空敷设电缆，主线路沿围墙布线，另在二池体间沿施工道路铺设一条线路，主要用电处或间隔 50m 设分配电箱，再根据需要接至用电地点。根据安全、经济的原则，电缆选取用五线绝缘铝芯电缆。

2.3.6 现场道路布置

根据工程特点，本着便捷、有利于组织施工的原则，平衡交通运输数量，科学地布置临时道路。

本工程在厂区西边建设大门连接城市干道，场内临时主干道分二阶段布置（曝气池与沉淀池二池体主体施工阶段和完成后阶段）。施工场内临时道路位置总体按拟建场区道路布置，高程暂按自然高程，局部洼陷处填方、整平、压实处理。

2.3.7 施工总平面布置管理

(1) 管理原则

根据施工总平面布置以充分保障施工重点，保证进度计划的顺利实施为目的，在施工前，制定详细的大型机具使用及进、出场计划，主要材料及周转材料的生产、加工、堆放、运输计划，并有计划地实施方案，严格执行，奖惩分明，实施科学文明管理。

(2) 管理体系

建立健全管理制度，由项目物资部经理负责与各施工队的材料员组成一管理体系负责管理，根据施工总平面布置，统一平面使用安排。

(3) 管理计划与实施

施工总平面布置管理要有详细的组织计划，进行总平面图的布置要科学、合理、可行，对管理工作有指导性，并运用电脑技术进行动态的管理。实施阶段要严格遵守平面布置规定，需要调整、变动须请示平面管理人，及时调整保证平面布置的合理性。

2.4 施工进度计划安排及工期保证措施

2.4.1 施工总工期目标与分阶段控制目标

(1) 施工总工期目标

本工程施工进度控制的总目标是：

计划开工日期：2003年7月5日；

计划竣工日期：2004年12月15日；

计划总工期：530日历天。

(2) 分阶段控制目标

本工程除施工临设准备外，共分六个阶段。

1) 第一阶段：四通一平（给水，排水，施工用电，施工道路，场地平整），测量放线，施工降水，2003年7月30日前完成。以上工作分两步实施，7月5日前，施工道路、临时水电及排水具备土方开挖使用条件。至7月底完成以上设施的完善工作，为结构施工创造条件。

2) 第二阶段：沉淀池，曝气池土方开挖，8月5日前完成。

3) 第三阶段：构（建）筑物施工，根据构（建）筑物规模，施工顺序为：①曝气池、沉淀池；②变电室、鼓风机房；③其他构（建）筑物。

以上工程中的主体结构，沉淀池、曝气池、冷却水泵房、分变电室、鼓风机房在年底完成，除磷池、污水泵房、MCC6、贮泥池在2004年1月底完成，曝气池、沉淀池等储水结构满水试验2月底完成，具备设备安装条件。

4) 第四阶段：厂区管线工程，3月底完成。

5) 第五阶段：厂区道路，6月15日前完成。

6) 第六阶段：地坪及剩余工程，8月底完成。

7) 竣工清理：2004年12月15日。

设备安装工作随土建工程完成及时插入进行，其中，变电室、鼓风机房、于2004年1月～3月进行设备安装，曝气池、沉淀池等于2004年3月～9月进行设备安装调试，10月初～12月15日进行试运行。

2.4.2 单位工程施工进度计划的风险分析

曝气池与沉淀池是本工程中的关键工程，它们的进度控制是本工程总进度控制的基础和重点。因此，就这两个工程的施工进度计划进行风险分析，并依此制定切实可行的控制措施十分必要。

曝气池与沉淀池在进度控制中的主要风险有如下几个方面：

(1) 天气与气候因素

根据进度安排，曝气池与沉淀池的施工无法避开2003年的雨期。因此，雨期施工造成的边坡安全隐患、地方材料的进场困难、厂内施工道路的不畅通等都是威胁工程施工进度的风险因素。

（2）水文地质与工程地质条件

根据岩土工程勘察报告资料，对本工程的工程地质、水文地质情况不能十分了解。而且工程水文地质条件本身就存在不确定和复杂性。因此，本工程水文地质条件也是可能影响本工程施工进度的重要因素。

（3）锚杆施工

抗浮锚杆施工是曝气池土建施工的紧前工序，由于锚杆施工完成并在达到强度后进行现场试验，一方面施工间歇时间长；另一方面，抗拔试验的结果直接影响曝气池的进度控制。

（4）传染病的影响

前一阶段，“非典”流行期间对劳动力组织、物资供应都造成不利影响。目前“非典”虽已解除，但广州、台湾、美国等一些国家和地区又发生了不同种类的传染病。

2.4.3 施工进度保证措施

（1）针对风险因素，制定控制措施

1）做好雨期施工方案的编制和实施。雨期到来以前即组织人员编写雨期施工方案，施工方案应做到针对性、前瞻性、可操作性的统一。雨期施工方案中对各项责任制度要进一步明确，以保证该方案落实得力。

2）提前与设计方对接。尽快与设计方沟通，了解设计意图，是保证工程进度的前提。为此，我单位充分利用我们的技术力量，与设计方进行紧密接触。必要时，我们可以给予无私援助，以保证工程施工不受施工设计的影响。

3）制定多种切实可行的人工降水方案。我们在本施工组织设计中根据工程地质与水文地质资料，施工现场钻探与坑探相结合的实地调查；同时，对一期工程施工情况的了解，制定了降排结合、以明排为主的施工方案。

4）做好“传染病”时期的施工组织。最近，非典型性肺炎的流行对北京地区的各项工作带来了负面影响，同时也对我们的施工组织带来了困难。近期广州、台湾、美国等一些国家和地区又发生了不同种类的传染病。为此，施工过程中我们还要严格控制，认真预防各种传染病的传染，保证工程的顺利进行。

（2）编制合理的施工方案

1）充分熟悉本工程的设计图纸，对拟定的施工组织设计、施工方案及方法进行认真的分析比较，作到统筹组织、全面安排，确保总体目标计划，在施工过程中制定阶段性工期控制点，确保按期完工。针对工程特点，采用分段流水施工方法，减少技术间歇，对主要项目集中力量、突出重点，制定严密、紧凑、合理的施工穿插，尽可能压缩工期，加快施工进度。重视施工组织设计的动态管理和不断优化，确定以曝气池、沉淀池结构施工、管道施工为重点，清水混凝土施工、抗渗及抗冻混凝土施工、变形缝、后浇带、薄壁高墙混凝土施工、池体水密性试验为难点，进行组织施工。

2）池体结构工程施工期间，通过采用大块多层胶合板模板、碗扣式满堂脚手架、泵送混凝土、快易收口网、微机应用、钢筋直螺纹连接、微膨胀混凝土等新工艺，提高工程进度。

3）合理地加大投入，提高机械化作业程度，充分满足工程所需的人、财、物要求。例如：使用挖土机械、配足运土车辆，加快出土速度；配备塔吊进行各种材料的垂直运输和水平运输，配备足够的输送泵、周转材料，提高劳动效率等。

(3) 做好各种资源的供应

按照施工组织设计的要求，根据施工进度计划中各个阶段控制点的要求，编制劳动力进场计划、材料进场计划、机械设备进场计划、资金使用计划，以保证各种资源能够满足施工需要。

2.4.4 严格的管理与控制

(1) 强化施工项目管理，严格执行《建设工程项目管理规范》，提高项目管理水平。实行项目经理负责制，设立能协调各方面关系的调度指挥机构，配备素质高、能力强、有开拓精神的管理班子，确保施工进度。

(2) 利用微机，推行全面计划动态管理，控制工程进度，建立主要形象进度控制点，运用网络计划跟踪技术和动态管理方法，做到周保旬、旬保月，坚持月平衡、周调度、工期倒排，确保总进度计划实施。

(3) 认真做好施工中的计划统筹、协助与控制。严格坚持落实每周工地施工协调会制度，做好每日工程进度安排，确保各项计划落实。

(4) 建立各种激励约束机制，保证进度计划的落实。实行奖励机制，拟订拿出一定的资金作为目标管理和科技进步奖励基金，充分调动全体施工人员的积极性和创造性，力保各项目标按期实现。

(5) 制定各工序的操作规程和质量标准，强化施工现场管理，做到文明施工，努力实现施工管理的标准化、科学化、合理化，使施工生产有条不紊。

(6) 做好季节性施工的管理和安排，尽量减少季节性施工对施工的影响。

(7) 强化项目部内部管理人员效率与协调，增强与业主的联系，加强对施工人员的控制和与各供货厂商的协作，并明确各方及个人的职责分工，减少扯皮现象。争取将围绕本标段工程建设的各方面人员充分调动起来，共同完成工期总目标。

(8) 创造和保持施工现场各方面各专业之间良好的人际关系，使现场各方认清其间的相互依赖和相互制约关系。特别是加强同有关方面（交通疏导、材料运输、周围居民）的协调，增进与业主、监理、设计单位的联系和配合，及时解决问题。

(9) 质量与成品保护。加强质量检查和成品保护工作，尤其是样板间、样板段的贯彻和施工过程中的监督检查工作，确保各道工序顺利一次成功，减少返工、窝工造成的时间浪费和对其他工序工程的延误、压缩和对整体工程的拖延。

(10) 外围保障工作。加强施工安全及消防、文明施工、现场与环保、治安保卫工作以及政府各部门的联系，提供完善的管理和服务，减少由于外围保障不周或事故而对施工造成的干扰，从而创造良好的施工环境和条件，使施工人员能够集中精力搞施工，施工过程能够不间断地快速进行。

2.4.5 机械、水、电等设施的施工保证

本工程施工中的池体结构工程、管道工程是施工的关键工序，必要的机械设备投入是保证工程按计划进行的必要条件，池体工程施工时应投入足够的土方施工机械，并有一定数量的现场储备，以保证施工的连续进行。混凝土浇筑施工时应有备用的混凝土输送泵、发电机以应不测，混凝土养护过程中必须保证水源的正常供应。

土方开挖过程中还应保证各种水泵的正常工作，考虑到水泵是一种易烧坏的机电设

备，除配备一定数量的备用品外，施工现场还应有专业的维修人员；另外，施工过程中应备有足够的抢险物资：草袋、水泵、木桩等。成立施工抢险领导小组、安全生产领导小组，保证抢险施工的及时有序。

2.5 主要施工机械的选择

本工程需要的大型机械设备主要有：塔吊、土方挖掘机，自卸汽车、砂浆搅拌机、混凝土输送泵、压路机等。详见表2-1。

施工机械及设备计划 表2-1

序号	设备名称	型 号	数 量	进场时间	备注
1	挖掘机	PC400-5C	2	2003-6-20	
2	挖掘机	DH330-3	2	2003-6-20	
3	自卸式汽车	10t	20	2003-6-20	
4	振动夯	HZR70	2	2003-11-15	
5	振动夯	WGYZH-1	1	2003-11-15	
6	蛙式打夯机	HW-60	1	2003-11-15	
7	蛙式打夯机	HW-140	3	2003-11-15	
8	塔吊	C7022	6	2003-7-20	
9	混凝土泵	HBT80	3	2003-6-10	
10	混凝土汽车泵	PX122C	2	2003-7-20	
11	混凝土翻斗运输车		10	2003-7-10	
12	钻机	SH-30	60	2003-6-15	
13	潜水泵	2英寸	20	2003-6-20	
14	钢筋弯曲机	GW40	6	2003-6-20	
15	钢筋切断机	GQ50	6	2003-6-20	
16	闪光对焊机	UN-100	2	2003-6-20	
17	交流电焊机	BX-500	10	2003-6-10	
18	卷扬机	JK-20	2	2003-6-20	
19	木工平刨	MI-105	2	2003-6-20	
20	圆锯	MB104	2	2003-6-20	
21	混凝土振捣器	2X-50	40	2003-6-30	
22	混凝土平板振动器	H21×2	10	2003-6-20	
23	电动割管机	Φ400	1	2003-6-20	
24	电动套丝机	TQ100-A	1	2003-6-20	
25	全站仪	GTS-301S	1	2003-6-15	
26	角向磨光机	Φ100	10	2003-11-10	
27	汽车起重机	QY-16	2	2004-2-25	
28	电动试压泵		4	2003-12-5	
29	气焊		5	2003-11-10	
30	砂轮切割机		2	2003-11-10	
31	电动葫芦		2	2003-11-10	
32	捯链		4	2003-11-10	
33	张拉千斤顶	YC-60	10	2003-6-20	

塔吊采用 8 台臂长 70m 的 C7022 型塔吊，供沉淀池、曝气池结构施工时的水平及垂直运输。

土方挖掘机选用日本小松 PC400-5C 挖掘机和韩国大宇 DH330-3 挖掘机各 3 台。

土方运输机械选用上海大通产 10t 自卸汽车 60 台。

混凝土场内输送采用混凝土泵 3 台，汽车泵 2 台（韩国三星产 PX122C），混凝土搅拌运输车由混凝土供应商根据现场混凝土浇筑量和运距进行调配。

钢结构安装用 QY25t 汽车吊。

2.6 劳动力组织

（1）劳动力需求

本工程的主要工作内容为：土方工程、混凝土工程、钢筋工程、模板工程、管道工程、道路工程、绿化等。

（2）劳动力配置

根据上述劳动力需求总量和本工程的工期目标，确立各专业队伍的人员流量为：

土建（含模板工、钢筋工、混凝土工等）约 560 人；

机电安装（含电工、管工、焊工等）50～60 人；

降水、锚杆施工 30～50 人；

钢结构安装（含焊工）20 人；

道路、围墙 20～30 人；

绿化 30～40 人。

（3）劳动力配置方式

混凝土施工一队（人数约 300 人，其中模板工 150 人，钢筋工 90 人，混凝土工 50 人）负责 A 区的土建施工。

混凝土施工二队（人数约 200 人，其中模板工 100 人，钢筋工 60 人，混凝土工 40 人）负责 B 区、C 区的土建施工。

机电安装队（人数约 50 人，其中管工 20 人，电工 10 人，焊工 10 人）负责厂区本合同范围内全部机电安装任务。

锚杆降水队（约 30 人）负责曝气池、沉淀池的降水、抗浮锚杆与基坑边坡土钉支护的施工。

钢结构安装队（约 20 人）负责污泥干燥间、干燥污泥堆棚等单位工程的钢结构安装施工。

道路施工队（约 50 人）负责本合同范围内全部厂区道路及围墙施工。

绿化队（约 30 人）负责本合同范围内全部厂区绿化施工。

（4）劳动力资源计划表（表 2-2）

劳动力资源计划表 **表 2-2**

序号	工种	人数	最初进场时间
1	模板工	250	2003-7-15
2	钢筋工	150	2003-7-10
3	混凝土工	90	2003-7-10

续表

序号	工 种	人 数	最初进场时间
4	架子工	60	2003-7-20
5	瓦工	10	2004-2-15
6	焊工	10	2003-6-15
7	管工	20	2003-12-5
8	电工	10	2003-6-16
9	机械工	10	2003-6-16
10	测量工	10	2003-6-16
11	绿化工	30	2004-2-15
12	普工及其他	50	2003-6-16

3 主要项目施工方法

3.1 施工方法内容

施工内容包括水处理构（建）筑物、厂区综合管线、厂区道路、厂坪、围墙等五部分，其中构（建）筑物是工程的主要内容，占总造价的79.36%，而在构（建）筑物中，曝气池、沉淀池作为主要水处理构筑物，现浇钢筋混凝土结构工程量占到二期总量的90%，是二期土建工程的主体内容。为便于指导施工，主要施工方法按以下项目编制：

（1）主要构筑物部分：包括曝气池、沉淀池、除磷池、贮泥池等。

（2）建筑物部分：包括回流污泥泵房、冷却水泵房、分变电室、鼓风机房、污泥干燥间、干污泥堆置棚、MCC6等。

（3）厂区综合管线：包括厂区雨水、污水、工艺管线等。

（4）机电安装。

（5）厂区道路、围墙。

3.2 主要构筑物的施工方法

3.2.1 测量控制

（1）平面控制测量

1）根据工程建筑施工总平面布置图、场地自然现状以及施工所采用的坐标系统，场区平面控制网采用导线网的形式布置，共设置7个点，其平面示意图和标石形式如图3-1所示。

2）测量精度：参照北京市《建筑工程施工测量规程》DBJ 01—21—95中有关规定，本工程场区平面控制网按二级导线测量的精度要求测设，其主要精度指标见表3-1。

测量精度指标 **表 3-1**

等级	导线长度（km）	平均连长（m）	测角中误差（″）	边长相对中误差	导线全长相对闭合差	方位角闭合差（″）
二级	1.0	100	±10	1/20000	1/10000	$\pm 20\sqrt{n}$

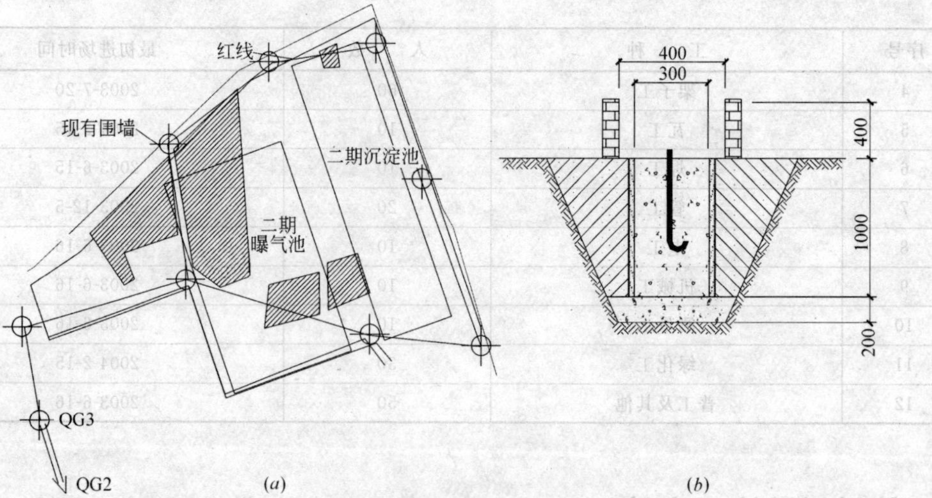

图 3-1 场区平面控制网

(*a*) 现场平面示意图；(*b*) 导线点标石

3) 测设方法：以 QG3、QG2 为起始点，使用全站仪按导线测量方法一测回观测导线网各边、角。各项技术要求见表 3-2，表 3-3。

水平角方向观测的技术要求（mm） **表 3-2**

仪器类别	两次照准目标读数差	半测回归零差	一测回内 2C 互差	同一方向值各测回互差
DJ1	6	8	13	8

测距的主要技术要求（mm） **表 3-3**

仪器精度等级	一测回读数校差	测回间校差	往返测校差
Ⅰ级	5	7	2(2+2・D)

（2）高程控制测量

为保证现场水准点间的相对精度，在水准引测时选择 QG3 作为水准测量的起始依据。导线点标石稳定后，使用 DS3 级水准仪沿闭合水准路线按三等水准测量的技术要求观测，闭合差不应大于$\pm 12\sqrt{L}$mm。水准观测的主要技术要求见表 3-4。

水准观测的主要技术要求 **表 3-4**

等级	视线长度（m）	视线高度（m）	前后视距差（m）	前后视距累积差（m）	基、辅分划读数校差（mm）	基、辅分划高差之差（mm）
二等	≤50	≥0.5	≤1	≤3	0.5	0.7
三等	≤75	≥0.3	≤2	≤5	2.0	3.0

内业数据处理：外业作业结束后，分别计算水准测量、角度观测闭合差和测距中误差。若观测精度符合要求，对其分别平差，计算出各观测点坐标和高程的平差值；最后，向监理工程师报验，复核确认后，作为现场施工测量的依据。

（3）建筑物平面控制网测设

由于曝气池和沉淀池平面尺寸较大，为避免误差积累和便于分段控制，施工前应建立建筑物矩形平面控制网。控制点距基坑上口边缘约 2m，间距不大于整尺段。

（4）标桩形式和埋设方法

采用 50mm×50mm×500mm 木桩，在其周围 400mm×400mm 范围内浇灌 300mm 厚混凝土稳固，并砌砖围护。

（5）控制网测设

1）精度要求：根据工程特点和建筑规模，考虑到与一期工程的相关性，曝气池和沉淀池施工测量控制网按二级建筑物平面控制网的精度要求测设，其主要技术指标为：测角中误差：±12″，边长相对中误差：1/15000。

2）测设方法

A. 以场区控制点为起始依据，使用 TOPCONGTS-601AF 全站仪按极坐标法初步放样三个主轴点，其点位误差不应大于±10mm。然后将全站仪置于中间主轴点上进行水平角度观测和边长测距，检查其直线度和边长相对精度。当角度偏差大于±5″或边长相对中误差大于 1/24000 时应进行角度和距离调整。距离沿主轴线方向调整，角度调整方法按下列公式，参照图 3-2。

$$\delta=\frac{D_1\cdot D_2}{D_1+D_2}\left(90^\circ-\frac{\beta}{2}\right)\cdot\frac{1}{\rho}$$

式中 D_1——轴线交点至端点的短边距离；

D_2——轴线交点至端点的长边距离；

β——实测的交角；

$\rho=206265$。

B. 依据主轴点测设直角，设置短边对应控制点，并按上述方法校测合格后，沿各边测设细部轴线距离指标桩，并按要求标志形式挖土浇灌混凝土保护。

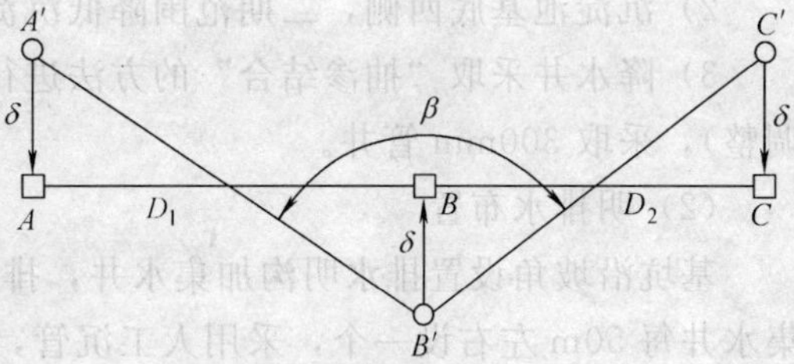

图 3-2 角度调整方法示意图

（6）曝气池、沉淀池主体施工测量

1）基槽开挖：依据建筑物平面控制网、土方开挖施工图、场地地面高程，分别测设出基槽下口、上口位置桩，并沿上口桩撒出开挖边界线，其允许误差为上口桩：+50mm、−20mm；下口桩：±10mm。当基坑开挖接近基底时，应及时投测坡脚桩和基底标高控制桩，作为清土的依据。

2）平面测设

A. 轴线投测：首先检测轴线控制点的稳定性，无误后将 DJ2 经纬仪置于轴线控制桩后视对应控制点，正、倒镜纵转望远镜将控制线投测至施测处，两次投测取中后，作为最终投测控制线。

B. 细部放样：为减弱因拉力、温度、尺长等因素对细部放线相对关系的影响，钢尺读数时应强制符合于两控制点间的理论值，依据各细部轴线与控制线的相对关系定出轴线位置；最后，根据轴线放样池壁边线、模板控制线、预埋件和管道穿墙位置线等。

C. 精度要求（表 3-5）

精度要求 表 3-5

项 目	允许偏差(mm)	项 目	允许偏差(mm)
投点	±3	池壁边线	±3
细部轴线	±2		

3) 标高测量

A. 标高传递：首先在垫层范围之外适宜的地方打入 ϕ20mm、长约 1m 的钢筋作为高程标志（每一基坑不少于 3 点），然后采用悬吊钢尺法将标高引测至基底。引测时，使用两台 S3 级水准仪、采用双仪器高差法在地面和基坑中同时观测，所测高差校差小于±3mm时，以平均高差作为观测值，计算出基坑内传递点的高程作为施测层标高抄测的依据。

B. 标高抄测：基底清槽后，依据标高传递点抄测 3m×3m 的方格标高点，以控制垫层顶面标高；底板混凝土浇筑时，使用激光扫平仪监控底板标高和平整度；池壁混凝土拆模后，应及时沿池壁抄测 50cm 水平控制线，在池壁竖向主筋上抄测标高点，作为支模和混凝土浇筑以及预埋件埋设的标高依据。抄测方法和要求：将仪器安置在施测区中央，后视标高传递点进行抄测，其偏差不应大于±3mm。

3.2.2 施工降、排水

根据本工程的地勘报告及现场实际调查，地下水位大部分位于基坑底标高以下或接近基底标高，沉淀池泥斗部位基底部分位于水位以下，为保证土方开挖，结构施工期间基底稳定且干槽作业，初步确定采取“降排结合、以排为主”的施工方案。

(1) 降水井布置

1) 曝气池与沉淀池北侧（地下水上游），以截留地下水。

2) 沉淀池基底西侧，二期范围降低沉淀池深基坑范围地下水位。

3) 降水井采取“抽渗结合”的方法进行降水施工，降水井间距 8～15m（视水位情况调整），采取 300mm 管井。

(2) 明排水布置

基坑沿坡角设置排水明沟加集水井，排水沟形式根据地质情况采用缸瓦管或填碎石；集水井每 50m 左右设一个，采用人工沉管，管径 1000mm，深度 1000mm，井底用木板封底，上加碎石或石块 300mm。派专人 24h 值班抽水。

3.2.3 基坑开挖

(1) 基坑形式

二期整个现场的前身为低洼地，后经渣土回填成现状，地面高低起伏较大，曝气池的基础底标高为 34.100m，沉淀池的基础底标高为 34.300m，基槽开挖深度 3.7～7.48m，根据现场环境条件，沉淀池、曝气池基坑除曝气池南侧为保护一期厂区安全，按护壁桩，开直槽外，其余均按放坡考虑。

(2) 土方开挖的准备工作

1) 内业准备

A. 了解并熟悉工程所处位置的地质情况，在开挖前对地质情况做到心中有数。

熟悉施工图纸，掌握设计内容，进行设计图纸交底，明确设计意图。编制施工方案及安全、技术交底。

B. 测量控制

水准点的引进、复核及保护：根据业主在现场建立的首级坐标、水准点控制网项目部建立次级网。依据业主提供的地形地貌图和现场的实际情况绘制原始地貌图，放出两个池子的位置、轴线、开挖边线；设置高程、施工阶段控制桩，为基坑开挖提供依据。

为防止土方开挖，基坑降排水对一期厂区产生不利影响，在采取了必要的保护措施前提下，要随时掌握一期厂区的地面沉降情况。土方降水施工前，在一期厂区设置地面观测点，并完成初始观测，施工过程中安排专人定期观测，发现异常，及时采取措施。

C. 施工机具：分期分批组织施工机械设备和工具进场，需租赁的，做好签订租赁合同的工作。

D. 劳动力组织：根据施工进度计划，组织劳动力进场，并进行岗前质保教育、安全教育和专业技术培训等。

2）现场准备

A. 拆除施工范围内的障碍物，如管线迁移等。

B. 曝气池西北边、北边及两池之间的低洼鱼塘部位，需进行回填并夯实，修筑现场临时道路及机械设备的堆方场地。

C. 临时道路：根据现场实际情况，布置施工临时道路，路宽 7m 左右，路面硬化结构未形成前，铺 20cm 左右厚的级配砂石作临时路面。

D. 地面临时排水系统：土方开挖前，基坑周边形成临时排水系统。

E. 夜间施工要有足够的照明设施，在危险地段设置明显标志，以保证施工工期顺利进行（现场施工照明的线路应架设好）。

(3) 挖土方机械的选择及土方开挖顺序安排

1）沉淀池土方开挖量约 13 万 m^3，曝气池的开挖量约 11.5 万 m^3。由于土方量较大，选用能满足施工进度要求的挖土机和自卸汽车。每个池子中均有两台反铲挖掘机同时作业，每台挖掘机配备 15 台载重 15t 的自卸汽车。

2）沉淀池为南北向长，东西向窄的狭长矩形结构，基坑南北向长 360m 左右，为使土方施工与结构施工形成流水作业的局面，土方开挖顺序为沿南北向顺序开挖，按 60m 长度左右为一个开挖周期，为结构施工创造条件（结构南北向变形缝距离为 43.35m）。曝气池的开挖沿长向分成大致两个相等的部分。第一阶段，北半部分具备开挖条件，南侧与一期相邻范围，需进行护壁桩施工，土方开挖由北向南进行；第二阶段，南侧护壁桩完成后，土方开挖完成 1/2 左右，改由从东南向西北顺序开挖完成。

3）开挖基坑过程中，测量人员设专人控制开挖标高，机挖至设计基底标高以上 20cm 左右，由人工跟进清至设计标高，测量工作要及时进行，防止出现超挖现象。

4）由于基坑开挖深度范围土质主要为杂填土，基底以上土层为粉砂或沙砾层，土自身稳定性较差，同时结构施工历经雨期、冬期，为保证施工期间边坡的稳定，坑上坑下作业的安全，边坡按 1∶0.75 设置，表面挂网喷浆护坡。

5）由于本工程基底标高位于地下水位标高附近，局部范围位于水位以下，根据土质情况和周边环境，除在沉淀池泥斗处深槽外侧及曝气池、沉淀池北侧，设降水井截流地下水外，其余处降水以明排为主，在基坑下坡角沿四周设排水沟和集水井，排水沟上口宽

1.0m左右，下口宽30cm，深30cm；集水井为不小于1000mm的钢筋混凝土管，深1000mm，间距50m左右。沿基坑上口临边防护的作法综合考虑安全、防汛的需要，一律采用在基坑上口线50cm以外砌筑240mm砖墙作为挡水墙。挡水墙部位用ϕ48钢管做防护栏杆。栏杆高1.2m，立柱间距3m，立柱夯入土层0.6m以上。水平方向架设两排钢管。临边防护的具体作法如图3-3所示。

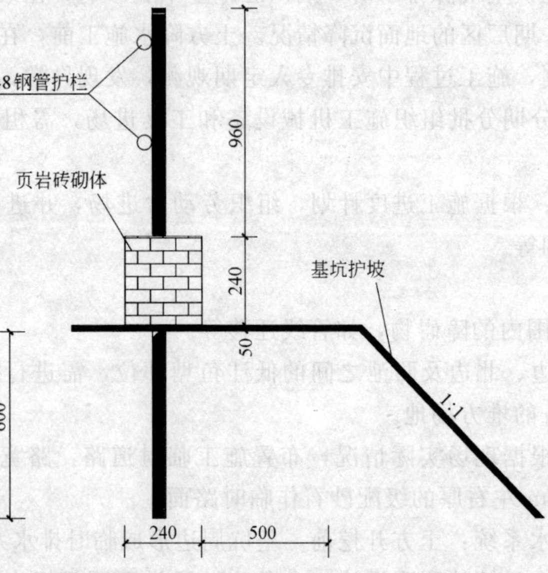

图3-3 基坑临边防护示意图

开挖基坑时，应注意边坡稳定。必要时可适当放缓边坡坡度或设置支撑，经常对边坡、护坡桩进行检查，发现问题要及时处理。在开挖过程中，及时修整边坡，并做好挂网喷浆护坡，且应随时检查槽壁和边坡的状态，做好支撑的准备，以防坍塌。

6）为保证土方开挖过程中基底遇水及时排除、疏干，排水沟、集水井随土方开挖及时形成；同时，由于基坑面积较大，土方施工期间处在雨期，为使基坑中心范围地下水及雨后积水及时排出，在基坑底部沿纵、横向清底过程中，做排水盲沟，形成基底网状排水系统。盲沟深度100～200mm，沟内填满碎石。

7）对开挖出的地基要及时布点进行钎探，钎探点按梅花状布置，间距为1.5m，打入深度为1.5m。钎探前由施工人员做好探点编号，每点每300mm一层，分层记录锤击数，经汇总后报勘探人员分析。

以上工作完成后，施工单位及时邀请建设、设计、勘探、监理单位共同对地基进行验收，并做好记录，符合要求后进行下道工序施工。

3.2.4 曝气池抗浮锚杆施工

抗浮锚杆安排在垫层完成且达到一定强度后进行，其工艺流程为：

布点→钻孔→放置主筋→注浆→锚杆养护→基本试验。

试验锚杆的具体位置在现场由监理工程师确定。

（1）锚杆成孔

1）钻机选型：采用SH-30型钻机或循环钻机成孔（待试验后确定）。

2）钻孔：钻机作业面标高为34.600m，成孔深度21.4m。钻孔前，先依据给定的孔位，然后在专人指挥下起立钻架，使钻头对准孔位，对位偏差不得大于50mm。开钻时扶正导向管，保持钻孔垂直，使用SH-30型钻机时，随进尺随掏出孔内土体。冲击成孔、掏出土体、套管跟进三个过程反复循环，进而完成一根锚杆的成孔工作；循环钻机成孔采用泥浆护壁钻进成孔，成孔垂直度均不应大于3%。

钻孔至设计深度后，用测绳量测，孔深误差0～20cm，满足要求后报监理工程师验收。

（2）放置主筋

1）主筋连接

主筋连接方式采用直螺纹等强连接工艺。连接的两个钢筋端头套丝长度相同，均为4.5cm，套筒长度为9cm，尺量检查，以保证两个钢筋头入扣一致。所有连接接头均置于锚固体内，不须采用专门的密封措施。钢筋上部露出端头套丝长度8cm，以方便拧入用来张拉的半套筒（试验时注意测量钢筋上部露出端头套丝的合理长度，为以后的施工提供必要的端头套丝长度依据）。

2）主筋导向支架设置

为保证锚杆主筋下入锚孔后，其位置能居于孔中，主筋上每隔2m设置一组导向支架，该导向支架采用ϕ6钢筋弯成"冂"形，然后将其点焊在主筋上，沿主筋截面每120°焊1个，一个截面焊3个。

3）锚杆自由段防腐及隔离层设置

锚杆自由段主筋采用环氧涂料做防腐层，施工时先用钢丝刷除去主筋表面浮锈，然后人工涂刷环氧涂料3遍。

主筋隔离层采用连续包裹的三层塑料布。包裹每层塑料布时，用胶带紧紧缠住始裹端，然后呈螺旋状，将塑料布缠绕到锚头处结束，随即用胶带将该处裹紧。三层塑料布包裹完毕，每隔1.4m用20号细钢丝做一道扎紧箍，防止塑料布翘起；然后，在塑料布外套ϕ55mm硬塑料管加强隔离作用，塑料套管上下端用环氧砂浆封口，外用胶带密封。

4）注浆管设置

在主筋放入钻孔前，需随主筋绑扎两根注浆管，分别用来进行一次和二次注浆。一次注浆管与杆体活绑，注浆完后可以抽出；二次注浆管与杆体绑牢。二次注浆管下端用胶带封住，管身从锚固段顶面50cm以下开始，在管壁上开小口，开口位置错开，间距50cm，管壁外用塑料胶带包裹。注浆管采用直径20mm的硬塑料管，为防止注浆时在受浆液压力作用下管身爆裂，影响注浆效果，注浆管壁厚大于3.5mm。注浆管上端长出主筋顶部400mm使注浆操作方便；下端短于主筋400mm，防止塑料管钻入锚杆孔底土层，使浆液无法流出，影响注浆质量。

5）主筋入位

将下截钢筋用钢丝绳吊起先放入孔内，在接头部位用钻杆扳手将其牢固卡在孔口，严防掉入孔中，而后用钢丝绳将另一截钢筋吊起，在孔口位置将螺钉拧紧；在证实已经连接牢固后，将注浆管顺直地与主筋绑扎在一起；然后，徐徐放主筋下至孔底，使其就位。

（3）提拔套管

为防止提拔套管时石子等物掉进注浆管口，提拔套管前先用塑料布封上注浆管上口。提拔套管时，先注入水泥砂浆淹没套管 1.0m，而后上拔套管 1.0m，再注入水泥砂浆 1.0m，再提拔套管 1.0m，往复循环，直至浆面溢出孔口（控制方法是：先计算出每注入 1m 水泥砂浆的体积，然后在 0.2m³ 的砂浆搅拌斗上做出体积标记，以此来控制上拔套管的速度）。

（4）注浆

1）配浆

注浆所用浆液采用纯水泥浆，水泥采用冀东水泥集团生产的三石牌普通硅酸盐 32.5 级水泥，灰砂比 1：(1～1.5)，水灰比 0.4。水泥浆在灰浆搅拌机中拌合时间不少于 1min，使其均匀一致。

2）第一次压注水泥砂浆

清孔完后，用高压泵在 1.0～1.5MPa 压强下通过一次注浆管进行注浆，直至钻孔内的水及杂质被置换出孔口，孔口流出浓浆为止。静置一段时间后（30～45min），如发现浆面下降，要进行补浆；待浆面稳定后，拔出注浆管。

3）第二次注浆及封堵孔口

第一次注浆 3h 后，采用 2.5～3MPa 压强进行第二次注浆，填充第一次注浆遗留的孔隙，使其达到补浆效果。注浆材料采用纯水泥浆，水灰比 1：0.5。

4）水泥砂浆及水泥浆的试验

水泥砂浆及水泥浆每种留置 6 组试块，2 组同条件试块，2 组预备试块，1 组 7d 强度试块，1 组 28d 强度试块。

（5）锚杆头部处理

锚杆施工完成 12h 后，将顶部 50cm 的素混凝土剔除，然后外加 50cm 长、直径为 150mm 的钢护筒（壁厚 6mm），用 1：2 水泥砂浆灌注至 34.600m 标高。

（6）试验设备

试验设备，主要有加载装置、量测装置及反力装置，如图 3-4 所示。

加载装置采用穿心式液压千斤顶（YC-60），油泵采用 BZB-72 型电动高压油泵。千斤顶与高压油泵在锚杆外端施加拉力。锚杆被拉时可能产生相当大的变形，因此，采用千斤顶或油泵的容量超过设计极限荷载，能够保证足够的行程。

千斤顶的反力设置在两根 5m 长热轧普通Ⅰ45c 的钢梁上，钢梁支承在枕木上，枕木的铺设宽度满足地基承载力要求，支承枕木距离锚杆中心线间距 2m。

基准梁采用普通钢架管，长度 6m；基准桩也采用钢架管，入土深度不得低于 1m。

拉力量测装置用连接于油泵的压力表量测；变位量测用大行程百分表（0～50mm）。在距离混凝土顶面 5～10cm 处的钢护筒上，对称焊接两块小钢板，钢板面上用水泥砂浆找平后，放置一小块玻璃，加载过程中测其位移。

试验时由于要做到极限破坏，因此，要考虑施加于拉杆的最大应力应控制在钢材屈服强度的 90%以下。由于试验时所加的拉力很大，要考虑万一由于材料不均质或压力计误差等不确定因素而造成拉杆断裂，为此要预先做好防备和安全措施。

锚杆杆体加工时，需在顶端套 10cm 长丝扣，千斤顶安装后，用 ϕ40 专用螺母紧固。

试验设备型号数量见表 3-6。

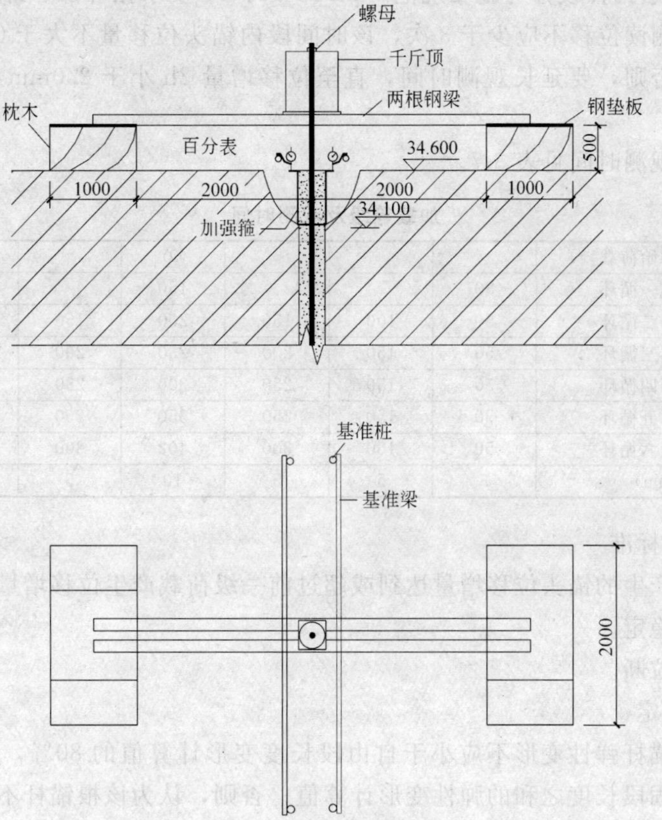

图 3-4 试验装置

试验设备明细 **表 3-6**

序号	名称	型号	数量
1	张拉千斤顶	YC-60	1
2	高压油泵	BZB-72	1
3	精密压力表	0.4 级	1
4	百分表	0～50mm	2
5	基桩梁及反力支架		1

(7) 试验方法与试验步骤

在现场钻孔、灌浆后的锚杆，待砂浆达到 70%以上的强度后才能进行拉拔试验。一般情况下，对普通水泥必须养护 8d 左右，早强水泥 4d 左右。

1) 试验步骤

A. 确定最大试验荷载：根据规范要求，最大试验荷载取为钢筋强度标准值的 0.8 倍，即 402kN。

B. 安装试验设备，对试验加载设备、反力装置、量测仪表进行全面检查，确定是否已稳妥可靠。

C. 测读百分表初读数。

D. 按照《土层锚杆设计与施工规范》CECS 22：90 要求循环加、卸载。每级加荷等级观测时间内，测读位移不应少于 3 次，该时间段内锚头位移量不大于 0.1mm 时，可施加下一级荷载；否则，要延长观测时间，直至位移增量 2h 小于 2.0mm 时，再施加下一级荷载。

加荷等级与观测时间见表 3-7。

加载等级及观测时间 **表 3-7**

加荷增量（kN）	初始荷载				50			
	第一循环	50			150			50
	第二循环	50	100	150	200	150	100	50
	第三循环	50	150	200	250	200	150	50
	第四循环	50	150	250	300	250	150	50
	第五循环	50	150	250	350	250	150	50
	第六循环	50	150	300	402	300	150	50
观测时间（min）		5	5	5	10	5	5	5

2）锚杆破坏标准

后一级荷载产生的锚头位移增量达到或超过前一级荷载产生位移增量的 2 倍。

锚头位移不稳定。

锚杆杆体被拉断。

3）不合格判定

测量得到的锚杆弹性变形不应小于自由段长度变形计算值的 80%，且不应大于自由段长度与 1/2 锚固段长度之和的弹性变形计算值；否则，认为该根锚杆不合格。合格的弹性位移预估值为 5～20mm，待基本试验完成后，综合确定，提出工程锚杆的验收标准。

（8）试验结果分析

根据量测得到的循环荷载与对应的锚头位移读数列表整理，并绘制下列各曲线：

1）锚杆荷载-位移（Q-S）曲线。

2）锚杆荷载-弹性位移（Q-S_e）曲线。

3）锚杆荷载-塑性位移（Q-S_p）曲线。

（9）技术质量保证措施

1）严格按照《土层锚杆设计与施工规范》（CECS 22：90）技术要求进行试验。

2）测试前由技术负责人进行详细的技术交底，明确测试质量的重要性和必要性。

3）接受监理对进度、质量工作检查，并如实反映情况。

4）对各分项操作实行跟踪检查，进行质量控制，检查技术交底、操作规程与操作质量，争取在测试过程中发现问题及时解决。

5）所采用的检测设备，要按规定进行计量标定，确保检测结果的可靠。

6）现场搭设帆布棚，检测设备和仪器均须置于棚内，避免风吹、日晒、雨淋，影响试验精度。

3.3 主要建筑物的施工方法

3.3.1 污泥干燥间施工方案

污泥干燥间工程主体为钢结构，柱距 7m，最大跨度为 12m。本工程平面尺寸 35m×

28m；本工程为单层，控制室部位有两个夹层。外墙为复合夹心彩钢板，屋面为彩色压型钢板屋面。

(1) 施工顺序及控制要点

施工顺序：测量放线──→土方基槽开挖──→基础施工──→钢结构安装──→屋面板施工──→填充墙体砌筑及墙面板安装──→装修装饰施工。

施工工程中的重点应集中在钢结构的安装和屋面板安装及各工种交叉作业。科学合理地安排施工和及时有效地对钢结构安装进行监控。

(2) 施工方案

1) 钢筋混凝土独立基础

A. 土方工程：土方工程采用机械开挖，自卸汽车运输，机械挖至离坑底设计标高30cm时，由人工配合清槽及修坡。基坑的工作面自基础外边距基坑800～1000mm。

B. 钢筋工程：钢筋工程根据设计要求在施工现场制作加工，现场绑扎。

C. 模板工程：模板用12mm厚的竹胶板，支撑体系采用ϕ48mm×3.5mm钢管及50mm×100mm的木方。基础角部连接采用止口拼接，吊模板下设钢筋马凳支撑。

D. 混凝土工程：混凝土采用现场搅拌，混凝土输送泵输送施工。

2) 钢结构工程

钢结构构件按照图纸设计要求在生产车间加工制作，现场采用汽车吊吊装就位。

A. 钢柱吊装

钢柱的吊装和钢柱的二次搬运同时进行，根据吊车的开行路线依次运输、吊装；钢柱就位时，柱中心线对齐基础中心线，备好垫板，用螺母初拧，采用两台经纬仪，从纵横轴线观察钢柱中心线，校正钢柱垂直度，直至钢柱垂直度在规范范围内。拧紧钢柱地脚螺栓，要求每一螺栓垫两螺母。依据吊车开行路线，吊装其他钢柱。第二个钢柱的吊装完毕后，顶部用两道檩条连接，有柱间支撑的柱首先固定。依此类推，中柱吊装完毕后，拧紧地脚螺栓。

B. 檩条安装

檩条首先从边柱起，柱间支撑（包括上柱及下柱支撑）在安装完毕的柱间进行安装，然后再安装无柱间支撑的柱。檩条为冷拉薄壁型钢，为防止中间下垂，用拉条固定檩条，拉条的施工自上而下。在施工拉条时，用水平尺校正，要求误差小于设计及规范要求。

C. 屋面支撑及屋面檩条的安装

梁就位后，有屋面压杆的梁，先安装屋面压杆，再进行下榀梁的吊装。第二榀梁就位后，每跨至少用3根檩条与前一榀梁连接。檩条安装时，出现孔眼与螺栓的偏差时，可用钎子来调整，檩条安装后再安装拉条。

3.3.2 干燥污泥堆置棚施工方案

根据本工程初步设计文件，干燥污泥堆置棚为球形网架结构；柱为直径600mm的钢筋混凝土圆柱；基础不详，根据本工程的特点，应为钢筋混凝土独立基础；屋面为50mm厚的彩色夹心板。平面尺寸为36m×24m，柱距为15m，跨度为18m，建筑物四周设置一条深1m的排水边沟。

(1) 施工顺序及控制要点

施工顺序：测量放线──→土方基坑开挖──→基础施工──→钢筋混凝土柱施工──→屋面

网架、板安装──→附属施工。

施工工程中的重点应集中在钢结构屋架吊装、安装和屋面板安装，由于跨度较大，需要在对屋架的加工时考虑到施工吊装的影响，科学合理地安排施工吊装机械和及时有效地对钢结构吊安装进行监控，防止其变形从而影响质量。

（2）各分部分项施工方案

1）钢筋混凝土独立基础的施工，可参照污泥干燥间的施工方法。

2）直径 600mm 钢筋混凝土柱的施工

A. 直径 600mm 钢筋混凝土柱的模板采用定型钢模板，加固采用定型钢模板专用加固件，同周围脚手架连为一体进行加固。

B. 直径 600mm 钢筋混凝土柱的竖向钢筋采用直螺纹连接，连接位置及间距要符合设计及施工规范的规定。

C. 柱顶钢板预埋件的预埋必须要保证预埋件的尺寸、位置、标高，预埋形式必须符合设计及施工规范的规定。

3）球型网架工程施工

A. 污泥堆置棚为平板形钢网格结构，螺栓空心球连接。钢制管材和螺栓空心球在加工厂制作，现场采用空中散装法单杆件拼装。

B. 施工前依据现场条件要用扣件式脚手架搭设拼装支架，拼装支架要搭设满堂脚手架，支架底部支撑在事先施工好的混凝土垫层上，并设置剪刀撑，确保脚手架的稳定性。支架上的支撑点的位置应设在下弦节点或支座处，施工层应铺设木跳板，在工作区域跳板满铺，两端用钢丝扎牢。

C. 上下两层球节点的球顶面标高要严格控制，要根据设计标高，用水准仪进行测量，其误差不得超过 1mm。

D. 安装顺序由网架短向沿纵向由网架一端向另一端平行推进，最后在另一边封闭成活。

E. 网架结构安装完成后，螺栓球节点应将所有接缝用油腻子填嵌密实，并将多余螺钉封口。

3.4　机电安装

3.4.1　机械设备安装工程

（1）电动单梁桥式起重机安装

电动单梁悬挂起重机共 1 台，起重量为 10.0t，位于鼓风机房内，地面操纵。由于轨道、起重机构的安装直接影响起重设备的使用质量及安全性能，施工需从预留预埋起加强测量监控工作，严格按照规范及设备说明书进行施工，确保安装质量及安全性能。

起重机安装前，要先向当地劳动部门审报资质经审查批准后施工。安装调试结束后，要和业主一道请其验收，获得使用许可证。

A. 施工程序：设备订货场开箱检验──→轨道基础梁验收──→轨道、车挡安装──→起重机安装──→起重机电气安装──→起重机试运转──→交工验收。

B. 主要施工方法及技术要求：

a. 核查轨道基础梁表面标高和水平度。测出轨道安装基准线和车挡安装位置线。

b. 起重机轨道、车挡安装

起重机轨道安装前的准备工作：①起重机轨道铺设前，应对钢轨的端面、直线度和扭曲进行检查，合格后方可铺设；②检查轨道的实际中心线与安装基准线的水平位置偏差，不应大于 5mm；③检查轨道的实际中心线与吊车梁的实际中心线的位置偏差，不应大于 10mm，且不大于吊车梁腹板厚度的一半。

轨道安装：①轨道的吊装：由于单根钢轨重量不大，一般可利用建（构）筑物挂设小滑轮，通过人力拉上去；②轨道安装方式为悬挂式。预留预埋工作要密切配合土建单位，以保证预留预埋件位置正确。钢轨安装前，先对屋顶预埋件进行检查，预埋件的位置及平整度要满足设计要求，并对钢轨外观及端面、直线度和扭曲进行检查；然后，确定轨道的安装基准线，再利用土建结构或预留吊装钩挂附索具用卷扬机或捯链吊装就位；或搭设脚手架上，利用脚手架就位、固定。轨道同梁上预埋件连接一般采用焊接形式，轨道经调整符合要求后焊接。轨道的实际中心线对基准线的水平位置偏差≤3mm。③轨道接长按钢结构施工规范或设计要求施工。一般采用焊接方式，焊接要符合焊接规程，焊后需快速铲除渣，并用砂轮机将接头处锉平。轨道两端支撑在砖墙上时，要在砖墙上预留洞口，用 C20 混凝土垫块支撑轨道定位后，再用 C20 混凝土封堵墙洞。

c. 起重机安装

组装桥架和小车运行机构。

测量起重机主梁上拱度（采用钢丝、水准仪测量）。

起吊就位：起重机安装前，要复核轨道的几何尺寸与起重机的安装尺寸是否相符，并先将车挡及限位装置安装好，符合安装要求后再进行安装。由于室内施工空间较小，可在土建施工时在梁上适当位置预埋吊装钩，待设备用手动液压拖车运至室内后，在吊装钩上挂附索具用卷扬机或捯链吊装就位，或在轨道的前后、两侧的屋顶面上预留吊装孔。安装时由孔内穿钢丝绳，在屋顶架设人字拔杆、捯链吊装就位，如图 3-5 所示。待起重机就位后，由土建单位将预留孔封死；然后，可进行配管穿线、运转调试，为下道施工工序做好准备。

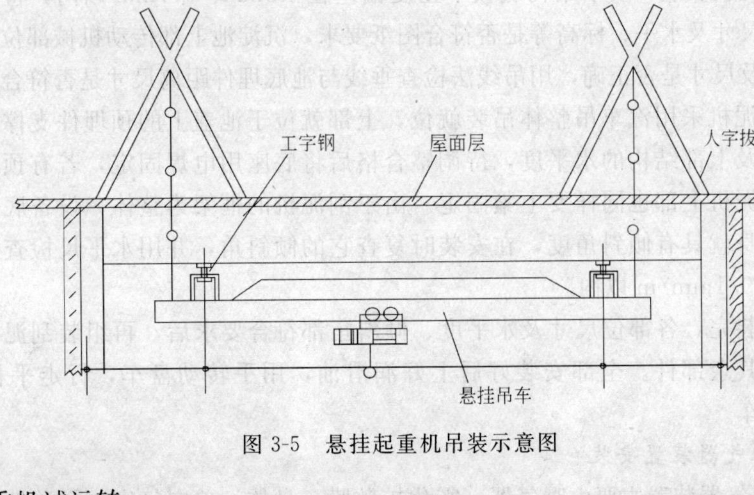

图 3-5 悬挂起重机吊装示意图

d. 起重机试运转

起重机试运转包括试运转前的检查，空负荷试运转、静负荷试验和动负荷试验。几个步骤，试运转要在上一步骤合格后，再进行下一步骤。试运转要符合设备技术要求和规范要求。

试验合格后起重机试运转前，按下列要求进行检查：

电气系统、安全联锁装置、制动器、控制器、照明和信号系统等安装符合要求，其动作灵活准确。

钢丝绳端的固定及其吊钩、取物装置、滑轮组和卷筒上的缠绕正确可靠。

润滑点和减速器所加的油脂的性能、规格和数量符合设备技术文件的规定。

盘动各运动机构的制动轮，各传动系统中每一根轴旋转一周无阻滞现象。

空负荷试运转：在空负荷状态下检查各机构的运行情况。

静负荷试验：把试验载体起吊到距地面 100mm 的高度保持 10min，检查起重机结构框架的强度和刚度。试验负载重量须是起重机最大起吊能力的 125％。

动负荷试验：把试验载体提升，放下和移动几次来检查起重机的各个部件的运行情况。动负荷试验的载体重量为起重机最大提升量的 110％。

会同当地劳动主管部门、业主、监理单位办理验收移交手续。

(2) 电动葫芦安装

电动葫芦共 2 台设于回流与剩余污泥泵房内。

A. 利用构建筑物或临时拔杆挂设捯链的方法，使电动葫芦安装于轨道上。

B. 安装后测量电动葫芦车轮缘内侧与工字钢轨道翼缘的间隙，应为 3～5m；若超标，则必须调整。

C. 电动葫芦试验前必须检查加润滑油脂。

D. 电动葫芦空负荷、负荷试验时，将小车的制动距离调整到规定的范围内。过长的制动距离将影响工作效率，过短的制动距离将产生振动和晃动。

3.4.2 链条式刮泥机安装

链条式刮泥机安装于沉淀池内，共 30 台。其作用原理是通过链条循环运转，清除掉沉淀池内沉淀的污泥及大颗粒杂质。

链条式刮泥机安装，要求结构底板平正度偏差在＋3mm、－7mm 以内，检查核对池底部位的预埋件尺寸及水平、标高等是否符合图纸要求，沉淀池上部传动机械部位的固定预埋件位置、标高及尺寸是否正确，用吊线法检查垂线与池底埋件距离尺寸是否符合图纸要求。

链条式刮泥机采用汽车吊整体吊装就位，上部就位于池盖上的预埋件支撑架上。利用垫铁调整底座及上部结构的水平度，待调整合格后将底座用电焊固定，若有预留螺栓，要上紧固定，刮泥机上部也同样要上紧固定。由于刮泥机的框架为整体，设备底座与上部结构在制造时本身就具有倾斜角度，在安装时复查它的倾斜角，并用水平尺检查传动轴部位水平度是否在 0.1mm/m 以内。

待外框安装完，各部位尺寸及水平度、倾斜角都符合要求后，再组装刮泥机上的齿耙和传动部分等其余部件。全部安装好后上好润滑油，用手转动盘车，行走平稳转动灵活后，再进行试车。

3.4.3 曝气器装置安装

1) 微孔曝气器装置主要由曝气器（雾化扩散膜、盘体、单向气密阀）酸性装置及配气管、基础螺栓等组成。其满足于曝气池污水处理的需要，能有效地将来自鼓风机的有压空气，均匀地扩散于水体中，并能保持长期稳定的充氧效果，以及停止供气时有效地闭合。

2）曝气器装置到场后，检查是否带有对曝气器及其橡胶膜由权威机构测试的报告（在水深≥6m条件下）及酸洗装置的合格证明。

3）微孔曝气器装置全部由1台汽车吊配合进行现场组装。

4）安装步骤：

安装时务必使曝气器列成直线并处于同一水平——系统防漏安装前池底必须仔细清理。根据钻孔图，为底部支架的孔打好记号，并钻孔后固定支架。外径为90mm的管道，用HPK210支架固定，而管径超过90mm分区管道以支架TPK215固定。固定后，将支架调节水平。

一旦安装支架的高度调好后，开始安装分区管，曝气器单元和集水管，按序从分区管到集水管。

最后，安装清洗软管和将曝气器组与落差立管相联。

5）安装前进行尺寸测量：

在固定安装支架前，把多余的材料从池内移出，清理池底，以便于测量和确定支架固定点位置。

安装场所的温度不能超过60℃。

6）底部支架的安装

A. 确定支架固定点的位置

每组曝气器支架的安装位置在钻孔图上表达。为达到最大可能的曝气器使用效率，曝气组与池壁间的距离，每一面都必须均匀。通常池的尺寸不能用来确定固定点的位置，而是由落差立管的位置来确定固定点的位置。如果几组一起安装在同一池内，各组的布局安装要作为一个整体。

一旦曝气组的位置暂时确定，应以装在池底的膨胀钉的固定孔作为记号。膨胀钉按图示装在一条直线上很重要；否则，管道将易受侧向力的作用，而导致管道在使用过程中管道变形。

B. 安装底部支架

在作好打膨胀钉的标记处钻孔，孔的尺寸是：

支架HPK210膨胀钉LAH10：　　ϕ10mm×40mm；

支架TPK膨胀钉LAH12：　　ϕ12mm×50mm；

使用高压空气去除孔内的碎屑，将钉塞入孔内与池底平面相平。

用图3-6所示工具敲击钉，使其固定在相应的位置，另使工具的肩部打击插杆的顶部。

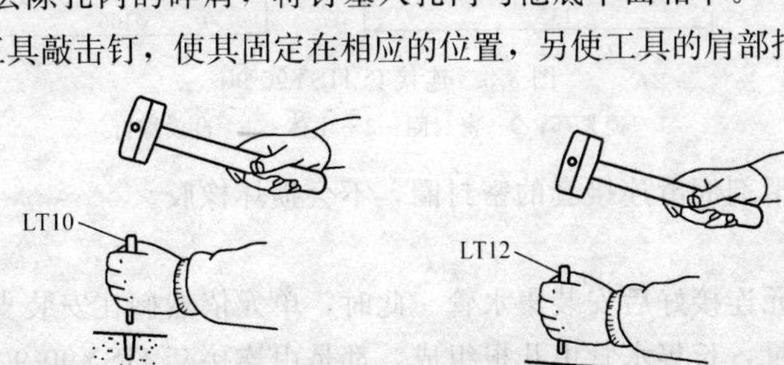

图3-6　LAH10和LAH12膨胀套于相应位置

一旦膨胀钉固定好，把垫片 KL11/23 和螺钉 M10×20 扎牢。务必使支架底部的池底清洁和水平。

将安装支架 TPK 的 M12 的螺杆直接旋进膨胀套。

C. 调节底部安装支架 210 的高度

为获得最大的曝气效率，曝气器所在平面必须尽可能地接近池底。在完工的曝气组内各个曝气头的高度偏差，必须在±10mm 以内。各池内曝气器的高度必须尽可能一致。但有时因为空压机容量的限制或其他池底面的构造而导致升高曝气器高度，如果这样，底部安装支架必须利用特殊附件来安装得更高，这种附件不包括在交货范围内。最简单的调节曝气器高度的方法是利用支管架 210。曝气器的高压调节从池底的最高点开始，在此往下拧动支架到其最低处，而后调节其他支架至与它相同的高度。详见图 3-7。

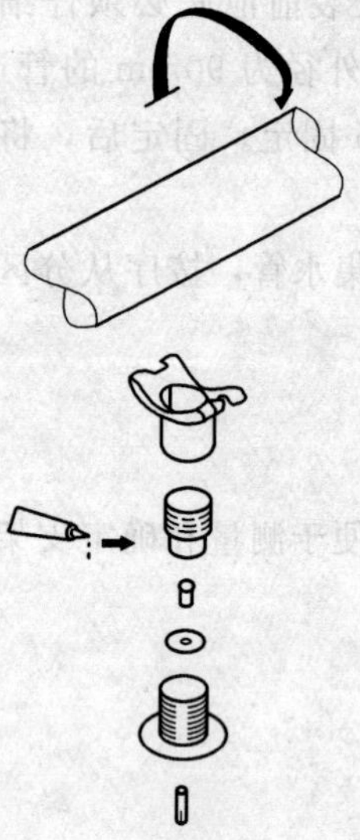

图 3-7 支架 210 延伸管与底座以胶水粘结

7）安装曝气单元

安装曝气单元从分区管到集水管，每组的集水管不能等到其他的零部件固定后才安装。依据布局图，将曝气单元安装于管架上，用允许热膨胀的连接套 HSY90-90 连接（图 3-8）。务必使所有曝气器的上表面都保持水平。直到集水管装好后，紧固底部安装支架上扣带。安装曝气单元时，必须保证管内是清洁的。安装连接套前，将锁紧环插入套的底端的槽内；已安装好连接套，拧紧锁紧环。当安装分区管与曝气单元相连的连接套时，锁紧环必须对着分区管，其他连接套的锁紧环对着集水管；完全安装好曝气单元时，可画条显示线在单元边缘，这条线表示与单元边缘相隔大约 20mm。

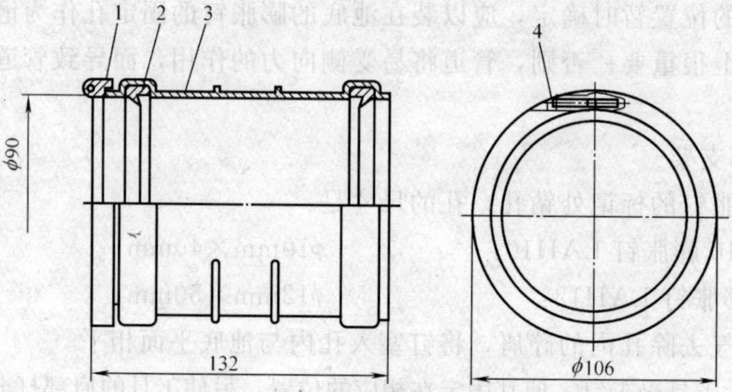

图 3-8 连接套 HSY90-90

1—锁紧环；2—密封圈；3—主体；4—自攻螺钉

使用以皂质润滑剂润滑连接套的密封圈，不会损坏橡胶。

8）安装集水管

所有的曝气单元连接好后安装集水管。此时，单元依然搁在安装支架上，这样连接套可以提供某些窜动量，长集水管由几根组成，都是由连接套 HSY90-90 互相连接。

9）系统的最后安装

使用扣带 HPK210 以使曝气单元固定安装在支架 HPK210 上，扣带的安装与拆卸有专用工具 HPAAt，请不要重复使用，而是更换它。

最后检查分区管的准直，固定支架 TPK 的上半部，用上部支架的螺母拧紧它们。

10）安装落差立管和清洗软管

在曝气系统与落差立管相连前，使用高压空气清除供气管和落差立管内的杂物。为避免杂物进入池底的管系内，关闭与分区管的法兰接口。清理好管系后，连接组落差立管法兰和分区管法兰，紧固法兰时，务必不能使分区管移动。落差立管必须固定在池壁上或池底作为支撑，以保证分区管和它的法兰不受任何荷载；另外，落差立管的上部顶端必须装有连接套，这样允许热膨胀，以避免由于膨胀引起的移位，而将其传递到曝气组。

将软管与排污接口器 VPL90 相连。管道的另一端必须装有一个阀门，固定于水平面上，管的开角至少必须在 40°以上，每 50cm 由池壁或其他结构提供支撑。池内产生强大水流，使用软管和固定必须考虑由于水流产生的力，软管不包括在交货货物中。

11）安装后的程序

安装结束后，进行系统的泄漏测试。

如果安装好后，系统的泄漏测试没有马上进行，将清水注入池内。务必使水位保持在曝气器 100mm 以上，存水可以保护曝气器免受紫外线照射、零下气温和污物的影响。使用多孔性盘片 HIL210 或 MIL210，必须打开风机曝气以避免曝气器发生堵塞保持曝气池内清洁。防止重物、残渣、污物进入池内，这有可能破坏和堵塞曝气器，油漆和焊花也可能损坏曝气器。

12）装置安装主要技术要求

A. 水下支管及管配件与垂直安装于池内壁的立管连接时，各结点应紧密、无泄漏。各水下支管的排列应整齐。

B. 微孔曝气器底盘与水下支管的连接分布均匀，其底盘平面与管轴线水平误差不得超过 5mm。

C. 管路安装时，管道内应清洗吹扫干净，无杂物堵塞。

D. 布气支管水平度落差不大于±10mm。

E. 微孔曝气器的支架可调并具有足够的锚固力。

13）螺纹式曝气器的安装

安装前检查螺纹接套上的 O 形环和管道螺纹。小心将曝气器拧于管道上，如果拧得过紧，曝气器损坏主体螺纹被撕开，务必使 O 形环处于防漏的正确位置。密封胶带也可用于此。

14）装置检验调试

A. 曝气器外观质量检查应无缺损和变形。

B. 在无水状况下，在配管的相邻支底跨中，做 100kg 集中荷载试验，配管应无弯曲变形。

C. 在清水状态下，按 CJ/T 3015.2 标准通风量检测气泡分布情况和充氧量等技术性能测定；按 CJ/T 3015.4 标准进行布气均匀性和机械、理化性能的测定。

D. 耐久性试验按 0.1%供货数量抽检，试验以浸没水深 300mm，操作周期 100 万次，每次持续时间 10s，并提交样品试验后的阻力损失、静态水的氧转移率、尺寸公差及外形特征检验的报告。

E. 配合鼓风机系统进行空载试运行及负载连续运行试验。

3.4.4 搅拌机的安装

曝气池潜水搅拌机共 24 台 $P=5$kW，安装前先核对土建预埋件的标高、位置及尺寸是否与图纸相符，检查复核无误后，放线确定槽钢支架的中心及搅拌机的位置；然后，将槽钢支架固定在预埋件两端，槽钢支架要校直、校平放在预埋件上，利用垫铁调整支架的水平度在 1mm 以内，以确保搅拌机的机体水平、搅拌机的垂直、搅拌叶片的水平。

钢支架调整好后，点焊在预埋件上，再在钢支架上画线，定位好搅拌机的位置后，即可安装搅拌机底座。用调整垫铁找平机座后，用螺栓将搅拌机座固定好。

将搅拌机吊放在事先准备好的临时支架上，用吊车将搅拌机穿过支架上的预留孔，坐落在钢支架上找正固定，最后组装叶片。组装叶轮时须搭架子，施工人员在架子上安装叶轮并调整固定，叶片安装的方向应按技术说明书的要求进行，不得装反。若设备技术文件有其他要求和规定，应按其说明书要求施工。搅拌机安装的关键技术是：搅拌杆要保持垂直、叶片要保持平衡，才能保证搅拌机运行平稳、安全可靠。

3.4.5 鼓风机安装

离心鼓风机共 5 台，3 用 2 备，风量 24100m^3/h，出口压力 1.7bar，630kW

1）基础放线及处理

根据土建轴线标记，按图纸要求，画出鼓风机机体中心线、电机中心线、进出口管中心线等。

根据基础上红三角标高标志，设定各安装标高，标高由水准仪标定。

铲削 20～30mm 基础疏松表面，露出硬质混凝土层，以放置临时垫铁。

清除基础表面油污，地脚螺栓孔内杂物和积水清除干净。

2）鼓风机就位、初平

鼓风机（主机）采用汽车式吊车吊装就位。

按基础中心线，使主机处于中心位置，放下主机，调整临时垫铁，完成初平。

3）地脚螺栓灌浆

将地脚螺栓孔 24h 充水，保持孔壁湿润，用 CGM 高强无收缩灌浆料灌浆。

彻底除去孔底积水，确认孔内无异物，向孔内灌浆，边倒边搅动，确保地脚螺栓垂直，灌浆高度比混凝土面低 20～30mm，固化 72h。

4）无垫铁安装

采用无垫铁安装技术，设备重量完全由二次灌浆层承担，并传给基础。

5）鼓风机水平度调节

调节底座上顶丝，使鼓风机、电机中心线与标记线对正，用水平仪检查电机，传动机构，鼓风机的水平度，将底座螺栓旁垫铜皮进行调节，使其纵向和横向水平度均符合要求。

6）联轴器找正

联轴器找正前，彻底除去留存在轴承上、轴承座内、轴支承内件的除锈油并重新组装，确认轴承和轴表面无裂痕，根据标记把叶侧下端向心轴承安装到轴承上，调节水平度直到下端向心轴承、推力轴承和壳体配合面间隙为 0.2～0.5mm，手动转轴应无异常声音。

以传动机构为基础进行电机和鼓风机的联轴器找正，测量其径向跳动量和联轴器间距，调整电机和鼓风机，使这些数值控制在允许值内。

7）辅助设备安装

主机就位后，辅助设备整体吊运就位，彻底清理油箱和水箱，进行油运和水洗。

3.4.6 泵类设备安装

泵类设备主要安装于进水泵房、污泥脱水机房内。泵类设备主要有：回流与剩余污泥泵、冲洗水泵、污泥泵、加药泵、内回流泵、潜水泵等。

1）潜水泵、潜污泵安装注意事项

A. 安装前首先复测预埋的鸭掌底座位置，其纵横中心线符合技术和规范要求，以确保泵的正常运转。

B. 导轨安装前复测预埋板的位置，并进行放线确定导轨的位置，确保导轨就位后的垂直度符合技术和规范要求。

C. 泵和电机用液压叉车运至厂房门口处或直接运至室内，再用土建结构和附带的链子将潜污泵沿导轨滑入鸭掌底座内，使泵出口正好落入承插口内。安装前，制造厂为防止部件损坏而包装的防护粘贴不得提早撕离。

D. 泵就位后，保证纵向安装水平偏差不大于 0.1/1000，横向安装水平偏差不大于 0.02%。符合试车条件后，编制试车方案，组织试车小组进行单机试车。

2）其他泵的安装注意事项

A. 泵和电机用液压叉车运至厂房门口处或直接运至室内，再用已安装好的悬挂起重机或电动葫芦吊装就位。

B. 泵就位后要通过垫铁调整，以泵轴中心线为基准找正，以进、出口法兰面为基准找平，使其符合技术要求。

C. 联轴器对中时，使两轴的对中偏差及两半联轴器两端面间隙符合技术文件和规范要求。填料箱与泵轴件的间隙在圆周方向要均匀，按设备技术要求压入填料，并保证盘动转子灵活。

D. 泵安装后要注意保护，配管的管子内部和管端要清除杂物，并清洗干净，不允许管道与泵法兰强制连接。配管中要用盲板保护密封面，防止杂物进入泵体内，以保证连接处的气密性。管道均应有各自的支架以承受重量，连接后要复查泵的找正精度，发现偏差及时纠正。

3.4.7 闸门安装

本工程中闸门多分布广。闸门是一种水中开闭阀门，阀门安装在水中，要通过设在水池壁上边的操作装置操作。要使水中的阀门开关活动自由，安装的关键是预埋件、导轨位置及操作装置水平度都要正确，封闭面及固定套等均要达到设计要求，提升杆（或丝扣杆）的中间应设固定支撑点，安装位置要符合技术要求。

安装前复核预埋件及预留孔的位置及尺寸。将阀板运入池底临时固定，用线坠检查池盖上的预留孔与下面阀杆连接处的中心线是否一致，上部机构中心应与阀板吊杆处中心相一致；然后，检查上部机构预埋件的位置是否有偏差，再将中间支撑点支架固定在水池壁上，穿上阀板螺杆，固定在操作机构上，待整个启闭机安装完毕，各部位的尺寸间隙符合要求后，可做开阀关阀试验，经多次反复，灵活无卡阻现象即为合格；如设备技术文件有特殊要求的，要按要求施工。

3.5　专项施工技术

3.5.1　施工缝施工技术措施

(1) 构筑物施工缝留设方法

由于混凝土施工工艺所限，施工过程中预留施工缝是不可避免的。施工缝若处理不妥当，对构筑物的外观以及构筑物日后的正常运行有着重大的影响。

为保证构筑物池壁混凝土施工质量，不渗漏，外形美观，池体施工缝尽量设置在水平方向上。所有外池壁水平施工缝均在下层混凝土施工时埋置厚 3mm、高 400mm 止水钢板，止水钢板与结构钢筋点焊固定。内池壁水平工作缝设止水凹槽，凹槽上口宽 60mm，下口宽 30mm，深 60mm，该凹槽通过预埋梯形木条形成。

(2) 施工缝处混凝土凿毛方法

底板混凝土浇筑完毕，具有一定强度后才对水平施工缝进行凿毛处理，先用錾子将施工缝混凝土面通凿一遍，凿掉浆皮；密实度较差的混凝土，露出新的密实的混凝土接槎，再用空压机吹净凿下的混凝土渣，以上工作直至经有关人员检验合格为止。

(3) 施工缝部位中防止漏浆措施

池壁施工缝以上的模板安装过程中，容易造成模板下端与池壁有缝隙，由此导致浇筑混凝土时混凝土浆会从缝隙处渗漏出来，造成混凝土漏浆现象，严重时可形成蜂窝麻面的混凝土质量通病。

为防止这种现象发生，在支池壁模板前，施工缝以下 30mm 处，粘贴塑料海绵胶条，安装模板时模板下沿部分与海绵条贴紧。

(4) 池壁混凝土浇筑前准备工作

池壁混凝土浇筑前，先用空压机将模板内杂物吹扫干净外，非冬施期间将施工缝与欲浇混凝土接触面用清水润湿，然后铺 50～100mm 与欲浇混凝土配合比相同的水泥砂浆。

3.5.2　保证混凝土结构耐久性措施

清河污水处理厂二期工程，各水工构筑物对耐久性有着较高的要求。针对这一特点，制订如下保证混凝土结构耐久性施工措施。

(1) 预防碱—骨料反应（AAR）措施

碱骨料反应是指混凝土中的碱和环境中可能渗入的碱与混凝土骨料（砂、石）中的碱活性矿物成分，在混凝土固化后缓慢发生化学反应，产生胶凝物质，因吸收水分后发生膨胀，最终导致混凝土从内向外延伸开裂和损坏的现象。

北京市城乡建设委员会、北京市城乡规划委员会，于 1999 年联合印发了《预防混凝土碱骨料反应技术管理规定》，并于 1999 年 10 月 1 日起试行。

根据《预防混凝土碱骨料反应技术管理规定》的分类，清河污水处理厂二期工程属于Ⅱ类工程，设计单位特别强调了每立方米混凝土碱含量不得超过 3kg（混凝土中单方碱含量＝水泥中碱（%）＋外掺剂中碱（%）＋掺合料中碱（%）），为了满足上述要求，我单位在施工过程中严格做到以下几点：

1）砂、石采用 B 种低碱活性骨料（由于设备及经济原因，北京地区尚不能提供 A 种非碱活性骨料），不使用 C 种碱活性骨料和 D 种高碱活性骨料，采用低碱水泥（含碱总当量为 0.6%以下）。

2）混凝土试配时，委托北京市技术监督局允许的法定检测单位对现场配制混凝土所用的水泥、外加剂、掺合料进行碱含量检测，对砂石进行骨料活性检测，对混凝土进行单方碱含量检测，不符合要求的不得用于清河污水处理厂二期工程。

3）严格要求商品混凝土生产单位及时提供水泥、外加剂、掺合料碱含量报告，砂、石碱活性检测报告，单方混凝土碱含量评估报告。

4）严格控制混凝土骨料级配，加强混凝土振捣，着重控制混凝土密实度，减少空隙率。

（2）提高混凝土的抗冻性能措施

本工程主要构筑物均为混凝土结构，其中曝气池、沉淀池等多为露天，混凝土的抗冻性能直接影响混凝土的耐久性，必须对混凝土进行抗冻、防剥落处理。本工程针对混凝土抗冻制定如下措施：

1）进行混凝土原材料的控制

采用硅酸盐水泥和普通硅酸盐水泥；选用连续级配的粗骨料，严格控制含泥量≤1.0%，泥块含量≤0.5%；混凝土所用的粗骨料和细骨料都要进行坚固性实验，并应符合现行行业标准《普通混凝土用碎石或卵石质量标准及检验办法》JGJ 53 的规定及《普通混凝土用砂质量标准及检验方法》JGJ 52 的规定。

2）加强施工环节的控制

降低水灰比，减少混凝土中的自由游离水，水灰比宜控制在 0.4～0.5 范围内，对于如曝气池、沉淀池等长期露天抗冻性能要求高的构筑物，水灰比控制在 0.4 以内。施工过程中，根据实际情况与业主、监理、设计共同协商，掺入引气剂和减水剂，并提高原混凝土设计的强度等级至 C30，提高混凝土抗冻性能。混凝土出厂前现场具备浇筑条件，减少转载时间和次数，延续时间宜控制在 90min 以内，防止混凝土有离析现象。为防止混凝土浇筑后水分蒸发过快，造成内外硬化不均和异常收缩，要及时采取具有保湿的养护措施，并根据季节、气候条件，采取防风措施并适当延缓拆模时间。

（3）提高混凝土的防腐性能措施

本工程各种构筑物工作时多处于污水浸泡的潮湿环境，构筑物要有较高的抗腐蚀能力，施工过程中要采取有力的防腐措施。

1）混凝土结构防钢筋腐蚀保证措施

钢筋的腐蚀与混凝土保护层厚度、密实度及混凝土中的组成、pH 值、有害离子量、混凝土含水量等诸多因素有关。

A. 在混凝土拌制过程中，控制混凝土配合比及各组成材料的有害杂质含量，特别是含泥量，选择级配好的骨料。在混凝土浇筑过程中控制混凝土的坍落度和振捣方法，加强振捣力度，以此来降低混凝土空隙率、提高密实度、减缓碳化速度和有害离子传输速度。

B. 在钢筋绑扎、模板支护和保护层垫块安置时，严格按照设计尺寸布设，要确保保护层厚度，以此来减少钢筋锈蚀的可能性。

C. 在混凝土综合性能要求允许的条件下，根据实际情况与业主、监理和设计共同协商，混凝土掺入适量的缓蚀剂，优先选择耐蚀钢筋及钢筋表面涂层等方法提高钢筋的防腐蚀能力。

2）混凝土结构耐化学腐蚀保证措施

渗漏侵蚀是导致水工混凝土建筑物耐久性不良的主要危害之一。通常情况下，混凝土在水压力作用下产生渗漏作用，实际上是混凝土中水泥水化合物 $Ca(OH)_2$ 随着渗漏而不断流失，引起其他水化合物不断分解，从而失去胶凝性的一种腐蚀现象。针对混凝土结构化学腐蚀情况，我们就本工程制订如下措施：

A. 控制混凝土主体材料的质量

优先选用早期强度高、微膨胀、耐蚀、抗冻及低碱系列水泥，选用中粗河砂（细度模数为 3.10，含泥量＜1.0％），碎石应控制在最大粒径≤20mm，含泥量＜1.0％。掺加适量复合高效缓凝减水剂。

B. 混凝土主体材料的改性及涂层防腐

在满足本工程对各种原材料质量要求的前提下，在普通硅酸盐水泥中，掺入适量引气剂和优质粉煤灰，提高混凝土的抗腐蚀性能。对于某些特殊结构，有待于在施工过程中与业主、监理和设计人共同确定具体措施。

3.5.3　混凝土结构抗渗性能、抗裂措施

(1) 提高混凝土结构抗渗性能保证措施

本工程中如曝气池、沉淀池、储泥池及冷却水泵房等均为储水构筑物，防渗性能要求高。施工过程中，要通过提高混凝土自身抗渗性能及采取防施工缺陷造成渗漏两方面来达到提高混凝土构筑物抗渗性能的要求。

1）提高混凝土自身的抗渗性能

A. 严格按照设计规范要求及混凝土抗渗标准，设计混凝土配合比，水灰比控制在 0.4～0.5 范围内。

B. 优先选用抗渗性能好的普通硅酸盐水泥，严格把好骨料的质量关，优先选用级配优良的骨料，含泥量控制在≤1％，最大粒径不大于 20mm。

C. 为了减少早期裂缝及提高混凝土的抗渗性能，要添加 3％～6％的高效抗裂减水剂，构筑物一般部位的掺入量为水泥用量的 3％，用于后浇带部位的掺入量为水泥用量的 6％。

D. 浇筑混凝土时，加强混凝土振捣力度，养护期间保持足够温度和湿度的养护环境以提高水泥的水化程度。

E. 严格按照混凝土防裂、防腐保证措施进行施工，以提高构筑物整体防渗能力。

2）预防施工缺陷造成渗漏保证措施

经分析本工程水工构筑物施工渗漏隐患薄弱环节多在接缝处理不当、对拉螺栓和穿墙管及钢筋、垫块绑丝安设不合理；另外，混凝土浇筑振捣不符合要求等方面都会造成渗漏，相应的预防措施如下：

A. 加强接缝处理

对于施工缝，关键是保证施工缝部位混凝土的密实和接缝质量，对于储水构筑物来说，还要加设止水钢板提高抗渗性能，止水钢板要采取可靠固定方法，确保止水钢板安设牢固、位置准确，浇筑混凝土过程中要注意对其的保护，施工缝下部混凝土浇筑要确保振捣密实。上部混凝土浇筑过程中加强缝面处理，在浇筑前对混凝土表面进行凿毛，清理干净并洒水湿润。浇筑上层混凝土时，先铺设 50～100mm 厚与混凝土同强度等级的水泥砂

浆接槎。

对于伸缩缝，严格控制止水带的质量和各项性能指标。止水带的安设要严格按照设计图纸规定，设置横向固定筋；同时，采用纵向固定筋和专用卡扣，使用绑丝将止水带两端固定，消除止水带在混凝土浇筑过程中的竖向移位和变形。在混凝土浇筑过程中，要安排专人在此部位加细操作，保证该部位混凝土浇筑密实。伸缩缝处的表面处理，严格按照设计要求，填充伸缩缝两端聚硫胶封水层，应选用优质聚硫胶，填充均匀、密实。

B. 对拉螺栓、穿墙管、钢筋和垫块绑丝防渗保证措施

本工程水工构筑物穿墙管量大，据设计图纸统计约60多处，管径不一，同时对拉螺栓数量更是巨大。施工过程中严格按照设计、规范要求，在对拉螺栓、穿墙管中部焊制止水环。对于对拉螺栓，选用高强材料，在条件允许的条件下尽量拉大螺栓间距，减少螺栓用量，选用高强橡胶锥形螺母，增强对拉螺栓的防渗能力。在浇筑前，应彻底清除墙内所有管、栓、环表面的杂物，确保混凝土与之结合紧密。管径较大的穿墙管下部三角120°范围的混凝土，浇筑时先从一侧下料，进行振捣。待混凝土流动至另一侧后，两侧同时浇筑，对管周围混凝土要加强振捣，确保管周围混凝土密实。

对钢筋绑扎和保护层垫块严格控制绑丝端头的朝向，一律朝向结构体内侧。

（2）混凝土结构防裂缝措施

钢筋混凝土结构一般由于温度和变形产生裂缝，而裂缝是导致钢筋的锈蚀和影响构件耐久性一个重要途径。本工程中主要的构筑物都为钢筋混凝土结构，部分结构如曝气池、沉淀池、泵房、除磷池、贮泥池等，对防锈蚀和耐久性要求很高，而所处环境又比较复杂，是本工程混凝土构筑物的主要特点。由于施工工期贯穿四季，温度、湿度变化较大，特别是曝气池、沉淀池底板厚度为500～600mm，属大体积混凝土结构，容易出现因混凝土本身性能和施工因素造成的结构裂缝。针对这些情况，我们采取如下预防措施：

1）温度裂缝的预防措施

A. 混凝土搅拌过程：采用掺加掺合料等措施降低水泥水化热；采取掺加缓凝剂，延缓水化热峰值的发生时间。

B. 混凝土浇筑过程：浇筑混凝土主要掌握和控制入模温度，浇筑时减小分层厚度、增加层次，以利散热和降温。对于厚大的结构，如曝气池、沉淀池底板、泵房壁板等工程，在施工前制定专项混凝土温度检测和相应降温措施，施工过程中应设专人看管，及时调整。对于板类结构，要注意掌握好表面赶光压实的时间。

C. 养护过程：主要做好温控工作，重点控制混凝土内部与表面的温差和混凝土表面与周围环境的温差，安排专人进行测温，掌握混凝土内部温度增长规律。在厚大底板、墙体截面变化处和墙板交接处设测温点，采用自动温度巡检仪进行测温。养护时，用浇水、湿麻袋片覆盖等措施控制结构表面和内部混凝土在适当的温度和湿度范围内，结构表面与外界环境温差应控制在20℃以内。

2）混凝土塑性裂缝与干缩裂缝的预防措施

混凝土的塑性裂缝主要发生在混凝土初凝前，由于混凝土内部骨料下沉，受到钢筋、模板抑制而在浇筑后1～3h出现裂缝。干缩裂缝对于板类结构来说，因炎热多风使水分蒸发过快，泌水率小于表面蒸发率，引起混凝土表面失水过多而发生裂缝；对于墙柱类结构，一般因早期养护不及时，混凝土失水造成裂缝。针对这种情况，我们制订如下相应措施：

A. 混凝土的材料选择和配制，严格控制原材料的质量，选用合适的水泥品种和强度等级，良好的粗细骨料以及合格的外加剂，严格按照配合比计量，控制水灰比和单方用量，并搅拌均匀；同时，应严格按不同结构要求，选取不同坍落度值，如各构筑物底板混凝土坍落度一般应控制在12～14cm。

B. 混凝土浇筑时，必须正确掌握和控制振捣技术。浇筑时控制布料速度，分层厚度均匀一致，池壁浇筑混凝土时要特别注意控制速度，下料要防止一点或几点集中堆集。混凝土振捣要密实，不得漏振并防止过振。池壁、柱等竖向结构，要在浇筑后40～60min内混凝土尚未凝结前进行二次振捣；对于板类结构，要注意在混凝土终凝前掌握好表面赶光压实的时间；对于墙类结构，控制拆模时间。

C. 预防塑性干裂缝的关键工序是混凝土构件的养护。进行二次压实抹光后，12h内应及时遮盖，进行湿养，使其保持湿润不小于7d。

3.5.4　管线基础处理保证措施

本工程地下交叉管线和施工肥槽中共有八种专业管线，管材种类多，管材本身强度、刚度不同，对于基础质量要求较高。由于本工程厂区管线具有排列密、交叉多的特点，交叉点有120多处。其中，管径大于300mm的交叉点有70处左右，最大的为ϕ500混凝土管和DN1800钢管。由于下层管线的施工、地下构筑物施工而造成大部分管道基础扰动需处理，为此特就地下交叉管线、肥槽中管线基础处理制定如下相应保证措施：

(1) 合理安排精心组织施工，保证交叉管线先下后上进行施工。

(2) 下部管线回填时，一方面严格按规范要求进行分层回填，控制分层厚度，确保回填密实度；另一方面，对上部管道基础一定范围进行处理。处理措施如下：

1) 当交叉管线竖向净间距$h\leqslant 0.8$m时，常温施工，换填9%灰土，冬施期间，换填砂石。

2) 当交叉管线竖向净间距$h\geqslant 0.8$m时，上部管道以下50cm回填9%灰土，以下部分回填土密实度达到质量标准要求。

3) 当管道落入施工肥槽中，换填处理宽度应确保一侧搭接在原状土上不少于50cm，管底以下0.5m回填9%灰土。

(3) 对于基础被扰动的钢管道，管底在经如上方法处理后应铺设10cm砂垫层。

3.6　季节施工措施

3.6.1　沙尘暴气候下施工措施

(1) 收听天气预报，及时做好防范措施，在沙尘暴到来前进行全面检查。

(2) 对堆放材料进行全面清理，在堆放整齐的同时必须进行可靠的压重和固定，防止沙尘暴到来时材料被吹散；对外架进行细致的检查、加固。外架与结构的拉结要增加固定点；同时，外架上的全部零星材料和零星垃圾要及时清理干净。

(3) 粉尘材料采用封闭容器或仓库进行存贮，避免因大风造成扬尘。

(4) 沙尘暴到来时各机械停止操作，人员停止施工。沙尘暴过后，对各机械和安全设施进行全面检查，没有安全隐患时才可恢复施工作业。

(5) 沙尘暴期间，如结构施工时，应配备强力鼓风机；在每次支模前后，对浇筑混凝土部位进行清理粉尘工作，浇筑前进行检查，清理干净后方可进行下一道工序。

3.6.2 炎热高温天气施工措施

(1) 施工准备工作

1) 高温天气施工，应做好各种降温防暑工作。

2) 配备充足饮用水、降温饮料和设置遮阳降温凉棚。

3) 合理安排作业时间，错开日照强烈时段。

4) 施工作业面设置防暑降温茶水、药品。

5) 现场设医务室，及时救治中暑职工。

(2) 施工技术措施

1) 根据现场测温记录，计算混凝土运输和输送时混凝土坍落度的损失，必要时进行调整。

2) 对输送泵管用湿润的麻袋进行覆盖，防止泵管堵塞。

3) 控制混凝土的入模温度；温度高时，搅拌前对材料要进行适当降温，用水冲洗碎石，降低混凝土的温度。

4) 混凝土浇筑后，及时覆盖草帘子及塑料薄膜浇水养护，对后浇带、施工缝等应蓄水养护，减少混凝土因失水而产生的裂纹。

5) 掺加改善混凝土性能的外加剂，延长混凝土的初凝时间。

4 质量、安全、环保技术措施

4.1 质量保证措施

(1) 工程质量方针、质量目标

质量管理目标：确保北京市结构“长城杯”工程、竣工工程“长城杯”。

(2) 质量保证体系

为保证清河污水处理厂（二期）的创优目标，我公司将严格按照 ISO 9002 标准建立强有力的质量保证体系，进行标准化、程序化管理，认真落实质量责任终身保证制度。项目经理对工程质量全面负责；项目总工程师具体负责组织质量计划、工程创优规划的编制和实施；项目经理部设专职质量检查工程师，负责对原材料、半成品及工序检验，以及对特殊工序、关键工序和隐蔽工程全面检查验收；专业队长对本队所施工工程质量负责；同时，各专业队配置专职质量检查工程师，负责所有工序的质量检查和验收；经理部的所有施工技术部门、物资采购部门、工程试验、计量部门等均在相应的职责范围内对工程质量负责。

(3) 质量保证措施

1) 组织保证措施

A. 加强施工技术管理，严格执行以项目总工程师为首的技术责任制，使施工管理标准化、规范化、程序化，认真熟悉施工图纸，深入领会设计意图，严格按照设计文件和图纸施工，吃透设计文件和施工规范、验收标准。施工人员严格掌握施工标准、质量检查及验收标准和工艺要求，并及时进行技术交底。在施工期间技术人员要跟班作业，发现问题及时解决。

B. 严格执行工程监理制度，施工队自检、经理部复检合格后及时通知监理工程师检查签认，隐蔽工程的质量验收必须经监理工程师签认后方能隐蔽。

C. 项目经理部设专职质检工程师、工程队设兼职质检员，保证施工作业始终在质检人员的严格监督下进行。质检工程师拥有质量否决权，发现违背施工程序，不按设计图纸、规范及技术交底施工，或者使用材料半成品及设备不符合质量要求者，有权制止；必要时，下停工令，限期整改并有权进行处罚，杜绝半成品或成品不合格。

D. 制定实施性施工计划的同时，编制详细的质量保证措施，没有质量保证措施不能开工。质量保证体系和措施不完善或没有落实的应停工整顿，达到要求后再继续施工。

E. 建立质量奖罚制度，明确奖罚标准，做到奖罚分明，杜绝质量事故发生。

F. 严格施工纪律，把好工序质量关，上道工序不合格不能进行下道工序的施工；否则，质量问题由下道工序的班组负责。对工艺流程的每一步工作内容要认真进行检查，使施工规范化、合理化。

G. 制定工程创优计划，明确工程创优目标，层层落实创优措施，责任到人。

H. 坚持三级测量复核制，各测量桩点要认真保护，施工中可能损毁的重要桩点要设置保护桩，施工测量放线要反复校核。认真进行交接班，确保中线、标高及结构物尺寸位置正确。

2）制度保证措施

A. 工程质量责任制：实行工程质量终身责任制，建立层层负责的质量责任制，对所有施工项目明确领导责任人，所有参与施工的有关负责人，按职责分工，承担相应的质量责任。

B. 质量包保责任制：采取质量包保责任制，签订承包合同，将质量目标分解到每个人，使每个人的质量责任与经济利益挂钩。

C. 质检工程师监督制：设立专职质检工程师。以制度化管理确保现场质检工程师对工程质量检查监督的有效性；同时，以行政手段赋予质检工程师对工程质量实施奖惩权威性。项目部对工区的验工计价，必须经监理、质检工程师签字，项目经理审批后，财务部才能支付。

D. 优质优价计价制：合同项目由项目部统一按投资的1%提取优质优价基金，凡被项目部评为优质项目的，将提取的1%予以返还；否则，不予返回。

E. 质量教育培训制：根据本工程的施工特点、技术措施、质量要求，充分利用一切机会，通过全面质量管理教育，组织技术业务学习、岗前培训等形式，提高全员质量意识和技术素质。

F. QC小组活动制：按贯标质量计划要求，在各工区成立一定数量的QC小组，并随工程进展开展活动。

G. 质量检查制：施工期间，各工区必须严格建立各种检查制度，坚持定期和不定期的质量自查自检自评和抽查制度，并对检查结果予以真实记录；发现问题及时制定整改方案、措施，限期整改。

定期检查：项目部在每月底，由质量管理小组实施，各工区领导、质检工程师并邀请监理工程师参加。

不定期检查：主要对验工计价项目进行抽检。

H. 建立与监理工程师联系制度：项目部、各工区的质检工程师与监理工程师的联络员，及时听取监理工程师对本工程质量工作的意见，特别对监理提出的改进意见、措施应及时组织有关人员进行落实。

3）技术保证措施

A. 技术责任制：

a. 建立以项目经理领导下的技术责任人负责的责任制度。

b. 技术责任人负责贯彻执行技术规范标准和上级技术决定，制定施工项目的施工技术管理制度。

c. 技术责任人直接领导技术员、施工员及有关职能人员的技术工作。

d. 及时组织有关人员熟悉图纸，编制单位工程和分项工程的施工组织设计。

e. 对于施工中的重要工序，技术负责人必须向施工项目内有关人员进行施工技术交底。

f. 定期审定施工技术组织措施计划并组织实施。

g. 技术负责人应参加隐蔽工程验收，处理质量事故并向上级报告。

h. 领导项目部有关人员组织技术学习，总结交流技术经验。

B. 施工技术管理主要内容

a. 施工组织编制及管理

① 开工前，详细阅读设计图纸、技术文件和监理单位提供的工程监理大纲及有关文件；透彻了解建设、设计和监理单位对本工程施工质量的原则要求和特殊要求，并在工程实施前召开由设计、建设、监理和施工四个单位有关人员参加的技术、质量交底会，进一步明确设计意图、技术要求和质量检验标准。

② 工程施工前，按照设计技术规格书、施工图纸、设计变更等设计文件要求编制工程实施性施工组织设计、施工方案、技术措施、工程质量保证体系、质量计划、质量控制程序及工程质量保证措施，经工程监理单位审查批复后实施。

b. 现场施工技术管理：

根据施工任务需要，配置足够的、能满足使用要求与测试精度的各种设备、工具、卡具、仪器仪表、计量器具。现场所用计量器具必须经过国家认可的有关部门或单位鉴定，并在鉴定合格证的有效期内使用。

c. 贯彻技术交底制度：

严格按照设计文件、国家颁布的施工验收规范、操作规程和工程质量检查评定标准指导施工，并结合实际情况建立保证质量的各种管理制度和管理办法，坚决执行“三个必须”的技术管理制度，即设计图纸必须详细审查，未经审核的设计图纸不得交付施工；方案必须批准，未经批准的方案不得施工；技术必须交底，特别是在施工前要详细进行交底，把施工要点、质量标准通过各种形式写出来，做到人人心中有数。

d. 贯彻技术交底复核制度：

① 子项工程主管工程师，根据施工任务和质量要求，制定相应的工作计划，做好各项工程的衔接，认真进行各道工序的施工质量控制及防止污染措施的检验。对施工中的每道工序，按技术标准的要求检验合格后，经监理工程师或业主代表检验合格后方可进行下一道工序的施工；同时，对工程质量及施工进度进行严格管理，使整个工程施工处于受控

状态。

② 把好各道工序中施工过程的质量检验关，对加工的半成品按要求认真进行检查验收，并报驻地监理检验。认真做好原材料的检查试验和对混凝土、喷射混凝土的质量检查工作，使其始终处于可控状态。

③ 坚持三级测量复核制，各测量桩点要认真保护，施工中可能损毁的重要桩点要做好护桩，施工测量放线反复复核，确保中线、水平及结构物尺寸位置正确。

④ 工程实施前，严格按照经过业主审定的施工组织设计和保证质量的施工技术措施的要求进行施工，每道工序都要严格按照图纸施工，不折不扣地执行 ISO 9002 标准和有关施工与验收规范及建设单位、监理单位做出的技术规定；每道工序完毕，先由班组自检，合格后填写质检报告单；然后，由施工队初检，合格后再由项目部专职质检员会同建设单位代表和驻地监理正式验收，获准后方可进入下一道工序施工。

e. 现场内业资料收集、整理、汇编、归档

① 内业资料的内容包括设备、材料、文件和施工工程资料。

② 认真填写各类原始报表和“隐蔽工程验收报告单”，验收原始报表装订成册，归档管理。

③ 各种原始资料和技术资料均须报经有关部门，经过签认后进行汇编归档。

④ 内业资料的归档要正确规范，条理清晰。

f. 竣工资料编制、验收、归档、管理

① 原始资料进行重新整理，按照规范要求，归入竣工资料。

② 竣工资料的编制必须按照业主、监理、档案馆及有关技术规范的要求进行编制。

③ 竣工资料管理归档必须做到及时、正确、齐全、规范。

C. 技术管理措施

a. 建立以技术责任人为核心的，包括测量员、资料员在内的技术管理体制。

b. 根据工程特点和施工规范，制定安全、合理、经济的技术方案指导施工。

c. 深入现场，在施工现场及时发现问题，解决问题。

d. 对施工中的特殊部位及难点、重点、关键点，应重点编写施工技术措施。

e. 所有施工组织设计应由公司总工程师及项目总工程师审核后，再报建设单位和监理单位审批，并根据审批意见对施工组织设计予以补充和完善。

f. 施工组织设计审查批准后，立即组织项目部相关人员进行学习，并对关键部位予以重点交底。

g. 在施工过程中，各单项工程的关键工序、技术要点，由技术人员现场交底，随班作业，不但要交到施工队，还应交到班组及个人，做到人人对技术要点清楚，个个对技术要点明白，并且要严格做好现场签证工作。

h. 图纸到项目部后，组织项目部相关人员进行学习，对提出的问题予以汇总，并在设计交底会议上提出，得到答复后再组织有关人员进行交底。

i. 施工中遇到的设计问题，及时与设计单位进行联系。

j. 积极与设计单位联系，优化设计方案，使其更符合工地实际情况。

k. 随着工程的开展，根据要求确定所需资料的全部内容，在工程施工中进行认真收集、填写、整理。

l. 工程部时刻掌握工程进度情况，整理好相应的资料和报表，并及时报送监理、建设单位所需资料。

m. 施工结束后，根据要求将资料装订成册，并做到竣工资料正确、齐全、真实。施工所用的各种计量仪器设备应按照有关规定进行定期检查和标定，确保计量检测仪器设备的精度和准确度，严格计量施工。

D. 所有工程材料应实现进行检查，严格把好原材料进场关，不合格材料不准验收，保证使用的材料全部符合工程质量的要求。每项材料到工地应有出厂检验单；同时，在现场进行抽查，一定要做到来历不明的材料不用，过期变质的材料不用，不符合工程质量要求的材料不用，消除外来因素对工程质量的影响。

E. 做好质量记录。质量记录与质量活动同期进行，内容要客观、具体、完整、真实、有效，条理清楚，字迹清晰，各方签字齐全，并有可追溯性。由施工技术员、质检员、测试人员或施工负责人按时收集并保存，确保本工程全过程记录齐全。

F. 坚持文明施工，创造良好的施工环境。为优质、安全、高效的施工创造良好的施工条件，并做到道路平整，排水通畅，材料堆放整齐和机械车辆停放有序。

4.2 安全保证措施

(1) 管理目标

杜绝重大人身伤亡事故和机械事故，创建“北京市安全文明工地”。

(2) 重点防护方案

1) 基坑防护

在±0.000以下施工阶段，采用ϕ48钢管设置1.2m高防护栏杆，内部挂设绿色安全网，防护栏杆设置横杆，立杆间距不超过2m，钢管上刷红白相间的警示标记。在基坑内设置上下坡道。坡道架子采用ϕ48钢管搭设，坡道用50mm厚木板铺设，上钉防滑条，间距不超过300mm。

2) 临边防护

防护栏杆由上下两道横杆及栏杆柱组成。上杆距地高度为1.0～1.2m，下杆离地高度为0.5～0.6m；横杆长度大于2m时，必须设置栏杆柱。

3) 安全标志

为确保工程安全，在现场设立足够的标志、宣传画、标语、指示牌、警告牌等。

4) 其他安全防护措施

① 进入施工现场必须戴安全帽，高空作业使用安全带。

② 基坑上口设置防护装置，基坑边1m范围不准堆重物或行驶重车。

③ 管线开槽上口设防护栏杆，人员上下沟槽，要走安全梯道。

④ 基坑和沟槽边坡要随时检查，雨后要重点检查，并设人在施工过程中监测；发现问题，立即停止槽下作业，并及时采取措施。

⑤ 本工程在构筑物施工阶段及设备安装阶段，高度作业较多，要做好防坠落、防坍塌措施，脚手架与支架的架设要符合安全技术规程的规定，并支搭完善的防护装置，护身栏要超过作业面1m高；同时，做好进出口、楼梯口、设备洞口、预留管口的防护或封堵，进出口上方要做防护棚。

⑥ 所有的机械设备，必须经安全部门检查合格后，并取得合格证的方可投入使用。

⑦ 机械设备在施工过程中，严格按机械规程做好日常维护和保养。

⑧ 外租机械设备，必须与租赁方签订《安全协议书》，明确双方安全责任。

⑨ 现场使用的机械设备，必须统一调度，专人指挥。

⑩ 夜间施工要有足够的照明，基坑开挖时坑边要有明显的标志灯。

⑪ 各种电器闸箱装漏电保护装置应经常检查，发现隐患及时处理，非机电人员严禁动用机电设备。

⑫ 现场堆土堆料，严禁掩埋消火栓。

第六篇

湖北省荆州市天然气输配工程施工组织设计

编制单位：中建四局安装公司

编 制 人：左波　张瑜　陈海保

［简介］　湖北省荆州天然气输配工程是城市燃气的市政工程，该工程的主、支干管绝大多数均设置于城市道路两侧，有 20 多处穿越城市主要道路。为保证城市道路畅通，重点是施工组织安排合理，时间安排恰当；由于道路两侧多为居民房或商业用房，因此，施工中协调安排也作为施工的重点予以突出；天然气管道是输送易燃易爆介质的，因此，施工质量的控制是关键，施工单位需要认真执行规范标准的学习和贯彻，对管道防腐、管沟开挖、管道组焊、探伤检查、下沟铺设和回填每道工序均一丝不苟，道路及人行道的恢复也是质量控制的重点予以突出。

目　录

1 编制依据

1.1 工程有效文件

(1)《湖北省荆州市天然气输配工程可行性研究报告》，中煤国际工程集团重庆设计研究院，2002 年 1 月；

(2)《荆州市城市总体规划》(1995～2010 年)，湖北省城市规划设计研究院，荆州市城市规划设计研究院，1997 年 5 月；

(3) 湖北省发展计划委员会鄂计基础［2002］506 号《关于荆州市天然气输配工程可行性研究报告》的批复，2002 年 4 月 26 日；

(4) 湖北省荆州市天然气输配工程初步设计说明书；

(5) 分别由荆州市城市规划设计研究院和中煤国际工程集团重庆设计研究院设计提供的少量施工图。

1.2 有关工程施工及验收规范

(1)《城镇燃气输配工程施工及验收规范》CJJ 33—89；

(2)《工业金属管道施工及验收规范》GB 50235—97；

(3)《涂装前钢材表面锈蚀等级和除锈等级》GB/T 8923；

(4)《埋地钢质管道石油沥青防腐层技术标准》SY/T 0420—97；

(5)《管道防腐层检漏试验方法标准》SY 0063；

(6)《埋地钢质管道石油沥青防腐层施工及验收规范》SYJ 4020—88；

(7)《现场设备、工业管道焊接工程施工及验收规范》GB 50236—98；

(8)《球形储罐施工及验收规范》GB 50094—98；

(9)《长输管道阴极保护工程施工及验收规范》SYJ 4006—90；

(10)《公路路基施工技术规范》JTT 033—95；

(11)《压缩机、风机、泵安装工程施工及验收规范》GB 50275—98；

(12)《石油建设工程质量检验评定标准输油输气管道线路工程》SY/T 0429—2000；

(13)《施工现场临时用电安全技术规范》JGJ 46—88；

(14)《建筑施工及安全检查评分标准》JCJ 59—99。

2 工程概况

2.1 工程概况

(1) 工程名称：湖北省荆州市天然气输配工程。

(2) 工程地点：湖北省荆州市城区。

(3) 建设单位：荆州市天然气有限责任公司。

(4) 设计单位：中煤国际工程集团重庆设计研究院。

（5）监理单位：成都万图工程监理有限公司。

（6）设计规模：年供气量 $1.612\times10^{8}m^{3}/a$；

日供气量 44.145 万 m^{3}/a。

2.2　工程简介及特点

荆州市为国家历史文化名城，长江中游主要港口，鄂中南地区的中心城市。荆州市天然气输配工程，为了推进城市现代化建设，实现城市气化，为优化荆州市能源消费结构，促进该地区经济发展和生态环境的改善，发挥强大的推动作用。本工程主要包括储气设施，高、中压干管输气管网，储配站一座。主要设置 4 台 5000m^{3} 高压球罐，工作压力为 1.2MPa；高压输气管道长度 24.2km，设计压力为 1.6MPa，中压输气管道长度 75km，设计压力为 0.4MPa，城区旧煤气管道改造工程长度约为 60km，管线安装总长度约为 160km，其中 *DN*200 61km、*DN*250 48.2km、*DN*300 46km、*DN*350 4km。管道选用石油、天然气、输送管道用直缝焊管，材质 L245。管道防腐采用 10 号石油沥青特加强级绝缘和加强级两种防腐，设有牺牲阳极保护系统；管道穿越工程量主要有，穿越宜黄高速公路 1 处，穿越荆沙大道 4 处，穿越西干渠 4 处，穿越荆沙铁路 1 处，穿越荆州古城 2 处，穿越城市桥梁 2 处，穿越城市主干道 11 处，总长度为 1280m。门站 1 处，调压站 1 处。总的概算为 2.3 亿元人民币，其中，建安工作量为 1 亿元人民币左右。

本工程主干管均埋设在道路两侧的人行横道上，道路两侧大多是居民用房和商业用房，因此，施工中需组织专人进行协调，合理安排施工顺序，尽量减少对居民的影响。由于管线长，移动大，因此，施工人员的住宿、设备机械的搬移多；荆州和沙市均处于长江水位以下，因此地下水丰富，大多数地面开挖 1.2m 左右就有地下水，且开挖较深的地方有流沙。由于城市地下管网多，因此，天然气管道施工时具有障碍物多、穿越多等特点。

3　施工部署

3.1　组织机构

为了保证湖北省荆州市天然气输配工程能高质量、严要求按约定的合同工期交付。我们为此组建本工程项目经理部，其组织机构详见图 3-1、表 3-1。

项目经理部主要人员表　　　　**表 3-1**

姓　名	项目职务	职　称	备　注
左××	项目经理	高　工	国家一级项目经理
刘××	项目副经理	工程师	国家二级项目经理
敖××	总工程师	高　工	国家一级项目经理
张××	副总工程师	高　工	
陈××	工程部负责人	工程师	

续表

姓　　名	项目职务	职　　称	备　　注
李××	管道施工负责人	助理工程师	施工员：李××
杨××	焊接施工负责人	助理工程师	施工员：白××
任××	施工员	助理工程师	
张××	电器施工负责人	工程师	施工员：张××
路××	施工员	助理工程师	材料员：祖××
张××	质安负责人	高　工	兼
乔××	质安员	技术员	
周××	质安员	技术员	
何××	材料主管	助理经济师	材料员：祖××
杨××	财务负责人	会计师	出纳：高××
金××	探伤负责人	技　师	
张××	行政人事	医　师	

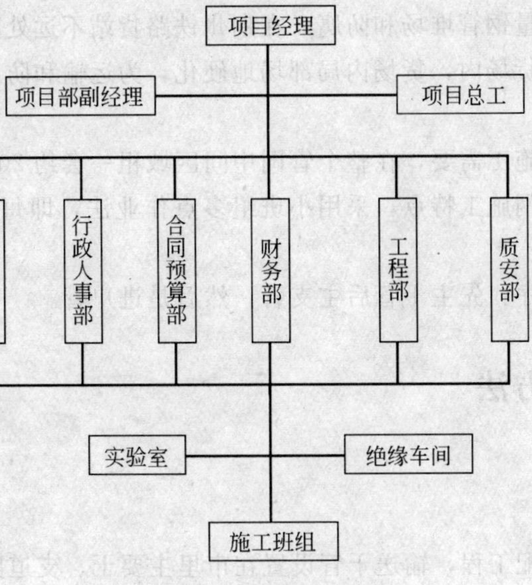

图 3-1　项目组织管理机构图

实行项目经理责任制，采用《建设工程项目管理规范》GB/T 50326—2001，对本工程施工管理。树立以“质量为中心、管理上水平”的指导思想，明确管理人员的职责的相关工作，实行科学内部管理，推行项目内部责任制，并与工程质量进行挂钩，实行多劳多得的原则，充分调动全体施工人员的积极性与创造性。

3.2　施工工艺流程

施工工艺流程图见图 3-2。

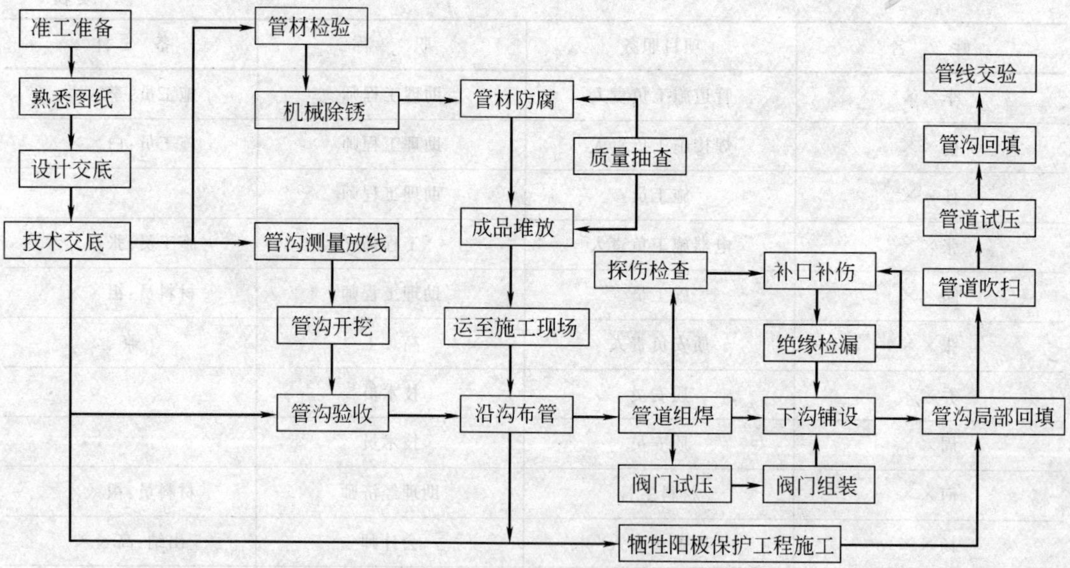

图 3-2　天然气输配管道施工工艺流程图

3.3　施工部署

(1) 为方便大批量钢管堆场和防腐，在荆州铁路货站不远处租一空闲货场，钢管可通过铁路支线直接运至货场内，货场内局部场地硬化，为运输和防腐提供方便，货场内建一小型办公室及材料库。

(2) 为适应城区施工需要，在整个管网中间区域租一套约 200m^2 的办公室现场办公。

(3) 根据长输管网施工特点，采用小班组多点作业法，即每班约 7～8 个人，根据管线流动作业施工。

(4) 主要施工顺序：先主干管后主支管，然后是进户管。

4　施工工序和方法

4.1　施工工序

荆州市天然气输配工程，输送干管设置在市里主要干、支道路两旁的人行道上，具有战线长、障碍多、人员分散、野外作业的特点。因此，施工一般采用现场组装焊接流水作业法施工。详见天然气输配管道施工工艺流程图（图 3-2）。

4.2　施工方法

天然气输气干线是输送易燃易爆气体的动力管线，施工质量的好坏是直接关系着管线运行的安全性、可靠性及使用期限的长短和生产管理维修工作量大小的重要问题。

天然气管线又是隐蔽工程，绝大部分管线埋设在地下，因此，必须把好施工质量关，确保今后管线运行的安全可靠，认真做好管线的走向、规格、埋深及穿跨越地段的工程地质、地貌情况的隐蔽记录，为今后正式投产后管好管线打下良好的基础。

因此，输气干线管道的安装，必须符合设计要求和国家规定的有关施工规范和验收标准，严格按以下步骤进行施工：

(1) 施工准备

施工技术负责人必须认真审阅施工设计图和有关技术要求以及国家与本工程相关的施工验收规范，记录好有关图纸上存在的问题和相关性的技术要求，通过图纸会审，根据会议记要，将施工图和有关技术问题逐步进行落实，组织人员编写具体施工方案，由施工员负责做好施工班组技术交底工作，使每位负责施工工人，做到心中有数，认真进行施工，严格控制施工质量。

(2) 管道防腐

管道防腐工程采取集中生产，现场少量补伤补口方式进行。在临时设施现场建立两个生产车间，负责管道防腐绝缘工程，生产能力达到满足安装施工现场的需求量。

1) 材料的技术要求

A. 管材：管道采用石油、天然气输送管道用直缝焊管（GB/T 9711—97），L245，弯钢管采用同类式规格无缝钢管。必须具有出厂合格证和材质质保书，其质量不低于国家现行标准的规定，并按《工业金属管道工程施工及验收规范》（GB 50235—97）中相关内容进行检验，证明合格后，方可使用。

B. 沥青：采用10号建筑石油沥青，其质量指标应符合国家现行标准《建筑石油沥青》GB 494有关规定。详见表4-1。

C. 中碱玻璃布：应为网状平纹布，布纹两边为独边，宽度采用250mm。其性能及规格应符合表4-2要求。

建筑石油沥青技术指标 **表 4-1**

项目	质量指标	试验方法
针入度(25℃,100g)(0.1mm)	5～20	GB/T 4509—1984
延伸度(25℃)cm	≥1	GB/T 4508—1984
软化点(球球法)(℃)	≥125	GB/T 4507—1984
溶解度(苯)(%)	≥99	GB/T 11148—1989
闪点(开口)(℃)	≥260	GB/T 267—1988
水分	痕迹	GB/T 260—1977
含蜡量(%)	≤7	沥青含蜡量的测试方法

中碱玻璃布性能及规格 **表 4-2**

项目	含碱量(%)	原纱号数×股数(公制支数/股数)		单纤维公称直径(μm)		厚度(mm)	密度		长度(m)
		经纱	纬纱	经纱	纬纱		经纱	纬纱	
性能及规格	不大于12	22×8	22×2	7.5	7.5	0.100±0.010	8±1	8±1	200～250(带轴芯 ϕ40×3mm)
试验方法	按《玻璃纤维制品试验方法》JC 176—1980 的规定								

10 号石油沥青不应夹有泥土、杂草、碎纸及其他杂物，采购入库的沥青应妥善保管。使用前应按要求进行检查、核对和化验。

D. 聚氯乙烯工业膜：不得局部断裂、起皱和破洞。边缘应整齐，幅宽 250～300mm，其性能指标应符合表 4-3 要求。

聚氯乙烯工业膜性能指标 **表 4-3**

项　　目	性　能　指　标	试　验　方　法
拉伸强度(纵、横)(MPa)	≥14.7	GB/T 1040—1992
断裂伸长率(纵、横)(%)	≥200	GB/T 1040—1992
耐寒性(℃)	≤－30	见本标准附录 B
耐热性(℃)	70	见本标准附录 C
厚度(mm)	0.2＋0.3	千分尺(千分表)测量
长度(m)	200～250(带芯轴 ϕ40×3)	

注：1. 试验要求：101℃，7d 伸长保留 75%。
　　2. 施工期间月平均气温高于－10℃。

E. 石油沥青防腐层结构：应符合表 4-4 要求：

石油沥青防腐结构 **表 4-4**

防　腐　等　级		加　强　级	特　加　强　级
防腐层总厚度(mm)		≥5.5	≥7
防腐层结构		四油四布	五油五布
防腐层数	1	底漆一层	底漆一层
	2	石油沥青厚≥1.5mm	石油沥青厚≥1.5mm
	3	玻璃布一层	玻璃布一层
	4	石油沥青厚 1.0～1.5mm	石油沥青厚 1.0～1.5mm
	5	玻璃布一层	玻璃布一层
	6	石油沥青厚 1.0～1.5mm	石油沥青厚 1.0～1.5mm
	7	玻璃布一层	玻璃布一层
	8	石油沥青厚 1.0～1.5mm	石油沥青厚 1.0～1.5mm
	9	聚氯乙烯工业膜	玻璃布一层
	10	—	石油沥青厚 1.0～1.5mm
	11	—	聚氯乙烯工业膜外包保护层

2）管道防腐施工方法及技术要求

A. 管材表面处理：采用机械除锈方式进行，要求达到除去油污、锈蚀物等，露出金属本色。

B. 涂刷底漆：采用机械转动管道、手工刷底漆的方式，用合格的底漆涂刷前，钢管表面应干燥无尘，应涂刷均匀，不得漏涂，不得有凝块和流痕等缺陷，厚度应为 0.1～0.2mm。

C. 浇涂石油沥青和包覆玻璃布：采取机械带动管道、人工配合缠绕的方式进行。常温下涂底漆与浇涂石油沥青的时间间隔不应超过 24h，浇涂的合格沥青以 200～230℃为宜，其温度应严格控制在上述范围以内，以保证防腐层的质量及安全生产。熬制中应经常搅拌，并清除石油沥青表面上的飘浮物。石油沥青的熬制时间宜控制在4～5h，确保脱水完全。浇涂石油沥青后，应立即缠绕玻璃布。玻璃布必须干燥、清洁。缠绕时应密无褶皱。压边应均匀，压边宽度应为20～30mm。玻璃布接头的搭接长度为100～150mm。玻璃布的石油沥青浸透率应达到95%以上，严禁出现大于50mm×50mm的空白。应做成缓坡型接槎。管子两端应按管径大小预留一段不涂石油沥青，其长度应保证在150mm以内。

D. 缠绕聚氯乙烯工业膜：采用同样的施工方法，包扎应松紧适宜，无皱褶、脱壳，压边应均匀，压边宽度应为20～30mm，搭接长度为100～150mm。

E. 防腐绝缘的管道应整齐排列在堆场上，每层用木方作垫衬，并按统一编码格式在管道端头编号。防腐管道质量检验严格按照《埋地钢管道石油沥青防腐层技术标准》SY/T 0420—97，进行生产过程质量检验、产品的出厂检验，并填好各项记录。

(3) 管沟开挖

管沟开挖主要采用以人工开挖为主、机械开挖为辅的方式。在有条件许可的地区尽量采用机械开挖，从而加快施工进度。具体步骤和要求如下：

1) 开挖前，应会同业主、市规划局、监理，尽量弄清在施工区域内地下已埋的管道、电缆、及其他障碍物，以设计施工图为准，市规划局红线图为依据，进行放线。

2) 管沟开挖沟底宽度、上口宽度、管沟深度，严格按照设计施工总说明书的要求及设计变更通知执行。

3) 在地下水位较高的地区或雨期施工时，应采取降低水位或排水措施，主要采用潜水泵抽水，及时清除沟内积水。

4) 在沿街施工时应尽量注意安全，管沟内挖出来的土应堆放在人行道一侧，离沟边1m远。靠公路一侧一般不允许堆土，多余的土及时运出施工现场。

5) 管沟开挖完成后，对管沟中心线及沟深实际测量，达到设计要求后，请监理公司和业主现场进行验收，做好原始记录。

(4) 管道组焊

1) 合格防腐绝缘管道运至施工现场，采用平板汽车运输，8t汽车吊配合装卸，吊具采用兜带，以免破坏绝缘层，严禁使用摔、碰、撬等有损于防腐层的操作方法。依次将管道吊到管沟上，并垫软木方。

2) 采用手工焊接，必须符合以下几个条件：

A. 必须经考试合格的焊工才准许施焊。

B. 焊接材料，打底选$\phi2$的H08Mn2SiA焊丝作为氩弧焊的填充材料，要求氩气纯度为99.99%，填充和盖面先用J427、$\phi3.2$的焊条。

C. 采用V形坡口，角度70°，对口间隙应在1.5～2.0mm，坡口的质量要求表面不得有裂纹，采用角向砂轮机和棉布对坡口两侧15～20mm范围内的油、锈、毛刺等进行清理。必须经检查合格后才施焊。

3) 组装焊接：

A. 合格防腐管在管沟上组装。

B. 等壁厚对焊件，应做到内壁齐平，焊缝的管壁错边量不超过壁厚10%，且不大于

1mm，对口间隙在 1.5～2.0mm 之内。

C. 用氩弧焊先点焊，随后进行打底施焊。氩气的流量控制在 10～12L/min 左右，电流 100～120A。采用 J427、ϕ3.2 焊条进行填充和盖面，电流 80～90A，焊条必须经 350℃高温烘干 1h，并且焊条必须放在焊条保温筒中存放，随用随取，以免因含有水分而产生气孔。

D. 管道的转弯角度是 7°以上，采用无缝钢管煨制弯头，其弯曲半径等于公称直径 5 倍以上，小于 3°的弯角采用直接对焊；3°～7°范围的弯角，可采用双面斜口焊接。三通采用挖眼焊接方式，管件连接采用法兰连接，阀门安装，要求必须先进行强度和严密性试验（方案另出），合格的阀门才允许安装在管道上。

4）焊缝质量检查应符合下列要求：

A. 管道焊接后，必须对焊缝进行外管检查，检查前应将妨碍检查的渣皮、飞溅清理干净。外观检查应在无损伤探伤、强度试验及气密性试验之前进行，焊缝表面质量应符合 GB 50236 的Ⅱ级焊接标准，焊接的宽度以每边超过坡口边缘 2mm 为宜，焊缝加强高度 1.5～2mm。

B. 管道焊缝内部检查，X 射线除穿越管段按 100％抽查，剩余的焊口同时按 20％进行抽检，以Ⅱ级焊缝标准为合格，经检查不合格的焊缝进行返修，返修后应按规定检查，焊缝返修不得超过 2 次；如果超过 2 次，必须经单位技术负责人签字，提出有效措施，但最多不得超过 3 次。

5）管道铺设：

A. 各管段对接焊缝质量检查合格后，焊缝防腐采用热收缩套补口；同时，对每根管道的防腐须采用电火花仪进行检测，质量合格后方能下沟组装施焊。

B. 管道下沟时，管沟中不得有石块、稀泥、积水、岩石。管沟应垫 0.2m 厚软土才能下沟。

C. 按管沟的直度决定焊接长度，一般控制在 3～5 根的长度，采取三角架、链条葫芦放管，管道下沟应平稳地下入沟底，不得造成管道受过大的压力和损坏。绝缘层口管道下沟后局部悬空，高度不超过 0.2m，长度不得超过管材强度允许跨度，悬空管下部认真填实。

D. 每天收工，必须用专用的临时盲板堵住管口。

E. 牺牲阳极阴极保护的施工，应随同管道安装同时进行测试装置的安装。

F. 在每根管道中部回填土，管口两端预留 0.5m 不回填。回填土的厚度高于管顶 0.3m 以上。

6）管道吹扫

A. 管线施工中难免带进大量的污水、泥砂、石块等杂物。因此，在试压前，必须进行管道清管。采取通球的方式进行清管。橡胶清管球，结构为球状，材质为氯丁橡胶，外径比管内径大 2％的空心球，壁厚 40～50mm。使用时，必须在球内充满水，排尽空气，打胀至球外径比管内径大 4％～6％。

B. 分段清管应设置临时清管器收发设施和放空管，清管接收装置应设在地势较高的地方。50m 内不得有居民和建筑物。

C. 采用压缩空气作业气源推球，清管压力最大不得超过设计压力。

D. 通球工作要统一行动做到定点、定岗位、定操作，分工明确，密切配合。查线路、查设备、查仪表、查通信，查出故障隐患及时整改处理，确保做到安全通球各项具体要求：

a. 输气管线通过地带的地质情况是否稳定有无垮塌、滑坡，检查管线是否变形，变形超过 8%以上者不宜通球，应更换变形的管段。

b. 检查发球筒是否密封，收球装置是否牢固，管线上的阀门是否全开。

c. 所使用的各种仪表都经安全检验调校合格，发信准确，必要时可挖观察坑，用人工监听。

E. 通信线路要畅通无阻，语言清晰，没有干扰。

F. 准备质量合格的清管球 2～3 个。

G. 用容积法计算球的运行距离

清管球运行距离公式为：

$$L=\frac{4P_{\mathrm{b}}TZQ_{\mathrm{B}}}{\pi D^{2}T_{\mathrm{b}}P}$$

式中 L——球运行距离（m）；

Q_{B}——发球后的累计进气量 m^3（标准条件下）；

P——推球压力，球前方的压力（MPa/cm^2）；

T——球后平均温度，$273+t$（K）；

Z——P、T 条件下压缩空气系数；

P_{b}——标准条件下压力，取 $0.1033MPa/cm^2$；

D——管道内径（m）；

T_{b}——标准条件下的温度，取 293K。

H. 球运行中可能出现的故障和处理

a. 球与管壁封不严，漏气而引起球停止不走：无内压充水的橡胶清管球，因质较软，在管内推顶石头、抬杠、撬杠等东西时，球下可能碾进石头等物，在管线低凹部或弯头处容易把球垫起，使球与管壁间出现缝隙而严重漏气，不能造成压差，球因受卡而停止运行。当用容积法计算球的运行位置应该在某时到某处而未按时到达（如延 1～2h 未到）且不见输气压差增大时，则可判断是球漏气。

处理办法：①最好发第二个球顶走第一个球，两个球一起运行，形成“串连球塞”，使漏气量大大减少。第二个球的质量要好，球径过盈量较大。②采用上流管线贮气升压，然后迅速打开，以突然增大球前压力和流速。③减少下流气源进入输气管线的气量或下流邻近球前的阀门关闭，该段管线放空引球，以增大压差，使球启动。④同时使用②、③，以增大推球压差。总之在处理球漏气时，以①法最好，一般情况下优先使用，②法次之，③、④法尽量不用。

b. 球破：球制作质量差，清管段焊口内侧太粗糙，或因输气管线球阀未开完，致使球被剐破或削去某些部分。

处理方法：检查和判断球破原因，排除故障后投入第二个球推顶破球。

c. 球推力不足：由于输气管线积存的污水污物太多，在球爬高差较大的山坡时，压差不够，推不走污水而引起球停。可以根据计算球的位置并结合线路纵断面图来分析；如果通球前输气压力损失较理论计算大，表明存有积水阻塞。在通球时上流憋压，其压力上升，推球压差增大，计算球的位置又在高坡脚下，则可判定为球推力不足。当上流压力快要升至允许最高工作压力仍不能推走球时，采取有效措施增大压力。

d. 球卡：球卡的现象是球前方压力持续上升，推球压差已高于所处位置的地形高差全部充满污水时的静水压头 1.2～1.6 倍以上时，球仍未启动前进，则可能是球经过的管线变形，加之石块、泥砂淤积堵塞而使球卡。

处理方法：先采用球前方增大进气量提高压力，以增大压差，当仍不能解卡时，该段管线进行放空找球。在解卡过程中，要防止球憋解卡后因瞬时速度很快而产生很大冲力，引起设备及管线振动。因此，升压与放喷操作都不能猛开猛放，要注意观察；如果发生设备振动情况应立即关闭线路球阀，暂停进气至球速减慢后又恢复输气。如上述方法不能解卡，则只能球前方放空，从球后方进气，把球反向推回发球站。

7）管道试压

A. 管道试压必须在管顶上回填 0.5m 土层后进行。

B. 采用压缩空气试压，管线前后分别设置压力表一块，压力表的表盘直径不小于 *DN*100，精度不低于 0.4 级。

C. 强度试验，试验压力为设计压力的 1.5 倍（段管道内自然高差不应大于 30m），不得低于 0.3MPa。试验时，压力应逐渐缓升，首先升至试验压力的 50%，进行检查，如无泄漏及异常情况，继续按试验压力的 10%逐级升压，直至强度试验压力，每一级稳压 3min，达到试验压力后稳压 5min（中压管道）。高压管道要求稳压 4h，允许压力降 1%、且不大于 0.1MPa 为合格。试压宜在环境温度 5℃以上进行，试压合格后，应将管段内积水清扫干净。强度试压合格后，进行气密性试验。试验压力为设计压力的 1.15 倍，稳压时间 24h，允许压力降 1%、压力降不超过下式计算结果为合格：

同管径：

$$\Delta P=40T/D$$

不同管径：

$$\Delta P=\frac{40T(d_1L_1+d_2L_2+\cdots\cdots+d_nL_n)}{d_1^2L_1+d_2^2L_2+\cdots\cdots+d_n^2L_n}$$

式中　ΔP——允许压力降（Pa）；

T——试验时间（h）；

d——管道内径（m）；

d_1，d_2……d_n——各管段内径（m）；

L_1，L_2……L_n——各管段长度（m）。

试验测试的压力降，应根据在试压期间管内温度和大气压的变化按下式进行修正：

$$\Delta P'=(H_1+B_1)-(H_2+B_2)\ \frac{273+t_1}{273+t_2}$$

式中　$\Delta P'$——修正压力降（Pa）；

H_1，H_2——试压开始和结束时的压力计读数（Pa）；

B_1，B_2——试压开始和结束时气压计读数（Pa）；

t_1，t_2——试压力开始和结束的管内温度（℃）。

计算结果 $\Delta P'\leqslant\Delta P$ 为合格。

D. 管道穿越工程：

a. 穿越管段对接头焊缝应作100%射线探伤检查，射线探伤应按现行国家标准《钢管环缝熔化焊对接接头射线透照工艺和质量分级》GB/T 12605的规定执行，Ⅱ级为合格。

b. 穿越管段对接接头焊缝应采取氩弧焊打底焊接工艺。

c. 穿越管段必须独立进行强度试验和严密性试验，合格后再同相邻管段连接。

d. 管道穿越时应安排在夜间施工，较宽路面应采用半开挖施工，即先开挖道路一半，垫以钢板；然后，开挖另一半，以确保道路畅通，穿越管道应先进行预制管道试压合格，然后才能下沟。

e. 具体各穿越管段施工方案另行制定。

8）管沟回填

A. 沟槽回填：采用人工方式进行，应首先填实管底，再同时回填管道两侧，然后回填至管顶以上0.5m处（未经检验的焊口应留出）；如沟内有积水，必须全部排尽后，再行回填。未填部分在管道检验合格后应及时回填；管道两侧及管顶以上0.5m处内的回填土，不得含有碎石、砖块、垃圾等杂物，距离管顶0.5m以上的回填土内允许有少量直径不大于0.1m的石块。

B. 回填土应分层夯实，每层厚度0.2～0.3m，管道两侧及管顶以上0.5m内的填土必须人工夯实，当填土超过管顶0.5m时，用小型机械夯实，每层松土厚度为0.25～0.4m。

C. 局部超挖部分应回填夯实；当无地下水时，超挖在0.15m以内者，可用原土回填夯实，地基密实度不低于原地基天然土的密实度；超挖在0.15m以上者，可用石灰土或砂处理，地基密实度不应低于95%；当沟底有地下水或沟底土层含水量较大时，可用天然砂回填。

D. 回填土密实度符合下列要求：①胸腔填土95%；②管顶以上0.5m范围内85%；③管顶0.5m以上至地面：在城区范围内的沟槽95%；耕地范围内90%。

9）管线交验

在各分项工程中间验收的基础上，由建设单位主持，组织施工单位、设计单位、监理单位、市质检共同参加对本工程总体验收。由施工单位提供以下资料：①开工报告；②各种测量记录；③隐蔽工程验收记录；④材料、设备出厂合格证，材质证明书，安装技术说明书以及材料代用说明书或检验报告；⑤管道与调压设施的强度和气密性试验记录；⑥焊接外观检查和无损探伤检查记录；⑦防腐绝缘措施检查记录；⑧管道及附属设备检查记录；⑨设计变更通知单；⑩工程竣工图和竣工报告。

5 施工质量目标及保证措施

5.1 工程质量目标

认真贯彻实施GB/T 19001—ISO 9001：2000标准，建立质量体系——质量手册、工作程序、作业指导书、质量记录，使本工程质量目标达到优良。

5.2 保证措施

（1）项目经理对质量全面负责，对质量工作进行全面领导，是质量的第一责任人，总工程师代表项目经理进行全面管理，是质量的第二责任人。

（2）成立以项目经理为首，由各职能部门负责人及施工员参加全面质量管理体系和质量责任（详见图5-1及其责任人职责），对工程进行全面质量管理。从上到下要形成独立的系统，质量控制系统对质量有否决权。对工程质量控制和监督，层层落实“工程质量管理责任制”、“工程质量责任制”。

（3）在全体职工中开展全面质量管理基础知识教育，努力提高职工的质量意识，建立班组QC质量管理小组，实行质量目标管理，使工程达到“一流的质量、一流的速度、一流的技术、一流的管理”，达到优良工程。

（4）所有的工程技术人员学习、领会设计施工图，认真熟悉施工图和相关施工验收规范、标准、规格，明确规定施工要求、工程质量标准、检查评定方法，搞好图纸会审，优化施工方案。

（5）认真落实技术岗位责任制和技术交底制，严格按施工图和相关施工验收规范要求进行施工，每道工序在施工前要进行技术、工艺、质量交底，并有书面签字的交底资料。

（6）工序的质量控制点实行“自检、互检、专检”三检制度，每道工序必须在施工作业班组自检合格的基础上才能通知专职质检员和质量监察部门核检，待核检合格后才能转入下道工序的施工，在核检过程中，专职质检员有绝对的质量否决权。

（7）对项目施工的全过程管理要切实做到：施工项目有方案；质量预控有对策；技术安全有交底；图纸会审有记录；施工操作有规程；工序交接有检验；隐蔽工程有验收；配制材料有试验；设计变更有手续；材料代用有依据；计量器具有检报；质量处理的要复查；成品保护有措施；质量文件有档案；竣工资料有编目；行使质控有否决权；认真做好施工记录、地基勘察记录、隐蔽工程记录及结构验收记录等，及时办理各种验收签证手续，定期检查工程质量，保证资料的收集、整理、审核与工程同步进行。

（8）所有的施工机具和检测工具在施工前都必须进行检查。特别是对检验、测量和试验设备必须送检，验定合格后在有效期内使用。

（9）认真做好施工记录，及时办理各种验收手续，保证资料的收集、整理、审核与工程同步。

（10）选择合格的材料供应商，原材料进场必须有材质证明或复验报告，各种器材、成品、半成品进场必须有产品合格证，无证材料一律不准进场。不合格材料不准用在工程上，对有疑问的材料要进行复验，试验合格后才允许使用。

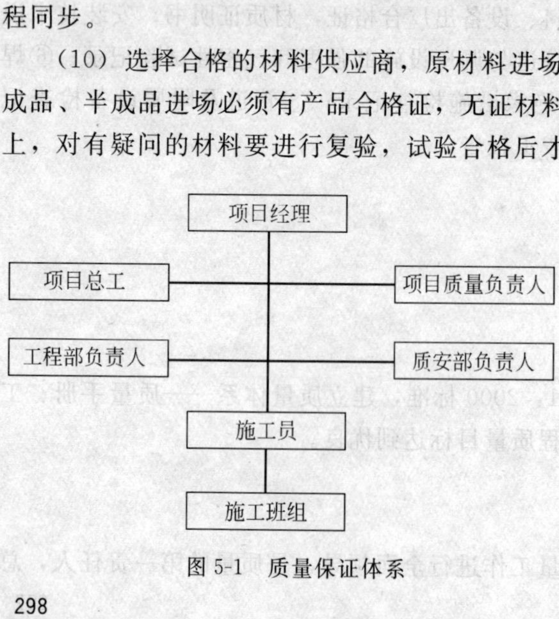

图5-1　质量保证体系

（11）加强质量检查，进行质量监督，定期召开质量例会，切实落实好质量奖罚条例，对工程质量低下，除处以罚款外，还应限期整改，直至符合质量验收为止，决不迁就。

（12）进行工程质量回访，听取质量意见，整改质量问题，开展技术服务。

5.3　质量管理体系

质量保证体系见图5-1，质量控制

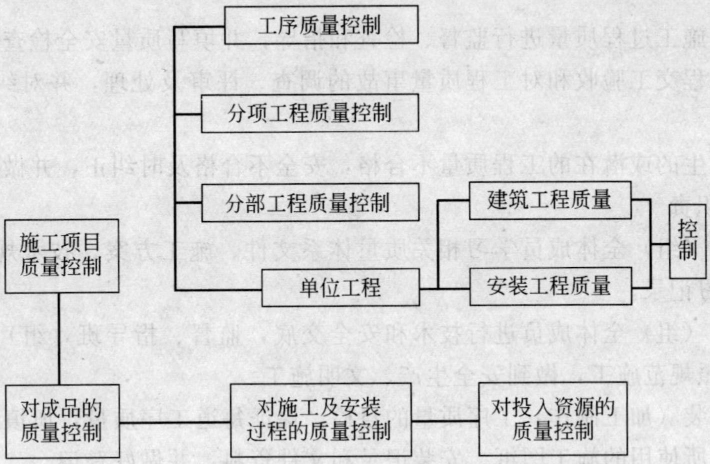

图 5-2 质量控制流程图

流程图见图 5-2。

5.4 质量责任

（1）项目经理职责

1）根据质量方针和质量目标，制定项目质量目标，对质量体系有效运行负全面责任。

2）负责与顾客沟通和满意度调查。

3）负责组织对工程和劳务分包方的考核和评价。

4）参加质量和安全事故的调查和处理。

5）对合同的实施、工程质量、安全生产负责。

6）负责项目日常管理和内外联络。

7）对项目部制定的质量目标负责。

（2）项目部技术负责人职责

1）负责项目的技术、质量、安全和生产计划管理和施工过程控制。

2）负责审核《施工组织设计》、《施工方案》、《技术和安全交底》。

3）负责组织（参加）工程质量、安全事故的调查和处理。

4）参加分部分项和单位工程的质量评定和交工验收。

5）监督、指导项目各职能部门和员工开展贯标工作。

6）指导技术文件、记录和交工资料的收集、建档管理。

(3）施工员职责

1）负责《施工方案》、《施工材料预算》和《技术安全交底》的编制。

2）负责对施工班组进行技术安全交底和质量教育，对施工过程进行管理和控制。

3）参加对工程质量的检查、评定和事故处理。

4）负责施工过程记录和交工资料的填写、收集和整理。

5）对施工过程进行监督检查工作，填写施工日志，并对施工过程质量负责。

（4）质检安全员职责

1）负责对施工班组进行安全教育，监督、指导安全作业、文明施工，对工地施工安全负责。

2）负责对施工过程质量进行监督、检查和指导，并填写质量安全检查记录。

3）参加工程交工验收和对工程质量事故的调查、评审及处理，并对纠正措施进行跟踪检查。

4）对已发生的或潜在的工程质量不合格，安全不合格及时纠正，并做好记录。

（5）班组职责

1）组织班（组）全体成员学习相关质量体系文件、施工方案、技术规范等文件和资料，并做好学习记录。

2）组织班（组）全体成员进行技术和安全交底，监督、指导班（组）成员遵守操作规程，严格按照规范施工，做到安全生产、文明施工。

3）负责安装（加工制作）工序质量的自检，保证每道工序质量，所填记录真实可靠。

4）管理好所使用的施工图纸、安装记录和文件资料，并做好登记。

5）参加工程质量事故的调查、分析和处理。

6）管理好所使用的施工机具、检测设备和施工材料。

6　施工安全技术措施

本工程属市政燃气工程。电源自备，露天野外作业，安全工作显得尤为重要，必须建立严格的安全责任制度，项目经理为总负责人，项目安全员为直接责任人，必须严格执行安全交底制度。对每一个进入现场的施工人员进行对本工程针对性的安全交底，坚持预防为主的原则，防止安全事故的发生。具体安全措施有：

（1）施工用电源由专业人员敷设，临时固定，并配好配电箱，做到一机一闸一保护，远距离应架定，采用临时木杆做成简易电线杆架设电线电缆，并在适当的位置配备几个配电箱。

（2）电动施工机具必须有良好的接地。

（3）吊装过程中要听从统一指挥，吊臂下严禁站人。

（4）发电机组应有专人看管操作，并有专人维护，以保证施工的顺利进行。

（5）管内施焊时，需有可靠的排风通气装置，保持空气的流通，防止中毒和窒息，保护焊接施工人员的人身安全和健康。

（6）设置专人巡视检查，排除管沟两侧一切可能掉落伤人或撞击管子的石块及杂物。

（7）严格安全检查制度，对检查的安全隐患必须及时整改。

（8）在主要部位、作业点、危险区、交通要道、进出口处，按规定设置安全宣传标语或标牌，穿越主要干道公路时，必须派一名质安员做现场安全工作。

7　安全文明施工措施

建立文明施工管理制度和各级各部门责任制，落实文明施工标准，保持现场卫生和场容清洁整齐。

（1）编制施工组织设计或方案应有施工平面布置图，标明建筑物、大型机械、原材料、半成品、设施、设备的位置。平面布置图应将生产区、办公室、生活区分开，生活区必须设置食堂、厕所、洗澡间、宿舍，布局合理且符合安全、卫生、防火等要求。

(2) 硬地坪施工、场地平整、道路畅通、排水畅通，砂浆及搅拌机前设沉清池，不得把泥浆、污水、废水外流，应有组织排水。短头废料回收，模板、架料拆除后应堆放整齐，建筑垃圾不能及时外运时，应装袋或归堆覆盖。

(3) 工地应设医务室或保健箱，医护人员定期进行巡诊，针对季节流行病、传染病及时向职工宣传有关知识，并采取措施积极进行预防。

(4) 建立消防体系和各级防火责任制及动火审批制度，设消防监督人员。

(5) 认真落实消防措施，对义务消防员要订出教育训练计划和管理办法。

(6) 按规范配置灭火器材，特别是重点部位（危险品仓库、油漆车间、设专人管理，并按规定设置警告标志）。

(7) 建立健全综合治理组织机构和治安保卫制度及用工花名册，民工“三证”齐全，所有人员进场须佩戴上岗证。

(8) 提高环保意识，注意保护施工现场及周围的环境，未经批准，不得伐树毁林。施工使用的废油等污染产品，不得任意乱倒乱排，须用专用容器收集后集中处理。

8 冬雨期施工措施

冬雨期施工时，质量上采取以下措施：

(1) 按规范规定温度和时间用烘箱进行烘烤，现场焊条要有防潮保护盒，以确保焊接要求。

(2) 试压完毕后气要及时放，防止高压状态下损伤管道及附件，确保工程质量。

(3) 冬期施工安全措施：

1) 注意防滑，防冻，确保人员和设备安全；

2) 冬期气候干燥，宿舍和办公区及现场要注意防火，配备必要的灭火器材，防止煤气中毒。

(4) 雨期施工措施：

1) 雨天作业焊接时采取保护措施，可用雨伞遮罩；

2) 下雨天严禁进行管沟回填；

3) 沟内积水应及时排出；

4) 下大雨和六级以上大风应停止作业等。

9 工期保证措施

(1) 由于本工程是边设计边施工，施工场地在城市的主次干道的人行道上，为了确保合同工期实现，必须合理安排工期。随着条件的变化，经常调整工期。

(2) 采取先进的施工办法组织施工，合理安排劳动力，确保月计划实现。

(3) 每一条管线的管道安装，采取合理组织，分段同时进行施工。

10　施工进度计划

本工程属于边设计边施工的工程。由于施工图纸暂缺、扩初设计也缺的情况下，只能参照湖北省荆州市天然气输配工程可行性研究报告为依据。按照双方签订的合同工期作为控制，由于设计、物资供应、资金周转等多方面因素，对工期都有一定影响，因此，安排施工进度考虑一定的余地。初步安排竣工日期为 2004 年 4 月份。

各种直径的管道总长度按 160km 计算。管道防腐工程平均日产量 50 根，约 600m，有效作业天每月平均按 20d 计算。每月产量为 12km。12 个月完成防腐工程。管道安装工程施工平均每月按 8km 计算，需要 18 个月时间完成。具体详细施工进度计划待每段管线实施前提供。施工总进度计划如图 10-1 所示。

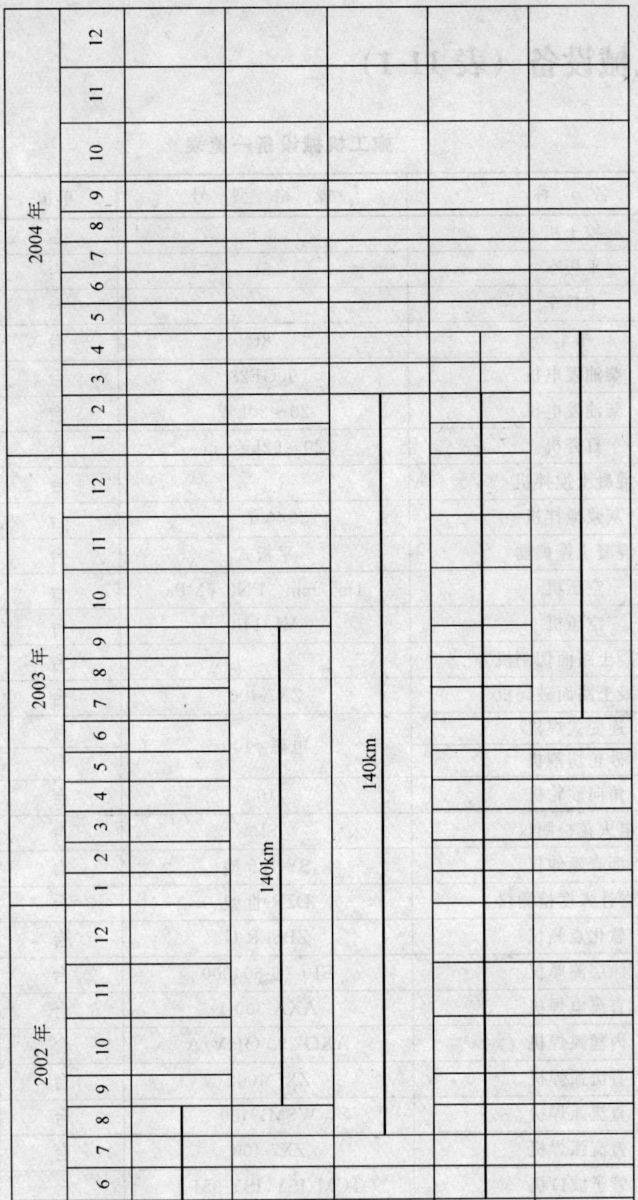
序号
分项工程名称
2002年
2003年
2004年
6 7 8 9 10 11 12
1 2 3 4 5 6 7 8 9 10 11 12
1 2 3 4 5 6 7 8 9 10 11 12
1
施工准备搭建临时设施
2
管道防腐工程
140km
3
管道安装工程
140km
4
牺牲阳极保护系统工程施工
5
竣工验收

图 10-1 施工总进度计划

11　施工机械设备（表11-1）

施工机械设备一览表　　表11-1

序号	名　称	规　格　型　号	单位	数量	备注
1	挖土机	0.6	台	1	
2	平板车	5t	台	2	
3	工具车		台	2	
4	吊车	8t	台	2	
5	柴油发电机	90GF28	台	1	
6	柴油发电机	20～30kW	台	5	
7	打夯机	20～62kg·m	台	4	
8	混凝土搅拌机		台	1	
9	灰浆搅拌机	400L	台	2	
10	混凝土振捣器	平板式	台	2	
11	空压机	$1m^3/min$　PN0.7MPa	台	2	
12	空压机	V13140	台	1	
13	混凝土路面切割机		台	2	
14	混凝土路面破碎机	ZX7-400	台	2	
15	逆变式焊机	电磁 ϕ400	台	40	
16	砂轮切割机		台	6	
17	角向砂轮机	4100	台	20	
18	电火花检测仪	SL	台	5	
19	沥青延伸仪	SY-1.5型	台	1	
20	沥青针入度检测仪	DZR-Ⅲ型	台	1	
21	软化点测仪	ZBSLR-C	台	1	
22	涂层测厚仪	S10　6-604000	台	2	
23	直流电焊机	AXA-300-1	台	1	
24	内丝弧焊机	AXQ-200-OHV/A	台	4	
25	直流弧焊机	ZX7-400S	台	10	
26	直流弧焊机	WSM1-400	台	4	
27	直流弧焊机	ZX7-400	台	10	
28	管子坡口机	TCM/ISY,ISY-351-1	台	4	
29	管道除锈机	自制	套	2	
30	管道绝缘机	自制	套	4	
31	电烘箱	20kg 400℃	台	4	
32	电烘箱	30kg 400℃	台	2	
33	潜水泵	$H=25$ $P=0.6$MPa	台	4	
34	氧割器具		套	10	
35	经纬仪	Leiea WILDNA28	台	2	
36	水平仪	WILDT2	台	2	
37	手动葫芦	1～2t	台	30	
38	超声波测厚仪		台	1	
39	超声波探伤仪	CTS-23	台	2	
40	X线探伤机	2505	台	2	
41	手动试压泵	SY-40	台	2	

12 劳动力安排

结合本工程特点，主要劳动力需用计划如表 12-1。

劳动力需用计划 **表 12-1**

顺　序	工　　种	人　　数	备　　注
1	管道工	60	
2	电焊工	30	
3	电工	12	
4	绝缘工	50	
5	钳工	6	
6	测量工	4	
7	探伤工	4	
8	机械工	10	
9	材料工	6	
10	库管员	4	
11	检验工	4	
12	混凝土工	10	
13	驾驶员	8	
14	普工	100	

13 施工现场平面图

临时设施平面图如图 13-1 所示。

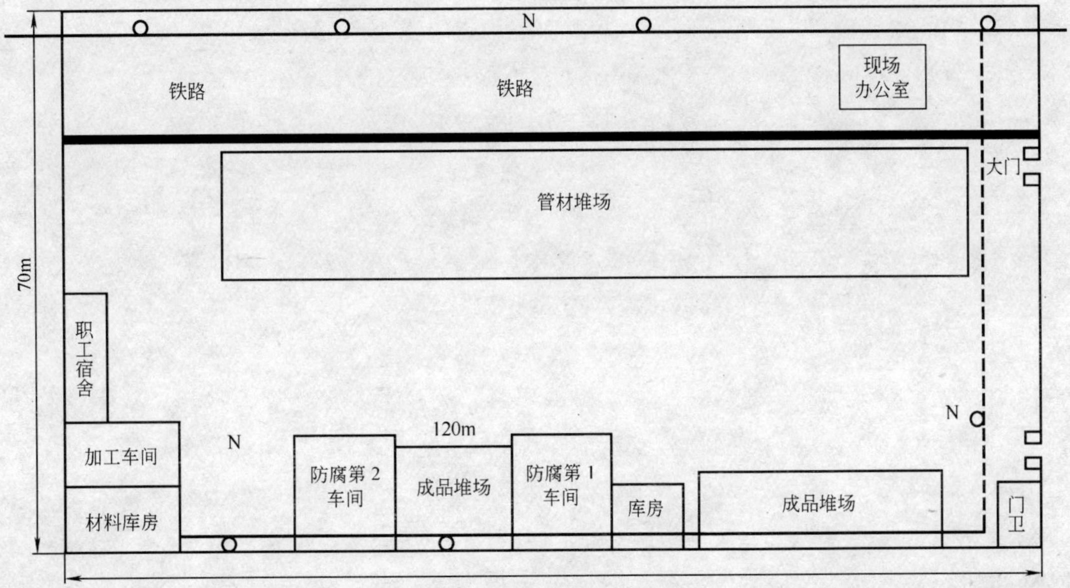

图 13-1　临时设施平面图

第七篇

广州科韵北路黄埔大道立交土建工程施工组织设计

编制单位：中建一局
编 制 人：李伟　孙佩银　刘小明　井福才　刘君才　廖蔚宏　宋鸿伟　亚非
审 核 人：李忠

［简介］ 科韵北路黄埔大道立交工程为半苜蓿叶立交桥，长1061m，由1条主桥和10条匝道组成，造型独特，结构复杂。工程几乎涵盖了整个市政工程的各个领域，加之管线拆迁、设计变更等问题给施工组织管理方面带来较大的挑战，该项目在交通组织、基坑支护、下沉式道路施工、混凝土施工、顶管施工等方面很有特色，在施工组织设计中都有反映，值得借鉴。

目　录

1　工程概况

1.1　项目简述

工程名称：科韵北路（云溪路～黄埔大道）三标段黄埔大道立交土建工程

工程内容：黄埔大道立交范围内的隧道、道路、人行天桥、人行通道、桥梁、排水及附属设施工程

合同工期：258日历天

合同造价：道路、立交、雨水等工程14，241，085.95元；排污工程4，851，463.38元；总造价约1.47亿元

建设单位：广州市市政园林局

代建单位：广园路建设公司

设计单位：广东省冶金建筑设计研究院、广州市市政工程设计研究院

施工单位：中国建筑一局（集团）有限公司

监理单位：广州市市政监理工程有限公司

质监单位：广州市市政工程安全质量监督站

科韵北路黄埔大道立交工程为广州快捷路中重要一段，是广州市2005年重点工程之一。本工程2005年2月5日进场，2005年3月15日正式施工。由于高压电塔、房屋、管线拆迁、设计变更等方面因素的影响，至2006年4月25日完成全部土建工程，实际工期406日历天，有效工期248天。

本工程分项工程一次验收合格率100％，单位工程优良率100％。达到广东省优良样板工程标准。未出现重伤死亡事故，无重大火灾事故。施工中严格遵守《广州市建设工程文明施工管理规定》，无环境违规事件，市民投诉事件处理率100％，施工与周围环境和谐统一，达到市级文明工地标准。

1.2　工程概况

黄埔大道立交土建工程，主线里程为K5＋240～K6＋300，长1.06km，起点在中山大道与黄埔大道之间，中间与黄埔大道、花城大道相交，终点在花城大道与琶洲大桥之间。该段道路与黄埔大道相交，设半苜蓿叶立交1座、10条匝道、下沉式道路、中桥1座、人行天桥1座，人行通道4座；与花城大道相交，设分离立交1座。主线道路路线总长度1.81km，匝道路线总长度4.59km。工程范围包括：立交范围内的路基、路面（不含面层）、隧道、桥梁、人行地道、人行天桥、雨水管道、雨水泵房污水管道等工程。详见科韵路黄埔大道立交土建工程平面示意图（图1-1）。

1.2.1　路基土方、路面工程

按城市Ⅰ级道路设计。采用沥青混凝土路面。软基处理方式有：旋喷桩、搅拌桩、换填等。

共计软基处理（含下沉式道路）搅拌桩73700m、旋喷桩37700m、换填81000m²；开挖土方（含下沉式道路）423000m³、填方277000m³；15cm厚碎石垫层81700m²；15cm

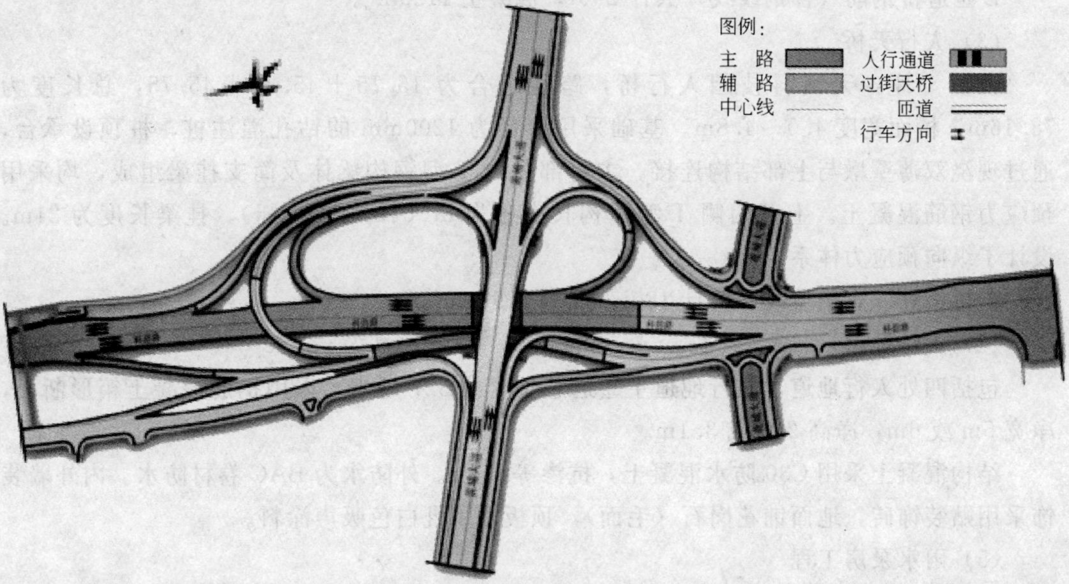

图 1-1　黄埔大道立交工程平面示意图

厚 4%水泥稳定石屑底基层 77000m²；30cm 厚 6%水泥稳定石屑基层 69700m²。

1.2.2　雨水管道工程

下沉式道路采用暗沟排水；其他道路上雨水管道大部分布置在道路附近，雨水管道采用直径 $DN300 \sim DN1200$ Ⅱ级钢筋混凝土管及钢管，总长度约 3625m，检查井 108 座。采用明挖法施工。

1.2.3　污水管道工程

采用 $DN1685$ 玻璃钢夹砂管，共长 507.9m。采用泥水平衡机械顶管施工，共设置 1 个工作井，2 个接收井。接户管采用 UPVC 排水管。

1.2.4　结构物工程

(1) 下沉式道路

包括科韵路主线、与之相接的 A、B、C、D 匝道、独立的 E 匝道及花城大道 7 条下沉式道路，下沉式道路总长 1421.398m。其中 A、B、C、D 匝道下沉式道路全部为"U"形钢筋混凝土开口段，E 匝道、科韵路主线、花城大道下沉式道路包括开口段和闭口框架，闭口段轴线总长度为 242m。下沉式道路采用明挖方法进行施工。围护结构根据基坑的深浅及现场实际，采用放坡开挖、灌注桩支护、喷射混凝土支护等形式。软基处理方式有：旋喷桩、搅拌桩、换填。钢筋总量 8381t、混凝土 70981m³。

结构混凝土：采用 C30 防水混凝土，其抗渗等级 P8。外防水结构为 BAC 防水卷材和水泥基渗透结晶型防水材料。闭口段侧墙装饰采用（GLASAL）卡索板装饰，顶板采用咖啡色吸声涂料。开口段采用彩色砂浆装饰。

(2) 桥梁工程

共 1 座：E 匝道桥，桥顶面宽度 12.05m，桥长 96.69m，跨径组合为 20.26＋25.33＋25.33＋20.21m。上部结构为普通钢筋混凝土箱梁，单箱双室断面，中横梁设计预应力体系；下部结构采用柱式桥墩，桩柱式桥台和钻孔灌注桩基础。

E匝道桥钢筋（含钢绞线）共计290t，混凝土1120m³。

（3）人行天桥

设置1座：天河科技园人行桥，跨径组合为15.75＋45.26＋45.75，总长度为78.16m，桥面宽度4.0～4.8m。基础采用直径为1200mm的钻孔灌注桩，桩顶设承台，通过现浇双薄壁墩与上部结构连接。主跨部分由T型钢构梁体及简支挂梁组成，均采用预应力钢筋混凝土。上部两侧T型钢构长度各为27.04m（含牛腿），挂梁长度为21m。设计了纵向预应力体系。

天桥钢筋（含钢绞线）共计180t，混凝土971m³。

（4）人行地道

包括四处人行地道，人行地道主通道总长度约327延米，采用钢筋混凝土箱形断面，净宽5m或6m，净高2.8或3.1m。

结构混凝土采用C30防水混凝土，抗渗等级P8。外防水为BAC卷材防水。内外墙装饰采用贴装饰砖，地面铺花岗石（毛面），顶板采用乳白色吸声涂料。

（5）雨水泵房工程

共设置两座。泵房采取全下沉钢筋混凝土结构。采用钻孔灌注桩支护。

人行地道及泵房共计钢筋775t，混凝土4110.3m³。

1.3 施工地质、水文及环境条件

1.3.1 自然条件、气象情况

本工程路线区属南亚热带季风气候，全年降水丰沛，雨季明显，日照充足，夏季炎热，冬季一般温暖。冬半年（9月至次年3月）天气相对干燥，降水较少；夏半年（4月至8月）受海洋性气流的影响，天气炎热，降水量大。根据广州市区1951～1993年的气候资料，年平均降水量1695.5mm，历年最大降水量2864.7mm，最大月平均降水量288.7mm，最大日降水量284.9mm。自然区划属东南湿热区的华南台风区，春夏季由东南季风造成的阴雨天气对修建工程不利。

1.3.2 地形、地貌情况和水文情况

工程所在地原始地貌单元属珠江三角洲冲积平原，本路段已改建为城市市政道路，场地地面主要为混凝土、沥青路面、人行道及绿化带，地势起伏较平缓，地面标高一般为7.94～12.68m。表层为填筑土和种植土，以下是亚粘土、淤泥层或砂层及基岩等

地下水类型以孔隙潜水为主，受大气降水及地表水补给，水位变化因气候、季节而异。地下水稳定水位埋藏深度介于0～6m之间，水位标高介于6.28～12.84m。勘察试验表明，该地段土层对混凝土不具腐蚀性。

1.3.3 施工环境条件

本工程所处场区地势平坦，沿线为高压线走廊，有5趟高压线，占地宽度约130m，高压线铁塔11座，净空高度在11.5～16m。

黄埔大道南侧规划有地铁五号线，东侧与并科韵路地铁站相邻。黄埔大道及科韵路车流量较大，工程未实施时经常出现交通拥堵现象。

1.4 工程特点和难点

(1) 以人为本的绿色市政

“快捷、连续、人性化、生态型”是本工程的建设主导思想，工程中体现了立体绿化、智能交通、行人诱导、交通疏解仿真等技术亮点。首创了数字化模拟交通疏解的实施；首次使用了卡索板装饰系统及彩砂装修工艺。

(2) 交通疏解是施工管理的重点和难点

本工程所在黄埔大道及科韵路是广州市交通干道，担负繁重的交通任务，车流量大，日常拥堵严重，施工期间不允许中断道路，只能在不同阶段采取不同的交通疏解方案，即保证交通顺畅又要兼顾施工安排，增加了施工的难度和复杂性，认真处理好施工与交通的关系，实现二者相互协调，是施工管理工作的难点。

(3) 工期要求紧，干扰因素多

本工程开工时，各种证件、手续都在办理中。房屋拆迁、电塔、管线改移等工作滞后。施工过程中广州市遭遇多年不遇的暴雨，这些因素都影响了工程的正常进展，给施工组织提出了更高要求。实际施工中，根据实际情况及时调整施工计划，主动出击、积极创造工作面，作好资金、材料、机械、劳动力的保障工作，保证了总体目标的实现。

(4) 管线迁移与保护工作是本工程顺利实施的前提

本工程范围内需要迁移和保护管线主要有：高压线 5 趟，高压线铁塔 11 座，自来水管道 5 条，煤气管道 3 条，电信通讯管道 5 道，雨污水管道 10 条。管线牵涉单位多，产权关系复杂。

施工前，主动作好各类管道的普查工作，积极联系、协调相关单位，尽可能准确地掌握各类管线的结构形式、位置、埋设深度，并进行标识，配合相关单位进行迁移、保护方案设计。施工中，作好管线交底工作，按照方案要求进行管线迁移和保护，避免不必要的破坏；出现意外情况及时上报处理，减少损失。

(5) 基坑支护、混凝土工程、顶管等项目是本工程施工管理的重点和难点

本工程几乎涵盖了所有市政基础设施。地下开挖工程较多，地下水位浅，存在淤泥及粉砂湿缩性黏土等不良土质，基坑的支护、降水的措施影响到施工质量和安全，无论从方案编制到现场实施上都以此为重点。下沉式道路闭口段和人行地道等地下工程的施工为本工程的关键线路，保证其按计划完成，是整个工程按时完工的关键所在，因此，重点保障材料、人员、资金供应。

地下混凝土结构均采取结构自防水和外防水相结合的方法，混凝土浇筑质量和外防水施工质量直接影响到工程的使用功能。为克服混凝土裂缝，在原材料选取、混凝土配合比设计、拌合、运输、浇筑及养护等工艺和环节上采取相应措施进行控制。

结构外防水由专业防水班组实施，做好原材料检验、现场施工质量检验和成品保护工作。

污水管道工程采取顶管施工工艺，顶管技术要求高、施工难度较大、周期长、安全问题多、并影响道路交通，施工中作为重点由专业队伍完成。

2　施工组织策划及部署

2.1　施工总体工艺流程

（1）总体施工工艺和顺序

本着先地下后地上的原则组织施工，对于黄埔大道段及科韵路一般路基段，首先进行地下结构：闭口段及人行地道施工，并随路基的填筑进行雨水管道的施工。污水工程采用顶管工艺，与其他工程无影响可独立进行。科技园人行天桥及E匝道桥与下沉式道路穿插进行，上部结构施工在相应节段底板完成之后进行。处于交通疏解的重要节点位置，安排先行完成。

（2）普通道路段施工工艺流程

清理和掘除──→软基处理──→挡土墙施工──→（闭口段、人行地道等地下结构施工完成）路基填筑──→路床整修──→碎石垫层铺筑──→底基层施工──→基层施工──→防撞墙（道路侧平石）施工──→雨水口施工──→人行道施工。

结合雨水工程穿插进行。

（3）下沉式道路段施工工艺流程

基坑开挖、支护及软基处理──→垫层施工──→底板防水及底板钢筋混凝土施工──→侧墙（及顶板）钢筋混凝土施工──→侧墙（及顶板）防水及回填──→压重层施工──→水沟、检修道、防撞墙等施工──→侧墙及顶板装饰施工。

（4）E匝道桥施工工艺流程

桩基施工──→下部构造立柱、盖梁施工──→支座安装──→（桥下下沉式道路底板完成）──→满堂红支架搭设──→上部箱梁预应力钢筋混凝土施工──→防撞墙施工──→花槽施工──→桥面铺装施工（外单位完成）──→伸缩缝施工。

（5）人行天桥施工工艺流程

桩基施工──→承台施工──→墩台薄壁墩施工──→（桥下下沉式道路底板完成）──→T型刚构施工──→简支挂梁预制、安装──→挂梁接缝施工──→坡道施工──→栏杆安装、天桥装饰及装修。

（6）人行地道施工工艺流程

基坑开挖、支护及软基处理──→垫层及底板防水──→底板钢筋混凝土施工──→侧墙及顶板钢筋混凝土施工──→侧墙防水及土方回填──→出口结构施工──→地道给水、排水、通风、照明安装──→装饰与装修施工。

（7）雨水管道工程

管沟开挖──→垫层、基础施工──→管道安装（检查井砌筑）──→闭水试验──→管沟回填──→雨水口砌筑──→井圈井盖安装。

与道路施工相结合。

（8）雨水泵房施工

基坑开挖与支护──→泵房水池底板垫层及防水施工──→水池底板钢筋混凝土施工──→水池侧墙及首层底板施工──→侧墙防水及土方回填──→首层侧墙及顶板施工──→防水及土

方回填──→泵房内水泵、发电机、通风等机电安装──→泵房门窗安装、装饰与装修。

(9) 污水管道工工程

搅拌桩围护施工──→工作井、接收井施工──→顶管机械安装及顶进──→工作井转换及顶进──→检查井施工、接户井及接户管道施工。

2.2 交通疏解方案

2.1.1 交通疏解原则

(1) 交通疏解与施工相结合、协调统一的原则。

(2) 尽可能利用周边路网，减轻周边交通压力。

(3) 重点保证黄埔大道东西方向的通行能力。

(4) 调整和完善交叉口交通信号和导流系统，作到信息传递快捷、准确。

(5) 密切配合交通主管部门，与相关部门紧密合作，采纳各方合理意见和建议。

2.1.2 交通疏解方案

根据《广州市城区快捷路工程科韵路施工期间交通疏解工程（中山大道～黄埔大道段）施工图设计（招标）》，交通疏解方案分三个阶段实施，两阶段疏解的方法，其他需要在原有道路施工的工程（如顶管）在征得交通主管部门同意后本着尽量少占道路，将影响缩至最小的原则临时占用部分道路路段，进行围蔽施工。交通疏解各阶段的具体安排如下：

(1) 第一阶段：临时便道准备阶段

此阶段各路现状交通不发生改变。在拆迁完毕的情况下，在黄埔大道两侧修建临时施工便道，拆除部分绿化带、分隔带及人行道，并修复路面，拓宽道路。每条临时便道设计按三车道设计路面宽度为12m，采用混凝土路面。结合现场排水综合考虑，通过修筑明沟和铺设管道的方法，建立临时排水系统。所有施工区域使用蓝色钢板围蔽，每20m设夜间施工警示灯一个。见第一阶段交通疏解图（图2-1）。

(2) 第二阶段：交通疏解实现，进行工程项目施工

利用第一阶段新修建的两边临时便道进行通车，对花城立交东段隧道进行围蔽施工，西段保留路面通车

主要交通疏解方法：旧科韵路口只能右进右出，原需要左转或直行的车辆通过右转后到黄埔大道前面路口掉头完成；黄埔大道直行可通过临时道路实现；科韵路琶州桥方向只能右进右出，需要左转黄埔大道或直行的车辆通过右转后到黄埔大道前面路口掉头完成。具体详见第二阶段交通疏解图（图2-2）。

(3) 第三阶段

开放黄埔大道和F匝道通车，提前设置施工信息，诱导车流绕道行驶。具体形式详见图第三阶段交通疏解图（图2-3）。本阶段全部施工完成后，经过交工验收移交，协调其他标段可开放交通，实现立交功能。

2.1.3 交通疏解方案的实施

(1) 施工顺序

测量放线──→调查管道情况，拆迁及管线迁移──→道路基底处理（开挖或填筑）、碾压──→道路基层铺筑──→道路面层施工──→标志、标线、交通设施施工──→现场围蔽──→交通预演、试运行和整改──→交通改道。

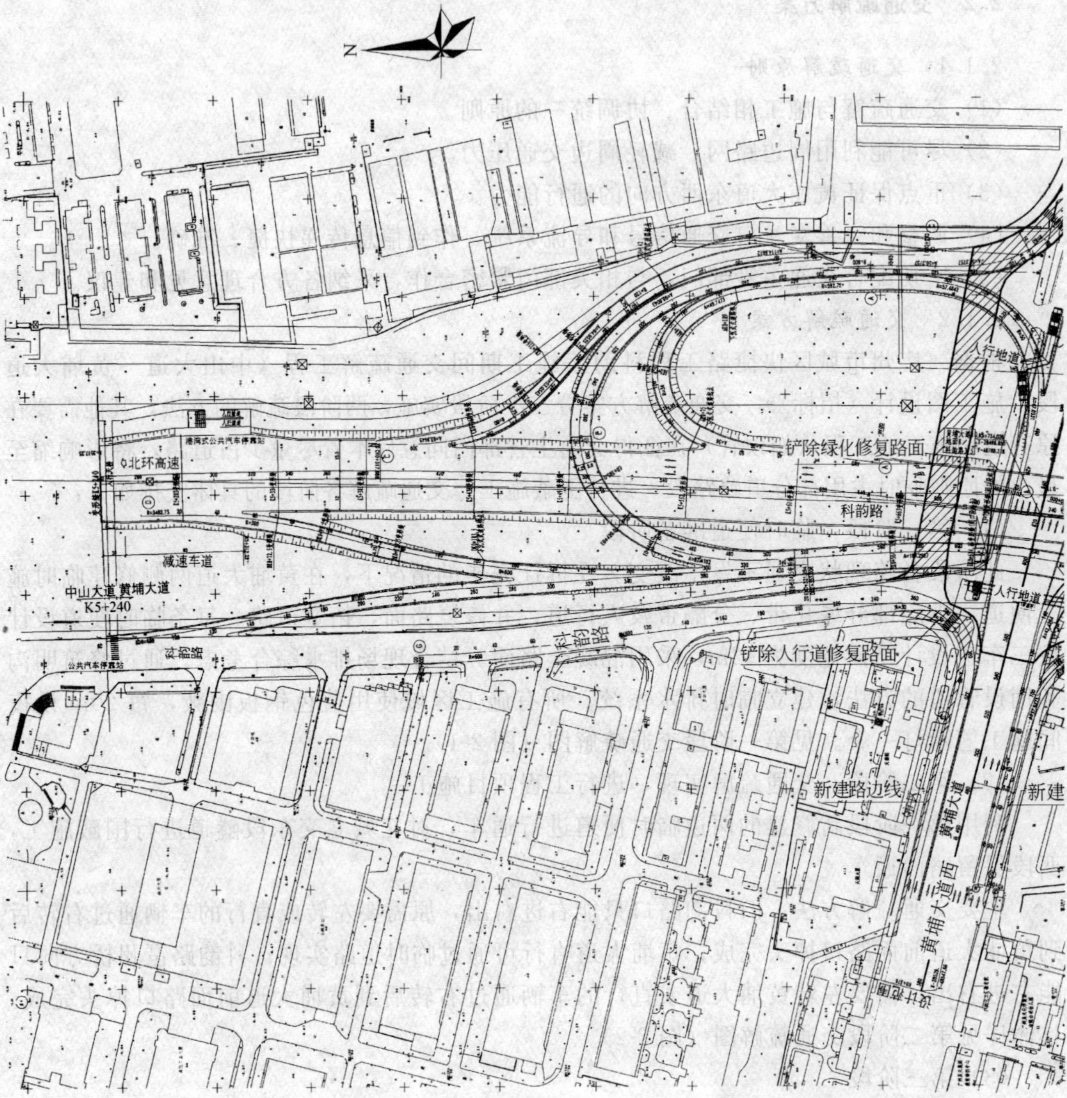
N
人行地道
铲除绿化修复路面
北环高速
科韵路
减速车道
中山大道 黄埔大道
K5+240
科韵路
铲除人行道修复路面
人行地道
新建路边线
新建
黄埔大道西

图 2-1 第一阶段

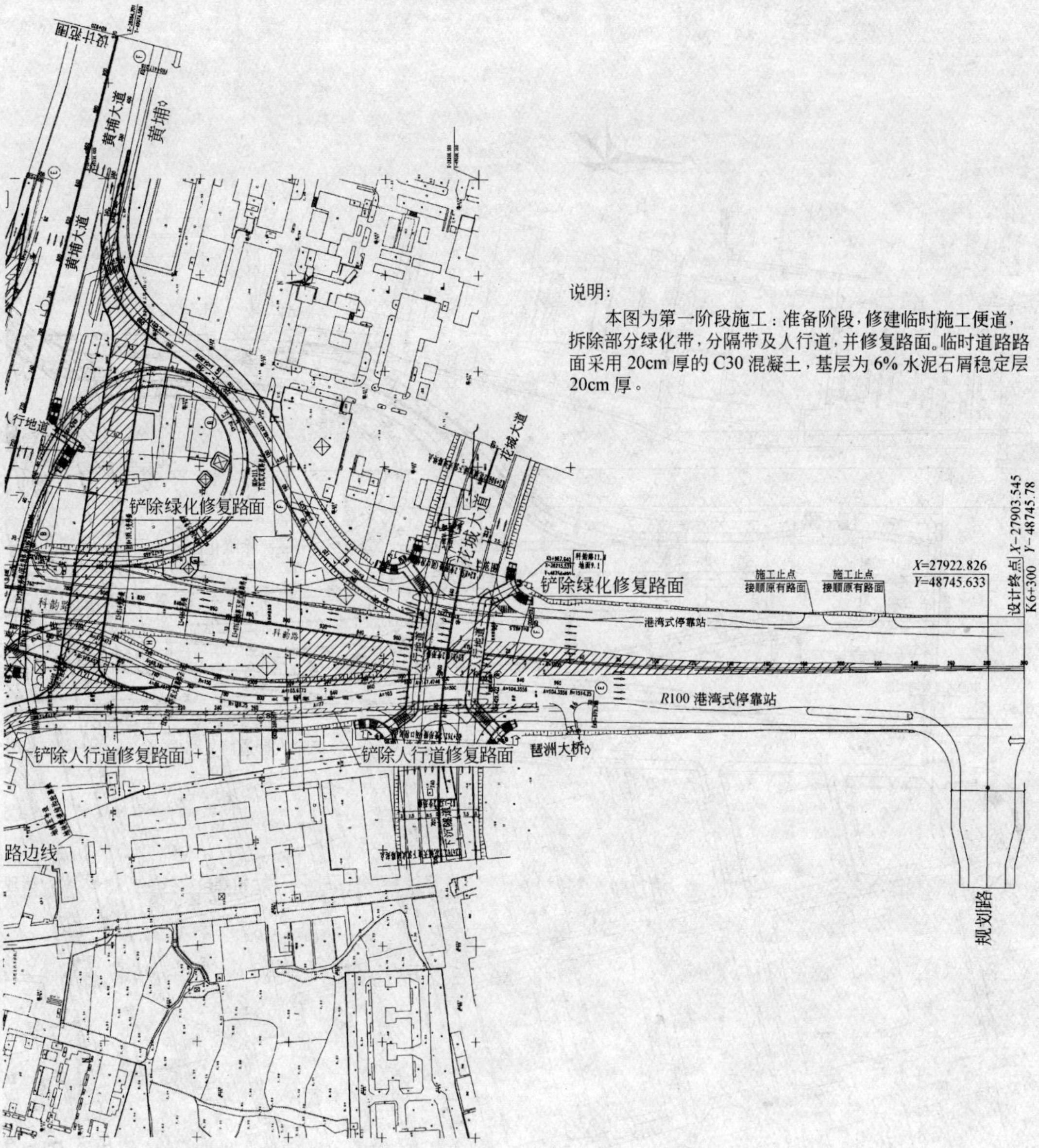

说明：

本图为第一阶段施工：准备阶段，修建临时施工便道，拆除部分绿化带，分隔带及人行道，并修复路面。临时道路路面采用 20cm 厚的 C30 混凝土，基层为 6% 水泥石屑稳定层 20cm 厚。

交通疏解图

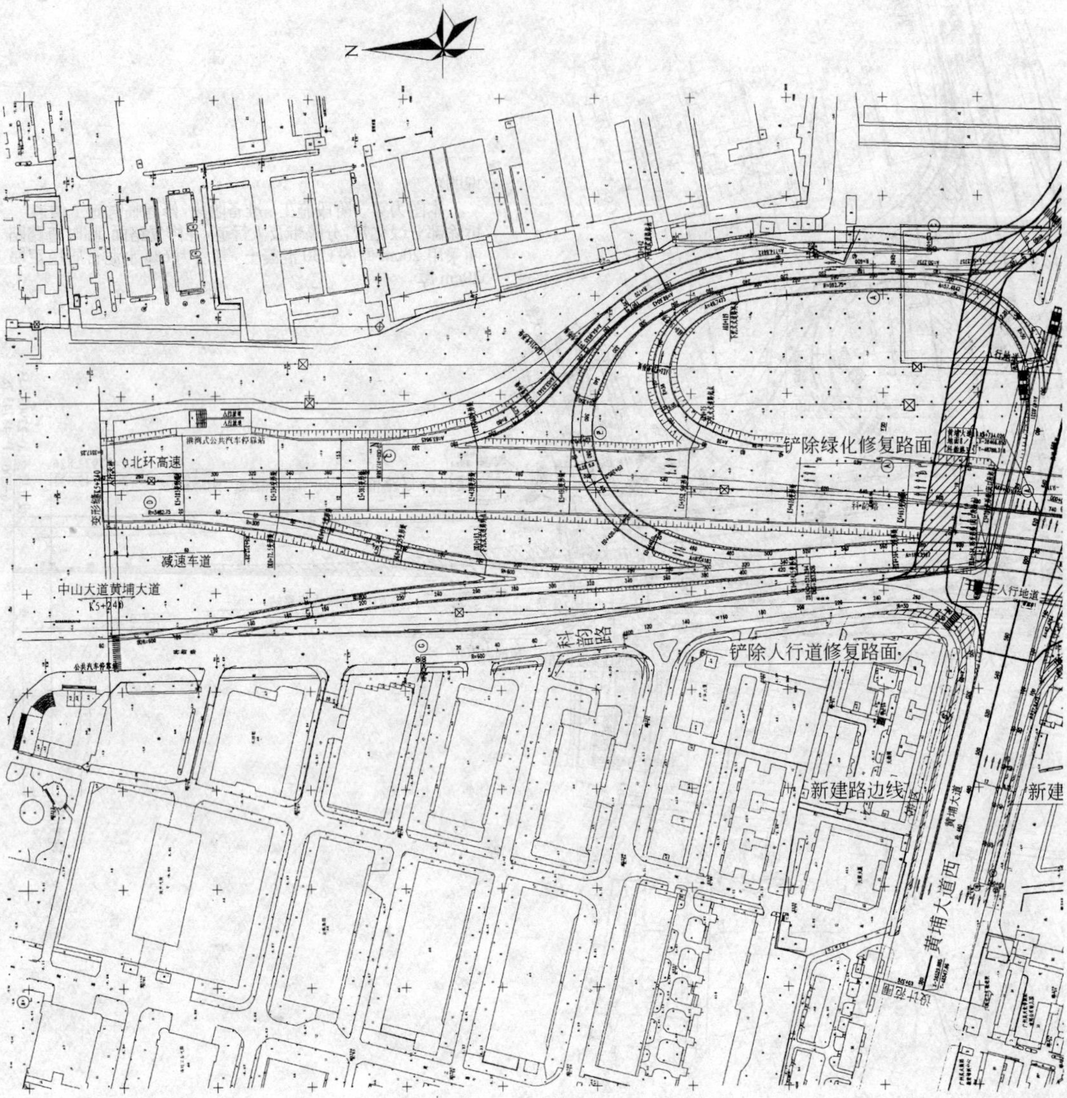
N
北环高速
减速车道
中山大道黄埔大道
K5+240
铲除绿化修复路面
科韵路
铲除人行道修复路面
人行地道
新建路边线
新建
黄埔大道西

图 2-2 第二阶段

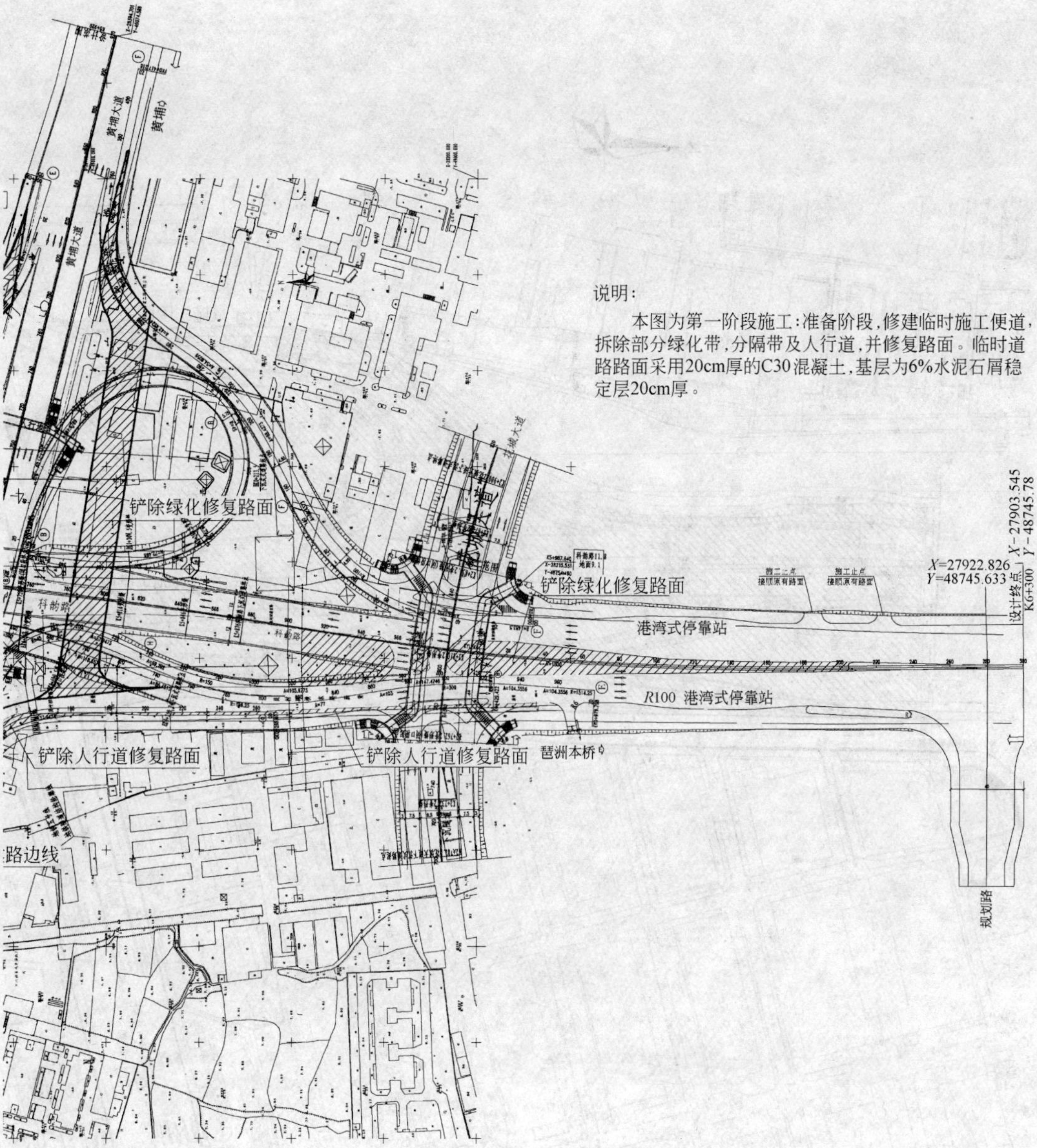

说明：

本图为第一阶段施工：准备阶段，修建临时施工便道，拆除部分绿化带，分隔带及人行道，并修复路面。临时道路路面采用20cm厚的C30混凝土，基层为6%水泥石屑稳定层20cm厚。

交通疏解图

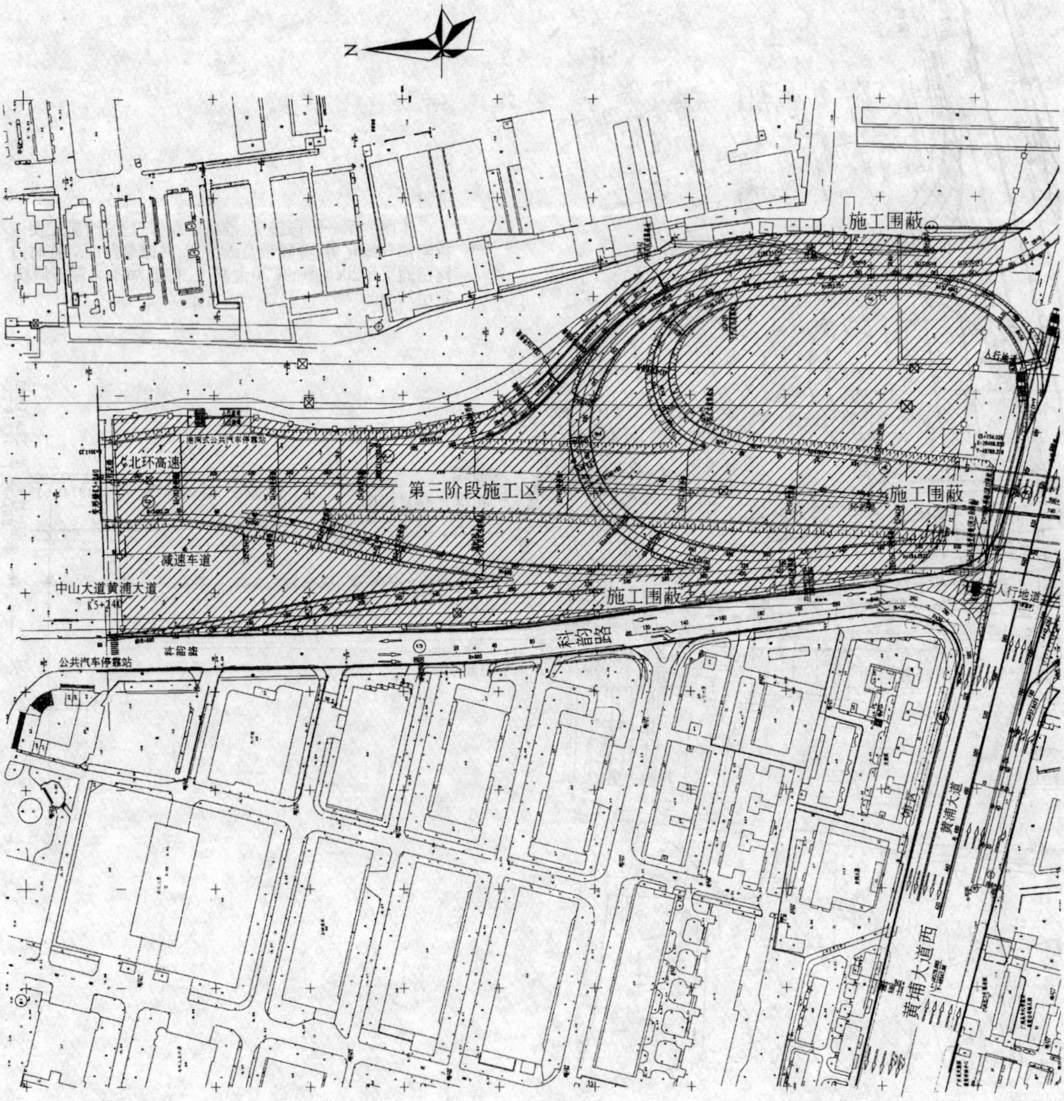
N
施工围蔽
北环高速
第三阶段施工区
施工围蔽
减速车道
中山大道黄浦大道
K5+240
施工围蔽
人行地道
科韵路
公共汽车停靠站
黄浦大道
黄浦大道西

图 2-3　第三阶段

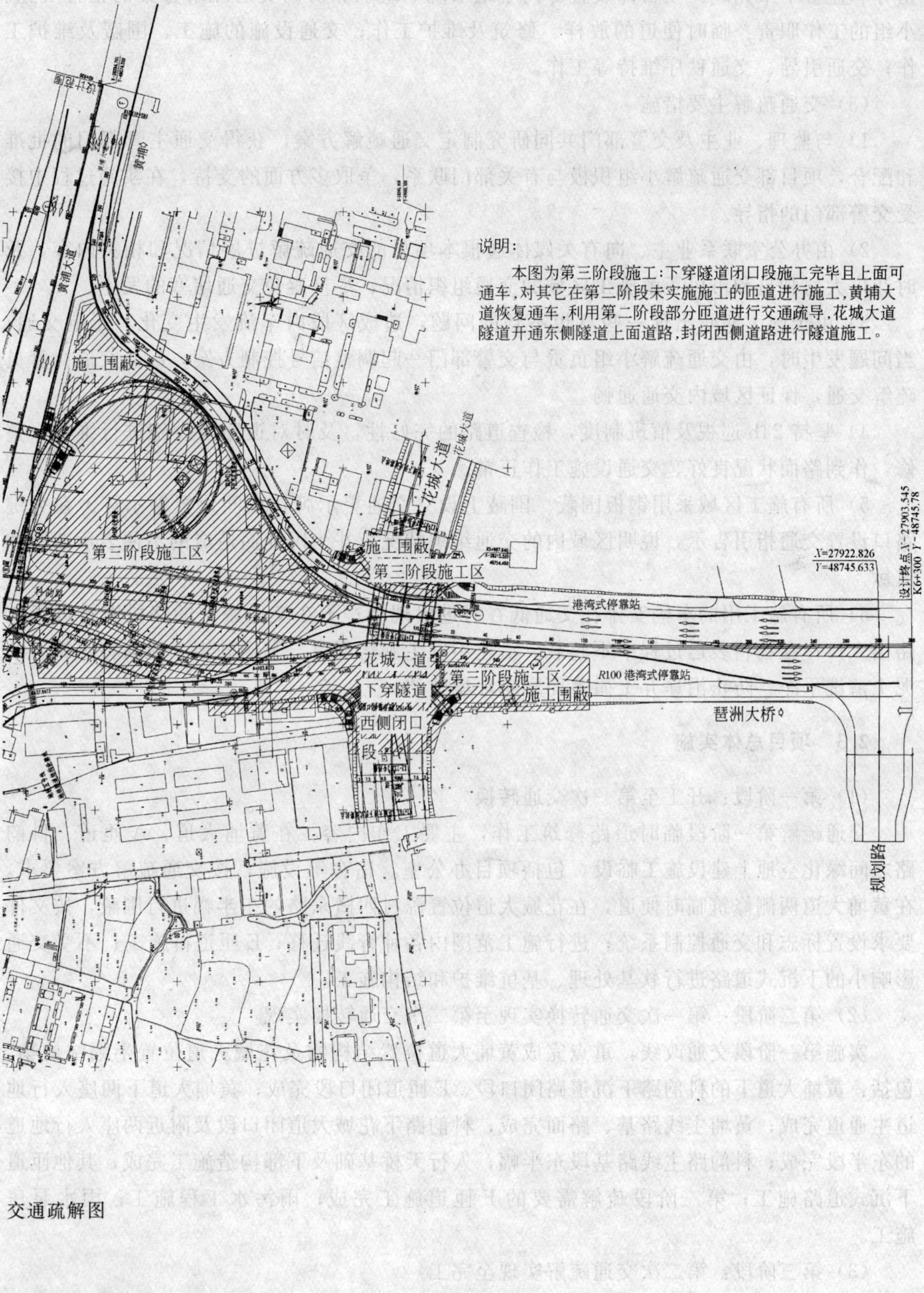
说明：
本图为第三阶段施工：下穿隧道闭口段施工完毕且上面可通车，对其它在第二阶段未实施施工的匝道进行施工，黄埔大道恢复通车，利用第二阶段部分匝道进行交通疏导，花城大道隧道开通东侧隧道上面道路，封闭西侧道路进行隧道施工。
黄埔大道
施工围蔽
花城大道
第三阶段施工区
施工围蔽
第三阶段施工区
港湾式停靠站
X=27922.826
Y=48745.633
设计终点 X=27903.545
K6+300 Y=48745.78
花城大道
下穿隧道
西侧闭口
段
第三阶段施工区
施工围蔽
R100 港湾式停靠站
琶洲大桥
规划路

交通疏解图

（2）成立交通疏解小组

临时便道由施工班组完成，交通标线以及其他交通设施委托专业队伍并在交警部门的指导和监督下来完成。项目部设置专门小组来统一组织和协调交通疏解方案的正常实施。小组的工作职责：临时便道的放样、修筑及维护工作；交通设施的施工、围蔽及维护工作；交通引导、交通秩序维持等工作。

（3）交通疏解主要措施

1）与监理、业主及交警部门共同研究制定交通疏解方案，获得交通主管部门的批准和配合，项目部交通疏解小组积极与有关部门联系，争取多方面的支持，在实施过程中接受交警部门的指导。

2）由办公室联系业主、向有关媒体通报本项目的交通疏解进展情况和相关内容，及时让广大驾驶员和市民了解施工区域的交通组织情况，尽量避免交通堵塞的发生。

3）由于施工期间出现一些意想不到的问题，造成区段内车流发生变化，影响交通；当问题发生时，由交通疏解小组负责与交警部门一起调整信号控制方案，配备交通协管员疏解交通，保证区域内交通通畅。

4）坚持24h巡视及值班制度，检查道路的完好性，及时对道路及设施进行维护、整修，作到路面状况良好、交通设施工作正常。

5）所有施工区域采用钢板围蔽。围蔽上设立交通警示牌，夜间设置警示灯。在关键路口设置交通指引告示，说明区域内的交通组织情况，并为因此而造成的不便表示遗憾和道歉。

6）所有施工用的车辆安排在交通低谷时进出现场；不在交通繁忙的路段安排进场道路出入口；在物料装运过程中不超载，沿途不发生洒落现象。车辆驶出工地前将车轮上的泥土清洗干净，防止沿途弃土撒落而影响环境整洁。

2.3　项目总体实施

（1）第一阶段：开工至第一次交通转换

交通疏解第一阶段临时道路修筑工作，主要工作内容：在黄埔大道、A匝道、科韵路之间绿化空地上建设施工临设，包括项目办公室、宿舍等设施；按交通疏解方案要求，在黄埔大道两侧修筑临时便道，在花城大道位置源村四横东路的东半幅进行围蔽，按文件要求设置标志和交通控制系统；进行施工范围内各种管线迁移；E匝道桥施工；不受交通影响小的下沉式道路进行软基处理、基坑维护和结构施工。

（2）第二阶段：第一次交通转换实现至第二次交通转换实现

实施第一阶段交通改线，重点完成黄埔大道位置结构物及花城大道位置半幅结构物。包括：黄埔大道下的科韵路下沉道路闭口段、E匝道闭口段完成；黄埔大道下两座人行地道主通道完成；黄埔主线路基、路面完成；科韵路下花城大道闭口段及附近两座人行地道的东半段完成；科韵路主线路基段东半幅；人行天桥基础及下部构造施工完成；其他匝道下沉式道路施工；第三阶段疏解需要的F匝道施工完成；雨污水工程施工；雨水泵房施工。

（3）第三阶段：第二次交通疏解实现至完工

实施第二次交通改线，施工未完工程。本阶段主要施工项目包括：被第二阶段占用的匝道；花城大道下沉闭口段及2座人行通道西半段；科韵路主线路基段东半幅；花城大道开口段；人行地道出口；E匝道桥上部构造及桥面、人行天桥上部构造及附属工程完、水泵房主体完成；转入安装及装饰装修阶段。本阶段完毕具备竣工要求，组织工程自验、监理验收及竣工验收工作。

2.4 施工总平面布置

施工总平面布置见施工总平面布置图（图2-4）。

项目部办公、生活区设在在黄埔大道、A匝道、科韵路之间绿化空地上，包括项目办公室、监理办公室、工人宿舍、食堂、仓库等设施；办公区及宿舍采用蓝色活动板房，内部简易装修。办公房屋面积300m^2，满足正常施工期间管理人员70人、高峰期管理人员100人需要。职工宿舍面积1600m^2，满足高峰期1000人用，不足则临时租用房屋。

钢筋加工厂、木工加工厂、材料堆场在施工现场空地内设置，场地采取混凝土表面硬化。并设简易防雨棚及防雨措施。在施工区设立二个大型钢筋加工区、第一个钢筋加工区在D匝道边原绿化带上、第二个钢筋加工区为F匝道边绿化带上。

疏解道路路面宽度按四车道布置，路面结构为：20cmC30混凝土、20cm水泥稳定石屑基层。施工用临时道路根据现场情况采用混凝土及石渣路面，主要满足材料进场运输、土方运输的要求。施工道路用彩钢板全封闭，办公区，施工区留设出入口，出入口按规定设置洗车槽。

生活区设置洗手槽、便槽设自动冲洗设备。厕所的污水及废水先排入化粪池处理，食堂的污水、废水先排入隔油池处理。清洗池的水先经沉淀。各类雨污水就近接至现场附近的市政排水管网。

为保证施工现场内干净整洁、不积水，道路两旁及临时设施的外墙处均设临时排水明沟，收集现场内排水就近排入市政管网。

生活区每30m设消火栓，配25m水带；每延10m（30m^2）配备消防灭火器一套；仓库、配电房门口配备防火沙及灭火器。

2.5 临时用水方案

（1）消防用水及临时用水方案说明

临时用水分为三个区域：第一个为生活区及A、E、C、D、G等道路施工用水，水表设在A匝道生活区附近；第二个为H匝道及科韵路黄埔大道施工用水，水表设立在H匝道绿化带上；第三个为F，B匝道及花城大道施工用水，水表设立在F匝道绿化带上。详见临时用水布置平面图（图2-5）。

（2）现场临时用水主管道的选择

主要考虑生活用水及机械设备用水，养护用水及现场冲洗模板用水相对较少暂不考虑。

1）用水量计算（略）

2）管径选择

经计算用水量$Q=1.25L/s$，考虑不均衡性及消防用水，选用$DN100$管，$V=1.59m/s$。

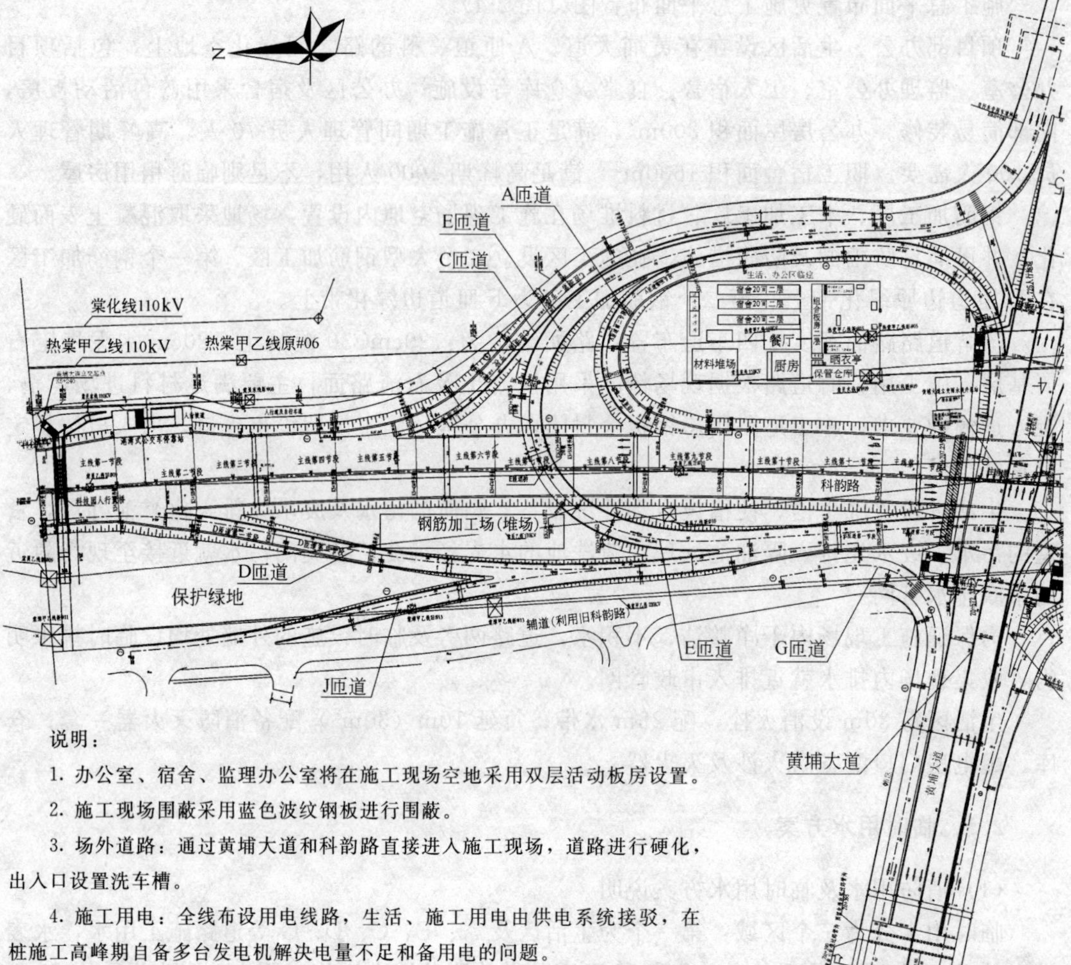

说明：

1. 办公室、宿舍、监理办公室将在施工现场空地采用双层活动板房设置。

2. 施工现场围蔽采用蓝色波纹钢板进行围蔽。

3. 场外道路：通过黄埔大道和科韵路直接进入施工现场，道路进行硬化，出入口设置洗车槽。

4. 施工用电：全线布设用电线路，生活、施工用电由供电系统接驳，在桩施工高峰期自备多台发电机解决电量不足和备用电的问题。

5. 施工用水将在附近接入市政自来水接驳，同时现场设置水井及水箱。

6. 钢筋加工场、材料堆放场设置在施工现场空地范围内，根据场地情况布置。

7. 本工程施工分为三个阶段进行，第一阶段为便道修筑阶段，修建施工便道，拓宽道路，进行不影响交通的开口段的施工；第二阶段对科韵路下沉式道路、E匝道闭口段划城大道闭口段一半、人行地道和其他不影响交通的工程进行围蔽施工；第三阶段下穿时闭口段施工完毕且黄埔大道通车，对第二阶段未完成的部分进行施工。

8. 本图未示意出周边建筑物情况。

图 2-4 施工总平

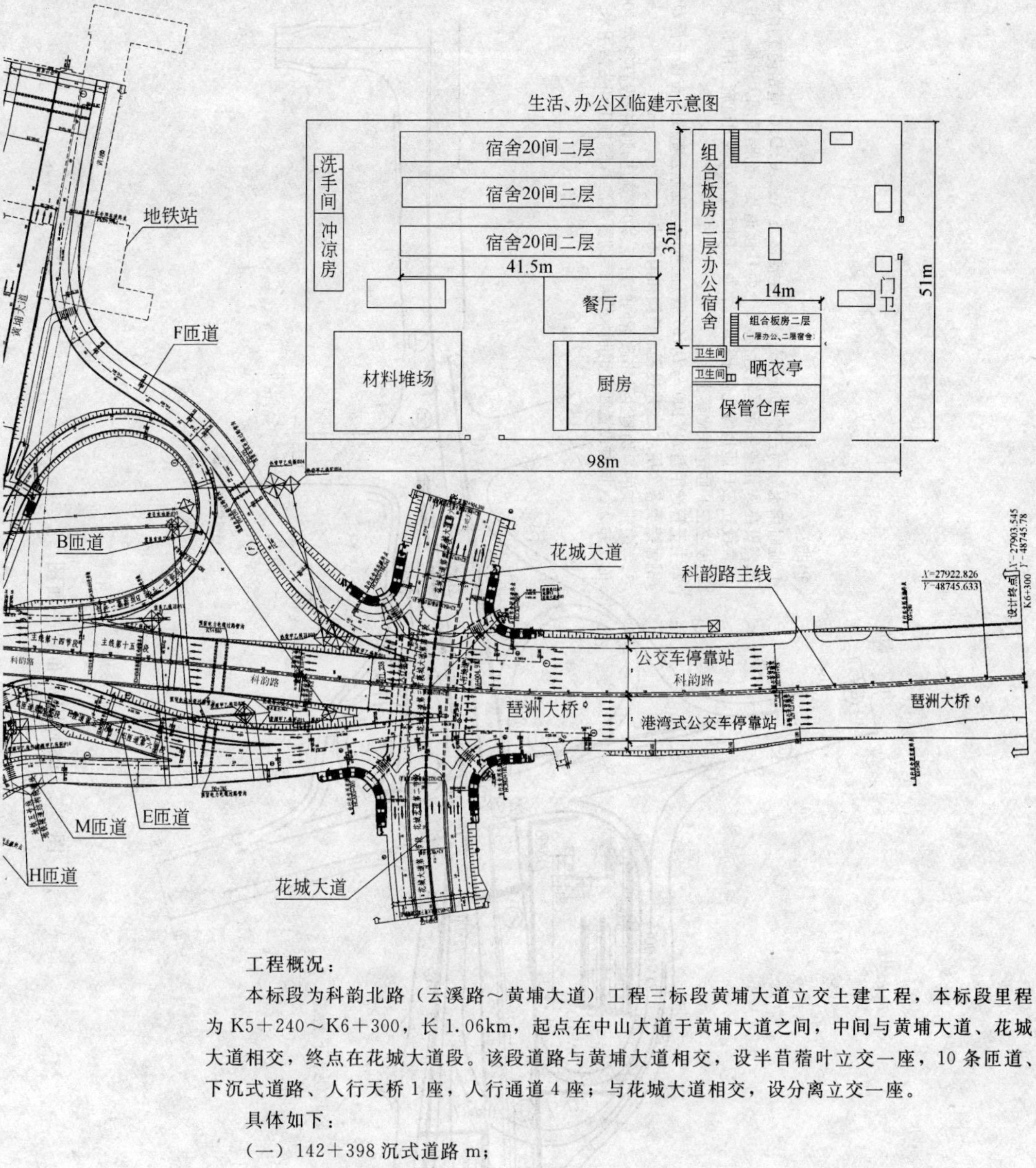

工程概况：

本标段为科韵北路（云溪路～黄埔大道）工程三标段黄埔大道立交土建工程，本标段里程为K5＋240～K6＋300，长1.06km，起点在中山大道于黄埔大道之间，中间与黄埔大道、花城大道相交，终点在花城大道段。该段道路与黄埔大道相交，设半苜蓿叶立交一座，10条匝道、下沉式道路、人行天桥1座，人行通道4座；与花城大道相交，设分离立交一座。

具体如下：

（一）142＋398沉式道路m；

（二）科韵路主线：K5＋240～K6＋300；黄埔大道：Z0＋376～Z0＋920；花城大道：K2＋695.2～K2＋904.2

（三）匝道共计10条：A、B、C、D、E、F、G、H、J、M；

（四）人行地道四座；黄埔大道2座、科韵路下2座，共计327延米。

（五）桥梁二座：E匝道桥：90延米；人行天桥1座；

（六）雨水管道：3118m、检查井81座；

（七）雨水泵房2座：黄埔大道雨水泵房、花城大道雨水泵房；

（八）污水管线：玻璃夹砂管顶管508m，UPVC支管67m，工作井1座、接收井2座、检查井8座。

面布置图

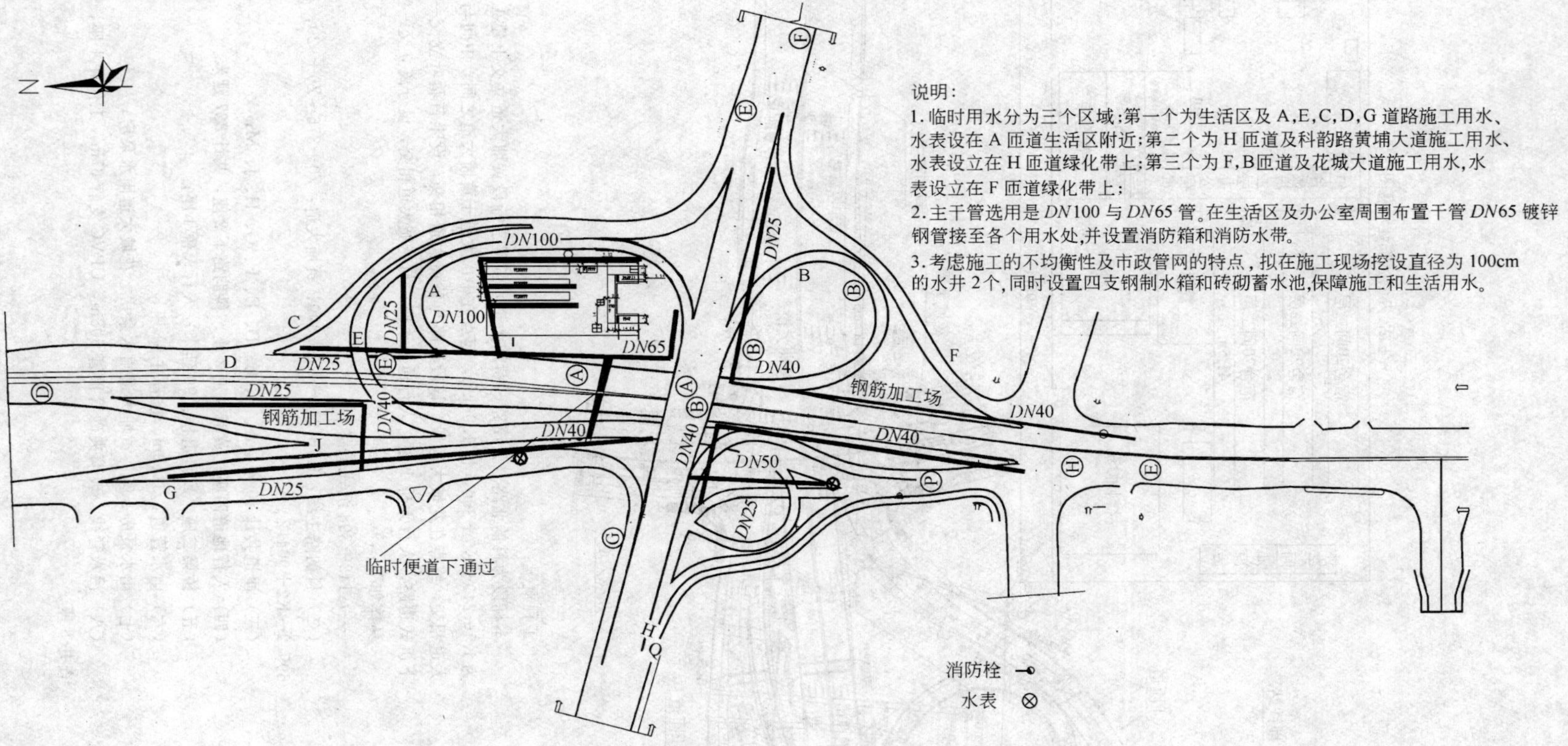
说明：
1. 临时用水分为三个区域：第一个为生活区及 A,E,C,D,G 道路施工用水、水表设在 A 匝道生活区附近；第二个为 H 匝道及科韵路黄埔大道施工用水、水表设立在 H 匝道绿化带上；第三个为 F,B匝道及花城大道施工用水，水表设立在 F 匝道绿化带上；
2. 主干管选用是 DN100 与 DN65 管。在生活区及办公室周围布置干管 DN65 镀锌钢管接至各个用水处，并设置消防箱和消防水带。
3. 考虑施工的不均衡性及市政管网的特点，拟在施工现场挖设直径为 100cm 的水井 2 个，同时设置四支钢制水箱和砖砌蓄水池，保障施工和生活用水。
N
DN100
DN25
DN65
DN40
DN50
钢筋加工场
钢筋加工场
临时便道下通过
消防栓
水表

图 2-5 临时用水布置平面图

主干管选用 $DN100$ 与 $DN65$ 管，以满足消防和施工用水的需要。在生活区及办公室、仓库周围布置干管 $DN65$（镀锌钢管）接至各个用水处，并设置消防箱口和消防水带。

(3) 消防用水及施工用水的保证措施

为了保证施工用水的可靠性，使施工生产顺利进行，组织专人管理，做到责任落到实处。对进入施工现场的施工人员进行开源节流教育及消防教育，明确节约用水的重要性和必要性，使每位员工对节约能源创造效益有正确的理解和认识。现场供用水管的安装维修由专业水工进行，加强巡回检查监护，出现故障及时处理，确保生产、生活用水畅通。

考虑施工的不均衡性及市政管网的特点，在施工现场挖设直径为 100cm 的水井 2 个，同时设置 4 只钢制水箱和砖砌蓄水池，保障施工和生活用水。

2.6 临时用电方案

(1) 方案说明

采取供电系统与备用发电机供电相结合的方法，在 A 匝道和 M 匝道附近联系电力部门接入，按供电可靠性要求，临时用电分为二个区域，各设立一台 315kV·A 变压器。第一个区域为黄埔大道南侧施工段区域，1# 变压器设在生活区附近；第二个区域为黄埔大道靠北施工段区域，2# 变压器设在 H 路段附近。

同时考虑到耗电量高的搅拌桩、旋喷桩、灌注桩等多台桩机集中施工，按其最高用电量设计此变压器，则经济上不合理，因此施工时根据需要配备多台不同型号的柴油发电机。现场采用水泥线杆布设（1 个/30m）。详见临时用电布置示意图（图 2-6）。

(2) 施工设备高峰期最大用电量、变压器及电缆的计算（略）

(3) 现场平面设计、布置及线路走向

1) 1 号变压器分为六个回路：

第一路为 C 匝道施工用电，导线采用 BVV（3×25+2×16），共设 7 个 B 级安全用电配电箱。

第二路为钢筋加工场及 D、E、G、J 匝道施工用电，D、G、J 匝道施工用电采用导线 BVV（3×95+1×70+1×50），共设 3 个 B 级安全用电配电箱；穿 E 匝道至 C、G 匝道交叉处施工用电采用导线 BVV（3×25+2×16），共设 3 个 B 级安全用电配电箱。

第三路为 A 匝道及人行隧道施工，采用导线 BVV（3×95+1×70+1×50），共设 3 个 B 级安全用电配电箱。

第四路为黄埔大道隧道施工用电，采用导线 BVV（3×95+1×70+1×50），共设 5 个 B 级安全用电配电箱。

第五路为临时宿舍、办公、食堂及 3 幢工人宿舍用电。办公室及食堂用电采用导线 BVV（3×95+1×70+1×50），共设 3 个 B 级安全用电配电箱；3 幢工人宿舍风扇专用电采用导线 BVV（3×25+2×16），共设 3 个 B 级安全用电配电箱；3 幢工人宿舍照明采用 36V 导线 BVV（2×10+6）共设 3 个安全用电配电箱，每幢使用变压器 3 个×5kV·A，分别安装在进电源处。

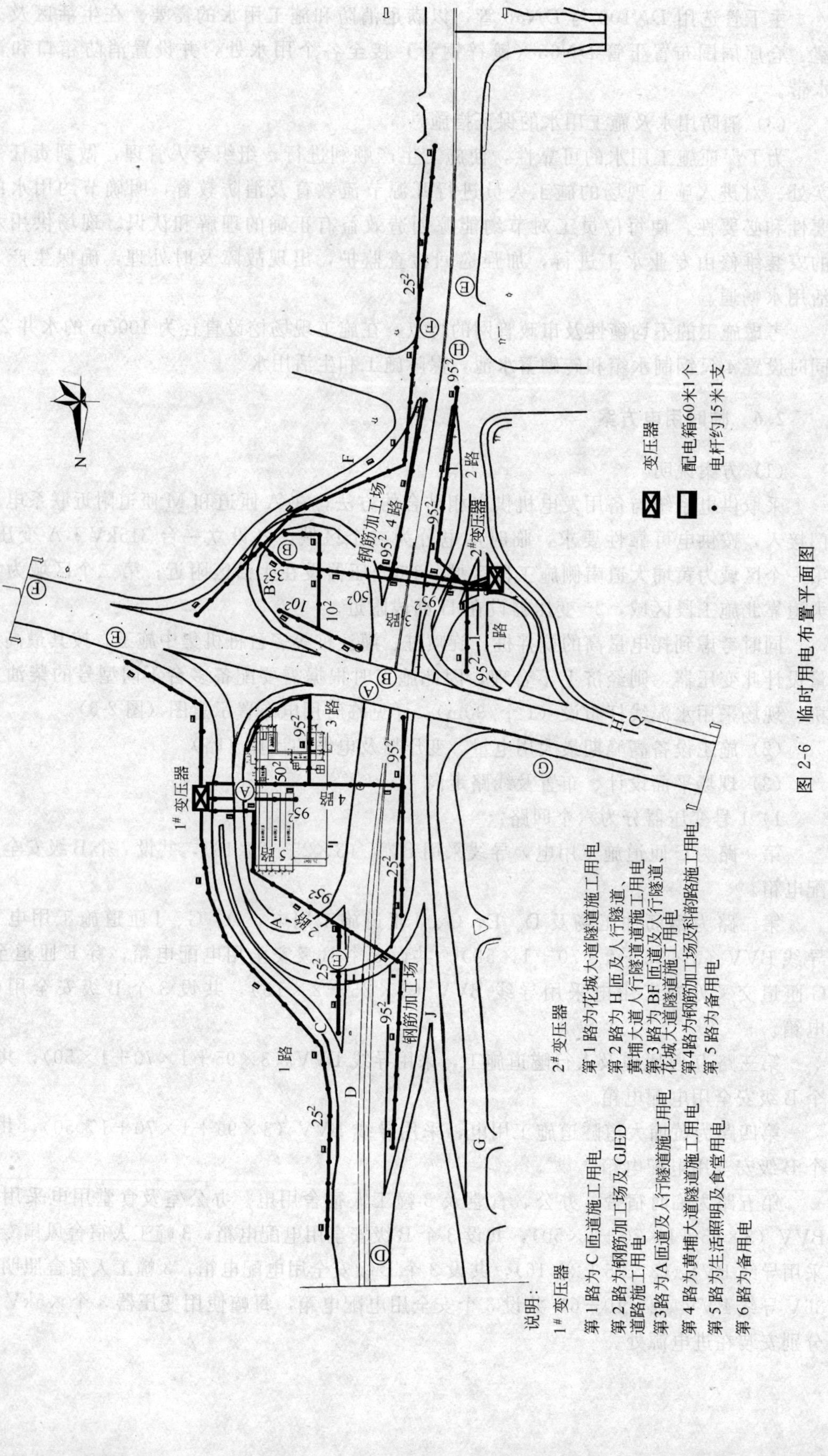

变压器
配电箱60米1个
电杆约15米1支
1# 变压器
2# 变压器
钢筋加工场
1路
2路
3路
4路
说明：
1# 变压器
第1路为C匝道施工用电
第2路为钢筋加工场及GJED道路施工用电
第3路为A匝道及人行隧道施工用电
第4路为黄埔大道隧道施工用电
第5路为生活照明及食堂用电
第6路为备用电
2# 变压器
第1路为花城大道隧道施工用电
第2路为H匝及人行隧道、黄埔大道人行隧道道施工用电
第3路为BF匝道及人行隧道、花城大道隧道施工用电
第4路为钢筋加工场及科韵路施工用电
第5路为备用电

图 2-6 临时用电布置平面图

第六路为备用。

因各线路接近高压线路产生辐射电波，在高压线路区域内增加一条 $70mm^2$ 铝线，作为辐射电波重复接地。

2）2 号变压器分为五路：

第一路为花城大道隧道施工用电及 D、E、G、J 匝道施工用电，采用导线 BVV（3×95+1×70+1×50），共设 3 个 B 级安全用电配电箱。

第二路为 H 匝道及人行隧道、黄埔大道人行隧道施工用电，采用导线 BVV（3×95+1×70+1×50），共设 6 个 B 级安全用电配电箱。

第三路为 B、F 匝道及人行隧道、花城大道隧道施工用电，采用导线 BVV（3×95+1×70+1×50），共设 14 个 B 级安全用电配电箱。

第四路为钢筋加工场、科韵路施工用电，采用导线 BVV（3×95+1×70+1×50），共设 3 个 B 级安全用电配电箱。

第五路为备用。

因各线路接近高压线路产生辐射电波，在高压线路区域内增加一条 $70mm^2$ 铝线，作为辐射电波重复接地。

2.7 项目管理机构设置

项目经理部由项目经理、总工、副经理、职能部门及工区组成，具体见项目施工管理机构框图（图 2-7）。

一工区：主要负责施工黄埔大道以北的工程：包括匝道、下沉式道路开口段等工程、人行天桥、E 匝道桥及该段道路排水等工程。

二工区：主要负责施工黄埔大道；黄埔大道下的科韵路闭口段、E 匝道闭口段、两座人行地道、该段的雨水管道；黄埔大道水泵房。

三工区：主要负责施工黄埔大道以南的工程：包括匝道、下沉式道路开口段、花城大道、2 座人行地道、花城大道水泵房等工程、该段的雨水管道等。

四工区：水电工区，负责本标段雨水工程的指导、污水工程和机电安装工程的施工。

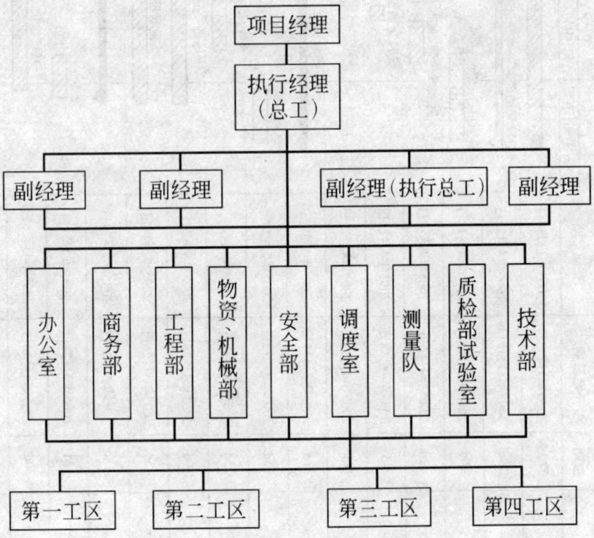

图 2-7 项目施工管理机构框图

2.8 施工进度计划

总体施工进度计划详见《科韵北路黄埔大道立交工程总体施工进度计划横道图》（图 2-8），根据业主要求的节点工期编制，未完全考虑拆迁、雨期及台风及其他不良环境条件的影响，实施过程中根据实际情况调整。

序号	任务名称	工期	开始日期	完成日期
1	施工总工期	240d	2005年3月15日	2005年11月9日
2	第一阶段交通疏解临时便道实施	39d	2005年3月15日	2005年4月22日
3	房屋拆迁、管线迁移	20d	2005年3月15日	2005年4月11日
4	拆除绿化带、临时便道修筑	12d	2005年4月6日	2005年4月17日
5	临时交通设施施工	4d	2005年4月18日	2005年4月21日
6	第一阶段交通改道	1d	2005年4月22日	2005年4月22日
7	软基处理	56d	2005年3月15日	2005年5月9日
8	场地平整	15d	2005年3月15日	2005年3月29日
9	浅层处理	25d	2005年4月10日	2005年5月4日
10	搅拌桩	30d	2005年3月26日	2005年4月24日
11	旋喷桩	45d	2005年3月26日	2005年5月9日
12	科韵路、匝道下沉式道路开口段施工	118d	2005年3月28日	2005年7月23日
13	土方开挖	12d	2005年3月28日	2005年4月8日
14	基坑维护	30d	2005年3月30日	2005年4月28日
15	混凝土主体结构施工（含外防水层）	75d	2005年4月25日	2005年7月8日
16	土方回填	25d	2005年6月29日	2005年7月23日
17	E匝道桥施工	94d	2005年3月17日	2005年6月18日
18	桩基础施工	25d	2005年3月17日	2005年4月10日
19	墩柱、桥台施工	22d	2005年4月13日	2005年5月4日
20	现浇箱梁施工	40d	2005年5月2日	2005年6月10日
21	桥面系施工	7d	2005年6月12日	2005年6月18日
22	人行天桥施工	99d	2005年4月11日	2005年7月18日

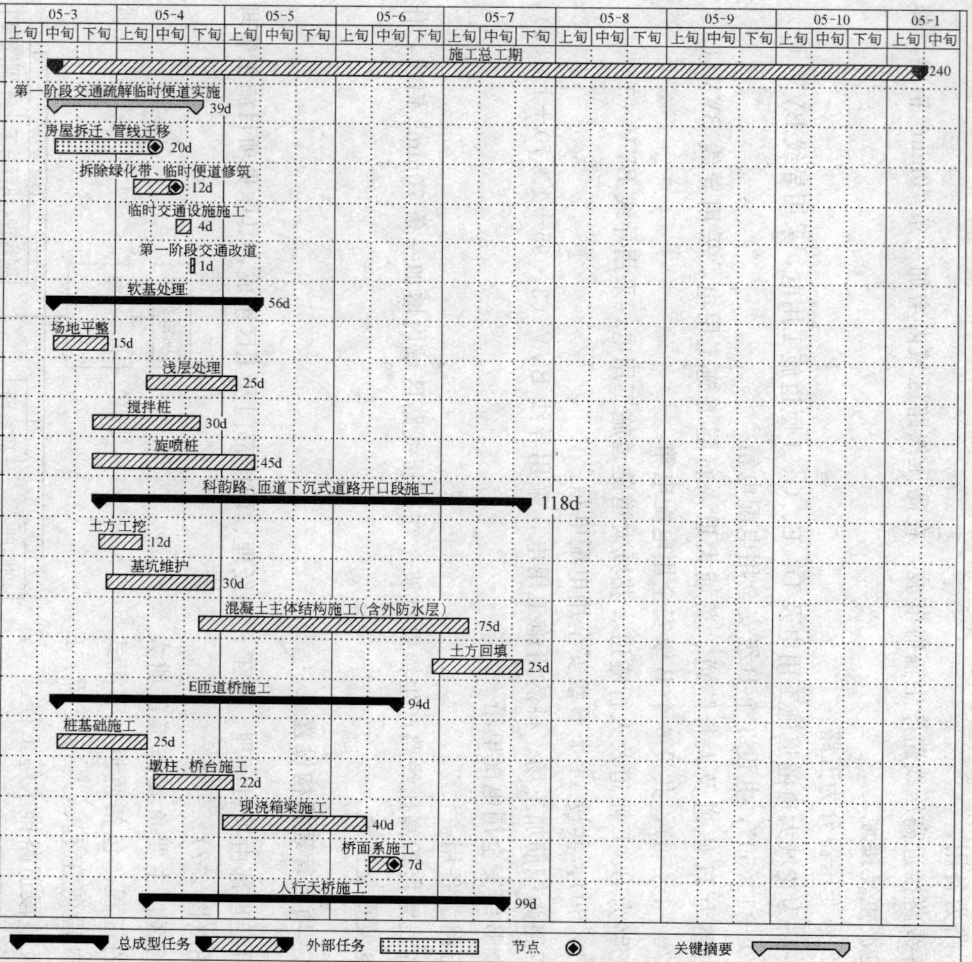

编制单位：中国建筑一局（集团）有限公司　　编制日期：2005-03-10　　第1页，共4页

图 2-8　科韵北路黄埔大道立交工程施工总体进度计划横道图

序号	任务名称	工期	开始日期	完成日期
23	桩基础施工	20d	2005 年 4 月 11 日	2005 年 4 月 30 日
24	下部施工	20d	2005 年 5 月 1 日	2005 年 5 月 20 日
25	T 型钢构施工	25d	2005 年 5 月 21 日	2005 年 6 月 14 日
26	钢箱梁预制、安装	20d	2005 年 6 月 15 日	2005 年 7 月 4 日
27	栏杆、装修、坡道施工	14d	2005 年 7 月 5 日	2005 年 7 月 18 日
28	科韵路闭口段、E 匝道闭口段黄埔大道二座人行地道施工	138d	2005 年 4 月 23 日	2005 年 9 月 7 日
29	土方开挖	7d	2005 年 4 月 23 日	2005 年 4 月 29 日
30	软基处理、基坑维护	18d	2005 年 4 月 23 日	2005 年 5 月 10 日
31	混凝土主体结构施工（含外防水层）	60d	2005 年 5 月 11 日	2005 年 7 月 9 日
32	地下装饰、机电等工程施工	60d	2005 年 7 月 10 日	2005 年 9 月 7 日
33	土方回填	12d	2005 年 7 月 20 日	2005 年 7 月 31 日
34	地道出口及管线桥施工	45d	2005 年 7 月 10 日	2005 年 8 月 23 日
35	黄埔大道道路施工	28d	2005 年 7 月 27 日	2005 年 8 月 23 日
36	挡土墙施工	18d	2005 年 7 月 27 日	2005 年 8 月 13 日
37	雨水排水工程施工	12d	2005 年 7 月 28 日	2005 年 8 月 8 日
38	道路路基施工	10d	2005 年 8 月 6 日	2005 年 8 月 15 日
39	水泥稳定石屑基层施工	8d	2005 年 8 月 14 日	2005 年 8 月 21 日
40	路面附属工程施工	5d	2005 年 8 月 19 日	2005 年 8 月 23 日
41	花城大道闭口段及二座人行地道东半段施工	71d	2005 年 4 月 22 日	2005 年 7 月 1 日
42	土方开挖	4d	2005 年 4 月 22 日	2005 年 4 月 25 日
43	软基处理、基坑维护	15d	2005 年 4 月 26 日	2005 年 5 月 10 日
44	混凝土主体结构施工（含外防水层）	25d	2005 年 5 月 8 日	2005 年 6 月 1 日

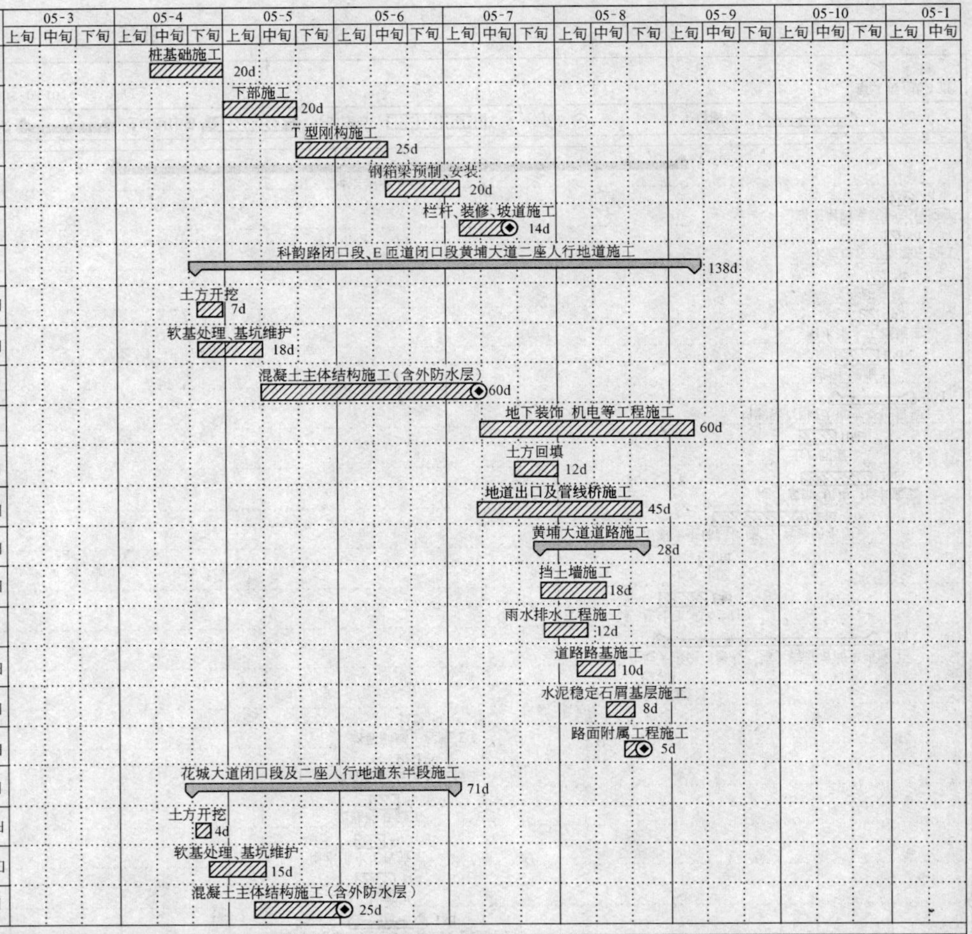

任务　摘要　总成型任务　外部任务　节点　关键摘要

编制单位：中国建筑一局（集团）有限公司　编制日期：2005-03-10　第 2 页，共 4 页

续图 2-8

序号	任务名称	工期	开始日期	完成日期
45	地下装饰、机电、排水施工	30d	2005年6月2日	2005年7月1日
46	土方回填	10d	2005年5月31日	2005年6月9日
47	科韵路(花城大道立交)东半段道路施工	18d	2005年6月5日	2005年6月22日
48	挡土墙施工	11d	2005年6月5日	2005年6月15日
49	雨水排水工程施工	8d	2005年6月5日	2005年6月12日
50	道路路基施工	8d	2005年6月9日	2005年6月16日
51	水泥稳定石屑基层施工	6d	2005年6月17日	2005年6月22日
52	路面附属工程施工	4d	2005年6月18日	2005年6月21日
53	第二阶段交通改道	3d	2005年8月24日	2005年8月26日
54	花城大道闭口段及二座人行地道西半段施工	59d	2005年8月29日	2005年10月26日
55	软基处理、基坑维护	13d	2005年8月29日	2005年9月10日
56	土方开挖	4d	2005年9月9日	2005年9月12日
57	混凝土主体结构施工(含外防水层)	24d	2005年9月13日	2005年10月6日
58	地下装饰、机电、排水施工	20d	2005年10月7日	2005年10月26日
59	土方回填	10d	2005年10月7日	2005年10月16日
60	科韵路(花城大道立交位置)西半段道路施工	20d	2005年10月17日	2005年11月5日
61	挡土墙施工	12d	2005年10月17日	2005年10月28日
62	雨水排水工程施工	5d	2005年10月24日	2005年10月28日
63	道路路基施工	5d	2005年10月26日	2005年10月30日
64	水泥稳定石屑基层施工	4d	2005年10月31日	2005年11月3日
65	路面附属及防护工程施工	4d	2005年11月2日	2005年11月5日
66	排污管道安装施工	157d	2005年4月1日	2005年9月4日

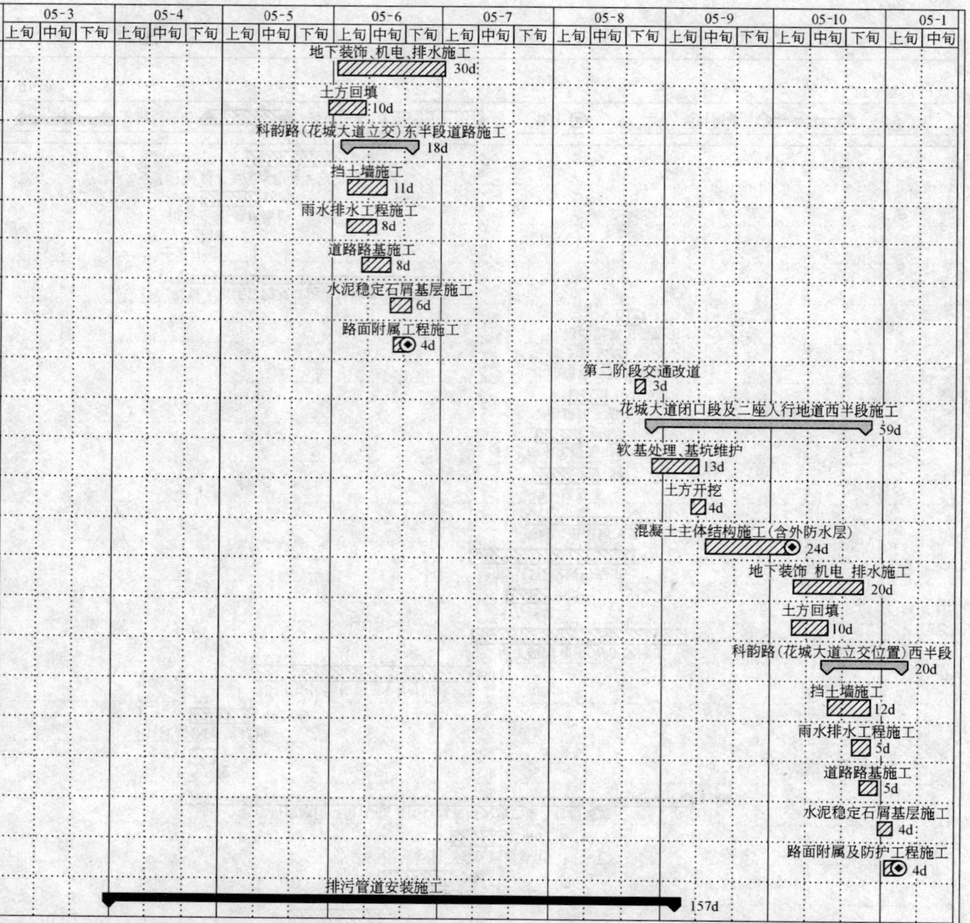

任务　摘要　总成型任务　外部任务　节点　关键摘要

编制单位：中国建筑一局（集团）有限公司　编制日期：2005-03-10　第3页，共4页

续图 2-8

序号	任务名称	工期	开始日期	完成日期
67	玻璃钢夹砂管定制生产	40d	2005年4月1日	2005年5月10日
68	水泥搅拌桩施工	20d	2005年4月26日	2005年5月15日
69	顶管工作井、接收井施工	25d	2005年5月16日	2005年6月9日
70	管道顶进	60d	2005年6月10日	2005年8月8日
71	检查井砌筑	14d	2005年8月9日	2005年8月22日
72	支管安装	14d	2005年8月14日	2005年8月27日
73	闭水试验	6d	2005年8月30日	2005年9月4日
74	黄埔大道泵房施工	83d	2005年5月12日	2005年8月2日
75	土方开挖	6d	2005年5月12日	2005年5月17日
76	混凝土结构施工	45d	2005年5月18日	2005年7月1日
77	机电安装	21d	2005年7月2日	2005年7月22日
78	装修	15d	2005年7月13日	2005年7月27日
79	土方回填	6d	2005年7月28日	2005年8月2日
80	花城大道泵房施工	64d	2005年7月2日	2005年9月3日
81	土方开挖	6d	2005年7月2日	2005年7月7日
82	混凝土结构施工	30d	2005年7月8日	2005年8月6日
83	机电安装	15d	2005年8月7日	2005年8月21日
84	装修	7d	2005年8月22日	2005年8月28日
85	土方回填	6d	2005年8月29日	2005年9月3日
86	工程完善、验收	4d	2005年11月6日	2005年11月9日

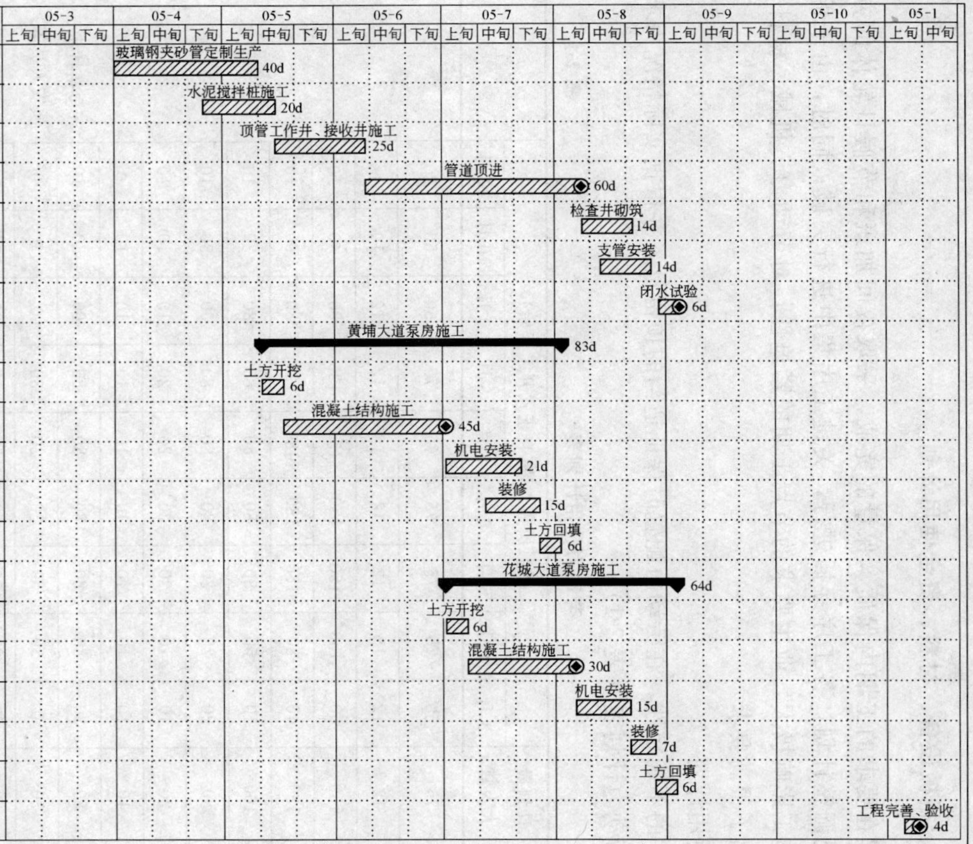

任务　摘要　总成型任务　外部任务　节点　关键摘要

编制单位：中国建筑一局（集团）有限公司　　编制日期：2005-03-10　　第4页，共4页

续图 2-8

2.9 劳动力、机械设备、材料、资金使用计划

为保证本工程在要求的工期内保质、保量的完成，采取夜间加班和节假日轮休的方法，根据实际情况调整计划，各工序穿插进行，关键工序集中进行突破；同时，由于拆迁、管线迁移对施工影响极大，业主要求的节点工期的紧迫性，对劳动力、机械、材料、资金的机动性提出了很高要求。

(1) 劳动力使用计划

考虑环境条件的不确定性，在劳动力配置时保证适当的预留量，并根据实际情况力求减少波动。详见劳动力计划表（表2-1）。

劳动力使用计划表 **表 2-1**

序号	工种名称	计划最大人数	各月所需人数(自正式开工开始)									备注
			3月	4月	5月	6月	7月	8月	9月	10月	11月	
1	管理人员（技术人员）	75	50	75	75	75	75	75	50	50	20	
2	测量人员	12	12	12	12	12	12	12	12	10	6	
3	钢筋工	150	60	150	150	150	150	120	80	40	10	
4	木工	180	40	80	180	180	180	120	80	60	10	
5	架子工	100	10	50	80	80	80	80	80	30	10	
6	水电工	80	20	20	80	80	80	80	30	30	10	
7	电焊工	20	10	10	20	20	20	20	10	10	10	
8	起重工	10	10	10	10	10	10	10	10	10	0	
9	混凝土工	80	30	80	80	80	80	80	60	30	10	（包括技术、质安人员等）
10	顶管工	30	0	30	30	30	30	30	0	0	0	
11	瓦工	50	20	20	50	50	50	50	30	30	10	
12	钻孔工	40	40	40	0	0	0	0	0	0	0	
13	悬喷桩工	80	20	80	80	80	50	0	0	0	0	
14	搅拌桩工	40	20	40	40	40	20	0	0	0	0	
15	司机	30	25	30	30	30	30	30	30	20	5	
16	机修工	20	10	20	20	20	20	20	20	10	5	
17	防水工	30	0	20	30	30	30	30	20	0	0	
18	杂工	80	40	80	80	80	80	80	80	60	20	
合计			417	847	1047	1047	997	837	592	390	126	

(2) 机械设备投入计划

混凝土全部采取商品混凝土，现场设置水泥稳定石屑搅拌站。

主要投入的大机械设备包括：搅拌桩机、旋喷桩机、喷射混凝土机、顶管钢筋加工机械、木工加工机械、混凝土振捣机械、混凝土泵车、稳定土拌合站、压路机、推土机、装载机、吊车、挖掘机、钻（冲）孔桩机运输车辆等，其中钢筋加工机械、木工加工机械、混凝土振捣设备、压路机、推土机、装载机等为自有设备，其余机械设备全部租用。详见主要机械设备投入计划表（表2-2），注意软基处理时应保证机械数量。

主要机械设备投入计划表 **表 2-2**

序号	机械设备名称	规格、功率及容量	单位	数量	最早进场月份	备注
1	挖掘机	Pc200	台	15	3	
2	自卸车	东风	辆	40	3	
3	振动压路机	12t	台	4	3	
4	冲孔桩机		套	12	3	
5	旋喷桩机		台	15	3	
6	搅拌桩机		套	10	3	
7	道路破碎锤		台	2	3	
8	洒水车		辆	2	3	
9	空压机		台	8	3	
10	汽车式起重机	25t	辆	2	5	
11	汽车式起重机	16t	辆	2	3	
12	混凝土输送泵		台	2	4	
13	混凝土输送泵车		辆	2	4	
14	装载机		台	5	3	
15	发电机	60～200kW	台	10	3	
16	平地机		台	1	5	
17	推土机		台	2	4	
18	水泥稳定土拌合设备		套	1	5	材料按批次进场
19	水泥稳定土摊铺机		套	2	6	
20	NDP 泥水平衡顶管机	D1685	套	1	5	
21	钢筋弯曲机	GJ40	台	10	3	
22	钢筋切断机	GT4-14	台	8	3	
23	钢筋调直机		台	6	3	
24	木工圆锯		台	10	3	
25	木工平刨		台	6	3	
26	木工压刨		台	6	3	
27	电焊机	400 立式	台	15	3	
28	水泵	4 寸	台	60	3	
29	泥浆泵			15	3	
30	砂浆搅拌机		台	4	3	
31	砂轮切割机		台	8	3	
32	插入式振捣器	ZX50	台	50	3	
33	平板式振捣器	Z2-0.5	台	10	3	
34	注浆泵		台	20	3	
35	千斤顶		套	8	5	
36	喷射混凝土机		台	2	3	

项目试验全部委托外部有资质的单位完成，现场设置临时试验室。

（3）主要材料计划

主要材料包括钢筋、水泥、商品混凝土、砂、石屑、防水卷材及周转材料木方、模板、脚手架等。详见主要材料计划表（表 2-3）。

工程主要材料计划表　　**表 2-3**

序　号	材料名称	型　　号	单位	数量	备　注
1	商品混凝土	不同强度等级	m^3	110000	
2	钢筋	HPB235、HRB335 级不同直径	t	9000	
3	水泥	P. O32.5	t	20000	
4	砂	中粗	m^3	10000	
5	碎石	4cm 以下	m^3	10000	
6	石屑		m^3	30000	本表根据主要工程量估算
7	排水管材	多种管径	m	3700	
8	木方	多种规格	m^3	1000	
9	模板	木模板及钢模板	m^2	5000	
10	钢管	$\phi 48$	t	600	
11	门式支架		t	100	

（4）资金使用计划

由于工期紧，资金前期消耗量大，做好资金准备，详见资金使用计划表（表 2-4）。

资金使用计划表　　**表 2-4**

计　划		预付款	第一月	第二月	第三月	第四月	第五月	第六月	第七月	保修金
月使用	计划比例(%)	10	5	10	15	15	15	15	10	5
	金额(万元)	1470	735	1470	2205	2205	2205	2205	1470	735
累计使用金额	比例(%)	10	15	25	40	55	70	85	95	100
	金额(万元)	1470	2205	3675	5880	8085	10290	12495	13965	14700

3　主要项目施工方法及措施

3.1　交通疏解道路施工

（1）表土剥离、处理

见道路施工相关章节。

（2）水泥稳定石屑

见道路施工相关章节。

（3）水泥混凝土路面（略）

（4）管道工程

见雨污水管道施工施工相关章节。

(5) 道路标线施工（略）

(6) 交通标牌安装（略）

3.2 道路工程施工

3.2.1 软土地基处理

本工程软土厚度为0.5～9.5m左右，对位于地表、且层厚小于3m的软土采用清淤换填处理，换填材料采用透水性土；对于软土厚度大于3m的路段，采用旋喷桩和搅拌桩进行处理。

软基处理施工方法同下沉式道路。

3.2.2 路基土方施工

(1) 施工工艺流程

清理与掘除──→底层处理、填前碾压（路堑开挖）──→分层填筑、碾压──→路基整修、路床验收。

(2) 主要施工方法

1) 施工准备

A. 土工试验：路基工程开工前，取土进行液限、塑限指数、击实试验、土的强度试验（CBR值）等试验，确定其最大干密度及最佳含水量，为土方施工提供试验数据。

B. 测量控制及放线：在全段范围内对水准点及导线点进行加密，并经监理工程师检验合格。路基施工时，每20m设置一组2～3个控制桩，曲线段加密至5～10m一组，按设计路基横断面放出每层填土坡脚线或开挖放坡线。

C. 清理与掘除：对于一般无水、无淤泥的区域，首先清除地表植被、坟墓及其他构筑物。由人工配合机械清除，将剥离的植被、土、残渣等弃于指定位置。

D. 池塘、水沟处理：首先排除池塘、水沟内积水，利用机械进行清淤，待淤泥完全清除后，按设计要求分层填筑指定的填料、分层碾压至沟、塘顶面。淤泥弃于指定地点。

E. 试验路段：开工前铺筑试验路段。根据规范要求，现场选定长100m左右填方路段，从指定的取土场取土，按要求进行整平与压实，并测定不同压实遍数时的压实度及压实前后的标高情况，从而确定压实机具的种类、压实遍数、松铺系数等基础数据，作为施工的参考和依据。

2) 填土路堤

A. 基底处理：场地清理掘除、测量定线后，用推土机整平路基占地范围，振动压路机进行碾压。

B. 土方填筑：路基填筑时使用自卸车卸土，并检测土含水量，采用翻晒和洒水的方法调整土含水量，使土达到最佳含水量要求（最佳含水量±2%之内）。由自卸车按照一定的间距卸于土基上（事先根据松铺厚度、填筑宽度及自卸车装载土的方量计算卸土距离），在路基两侧预留30～50cm的宽度，使用推土机按松铺厚度整平，根据设计要求做好横坡，每层松铺厚度根据试验路段结果确定。

3) 填土路堤的碾压

碾压时，按照试验段确定的机具组合及碾压工艺，首先静压，然后振压，先慢后快，由弱振至强振；一般路段，先两边后中间，先轻后重，曲线段由内侧向外侧进行；压路机沿路线纵向行进，先从每段的最低处压实，重叠 15～30cm 轮迹。碾压速度控制 3～4km/h。根据试验段取得的压实遍数，压实至压实度达到设计及规范要求的标准。

3.2.3 挡土墙施工

先施工基础，再施工墙身部分。按照图纸要求段落进行分段，墙与墙之间设置 2cm 缝隙采取沥青木板留设。

挡土墙模板选用表面光洁的竹胶板作为模板（厚度 18mm），侧面使用 10cm×10cm 竖向木方背楞，间距 30cm，使用 ϕ12 穿墙螺栓压双钢管对拉，纵、横向间距均为 60cm，对拉螺栓使用 ϕ12PVC 套管保护。在墙身两侧，按底、中、上设置三排斜拉（撑），斜拉（撑）横向间距 250cm，斜拉可靠锚固于地面上，保证混凝土浇筑过程中模板不发生上浮。模板底使用预埋钢筋限位。

钢筋在加工场集中制作，现场安装；墙身钢筋安装时，设置定位支架和作业架。注意预埋防撞墙基栏杆埋件。混凝土采用商品混凝土，混凝土移动泵车泵送混凝土入模。

钢筋、模板、混凝土等基本施工方法同下沉式道路所述。

3.2.4 碎石垫层（填隙法）

（1）施工工艺流程

底层及材料准备⟶测量放样⟶材料运输、摊铺粗碎石⟶整平、初压⟶洒水、终压⟶成品养护及保护⟶检查与验收。

（2）施工方法

1）运输、摊铺粗碎石、整平

根据试验段确定的参数，通过自卸车按一定的距离卸置于路床表面上，使用推土机将粗碎石摊铺在要求的宽度上，并形成相应的路拱。人工配合机械整平。检查松铺厚度，必要时进行增减石料。

2）填隙、碾压

A. 初压：用 6～8t 两轮压路机碾压 3～4 遍，速度 25～30m/min，使粗碎石稳定。

B. 撒铺填隙料：用人工将填隙料均匀撒布在粗碎石上，铺厚 2.5～3.0cm。

C. 碾压：使用 12t 以上振动压路机慢速碾压，将填隙料振入粗碎石孔隙中。

D. 随振动碾压，随用石屑填补孔隙，直到将孔隙完全填满，并将表面多余的填隙料扫除，碾压时均匀洒水，总洒水量控制在 3kg/m^2；碾压至表面平整、稳定，并用 12t 以上碾压，无明显轮迹，即告完成。

3）成品保护

垫层完成后，在铺筑基层前禁止任何车辆通行，并在湿润情况下进行养护。

3.2.5 水泥稳定石屑基层及底基层

（1）施工工艺流程

见底层及材料准备⟶测量放样⟶材料拌合与运输⟶摊铺、整形⟶碾压⟶成品养护及保护⟶检查与验收。

（2）施工方法

1）施工准备

材料及试验准备、铺筑试验段、测量放样。

2）材料拌合、运输

采用稳定土拌合站集中拌合，拌合时记录各材料用量，控制灰剂量不小于设计值－1%，含水量1%～2%。材料使用自卸车运输，运输过程中进行必要的遮盖。

3）摊铺及整型

采用摊铺机摊铺，在摊铺机无法作业或路面宽度狭窄区域由推土机整平摊铺，并以人工辅助成型的方法施工。摊铺机根据水平基准线及松铺厚度就位并调整好，由自卸车向摊铺机送料，摊铺机匀速行进，人工在摊铺机后面，及时铲除粗集料聚集等离析现象，补以新拌的均匀混合料。并根据要求的坡度和路拱人工予以整形，坡面拍实。

4）碾压

整形后，当混合料的含水量在最佳含水量范围内时，立即以6～8t压路机配合12t以上压路机在全宽内进行碾压。在直线和不设超高段的平曲线段，由两侧路肩向中心碾压；设超高的平曲线段，由较低一侧向较高一侧进行碾压。碾压时，先轻后重，重叠30cm左右轮宽，以后轮压完路面全宽为一遍。碾压头两遍速度控制在1.5～1.7km/h之间，以后控制在2.0～2.5km/h之间。边部多压2遍。在碾压中，严禁进行"调头"及"急刹车"，若表面水分挥发较快，则补洒少量水；如有"弹簧"、松散、起皮现象，将缺陷处翻开换料。用12t以上压路机碾压至表面平整，无明显轮迹，压实度符合设计要求（97%）。

5）接缝处理

A. 横缝：摊铺混合料时不宜中断，若中断2h小时以上，则设置横向接缝，摊铺机驶离混合料末端；同时，每日的施工缝也做成横向缝。横向缝采取切直缝的方法处理，切缝的方向与路线方向垂直，形成垂直向下的断面，在用水湿润后摊铺新的混合料。

B. 纵缝：施工中原则上不设置纵向接缝。在路面较宽，分幅施工时方可使用。留置纵缝时，保证垂直，严禁斜缝。分两幅摊铺时，在前一幅摊铺时在靠近中央的一侧用木方做支撑，木方高度与基层压实厚度相同，并使用钢钎予以固定，在摊铺另一幅之前，拆除支撑木方。

6）养生、成品保护

每一段碾压完成，并检测压实度合格后，立即进行养护。水泥稳定石屑养生期不少于7d，表面覆盖麻袋等土工织物，洒水保证表面湿润。在护生期间封闭交通、禁止除洒水车外任何车辆通行。

3.2.6 侧石、平石安装

在路面面层铺筑前，完成侧石、平石安装，施工顺序为：施工放样──→侧石基座施工──→侧石、平石砌筑──→侧石后背填土。

首先测放侧石、平石边线桩，桩距10～15m；曲线段、路口转弯处每1～5m一桩。并测放出高程，根据桩位及标高在侧石下做C20混凝土，养护拆摸后，分段砌筑侧石及平石。平石于侧石错缝对中相接，块件间缝隙为1cm，用水泥砂浆灌缝。侧石、平石砌筑完成至少养护7d后，在侧石后填土，进行路面面层铺筑。

3.2.7 人行道铺砌

（1）施工准备

根据设计图纸要求，复测并布设各主要控制点，包括临时水准点、侧石的标高、侧石的转弯半径、平面位置等；人行道范围的各类管线及构筑物等在人行道施工前全部完成，各种外露的井盖调整至设计高程。各种预制构件按要求的数量、颜色、规格进场，分类存放。按设计要求压实土基和水泥稳定层。

（2）测量放样

根据人行道设计标高及宽度放出样桩及边线。

（3）整平层铺设

根据当天可能铺设的工程量，确定摊铺长度。一边铺设整平层，一边铺设彩砖。整平层的松铺厚度根据现场试验确定。

（4）彩砖铺砌

彩砖铺砌采取挂线定位：根据图案花纹选择一条横缝线为基准线，并在基准线的垂直线上挂出纵缝线。横缝线 10m 一条。纵缝线根据人行道的宽度挂出边线 1/2、1/4 宽度线。纵横基准线布置完成后，检查确认平整度、坡度、顺直度达到要求后，方进行铺砌。铺砌过程中，使用橡皮锤敲打，使彩砖与整平层挤密，随时用直尺检查平整度，检查时多方位进行，发现不平处，及时调整。按设计要求设置触感块材。铺砌完成、检验合格后，进行扫缝工作。

3.3　下沉式道路施工

3.3.1　下沉式道路软基处理

下沉式道路软基处理采取水泥旋喷桩、水泥搅拌桩及浅层换填的方法。淤泥质黏土埋深较浅，采用换填处理，较深的采用搅拌桩或旋喷桩处理。桩径 50cm，梅花形布置。搅拌桩桩距 1.2m×1.2m，旋喷桩桩距 1.8m×1.8m。

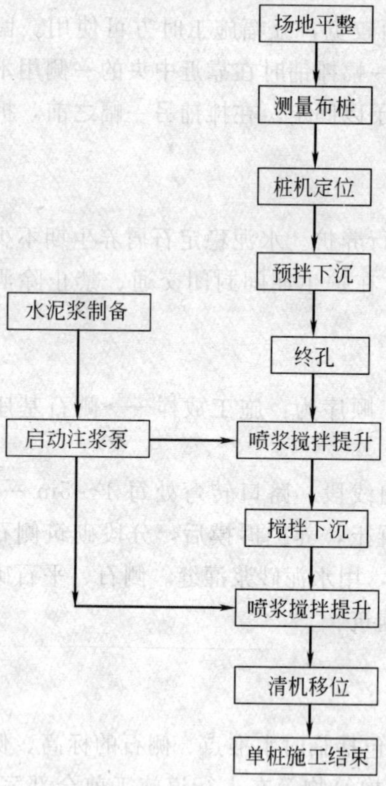

图 3-1　搅拌桩施工工艺流程图

（1）水泥搅拌桩

1）施工工艺流程

见搅拌桩施工工艺流程图（图 3-1）。

2）施工方法

A. 测量放样：按设计要求标高平整施工场地，测放出道路的里程控制线、布桩控制线、软基处理边线。并根据设计图纸及布桩图，进行桩位施工放样，在场地上使用木桩、竹桩做好标记，并在边线外设置行、列控制桩。

B. 钻机就位：将钻机移到孔位置，调平并使钻杆垂直，钻头对准桩位，试运转。

C. 预拌下沉：将输浆胶管与注浆泵同钻杆接通，冷却水循环正常时，启动搅拌机电机，使搅拌机沿导向架搅拌切土下沉，下沉速度由电机的电流表监测，一般为 0.8m/min。密切注意电流变化，与地质资料互相对照。

D. 水泥浆制备：在下沉过程中进行泥浆配制，采用搅拌桶制备泥浆，制备时按 0.5 水灰比配制，水泥强度等级 P. O32.5，浆液经过筛网过滤，存储至储浆池内，并不停搅拌。

E. 喷浆搅拌提升：深层搅拌机到达设计深度后（保证进入持力层要求深度），启动注浆泵，将水泥浆从搅拌机中心管不断压入地基中，边喷浆边搅拌，以 0.5m/min 匀速提升。直至提出地面完成一次搅拌过程。

F. 重复搅拌下沉：当搅拌机钻头提升至设计深度的顶面标高后，再次将搅拌机边旋转边沉入土中。至设计加固深度再次喷浆搅拌提升至设计顶面标高。

（2）水泥旋喷桩

1）施工工艺流程

见旋喷桩施工工艺流程图（图 3-2）。

2）施工方法

A. 测量放线：与搅拌桩基本相同。

B. 钻机就位：将钻机移到孔位置，调平并使钻杆垂直，钻头对准桩位，试运转。

C. 射水（浆）下沉：将吸浆管放进清水箱，启动高压注浆泵；当喷嘴喷射清水（水泥浆）时启动电机，使钻头下沉，钻头下沉速度和钻压视地层而定：一般 29～181r/min，最大钻压 21kN。钻进过程中，进入持力层保证设计要求深度，即可终孔，停止射水下沉。

D. 浆液配制：在下沉过程中进行泥浆配制，采用搅拌桶制备泥浆，制备时按 1∶1 水灰比配制，水泥强度等级 P. O32.5，浆液经过筛网过滤，存储至储浆池内，并不停搅拌。

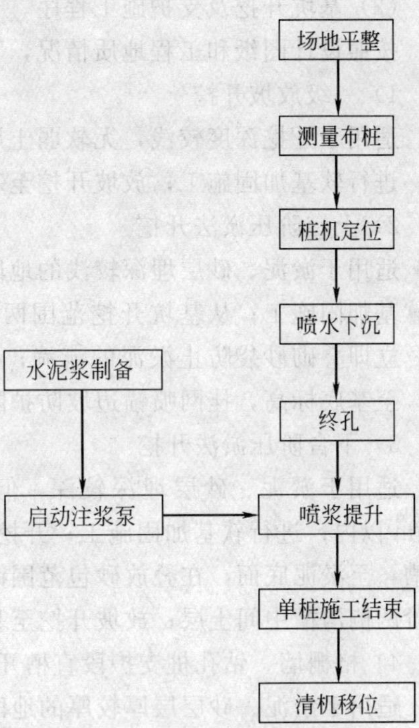

图 3-2 施喷桩施工工艺流程图

E. 喷浆提升：保证进入持力层 50cm 后，将吸浆管放进集浆池，启动注浆泵；当泵压满足 20MPa，水泥浆喷出喷头后，边喷浆边提升，自下而上注浆，提升速度控制在 12～15cm/min 之间。至实桩要求标高位置，根据冒浆情况，关闭注浆泵。将钻头提出孔外。

（3）换填

按设计要求标高进行开挖，将淤泥等软弱土体挖除，露出要求基底土层，经过验收合格后填筑砂性土（或碎石、石屑等材料），分层填筑，每层 20～40cm，适量洒水，使用压路机碾压或振动夯密实。按照设计要求进行压实度检验，合格后继续填筑。

3.3.2 *基坑支护与开挖总方案和程序*

（1）总体方案

基坑维护采取钢筋混凝土灌注桩加旋喷桩止水、水泥搅拌桩止水帷幕、叠砌砂袋和喷锚护坡的方法。

对于填筑土，放坡 1∶1.5 开挖，采用 10cm 厚 C20 混凝土护面，内置 $\phi8@15\times15$ 钢筋网，在叠放砂袋的区域，采用预埋塑料薄膜防水。

对于淤泥质黏土层，采用挖槽，纵向边挖边回填推进。回填材料为叠砌袋装砂石材料，引成护墙，背坡 1∶1.5，墙高为淤泥层厚 0.5m，一般为 2.5m，个别为 3m。

冲击亚黏土及风化泥质粉砂岩地层1∶1.5放坡开挖，10cm厚C20混凝土护面。

对于厚度较大的冲积淤泥质黏土、中砂或淤泥质黏土，采取隔栅式搅拌桩支护，部分受高压线影响的改为水泥旋喷桩；当锚固深度范围内遇到硬层时，改用钻孔桩支护、定喷旋喷桩止水。

(2) 基坑开挖及支护施工程序

按照设计图纸和工程地质情况，下沉式道路基坑分以下几种开挖形式。

1) 一级放坡开挖

适用于开挖深度较浅，无软弱土层的地段。首先平整场地，一般平整厚度在1.5m以内；进行软基加固施工；放坡开挖至基坑底，挂网喷锚边坡防护随开挖随进行。

2) 上台阶压淤法开挖

适用于淤泥、砂层埋深较浅的地段。首先平整场地，一般平整厚度在1.5m以内；进行软基加固施工；从基坑开挖范围两侧开挖槽，至淤泥底面，在叠放砂包范围铺防水薄膜，立即叠砌砂袋防止淤泥的流淌；挖除上台阶两侧沟槽中间土层；继续放坡开挖下台阶，至基底标高，挂网喷锚边坡防护随开挖随进行。

3) 下台阶压淤法开挖

适用于淤泥、砂层埋深较深，但层厚薄的地段。首先平整场地，一般平整厚度在1.5m以内；进行软基加固施工；开挖上台阶，一般为填筑土层；从基坑开挖范围两侧开挖槽，至淤泥底面，在叠放砂包范围铺防水薄膜，立即叠砌砂袋防止淤泥的流淌；挖除下台阶两侧沟槽中间土层；放坡开挖至基坑底；挂网喷锚边坡防护随开挖随进行。

4) 格栅墙、钻孔桩支护段直槽开挖

适用于淤泥、砂层层厚较厚的地段。首先平整场地，一般平整厚度在1.5m以内；支护、基底加固桩施工；开挖至支护桩桩顶标高；开挖至基坑底。

3.3.3 基坑维护施工方法

(1) 混凝土支护桩施工方法

支护混凝土灌注桩直径100cm、间距100cm，施工时采取跳打法，钻孔或冲孔桩机成孔，导管法灌注。相邻桩位保证强度合格后再施工。每个桩位采取埋设钢护筒或混凝土护壁的方法进行。施工工艺流程见钻（冲）孔灌注桩施工工艺流程图（图3-3）。具体内容参照相关施工规范。

1) 测量放线

根据设计桩位坐标放出桩位中心点，施工中使用骑马桩控制，便于恢复中心桩位。

2) 护筒埋设（略）

3) 成孔

A. 桩机就位：将桩机移至孔位，调节平台保证水平状态，并使钢丝绳（或钻杆）、钻头和桩位中心保持一条直线，对桩机进行加固，防止发生移动或倾覆。

B. 钻（冲）孔：采用冲击成孔时，开始冲击时采取低锤小冲程，在护筒下3m后可以加快速度，冲程大约1.5～2m，转入正常连续冲击。每冲击2m左右排渣一次。

采取钻孔时，根据地层情况调整泥浆浓度，以便悬浮钻渣。对于松软土层，根据泥浆补给情况控制钻进速度；在硬层中钻进时，以钻机不发生跳动为准。

冲进（钻进）过程中经常注意土层及岩屑的变化，在土层、岩层中均采取渣样，判别

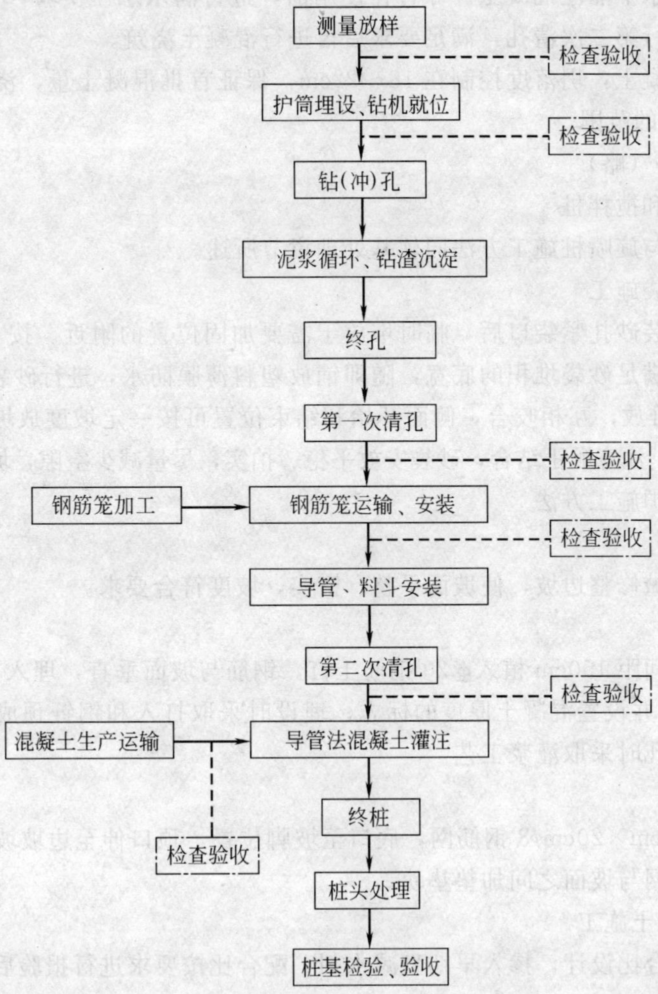

图 3-3　钻（冲）孔灌注桩施工工艺流程图

土层、岩层情况，记入记录表中，并与地质剖面图核对，每次的岩样应编号密封保存，直至工程验收。

C. 清孔：当钻孔达到设计深度时停止钻进，稍提钻杆 20cm，进行泥浆循环、清孔；当冲孔达到设计深度，开始清孔，清孔用储浆池的泥浆进行泥浆循环置换出孔内的渣浆。孔内的泥浆指标符合规范及设计要求，且孔底沉渣厚度满足设计要求。

D. 钢筋笼加工：根据桩长及设计图纸，将钢筋笼分成若干节段加工，接头采取搭接焊接头。钢筋笼的长度根据实际成孔情况确定。

在加工场处成型，为防止在作业中不发生变形，在加劲箍上焊接三角形撑架。沿钢筋笼长度每 2m 设置保护层，钢筋一组四根，均匀布设于四周。

4）钢筋笼安装

钢筋笼根据作业空间采取钻机或吊车吊放，使用槽钢作为横担支撑固定钢筋笼。钢筋笼接长采取焊接方式。

5）灌注水下混凝土

采用导管法水下灌注混凝土。导管在使用前，进行满水水压实验，保证导管不漏水。灌注混凝土前进行第二次清孔，满足要求后再进行混凝土浇筑。

采用商品混凝土，坍落度控制在 18～22cm，保证首批混凝土量，浇筑过程中埋管深度控制在 2～6m 的范围。

6）清除桩头（略）

(2) 旋喷桩和搅拌桩

水泥搅拌桩与旋喷桩施工方法同软基处理章节所述。

(3) 叠砌砂袋施工

使用胶丝袋装砂扎紧袋口后，临时堆放于需要加固位置的附近。按 1∶1.5 坡度进行放坡开挖，宽度满足砂袋堆积的底宽，随即铺放塑料薄膜防水，进行砂袋堆砌。砂袋从底向上堆设，错缝堆放，互相咬合，侧面开始和结束位置可按一定坡度放坡，以保证砂袋稳定。堆砌过程中，注意顺丁结合，砂袋安放平稳、拍实，尽量减少空隙，坡面及顶面平整。

(4) 喷锚支护施工方法

1）边坡整修

人工配合机械修整边坡，使坡面平整、密实，坡度符合要求。

2）植筋

在边坡上按间距 150cm 植入ϕ20 钢筋土钉，钢筋与坡面垂直，埋入土中深度 290cm，外露长度 10cm，并设置混凝土厚度的标志；埋设时采取打入和钢钎预成孔的方法，必要时进行钻孔；钻孔时采取灌浆工艺。

3）挂网固定

挂设绑扎 20cm×20cmϕ8 钢筋网，底口至坡脚位置，顶口伸至边坡坡顶，与土钉相接处焊接，在钢筋网与坡面之间加垫垫块。

4）喷射混凝土施工

首先委托配合比设计，掺入早期型减水剂，配合比按要求进行报验后方可使用。采用湿喷工艺，将细粒石、砂及水泥按设计比例放入混凝土搅拌机中，充分搅拌，使混合料均匀。将搅拌好的混合料，装入混凝土喷射机的料仓中，启动空压机，与水混合，将混合料压入喷枪的端头，喷至边坡表面。施工时坡顶最先开始施工，然后再分段从一侧按由上至下的顺序从边坡坡顶至坡底，分层喷射混凝土至设计厚度，依次喷射至整坡施工完毕。表面覆盖，洒水保湿养护不少于 7 昼夜。

(5) 冠梁施工

1）首先进行桩头清理，露出新鲜混凝土。调整基桩锚筋位置及垂直度满足要求。

2）平整冠梁底面土方，使用 3cm 砂浆抹面作为底模，并放出模板边线和控制线。

3）钢筋制作和安装：钢筋就近在加工厂制作，采用机械运输和人工运输至现场安装。使用临时钢管支撑架架立主筋，安装完箍筋后落架，进行细部调整，钢筋位置满足设计要求。使用砂浆垫块控制保护层厚度。

4）模板安装：使用 18mm 厚胶合板作为面板，背面设置 10cm×10cm 木方肋木，间距 40cm，侧面使用钢管斜撑加固，斜撑间距 50cm。斜撑支撑于地面锚固钢管上。两侧模板顶面设置木方横担，间距 200cm。

5）混凝土浇筑和养护：在钢筋和模板验收合格后，进行混凝土浇筑。使用商品混凝土，插入振捣棒捣实。采取斜层法浇筑，表面抹压平整。混凝土养护采取表面覆盖、洒水保湿的方法。

3.3.4　下沉式道路基坑开挖

(1) 基坑开挖、降排水措施

使用机械开挖和运输，人工配合整平工作。采取竖向分层，纵向分段的方法，根据土质情况放坡开挖。设置排水沟、集水井，使用水泵进行降水。

1) 开挖空间检查、处理

首先查阅有关图纸，核实各类地下管线，采取开挖探坑的方法，寻找地下管线的位置，按要求进行迁移。作业区范围内有高压线的存在，选取适合高度的开挖和运输机械，保证高压线下安全区域内工作，本工程要求作业距离高压线至少保证 6m，高压线塔基 8m 以内严禁开挖，对于有可能影响到塔基稳定的土方采取措施后再开挖。

2) 基坑排水、降水

设置坑内外排水系统，见下沉式道路支护段开挖断面图及一般段开挖断面图（图 3-4）。

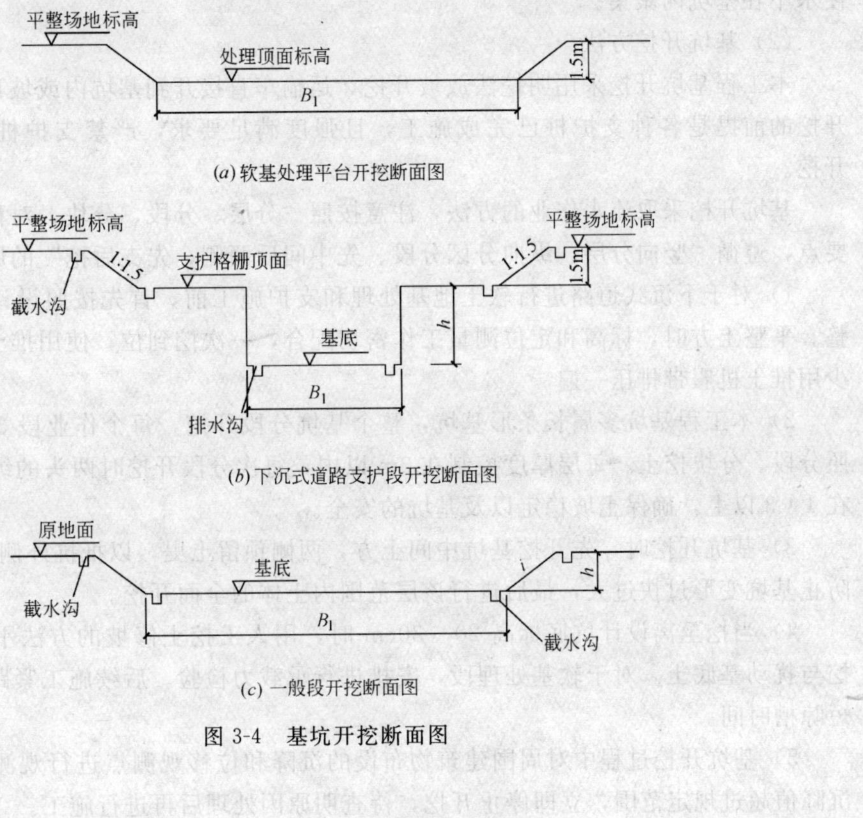

图 3-4　基坑开挖断面图

A. 场地排水

在现场周围地段修设临时性排水沟，以拦截附近坡面的雨水。排水沟采取灰砂砖砌筑或土沟形式。保证水沟底宽 30cm，深 40cm，沟两侧表面设置 1%～2%的横向坡度，排水沟纵向设置 0.5%～5%的坡度，排水沟接入市政排水系统中。穿过道路等位置埋设塑料管或混凝土管，尽可能保留原有自然排水系统，适当加以整修、疏导。

基坑开挖前，在两侧坡顶部设置截水沟截住地表水。保证水沟边缘距离坡顶开挖边 100cm 以上。截水沟使用灰砂砖砌筑，水沟宽度 50cm，深 40cm，流向周围的排水系统，最终排入市政雨水体系。

B. 基坑内排水

a. 在开挖基坑的两侧或四侧，设置排水明沟，在四角或每隔20～30m设一集水井，用水泵将地下水排出基坑外。排水沟、集水井在挖至地下水位以前设置。排水沟、集水井设在基础轮廓线以外保证30cm以上的距离，排水沟边缘离开坡脚30cm。排水沟深度始终保持比挖土面低40～50cm。集水井比排水沟低50～80cm，并随基坑的挖深而加深，保持水流畅通，地下水位低于开挖基坑底0.5m。

b. 小面积基坑排水沟深30～60cm，底宽不小于30cm，土质水沟的边坡为1.1～1.5（视土质情况而定），沟底设有0.1%～0.5%的纵坡。基坑底排水沟使用灰砂砖砌筑，顶宽40cm，深度50cm。大面积的基坑排水水沟截面尺寸适当加大。

c. 集水井截面为80cm×80cm，井壁用竹笼、木方、木板支撑加固。井底填以20cm厚碎石，水泵抽水龙头使用滤网包裹，防止泥砂进入水泵。

d. 基坑降水连续进行，直至回填土后才停止。特别在下雨时，加大水泵容量和数量，使水不在基坑内聚集。

（2）基坑开挖方法

本工程基坑开挖采用明挖法放坡开挖，运输车直接开到基坑内或坡顶进行运土。基坑开挖的前提是各种支护桩已完成施工，且强度满足要求，严禁支护桩强度不足即进行开挖。

基坑开挖采取流水作业的方法，注意按照"分层、分段、分块、对称、限时"等五个要点，遵循"竖向分层、纵向分区分段、先中间后两侧，先支后挖"的原则。

1）对于下沉式道路进行软土地基处理和支护施工前，首先按照设计要求标高进行平整。平整土方时，标高和定位测量工作密切配合，一次挖到位，使用推土机整平，表面至少用推土机履带排压一遍。

2）本工程基坑多属长条形基坑，整个基坑分段开挖，每个作业段30～80m，严格按照分段、分块挖土。每层厚度控制在3m以内，每次分段开挖时两头的纵向土坡坡度保证在1∶3以上，确保土坡稳定以及基坑的安全。

3）基坑开挖时，先开挖基坑中间土方，两侧预留土堤，以抵抗外侧土体主动土压力，防止基坑变形过快过大，最后进行该层范围内土体的全面开挖。

4）当挖至离设计坑底标高20～30cm时，用人工挖土修坡的方法平整基坑，避免超挖与扰动基底土。对于软基处理段，安排进行承载力检验。后续施工紧跟基坑开挖，仅缩短晾槽时间。

5）基坑开挖过程中对周围建筑物布设的沉降和位移观测点进行观测；若发现位移和沉降值超过规定范围，立即停止开挖，待查明原因处理后再进行施工。

（3）基坑监测

基坑开挖前，在基坑左右坡顶及周边管道、建筑物边布监测桩，进行沉降和位移观测；同时，由业主委托外部检测单位进行基坑监测。根据监测结果，掌握基坑的稳定情况，采取可靠的措施进行处理，必要时停止作业，保证安全。

3.3.5 下沉式道路结构施工缝设置

按照图纸划分施工段落，一般每个节段长度在40m左右，水平施工缝控制在底板以上至少 30cm 处，施工缝位置使用止水钢板。施工缝位置见侧墙水平施工缝示意图（图 3-5）。

3.3.6 底板垫层施工

首先对基底进行处理，包括清理软土泥浆、清除桩头、整平压实等。处理后基底符合设计和规范要求。基底经监理工程师检查、验收合格后进行石屑垫层及混凝土垫层施工。石屑垫层采取人工整平，小范围振动夯夯实，大范围压路机碾压密实。混凝土垫层施工时由混凝土输送泵直接卸料至基底，人工摊平并振实。

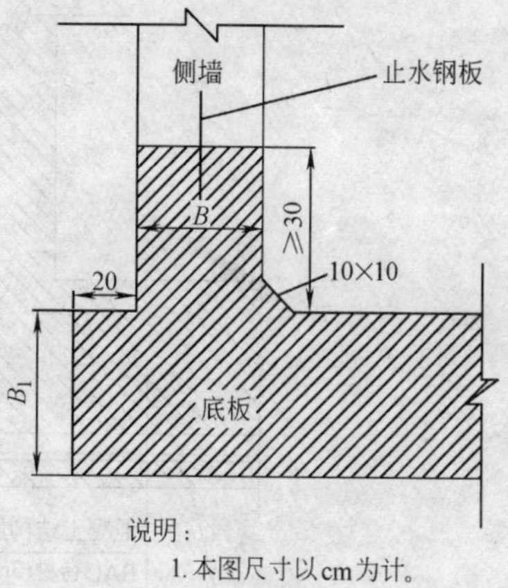

图 3-5 侧墙水平施工缝位置示意图

3.3.7 下沉式道路结构外防水

（1）总述

下沉式道路、人行地道、水泵房等构筑物底板、侧墙及顶板结构均采用 3mm 厚 BAC 防水卷材外防水。下沉式道路顶板采用结晶渗透型水泥基防水材料。

BAC 防水卷材为复合双面自粘橡胶沥青防水卷材。采用的外防水构造（由外到内）为：①底板：200mm 厚 C15 混凝土垫层压光→3mm 厚 BAC 防水卷材→底板混凝土；②侧墙：3cm 厚泡沫板→3mm 厚 BAC 防水卷材→侧墙；③顶板：5cm 厚细石混凝土→3mm 厚 BAC 防水卷材→顶板。

（2）底板外防水

1）施工流程

清理基层——→节点加强——→空铺卷材——→长短边粘贴、搭接——→长短边密封——→验收。

2）施工方法

A. 清理基层

对基层表面进行清理，清除表面突起物，保证基层表面平整洁净，无积水。

B. 节点处理

附加层在各个平面宽度不少于 25cm。阴阳角位置做成圆弧，并增加附加层，附加层采取同等 BAC 卷材与防水层粘贴在一起。底板上角，磨成圆弧；底板与侧墙形成的阴角部位使用砂浆抹成圆弧。详见外防水节点处理示意图（图 3-6）。

C. 卷材铺贴

事先确定卷材的摊铺方向。一般按轴线方向铺设。

首先揭掉 BAC 防水卷材下表面的隔离膜，沿一定方向边铺设、边压紧，相邻卷材之间采取搭接的方法，搭接的宽度均为 10cm。搭接前，先揭除卷材搭接边的隔离膜；粘贴后，用胶辊用力滚压排出空气；使卷材搭接边粘结紧密。在卷材预留部位，使用密封膏密封，卷材预留长度不少于 30cm。大面积铺贴完成后，揭掉防水卷材上表面隔离膜，进行钢筋等后续工作。底板卷材粘脚时，在表面均匀撒布干水泥粉。

（3）侧墙外防水

1）施工流程

清理基层——→节点加强——→水泥粘铺卷材——→保护层安装（30mm 厚聚苯乙烯泡沫

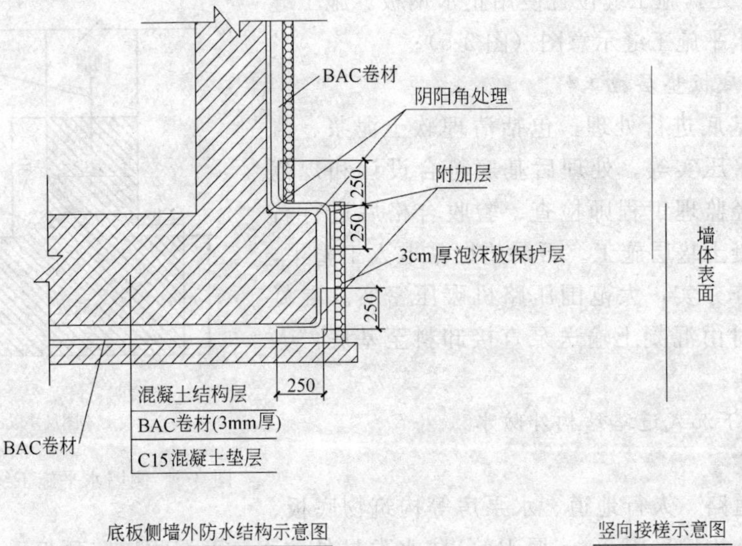

图 3-6　外防水节点处理示意图

板）——回填。

2）施工方法

A. 清理基层

对侧墙表面进行清理，清除表面突起物，孔洞使用水泥砂浆封堵，保证基层表面平整洁净。

B. 节点处理

阴阳角位置做成圆弧，并增加附加层，附加层采取同等 BAC 卷材与防水层粘贴在一起。底板上角，磨成圆弧；底板与侧墙形成的阴角部位使用砂浆抹成圆弧。

穿墙管止水环与主管或翼环与套管连续满焊，并作好防腐处理。穿墙管外侧防水层应铺设紧密，不留接槎。见管道穿墙示意图（图 3-7）。

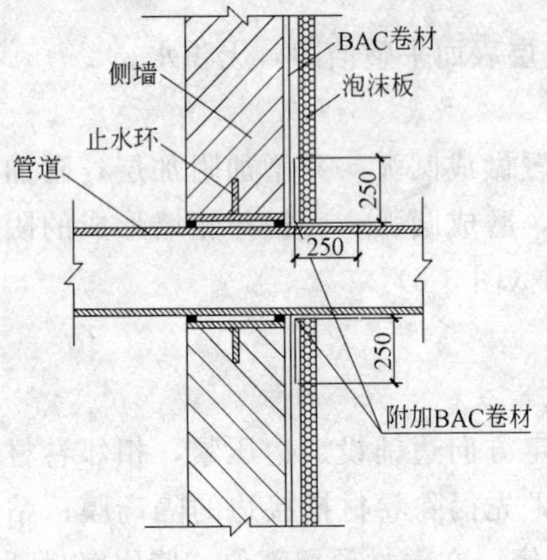

图 3-7　穿墙管道示意图

C. 涂刷水泥浆

将水泥和水按比例拌合，均匀涂刷到墙体表面。铺设时卷材长度方向一般与墙身竖向相同。与底板接槎部位应上面包在外面。首先揭掉 BAC 防水卷材下表面的隔离膜，沿一定方向边铺设边压紧，相邻卷材之间采取搭接的方法，搭接的宽度均为 10cm。搭接前，先揭除卷材搭接边的隔离膜。粘贴后，用胶辊用力滚压排出空气。使卷材搭接边粘结紧密。

大面积铺贴完成后，揭掉防水卷材上表面隔离膜，安放泡沫板。并及时回填土方。

（4）顶板水泥基结晶渗透型防水

1）施工工艺流程

基层清理和准备——→第一层料涂刷——→养护——→第二层料涂刷——→养护。

2）施工方法

对基层进行清理，保证表面无脏物、棱角和突起物，修补缺损部位，并充分湿润表面。

将水击涂料按设计要求的比例混合，充分搅拌均匀，每平方米总用量约1.5～2kg，拌合好的涂料随拌随用，尽量不超过1h。

用滚筒、刷子将涂料均匀涂刷在基层表面上；涂刷时，均匀按一定方向进行，并无遗漏，随时补刷。第一遍涂料收水、涂层不粘手印时，即可进行洒水保湿养护，注意防水和防雨；第一遍涂层润湿养护6～8h后，进行第二遍涂料涂刷。第二遍涂刷方法同第一遍涂刷，两层涂刷总厚度不小于1mm；第二遍涂层收水，24h湿润养护。

3.3.8　下沉式道路钢筋混凝土结构施工

（1）基本方法和程序

1）底板

基底垫层及防水层施工完成后，进行底板钢筋安装、模板安装，安装止水带和止水钢板，浇筑底板混凝土。底板施工时，注意排水沟等结构钢筋的预埋。模板采用木胶板作为面板，木方背肋，侧面设置斜向支撑撑于坡面和基坑底面。

2）侧墙、顶板施工

施工前校正止水带位置，施工缝处凿毛并清理干净。根据测量放线位置进行，绑扎钢筋、支立模板。侧墙模板采用木胶板，两侧斜撑加固。闭口段侧墙模板加固同时安装顶板底模板，顶板底面模板和侧面模板加固完成后，安装顶板钢筋、封闭顶板侧面模板，浇筑混凝土。

在钢筋、模板安装检查报验合格后，进行混凝土浇筑。浇筑侧墙及顶板混凝土时压球两侧对称、水平分层连续浇筑。浇筑顶板混凝土时应先浇两侧墙位置，顶板两侧向结构中间方向进行浇筑，插入式振捣器振捣，混凝土浇至设计标高初凝前，表面进行抹压平整。

闭口段顶板混凝土施工完成后，待混凝土达到设计要求强度后拆除顶板模板和支架，侧面模板可在混凝土浇筑完成后3d进行。

（2）主要技术措施

1）钢筋工程

A. 钢筋加工场地的布置

由于现场场地受限，钢筋加工场采取固定和灵活相结合的方法，即建立几个相对永久钢筋加工场生产，在施工现场安排钢筋切断机、弯折机等设备进行简单的制作和处理。钢筋除厂家（或经销商）提供出厂质量证明书或检验报告单外，另外按规范要求进行检验，合格后方可使用。钢筋按种类、规格、牌号分别设立标志，离地堆放，并加以覆盖。

B. 钢筋的使用

钢筋的使用按规范要求进行严格控制。

C. 钢筋的连接

钢筋的接长采取绑扎搭接电弧焊及闪光对焊的方法，按规范要求严格操作和检验。

D. 各部位施工方法

a. 底板钢筋加工与安装：首先按照图纸要求进行放大样。绑扎钢筋时，钢筋采用绑扎和点焊的方法，按照规范要求实施。

b. 侧墙钢筋：墙体插筋预插于底板钢筋内，为保证其位置在后序作业中不发生下沉、倾倒、移位的情况，加设简易钢管支架固定。墙体水平筋采用绑扎接头。

c. 顶板钢筋：在支架、模板安装完成后，安装顶板钢筋。顶板钢筋施工方法同底板钢筋。

2）模板和支架工程

根据本工程特点，模板分为底板侧面模板、侧墙及顶板模板三部分。模板使用18mm厚木胶板作为面板，侧面使用木方背肋。模板及支架验算略。

A. 底板模板

底板侧面模板，使用18mm木胶板做面板，外侧60mm×80mm木方背肋，间距300mm，每1000mm设置一道支撑，撑于基坑坑壁或预先打设的木桩（钢管）上。

B. 侧墙模板

墙体侧面模板面板采用18mm厚竹胶板，使用10cm×10cm木方竖向背楞，竖向背楞间距300mm；墙模板使用ϕ12穿墙螺栓压双钢管（木方）对拉，间距600mm，在对拉螺栓的中部加焊止水环，止水环使用3mm厚钢板。在底、中、上设置三排斜撑（或斜拉），斜撑间距小于2500mm。固定模板用螺栓使用可拆卸型对拉螺栓螺栓，模板拆除后将外露螺杆旋出，再将塑料螺栓头旋出，孔洞用高强度等级砂浆补平。螺栓形式见示意图（图3-8）。侧墙模板见侧墙模板体系图（图3-9）。

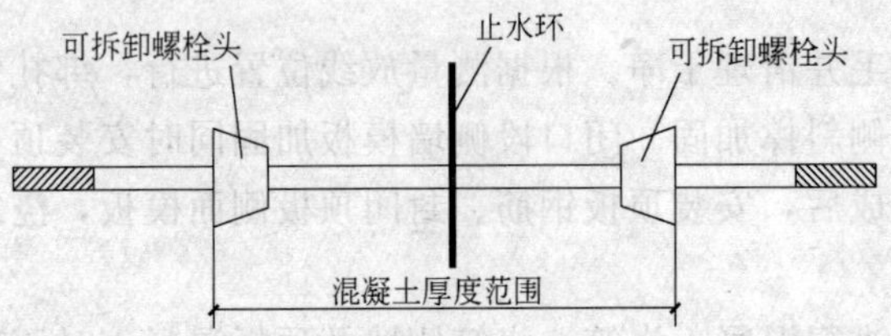

图3-8 可拆卸型螺栓示意图

C. 顶板模板

顶板底、侧面模板面板使用18mm厚木胶板，龙骨使用100mm×100mm木枋，间距300mm。支架：使用ϕ48mm钢管满堂红支架，立柱间距600mm×600mm，支架上设置可调支托，利用100mm×100mm木方做横梁。横杆间距1500mm，横向设置连续的剪刀撑，纵向剪刀撑间距为6m。墙体侧面模板体系与顶板模板支架体系加固为整体。顶板腋角部分模板由侧模木方及顶板横梁可靠支撑。模板体系见示意图（图3-10）。

3）混凝土工程

使用商品混凝土，运输采用混凝土罐车，泵送混凝土入模。

A. 施工缝位置的设置及处理方法

水平施工缝设置在底板以上不少于30cm位置。施工缝位置加设止水钢板。底板混凝土浇筑完成后强度达到2.5MPa以上后，对施工缝部位凿毛，以利于施工缝上下混凝土接触良好。

B. 后浇带施工

不超过50m设一条后浇加强带，底板采用膨胀加强带连续施工至沉降缝，侧板、顶板采用后浇加强带，14d以后才可回浇。加强带内混凝土提高5MPa，加强带的两侧设ϕ5mm密孔钢丝网，将带内外混凝土分开。

C. 底板混凝土

由于底板厚度较大，其混凝土分层浇筑并连续进行，按大体积混凝土要求严格控制。

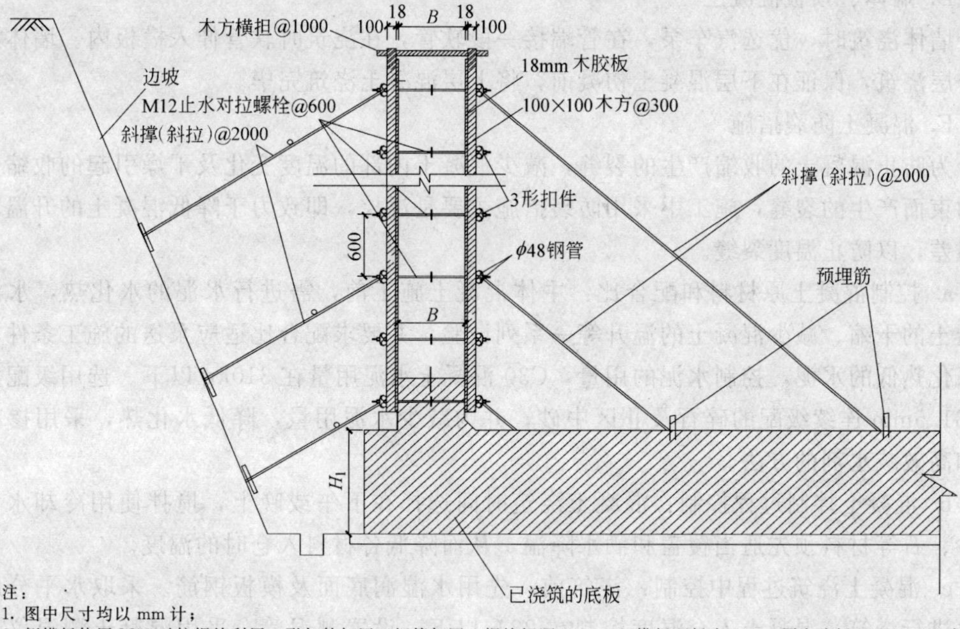

注：
1. 图中尺寸均以 mm 计；
2. 侧模板使用 M12 对拉螺栓利用 3 形扣件加压双钢管加固，螺栓间距 600mm，模板面板为 18mm 厚木胶板，100×100 木方立方背楞，间距控制在 300mm 以内；
3. 在侧面利用斜撑或斜拉保证模板的稳定性。

图 3-9 侧墙模板体系示意图（立面）

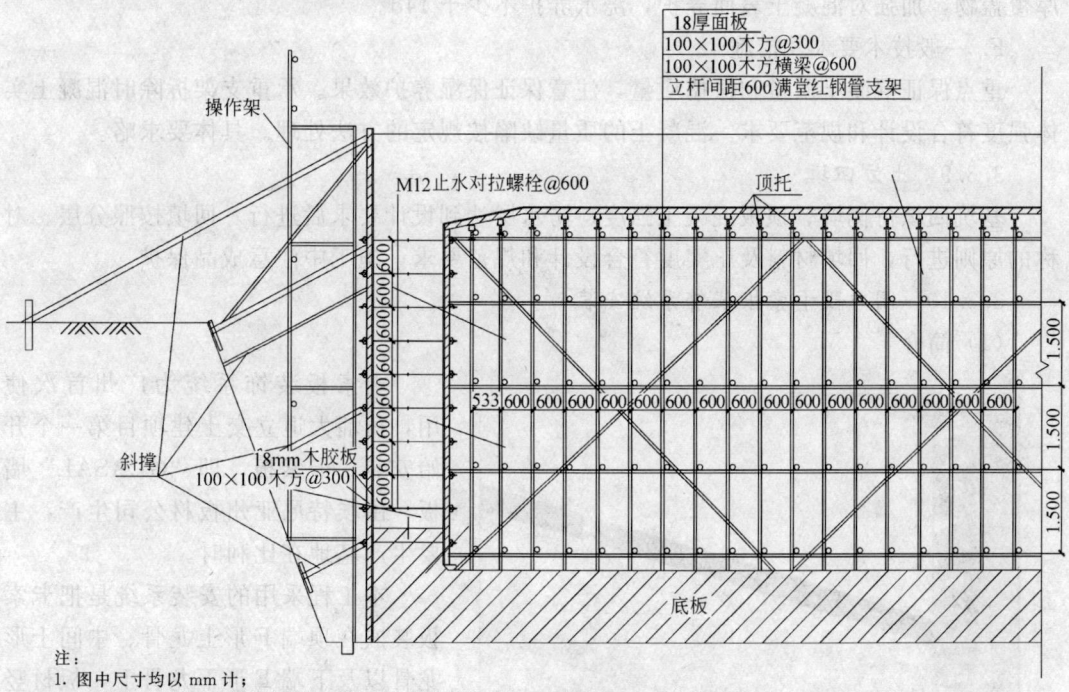

注：
1. 图中尺寸均以 mm 计；
2. 侧模板使用 M12 对拉螺栓利用 3 形扣件加压双钢管加固，螺栓间距 600mm，模板面板为 18mm 厚木胶板，100×100 木方背楞，间距控制在 300mm 以内；
3. 顶面模板面板为 18mm 厚木胶板，100×100 木方龙骨，间距控制在 300mm 以内下设 100×100 木方横梁，横梁间距 600mm。支架为满堂红钢管支架，立杆间距 600mm，纵向每隔 6m 加设横向连续剪刀撑。横杆步距 1200mm；
4. 注意对拉螺栓需要焊接止水环。
5. 在侧面利用斜撑或斜拉保证模板的稳定性。

图 3-10 闭口段侧墙、顶板模板支架侧墙体系示意图（立面）

D. 墙体、顶板混凝土

墙体浇筑时，优选汽车泵，在管端接一段软管，在浇筑时软管伸入模板内。墙体混凝土分层浇筑，保证在下层混凝土初凝前，将上层混凝土浇筑完毕。

E. 混凝土防裂措施

为防止混凝土的收缩产生的裂缝，减少混凝土内部的温度变化及干燥引起的收缩受到的约束而产生的裂缝，施工中采用防裂措施主要是温控，即致力于降低混凝土的升温和减少温差，以防止温度裂缝。

a. 控制混凝土原材料和配合比：主体混凝土施工前，需进行水泥的水化热，水泥和混凝土的干缩、减少混凝土的温升等一系列试验，并要求配合比适应泵送的施工条件。首选水化热低的水泥，控制水泥的用量，C30 混凝土水泥用量在 310kg 以下。选用级配良好 5～31.5mm 连续级配的碎石及Ⅱ区中砂，并为减少水泥用量，降低水化热，采用掺粉煤灰和高效减水剂的方法。

b. 混凝土拌制过程控制：混凝土浇筑时间选择在下午或晚上，搅拌使用冷却水，并对砂、石等材料预先适当覆盖和洒水降温，从而降低各材料入仓时的温度。

c. 混凝土浇筑过程中控制：浇筑前，先用水湿润底面及模板钢筋。采取水平分层的方法进行浇筑。混凝土入仓温度控制在 28℃以下；设置测温管，采用混凝土测温仪随时观测，控制大体积混凝土内外温差不超过 25℃。

d. 混凝土养护过程中控制：作好混凝土初期养护，延长拆模时间，根据内外温差加厚覆盖物，加强对混凝土表面养护，浇水养护不少于 14d。

F. 一般技术要求及措施

重点保证混凝土质量和振捣质量，注意保证保湿养护效果。承重支架拆除时混凝土实体强度符合设计和规范要求。混凝土的质量缺陷按规定的方法处理。具体要求略。

3.3.9　土方回填

基坑回填待侧墙、顶板混凝土强度、防水层达到设计要求后进行。回填按照分层、对称的原则进行，回填材料及压实度符合设计和规范要求，施工中注意成品保护。

3.3.10　闭口段卡索板装饰系统安装

(1) 简介

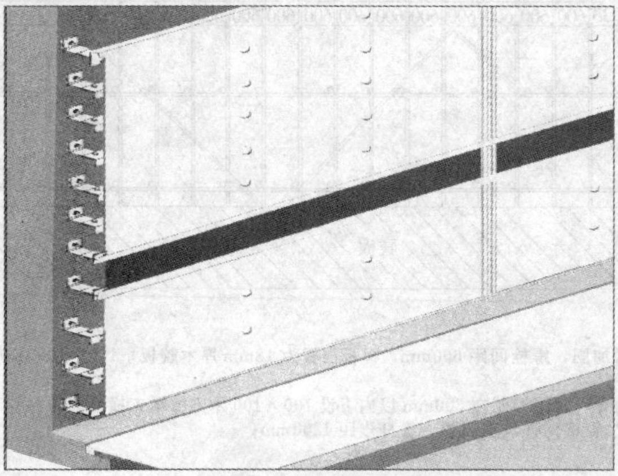

图 3-11　黄埔大道卡索板体系示意图

卡索板装饰系统为广州首次使用，黄埔大道立交土建项目第一个开始安装。卡索板，即“GLASAL”墙板，由埃特尼亚州板材公司生产，主要生产基地在比利时。

本工程采用的安装系统是把卡索板装嵌在顶端 F 形上龙骨、中间士形龙骨以及下端 F 形下龙骨上，板材竖直接缝处采用 π 形压缝龙骨固定。见卡索板体系示意图（图 3-11）。

龙骨通过螺栓与不锈钢支座连接，不锈钢支座利用不锈钢膨胀螺栓固定在混凝土结构上或特制的刚架上。基本配件、龙骨见图 3-12。

(2) 施工工艺及施工方法

1) 放线

根据设计图纸以路面、防撞墙顶部为标准在墙上放线。线形与道路竖曲线基本一致。再按照施工图中要求标记出各个支座的位置。在放水平线时设置弹线点相距不大于 3m，每次弹线误差不大于 3mm，每隔 10m 校正一次，消除误差。

2) 安装不锈钢支座

在标记的位置用不锈钢膨胀螺栓将不锈钢支座连接在混凝土墙上，支座的安装方位严格按照图纸进行，最终固定时保持所有支座在一条线上，转角圆滑。

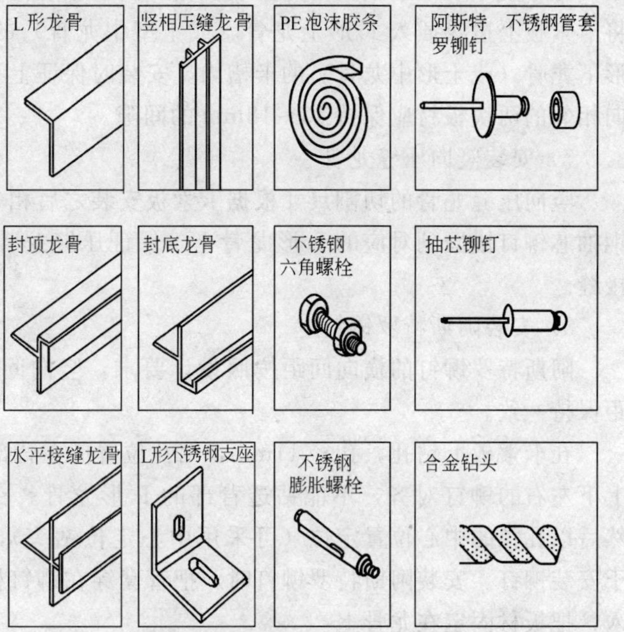

图 3-12 基本配件、龙骨样式图

3) 安装、调整铝合金龙骨

用不锈钢六角螺栓把各种龙骨按要求连接在 L 形支座上，通过调整支座上长条孔的位置，调整龙骨间距和龙骨与墙面的距离，确保龙骨系统竖向与地面保持垂直；依据第一段龙骨的安装标准续长龙骨，续长龙骨接缝间隙为 2～3mm，龙骨两端有可靠连接，最后把自粘性 PE 胶条粘结在龙骨的相应位置。在变形缝处，L 形龙骨断开，其他龙骨不断开。

铝合金龙骨安装完成之后，进行调平。调平前预制作几块模板，模板的高度和厚度要与卡索板相同，长度 1m 左右。调平时将模板镶嵌到龙骨之间，利用不锈钢支座上的长条孔进行调节。要求龙骨在水平和竖直两个方向上均要平整，模板能够顺利滑动。在龙骨调平完成后，检查、拧紧不锈钢支座和铝合金龙骨上的螺栓。

4) 卡索板装卸与搬运

板材取用时要求从下面的板材上把板材抬起。搬运板材时，由两个人各站一边，一人站一边抬着走，以免擦伤或损坏板材的正面。

5) 卡索板的切割、钻孔及开洞

A. 切割：施工时使用金刚石刀具。切割时把板材固定牢靠，以防止振动以及出现抖动，切割口两边的板材都要有支撑，以防止切割时损坏板材。

B. 钻孔：卡索板钻孔可采用电动钻床钻孔。钻孔时，卡索板的瓷釉面朝上，以防止钻头穿透表面时损坏卡索板饰面。在卡索板上钻孔，使用碳化钨合金钻，点位角度控制在 60°～80°。

C. 开洞：开孔的位置和大小应考虑板材的强度。先钻出槽口和孔口的角位，然后再用线锯切割到板材上的各个点位。

6) 安装卡索板

安装卡索板前，检查铝合金龙骨上粘贴的自粘性 PE 胶条是否脱落。若脱落则重新粘贴。把切割好的卡索板先运至安装位置，由上至下依次顺序的安装到龙骨上。安装时，先将卡索板上边缘插入 F 形上龙骨（或士型中龙骨）的卡槽内，再将卡索板下边缘放入 F 形下龙骨（或士形中龙骨）的卡槽内。安装时保证上下相邻卡索板的边缘要对齐。水平方向相邻的两块板材应保持 13～18mm 的间隙。

7）安装竖向压缝龙骨

竖向压缝龙骨的切割尺寸根据卡索板安装之后相邻板材间间隙的确定。安装后用不锈钢抽芯铆钉锚固到对应的 L 形龙骨上。保证压缝龙骨安装完毕后，从外面看不到板材的接缝。

8）安装阿斯特罗铆钉

阿斯特罗铆钉的横向间距按照设计要求，竖向间距和与其铆接的背部 L 形龙骨的间距保持一致。

在卡索板上钻孔，孔径 11mm，钻孔位置应在背部 L 形龙骨上两根 PE 胶条中间，与上下左右的铆钉对齐，不能钻透背部的 L 形龙骨。在卡索板上钻孔完成后，更换钻头，然后以孔径的中心位置定位（可采用中心定位钻头），在背部龙骨上钻 4.9mm 的孔，用于安装铆钉。安装阿斯特罗铆钉时，把管套穿在铆钉杆上，放入钻好的孔中，用铆钉枪装入，把板材固定在龙骨上。

3.3.11　开口段彩色砂浆装饰

(1) 简介

黄埔大道立交下沉式道路侧墙使用彩色砂浆装饰，与闭口段卡索板装修协调一致。彩色砂浆装饰系统从内到外包括：找平腻子、彩色砂浆、专用防污罩面剂等四个层次。

(2) 施工工艺流程

本工程采用的流程为：基层清理和修补⟶批刮找平腻子⟶批刮彩色砂浆⟶辊涂彩色砂浆⟶喷涂防污罩面剂。

(3) 施工方法

1）基层清理和修补

基层墙体经检验后质量满足要求，清洗墙体表面，使其洁净，无灰尘、无油污、无碎屑。将表面凸起物凿除，凹陷或缺损部位使用水泥砂浆修补平整。平整度要求 1.2m 范围内凹凸不超过 5mm。

2）批刮找平腻子

按照要求的配合比配制，搅拌均匀成膏糊状，随用随搅拌。将墙体基层润湿，用腻子抹刀将搅拌好的浆料批嵌在基层墙体上，一般分两遍完成。第一遍批刮时宜薄，注意将浆料压入墙面的空隙中，待第一遍批嵌完成约 2～4h，干固后，进行第二遍批嵌，注意批嵌均匀无瑕疵。批刮后经过 1d，可洒水养护。养护完成后进行打磨，只打磨刀痕处即可。

3）批刮彩色砂浆

与批刮找平腻子方法相同。

4）辊涂彩色砂浆

按配合比将粉料加入有水的拌料桶中，用电动搅拌机搅拌均匀、无颗粒。用滚筒将搅拌好的胶浆辊涂到墙上。根据所需的艺术效果选择滚筒的规格，滚筒表面纹理越小，用水量越大，纹理效果越光滑。涂层厚度一般 1.5～2.5mm。搅拌好的胶浆在 1h 内用完。完成后自然养护 1～2d，即可喷涂防污罩面剂。

5）喷涂或刷涂防污罩面剂

防污罩面剂至少需要 2 遍。第一遍施工完成约 30min 后，进行第二遍施工。

3.3.12 闭口段顶板涂料喷涂

1）施工程序：基层处理⟶涂料准备⟶涂料喷涂⟶表面修整。

2）施工方法（略）

3.4 E匝道桥施工

3.4.1 桩基施工

施工方法基本同下沉式道路支护桩。采取冲孔钻机成孔，钢筋笼现场分段加工，0#、4#台采取打桩机吊装，其余使用自行式起重机吊装，采取电弧焊焊接接长。

3.4.2 下部结构施工

(1) 1#、3#墩、0#台立柱

在桩头清除和桩验收合格后，1#、3#墩墩柱与桩基增加接桩头的工序，桩头高度 1m，埋入并校正立柱钢筋，桩头浇筑完成强度满足要求即可进行立柱施工，立柱模板采用定型钢模板，使用缆风绳上端拉紧，下端固定，浇筑采用起重机吊料斗下放的方法。0#台立柱和桩基直径相同，不进行接桩头工艺。

(2) 3#、2#墩承台

由于埋置较深，需要在下沉式道路底板施工前完成。承台施工分为两个阶段：第一阶段为承台主体，第二阶段为承台上止水附加结构。承台模板采用砖胎模，内部支撑、外部回填砂性填料。承台施工时预埋立柱和附加结构钢筋。承台混凝土浇筑完成后，安装附加结构钢筋和止水带。混凝土浇筑使用商品混凝土，汽车泵车输送混凝土。

(3) 2#墩立柱

采取门式支架与钢管架相结合的方法支设作业平台，进行钢筋安装，钢筋安装检验合格后，支设立柱模板，柱高 560cm，立柱模板采用定型钢模板，侧面使用槽钢对拉加固，对拉螺栓直径 16mm，间距 500mm。模板顶部及中部四周设缆风绳对拉，底部预埋钢筋定位。混凝土浇筑使用商品混凝土，汽车泵车输送混凝土。

(4) 0#台、4#台台帽

使用木模板、木方背肋，耳墙及背墙使用对拉螺栓加固，侧面斜撑。台帽底填土压实，并加设混凝土垫层。混凝土浇筑使用商品混凝土，移动式泵车输送混凝土。

3.4.3 上部结构施工

上部箱梁结构在科韵路下沉式道路第七、八节段完成后进行。首先进行基底处理，下沉式道路部分底板混凝土已经完成不需处理，其他地段清除地表松软土方，换填混石材料处理，地基顶面高于周围地表 20cm，处理区域超出箱梁正投影边线至少 1m，并设置截水沟。

箱梁支架使用满堂红扣件式钢管支架。支架架立完毕后分区域进行堆载预压，确定支架预留拱度。箱梁混凝土按二次浇筑设计，施工缝位置见图 3-13，在箱室顶面受力小的断面开设天窗，以便进入箱室内进行模板拆除工作。混凝土浇筑使用移动式泵车和固定泵

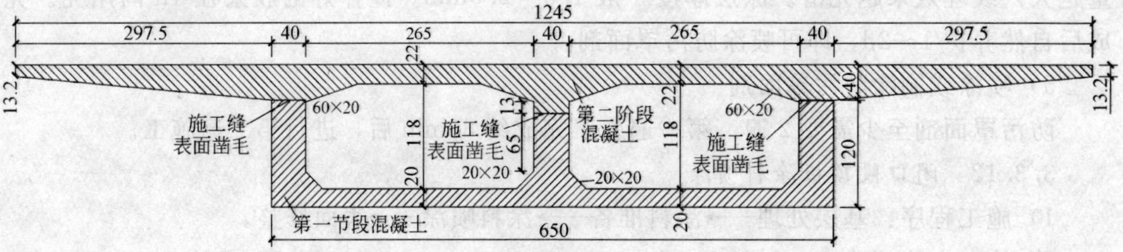

图 3-13　箱梁施工缝位置示意图（cm）

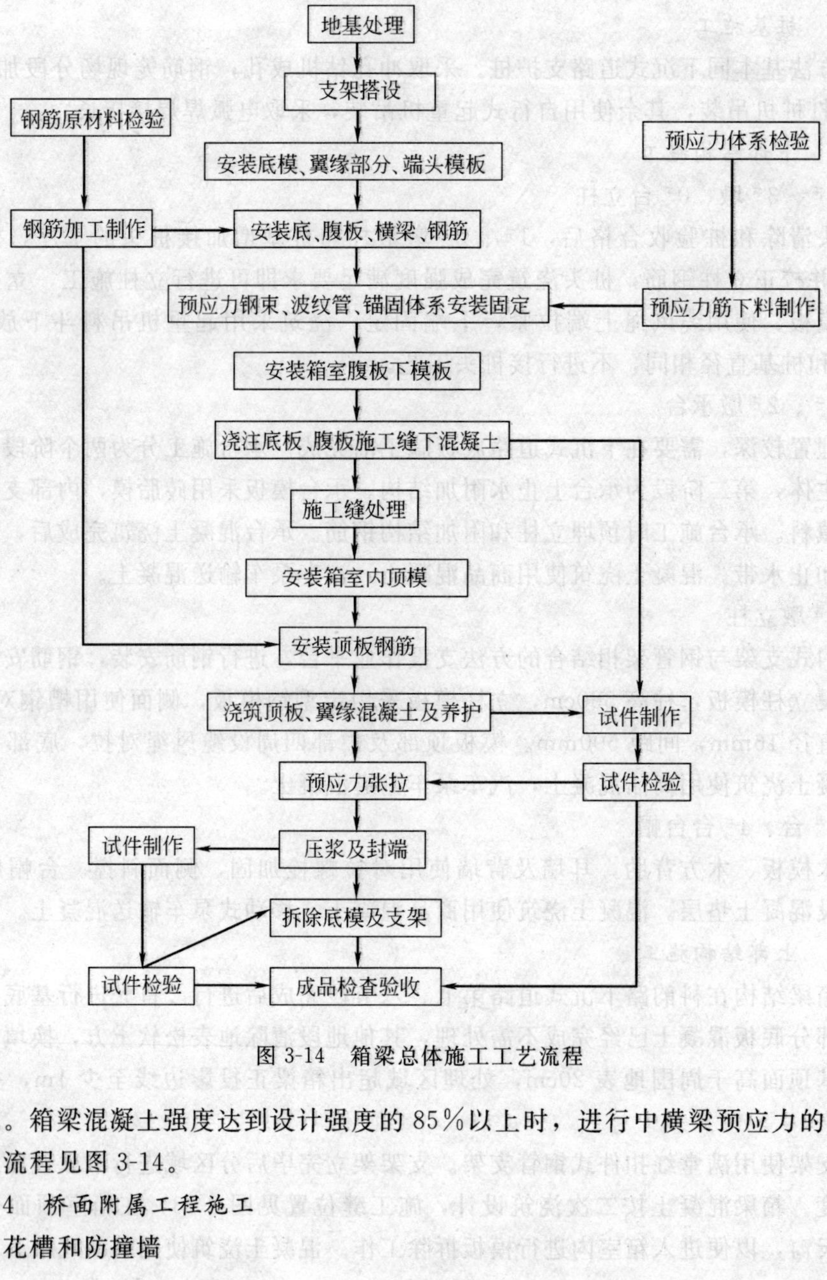

图 3-14　箱梁总体施工工艺流程

进行浇筑。箱梁混凝土强度达到设计强度的85%以上时，进行中横梁预应力的张拉工作。施工工艺流程见图 3-14。

3.4.4　桥面附属工程施工

(1) 花槽和防撞墙

在箱梁上预埋花槽和防撞墙钢筋，箱梁施工完成后再施工花槽和防撞墙。防撞墙模板使用定型钢模板。防撞墙施工完成后安装花槽预制构件，使用钢筋焊结固定在预埋钢筋上，安装钢筋网和模板，浇筑混凝土。

(2) 桥梁伸缩缝

E 匝道桥采用 BEJ 型桥梁伸缩缝。其体系是由两条钢梁嵌装橡胶条组成的机械系统。粘结桥梁与伸缩缝的、能够快速固化且有弹性的混合料称为“Britflex”（公司）树脂。BEJ 伸缩缝系统受 Britflex 专利权保护。BEJ 伸缩缝主要由三种材料组成：树脂聚合物、钢梁、EPDM 伸缩嵌条。施工方法如下：

1) 首先确定板缝中心线，根据 BEJ 伸缩缝的开槽宽度进行确定开槽边线，在桥面铺装表面明确画线。

2) 按照放好的边线使用切缝机进行开槽，开槽时一次切到位，切缝顺直，不掉边掉角，并将缝内沥青混凝土清除，露出混凝土并凿毛，清理浮尘及残渣。

3) 钢缝由专业生产厂家制作，现场焊接组装，钢缝就位时使用固定架悬挂，钢缝顶面与铺装面相平，钢缝的锚固钢筋与桥面预埋钢筋或预先打设的膨胀螺栓焊接，以固定钢缝。钢缝在人行道及防撞墙处上弯以便隔水；钢缝中间填塞泡沫板。

4) 填缝料所用的原材料由厂家提供，现场使用热搅拌筒进行加热搅拌。首先使用热喷枪对槽口进行预热，使槽口干燥。再将加热后的粘结料均匀涂刷于槽口侧部、底部；搅拌填料，连续均匀摊铺于槽口内，捣固、修整与车道相平，使用可调加热设备烘干或自然硬化。

5) 约 3h 后，即可烘干。当温度降至室温时，取出泡沫板，安装密封橡胶带。橡胶带不设接口，从一侧穿入。橡胶带安装完成后，即可开放交通。

3.4.5 钢筋混凝土工程细部方案及施工方法

主要施工要求及注意事项参见下沉式道路。

(1) 上部箱梁钢筋工程

根据箱梁的施工工艺，钢筋分两次安装成型：第一阶段主要为底板、腹板、下腋角、横梁钢筋；第二阶段为顶板、上腋角钢筋及防撞墙、花槽预埋钢筋等。成品、半成品的运输采取人力运输，采用吊车垂直运输。

1) 第一阶段钢筋安装

A. 一般顺序：底板第一层钢筋网，现场将主筋打弯成适当的曲度⟶安装横梁及腹板箍筋；主筋、抗剪钢筋，抗剪钢筋临时与主筋点焊⟶安装底板倒角钢筋⟶加设网片架立筋，安装底板第二层钢筋网⟶安装横梁预应力波纹管及钢绞线⟶安装横梁、腹板分布钢筋安装。

B. 腹板、横梁钢筋安装方法：设置临时钢管支架，使用可调支托调节，支托上放木方或钢管承托，钢管底部垫钢板或垫木防止压坏模板。支架保证钢筋骨架底部有 20cm 以上的作业空间。箍筋弯钩叠合位置，在梁长度方向上放在上面，交错布置，用扎丝扎牢。在骨架绑扎完成后，再逐段下落，进一步调整，并在腹板顶面设置 20mm 定位钢筋，每 3～5m 设置一道。

2) 第二阶段钢筋安装

第一次混凝土浇筑完成后，调整钢筋位置，清除表面浮浆。箱室芯模第二阶段模板安装完毕后，即进行第二阶段钢筋安装。首先安装顶板下层、上腋角钢筋，再安装上层钢筋，最后安装防撞墙及花槽预埋钢筋。顶板两层钢筋网之间视需要加设架立筋，保证钢筋网间距，防止上层钢筋网下沉。防撞墙等钢筋预埋时，首先准确放样确定位置及标高，并适当与箱梁钢筋点焊固定。

(2) 箱梁满堂红支架方案

箱梁支架体系见示意图 3-15，具体验算略。选用满堂红钢管支架，支架体系自下而上依次为：地基──→垫木──→钢底座──→支架──→钢管横杆、剪刀撑──→可调顶托──→木方纵梁──→木方横梁──→底模板（翼缘模板）。

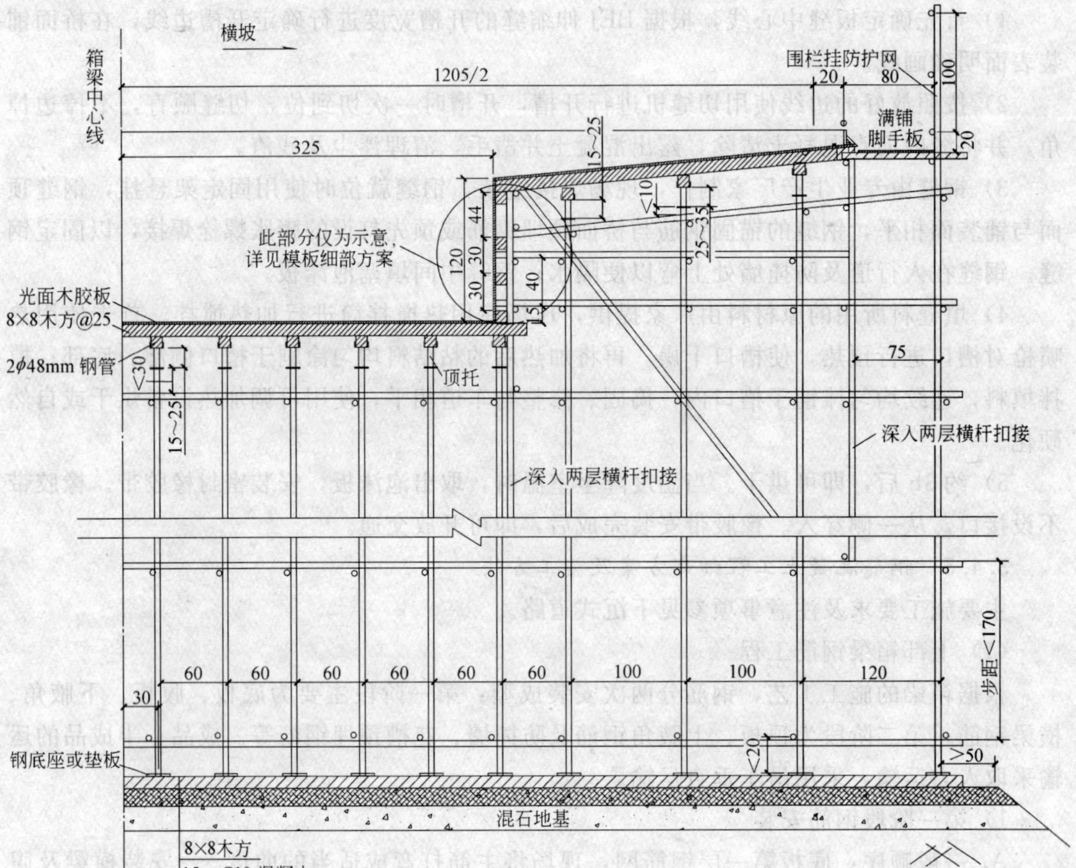

注：

1. 图中尺寸均以 cm 计；图中一律采用 ϕ48 钢管及扣件。
2. 图中立杆高度仅为示意，未示出剪刀撑。
3. 钢管立杆间距：60cm（翼缘下 100cm），底模板下设 2 层 8×8 木方，第一层间距 25cm，3ϕ48 钢管间距 60cm；横杆步距小于 170cm，纵横向均加设剪刀撑，横向剪刀撑间距 6m，纵向剪刀撑在横向设置 2 道，设置于箱梁底。
4. 按需要设置临时坡道，在第一跨及笄第四跨布置运料坡道，下沉式道路上箱梁两侧设置 2 个人行梯道。另外可从匝道路作为坡道。
5. 图中示意为土基部分处理方法，土基必须使用 12t 以上压路机碾压无痕迹；下沉式道路位置不需要处理。
6. 支架横向总宽度（含操作架）横桥向为 1420；地基处理宽度为 1520。
7. 盖梁位置使用木方等支垫，使用木楔块调整高度。
8. 由于为曲线桥梁，放样时，同时放出箱梁中心线、箱梁梁体边线、箱梁翼缘边线。支架模板铺设时测量人员跟踪测量。

图 3-15　E 匝道桥桥箱梁支架示意图（半立面）

(3) 箱梁模板细部方案

箱梁模板分为：底面模板、翼缘模板、外露侧面模板、第一阶段箱室模板、第二阶段箱室模板。模板体系为18mm厚木胶板作为面板、80×80木方背楞，背楞不大于30cm。

第二阶段箱室模板按可拆除形式设计，在第二阶段混凝土强度达85%以上时，才可以进行拆除。在每跨箱室顶部设置两个天窗，天窗大小为50cm×50cm，相邻箱室天窗相互错开。待箱室模板拆除后，焊接钢筋、吊模，浇筑天窗混凝土。

第一、第二阶段模板体系详见示意图3-16、图3-17。

(4) 混凝土工程施工方法

支架上混凝土浇筑过程中，为避免较大集中荷载的出现，保证混凝土浇筑质量，混凝

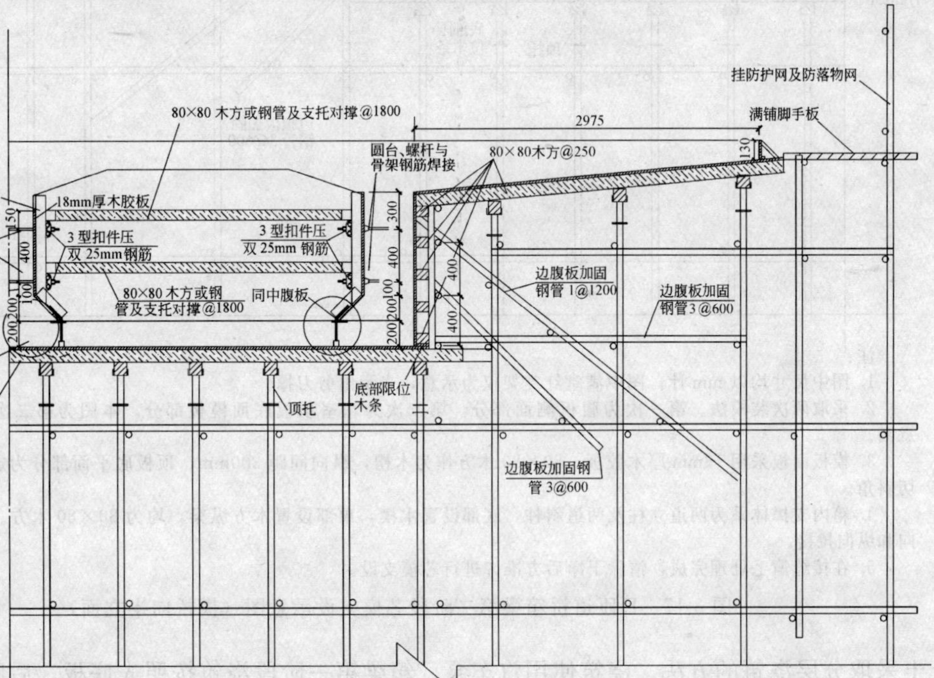

注：
1. 图中尺寸均以mm计。
2. 图中满堂红支架仅为示意，未示出剪刀撑。
3. 箱梁外露面模板一律采用规则模板拼制，注意拼缝外观良好。
4. 采取两次装模法。第一次为腹板侧面部分，第二次为箱室顶板底面模板部分。本图为第一次模板支撑示意图。
5. 每跨设置一个冲洗孔。第二阶段箱室模板每跨设置2个天窗。两个箱室天窗位置相互错开。
6. 腹板侧面模板面板采用18mm厚木胶板，80×80木方作为木楞，中腹板采用12mm螺栓对拉，3形扣件压双20～25mm钢筋，螺栓竖向间距300mm，纵向间距900mm；螺栓使用PVC套管。边腹板外露面不设螺栓，内侧设置12mm可拆卸型螺栓，与骨架钢筋焊接。
7. 所有钢筋骨架外侧必须设置垫块。腹板侧面模板与腋角部分形成整体，下部垫钢筋托架，钢筋托架由2mm钢筋制作，与底板钢筋焊接，安装模板完成后，将托架上部打弯与模板扣死，以防止模板上浮。托架间距为900mm。
8. 中腹板与边腹板侧面模板整体加固，设置两道对撑，对撑可以使用80×80木方或钢管、顶托，对撑间距为1800mm。注意与横梁侧面模板整体加固。
9. 箱室模板应事先预制，再安装，注意横梁位置预留张拉槽口模板的洞口。
10. 施工过程中，必须先放样，再按线位和标高安装模板。认真做好边腹板支撑架的安装，要与满堂红支架可靠连接，按需要加设防滑扣件。

图3-16 E匝道桥箱梁第一阶段芯模支设示意图（横桥向半立面）

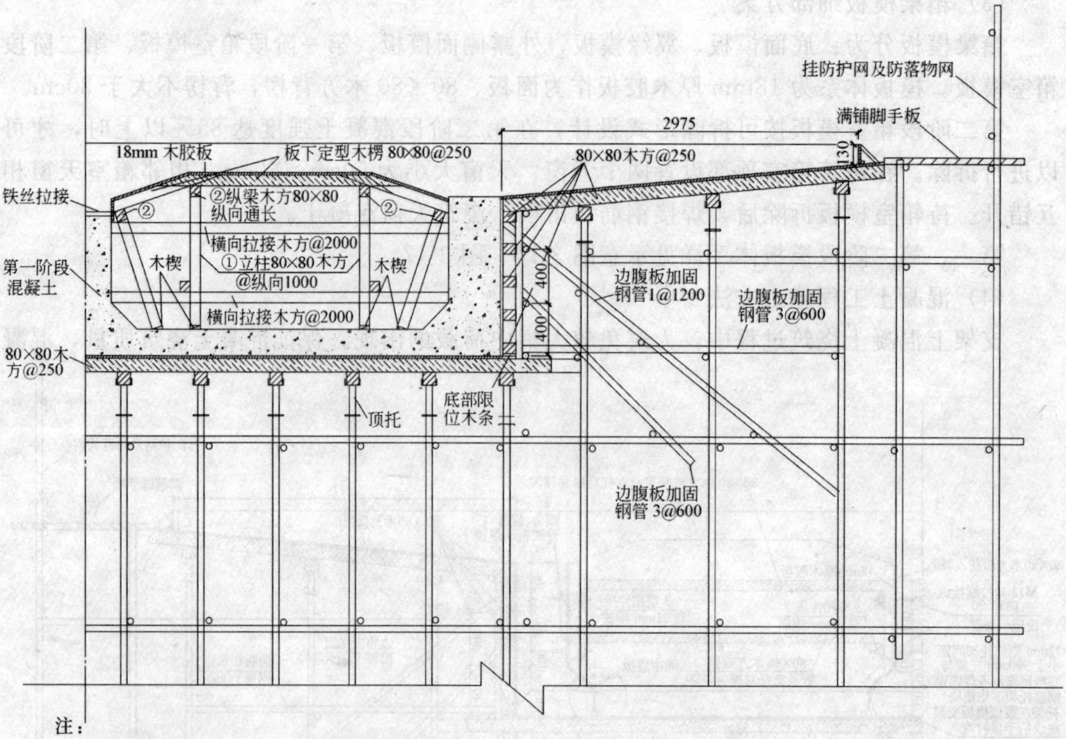

注：

1. 图中尺寸均以 mm 计；图中满堂红支架仅为示意，未示出剪刀撑。

2. 采取两次装模法。第一次为腹板侧面部分，第二次为箱室顶板底面模板部分。本图为第二次模板支撑示意图。

3. 模板面板采用 18mm 厚木胶板，80×80 木方作为木楞，纵向间距 300mm，顶板底平面部分为定型木楞注意切斜角。

4. 箱内支撑体系为两道立柱及两道斜柱，底部设置木楔，顶部设置木方纵梁，均为 80×80 木方。另外设置横向和纵向拉接。

5. 在接缝凿毛处理完成，清除干净后方准许进行芯模支设。

图 3-17　E 匝道桥箱梁第二阶段芯模支设示意图（横桥向半立面）

土采取分层浇筑的方法。浇筑使用汽车泵。箱梁第一阶段浇筑按照先底板、后腹板的顺序进行，注意底板混凝土刚刚失去流动性时可浇筑腹板，以避免混凝土从腋角流出。箱梁第二阶段按照先腋角后板面的顺序进行。具体方法和要求略。

（5）预应力体系

1）钢绞线下料及编束

按照设计图纸进行下料，用专门制作钢套架安放，用无齿锯切割。固定端挤压头用专用机具完成。

2）波纹管安装、固定及穿钢绞线束

先知做工作平台，按要求间距焊定位网格筋，再将波纹管穿入，波纹管的接口大一级的波纹管套接，密封胶带封口。波纹管曲线最高点采用 $DN25$ 铁管预留排气孔。

穿束时采取人力推送。穿束时慢速、均匀，穿束后仔细检查，修补波纹管有破损处。

3）锚具体系安装

使用 VlM 张拉端及固定端锚具。安装螺旋筋、锚垫板及固定端锚具时保证钢绞线、锚具等中心线重合。锚垫板与模板的接口、锚垫板与波纹管的接口密封。

4）混凝土浇筑

在混凝土浇筑过程中除一般要求外，重点做好波纹管及绞线保护和保证固定端、张拉端、窄小区域的混凝土浇筑质量。混凝土初凝前窜动钢绞线，避免堵孔。

5）预应力张拉

当第二阶段混凝土强度达到85%设计强度等级以上时可进行预应力张拉。张拉按照从下到上、左右对称，先中间后两边，均匀、对称的原则。张拉方法按设计规定单端张拉，张拉力及伸长值双向控制。张拉控制应力1395MPa。

张拉工作程序：0→0.1σ_k（初始应力）→1.0σ_k（持续5min）→1.0σ_k→锚固。

预应力张拉采用张拉力和伸长量双控法张拉。张拉过程中做好张拉记录。

向千斤顶油缸慢慢送油，达到0.1σ_k；量测初始读数，并做标记；继续张拉，并在0.2σ_k时记录伸长值；至σ_k，量测最终伸长值，核算实际伸长值与计算伸长值有否超出±6%；如有超出，暂停张拉，研究原因，采取措施后再继续张拉；持荷5min后1.0σ_k锚固，检查预应力筋的内缩值。油泵回油，按顺序取下工具夹片、工具锚板、千斤顶等。

6）孔道压浆和封端

A. 准备工作：将多余的钢束砂轮机截断，使用高强度等级水泥砂浆封住钢绞线锚头。

B. 压浆：压浆之前，使用压缩空气或压力水冲洗孔道。按配合比调制水泥浆，掺入减水剂及膨胀剂，搅拌好的水泥浆通过过滤筛网置于贮浆桶内，并不断搅拌，以防泌水沉淀，并在压浆过程中检验水泥浆的稠度符合要求。每工作班留取3组试件，标准养护28d后检验其抗压强度。

压浆采用活塞式UB3型压浆泵，压力为0.5～0.6MPa。灌浆过程缓慢、均匀进行，每孔压浆必须一次完成，不得中断，并应排气通畅。灌浆按自下而上、自低至高顺序进行，在孔道出浆孔、排气孔冒出浓浆后，逐一封闭后，保持压力不小于0.5MPa，进行稳压不小于2min。

C. 封端：压浆完毕后，清除锚垫板及端头混凝土污垢并凿毛，绑扎梁端头钢筋，安设封端模板，浇筑端头混凝土。

3.5 人行天桥施工

(1) 桩基及下部

桩基、下部构造施工方法同E匝道桥及下沉式道路。

(2) T形钢构施工

主要施工方法同下沉式道路及E匝道桥。

1）满堂红支架

模板及支架验算略，支架立面示意图见图3-18。

下沉式道路结构范围内的支架直接坐落在结构底板上，结构范围以外的支架基础换填压实，在表面浇筑不少于20cm厚的C15素混凝土基础，宽度范围为T形钢构的边缘投影以外1.5m。支架下设置底托及槽钢；80mm×80mm木方。支架采用ϕ48mm×3.5mm钢管进行搭设，底模板下设80mm×80mm木方底楞及2根ϕ48mm×3.5mm钢管纵梁，可调顶底托采用700或500型，支架底设置80mm×80mm木方或槽钢。

支架立杆间距：横桥向为60cm（附孔处）、80cm（悬臂处），顺桥向为60cm；横杆

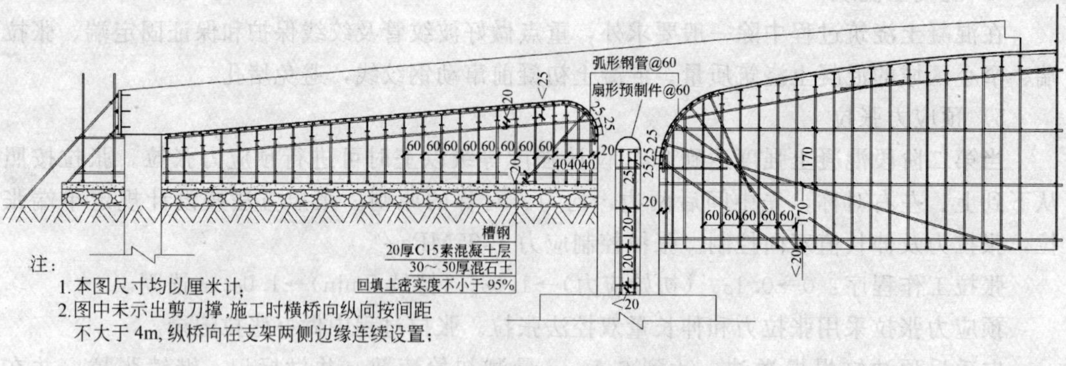

图 3-18　T 形钢构支架立面示意图

步距小于 170cm，设置扫地杆。横桥向连续剪刀撑延纵向每 4～6m 设置 1 道；顺桥向连续剪刀撑设置 3 道。在圆弧位置架设支撑架；可调顶托外露长度为 20～30cm；支架立杆高度根据地基处理完成后的标高确定；底模下木方间距 25cm，纵向双钢管间距 60cm。

2）底模板

底模采用 18mm 木模板，使用用大板块进行铺设，模板拼缝应紧密，对因日晒雨淋发生翘曲而出现的拼缝过大现象，可使用玻璃胶或水泥浆封堵。

钢构下部为 $R=240$cm 及 $R=110$cm 圆弧，此段采取定型刚架外铺模板并罩面的方法。模板采取小块拼装，每块宽度为 20cm。罩面板选用 3～5mm 胶合板。定型架由定型钢管及加固钢管组成。定型钢管间距为 60cm，定型架与支架加固成整体（或采取定型木方）。在上部结构与已浇筑完成的薄壁墩结合处两侧的模板上各设置一个 40cm×40cm 冲洗孔，在混凝土浇筑前进行封闭。

3）边腹板外露侧面模板

外露侧面模板加设支撑架保证模板稳定，模板底部设置限位板。底、中、顶部侧面支撑不少于 3 道，支撑伸入满堂红支架内不少于 2 道水平杆，并加设连接钢管与之扣接。底、中侧面斜撑每 60cm 设置 1 道，顶部小于 120cm 设置 1 道。

4）箱室模板

采取整体现浇的方式，设置天窗，取出芯模。箱室内设置支撑。在箱室顶板预留 30cm 的通长槽口，模板临时放于一边，槽口作为在浇筑底板混凝土时兼下料、振捣及观察底板浇筑情况之用，待底板浇筑完成后封闭。

（3）简支挂梁预制与安装

1）底模成形

简支挂梁施工场地设在人行天桥的北侧，顺天桥方向布置。根据挂梁设计底弧度，在下沉式道路第一节段底板上用 C10 素混凝土浇筑形成两个弧形底模，为保证挂梁底的完成面光滑、防止裂纹，在表面铺设钢丝网，表面成形时洒水泥压成光面，并涂刷脱模剂。

在相应吊装捆绑位置的底模上预埋 10cm×10cm 的槽口，用木方进行填充。

2）挂梁预制

简支挂梁的钢筋、模板、预应力施工方法与 T 形钢构的施工方法相同。

挂梁单个板块设置天窗，取出芯模。箱室内设置支撑。在箱室顶板预留 30cm 的通长槽口，模板临时放于一边，槽口作为在浇筑底板混凝土时兼做下料、振捣及观察底板浇筑情况之用，待底板浇筑完成后封闭。

3）挂梁安装

挂梁及两侧T形钢构张拉压浆完成后，压浆强度满足要求；同时，高压电塔迁移完毕，则可以进行挂梁的安装工作。

使用两台50t以上吊车抬吊的方法安装挂梁。见挂梁安装平面示意图（图3-19）。

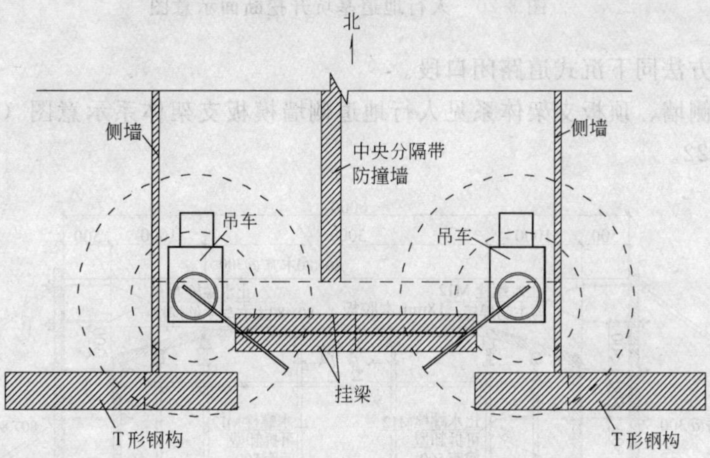

说明：

1. 共计2片挂梁，每片重约60t；采取钢丝绳捆绑式、双机两点抬吊的方法；
2. 每台吊机标准起重量不小于80t，预计工作量为15m；地面（挂梁底面）至吊装的支座面垂直距离为5.5m；
3. 吊机设于天桥北侧，尽量靠近挂梁，但满足最小工作空间，吊机工作臂最小角度为55°；
4. 注意两台吊机同步、协调作业，挂梁应水平，禁止出现倾斜；
5. 吊装在电塔迁移后进行，严格执行有关机械操作规程。

图3-19　人行天桥挂梁吊装平面示意图

4）湿接缝施工

挂梁安装完成后，按先浇筑底板及横梁后浇带再浇筑顶板的顺序完成；模板采取吊模法，钢筋采取焊接方式。混凝土采取人工运输、机械振捣的方法。

（4）钢筋、支架、模板混凝土及预应力施工方法

参见E匝道桥相应内容。

（5）天桥面花岗石地砖铺设

1）施工顺序

基层处理⟶测量标高⟶弹出标高和控制线⟶做四角塌饼⟶引出中间踢饼⟶扫浆⟶铺水泥砂浆⟶搓平⟶铺贴面砖⟶养护。

2）施工方法（略）

3.6　人行地道施工

（1）基坑开挖

根据土质较好和挖深较小的情况，基坑开挖方法采取放坡开挖，边坡坡度1∶1～1∶0.5，坡面采取砂浆抹面防护，见图3-20。具体开挖方法同下沉式道路。

（2）结构施工

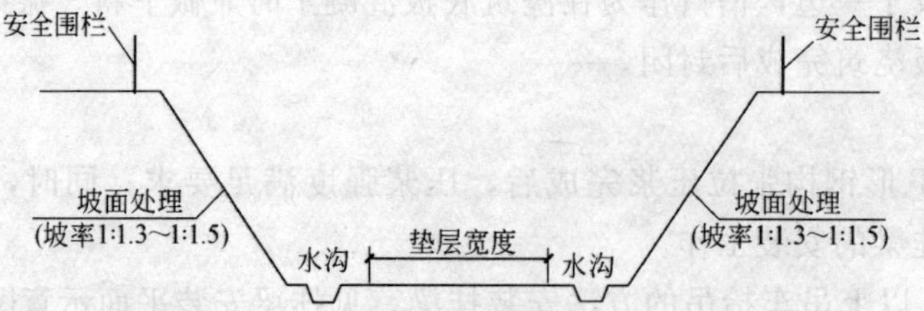

图 3-20 人行地道基坑开挖断面示意图

结构施工方法同下沉式道路闭口段。

人行地道侧墙、顶板支架体系见人行地道侧墙模板支架体系示意图（一）、（二），即图 3-21、图 3-22。

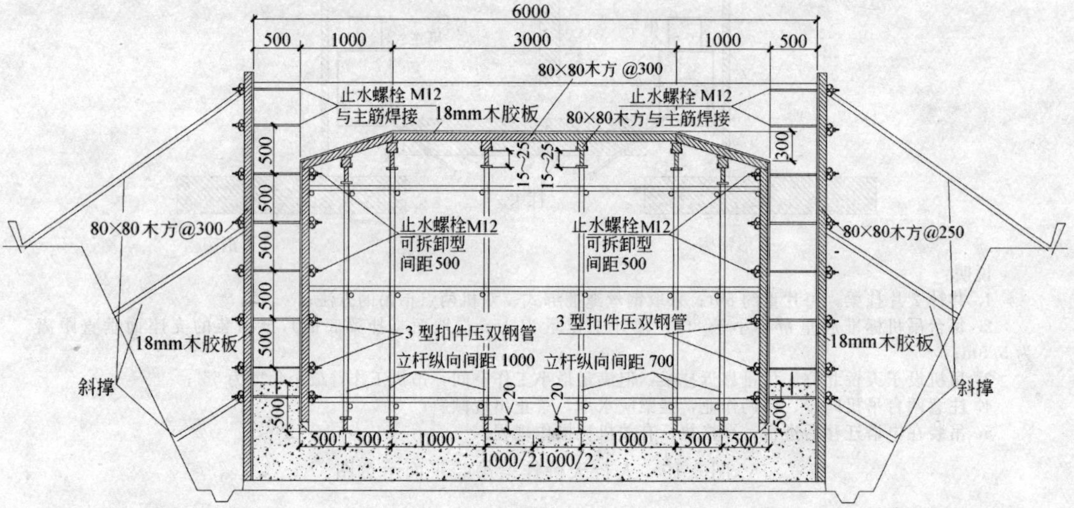

注：

1. 本图适用于净宽 5m，内高 3.1m 的人行地道，净宽 6m，内高 3m 的人行地道见图（二）。
2. 图中尺寸均以 mm 计。
3. 侧墙模板使用 M12 对拉螺栓利用 3 形扣件加压双钢管加固，螺栓间距水平及竖向距离为 500mm，螺栓使用可拆卸型。模板面板为 18mm 厚木胶板，80×80 木方背楞，间距控制在 300mm 以内。
4. 顶板底模板面板为 18mm 厚木胶板，80×80 木方龙骨，间距控制在 300mm 以内，下设 80×80 木方横梁。支架为满堂红 $\phi 48$ 钢管支架，立杆间距分别为 500mm×700mm、1000mm×700mm，纵横向横竿三道，并支顶侧墙模板。每隔 6m 设一道横向剪刀撑。
5. 在侧面利用至少三道斜撑或斜拉保证模板的稳定性，侧墙模板与支架整体加固。注意选取长度适合的钢管。

图 3-21 人行地道侧墙模板支架立面示意图（一）

（3）消防用水管道施工

1）主要施工程序

主体结构施工时，注意预留孔洞、套管、埋件。施工完成后，对墙体及板内管道安装设置，进行清理加设套管等工作。管道安装完成后进系国内冲洗、试压、通水试验。

2）施工技术要点和要求（略）

（4）电气安装及调试（略）

（5）地道装饰装修

采用花岗石地砖、墙砖及涂料，施工方法略。

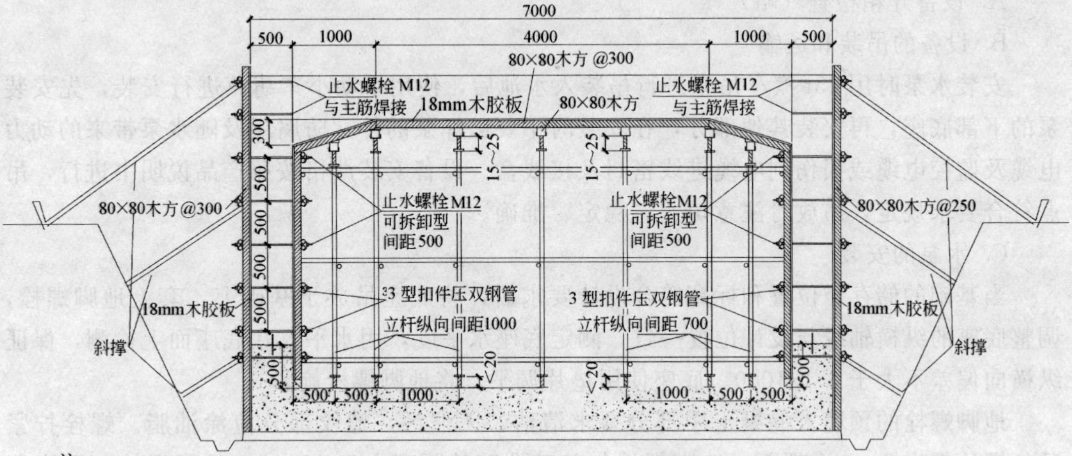

注：

1. 本图适用于净宽 6m，内高 3.3m 的人行地道，净宽 5m，内高 3.1m 的人行地道见图（一）。
2. 图中尺寸均以 mm 计。
3. 侧墙模板使用 M12 对拉螺栓利用 3 形扣件加压双钢管加固，螺栓间距水平及竖向距离为 500mm，螺栓使用可拆卸型。模板面板为 18mm 厚木胶板，80×80 木方背楞，间距控制在 300mm 以内。
4. 顶板底模板面板为 18mm 厚木胶板，80×80 木方龙骨，间距控制在 300mm 以内，下设 80×80 木方横梁。支架为满堂红 $\phi 48$ 钢管支架，立杆间距分别为 500mm×700mm、1000mm×700mm，纵横向横竿三道，并支顶侧墙模板。每隔 6m 设一道横向剪刀撑。
5. 在侧面利用至少三道斜撑或斜拉保证模板的稳定性，侧墙模板与支架整体加固。注意选取长度适合的钢管。

图 3-22　人行地道侧墙模板支架立面示意图（二）

3.7　排水泵房施工

（1）工程概况

本标段共设计有两座水泵房：黄埔大道雨水泵房、花城大道水泵房。泵房结构为钢筋混凝土地下结构。

黄埔大道雨水泵房：设计流量为 1450L/s，设计 4 台 75kW 水泵。雨水泵房建筑面积 580.5m^2。设计为 2 层，上层为设备用房包括发电机房、配电房、监控机房等，下层为水泵房。泵房内设置一台 630kV·A 干式变压器（供两个泵房使用）和一台全自动应急柴油发电机组（备用）。

花城大道雨水泵房：设计流量为 390L/s，设计 2 台 37kW 水泵。建筑面积 89.88m^2。

（2）基坑支护开挖施工

施工方法同下沉式道路灌注桩支护段。

（3）混凝土结构

施工方法同下沉式道路及人行地道。于顶板上预留水泵、发电机的安装孔。

（4）水泵等设备安装工程施工

水泵等设备的地脚螺栓在结构施工过程中予以埋设。水泵、发电机等管道安装时，吊装用 25t 汽车吊进行安装。

1）主要施工工艺流程

基础设置和检查→设备开箱检查→设备吊装就位→设备找正找平→进出管道安装→设备试运转。

2）设备安装的方法和要求

A. 设备开箱检查（略）

B. 设备的吊装和运输

安装水泵时用25t汽车吊车进行吊装入水池后，使用手动小车葫芦进行安装，先安装泵的下部底座，再安装其他部分，在安装时不要破坏泵的外部防腐层及随水泵带来的动力电缆及监控电缆或损伤到电缆进线密封及接线盒。设备安装严格按照产品说明书进行，吊点符合要求规定，吊放时注意匀速、稳定、准确。

C. 水泵的安装

当基础的储存、位置和标高符合设计要求后，将底座吊放于基础上，套上地脚螺栓，调整底座的纵横轴线与设计位置一致。测定底座水平度，用水平仪在底座面上检测，保证纵横向偏差不大于0.1/1000。底座使用垫片调平，将地脚螺栓旋紧。

地脚螺栓的预埋入混凝土中部分要求清洁、无油污，螺纹部分应涂油脂。螺栓拧紧后，螺栓露出2～3个螺距。地脚螺栓与基础孔壁的距离大于15mm。地脚螺栓与孔底留30～50mm的距离。地脚螺栓在土建施工中预埋定位，螺纹进行包裹，予以保护，使外漏长度、标高、位置符合要求。

每个地脚螺栓的近旁至少有一组垫铁，尽量靠近地脚螺栓。每组垫铁一般不超过3块。配对的斜垫铁应接触平稳，每组垫铁放置平稳，接触良好。设备找正找平后，垫铁应露出设备底座外缘，平垫铁应露出10～30mm，斜垫铁应露出10～50mm，垫铁深入设备底座底面长度超过地脚螺栓孔。

水泵和电动机采用倒链滑车吊装，起吊时，钢丝绳系在泵体和电机吊环上。

水泵安装就位后进行精平、找正。找平：把水平尺放在水泵轴上测量轴向水平；水泵纵横向不水平度不超过0.1/1000。找正：在水泵外援团以纵横中心线位置里桩并在空中拉相互垂直的中心线，在两根线上各挂垂线，使水泵的轴心和横向中心的垂线相结合。

3）水泵试运转

水泵试运转前检查并保证：电动机的转向符合要求；紧固连接件无松动；润滑油脂符合要求；相关部件已经润滑；水封、油封、密封冲洗等附属系统管路干净、畅通；安全保护装置灵活、可靠；离心泵叶轮无阻塞等。

水泵启动前，出口阀门关闭。启动后检查运转是否正常。

（5）给水、照明、配电箱等安装（略）

（6）铝合金门窗安装（略）

（7）内墙抹灰及涂料施工

1）施工工艺流程

基层处理⟶基底找平和打磨⟶封底漆⟶喷第一遍涂料⟶刷第二遍涂料⟶验收和清理。

2）施工方法（略）

（8）内外墙瓷砖铺贴（略）

3.8　雨污水管道工程施工

3.8.1　污水管道工程工作井及接收井施工

工作井及接收井采用逆作拱墙法施工。先施工水泥搅拌桩止水帷幕，待强度达到

95%再逆作法施工工作井及接收井。

(1) 搅拌桩止水帷幕施工

测放出井中心线及井边线。清除地表杂物，凿除路面，挖除基层。搅拌桩施工工艺及方法见下沉式道路。

(2) 测量放样，场地平整、地面设施布置

井口四周设排水沟、集水井，防止地表水进入井内。井口顶部设置遮雨棚，井口四周制作围栏，围栏高度 1.2m，围栏设密目安全网。

(3) 拱墙施工

采用逆作分节挖土，人工手持风镐、十字镐、挖锹从上到下逐层挖掘，铁锹铲土装入吊桶，简易电动提升架提升，至地面后用手推车运至临时弃土场。每节开挖深度为 1.2m。挖土次序为施工时先开挖拱墙位置的土方，施工拱墙，待拱墙完成闭合后且混凝土强度达到 80%以上强度后大面积开挖拱墙内的土方。

每一节段土方开挖完成后，安装护壁钢筋和模板，井壁外侧使用搅拌桩形成的孔壁，进行钢筋加工和安装，内壁模板使用组合定型钢模板，每块长度 1～2m，在模板内部加设内撑钢筋，外部使设木方斜撑于土壁上。

护壁混凝土采用现场拌合的方法，并掺加早强剂，用吊车吊斗入模，插入式振捣棒捣实。

逆作法施工拱墙如图 3-23 所示。

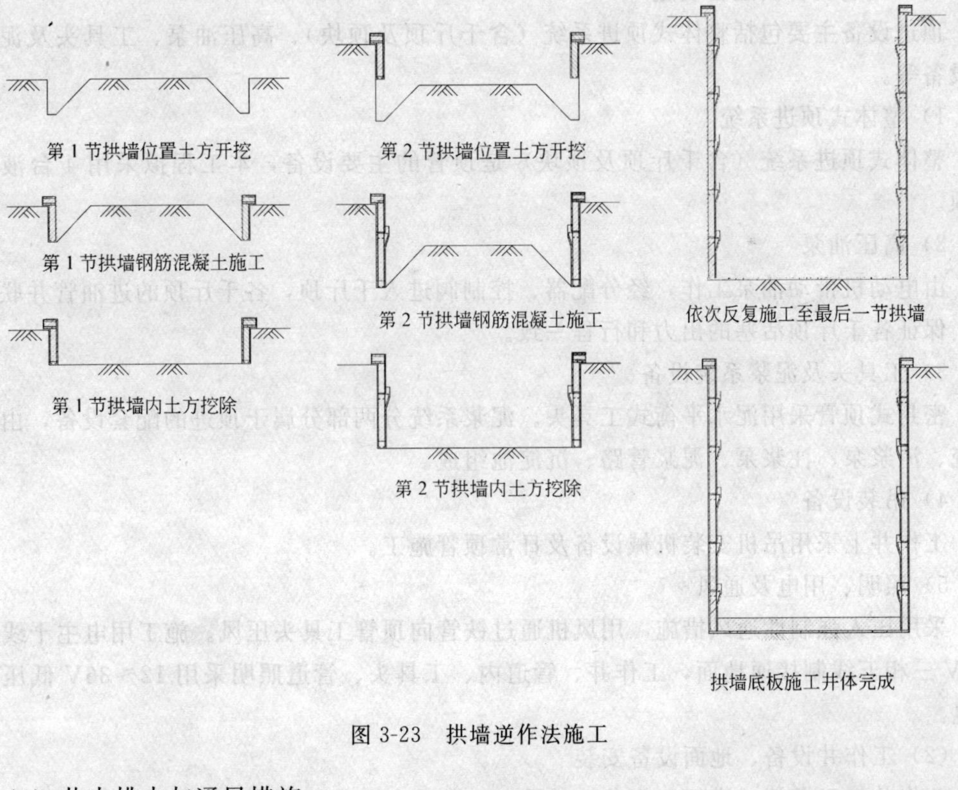

图 3-23 拱墙逆作法施工

(4) 井内排水与通风措施

在井内中部挖一深度为 30～50cm 的集水坑，超前排水。井内的二氧化碳等有害气体

含量超过要求指标时，采用机械通风。

(5) 井底处理

挖井达到设计深度后，把井底的松渣、浮渣及扰动过的软层全部清理掉，迅速封底。底板采用ф20～25钢筋、间距为200mm的单层双向钢筋网，浇筑C25商品混凝土。

3.8.2 泥水平衡法顶管施工

泥水平衡法顶管形象图如图3-24所示。

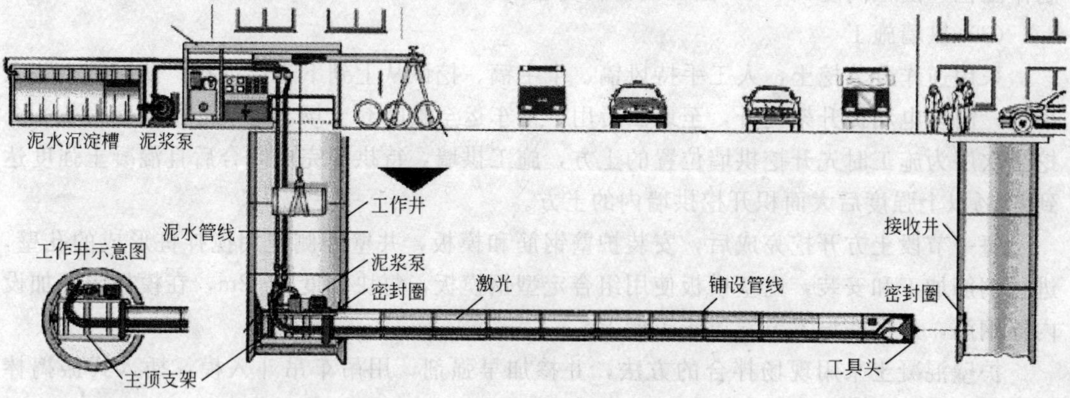

图3-24 泥水平衡法顶管形象图

(1) 顶进设备及配套设施

顶进设备主要包括整体式顶进系统（含千斤顶及顶块）、高压油泵、工具头及泥浆系统设备等。

1) 整体式顶进系统

整体式顶进系统（含千斤顶及顶块）是顶管的主要设备，本工程拟采用4台液压千斤顶。

2) 高压油泵

由电动机带动油泵工作，经分配器、控制阀进入千斤顶，各千斤顶的进油管并联在一起，保证各千斤顶活塞的出力和行程一致。

3) 工具头及泥浆系统设备

密封式顶管采用泥水平衡式工具头。泥浆系统分两部分属于顶进的配套设备，由搅拌系统、渣浆泵、注浆泵、泥浆管路、沉淀池组成。

4) 吊装设备

工作井上采用吊机安装机械设备及日常顶管施工。

5) 照明、用电及通风

采用压入强制性通风措施，用风机通过铁管向顶管工具头压风。施工用电主干线采用380V三相五线制接通地面，工作井、管道内、工具头、管道照明采用12～36V低压电源供电。

(2) 工作井设备、地面设备安装

工作井施工期间，进行工作井上的设备安装准备工作，包括安装工具头系统的泥浆池及触变泥浆系统的泥浆池水箱、安装泥水处理系统、安装进泥浆的渣浆泵及管道系统、压触变泥浆的螺杆式泥浆泵及管道系统、安装地面操作系统及操作系统的防雨棚、接好水电等工作。

工作井施工完毕后，进行工作井下的设备安装准备，包括穿墙位置止水密封橡胶的安装、整体式顶进系统的安装（后备、千斤顶、导轨等）、出泥浆的渣浆泵及管道系统的安装、测量系统的安装等。

1）后背和洞口施工

后靠背使用厚度为 20mm 钢板制作，内部焊接竖向和横向肋。顶部设置吊环。在井内后背一侧浇筑混凝土衬墙。凿除洞口范围的井壁混凝土和止水桩，浇筑洞口混凝土，预埋钢环板。

2）安置起重机械

顶进工作井配备一台汽车吊进行垂直运输作业。其起重能力满足顶管工具管和顶进设备的装拆、吊管和顶铁装拆、其他材料的垂直运输。正式作业前要先试吊，离地面约 10cm 检查重物捆扎情况和制动性能，确认安全可靠，方可使用。

3）安装导轨

先复核管道中心位置，计算导轨轨距。采用装配式轻型导轨，按轨距安放在混凝土基础面上。两根轨道必须互相平行、等高，导轨面的中心标高按设计沟底标高设置，坡度与设计管道坡度相一致，工作坑的混凝土基础面标高为沟底标高减去导轨的构造高度和 10mm 以下调整的薄钢板厚度。导轨定位后必须稳固、正确，在顶进中承受各种负载时不位移、不变形、不沉降。

4）安装主顶设备

A. 将主顶千斤顶对称布置为 4 台，固定在组合千斤顶架上作整体吊装。每台千斤顶规格一致，行程同步，油路并联，共同作用，均备有独立的控制阀，伸出的最大行程小于油缸行程 10cm 左右。

B. 油泵设备设在距离主顶千斤顶的近处，并设置防雨棚，油路安装顺直，减小转角，接头不漏油，油泵的最大工作压力不大于 32kPa，装有限压阀、溢流阀和压力表等指标保护装置，安装完毕后必须进行试车，在顶进中定时检修维护，及时排除故障。

C. 选择符合要求刚度的马蹄形顶铁，受力后无变形，相邻面垂直，排列不扭曲，单块放置稳定性好，连续部位不脱焊、不凸面，与导轨的接触面平整，顶进前滑动部分抹牛油润滑。

D. 环形顶铁与管口相吻合，中间用软木板衬垫。

5）安装前墙止水圈

为了防止顶管机头进出工作坑洞口流入泥水，并确保在顶进过程中压注的触变泥浆不致流失，事先安装好前墙止水圈，其组成部分为预埋法兰底盘、橡胶板、钢压板、垫圈与螺栓。法兰底盘预先埋设在混凝土内，中心正确，端面平整，安装牢固，螺栓的丝口妥善保护，水泥浆预先清除。

6）安放顶管机头

顶管机头的尺寸和结构在吊入工作井前，要进行详细检查。起重机卸机头时，平稳、缓慢、避免冲击、碰撞，并由专人指挥，确保安全可靠。

机头安放在导轨上后，测定前后端的中心的方向偏差和相对高差，并做好记录，机头与导轨的接触面必须平稳、吻合。工具管和掘进机要按设计要求，准确定位，两边对称。机头必须对电路、油路、水路、泥浆管路和操纵系统等设备进行逐一连接，各部件连接牢固，不得渗漏，安装正确，并对各分系统进行认真检查和试运行。

7）安置土方运输设备

采用泥水平衡顶管进机，以水力机械方式将泥浆通过与管路连接的吸泥泵输出，并与排泥旁通装置直接输送到地面泥浆沉淀池。

（3）管道顶进

1）施工工艺流程（图 3-25）

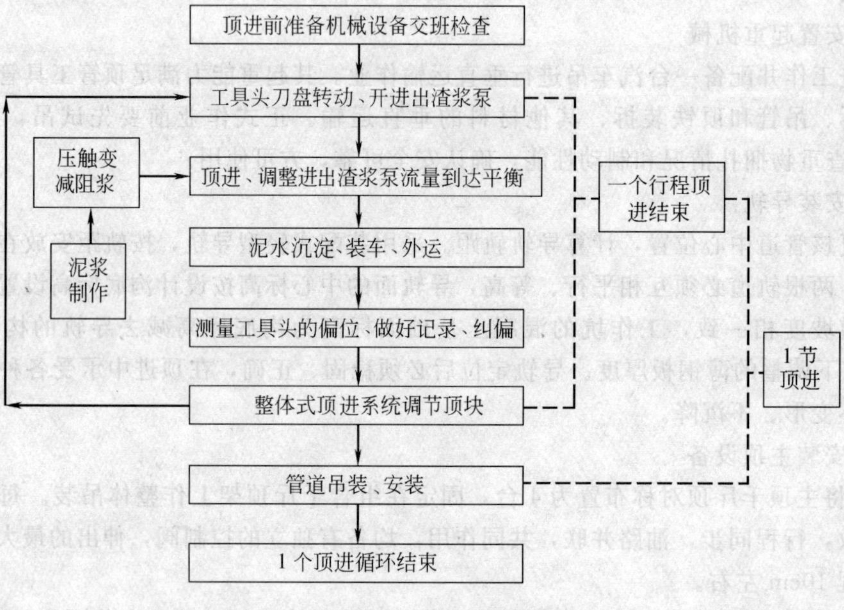

图 3-25 管道顶进施工工艺流程图

2）施工方法

A. 出洞

出洞前对所有设备进行全面检查，检查液压、电气、压浆、气压、水压、照明、通讯、通风等操作系统是否能正常进行工作；检查各种电表、压力表、换向阀、传感器、流量计等是否能正确显示其进入工作状态，然后进行联动调试，确认没有故障后，方可准备出洞；如存在问题，要及时调整、维修或更换。

洞口止水圈与机头外壳的环形间隙均匀，密封、无泥浆流入；洞外地面无明显沉陷后，方可拆除封门。先拆除砖墙，而后拆除井外的组合钢封门。拆除封门后，在确保人身安全的前提下，立即清除洞口外可能存在的金属物件或较大的硬块等障碍物，然后将机头随即切入土层中，避免前方土体松动坍落。

B. 顶进

a. 工具头刀盘转动、开进出渣浆泵：交班和例行检查完毕后，接通电源，将工具头的刀盘转动，当设备的参数稳定后，开进出渣浆泵，开始泥浆循环。

b. 顶进、调整进出渣浆泵流量达到平衡：工具头的操作全部采用在管道外控制台控制，1个机手操作，控制台实现对工具头刀具的转动、纠偏控制、压力显示、实时监控(工具头安装了摄像头、控制台上安装了电视机)。顶进千斤顶，观察工作仓的土压力表，调节渣浆泵的流量达到工作仓的泥水平衡，其平衡原理是：当进泥和吸泥泵稳定工作时，调节进泥和吸泥的泵量，使工作仓内应保持一定压力，仓内泥水压力应与地下水压力相平衡，泥水压力过大，则出现地面隆起；泥水压力过小，则地面沉陷，关键是控制顶进与出泥的速度相当。

c. 泥水处理系统处理，废渣外运：采用泥水平衡式工具头出土，在工具头中注入含有一定泥量的泥浆，通过大刀盘切削工具头前方的原状土，与注入的泥水搅拌，泥水通过吸泥泵排到地表泥水处理系统处理，泥浆可以反复循环使用，处理后经沉淀的泥沙用泥浆车外运。

d. 测量工具头的偏位、记录、纠偏：测量方法，在工作井后座位置设置测量机座，测量基座由地面引入地下，避免工作井的变形引起的误差，将激光经纬仪放置在其上调平后，使激光经纬仪发射的激光沿着顶进方向水平射出，打在工具头的测量靶位上，通过望远镜读出工具头的偏差。每隔0.5m记录一次，施工中经常测量校对。

纠偏办法：顶进中发现管位偏差5mm左右，即应进行校正。纠偏校正缓慢进行，使管节逐渐复位，不得猛纠硬调。校正采用工具头自身纠偏法：控制工具头的状态（向下、向上、向左、向右），每次纠偏的幅度以5mm为一个单元，再顶进1m时；如果根据激光经纬仪测量偏位趋势没有减少时，增大纠偏力度（以5mm为一个单元）；如果根据激光经纬仪测量偏位趋势稳定或减少时，保持该纠偏力度，继续顶进；当偏位趋势相反时，则需要将纠偏力度逐渐减少。

e. 一个行程顶完后，整体式顶进系统调节顶块：当顶完1个行程后（1m），停止顶进，调节整体式顶进系统顶块，可继续顶进下一个行程。

f. 触变泥浆系统：压注触变泥浆填充管道外周空隙，以减少地层损失，控制地面沉降和减少顶进阻力。顶管机头尾端的压浆要紧随管道顶进同步压浆，并在管道的适当位置进行跟踪、补浆，以补充在顶进中的泥浆损失量。

压浆数量和压力：一般压浆量为管道外周环形空隙1.5～2.0倍，压注压力根据埋设深度和土的天然重度而定，为2～3（γH）（γ：土的重度，H：土的覆土深度）。在顶进过程中，要按地面变形的测试资料，适当调整压浆量及压力。

浆液配制：本顶管中触变泥浆采用单液注浆，其施工现场配制的组成材料为膨润土、纯碱、CNC、水。配制比例为：膨润土∶水∶纯碱∶CMC＝400∶850∶6∶2.5，稠度12～14。

孔的布置：每个注浆断面设置4个压浆孔以采用多点压浆，相邻注浆断面的孔位平行布置。

压浆方法：在每次顶进中必须对顶管机头后的第一个注浆断面上压注足量的泥浆，以使其形成完整的泥套，其他断面则按依次顺序作定压定量的跟踪补浆，在顶进100m范围以后的补浆断面上可每隔2～4d进行补浆。

换泥浆：顶进结束后，对泥浆套的浆液进行转换，转换浆液一般有水泥砂浆并掺加适量的粉煤灰，以增加稠度，压浆体凝结浆结束后所的设备必须认真清洗。

g. 顶完一节管后，拆开各管路、管道吊装、各管路安装：顶完一节管后，拆开所有管线（电力电缆、信号线、油管、进出泥浆管、触变泥浆管），进行玻璃夹砂管吊装后，安装好所有管线（电力电缆、信号线、油管、进出泥浆管、触变泥浆管），继续顶进。

C. 进坑

顶管机头进坑时，接收坑内预先安置枕垫和滚筒；当顶管机头前部将近接触接收坑外边时，拆除封门；当管节顶入接收坑后要考虑留出的管节长度，尽量避免敲拆管道，方便接口施工，露出的管段小于管长的三分之一。掘进机脱离管子时必须采取措施，防止管节接头橡胶圈的松动。

D. 接口

接口材料采用T型钢套环，楔形橡胶圈。钢套环按设计要求进行防腐处理，刃口无缺损，焊接处平整，肢部与钢板平面垂直，堆放时整齐搁平。插入安装前，滑动部位均匀涂薄层硅油等润滑材料，对橡胶无侵蚀性，减少摩阻。顶管结束后，按设计要求在管内间隙嵌以弹性密封膏，使二管口相平。

(4) 顶管工程力学参数确定

顶管的推力就是顶管过程管道受的阻力，包括工具头正面泥水压力、管壁摩擦阻力。

泥水平衡压力：在封闭的工作仓内加泥水压力平衡地下水压力，防止泥砂涌入。泥水压力一定要合理。压力小，大量的泥砂涌入，会造成路面破坏，地表设施受损；压力过大，会增大主千斤顶负荷，严重的可能产生冒顶现象。

顶力计算：

工具头正面泥水压力计算公式为：

$$F_1=\pi\times D^2/4\times P$$

式中 F_1——顶管泥水阻力（t）；

D——顶管外径（m）；

P——顶管泥水最大压力（t/m²）；P与土层密实度、土层含水量、地下水位状况有关。根据有关工程统计资料和本工程的分析，估算工具头正面泥水压力为30t/m²左右。

则有：$F_1=\pi\times1.776^2/4\times30=72\text{t}$

管壁摩擦阻力计算公式为：

$$F_2=S\times L\times f$$

式中 S——顶管外周长（m）；

L——最长一段顶管长度（m）；

f——综合摩擦力系数（t/m²）；f与管道的埋设深度、土质、地下水位等因素有关。估算最长顶进198m，黏土综合摩擦力系数$f=0.6\text{t/m}^2$。

则有：$F_2=\pi\times1.776\times198\times0.6=662\text{t}$

在考虑一次顶进距离为198m时，顶管总阻力为：

$$F=F_1+F_2\approx734\text{t}$$

所以，顶进的后座采用4个200t的千斤顶。

(5) 顶管地面沉降测量

按照设定的管道中心线和工作井位建立地面与地下测量控制系统，控制点设在不易扰动、视线清楚、方便校核的地方，并加以保护。每 20～30m 布设观测点，管道中线、管道中线两侧左右各 5m、各 10m 位置分别布设。中线位置观测点需要在混凝土路面上钻孔埋设。

在顶管施工前，观测初始值。顶管过程中，进行观测。初期每天进行观测，然后根据变化速率确定观测频率，变形快，则加大频率。

路面各部位允许沉降和隆起值如下：

管道中心线位置：10mm；管道中心线左右各 5m：5mm；管道中心线左右各 10m：0mm；当累计变形值超过变形值时，立即停止顶管作业，查找原因采取措施处理后进行。

(6) 顶管中常见问题及处理方法（略）

3.8.3 明挖段管道施工

(1) 沟槽（基坑）支护

基坑开挖前探清地下管线的位置，并进行迁移和保护。进行道路的软基处理，软基处理合格后进行管道施工。

1) 放坡开挖、简单支护

适用于预埋管道土质较好地段，开挖深度小于 3m，且无淤泥流沙等不良地质，周边位置满足稳定放坡要求，放坡坡度在 (0～1)：1 之间。详见图 3-26。

2) 槽钢支护、直槽开挖

对于预埋管段基坑深度超过 3m 小于 6m 时，受到周围空间限制无法开挖时采用槽钢支护。详见图 3-27。

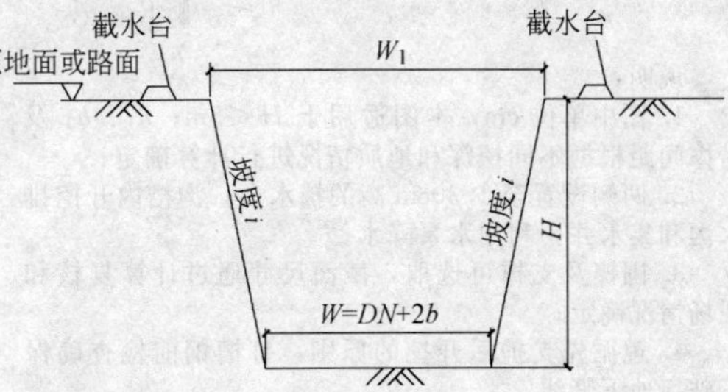

说明：
1. 图中单位 cm，本图适用于 $H \leqslant 3m$；
2. 两侧设置至少 30cm 高的挡水台；沟槽内开挖排水沟和集水井，利用水泵降水；
3. 开挖前检查确保不破坏地下管线；
4. 土质较好地段，开挖深度小于 3m，且无淤泥流沙等不良地质，周边位直满足稳定放坡要求，放坡坡度在 (0～1)：1 之间，不良地段简单支护，视情况使用砂浆进行坡面硬化；
5. 有淤泥或流沙的地段。打设木桩至淤泥（流砂）底面至少 2m，在安装侧面木板和支撑板，或边直接开挖，边设置挡板和支撑。

图 3-26 放坡开挖、简单支护示意图

3) 钢板桩支护

A. 方案：适用于挖深大于 6m、土质较差、周围空间受限的位置。选用拉森Ⅳ钢板桩，单根长度 9m，使用工字钢做腰梁及内撑，内撑间距 5m。详见图 3-28。

B. 施工方法（略）

(2) 沟槽（基坑）开挖和降水施工方法

1) 开挖

沟槽开挖使用挖掘机机械开挖，人工整平。

2) 降水、排水

采用集水井、明沟降水法。雨期施工时缩短开槽长度，加快施工速度。

(3) 混凝土管安装

1) 管道吊装运输及堆放（略）

2) 垫层和基础

垫层厚度为 10cm，材料选取石屑、碎石或砂砾等。夯实整平。钢筋混凝土排水管管座基础为混凝土。将管座基础分为两部分施工：先施工管道底部的混凝土基础，待管道安

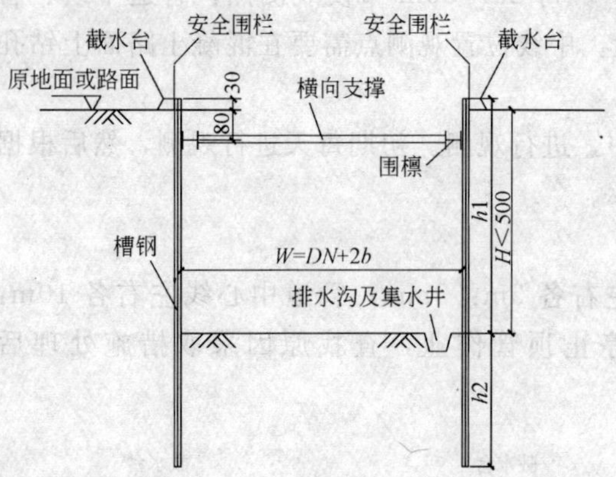

说明：

1. 图中单位 cm，本图适用于 $H<5\text{m}$；h_1、h_2 及横撑间距根据不同挖深和地质情况进行计算确定；
2. 两侧设置至少 30cm 高的挡水台；沟槽内开挖排水沟和集水井，利用水泵降水；
3. 围檩及支撑可选取，截面尺寸通过计算复核和现场情况确定；
4. 遵循先支护后开挖的原则，打槽钢前检查确保不破坏地下管线。

图 3-27 槽钢支护、直槽开挖横断面示意图

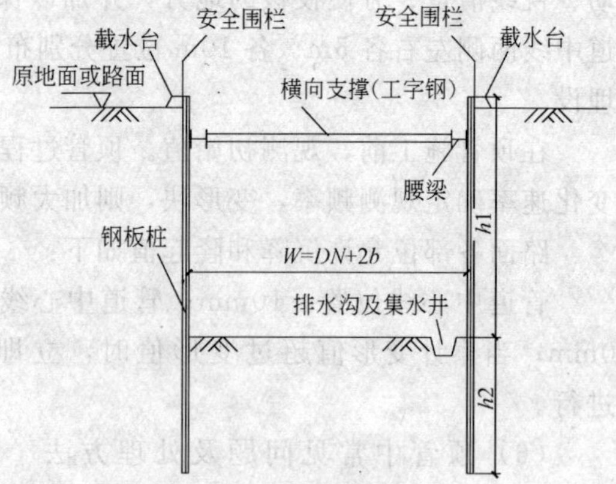

说明：

1. 图中单位 cm，本图适用于基坑深度大于 6m 或周边环境限制无法放坡开挖的位置；
2. 钢板桩两侧设置至少 30cm 高的挡水台；沟槽内开挖排水沟和集水井，利用水泵降水；
3. 遵循先支护后开挖的原则，打设钢板桩前检查确保不破坏地下管线。

图 3-28 钢板桩支护横断面示意图

装后，再施工剩余的混凝土基础。

3）管道安装及接口

沟槽内基础混凝土强度达到 50％时以上时，进行管道的安装。管径 300mm 以内下的管道可人工抬管入槽。管道下到沟槽内深度小于 2.5m、管径小于 600mm 的采用人工压绳法下管，沟槽深度大于 2.5m、管径大于 600mm 的管采用手拉葫芦吊管或吊车吊放。

钢筋混凝土管道接口采用 O 形橡胶圈接口。接口施工前，先检查胶圈是否配套完好，确认胶圈安放位置及插口应插入承口的深度。清除承口内壁和外壁的泥砂；若有凸凹不平时，用砂轮磨平。首先，将 O 形橡胶圈放于管子的插口上定位，将插口端的中心对准承口的中心轴线就位，用紧线器或捯链将插口插入承口。检查胶圈位置，调整管节顺直度，逐节依次安装；如果插入困难时，可涂抹润滑剂或肥皂水润滑。

（4）检查井

根据现场实际情况及由于道路施工的影响，检查井的砌筑分为两种：一种是在路基施工前进行，并随路基一起加高；另一种是在路堤完成后开挖、砌筑。

开挖后，将井底部的原状土平整、夯实，在其面上铺 15cm 的碎石夯实；井底板采用 C20 混凝土进行浇筑；井身按有地下水的形式砌筑，用 MU15 砖、M10 砂浆砌筑；井身内外均采用 2cm 厚 1∶2 水泥砂浆批挡。井身砌筑的同时，施工流槽，安装好爬梯和井盖座。洗刷检查井底板及井壁，进行流槽的施工。井盖板采取集中预制的方法制作，运至现场安装。

（5）闭水试验

1）试验依据及检验标准

按《给水排水管道工程施工及验收规范》GB 50268—97 及《市政排水管渠工程质量检验评定标准》CJJ 3—90 有关内容进行试验、检验。

2）试验分段：相邻检查井之间管段。

3）试验方法

试验前对管道内部进行检查，要求管内无裂纹、小孔、凹陷、残渣和孔洞；上游井和下游井处用钢制堵板堵住管子两端，同时在上游井的管沟边设置一试验水箱，保证上游管顶以上 2m 水头的压力。管口封堵方法：先用手砂轮将管口磨平，再将一圈表面涂黄干油的石棉绳（拧成麻花状）附着在管口上，其外垫一层厚 5mm 橡胶，盖上钢板，用螺旋千斤顶顶在钢板上，将胶皮、石棉绳压紧。将进水管接至堵板下侧，下游井内管子的堵板下侧设泄水管，并挖好排水沟。

管道严密性试验：从水箱向管内充水，管道在充满水浸泡 1 昼夜后进行预检查，无漏水现象，渗水量符合规范要求，则判定为合格；对不符合要求的管段，在试验时做好标记，试验结束后，立即进行处理。

（6）沟槽回填

混凝土基础强度达到 75%以上后进行。分层、对称、按设计要求的填料和压实度回填。

4　质量保证措施

4.1　质量保证目标和体系

（1）质量环境职业安全健康方针

满足顾客，保护环境，珍爱生命，用我们的承诺和智慧雕塑时代的艺术品。

（2）质量目标

分项工程合格率 100%，单位工程优良率 100%，达到广东省优良样板工程标准。

（3）质量目标管理网络（图 4-1）

（4）质量保证体系和机构

本项目实行全员、全过程、全面质量管理，按照 GB/T 19001—2000：ISO 9002：2000《质量体系要求》和中国建筑一局（集团）有限公司《质量环境职业安全健康管理手册》要求建立和执行质量管理体系。

具体内容略。

4.2　质量责任制度（略）

4.3　主要质量技术措施

主要质量技术措施包括以下 10 个方面，具体内容略。

（1）严格执行技术交底制度

（2）严格执行测量复核签字制度

（3）优化施工方案，保证方案质量

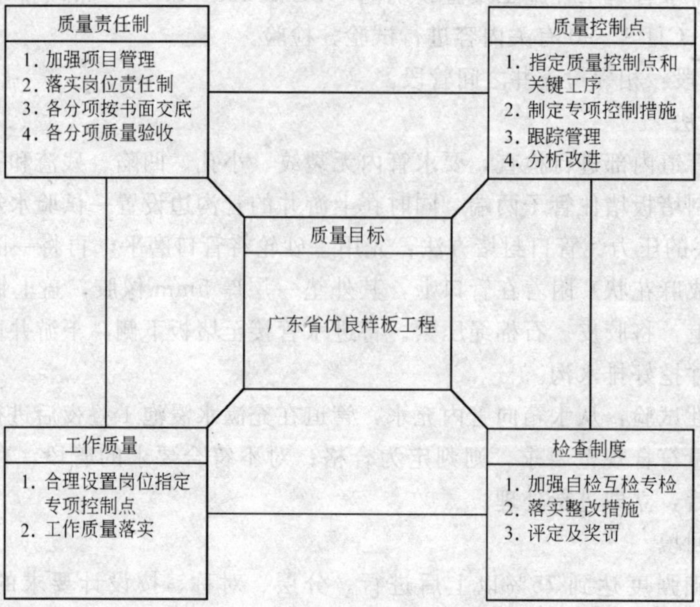

图 4-1　质量目标管理网络图

（4）严格执行隐蔽工程检查签证制度

（5）作业指导书制度

（6）材料进场检验制度

（7）开展 QC 小组活动

（8）做好技术文件和资料的整理工作

（9）做好成品的保护工作

（10）质量奖罚措施

5　安全保证措施

5.1　安全生产目标和保证体系

（1）项目安全方针

安全第一、预防为主

（2）项目安全目标

无重伤死亡事故、无重大火灾事故，工伤事故频率＜4‰，确保员工免受职业疾病及传染疾病的伤害。

（3）安全生产保证体系

按照《职业安全健康管理体系审核规范》和中国建筑一局（集团）有限公司《质量环境职业安全健康管理手册》及其他相关文件要求建立和执行安全管理体系。具体内容略。

（4）安全管理组织机构

见安全管理组织机构框图（图 5-1）。

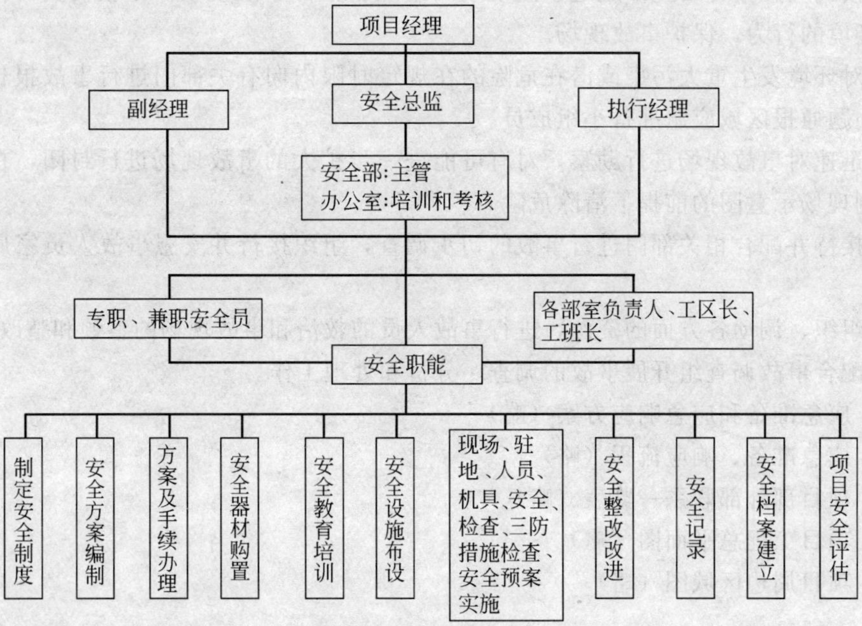

图 5-1 安全管理组织机构框图

5.2 安全管理职责（略）

5.3 主要安全管理制度

主要安全管理制度包括以下 8 个方面，具体内容略。

(1) 安全技术方案编制

(2) 安全技术交底

(3) 安全教育管理

(4) 安全生产协议

(5) 安全检查制度

(6) 安全验收

(7) 重要劳动防护用品管理

(8) 安全事故处理及奖惩制度

5.4 安全应急准备和响应预案

(1) 安全防范重点

火灾、触电、基坑坍塌、支架坍塌、交通、中毒、食物卫生等。

(2) 应急小组人员组成及职能

成立应急准备、应急响应领导小组，项目经理、为组长，项目副经理、安全总监为副组长，小组成员包括各专业工程师、现场施工员、保安队及安全员等。配备通信、警戒、疏散、后勤保障、抢险救护等人员。

(3) 应急响应小组工作职责和义务

1）接到应急报告后立即赶赴事故现场，组织、指挥事故现场，抢救伤员，报警，停止危害环境的行为，保护事故现场。

2）对环境发生重大污染或潜在危险的在规定时限内向有关部门进行事故报告，其他一般性问题通报区域应急准备小组成员。

3）迅速对事故现场进行勘察，对有可能进一步扩大的事故现场进行封闭，在记明数据和绘制现场示意图的前提下清除危险。

4）接待并配合相关部门进行事故的初步调查，组织接待并安慰事故人员家属和社会关注方。

5）组织、调动各方面的资源，进行事故人员的救治和事故现场的整顿和整改。

6）配合事故调查组开展事故的调查、分析和处理工作。

（4）应急准备和应急响应方案（略）

（5）应急准备、响应流程（略）

（6）项目部外部联系一览表（略）

（7）项目工程总平面图（略）

（8）项目周边区域图（略）

5.5 安全管理重点和要点

（1）劳务用工管理（略）

（2）基坑开挖施工

1）严格按批准的施工方案施工。基坑开挖时，根据设计要求或地质情况按规定的基坑边坡分层下挖，严禁局部开挖深坑或从底层向四周掏土的方法施工。基坑顶面边坡以外的四周，应开挖排水沟，并保持畅通。基坑周边设安全围栏。基坑上部有动载时，坑边缘与动载间应留有一定距离的护道或采取加固措施。

2）开挖坑沟施工前，向有关单位索取相关的地下管线资料，明确保护措施，并做相应技术交底。

3）土方开挖时，有保证周边建筑物、构筑物安全的措施。发现地下古物，应当加以保护并报告。

4）基坑周边必须有防护栏及挡水、排水等措施；对边坡的稳定情况及位移情况，有监测措施。

5）基坑开挖遵循支护、降水、排水协调同步进行的原则。

6）临近基坑边沿 1m 内不得堆土、堆料、停置机具。

7）桩孔和顶管工作井、接收井应封盖，应设标志警示。

8）基坑土方施工机械泥水中作业，必须有可靠防触电保护措施及预防设备倾倒措施；较深基坑设置排风和验气设备，保证工作区空气质量满足要求。

9）在高压电缆塔基附近 8m 范围内进行围蔽，并使用公告牌标示：8m 以内严禁挖土，严禁攀爬。

（3）脚手架及工具式脚手架作业防护（略）

（4）交叉作业安全防护（略）

（5）“三宝”、“四口”和临边防护（略）

(6) 高处作业的安全防护（略）

(7) 料具存放安全要求（略）

(8) 临时用电安全防护

项目现场经理部应聘用临电责任师主管临时用电，并配置不少于2名合格的维护电工负责维护。临时用电必须符合部颁标准和供电局的有关安全运行规程，要严格按照《施工现场临时用电安全技术规范》JGJ 46—88 的规定执行。施工用电设施必须设专人管理，并经培训合格持证上岗。

施工现场动力与照明供电应做到分路控制或分箱控制。施工现场（含生活区）照明用电应尽量采用36V安全电压照明。采用220V碘钨灯照明器灯架高度不低于2.4m，架杆应作绝缘保护。尽量选用封闭式灯具。

施工现场临时用电定期进行检查，防雷保护、接地保护、变压器及绝缘强度，每季测定一次。固定用电场所每月检查一次，移动式电动设备、潮湿环境和水下电气设备每天检查一次。对检查不合格的线路设备要及时维修或更换，严禁带故障运行。

1）施工现场临时用电（略）

2）线路架设的安全措施

在路面设计高程范围内和其他施工现场施工时，施工设施最高处与外电架空线路垂直距离应不小于表5-1所列。

施工设施最高处与外电架空线路最小垂直距离一览表 **表5-1**

外电线路电压	1kV以下	1～10kV	35kV
最小垂直距离(m)	6	7	7

低压架空线必须采用绝缘铜线或铝线，架空线必须设在专用电杆上，严禁架设在树杆、脚手架上。现场配电箱，应按规定高度设置，并加围栏。配电箱应设防雨棚，并应具备防砸功能。

电缆线沿地面敷设时，不得采用老化脱皮的电缆线，中间接头应牢固可靠保持绝缘强度；过路处要穿管保护，电源端设漏电保护装置。移动的电气设备的供电线，使用橡胶套电缆。进出建筑物沿地面水平敷设线段必须用盖板覆盖保护。

3）用电设备的安全措施（略）

4）配电箱安全措施（略）

(9) 施工机械安全防护（略）

(10) 个人劳动管理及劳动保护（略）

(11) 顶管施工安全

1）在顶管中施工过程中，重点作好通风。

2）施工人员若需进入顶管内时可以携带小动物，如鸽子等，观察小动物的反应，了解管内是否存在有害气体。

3）根据顶管长度和具体条件，通风形式可选择鼓风形式、抽风形式和鼓风抽风组合形式。通过通风设备，把地面上的新鲜空气不断对管内进行补充；同时，把管内浑浊空气排除管外。

4）在机头内需配备防毒面具和氧气面具，在有害气体喷发或缺氧时供施工人员抢救使用。

5）工作井和接收井设置防雨棚，在坑周围设置安全围栏，设置安全灯，由专人看管。

（12）其他安全保证措施

1）防火防爆的保护措施（略）

2）防洪防汛的保护措施

A. 办公室设立气象汛情预报站，负责每天与当地气象、水文有关部门建立密切联系，获取有关气象、汛情等情报资料，做出科学的预测分析，为防洪、防汛工作的决策、实施提供充分依据。

B. 合理安排工序，防止汛期影响施工安全。

C. 对办公区、宿舍区、库房、电线路架设、变配电位置、物料机具摆放、现场道路等设施进行周密的安排布置，要符合防汛、防雷击的要求。

D. 成立防汛领导小组，配置必需的抢险器材和物资，随时应急处理突发事件。

E. 保证施工现场与业主、外界之间的联络畅通，发现问题及时上报处理。

F. 在雨期、汛期来临前，对施工现场的设备、设施进行全面检查，对工程材料库房等要进行重点加固，并做好防潮处理。

3）施工现场保卫消防工作（略）

6　环保和文明施工措施

6.1　环保、文明施工管理目标

（1）总体目标

严格遵守《广州市建设工程文明施工管理规定》，无环境违规事件，尽量避免市民投诉事件，使施工与周围环境和谐统一，创建市级文明工地。

（2）分项目标

1）噪声排放达标：昼＜75dB，夜＜55dB。

2）现场扬尘排放达标：达到广州市粉尘排放标准规定的要求。

3）运输遗撒达标：确保运输无遗撒。

4）生活及生产污水排放达标。

5）施工现场夜间无光污染，尽量不影响周围地区。

6）固体废弃物实现分类管理，提高回收利用率。

7）最大限度地节约水、电等能源及材料的消耗。

8）现场无火灾、爆炸的发生。

6.2　文明施工、环境保护机构及责任制度

（1）文明施工、环境保护机构

成立文明施工环境保护督导小组，明确岗位职责：

1）总负责人为项目经理。

2）项目副经理及安全总监负责整体协调管理。

3）项目部技术部负责有关方案的编制。

4）文明施工、环境保护的主管部门为项目部办公室安全部。

5）执行单位为项目部各部门和各施工工区。

6）成立场容清洁队，负责对场内外的清理、保洁、洒水、降尘等工作。

(2) 文明施工、环境保护责任制

本工程实行文明施工、环境保护责任制，制订奖惩措施，明确各部室、施工人员的职责、权利和义务。

(3) 文明施工、环境工作制度

1）每周进行联合检查，根据现场发生的问题，制定整改方案，定人、定时间，予以解决。

2）每周在周例会中，总结文明施工、环境保护管理情况，并布置下阶段工作任务。

3）每季度、年终进行文明施工工作的表彰会，表彰先进，处罚违章责任人。

6.3 文明施工及环境保护措施

(1) 现场布置（略）

(2) 污染管理措施

1）防止对大气污染措施

2）防止对水污染措施

3）防止施工噪声污染措施

4）限制光污染措施

5）防止废弃物污染措施

(3) 材料、设备、现场的管理（略）

(4) 工地卫生管理（略）

7 其他综合保证措施

7.1 工期保证措施

包括以下 11 方面，具体内容略。

(1) 初期准备工作保证

(2) 保证材料和机械供应

(3) 保证资金专款专用

(4) 分解进度指标，签订进度合约

(5) 优化施工方案，有计划有组织施工

(6) 平行作业和流水施工性结合避免窝工和返工

(7) 选用性能良好的施工机械

(8) 做好材料计划和进场工作杜绝停工待料现象

(9) 处理好气候变化的影响

(10) 关心员工生活，争取满员施工，采取加班轮换制度

（11）建立工期、质量、安全及文明施工奖罚措施和制度

7.2　台风和雨期施工措施

7.2.1　建立预警机制

（1）由办公负责进行天气预报工作，做好记录，并及时发出有关台风、暴雨、雷电等的通知。

（2）成立抢险救灾小组，遇有情况及时进行抢险。平时对办公室、仓库、宿舍等进行全面检查，有拉结不牢、排水不畅、漏雨、变形等情况，采取措施处理。

（3）机械设备、各种建筑物设置防雷接地措施。

（4）台风、暴雨雷电时，停止室外作业。

7.2.2　雨期施工材料准备

对雨期施工所需要的物资提前进行储备，包括水泵、发电机、苫布、塑料布、雨衣、雨鞋、绝缘手套、绝缘鞋等。部分材料与供应单位事先做好通报。

预备数量如表7-1所列。

雨期施工物资储备数量表　　表7-1

序号	料具名称	单位	数量
1	水泵	台	40
2	水管	米	2000
3	苫布	平方米	1000
4	塑料袋	个	1000
5	雨衣	件	2000
6	雨鞋	双	2000
7	绝缘手套	双	2000
8	绝缘鞋	双	200
9	槽钢及钢管	吨	5

7.2.3　完善现场排水系统

施工现场设置排水明沟、管道排水，与周边市政管道连接，保证场内积水能够得到有效排除，对于低洼地段设置强排措施。

7.2.4　施工措施

（1）土方路基及路面结构层施工

1）选择透水性好的路基填料。

2）所有填料从卸料、推平、碾压在较短时间内完成，并安排在晴好天气内进行；若在平整、碾压中遇雨，及时封压或覆盖，天气放晴时翻晒。

3）建立、健全路基附近排水网络，使路基不受浸泡，迅速将雨水排除。

4）引道路基做成内高外低的纵坡，坡度≥2%，横坡2%，将水引入路基外的排水系统。

5）选择填料区时在高点挖取，含水量过大或过小不应挖取。

6）专人整修运输道路，使其排水良好。

7）设置洗车槽，对出入车辆进行清洗。

(2) 基坑开挖工程

1) 基坑土方开挖于降水、排水、支护相结合，在基坑开挖的同时开挖排水沟、截水沟、集水井，进行降水；雨期增加强排能力。

2) 基坑边缘设置维护，边坡顶部3m范围内，不堆载重物。

3) 场内运输道路一律进行硬化，保障运输车辆通行。

4) 小雨可以继续作业，大雨、暴雨或雷雨天气停止施工，人员和机械撤离至安全位置。

5) 基坑边坡及时进行防护；当来不及处理时，可满铺塑料布防雨，防止边坡冲毁和坍塌。

6) 基坑边坡适当加大坡度，开挖一段施工一段，杜绝晾槽不施工的情况。

(3) 结构施工

1) 安排混凝土浇筑计划必须根据天气预报进行，尽量安排无雨或小雨天气进行；中到大雨不得进行混凝土浇筑，小雨浇筑混凝土设充分的防雨覆盖措施；混凝土浇筑过程中遇雨，必须进行覆盖防雨，雨后进行处理。

2) 钢筋、钢绞线的堆放场地应用碎石、石屑、混凝土垫层等进行硬化，隔离泥土，并用枕木等垫高，于表面覆盖彩条布或支设防雨棚。钢筋若生锈，应检查锈蚀情况，除锈干净后才能使用，对于锈蚀严重不满足要求的应清除，不在结构中使用；水泥等已受潮材料建立材料堆放棚。

3) 大型机械设备要设避雷接地装置，以防雷击。所有线路、控制箱、用电设备做好防雨、防潮工作，电工增加巡检，及时处理漏电等不安全情况，非专业电工严禁接线。

4) 木模板在支设完后遇雨，应及时检查变形情况，防止几何尺寸误差加大，模板堆放时不得沾泥。并采取遮阳措施，防止模板遇晒发生变形或翘曲。模板木方等堆放整齐，并覆盖防雨篷布。

5) 所有用电设备和配电箱安装避雷装置和漏电保护器。

6) 支架地基采碎石或混凝土垫层硬化，在适当位置开挖排水沟，使雨水得到迅速排除，不浸泡地基而影响地基承载能力。雨期设专人经常检查支架及地基，遇到问题及时处理。

7.3 管线、建筑物、高压线保护措施

7.3.1 公用管线保护措施

(1) 详细阅读、熟悉掌握设计、建设单位提供的地下管线图纸资料，并在工程实施前，召开由各管线单位参加的施工配合会议，进一步搜集管线资料。在此基础上，对影响施工和受施工影响的地下管线开挖必要的样洞，核对弄清地下管线的确切情况（包括标高、埋深、走向、规格、容量、用途、性质、完好程度等），做好记录。

(2) 在编制工程施工各类方案时，把保护地下管线工作列为内容之一，并说明管线的位置和保护方法。在工程开工前摸清施工区域内各种公用管线的分布情况，做好记录，向有关管线单位提出监护的书面申请，办理有关手续。

(3) 工程实施前，把施工现场地下管线的详细情况和制定的管线保护措施向现场施工主管、班组长直至每一位操作工人做层层安全交底，随即填写管线交底，并建立“保护公

用事业管线责任制”，明确各级人员的责任。

(4) 对受保护公用管线设置沉降观测点，工程实施时定期观测管线的沉降量，及时向建设单位和有关管线管理单位提供观测点布置图与沉降观测资料。

(5) 在管线开挖过程中，要根据需要组织专业队伍，负责保护地下管线的监控工作。

(6) 各级管线保护负责人应深入施工现场监护地下管线，督促操作人员遵守操作规程，制止违章操作、违章指挥和违章施工。

(7) 在煤气管区域施工前，事先按动火作业审批制度提出“动用明火报告”，办妥审批手续，并落实消防设备；否则，不准施工。

(8) 施工过程中对可能发生意外情况的地下管线，事先制订应急措施，配备好抢修器材，以便在管线出现险兆时及时抢修，做到防患于未然。

(9) 一旦发生管线损坏事故，立即报上级部门和建设单位，通知有关管线单位要求抢修，积极组织力量协助抢修工作。

7.3.2　地上建筑物保护措施

(1) 除由业主负责搬迁的施工区域邻近的建筑物外，以招标书中的施工范围为准，应对其余所有施工现场周围的原有建筑物加以保护。

(2) 了解邻近建筑物的基础、结构状况，采取合理的施工方法和必要的加固方案，防止邻近建筑物发生沉降、开裂和倒塌。

(3) 在工程施工期间，应在邻近建筑物四周设置监测点，严密注视它们的位移和沉降。

(4) 如因施工原因致使邻近建筑物的位移和沉降量超过规定的报警值时，应立即采取有效的加固措施，避免邻近建筑物发生沉降、开裂和倒塌。

(5) 在施工过程中造成对邻近建筑物的损坏，负责加以修复和赔偿，达到有关部门满意。

7.3.3　高压线及高压电塔保护措施

对于施工现场的高压电缆及电塔，在附近设置安全标志，说明开挖和作业的安全距离：电塔8m以内严禁开挖，施工作业保证在高压电缆6m以外，并在电塔周围进行围蔽，向作业人员进行安全交底，施工时由安全员现场监督。

(1) 施工前，明确各机械的最大高度，对于超出安全距离的机械设备，不安排在高压线附近作业。

(2) 在土开挖过程中，预留足够的宽度和开挖坡度，保证不对其基础造成破坏，而导致失稳倒塌。

(3) 进行安全交底，向施工人员和机械操作者明确安全距离和注意事项，并签订安全责任书。

(4) 电塔周围设置维护，明确标示非作业区域。

(5) 施工方案在制定时，根据与高压线的安全距离和电塔保护要求进行制定。在桥梁施工等有可能超过安全范围时，设置竹架维护。

(6) 雷雨天气，不安排任何高压线下作业。

(7) 高压线下作业有专职安全员监督、检查。

(8) 在高压电塔塔基上设置沉降观测点，定期进行检测，并根据检测结果进行处理。

(9) 对于基坑开挖等工作，影响高压电塔的安全，经过监理、设计和业主同意，采取支护桩或其他形式进行支护和保护。

8 施工总结

对该工程进行施工总结，要点如下：

(1) 根据工程涉及项目多、面大、工期紧的特点进行分区域管理，因地制宜地进行交通疏解，取得良好效果

在施工管理区域划分上，充分考虑难度、位置和工程数量，由大化小，将工程进行拆分管理，总体划分为四个工区，分区域进行管理。实现了各子单位工程的平行推进、劳动力和机械设备的均衡流动。既节约了成本，又加快了进度。对于受拆迁影响的部位，采取积极协调、找缝插针的方法，不等、不靠，能够通过创造条件提前完成的绝不拖后。

交通疏解按计划实施是正常施工的关键前提条件，通过各阶段的交通疏解推进工程进度。在不同阶段采取不同的交通疏解方案，既保证交通顺畅又兼顾施工安排，认真处理好施工与交通的关系，实现两者相互协调，保障工程顺利进行。

制定计划时以各阶段的交通疏解实现为节点目标，将工程施工分解为不同段落，在施工组织上保证重要节点劳动力、材料和机械设备的供应，采取平行推进和流水作业相结合的方法，重点出击，逐个击破，保证重要节点按时实现；同时，因地制宜地增加小交通疏解：如利用B匝道疏解、利用F匝道双向疏解、新建便道等，既满足了施工需要，又最大程度地保证交通畅通。

(2) 征地拆迁、民扰等外界因素直接制约到施工，采取加强协调、积极创造工作面、找缝插针的方法加快施工进度

工程拆迁的难度和范围较大，包括绿化、房屋、管线、高压线塔等，拆迁工程进展非常缓慢。征地拆迁严重影响到施工计划的实现，特别在电塔迁移方面难度很大。因此，在施工组织上充分注意到不利因素，施工计划根据实际情况及时调整，积极创造工作面，保证总体目标的实现。

加强沟通与协调，保证文明施工，作到内、外部环境的和谐统一。项目部特别指派一名项目经理和一名专门人员进行拆迁的协调工作，对影响巨大的拆迁问题采取猛追、紧跟的方式，积极主动、及时敦促有关方面协调解决，一些日常发生的问题采取加强联系、沟通，与有关部门一起想办法、出主意，尽可能以最快的速度解决。在各单位的大力协助下，黄埔大道的拆迁工作进展比较顺利，成为施工单位与拆迁单位合作的典范。

对于一些部位则根据拆迁影响程度的大小，采取增加施工缝的方法，提前将部分工程施工，从而既合理利用了资源，又保证了工程的顺利进展；如在人行天桥的施工过程中，充分体现了这一点。虽然天桥工程量不大，但存在一定的难度。天桥位于下沉式道路第一节段，受高压电塔影响，第一个节段无法整段施工。为保证工程整体推进，防止天桥最后成为关键部位而影响整个工期的提前，将施工方案进行调整：设置施工缝，先行施工天桥下的部分，并利用天桥下场地制作胎膜、预制冠梁，待高压电塔迁移后再进行吊装和剩余节段的施工。由于高压电塔迁移一拖再拖，整整推迟了三个月才完成，采取此种方案合理利用了等待时间，为整个工程的完成节约了宝贵的时间。

(3) 强调方案的针对性，加强重点项目的方案的编制和现场施工管理

在方案的制订时力求方案的可操作性和针对性，体现施工思路和方法、措施，易于理解。在方案实施过程中，通过现场交底和多次检查纠正执行中的偏差，进一步完善，使方案得到良好的实施。

闭口段支架、桥梁满堂红支架全部采取了稳定性好的扣件式钢管支架。所有支架和模板都经过验算稳定性、强度、刚度合格后，经专家评审后方付诸实施。基坑支护、结构施工、高支模等专项方案都顺利通过了专家评审，并严格实施，获得了较好的效果。

(4) 处理好高速施工中质量、安全及文明施工的关系

本工程的工期紧，在施工正确处理好进度、质量和安全的关系至关重要。在质量管理方面，结合结构的重要性及质量、安全事故的发生特点，确定了下沉式道路闭口隧道、E匝道桥、人行天桥、等作为重点监控的部位，从支护、支架架设、模板安装、钢筋加工及安装、预应力施工、混凝土施工等环节予以重点控制。安全管理方面则将深基坑、高支模、安全用电等作为重点。在质量和安全检查验收方面，对重点部位增加有项目主要领导参加的一级检查，使检查更有权威性；同时，在项目部例会上不断强化质量和安全意识。

在重点项目方面，一切隐患都不放过，安全和质量方面不达标不能进入下一项施工。

(5) 适应工程实际情况，调整各项投入，加强成本控制

由于工程拆迁、设计变更等不确定因素的严重制约，工程往往不能按照原施工组织设计进行。本工程要求工期 258d，但由于拆迁不到位等原因，整个工程进展了一年才完成，原预计投入的劳动力、材料和机械设备计划不适应现场实际情况，因此，必须以实际为基础，既要满足进度要求又要尽量节约。

在实际管理中除必要的关键部位采取突击外，其余部位则采取加班的方法，减少劳动人员和机械的投入。材料则强调避免一次性投入过多。在计划上，尽量安排流水施工，使材料在工地上多次周转使用。

第八篇

平顶山市城东河路湛河大桥施工组织设计

编制单位：中建一局市政工程事业部
编 制 人：陈清作　陈玮　刘小明　胡文兴　雷毅民
审 核 人：李忠

[**简介**]　平顶山湛河大桥采用下承式无风撑钢筋混凝土系杆拱梁结构，由跨度为120m、高27m的向外倾斜1°的主拱与跨度92m、高27m向内倾斜8.0075°的稳定拱组成，造型新颖，结构复杂。工程施工中解决围堰基础施工，桥梁下部结构施工，后期预应力混凝土箱形梁施工，上部结构主拱和稳定拱结构施工，节杆安装等技术难点，取得了良好的技术经济效果，值得借鉴和推广。

目 录

1　工程概况及工程特点

1.1　工程概况

平顶山市城东路湛河大桥位于平顶山市城东路南，桥位横跨湛河两岸，连接湛北路和湛南路。平顶山市北有低山，南为丘陵，湛河自西向东流，河两岸阶地明显，地面高程约为76～88m。桥长约200m，其中主桥为跨径120m的下承式混凝土系梁拱，除桥跨中间40m范围内设行人观景弧形段桥宽由30m渐变到32m外均为30m；两边引桥北岸为20m＋20m预制先张预应力空心板，南岸为20m＋16m预制先张预应力空心板，引桥部分桥宽均为30m。主桥横桥向不设风撑，在主拱外设稳定拱结构，主拱稳定拱间在拱顶使用横系梁连接在一起。主拱轴心线高出桥面27m，顶部与稳定拱拱顶齐平。主拱每侧设28根吊杆，稳定拱每侧设36根吊杆，间距均为4m。详见图1-1、图1-2。

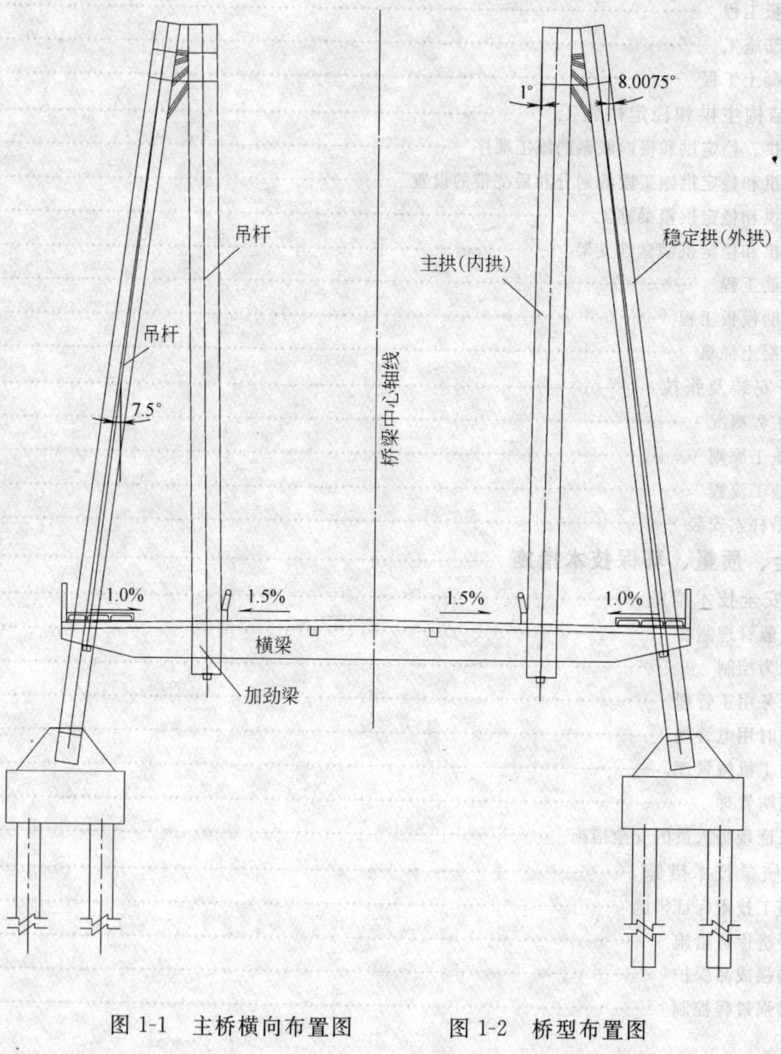

图1-1　主桥横向布置图　　　　图1-2　桥型布置图

全桥结构新颖、美观大方，作为平顶山的重点工程，具有很高的景观价值和经济价值，与将来的桥头广场形成平顶山的人文景观，详见图 1-3。

图 1-3 城东河路湛河大桥效果图

1.2 工程重点和难点

1.2.1 支架设计及施工是工程的重点

(1) 本工程主桥位于平顶山湛河水面之上，施工上部结构时需搭设满堂红支架。因湛河常年有水，枯水季节水面宽度 60m、水深 2m，汛期水面宽度 85m、水深 3.5～4m，而且在汛期时上游河道边坡常有大量杂草、甚至树木随水流冲下，所以为保证水流通过通畅，下部支架要留有过水通道。

(2) 主桥上部结构重量较大，包括拱肋重量通过桥面上部支架传导到桥面系结构上，共同作用在下部支架上，总体重量约 6000t，坚固稳定的支架设计成为结构施工的重点。

(3) 为了保证主桥系梁及拱肋的线形，需要对主桥上部结构及下部结构支架进行预压，消除河道基础的非弹性沉降及支架的弹性和非弹性变形，同时检验支架的安全性。

1.2.2 结构体系复杂

(1) 系梁采用预应力混凝土结构，为宽 1.5m、高 2.7m 的箱形断面，实心段和箱形段有所不同，箱形段外侧在距底板和顶板 20cm 位置设 5cm×5cm 倒角，内侧设 15cm×15cm 倒角。

(2) 本桥设计为下承式无风撑钢筋混凝土系杆拱结构，为保证拱肋横向稳定满足要求，在两拱肋外分别设置两道稳定拱肋，主拱肋向桥外倾斜 1°，稳定拱肋向内倾斜 8.0075°。在横向稳定拱拱顶部拱段与主拱刚接，形成三角形结构，保证横向稳定，如图 1-4 所示。

(3) 主拱圈采用普通钢筋混凝土箱形结构，箱宽 1.5m、高 2.7m，实心段和箱形段有

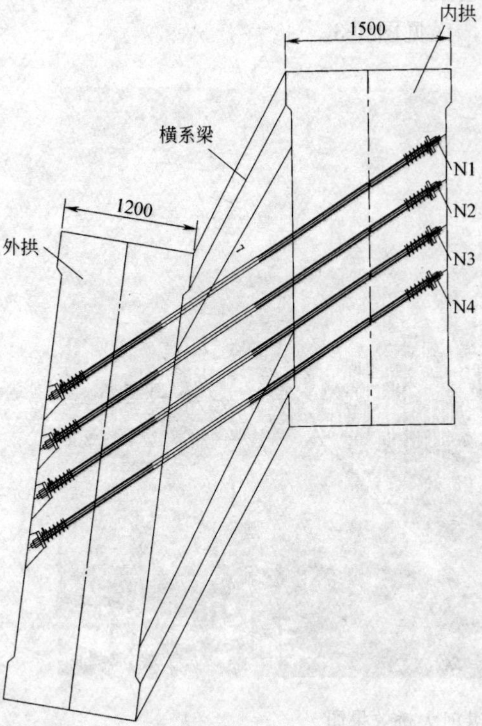

图 1-4 内外拱肋与横向联系关系示意

所不同，箱形段外侧在距底板和顶板 20cm 位置设 5cm × 5cm 倒角，内侧设 15cm × 15cm 倒角。

（4）外拱圈采用普通钢筋混凝土箱形结构，箱宽 1.2m、高 2.7m，实心段和箱形段有所不同，箱形段外侧在距底板和顶板 20cm 位置设 5cm × 5cm 倒角，内侧设 15cm×15cm 倒角。

（5）中横梁采用预应力混凝土 T 型梁，同系梁交叉处采用固结。

（6）主拱吊杆采用镀锌高强钢丝制成的高强平行钢丝束—冷铸墩头锚体系，吊杆间距 4m，全桥共 56 根吊杆。

（7）外拱吊杆采用镀锌高强钢丝制成的高强平行钢丝束—冷铸墩头锚体系，吊杆间距 4m，全桥共 40 根吊杆。

（8）端横梁采用预应力钢筋混凝土箱形结构，系梁与主拱拱圈在此处固结在一起。

1.2.3 合理的流水段划分

本工程主桥上部结构复杂，施工工序较多，工程量较大，且施工工期较短，合理的流水段划分成为工程是否能够如期完成的关键。

1.2.4 清水混凝土施工

整个桥体为清水混凝土结构，混凝土截面多为不规则图形，尤其以桥拱空间形状最为特殊，因此，合理的模板设计及合理的施工方法是确保混凝土成品质量的关键。

1.2.5 安全保障

安全是施工重点之一，制定科学合理、安全可靠、切实可行的施工方案，确保施工安全。

2 施工部署

2.1 施工现场平面布置

2.1.1 施工平面设计原则

（1）在保证施工能顺利进行的前提下，尽量减少施工用地，使平面布置紧凑合理。

（2）临时建筑、临时水电、运输等的线路布置不得妨碍构筑物的施工。电线尽量采用暗敷方式。

（3）运输道路、材料堆场、工作平台、仓库、各种机具位置应方便施工，尽量减少运输距离，避免二次搬运。

(4) 施工区域的划分应符合工艺流程，减少干扰，利于生产的连续性。

(5) 符合环境保护、安全防火、劳动保护的要求。

(6) 中小型机械的布置，要处于安全环境中，要避开高空物体打击的范围。

(7) 执行 ISO 14001 标准，布置控制粉尘设施、排污、废弃物处理及噪声设施。

2.1.2 施工平面布置

(1) 根据本工程特点及现场情况确定：将湛河两岸各宽 60m、大桥东 70m、西 30m 围成的区域为施工现场。利用已有的南北两条道路作为进出现场的主要通道，并设两大门。主要的办公区、试验室、仓库、宿舍、食堂，次要的材料堆放场、加工场等设在南岸，预制构件加工场、材料堆放场、次要的办公区、宿舍等设在北岸。

(2) 门卫、配电室、垃圾区、废料堆放区、消防亭、厕所等根据适用、有效原则平衡布置。本工程建设地点：河南平顶山市。现场南侧为湛南路，北侧是湛北路。

(3) 入口处设门卫，一图八板、旗杆，场内铺设厚 15cm、宽 5m 的 C20 混凝土道路。现场设置汽车吊。场地布置模板堆放区和架料堆放区，地泵设在南岸待建大桥东侧，便于罐车的操作。加工场地和物质材料安排在场地东侧。

(4) 办公室共两层，布置项目经理、部门办公室、会议室及生活设施。办公室按中建总公司 CI 标准进行粉刷和内部装修，办公区外布置停车坪。

(5) 配电室从变电站接入电源。水源由现场东北角东南角两处接入；厕所设在生活区及现场西北角，并设化粪池；南岸的东面设三级沉淀池，现场污水经处理后排入工地外东南侧的场区水处理中心。部分空闲场地绿化处理，美化施工环境。

2.1.3 临时用水设计方案

根据业主提供的现有施工现场情况及有关临时用水要求，参照相应的施工规范，做出本临时用水设计方案，本方案包括临时消火栓给水系统、生活、施工生产给水系统及现场临时排水系统。

(1) 临时消防系统

根据防火规范，消火栓给水管道沿道路埋设，双线双侧布置，采用 ϕ100 焊接钢管。

(2) 生产生活给水系统

生产生活给水系统管道采用 ϕ50 焊接钢管，与消防管道平行埋设，在施工现场各用水点预留施工生产用水甩口。

(3) 排水系统

按照有关现场施工卫生设施的设置要求，设计相应的排水管道。在现场东侧设沉淀池，供现场清洗车辆、设备使用，污水经沉淀处理后做现场洒水降尘使用。现场硬化地面向道路找坡，道路统一向现场入口处找坡。入口处设排水沟（上盖箅子），现场雨水及其他地表水经沉淀处理后，排入市政污水管道。

2.1.4 临时用电设计方案

用电高峰按结构施工阶段的使用情况考虑，主要设备用电负荷见表 2-1。

用电量计算按下列公式计算。

高峰期用电总功率：

$$P=1.05\sim1.1(K_1\sum P_1/\cos\phi+K_2\sum P_2+K_3\sum P_3+K_4\sum P_4)$$

主要设备及用电量　　表 2-1

序号	设备名称	功率(kV·A)	数量	需要系数	该设备总用电量(kV·A)
1	混凝土泵	55	2	0.6	66
2	振捣器	1.1/0.8	15	0.6	10
3	强制搅拌机	6	1	0.6	1.8
4	电焊机	23×3	10	0.5	35
5	照明				30

$\cos\phi$ 取 0.75。

$$P=1.05(254/0.75+69+30)\approx 500\text{kW}$$

业主提供 350kV·A 的电源，供现场操作机械、室内外照明使用。现场采用 TN—S 三相五线制接零保护系统供电，根据各路负荷配置电缆。电缆的埋设采用暗敷，埋设管路周围砌砖保护。现场临电系统设专人进行维护检修。

2.2　施工段划分

(1) 根据本工程工期较短、任务量较大的施工特点，我们将该工程整体部署为主桥与引桥各自独立流水，同时进行施工，以保证整个工程施工的进度。

(2) 桩基部分流水段划分：桩基部分采用四台打桩机将其分为主桥和引桥两个流水施工段进行施工。

(3) 主桥主要分为桥面系和桥拱两部分。由于桥面系结构较复杂，工序较多，故考虑先同时施工两根系杆（主纵梁），然后将横梁和桥面板各分为 4 段，分别独立进行流水施工，其中系杆按照先底板、后腹板、再顶板的顺序进行施工。

桥拱部分施工顺序为底板部分一次浇筑完成，腹板、隔板、顶板分成 5 段流水完成施工。

(4) 引桥部分流水段划分：引桥位于湛河的两岸，样式及工程量基本一致，故考虑将两段引桥分为 2 个流水段进行施工。

(5) 桥面板分 4 段流水。

2.3　施工进度计划

2.3.1　总控制进度计划

平顶山市城东河路湛河大桥于 2004 年 7 月 1 日开工，于 2004 年 7 月 18 日完成全部工程，总工期共 383 日历天数。

2.3.2　施工进度计划保证措施

(1) 为保证各阶段目标的实现，除了抓紧进行施工前的各种准备工作外，根据现场总平面布置和工程进度计划的安排，尽快创造条件，精心组织，合理安排施工工序，组织各分部分项工程的流水和交叉施工。其中，包括项目前期准备、充足的技术保证措施、材料保证措施以及机械保证措施。

(2) 加强施工进度计划管理，采取四级计划进行工程进度的安排和控制，除每周与工程相关各方的工作例会外，每日下午召开各专业施工队的日计划检查和计划安排协调会，以解决当日计划落实过程中存在的矛盾问题，并且安排第二日的计划和所调整的计划，以保证周计划的完成，通过周计划的完成保证月计划的完成，通过月计划的控制保证整体进度计划的实现。

（3）加强施工配套保证计划，此计划是完成专业工程计划与总控计划的主要保障，牵涉到参与本工程的各个方面，提供方案计划、分供方和不同专业作业队计划、设备、材料进场计划及大型施工机械进出场计划。

（4）因该工程交叉施工环节较多，各项施工所处的部位不同，在某种程度上工作面相对独立，又相互衔接，各分部分项工程又存在先后顺序和互为条件，因此，应充分利用好各工作面抓紧施工；同时，又要减少甚至避免过多的干扰，以不影响主导工序为原则。各分部分项工程在时间顺序上存在工序先后或流水作业，因此在工序或流水作业施工上应科学、合理、紧凑安排，通过质量“三检”，精细施工作业，及时验收，及时进行下道工序或流水作业。凡是关系到关键线路施工的工序或流水作业一旦具备条件必须采取措施提前插入，以保证后续工程施工有充裕的时间。在条件不能完全具备的情况下，可采取分段施工的方法。

（5）通过建立完善的计划保证体系是掌握施工管理主动权、控制施工生产局面，保证工程进度的关键一环。本项目的计划体系将以日、周、月、总控计划构成工期计划为主线，并由此派生出设计配合进度计划、设备进场计划、技术保障计划、物资材料供应计划、劳动力计划、质量检验与控制计划、资金需求计划、环保、安全计划及后勤保障等一系列计划，在各项工作中做到未雨绸缪，使进度计划管理层次分明、深入全面、贯彻始终。

2.4 劳动力组织情况

（1）组织成建制劳务施工队伍参与本工程的施工，确保劳动力的素质及按期组织到位是项目管理的关键。

（2）本项目劳动力实行专业化组织，按不同工种、不同施工部位来划分作业班组，使专业班组从事性质相同的工作，保证操作技能和施工效率，从而保证施工质量和施工进度。

（3）本工程根据工程各分部分项工程，分阶段施工配置劳动力，并根据施工生产情况及时调配相应专业劳动力，对劳动力实行动态管理。

（4）劳动力安排包括土方、桩基、支架、模板、钢筋、混凝土结构、预应力等工程项目。

2.5 主要施工机械设备配置计划

（1）混凝土施工机械配备

在施工过程中为保证混凝土的施工质量、工期的要求，本工程采用在施工现场设置混凝土搅拌站自拌混凝土，并在施工现场配备足够的混凝土输送泵，以保证混凝土的充足供应和浇筑量。

（2）打桩机配备

根据工程的实际情况，配备了4台打桩机，采用了先进行主桥后进行引桥部分的原则进行施工。

(3) 为保证现场施工的连续性，施工中准备1台250kW发电机。

主要施工机械设备配备详见表2-2。

主要测量试验设备见表2-3。

使用主要机械设备一览表 **表 2-2**

序号	机械设备名称	型号及规格	单位	数量	备注	进场日期	出厂日期
1	打桩机		台	4	桩基施工	2003.7.9	2003.9.25
2	发电机	90kW	台	2	用于施工现场电力预备	2003.7.5	2004.6.30
3	气压焊设备		套	2	钢筋连接	2003.7.5	2004.6.30
4	电焊机	500bx-3	台	4	用于接桩	2003.7.5	2004.6.30
5	闪光对焊机	Un-100	台	2	钢筋连接	2003.7.5	2004.5.4
6	钢筋切断机	Gq40-2	台	2	钢筋加工	2003.7.5	2004.5.4
7	木工圆锯	Mj105	台	2	用于模板加工	2003.7.5	2004.6.25
8	钢筋调直机(卷扬机)	jjm-3	台	2	用于钢筋和钢绞线加工	2003.7.5	2004.5.4
9	钢筋弯曲机	Gw-40	台	2	用于钢筋加工	2003.7.5	2004.5.4
10	木工压刨	Mb106a	台	1	用于模板加工	2003.7.5	2004.6.25
11	木工平刨	400mm	台	1	用于模板加工	2003.7.5	2004.6.25
12	混凝土搅拌站		座	1	预制场混凝土加工	2003.7.10	2004.2.1
13	卷扬机		台	2	现场穿钢绞线	2003.7.2	2003.11.18
14	振捣棒	50mm和35mm	根	15	现场混凝土振捣和构件预制	2003.7.9	2004.5.14
15	蛙式打夯机	Wy60	台	4	土方回填	2003.7.9	2003.9.24
16	挖掘机	TOSHIBA	台	3	基坑开挖	2003.7.2	2003.7.22
17	汽车吊	40t	台	2	用于梁板	2003.9.1	2004.5.14
18	推土机	CATE	台	2	土方回填	2003.7.3	2003.7.22
19	附着式振捣器		台	2	混凝土振实	2003.7.9	2003.11.18
20	装载机		台	2	土方运输	2003.7.9	2003.9.24
21	自卸汽车		台	2	土方运输	2003.7.2	2003.8.26
22	张拉设备		台	6	现场盖梁和梁板张拉	2004.3.25	2004.5.10
23	混凝土泵车		台	2	浇混凝土	2003.7.14	2004.5.14
24	灌浆辅助设备		套	2	灌浆	2003.8.14	2003.9.24
25	电动风镐		台	2	破桩头	2003.7.14	2004.5.14
26	压路机	CATE	台	1	作路面	2004.5.15	2004.6.10
27	汽车吊	20t	台	2	钢筋笼吊装	2003.7.12	2003.9.24

主要测量试验设备一览表 表 2-3

序号	设备名称	型　号	单位	数量	用　途
1	全站仪	TOPCON	套	1	测量定位
2	精密水准仪		台	1	沉降观测
3	经纬仪	J_2	台	2	轴线定位
4	水准仪	S_3	台	2	高程测量
5	对讲机	TOSHIBA	台	4	无线通话
6	激光铅直仪		台	1	内控点竖向传递
7	钢尺	50m	把	5	距离测量
8	温度计	50℃	个	10	温度测量
9	钢尺	150mm	把	5	尺寸测量
10	压力机		台	1	试块试验
11	游标卡尺	精度 0.02mm	把	1	尺寸测量
12	建筑工程监测器		套	1	
13	电子吊秤		台	1	重量检验
14	湿度表		个	2	湿度检测
15	台秤		个	1	重量检验
16	磅秤	500kg 以上	台	2	搅拌站使用
17	天平		个	1	精确计量
18	环刀		套	2	精确计量
19	齿规		套	2	钢筋直螺纹接头检验
20	扳手	专用扳手	把	2	钢筋直螺纹接头检验
21	塞规	专用	套	2	钢筋直螺纹接头检验
22	试模		套	1	混凝土试块
23	钢尺	5m	把	15	施工检测

2.6 主要周转物资供应

本工程设计图纸要求梁板混凝土需达到100%方可拆除支撑，模板一次性投入较大；在保证工期、保证结构安全的前提下，为降低工程成本，经过多次的优选比较，确定使用周转材料的情况，详见表 2-4。

主要周转材料投入一览表 表 2-4

序号	名　称	材料选型规格	单位	投入量	备　注
1	外模板	12mm 厚覆膜竹胶板	m^2	6050	按流水段陆续投入
2	小钢摸		m^2	2200	按流水段陆续投入
3	支撑	扣式脚手架	t	600	按流水段陆续投入
4	可调托撑		个	6500	用于脚手架
5	木方	50mm×100mm,100mm×100mm	m^3	260	
6	密目安全网		m^2	9000	按工程进度陆续投入
7	直角扣件		个	15000	
8	对接扣件		个	16300	
9	旋转扣件		个	1800	
10	型钢及军用梁		t	220	泄洪通道

3　主要分项施工技术方案

3.1　测量施工方案

3.1.1　场区平面控制网的测设

（1）场区平面控制网布设原则

1）平面控制先从整体考虑，遵循先整体，后局部，高精度控制低精度的原则。

2）布设平面控制网形首先根据总平面图及竖向布置图。

3）选取点应选在通视条件良好、安全、易保护的地方。

4）桩位须用混凝土保护，需要时用钢管进行围护，并用红油漆作好测量标记。

（2）桥梁构筑物平面控制网的布设

首先利用“TOPCON 602”全站仪，对甲方提供的坐标点及高程控制点进行复查，利用甲供坐标及高程控制点布设一条国家一级附和导线，依据导线点，采用极坐标法依次放样场区平面控制网各点位，然后对控制网进行复核，满足精度要求后即作为场区首级控制。轴线控制网的精度等级根据《工程测量规范》要求控制网的技术指标详见表 3-1。

轴线控制网的指标　　**表 3-1**

等　级	测角中误差（″）	边长相对中误差
一级	±5	≤1/30000

3.1.2　场区高程控制网的建立

（1）高程控制网的布设原则

1）为保证桥梁构筑物竖向施工的精度要求，在场区内建立高程控制网。高程控制的建立是根据测绘院提供的场区水准基点，采用精密水准仪对所提供的水准基点进行复测检查，校测合格后，测设一条附合水准路线，联测场区平面控制点，以此作为保证施工竖向精度控制的首要条件。

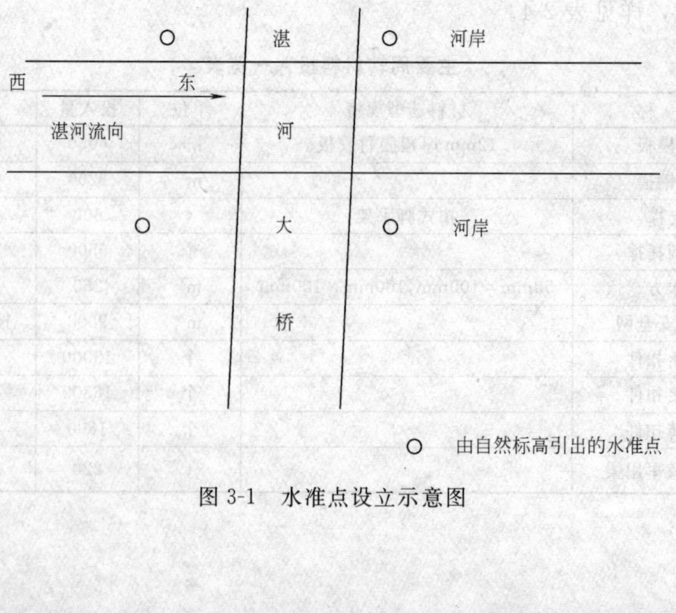

图 3-1　水准点设立示意图

2）高程控制网的精度，采用三等水准的精度。

3）在布设附合水准路线前，结合场区情况，在场区内埋设半永久性高程的首级控制，该点也可作为以后沉降观测的基准点。为施工方便，场区内设置了四个水准点，水准点的间距小于1km，见图3-1。

（2）高程控制网的等级及观测技术要求

1）高程控制网的等级拟布设二等附合水准，水准测量技术要求见表3-2。

水准测量技术要求控制表　　表3-2

等级	高差全中误差（mm/km）	路线长度（km）	仪器型号	水准尺	与已知点联测次数	附合或环线次数	平地闭合差
二等	2	—	DS1	因瓦	往返各一次	往返各一次	$4\sqrt{L}$

注：L为往返测段附合水准路线长度（km）。

2）水准观测主要技术指标见表3-3。

水准观测主要技术指标控制表　　表3-3

等级	仪器型号	视线长度	前后视较差（m）	前后视累积差（m）	最底地面高度（m）	基辅或红黑读数差	基辅或红黑所测较差
二等	DS_1	50m	1	3	0.5	0.5mm	0.7mm

3）水准测量的内业计算应符合下列规定：

A. 水准线路应按附合路线和环形闭合差计算，每千米水准测量高差全中误差，按下式计算：

$$M_W=\sqrt{1/N(W/L)}$$

式中　M_W——高差全中误差（mm）；

W——闭合差（mm）；

L——相应线路长度；

N——附合或闭合路线环的个数。

B. 内业计算最后成果的取值：二等水准精确至0.1mm，三、四、五等精确至1mm。

3.1.3　桥梁构筑物控制网的建立（建筑方格网的建立）

依据场区平面控制网利用索佳TOPCON701全站仪对场区控制网进行加密，根据施工流水段的划分，保证每施工段纵横线各不少于2条，且相互距离不得大于所用钢尺度。经校测无误后方可使用。

3.1.4　桥梁施工测量

（1）轴线控制桩的校测

1）在桥梁基础施工过程中，对轴线控制桩每半月测1次，以防轴线控制桩受环境影响，而影响到正常施工及工程施工测量的精度要求。

2）采用测量精度2″级，测距精度2mm＋3ppm的全站仪，根据建筑物控制网进行校测。

3）轴线投测方法。

（2）桥梁下部基础施工一般采用经纬仪方向线交会法来传递轴线，引测点误差不应超过±3mm，且轴线间误差不应超过±2mm。

(3) 桩基础施工完毕后，根据桩基坑边上的轴线控制桩，将 J_2 经纬仪架设在控制桩位上，经对中、整平后，后视同一方向桩（轴线标志），将所需的轴线投测不得少于 2 条，以此作角度、距离的校核。

(4) 在施工过程中，当施工平面测量工作完成后，进入竖向施工；当承台混凝土浇筑成形拆模后，应在承台侧平面投测出相应的轴线和标高线，以供下道工序的使用。

(5) 当每段轴线测设完后，必须进行自检，自检合格后及时填写报验单。报验单必须写明部位、报验内容，并附一份报验内容的测量成果表，以便及时验证各轴线的正确程度状况。

(6) 桥梁下部结构施工中的高程控制

1) 标高控制点的联测，向承台内引测标高时，先联测场区高程控制点，以判断场区内水准点是否被碰动，经联测确认无误后，方可向基坑内引测所需的标高。

2) 桥梁结构标高的施测，直接采用水准确仪与塔尺配合的方法进行水准观测。为保证竖向控制的精度要求，对每层所需的标高基准点，必须正确测设，在同一平面层上所引测的高程点，不得少于 3 个。并作相互校核，校核后三点的较差不得超过 3mm，取平均值为施工中标高的基准点，基ₚ点应标在承台立面位置，在该侧面上测设定施工用基准标高点，用红三角作标志，并标明相对标高，便于施工中使用。

3.2　地基基础河道围堰施工方案

3.2.1　工程概况

由于该桥主跨地基基础绝大部分位于湛河河床内，施工时又正处于多雨季节，湛河河水水位受降雨影响，涨落变化比较大，直接影响我部桥位地基基础满堂红支架的搭设和稳定性，直接影响上部结构施工的质量和安全，为此，需要在河道内进行围堰搭设。

通过对本地区的水文地质情况、水深、流速、设备条件等因素综合考察，选择土袋围堰进行围护。

3.2.2　施工安排

湛河大桥桥位基础围堰施工可分为两个阶段。

(1) 第一阶段：

1) 由湛河南岸一级平台坡顶线开始，由东、西两侧同时依次向河北岸搭设，直至距北岸河底边线 10m 处的横桥向河道围堰（简称围堰Ⅰ）搭设完成为止。在此阶段河水可从围堰Ⅰ和北岸一级平台上的横桥向围堰之间流过。

2) 待第一阶段围堰施工完毕后，抽水清淤，然后进行地基处理和支架搭设工作。

3) 抽水、清淤后，在围堰内距离围堰Ⅰ内侧底边线 5m 处，搭设另一条横桥向河道围堰（简称围堰Ⅱ），以便保证两个阶段围堰施工完后，上游河水可以从两条围堰之间通过，保证堰内基础处理和支架搭设工作的顺利进行。

(2) 第二阶段：

1) 待第一阶段堰内地基处理和支架搭设完成后（其中，围堰Ⅰ和围堰Ⅱ之间的基础和支架搭设可以先进行），拆除围堰Ⅰ和围堰Ⅱ之间的连接部分，以便上游河水通过；然后再由北岸一级平台坡顶线位置开始，由东西、两侧同时依次向南搭设围堰，直至与围堰

Ⅰ相接为止。

2）抽水、清理淤泥后，进行第二阶段围堰内地基处理和支架搭设工作。

至此，河道围堰施工、基础处理和支架搭设工作全部完成。

3.2.3 地基基础河道围堰施工方法

(1) 测量放样，定出围堰的位置。

(2) 用装有粘土的编织袋逐层码放，每码放 50cm 高，往围堰中心部分填筑黏性土。由于湛河河水水位较高，施工断面可采用阶梯形式施工，即先将土袋围堰码放到一定长度和高度，具备人工水中作业的条件后，再进行堰芯黏土的填筑，依次向前推进，直至搭设完毕。对于上、下层和内、外层土袋应叠加码放，每摆一层要人工踩实。水下部分填筑的黏性土，采用人工捣实，水上部分填筑的黏土，则用平板振动夯或冲击夯振捣密实。

(3) 土袋的装土的体积为袋子体积的三分之二高，并用绳子扎牢，然后进行摆放。

(4) 待围堰搭设完毕后，按照围堰图示的位置和间距，将直径 12cm、长 2m 的木桩打入土中，深度为 1m。

3.2.4 施工注意事项

(1) 在施工期间，及时和业主取得联系，防止上游水库突然放水而影响围堰正常施工。

(2) 主动和当地气象部门联系，及时了解近期的天气变化情况，为围堰施工作好预报工作。

(3) 因湛河河水水位比较高，流速比较大，因此，在施工前一定要做好安全教育工作，防止溺水现象的发生。

3.3 主体围堰内抽水、清淤施工方案

3.3.1 概况

平顶山市城东河路湛河大桥第一阶段主体围堰内河水高度 3m 左右，淤泥厚度 50～100cm 左右，围堰面积约 3000m^2，淤泥应作无污染处理。

3.3.2 处理方法

(1) 将围堰内的河水抽干。

(2) 从南岸施工场地东西两侧各挖一个污水坑，容积各约 400m^3，用高压水枪将淤泥搅拌成泥浆后，用泥浆泵抽到污水坑内，经沉淀后将清水排放到湛河中。

(3) 淤泥及时外运到业主指定的弃土场。

3.3.3 施工注意事项

施工中及时同业主、监理联系，及时进行沟通，随时对现场的工程量进行确认。在清淤过程中，不能将污水直接排放到湛河中，须经污水坑沉淀后将清水排放到湛河中。施工中注意安全，避免事故发生。

3.4 支架地基基础处理施工方案

3.4.1 支架基础形式的选择

湛河大桥主跨支架基础大部分位于湛河河床内，河底标高为 75.25m，其余部分位于湛河两岸。

根据岩土工程勘察报告中南、北两岸4个探孔钻孔柱状图显示，河床底部应为第三层粘土层，厚度约为0.96～1.53m不等，但是待第一期围堰堰内完成抽水、清淤之后，河床底部全部出露砾砂层，并在其上部有20～30cm左右砂层呈液化状态，与岩土工程勘察报告所反映的情况不相符，而且目前堰外湛河河水水位比较高（约为78m左右），堰外和堰内形成3m左右的水头，致使湛河河水和地下水通过此层砾砂透水层不断渗入围堰内，平均渗水量达90～120m^3/h；其次，按照工程总体施工进度计划，到明年5月份开始进入汛期时，主体结构正在施工，考虑到汛期期间湛河河水水位较高（最高可达79～80m左右），流速较大，上游河水对围堰的冲击力也是相当大，为此围堰的高度、整体性和稳定性对下部支架的整体性和稳定性都有着重要影响；第三，由于在施工过程中动荷载和静荷载变化比较复杂，而且荷载量也比较大，因此，采用普通的地基处理方式，不能保证支架地基的承载力、支架的整体性和稳定性，无法保证上部结构施工的质量和安全，为此在主跨范围内的地基基础，在尽量减少对中粗砂层的扰动，保证围堰整体性和稳定性的基础上，采用以下两种方法进行处理：

第一部分：岸上部分，先铺筑一层60cm厚的混石垫层，再按施工方案，浇筑C20混凝土，厚度为30cm。

第二部分：围堰内河床部分：由于堰内渗水量较大，而且中粗砂层上部的软弱土层较厚，堰内河床部分从下往上依次采用60cm混石垫层、40cm厚的水泥砾砂垫层（水泥掺量约为10%～20%，在实际施工时可根据具体情况调整）、30cm厚的C20混凝土基础。

3.4.2　*支架基础的处理范围*

混石垫层和水泥砾砂层的宽度约为52m，长度约为124m；

在主跨范围内横桥向混凝土基础宽度均为36m，纵桥向混凝土基础的长度：在围堰内和导流明渠内约为50m；在南、北岸一级平台斜坡处的中横梁混凝土基础做阶梯式台阶混凝土基础，纵向长为0.3m；南、北岸两部分的长度，将视现场情况而定。

以上条形混凝土基础等级强度均为C20混凝土。

3.4.3　*填筑材料选择和具体要求*

（1）填料要求

对于岸上部分地基，采用天然级配的混石，其含泥量不大于8%，固体体积率不小于85%。

对于围堰河床部分地基，底层选用混石，其粒径在6～30cm之间的颗粒含量须超过全重的80%，含泥量不大于8%，石料强度不小于15MPa，固体体积率不小于85%；中间层选用天然级配的砾砂，含泥量不大于8%，石料强度不小于15MPa，固体体积率不小于85%。

（2）压实标准

采用18t以上压路机进行分层静压，当压实面顶面稳定，且无明显车轮轮迹时为止。

（3）分层厚度

分层压实，分层压实厚度20～30cm。

3.4.4　*地基处理方法*

（1）第一阶段

1）将围堰内的水抽干、清淤，即待堰内水抽干后，用高压水枪将堰内沉积的淤泥充分搅拌成泥浆，然后用污水泵将泥浆分别抽到东西两侧的污水池中，经沉淀后将清水排放到湛河中，淤泥及时外运到业主指定的弃土场，污水池的容积为 $400m^3$/个。

2）修筑一条贯通南、北两岸的施工临时便道，即先将南岸一级平台以下的边坡六角砖揭掉，清除所有碎石，摊平原有的土工布（处理宽度为 7m，待河道治理时再恢复原状）；然后，将临时便道所通过的桩基围堰位置放坡至河底位置，再用废弃的建筑物砖渣或炉渣等材料，沿着东侧围堰堰内填筑一条宽 7m、高 100cm 的施工便道，用 18t 振动压路机静压密实，直至围堰Ⅰ南侧坡脚位置。

3）用混石从围堰Ⅰ的南侧坡脚位置依次向南填筑，直至一级平台坡底线，事先预留出围堰Ⅱ的位置，待导流明渠混石垫层施工完毕后，再进行围堰Ⅱ的施工。混石垫层的厚度约为 60cm，用 18t 的压路机分层静压，直至没有明显轮迹为止，分层压实厚度为 20～30cm；

对于南、北岸一级平台以下边坡位置处的中横梁基础，开挖台阶状条形基槽，阶梯基础高 0.3m，宽 0.3m，基槽底采用冲击夯夯实；然后，用碎石回填，厚度为 10cm。

对于导流明渠内的淤泥坑的淤泥，先用挖掘机配合人工将淤泥清除干净，抽出渗水；然后，再分层回填混石至混石层标高。

4）进行围堰Ⅱ的施工。

5）在混石垫层上摊铺 40cm 厚 10%～20%的水泥砾砂垫层（水泥用量将视情况进行调整），分层摊铺，分层厚度为 20cm，用 18t 的压路机分层至垫层表面没有明显轮迹为止。

6）在回填垫层上，按照主跨支架基础的处理范围，进行测量放样，定出基础中心控制桩的位置，再支模浇筑 C20 混凝土基础。

对于南、北岸一级平台以下边坡位置处的中横梁基础，在基槽碎石垫层上浇筑 20cm 厚的 C20 混凝土。

7）对于围堰Ⅰ和围堰Ⅱ之间的导流明渠部分的基础，为了防止河水冲刷，影响型钢支架的稳定性，在混石和水泥砂砾垫层上，浇筑 30cm 厚的 C20 混凝土基础将整个导流明渠封闭，并预埋好固定支架立杆的插筋；在导流槽基础的西侧端部（迎水面部分）和东侧端部附近，堆码大块片石，以防止河水冲刷基底砂层。

8）为了便于及时排出施工场地内的集水和围堰基础渗水，应做好排水设施：

A. 在填筑基础材料和浇筑混凝土时，以桥的轴线为中心线做成 0.5%的双向横坡，便于排水；

B. 在沿纵桥向距西侧围堰坡脚 1m 的位置、距东侧临时施工便道坡脚 1m 的位置、距围堰Ⅱ南侧坡底线 50cm 处和南岸一级平台坡底线处，各修筑一条排水沟，在西侧围堰和临时便道西侧四角位置各修筑 1 个集水井，排水沟和集水井相互连通，用潜水泵将水及时排至堰外。排水沟为上口宽 80cm，下口宽 50cm，高度为 50cm 的梯形结构，使用的材料为砖砌，1∶2 砂浆抹面。集水井长和宽均为 1m，井深 1.5m，采用砖砌，1∶2 砂浆抹面。

C. 在排水沟的两侧侧壁上，每 2m 设置一泄水管与土层相通，泄水管可采用直径大于 10cm 的竹管或 UPVC 管，泄水管与土层相接的一端，用滤网裹住并绑扎好或用棉丝塞好，以便排水。

9）搭设钢便桥，宽度 7m。

（2）第二阶段

其施工方法与第一阶段大致相同；另外，在此阶段需要修筑一条高 100cm、宽 7m 的施工便道，并与一期施工便道和钢便桥相通，以便施工人员、模板、脚手架钢管、成品或半成品钢筋，以及小型机械设备等的通过。

3.4.5　围堰及地基基础的拆除

上部结构工程施工完毕后，按照设计规定的支架拆除工艺流程拆除支架，先期拆除地基基础；然后，依次拆除导流明渠两侧围堰Ⅰ以南和围堰Ⅱ以北的围堰部分，保证河道河水畅通。

3.5　钻孔灌注桩基础施工组织设计

3.5.1　工程概况

全桥共计 66 根桩，其中 $\phi1.2$m 的有 24 根，$\phi1.5$m 的有 42 根。按照设计要求，采用反循环工艺进行施工。

3.5.2　总体施工安排

本工程投入 4 台反循环钻机施工，其中湛河南岸设置 2 台钻机，北岸设置 2 台钻机，两边同时施工。横桥向桩基施工顺序对于每一个轴线，均由西向东施工。

纵桥向桩基施工顺序因工期紧，而且又有冬期和雨期施工，为了保证主桥关键线路结构保质保量、快速施工，在南岸首先将投入两台桩机在⑤轴线上同时施工，桩基的摆放位置以相互不影响施工为宜，然后两台桩机移机到④轴线进行桩基施工，最后两台桩机分别投入到⑥轴和⑦轴施工。同样，北岸桩基施工：先投入一台桩机到②轴，然后到③轴，最后桩机再投入到①轴和⓪轴施工。

3.5.3　施工工艺流程

详见图 3-2。

3.5.4　操作工艺

（1）开工申请

先填写书面开工申请报告，经监理工程师批准后方可开工。

（2）施工放样

根据施工图及测量有关资料放线定桩位，会同有关人员对轴线、桩位进行测量复核。经复核确认轴线、桩位正确无误，并进行地下管线探测、处理后方埋设护筒。

（3）护筒制作和埋设

因本工程②、③、④、⑤轴的桩顶标高大致与河底标高平齐，低于湛河正常水位标高。由于桩基施工正处于雨季，在加上湛河上游水库经常泄水，可能导致河水上涨，影响桩基施工，为此采用筑岛法施工，即在一级平台上修筑围堰，围堰内填土夯实。围堰高度一般高于正常水位 0.5～1.0m。

护筒采用 8mm 厚的钢板加工制作，其内径比桩直径大 200mm。在埋设护筒时，护筒底部及四周土必须结合紧密，保证护筒稳定，护筒中心线与桩中线重合。护筒埋设深度不小于 2m，其顶部高出地面 0.3m；当钻孔内有承压水时，应高于稳定后的承压水位 2.0m 以上。

（4）钻孔就位及泥浆池开挖

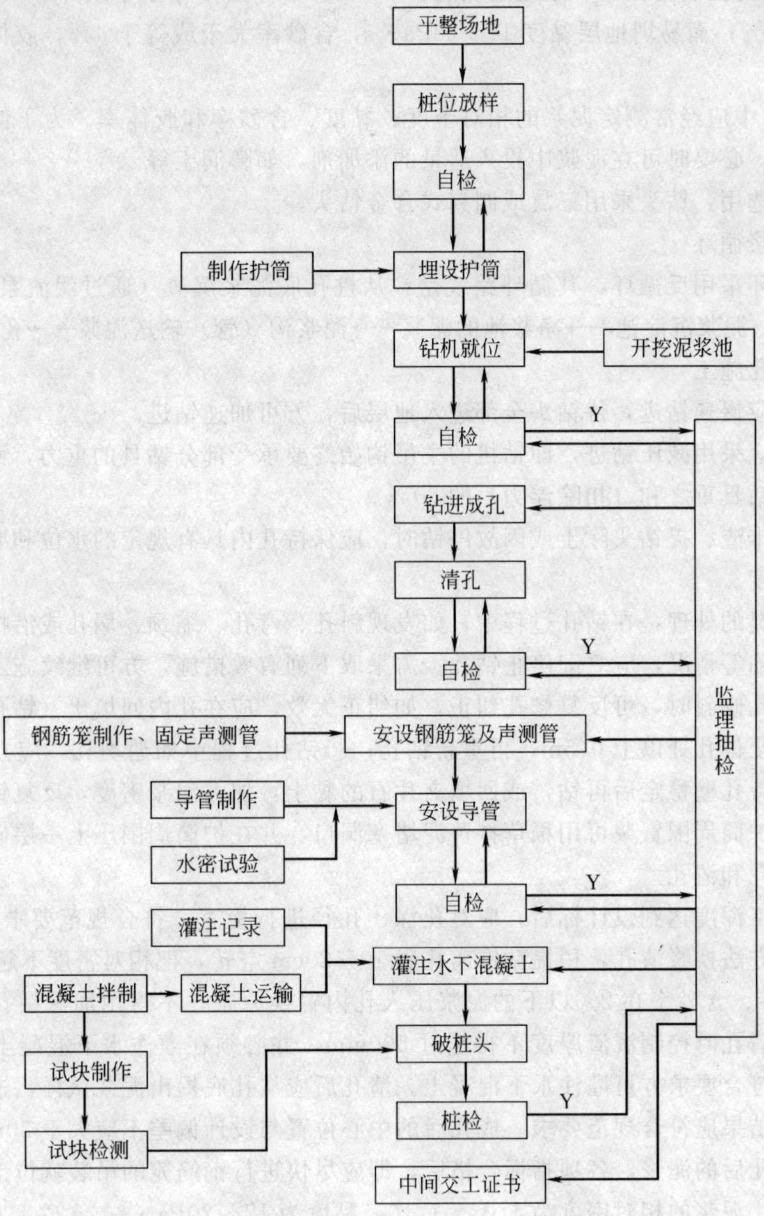

图 3-2 施工工艺流程

1）根据总体布置图，钻机进场并按施工进度计划布置钻机就位。

2）钻头中心悬挂垂球，在桩四周打出轴线并用线交出中心，垂球与其重合对中。

3）在钻机就位过程中，根据总体布置方案在适当处用挖掘机开挖泥浆池，每台钻机配备一个泥浆池，可视情况在场地两侧或一侧设置储浆池。

（5）泥浆制作及性能要求

1）为确保泥浆护壁的安全，开孔时使用的泥浆用优质黏土制作，须严格保证其性能指标的测定按照规程操作。对于一般地层，泥浆相对密度为 1.02～1.06，对于易坍地层如砂层，泥浆相对密度为 1.06～1.10。

2）泥浆的控制指标：一般地层黏度 16～20Pa·s，含砂率小于或等于 4%，胶体率大于或等于 95%；而易坍地层黏度 18～28Pa·s，含砂率大于或等于 4%，胶体率小于或等于 95%。

3）施工中应经常测定泥浆的相对密度、黏度、含砂率和胶体率。为了使泥浆有较好的技术性能，必要时可在泥浆中投入适量的添加剂，如膨润土等。

钻头的选用：钻头采用三翼或四翼式合金钻头。

（6）泥浆循环

泥浆循环采用反循环，其循环路线是：从桩孔底泥浆沉渣（通过泥渣泵的动力）⟶中孔钻杆⟶泥浆沉淀池⟶净浆池的泥浆⟶泥浆沟（管）输送泥浆⟶孔口。

（7）钻孔施工

开钻时应慢速钻进，待钻头全部进入地层后，方可加速钻进。

钻孔时应采用减压钻进，即钻机的主吊钩始终要承受部分钻具的重力，而孔底承受的钻压不超过钻具重之和（扣除浮力）的 80%。

在钻孔排渣、提钻头除土或因故停钻时，应保持孔内具有规定的水位和要求的泥浆相对密度和黏度。

异常情况的处理：在钻孔过程中，如发现斜孔、弯孔、缩颈、塌孔或沿护筒周围冒浆以及地面沉陷等情况，应立即停止钻孔。需采取下列有效措施，方可继续施工：

①当桩孔倾斜时，可反复修孔纠正，如纠正无效，应在孔内回填土（钻孔时回填夹片石的粘土）至偏孔处以上 0.5m，再重新钻孔；②钻孔过程中如遇坍孔，应立即停止钻孔回填黏土，待孔壁稳定后再钻，或回填夹片石的黏土，加大泥浆密度，反复钻进造壁后继续成孔；③护筒周围冒浆可用稻草拌黄泥堵塞洞口，并在护筒周围压上一层砂包。

（8）验孔和清孔

桩孔施工深度达到设计标后，应对孔深、孔径进行检查，符合规范要求后方可清孔。使用反循环方法换浆清孔，稍提钻锥离孔底 10～20cm 空转，把相对密度不超过 1.04、黏度在 17～20s、含砂率在 2%以下的泥浆压入孔内置换原浆，不得用加深钻孔深度的方式代替清孔。清孔时控制沉渣厚度不得超过 500mm，并必须在灌注水下混凝土前复测孔底沉渣厚度，符合要求方可灌注水下混凝土。清孔后应从孔底提出泥浆试样，进行性能指标试验，试验结果应符合规范要求。成孔后的中心位置与设计偏差不应大于 30mm。

检测清孔后的泥浆，各项指标合格后，即应尽快进行钢筋笼的吊装就位工作。清孔后的泥浆指标：泥浆的相对密度为 1.03～1.10，黏度为 17～20Pa·s，含砂率小于 2%，胶体率大于 98%。

（9）钢筋笼的制作和安装

钢筋笼制作应符合设计要求和规范有关规定。粗骨料的最大粒径不大于钢筋最小净距的 1/4；加强箍筋设置在主筋内侧和检测管外侧，每 2m 一道，均采用双面搭接焊。钢筋头也不得向内圆弯曲，以免阻碍导管工作。主筋的焊接搭接长度：单面焊为 $10d$，双面焊为 $5d$；接头应互相错开，在 $35d$ 区段范围内的接头数不得超过钢筋总数的一半。

当桩钢筋笼长小于 20m 时，一次制作完成；当桩钢筋笼长大于 20m 时，分段制作钢筋笼，驳接时采用搭接焊或帮条焊连接，搭接长度、接头率和搭接区段均满足设计和规范要求。

钢筋笼吊运时应采取措施防止扭转、弯曲。安装钢筋笼时，应对准孔位，吊直扶稳，缓慢下沉，避免碰撞孔壁。钢筋笼下沉到设计位置后，应立即固定，防止移动。

为了保证钢筋的保护层厚度，钢筋笼上每 6m 设置一层导向鼻，每层均布导向鼻 3 个，上下两层错位 60°。声测管为无缝钢管，每桩 3 根，采用钢套管焊接，必须与钢筋笼内侧焊接可靠。上下口加钢板焊接密封，钢筋笼进行拼接时，接口亦应焊接密封。

由于北岸 2 号墩位轴线处上方有高压输电线路，因此，在钢筋笼吊放过程中，起重机起吊高度必须符合高压输电线路下的安全作业高度，即安全距离大于或等于 5m。钢筋笼安装过程中，应会同监理工程师进行隐蔽工程验收，验收合格后，及时灌注水下混凝土。

(10) 灌注水下混凝土应执行下列规定

1) 对混凝土和材料的技术要求

A. 对材料要求：

砂石材料采用同种规格、同一产地产品，水泥及各类外加剂也采用同品牌、同品种产品，计量采用电子计量系统，确保其准确一致。施工前按规范进行检验，确保质量合格。

B. 灌注水下混凝土应满足下列要求：

a. 水泥强度等级不低于 32.5 级，其初凝时间不早于 2.5h。

b. 粗集料宜优先选用卵石、或采用级配良好的碎石。

c. 粗集料粒径不得大于导管内径的 1/8 及钢筋最小径距的 1/4，同时不得大于 40mm。

d. 细集料宜采用级配良好的中砂。

e. 混凝土的含砂率宜为 40%～50%。

f. 只有得到监理工程师的批准，才能使用缓凝外加剂。

g. 抗硫酸盐水泥应按图纸说明，或按监理工程师的要求采用。

h. 坍落度宜为 160～220mm。

i. 除非监理工程师另有许可，水泥用量不应少于 350kg/m^3。

j. 水灰比宜为 0.5～0.6。

2) 配合比设计

施工前根据设计图纸要求以及施工运输等各种因素的影响确定配合比控制要素，然后选购材料进行试配。

本工程灌注水下混凝土 C20 实验配合比：水泥：砂：石：粉煤灰：减水剂＝1：2.54：3.38：0.7：0.37：0.015

试验坍落度：160～220mm。

3) 计量管理

所有计量均采用质量比计量，计量设备均为电子计量。施工前对计量设备进行校验，保证计量准确。

4) 试件管理

施工过程中随机抽查混凝土坍落度，确保其准确。前后台分别按要求制作试件，成型后及时标识，拆模后，后台进标养室养护，前台试件与构件同条件养护。

5) 导管规格及试验要求

A. 导管壁厚为 3mm，直径为 245mm，采用无缝钢管制作。导管的分节长度为

1.5m、2.0m，底管长度为4m。

B. 导管使用前应进行水密承压和接头抗拉试验，严禁使用压气试压。进行水密试验的水压不应小于孔内水深1.3倍的压力，也不应小于导管和焊缝可能承受灌注混凝土时最大内压力的1.3倍。

C. 连接导管时，每节导管的接口必须加上止水密封橡胶圈，拧紧螺帽，保证灌注水下混凝土过程中，导管不出现漏水现象。

6）灌注工艺

A. 开始灌注混凝土时，隔水栓吊放的位置应近临泥浆面，导管底端到孔底的距离一般为50cm。

B. 开始灌注时，首批混凝土的数量须满足导管首次埋置深度和填充导管底部需要。

C. 首批混凝土拌合物下落后，混凝土应连续灌注。在灌注过程中，应保持孔内水头。

D. 随着混凝土的上升，要适时提升和拆卸导管，导管底端埋入混凝土面以下一般保持2～6m，严禁把导管底端提出混凝土面或导管底端混凝土埋深小于2m，以免造成断桩。在灌注过程中，设专人经常测探孔内混凝土面的位置，及时调整导管埋深，并填好水下混凝土灌注记录表。

E. 为防止钢筋笼上浮，当灌注的混凝土顶面距离钢筋笼底部1m左右时，应降低混凝土的灌注速度；当混凝土拌合物上升到钢筋笼底口4m以上时，提升导管，使其底口高于钢筋笼底部2m以上，即可恢复正常灌注速度。

F. 在灌注接近结束时，应核对混凝土的灌入数量，以确定所测混凝土的灌注高度是否正确。

G. 对于有承台的桩基，混凝土的灌注高度为桩顶以上50～100cm，对于桩柱式的桩基，混凝土的灌注高度为桩顶标高。

H. 在灌注混凝土前及灌注过程中应进行坍落度检测，符合设计、规范要求才可进行灌注；若不能满足设计、规范要求，不得用于施工。

I. 灌注混凝土时，按设计或规范要求留试块2～4组，每组不得少于3块。

（11）接桩头

对于桩柱式的桩基，凿除设计桩顶高程以下1.1m或1m范围的松散混凝土，对于有承台的桩基，凿到桩顶设计标高，直至凿出混凝土密实面为止。放桩位，校正钢筋位置，绑扎立柱钢筋，保证钢筋的搭接长度。支桩头模，浇筑C25混凝土。

（12）断桩预防措施

钻孔灌注桩的水下混凝土灌注的最大病害就是缩径和断桩，为了解决混凝土灌注过程中出现缩径和断桩必须解决：

1）混凝土方面

A. 最大粒径不得大于40mm，料斗上架4cm的圆孔筛。

B. 坍落度16～18cm，严格控制，经常检测，不合格混凝土不得进入灌注漏斗。

C. 混凝土拌合均匀，不得有离析现象；否则，不能使用。

2）灌注工艺

A. 清孔后沉渣厚度必须满足设计要求。

B. 泥浆密度应稀释到规定标准1.03～1.1g/cm^3。

C. 首灌量必须保证 $V \geqslant \pi D^2/4(H_1+H_2)+\pi d^2/4\times h_1$，

式中 V——灌注首批混凝土所需数量（m^3）；

D——桩孔直径（m）；

H_1——桩孔至导管底端间距，一般为 0.4m；

H_2——导管初次埋深度（大于或等于 1m）（m）；

d——导管内径（m）；

h_1——桩入混凝土达到埋置深度 H_2 时，导管内混凝土柱平衡导管外水（或泥浆）压力所需的高度（m），即 $h_1=H_W r_W/r_C$；

H_W——井孔内水或泥浆的深度（m）；

r_W——井孔内水或泥浆的重度（t/m^3）；

r_C——混凝土拌合物的重度（取 $24kN/m^3$）。

D. 导管在灌注过程的埋置深度不小于 2m，且一般不大于 6m。

E. 导管拆卸应熟练快速，尽量减少停置时间。

F. 灌注过程提升导管时，导管的埋置深度始终保持 2m 以上，并上下振动导管，以保证混凝土密实。

G. 混凝土灌注尽量保持连续，防止间隔过长，形成堵管和缩径。

3）钻孔施工时施工技术要点

① 桩机就位要严格对中，保证桩机垂直下钻。施工时，要经常检查钻机的钻杆使用情况；发现钻杆弯曲不能继续使用时，要及时修复或更换。

② 钻孔过程中要经常检查钻头磨损程度，发现钻头磨损严重，直径小于规定值应及时补焊修复，以确保成孔直径符合设计要求。

③ 钻孔过程中应根据土层类别、孔径大小、钻孔深度及供浆量来确定相应的进钻速度，应符合相关规定。

④ 钻机施工时，在淤泥层钻进速度不宜大于 1m/min；在松散砂层应根据泥浆补给情况严格控制钻进速度，一般不宜超过 3m/h；在硬土层的钻进速度，以钻机不发生跳动为准。

⑤ 为了确保桩的垂直偏差小 1%，钻孔施工时，经常对钻孔桩机进行水平测量，以保证钻孔桩机处于水平状态下工作。

3.6 主跨下部支架施工技术方案

3.6.1 工程概况

主桥上部结构的桥面以下部分施工采用碗扣式满堂红支架体系和型钢支架体系。从导流明渠以南到 5 号轴线之间和北岸岸上部分，使用碗扣式满堂红钢管支架体系；在跨越横桥向围堰、导流明渠、导流明渠以北至北岸一级平台，则采用型钢支架体系，再在其上搭设扣件式满堂红脚手架进行调整。

3.6.2 满堂红脚手架支架体系

（1）满堂红脚手架支架体系的分布

从导流明渠以南到 5 号轴线之间和北岸岸上部分，使用碗扣式满堂红钢管支架体系。该支架体系自上而下依次为纵梁（木方）、横梁（木方）、可调顶托、立杆、横杆、垫板或底托。

在支架两侧设1m宽的操作平台，平台外侧设1.2m高防护栏，挂防护网及防落物网。

（2）搭设方法

1）横、纵木方

在大纵梁、端横梁、中横梁部位，第一层纵向木方和第二层横向木方分别选用10cm×10cm和10cm×10cm，长度分别为2m和4m，纵向木方间距20cm，横向木方间距可根据不同的结构部位选用60cm、55cm、80cm。

在小纵梁和桥面板部位，纵向木方和横向木方分别选用10cm×10cm和15cm×15cm，长度分别为2m和4m，纵向木方间距25cm，横向木方间距110cm和120cm。

在横向4m木方搭接时，尽量选择在顶托上对接，且接口下垫5cm×10cm的木方，用铁钉钉牢；若无法在支托上相接时，同样在接口下垫5cm×10cm的木方，用铁钉钉牢，并在接头处加设钢管支托；为防止移位，底模与横梁使用铁钉钉牢，纵、横梁使用铁钉或扒钉（U形钉）连接。

木方的材料选用TC11强度以上的红松木或杉木。横、纵木方应选用至少有2个以上的好面，质量良好。

2）立杆

在大纵梁、端横梁、中横梁部位，扣件式钢管支架立杆横纵间距分别为60cm×60cm和60cm×55cm、60cm×80cm和60cm×60cm和80cm×60cm；在小纵梁和桥面板部位，钢管支架立杆横纵间距为80cm×110cm、80cm×120cm、60cm×110cm、60cm×120cm。

立杆底部使用钢底托，垫板面积尺寸不小于0.01m^2。在大纵梁、端横梁、中横梁部位，将底托直接放在混凝土基础上；在小纵梁、桥面板、桥两侧加宽部位，在底托下加垫10cm×10cm的优质木方，木方直接放在混石垫层上。立杆底部距地基基础顶面高度不超过20cm。立杆顶部使用可调支托调整高度，支托外露螺纹20～40cm，但外露长度不能超过螺纹总长度的3/4，顶层横杆距立杆顶部控制20cm以内。

3）水平横杆

纵、横向（大、小）横杆步距为120cm，第一层横杆距地面20cm以内，顶层横杆距立杆顶部控制20cm以内。

4）剪刀撑

横、纵桥向剪刀撑连续、不间断。在端横梁部位下，设置两道横向剪刀撑，其余各部位每隔4m设一道剪刀撑；纵桥向剪刀撑，分别在两个大纵梁两侧各设一道剪刀撑，间距约3m，在两个大纵梁之间每隔5m设置一道剪刀撑，在支架的最外排各设一道剪刀撑。

3.6.3 型钢支架体系

在跨越横桥向围堰、导流明渠、导流明渠以北至北岸一级平台，则采用型钢支架体系，再在其上搭设扣件式满堂红脚手架进行调整。该支架体系包括两部分：上部为满堂红脚手架，下部位为型钢支架。满堂红脚手架自上而下依次为纵梁（木方）、横梁（木方）、可调顶托、立杆、横杆、垫板或底托。

在支架两侧设1m宽的操作平台，平台外侧设1.2m高防护栏，挂防护网及防落物网。上部的满堂红支架同满堂红脚手架支架体系。

3.7 下部结构施工方案

3.7.1 工程概况

城东河路湛河大桥下部结构部分采用桩柱式结构形式，部分采用群桩承台式结构形式。按照设计要求有26根桩需要接桩，然后进行立柱施工，40根桩只需要凿破桩头至设计标高即可进行承台施工；全桥立柱共计30根，其中26根直径为1.2m圆柱，主拱下为2.5m×2.5m的方柱4根；台帽及盖梁6根，（3#、4#墩）副拱下只有承台4个；0#轴、7#轴为台帽，1#轴、2#轴、5#轴、6#轴各有盖梁一根。

3.7.2 施工安排

根据桩基施工完成情况和现场施工场地，进行交叉施工。在对剩余桩基施工的同时，首先对0#轴、1#轴、6#、7#轴桩基进行土方开挖，并依次完成凿桩头、检测、接桩的施工。全桥桩基施工结束后，全面清除场地内泥浆池，完成主、副拱桩基的开挖、凿桩头、检测以及墩台、盖梁的施工。桩基完工后，下部结构施工中2#、5#墩将作为施工重点和优先施工对象，从而保证主跨施工。引桥、副拱下部施工，将根据情况随时交叉进行。

3.7.3 施工顺序及施工工艺

（1）施工顺序

开工申请⟶土方开挖⟶凿桩头、验桩⟶测量定位⟶接桩（承台施工）⟶立柱施工⟶基坑回填土方⟶盖梁（台帽）施工⟶垫块（耳墙）施工。

（2）施工工艺

1）在下部结构施工前提交分部施工开工申请，由监理工程师批准。首先进行现场泥浆坑处理，用挖掘机和装载机配合自卸车将泥浆沉渣清理外运至业主指定的弃土场，清理至老沉积黏土层，待接桩完毕后，再用优质黏土分层回填、分层碾压至桩顶标高或承台顶标高，保证现场平整和整洁，回填的密实度应满足设计要求。

2）土方开挖

A. 施工工序

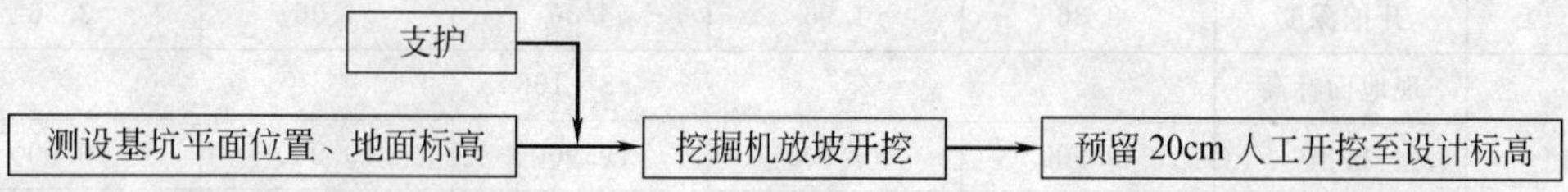

B. 基坑开挖

按照桥墩轴线分布确定开挖位置和开挖范围，采用挖掘机开挖，基坑边坡为1∶0.6，开挖时顺墩轴线方向进行，对于土质松散的边坡采用预留台阶防护。当挖至离基底标高20cm时，由人工挖至基底标高，防止破坏原状土。开挖土方暂时堆放在不影响现场施工的位置，以备基坑回填使用。

0#、1#、6#、7#墩开挖时采用条形断面，2#、3#、4#、5#墩开挖时应根据桩基分布和承台形状确定开挖形状。由于2#、3#、4#、5#轴线位置开挖深度和开挖范围较大，基坑底标高普遍低于河床底标高，基坑底位于中粗砂透水层的位置，而且湛河河水水位较高，距离湛河位置又比较近，在已开挖的基坑内会有地下水或者河水渗入，为此为了方便施工，保证施工质量，拟在2#、3#、4#、5#轴线承台位置处，采用扩大开挖范围，在承台位置上填筑一层厚约30cm左右的碎石垫层，并在其上浇筑厚约15cm的C20混凝土，其标高应小于或等于桩顶标高；其次，还应在基坑底，距离坡脚线大约50～100cm的位置，开挖环形排水沟和1～2个集水井，并安排水泵抽水，以便排水；第三，为了防止基坑侧壁坍塌，根据开挖具体情况应采取适当防护措施，如采用钢板桩、喷锚挂网和常规支护方法等进行支护。土方开挖的大致深度如表3-4所列。

土方开挖深度控制表 **表3-4**

墩台号	桩位号	①	②	③	④	⑤
0#	现地面标高			82.91		
	桩顶	79.960	80.054	80.158	80.054	79.960
	开挖深度	4.05	3.956	3.852	3.956	4.05
1#	现地面标高			81.748		
	桩顶	79.900	79.900	79.900	79.900	78.236
	开挖深度	2.948	2.948	2.948	2.948	2.948
2#	现地面标高			80.825		
	桩顶	78.453	75.753	78.453	75.753	78.453
	开挖深度	3.472	5.072	3.472	5.072	3.472
3#	现地面标高			80.447		
	桩顶			74.288		
	开挖深度			7.259		
4#	现地面标高			80.306		
	桩顶			74.288		
	开挖深度			7.118		
5#	现地面标高			80.713		
	桩顶	78.453	75.753	78.453	75.753	78.453
	开挖深度	3.36	4.96	3.36	4.96	3.36
6#	现地面标高			81.166		
	桩顶	79.900	79.900	79.900	79.900	79.900
	开挖深度	2.366	2.366	2.366	2.366	2.366
7#	现地面标高			82.601		
	桩顶	79.925	80.019	80.123	80.019	79.925
	开挖深度	3.776	3.682	3.578	3.682	3.776

3）凿桩头、声测

基坑开挖完工后，进行凿除桩头工作，也就是将桩头松散混凝土剔除，为柱子施工作准备。根据设计要求，将桩头松散混凝土用风镐剔除掉。对于桩柱式桩基，应凿至桩顶以下1.1m的位置；对于带有承台的桩基，凿至桩顶标高位置即可。注意在凿至接近设计标高时应小心剔除，避免过多或过少剔除。剔除完后用清水进行冲洗干净，待声测合格后进行接桩和柱子施工。

各个桩基的标高见表 3-5。

桩顶与柱顶设计标高一览表 **表 3-5**

<table>
<tr><th colspan="2">桩位号
墩台号</th><th>①</th><th>②</th><th>③</th><th>④</th><th>⑤</th></tr>
<tr><td rowspan="2">0#</td><td>柱顶</td><td>80.960</td><td>81.054</td><td>81.158</td><td>81.054</td><td>80.960</td></tr>
<tr><td>桩顶</td><td>79.960</td><td>80.054</td><td>80.158</td><td>80.054</td><td>79.960</td></tr>
<tr><td rowspan="2">7#</td><td>柱顶</td><td>80.996</td><td>81.090</td><td>81.194</td><td>81.090</td><td>80.996</td></tr>
<tr><td>桩顶</td><td>79.925</td><td>80.019</td><td>80.123</td><td>80.019</td><td>79.925</td></tr>
<tr><td rowspan="2">1#
(6#)</td><td>柱顶</td><td>81.036</td><td>81.132</td><td>81.236</td><td>81.132</td><td>81.036</td></tr>
<tr><td>桩顶</td><td>79.900</td><td>79.900</td><td>79.900</td><td>79.900</td><td>79.900</td></tr>
<tr><td rowspan="3">2#
(5#)</td><td>柱顶</td><td>78.953</td><td>78.953</td><td>78.953</td><td>78.953</td><td>78.953</td></tr>
<tr><td>承台顶</td><td>—</td><td>78.453</td><td>—</td><td>78.453</td><td>—</td></tr>
<tr><td>桩顶</td><td>78.453</td><td>75.753</td><td>78.453</td><td>75.753</td><td>78.453</td></tr>
<tr><td rowspan="2">3#
(4#)</td><td>承台顶</td><td colspan="5">76.988</td></tr>
<tr><td>桩顶</td><td colspan="5">74.288</td></tr>
</table>

对桩基声测，应由具有相应资质的单位进行。在检测过程中，我方积极做好配合工作。

4）测量

由测量人员进行接桩前平面定位，确定桩基设计中心位置，用油漆在桩上进行标注。以标注的中心点为中心，沿着直径方向用墨线弹出两条相互垂直的十字线，并检测桩基的偏差值。群桩的中心偏差一般为 10cm，桩柱式的中心偏差一般为：横桥向 10cm，纵桥向 5cm。

然后进行桩基顶部的水准测量，并在 1～2 根竖直钢筋上做好标记，做好观测记录，以便柱子施工。

5）接桩

A. 根据设计图纸要求，对于单桩单柱的桩基，凿除在设计桩顶高程以下 1.1m 范围内的松散混凝土。

B. 桩基检测合格后，绑扎立柱钢筋，立模板，浇筑桩头混凝土。

C. 在立模板前，应将桩顶混凝土表面用清水冲洗干净和充分湿润，并在表面刷一层水泥浆，或铺一层 1～2cm 的 1∶2 的水泥砂浆，保证新旧混凝土的衔接。模板采用五套定制的直径 1.5m 的半圆形钢模拼装，板缝间用海绵填塞，防止漏浆；钢模板内侧应打磨光滑，并涂刷脱模剂，涂刷顺序应上下平行一致，以保证混凝土外观质量。

D. 模板支撑在砂浆垫层上，上部用脚手架和木垫块固定，在模板两侧用花篮螺丝对称拉紧，防止移位，注意保证钢模的水平和垂直度。由于在接桩 1.1m 的高度范围是钢筋变径部分，因此，在钢筋弯曲过程中注意角度，保证桩基钢筋和立柱钢筋的顺利过渡；同时，钢筋接头应按照规范要求，进行绑扎搭接，保证接头质量。

E. 接桩采用的混凝土为 C25，拟采用搅拌站搅拌混凝土，通过地泵和输送泵管将混凝土送入钢模内，或采用350搅拌机现场搅拌混凝土，人工手推车运输至桩头附近，配合溜槽倾倒到模板内，溜槽的高度不能太高，防止混凝土浇筑时飞溅和离析。在浇筑过程中应分层及时振捣，采用"快插慢提"的方式进行振捣。采用插入式振捣器，分层高度一般为30cm，移动间距一般不应超过振动器作用半径的1.5倍，与侧模应保持5～10cm的距离；在浇筑上一分层振捣混凝土时，振动器应插入下一分层5～10cm；对每一个振动部位，必须振动到该部位混凝土密实为止，密实的标志是混凝土停止下沉，不再冒气泡，表面呈现平坦、泛浆。

F. 应根据气温合理确定拆模时间，不能过早或过晚。混凝土拆模时的强度宜为0.2～0.5MPa。在混凝土浇筑完后，对于用钢模板接桩的桩基，在模板外侧和混凝土上部（包括钢筋），及时用厚的塑料纸或彩条布包裹好，再在外侧包裹双层厚草帘，并绑扎紧；同样，拆模后在混凝土侧面和顶部及时用厚的塑料纸或彩条布包裹好，再在外侧包裹双层厚草帘，并绑扎牢固；对于采用砖模的接桩，可用周围培土的方法进行养护，上部同样用厚的塑料纸或彩条布包裹好，并在其上覆盖草帘，做好混凝土养护工作。

6）承台施工

承台分为条形、方形两种，高度均为2.7m，为现浇混凝土，混凝土强度等级为C25。

由于2、3、4、5号轴线承台位置为深开挖基础，其开挖深度约为4.96～6.159m，基底位于中粗砂透水层，其标高低于湛河河床底标高，与湛河水相连系，渗水量相当大，所以采用基底铺垫碎石、上部浇筑混凝土的方法进行处理。

A. 施工工序：

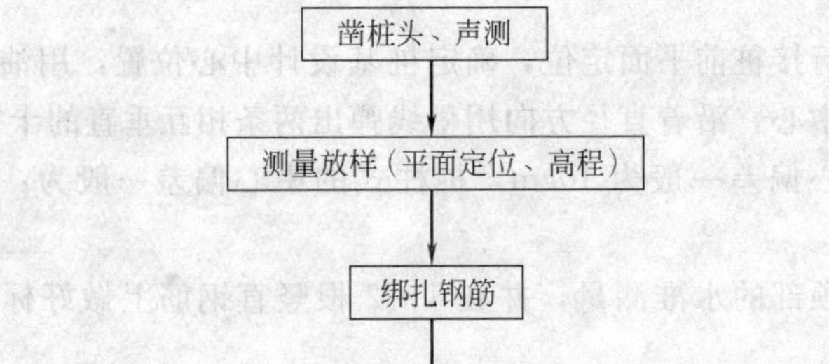

B. 施工工艺

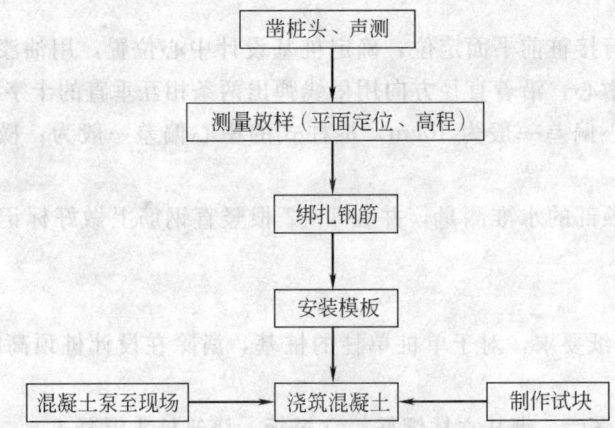

严格按照设计施工图布置钢筋，对于2、5号桥墩承台的预留柱子钢筋（每承台64根Φ22插入180cm）位置以及3、4号桥墩承台的预留拱座钢筋应提前预埋。

钢筋帮扎时使用ϕ48mm钢管作为钢筋支撑架，每排设3根，共3排，管口露出承台。混凝土浇筑后作为承台的温度观测管，以随时掌握混凝土内的温度变化。

模板使用2cm厚的木多层模板组拼而成，竖向背楞木方采用3m长10cm×10cm，间距30cm，横向背愣采用ϕ48mm×3.5mm的双钢管，用三字扣加ϕ16mm的对拉螺栓拉结，间距为60cm，侧向支撑采用ϕ48mm×3.5mm钢管作斜撑，间距为1.2m，上下排距为60cm。在浇筑混凝土垫层时，在承台位置外侧应预埋固定模板钢筋，以便模板定位。在模板立好以后，检查一下水平和竖直背楞和横向背楞及拉杆螺栓的可靠性，以防跑模、胀模；同时，检查模板的标高和外形尺寸是否正确。承台下浇筑C15混凝土垫层，具体尺寸为2#（5#）承台为6.7m×6.7m×0.15m；3#（4#）承台为8.8m×6.52m×0.15m。

本工程中承台混凝土施工，属于大体积混凝土施工。由于其结构面积比较大，水泥用量比较多，水泥水化所释放出的水化热会产生较大的温度变化和体积收缩变形，以及外界约束条件的共同作用，而产生温度应力和收缩应力，这两种应力是导致大体积混凝土结构产生裂缝的主要原因；再加上目前混凝土施工已经进入冬施阶段，因此，必须采取有效措施，控制混凝土的水化升温、延缓降温速率、减小混凝土收缩、提高混凝土的极限抗拉强度、改善约束条件等，是冬期大体积混凝土施工的关键。本工程拟采取的措施如下：

a. 选用水化热比较低的普通硅酸盐水泥。

b. 在混凝土配合比中掺加姚孟产可利尔牌粉煤灰掺合料和JKR-2高效缓凝减水剂，用以改善混凝土的和易性，降低水灰比，以达到减少水泥用量、降低水化热的目的。

c. 尽量选用粒径较大、级配良好的粗骨料。

d. 在承台内部预埋ϕ48mm的冷却水钢管，通过循环冷水，强制降低混凝土水化热；冷却管分两排平行放置在承台的中间位置。平行于长边，两边冷却管距离结构边缘保持1m的距离，其余冷却管均布；端头套丝，用弯头连接，其中一根边管一端作为进水口，另一根边管的一端作为出口；出入口均使用弯管引至承台顶，并从承台顶引到模板外侧，防止接头漏水影响混凝土质量。设专人用温度计定时检测出、入口的温度，比较冷却效果。

e. 加强施工过程中的温度控制：在混凝土浇筑后，及时搭好暖棚，用火炉加热，保证养护温度不低于10℃，使混凝土缓缓降温，充分发挥混凝土的徐变特性，减小温度应力，以免发生温度梯度急剧变化；加强温度监测，随时掌握混凝土内的温度变化，内外温差控制在25℃以内，使混凝土的温度梯度和湿度不致过大，以有效控制有害裂缝的出现；严格控制好拆模时间，以延缓降温时间和速度，充分发挥混凝土的应力松弛效应。

f. 采用泵送混凝土的施工方法，混凝土的分层浇筑高度一般为30cm，移动间距一般不应超过振动器作用半径的1.5倍；在浇筑上一分层振捣混凝土时，振动器应插入下一分层5～10cm；对每一个振动部位，须振动到该部位混凝土密实为止，以提高混凝土的抗裂性能。

g. 严格控制混凝土的入模温度，至少在10℃以上。

h. 及时排除混凝土在振捣过程中产生的泌水，消除泌水对混凝土层间粘结能力的影响，提高混凝土的密实度及抗裂性能。

i. 混凝土浇筑后，及时清除表面浮浆，加强早期养护。

7）立柱施工

A. 施工工序

桩头混凝土凿毛与接缝处理──→绑扎钢筋──→安装模板──→混凝土泵至现场，浇筑混凝土──→制作试块。

B. 施工工艺

a. 将桩顶与立柱的交接面凿毛，凿出浮浆露出带有石子的新鲜混凝土面，并用水冲洗干净。

b. 通过测量放样确定柱子中心位置，测设标高确定柱顶标高。

c. 立柱模板（图 3-3）采用定型钢模板，直径为 1.2m。在合模前，先将柱子钢筋对中；然后将已打磨好、刷有脱模剂的钢模板进行拼装，检查钢模板的中心是否和柱子中心重合；检查钢模板的垂直度、位置偏差、顶面高程是否符合设计和施工规范；检查钢管支撑是否牢固、花篮螺丝钢丝绳拉结是否张紧；对于钢模板拼缝处可用双面胶带密封，模板与桩顶的接触缝，可以提前在模板底部铺筑砂浆，然后再拼装模板，以防漏浆，出现砂线和烂根等现象。

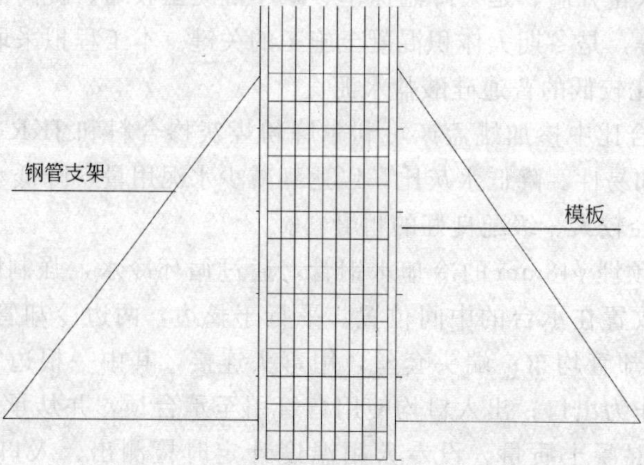

图 3-3 立柱模板示意图

d. 立柱混凝土强度等级为 C25，混凝土的施工工艺和具体要求同接桩部分。

e. 立柱拆模时间应根据实际情况决定，由于冬期气温较低，应适当延长拆模时间，不能过早或过晚，避免影响立柱外观质量。拆模时应将模板直接分开，分块拆出，拆模后立即用塑料布将立柱全部包裹，在外侧用双层草帘包裹，用钢丝绑紧，再利用桩基础开挖后形成的基槽，搭设暖棚支架，即：中间支设一排钢管，纵向用钢管连接，用扣件锁牢，上部采用人字形搭设钢管，棚顶用彩条布封闭养护，养护时间一般为 7～14d。

f. 对于 2# 、5# 墩主拱下方形立柱，采用自制模板，为保证立柱外观质量对模板的边角部位要做细部处理，并保证接缝处不漏浆。

8）桥台、盖梁施工

A. 施工工序

测量定位──→搭设支架──→安装底部模板，模板安装质量检查──→钢筋布设，质量检查──→混凝土浇筑，试块制作──→拆模、养护。

B. 施工工艺

本桥桥台、盖梁均采用钢筋混凝土现浇结构，混凝土强度等级 C25。在施工过程中，应当注意立柱同墩、台身的连接，钢筋绑扎的质量，预埋件的设置，模板位置和横向坡度，混凝土振捣质量。

a. 钢筋加工

钢筋加工时必须按设计几何尺寸控制形体尺寸。配筋下料和制作、加工尺寸必须准确，要在加工场地面上放出钢筋加工大样。钢筋绑扎前，按照图纸中标明的尺寸检查配筋尺寸、放置和位置。钢筋绑扎要牢固，严禁有松动和变形现象。

钢筋网片的制作、加工必须按照图纸配筋下料，使每个钢筋尺寸和外形准确。组装应牢固、准确、整体性好。钢筋网片歪斜、扭曲、变形时，要及时进行矫正。

箍筋弯钩的角度和平直长度必须符合设计和规范的规定。组装时应严格控制间距尺寸，要在纵向主筋上画出位置点，保证均匀和准确性。箍筋的绑扎要牢固，严禁有松动和位移现象。

组装钢筋骨架前要熟悉图纸，并按照图纸和钢筋配料表核对配料单和料牌，逐号进行组装。检查钢筋规格是否齐全、准确，形状数量是否与图纸要求相符，并应按照图纸安装顺序和步骤对号组装，防止漏筋。

使用水泥砂浆垫块控制混凝土保护层的厚度，其厚度等于保护层的厚度。垫块做成半圆状，与钢筋接触的平面尺寸：当保护层等于或小于 20mm 时，为 30mm×30mm；大于 20mm 时，为 50mm×50mm；当在垂直方向使用垫块时，在垫块中埋入 20 号钢丝。

b. 模板及混凝土浇筑

模板采用自制模板，模板支撑系统采用钢管脚手架与木方结合；混凝土采用搅拌站拌制，泵送到现场，用振捣棒振捣。

① 放样、支模按设计图纸和规范进行。在每根立柱上测设中心，按照墩轴线确定模板中心。考虑墩、台横坡，且分界点在桥中心位置。

② 钢筋绑扎、焊接、布设应满足规范和图纸设计要求。钢筋布设完毕后，经检验合格后，安装侧模，侧模固定采用槽钢拼装加木方形成的框架对拉，防止胀模和跑模。下部采用满堂脚手架进行支撑，钢管下部加垫枕木，保证支架体系的整体性和稳定性。

③ 混凝土浇筑直接泵送到现场浇筑，振捣用插入式振捣棒进行捣实，混凝土应按一定厚度、顺序和方向水平分层浇筑，连续进行。

④ 混凝土养护同柱子施工。

⑤ 对于 2#、5# 墩特殊形式的盖梁，可分两次施工，即：先进行盖梁主体施工，预留出背墙钢筋，待纵梁张拉、灌浆、封锚、封端后，再进行背墙施工；对于 0#、7# 轴线台帽施工时，耳墙部分和桥台同步完成。

3.8 后张预应力混凝土箱梁施工

3.8.1 工程概况

在平顶山市城东河路湛河大桥的上部结构工程中，大纵梁、中横梁和端横梁为现浇后张法预应力混凝土结构，预应力筋采用高强低松弛 ϕ^j15.24 钢绞线，重量为 48.2t，锚具种类分为 OVM15-15、OVM15-12、OVM15-4 和 OVM15-5 四种，具体数量分别为 32、88、480 和 240 套，各梁均为两端张拉。波纹管分 ϕ55mm 和 ϕ90mm 两种。

后张法预应力混凝土箱梁施工，其芯模板采用 2.4cm 的木模板或 1.2cm 厚的竹夹板，外模板采用 1.2cm 厚的竹胶板或 2.4cm 的木模板。为了保证施工进度和安装方便，可以采用场外分块制作，现场组拼的方法进行施工。

3.8.2 施工工艺流程框图

现浇预应力钢筋混凝土箱梁施工工艺框图如图 3-4 所示。

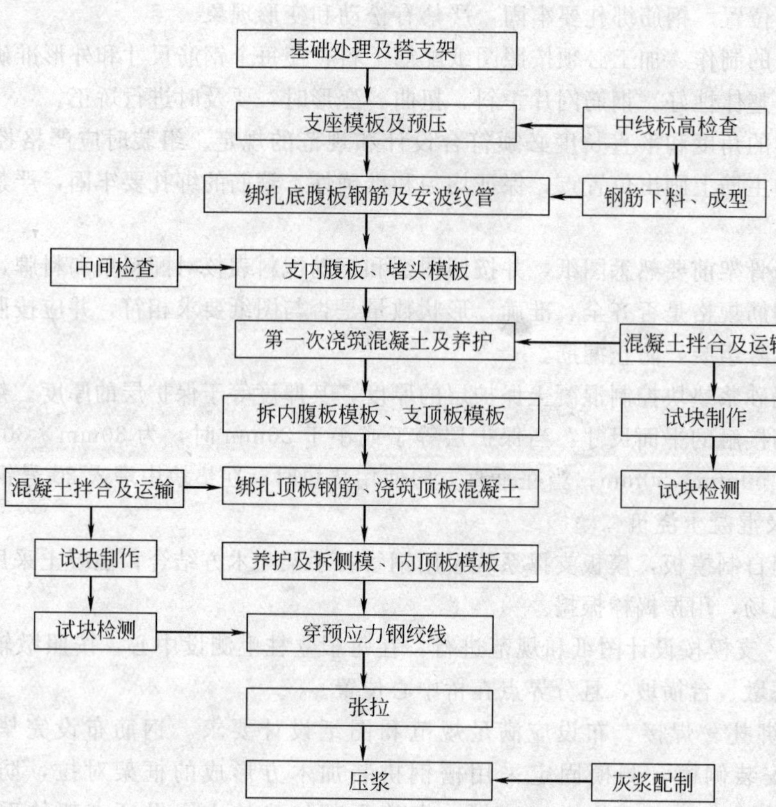

图 3-4　现浇预应力钢筋混凝土箱梁施工工艺框图

3.8.3　模板工程

(1) 底模和侧模采用竹胶板或木模板，在组装前应将模板面上涂刷隔离剂；使用时如果发现模板损坏或变形，应及时替换或修补。

(2) 模板板面之间应平整，接缝严密，不漏浆，保证结构物外露面美观、线条流畅。

(3) 箱梁内模也采用竹胶板或木模板，为方便拆模和加快模板周转，浇筑完成后 1～2d 即可拆掉内模，清理表面混凝土，移至下一道工序。

(4) 外侧模板拆除，应在混凝土强度超过 2.5MPa 后进行；芯内模板应在混凝土强度能保证混凝土表面不发生塌陷和裂缝现象时，方可拆除；对于底模板的拆除，可按设计要求进行拆除；当设计无明确要求，结构物的跨度大于 4m 时，待混凝土强度达到设计强度的 75%以上时，方可拆除；结构物的跨度小于 4m 时，待混凝土强度达到设计强度的 50%以上时，方可拆除。

(5) 模板拆除后应及时清理。

3.8.4　钢筋施工

(1) 工程概况

钢筋加工均在车间内完成，现场绑扎，钢筋的绑扎顺序应根据钢绞线的孔位布置合理安排。钢筋和预应力筋的施工顺序依次为大纵梁、端横梁、中横梁，在各个梁相交的位置处的后浇带位置要提前预留好波纹管，并在内部做好临时支撑，防止波纹管在施工时变形。各个梁的施工顺序为：

大纵梁：绑扎底板下层钢筋、腹板钢筋，穿下层第一批 A、D、D、A 波纹管、底板上层钢筋、隔梁钢筋，穿下层第二批 B、B 波纹管，穿第三批 B、B、C、C 波纹管和上层第二批 B、B 波纹管，绑顶板下层钢筋，穿上层第一批 A、D、D、A 波纹管，绑顶板上层钢筋，穿预应力钢绞线。

端横梁和中横梁：绑扎底板下层钢筋、腹板钢筋，穿下层波纹管，绑底板上层钢筋、隔梁钢筋，绑顶板下层钢筋，穿上层波纹管，绑顶板上层钢筋，穿预应力钢绞线。

(2) 预应力筋的张拉施工工艺

预应力筋的张拉施工工艺流程图如图 3-5 所示。

1) 工艺要求

A. 波纹管安装、固定

在已绑扎好的梁箍筋上按图纸尺寸放出预应力钢束的曲线点，按曲线点将定位网格筋焊于梁箍筋上，固定波纹管，定位网格筋间距按图纸布置。把波纹管放进定位网格筋内，波纹管的接口用稍大一级的波纹管套接，并用密封胶带封口。由于孔道留设的位置与构件产生的预应力有直接的关系，波纹管安装位置要严格符合设计要求，线形圆顺，并在波纹管最高点采用 $Dg25$ 铁管预留排气孔和返浆孔，把制作好的接驳件绑扎在波纹管上，接驳件的孔必须正对波纹管预留小孔。把 $Dg25$ 铁管套在驳接件上，用密封胶带把接头部位封好，保证不漏浆，每条预留铁管长度均出梁面混凝土 10cm。穿波纹管后，指定专人做细致检查，确保波纹管完好、无破损，接头密封后办理工序交验手续，才能进行下一工序施工。

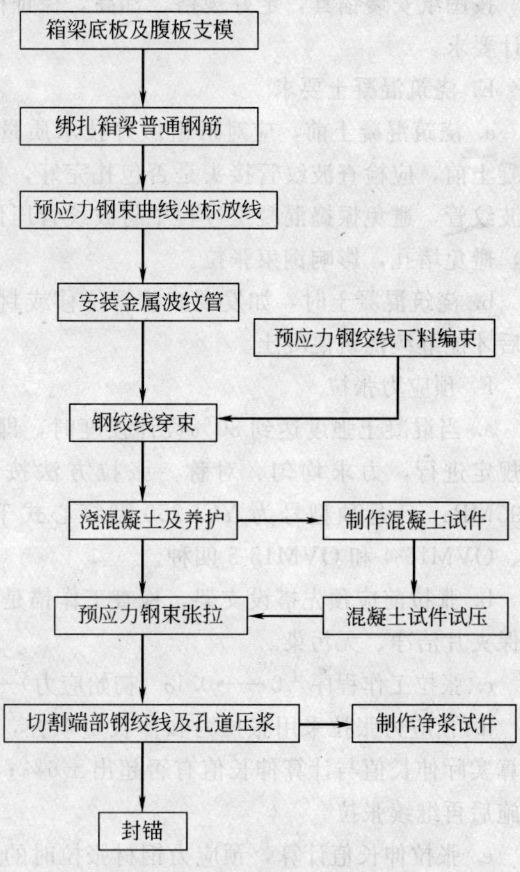

图 3-5 预应力张拉施工工艺流程图

B. 钢绞线下料及编束

钢绞线下料及编束在施工现场进行，下料时要仔细复核设计图纸的预应力筋的长度，专门制作钢套架，将整捆钢绞线套在钢架内，防止下料时整捆钢绞线弹开松散。认真检查，确保钢绞线的规格、尺寸、质量符合设计要求，无发蓝、断裂、松散等现象。用无齿锯切割钢绞线，整束理顺，编号放好。

为了方便穿束和张拉施工，现对各种梁进行编号，编号方法如下：

a. 中横梁：本工程共计 28 个中横梁，每根中横梁有 6 束钢绞线，编号方式为：中i—j，其中中横梁的序号为 $i=1\sim28$，每根中横梁的钢束序号为 $j=$A、B、C、D、E、F，张拉端分东、西向。

b. 端横梁：共计 2 个端横梁，每个端横梁有 14 束钢绞线，编号方式为：

端南$-j$或端北$-j$，其中$j=A\sim N$，张拉端分东、西向。

c. 大纵梁：共计 2 个，每个大纵梁有 16 束钢绞线，编号方式为：

纵东$-j$或纵西$-j$，其中$j=A1\sim A4$，张拉端分南、北向。

C. 穿钢绞线束

由于本工程预留孔道较长，为了增大钢束与管道的滑动，减少摩阻，应在钢束入管前，用石墨均匀涂擦钢束。分段配合人力推送，在波纹管预留工作段拉动钢绞线，穿入波纹管内，穿束后要仔细检查波纹管有否磨穿、受损；如有，要及时用胶带封密。

D. 锚具安装

按图纸安装锚具，定好规格、标高，保证槽口面与钢束垂直，确保预埋成套锚具符合设计要求。

E. 浇筑混凝土要求

a. 浇筑混凝土前，应对班组做好技术质量交底，浇筑混凝土过程派人跟班。在浇筑混凝土前，应检查波纹管接头是否包扎完好，并确保其无穿孔。浇筑混凝土时，应注意保护波纹管，避免振捣混凝土过程中将波纹管压偏、压扁、凿穿。混凝土初凝前应窜动钢绞线，避免堵孔，影响钢束张拉。

b. 浇筑混凝土时，如发现波纹管位移或封口脱落应立即停止浇筑混凝土，待处理修复后才能继续浇筑混凝土。

F. 预应力张拉

a. 当混凝土强度达到 80％设计强度时，即可进行预应力张拉，张拉顺序应严格按图纸规定进行，力求均匀、对称。张拉方法按设计要求采用两端张拉，张拉控制应力 1395MPa，千斤顶型号为 YCL250 型穿心式千斤顶，锚具型号为 OVM15-15、OVM15-12、OVM15-4 和 OVM15-5 四种。

b. 张拉前应预先搭设支架，检查工作锚是否安装正确，工作锚与锚垫板不得有偏移，确保夹片洁净、无污染。

c. 张拉工作程序：$0\longrightarrow 0.1\sigma_k$（初始应力）$\longrightarrow\sigma_k$（持续 2min）$\longrightarrow$测定伸长量$\longrightarrow$锚固。

d. 预应力张拉采用张拉力和伸长量双控，在张拉过程中，应做好张拉记录，且及时核算实际伸长值与计算伸长值有否超出$\pm6\%$；如有超出，应暂停张拉，研究原因，采取措施后再继续张拉。

e. 张拉伸长值计算，预应力钢材张拉时的理论伸长值按下式计算：

$$\Delta L=P_P\times L/A_P E_P$$

式中　ΔL——钢绞线伸长值（mm）；

P_P——预应力筋平均张拉端的拉力（N），直线筋取张拉端的拉力，两端张拉的曲线筋，计算方法如下：

$$P_P=P(1-e^{-(kx+\mu\theta)})/(kx+\mu\theta)$$

L——预应力筋的长度（mm）；

A_P——预应力筋的截面积（mm^2）；

E_P——预应力筋的弹性模量（N/mm^2）；

P——预应力筋张拉端的拉力（N）；

k——孔道每米局部偏差对摩擦的影响系数，金属波纹管一般取 0.0015；

x——从张拉端到计算截面曲线孔道长度（m）；

μ——预应力筋与孔道壁的摩擦系数，通过试验取得；

θ——从张拉端到计算截面曲线孔道部分切线的夹角之和（rad）。

G. 锚固

预应力筋在张拉到控制应力达到稳定后方可锚固，锚固完毕并经检验合格后即可用砂轮机切割端头多余的预应力筋，锚固后预应力筋的外露长度不宜小于 30mm。

H. 孔道压浆

钢束张拉完毕后应尽快灌浆（24h 内），压浆要求孔道饱满无隙。压浆时采用强度等级不低于 42.5 级的普通硅酸盐水泥调制水泥浆，水灰比为 0.4～0.45。为使孔道灌浆饱满，宜掺入 0.5%的 FDN 减水剂，搅拌好的水泥浆通过过滤筛网置于贮浆桶内，并不断搅拌，以防泌水沉淀。压浆采用活塞式 UB3 型压浆泵，压力为 0.5～0.7MPa。孔道灌浆前应使用高压水冲洗管道，至孔道流出干净水，保证孔道干净、顺畅才能进行压浆工作。灌浆过程应缓慢、均匀进行，每孔压浆必须一次完成，不得中断，并应排气通畅。灌浆时要自下而上，自低至高，在孔道一端冒出浓浆后，封闭排气孔后，再继续加压至 0.7MPa，稳压时间不少于 2min。如果预埋孔道较长，应在梁体预埋波纹管的最高点处，增设 2～3 排排气孔或返浆孔；当水泥浆每从一个检查孔冒出时，立即用木楔逐个封闭检查孔。压浆要做好记录，每台班要按要求制作净浆试件做强度检验；如出现孔道堵塞，应采取有效措施解决，保证孔道压浆饱满、密实。

压浆完毕，即可绑扎梁端头封端钢筋，安设封端模板，浇筑端头混凝土，封锚时要清除锚垫板及端头混凝土污垢并凿毛，脱模后养护。

I. 张拉机具

千斤顶：YCL250 型 8 台；

电动油泵：ZB4-500 型 8 台；

灰浆泵：活塞式 UB3 型 2 台；

拌浆机：100 升 1 台；

电焊机：17kW 2 台；手提式 2 台；

无齿锯机：2 台；

油压表：0～60MPa 10 个；

2）质量保证与技术安全措施

A. 钢绞线、锚具、波纹管、张拉设备必须检验合格才能使用；千斤顶最少每隔两个月或使用超过 200 次进行一次标定。

B. 安装张拉设备时，应使张拉力作用线与孔道中心线末端的切线重合。

C. 张拉时，应认真做好孔道、锚环与千斤顶三对中，以便张拉顺利进行，并不致增加孔道摩擦损失。

D. 张拉完毕后，应检查端部和其他部位是否有裂缝，并认真填写记录。

E. 预应力张拉时，如果发生下列任何一种情况，应重新进行校验：构件同一截面钢绞线断丝和滑脱数超过总数的 1%时；千斤顶漏油严重时；油压表指针不回零时；调换千斤顶油压表时。

F. 注意检查波纹管是否已固定牢固，其接口及预留孔接口是否密封好。

G. 浇混凝土时禁止用振棒直接碰击波纹管。

H. 下料时遇雨天注意用木枋垫好钢绞线，防止被泥污染。

I. 在钢束入波纹管边拉边扶好钢束，相互配合；如感觉有障碍则应停拉检查，避免蛮拉。

J. 每次压浆必须一次完成，不得中断，压浆过程应缓慢、均匀地进行。

K. 各项隐蔽工程应会同监理工程师进行验收，如实填好工程验收纪录，按规定办好签证。

L. 加强技术管理，明确岗位责任制，做好技术和安全交底工作。

M. 在任何情况下，作业人员不得站在千斤顶后面操作，严格遵守操作规程，油泵开动过程中不得擅自离开岗位；如需离开，必须把油阀门全部松开或切断电路。

N. 波纹管定位筋点焊固定，避免烧焊过久过火将箍筋烧伤，每日完工后将火种熄灭。

3.8.5 混凝土工程

(1) 浇筑前准备工作

1) 进行混凝土浇筑前，检查模板、支架、钢筋、预应力体系是否符合设计及施工规范要求，经多方检验合格后，方准许进行混凝土施工。

2) 人员、机械配置合理、到位，现场场地平整，混凝土运输道路畅通，施工用电、用水有保障，并接至施工现场。

3) 向搅拌站进行交底，明确混凝土的各项要求及保证措施，做好配合比试验及原材料进场及检验工作，严格控制混凝土质量。

4) 获得近一段时间天气预报资料，特别是掌握浇筑几天的情况，做到心中有数，尽量将浇筑时间安排在无雨的天气中进行，储备好防雨及养护用具。

(2) 混凝土配制

1) 根据有关规范，对原材料方面的特殊要求如下：

A. 水泥

选用水化热较低、质量稳定的普通硅酸盐水泥 P. O42.5，采用平顶山市天瑞水泥厂生产的天瑞牌水泥。

B. 砂

使用质地坚硬、颗粒洁净的中粗砂，细度模数不小于 2.6，含泥量小于 2%；砂子采用平顶山市鲁山的中砂。

C. 碎石

使用最大粒径为 20mm 的碎石，针片状颗粒含量不超过 5%，含泥量不超过 1%；采用平顶山市郏县的 5～20mm 的石子。

D. 矿物掺合料

本工程采用河南省新星建材有限公司生产的 FHK 高性能混凝土矿物掺合料，其产量为 20%～50%。使用这种产品可以较大改善混凝土坍落度损失；提高泵送性，有效降低混凝土泵送压力 10%～25%；降低水化热，推迟水化热高峰期和收缩时间；改善混凝土的和易性，增大混凝土的流动性，降低水胶比，有效改善混凝土的施工性能；使混凝土

7d后的各龄期强度有显著提高。

E. 掺入JKH-1型高效缓凝减水剂，以改善混凝土的工作性能。减水剂采用郑州建科混凝土外加剂有限公司生产的，掺入量为水泥用量的0.75%～1%。

2）混凝土配合比

A. 具体要求

水泥用量不超过500kg/m^3（包括代替部分水泥的混合料）。高炉矿渣掺合料掺量一般为胶结材料重量的5%～20%；混凝土的砂率控制在40%～50%范围之内。高效缓凝减水剂掺量为胶结材料的0.75%～1.0%，保证初凝时间控制在5～6h左右，7d强度达到设计值的90%以上。入泵混凝土坍落度要求16～18cm。

B. 混凝土配合比

本工程采用的实验配合比为：

水泥：砂：石子（5～10mm）：石子（10～20mm）：水：外加剂：矿物掺合料＝1：1：58：0.248：2.232：0.412：0.012：0.176，水灰比为0.41，砂率为39%，坍落度为16～18cm。

施工配合比可根据施工现场砂石的含水量，对实验配合比进行调整。

3）混凝土生产及运输

A. 针对上部结构的混凝土浇筑方量比较大、时间长、质量要求高的特点，对混凝土搅拌站提出了较高的要求，混凝土的搅拌和供应质量直接影响到混凝土的浇筑质量，因此，混凝土搅拌站必须有运行良好的质量保证体系，应至少保证2套搅拌设备运行良好，使用强制式搅拌机，保证生产及运输能力满足混凝土前台浇筑速度，每小时最大产量至少应能达到20～50m^3。

B. 各种衡器、测力器、计量器具等应预先标定合格方可使用。拌制混凝土时严格控制各组成材料的用量，规范规定配料数量允许偏差见表3-6。

配料允许（质量）偏差表 **表3-6**

材 料 名 称	允许偏差(%)
水泥及混合材料	±0.5
粗、细骨料	±1
水、外加剂	±0.5

C. 混凝土的最短搅拌时间控制在1.5min。根据混凝土的凝结速度、浇筑速度及运输距离，确定运输车的数量。对于南岸混凝土地泵的混凝土供应，一般要求每台混凝土泵保证至少两辆混凝土运输车。严格控制混凝土从搅拌到入模时间不超过45min，每车衔接良好，现场不等、不停。前车离开到后车开到时间间隔不多于15min。运输车在运输混凝土途中以2～4r/min慢速搅动，防止离析。混凝土运输车最大装载量不应超过搅拌筒容量的2/3，一般为6m^3左右。运输车不宜急行和小半径转弯。

D. 混凝土施工现场使用固定泵实现水平、垂直运输。混凝土泵应根据现场的实际情况布置合理，保持连续，控制间歇时间，防止堵塞。不满足要求的混凝土不准入泵。混凝土地泵在端部设3～6m的软管，便于在混凝土浇筑工作面的移动。泵管下口距离混凝土面保证在2m以内，泵管设钢管支架进行固定，支架间距不大于9m。

4）混凝土浇筑

A. 混凝土浇筑方法和浇筑顺序

a. 本工程使用自拌混凝土，通过混凝土地泵、混凝土输送导管实现水平及垂直运输，采用插入式振捣器，配合附着式振捣器捣实。

由于上部结构混凝土浇筑方量比较大，工期比较紧张，因此，对于大纵梁、中横梁、端横梁，以及主拱和稳定拱的混凝土施工，均采用斜向分层方法，一次浇筑成型，分层高度可根据各种结构的断面形式确定。

b. 施工顺序和施工方法：根据设计要求，事先在大纵梁与端横梁、中横梁与大纵梁相交处的适当位置留设后浇带（见后浇带的留设位置）；然后，对大纵梁和端横梁混凝土进行施工，再进行中横梁施工；待端横梁、中横梁、纵梁混凝土达到设计强度后，再用C50微膨胀混凝土进行后浇带施工；然后，进行桥面板和小纵梁等施工。

① 对于大纵梁、端横梁的混凝土浇筑顺序，可从中央到两边的施工顺序，即：在南岸（5号轴南侧）、北岸（2号轴的北侧）的中心位置各设一台混凝土拖式地泵和一套混凝土输送泵管，从主桥跨中向两边倒退浇筑；同时，对两条大纵梁施工，然后浇筑端横梁混凝土。北岸混凝土的供应，可采用我部搅拌站自拌混凝土，通过地泵将混凝土输送到浇筑工作面；南岸采用中建六局兄弟单位的搅拌站供应混凝土，配合2～3台混凝土运输车运送到施工现场，通过地泵将混凝土输送到浇筑工作面。

根据大纵梁、端横梁的断面结构形式，可先浇底板混凝土，再浇筑腹板和横隔梁混凝土，再顶板混凝土。

② 对于中横梁的混凝土施工，考虑到搅拌站的混凝土搅拌能力及其所在位置的限制，混凝土的供应，可采用我部搅拌站自拌混凝土，通过地泵将混凝土输送到浇筑工作面。其浇筑顺序为从2号轴线向5号轴线依次推进。由于其断面形式为实心断面，而且高度较大，因此，采用分层浇筑混凝土的方法进行施工。

B. 后浇带和施工缝的留设位置

本工程后浇带的留设位置宜留置在结构受剪力和弯矩较小且便于施工的部位。对于大纵梁与端横梁交界处的大纵梁后浇带，可在距离2号和27号中横梁中心1.2m处开始留设长度为1.6m的后浇带，留设方向均为朝向桥中心方向；在此处后浇带底板、腹板和腹板位置处的顶板钢筋不需要断开，其余顶板主筋需要断开，但是焊接长度和搭接区段长度均应满足设计和规范要求，箍筋套住主筋但不需要绑扎，留出进人孔，以便凿毛、清理、支设芯内膜板，然后封闭人孔钢筋，浇筑混凝土。

对于中横梁与大纵梁交界处的中横梁施工缝的留设，其位置均距离大纵梁中心2m处开始设置施工缝；此处的钢筋均不需要断开，侧模板空出不需支设，待凿毛、清理、清洗后，支设侧模板，与中横梁一起浇筑混凝土。

C. 混凝土浇筑技术质量保证措施

a. 混凝土的浇筑前提是模板、支架、钢筋、预应力体系已经多方检查合格。为保证混凝土外观质量，对箱梁模板内的杂物、残渣等清理干净，模板接缝塞海绵、玻璃胶，紧密不漏浆；混凝土入模前，检查混凝土的均匀性、流动性、黏聚性及坍落度是否合乎要求。

b. 使用插入式振捣器捣实。振捣时避免碰撞波纹管、预埋件、模板等，并随时检查其位置是否正确、破损，及时调整或修补。特别注意腹板、横梁等钢筋密集部位及作业交叉区域的振捣。浇筑分层厚度硬控制在30cm以内，振捣时移动间距不超过振动器作用半径的1.5倍，与侧模保持5～10cm以上距离；浇筑上层混凝土时，应插入下层混凝土5～10cm，使上下两层混凝土结合良好。

振捣时坚持快插慢拔的原则，振动时间不超过30s（视坍落度及密实情况增减时间），使振捣部位密实。密实的标志是混凝土停止下沉，无气泡冒出，表面平坦、泛浆。

振捣的过程中，检查模板及支架的变化情况，出现漏浆及胀模等现象及时停止，进行加固处理后继续进行。

在夜间施工时，现场设足够的照明灯具，可以观察到构件及施工现场的各个角落，以便车辆通行顺畅及检查浇筑质量。

c. 各小组浇筑应相互协调，既有分工又有合作，保证平行推进，混凝土浇筑连续不间断，无漏浇、漏振及过振现象。

d. 为保证混凝土的表面平整度，事先在结构物顶板钢筋上加焊ϕ12短钢筋头，每隔4m左右设1根，钢筋顶面为混凝土表面标高，顶板混凝土振捣完毕后，使用2m直尺将混凝土表面抄平至标高位置后，使用木抹压平、搓毛。

D. 后浇带和施工缝的处理方法

待混凝土强度达到2.5MPa以上时，人工使用钢钎等将混凝土表面凿毛，凿除混凝土表面的砂浆和松弱层，露出新鲜混凝土面，使用高压水冲洗干净，用水充分润湿结合面，用C50微膨胀混凝土进行浇筑。浇筑混凝土前，在混凝土侧壁涂刷一层水泥净浆。

E. 模板及支架拆除

模板及支架的拆除，对于预应力混凝土结构物，在压浆强度达到90%上后进行。严禁强翘或猛烈敲击混凝土，使混凝土表面受损伤，支架拆除顺序一般从跨中向支座处依次循环卸落。

F. 混凝土现场检测及抽取试件

a. 每车混凝土均需检测混凝土的工作性能及外观，包括坍落度、泌水性、黏聚性、颜色及均匀性。各项要求如表3-7所列。

混凝土性能现场检测 **表3-7**

序号	项目	要求	序号	项目	要求
1	坍落度(入模)	16～18cm	3	黏聚性	良好
2	泌水性	无泌水	4	外观	颜色均匀一致、无离析

对于不符合要求的混凝土，坚决予以退场。

b. 根据所施工的构件混凝土方量或监理要求确定试件组数，一般每班次不少于2组（试模为15cm×15cm×15cm），及时对试件进行标识，按规定进行养护、委托试验。

G. 混凝土养护及保护

混凝土达到初凝后，使用无纺布进行覆盖，及时洒水，保湿养护不少于7d。

3.9 上部结构主拱和稳定拱施工

3.9.1 主拱、稳定拱和横向联系的施工顺序

根据设计要求，本工程主拱和稳定拱的施工顺序依次为两个主拱、两个稳定拱、横向

联系。

3.9.2　主拱和稳定拱施工段的划分和后浇带的设置

为了防止已浇筑的混凝土产生干缩裂缝，以及因温差变化影响和支架变形引起的裂缝，在浇筑混凝土时，需分环或分层、分段浇筑混凝土，并设置施工缝和后浇带。由于采用分环或分层、分段浇筑方法进行混凝土施工，因主拱和稳定拱拱圈为曲线拱，且为斜拱，因此，在每一分段的分环或分层混凝土浇筑时，很难保证上下分环或分层的混凝土施工分界线的混凝土质量以及线型流畅，再加上工期比较紧张，所以，本工程对主拱和稳定拱的混凝土施工，采用分段、对称浇筑的施工方法，对每一分段一次浇筑成型。

拱肋施工段的划分，按照横隔板的顺序号进行划分。

3.9.3　主拱和稳定拱箱梁施工

待桥面板混凝土施工完毕，混凝土强度达到设计要求的强度后，即可进行主拱和稳定拱满堂红支架的搭设工作。

（1）测量放线

1）拱肋施工测量内容和测量步骤

A. 支架搭设位置和高度控制：拱肋支架采用满堂红钢管支架，支架的高度可根据设计单位和监控单位提供的拱肋底板 C、D 两点立模标高，及其 C、D 两点在桥面板上的投影点高程之差截取高度。

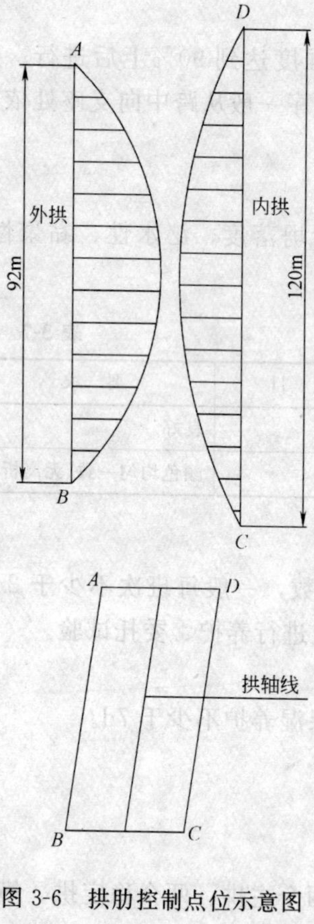

图 3-6　拱肋控制点位示意图

B. 拱肋底模位置放样和高程控制：拱肋底模板位置在支架搭设完毕后，在横向铺设的木方顶上准确放样出拱底内外边线，然后铺装底模板。拱肋底板在支架所截取高度的基础上按照边线的控制点，细部调整底板高程。

C. 底板调整完毕、钢筋绑扎完成后，进行拱肋两侧模板的拼装、调整。

D. 吊杆的定位采用坐标控制，在拱的施工过程中，拱肋的位移和沉降是关键，它直接影响到主、副拱的吊杆和各种预埋件的设计位置，可根据设计和监控单位所提供的数据定出相应的位置。

2）拱肋测量详细测设

根据图纸提供的曲线方程计算对应的拱轴坐标和相应各断面的四角 A、B、C、D 坐标。同时计算相对位置的标高，并考虑预拱值的影响。施工时将图纸提供的相对坐标通过计算换算成绝对坐标，方便施工放样，标高控制采用水准仪配合拉钢尺的方法进行控制，通过外拱和内拱正投影计算拱轴坐标，见图 3-6。

3）关键部位预埋件详细测设

拱肋吊杆安装、索导管预埋位置是拱桥施工的关键部位，也是本工程测量中难度较大的部位。由于拱肋跨度大，浇筑过程中和浇筑完成后，拱肋支架沉降变形、混凝土的收缩和徐变等因素，直接影响吊杆的位置、吊杆的长度以及吊杆中心线的对中，因此，在测量过程中配合监控，按照监控单位提供的平面坐标数据和加上合理的预拱度值所得到的高程，测设索导管预埋位置。

3.9.4 主拱和稳定拱满堂红支架

(1) 支架搭设的施工安排和施工顺序

1) 施工安排

A. 由于主拱和稳定拱均为倾斜拱，主拱向桥外侧倾斜 1°，外拱向桥中心倾斜 8.0075°，因此，拱肋的支架搭设主要分布在大纵梁附近及其外侧，整个支架的外形为门字形。

B. 主拱和稳定拱的支架采用扣件式满堂红支架，支架的高度随拱肋曲线形状的变化而变化，在桥中间不搭设支架的预留宽度由主桥两边向中间呈渐变形状，即由 9.9m 到 5.1m，作为架设混凝土泵管、人员、材料和设备的通道；通往支架操作面的行人通道，可沿支架内侧搭设一字形支架，中间设置平台，此平台高度与满堂红支架上的横向通往工作面的平台一致，行人通道的护栏高度应大于或等于 1.2m，并挂安全网；在斜道上铺设脚手板，并在脚手板上每隔 25～30cm 设置一根防滑木条，木条宽度为 2～3cm。

C. 为了保证主拱和稳定拱部位支架的刚度和横向稳定性，应在东、西两侧满堂红支架体系，顺桥向每隔 10m 加设一道横向剪刀撑；同时，在东、西两侧满堂红支架体系，沿横桥向、在主拱和稳定拱的覆盖范围内，加设两道顺桥向剪刀撑，剪刀撑应连续、不间断。

D. 在预留通道两边为拱肋的满堂红支架体系，在竖向每隔 5m 设置一道横向连接，以连接东西两侧的满堂红支架；横向连接的宽度为 1.3m，由 4 层水平杆组成，高度为 2.4m；横向连接中间加设由 12 管组成的独立柱，将上下的各道横向连接起来，局部形成整体，增强支架的整体性和横向稳定性。

E. 为了保证拱肋支架的横向稳定性，抵抗风荷载的作用，在两边满堂红支架的外侧东西方向安装缆风绳，每根缆风绳间距为 6m，上下排缆风绳间距为 10m（可根据现场的实际情况，布置揽风绳的排距和间距）。

F. 在每一个上层横向连接的支架顶部，设大于或等于 1.2m 高护栏的行人通道，并挂安全网；在斜道上铺设脚手板，并在脚手板上每隔 25～30cm 设置一根防滑木条，木条宽度为 2～3cm。

G. 对于通向拱肋浇筑工作面的混凝土泵管支架，则从满堂红支架立杆的中间再架设立杆；然后，用水平横杆进行横、纵连接，直至通往混凝土浇筑工作面，此支架要与满堂红支架体系独立。

2) 施工顺序

首先，进行测量放线，按横、纵间距为 65cm×65cm 弹出方格网；然后，按照设计和监控单位提供的每 1m 拱肋断面的底部两点标高，进行主拱和稳定拱的支架搭设。

A. 主拱支架搭设：纵桥向分别从距 1 号和 28 号中横梁 15cm 的位置开始依次由两边向桥中心搭设，横桥向自桥面板边缘 25cm 开始搭设至 12.35m 的位置。立杆横向间距 65cm，纵向间距为 65cm，水平横杆的步距为 80cm；1 号中横梁往南和 28 号中横梁往北的拱脚位置处的支架可单独搭设，顶层纵向杆采用预先制作的弧形钢管搭设，与拱肋的弧线一致，弧形钢管与立杆用两个扣件索牢，扫地杆距桥面板不应大于20cm。

B. 稳定拱支架搭设：纵桥向分别从第4号和25号中横梁开始依次向桥中心搭设，但要与主拱支架搭设一致。立杆横向间距65cm，纵向间距为65cm，水平横杆的步距为80cm，顶层纵向杆采用预先制作的弧形钢管搭设，与拱肋的弧线一致，弧形钢管与立杆用两个扣件索牢，扫地杆距桥面板不应大于20cm。

C. 横向连接的搭设：在预留通道两边为拱肋的满堂红支架体系，在竖向每隔5m设置一道横向连接，以连接东西两侧的满堂红支架，增强支架的整体性和稳定性。

D. 在搭设满堂红支架时，须避开桥面主拱和稳定拱索道管的位置，立杆的间距相应进行调整。

(2) 支架搭设

桥面以上采用ϕ48mm×3.5mm扣件式满堂红钢管支架体系。该支架体系自上而下依次为横向木方、弧形钢管或横杆、立杆、垫板或底托。

1) 横向木方

主拱和稳定拱底部的第一层横向木方分别选用长度为2m的10cm×10cm木方，横向木方间距15cm。

为防止移位，底模与横向木方用铁钉钉牢，横向木方用钢丝与顶层弧形钢管绑扎牢固。

2) 立杆

立杆采用ϕ48mm×3.5mm，间距为65cm×65cm，水平横杆的步距为80cm。

立杆底部使用钢垫板，垫板面积尺寸不小于0.01m^2。立杆顶部使用可调支托调整高度，支托外露螺纹20～40cm，但外露长度不能超过螺纹总长度的3/4，顶层横杆距立杆顶部控制20cm以内。

3) 水平横杆和弧形钢管

纵、横向水平杆步距为80cm，第一层扫地杆距基础20cm以内，顶层弧形钢管距顶部控制在20cm以内。

4) 剪刀撑

横、纵桥向剪刀撑连续、不间断。在东、西两侧满堂红支架体系顺桥向每隔10m加设一道横向剪刀撑，沿横桥向在主拱和稳定拱的覆盖范围内，加设两道顺桥向剪刀撑，剪刀撑应连续不间断。注意主拱和稳定拱之间剪刀撑的加设质量。

5) 斜撑

对倾斜梁体还要进行局部加固，排距和间距视现场的情况而定。斜撑钢管下部应至少锁紧两个节点。

6) 揽风绳

在桥东、西两侧的满堂红支架外侧设置缆风绳，每根缆风绳间距为6m，上下排缆风绳间距为10m。

(3) 主拱和稳定拱的支架预压

1) 预压试验段的选择

目前由于工期比较紧张，以及桥面部分预应力体系施工对张拉时间的具体要求，拱肋部分的支架预压采用全断面预压是不太现实的。为此，结合我局在桥梁施工方面积累的多年经验，同时又与大桥局的有关桥梁专家进行探讨，最终确定选择试验段预压。选择试验段进行预压的施工方案，在指挥部组织的专家论证会上已经通过。

根据专家论证会的讨论结果，本次支架预压选择拱肋顶部分试验段进行，即选择拱顶约10m长、3.5m宽部分进行预压。若预压结果不满足监控单位所给定的沉降值，按专家论证会所形成的意见，还要再在拱肋1/4处，选取试验段进行预压，以验证和修正拱顶的沉降值。

根据预压沉降观测结果，再通过二次抛物线法或正弦曲线法，确定拱肋每米各个断面底部C和D两点的立模标高；另外，按照主拱和稳定拱拱肋的混凝土施工顺序，还可以通过每段浇筑过程中和浇筑完成后所观测的梁底每个断面的C和D两点的沉降变形值，来修正拱肋底板的立模标高，以保证拱肋结构线性和外观质量。

2）支架试验段预压

A. 支架预压荷载：主拱和稳定拱支架预压采用等载预压。通过对桥面板的抗压强度和抗剪强度以及下部支架的承载力和稳定性的现场试验，桥面板的强度、下部支架承载力和稳定性能够满足上部拱肋施工的要求。因此，主拱和稳定拱的支架预压，选取主拱的施工总荷载为78.7kN/m^2，作为主拱和稳定拱支架的预压荷载。

B. 预压材料：采用拱肋施工的钢筋作为预压材料。预压材料的水平运输采用人工运输和垂直运输相结合，垂直运输采用支架中部的垂直运输平台进行运输。

3）堆载预压观测

A. 确定沉降观测点：为了方便观测和施工，在底模板下部靠近梁体侧面的木方上的适当位置设置沉降观测点。观测点应每50cm一个断面，在每个断面的梁体两侧分别设置一个观测点，并做好标记，按顺序标注好号码。沉降观测点的位置应保持固定，不能移动。

B. 预压前沉降观测：在铺完底模板后、堆载前，对每个沉降观测点进行观测，及时记录堆载预压前的各个观测点的标高。

C. 预压过程中沉降观测：待加载完成后，对沉降观测点进行预压观测。为了减少仪器本身由于温度变化所产生的测量误差，观测时间宜在上午6：00—9：00，下午宜在16：00—19：00，观测次数为上、下午各1次，做好测量记录。当连续3d沉降观测的数值趋于稳定时，结束观测。

D. 对沉降观测的数据进行汇总，计算出支架的弹性和非弹性变形值。根据支架的弹性和非弹性变形值确定拱顶的预拱度值。

4）确定拱肋各断面的预拱值

根据预压后确定的拱顶预拱度值，按照二次抛物线法或正弦曲线法确定拱肋各个断面的底部C和D两点的立模标高，根据此标高再一次对拱肋底部标高进行调整，直至符合设计单位、监控单位提供的标高为准。

3.9.5 钢筋工程

与前类似，不再多述。不同于拱肋钢筋，使用了直螺纹连接方式。

（1）直螺纹连接工艺

因为本工程在对主拱和稳定拱施工时，由于拱肋钢筋大部分为ϕ25、ϕ28和ϕ32，若采用搭接焊接，大部分焊接、校正工作在高空中进行，钢筋中对中连接质量无法保证；另外，由于拱圈钢筋混凝土净保护层偏小（设计为 2.5cm），钢筋间距较密，再加上施工偏差，使钢筋混凝土的净保护层难以保证；第三，由于拱圈钢筋的焊接量大，大量的高温焊接会对拱圈底模板造成损坏，无法保证清水混凝土的要求。为此，经业主同意，对 ϕ25～32 钢筋的连接，采用剥肋滚压直螺纹连接技术。

本工程钢筋直螺纹连接在施工现场进行，直螺纹的加工在钢筋加工场进行，然后人工运到施工现场。

直螺纹的加工应符合钢筋直螺纹连接技术规范要求，以及《混凝土结构工程施工质量验收规范》GB 50204—2002 和《钢筋机械连接通用技术规程》JGJ 107—96 的规定；套筒宜在工厂加工，且应有产品合格证；套筒两端应表明产品名称、型号、规格和数量、制造日期和生产批号、生产厂名。

1）丝扣的加工及相关工艺要求

丝扣加工工艺：先将钢筋调直，使用无齿锯切掉端头弯曲、马蹄形部分，切口端面宜与钢筋轴线垂直，采用专用的机床将钢筋连接端的横、纵肋剥掉后，再滚压出标准的螺纹丝头，剥肋和滚丝一次成型；然后，用塑料保护套套紧丝头，摆放到半成品区，挂号标牌。

加工丝头时，应采用水溶性切削液。当气温低于 0℃时，应掺入适量亚硝酸钠，严禁用机油作切削液或不加切削液加工丝头。

为了保证钢筋滚压直螺纹成型机正常使用，现场必须及时对钢筋滚压直螺纹成型机进行正常维护和保养。

2）丝头质量检验

A. 外观质量：目测牙形饱满、牙顶宽超过 0.6mm 秃牙部分累计长度不超过一个螺纹周长。

B. 外形尺寸：用卡尺或专用量具检测，检验要求丝头长度应满足图纸要求，标准型接头的丝头长度公差为 1 倍螺距。

C. 螺纹大径：光面轴用量规检测，通端量规应能通过螺纹的大径，而止端量规则不应通过螺纹大径。

D. 螺纹中径或小径：使用通端螺纹环规检验，顺利旋入螺纹并达到旋合的长度；使用止端螺纹环规，检查要求允许环规与端部螺纹部分旋合，旋入量不应超过 3 倍螺距。

3）接头的要求

A. 连接钢筋时，钢筋规格和套筒的规格必须一致，钢筋和套筒的丝扣应干净、完好无损，接头丝扣外露不超过 1.5 个完整丝。

B. 接头的现场检验按验收批进行。同一施工条件下的同一批材料的同等级、同规格接头，以 500 个为一个验收批进行检验与验收，不足 500 个也作为一个验收批。

C. 对接头的每一个验收批，在条件允许的情况下，应在工程结构中随机抽取 3 个试件做单项拉伸试验，并填写接头拉伸试验报告。

D. 采用预埋接头时，连接套的位置、规格和数量应符合设计要求。带连接套筒的钢筋应固定牢，连接套筒的外露端应有保护盖。

E. 滚压直螺纹接头的连接，应用钳和力矩扳手进行施工。接头拧紧后的滚压直螺纹接头做出标记。接头拧紧力矩应符合表 3-8 的规定。

接头拧紧力矩　　表 3-8

钢筋直径(mm)	22	25	28	32
拧紧力矩(N·m)	200	250	280	320

4）接头应用

A. 在结构构件中纵向受力钢筋的接头宜相互错开，钢筋机械连接的连接区段长度应按 35d 计算（d 取被连接钢筋中之较大者）。在同一连接区段内接头的受力钢筋截面面积占受力钢筋总截面面积的百分率（接头率），应符合下列规定：

a. 接头宜设置在结构构件受拉钢筋应力较小部位，当需要在高应力部位设置接头时，在同一连接区段内Ⅲ级接头的接头百分率应不大于 25%，Ⅱ级接头的接头百分率不应大于 50%，Ⅰ级接头的百分率可不受限制。

b. 接头宜避开有抗震设防要求的框架梁端，柱端箍筋加密区；当无法避开时，应采用Ⅰ级、Ⅱ级接头，且接头百分率不应大于 50%。

c. 对受拉钢筋应力较小的部位或纵向受压钢筋，接头百分率可不受限制。

d. 对直接承受动力荷载的结构构件，接头百分率不应大于 50%。

B. 接头端头距钢筋弯曲点不得大于钢筋直径的 10 倍。

5）接头的施工、现场检验与验收

A. 采用直螺纹连接时，应由该技术提供单位提交有效型式检验报告。

B. 凡参加钢筋连接施工的操作人员必须经过技术培训，并经考试合格后持证上岗。

C. 严把钢筋质量关。要求操作人员用专用卡规对加工出的丝头进行检验；如发现超出量规允许范围的丝头，应锯掉重新加工。将加工好的合格丝头拧上相应规格的保护帽。

D. 正确连接钢筋。连接钢筋时，钢筋规格和套筒规格必须一致，钢筋和套筒的丝扣应干净、完好。

E. 滚轧直螺纹结头的连接可用管钳拧紧。

F. 钢筋需用无齿锯下料，钢筋端头弯曲、马蹄严重的部分应切掉，不得用气割下料。

6）质量标准及要求

应符合表 3-9、表 3-10、表 3-11 和表 3-12 的要求。

丝头加工尺寸　　表 3-9

规　格	剥肋直径(mm)	螺纹尺寸(mm)	丝头长度(mm)	完整丝扣圈数
22	20.8+0.2	M23×2.5	29.5～32.5	≥9
25	23.7+0.2	M26×3	32～35	≥9
28	26.6+0.2	M29×3	37～40	≥10
32	30.5+0.2	M33×3	42～45	≥11
36	34.5+0.2	M37×3.5	46～49	≥9
40	38.1+0.2	M41×3.5	49～52.5	≥10

连接套筒质量检查 **表 3-10**

序号	检查项目	量具名称	检验要求
1	外观质量	目测	
2	外形尺寸	卡尺	
3	螺纹尺寸	通端螺纹塞规	能顺利旋入连接套筒并达到旋合长度塞规不能通过套筒螺纹，但允许从套筒的两端部分旋合，旋入量不超过3个螺距
		止端螺纹塞规	

连接允许偏差项目 **表 3-11**

项次	项目	允许偏差(mm)	检验方法
1	同直径钢筋两轴线偏心量	$<0.10d$，且<4mm	尺量检查
2	不同直径钢筋两轴线偏心量：较小钢筋外表面不得错出大钢筋同侧		目测
3	两钢筋轴线弯折角	$<4°$	凹型尺检查

注：钢筋轴线夹角不得大于4°。

钢筋加工的检查项目表 **表 3-12**

项次	检查项目	规定值或允许偏差(mm)	检查方法
1	受力钢筋顺长度方向加工后的全长	±10	按受力钢筋总数30%抽查
2	弯起钢筋各部分尺寸	±20	抽查30%
3	箍筋、螺旋筋各部分尺寸	±5	每构件检查5～10个间距

(2) 钢筋绑扎与安装

1) 施工工艺

根据主拱和稳定拱拱肋的混凝土结构特点，以及受工期和雨期的影响，钢筋可分两个阶段安装成型、混凝土一次浇筑完毕的施工方法，即：①第一阶段：主要为底板、腹板、横隔梁钢筋等；②第二阶段：为顶板钢筋和横向连接钢筋等。

成品、半成品的运输采取人力运输及自卸车运输，条件允许时采用垂直运输。

2) 钢筋绑扎与安装

A. 第一阶段钢筋安装

a. 施工放样：在底模上定出横隔梁、腹板的边线，以及吊杆的预埋锚垫板、钢护套和螺旋筋等，使用铁钉、油漆及墨线明确标出。

b. 钢筋安装

① 钢筋安装的一般顺序：将吊杆锚垫板和钢护套临时定位，套好螺旋筋──→底板和腹板箍筋、底板第一层钢筋──→安装横隔梁钢筋──→安装底板倒角钢筋，安装底板第二层钢筋，加设两层钢筋网片之间的架立筋──→横隔梁、腹板分布钢筋安装。

② 安装方法：

腹板、横隔梁钢筋：采用临时支架架立主筋，安装箍筋，安装完成后放松可调承托，下落钢筋骨架，焊接主筋，调整钢筋位置绑扎侧面分布筋；箍筋弯钩叠合位置，在梁长度方向上，放在上面，交错布置，使用扎丝扎牢。

底板网片钢筋：按顺序先下后上绑扎钢筋，两层钢筋网之间设架立筋，保证相对位置。注意在底板箍筋底部加设混凝土垫块。

B. 第二阶段钢筋安装

待箱室芯内模板安装完毕后，即进行第二阶段钢筋安装。

a. 钢筋安装顺序依次为：上倒角筋、顶板上层钢筋、横向连接钢筋等。顶板两层钢筋网之间视需要加设架立筋，防止钢筋网下沉。

b. 第二次调整吊杆锚垫板、钢护套和螺旋筋的位置。

3）箱梁钢筋施工质量控制重点

A. 保证钢筋加工有序进行：各部位钢筋钢筋纵横交错，钢筋的种类繁多，注意各种钢筋成品、半成品堆放有序、标识清楚，以便于安装时加以鉴别、查找。

B. 保证钢筋尺寸正确：在加工钢筋前，首先复核图纸尺寸，计算下料长度，再放大样，少量制作并检查合格后，再批量制作。

C. 注意各部位 钢筋的安装顺序：先下后上、先难后易、先骨架后次要钢筋的顺序进行。

D. 严格控制接头数量及质量：采取电弧焊接时，首选双面搭接焊，焊缝长度不短于 5d（d 为钢筋直径），安装时施焊可使用单面搭接焊，焊缝长度不短于 10d，保证接合钢筋轴线一致。次要钢筋（如分布筋）可采取绑扎接头，接头长度不小于 35d。同一位置接头数量应保证接头的截面面积占总接头截面面积的百分率受压区不超过 50%，受拉区不超过 25%。接头位置符合规范的规定。

E. 保证保护层厚度：鉴于拱肋结构尺寸较高，自重较大，普通低强度等级砂浆垫块已不能够满足要求，故预制 C15 细石混凝土垫块用于底模板等，并及时加垫。为保证光洁度，使用“M”形垫块。

钢筋安装的各项检查及标准见表 3-13。

钢筋安装的检查项目表 **表 3-13**

项次	检查项目			规定值或允许偏差	检查方法
1	受力钢筋间距（mm）	两排以上排距		±5	每构件检查 2 个断面，用尺量
		同排	梁板、拱肋	±10	
			基础、锚碇、墩台、柱	±20	
		灌注桩		±20	
2	箍筋、横向水平钢筋、螺旋筋间距（mm）			0，−20	每构件检查 5～10 个间距
3	钢筋骨架尺寸（mm）	长		±10	按骨架总数 30%抽检
		高、宽或直径		±20	
4	弯起钢筋位置（mm）			±5	每骨架抽查 30%
5	保护层厚度（mm）	柱、梁、拱肋		±5	每构件沿模板周边处 8 处
		基础、锚碇、墩、台		±10	
		板		±3	

3.9.6 拱肋模板工程

（1）材料准备

1）模板采用竹胶合模板（122cm×244cm×1.2cm）做构件底模模板，木胶合模板（122cm×244cm×1.8cm）做构件侧模及内模模板。

2）构件底模和侧模加固采用15cm×10cm木方，内模加固采用5cm×10cm木方，木方材质为白松或红松。

3）ϕ48mm钢架管、ϕ12mm圆钢变长拉结螺栓和竹管或PVC管、山形扣件：用以拉结模板，固定模板尺寸。

4）海绵双面胶带用以模板拼缝，以防止浇筑混凝土时产生漏浆。

5）脱模剂：水质脱模剂。

（2）作业条件

1）确定模板施工区、段划分。根据工程结构形式、特点及现场条件，合理确定模板工程施工的流水区段，以减少模板投入，增加模板周转次数，均衡工序工程（钢筋、模板、混凝土）的作业量。

2）确定结构模板的平面施工图。在图中标志各构件的型号、位置、数量、尺寸、标高及相同或略加拼补即相同的构件的替代关系并编号，以减少配板的种类、数量和明确模板的替代流向与位置。

3）确定模板配板平面布置及支撑布置，根据施工图设计配板图，应标志出不同型号、尺寸模板平面布置，纵横龙骨规格、数量及排列尺寸。

4）绘制模板设计图，包括：模板平面布置图、分块图、组装图、节点大样图、零件及非定型拼接件加工图。

5）轴线、模板线放线完毕，水平控制标高引测到预留插筋或其他过渡引测点，并检查其准确性；

6）其他相关工序施工完毕。

（3）安装工艺

1）模板支架间距、步距：钢管支架部分：支架间距0.65m，步距根据要求调整；

2）木方布置：底模部分为单层排列，排列方式为梁截面纵向排列，间距为0.15m；侧模部分木方5cm×10cm均为竖向布置，间距0.15m；

3）模板尺寸：底板1.22m×2.44m×0.012m；侧板1.22m×2.44m×0.015m。

4）钢管、扣件：使用ϕ48mm×3.5mm焊接钢管，钢管在侧模支撑时其间距为0.6m，横向布置。

5）码钢标准扣件：ϕ12mm变长拉结螺栓，下料长度根据模板模内净尺寸每端加长30cm，拉结筋布置间距为0.6m×0.6m；钢制标准山形扣件，为双扣。

（4）施工要点

1）端横梁、系杆梁及中横梁。

2）根据模板设计图纸配制梁底板模板、侧模和内模，并编号，分类码放。制作梁内模时，应注意根据竖桥向曲线对模板尺寸进行控制。

3）支撑底模木方应按要求铺设，设计有预拱的部位应按照设计要求起拱，找平时应用木方找平，不得用模板找平。

4）绑扎梁底板钢筋和局部梁侧钢筋，经预检合格后安装内模。

5）内模安装时应按轴线尺寸就位，并用拉结螺栓将内模底板和底模模板拉结在一起，两模板间用与混凝土底板同尺寸的竹管或PVC管定位、拉结。

6）绑扎侧壁和顶板钢筋，经检查合格并做隐检后，应将杂物清理干净方可安装侧模。

7）将预先拼装好的模板按位置就位，然后安装拉杆，拉杆的位置和间距应按照设计要求安装，固定梁侧模时应根据设计要求加设龙骨木方，龙骨木方间距必须符合设计要求，侧模用对拉螺栓拉结在模板两侧的钢管上固定，上口加设口撑。

8）安装完毕后，检查一遍扣件、螺栓是否紧固，模板校正梁中线、标高、断面尺寸。将模内杂物清理干净，并办理预检。

(5) 模板拆除

1）拆除模板时，应按照先里后外、先侧后底的原则拆除。

2）拆除内模：内模拆除在混凝土浇筑后，混凝土达到终凝时即可拆除。

3）拆除侧模：侧模拆除时，混凝土强度能保证其表面及棱角不因拆除模板而受到损坏，方可拆除。首先，拆除模板的拉结螺栓、侧模龙骨和钢管；然后，分片、分块拆除。

4）底模拆除需到全桥面施工完毕，并张拉后方可拆除，拆除底板的模板时，先拆除水平杆，然后拆除支柱，每根龙骨留1～2根支柱暂不拆除。操作人员站在已拆除的空隙，拆去近旁余下的支柱，使其龙骨自由脱落，用钩子将模板勾下，等该段模板全部脱模后，集中运出，集中堆放。

5）模板的拆除强度应符合施工规范的规定。

6）拆下的模板及时清理粘连物，涂刷脱模剂，拆下的扣件和零星材料及时集中，收集管理。

3.9.7 混凝土浇筑

由于主拱和稳定拱为曲线拱，而且为斜拱，工期比较紧张，因此，对于主拱和稳定拱的混凝土施工，采用斜向分层施工方法，一次浇筑成型，分层高度可根据各种结构的断面形式确定。

(1) 拱肋混凝土施工方法和施工顺序

1）本工程使用自拌混凝土，通过混凝土地泵、混凝土输送导管实现水平及垂直运输，采用插入式振捣器，配合附着式振捣器捣实。

2）施工顺序和施工方法：

按照设计要求，先两个主拱同时施工，后两个稳定拱同时施工，每个拱肋分四次浇筑；对于主拱和稳定拱拱肋混凝土的施工，采用两端对称、分段浇筑的方法。

由于主拱和稳定拱均为斜拱，在拱肋浇筑时满堂红支架可能会产生不均匀沉降，再加上作业时间长以及风荷载等的影响，按照事先制订的拱肋施工顺序依次由拱脚到拱顶对称施工，会在拱脚处产生较大的应力集中和弯矩，因此，在拱脚附近拱肋处须留设后浇带，待浇筑合拢段前浇筑此后浇带。本着这个原则，我部根据拱肋结构的具体特点和施工现场的实际情况，制定混凝土的施工顺序为：①——②——③——后浇带——合拢段。具体方法为：在南岸（5号轴南侧）、北岸（2号轴的北侧）的中心位置各设一台混凝土地泵和一套混凝土输送泵管；然后，从两边拱脚位置第①段开始向拱顶方向对称浇筑，即主拱和稳定拱的施工依次为：第一次为2个第①施工段，第二次为2个第②施工段，第三次为2个第③施工段，第四次2个后浇带，第五次施工拱肋合拢段即第④施工段。北岸混凝土的供应，可采用我部搅拌站自拌混凝土，通过地泵将混凝土输送到浇筑工作面；南岸采用中建六局兄弟单位的搅拌站供应混凝土，配合2～3台混凝土运输车运送到施工现场，通过地泵将混凝土输送到浇筑工作面。

根据主拱和稳定拱的断面结构形式，在横断面上可先浇底板混凝土，然后浇筑腹板和横隔梁混凝土，再顶板混凝土，一次成型。

对于拱脚实心段可以采用浇筑立柱的方法，待顶板、底板和侧模全部支设好后，分层浇筑，分层厚度控制在30cm以内；由于实心段斜向长度较大，可采用接软管和串筒相配合的方法，将混凝土输送到浇筑工作面。对于拱肋箱梁部分，从拱肋横隔梁部位的顶板模板上开始每隔1m开设长度为拱肋横断面的宽度、宽度为20cm的振捣孔或返浆孔，以便振捣和透气返浆；同时，随着浇筑工作面的向前推进，依次封闭振捣孔或返浆孔，直至分段浇筑混凝土完毕。

(2) 主拱和稳定拱拱肋合拢

第五次施工拱肋合拢段即第④段时，应在第四次后浇带的混凝土浇筑后不少于7d进行。在进行合拢段施工前，应仔细观测拱肋合拢段两端随支架的变形情况，拱肋应力和应变的情况，找出其变化规律；然后，选择拱肋变形比较稳定的时间段进行合拢段施工。观测时间要求至少3d，每天24h进行全天观测。

(3) 混凝土浇筑技术质量保证措施见“3.8.5 (1) 4) C”。

为了保证混凝土的连续浇筑，浇筑前请求业主协调部门协调电力供应部门保证浇筑期间不停电；同时，工地将准备250kW发电机组一台，保证混凝土工程施工。

3.10 吊杆安装及张拉

3.10.1 工程概况

平顶市城东河路湛河桥为120m下承式混凝土系梁拱桥，内拱设吊杆56根，规格为PESC7—55，1670MPa高强镀锌钢丝，两端为冷铸镦头锚；稳定拱为92m中承式系杆拱体系，设吊杆36根，规格为PESC5—24，1670MPa高强镀锌钢丝，两端为镦头锚。均采用双层PE防护。

3.10.2 施工原则

在内拱及稳定拱吊杆全部安装完毕后，根据郑州大学建设工程质量检测中心平顶山市城东河路湛河大桥主桥监控项目部“平顶山市城东河路湛河大桥吊杆及系杆梁预应力张拉方案的变更”单进行内、外拱吊杆索张拉作业。内拱吊杆索张拉端选在拱上，外拱吊杆索张拉端选在梁下。当全桥吊杆索张拉完毕后，等监控方下调索指令，进行吊杆索索力调整。

3.10.3 施工流程

材料进场⟶安装吊杆索⟶内、外拱吊杆索张拉⟶索力调整。

3.10.4 吊杆索安装

(1) 施工准备

1) 内，外拱上与外拱梁下设置人行通道，便于施工人员行走。

2) 在内，外拱上各吊杆锚固点处设置施工平台（对人行通道进行改造并加固），以满足拱上张拉及外拱吊杆安装的需要。

3) 将拱、梁索道管口用磨光机磨光，清除索道管内杂物及锚垫板上的焊渣和孔口处毛刺，在锚垫板上放出孔道口十字中心线，保证锚固螺母居中并与锚板能密贴。

4）检查、清除吊杆索锚杯内外螺纹上的环氧树脂和杂物；如发现丝扣有损伤，应及时修复。

5）检查每一根吊杆索上挂设的出厂合格证的长度，以便在安装吊杆索固定端锚固螺母时进行位置调节，用以调整钢管拱上各吊杆索锚固点理论坐标与坐标偏差。

6）千斤顶、油泵和油压表均经编号、配套标定。

（2）施工操作及要点

1）备料：对吊杆索安装的机具设备进行检查保证其运转良好，将成盘吊杆索放开并置于相应位置。

2）吊装吊杆索：打开吊杆索上端（张拉端）锚具后盖板，安装螺旋板（带吊环）。通过拱顶吊杆索锚固点处门型架设置好转向点，安装转向滑车并放下钢丝绳，在拱上依次穿过螺母、球面垫板、索导管，与梁面吊索锚杯螺旋板相连，起动卷扬机将吊杆索吊起，穿过拱上索导管，旋上螺母至相应位置后卷扬机回车；然后，将吊杆索下端装入系梁索导管中，通过梁下施工平台旋上螺母。依此类推，将全部吊杆吊装于拱上，及时安装拱肋下端减振器与防水帽。

3）吊杆索吊装顺序按照先东侧后西侧的原则进行。

4）吊杆索张拉：吊杆吊装完后，按设计变更要求对应张拉内、外拱吊杆索，严格按照郑州大学建设工程质量检测中心平顶山市城东河路湛河大桥主桥监控项目部"平顶山市城东河路湛河大桥吊杆及系杆梁预应力张拉方案的变更单"进行内、外拱吊杆索张拉作业。

5）索力调整：依据监控方下达的调索指令，进行吊杆索索力调整。

6）安装工艺要求：①严格按照工艺要求进行施工，施工前做好技术交底工作。②安装过程中，应注意吊杆索PE护层的保护。③吊装前，应检查上、下索导管道有无杂物。④吊杆索吊装过程中，不得损伤锚具丝扣。

4 现场安全、质量、环保技术措施

4.1 现场安全技术措施

4.1.1 一般管理制度

（1）半月召开一次"安全生产管理委员会"工作例会，总结前一阶段的安全生产情况，布置下一阶段的安全生产工作。

（2）各专业施工单位在组织施工中，必须保证有本单位施工人员施工作业就必须有本单位领导在现场值班，不得空岗、失控。

（3）严格执行施工现场安全生产管理的技术方案和措施，在执行中发现问题应及时向有关部门汇报。更改方案和措施时，应经原设计方案的技术主管部门领导审批签字后实施；否则，任何人不得擅自更改方案和措施。

（4）建立并执行安全生产技术交底制度。要求各施工项目必须有书面安全技术交底，安全技术交底必须具有针对性，并有交底人与被交底人签字。

（5）建立并执行班前安全生产讲话制度。

（6）建立机械设备、临电设施和各类脚手架工程设置完成后的验收制度。未经过验收和验收不合格的严禁使用。

（7）本工程施工期间，在现场常设一名专职安全员，该专职安全员经过培训具有担任安全工作的资格，且熟悉所施工的工作类型。其工作任务，包括制定健康保护与事故预防措施和个人检查，查看所有安全规则与条例的实施情况。

（8）建立并执行安全生产检查制度。由项目经理部每半月组织一次由各专业施工单位安全生产负责人参加的联合检查，对检查中所发现的事故隐患问题和违章现象，开出“隐患问题通知单”，各施工单位在收到“隐患问题通知单”后，应根据具体情况，定时间、定人、定措施予以解决，项目经理部有关部门应监督落实问题的解决情况；若发现重大不安全隐患问题，检查组有权下达停工指令，待隐患问题排除，并经检查组批准后方可施工。

4.1.2　行为控制

（1）进入施工现场的人员必须按规定戴安全帽，并系下颌带。戴安全帽不系下颌带视同违章。

（2）凡从事 2m 以上无法采用可靠防护设施的高处作业人员必须系安全带。安全带应高挂低用，不得低挂高用，操作中应防止摆动碰撞，避免意外事故发生。

（3）参加现场施工的所有特殊工种人员必须持证上岗，并将证件复印件报项目经理部备案。

（4）没有项目经理部安全总监的批准，任何施工人员不得碰动现场的安全防护设施。

（5）进场人员的所有施工人员必须进行安全教育，并且要记录备案。

（6）进场的施工人员必须定期进行安全学习，并组织考试，不合格者不能上岗。

（7）在本工程现场周围配备、架立并维修必要的标志牌，以为其雇员和公众提供安全和方便。标志牌包括：①警告与危险标志；②安全与控制标志；③指路标志与标准的道路标志。

4.1.3　劳务用工管理

（1）各施工人员，必须接受建筑施工安全生产教育，经考试合格后方可上岗作业；未经建筑施工安全生产教育或考试不合格者，严禁上岗作业。

（2）每日上班前，班组负责人必须召集所辖全体人员，针对当天任务，结合安全技术交底内容和作业环境、设施、设备状况、本队人员技术素质、安全意识、自我保护意识以及思想状态，有针对性地进行班前安全活动。提出具体注意事项，跟踪落实，并做好活动记录。

（3）强化对外施工人员的管理。用工手续必须齐全有效，严禁私招乱雇，杜绝跨省市违法用工。

（4）安全防护管理：

1）各类施工脚手架严格按照脚手架安全技术防护标准和支搭规范搭设。钢管脚手架不得使用严重锈蚀、弯曲、压扁或有裂纹的钢管。脚手架不得钢木混搭。

2）钢管脚手架的杆件连接必须使用合格的钢扣件，不得使用钢丝或其他材料绑扎。

3）脚手架的操作面必须满铺脚手板，不得有空隙和探头板、飞跳板。

4）脚手架必须保证整体结构不变形，纵向必须设置十字盖，十字盖宽度不得超过7根立杆，与水平面夹角应为45°～60°。

5）我们会在危险位置设立醒目的安全标志。

6）建立安全公告制度，及时通报各种安全隐患。

7）对典型案例进行通报，以提高施工人员的安全意识。

4.1.4 临时用电管理

（1）电缆在外敷设的深度应不小于0.6m，并在电缆上下各均匀敷设不小于50mm厚的细砂，然后覆盖砖等硬质保护层。

（2）配电系统应实行分级配电，即分为总配电箱、分配电箱和开关箱三级。动力配电箱与照明配电箱分别设置，如合置在同一配电箱内，动力与照明线路应分路设置。配电箱应放置在防水、不影响施工的地方，挂牌明示危险标识。

（3）施工现场的电气设备应实行两级漏电保护，及在总配电箱和开关箱内设置漏电保护器。

（4）施工现场的电动建筑机械、手持电动工具和用电安全装置必须符合相应的国家标准、专业标准和安全技术规程，并应有产品合格证和使用说明书。

（5）所有电气设备的外露导线部分，均应作保护接零。对产生振动的设备，其保护零线的连接点不少于两处。

（6）电焊机应单独设开关，并设漏电保护装置。电焊机应放置在防雨、防砸的地点，下方不得有堆土和积水。周围不得堆放易燃、易爆物品及其他杂物。焊工必须按规定穿戴防护用品，持证上岗。

4.1.5 施工机械管理

（1）施工现场应有施工机械安装、使用、检测、自检记录。

（2）各种机械严禁非司机动用。

（3）加强对司机的安全教育，严禁酒后开车，专车专人开。

（4）氧气瓶与乙炔瓶间距大于5m，两瓶同焊时，间距大于10m。

（5）本工程的各施工机械较多，要加强管理，临时工程已考虑了施工机械停放场修理棚，待修机械和备用机械要及时运回停放场管理。搅拌机械和运输机具的管理一定要落实到人。

（6）对工程施工机械，建立项目经理部——施工队——班组三级管理体系。采用ABC管理法。即A类重点设备由项目经理部直接管理，着重抓管、养、修、供；B类为一般设备，由施工队以及管理机构负责；C类为一般小型设备机具，由施工班组负责管理、使用保养。对AB类设备，严格填报原始记录，实行强制保养方针。

4.1.6 消防管理

（1）严格遵守有关消防方面的法令、法规，配备专、兼职消防人员，制定有关消防管理制度，完善消防设施，消除事故隐患。

（2）坚持现场用火审批制度，电气焊工作要有灭火器材，操作岗位上禁止吸烟，对易燃、易爆物品的使用要按规定执行，指定专人设库存放，分类管理。

（3）新工人进场要和安全教育一起进行防火教育，重点工作设消防保卫人员，施工现场值勤人员昼夜值班。

4.1.7　保证现场人员的安全措施

（1）在施工生产区的人员进出口侧做警示标识，与施工无关人员及着装不符合要求者一律不得超越警戒线。

（2）施工生产区内安设警卫巡查，对现场人员严格管理，杜绝违章、违规行为的发生。

（3）车辆进入施工现场时，须减速慢行、拐弯鸣笛。

4.2　现场质量技术措施

4.2.1　施工技术保证措施

（1）钢筋技术：采用专业施工队施工，操作工人持证上岗；同时，施工中严格按技术规程操作，加强质量检测与验收。

（2）劳务素质保证：特殊岗位持证上岗，一般工种入场前教育，施工前交底，施工中定期培训。

4.2.2　经济保证措施

引进竞争机制，建立奖罚制度，对施工质量优秀的班组、管理人员给予一定的经济奖励。对施工质量低劣的施工队伍、管理人员给予经济惩罚，严重的清除。

4.2.3　加强成品保护

做好成品标识，标识中应注明产品的用处、生产时间。

4.2.4　加强过程控制

（1）为保证桥梁施工质量，首先根据施工阶段和分部分项工程的特点，编制切实可行的施工方案。

1）编制方案体系。

2）编制方案应做到：

① 首先由各责任工区提出初步方案。

② 技术部审定后报项目总工。

③ 物资部提出材料保证措施。

④ 工程部根据方案进行成本核算。

⑤ 由总工程师组织方案论证。

⑥ 项目经理审核批准，并报业主及监理工程师审批。

3）与方案编制同步进行的工作包括：

① 现场试验室进行混凝土的试配，对物资部提供的材料进行复检。

② 技术部提出材料用量计划，并根据工期要求，提出分批进场时间。

③ 工程部提出工程量，并与材料计划进行对比分析。

④ 设备工程师提出机械设备需用计划，落实配给情况。

⑤ 质量工程师提出质量保证措施、标准和规范要求。

（2）过程控制

1）技术部提出过程控制计划，并做到：

① 明确各过程的要求，落实责任人。

② 明确特殊过程，并下达作业指导书（或要领书），由现场经理审批。

③ 明确关键过程。下达交底书，由工程部负责。

2）设备工程师制定设备检修计划，并落实检查执行情况。

（3）关键过程

关键过程的操作人员、检验人员要由培训合格的人员作业。关键过程、设备和人员的鉴定工程中应实施连续监控，由工程部和指定的有关人员进行，做好记录并保存。控制程序参见图 4-1、图 4-2、图 4-3、图 4-4、图 4-5 及图 4-6。

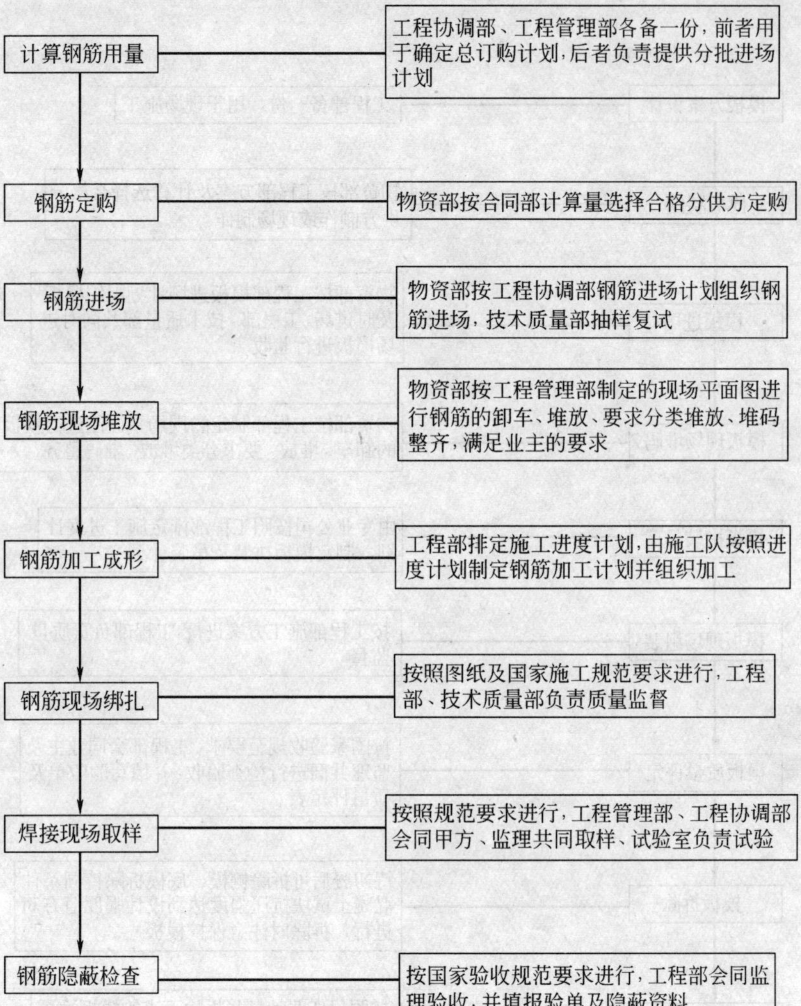

图 4-1　钢筋工程管理流程图

（4）方案变更

原则上施工必须按照方案进行，如有特殊情况变更时，必须做到：

1）方案变更要有充分的理由，更改方案报项目总工程师审核。

2）项目总工程师报业主、监理批准后方可实施。

（5）外来文件控制

施工过程中应严格执行“三过程”原则，并利用指示书（交底书）上下传递落实，应做到：

1）业主、监理公司下发指示书，由技术部接收，发放到各部门，落实责任人和完成时间，并下发有关部门，专业公司实施。

2）需业主、监理公司落实解决的问题，由工程部、技术部用指示书书面上报。

3）指示书一律由技术部统一编号、保存、归档，各部门上行下发记录由各部门设专人存档、发放。

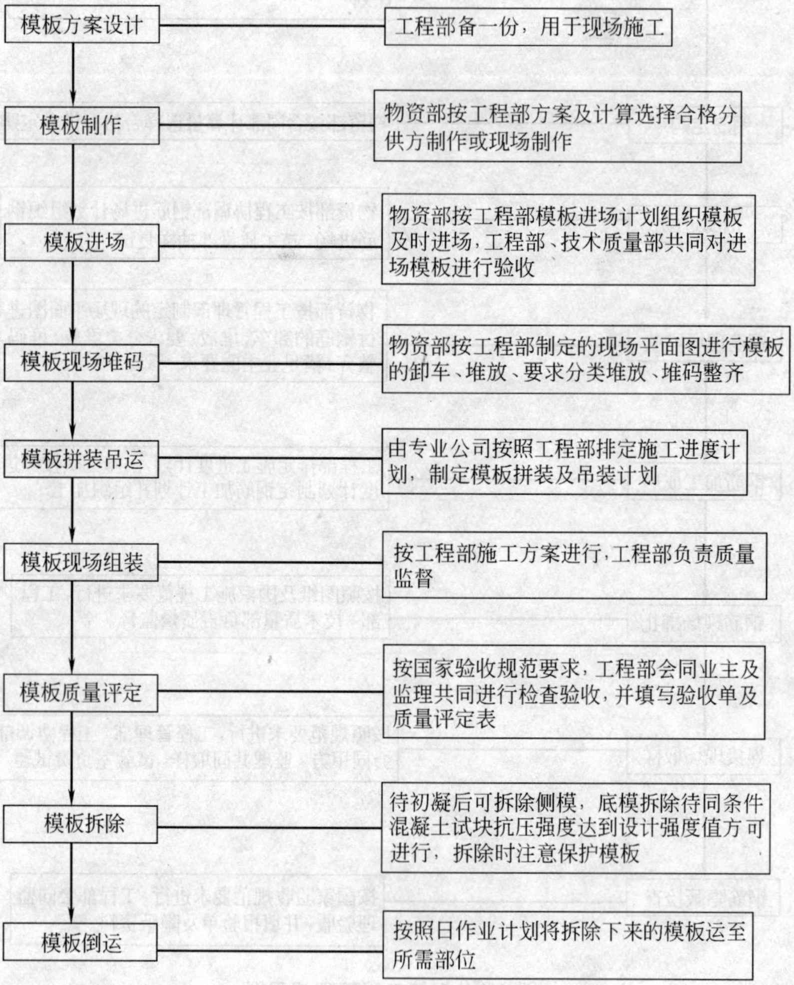

图 4-2　模板工程管理流程图

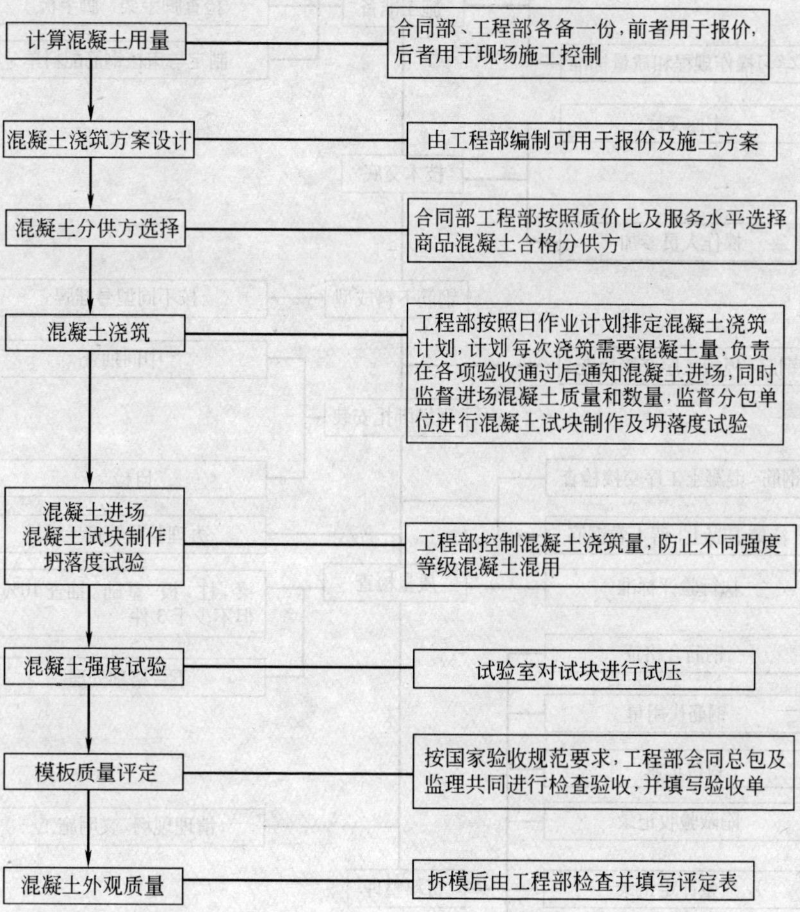

图 4-3　混凝土工程管理流程图

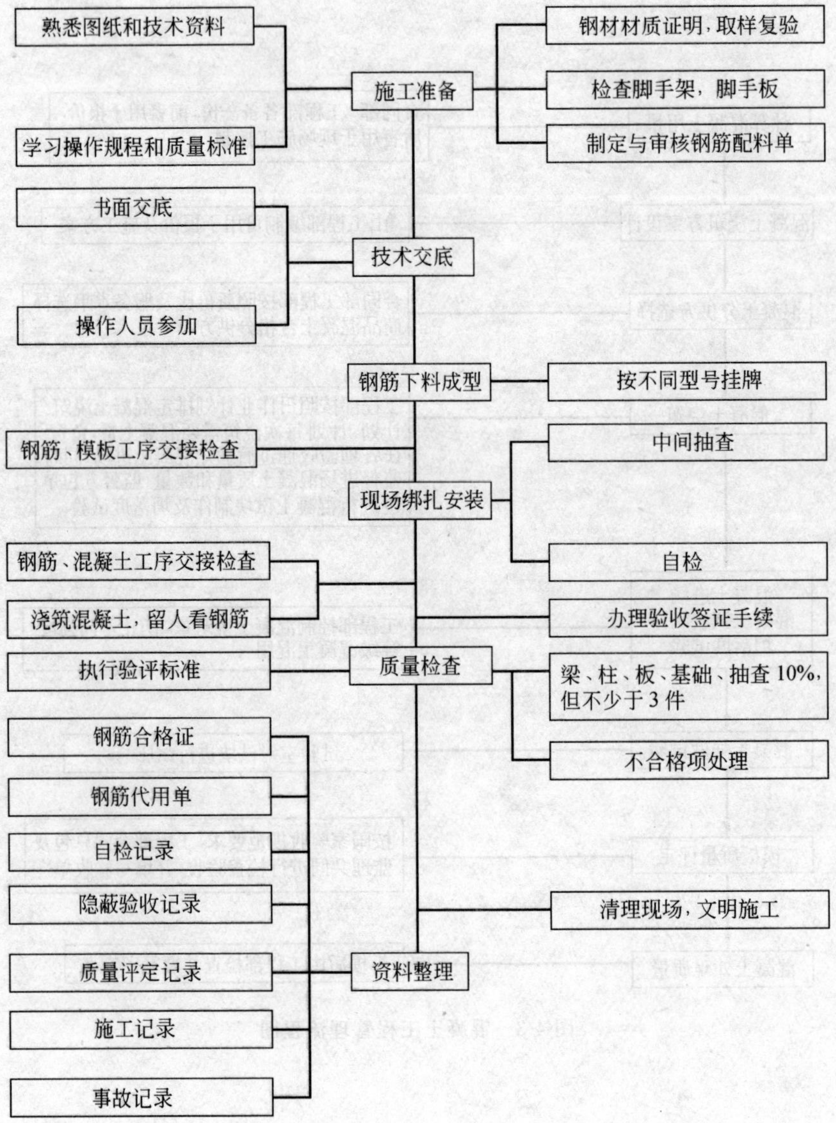

图 4-4　钢筋工程质量程序控制示意图

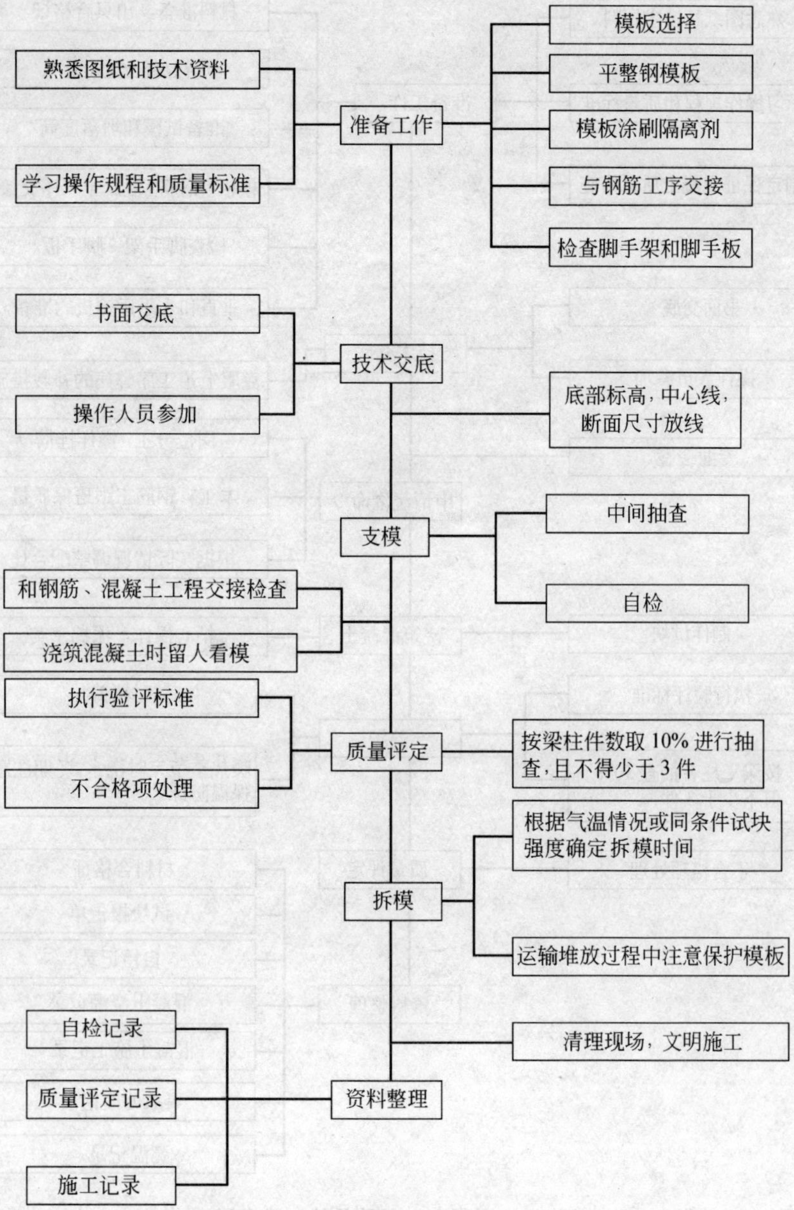

图 4-5　模板工程质量控制示意图

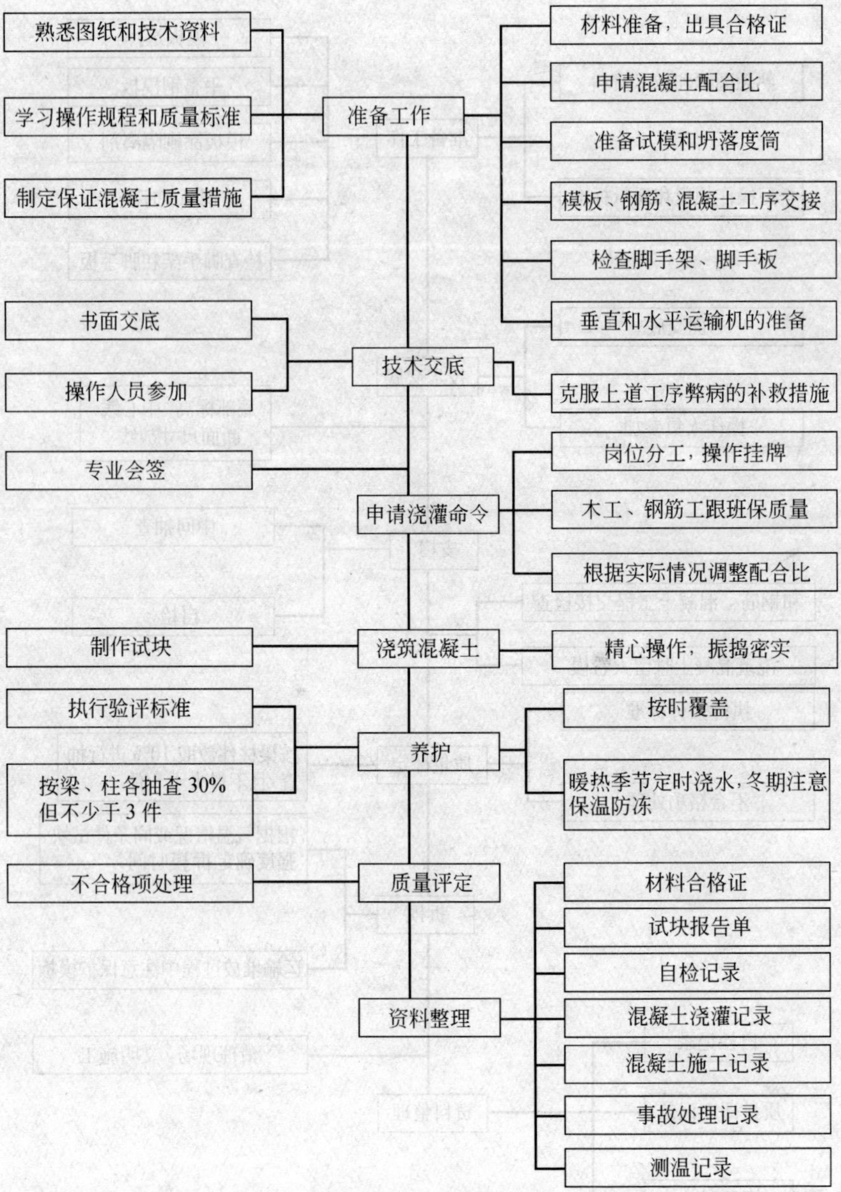

图 4-6 混凝土工程质量控制示意图

第九篇

吉林市江湾大桥施工组织设计

编制单位： 中建六局土木公司、中建国际建设公司
编 制 人： 汪芳流　王建鹏　王涌
审 核 人： 孙立新

［简介］ 吉林市江湾大桥工程是中建总公司与吉林市政府的BT项目，为大跨度三跨悬链线性中承式钢管混凝土拱桥，荷载大，技术含量高，结构轻巧。全长642.86m，横跨于吉林市松花江上。在大型沉井施工，后张预应力混凝土连续异形箱梁施工，中承式双悬臂空间桁架式系杆拱桥施工等方面技术难度很大。在项目实施过程中，项目部认真、深入地研究了各种施工方案的优劣及对工程成本的影响，选择了最优的施工方案，并不断地采用科技创新手段，努力降低成本，缩短工期，从而确保了本工程获得了高达25%以上的毛利润率。

目　录

1 项目简述

1.1 编制说明

(1) 编制单位：中国建筑第六工程局土木工程公司

(2) 编制人员：汪芳流 王建鹏 王涌

(3) 编制依据

1) 设计图纸：根据天津市市政工程设计院提供的设计图纸

2)《公路桥涵施工技术规范》(JTJ 041—2000)

3)《公路工程水泥混凝土试验规程》(JTJ 053—94)

4)《公路工程石料试验规程》(JTJ 054—94)

5)《公路工程金属试验规程》(JTJ 055—83)

6)《公路工程水质分析操作规程》(JTJ 056—84)

7)《市政桥梁工程质量检验评定标准》(TJ 2—90)

8)《公路工程施工安全技术规程》(JTJ 076—95)

9)《公路桥涵设计通用规范》(JTJ 021—89)

10)《公路钢筋混凝土及预应力混凝土桥涵设计规范》(JTJ 023—85)

11)《公路桥涵地基与基础设计规范》(JTJ 024—85)

1.2 项目简述

吉林江湾大桥工程是吉林市政府与中建总公司首次 BT 合作项目，全桥投资 2.8 亿元人民币，是吉林市重点工程，该工程由中建总公司总承包，中建国际建设公司、中建六局

土木工程公司承建，天津市政设计院设计，天津华盾监理公司监理，同济大学监控，其工程地质条件复杂，技术含量高，施工难度大，质量要求高，工期约定短，社会影响大。江湾大桥主桥跨越松花江，全长642.26m，中间采用主跨100m＋120m＋100m中承式双拱桥，两端采用现浇“双飞燕”混凝土拱和预制T梁及现浇箱梁等结构。该工程共推广和创新应用了“建筑业十项新技术”中的八项及其他技术九项，特别是该工程中创新应用的沉井内爆破下沉技术、沉井内锚装施工等技术，经查新，为国内首创，为同类工程的施工提供了可借鉴的经验。该工程于2002年底开工，2004年6月顺利通过竣工验收，工程质量、工期、施工现场安全、文明施工等均符合合同要求，取得了显著的经济效益和良好的社会效益。

吉林江湾大桥工程获：中建总公司科技进步三等奖；中建总公司科技示范工程；吉林市政工程金杯奖；天津市职工技术协会“技术成果二等奖”；中建六局科技成果一等奖。

2 工程概况

为了促进吉林市的经济发展，加快城市基础设施的建设，改善城市交通状况，吉林市拟在松花江上吉林大桥下游1.4km处新建江湾大桥，大桥由642.26m主桥及南北立交桥引道组成，该工程规模宏大，城市立体的现代感强，成为吉林市一大城市景观。

2.1 工程简介

江湾大桥主桥起点为松江东路，终点为华山路。南北两侧引桥分别为两座双层式互通立交跨越华山路和松江东路，南引道接至南山路，北引道接至东昌街。主桥技术指标为：

（1）总体布置

25.16m＋28.00m（预应力现浇箱梁）＋30.00m＋30.00m＋30.00m（预制T梁）＋25m（现浇箱梁）＋100m＋120m＋100m（钢管拱）＋25m（现浇箱梁）＋30.00m＋30.00m＋30.00m（预制T梁）＋20.00m＋19.50m（现浇箱梁）

（2）横断面

1）主桥中承式拱部分：4.25m（人行道＋拱肋）＋3.75m（非机动车道）＋3.75m（机动车道）＋3.5m（机动车道）＋0.5m（双黄线）＋3.5m（机动车道）＋3.75m（机动车道）＋3.75m（非机动车道）＋4.25m（人行道＋拱肋）。桥梁全宽31m。桥面非机动车道及机动车道采用1.5％双向横坡，人行道采用单向0.5％横坡。

2）主桥其余部分：2.75m（人行道）＋3.75m（非机动车道）＋3.75m（机动车道）＋3.5m（机动车道）＋0.5m（双黄线）＋3.5m（机动车道）＋3.75m（机动车道）＋3.75m（非机动车道）＋2.75m（人行道＋拱肋）。桥梁全宽28m。桥面非机动车道及机动车道采用1.5％双向横坡，人行道采用单向0.5％横坡。

（3）纵断面

主桥纵坡控制在0.3％，在竖曲线作用下坡度更缓，利于非机动车与机动车的上桥通行。

（4）设计技术标准

设计荷载：城—A级，主桥一侧人群荷载7.50kN/m。

设计通航净空：五级航道，通航净空8m，通航净宽：大于40m。

设计车速：主桥设计车速 40～60km/h。

设计洪水频率：1/100；抗震设计标准：地震烈度为 7 度。

2.2 气象、水文、地质及自然条件资料

(1) 气象

本地属大陆性气候，主导风向西南风，冬季多西北风。年平均风速 3.1m/s。4、5 月份多风，平均风速 4m/s 以上。月平均风速 4 月份最大，为 4.5m/s。历史极端风速为 32m/s。多年平均最大风速 18.61m/s。年平均气温 4.4℃，最高气温 36.6℃，最低温度 －40.2℃。夏季最高平均气温 26.6℃，冬季最低平均气温 －26.6℃，最冷的 1 月份平均气温 －25.1℃。年无霜期平均 135 天，地表冻结深度 1.6～1.8m。相对湿度年平均 70%。年最大降雨量 952.2mm，年最小降雨量 490mm，年平均降雨量 668mm，最大日降雨量 190.1mm，夏季 6～8 月份降雨量占全年 60%，7、8 月份多暴雨。

(2) 水文

距本工程 22km 处是丰满水库，地表水与地下水有较好的水力联系，地表水的水位主要受季节及丰满水电站调峰放流的影响，年变化幅度达 2～3m，日变化幅度可达 0.5～1.0m。地下水为潜水，主要含水层为卵石层，为孔隙水，水量较大。漫滩、阶地区的地下水位年变化幅度一般为 1.0～1.5m。每年的 10 月份到第二年的 5 月份为低水位期，6 月份进入雨期后，水位开始上升，8 月份为高水位期，地下水位为 184.13～184.63m。市区段松花江历年平均流量 438m^3/s，水面坡降 0.33～0.35‰，主河槽平均流速为 2.7m/s，河滩平均流速 0.35～0.4m/s。历年各月平均水温：一月份最低为 0.6℃，八月份最高为 19.8℃。常水位：183.95m；15 年一遇水位：190.54m；100 年一遇水位：192.24m；设计通航水位：189.06m。

(3) 地质

根据钻探取样、动力触探测试、物探测试结果，该桥区主要岩土层自上而下分别为第四纪近期人工填土、冲击的粉砂、卵石下伏第三纪冲积成因的砂岩、砾岩地层。各层分布如下：

1) 人工填土（素填土、杂填土）：主要分布于高漫滩及一级阶地，为卵砾石或煤灰渣等垃圾组成，该层厚度较大。

2) 细砂、细砂与粉土互层：主要分布于高漫滩；该层较薄。

3) 圆砾：主要分布于高漫滩及河床，厚度变化较大。

4) 粉质粘土：黄褐色，主要分布于一级阶地，厚度大。

5) 圆砾：分布于一级阶地，厚度较大。

6) 粉质黏土：褐黄色，黄色，灰色，主要分布于三级阶地，该层厚度较大。

7) 中砂：主要分布于三级阶地，呈薄层出现。

8) 圆砾：主要分布于三级阶地，该层厚度大，密实度高。

9) 安山岩：主要分布于北岸覆盖层之下。

10) 砾岩、砂岩等：主要分布于河床及南岸覆盖层之下。

(4) 地形

拟建江湾大桥位于原吉林大桥下游 1.4km 处江段，河床较开阔，因后期人为改造较大，江水主流线靠近南岸，南岸为冲刷侵蚀岸，岸上为松花江Ⅰ级阶地，北岸岸上为松花

江高河漫滩。江水面宽约450m，水深2.0～3.5m左右。该桥位区外围区域地质构造比较复杂，在桥区内采用点法勘察方法进行的物探测试及对异常点的钻探验证结果表明，未见有较大的断裂破碎带及断层构造，场地稳定性较好。

2.3 工程造价

全桥总造价2.8亿元人民币。

2.4 各分项工程说明及主要工程量

(1) 基础工程

分为三种，Z0、Z1号墩为扩大基础，Z2～Z5、Z10～Z15为钻孔桩基础，Z6～Z9为沉井基础，现分述如下。

1) 扩大基础：基础坐落在卵石层中，底标高183.6m，顶标高186.0m，分为两层，每层1.2m厚；平面尺寸Z0为5.2m×42.1m（底层），Z1为5.2m×29.6m（底层），上层每边缩进1m。采用C20钢筋混凝土，图纸工程量：C20混凝土696.6m^3，C10混凝土垫层40.1m^3，钢筋6842kg。

2) 桩基础：直径150cm灌注桩，桩底保证嵌入中风化基岩1.5～2m深，主筋32ϕ22，桩身混凝土采用水下C25。主要图纸工程量：有效钻孔长度1154m，C25混凝土2064m^3，钢筋142556kg。

3) 沉井基础：每个墩设计有两个17m×12m的椭圆形沉井；4个墩共计8个，图纸工程量：刃脚钢板：43617kg，C30井壁混凝土8678m^3（其中第三节F250混凝土2443m^3），C20底板混凝土4008m^3，C30顶板混凝土（F250）3835.2m^3。钢筋792672kg，钢材7135kg，ϕ150mm塑料管1299m，井内取土27687m^3。

(2) 下部工程

包括Z2～Z5墩、Z10～Z15墩承台，Z6～Z9墩拱座；Z0～Z5、Z10～Z15墩墩柱，Z0、Z2～Z5、Z10～Z13、Z15墩盖梁。

1) 承台：外形为哑铃形，厚2.5m，平面尺寸为25m×6.5m，采用C25钢筋混凝土，各承台顶埋深从1.0m～5.5m不等，水中承台施工时，基坑开挖深度在8m左右。图纸工程量：C25混凝土（F250）2684m^3，C10混凝土垫层107m^3，钢筋134803kg。

2) 墩柱：截面为矩形，每墩主线为4个，Z0、Z15墩引线两边各有1个，共计52个。平面尺寸：主线Z1～Z5、Z10～Z14为1.20m×1.60m，共计40个；Z0、Z15墩主线为1.2m×1.2m，共计8个；Z0、Z15墩引线为1.6m×1.2m，共计4个。图纸工程量为：C30混凝土1191m^3（其中F250混凝土351.4m^3），钢筋171197kg，钢材2541kg。

3) 拱座：底部截面为矩形，平面尺寸为7m×6m，上部为半四棱锥体，最上部平面尺寸为1.5m×6.0m，总高度9.5m。拱座底标高183.95m，顶标高193.45m，Z6～Z9每个墩2个，共计8个，图纸工程量为C30混凝土（F250）2771m^3，钢筋227614kg，钢材45122kg。

图纸工程量：C30混凝土811m^3，钢筋144307kg。

(3) 上部结构

Z0～Z2为后张预应力现浇混凝土连续异形箱梁，Z13～Z15为现浇普通钢筋混凝土连续异形箱梁，Z2～Z5、Z10～Z13 为预应力混凝土预制 T 形梁，Z5～Z6、Z9～Z10 为现浇混凝土预应力配重箱梁，Z6～Z9 为钢管拱，现分述如下：

1）后张预应力混凝土连续异形箱梁及普通钢筋混凝土连续异形箱梁。Z0～Z2 为预应力混凝土结构，跨径为：25.16m＋28m，桥梁为变宽结构，横断面采用两箱三室形式，南侧为普通钢筋混凝土结构，跨径为 20m＋19.5m，横断面采用两箱三室形式。图纸工程量为：C50 混凝土 2010m^3，钢筋 465384kg，钢材 2533kg，ϕ70mm 波纹管 3080m，钢绞线 ϕ^j15.2 28731kg，OVM15-7 锚具 120 套，OVM15P-7 锚具 12 套，BM15-5 锚具 34 套，BM15P-5 锚具 34 套。

2）30m 预应力钢筋混凝土 T 梁：桥两侧各有三跨 30m，每跨 11 片，合计 66 片。T 形梁翼板厚 18cm，顶板厚 15cm，预应力钢绞线采用 ϕ^j15.2mm，采用内径 70mm 的金属波纹管，锚具采用 OVM15-6 及 OVM15-7 型两种。预制 T 梁及现浇混凝土采用 C50，管道水泥浆强度为 C50。图纸设计工程量为：C50 混凝土 2114m^3，OVM15-6 锚具 610 套，OVM15-7 锚具 50 套，钢绞线 ϕ^j15.2 68673kg，ϕ70mm 波纹管 9805m，钢筋 392810kg。

3）中承式双悬臂空间桁式系杆拱桥：采用刚拱柔梁体系，全桥桥面为漂浮体系，跨径布置为 25m＋100m＋120m＋100m＋25m，其中 25m 跨采用钢筋混凝土拱肋，100m 及 120m 跨采用钢管混凝土空间桁式，采用张拉系杆平衡强大的水平推力。100m 及 120m 跨的主轴线采用无铰悬链线，拱轴系数 1.4，两边 25m 边拱采用二次抛物线形式，矢跨比为：1/5.2916，采用钢筋混凝土矩形断面形式，拱肋高度 2m，宽度 1.8m，混凝土强度等级为 C40，100m 跨矢高为 22.222m，120m 跨矢高为 30.0m，上、下弦杆为 4 根直径 ϕ700mm，壁厚 14mm 的钢管，内灌 C40 微膨混凝土，100m 跨拱肋全高 2.2m，全宽 1.8m，120m 跨拱肋全高 2.4m，全宽 1.8m。横撑：桥面下的固定横梁作为上部桥面板的支撑，亦为钢管肋的横撑，桥面以上 100m 跨设一道一字式横撑，两道 K 撑，120m 跨设置一道米字式横撑，两道 K 撑。吊杆：间距 5m，采用 PEST-127 平行钢丝束成品索，标准强度为 1670MPa，两端采用 OVML-127 冷铸锚，下端设置弧形铰，吊杆采用双层 PE0，双层护套内层为 7.5mm 和黑色 PE，外层为 2.5mm 的彩色 PE0。系杆：本桥采用约 368m 长的柔性系杆平衡墩的绝大部分水平力，系杆每条肋布置 8 束 OVM15-1P 环氧涂装无粘结筋（OVM-U1）采用 ϕ^j15.2mm 的 PL 钢绞线，每束长 368m，系杆横向布置在吊杆两侧，采用分离的两个钢箱保护及加固，每个钢箱内设置 4 束系杆。系杆的端部设保护箱，便于后期的补拉和换索。钢立柱：在拱肋上桥面下设有立柱，采用 ϕ900mm，壁厚 16mm 的钢管混凝土结构，内灌 C40 混凝土。图纸工程量为：ϕ700mm×14mm 钢管 670874kg，ϕ350mm× 10mm 钢管 302859kg，ϕ450mm × 12mm 钢管 224255kg，钢材 2537472kg，ϕ^j15.2 钢绞线 3132.2kg，波纹管 316.2m，PES-127 平行钢丝束成品索 1380.1m，OVM15-1P 成品索钢绞线 5876.2m，锚具 252 套。C40 混凝土 1950.3m^3，钢筋 247047kg。

（4）桥面结构

分为人行道、现浇桥面板、防水层、沥青混凝土面层、人行道栏杆、防撞护栏等。

1）人行道：预制 T 梁处人行道宽 2.75m，高 53cm，现浇地袱、预制人行道板；边拱配重箱处人行道宽 2.75m，地袱与人行道板全部现浇，中承式拱处人行道大部采用预制吊装，宽 4.25m，高 70cm；局部在观景台位置外地袱为现浇，宽 5.25m，高 70cm，人行道板预制吊装。图纸工程量：C30 混凝土 815m³，钢筋 104244kg，钢材 131053kg。

2）现浇桥面系：预制 T 梁与箱梁处为 10cm 厚 C30 防水混凝土，中承式钢管拱处为 23～27cm C40 现浇钢纤维混凝土桥面板。图纸工程量如下：C30 防水混凝土 1690m³，C40 钢纤维混凝土 1858m³，钢筋 943183kg，钢材 1451kg。

3）防水层：14385m²。

4）沥青混凝土面层：4cm 中粒式沥青混凝土 AC-16 575m³，4cm 细粒式沥青混凝土 AC-13 575m³。

5）人行道栏杆：采用不锈钢管，图纸工程量：钢筋 5120kg，钢材 40371kg。

6）防撞护栏：铸钢柱 360 个，钢材 48450kg。

(5) 工期要求

总体工期要求 2002 年 3 月开工，2003 年 12 月 30 日完工。2002 年完成全部下部工作，北岸的现浇箱梁、预制 T 梁及桥面混凝土铺装，配重现浇箱梁，钢管拱的加工、钢横梁的加工，钢管拱吊装的准备工作等；2003 年 12 月底前完成其余的工作量。

3 施工部署

3.1 项目组织机构

(1) 项目组织机构体系

根据吉林江湾大桥基础工程工期短、工序复杂、技术难度高的特点，我项目部配备有丰富施工管理能力和施工经验的工程技术人员，组成吉林市江湾大桥工程项目经理部，全面负责江湾大桥施工的组织管理，实现项目的各项指标，对所需一切资源进行合理配置，进一步充分发挥项目管理功能，提高项目整体管理效率，使项目管理机构能有序、高效地运转，确保工程施工中各道工序、各个环节都处于受控状态，确保江湾大桥保质、保安全，如期完成工程进度。组织机构见图 3-1。

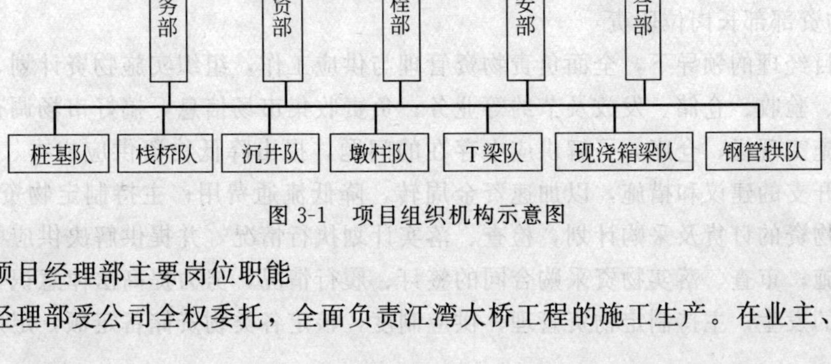

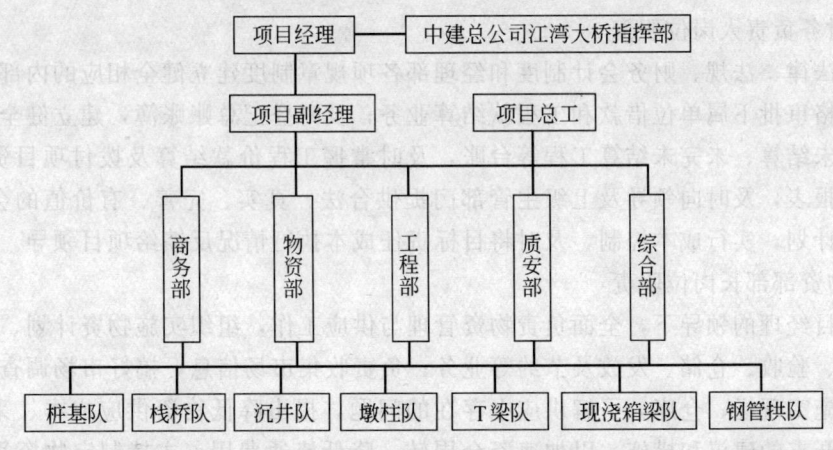

图 3-1 项目组织机构示意图

(2) 项目经理部主要岗位职能

项目经理部受公司全权委托，全面负责江湾大桥工程的施工生产。在业主、监理的管理下，全面履行施工合同，完成合同规定的全部工作内容，项目部主要岗位职责如下：

1）项目经理岗位职责

项目经理是企业法人代表的代理人，代表公司对工程全面负责；

代表公司履行与业主签订的工程承包合同与书面承诺；组织精干的项目管理班子，确定项目的职能机构及职责范围。

2）项目副经理

作为项目经理的现场代表，全面指挥生产、控制进度、规划施工现场布局；监督管理项目在现场的所有工作人员，并在不同的施工阶段，根据工作需要进行人员调配；建立建筑材料、机械设备供应情况的监察程序，建立施工进度监察系统、工程费用监察系统；协调各施工工种的工作。

3）项目总工程师岗位职责

贯彻执行国家有关技术政策及上级技术管理制度，对项目施工技术工作全面负责；执行有关技术标准、规范、规程；组织技术人员熟悉合同文件和施工图纸；负责制定施工方案，编制施工工艺组织设计；指导施工技术人员严格按设计图纸、施工规范、操作规程组织施工，并进行质量、进度把关控制；分管项目质量管理工作和工程质量创优计划的制定并组织实施，负责技术质量事故的调查和处理，并及时向上级报告；负责审核签发变更设计报告、索赔报告及检查索赔资料的完整性。

4）工程部部长岗位职责

在分管领导的指导下，熟悉标书文件，弄懂设计图纸，参加现场调查核对，提出完善设计的建议，绘制施工必要的细部大样图和施工辅助图纸，并进行有关小型施工设计的计算工作，做好自己工作范围内施工项目的详细安排，其中包括所需劳动力、材料、机械设备配套计划和各种所需的施工原始记录、工程检查证等表格的技术准备工作；负责对班组进行现场技术交底，指导班组自检、互检、交接检，分项工程竣工后验收，领导和协助班组做好核算工作；根据变更设计的原则和审定审批权限，对所属施工范围内的各项工程进行仔细认真的调查研究，经多方比较后，提出需要修改设计的意见。

5）财务负责人岗位职责

根据法律、法规、财务会计制度和经理部各项规章制度建立健全相应的内部财务管理制度；严格审批下属单位借款和工程款结算业务；及时登记总账账簿，建立健全已完已结算、已完未结算、未完未结算工程等台账，及时掌握工程价款结算及拨付项目资金情况；编制决算报表，及时向领导及上级主管部门提供合法、真实、完善、有价值的会计信息；制定成本计划，实行成本控制，及时将目标责任成本执行情况反馈给项目领导。

6）物资部部长岗位职责

在项目经理的领导下，全面负责物资管理与供应工作，组织实施物资计划、订货、采购、运输、验收、仓储、发放及节约等业务；负责收集市场信息，搞好市场调查、预测工作；深入施工现场、仓库，了解供应中存在的问题，提出降低物资供应成本、采购成本、管理费用开支的建议和措施，以加速资金周转，降低流通费用；主持制定物资采购计划，审批一般物资的订货及采购计划，检查、落实计划执行情况，并提供解决供应中存在问题的有效措施；审查、落实物资采购合同的签订、履行情况，努力提高法律意识，避免经济合同纠纷的发生；主持制定物资管理、供应制度，核定各类物资储备定额，定期向财务部门提供材料成本分析资料。

7）质安部部长岗位职责

在总工程师领导下，全面负责项目质量监督检查工作；协助总工程师主持项目质量管理和质量保证体系的日常工作；负责工程施工原始记录表格（检查证）中属于质检人员检查签证的各项签认事宜，按规定时间向上级报送工程质量统计报表；负责施工过程的工程质量监督、检查及各工序的质量验收工作；负责配合建设单位、监理工程师进行有关工程质量检查及各种原始记录、工程检查证的签字验收工作，对监理工程师指出的有关工程质量方面存在的问题提出具体处理意见；督促、检查作业班、组、中心试验室、测量队的有关施工技术资料的整理工作。

8）现场工程技术人员岗位职责

在经理部统一领导下，负责制定工程项目施工方案及质量、安全保证措施，并对最终质量负责。坚持施工第一线，善于发现问题、处理问题；根据经理部月进度计划，安排自己所负责班组施工任务，并负责所管辖班组或分包队伍现场技术交底。对工程质量、进度、成本及现场文明施工情况负责；做好分管工作内人工、材料、机械设备的合理安排，充分调动班组人员积极性，落实工程技术质量、安全保证措施。

9）试验室主任岗位职责

在总工程师领导下，根据施工组织设计和质量计划，编制项目试验工作计划；负责检查、鉴定和试验工程项目使用的材料是否符合规范和设计规定的要求，及时提出报告；负责做好各类原材料试验、过程试验、各种混合料配合比设计，及时提供试验报告；检查、指导试验人员的工作；对本室不能进行的试验项目，经有关领导批准后，负责联系具备试验条件的单位进行试验，并及时提供试验报告；认真做好试验报告和检测记录。

10）测量组组长岗位职责

根据施工组织设计和施工进度安排，编制项目施工测量计划，并组织全体测量人员努力实施；负责做好控制测量工作，对关键部位的放样，做好仪器的防腐、防晒、防雨、防尘工作，确保仪器处于良好状态。

3.2 施工作业队伍安排

根据工程的总进度计划，确定各分项工程的开竣工时间，安排专业施工队伍进场，主要有以下作业队：

（1）土方施工队：2002 年 3 月 18 日至 2002 年 5 月 16 日筑岛施工，以满足基础施工要求；2002 年 9 月初回填 Z6-Z7、Z8-Z9 中间，以满足上部结构施工要求，2003 年 7 月中旬清理江中所有回填土方，清理河道。

（2）桩基施工队：2002 年 5 月初至 8 月中旬施工钻孔灌注桩。

（3）沉井施工队：2002 年 5 月初至 9 月初施工。

（4）扩大基础、承台施工队：2002 年 6 月初至 9 月中旬施工。

（5）墩柱、盖梁、拱座施工队：2002 年 6 月初至 10 中旬施工。

（6）现浇箱梁施工队：2002 年 7 月底至 9 月底施工北岸，2003 年 4 月中旬至 6 月初施工南岸。

（7）T 梁预制施工队：2002 年 7 月中旬至九月底施工北岸，2003 年 4 月中旬至 6 月中旬施工南岸。

（8）吊装施工队：2002 年 10 月份吊装北岸预制 T 梁，拱座塔架，2003 年初吊装钢管拱、钢横梁，预制 T 梁等。

（9）桥面结构施工队：2002 年 9 月底施工北岸，2003 年 6 月初施工南岸。

3.3 质量目标

中建总示范工程、省优、鲁班奖。

3.4 施工平面布置图

根据现场的施工条件，结合本工程的施工特点，对江湾大桥施工现场的总平面布置图如图 3-2 所示，主要规划如下：

（1）搅拌站

在北岸和南岸的高漫滩上各设立一个集中搅拌站，每站投入 2 台 JS500 型搅拌机，配

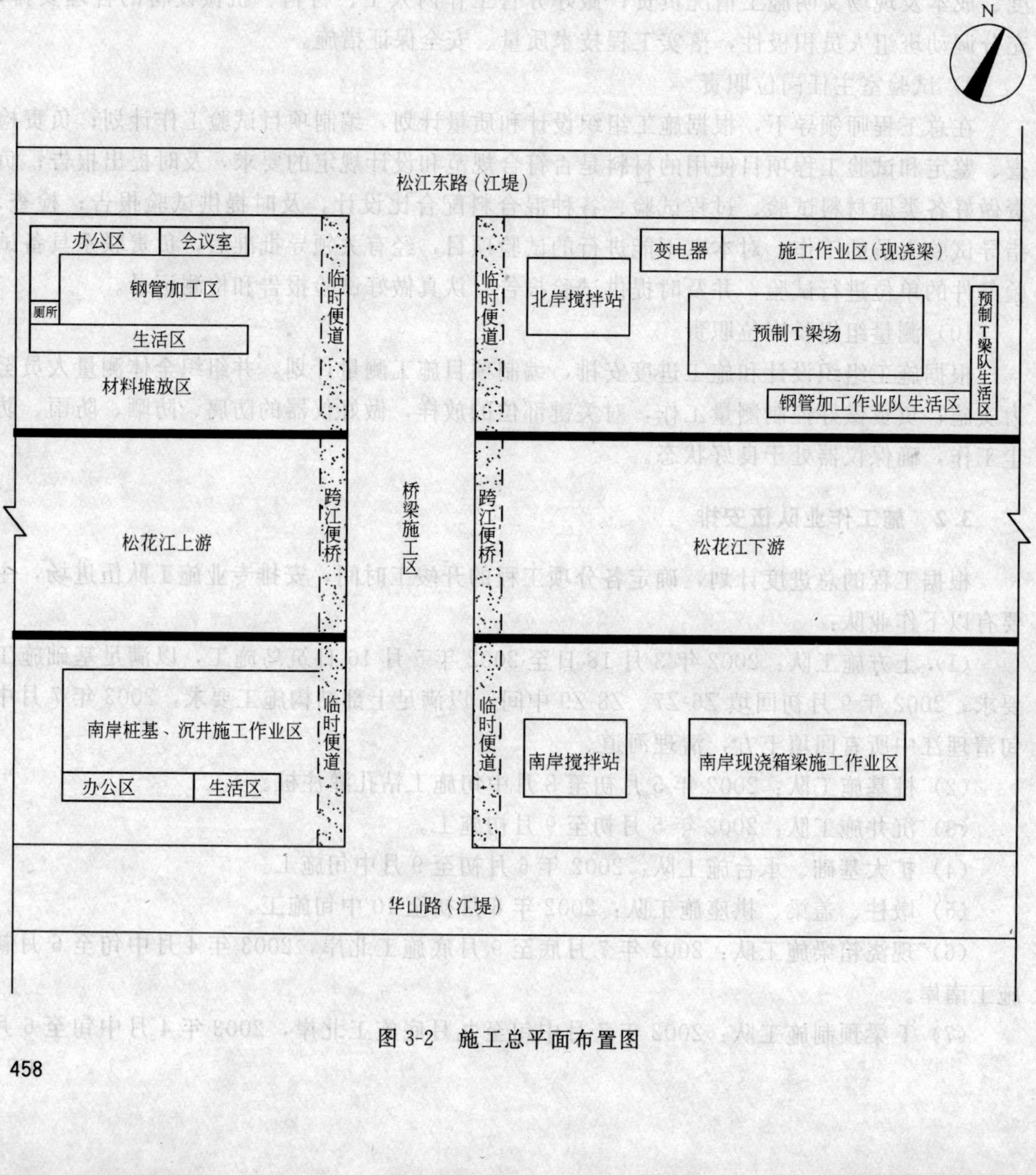

图 3-2 施工总平面布置图

自动计量上料系统，日产混凝土可达到 700m^3 左右，能满足施工要求。搅拌站的平面位置见施工平面布置图。为保证砂、石料的质量，满足施工要求，搅拌站场地处理如下：

北岸搅拌站位于低洼草地上，占地面积 3500m^2，场地平均标高 187.0m，需回填 130cm 厚砂砾至标高 188.3m，压实后，再平铺 15cm 厚 C20 混凝土。

南岸搅拌站位于陡坡地上，占地面积 2000m^2，场地平均标高 197.0m，需先开挖至标高 193.5m，回填 30cm 厚砂砾至标高 193.8m，压实后，再平铺 15cm 厚 C20 混凝土。

(2) 钢筋加工场

拟在施工现场设钢筋加工场 3 个，占地 5100m^2，标高控制在 188m，场地回填砂砾至标高 187.9m，压实后，再平铺 10cm 厚 C20 混凝土。

(3) 预制场

为了便于运输，拟在北岸和南岸的高漫滩上各设立一个预制场，主要生产 T 形梁，共 66 片，占地 5460m^2，为满足施工要求，场地内回填砂砾至标高 187.85m，压实后，在梁底座范围内平铺 15cm 厚 C20 混凝土。

(4) 施工便道

本工程施工场地位于河漫滩上，土质较软，为了便于施工，进出场道路及钢筋加工场、搅拌站、预制场之间便道需进行铺垫，临时道路宽 8m，上铺砂砾 50cm；经现场量测，临时道路总长 928m，需回填砂砾 3700m^3。南北两岸的主要进出场道路上平铺 15cm 厚 C15 混凝土，需 360m^3。

(5) 栈桥

为了便于施工管理、材料运输、人员机械调度等，南北两岸必须相通。围堰完成后，拟在 Z7、Z8 号墩中间，桥的上游边线处搭设一座施工便桥（上部结构施工时，根据需要在桥的下游边线处再搭设同样一座栈桥），长 96m，宽 10m。具体做法如下：设计跨度为 8m，载重量按 20t 考虑；基础采用直径 325mm 钢管，长 12m，埋入土中 6.88m，每排 3 根；横梁采用 36 号工字钢，在钢管顶部设 80cm×80cm 钢垫板把工字钢和钢管连接成一个整体；梁架采用贝雷桁架在现场拼装，分为三组，每组三片；贝雷桁架安装完毕后用槽钢固定，铺装枕木，枕木高 25cm，宽 20cm，长 300cm；为了避免应力集中，增加受力面积，在枕木上再平铺一层 5cm 厚木板。钢管在加工厂定制，12m 长一节，租用打桩船，采用 40t 履带吊机挂 90kW 振动锤施打；工字钢和贝雷桁架用吊车架设。

(6) 场地平整

北岸生活、物资存放等施工场地内布满杂草和垃圾，需用推土机平整后平铺 50cm 厚砂砾，压实。

(7) 施工用电

在南北两岸不受施工影响处各设一个 800kW 的变电站，在钢筋加工场、搅拌站、预制场、钻孔桩基础、沉井等施工场地设立分配电箱。

(8) 水

施工用水现场打井抽水解决，在南北两岸各打两口井，一口用于混凝土搅拌站，一口综合使用；生活用水使用自来水，从市政管网管道接入。

3.5 进度计划安排及各种工、料、机运计划表

(1) 进度计划

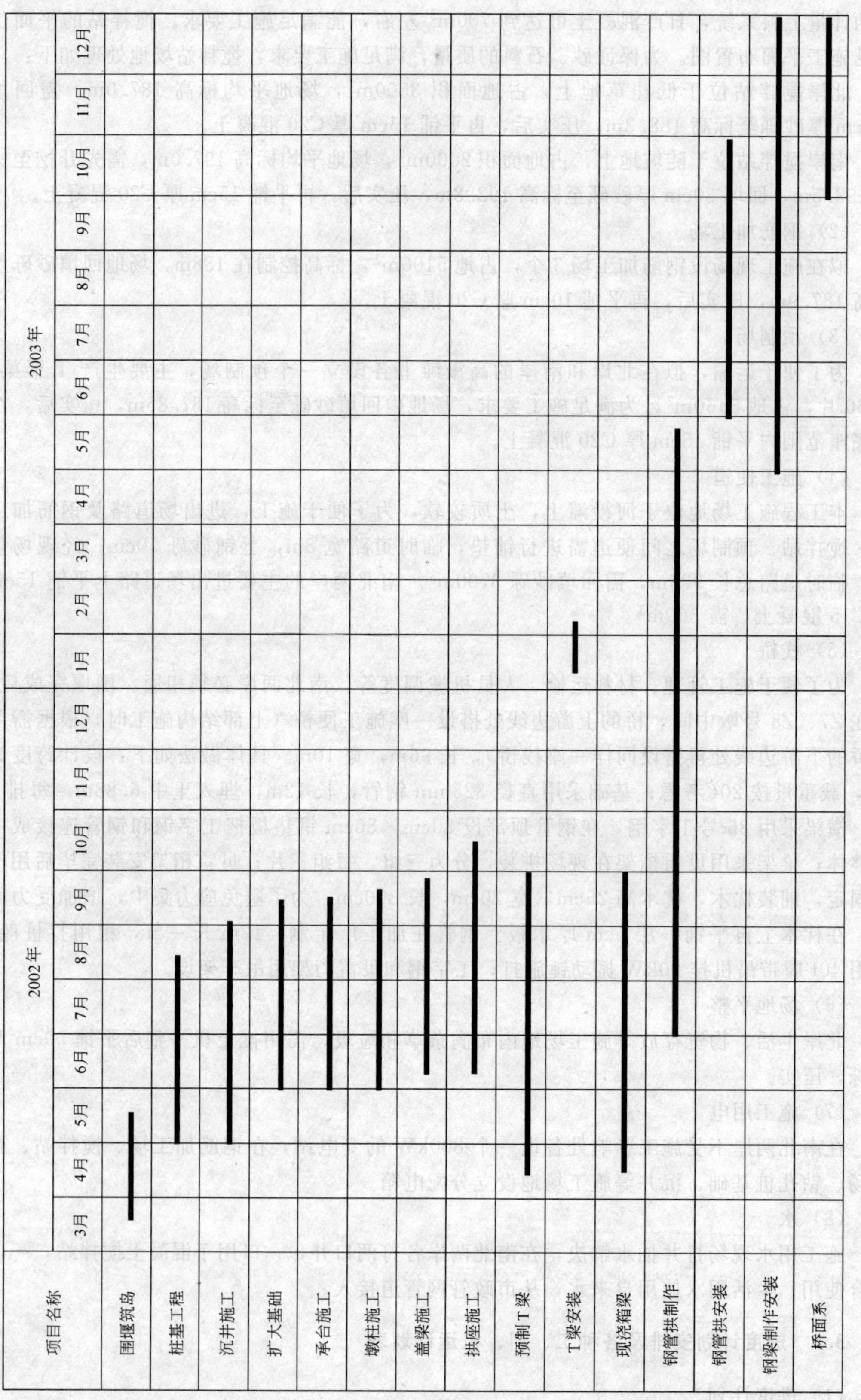
项目名称
2002年
2003年
3月
4月
5月
6月
7月
8月
9月
10月
11月
12月
1月
2月
3月
4月
5月
6月
7月
8月
9月
10月
11月
12月
围堰筑岛
桩基工程
沉井施工
扩大基础
承台施工
墩柱施工
盖梁施工
拱座施工
预制T梁
T梁安装
现浇箱梁
钢管拱制作
钢管拱安装
钢梁制作安装
桥面系

图 3-3 施工总进度计划

由于本工程工期要求紧，技术要求高，确保江湾大桥总工期的实现，必须采取科学、合理、周密的工程部署。总体施工计划中主孔三跨中承式钢管拱的施工进度是完成主桥工程的关键，整体主桥计划2003年12月30日前完成。施工总进度计划如图3-3所示。各部位的工程进度及主要施工方法如下。

(2) 基础工程

江湾大桥工程于2002年3月18日开始进行筑岛施工，现场已能满足基础施工条件，沉井、灌注桩工程已全面展开，钢筋加工场、搅拌站等各种准备工作已完成。

1) 沉井基础（包括拱座）

设计Z6、Z7、Z8、Z9墩采用沉井基础，沉井在筑岛上就地预制、取土下沉，刃脚使用木模板，井壁、拱座采用大块定型钢模；钢筋在加工场加工，现场拼装；混凝土集中搅拌，混凝土灌车运输，混凝土泵浇筑；井内取土以机械为主，配合空压机、风枪、小型爆破、泥浆套助沉等，封底采用导管进行水下混凝土灌注，井内回填天然砂砾；盖板、拱座按常规方法施工。工期要求在2002年9月18日前全部完工，需在南北两岸各投入一套人员，两套模板（井壁和拱座），两台吊车（机械取土、拆装模板、混凝土灌注）；两套钢筋加工设备、场地；使用的混凝土要求1d拆模，4d强度达到70%以上，7d强度达到100%以上。

2) 钻孔桩基础

设计Z2-Z5，Z10-Z15墩采用钻孔桩基础，主要采用冲击反循环钻机成孔，钢筋笼在加工场成型，吊车搬运，孔口焊接、安放；混凝土集中搅拌，混凝土灌车运输，采用导管进行水下混凝土灌注，桩头在承台施工前破除。工期要求在2002年8月20日前完成，根据成孔经验，南北两岸需投入6台钻机，两台吊车施工。

3) 扩大基础

设计Z0、Z1墩采用扩大基础，基础埋深4.5m左右，基坑开挖采用明挖放坡；编织袋装土防护，坑底设排水沟、集水井；基础分为两层，每层1.2m高，钢筋在加工场加工，现场拼装；混凝土集中搅拌，混凝土灌车运输，混凝土泵浇筑混凝土。工期要求在2002年7月2日前完成，需投入1台挖土机、四台土方车；一套模板，同时施工，使用的混凝土3d强度需达到70%以上。

(3) 下部结构

包括Z2-Z5、Z10-Z15墩的承台；Z0-Z5，Z10-Z15墩的墩柱；Z0、Z2-Z5、Z10-Z12、Z13-Z15墩的盖梁。

1) 承台施工

每个墩的桩基础施工完毕后，立即进行承台施工，位于河漫滩上承台埋设较浅，基坑开挖采用明挖放坡及编织袋支护方法；位于河中的承台，埋置在河底以下，承台标高为179.0m，基坑开挖深度8m，采用施打工字钢加圆木的方法支护，开挖以机械为主、人工配合。模板采用大块钢模；钢筋在加工场加工，现场拼装；混凝土集中搅拌，混凝土灌车运输，混凝土泵灌注。工期要求北岸2002年8月30日完成，南岸2002年9月14日完成，需在南北各投入一套人员、两套模板，三套河中承台支护所需的设备材料，所使用混凝土必须达到1d拆模，3d强度达到70%以上。

2) 墩柱施工

紧跟在承台后进行施工，模板采用定型钢模，钢筋在加工场加工，现场拼装；模板的底部用承台施工时的预埋件固定，上部四周用捯链挂钢丝绳调整固定；混凝土集中搅拌，混凝土灌车运输，混凝土泵灌注。工期要求北岸2002年9月6日完成，南岸2002年9月30日完成，需在南北两岸各投入一套人员，两套定型模板，两台吊车同时进行，所使用的混凝土必须达到1d拆模。

3）盖梁施工

每个墩的墩柱全部完成后，进行基坑回填，地面处理后立即施工盖梁，盖梁模板采用大块定型模板，脚手架采用普通ϕ48mm钢管，间距80cm布置，上设可调整高差的上托和木方；钢筋在加工场制作，现场拼装，钢筋的垂直提升使用吊车；混凝土集中搅拌，混凝土灌车运输，混凝土泵灌注。工期要求北岸2002年9月16日前完成，南岸2002年10月10日前完成；需在南北两岸各投入一套人员，两套支架，两套模板，所使用的混凝土必须7d强度达到90%以上，底模能拆除。

（4）上部结构

包括现浇箱梁、预制T形梁、半拱现浇箱梁、钢管拱

1）箱梁

设计Z0-Z2，Z13-Z15为现浇连续箱梁，采用满堂脚手架，复合模板施工，钢筋在加工场加工，现场拼装，混凝土集中搅拌，混凝土灌车运输，混凝土泵浇筑；整体箱梁分两次浇筑，第一次浇筑底板和腹板，第二次浇筑顶板。工期要求北岸2002年9月27日前完成，南岸2003年6月5日前完成，投入一套人员、一套支架、一套模板、一套设备，2002年施工北岸的箱梁，2003年初施工南岸的箱梁；所使用的混凝土必须在7d内强度能达到90%以上。

2）T梁

设计Z2-Z5，Z10-Z13为T形预制梁，梁体在墩旁的预制场就近预制，两台100t履带吊车抬吊就位。梁体预制采用定型模板就地制作，龙门吊辅助模板、钢筋、混凝土施工，钢筋在加工场加工，现场拼装；混凝土集中搅拌，混凝土灌车运输，龙门吊灌注。工期要求北岸2002年8月31日前完成梁体预制、10月1日前完成梁体架设，南岸2003年6月3日前完成梁体预制、6月18日前完成梁体架设。施工中投入1套人员，2套模板，1套龙门吊，2台吊车2002年施工北岸，2003年初施工南岸。

3）半拱现浇配重箱梁

设计主孔两侧各有一跨25m的半拱现浇配重箱梁，采用满堂脚手架，复合模板施工，钢筋在加工场加工，现场拼装，混凝土集中搅拌，混凝土灌车运输，混凝土泵浇筑；整体分三次浇筑，第一次浇筑拱肋，第二次浇筑箱梁的底板和腹板，第三次浇筑顶板。工期要求2002年10月22日前完成，需在南北两岸同时施工，投入两套人员、两套支架、两套模板、两套设备，所使用的混凝土必须在3d内强度能达到90%以上；而且当日平均气温低于5℃施工混凝土时，需采用热水搅拌、砂石加热、添加防冻剂等措施，浇筑的混凝土应采取保温措施。

4）中承式拱施工

此部分是工程的关键部位，也是关键工序。两侧100m拱采用满堂支架法施工，中间120m拱采用悬索法施工。根据总体工期的要求，2002年9月30日前完成加工及试拼装，

2002年底完成支架及塔架的搭设工作，2003年初进行钢管拱的拼装焊接且压注混凝土。钢管拱的加工应选择有资质、有能力、有经验和有条件的生产厂家在工场内加工制作并进行预拼。两侧100m拱采用两台履带起重机吊装，吊装前需进行以下准备工作：Z6-Z7、Z8-Z9中间的江面需填筑并进行处理应满足大型机械行走的要求，拱肋投影4m范围内的地面必须进行碾压且浇筑混凝土垫层，找平（100m跨施工）。2003年初进行吊杆、钢纵横梁的安装。

（5）桥面结构

2002年9月底进行北岸箱梁及预制T梁处的桥面结构，预制T梁处的现浇桥面系年底前必须完成，2003年初开始组织人员根据施工进度调整投入的模板、技工数量，可保证12月底完成整个工程。

（6）施工进度保证措施

1）组织有丰富施工经验和组织领导能力强的干部成立项目经理部，形成强有力的行政决策指挥机构，严格管理，按时完成工程施工任务。

2）在施工期间与监理和业主保持密切的联系，取得他们的帮助和支持，听取他们的指导，以利于各项工作顺利进行。

3）制订合理的施工方案：为了加快施工进度，强化项目法管理，实行项目经理负责制，设立能协调各方面关系的调度指挥机构，配备素质高、能力强，有开拓精神的管理班子和行政手段，确保施工进度。要认真制订科学合理的施工方案，要抓住关键工序、重要分部工程，集中力量，重点突破，尽可能压缩工期，加快施工进度。

4）强化施工计划管理。制订周密的月、周、日施工作业计划，建立主要形象进度控制点，运用网络计划跟踪技术和动态管理方法。强调计划的严肃性，做到月保旬，旬保月，坚持月平衡、周调度、工期倒排，确保总进度计划的实施。

5）注意工程的宏观控制，严格工序间的衔接，将网络计划技术注入本工程的施工管理，使每一项工程、每一道工序都有明确的完成时间，并确保实现。

6）制定管理层、作业层的职责和职能关系制度，对全员劳动力实行动态管理，将承包制引入本工程的施工管理，充分调动管理层和作业层的积极性；同时，广泛地开展劳动竞赛活动，开展争先创优活动。

7）充分考虑雨期对工程进度的影响，必要时采取一定的技术措施，确保工程的顺利进行。

8）加大科技投入、提高机械化施工程度，采取新工艺，新技术，提高工效。

9）加大生产要素投入和配置，增加人、机料的投入，择优选择技术素质高的专业施工队伍。严格奖罚制度。充分发挥企业潜力和职工积极性，提高工作效率和劳动生产力。

10）克服季节性对施工的影响，做到常年均衡施工，减少季节性停歇。选择长期协作劳务队伍，不会出现农忙季节造成的误工，确保综合进度的实现。

（7）物资进场计划

工程所需的砂、石、水泥、钢材等材料，项目部已和供货商签订了合同，随时可供应至施工现场；江湾大桥工地位于吉林市区，工程所需的小型工具、配件等可全部随时购买；钢管拱的厂家将在6月份到生产厂家考察后确定；钢梁计划在当地的加工厂加工；钢绞线、锚具等已和厂家进行了多次协商，可随需要进场。

(8) 机械设备进场计划

根据本工程的工程量、工期、进度计划，首先安排基础工程施工机械进场，其余的施工机械随工程的进展而进场。主要机械设备及数量见表3-1。

主要机械设备一览表 **表 3-1**

设备名称	数 量	制造厂家	型号及额定功率	能 力
挖掘机	5	小松	PC200	$1m^3$
装载机	1	厦工	ZL40	$2m^3$
推土机	3	宣化	140	180hp
自卸车	30	武汉二汽	解放	15 吨
电动空压机	4	中国上海		$7m^3/min$
回旋钻机	2	武汉	GPS-15	
回旋钻机	1	连云港	DM-20	
冲击反循环钻机	3		20	
履带式起重机	3	抚顺	W1001	
汽车式起重机	1	浦源		25t
搅拌机	4	山东	JS500	$20m^3/h$
混凝土罐车	3			$7m^3$
发电机	2	中国上海	P375WD	75kW
钢筋加工设备	10			
潜水泵	20		50m	
污水机	8		50m	
塔吊	8		4t	
混凝土泵车	1	德国		$120m^3/h$

(9) 劳动力进场计划（略）

4 项目施工方法

4.1 施工测量

(1) 桥梁控制网的建立

受本工程实际现场条件限制以及其他因素影响，原勘测阶段所用导线控制点不能满足桥梁控制需求，经与市规划局测量队协商，重新布设控制网。另由于两侧引桥部分拆迁及设计部分尚未进行，考虑到点位保存及施测条件等因素，先布设主桥控制网，引桥部分待条件具备时再予布设。

(2) 平面控制网

1) 精度的确定

本工程主桥主跨为中承式三连跨钢管混凝土拱桥，其两侧为半拱式钢筋混凝土拱桥，其余部分为预应力混凝土变截面箱形梁、T梁结构，主桥长642.660m，其中Z0-Z11为直线桥，其余部分为曲线桥。根据《公路桥梁涵洞施工技术规范》JTJ 041—2000 的规定，对于桥长小于1000m的特大桥，平面控制网应采用一级小三角布设，根据钢管拱安装限差要求，即横向≤10mm，纵向≤$L/3000$，本工程三跨分别为：100m、120m、100m，则安装限差分别为：33mm、40mm、33mm，根据误差传播率得知，总限差为：

$\Delta D \leqslant (2\times 33^2+40^2)^{1/2}=62$，则允许中误差为 31mm。

2）点位布设

拟定分别在两岸各布设 3 个控制点，其中有 4 个点分布于沿江街道人行道上（水泥方砖铺砌），一点分布于桥头路边稳定地段，一点布于路边排水沟外侧 1m 处，此 6 点以及 2 个轴线点均为现场现浇埋设，深度均超过 2m。平均边长为 500m 左右。其中，轴线西侧 4 点互相通视条件良好。相互位置参见图 4-1。

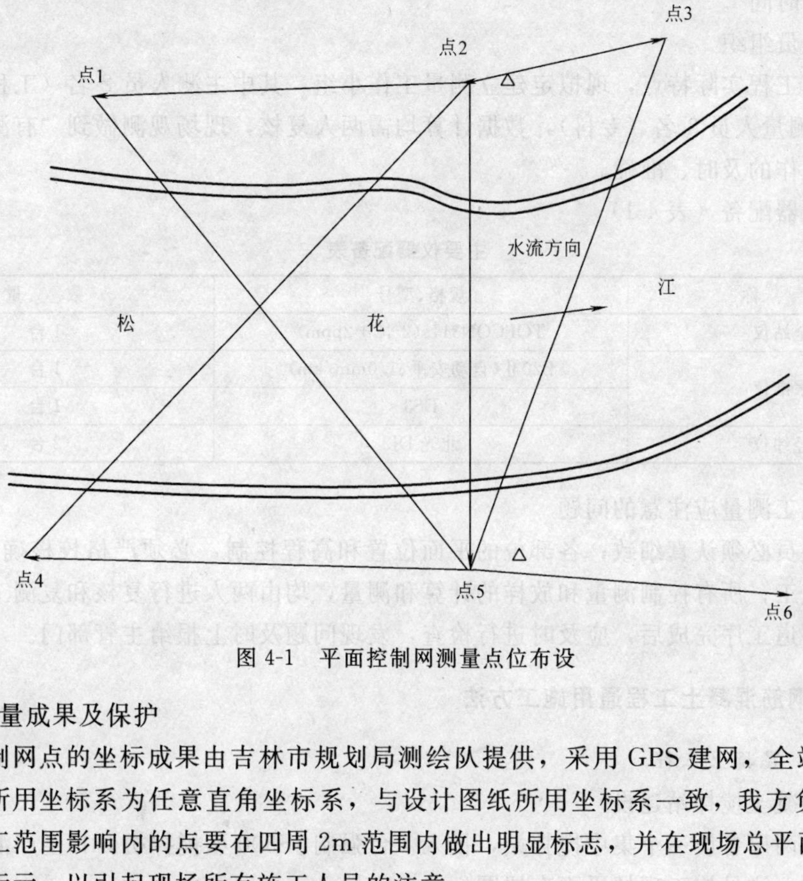

图 4-1　平面控制网测量点位布设

3）测量成果及保护

本控制网点的坐标成果由吉林市规划局测绘队提供，采用 GPS 建网，全站仪进行边长复核，所用坐标系为任意直角坐标系，与设计图纸所用坐标系一致，我方负责点位复测。在施工范围影响内的点要在四周 2m 范围内做出明显标志，并在现场总平面布置图中予以明确标示，以引起现场所有施工人员的注意。

（3）高程控制网

1）精度的确定

根据《公路桥梁涵洞施工技术规范》JTJ 041—2000 的规定及本桥的特点，拟定建立三等水准网。

2）点位布设

由于本工程所用平面控制点埋深均达到或超过 2m，且钢筋顶端平整，所以将各点亦作为高程控制点进行水准连测。根据施工具体需要将埋设临时水准点，点位牢靠，高程偏差≤$20L^{1/2}$（mm）。

3）测量成果及保护同平面控制网。

(4) 网点的加密及施工放样

在施工放样阶段可根据需要及时加密控制点，具体方法可根据仪器情况而定，在具备全站仪的条件下，采用插点法，利用全站仪后方交会测量功能，直接确定加密点坐标。最好保证三点以上后方交会，以保证测量精度；在无水的南北河滩地段，在确定墩台轴线后可埋设轴线控制桩加以固定，以利于各种仪器的放样。

(5) 变形观测

为保证施工的安全可靠及结合本工程实际特点，有必要进行各墩台的变形观测，包括平面位移的观测及沉降观测。具体各技术指标参照相关规范。确保做到"定人、定仪器、定线路、定时间"。

(6) 人员组织

根据本工程实际特点，现拟定建立测量工作小组，其中主测人员 2 名（工程测量学本科），辅助测量人员 3 名（专科），数据计算均需两人复核，现场观测做到"有测必有复"。确保测量工作的及时、准确。

(7) 仪器配备（表 4-1）

主要仪器配备表　　表 4-1

名　称	规格、型号	数　量
全站仪	TOPCON311s(2″,2+2ppm)	1 台
水准仪	B20Ⅱ(自动安平、1.0mm/km)	1 台
	DS3	1 台
经纬仪	北光 DJ2	2 台

(8) 施工测量应注意的问题

测量人员必须认真细致；各部位的平面位置和高程控制，必须严格校核确认无误后，方可进行施工；所有控制测量和放样的计算和测量，均由两人进行复核和复测工作，以减少失误；各道工序完成后，应及时进行检查，发现问题及时上报给主管部门。

4.2　钢筋混凝土工程通用施工方法

4.2.1　混凝土工程

(1) 混凝土搅拌站建设

在南北两岸各设一个集中搅拌站，投入 4 台强制 JS500 型搅拌机，日生产混凝土可达 700m³ 左右，详见施工现场平面布置图。

(2) 混凝土配合比设计

各分项工程的混凝土配合比设计要求，如表 4-2 所列。

(3) 混凝土搅拌

砂、石水泥采用自动计量设备上料，砂、石用装载机放入搅拌站配料机中，通过自动计量系统称重后，放入搅拌机料斗中，水泥通过散装罐上的自动计量系统称重后，放入搅拌机料斗中，水通过时间继电器控制，少量外加剂（粉煤灰、高效减水剂、抗冻剂等）用磅秤计量，人工放入。混凝土的搅拌时间控制在 60～90s，根据混凝土的运距适当调整，运距远可适当减少搅拌时间，混凝土搅拌过程中应随时检测砂、石的含水量，调整用水量。

(4) 混凝土运输

混凝土配合比设计要求 **表 4-2**

工程部位	强度	特殊要求	一 般 要 求
灌注桩	C25	水下	中粗砂、5～31.5mm 卵石、32.5 级普通矿渣水泥、井水、粉煤灰；缓凝 6h、坍落度 18～22cm
沉井第一、二节	C30		中粗砂、5～31.5mm 卵石、32.5 级普通矿渣水泥、井水、粉煤灰；缓凝 6h、坍落度 14～18cm，早强
沉井第三节	C30	F250	中粗砂、5～31.5mm 卵石、32.5 级普通矿渣水泥、井水、粉煤灰；缓凝 6h、坍落度 14～18cm，早强
沉井封底	C20	水下	中粗砂、5～31.5mm 卵石、32.5 级普通矿渣水泥、井水、粉煤灰；缓凝 16h、坍落度 18～22cm
沉井盖板	C30	F250	中粗砂、5～31.5mm 卵石、32.5 级普通矿渣水泥、井水、粉煤灰；缓凝 6h、坍落度 6～8cm，早强
扩大基础	C20		中粗砂、5～31.5mm 卵石、32.5 级普通矿渣水泥、井水、粉煤灰；缓凝 16h、坍落度 6～8cm
墩柱	C30	F250	中粗砂、20～40mm 碎石、32.5 级普通硅酸盐水泥、井水；缓凝 4h、坍落度 14～18cm
承台	C25	F250	中粗砂、5～31.5mm 卵石、32.5 级普通矿渣水泥、井水、粉煤灰；缓凝 5h、坍落度 6～8cm
盖梁	C30		中粗砂、5～40mm 碎石、32.5 级普通硅酸盐水泥、井水；缓凝 4h、坍落度 14～18cm
预应力箱梁	C50		中粗砂、5～40mm 碎石、42.5 级普通硅酸盐水泥、井水；缓凝 10h、坍落度 14～18cm，水泥用量不超过 500kg/m³，早强
钢管内混凝土	C40	微膨胀	中粗砂、5～20mm 碎石、42.5 级普通硅酸盐水泥、井水；缓凝 10h、坍落度 14～18cm
拱肋混凝土	C40		中粗砂、5～20mm 碎石、42.5 级普通硅酸盐水泥、井水；缓凝 10h、坍落度 14～18cm
拱桥上桥面板	C40	钢纤维	中粗砂、5～20mm 碎石、42.5 级普通硅酸盐水泥、钢丝、井水；缓凝 10h、坍落度 14～18cm
桥面铺装	C30		中粗砂、5～20mm 碎石、32.5 级普通硅酸盐水泥、井水；缓凝 4h、坍落度 14～18cm

使用混凝土罐车运输，根据施工混凝土的数量及运距的远近调整车辆的数量。

(5) 混凝土浇筑

根据施工混凝土的部位不同，采取不同的浇筑方法，各分项工程的浇筑方法见表 4-3。

混凝土浇筑方法 **表 4-3**

序号	分 项 工 程	浇 筑 方 法
1	灌注桩	导管回顶法，罐车或混凝土泵车灌注
2	沉井井壁	混凝土泵车
3	沉井封底	混凝土泵车
4	沉井盖板	混凝土泵车或溜槽
5	扩大基础	溜槽
6	承台	混凝土泵车或溜槽
7	墩柱、盖梁、拱座	混凝土泵车
8	箱梁、T 梁	混凝土泵车
9	桥面系	罐车或混凝土泵车
10	钢管混凝土压注	4 台混凝土地泵、泵送顶升

（6）混凝土振捣

1）插入振动器应垂直或略有倾斜插入混凝土中，倾斜度不宜过大，更不能放在混凝土的面层；否则，会减少插入深度，影响振捣效果。

2）插入时宜稍快，提出时略慢，并边提边振，以免在混凝土中留有空洞。

3）插入式振动器振动时的移动间距，不应超过振动器作用半径的 1.5 倍，与外侧模应保持 5～10cm 的距离，插入下层混凝土 5～10cm，使上、下层混凝土结合牢固。

4）表面振动器的移位距离，应以振动器平板能覆盖振实部分（重叠）10cm 左右为宜。

5）附着式振动器的布置距离，应根据构造物形状及振动器性能的情况，通过试验确定。

6）混凝土浇筑后，应随即进行振捣，振捣时间要合适，一般控制在 25～40s 为宜。

（7）施工缝处理

混凝土的浇筑应连续进行，因故必须间断，其间断时间应小于前层混凝土的初凝时间或能重塑的时间；如果浇筑混凝土的间断时间超过规定或前层混凝土业已凝结，按施工缝处理。施工缝处理方法如下：

1）处理施工缝应将处理层混凝土表面的水泥砂浆和松弱层凿除干净，凿除时前层混凝土须达到下列强度：

① 用水冲洗凿毛时，须达到 0.5MPa。

② 用人工凿除时，须达到 2.5MPa。

③ 用风动机具凿除时，须达到 10MPa 或设计强度等级的 50%。

2）经凿毛处理的混凝土表面应用水洗干净，并充分湿润，但不得留有积水；在浇筑新混凝土前，垂直缝应刷一层净水泥浆，水平缝应在连接面上铺厚度为 1～2cm 的水泥砂浆。

3）重要部位及有抗震要求的混凝土结构或钢筋稀疏的钢筋混凝土结构，应在施工缝处补插锚固钢筋，有抗渗要求的施工缝宜作成凹形、凸形或设置止水带。

4）施工缝为斜面时，浇筑成或凿成台阶状。

5）施工缝处理后，须待处理层混凝土达到一定强度后，方能继续浇筑混凝土。需要达到的强度一般最低为 1.2MPa；当结构物为钢筋混凝土时，不得低于 2.5MPa。

6）预制构件和具有抗裂、抗渗要求的结构和部位，一般不得设置施工缝。

（8）大体积混凝土水化热的控制

采用水化热低的大坝水泥、矿渣水泥、粉煤灰水泥。

用改善骨粒级配、降低水灰比、掺混合料、掺外加剂、掺入片石等方法减少水泥用量。

减小浇筑层的分层厚度，加快混凝土散热速度。

在混凝土内埋设冷却管通水冷却。

（9）混凝土养护

养护是混凝土浇筑成型后，使其表面维持适当温度和湿度，保证内部充分水化，促进强度不断增长的重要环节，对于混凝土质量有很大影响。

1）对于一般塑性混凝土在浇筑后 12h 以内，对于干硬性混凝土在浇筑后 1～2h 内用湿麻袋、草帘遮盖，并经常洒水湿养。

2）混凝土洒水养护的日期，对普通硅酸盐水泥拌制的，不得小于 7d；对于矿渣硅酸盐水泥、火山灰质硅酸盐水泥或在施工中掺用塑性掺合剂时，不得少于 14d；对有抗渗要求的混凝土，不得少于 14d。每天洒水次数，以能保持混凝土表面经常处于湿润状态为度。

3）当气温低于＋5℃时，不得洒水养护。

4）如用塑料薄膜养护，须注意喷洒全面，混凝土外露部分均匀地喷洒一层；如有漏喷现象应予补全，注意保护不让薄膜过早脱落。

（10）试验

1）原材料的检测

水泥、砂、碎石或卵石、粉煤灰、混凝土外加剂等材料在使用前，必须严格按照规范选取试件数量和取样方法。

2）混凝土质量检测

A. 试件数量：对混凝土的强度，应制取试件检验其在标准养护条件下 28d 龄期的抗压极限强度，试件制取组数应符合表 4-4 的规定。

各分项工程试块制作数量　　表 4-4

工程部位	数量（组）	工程部位	数　量
灌注桩/每根	2	箱梁/第一次	8
沉井/每节	8	箱梁/第二次	6
沉井封底/每个	7	预制 T 梁/每片	2
沉井盖板/每个	7	拱圈/每次	2
扩大基础/每层	4	钢立柱/每个	2
承台/每个	4	拱座/每个	8
墩柱/每个	2	盖梁/每个	2

B. 取样方法：混凝土拌合物试验用料应根据不同要求，从同一盘搅拌或同一车运输的混凝土中取出，拌合物取样后应经人工略加翻拌，以保证其质量均匀，所有试件应在取样后立即制作。

应注意：钢纤维混凝土试件用以检验或控制工程质量的试件，其成型方法应与实际施工采用的方法相同。

4.2.2　钢筋工程

（1）一般规定

钢筋必须按不同钢种、等级、牌号、规格及生产厂家分批验收，分别堆存，不得混杂，且应立牌标明，以示识别。钢筋运输、存放，应避免锈蚀、污染；露天堆放时，应垫高并加以遮盖。

钢筋外表有严重锈蚀、麻坑、裂纹夹砂和夹层等缺陷时，应予剔除，不得使用。

钢筋的类别和直径按设计规定采用，以另一强度牌号或直径的钢筋代替设计中所规定的钢筋时，必须了解设计意图和代用材料性能，并须符合有关设计规定。对于重要结构中的主钢筋，在代用时，应征得设计单位和监理方面的同意。

（2）钢筋加工

1）钢筋的表面应洁净，使用前将表面油渍、漆皮、鳞锈等清除干净，钢筋应平直，无局部弯折，成盘的钢筋和弯曲的钢筋均应调直。采用冷拉方法调直钢筋时，HPB235 级钢筋的冷拉率不得大于 2%，HRB335 级钢筋的冷拉率不得大于 1%。

2）钢筋加工配料时，要准确计算钢筋长度；如有弯钩或弯起钢筋，应加其长度，拼配钢筋实际需要长度。

3）同直径、同钢号、不同长度的各种钢筋编号（设计编号）按先后顺序填写配料表。再根据调直后的钢筋长度，统一配料，以便减少钢筋的断头废料和焊接量。

4）弯曲钢筋时，要先反复修正并完全符合设计的尺寸和形状，作为样板筋使用，然后进行正式加工生产。钢筋弯曲主要形状要求见表 4-5。

钢筋弯曲形状图 **表 4-5**

弯曲部位	弯曲角度	形 状 图	钢筋种类	弯曲直径(D)	平直部分长度
末端弯钩	180°	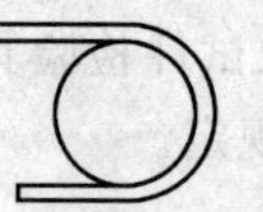	Ⅰ	$\geqslant 2.5d$ $\geqslant 5d$(ϕ20～28)	$\geqslant 3d$
	135°	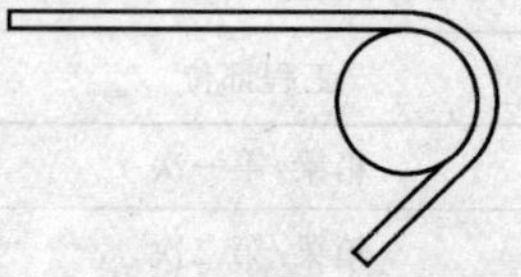	Ⅱ	$\geqslant 4d$	按设计要求 （一般$\geqslant 5d$）
			Ⅲ	$\geqslant 5d$	
	90°	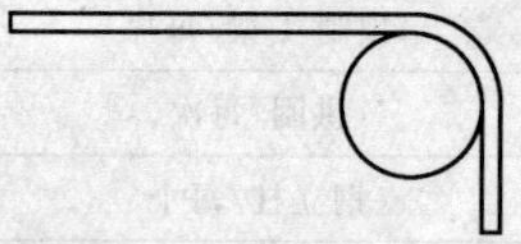	Ⅱ	$\geqslant 4d$	按设计要求 （一般$\geqslant 10d$）
			Ⅲ	$\geqslant 5d$	
中间弯起	90°以下	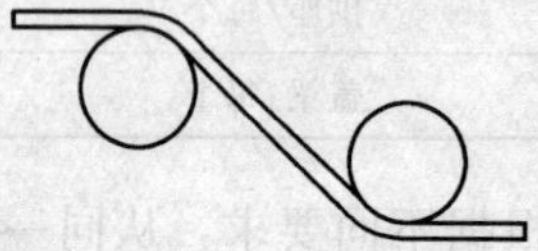	各类	$\geqslant 15d$	

注：d 为弯曲钢筋直径。

5）弯筋机弯曲钢筋时，在钢筋弯到要求角度后，先停机再逆转取下弯好的钢筋，不得在机器向前运转过程中，立即逆向运转，以免损坏机器。

6）成型后的钢筋存放时应注意下列要求：

① 钢筋成型后，详细检查尺寸和形状，并注意有无裂纹。

② 同一类型钢筋存放在一起，并挂上编号标签。

③ 弯曲成型的钢筋在运输时，应谨慎装卸，避免变形，存放时要避免雨淋，受潮生锈。

（3）钢筋接头

1）钢筋的接头一般采用焊接，使用电弧焊（帮条焊、搭接焊）；钢筋的交叉连接采用电弧点焊，钢筋接头形式见表 4-6。

2）钢筋接头采用搭接或帮条电弧时，要尽量做成双面焊缝；只有做不成双面焊缝时，才允许采用单面焊缝。

3）钢筋接头采用搭接电弧焊时，两钢筋搭接端部应预先折向一侧，使两接合钢筋轴线一致，接头双面焊缝的长度不小于 $5d$，单面焊缝的长度不小于 $10d$。

4）钢筋接头采用帮条电弧焊时，帮条采用与主筋同级别的钢筋，其总截面面积不应小于被焊钢筋的截面面积，帮条长度双面焊缝不小于 $5d$，单面焊缝不小于 $10d$。

5）电焊条：HPB235 级钢筋使用结 421，HRB335 级钢筋使用结 502、结 506。

6）接头位置：相邻两搭接头须错开 $30d$，且不小于 50cm；同一截面上焊接接头不得大于钢筋总数的 50％；同一根钢筋上尽量少设接头，接头位置与钢筋弯曲处的距离不应小于 $10d$，也不能位于构件的最大弯矩处。

7）钢筋绑扎搭接长度，HRB335 级钢筋不小于 $35d$，HPB235 级钢筋不小于 $30d$。

8）钢筋接头形式如表 4-6 所列。

钢筋接头形式 **表 4-6**

焊接方法		接头形式	适用范围	
			钢筋级别	直径(mm)
帮条焊	双面焊	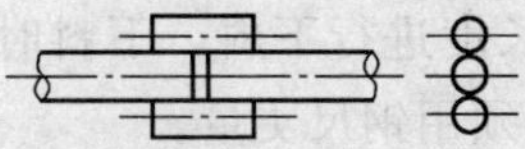	HPB235、HRB335、HRB400 级	10～40
	单面焊		HPB235、HRB335、HRB400 级	10～40
搭接焊	双面焊	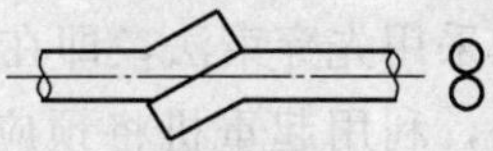	HPB235、HRB335 级	10～40
	单面焊	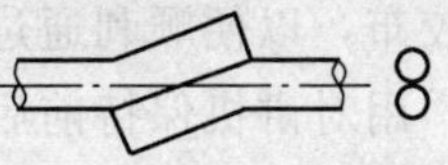	HPB235、HRB335 级	10～40

（4）试验

1）热轧带肋钢筋、光圆钢筋

① 代表数量：按同一牌号、规格，同一炉号，同一交货状态为一批，每批重量不大于 60t。

② 取样方法：分别在同规格、同炉号中随机抽取二根，在端头截除 500mm 后分别截取 1 根拉件、1 根弯件，长度分别为：抗拉试件 $5d$＋200mm；冷弯试件 $5d$＋150mm。

③ 制取试件须用机械切削的方法，亦可用剪床。取样长度未考虑热切割加工余量，每组试件由四根组成。

2）钢筋电弧焊焊接头

① 代表数量：300 个接头。

② 取样方法：分别在同一规格、同一焊接形式、同一焊工的接头中截取三根，长度为焊口两边 200mm。

3）闪光对焊接头

① 代表数量：200 个接头。

② 取样方法：机械性能试验包括拉伸和弯曲试验，应从每批成品中切取 6 个试样，3 个进行弯曲试验；拉伸试件的长度为焊口两边 200mm。冷弯试件的长度见表 4-7。

冷弯试件长度（mm） 表 4-7

钢筋直径	试件长度	钢筋直径	试件长度
12	200	22	290
14	240	25	310
16	250	28	360
18	270	32	390
20	280	36	420

注：此表中规定的试件长度为 HRB335 级的钢材。

(5) 预应力工程

本工程北岸现浇箱梁及边拱采用后张预应力混凝土施工，施工工艺如下：

安装模板──→绑扎钢筋、支模──→预应力埋管、穿筋──→浇筑混凝土，混凝土试块制作──→混凝土试块试压，张拉机具标定、张拉预应力筋──→灌浆机具准备、孔道灌浆。

1）预应力筋下料及制作

A. 预应力筋下料：根据计算好的下料长度进行下料，下料时不得采用加热、焊接和电弧切割，采用砂轮切割机切割，下料时必须用钢尺丈量。

B. 预应力筋的制作：预应力筋下料完成后进行编束，编束采用 20 号钢丝绑扎，间距 1～1.5m，编束时应将钢绞线理顺，并尽量使各根钢绞线松紧一致。

2）预应力筋穿束

A. 预应力穿入孔道，简称穿束，本工程采用先穿束法，即在浇筑混凝土前穿束。

B. 穿束采用整束穿，人工穿束。穿束时，利用起重机将预应力筋吊起，工人站在脚手架上逐步穿入孔内。束的前端应扎紧并裹胶布，以便顺利通过孔道，对多波曲线束，采用特制牵引头；工人在前头牵引，后头推送，用对讲机保持前后两端同时出力。

3）预留孔道

A. 孔道成形方法：①采用预埋金属波纹管成形；②波纹管搬运时应轻拿轻放，不得抛甩或在地上拖挂；③波纹管连接；④波纹管安装，按设计图中预应力筋的曲线坐标，在梁侧模上定出曲线位置，波纹管的固定采用钢筋马凳间距为 600～800mm，钢筋支托应焊在箍筋底部应垫实，波纹管与支托钢筋用铁丝绑牢，或用 $\phi6$ 倒∪形筋点焊在托筋上卡住孔道，以防浇筑混凝土时波纹管位置偏移或上浮。

B. 波纹管安装的注意事项：①波纹管安装就位过程中，应尽量避免反复弯曲，以防管壁开裂；同时，应防止电焊火花烧伤管壁。②波纹管安装后，检查其位置、曲线形状是否符合设计要求，波纹管的固定是否牢靠，接头是否完好，管壁有无破损。③波纹管位置的垂直偏差一般不宜大于±20mm，水平偏差在 1000mm 范围内也不宜大于±20mm。

4）钢筋工程及混凝土施工

A. 预应力筋预留孔道的施工过程与钢筋工程同步进行，施工时，应对节点钢筋进行放样，调整钢筋间距及位置，保证预留孔道顺畅通过节点。在钢筋绑扎过程中，应小心操作，切实保护好预留孔道位置、形状及外观，在电气焊操作时，更应小心，禁止电气焊火花触及波纹管及胶带，焊渣也不得堆落在孔道表面，应切实保护好预留孔道。

B. 混凝土浇筑是一道关键工序，禁止将振捣棒直接振动波纹管；混凝土入模时，严禁将下料斗出口对准孔道下灰。此外，混凝土材料中不应含带氯离子的外加剂或其他侵蚀性离子。混凝土浇筑完成后，派专人检查孔道及灌浆孔等是否通畅。混凝土终凝能上人后，用通孔器清理孔道或抽动孔道内的预应力筋，以确保孔道（灌浆孔）通畅。

5）预应力筋张拉

A. 预应力张拉施工是预应力混凝土结构施工的关键工序，张拉施工的质量直接关系到结构安全、人身安全。为保证张拉顺利进行，由专业张拉队负责预应力张拉。做好安全技术交底，张拉前还应做好以下准备工作：①材料、设备及配套工具的准备；②结构构件的准备；③施工操作条件的准备；④张拉施工技术准备。

B. 锚具进场：预应力筋用锚具进场时按《混凝土结构工程施工及验收规范》GB 50204—92 和《预应力筋用锚具、夹具和连接器应用技术规程》JGJ 85—92 组批验收，合格后方准使用。

C. 张拉设备的选用及标定：施工时根据所用预应力筋的种类及其张拉锚固工艺情况选用张拉设备。预应力筋的张拉力一般为设备额定张拉力的 50%～80%，预应力筋的一次张拉伸长值不应超过设备的最大张拉行程。施加预应力的机具设备及仪表，应由专人使用管理，并应定期维护和校验。

张拉设备应配套校验，以确定张拉力与压力表读数的关系曲线。校验张拉设备用的试验机或测力计精度，不得低于±2%，压力表的精度不宜低于 1.5%，最大量程不宜小于设备额定张拉力的 1.3 倍。校验时千斤顶活塞的运行方向，应与实际张拉工作状态一致。

张拉设备的校验期限，不宜超过半年。发生下列情况之一时，应对张拉设备重新校验：①千斤顶经过拆卸修理；②千斤顶修理后重新使用；③压力表受过碰撞或出现失灵现象；④更换压力表；⑤张拉中预应力筋发生多根破断事故或张拉伸长值误差较大。

D. 混凝土强度检验：混凝土张拉前，应提供结构构件混凝土的强度试压报告；当混凝土的抗压强度满足设计要求后，方可施加压力。

E. 预应力筋张拉值：根据设计要求定张拉力值；如遇到实际施工情况所产生的预应力损失与设计不一致，则需进行调整，以准确建立预应力值。

6）孔道灌浆

A. 灌浆材料：孔道灌浆用水泥浆应采用强度等级不低于 32.5 级的普通硅酸盐水泥，水泥浆应有足够的流动性，灌浆用水为不含对水泥或预应力筋有害物质的清洁水。水泥浆中掺用外加剂应不含有对预应力筋侵蚀性的氯化物、硫化物及硝酸盐等。

B. 灌浆设备：砂浆搅拌机、灌浆泵、计量设备、浆桶、过滤器、橡胶管、连接头、控制阀等，灌浆机使用时应注意：

a. 使用前应检查部件是否有损坏或存有干灰。

b. 启动时应先用清水试车，检查管道及连接头和泵盘根部是否漏水。

c. 使用时应配合搅拌机搅拌，灰浆不得沉淀，灰浆过滤应保证。

d. 当灌浆过程中需短暂停顿时，应将注浆孔对准搅拌机，循环搅拌出浆。

e. 出浆口应设控制阀，以保证安全，并节省灰浆。

f. 设备用完后，应及时清洗，不得留有余灰。

C. 水泥浆的搅拌：灌浆用水泥浆的配合比应在灌浆前试配确定：首先，把水加入搅拌机，开动机器后，加入水泥和外加剂，材料计量应以水泥重量 50kg 的整数倍计算水泥和外加剂。搅拌 2～3min，以保证水泥浆混合均匀。灌浆过程中，水泥的搅拌应不间断。

D. 灌浆：

a. 孔道准备：灌浆前用空气泵检查孔道通气情况。

b. 孔道灌浆：将灌浆机出浆口与孔道相连，保证密封，开动灌浆泵注入压力水泥浆，从近至远逐个检查出浆口，待出浆后逐一封闭，待最后一个出浆孔出浓浆后，封闭出浆孔，继续加压至 0.5～0.6MPa；封闭进浆截门，待水泥浆凝固后，再拆卸连接接头，并及时清理。

4.2.3　人工筑岛

根据松花江的水速、水深（最深 3m）、流量等特点，首先对主桥基础中心线进行放样，在上游沉井基础边线外加宽 10m 从南北两端同时向中间填筑一条施工道路作为挡水坝，坝顶标高控制在 187.5m 左右；北面至 Z7 向桥中心方向 20m，南面至 Z8 向桥中心方向 20m，中间余 80m 过水，两岸通过便桥相通；同时，在 Z6 与 Z7、Z8 与 Z9 跨中河底各埋承压过水圆管涵一处，采用内径为 200cm 的钢筋混凝土管，埋设 15 排，横宽 40m，每条涵长按 12m 计，共需圆管 360m，这样一来可增加过水断面 94.2m^2。

在 Z4、Z5、Z6、Z7、Z8、Z9、Z10、Z11、Z12 基础边线 10m 范围内筑岛，岛面标高控制在 187.0m 左右。坝和岛的边坡采用编织袋装砂砾稳定；Z7、Z8 中间流水口处 5m 范围内用钢丝笼装块石稳定（具体布置见施工平面图）。

筑坝材料选用砂砾石，不准使用黏土；筑岛材料选用块径小的砂砾石，不能使用大块砾石、块石；否则，给以后的施工带来很大的困难。根据现场实测原地面标高、河床底标高，绘制筑坝、筑岛范围内的纵、横断面图，采用方格法计算筑岛工作量为：夯填砂砾石筑坝 25842m^3，砂砾石筑岛 108026m^3，编织袋装砂砾防护 21028m^3，钢丝笼装石块防护 6000m^3。

整个筑岛工程分两次进行，第一次以能满足基础施工为主，安排在 2002 年初进行；第二次以能满足上部施工为主，安排在 2002 年 9 月初汛期通过以后立即进行。

4.3　重要部位施工方法

(1) 钻孔灌注桩施工

设计 Z2-Z5、Z10-Z15 为钻孔桩基础，施工时间安排在 2002 年 5 月初至 2002 年 8 月中旬，施工中投入 4 台冲击反循环钻机，2 台冲击钻机，1 台回旋钻机。南北两岸同时施工，优先施工 Z2、Z5、Z10 墩及江中的桩，为后续工作创造条件，为力争在雨期前完成江中承台的施工提供条件。

本工程拟采用冲击反循环钻机和回旋钻机利用泥浆护壁冲击、钻进成孔，其施工工艺流程如图 4-2 所示。

(2) 沉井内锚桩施工

为了增加沉井的抗水平推力，沉井下沉至设计标高后，沿沉井井壁四周设计布置了 6 根直径 1.5m、深 5～10m 的灌注桩，此种设计方法在国内还没有先例。

由于沉井锚桩位于沉井底，如果将钻机放入井中，难度很大，而且没有施工作业面；将钻机架设在沉井上部，则泥浆无法循环。最后选用 BSP 旋挖机干作业成孔。钻机采用 I30 制造成桩基行走的路基箱，呈“直角三角形”，前腿倚在沉井顶面上，后面担在硬质

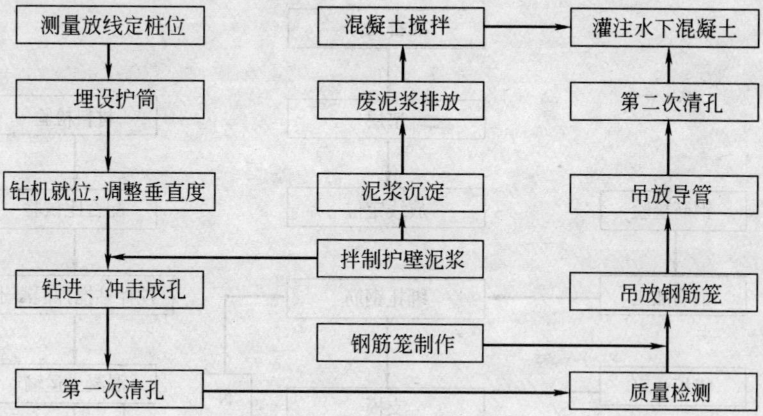

图 4-2　钻孔桩施工工艺流程

地面上，地面上加铺 2cm 厚钢板，钻机骑到路基箱上施工，锚桩在沉井底部施工，沉井内基本悬空，桩头露出沉井内 0.5m，所以，沉井内封底、止水等都得以同步进行，节约了大量时间。

沉井内锚桩增大了沉井的承载力，大大增强了拱座的抗水平推力，使整个大桥结构更加稳定，使用更加安全可靠；同时，这种设计在国内属于首创，施工也是第一次。

(3) 扩大基础施工

设计 Z0、Z1 墩基础采用扩大基础，施工时间安排在 2002 年 6 月初至 2002 年 7 月初，设计工程量如表 4-8 所列。

扩大基础工程量　　**表 4-8**

项　目	Z0	Z1	项　目	Z0	Z1
基础底标高	183.6m	183.6m	C10 混凝土垫层	$24m^3$	$16.1m^3$
基础顶标高	185.0m	185.0m	C20 混凝土	$405.6m^3$	$291m^3$
钢筋网重	4035kg	2807kg			

施工工艺流程如图 4-3 所示。

现地面标高在 188.0m 左右，地下水位在 184～186m 之间，基础底埋深 4.5m 左右。开挖时采用挖土机放坡大开挖，一次挖至距设计标高 20cm，余下的用人工清理，使基地土不被扰动，保证地基承载力。根据地质资料，原地面以下 1.5m 为卵石，稳定性差，故放坡按 1：1.5 考虑，再多出 1m 的施工作业面。Z0 墩的北侧临近护堤，开挖时应根据实际情况采取支护措施，在工作面富余的情况下采用木桩加编织袋防护；否则，需打入板桩支护；基坑内标高 185m 以下用编织袋加木桩防护，在坑底设排水沟、积水井，潜水泵排水。基础布置如图 4-4 所示。

4.4　沉井施工

4.4.1　施工前的准备工作

(1) 探明地层

工程地质和水文地质是制定沉井施工方案、编制施工组织设计的重要依据，因此，施

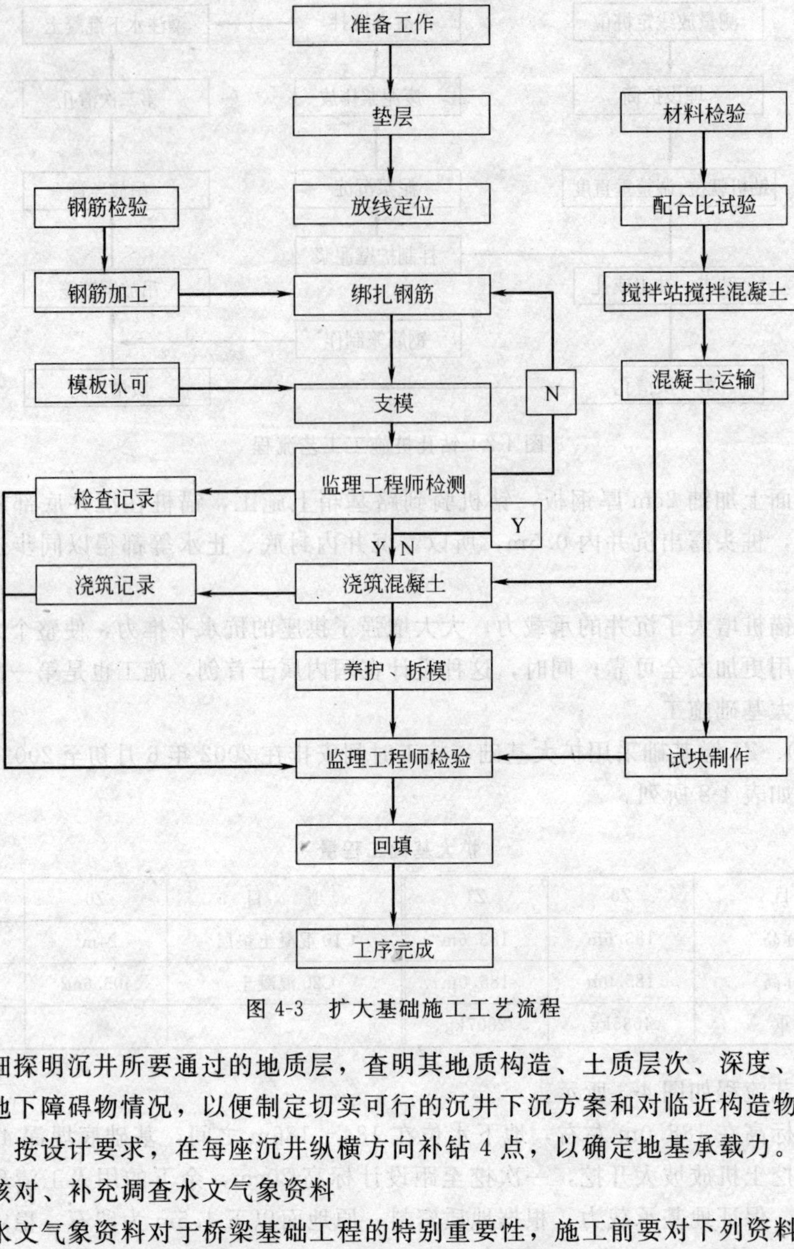

图 4-3　扩大基础施工工艺流程

工前要详细探明沉井所要通过的地质层，查明其地质构造、土质层次、深度、特性和水文情况以及地下障碍物情况，以便制定切实可行的沉井下沉方案和对临近构造物采取有效的防护措施。按设计要求，在每座沉井纵横方向补钻 4 点，以确定地基承载力。

(2) 核对、补充调查水文气象资料

鉴于水文气象资料对于桥梁基础工程的特别重要性，施工前要对下列资料进行认真核对和补充：①对桥位上游的地形地貌、河道变化、植被情况、人工调节设施（如水库、堤防等）进行调研；②气象水文情况：如雨量、风向风力、水（潮）位涨落变化、洪水季节、洪峰历时、流量流速、飘浮物情况等，并设水位观测基准；③河道情况：如航道级别、疏通状况、码头位置、漂流物漂流或木（竹）筏流放情况等，设船只进行清理疏浚。

4.4.2　清理和平整场地

就地浇筑沉井要在围堰筑岛前清除井位及附近场地的孤石、树木、树根、淤泥及其他杂物。对软硬不均的地表予以加固处理。

4.4.3　设备及辅助设施

在场地布置时，对场内外运输道路、电力、水的供应线路，起重设备，混凝土拌合站

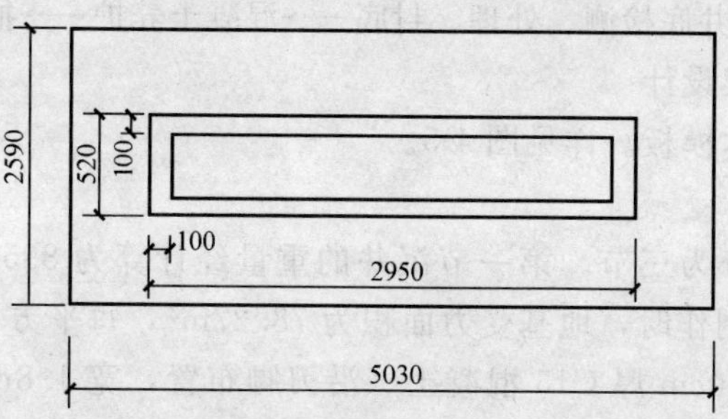

(a) Z0基础剖面图

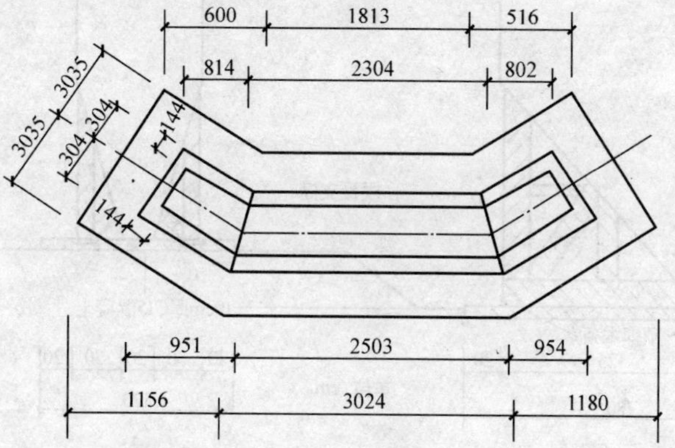

(b) Z1基础剖面图

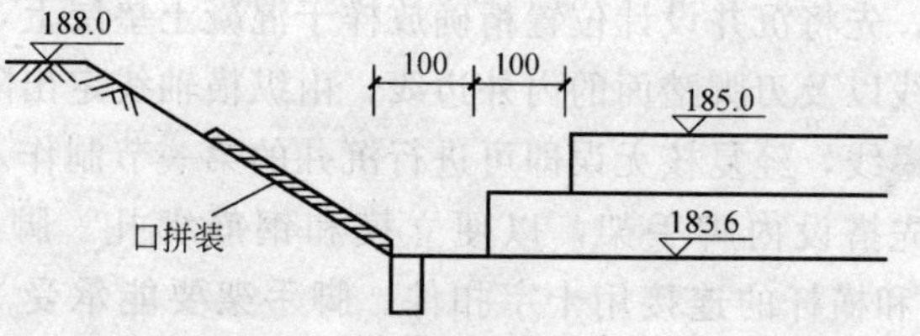

(c) 放坡剖面图

图 4-4 扩大基础剖面图

等，做统一安排，沉井施工根据不同的地层情况分别选用以下设备：水力吸泥机及配套的高压水泵站、管线等；履带吊机、井顶小型塔吊等起重设备；取土用抓斗：两瓣抓土斗和人工开挖用的开底门的弃土斗；井底抽水用高扬程水泵、泥浆泵、混流泵（煤水泵）、涡流泵；松土用高压水枪、松石用空气压缩机、风枪；泥浆套用压力注浆泵等；与孤石时采用爆破设备风钻等。

4.4.4 沉井的制作

(1) 工艺流程

测量放样定位⟶素混凝土垫层施工⟶测量放样⟶沉井第一节制作⟶拆模、混凝土养护、施工缝处理⟶沉井第一次下沉⟶沉井第二节制作⟶拆模、混凝土养护、施工缝处理⟶沉井第二次下沉⟶沉井第三节制作⟶拆模、混凝土养护、施工缝处理⟶沉井第三次下沉──→沉井井底检测、处理、封底──→混凝土养护──→抽水、回填──→顶板施工。

(2) 沉井模板支架设计

采用大块定型钢木模板。详见图 4-5。

(3) 沉井的制作

整个沉井的制作分为三节。第一节沉井的重量经计算为 895t，加上模板及其他构件约 910t，经计算沉井制作时，地基受力面积为 78.27m^2，每平方米受力 11.6t，需采用振动压路机压实，平铺 10cm 厚 C15 混凝土（沿刃脚布置，宽 1.8m，中间隔板处为 1.2m，见图 4-5)，可满足沉井制作时的沉降要求。

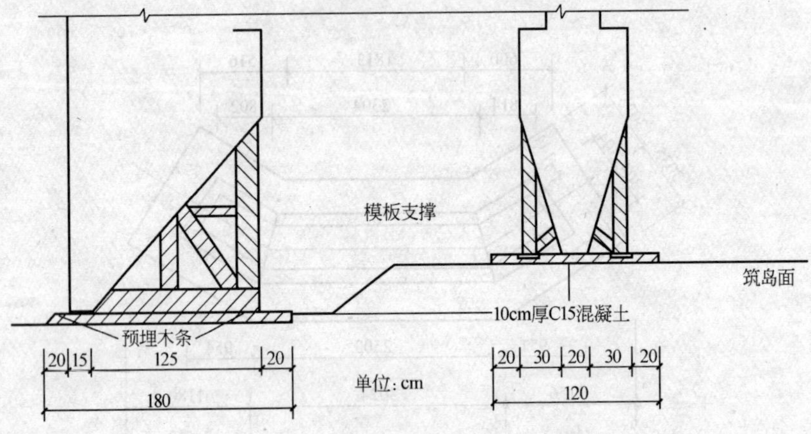

图 4-5

1) 第一节沉井制作

在沉井制作前，先将沉井设计位置精确放样于混凝土垫层上，定出沉井的中心和互相垂直的二条纵横轴线以及刃脚踏面的内外边线，由纵横轴线定出隔墙的二条边线，并在垫层混凝土面上弹出墨线，经复核无误即可进行沉井的第一节制作。

立内模板前，先搭设内脚手架，以便立模和钢筋绑扎。脚手架所用的材料均采用 ϕ48mm 钢管，立杆和横杆的连接用十字扣件。脚手架要能承受 250kg/m^2 的荷载，立杆下要有垫木，脚手架设剪刀撑和斜撑，以保证脚手架的整体稳定，剪刀撑或斜撑与脚手架的连接用旋转扣件。外脚手架在搭设时要与井壁分离，以防止沉井在制作过程中产生沉降和下沉而损害脚手架。内外脚手架上均要铺设安全竹笆、栏杆和扶梯等。

沉井的第一节制作高度 6.0m。模板以组合式钢木模板为主，在刃脚斜面和底板预留槽处用木模板。模板必须用线坠吊垂直，确认尺寸无误即可将内模板固定在作为支撑体系的内脚手架上。

内模立好后即可进行钢筋的绑扎施工。钢筋绑扎前，先在内模上按图纸要求做好钢筋型号、规格、间距等标记，并根据钢筋的布置要求搭设支架以固定钢筋，该支架要有一定的强度和刚度；然后，根据不同的结构部位合理地安排好钢筋的绑扎顺序，按规范要求进行绑扎、焊接和混凝土保护层垫块的设置。

钢筋绑扎成形并经过隐蔽工程验收合格后即可进行井壁外模板模板的安装。内外模板之间用 ϕ16mm 对拉螺栓，竖向间距 100cm，横向间距 80cm，进行拉结。当模板的结构尺寸、垂直度检查符合要求后，即可进行第一节混凝土的浇筑。

浇捣混凝土时，在现场布置混凝土泵车，混凝土搅拌车将混凝土料从搅拌站运到现场，由现场的技术人员对混凝土的配合比、和易性和坍落度进行检查。在混凝土料符合质量和施工要求后，即可进行浇捣。混凝土料由混凝土泵车送入模板内，布料要合理地选择浇捣起始点和走向。混凝土料的分配要合理，注意在浇捣过程中不产生裂缝，布料要对称、分层、均匀地进行，对每点的放料要加以控制，使放料高度控制在 30cm 以内。混凝土料的供应要连续，以确保混凝土浇捣正常进行。

混凝土入模后要及时充分振捣，使混凝土密实，不能漏振，也不能过振；否则，会影响混凝土的质量。在振捣混凝土时，插点要均匀，振动棒应快插慢拔。一般当混凝土表面平坦，出现浮浆，不再沉着时为宜；另外，为使上、下层混凝土结合成整体，振动棒应插入下一层混凝土 5cm 左右；同时，要注意上一层混凝土必须在下一层混凝土初凝前浇捣完毕。

混凝土浇捣完毕并达到规范要求的强度后，即可进行拆模、养护及下沉。

2）第二节沉井制作

第一节沉井下沉至岛面下 0.5m 时，停止取土，后进行第二节沉井制作。脚手架的搭设同第一节；先立内模，井壁内模板利用第一节浇筑混凝土时预留的预埋件固定；当内模安装后经校正符合设计要求后，再进行钢筋绑扎、支立外模和混凝土的浇捣施工，钢筋绑扎和混凝土的浇捣施工技术措施同第一节沉井施工。

第二节沉井制作过程中应特别注意对沉井稳定性的观察、测量，浇捣过程中必须保证对称均匀浇捣，并保持勤测；如有必要，应采取相应纠偏措施。

3）第三节沉井制作

第二节沉井下沉至岛面下 0.5m 时，停止取土，止沉稳定后，进行第三节沉井制作。制作过程同第二节。

（4）沉井制作要求

1）模板

A. 模板具有足够的刚度，以防浇筑混凝土时有明显挠起和变形。

B. 模板表面的污物、砂浆等清除干净，使用前涂上脱模剂。不得采用污染混凝土和影响混凝土或钢筋混凝土质量的油剂。

C. 沉井外侧模板平滑，与混凝土的接触面磨光、上油，与刃脚接触的空隙用水泥砂浆堵塞，防止漏浆。

D. 沉井的外侧模板竖缝直立，立好后核对上下口各部尺寸、井壁的垂直度、刃脚标高、拉筋的牢固性等。

E. 模板的拆除时间应符合设计与规范规定，侧模在混凝土强度达到其表面及棱角不因拆模而损伤时方可拆除，拆模时注意保护新浇混凝土，早期不受破坏，以保证混凝土的外观质量；底模的拆除应在混凝土强度达到 70％以上时方可拆除。

F. 触变泥浆套预埋管位置、角度、数量应核实无误，并作封闭，防止堵塞。

2）钢筋

A. 钢筋存放于平台、垫木或其他支承上，并覆盖，使其不受机械损伤及由于暴露于大气而产生锈蚀和表面破损。

B. 钢筋无有害的缺陷，例如：裂纹及剥离层、无灰尘、有害的锈蚀、松散锈皮、油漆、油脂、油或其他杂质。

C. 钢筋应平直，无局部弯折，钢筋采用冷弯方法调直时，HPB235 级钢筋的冷拉率不宜大于 4%，HRB335 级钢筋的冷拉率不宜大于 1%。

D. 根据设计图纸下达钢筋配料单，在钢筋加工厂进行加工，对成型钢筋进行标识，不同规格、品种的钢筋分别堆放。

E. 钢筋加工的尺寸应符合设计图纸和规范要求，钢筋焊接采用对焊、帮条焊或弯头焊。

F. 钢筋的安装按设计图纸有序地进行，采用人工绑扎，现场接头按设计要求采用绑扎，按 30d 进行控制。

G. 保护层厚度采用混凝土垫块控制，其强度不低于 C30。垫块埋设钢丝，与钢筋绑扎在一起，点块互相错开，分散布置。

H. 避雷针要按设计规定下端⑦号与钢刃脚焊接，上段与⑧号筋焊接，并标注颜色。

3）混凝土

A. 井壁和盖板混凝土为 C30，封底混凝为 C20。浇筑混凝土前，充分检查各方面的准备工作，包括人员准备、材料准备、设备准备、试验准备、服务准备等，并详细检查全部支架、观测设施、止水设备、模板和钢筋预埋件等，并清理干净模板内杂物，使其不得有滞水、施工碎屑和其他附着物质，并得到监理专业工程师和质检工程师的书面认可。

B. 所有混凝土一经浇筑，立即进行全面的捣实，使其形成密实、均匀的整体；混凝土的浇筑连续、不间断地进行；如因故必须间断，按施工缝处理。

C. 混凝土浇筑期间设专人检查支架、模板、钢筋和预埋件等稳固情况；当发现有松动、变形、移位时，及时处理；混凝土初凝后模板不得振动，伸出的钢筋不得承受外力。

D. 模板拆除后，混凝土表面铺草袋撒水养护，防止烈日暴晒，撒水时应细水匀浇，保持湿润，防止因风浪过大筑岛上水土流失塌陷，对沉井不利。

4）施工缝的处理

A. 在沉井第一节混凝土抗压强度达到 2.5MPa 后，用人工凿除缝口表面的水泥砂浆和松散层；

B. 缝口用清水冲洗干净并保持湿润，但不得有积水；

C. 在灌筑墙板混凝土前，施工缝应先均匀地铺上厚 1.5cm 左右、与混凝土同级配的水泥砂浆，使接缝紧密结合。

5）沉井制造的允许偏差

沉井的结构尺寸取决于模板制造与安装尺寸的精确程度。沉井模板支立好后，要进行全面检查，确认各部尺寸均在允许偏差内，经监理工程师验收后，方能浇筑沉井混凝土。

沉井制造允许偏差见表 4-9。

沉井制造允许偏差　　**表 4-9**

序号	项　目	允许偏差	序号	项　目	允许偏差
1	长	±0.5%	5	倾斜度(不允许外倾)	1.0%
2	宽	±0.5%	6	井壁厚	±15mm
3	两对角线偏差为其长的	1.0%	7	中心纵横偏差	高度的 1/50
4	曲线段的半径	0.5%			

(5) 沉井下沉

1) 下沉前的准备工作

A. 沉井井壁拉杆螺栓拆除后，留下的孔洞用1∶2.5的水泥砂浆嵌密实。

B. 拆除沉井内、外脚手架，然后按照先内后外的顺序，对称地分区域凿除隔墙和刃脚下的素混凝土垫层。

C. 触变泥浆套工艺的准备：准备制浆设备及布置管路系统。

D. 沉井四角的外井壁处喷涂漆尺，同时在沉井附近不少于两处的固定构筑物上设置后视水准尺，以便于在沉井下沉过程中测量下沉量和四角高差。

E. 制作安装沉井内外铁爬梯和井顶安全栏杆。铁爬梯要有安全防护圈；栏杆高1.2m。

F. 设备进场并安装好挖土用抓斗。

G. 对工人进行技术交底。

2) 沉井下沉阶段各参数的计算

A. 沉井下沉系数计算

根据《市政工程施工及验收技术规程》，下沉系数按下式计算：

$$K_1=G/(R_1+R_f)$$

式中 G——沉井自重（t）；

R_1——刃脚及隔墙底面阻力；

R_f——井壁摩阻力，

$$R_f=U(h-2.5)f$$

式中 U——沉井外壁周长；

h——沉井入土深度；

f——井壁摩阻力，5m以上从零开始线性增加，最大值为$3t/m^2$；5m以下为常数，以$3t/m^2$计。

B. 抗浮稳定系数计算：

$$抗浮稳定系数\ K_2=(G+R_f)/Q$$

式中 G——沉井自重（t）；

R_f——井壁摩阻力（t/m^2）；

Q——底板下水浮力（t）。

根据计算各沉井到位时的下沉系数在1.2以上，沉井可靠自重缓慢下沉。

(6) 沉井爆破下沉

1) 沉井基础设计长17m，宽12m，高17.5m，分为三节，第一节壁厚1.4m，第二节壁厚1.3m，第三节壁厚1.2m，中间隔墙厚0.8m，底部50cm范围内设钢刃脚。沉井基础在松花江中的筑岛上施工，筑岛材料为砂卵石，岛面标高186.5m，江底标高181.5m；常水位183.95m，水深3～4m，流速2.43m/s；沉井总下沉深度约20m，沉井下沉需穿越的地层资料为：5m厚人工回填砂卵石层；1m厚卵石层（江底）；2m厚强风化岩层；12m厚中风化岩层，主要为砾岩、夹砂岩、泥岩；岩石饱和密度2.04g/cm^3左右，单轴抗压强度在12.8～24.5MPa之间，承载力标准值f_k＞1900kPa。

2) 上部5m厚的人工填土层和1m厚卵石层，沉井下沉只需用机械抓斗抓出沉井所在部位的土体，沉井依靠自重便可下沉，施工比较顺利。但沉至强风化岩层以后，机械抓斗抓不动原状土，无法取土下沉。采用以下多项施工方法：①增加抓斗配重至 40kN；②90kW 冲击锤下焊接 3 根长 0.5m、ϕ100 的钢钎冲击硬土层；③90kW 振动锤扰动土层；④高压射水；⑤排水后用风镐凿岩等。但下沉非常缓慢或停止下沉，效果很不理想。经过多方讨论，认为采用爆破松土下沉已势在必行。

3）由于沉井基础处于江水之中，沉井内存在大量的涌水是必然的。因此，沉井下沉采用爆破初步拟定有两种形式：一是水下爆破；二是排水爆破。采用水下爆破存在几点不利因素：首先，要解决爆破引起的水应力波对沉井井壁的破坏，必须采用空气帷幕保护井壁，施工难度很大；二是要求施工的队伍专业性更强，难度更大，需潜水员水下作业，危险因素很大；三是消耗成本非常大；四是爆破效率很低。鉴于以上几点，最后商定采用排水爆破。

采用排水爆破，首先，要控制井内涌水量；本工程施工时采用挖开沉井外围松散透水层、回填草袋黏土的方法控制井外渗水，在井内设置 2～3 台抽水机抽水，可使沉井内爆破区域基本保持无水状态；其次，要保证井壁的完整性，通过控制爆破的孔位布置、药量将爆破对沉井的危害降低至最小。

4）根据规范中关于沉井下沉必须采用爆破时应严格控制药量的要求，就爆破产生的地震波对沉井井壁允许使用炸药量进行核定。根据地质状况，对浅层松动爆破施工工艺采用以下主要技术参数：钻孔深度 1m；孔距、排距均为 1m；孔径 40mm；微差爆破最大段数为 4；炸药采用防水硝铵炸药，单孔药量 0.53kg。通过爆破地震安全距离、爆破地震限速计算、微差爆破最大用药量计算、微差爆破最佳时间间隔计算证明，合理布置钻孔位置、钻孔深度、控制单孔装药量、控制一次起爆最大用药量、采用微差爆破对沉井井壁不会造成破坏。

5）采用爆破下沉施工方案，平均 3～4d 下沉 1～1.5m，8 个沉井制作、下沉用时不到 6 个月，沉井井壁没有受到丝毫损伤。同 1993 年施工的吉林临江门大桥沉井基础相比，沉井规格相差不大，但临江门大桥沉井基础只有一个，下沉耗时一年半，在功效上有了大大提高，同时积累了丰富的施工经验，对类似工程具有较强的指导性。

（7）沉井顶防护

沉井顶标高为 183.95m，岛面标高为 187.0m，在岛面下 3m，沉井下沉至岛面后需进行挡土防水处理。施工中拟在沉井顶砌 37cm 厚砖墙，高 2m，沿沉井顶一圈，里外砂浆抹面，以增加砖墙的整体强度和防水，砖墙在拱座施工完成后拆除。

（8）沉井封底

当沉井下沉接近设计标高时，应加强观测，当沉井下沉到设计标高后，经过 2～3d 的下沉稳定或经观测在 8h 内累计下沉不大于 10mm 时，方可进行沉井封底。本工程采用不排水、水下灌注混凝土的方法进行封底。

封底前将井底清理干净，混凝土浇筑在整个沉井面积上，同时不间断地进行，经计算每个沉井封底需混凝土约 501m³ 左右，灌注时在三个孔中各安放一套导管，同时进行，保证在 10h 内完成。

（9）井内填充

封底混凝土强度满足设计要求后，抽出沉井内的积水，抽水时注意保持各井格内水位同步下降，以保持沉井受力平衡。沉井内抽水后，清理井内的淤泥及混凝土表面的软弱层，按设计要求填充井孔，回填密实度满足设计要求。

(10) 盖板施工

井内按设计要求回填砂砾至设计要求后施工混凝土垫层，在上绑扎钢筋；同时，预留拱座钢筋和劲性骨架，并采取措施固定其位置，保证在混凝土施工过程中不发生位移，检验合格后浇筑混凝土。顶板混凝土浇筑按大体积混凝土施工，通过预埋钢管来降低混凝土的水化热。

整个沉井的施工工艺流程如图 4-6 所示。

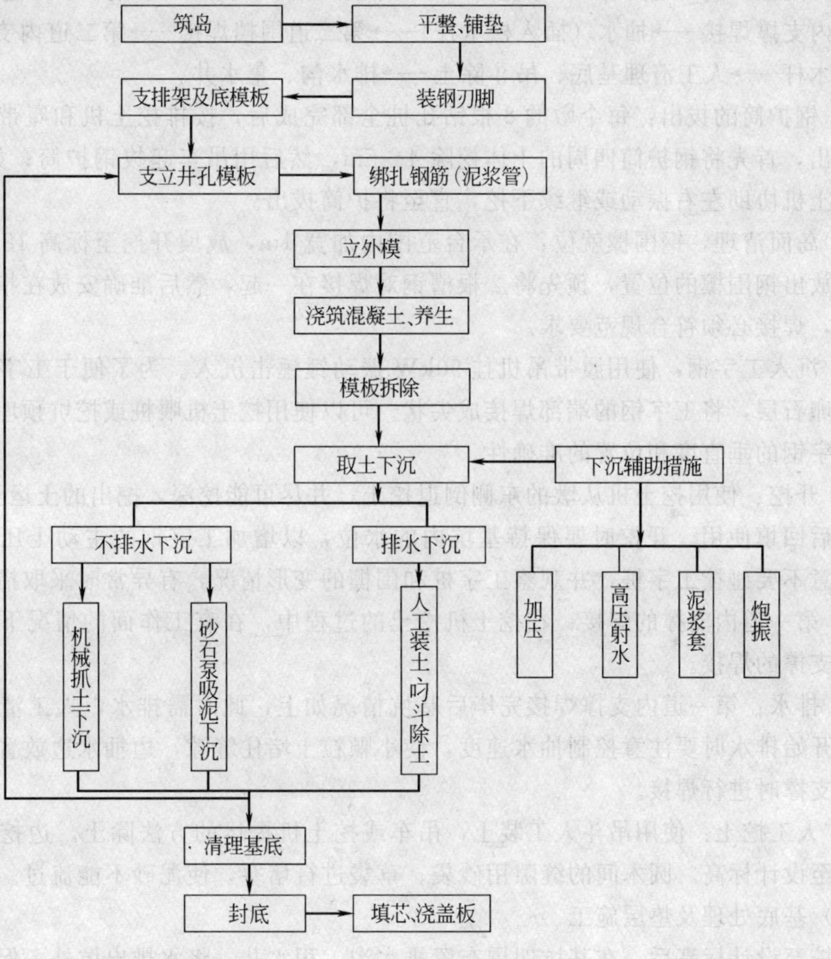

图 4-6 沉井施工工艺流程图

4.5 承台施工

每个墩的桩基础全部完成后，进行承台的施工，施工时间安排在 2002 年 6 月 20 日至 2002 年 9 月 14 日，本桥共有 10 个承台。

(1) 基坑开挖

Z2、Z3 位于北岸的河漫滩上，承台底标高为 184.7m，位于常水位 184.0m 的上面，基础埋深浅，基坑采用放坡大开挖，开挖方法和扩大基础施工相同。

Z13、Z14、Z15位于南岸的河漫滩上，基础埋置较深，根据地质报告中土层描述，仍可采用放坡大开挖的方法，开挖方法和扩大基础施工相同（需分层开挖，第一层挖除上部2～3m的土方，第二层开挖至设计标高），必要时采用打入木桩加木板防护的方法进行支护。Z4、Z5、Z10、Z11、Z12位于松花江中，钻孔桩施工在标高187.0的岛面上进行，基坑采用打入工字钢加松木杆的方法支护（见基坑支护示意图），挖土机配合人工的方法进行开挖，具体施工如下（本施工方案设计建立在当地的施工经验、工程地质条件、水文情况、基坑内水能抽干的基础上；如果水不能排干，则此方案不成立）：

施工流程：拔出钢护筒⟶下挖1m⟶焊接围檩⟶沉入工字钢⟶开挖（带水）⟶第一道内支撑焊接⟶抽水（插入松木杆）⟶第二道围挡焊接⟶第二道内支撑焊接⟶插入松木杆⟶人工清理基底、吊斗除土⟶排水沟、集水井。

1）钢护筒的拔出：每个墩的8根钻孔桩全部完成后，按排挖土机和履带起重机将钢护筒拔出，首先将钢护筒四周的土体挖除4～5m，然后用吊车起拔钢护筒；如有困难时，可用挖土机协助左右振动或继续下挖，直至将护筒拔出。

2）岛面清理，钢围檩就位：在承台范围内加宽1m，放坡开挖至标高186.0m，在其上准确放出钢围檩的位置，预先将2根槽钢对焊接在一起，然后准确安放在指定位置，进行焊接，焊接必须符合规范要求。

3）沉入工字钢：使用履带吊机挂90kW振动锤锤击沉入。为了便于工字钢沉入时易于穿过卵石层，将工字钢的端部焊接成尖状。可以使用挖土机喂桩或挖坑预埋，沉入时须保证工字钢的垂直度和位置的准确性。

4）开挖：使用挖土机从墩的东侧倒退挖土，并尽可能挖深，挖出的土运至江边堆放，以备以后回填使用。开挖时要保持基坑内的水位，以增加工字钢的主动土压力，减少变形，注意不要碰撞工字桩，并观察工字桩和围檩的变形情况，有异常时采取措施。

5）第一道内支撑的焊接：在挖土机挖土的过程中，在有工作面的情况下立即进行第一道内支撑的焊接。

6）排水：第一道内支撑焊接完毕后基坑情况如上，此时需排水，人工清除剩余的土方；刚开始排水时要注意控制抽水速度，使小颗粒土堵住缝隙，边抽水边放置圆木，到第二道内支撑时进行焊接。

7）人工挖土：使用吊斗人工装土，吊车或挖土机提运的方法除土。边挖土边放置圆木，直至设计标高。圆木间的缝隙用砂袋、草袋进行堵塞，使泥砂不能流过。

（2）基底处理及垫层施工

开挖至设计标高后，在基坑四周布置排水沟、积水井，将水排出坑外，保持基坑底的干燥，施工一层素混凝土垫层，在上进行钢筋绑扎、直立模板施工。

（3）钢筋绑扎

钢筋在加工场加工，现场绑扎成型。

（4）直立模板

模板采用大块组合钢模板，面板厚5mm，在倒角处使用小块钢模或木模，在20cm和120cm、220cm处设置三道型钢加固，保证模板的整体稳固性，模板内部采用直径16mm的对拉螺栓固定，竖向在20cm和120cm、220cm处各设置一道，水平向间隔1.5m设置一道。

(5) 浇筑混凝土

混凝土在搅拌站集中搅拌，混凝土罐车运输，采用流槽入模，振捣器振捣；混凝土采用草帘覆盖浇水养生，1d后可拆模；施工混凝土时，注意预留墩柱的钢筋及墩柱模板的定位筋。

(6) 基坑回填及支护体系的拆除

承台施工完成后，按设计要求回填至承台顶下50cm，回填之前尽可能抽出圆木。整个基坑在墩柱施工完成后回填，边回填边抽出圆木。回填完成后，用履带吊车挂振动锤，拔出工字钢。

本施工方案建立在基坑内渗水可以用泵排除干净的基础上；如果施工中水量太大，无法排出，这将是一个失败的方案，只能采取在岛的外侧回填黏土并夯实的方法补救。

4.6 墩柱施工

本工程墩柱断面为矩形，水中迎水面中的墩柱自承台顶以上4m设防冰撞结构。施工安排在扩大基础和承台施工完成后进行，时间2002年7月初至2002年9月底，南北两岸同时施工，北岸先施工Z0、Z1、Z2、Z5墩，为上部现浇箱梁和半拱配重现浇箱梁施工创造条件；南岸首先施工Z10墩，其余可随承台的完成陆续施工。施工工艺如图4-7所示。

(1) 施工准备

包括模板加工、预埋钢筋、预埋模板定位筋、施工机具准备等。

(2) 钢筋绑扎

钢筋在加工场按设计图纸下料，制作，现场拼装。施工时首先直立脚手架，安放主筋，主筋采用双面绑条电弧焊或弯头电弧焊接长，保证受力钢筋在同一垂直线上，接头需错开，在同一截面上不能大于50%；绑扎箍筋，成型后吊装模板。

(3) 模板

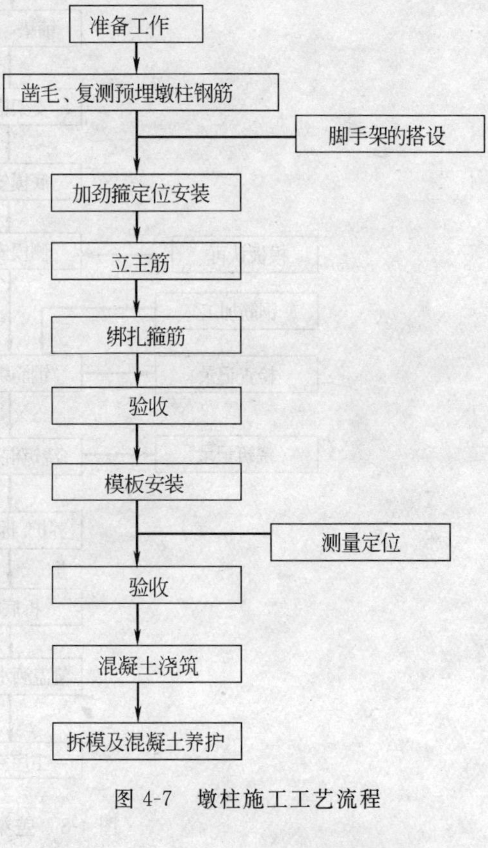

图4-7 墩柱施工工艺流程

墩柱模板采用定型钢模板，面板采用5mm厚冷轧钢板，加劲板采用5mm钢板和10号槽钢。整体模板5m一节，每节分为两块，采用螺栓连接。南北两岸各配置两套1.6m×1.2m和一套1.2m×1.2m截面的模板，模板安装前要试拼，检查施工接缝情况，并除锈、磨光、上油、涂脱模剂。钢筋绑扎完成后，模板采用15t吊车分节吊装，采用测距仪控制墩柱中心，双台经纬仪交会控制垂直度，整体模板的底部用承台施工时的预埋件进行固定，上部采用手拉葫芦挂钢丝绳进行锚定。

(4) 混凝土浇筑

混凝土在搅拌站按配合比集中搅拌，混凝土罐车运输，混凝土泵车配合串筒入模。浇筑时严格控制分层厚度，保证不大于 50cm，保证振捣质量，做到无蜂窝、麻面。

(5) 拆模、养护

混凝土浇筑完成 24h 后允许拆模，缠裹塑料薄膜继续养护。

4.7　盖梁施工

每个墩的全部墩柱施工完成后，回填承台、扩大基础施工时开挖的基坑至原地面，经碾压处理后进行盖梁施工，施工时间自 2002 年 7 月中旬至 2002 年 10 月初，施工时优先安排 Z0、Z2、Z5、Z10 墩盖梁的施工，为北岸上部现浇箱梁和半拱配重现浇箱梁施工创造条件。施工工艺流程如图 4-8 所示。

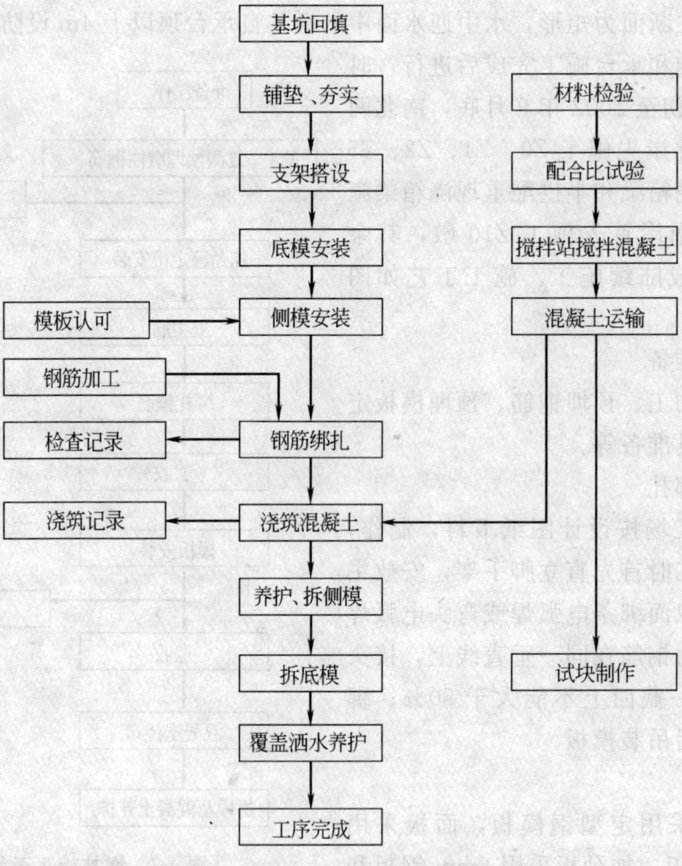

图 4-8　盖梁施工工艺流程

(1) 支架搭设

采用普通脚手钢管满堂铺设，纵横间距按 60cm 布置，并按规定设置剪刀撑；支架的搭设范围比盖梁的水平投影每边多出 50cm。支架的底部用素混凝土找平后，上铺 20cm×20cm 的木方，用于分布和传递应力，再搭设脚手架。脚手架的顶部设可调节高度的上托。

支架必须稳定、坚固，能抵抗在施工过程中有可能发生的偶然冲撞和振动。

(2) 模板安装

侧模采用定型钢模板，面板采用5mm厚冷轧钢板，加劲板采用5mm钢板和10号槽钢；Z2-Z5、Z10-Z13墩底模采用定型钢模板，Z0、Z15墩底模采用18mm厚复合拼装模板。模板安装前要试拼，检查施工接缝情况，并除锈、磨光、上油、涂脱模剂。底模与墩柱间的缝隙要用胶带堵塞严密，不得漏浆、漏水。侧模用内拉螺栓固定，垂直向设两排，水平向间隔1m布置。

(3) 钢筋绑扎

钢筋在加工场按设计图纸下料制作，现场拼装。成型方法有两种，第一种是底模和侧模直立完成后，在模板内绑扎钢筋成型；第二种是整体钢筋骨架在墩位附近绑扎成型，用吊车整体吊装入模。

(4) 混凝土浇筑

混凝土在搅拌站按配合比集中搅拌，混凝土罐车运输，混凝土泵车入模。浇筑时采取由一侧向另一侧浇筑的方法，以防止盖梁上产生因水平分层浇筑形成的色差，保证振捣质量，做到无蜂窝、麻面。

(5) 混凝土养护与拆模

采用草帘洒水覆盖的方法养护，在混凝土强度能保证其表面及棱角不致因拆模而受损坏时可拆除侧模（1d后），混凝土强度达到90%时方能拆除底模。

4.8 现浇箱梁

满布支架法浇筑箱梁是桥梁施工中经常采用的方法之一，适用于墩高在10m以内、梁下地面相对平坦的旱桥，它具有器材简单、易于收集、搭设方便的特点，本工程拟采用普通建筑用脚手架钢管搭设承重支架，并吸收和移植了碗扣式支架立杆轴心受力的特点，摒弃了碗扣式支架立杆间距不能任意可调的缺点，使立杆和横杆可互换；同时，成本亦较低，在市场上或购或租或内部调用，收集渠道较为广泛。

(1) 技术质量要求

1) 对材料的要求：普通脚手架、杆顶上托、立杆对接销、扣件、底坐、木垫板、找平混凝土层、大方木、小方木、竹胶板等必须满足承载力要求。

2) 架底地基：架底地基为原状地面的为佳，但表面以下不得有空洞、大孤石、淤泥或局部软弱处，地层均一，原状坡度不大于1/10，不透水的黏土地面为最好。

3) 操作人员：必须是有技术等级的架子工，必须能识图、放样、熟练进行搭设操作的持证上岗技术工人，上岗前应进行考察或操作考核，合格后方可上岗操作。

(2) 施工工艺及安全要求

1) 地基处理：整平地基，并设置由桥轴线向外侧的排水坡1%，用40t振动压路机反复碾压地坪，直至不出现明显压痕印，且相对密实度达90%以上，可认为合格；若局部出现反弹或软弱处，则挖出后换填，再振平。

2) 垫板设置：根据布杆的平面位置，在地面上设置出横向每排立杆位置，铺设每条宽30cm的找平混凝土，随即在其上置放木垫板，并将其踏平，使木板全面积接触。条与条之间用薄层混凝土覆盖地面，并做出横坡。

3）置放立杆：在垫木上定出每根立杆位置，置放底座和立杆，并用临时横杆固定立杆，检查无误后固定立杆。

4）加设横杆：按1.2m的步距设置纵向和横向的立杆，并校正立杆的垂直度和横杆的水平度，每排每行均要在直线上。

5）立杆接长：立杆接长不能在同一水平面上，相差要大于1m，并在平面上分散布置，接头处要加芯和扣件，并预先做好配杆，计算每根立杆不能大于2处接头，配杆时应宁低勿高，杆顶高了要锯掉造成浪费，低了可用垫木调整。

6）置放上托：立杆横杆到顶后，大致在同一水平面内，上下相错量不大于10cm；然后，插入上托，调整顶高度，使其在同一平面或斜面上（梁底有横坡时），上托插入杆顶的长度，不宜小于丝杆高度的1/2；特别困难的个别杆件，不能小于丝杆高度的1/3和20cm。

7）置放大小方木：在上托的槽钢内置放大方木，先控制其两端的标高，并用钢丝固定在横杆上，调整中间的上托高度，使其顶紧大方木即可，不可太用力；否则，又会被抬高。

8）预拱度设置：在置放大方木的同时设置预拱度，跨中抬高值通过计算确定，根据经验一般在1.5～2.0cm左右，按二次抛物线分配至每排大方木上，公式为：$\delta_{(X)}=\delta_0(1-4X^2/L_0^2)$，式中$\delta_0$为跨中抬高值，$\delta(X)$为每排方木在桥轴线处的抬高值，$X$为每排大方木距跨中的距离，$L_0$为梁的跨度。轴线处的标高确定后，再按设计横坡，调整大方木横向斜坡。

9）小方木及底板：用拉线法检查大方木顶面的预拱度和横坡，无误以后，在其上按30cm间距钉上小方木；最后，再放置竹夹板，并钉在小方木上。

10）竹胶板的拼接缝：采用柔性填充，胶粘剂处理，一般可用玻璃胶填平，多余部分刮去，在底板最低处开孔ϕ50mm，便于清洗底板。

11）压重：一般在底板铺设前进行，将与箱梁等重的重物如砂袋、水箱、型钢等，置放在架顶上，至少48h，以减少或消除支架的非弹性变形，并测量弹性变形值，压重完成后须重新检查，调整大方木顶部标高。

（3）模型立制

1）外模立制

箱梁的外模包括箱体和翼缘的底板，以及侧立板。箱体底板前文已述，翼缘中间部分的底板的立制与箱体底板相同，1.0m横宽的斜坡段须在纵置的小方木下加设垫片或将小方木顶部刨成斜面，以使竹夹板斜置时全面积接触。

人行道悬臂部分的底板，因大方木纵置，故小方木横置，底板斜坡由上托调整高度来完成，故操作较方便。须注意的是，悬臂翼缘铺设小方木时，要预先留出侧立面小方木8cm的位置，使其顶在侧面小方木的上端，以构成一个整体。

箱体侧立面为邦包底，即侧面板直接放置在大方木上，高度为113cm，只需将宽度为122cm的竹夹板锯去9cm即可，此剩余料纵向钉在底板两侧的大方木上，以便在其上面置放侧模。侧模下口外侧纵向钉一6cm×8cm通长木条于横置的大方木上，挡住立放的小方木，在侧立模的中间加设通长ϕ48mm管，并用横向管与其连接，传力至立杆上，作为加劲顶撑。

第一次立模为箱体底板和侧立板，两侧翼缘底板只钉上小方木；第二次再铺竹夹板，然后进行底板和箱肋的钢筋捆扎，以及波纹管预应力筋的穿束、固定，完成后即可进行第一次内模的立制。

2）内模立制

第一次立内模为箱梁的内侧面，上至上角肋下口，下至下角肋下口，两内模间设木横撑以作间距固定。木横撑下设 ϕ50mm 钢管，将悬空内模支承在底板上，以后浇筑在混凝土中，作为空腔与外界相通的透气孔，室间相邻的侧立面上口设顶撑和拉条，以保证肋的厚度。

第一次混凝土浇筑完毕后，拆除内模，在已完成的底板上立顶板内模，再捆扎顶板筋，完成第二次浇筑。第二次内模要在适当位置留出人孔，便于进入箱内张拉和拆除内模。

外模的细部处理和内模立制，在实施前另绘详图作技术交底。

4.9 钢管拱施工

本工程共有三跨钢管拱，跨径分别为 100m＋120m＋100m，每侧拱肋由四根外径为 ϕ700mm×14mm 钢管组成，管轴线间距为横向 1100mm，竖向 1700mm，外廓尺寸为宽 1800mm，高 2400mm，平联及腹杆为管径 ϕ350mm×10mm 组成，拱足部分主管之间为 14mm 缀板焊成，共 7 段成拱，拱足段预埋于拱座内，左右侧拱肋间共三道风撑。100m 跨为两道 K 形风撑，一道一字形风撑；120m 跨为两道 K 形风撑，一道米字形风撑；100m 跨为 15 对吊杆，120m 跨为 19 对吊杆，平行钢丝索，冷铸锚。吊杆下为钢制大横梁，长 31m，大横梁间设有 8 道钢制纵梁，螺栓连接，其上是桥面，铺装混凝土 23～27cm，再其上是两层沥青，共厚 8cm。

4.9.1 成拱方案

两处 100m 边跨采用满布支架法，汽车吊竖直吊装拱节。在架顶平台上，拼装焊接吊段形成拱节的总体方案，中跨 120m 因条件限制拟用万能杆件塔架和缆索吊，空中吊装拼接成拱的总体方案。

4.9.2 钢管和纵横梁的焊拼步骤

结构器材的加工制作和现场安装质量直接决定着桥梁的功能和使用寿命，因此，须选择有资质、有能力、有经验和有条件的生产厂家，在工厂内加工制作，因受地面拼装场地和运输条件的限制，故采用在厂内先加工成部件。运输至现场后，再将部件在地面连接成吊装件，最后在架顶或空中拼装连接成拱的分步实施方法。对于 100m 拱，即在工厂加工成 11 段，每节约 10m，拱座预埋节在浇筑拱座混凝土时先就位，其余 9 节支架完成后，运至工地后直接吊装至架顶平台，进行拼装后焊接。对于 120m 拱，除预埋节与上述步骤相同而外，其余 8 节每节长约 13～14m，须运至工地在地面上施焊连接成 26～28m 左右的吊段，吊装后空中焊接，最后的合拢段长约 10m，直接运至工地，吊装后空中焊接。

钢制纵横梁也按同样方法进行第二次工地地面连接后，再进行吊装就位。

4.9.3 工厂内的焊接加工

(1) 卷管

拟在工厂内采用螺旋焊缝管，采用桥梁用钢材 Q345E，主要相关指标为：厚度 14mm，屈服点 345MPa，抗拉强度 510MPa，伸长率不小于 21%，工作温度－40℃，化学成分和其他指标亦须符合标准，且具有完整的产品合格证明，并做好抽样检查。

卷管前对钢板进行整平、除锈、清边、开坡口等处理，焊口坡口应符合规定，卷管方向应与钢板压延方向一致，自动双面焊接，焊接质量要符合要求，成管直径误差失圆度不大于 2mm，对接径向偏差不大于 2.8mm，拼接单位长度 3m，螺旋焊缝完成后做外观质量检查，其次作超声波和 X 射线检测，发现问题及时补焊。

每单位管节要求进行水压试验，以检测焊缝强度和提高钢管强度。

(2) 钢管拱肋的加工制作

1) 施工详图绘制

在钢管拱肋加工制作前，首先应根据设计图的要求绘制施工详图。施工详图按工艺程序要求，绘成零件图、单元构件图、节段构成图及试装图。为防止失误，明确工艺程序，还需绘制从零件至单元构件至节段单元的加工、组焊、试装工艺流程图。

2) 放样

加工前，首先在现场平台上对 1/2 拱肋进行 1∶1 放样，放样精度需达到设计和规范要求。根据大样按实际量取拱肋各构件的长度，取样下料和加工。拱肋放样方法一般为坐标法，使用经纬仪并配以Ⅰ级钢尺。量测时，应考虑温度的影响。

3) 钢管接长

按拱肋加工段长度在工厂焊成便于运输的段长，到工地后再焊成吊装段长度。

首先应对两管对接端进行校圆，一般不圆度不得大于 $3D/1000$（D 为管径），本工程为 2.1mm，达不到要求时须进行调校。较圆可采用比管内径稍小的弧的一小部分，用薄钢板剪弧形作为样板，内靠管体口附近多处，若不密贴，表明该处不圆，可局部锤击直至密贴为止。接下来进行坡口处理，包括对接端不平度的检查，然后焊接。钢管环对接焊缝质量直接影响拱的强度，施工时应严格进行控制。焊工必须持有合格证件，严格按施焊程序和要求进行操作，本工程管径较小，故进行陶瓷衬垫，二氧化碳打底，管外施焊。焊接完成后，严格按设计要求进行焊缝外观质量检查和超声波与 X 射线检测。

4) 拱肋段拼装

拼装时按下列顺序进行：

a. 精确放样与下料。一般按 1∶1 进行放样，根据实际放样下料。

b. 对用于拼装的钢管作除锈防护处理。上、下弦杆管及管内要填充混凝土的上下弦管和腹杆管，管内需除锈（喷砂），管外需除锈与防护；对管内不充填混凝土的腹杆管，需对其管内壁除锈并按要求进行防护，管外则与弦杆在拼装完后一起防护。

c. 在 1∶1 放样台上组拼拱肋。先进行组拼，然后作固定性点固焊接，在拱肋初步形成后，对其几何尺寸作详细检查，发现问题，及时调校，使拼装精度达到设计要求。

d. 焊接。焊接是钢管混凝土拱桥施工最重要的一环。由于拼装焊多为现场手工操作，所以，对焊工技能要求严格，必须持证上岗，且在正式上岗前还需按规定进行管结构试焊并提供试件，以便检验焊工的现场焊接水平。施焊工艺必须符合设计要求，并需按要求进行检测（检测项目包括外观、超声波与 X 射线）。在拱肋一面焊接完后，对其进行翻身，以便焊接另一面，从而避免仰焊，确保焊接牢固。由于拱肋翻身是在未完全焊接情况下进行，很容易造成拱肋结构杆件接头处的损坏，所以，必须正确设置吊点和严格按设计方案要求进行翻身。

e. 精度控制。桥跨整体尺寸的精度由节段精度来保证，所以，制作精度的控制应着眼于节段的制作精度。在制作中，由于卷尺误差、温度变形、画线的粗细度以及焊接收缩量等误差大小在一定程度上可以推算，因此，在制作中要尽量排除。把基准对合偏差、焰割气压变化时所产生的切割偏差、组装时对中心的误差、估计焊接收缩量误差等偶然误差作为基本误差来考虑，利用误差理论分析出节段制作与结构拼装误差预测值，并根据不同的保证率和实际情况确定出容许误差，在施工时的精度控制按规范或设计要求执行。拱肋拼装精度如图 4-9 所示。

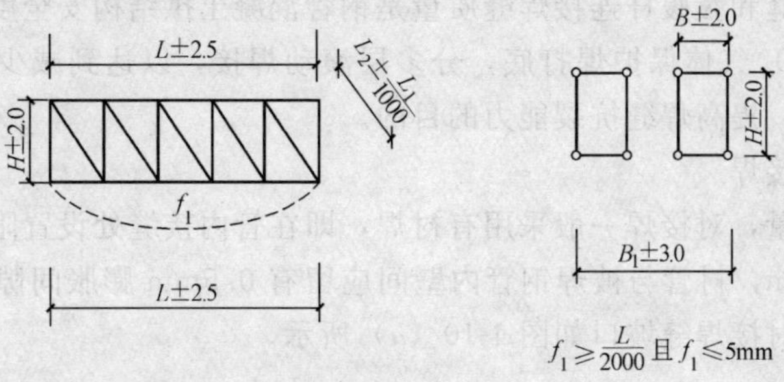

(a)

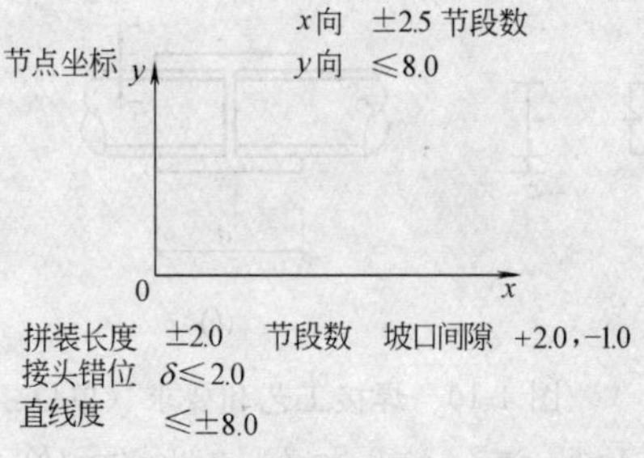

(b)

图 4-9 拱肋拼装精度（mm）

(a) 节段单元控制精度；(b) 预拼装几何精度

f. 防护。钢管防护的好坏直接影响钢管混凝土拱桥的使用寿命。在拱肋段完全形成、焊缝质量检验合格后即可进行防护施工。首先对所有外露面作喷砂除锈处理，然后作防护处理，目前一般采用热喷涂，其喷涂方式、工艺以及厚度均应符合设计要求。在防护完成后，即可将其堆放待用。

4.9.4 焊接工艺和要求

(1) 焊接拼装一般要求

弦杆与腹杆及各种缀件的组装应遵照施工工艺设计的程序进行焊接。

钢管焊接，在焊前可用点焊定位，或可另用附加钢筋焊于钢管外壁作临时固定联焊，固定点的间距可取 300mm 左右，且不得少于 3 点。钢管对接焊接过程中如发现点焊定位处的焊缝出现微裂缝，则该微裂部位须全部铲除重焊。

腹杆与缀件焊接时，焊缝次序应考虑焊接变形的影响。

(2) 焊接环境

施焊前，焊工必须检查焊接部位的组装和表面清理的质量，对不符合要求者应在处理合格后方能施焊。在雨雪天气不得露天施焊，构件焊区表面潮湿或有冰雪时，应在清除干净后施焊，焊接环境最低温度应控制在规定范围内。

(3) 焊接材料选择

钢材焊接用焊条、焊丝、焊剂必须与其母材相匹配。

焊条选用：钢号 Q345-E，焊条型号 E5011。

焊剂、焊丝选用：焊剂 HJ402；CO_2 气体保护焊用焊丝 H08Mn2Si。

(4) 焊接方法的选择

钢管的对接焊缝和弦腹杆连接焊缝质量是钢管混凝土拱结构安全度的重要保证条件之一，一般宜采用 CO_2 气体保护焊打底，分多层滚动焊接，以达到减少焊缝含氢量、焊接内应力及焊接变形，提高焊缝抗裂能力的目的。

(5) 钢管的对接焊

为确保焊接质量，对接焊一般采用有衬焊，即在管内接缝处设置附加衬管，其宽度为 20mm，厚度为 3mm，衬管与被焊钢管内壁间应留有 0.5mm 膨胀间隙。也可采用无衬管全熔透对接焊接。对接焊缝坡口如图 4-10 (*a*) 所示。

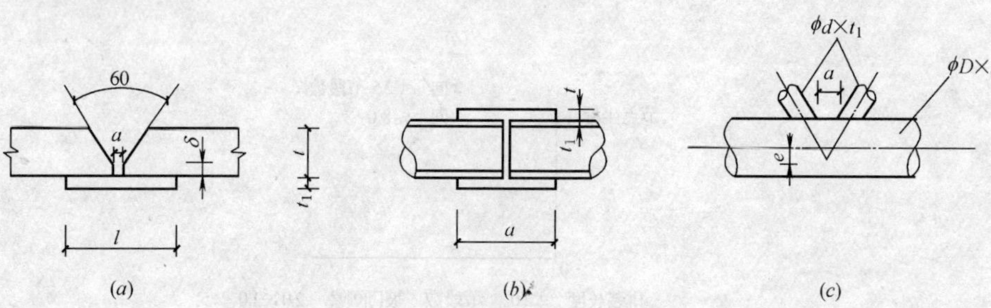

图 4-10　焊接工艺和要求（单位：mm）

(*a*) 衬管壁厚 $t_1=4\sim6$，$\delta=2$，$a=0.5\sim2$，$l=20\sim25$；(*b*) $t\geqslant t_1$，$a\geqslant10t_1+10$ 且 $a\geqslant60$；(*c*) $a\geqslant5$，$t\geqslant t_1$，$e\leqslant1/4D$

(6) 钢管的搭接焊

如图 4-10 (*b*) 所示，搭接焊的最小互搭量应是所连较薄管件壁厚的 5 倍，且不小于 25mm。

(7) 弦杆与腹杆连接焊

桁构式钢管拱，其钢管弦杆与腹杆的连接可通过直接焊接完成。由于腹杆端面为一复杂的空间曲面，切割精度控制较难，施工时应注意确保接缝和坡口（单坡口）宽度一致，腹杆壁厚不宜大于弦杆管壁厚度，腹杆不得穿入弦杆。腹杆和弦杆连接的偏心距 e 的绝对值不得大于 1/4 弦杆直径，腹杆间的距离 a 应大于 50mm。如图 4-10 (*c*) 所示。

(8) 间断焊（点固焊）

在作间断焊缝时，其焊缝长为 50～100mm，两间断焊缝中距不大于管壁厚的 24 倍，且不大于 300mm，间断焊缝的焊角尺寸尽量接近焊接规程规定的最小值。

(9) 焊接管单元的矫型

一般在形成架单元前的钢管应事先进行矫型，对接焊后，管单元的焊接变形也需要矫正，其矫正允许偏差如图 4-11 所示。

(10) 焊缝质量标准

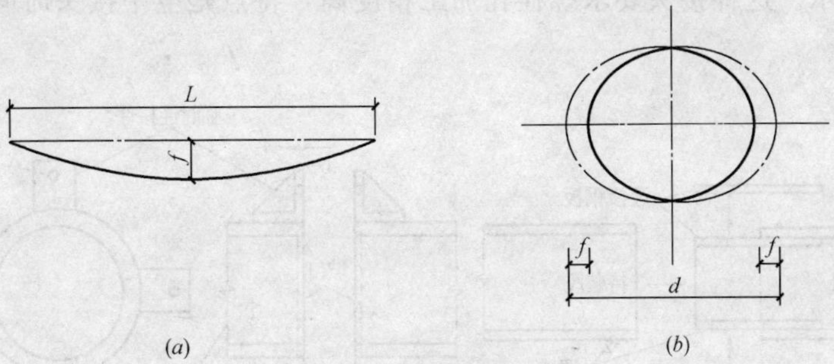

图 4-11 焊接变形矫正允许偏差（mm）
（a）弯曲度（$f\leqslant 1/1000$ 且 $f\leqslant 10$）；（b）失圆度（$f\leqslant 3d/1000$）

1）焊缝的强度（抗拉、抗压、抗弯及疲劳强度）必须保证大于或等于母材的强度标准值。

2）焊缝的外观检验：所有焊缝都必须在全长范围内进行外观检查，主拱所有焊缝的外观质量应符合焊接规范的规定。

3）焊缝的内部质量检验：

a. 对接接头焊缝和角焊缝应100％进行超声波探伤，并取不小于其焊缝长度的20％进行射线探伤，两条焊缝交叉点必须进行射线探伤检验。

b. 焊缝超声波探伤内部质量分级应符合规范规定，即：对接焊缝质量等级Ⅰ。适用范围为主要杆件、钢管、箱形梁受拉横向对接焊缝。

c. 焊缝超声波探伤范围和检验等级应符合规范规定；其他要求应符合国家标准《钢焊缝手工超声波探伤方法和探伤结果的分级》。

d. 若经超声波探伤已可认定焊缝存在裂缝，则应判定焊缝质量不合格；若用超声波探伤不能确认缺陷严重程序的焊缝，应补充进行射线探伤，并以射线探伤结果为准。但在进行射线探伤抽检时不得将上述射线探伤数量计算在内。

（11）注意事项

严禁在焊缝以外的管上打火引弧，以免损伤母材。

4.9.5 钢管拱肋安装

（1）悬臂拼装顺序

拼装顺序一般应按设计要求进行，在施工中，有时为了使安装快速、安全和稳妥，可根据实际情况予以调整，采用大型吊车吊装。

（2）标高控制与调整

一般采用水准仪控制标高，在地形等受到限制时，可利用全站仪完成。利用捯链调整扣索索力来调整拱肋标高。

（3）空中接头

钢管拱空中接头首先要求绝对牢固可靠，同时也要方便施工。一般采用焊接、高强螺栓与焊接结合等接头方式。

高强螺栓与焊接结合接头就是先在前一段管端内侧焊好衬板，然后再将后一安装段管端套进前一段管端的衬板，装上接头外侧连接板，待全拱接头完成后焊好外侧连接板，如

图 4-12（*a*）所示。这种接头要求螺栓孔加工精度高，特点是空中接头时间短，但对接口易就位。

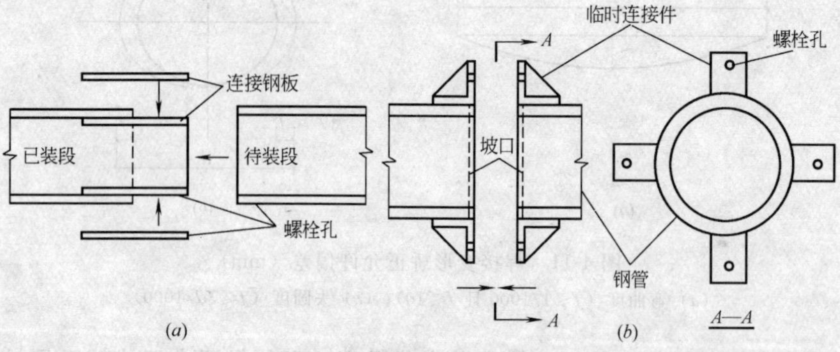

图 4-12　钢管拱肋空中接头

（*a*）螺栓焊接结合接头；（*b*）焊接接头

焊接接头就是在空中进行对接焊。为了临时固定，在两段管各自端头周边外侧焊上临时螺栓连接钢板，在临时连接后进行初焊，待全拱形成后再终焊，并除去连接钢板和补焊处，如图 4-12（*b*）所示。这种接头空中焊接量大，焊接质量控制（检测）较难，对接焊后还要在管外加包箍。

空中接头处一般钢管拱肋处于悬臂状态（节点以外）。为保证管不产生整体变形，便于空中对接，都应设置固定架，待接头连接后拆除；另外，应在前面已安装段管（截面下层管）外侧底部和内侧上部焊上临时支承板，以便于施工。

（4）轴线偏位控制

在安装过程中随时检查拱轴线位置，一旦偏位，立即调整，一般利用调整横向浪风索索力、接头处垫钢板等进行调整。

4.9.6　管内混凝土浇筑

管内混凝土浇筑采用泵送顶升压注方法进行浇筑。由于分段浇筑对密封的钢管来讲较为困难，且由此而产生的若干混凝土接缝对钢管混凝土拱肋质量不利。拟采用自拱脚一次对称压注至拱顶的方案，先下部管，后上部管，如图 4-13 所示。

钢管混凝土压注工艺流程为：堵塞钢管法兰间隙⟶清洗管内污物，润湿内壁⟶安设压注头和闸阀⟶压注管内混凝土⟶从拱顶排浆孔振捣混凝土⟶关闭压注口处闸阀稳压⟶拆除闸阀完成压注。

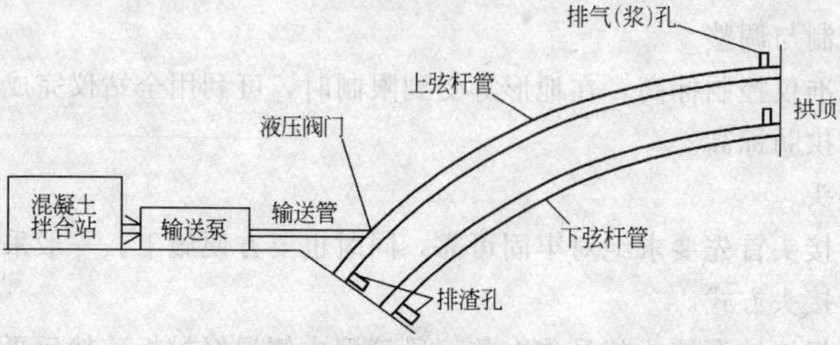

图 4-13　钢管混凝土压注施工示意图

(1) 混凝土质量要求

1) 管内混凝土不能出现断缝、空洞。

2) 管内混凝土不能与管壁分离。

3) 管内混凝土的配料强度应比设计强度高 10%～15%。

4) 新灌入钢管的混凝土，3d 内承载量不宜高于 30%设计强度。7d 内承载量不宜高于 80%设计强度。

5) 一根钢管的混凝土必须连续灌注，一气呵成。

(2) 混凝土配合比设计

钢管混凝土宜采用半流动性微膨胀缓凝混凝土，配合比设计要点如下：

1) 水灰比应小于 0.35，坍落度 12～18cm，以 16cm 最佳。

2) 加入减水剂增加流动度。减水剂以 FDN 最好，在相同水灰比时，可增大坍落度 1.0 倍，提高强度 20%左右。也可选用 M 型、YJ-2、UNF2 型减水剂，减水剂掺加量约为水泥量的 0.9%～1.2%。

3) 加微膨胀剂防止混凝土收缩。微膨胀剂可选用钙矾石、UEA 等。掺加量为水泥量的 10%～20%（具体用量可根据产品情况试验确定）。

4) 高温地区夏季灌注混凝土时，可加 5%（水泥量）的一级粉煤灰，以增加和易性，降低水化热。

5) 应加入缓凝剂延长初凝时间。

6) 配料强度应大于 1.1～1.15 倍设计强度。

(3) 混凝土输送泵选型

1) 混凝土输送泵应当性能可靠，以保证连续灌注，一般应有备用泵（及搅拌机）。

2) 输送泵的额定扬程应大于 1.5 倍灌注顶面高度。

3) 输送泵的泵压不宜超过 4MPa，以免钢管被压裂。

4) 输送泵的额定速度按下式确定：

$$v \geqslant 1.2Q/t$$

式中 v——输送泵的额定速度（m^3/h）；

t——混凝土终凝时间（h）；

Q——要求灌注的混凝土量（m^3）。

(4) 钢管混凝土灌注施工

1) 入口设法兰接头和插板与输送泵管口连接。待灌注到设计标高后，用插板堵死开口，防止混凝土外溢。

2) 在灌注混凝土的前进方向上应每隔 30m 设一个排气孔。

3) 灌注开始前，应压入清水洗管，润湿内壁，管内不得留有油污和锈蚀物。

4) 灌注混凝土前，应先泵入水泥浆，然后连续泵入混凝土。

5) 应从两岸拱脚对称灌注混凝土。

6) 可在钢管上固定附着振捣器，边灌边振，这有助于排出管内空气，加强密实度，采用免振混凝土则无须振捣。

7) 灌注顺序按设计要求执行，对拱肋轴线变形进行观测调整。

8) 灌注时环境气温应大于＋5℃。当环境气温高于 40℃、钢管温度高于 60℃时，应采取措施降低钢管温度。

（5）钢管混凝土浇筑计算

钢管混凝土拱桥所用钢管直径大，一次连续浇筑混凝土数量多。因此，在混凝土浇筑过程中，往往会出现钢管某些截面应力过大，特别是拉应力过大的情况。所以，必须对钢管拱圈在混凝土浇筑全过程中各截面的应力变化过程进行计算，以便对其进行控制与调整。计算可采用电算完成，调整并通过安装拱圈时已设置的斜拉扣索的索力，对拱圈加载或卸载，从而改变钢管拱圈截面的应力。扣索拉力变化确定步骤如下：

1）找出拉应力超标的截面：首先画出连续浇筑某根钢管混凝土时各控制截面应力过程线，从中找出拉应力超过控制拉应力的断面。

2）选择斜拉扣索：利用悬拼时固定在钢管拱上的扣索锚，选择对拉应力超标截面增加压应力效果最大的斜拉索。

3）确定斜拉索拉力变化值：在拉应力超标截面的应力过程线上作应力包络图，根据斜拉扣索产生应力的效应，即可换算成斜拉扣索的拉力。

这项工作可由计算机完成，然后检查斜拉扣索对其他截面应力的影响，尤其是扣点截面，如果没有引起新的拉应力超标，斜拉扣索拉力就确定了，如一对斜拉扣索不满足，可加上几对扣索。

（6）钢管混凝土质量缺陷

钢管内的填心混凝土最常见质量缺陷有以下几种：

1）空腔。由灌注过程中排气不良或灌注间断而残留在混凝土内的空气造成。

2）收缩缝。因混凝土水灰比过大，水泥用量过多，微膨胀量不足造成。

3）混凝土与管壁粘结不良。由管内壁锈蚀造成。

4）混凝土离析。由配料不好、骨料堆积或抛投灌注造成。

5）混凝土疏松不密实。由泵压不足、灌注速度过快造成。

4.9.7　钢管混凝土质量检查方法

（1）敲击听音法

通过敲击声音的变化，可以检查出灌注混凝土与钢管内壁间的空隙，精确度可达1～2mm。这是目前最常用的方法，但其准确性不够理想。

（2）超声波检查法

1）原理及方法

钢管混凝土是钢管与填心混凝土组成的复合材料，密实完好的构件对应着一个固有的密度，也对应着一个固有的传播声速及振幅和波形。密实度变化，或混凝土内出现缺陷，其密度、传播声速、振幅、波形都会发生变化，因此，可以预先制备一段合格的足尺钢管混凝土试件，称之为标定试件；用超声波仪测得其固有传播声速 v_{ca}、振幅 A_{ca}、频率 f_{ca} 及波形曲线，称为标定数据；然后，再用同一台仪器，测定检测结构的这些参数，称为测定参数 v_{cb}、A_{cb}、f_{cb}，两者比较即可判断是否存在缺陷。

钢管混凝土超声波检测不同于普通钢管混凝土或素混凝土，超声波在钢管混凝土中传播途径如图 4-14 所示。

2）缺陷识别

钢管混凝土超声波特性波形图如图 4-15 所示。可据此识别钢管混凝土缺陷类型。

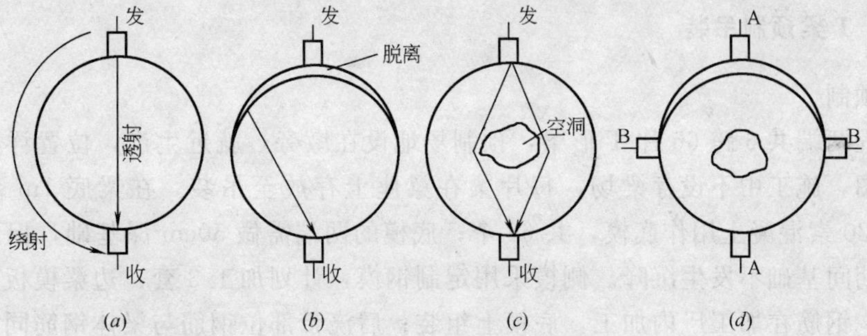

图 4-14 超声波通过钢管混凝土可能的声波途径

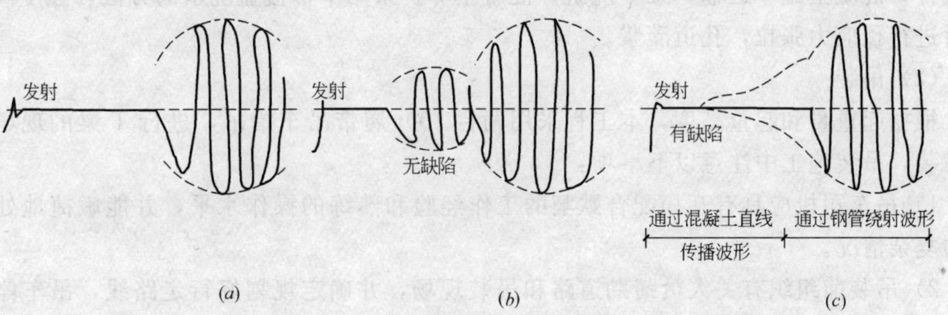

图 4-15 超声波通过钢管混凝土典型波形图

(*a*) 空钢管；(*b*) 无缺陷钢管混凝土；(*c*) 有缺陷钢管混凝土

a. 局部脱粘及空洞声时识别：由混凝土收缩引起的混凝土与钢管壁脱离，可采用正交对测识别。

b. 脱离识别：在发射电压相同，探头触及钢管压力一致情况下，从超声脉冲对钢管产生的振动回声中也可初步判断钢管壁是否与混凝土脱离。若发生的脉冲撞击回声较大，并为一种空响时，说明内部脱离。而脉冲撞击回声较小，并为一种表面点击声，则说明无脱离。

在存在缺陷的部位做好记号（标志），以便处理。处理方法一般采用钻孔压浆补强，然后将钻孔补焊封固。

3）强度检测

超声波传播速度与填心混凝土立方强度 R_a 存在良好的相关关系：$R_a = 3.859 \times 10^{-15} v_c 4.704$

分别用实测的声速 v_{ca} 或 v_{cb} 代入上式，便可求得钢管混凝土实际强度 R_{ab} 与标定试件强度 R_{aa} 之间的差异。

4）测试布点

超声波检查的主要目的是检查管内混凝土是否均匀、混凝土与钢管是否密贴、管内混凝土是否存在空洞和冷接缝以及混凝土强度是否达到设计要求。为了能对钢管混凝土质量作出正确评价，超声检测布点采用随机抽样布点，要求做到：具有代表性，具有一定数量，可进行统计分析，对可能产生缺陷的部位（如拱顶和拱脚）应适当增加测区；同时，对在泵送混凝土浇筑中出现堵管的管道进行重点探测。

4.10　T梁预制吊装

（1）预制

本工程两端共6跨66片T形梁，预制场地设在墩旁，就近生产，位置详见施工现场平面布置图，施工中不设存梁场，每片梁在梁座上存放至吊装。在梁底1m范围内铺设15cm厚C20素混凝土用作底模，共66个；底模的两端需做50cm深基础，保证张拉完成后梁存放期间基础不发生沉降。侧模采用定制钢模，计划加工3套：边梁模板1套，中梁模板2套。钢筋在加工厂内加工，底模上组装；后浇带部位钢筋与梁体钢筋同步绑扎，加强筋按设计图纸设置，施工过程中注意保护成品钢筋不受混凝土和雨水等污染。混凝土集中搅拌，混凝土罐车运输，泵车浇筑。混凝土养护采用草帘覆盖浇水的方法，强度满足要求后进行预应力张拉，孔道灌浆。

（2）吊装

根据起重量和起重高度，本工程采用两台100t履带吊车抬吊，进行T梁的现场倒运和吊装，吊装施工中注意以下事项：

1）吊车司机应具有互相配合默契的工作经验和熟练的操作水平，并能敏捷地处理出现的复杂情况。

2）吊装前组织有关人员踏勘道路和吊装现场，并确定规划好行走路线，吊车停放位置，吊车扒杆高度、角度、旋转方向和梁的提吊顺序，以及其他的配合事宜。

（3）368m长柔性系杆安装张拉

采用长368m的柔性可替换式系杆平衡次边墩的绝大部分水平力，每侧边拱布设8束OVM15-19环氧涂装无粘结筋，每根重8850kg。系杆在施工过程中共分4次进行张拉，体系之间要进行多次内力转换。系杆张拉吨位、张拉顺序等都应随施工工况情况一一详细进行计算。重达9t的系杆安装、系杆张拉及对系杆的防护是本工程的技术难题。

1）系杆盒安装：根据设计要求，在张拉系杆前必须安装系杆保护盒，由于在横梁未安装前，系杆盒为漂浮体，无处固定，因此，必须采用有效的固定措施。安装方案如下：配重箱梁至100m跨第一道固定横梁处可搭设支撑架，支架顶面标高为系杆盒底面（也可以利用立柱做依托焊接角钢支架）；8、9号墩两侧横梁之间也搭设支撑架，支架顶面标高为系杆盒底面（也可以利用立柱做依托焊接角钢支架）；100m、120m跨两道固定横梁之间可利用拱肋安装支架，在支架之间拉8mm钢丝绳，将系杆盒悬挂于钢丝绳上；过拱处采用在拱肋缀板处开孔，孔内预埋400mm×253mm钢板盒，钢板盒与四周缀板采用角焊缝进行连接，焊脚高度不小于8mm；由于系杆盒为5m一段进行加工，每两段之间先采用50°角钢进行连接，在横梁安装完毕后进行接口焊接；每隔10m加一道上盖，防止在穿束或张拉过程中系杆脱离系杆盒；系杆盒接口处必须打磨平整、光滑，防止在穿束过程中损伤PE保护层。

2）系杆安装：在安装系杆盒的同时在系杆盒内穿入ϕ10mm圆钢（每一根系杆对应一根）连成一根通长导线，再由其牵引一条长约400m的钢丝绳，钢丝绳另一端连接系杆，当钢丝绳穿出系杆盒，用卷扬机将系杆穿入；在两端各设立一台10t卷扬机，一台用于牵引系杆，一台用于牵引钢丝绳；安装系杆时必须注意对PE层加以保护；放束应设立专用索盘，支架用ϕ150mm钢管焊接而成，轴采用ϕ140mm钢管。

3）系杆张拉：在张拉之前必须对张拉机具进行校验，并根据校验结果将张拉力换算成对应千斤顶的油表读数；采用两端张拉，实行双控；四台千斤顶对称、同步张拉；服从统一指挥，要求慢速张拉，油表读数准确；严格按设计要求顺序进行张拉；张拉时必须同监测单位取得联系，根据监测结果调整张拉应力。

4.11 桥面系

分为人行道、现浇桥面板、防水层、沥青混凝土面层、人行道栏杆、防撞护栏等。

（1）人行道：预制T梁处人行道现浇地袱、预制人行道板；边拱配重箱处人行道地袱与人行道板全部现浇，中承式拱处人行道大部采用预制吊装；局部在观景台位置外地袱为现浇，人行道板预制吊装。

（2）现浇桥面系：预制T梁与箱梁处为10cm厚C30防水混凝土，中承式钢管拱处为23～27cm C40现浇钢纤维混凝土桥面板。

（3）防水层：14385m^2。

（4）沥青混凝土面层：4cm中粒式沥青混凝土AC-16，4cm细粒式沥青混凝土AC-13。

（5）人行道栏杆：采用不锈钢管。

（6）防撞护栏：铸钢柱。

以上工作采用常规做法，根据施工进度投入施工机具人员即可。

4.12 冬、雨期施工措施

吉林市气象资料显示，吉林市平均年降水量为668mm。六～八月间降水量占全年雨量的60%。七、八月份暴雨多。为保证工程质量、施工进度，特制定以下雨期施工措施：

（1）雨期施工期间为保证道路畅通，对施工场地内进行硬化处理（如搅拌站、钢筋场），设置排水沟，与现场主排水沟连接，排至松花江。

（2）专人负责防汛工作，经常与气象部门联系，随时注意天气变化，取得气象台的中期预报。

（3）适当的防雨用具，在浇筑混凝土过程中遇天气突然变化时应停止浇筑，并对已浇筑的混凝土进行防雨处理。

（4）电气设备必须要搭设防雨棚，不得因雨损坏设备，耽误生产。

（5）四周应做好排水明沟，水泥底部应用木枋及木板架空，防止底部水泥受潮硬结。

（6）雨天浇筑混凝土要采取覆盖措施，中雨以上天气不得浇筑混凝土。雨后浇筑混凝土前，应及时检测砂、石含水率，并对混凝土配合比进行适当调整。

（7）准备砂袋、雨布等防汛设施。

（8）设专人时刻注意松花江水位情况；有异常及时上报，并采取有效措施。

（9）做好防汛的各项工作，出现突发事件时有专人指挥，以减少不必要的经济损失。取如下措施：

（10）后勤部门应准备好雨期施工劳保用品（如雨衣、雨靴等），确保雨期施工正常进行。做好作业班组的防暑降温工作，尽可能给施工人员创造好的施工条件。

（11）混凝土浇筑后，一旦初凝，应立即覆盖草袋，对混凝土表面进行防晒、防蒸发保护；同时，对混凝土进行浇水养护，浇水养护必须使覆盖草袋时刻处于湿润状态。

(12) 墩柱及现浇桥梁侧面采用塑料薄膜养护，尽量减少养护水分蒸发，保证养护效果。

(13) 钢筋及半成品钢筋应用彩布等做好遮雨措施，防止钢筋生锈。

(14) 桥面混凝土浇筑时，应备好足够的彩条布，以便下雨时覆盖，防止雨水冲坏未初凝的混凝土表面。

(15) 冬期施工时，钢筋负温冷弯和焊接必须符合以下条件：

1) 钢筋冷拉：钢筋冷拉采取可靠安全措施时温度不低于－20℃，冷拉时可采用控制应力方法或控制冷拉率方法，采用以上方法冷拉钢筋时，HPB235 级钢筋控制应力为 280N/mm^2，最大冷拉率为 10.0%。负温冷拉后的钢筋，逐根检查其外观，表面不得有裂纹和局部颈缩。

2) 钢筋冷弯：当环境温度低于－20℃时，HRB335 级钢筋不进行室外冷弯操作，需要弯曲的钢筋均在暖棚内操作。

3) 钢筋焊接：

a. 当环境温度低于－20℃时，不宜进行施焊。

b. 雪天或施焊现场风速超过 5.4m/s（3 级风）焊接时，应采取遮蔽措施，焊接后冷却的接头应避免碰到冰雪。

c. 钢筋负温电弧焊，采用分层控温施焊。热轧钢筋焊接的层间温度控制在 150～350℃之间。焊接时应按规定选择焊条和焊接电流，采取防止产生过热、烧伤、咬肉和裂纹等措施。

d. 热轧 HRB335 级钢筋多层施焊时，焊后采用回火焊道施焊，其回火的长度应比前一层焊道在两端各缩短 4～6mm。

(16) 冬期混凝土施工时采用热水搅拌，提高混凝土温度，浇筑全部安排在白天进行，并采用覆盖稻草被等措施保温。

(17) 冬期进行吊装、高空作业时，棉衣、手套防滑鞋等劳保用品要齐全，并时刻注意安全。

5　质量、安全、环保技术措施

5.1　质量管理措施

(1) 质量目标

本工程的质量总目标为：中建总公司示范工程、省优、鲁班奖。为保证本工程质量目标实现，我公司遵循：施工进度与质量发生矛盾时以质量为主；效益与信誉发生矛盾时以信誉为主。

分项工程合格率 100%，优良率 85%以上。

(2) 质量管理体系

项目经理部针对本工程具体情况，建立了完善的质量管理体系。如图 5-1 所示。

项目经理对整个工程的质量负责，各职能部门在项目经理领导下到所属各部门（各业务队）进行管理及业务指导，这样既能保证项目经理的统一指挥，又能防止管理混乱。质量管理体系中各部门、各责任人必须明确其职责，只有实行严格的质量责任制，才能建立正常的生产技术工作秩序，才能加强对设备、工具、原材料和技术工作的管理，才能统一工艺操作。实行质量责任制不仅能提高各工序的工作质量，还能提高各专业管理的工作质量，把各方面的隐患消灭在萌芽之中，防止工程质量缺陷的产生。

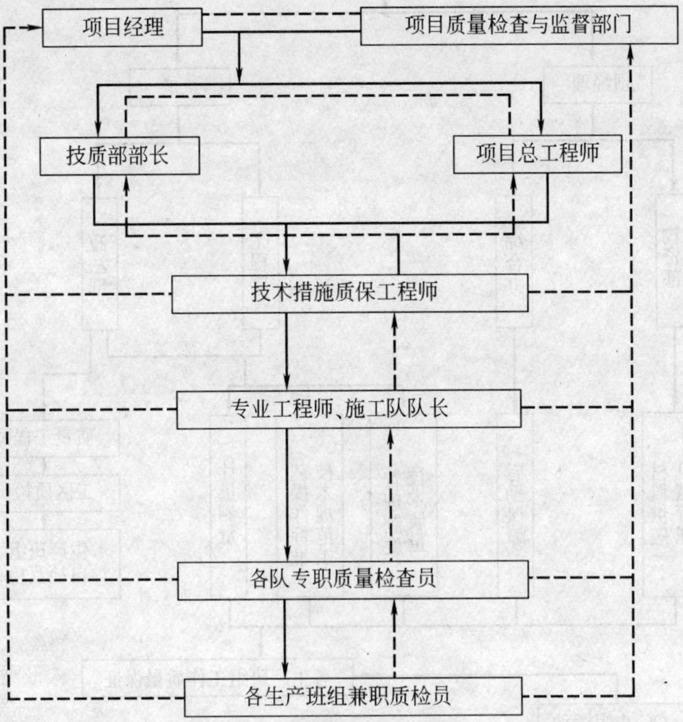

图 5-1 质量管理体系

(3) 质量检查组织程序（图 5-2）

(4) 质量保证措施

1) 原材料质量保证措施

A. 材料采购：

a. 根据公司质量方针和质量目标的要求，依据公司材料采购的有关程序文件，选择合格的材料供应商，保证所有同工程质量有关的物资采购能满足规定的要求。

b. 建立合格的材料供应商队伍。对材料供应商有控制。

c. 编制采购计划

B. 原材料的检验：

a. 明确人员职责。项目试验员、项目材料员、项目质量监督员的职责必须划分清晰。

b. 编制材料采购工作流程。

c. 现场物资的堆放、储存必须有严格的管理制度。

2) 施工过程质量保证措施

A. 总则

a. 做好施工组织设计和施工方案的优化工作，按施工组织设计做好施工前的各项准

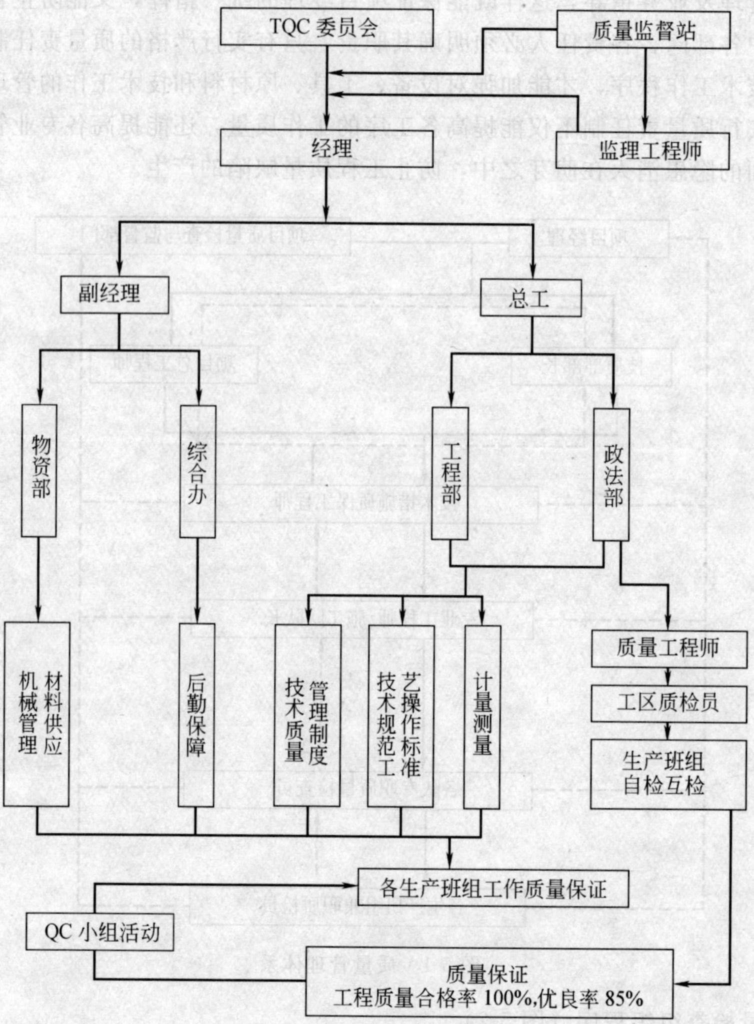

图 5-2　质量检查组织程序

备工作。

b. 做好图纸会审和各级设计交底工作，让所有施工人员都领会设计意图和质量技术要求。

c. 严格按事先确定的合理施工工序进行操作施工，发现问题及时上报，并会同有关人员研究处理。

d. 合理安排工序的穿插施工，加强成品的保护。

e. 各工序施工质量检查坚持执行“三检”制度，逐级检查，层层把关，并严格执行质量等级评定。

f. 所有隐蔽工程必须经有关单位验收、签字盖章，并如实做好隐蔽记录后，方可组织下道工序的施工。

B. 各分项工程

模板工程、钢筋工程、混凝土工程、钢管拱工程等必须满足施工规范和设计要求。质量标准应符合《市政工程质量检验评定标准》CTTZ-90。

5.2 安全生产施工措施

(1) 确立安全目标

创“文明安全工地”，杜绝重伤事故，轻伤事故率低于 2‰。

(2) 实行安全生产责任制

项目经理、生产经理、项目总工、安全工程师、现场工长、劳务作业队等安全职责必须明确和细化，且制定好安全管理制度，形成人人管安全、事事有人管的良好氛围。

(3) 安全教育

现场作业人员与施工安全生产责任最为紧密。因此，我项目部根据不同的施工作业人员，确定了不同的安全教育内容，并且制定严格的安全教育制度，见表 5-1 和表 5-2。

安全教育内容表　　表 5-1

类　别	重 要 性	内　　容
安全思想教育	安全生产的思想基础	尊重人、关心人、爱护人的思想教育 党和国家安全生产劳动保护方针、政策教育 安全与生产辩证关系教育 职业道德教育
安全知识教育	安全生产的重点内容	施工生产一般流程 环境、区域概括介绍 安全生产一般注意事项 企业内外典型事故案例简介与分析 工种、岗位安全生产知识
安全技术教育		安全生产技术 安全技术操作规程
安全法制教育	安全生产的必备知识	安全生产法规和责任制度 法律上有关条文 安全生产规章制度 摘要介绍受处分的先例
安全纪律教育		厂规厂纪 职工守则 劳动纪律 安全生产奖惩制度

(4) 施工现场临时用电安全

1) 安全用电组织措施

编制施工用电组织设计和安全用电技术措施；建立用电技术交底制度；建立用电安全检测制度；建立电气维修制度；建立拆除制度；建立安全用电检查制度；建立安全用电责任制；建立安全用电教育和培训制度。

2) 安全用电技术措施：根据安全操作规程制定相关措施。

(5) 工程安全防护措施

包括：①钢筋工程的防护措施；②模板工程的防护措施；③泵送混凝土的防护措施；④混凝土振动器的防护措施；⑤吊装工程的防护措施；⑥预应力施工安全措施；⑦高空及临边防护；⑧防洪防灾；⑨焊接工程（电焊工、气焊工）⑩明火作业。

安全教育制度表　　表 5-2

类　别	参　加　人	内　　容	要　求
新工人安全教育	新参加施工的实习生、民工、学徒工、合同工、代培人员、外单位支援的工人	安全思想、安全知识、安全纪律教育,安全生产制度、技术教育,岗位安全生产知识、岗位安全操作规程教育	须经考试(核)合格后,方准进入操作岗位
特殊工种安全教育	从事电气、起重、电气焊接、车辆驾驶、架子搭设等工种工人	一般安全知识,安全技术教育,重点进行本工种安全知识、安全技术教育	进行理论与实际考试合格者,持合格证上岗,不合格者补考,仍不合格者取消特殊工种资格
新操作法新操作岗位安全教育	从事新操作法或新操作岗位的工人	重点进行新技术知识、新操作方法安全教育注意事项	未经教育,不达标准不得上岗
从事尘毒危害作业工人安全教育	从事尘毒危害作业工人	重点进行认识尘毒危害、必要的防治知识、防治技术等方面的安全教育	未经教育不得上岗
各级干部安全教育	组织指挥领导人员:正、副经理、总工程师、技术负责人、施工队长、各施工段工长,内业技术人员	熟悉掌握安全生产知识、安全技术业务知识、安全法规制度等	定期轮训

5.3 文明施工技术措施

(1) 一般规定

1) 认真贯彻执行国家、省、市有关环境保护的法律、法令和法规，贯彻我公司《文明施工管理规定》。在施工期间要加强文明施工并对周边环境采取必要的保护措施以及对这些措施的维护与修整，从而使施工期间对环境造成的不利影响降至最低。

2) 施工现场要封闭施工，各交叉路口设立硬围挡并悬挂警示标志。对不能完全封闭交通的施工路段，要给社会车辆和行人留出便于通行的道路，并在施工期间负责维护，施工期间现场内交通道路保持畅通。

3) 施工期间始终要保持施工现场的排水状态良好，应修建有足够泄水断面的临时排水渠道，并与永久性排水设施连接，但不得使排水设施引起淤积和冲刷。

4) 施工期间要尽量减少噪声污染，各种机械设备斗必须装备良好的消声器。大型机械，如挖掘机、大型运输车辆等噪声大的机械设备，在夜间施工时要尽量降低噪声，夜间施工的噪声源控制在 50dB 以下。

5) 施工中产生的残渣及挖掘出的残土要及时清运，并按有关部门指定地点排放。在清运过程中保证车辆的封闭，不得污染现场外的道路。

6) 施工作业产生的灰尘，除在场地作业的人员配备必要的防护外，还要随时洒水，以免灰尘造成公害。易于产生灰尘的细料或散料遮盖或适当洒水，运输时用帆布遮盖。

7) 现场材料按种类、规格，分别堆放整齐，材料使用后及时将材料堆放场地清理干净，现场做到工完场地清。各种机械设备应保持清洁。

8) 生活区内要始终保持清洁卫生，生活区产生的垃圾及时清运，保持食堂和浴室的卫生，特别要加强对民工宿舍的管理。

9) 提倡遵章守纪、团结互助，严禁酗酒闹事、偷盗赌博、打架斗殴。

10）施工期间要保持各种市政设施，发现有地下管线要及时报告，等待业主或监理工程师处理，不得私自移动地下管线。保护文物古籍，施工中如发现文物，不得移动。

（2）施工现场CI形象

1）企业标志、名称

采用手册基础系统A-11中的“标志组合规范”。

2）围挡

本工程在南、北两岸采用组合式钢围挡全封闭，钢围挡颜色为白色，其中围挡上端0.2m高，下端0.3m高，刷成标准蓝色，在钢围挡上书写本公司的质量方针。

3）标牌

在现场北岸大门处按手册设统一样式的施工标牌，内容为：《中国建筑工程总公司会标》、《工程概况》、《江湾大桥工程平面图》、《工程项目管理体系》、《工程项目管理目标》、《安全生产六大纪律》、《防火安全管理制度》、《工会劳动保护提示》等八大标语牌。

4）旗台、旗杆及旗帜

在南北两岸的大门左侧各设立一个旗台，黑色瓷砖扑面，三根不锈钢栏杆，中间悬挂国旗，两侧为中国建筑工程总公司会旗。

5）临建设施

工地围挡内的临建办公室外部形象：房檐为标准蓝色，墙体为白色或灰白色，门窗及框为标准蓝色。

材料标识牌用木料制作，高0.7m，面板尺寸为400mm×300mm，书写内容为：材料名称、材料规格、检验状态、产地。

施工用电箱均应统一购买，并标识100mm×100mm企业徽标及企业简称字样。

6）办公室布置及办公用品

所有项目经理部办公室统一办公桌椅，样式不作规定。项目职工胸前佩戴胸卡，胸卡按手册统一制作，内容包括：企业标志及名称、姓名、职务及本人一寸彩色照片。

7）服装

项目经理部所有职工要求统一服装（服装款式由项目部统一）。

（3）现场场容管理措施

1）按现场各部位使用功能划分区域，建立文明施工责任制，明确管理负责人，实行挂牌制，所辖区域有关人员须健全岗位责任制。

2）施工现场场地全部采用碾压机碾压进行硬化，保证道路坚实畅通，有排水措施，承台施工完后，及时回填平整，清除积土。

3）现场施工临时水电设施专人管理，无“长流水”、“常明灯”现象。

4）施工现场的临时设施，包括生产、办公、仓库、料场、临时上下水管道及动力照明线路，严格按各阶段施工组织设计确定的平面图进行布置，并作到搭设或埋设整齐。

5）工人操作地点和周围必须清洁整齐，作到活完脚下清，工完场地清。

6）施工现场不乱堆垃圾和余物，应在适当地点设置临时堆放点，并定期外运；外运途中须采取遮盖防范措施，以防遗撒。

7）针对项目不同阶段目标及宣传工作的需要，及时设置宣传标语和黑板报，切实起到鼓舞士气、表扬先进的作用。

(4) 现场机械管理

1) 施工机械设备的运输、安装调试和拆除要制定相应的施工方案。提前做好准备工作，保证施工场所和过程的安全文明状况。

2) 现场使用的机械设备根据施工进度进场，临时使用的机械设备应根据当时场内情况，确定合理的布置方案，并经过项目主管领导的审核、批准。

3) 加强机械设备的保养和维修，遵守机械安全操作规程，做好安全防护措施，保证机械正常运转。经常保持机身及周围环境的清洁。

4) 保证各种机械设备的标志明显，编号统一。现场机械管理实行挂牌制，标牌内容应包括设备名称及基本参数、验收合格标记、管理责任人及安全管理规定和操作规程。

5) 临时用电设施的各种电箱式样标准统一，摆放位置合理，便于施工和保持场容整洁。各种线路敷设符合规范规定，并做到整齐简捷，严禁乱扯乱拉。

(5) 现场料具管理

1) 施工所需的各种材料和工具，应根据施工进度及现场条件有计划地安排加工和进场，做到既不耽误施工又不造成过于积压，充分发挥材料存放场地的周转使用效率。

2) 各种材料的装卸、运输要做到文明施工，根据材料的品种特性选择合适的机械设施和装卸方法，保证材料、成品、半成品的完好，严禁乱扔乱砸。现场按规定做好检查验收，并做好检验记录和交接手续。

3) 材料的存放位置必须便于施工和符合总平面布置要求，按照功能分区，挂牌标识，注明材料品种、规格数量、检验状态和管理责任人。

4) 材料存放方式、条件必须符合施工要求。各种散料堆放必须保证有合适的容器、包装。各种管件、杆件、散件应搭设架子码放，保证稳固可靠，不产生安全隐患，并根据材料性能要求做好防雨、防潮、防腐等措施。

5) 加强各种材料的使用管理，收、验、发手续齐全，做好限额领料，防止施工中材料的损坏和浪费现象，减少物耗。加强边角余料的收集和堆放管理。经常清点现场材料存量，根据使用情况做好料具的清退和转场。

5.4　环保措施

(1) 一般要求

1) 建立环境保护自我保证体系

2) 对职工进行环保知识教育，加强环保意识，积极主动地参与环保工作，自觉地遵守环保的各项规章制度。

3) 建立环保工作机构，制定环保工作计划和措施，自觉接受环保部门、地方政府对工地环保工作的监督、检查。

4) 工地建设用水量较大，要注意节约用水、防止浪费；同时，不要让施工废水直接流入江中，造成环境污染。

5) 临时用地、占地要合理使用，要充分考虑以后的利用。

(2) 施工现场控制扬尘措施

施工垃圾的清理，严禁随意凌空抛撒造成扬尘，施工垃圾要及时清运，清运时适量洒水减少扬尘。外运施工、生活垃圾应用雨布罩盖，日产日清；做好施工道路的规划和设置，临时施工道路基层要夯实，路面硬化。并随时清扫、洒水，减少道路扬尘；出入车辆清洗车轮及挡泥板，不允许带泥、带尘上路，特别是雨期应在出场路面铺设保护用品，派专人负责清扫干净后方可出场。

（3）施工现场防止水污染措施

1）现场搅拌作业和泵送混凝土施工，搅拌机前台及运输车辆清洗处设置沉淀池，排放的废水要排入沉淀池内，经二次沉淀后，方可排入江中。

2）施工现场临时食堂，设置简易有效的隔油池，产生的生活污水经过隔油池方可排放，平时加强管理，定期掏油，防止污染。

3）为防止水污染，现场厕所排污管线上设化粪池，定期清淘，污水经沉淀池，经沉淀后再排入市政污水管网。

（4）施工现场防噪声污染措施

1）提倡文明施工，加强人为噪声的管理。尽量减少人为的大声喧哗，增强全体施工人员的防噪声的自觉意识。

2）最大限度减少施工噪声污染，现场对噪声机械的使用采用有效的隔声措施，以减少强噪声的扩散；根据现场实际情况可选用低噪声的施工工艺和低噪声振动器等机械设备。加强对全体职工的环保教育，防止不必要的噪声产生。

（5）施工现场卫生防疫措施

1）施工现场、办公区、仓库，应实行责任区管理负责制，责任区分片包干、挂牌标示，个人岗位责任制健全，保洁、安全、防火等措施明确有效。工地围挡两侧 500m 随时清扫、保洁，为保证该路段清洁干净，项目部将安排专职保洁员负责。

2）施工现场按总平面规划设置临时厕所，并有符合有关规定的保洁措施，设专人打扫。厕所、明沟每天清扫，保证畅通，化粪池定期抽运。现场临时厕所作到有顶有盖，门窗齐全，作到天天清扫杀毒。施工现场严禁大小便，发现随地便溺现象要深究严罚。

3）办公区要作到整齐、美观、窗明地净，及时打扫和清洗脏物。清倒垃圾到指定场所，严禁随地倾倒污水污物。室内空气流通、清新，防止造成中毒和产生病菌。

4）工地食堂炊事人员必须办理健康证，并保证身体健康和卫生状况良好。食堂内外干净、卫生，炊具经常洗刷，生熟食品分开存放，食物保管无变质，防止发生食物中毒现象。

6 经济效益分析（或技术总结体会）

6.1 技术创新项目

本工程主要创新技术有：①沉井爆破下沉；②沉井内锚桩施工；③钢管拱肋加工制造；④钢管拱肋安装；⑤368m 长柔性系杆安装张拉；⑥钢管内混凝土压注。

6.2 发现、发明及创新点

（1）沉井爆破下沉。国内也有过先例，但仅限于局部。本工程基本上全程采用爆破下沉、穿越 12m 厚的中风化岩层，在国内还没有相关报道资料。本项目通过控制药量，采取松动爆破、井内止水的方式在坚硬岩层地区对沉井基础进行爆破下沉施工，并取得了成功，确保了井体质量和施工进度，并积累了丰富的施工经验，在以后的工程施工中加以推广。

(2) 在沉井底，沿沉井井壁四周设置锚桩，既可以增加沉井的承载力，又大大增加了沉井的抗水平推力，能大大减少施工时间，节约成本，此种做法在国内还没有先例。

(3) 应用少支架法架设钢管拱肋，通过对每座支架稳定性计算和受力情况进行测试，掌握支架在安装过程中的最大变形量及实际承载力，保证拱肋轴线的准确。采用此种施工方法可以大量投入吊装机械，多个工作面同时进行，为保证质量和工期创造了条件。

(4) 应用计算机对拱肋钢管分节进行计算，并将电算结果经专门编写的图形转换程序处理后，生成CAD软件所能识别的文件。将拱肋钢管分段的图形在计算机屏幕上显示出来并进行分解；然后，根据计算结果进行拱肋各部位的放样和坡口加工，保证了管节及单元的加工精度。

(5) 采用P.O42.5水泥配置C50高强、高流动性钢纤维微膨胀混凝土，并取得了成功，应用超声波时法对钢管混凝土检测，钢管内混凝土密实性完好，应进行推广。

6.3　效益分析

(1) 经济效益

沉井采用爆破法下沉共计花费1973.5万元，按定额采用抓土与高压射水相结合下沉方法其总价为2727万元，此项为公司增加利润750万元。

钢管拱、风撑采用电脑数据技术和自动埋弧焊技术，共节约钢材80t，焊条15t，共节约工程成本65万元。

钢管拱架设采用少支架法，较满堂支架节约周转钢材投入约500t及大量人工费，约合节约投资50万元。

采用钢管拱内压注高强、高性能混凝土（部分含钢纤维），减少了钢结构的设计重量及内部防腐要求等，为业主节约投资约200万元。

江湾大桥合同总价约1.9亿元人民币，在施工过程中，认真、深入地研究了各种施工方案的优劣及对工程成本的影响，选择了最优、最经济的施工工艺，从而确保了本工程获得了高达25%以上的毛利润率（经成本分析后）。

(2) 社会效益

吉林江湾大桥是吉林市目前的头号重点工程，也是吉林省内重点工程。在施工过程中，所有施工人员不畏严寒，勇于拼搏，积极钻研，始终贯穿科技领先、管理一流的精神，在吉林市政府及吉林市人民心目中树立了良好的形象，成为外省施工企业在吉林市的模范榜样，为公司进一步开拓吉林市场奠定了良好的基础。

在江湾大桥施工过程中，国内较多拟上马的同类型桥梁的业主、设计单位，多次到现场考察、学习，扩大了中建总公司在国内桥梁建设领域的知名度。

吉林江湾大桥的建造，为江城人民树立了又一道美丽的风景线，对改善吉林市城市交通及推动旅游业的发展是一个有利的促进。

6.4　推广前景

(1) 根据规范规定“下沉沉井时，不宜采用爆破方法，在特殊情况下经批准必须采用爆破时应严格控制炸药用量”。本项目通过控制药量，采取微差爆破、井内止水的方式在坚硬岩层地区进行沉井施工，通过严格控制，沉井采用爆破工艺出土下沉取得了成功，确保井体施工质量和施工进度，并积累了丰富的施工经验，对今后类似工程的施工具有较强的指导性。

（2）在沉井内设置锚桩，既可以增加沉井的承载力，又大大增加了沉井的抗水平推力，能大大减少施工时间，节约成本，在今后的施工中应该推广。

（3）运用少支架法架设，通过对每座支架稳定性计算和受力情况进行测试，掌握支架在安装过程中的最大变形量及实际承载力，保证拱肋轴线的准确。为今后类似工程施工，积累了丰富的施工经验。

（4）应用计算机对钢管拱肋吊装合拢、管内灌注混凝土、吊杆和立柱及横梁安装、纵梁安装、桥面混凝土的铺设等等工序的应力和应变测试，并及时准确提供拱肋上、下缘在各工况下应力应变数据，为正确指导施工提供充分足够的科学依据；另外，还可以通过拱肋上安装的各种检测设备，来检测大桥在运营阶段的受力状况。

（5）运用可换式系杆来平衡边墩的水平推力，减少了大桥以后进行系杆更替时的维护费用。

6.5 施工节约技术措施

（1）施工方面

1）以施工预算控制现场实际材料耗用。

2）调整机械与人工的合理搭配，降低人工成本，促进施工进度。

3）派专人对机械进行保养维修，提高机械利用率和完好程度。

4）施工中合理调配机械减少台班费、停滞费的支出。

（2）材料方面

1）工地采用限额领料，合理使用各种材料、工具、不得长材短用，优材劣用。

2）各种材料、构件做好验收保管工作，防止损坏、亏方、亏吨。

3）建立施工队、施工班组两级节约责任制度，边角余料要及时回收，在规范允许范围内重复利用。

4）模板采用定型模板代替木模板，减少损耗提高模板使用周转率。

（3）提高工效、节约人工费方面

1）综合考虑现场实际情况，进行场地布置、减少二次搬运。

2）周密计划全盘考虑，缩短工期，提前竣工，以减少管理费用和人工费用的开支。

3）保证工程质量，杜绝返工现象，力争一次成优，减少维修费用。

第十篇

哈尔滨市大庆路立交桥工程施工组织设计

编制单位：
编 制 人：韩成斌　安凤杰　毛华英　孙桂玉　陈小茹　李慧　王素荣　罗琼英
审 核 人：施锦飞　张公义　倪金华

［简介］　哈尔滨市大庆路立交桥工程地处交通要道，交通组织管理难度很大，桥面结构为先浇预应力连续箱梁和预制预应力空心板梁。施工量大，技术要求高，加之东北地区冬期施工带来的种种影响，给施工组织管理与采用技术措施方面提出很高要求。该施工组织设计根据桥梁工程的特点编写，对上述几方面问题都做了具体阐述。

目 录

1　工程概况

1.1　工程范围

大庆路立交桥工程标段范围为大庆路 0＋260.49～0＋700＋5.21/2 至电塔街 1＋294.42，包括桥梁主体和桥区主体内地面道路。

1.2　工程规模

(1) 桥梁

大庆路立交桥位于哈尔滨市动力区大庆路和电塔街的交叉路口，桥梁面积 18750m^2。立交桥为双层“Y”形，上层桥为 A、B 桥，下层桥为 C、D 桥。A 桥 26 跨全长 662.705m，桥宽 13～17m，A9～A20 为现浇预应力混凝土连续箱梁，其余为预制预应力混凝土简支空心板梁。B 桥 13 跨全长 312.68m，桥宽 9.5m，与 A 桥在 A12 墩相接，B0～B2 桥梁为现浇预应力混凝土连续箱梁，其余为预制预应力混凝土简支空心板梁。C 桥 8 跨全长 265m，桥宽 9.5m，桥梁为现浇预应力混凝土连续箱梁。D 桥 7 跨全长 177.18m，桥宽 9.5m，D0～D3 桥梁为现浇预应力混凝土连续箱梁，其余为预制预应力混凝土简支空心板梁。

(2) 引桥

A 桥大庆路段引桥长 134.65m，宽 12～16m，电塔街路段引桥长 196.24m，宽 12m。C 桥大庆路段引桥长 131.15m，宽 16m，电塔街路段引桥长 228.00m，宽 12m。B 桥引桥长 148.2m，宽 8.5m。D 桥引桥长 154.42m，宽 12～16m。引桥总计长 992.66m。

(3) 地面道路

匝道 1 地面道路长 139.38m；匝道 2 地面道路长 294.31m；环路 1 地面道路长 188.3m；环路 2 地面道路长 382.62m；辅路 1 长 1340.22m；辅路 2 长 1223.71m，辅路 3 长 1431.08m；辅路 4 长 202.99m；辅路 5 长 91.66m；辅路 6 长 6171.08m。道路总计 10 条，连接路总长 1046.1m，辅路 6 总长 4460.74m。

1.3　结构形式

(1) 桥梁下部结构

立交桥下部结构为钢筋混凝土灌注桩，桩径为 1.2m 和 1.5m 两种，钻孔灌注桩及承台为 C25 混凝土。C40 混凝土桥墩柱除 3 根 1.5m×1.5m 方柱外均为圆柱，直径为 1.3m、1.5m 和 1.8m 3 种，A 桥墩柱高 3.753～13.600m，B 桥墩柱高 3.784～13.126m，C 桥墩柱高 4.049～5.989m，D 桥墩柱高 4.058～6.913m。盖梁为 C45 现浇预应力钢筋混凝土结构，盖梁高 1.55m 左右。其中，A9、A20、B2 墩盖梁高 1.75m，A16 墩盖梁高 0.75m；A12 墩盖梁为 C60 混凝土，上层盖梁高 1.50m，下层盖梁高 1.80m；D0 墩盖梁为 C30 混凝土，盖梁高 0.75m。

(2) 桥梁上部结构

主梁分预制预应力空心板梁和现浇预应力混凝土连续箱梁两种，直线段引桥为预制预应力简支空心板梁，预制板梁高 0.95m，跨长为 22.68m 和 23m；现浇预应力混凝土连续箱梁为单箱单室、双室和三室，连续箱梁高 1.6m，跨长为 25～35m。由于 A 桥、C 桥在平面线型均有一个异形大立叉口（A9～A12（C3）墩），此处采用单箱三室结构，分叉后 B 桥、D 桥均为单箱单室结构，跨长为 22.68m、23m、25m、25.5m 和 35m，主桥主梁采用 C50 混凝土，其他主梁采用 C45 混凝土。

1.4 工程特点

(1) 大庆路立交桥工程是哈尔滨市政府为缓解哈尔滨市交通紧张状况，开发建设二环路快速干道的重要组成部分。

(2) 本工程地下管线复杂且沿二环路方向有规划的地铁结构，现场施工条件复杂，地处交通要道，给施工带来一定困难。

(3) 现浇预应力混凝土连续箱梁工程量大，施工周期长，施工难度高。

(4) 本地区冬期长达 6 个月，影响工期的不可预见因素多，给施工带来了较大的困难。

2 施工部署

2.1 施工总体安排

本工程施工总体安排如下：

(1) 先施工桥梁，后施工道路。

(2) 先施工 A 桥、B 桥，后施工 C 桥、D 桥；先施工预应力连梁、箱梁部分桩基、墩柱，后施工简支空心板部分桩基、墩柱。

(3) 装配式挡墙板安装、非相邻跨简支空心板吊装与现浇预应力箱梁同时施工，最后吊装相邻跨简支空心板。

(4) 先施工辅路 1、辅路 2（大庆路段）、辅路 3（大庆路段）；后施工辅路 2（电塔街路段）、辅路 3（电塔街路段）与辅路 4、5、6。

2.2 施工平面布置

本立交桥工程施工综合考虑桥梁工程下部结构（灌注桩、墩柱、盖梁、桥台）、上部结构（箱梁、板梁）和道路工程施工三个阶段施工布置现场平面，见图 2-1、图 2-2、图 2-3。现场临时设施只布置钢筋和模板加工棚、工地办公室。

2.3 施工进度计划

(1) 工期目标

根据业主要求、类似工程施工经验和企业综合势力，本工程工期总目标：2000 年 3 月 1 日进场施工准备，3 月 15 日开始施工，9 月 15 日交付业主，2000 年 9 月 30 日竣工交付使用。

(2) 总体计划

施工计划安排略。

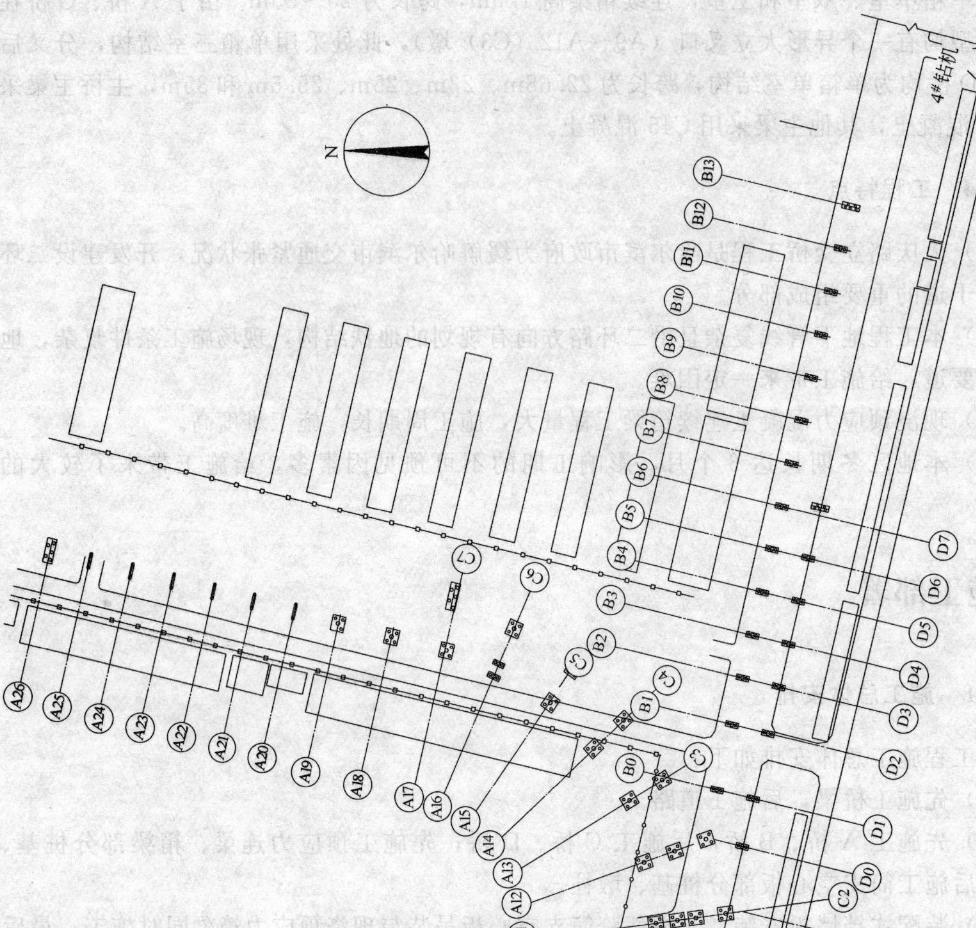

说明：1#,2#,3#钻机为全套管灌注桩机,4#,5#钻机为 SOLLMEC HC-60 旋挖钻机

图 2-1　下部结构施工平面布置图

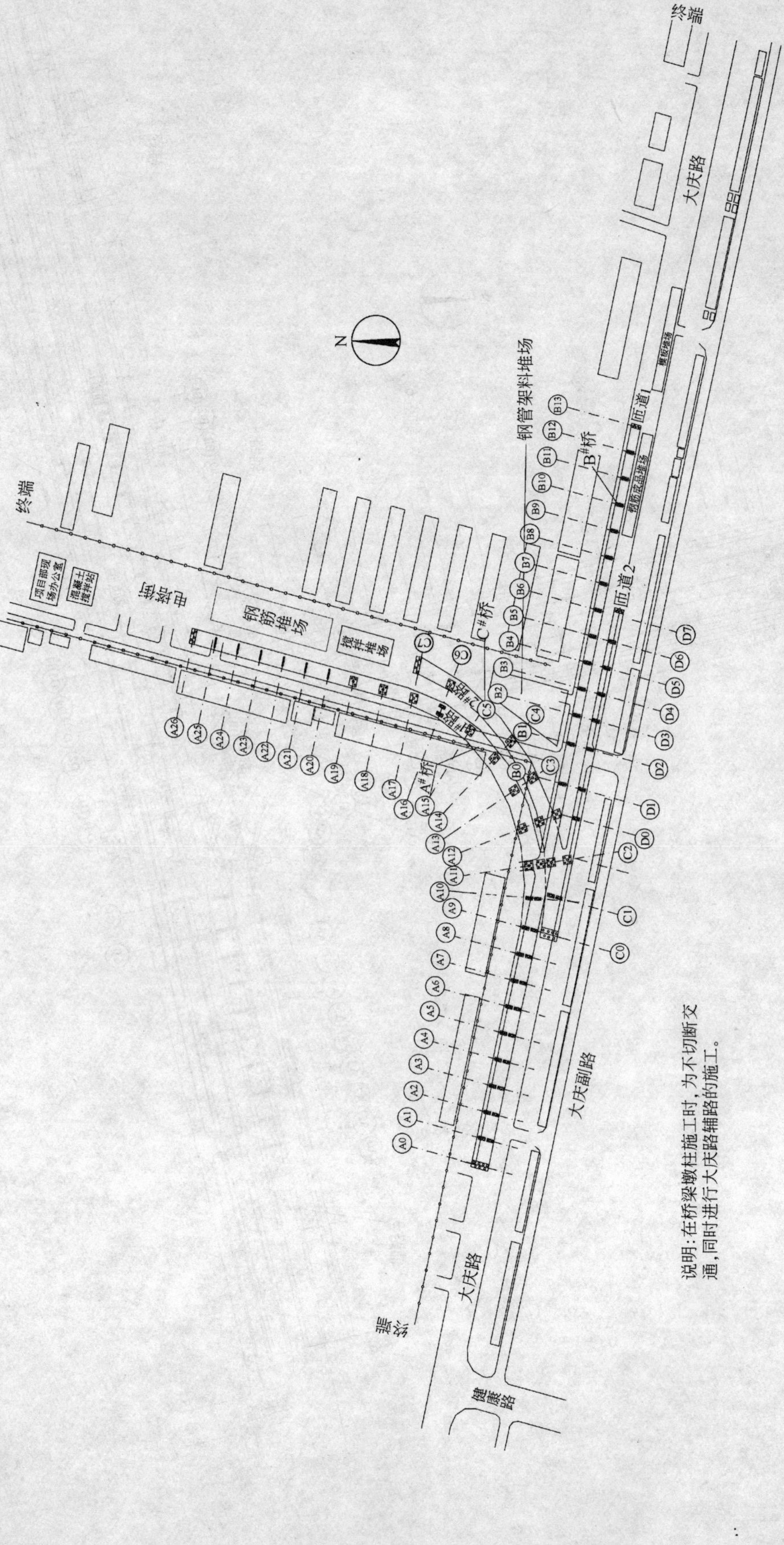

图 2-2 上部结构施工平面布置图

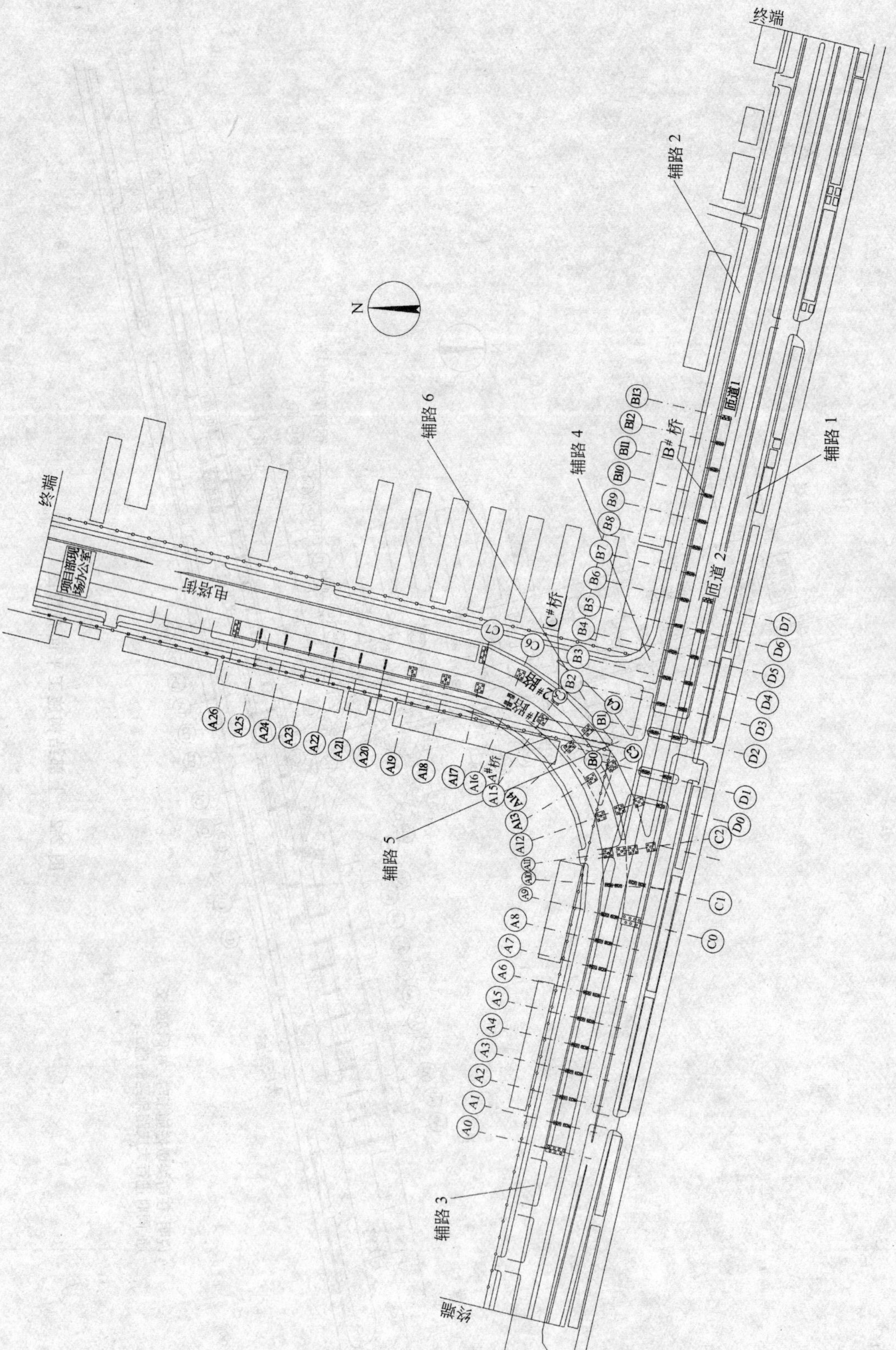

图 2-3 道路施工平面布置图

2.4 主要施工机械（表2-1）

主要施工机械一览表　　表2-1

序号	机械设备名称	型号	数量	进出场日期
1	推土机	TS140	6	2000.2～2000.7
2	液压反铲	EX200	2	2000.2～2000.6
3	装载机	KLD85Z	4	2000.2～2000.9
		ZL50	1	
4	刮平机	COR650	1	2000.2～2000.8
5	平板拖车	HY461	2	
6	自卸汽车	T815S	5	2000.2～2000.9
7	运输汽车	CA141	5	2000.2～2000.9
8	稳定土搅拌站	WB360	1	2000.3～2000.8
9	洒水车	SZQ5091Gss	3	2000.3～2000.9
10	多功能摊铺机	ABG411	2	2000.8～2000.9
11	汽车起重机	40	2	2000.5～2000.7
		20	1	2000.3～2000.8
		8	2	2000.3～2000.8
12	两轮串连振动压路机	YZC12	2	2000.3～2000.8
		YZ8	1	2000.3～2000.8
13	整体移动式混凝土搅拌站	HZ25	2	2000.2～2000.9
14	混凝土罐车		4	2000.2～2000.9
15	混凝土运输泵车		2	2000.2～2000.9
16	拖式混凝土输送泵	HBT60	1	2000.2～2000.9
17	预应力张拉千斤顶	QYC230	10	2000.5～2000.8
18	空气压缩机	3W9/7	4	2000.3～2000.9
19	旋挖钻机	SOILMEC R-412HD	1	2000.3.12
20	旋挖钻机	SOILMEC R-518	1	2000.3.15
21	钢筋调直机	GQ40	3	2000.3～2000.6
22	钢筋切断机	GJ-40	3	2000.3～2000.6
23	钢筋弯曲机	GW-40	3	2000.3～2000.6
24	交流对焊机	UN1-100	4	2000.3～2000.6
25	交流电焊机	BX3-500-2	8	2000.3～2000.8
26	灰浆搅拌机	UJ325	3	2000.5～2000.8
27	挤压式灰浆泵	UBJ2	3	2000.5～2000.8
28	各式振动器	ZX70	20	2000.3～2000.7

2.5　实物工程量（表 2-2）

实物工程量表　　表 2-2

序　号	分部分项工 程	单　位	工　程　量	备　注
1	现浇混凝土基础桩	m^3	7628	C25
2	现浇混凝土垫层	m^3	155	C10
3	现浇混凝土承台	m^3	3149	C25
4	现浇混凝土墩柱	m^3	1037	C40
5	现浇混凝土盖梁	m^3	9	C30
		m^3	573	C45
		m^3	184	C60
6	现浇预应力混凝土连续箱梁	m^3	7480	C45
7	现浇混凝土防撞栏杆	m^3	893	C30
8	人行步道板	m^2	30709	
9	花岗石边石	m	6874	
10	混凝土界石	m	2844	
11	预制挡土墙	m^3	1056	556 块
12	黑色路面	m^2	8750	
13	雨水连接管	m	580	
14	雨水井	座	260	
15	现浇混凝土桥台	m^3	837	C25

2.6　劳动力组织（表 2-3）

劳动力使用一览表　　表 2-3

序号	工种名称	需用总工日数	需用人数及进场日期(2000 年)						
			3 月	4 月	5 月	6 月	7 月	8 月	9 月
1	钢筋工	14750	56	56	40	160	150	30	0
2	混凝土工	10020	20	20	30	124	120	50	10
3	木工	11020	30	30	80	160	160	20	0
4	架子工	6000	0	0	100	50	50	0	0
5	机修工	945	2	2	2	5	6	8	2
6	电工	1215	2	2	5	5	5	6	2
7	电焊工	2520	4	4	4	20	20	0	4
8	机操工	1890	6	6	4	6	6	10	4
9	力工	24400	30	30	100	400	380	180	300

2.7　交通组织与协调

2.7.1　交通组织

(1) 道路现状

大庆路为哈尔滨市南部的重要干道，大庆路与电塔街的交点为哈市东南部的重要交通枢纽。该路交通繁忙，车水马龙。该路也是哈市汛期交通的重要道路，不能中断。

（2）交通组织原则

为保证市民的正常生活、出行和三大动力工厂及企事业单位的正常生产工作不受影响，本工程组织施工的原则为不中断交通，尽最大可能不影响交通。

（3）交通组织方案

1）本工程根据现场实际情况，分三个阶段组织交通，确保了交通顺畅。

2）第一阶段从3月15日～4月20日，封闭电塔街及辅路2、辅路3。进市的车辆走现有大庆路段白皮路南侧。出市车辆走大庆路南侧的大庆副路，经旭升路口进入现有大庆路出市。此段时间内在辅路2处做市政管线，A区在施工灌注桩基础及承台。

3）第二阶段从4月21日～7月15日，进哈市走临时道路（即辅路2大庆路段）绕过C桥桥台，然后经过A桥A13与A14墩柱中间进入辅路3临时道路。出市从健康路进入大庆副路至旭升路口回到原大庆路。为确保第二阶段中桥台、墩柱、箱梁、盖梁施工及交通正常运行，在A桥下A13与A14墩柱中间用门形钢架做临时通道。

4）第三阶段从7月16日～9月10日进入哈市车辆从原有大庆路段（匝道2）至D桥引桥下，越过旭升路口经辅路1进入市区。出市车辆从健康路进入大庆副路，然后从旭升路口按辅路1出市。

5）以上各阶段既保证交通顺畅，又保证流水施工目的，可达到连续施工，交通分流通畅。

2.7.2　交通协调

（1）加强现场协调工作，组织专人指挥交通，做好车辆行人的分流工作，设置醒目、清楚的交通指示牌及早疏导车流。

（2）加强和各级主管部门的联系，取得上级主管部门的理解和支持。

（3）加强现场文明施工管理，做好宣传工作取得市民的理解和支持。

（4）加强对市政各种管线的保护工作，主动积极和各有关部门取得联系，为施工创造良好环境，加快施工进度、缓解交通压力。

（6）做好现场的排水工作，提供良好的行车路线，减少不必要的交通拥挤堵塞。

3　主要项目施工方法

3.1　施工测量

3.1.1　高程测量

以基准高程点为基础在满足施测精度的前提下，根据工程环境特点建立10个施工水准点，基准高程点是永久性的，它既要满足施工要求，又要满足变形观测时永久使用。

3.1.2　桥路中线定位

根据已建立的平面定位控制桩，确定道路、桥梁的中线和桥的端点位置，并计算两端间的准确距离。

3.1.3　墩、台定位

利用电子全站仪，根据桥轴线控制桩的里程和墩、台中心的设计里程，根据里程可算出它们之间的距离，按照这些距离即可定出墩、台中心的位置。曲线部分除了控制桩及墩、台中心的里程外还有桥梁偏角，偏距及墩距。

3.1.4　桥梁细部施工放样

(1) 桩基础的施工放样。桩基位置放样前必须先测设墩基础的中心及纵横轴线，然后以纵横中心线为坐标轴，用支距法放出各桩中心位置，其限差为±5mm，放出的桩位经复核后方可进行基础施工。

(2) 桥梁墩台的细部放样。承台、墩身和台身的细部放样，也是以它的纵横轴线作为依据，在立模板的外面需预先弹出它的中心线；然后，在纵横轴线的控制桩上架设经纬仪，照准该轴线方向上的另一控制桩，根据这一方向校正模板的位置。

(3) 吊装板梁前要预先测设出支座底板的位置，测放出的位置要用墨线弹放在支承垫石上，以便底板的安装就位。

3.1.5　桥梁的竣工测量及变形观测

(1) 桥梁建成后应进行竣工测量，以记录竣工后的实际情况，检查施工质量是否满足设计要求。包括：

1) 墩、台的竣工测量。在墩、台建筑完毕以后，其竣工测量的项目有：测量墩距、丈量墩台各部尺寸以及测定支承垫石及墩帽的高程。

2) 桥梁的竣工测量。在桥面系统施工完成后，通车前进行了桥梁的竣工测量。竣工测量的内容有：测定梁的拱度，以及各个墩子梁的支点与墩台中心的相对位置。

(2) 在桥梁的建造过程中及建成营运时，视桥梁的具体情况进行变形观测，定期观测墩台及上部结构的垂直位移、倾斜和水平位移以及上部结构的挠曲。

3.2　桩基工程

3.2.1　概述

哈尔滨二环快速干道大庆路立交桥工程，基础形式采用桩基础，基础桩共计181根，其中1.2m共102根，1.5m共76根，1.8m共3根，各桩设计参数见表3-1。场地土自地面向下0.5～1.8m为杂填土和新近沉积土；1.8m以下为粉质黏土，埋深29.3～32.3m；最下层为中粗砂。地下水位30～40m。

基础桩设计参数表　　**表3-1**

墩　号	桩径(m)	有效桩长(m)	根数	承台(桥台基础)	
				尺寸(m)	数量
A0	$D=1.2$	27	7	17.4×5.4×1.5	1
A1～A4	$D=1.2$	28	2×4	5.4×2.2×2	4
	$D=1.5$	35(28)	1(1)×4	24.3×2.5×2.5	4
A5～A9	$D=1.2$	28(31)	2(2)×5	5.4×2.2×2.0	2×5
A10	$D=1.5$	30(32)	2(2)	6.4×2.5×2.0	2
A11	$D=1.2$	30	4	5.4×5.4×2.0	1
	$D=1.8$	39	3	20.45×(8.22～6.4)×2.5	1/2
A12	$D=1.2$	30	4	5.4×35.4×32	1
	$D=1.5$	28	4	6.4×6.4×2.5	1
	$D=1.5$	34(28)	2(20)	14.5×36.4×2.5	1

续表

墩　号	桩径(m)	有效桩长(m)	根数	承台(桥台基础)	
				尺寸(m)	数　量
A14～A15	D=1.5	30	4×2	6.4×6.4×2.0	1×2
A16	D=1.2	30	4	5.4×2.2×2.0	2
A17～A19	D=1.2	30	4×3	5.4×5.4×2.0	1×3
A20～A25	D=1.5	27	2×6	6.062×0.9×1.2	1×6
A26	D=1.2	27	5	13.4×5.4×1.5	1
B0	D=1.5	37	2	6.4×2.5×2.0	1
B1	D=1.5	35	2	6.4×2.5×2.0	1
B2～B6	D=1.2	31	2×5	5.4×2.5×2.0	1×5
B7～B12	D=1.2	31	2×6	5.4×2.2×2.0	1×6
B13				9.9×5.4×1.5	1
C0	D=1.2	24～35	6	17.6×5.4×1.5	1
C1	D=1.5	32(30)	2(2)	6.4×2.5×2.0	2
C2	D=1.5	37	2	20.45×(8.22～6.4)×2.5	1/2
	D=1.2	30	4	5.4×5.4×2.0	1
C3～C5	D=1.5	31	4×3	6.4×6.4×2.0	1×3
C6	D=1.5	30	4	6.4×6.4×2.0	1
C7	D=1.2	30	5	14.12×5.4×1.5	1
D0～D2	D=1.5	30	2×3	6.4×2.5×2.0	1×3
D3～D6	D=1.2	27	2×4	5.4×2.2×2.0	1×4
D7				9.9×5.4×1.5	1

3.2.2　测量放线

为保证施测准确度和精确度，桥梁桩位全部采用高精密测量仪器—日本拓普康GTS—711S智能型电子全站仪定位。

(1) 对建设单位提供的导线控制桩及水准点均进行了复核，确保准确无误。

(2) 根据已知控制点资料计算出的桩位坐标，利用全站仪，按坐标放样确定其中心位置，并进行复核校正。

(3) 对施工中所进行的一切测量工作，都严格执行复测制度。

3.2.3　钻孔灌注桩施工工艺与质量控制

(1) 成孔方法和灌注方案

根据地质资料，地表 1.8m 深为沉积土，余下为粉质黏土，而且本工程处于市区交通要道，工期要求紧。根据工程情况，投入 2 台意大利进口 SOILMEC 旋挖钻机采用干成孔作业。

1) 干成孔作业

A. 成孔工艺流程如下：

安放护筒$\xrightarrow{\text{复核检查}}$测量护筒标高⟶钻机就位$\xrightarrow{\text{复核检查}}$

钻进⟶清孔⟶成孔质量验收

B. 钻进中应注意：①钻杆应保持垂直稳固，防止因钻杆的晃动引起扩径；②钻进过程中应随时清理孔口的积土，遇到塌孔、缩孔等异常情况时应及时处理；③成孔达到设计深度后，清除空底浮土，及时灌注。

2）钢筋笼制作与吊装

钢筋笼制作工艺流程如下：钢筋下料（加强筋制作，箍筋制作）⟶主筋焊接⟶钢筋笼成型⟶绑扎钢筋→制作质量验收。

钢筋笼吊放：钢筋笼吊放过程中应绑木杆加强，采用两点吊放，防止扭转弯曲，发生永久变形。吊放要对准孔位，吊直扶稳，缓慢下放，避免碰撞孔壁。在钢筋笼下放前在钢筋笼上应焊接定位块，以保证混凝土保护层厚度。

另外，混凝土灌注时需采用吊钩和顶管以防止钢筋笼上浮、下沉。

钢筋笼制作完成自检合格后，提交甲方及监理工程师验收签证，合格品应做好标记。

3）混凝土灌注

A. 水下混凝土灌注

a. 工艺流程如下：

吊车就位$\xrightarrow{\text{吊放钢筋笼 检查安放偏差}}$下设导管$\xrightarrow{\text{检查沉渣}}$（二次清孔）⟶灌注混凝土

b. 注意事项如下：

① 下入导管：下管前要首先对导管做试压检验，试验压力0.6～1.0MPa，计算好长度，连接紧密，导管下端距孔底25～40cm，做好记录。

② 导管下完后应进行孔底沉渣测量，当沉渣厚度不大于（0.4～0.6）d时，方可灌注混凝土；否则，应进行二次清孔。

③ 初灌时，应在漏斗底口设置隔水球。

④ 初灌过程中应经常测量混凝土面的上升高度，边灌边提，并保持导管埋入混凝土中2～6m，严禁将导管提出混凝土面。

⑤ 提拔导管时要平稳，注意避免碰挂钢筋笼。

⑥ 水下混凝土要连续灌注，不得中断。

⑦ 控制最后混凝土的灌注量，混凝土灌注高度以高出设计桩顶标高0.5m为宜。

⑧ 灌注结束后，应及时清洗灌注用设备、工具。

B. 干孔、灌注

浇筑混凝土前，应先放置孔口护孔漏斗，随后放置钢筋笼，并再次测量孔内虚土厚度，满足要求后下放导管，导管末端离孔底高度不宜大于2m，导管对准孔中心，孔内混凝土应一次性灌注完毕。当浇筑至桩顶以下5m时，应虽浇随振动，每次浇筑高度不得大于1.5m。混凝土灌注至桩顶以后，应立即将表面已离析的混合物和水泥浮浆等清除干净。

4）桩头处理与桩检测

A. 待桩头混凝土达到初凝后，剔出多余混凝土至设计标高以上10～20cm，并做好防冻措施。混凝土终凝后，再凿至设计桩头标高。

B. 每根灌注桩应留有混凝土抗压强度试件不少于2组。

C. 对各墩台有代表性的桩用小应变法进行检测，抽检数量为5%。

3.2.4　承台施工

(1) 清挖桩头并凿除桩头到密实混凝土界面，无损探伤检测确认合格后，进行承台施工。

(2) 承台模板采用SP-70系列组合钢模板拼装，ϕ48mm×3.5mm钢管支撑、人工钢筋绑扎。混凝土罐车运输，溜槽入模人工振捣。按大体积混凝土施工（测温、养护），埋置好测温管，承台混凝土覆盖塑料薄膜和麻片洒水养护不少于7d，桩身伸入承台不少于5cm。

3.3　土方工程

3.3.1　土方开挖

(1) 承台开挖

1) 根据承台基坑土方特点和现场实际情况，承台基坑边坡考虑按1∶0.3放坡。为保证施工边坡稳定，采取抹砂浆保护层的护坡措施。

2) 在土方开挖前进行测量定位，并详细了解基坑范围的情况，有无需保护的地下管线，并定出开挖边线。开挖时有专人指挥，随时观察开挖情况。

3) 土方挖运全部采用机械化作业，采用挖掘机联合自卸汽车装运，一步开挖至设计标高，并预留30cm人工清底。

4) 破除桩头混凝土：根据设计要求，测量桩顶的标高线，利用机械和人工剔砸桩头混凝土至设计标高。剔砸后的桩头混凝土必须密实，符合规范要求。

(2) 挡墙基础开挖

1) 考虑到挡墙基础深度和纵向长度，拟采用横向全宽挖掘施工法，一步开挖至设计标高，并预留30cm人工清底。采用挖掘机联合自卸汽车装运，并以推土机，装载机作为配合。

2) 挖方后基坑应边线直顺、平整稳定，挖好的土方基坑30cm范围内的压实度不小于96%；否则，要翻松碾压，达到要求。

3) 基坑挖至设计标高后，会同勘察、设计、监理及监督站联合验收。

3.3.2　土方回填

(1) 土方试验

路基、桥台后及承台周围土方回填前，按要求进行土方试验，为土方施工提供各项试验数据。

(2) 试验段

在填方前10d内完成试验填方的压实试验，并根据试验数据制定施工技术措施。

(3) 路基土方回填

1) 路基填筑。清理场地后的地面，将清除表土后的地面翻动，并分层碾压。

2) 路基压实。填土层在压实前先整平，按要求做好横坡。碾压时，前后两轮迹需重叠15～20cm，并特别注意均匀，碾压时使用自行式振动压路机或拖式振动压路机碾压。

3) 路基整形。路基封顶后，恢复各项标桩，按设计图纸要求检查的中线位置、宽度、纵坡、横坡、边坡及相应的标高等。

(4) 挡土墙间土方回填

1) 为了便于渗水，挡土墙周圈及桥台后填土用砂石土，密实度要求96%以上；挡土墙中间用普通土回填。

2) 新、旧填土的衔接处，填土接槎台阶的最小长度：采用机械压实，台阶长至少为3m；人工用动力打夯时，台阶长至少为1m，且要求每层填土虚厚不超过30cm。

3) 对填土临时坡道，在施工方案中要安排撤除后的填、压处理措施，防止漏夯或夯实不足，严禁超厚填土。

4) 在机械难于压实的地方，预先安排适应的小型夯实机具，进行补充分层夯实。且要保证夯实部位与碾压部位层次的协调，以便场面及角落的填土均达到设计及规程、标准要求的密实度。

3.4 桥梁结构工程

本工程采用2台JS1000卧轴强制式混凝土搅拌机和PL1600配料机，后台自动上料，搅拌自动计量，每小时生产混凝土50m³，配置搅拌运输车4辆，混凝土泵车2辆，混凝土输送泵1台，可充分保证本工程混凝土的连续施工。

采用定型PVC垫块控制钢筋混凝土保护层厚度。

3.4.1 墩柱

(1) 概述

本标段墩柱除3根1.5m×1.5m方柱外均为圆柱，直径为1.3m、1.5m和1.8m三种，采用C30、C40混凝土。墩柱设计参数见表3-2。

墩柱设计参数表 表3-2

墩号	柱径(m)	柱高(m)	混凝土强度等级	根数
A0	—	—	C25	—
A1	1.3	3.55	C30	2
A2	1.3	4.18	C30	2
A3	1.3	4.87	C30	2
A4	1.3	5.63	C30	2
A5	1.3	6.37	C30	2
A6	1.3	7.14	C30	2
A7	1.3	7.92	C30	2
A8	1.5	8.76	C30	2
A9	1.5	9.36	C30	2
A10	1.5	10.22	C30	2
A11	1.5	11.28(11.61)	C30	1(1)
A12	1.5×1.5	11.691(12.019、12.273)	C40	1(1、1)
A13	1.8	12.91	C30	1
A14	1.8	12.91	C30	1
A15	1.8	12.57	C30	1
A16	1.5	12.03	C30	2

续表

墩 号	柱 径(m)	柱 高(m)	混凝土强度等级	根数
A17	1.5	10.77	C30	1
A18	1.5	9.73	C30	1
A19	1.5	8.82	C30	1
A20	1.3	8.673(8.777)	C30	1(1)
A21	1.3	8.171(8.276)	C30	1(1)
A22	1.3	7.459(7.564)	C30	1(1)
A23	1.3	6.747(6.852)	C30	1(1)
A24	1.3	6.035(6.14)	C30	1(1)
A25	1.3	5.323(5.428)	C30	1(1)
A26			C25	
B0	1.8	12.91	C30	1
B1	1.8	12.57	C30	1
B2	1.8	12.05	C30	1
B3	1.8	11.62	C30	1
B4	1.8	10.8	C30	1
B5	1.8	9.89	C30	1
B6	1.8	9.0	C30	1
B7	1.5	8.00	C30	1
B8	1.5	7.21	C30	1
B9	1.5	6.33	C30	1
B10	1.3	5.44	C30	1
B11	1.3	4.49	C30	1
B12	1.3	3.55	C30	1
B13			C25	
C0			C25	
C1	1.5	3.13	C30	2
C2	1.5	4.14(4.45)	C30	1(1)
C3	1.8	5.8	C30	1
C4	1.8	5.8	C30	1
C5	1.8	6.15	C30	1
C6	1.8	4.69	C30	1
C7			C25	
D0	1.5	5.5	C30	1
D1	1.5	5.4	C30	1
D2	1.5	5.4	C30	1
D3	1.3	4.77	C30	1
D4	1.3	4.49	C30	1
D5	1.3	3.55	C30	1
D6	1.3	2.8	C30	1
D7	—	—	C25	—

(2) 墩柱竖向钢筋采用电渣压力焊连接，焊点要经抽样试验合格后方可大量施工，焊接时上下钢筋要对中，其他钢筋的施工均符合设计及施工规范要求。

(3) 圆墩柱采用定型钢模板（见图 3-1），用 $\delta=5$mm 的冷轧钢板做面板，内涂脱模剂。该模板安装使用 8t 汽车吊吊装就位，双台经纬仪交会控制垂直度，钢丝绳牵引锚锭。由于本施工段只有 3 根 1.5m×1.5m 方柱，因此，采用木模现场拼装，面板用 12mm 厚表层酚醛覆膜竹木复合板，ϕ48mm×3.5mm 钢管支撑@300mm。

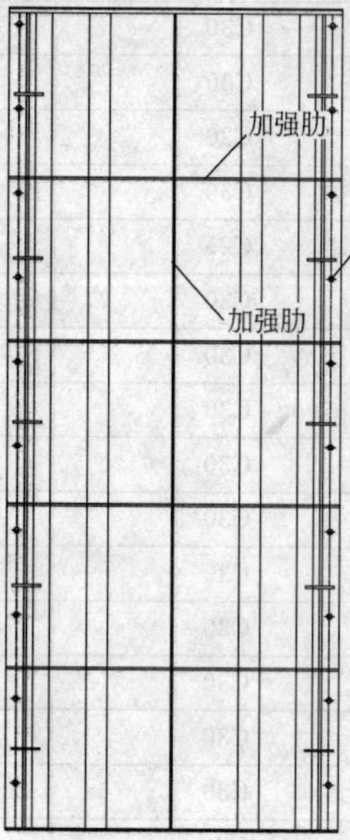

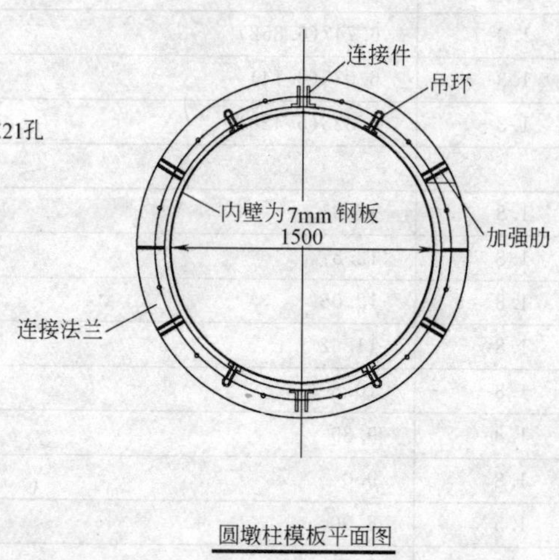

图 3-1 圆墩柱模板图

(4) 考虑到盖梁和箱梁施工，墩柱施工用脚手架（灯笼架）采用碗扣式钢管脚手架，各间距均采用 600mm。

(5) 墩柱混凝土采用罐车运输，吊车吊斗辅以串筒入模，分层浇筑，每层浇筑厚度控制在 500mm 以内，加长振捣棒振捣，每根墩柱一次浇筑完成。

(6) 墩柱带模养护不少于 3d。柱模板拆除后，缠裹塑料薄膜，继续养护至盖梁完工为止。

3.4.2 盖梁

(1) 盖梁模板支撑架采用碗扣式钢管脚手架，各间距均采用 600mm，并与墩柱施工用脚手架（灯笼架）相连，按规定设置剪刀撑，使得支撑体系牢固稳定。模板采用定型整体大钢模板，面板采用 5mm 厚冷轧钢板。

(2) 模板支撑架底部回填土部分保证密实度在 98%以上。

(3) 对拉螺栓采用 M16，间距 50cm×60cm，但同一截面不得少于 3 根，梁身穿孔埋 ϕ18mm 硬塑管。

(4) 盖梁顶标高及支撑架标高经计算确定，搭设后复测高程。

(5) 钢筋现场加工、绑扎及波纹管定位准确，符合设计要求。

(6) 混凝土采用罐车运输，泵送浇筑。

(7) 混凝土带模养护不少于 2d。侧模拆除后，塑料薄膜封闭养护。

(8) 盖梁混凝土达到设计强度 100%时，按设计要求进行预应力张拉。

3.4.3 桥台

(1) 清挖桩头并凿除桩头到密实混凝土界面，无损探伤检测确认合格后，进行桥台的承台施工。

(2) 桥台的承台模板采用 SP-70 系列组合钢模板拼装，ϕ48mm×3.5mm 钢管支撑间距竖向 1200mm，横向 600mm，斜支撑 1200mm。

(3) 桥台混凝土用 ϕ50mm 振捣棒人工振捣，承台混凝土覆盖麻片洒水养护不少于 7d。

(4) 普通钢筋混凝土桥台承台，混凝土强度达到 5MPa 开始进行台身施工。

(5) 桥台台身模板外露面采用 12mm 厚酚醛覆膜竹胶合板，100mm×100mm 木方横肋间距 300mm，双 12 号槽钢竖肋，间距 600～900mm；非外露面采用 SP-70 系列组合钢模板，ϕ48mm×3.5mm 钢管横肋，间距 300mm，双 12 号槽钢竖肋，间距 600～900mm，M20 对拉螺栓紧固，面板处设置锥形橡胶块。

(6) 台身混凝土浇筑采用罐车运输，泵送分层浇筑，每层浇筑厚度不大于 300mm，用 ϕ30mm 和 ϕ50mm 长振捣棒人工振捣。桥台台身混凝土带模养护不少于 3d，拆模后覆盖麻片，洒水养护不少于 7d。

3.4.4 箱梁

(1) A 桥 10 跨后张预应力连续箱梁，B 桥 2 跨后张预应力连续箱梁，C 桥 7 跨后张预应力连续箱梁，D 桥 3 跨后张预应力连续箱梁，采用“满堂红”支撑架就地浇筑法施工。支撑架采用碗扣式钢管脚手架，支撑架基础采用 300mm 厚石灰粉煤灰稳定砂砾基础，基础密度按重型击实标准 95%执行。箱梁外露面模板采用 12mm 厚酚醛覆膜竹木复合胶合板，内模板采用 12mm 厚酚醛覆膜竹胶合板，以提高结构混凝土外观质量，按设计要求预留拱度（按二次抛物线预留，A12～A16 主梁中跨跨中 3cm、边跨跨中 2cm，其他主梁跨中 2cm），并施行堆载预压，堆载物使用砂袋，载重与梁重相同，以减少变形，保证精度。

箱梁内模支模见图 3-2。

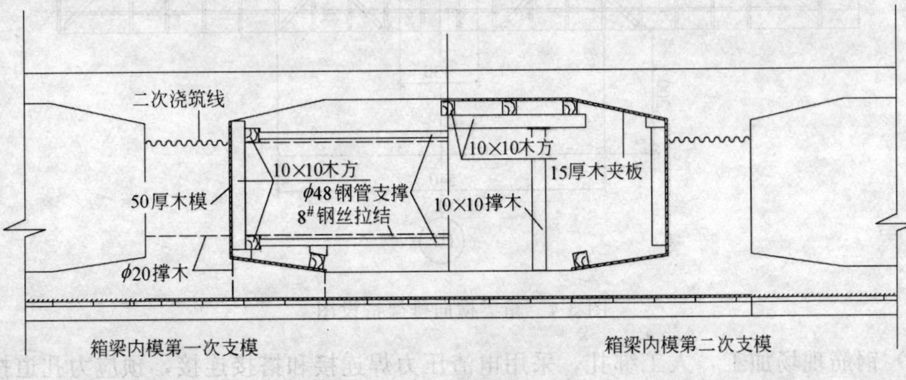

图 3-2 现浇箱梁内模支模示意图

箱梁侧模及底模支模见图 3-3。

箱梁横向排架搭设见图 3-4。

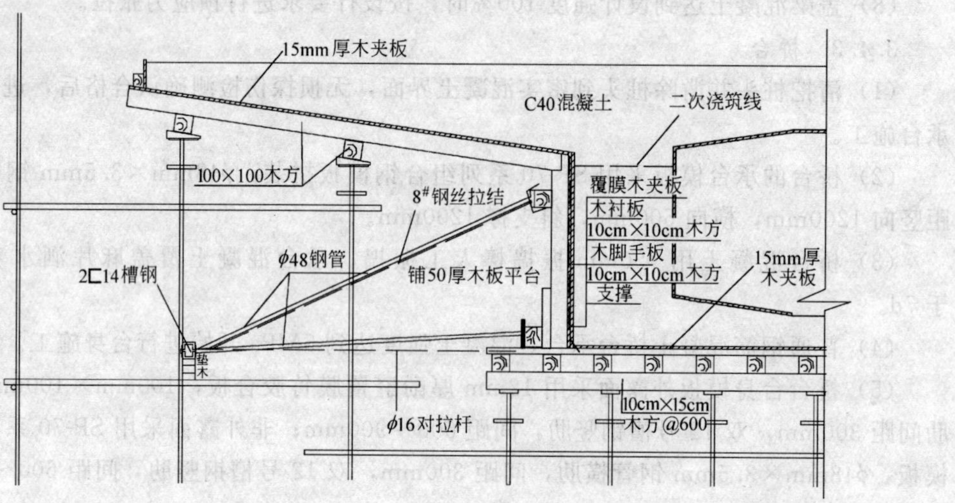

图 3-3　箱梁侧模及底模支模示意图

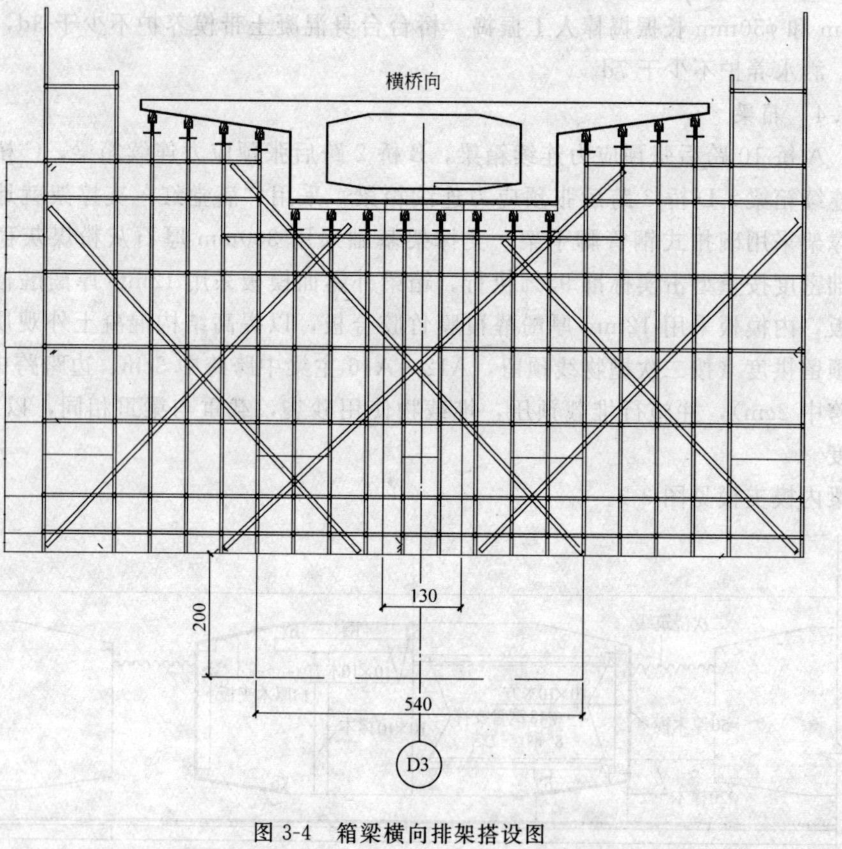

图 3-4　箱梁横向排架搭设图

（2）钢筋现场加工，人工绑扎，采用电渣压力焊连接和搭接连接，预应力孔道按设计要求，随钢筋工程一并施工。

（3）箱梁混凝土浇筑分两次浇筑，顶面预留 1000mm×1000mm 拆模孔。箱梁混凝土采用罐车运输，泵车泵送浇筑。

（4）为保证结构竣工后尺寸准确，支架按要求预留施工拱度，安装完毕后，对支架的平面位置、顶面标高、结点联系及纵横向稳定性进行全面检查，对支架的沉降量进行测量并记录。

箱梁纵向排架搭设见图 3-5。

箱梁预留下人孔支模见图 3-6。

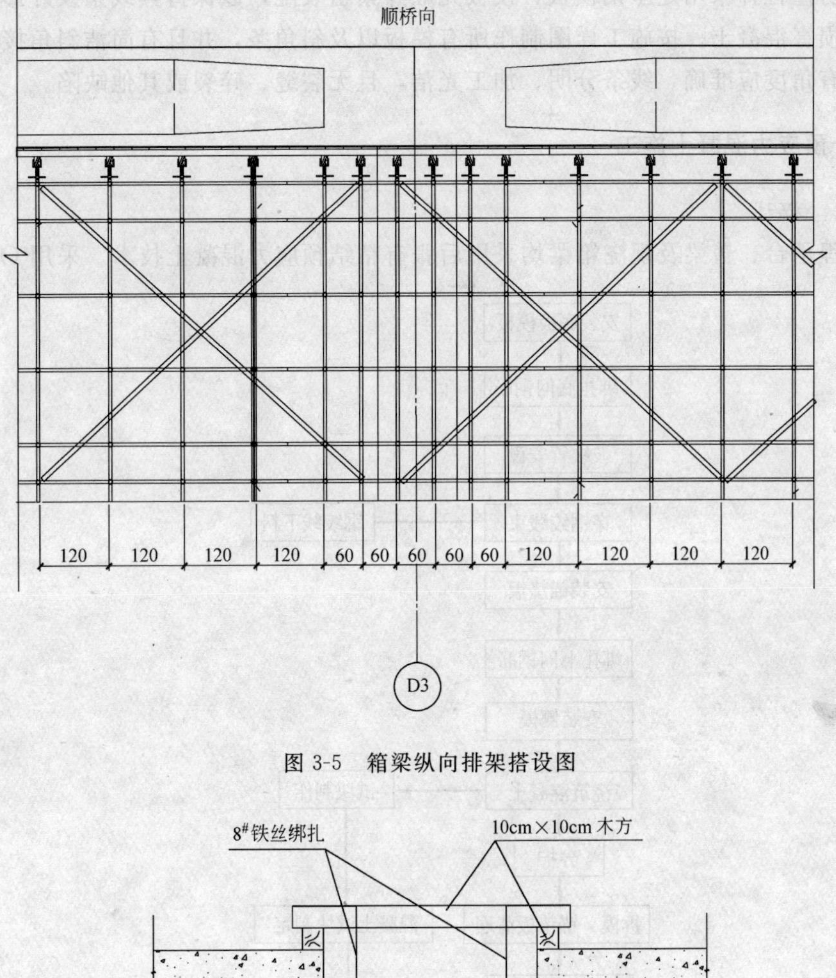

图 3-5　箱梁纵向排架搭设图

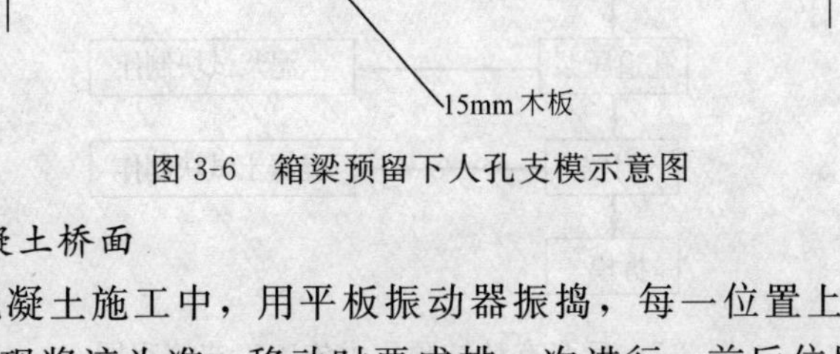

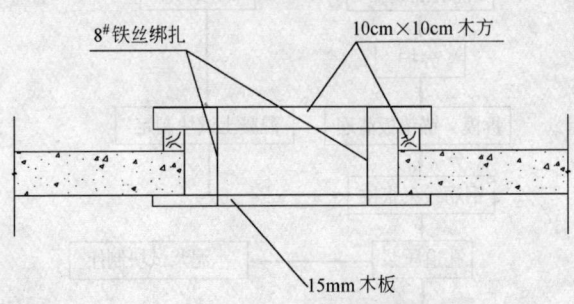

图 3-6　箱梁预留下人孔支模示意图

3.4.5　抗折混凝土桥面

在 8cm 厚抗折混凝土施工中，用平板振动器振捣，每一位置上连续振动一定时间，以混凝土表面均匀出现浆液为准，移动时要成排一次进行，前后位置和排与排之间应有

1/3平板宽度的搭接，以防漏振。

混凝土振捣完毕，先用2m长杠尺，按设计标高找平，待混凝土沉实后，用木抹子进一步搓压提浆找平，搓抹两遍，在混凝土初凝前再抹压一遍，使其表面平整度控制在6mm内。混凝土浇筑后10～12h内，用塑料薄膜加以覆盖，常温施工时注意及时浇水养护，养护时间防水混凝土不得少于14d，普通混凝土不得少于7d。

3.4.6　防撞栏杆

(1) 混凝土防撞栏杆在该跨支架放松后才能施工。钢筋绑扎应符合设计要求，焊接达到规范标准，预埋件准确布置。

(2) 防撞栏杆采用定型钢模板，模板光顺并紧密装配，以保持其线条及外形，且在拆模时不致损害混凝土。按施工详图制作所有模板以及斜角条，并且有简洁斜角接头。在施工中，所有角度应准确、线条分明、加工光洁，且无裂缝、碎裂或其他缺陷。

3.5　预应力混凝土施工

3.5.1　概述

本工程承台、盖梁及现浇箱梁均采用后张有粘结预应力混凝土技术。采用OVM预应

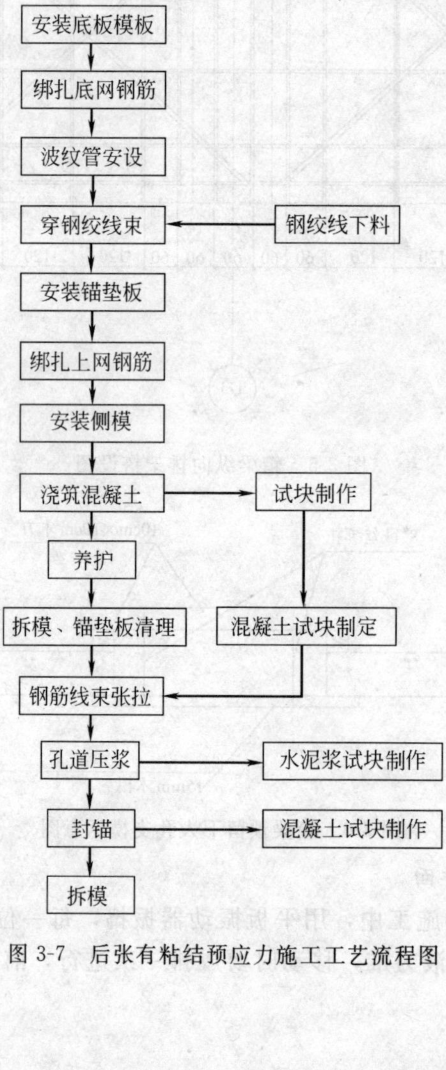

图3-7　后张有粘结预应力施工工艺流程图

力锚固体系，钢绞线抗拉强度 1860MPa。

3.5.2 后张有粘结预应力施工工艺

后张有粘结预应力施工工艺流程图见图 3-7。

3.5.3 预应力筋下料及制作

钢绞线制作场地干净，无泥浆及油污，钢绞线按设计尺寸（包括张拉端处预留 1.2m 的工作长度）下料，下料采用砂轮切割且长度准确。下料完毕后，将钢绞线 12 根或 9 根理顺，每隔 1m 用钢丝绑扎成束，每束钢绞线下料完毕后均须挂牌编号。

3.5.4 预留孔道

(1) 孔道成型材料

本工程采用圆形标准形壁厚为 0.3mm 的双波金属波纹管，12ϕ15mm 钢绞线束孔道采用内径为 90mm 的波纹管，9ϕ15mm 钢绞线束孔道采用内径为 80mm 波纹管。波纹管的连接采用大一号同型波纹管，接头管长度为 300mm，接头两端用密封胶带封裹。

(2) 波纹管的安装

波纹管的安装随钢筋绑扎分段进行安装连接，安装时按图在模板上标出控制矢高。底网筋及侧向筋绑扎好后就位，用定位钢筋将波纹管按其矢高定位于箍筋上，定位钢筋与箍筋焊接，波纹管与定位钢筋用绑扎钢丝绑扎牢固，来控制波纹管的左右位置，有效地防止波纹管位置偏移或上浮。

3.5.5 预应力筋穿束

(1) 预应力穿入孔道，简称穿束，本工程采用先穿束法，即在浇筑混凝土前穿束。

(2) 穿束采用整束穿，用穿束机进行穿束，钢绞线束的前端应扎紧并裹胶布，以便顺利通过孔道。

3.5.6 钢筋工程及混凝土工程

(1) 预应力筋预留孔道的施工过程与钢筋工程同步进行，施工时对节点钢筋进行放样，调整钢筋间距及位置，保证预留孔道顺畅通过节点，在钢筋绑扎过程中小心操作，切实保护好预留孔道位置、形状及外观，在电气焊操作时，禁止电气焊火花触及波纹管及胶带，焊渣也不得堆落在孔道表面，切实保护好预留孔道。

(2) 混凝土浇筑是一道关键工序，禁止将振捣棒直接振动波纹管，混凝土入模时，严禁将下料斗出口对准孔道下灰；此外，混凝土材料中不应含带氯离子的外加剂或其他侵蚀性离子。混凝土浇筑完成，终凝能上人后，派专人检查孔道及灌浆孔等是否通畅，确保孔道（灌浆孔）通畅。

3.5.7 预应力筋张拉

(1) 张拉施工准备

1) 预应力张拉施工是预应力混凝土结构施工的关键工序，张拉施工的质量直接关系到结构安全、人身安全。为保证张拉顺利进行，组建专业张拉队负责预应力张拉。做好安全技术交底，张拉前还应做好以下准备工作：

A. 材料、设备及配套工具的准备；

B. 结构构件的准备；

C. 施工操作条件的准备；

D. 张拉施工技术准备。

2）锚具进场：预应力筋用锚具进场时按《混凝土结构工程施工及验收规范》GB 50204—92和《预应力筋用锚具、夹具和连接器应用技术规程》JGJ 85—92组批验收，合格后方准使用。

3）根据钢绞线束张拉力的情况，选定YCD-250型千斤顶2台进行张拉作业。张拉设备应配套校验，以确定张拉力与压力表读数的关系曲线。校验时千斤顶活塞的运行方向，与实际张拉工作状态一致。张拉设备每半年或张拉200次校验一次。

4）混凝土强度检验：混凝土张拉前，应提供结构构件混凝土的强度试压报告，当混凝土的抗压强度满足设计要求后方可进行张拉。

5）预应力筋张拉值：按设计图的规定，对预应力筋的孔道进行摩阻试验，以确定张拉时应力损失值，张拉前要根据钢绞线的试验结果，计算钢绞线的理论伸长值，以便张拉时校核。

6）张拉前应先对张拉端头进行清理，端头锚垫板处的焊渣、毛刺、混凝土残渣应清除干净，波纹管外露部分要去掉。

（2）预应力筋张拉

1）张拉工序：$0 \rightarrow 10\%\sigma_k \longrightarrow 105\%\sigma_k \longrightarrow$ 持荷5min，至$100\%\sigma_k$锚固。

2）张拉顺序：张拉时严格按设计要求顺序进行张拉，坚持同步对称张拉，以便结构受力均匀、同步，不产生扭转、侧弯，不应使混凝土产生超应力。

3）对盖梁采用分级张拉一次锚固，连续箱梁分级张拉，分级锚固。

4）张拉过程中应严格遵守安全操作规程。

5）本工程预应力张拉采用双控，即应力控制和伸长值控制，应力控制主要由张拉油表反映出来，伸长值则通过实际伸长值与理论伸长值的比较来达到控制的目的；当张拉至$10\%\sigma_k$时，要测量钢绞线的外露长度L_1，张拉至$100\%\sigma_k$锚固时，测量钢绞线的外露长度L_2，预应力筋伸长值$L = L_2 - L_1 + \Delta L_1$，$\Delta L_1$为钢绞线在初应力下的推算伸长值，钢绞线的实际伸长值与理论伸长值相校核；如超出±6%范围，则停止张拉，查明原因，采取措施后才可继续张拉。

3.5.8 孔道灌浆

（1）灌浆材料

孔道灌浆应采用强度等级不低于P.O 42.5的普通硅酸盐水泥。水泥浆中掺用外加剂不含有对预应力筋侵蚀性的氯化物、硫化物及硝酸盐等。

（2）水泥浆的搅拌

灌浆用水泥浆的配合比应在灌浆前试配确定，首先把水加入搅拌机，开动机器后，加入水泥和外加剂，材料计量应以水泥重量50kg的整数倍计算水泥和外加剂。搅拌2～3min，以保证水泥浆混合均匀。灌浆过程中，水泥的搅拌应不间断。

3.6 吊装工程

主要有立交桥预制空心板梁、引桥装配式挡土墙以及桥头搭板等构件的吊装。根据本工程总进度计划及构件制作周期提前定货、加工，并按供货日期和现场实际需要，选择合适的运输车辆运送到现场以备用。

3.6.1 预制空心板梁的安装

(1) 概述

大庆路立交桥的环路1、匝道1、匝道2的直线段部分采用预制空心板梁结构，板梁的跨度为23m（实际板长为22.32m），共计30孔。本立交桥所使用的板梁总数为237片，其中中板梁177片、边板梁60片。

各桥段使用板梁规格、数量见表3-3。

预应力筒支空心板数量表　　表3-3

道路名称	桩　号	路面宽度(m)	孔　数	每孔片数	板梁总片数
环路1	A0-A9	17	9	11	99
环路1	A20-A26	13	6	8	48
匝道1	B2-B13	9.5	11	6	66
匝道2	D3-D7	9.5	4	6	24

(2) 施工部署

1) 施工顺序

根据工程总体施工安排，各桥段的空心板梁安装，按照A20-A26、A0-A9、B2-B13、D3-D7的顺序进行，并根据现场实际情况进行调整；每施工段内安装顺序从桥台端跨开始，进行逐跨连续安装。

2) 施工准备

A. 现场准备：检查桥梁下部结构是否达到吊装要求，桥台和盖梁支座的准备是否正确无误。现场施工道路、场地是否满足吊装要求。

B. 技术准备：熟悉图纸和设计要求，掌握施工规范及有关质量规定，编制构件加工计划和工艺性文件，做好有针对性的技术交底。

C. 材料和机械准备：选择确定所使用的吊装机械及进出场时间，准备好各种施工材料和工具。

(3) 安装工艺流程

下部结构支座预检──→标高、位置控制线测放（构件预检）──→板梁安装（机械、道路准备）──→检查验收──→灌注铰缝。

(4) 安装施工工艺

1) 参数计算和机械选择

起重参数计算：起重量 $Q_{max}=39.2+0.5=39.7t$

起重高度 $H_{max}=12.6+0.95+1.5=14.1m$

本工程预制板梁的构件参数见表3-4。

预制板梁构件参数表　　表3-4

桩　号	断面尺寸(cm)	单片重量(t)	安装高度(m)
A0-A9 中板梁	143.4×95	34.3	3.8～5.9
A20-A26 中板梁	149×95	35.1	4.2～8.5
B2-B13 中板梁	136.5×95	33.2	3.7～12.6
D3-D7 中板梁	136.5×95	33.2	4.1～6.4
边板梁	194.5×95	39.2	3.7～12.6

2）吊装机械选择

根据现场实际情况，桥梁结构平面比较复杂、吊装幅度较大，因此，选择型号为北京Q100汽车吊作为吊装机械，采用退行逐跨吊装的方法。吊装时，根据每块板梁的起重量和安装位置，确定吊车的拔杆长度和回转半径等吊装参数。

3）施工要点

A. 吊装前必须检查下部结构和支座准备情况，报经监理验收合格后方可进行吊装施工，并对预制板梁进行预检，核对其规格、型号。

B. 按照图纸设计的高程和平面位置，画好支座中心线，并作出每个梁端的安装位置和标高控制线。

C. 根据每个板梁的安装位置，预先经过吊车的模拟操作，确定合适的停机机位，然后使运梁车到位直接起吊安装，起吊时不得斜拉，必须垂直吊升。

D. 起吊开始先起吊0.2～0.3m，检查无误后再继续吊装；起吊时指挥人员和操作人员应配合默契，特别在即将就位时，使梁端对准控制线、停留稳定。

E. 空心板梁的安装依次退行安装，安排好吊装顺序，以便调整位置和安装固定。安装时搭设安全操作平台；高压线下吊装，起重机与架空线安全距离不小于2.5m。

F. 预制空心板梁安装就位后，对安装标高、位置进行检查，经监理验收合格后，方可浇筑板间铰缝和梁头混凝土。

（5）安装质量控制

1）板梁在移运、堆放和吊装时，混凝土的强度不得低于设计要求的吊装强度，预应力孔道压浆的强度不低于设计要求。

2）安装板梁时，墩台、盖梁的强度应符合设计要求，支承结构和预埋件（包括预留锚栓孔、锚栓、支座板）的尺寸、标高及平面位置应符合设计要求。

3）构件安装就位完毕，并经检查校正符合要求后，才允许浇筑混凝土，以固定板梁。

4）构件的吊点和支点位置应正确，运输板梁时，拖车车长应满足支点间距的要求，并在支点处设活动转盘，以防搓坏混凝土。

5）板梁安装完毕并整体化后，在尚未浇筑桥面混凝土铺装前，汽车和筑路机械不得通过。

3.6.2 装配式挡土墙安装

（1）概述

本工程环路1、环路2、匝道1和匝道2均设有装配式混凝土挡土墙，挡墙结构由预制立壁（包括扶壁垛）和现浇混凝土基础两部分组成，安装时应组织吊装专业队，分段施工基础和安装挡墙板。

各路段的装配式挡墙设计长度见表3-5。

（2）挡土墙制作工艺流程

刷隔离剂——→钢筋绑扎——→支模——→混凝土浇筑，试块制作——→养护——→出间，试块试压。

（3）挡墙板预制

1）做好挡墙板预制场地的三通一平及排水措施，对场地进行压实。

装配式挡墙设计参数表 **表 3-5**

挡墙编号	起始点	设计长度(m)	估算挡墙最大高度(m)
1#	A0	84	3.74
2#	A0	84	3.76
3#	A26	132	5.21
4#	A26	126	5.20
5#	C0	68	3.44
6#	C0	68	3.74
7#	C7	142	5.00
8#	C7	140	5.46
9#	B13	74	3.96
10#	B13	74	3.74
11#	D7	64	3.18
12#	D7	54	3.25

2）制作钢台座 28 个，台座制作好后采用石粉对场地进行硬化，侧模采用异形定型大钢模。

3）预制挡墙板采用自然养护。

4）混凝土搅拌由桥梁搅拌站集中进行搅拌，钢筋集中进行加工。混凝土水平运输采用小型机动翻斗（$0.4m^3$）。混凝土上料采用人工，采用 5cm 插入式振捣器进行振捣。

5）出间及装车采用 20t 汽车吊一台。

6）构件按专项施工技术规范进行验收和评定。

(4) 挡土墙安装工艺流程

基础清理──→测量放线──→挡墙安装、固定（构件预检）──→浇筑基础上层混凝土──→板缝密封防水

3.6.3 安装施工要点

(1) 挡墙安装前，对已施工的基础进行检查验收，确认满足吊装要求后，测量人员严格按照道路、桥梁的施工中线、高程点，控制挡墙的平面位置和纵断高程，并事先在基础杯口和预制挡墙上画出平面位置和标高控制线。

(2) 根据挡墙板（最大重量约为 9.5t）的重量和安装位置，选用 8t、20t 的汽车吊的侧方及后方区域进行安装。挡墙的运输采用平放方式，吊装时将挡墙板翻身立起，并进行安装。

(3) 安装时用经纬仪和靠尺控制板面及侧向垂直度，挡墙板插入杯槽内，填实高强度等级豆石混凝土，并将墙板预埋钢板与基础预埋件焊接牢固后，浇筑基础上层混凝土。

(4) 墙板间灌缝混凝土一定要振捣密实，两侧夹板卡牢、不得漏浆，板缝用原浆勾缝，要密实、平顺、美观，板缝内侧做防水涂层，下部板缝间预留渗水管。

3.7 路面基层施工

在进行大面积施工前，先修筑试验路段。

3.7.1 窑灰土和石灰土底基层施工

(1) 下承层准备与施工测量

整理土基，土基用12t三轮压路机碾压检验（压3～4遍）。按质量验收标准进行验收后，恢复中线，直线段每20～25m设一桩，平曲线段每10～15m设一桩，并在两侧路面边缘外0.3～0.5m处设指示桩，在指示桩上用红漆标出底基层边缘设计标高及松铺厚度的位置。

（2）备料

所用材料均符合质量要求，计算各路段需要的干燥集料数量，细粒土从场外运入。所用石灰质量均符合规范要求，所用土及石灰经试验试配确定为最佳含水量。

（3）拌合与摊铺

本工程所用石灰土采用厂拌法，拌合机设在现场内，拌合前试拌调整，确保按设计配合比拌合。拌合生产中，含水量略大于最佳值，使混合料摊铺后碾压时的含水量不小于最佳值。

将拌成的混合料用摊铺机按松铺厚度摊铺均匀，其中，厂拌设备的生产率、运输车辆及摊铺机的生产率应尽可能配套，以保证施工的连续性。

（4）整型

用平地机或人工整型，检查混合料的松铺厚度。

（5）碾压

用12t三轮压路机或振动压路机全面进行碾压，碾压要遵循先轻后重、先慢后快的原则，直线段由两侧路肩向路中心碾压，平曲线段由内侧路肩向外侧路肩进行辗压。一般碾压6～8遍。找平工作在碾压1～2遍后即细致检查平整度和高程，找补时将原表面翻松8～10cm；然后，再填补混合料，整平后压实，达到要求的密实度。

（6）养护

养护时间不少于7d，必须保持一定的湿度，以利于强度的形成，经常洒水保湿，避免发生缩裂和松散现象。

3.7.2　*三灰碎石基层施工*

本工程基层采用三灰碎石，其中，水泥、石灰、粉煤灰、碎石配合比为1.5∶8.5∶20∶70，厚20cm。

（1）底基层准备与施工测量

施工前对底基层按质量验收标准进行验收，然后恢复中线，设适当桩距的中线桩并在两侧路面边缘外0.3～0.5m处设指示桩，在指示桩上用红漆标出基层边缘设计标高及松铺厚度的位置。

（2）备料

计算材料用量，根据各路段基层的宽度、厚度及预定的干密度，计算各路段需要的干燥集料数量。三灰碎石所用水泥、石灰、粉煤灰、稳定碎石及水均应符合有关规范标准，其中石灰采用磨细生石灰，水采用自来水。

（3）拌合和摊铺

三灰碎石采用厂拌法，混合料配合比必须符合设计要求。拌合时注意随拌随洒水，使混合料含水量接近最佳含水量（最佳干密度和最佳含水量靠击实试验取得），混合料宜随拌合随运输，随摊铺随碾压，存放时间应根据不同的气温和混合料的硬结时间而定，一般不超过7d。

混合料在摊铺前，应在底基层上适当洒水，保持潮湿。混合料本身含水量，一般应为最佳含水量的1%；如含水量低于最佳含水量1%时，应洒水增补；如有粗细料离析现象，摊铺前应补充拌匀再摊铺，混合料应按松铺厚度摊铺均匀，其松铺厚度为压实厚度乘以压实系数，压实系数为1.15～1.4。

(4) 碾压

根据路宽，压路机的轮宽和轮距的不同制定碾压方案，以求各部位碾压的次数相同(通常路面的两侧应多压2～3遍)。

碾压前检验含水量，在碾压全过程中须保持最佳的含水量状态；如含水量低，需洒水增补；含水量过高需晾晒，在含水量适当时再行碾压。

严禁压路机在已完成的或正在碾压的路上“调头”和“急刹车”，以保证三灰碎石基层表面不受破坏。

(5) 养护

压实合格后，必须进行洒水，在潮湿状态下养护，时间至少7d，养护期间严禁履带机械通行。

3.7.3 *碎石基层施工*

(1) 材料选用

采用质地坚韧，耐磨的轧碎花岗石或石灰石，软硬不同的石料不能混用。碎石形状应为多棱角体，不含石粉及风化杂质，符合下列技术指标和规格：

1) 抗压强度大于80MPa；

2) 软弱颗粒小于总重的5%；

3) 含泥量小于总重的2%；

4) 扁平细长(1:2)碎石小于20%，砾石小于15%；

5) 碎石规格为3～6cm。

(2) 摊铺

摊铺前对下承层的设计高程和路中线，路边进行复核测量，符合规定偏差，表面清洁、无杂物。摊铺虚厚按设计实厚乘以压实系数，机械摊铺为1.20～1.25。

(3) 碾压

先用8t两轮压路机自两侧向路中慢速稳压两遍，使碎石穿插紧密，初步形成平面，然后洒水，用水量2～25kg/m^2，碾压过程中随碾压随打水花，用水量约为1kg/m^2。

在碾压4～6遍后，换12t三轮压路机碾压，后两轮每次重叠轮宽1/2；且由侧向路中碾压，先压路边，3遍后，渐移向中心，一般碾6～10遍，碾压全过程都要随压，随打水花，总用水量12～14kg/m^2。

碾压全过程必须完全中断交通，以防止表面松动。碾压至表平面平整，无明显轮迹，达到压实度标准为止。

如发现碎石呈圆形或形成过多后屑，则表明“过碾”，应将过碾部分碎石挖出，筛除细小石料，添加带有棱角的新料再行碾压。

碎石碾压好后，先洒水再均匀撒布嵌缝小碎石头0.5m^3/100m^2，每碾2～3遍，洒水一次，每次用量不大1kg/m^2。

(4) 养护

未铺面层前，对已成活三灰碎石基层，继续进行洒水养护。

3.8　普通沥青混凝土铺筑

3.8.1　工程概况

本工程路面为沥青混凝土，分上下两层，下层为粗粒式普通沥青混凝土，厚 5cm，表面层为中粒式密级配沥青混凝土厚 4cm。

3.8.2　施工准备

(1) 铺筑前，对路面基层的平整度、粗糙度等进行检查。

(2) 测设中线和边线，沿路中线纵向每 15m 设一高程控制点，横向 5m 设一点；另外，根据所需铺筑沥青混凝土的最小、最大平均厚度计算沥青混凝土的数量，做好用料计划。

(3) 根据施工条件及工程进度、工程量等，选配施工机械，确定摊铺机行程示意图。

3.8.3　材料

(1) 砂、石粉的级配，材质符合相关技术标准。

(2) 沥青按寒区标准选择，采用石油沥青或煤沥青作结合料，其标号及各项技术指标符合设计及规范要求。

(3) 沥青混凝土运至工地后，试验人员立即测量沥青混合料的温度（深 10cm）处，并检查颜色是否均匀，有无花白子、结团成块、颗粒离析现象。

3.8.4　摊铺

(1) 摊铺沥青混凝土前 2～3h；均匀喷洒一薄层粘层油，每平方米用油量 0.8kg，在路面接槎或检查井、雨水口等接触处，应涂刷一薄层沥青。

(2) 自卸汽车运输混凝土，车厢清扫干净。用帆布覆盖，以保温、防雨、防污染，夏季运输时间短于 0.5h 时，可不加覆盖。

(3) 一次摊铺长度一般为 50～120m，摊铺下一幅与上一幅纵缝要重叠 10cm，以便紧密结合，摊铺必须缓慢均匀，连续不间断，不得随意变换速度和中途停顿。依据现场情况计算摊铺速度，并控制在 2～6m/min 内，摊铺温度待通过试验路验证后再确定。摊铺虚厚按设计厚度乘以压实系数 1.15～1.20。

(4) 在刚铺筑完尚未压实的铺筑层上，不允许任何人员在上面行走；当铺筑层没有冷却到常温时，任何机械和车辆不得在其上停放或行驶。

(5) 雨天、地面潮湿、有水或有五级以上的大风等不利天气时，暂停施工。

3.8.5　碾压

(1) 当沥青混凝土温度符合碾压要求时，即可开始碾压，先用 8t 压路机进行碾压，压至混合料稳定后，再用 12t 重碾碾压，压至压实度达到质量标准且无明显轮迹。

(2) 碾压工作先由路边开始，以 25～35m/min 的速度，每次错半轴，重叠宽度约 25cm，逐渐移向中央，路边要加强碾压，防止压实密度不够。

(3) 碾轮应保持清洁，适当喷洒防粘混合液，喷洒时要少喷、勤喷、喷匀，切忌用量过大，侵蚀路面。

3.8.6　接槎

接槎是直接影响路面平整度和稳定性的工序，必须进行认真仔细的管理和操作。

(1) 横缝应与铺筑方向大致垂直，上下相连层次的横缝至少应错开 1m。横缝必须与立槎相接，采用木挡板的方式。继续摊铺时应在接槎处涂刷沥青，并采用钢轮压路机将接缝先横压几次，再纵向碾压。

(2) 接槎采用“直槎热接”法，接槎时应先沿槎口用热沥青混合料预热，压铺一长条宽厚各为 15cm；5min 后将其铲除，换用新的热混合料二次预热；3min 后将预热混合料按虚厚摊平，紧跟着进行碾压，使接槎两侧平整坚实，表面构造均匀一致，没有明显痕迹。

3.8.7 通车

石油沥青混凝土路面碾压完毕，油温降至大气温度时，即可开放交通。

煤沥青混凝土路面须经过 12h 后，方可开放交通；但在夏季天气炎热时，路面不易稳定，则以隔一天开放交通为宜。

3.8.8 沥青混凝土面层的质量标准

(1) 表面应平整、坚实，颗粒分布均匀，不得有脱落、掉渣、裂缝、拥动、烂边、搓板、粗细料集中等现象。

(2) 用 12t 以上压路机碾压后，不得有明显轮迹。

(3) 接槎应紧密、平顺，烫缝不枯焦。

(4) 面层与平石及其他构筑物应接顺，不得有积水现象。

(5) 沥青混凝土面层应符合《公路改性沥青路面施工技术规范》JTJ 036—98、《沥青路面基层施工及验收规范》GB 50092—96。

3.9 桥、路面铺装及附属工程

3.9.1 伸缩缝施工

由业主指定分包单位施工。

3.9.2 板式橡胶支座、盆式橡胶支座安装

本工程板式橡胶支座主要用于桥台处及预制预应力空心板的支座处，盆式橡胶支座主要用于箱形连续梁中间跨支座处。

(1) 板式橡胶支座的安设

1) 板式橡胶支座安装前，必须进行全面检查并进行力学性能检验，包括支座长、宽、厚、硬度（邵氏）、容许荷载、容许最大温差以及外观检查，如不符合设计要求，不得使用。

2) 支座安装时，支座中心尽可能对准盖梁的计算支点，使整个橡胶支座的承压面上受力均匀。

3) 安装前，应将盖梁、桥台上支座处混凝土面清洗干净，去除油污，用环氧砂浆仔细抹平，使其顶面标高符合设计要求。

4) 支座安装尽可能安排接近年平均气温的季节里进行，以减少由于温差变化过大而引起的剪切变形，支座采用环氧树脂胶粘结。

5) 预制预应力空心板安放时，必须细致、稳妥，使其就位准确并与支座密贴，勿使支座产生剪切变形；就位不准时，必须起吊重新安放，不得用撬杆移动板。

6) 支座周围的排水坡按设计设置，防止支座处存水，并随时清除支座附近的尘土、

油脂与污垢。

(2) 盆式橡胶支座的安装

1) 安装前，将支座的各相对滑动面和其他部分用酒精擦拭干净。

2) 支座的顶板和底板焊接在箱形梁底和支墩顶的预埋钢板上，焊接时防止烧坏混凝土。

3) 支座安装的标高符合设计要求，平面纵横两个方向应水平，其四角高差不得大于1mm。

4) 安装固定支座时，其上下各个部件纵轴线必须对正，安装纵向活动支座时，上下各个部件纵轴线必须对正，横轴线应根据安装时的温度与年平均最高、最低温差，由计算确定其错位的距离，支座上下导向挡块必须平行，最大偏差的交叉角不得大于5′。

5) 桥梁施工期间，混凝土将由于预应力和温差引起弹性压缩、徐变和伸缩而产生位移量，因此，要在安装活动支座时，对上下板要预留偏移量，使桥梁建成后的支座位置能符合设计要求。

3.9.3　金属栏杆及扶手安装

本工程桥面防撞护栏上部安装金属栏杆及扶手。

工艺流程：接头处理──→焊栏杆立柱──→安装扶手──→涂刷防锈漆──→涂刷面漆──→修整。

3.9.4　路缘石铺装

本工程路缘石种类分花岗石边石及混凝土界石两种。混凝土界石规格为400mm×150mm×75mm，安设部位为人行道。花岗石边石规格为1000mm×350mm×130mm。

3.9.5　路面混凝土方砖铺设

本工程人行道路面铺设250mm×250mm×50mm水泥方格砖。

施工工艺：素土夯──→10%石灰土垫层──→找标高，拉线──→路缘石施工──→铺砌方格砖──→灌缝

3.10　试验及计量

3.10.1　试验项目

(1) 路基、路面压实度试验

标准密度值是衡量现场压实度的尺度，要求有足够的精度。按照土工试验规程，路基的现场压实度检查试验方法采用环刀法。

(2) 桩的无破损检测试验

基础桩共181根；除按规范规定的代表数量进行无破损检测外，对于工程重点部位(1#、2#环线与1#、2#匝道的交汇处)的基础桩，还需逐根进行检测。

1) 钢筋检验：钢筋进场后均需取样进行力学性能复试，若在加工过程中发生脆断、焊接性能不良和力学性能显著不正常时，还需进行化学成分试验。

2) 钢筋接头试验：包括①机械接头：套筒挤压接头；②焊接接头：闪光对焊，电渣压力焊。

3) 钢绞线需做拉力试验。

4) 锚固性能试验：预应力钢钢绞线筋与锚具组装件进行静载试验，其值不得低于钢

绞线抗拉强度的90%。

5）混凝土所使用水泥进场复试，混凝土骨料常规指标测试试验及抗冻试验。水泥混凝土的抗压强度试验，抗折强度试验及冬期施工期间混凝土试块的负温转正温试验。

6）石灰土、三灰碎石等半刚性道路基层，须进行7d、28d无侧限抗压强度试验。

7）支座试验：板式橡胶支座在安装前进行力学性能试验，包括硬度（邵氏）、压缩弹性模量、容许荷载、剪切弹性模量、允许剪切角、容许最大温差等项。

8）防水工程：所使用CL防水材料及胶粘剂的产品性能检验。

3.10.2 试验管理

(1) 管理原则

1）严格按照国家及行业的有关规范、标准和企业的试验与检测工作程序进行控制。

2）本工程所进行的试验均委托东北林业大学土木工程学院试验中心进行。

3）工程开工前，根据图纸工程量编制试验计划，确定取样部位、数量，报监理批准。

4）本工程现场设标养室，试验工程师一名，负责现场取样和送检工作。

5）取样工作依据公司的《路桥工程过程试验（检测）控制程序》来进行。

(2) 现场标准养护室设置

标养室内设置标准养护箱、试块存放架、喷淋水嘴。标养室的温度保持在20±3℃，湿度达到90%以上。标养室内配备电箱一个，温度控制仪一台，远红外温度计、振动棒若干，2kg架盘天平秤一台，温湿表一个及制作试块必备的工具。

冬期配备水加热棒2根，空气加热棒3根，常温期间，混凝土试模40组（冬施增加20组），坍落度筒1个，小油桶及油刷各一个。

(3) 计量控制

1）由项目总工程师领导日常的计量管理工作，并按照计量工作程序的有关规定进行控制。

2）施工中所使用的全部测量仪器必须按规定，经专门的计量部门检定后方可用于工程，以保证施工测量放线的精度。

3）用于控制材料和施工质量的卡尺、角尺、水平尺、力矩扳手等，必须按规定作定期检定，防止使用不合格的计量器具。

4）专业试验室的试验及计量设备必须合格。

5）用于施工中的各种重量、流量、电气参数的计量器具、仪表等必须保证准确度和精度，并加强使用中的管理。

3.11 冬雨期施工

3.11.1 冬期施工

根据本工程总的进度控制计划，桩基及承台钢筋混凝土工程在4月15日前施工，属于冬期施工。为保证工程质量，将采取以下措施：

(1) 钢筋工程

冬期施工时，钢筋负温冷弯和焊接必须符合以下条件：

1）钢筋冷拉：钢筋冷拉采取可靠安全措施时温度不低于－20℃。负温冷拉后的钢筋，逐根检查其外观，表面不得有裂纹和局部颈缩。

2）钢筋冷弯：当环境温度低于－20℃时，HRB335 级钢筋不进行室外冷弯操作，需要弯曲的钢筋均在暖棚内操作。

3）钢筋焊接：① 当环境温度低于－20℃时，不宜进行施焊；② 雪天或施焊现场风速超过 5.4m/s（3 级风）焊接时，应采取遮蔽措施，焊接后冷却的接头应避免碰到冰雪；③ 钢筋负温电弧焊，采用分层控温施焊。热轧钢筋焊接的层间温度控制在 150～350℃之间。

（2）冬期桩基混凝土施工

本地区冻土深度 2m 左右，冬期桩基施工采用全套筒冲抓钻机钻孔施工方法，为干作业，不需要泥浆护壁。

1）桩基混凝土采用热水搅拌，提高混凝土入孔温度，混凝土入孔温度达到 10℃以上。

2）桩顶采用覆盖阻燃稻草被等措施保温。

（3）承台冬期施工

1）承台模板施工：①冬施浇筑混凝土前，认真检查模板，清理模板内的冰雪，模板外围均采用阻燃稻草被包裹严密。②模板和保温层在混凝土达到抗冻临界强度并冷却到 5℃后方可拆除。拆模时，混凝土温度与环境温度差大于 20℃时，拆模后的混凝土表面应及时覆盖，使其缓慢冷却。

2）承台混凝土施工：①冬期施工中，应认真执行配合比，水泥强度等级不低于 32.5 级，应优先选用硅酸盐水泥和普通硅酸盐水泥，最小水泥用量不低于 300kg/m³，水灰比不大于 0.6，应严格检查控制混凝土原材料及外加剂的质量，对混凝土加热、搅拌、运输、浇筑、测温、养护进行严格控制。②混凝土的运输和浇筑：混凝土在浇筑前，应清除模板和钢筋上的冰雪和污垢。混凝土运输、浇筑容器需保温，以保证混凝土的出罐温度和入模温度达到要求。混凝土在运输和浇筑过程中的温度和覆盖保温材料，均在冬施方案中进行热工计算。③分层浇筑厚混凝土时，已浇筑层的混凝土温度在未被上一层混凝土覆盖前不应低于 2℃，使接合面混凝土保持正温，直至新浇筑的混凝土获得规定的抗冻强度。

3）承台混凝土的养护：①承台在冬期施工采用综合蓄热法。混凝土的入模温度要求不低于 10℃，混凝土浇灌要连续，尽量缩小工作面。②新浇混凝土表面先刷一层抗冻性养护液，然后覆盖一层黑色塑料布，再在上面覆盖 2～3 层阻燃稻草被，既能防止混凝土内的水分蒸发，又能防止混凝土内热量的散失；边、棱角部位增加保温材料厚度。③冬期施工，严格监测混凝土的强度。本工程采用测试同条件试块的方法控制保温的拆除时间。浇筑混凝土时，要求试验工做试块放在施工面上同条件养护，时间准确到小时，在 1～2d 内到试验室内试压，并将试压结果立即通知技术人员，经技术人员校对，保证混凝土强度达到临界强度前不受冻。

4）承台混凝土冬期施工测温：混凝土冬期施工测温的项目及次数应符合表 3-6 规定。

混凝土冬期施工测温项目、次数　　**表 3-6**

测　温　项　目	测温度次数
室外气温及环境温度	每昼夜不少于 4 次，此外还需测最高、最低气温
混凝土出罐、浇筑 、入模温度	每一工作班不少于 4 次

5）承台混凝土养护期间测温：①测温点的选择：测温孔应设置在有代表性的结构部位和温度变化大易冷却的部位，孔深为10～15cm；测温点要编号，并绘制布置图；②采用人工测温；③从混凝土入模开始至混凝土未达到受冻临界强度之前，每隔2h测量一次，达到受冻临界强度以后，应至少每隔6h测量一次；④人工测温时，测温仪表应采取与外界气温隔离措施，并留置在测温孔内时间不少于3min；⑤承台混凝土冬期施工，安排专职测温员测出混凝土养护期间的温度，认真做好每个段的测温记录，以准确反映混凝土内实际温升及混凝土表面温度，采取有效保温措施，防止混凝土受冻或内外温差过大而开裂。

3.11.2　雨期施工

哈尔滨6月中旬进入雨期，直至8月末。根据施工进度控制计划，雨期施工时工程进入桥梁上部结构及路面施工，为保证工程在雨期施工中的顺利进行，雨期施工期间必须做好“排水、挡水、防水”工作。

（1）在进入雨期施工前准备好防汛、防雨材料和设施。

（2）现场道路采用灰土夯实硬化，两侧均挖明排水沟，纵向坡度3‰。

（3）室外吊车安装避雷装置。

（4）现场中、小型施工机械必须按规定加防雨罩或搭设防雨棚，闸箱防雨漏电接地保护装置应灵敏、有效。

（5）施工管道沟槽严格按规定放坡，施工前准备两台潜水泵，雨后及时抽水。排水直接接到市政下水管道，排水口应做箅子。

（6）雨期沥青混凝土施工要求：注意天气预报，工地现场设专人与沥青混合料拌合厂联系，下雨、基层或多层的下层潮湿时，均不得摊铺沥青混合料，对未经压实即遭雨淋的沥青混合料，要全部清除，更换新料。

（7）石灰土雨期施工应注意：

1）应集中力量分段施工，各段土基在雨前做到碾压密实。对低洼处，应安排在雨前施工。路床应开挖临时排水沟，以利排泄雨水。排水沟要及时疏通，因雨造成土基湿软路段，可采取晾晒、换土、用外掺料等措施。

2）备土宜堆成大堆，表面应抹泥一层，四周挖排水沟。

3）混合料要边拌合，边摊铺，边碾压。对已摊铺好的混合料，要在雨前或冒雨进行初压，雨停后再加压密实。对已铺好而尚未碾压的混合料，应晾晒至适当含水量后再进行碾压。分层施工时，应在雨前铺好下层，以防雨水浸入土基。

3.12　施工过程成品保护

3.12.1　承台及挡墙土方工程

（1）保证基底土不扰动，清土过程中加强施工测量，制定合理的施工流向。

（2）进入承台基坑人员、材料必须通过搭设坡道，严禁直接从坑上往下扔工具、材料。

（3）做好承台及挡墙基坑的防水排水工作，基坑地面四周有防水挡墙；坑内如有积水，应及时抽排。

3.12.2　模板工程

(1) 现场使用模板的装卸、存放应注意保护，分规格码放整齐，防止损坏和变形。堆放场地平整，有排水防雨措施。

(2) 模板安装过程轻拿轻放，不强拉硬顶，支撑安装后不可人为随意拆除，造成松动。

(3) 安装好的模板要防止钢筋、脚手架等碰坏模板表面。钢筋安装时，保证模板不发生变形和位移。

(4) 模板表面应涂刷水溶性脱模剂，防止油污对混凝土表面造成污染和模板与混凝土之间发生粘连，模板拆除时禁止硬砸硬撬，防止损伤模板。

3.12.3　钢筋工程

(1) 钢筋料场场地平整，有良好的排水防雨措施，防止钢筋锈蚀，钢筋运输和存放要适当，钢筋下应使用垫木码放整齐，严禁野蛮装卸，防止造成损伤和变形。

(2) 钢筋在安装、吊运过程中应防止变形，墩柱钢筋绑扎应搭设架子。钢筋进行穿插时，应保护已绑扎完的钢筋成品质量。安放预埋管件不得随意切断钢筋。

(3) 钢筋绑扎后按规定固定好垫块和支架筋，以保证钢筋的间距和保护层。搭设行人通道，严禁人员直接在钢筋骨架上行走，以防钢筋变形。

(4) 在混凝土浇筑过程中，混凝土泵送管道应设专用支架，不准直接放在钢筋上造成变形。

(5) 设专人负责钢筋的守护和整修，保证混凝土浇筑过程中钢筋的质量。

(6) 钢筋成品、半成品，要防止油漆、油脂污染钢筋表面。

3.12.4　混凝土工程

(1) 梁、板混凝土浇筑后在强度未达到2.5MPa前，禁止上人行走，并派专人看护。混凝土收面时，操作人员应使用脚手板。

(2) 加强混凝土的养护，特别在严寒季节，采用适当的材料进行覆盖保护，做好混凝土的防冻保护，覆盖时不得损伤或污染混凝土的表面。

(3) 混凝土结构的侧模和底模及其支撑的拆除，应严格执行设计要求和规范规定的强度要求。

(4) 拆完模板的箱梁、盖梁、墩柱等构件应加强保护，禁止用钢筋、管件等撞击，以免造成混凝土表面和棱角损伤。

(5) 覆盖、养护不少于14d，由专人负责。

(6) 预应力气波纹管在运输及穿管时不能有破坏，不得抛包或在地上拖拉，吊装时不得以一根绳索在当中拦腰捆扎起吊。波纹管在室外保管时间不宜过长，不得直接堆放在地面上，并应采取有效措施，防止雨、露和各种腐蚀性气体的影响。

(7) 钢绞线的切割采用砂轮机切割，不得使用电弧切割，钢绞线加工时严禁放置地上，保持清洁；钢丝束穿孔时应缓慢进行，严防用力过猛，损坏接缝处的波纹管。

(8) 混凝土强度达到100%后方可进行张拉；安装张拉设备时，应使张拉力的作用线与曲线孔道末端中心点的切线重合，不得偏移。张拉时，应分批、分阶段地对称进行，防止把混凝土拉裂。预应力张拉完毕，应对锚具支承垫板和梁端衔接处的混凝土进行清渣、除油、凿毛后，用混凝土将预应力筋端头外露处封闭，以免锈蚀。

4 质量、安全、环保技术措施

4.1 质量保证措施

本工程质量目标：国家金杯奖。

本工程项目执行《市政道路工程质量检验评定标准》CJJ 1—90、《市政桥梁工程质量检验评定标准》CJJ 2—90，工程质量达到优良等级。

4.1.1 质量保证体系

(1) 质量体系文件

根据GB/T 19002—1994等同于ISO 9002：1994标准制定的本企业《质量保证手册》，质量工作程序和作业指导书，市政道路、桥梁工程施工验收规范及质量检验评定标准，本工程施工图纸及相关工程文件和编制的《大庆路立交桥工程质量计划》。执行上述质量体系文件，以保证工程质量符合设计和施工验收规范要求。

(2) 质量保证体系

本工程根据企业《质量保证手册》及工程实际情况，建立有力的质量保证体系。

4.1.2 质量保证措施

(1) 项目质量计划

根据项目管理的需要，项目成立相应的质量管理体系，制定项目质量计划。推行GB/T 19002—1994等同于ISO 9002：1994质量管理和质量保证标准，以项目总工为核心，强化质量管理和质量控制，使管理程序化，贯穿于全施工过程。

(2) 组织保证措施

根据保证体系组织机构图，建立了岗位责任制度和质量监督制度。

(3) 过程执行程序

过程执行程序包括施工准备、技术准备、技术操作、工程材料使用、施工过程检查等。

(4) 管理措施

管理措施包括文件和资料的管理、材料质量控制、计划实施的保证措施、资源保证、施工人员的保证、施工机械的管理、加强计划管理等措施。

(5) 质量控制标准

为保证本工程创优，对本工程制定高于国家、行业质量标准的质量控制标准。

1) 灌注桩质量控制标准，见表4-1。

2) 现浇混凝土墩、台质量控制标准，见表4-2。

3) 现浇混凝土梁、板质量控制标准，见表4-3。

4) 挡板墙安装质量控制标准，见表4-4。

5) 张应力筋张拉质量控制标准，见表4-5。

6) 土方回填质量控制标准，见表4-6。

7) 路床质量控制标准，见表4-7。

8) 沥青混凝土路面质量控制标准，见表4-8。

灌注桩质量控制标准 **表 4-1**

序号	项目			规范允许偏差	自控标准	检查频率		检验方法
						范围	点数	
1	混凝土抗压强度			必须符合GBJ 107—87的规定	必须符合GBJ 107—87的规定	每根桩	1	必须符合GBJ 107—87的规定
2	孔径			不小于设计规定	不小于设计规定		1	用探孔器检测
3	孔深			$+^{500}_{0}$mm	$+^{300}_{0}$mm		1	用测绳测量
4	桩位	基础桩		100mm	80mm		1	用尺量
		排架桩	顺桥纵轴线方向	50mm	30mm		1	
			垂直桥纵轴线方向	100mm	80mm		1	
5	垂直度			$L/100$	$L/150$		1	用垂线测量计算
6	沉淀厚度			50mm	30mm		1	开始灌注混凝土前用测绳测量

注：L——桩长。

现浇混凝土墩、台质量控制标准 **表 4-2**

序号	项目		规范允许偏差（mm）	自控标准（mm）	检查频率		检验方法
					范围	点数	
1	混凝土抗压强度		必须符合GBJ 107—87的规定	必须符合GBJ 107—87的规定	每个构筑物		必须符合GBJ 107—87的规定
2	墩、台身尺寸	长	±15	±10		2	用钢尺量
		高	±10	±5		2	
		厚	+10 −8	+5 −5		4	用钢尺量，每侧上、下各一点
3	顶面高程		±10	±5		4	用水准仪测量
4	轴线位移		10	5		4	用经纬仪测量，纵横各计2点
5	墙面垂直度		0.25%H，且不大于25	0.20%H，且不大于20		2	用经纬仪或垂线测量
6	墙面平整度		5	4		4	用2m直尺量取最大值
7	麻面		每侧面不得超过1%	每侧面不得超过0.5%		2	用尺量麻面面积

注：H——墩、台高。

9）预制块人行道质量控制标准，见表 4-9。

10）栏杆安装质量标准，见表 4-10。

11）路缘石铺设质量标准（执行企业标准），见表 4-11。

12）石灰土基层质量标准，见表 4-12。

现浇混凝土梁、板质量控制标准 **表 4-3**

序号	项目		规范允许偏差(mm)		自控标准(mm)		检验频率		检验方法
			梁、板	悬臂浇筑梁、板	梁、板	悬臂浇筑梁、板	范围	点数	
1	混凝土抗压强度		必须符合 GBJ 107—87 的规定		必须符合 GBJ 107—87 的规定			1	必须符合 GBJ 107—87 的规定
2	断面尺寸	±5	±5	±5	±3	±3		5	用钢尺量,沿全长端部、L/4 和中间各计一点
		±5	±5	±5	±3	±3		5	
		±5	±5	±5	±3	±3		5	
3	长度		−10	±10	−5	±5		4	用钢尺量,两侧上下各计一点
4	顶面高程		±5	±20	±3	±15		4	用水准仪测量
5	侧向弯曲		L/1000 且不大于 10	—	L/1000 且不大于 10	—	每个构件	2	沿构件全长拉线取最大矢高左、右各一点
6	位置	纵(横)轴线	8	10	5	8		1	用经纬仪和钢尺测量
		横隔梁轴线	8	8	5	5			
7	两对角线长度差		10		5			1	用钢尺量
8	间距		±10	±10	±5	±5		1	
9	麻面		每侧不超过该侧面积的 1%		每侧不超过该侧面积的 0.5%			1	用钢尺量麻面总面积
10	平整度		8		5			2	用 2m 直尺量取最大值

注：L——梁（板）跨度。

挡板墙安装质量控制标准 **表 4-4**

序号	项目	规范允许偏差(mm)	自控标准(mm)	检验频率		检验方法
				范围	点数	
1	顶面高程	±5	±3	20m	1	用水准仪测量
2	墙面垂直度	0.5%H 且不大于 15	0.3%H 且不大于 10	20m	1	用垂线挂全高线测量
3	直顺度	10	5	20m	1	挂 20m 小线量较大值
4	板间错台	5	3	20m	1	用尺量最大值

注：H——墙高。

张应力筋张拉质量控制标准 **表 4-5**

序号	项目	规范允许偏差(mm)	自控标准(mm)	检查频率		检查方法
				范围	点数	
1	张拉应力值	±5%	±3%	每束(根)	1	用压力表测量或查张拉记录
2	伸长值(实际伸长值与理论伸长值相比较)	+10% −5%	+5% −3%	每束(根)	1	用钢尺量或张拉记录

续表

序号	项　　目		规范允许偏差（mm）	自控标准（mm）	检查频率		检　查　方　法
					范围	点数	
3	预应力筋断裂或滑脱数	先张法	不超过预应力筋总根数的5%，且每束不得超过2丝	不超过预应力筋总根数的3%，且每束不得超过2丝	每个构件	1	观察
		后张法	不超过预应力筋总根数的3%，且每束不得超过2丝	不超过预应力筋总根数的2%，且每束不得超过2丝			
4	每端滑移量		3	2	每束（根）	2	
5	每丝滑移量		3	2	每束（根）	1	用钢尺量
6	先张法预应力筋中心位移		3	2	每个构件	1	用钢尺量麻面总面积

土方回填质量控制标准　　**表 4-6**

序号	项　　目	规范压实度（%）及允许偏差（mm）	自控标准（%或 mm）	检查频率		检　查　方　法
				范围	点数	
1	压实度（深度 0～30cm）	96%	97%	1000m²	3	用环刀法检验
2	中线高度	±20	±15	20m	1	用水准仪测量
3	平整度	10	5	20m	3	用 3m 直尺和塞尺量取最大值
4	宽度	不小于设计规定＋*B*	不小于设计规定＋*B*	＋100mm 0	40	用钢尺量
5	横断高程	±20 且横坡差不大于±0.3%	±15 且横坡差不大于±0.2%	20m	6	用水准仪测量

路床质量控制标准　　**表 4-7**

序号	项　　目	压实度（%）及允许偏差（mm）	自控标准（%或 mm）	检查频率		检　验　方　法
				范围	点数	
1	压实度	96%	97%	100m²	3	用环刀法检验
2	中线高程	±20	±15	20m	1	用水准仪测量
3	平整度	20	15	20m	2	用 3m 尺量取最大值
4	宽度	＋200，0	＋150，0	40m	1	用尺量
5	横波	±20 且不大于±0.3%	±20 且不大于±0.3%	20m	4	用水准仪测量

沥青混凝土路面质量控制标准　　**表 4-8**

序号	项　　目	压实度（%）及允许偏差（mm）	自控标准（mm）	检查频率		检　验　方　法
				范围	点数	
1	压实度	≥96%	≥96%	2000m²	1	称质量检查
2	厚度	＋20，－5	＋15，－3	2000m²	1	用尺量
3	弯沉值	小于设计规定	小于设计规定		4	用弯沉仪检测

续表

序号	项　目	压实度(%)及允许偏差(mm)	自控标准(mm)	检查频率		检 验 方 法
				范围	点数	
4	平整度	≤2.6	≤2.5	20m	2	测平仪及3m直尺测平整度
		5	4	20m	2	测平仪及3m直尺测平整度
5	宽度	−20	−15	40m	1	用尺量
6	中高线	±20	±15	20m	1	用水准仪测量
7	横波	±10 且不大于±0.3%	±5 且不大于±0.2%	20m	4	用水准仪测量
8	井框与路面的高差	5	4	每座	1	用尺量取最大值

预制块人行道质量控制标准　　表4-9

序号	项目		允许偏差(mm)	自控标准(mm)	检查频率		检 查 方 法
					范围	点数	
1	压实度	路床	≥96%	≥97%	100m	2	用环刀法或灌砂法检查
		基层	≥96%	≥97%			
2	平整度		5	3	20	1	用3m直尺量取最大值
3	相邻块高差		3	2	20m	1	用尺量取最大值
4	横波		±0.3%	±0.2%	20m	1	用水准仪测量
5	纵缝直顺		10	5	40m	1	拉20m小线量取最大值
6	横缝顺值		10	5	20m	1	沿路宽拉小线量取最大值
7	井框与路面高差		5	3	每座	1	用尺量

栏杆安装质量标准　　表4-10

项次	检 查 项 目	规定值或允许偏差(mm)		检查方法和频率
		行业标准	企业标准	
1	栏杆平面偏位	4	2	每5根柱拉线检查
2	栏杆扶手平面偏位	3	1	30m拉线或用经纬仪检查
3	栏杆柱顶面高差	4	2	用水准仪检查,抽查20%
4	栏杆柱纵横向垂直度	4	2	用垂线检查,抽查20%
5	相邻栏杆扶手高差	5	2	用尺量,抽查20%

路缘石铺设质量标准　　表4-11

项次	检 查 项 目	规定值或允许偏差(mm)		检查方法和频率
		行业标准	企业标准	
1	直顺度	15	10	20m拉线,每200m 4处
2	相邻两块高差	3	1	水平尺,每200m 4处
3	相邻两块缝宽	±3	±1	尺量,每200m 4处
4	顶面高程	±10	±5	水准仪,每200m 4点

石灰土基层质量标准　表 4-12

项次	检查项目		规定值或允许偏差		检查方法和频率
			行业标准	企业标准	
1	压实度(%)	代表值	95	95	按《公路工程质量验评标准》进行，每200m每车道2处
		极限值	91	92	
2	平整度(mm)		12	10	3m直尺　每200m测2处×10尺
3	纵断高程(mm)		+5，-15	+3，-10	水准仪　每200m测4断面
4	宽度(mm)		不小于设计值		尺量　每200m测4处
5	厚度(mm)	代表值	-10	-8	按《公路工程质量验评标准》进行，每200m每车道1点
		极限值	-20	-15	
6	横坡(%)		±0.5	±0.3	水准仪　每200m测4断面
7	强度(MPa)		符合设计要求		按《公路工程质量验评标准》进行

4.2　安全生产、文明施工

4.2.1　安全保证措施

(1) 安全管理目标：创“文明安全工地”；杜绝重伤事故，轻伤事故率低于2‰。

(2) 安全生产责任制。

(3) 安全教育：现场作业人员与施工安全生产责任最为紧密，因此，根据不同的施工作业人员，确定了不同的安全教育内容，并且制定严格的安全教育制度。

(4) 安全检查制度：制定健全定期安全检查、季节性安全检查、临时性安全检查、专业性安全检查、群众性安全检查和安全管理检查等各项安全检查制度，对安全生产制度、安全教育、安全技术、安全检查和安全业务工作等进行组织实施和检查。

(5) 治安保卫措施：为了加强施工现场的保卫工作，确保建设工程的顺利进行，根据哈尔滨市建设工程施工现场保卫工作基本标准的要求，结合本工程的实际情况，为预防各类盗窃、破坏案件的发生，特制定了合理、可行的治安保卫措施。

4.2.2　施工现场消防

针对本项目成立消防安全工作领导小组，以项目经理为组长，项目消防安全负责人为副组长，各施工段工长、劳务作业队队长、安全员、现场保安员为组员。对机电设备、可燃可爆物资存放与管理、明火作业、季节施工等制定了切实可行的消防安全措施。

4.2.3　现场文明施工总体要求

确定并实施了文明施工管理目标，建立健全了岗位责任制，创建了良好施工环境，创建了文明施工样板工地。

5　综合经济技术指标分析

对该工程各项经济技术指标进行综合分析，列表如下（表5-1）。

综合经济技术指标 **表 5-1**

<table>
<tr><td>开竣工日期</td><td colspan="3">自 2000 年 3 月 15 日
至 2000 年 9 月 30 日</td><td>有效工期</td><td colspan="2">172 天</td></tr>
<tr><td rowspan="3">百元工资含量(元)</td><td colspan="3">上级下达指标 18%</td><td rowspan="3">降低
成本
万元</td><td colspan="2">直接费 171.32</td></tr>
<tr><td colspan="3">计划指标 16%</td><td colspan="2">降低率 15%</td></tr>
<tr><td colspan="3">节超额 142.6400</td><td colspan="2">降低率</td></tr>
<tr><td rowspan="2">材料节约</td><td colspan="6">材料节约量约占定额数量的 1%</td></tr>
<tr><td colspan="6"></td></tr>
<tr><td rowspan="6">工程质量</td><td rowspan="3">单位工程
质量等级</td><td colspan="5">分部工程优良品率(%)</td></tr>
<tr><td>基础桩</td><td>5%</td><td colspan="2">挡土墙</td><td>93%</td></tr>
<tr><td>承台</td><td>95%</td><td colspan="2">普通路面</td><td>90%</td></tr>
<tr><td rowspan="3">国家金
杯奖</td><td>墩柱</td><td>92%</td><td colspan="2">防撞栏杆</td><td>95%</td></tr>
<tr><td>盖梁</td><td>95%</td><td colspan="2"></td><td></td></tr>
<tr><td>箱梁</td><td>92%</td><td colspan="2"></td><td></td></tr>
<tr><td>安全生产</td><td colspan="6">安全频率在 2‰以下</td></tr>
<tr><td rowspan="8">技术革新与
技术改造</td><td colspan="3">主要项目名称</td><td colspan="3">技术经济效益</td></tr>
<tr><td colspan="3">旋控干作业成孔</td><td colspan="3">18 万元</td></tr>
<tr><td colspan="3">冷直径钢筋连接</td><td colspan="3">12 万元</td></tr>
<tr><td colspan="3">新型模板与脚手架体系</td><td colspan="3">50 万元</td></tr>
<tr><td colspan="3">粉煤灰应用技术</td><td colspan="3">42 万元</td></tr>
<tr><td colspan="3">高性能混凝土应用</td><td colspan="3">28 万元</td></tr>
<tr><td colspan="3">三灰碎石施工技术</td><td colspan="3">15 万元</td></tr>
<tr><td colspan="3">计算机管理与应用技术</td><td colspan="3">18 万元</td></tr>
<tr><td>备　　注</td><td colspan="6"></td></tr>
</table>

第十一篇

武汉市解放大道香港路立交桥工程施工组织设计

编制单位：中建三局

编 制 人：古先琪　张凤霞　桂官　冯源

［简介］　本工程施工地段为城市中心主干道交叉路口，人流、车流量很大，不能全封闭施工，又是世行贷款项目，工期要求紧，质量要求高，钢箱梁制作和安装工艺较复杂，并且在钢桥面上铺装沥青混凝土更有特色。

目　录

1 工程概况

1.1 工程建设概况

工程建设概况见表1-1。

工程建设概况 **表1-1**

工程名称	解放大道香港路立交桥工程	工程地址	汉口解放大道香港路口
建设单位	武汉桥建集团	勘察单位	武汉市设计研究院
设计单位	武汉市政设计研究院	监理单位	广东天衡监理公司
质量监督部门	武汉市政质量监督站	总包单位	中建三局四公司
合同工期	270天	合同价	3761万元(人民币)
资金来源	世界银行贷款	工程主要功能	缓解市内交通压力以及和远期过江隧道连接

1.2 工程设计范围

本工程为武汉市解放大道部分整治工程。根据设计院提供的设计图纸和业主与我局的合同文件，香港路立交工程共包含三大部分：

第一部分：道路工程。设计范围为解放大道 J2＋900～J3＋900 综合改造工程，改造后路幅宽度为 60m；香港路与大智路路段改造工程桩号为 X0＋000～X0＋500，改造后宽度为 45m；以及与解放大道在此范围内的相交路口改造工程和路面排水工程。

第二部分：桥梁工程。解放大道桩号为 J3＋213 至 J3＋640 路段内有一全长为 427m 的高架桥，引桥西段长 73m（J3＋213—J3＋286），东段长 70m（J3＋570—J3＋640）中间主桥长 284m（J3＋286—J3＋570），本高架桥不设加宽和超高。桥梁桩基为钻孔灌注桩共 40 根，长度为 32～46m。桥梁上部为整体钢箱梁结构。桥面铺装为沥青玛琋脂和沥青混凝土。

第三部分：照明、绿化及交通工程。道路整治工程范围的地面部分照明，桥梁部分照明，工程范围内的绿化以及交通组织，标牌标线等。

1.3 道路结构构造

(1) 大智路及解放大道高架桥引道路面结构从上到下为：4.0cm 厚 AC—16Ⅰ型中粒式改性沥青混凝土（掺纤维 2.25kg/t）＋4.0cm 厚 AC—20Ⅰ型中粒式沥青混凝土＋自粘型玻璃纤维土工格栅＋6cm 厚 AC—25Ⅰ型粗粒式沥青混凝土＋45cm 水泥稳定碎石（6：94）。

(2) 现状解放大道机动车道混凝土路面上加铺沥青，路面结构从上至下为：4.0cm 厚 AC—16Ⅰ型改性中粒式沥青混凝土（掺纤维 2.25kg/t）＋6.0cm 厚 AC—25Ⅰ型中粒式沥青混凝土＋自粘型玻璃纤维土工格栅＋4.0cm 厚 AC—13Ⅰ型细粒式沥青混凝土＋调坡层＋现状混凝土路面。

(3) 解放大道现状绿化带改建成机动车道，路面结构从上至下为：4.0cm 厚 AC—16Ⅰ型改性中粒式沥青混凝土（掺纤维 2.25kg/t）＋6.0cm 厚 AC—25Ⅰ型中粒式沥青混凝土＋自粘型玻璃纤维土工格栅＋4.0cm 厚 AC—13Ⅰ型细粒式沥青混凝土＋22cmC30 混凝土＋30cm 水泥稳定碎石（6：94）。

(4) 解放大道现状已经加铺过沥青的路段，从上至下为：4.0cm 厚 AC—16Ⅰ型改性中粒式沥青混凝土（掺纤维 2.25kg/t）+6.0cm 厚 AC—25Ⅰ型粗粒式沥青混凝土+现状已铺沥青混凝土机动车道。

(5) 解放大道非机动车道改建为机动车道（从上至下）：4.0 厘米厚 AC—16Ⅰ型改性中粒式沥青混凝土（掺纤维 2.25kg/t）+6.0cm 厚 AC—25Ⅰ型粗粒式沥青混凝土+20cmC30 混凝土+20cm 原 C15 混凝土调坡（30cm 水泥稳定碎石，6∶94）。

(6) 解放大道新建机动车道结构，从上至下为：3.0cmAC—13Ⅰ型细粒式沥青混凝土+5.0cmAC—20Ⅰ型中粒式沥青混凝土+30cm 水泥稳定碎石（6∶94）。

(7) 香港路现状非机动车道混凝土路面加铺沥青，从上至下为：4.0cm 厚 AC—16Ⅰ型改性中粒式沥青混凝土（掺纤维 2.25kg/t）+6.0cm 厚 AC—25Ⅰ型粗粒式沥青混凝土+自粘型玻璃纤维土工格栅+调坡层+现状混凝土路面。

(8) 香港路现状机动车道混凝土路面加铺沥青，从上至下为：4.0cm 厚 AC—16Ⅰ型改性中粒式沥青混凝土（掺纤维 2.25kg/t）+6.0cm 厚 AC—25Ⅰ型粗粒式沥青混凝土+自粘型玻璃纤维土工格栅+调坡层+现状混凝土路面。

(9) 人行道彩色步砖结构，从上至下为：预制 6cm 厚 C30 混凝土彩色釉面步砖+2cm 厚 1∶3 水泥砂浆坐浆+15cm 水泥稳定碎石（6∶94）。

为方便残疾人通行，人行道（非机动车道）上设置盲道，在道口和单位出入口处的人行道及非机动车道上设置斜坡道，同时人行天桥处，公交站点处设提示盲道，人行道上盲道与天桥处盲道相接。

1.4　桥梁结构说明

(1) 解放大道高架桥起点 J3+213，止点 J3+640，全长 427m，主桥长 284m，西端引桥长 73m，东端引桥长 70m。

(2) 高架桥最大纵坡 4.49%，最小纵坡 0.18%，最小净空高按 4.5m 控制。

(3) 桥梁上部结构：主桥上部结构采用全焊接连续钢箱梁，采用 4×30+2×37+3×30 跨径，共 9 跨布置，箱梁横向设置 1.5%的双向横坡，中心线梁高 1.6m，底板水平，箱梁顶板兼作桥面承重结构，板厚 16mm，箱梁设计为防锈全封闭构造。

(4) 桥梁下部结构：桥墩采用双柱式桥墩，墩宽 1.3m，厚 0.9m，基础采用 ϕ1.0m 钻孔灌注桩，承台尺寸为 4.5m×2m×1.5m。

(5) 桥面结构：桥面采用 3.5cm 沥青玛蹄脂和 4.5cm 沥青玛蹄脂（SMA—10），桥梁护栏为钢制护栏。

(6) 桥梁材料：主梁结构采用 Q345D 钢，桥墩、承台和搭板采用 C30 混凝土，桩基为 C25 水下混凝土，支座为 KJ·GPZ 系列盆式支座，伸缩缝为 D—160 型。

1.5　排水工程说明

(1) 立交范围内，原雨水系统维持不变，路面雨水均通过车道两侧雨水口收集，排入检查井中。

(2) 大智路排水系统为新建，路面雨水通过雨水口收集，经过 $D300$ 的雨水支管，接入新建检查井中。

(3) 原路面上检查井及雨水口都应随路面加铺做相应抬高处理，路面缩窄加宽后，原雨水口垂直移至新建站石边。

1.6 照明工程

(1) 桥梁部分照明：照明容量为25kW，照明采用1×400W+1×250W双壁低杆灯，其中250W负责桥面照明，400W负责桥下路面照明。

(2) 地面部分照明：非高架桥段采用与电车共杆方式，直埋电缆供电，统一灯型，沿线均采用一杆双挑方式，路面灯具车道采用NG400，人行道及非机动车道采用NG250W，杆距原则上为30m，机动车道灯具距地面11m，其他灯具距地面不高于10m。

1.7 绿化工程说明

(1) 绿化范围：解放大道J2+900～J3+900和大智路，香港路桩号X0+000～X0+500道路红线内绿化，包括行道树和花坛。

(2) 绿化原则：以乔灌木为主，充分利用现有行道树，突出四季花开、冬阳夏荫的景观特色。

(3) 绿化内容：①解放大道分车带以桂花、棕榈常青乔木间植，中间点缀红继木、金叶女贞、左柏、海桐等灌木球，并配以红继木、金叶女贞、左柏及四季花卉等地被植物构成模纹绿带。②大智路分车带中间点缀红继木、洒金柏、海桐等灌木球，并配以红继木、金叶女贞、左柏及四季花卉等地被植物构成模纹绿带。③解放大道两侧法桐和广玉兰全部外迁，间植樟树、水杉，间距6m，香港路两侧行道树保留，大智路两侧法桐全部外迁。④沿线乔木与路灯电杆间距大于2m。

1.8 交通工程说明

交通工程主要为道路范围内的交通标志的安装、交通标线的标识、交通信号灯的安装。

1.9 编制依据

(1) 2003年9月25号我局与业主签订的“解放大道香港路立交工程施工合同”。

(2) 武汉市市政工程设计院提交的“汉口香港路立交桥岩土工程勘探报告”，编号2003002Z～2。

(3) 武汉市市政工程设计院提供的香港路立交工程施工图，工程编号WB2003002—03，包括：(第一册) 道路工程、(第二册) 桥梁工程、(第三册) 照明、绿化及交通工程。

(4) 图纸会审纪要。

(5) 现场踏勘。

(6) 我局质量体系程序文件。

(7) 我局环境，职业安全和健康管理体系文件。

(8) 现行劳动定额。

(9) 交通部施工技术规范等。

2 工程特点

(1) 本工程为市政府重点工程，也是世行贷款项目。工期要求紧，工程质量要求高。

(2) 工程涉及专业多，其中立交桥为钢结构，钢箱梁制作和安装工艺较复杂，尤其在钢桥面铺装沥青的工艺更为复杂。

(3) 地下现状管线复杂，而规划管线也较多，给路基施工和道路改造带来较大困难。

(4) 工程施工期间穿插交叉作业多，施工组织、施工管理难度大，成品保护难。

(5) 施工地段为城市中心主干道交叉路口，人流、车流量很大，不能全封闭施工，周边建筑多为居民住宅区，人口稠密，安全文明施工，环保管理难度大。

(6) 工程施工涉及部门多，协调工作难度大。

3 施工部署

3.1 施工总体部署

根据工程量及其分布情况，本合同段划分 2 个主要施工区，分别完成道路和桥梁部分。每个工区划分若干个施工段；同时，由于解放大道立交工程的施工由于交通的影响不能全封闭施工，所以在具体施工时，我们采用分段打围的方式即先施工解放大道两侧非改机工程，待达到通车条件后，再对解放大道立交桥施工打围，从而进行立交桥施工，香港路、大智路道路改造施工可相应进行，附属工程的施工尽量做到穿插进行。

3.2 工程施工目标

详见表 3-1。

工程施工目标　　表 3-1

序号	项　目	目　　标
1	工程质量	我们的质量目标是确保解放大道香港路立交工程质量一次交验合格率 100%，分项优良率 90%以上，争创武汉市市政工程金奖
2	工程工期	确保 270 个日历天内完成合同范围内的所有工程项目
3	安全生产	认真贯彻“安全第一，预防为主”的方针，强化安全管理，确保本项目工程的安全目标达到无重大安全责任事故，一般工伤事故受伤频率控制在 1.0‰以下
4	文明施工	争创武汉市“文明施工样板工地”
5	环保	确保本工程施工期间，除封闭区外，不对周边交通有较大干扰；不造成水源污染；施工中尽量减少粉尘和噪声污染
6	服务	信守合同，密切配合，认真协调与各方关系，接受业主与监理的监督。投诉事件处理率 100%

3.3 施工总平面布置和进度计划情况

施工总平面布置见图 3-1，桥基施工阶段平面布置见图 3-2，施工进度计划横道图见表 3-2，工程网络图见图 3-3。

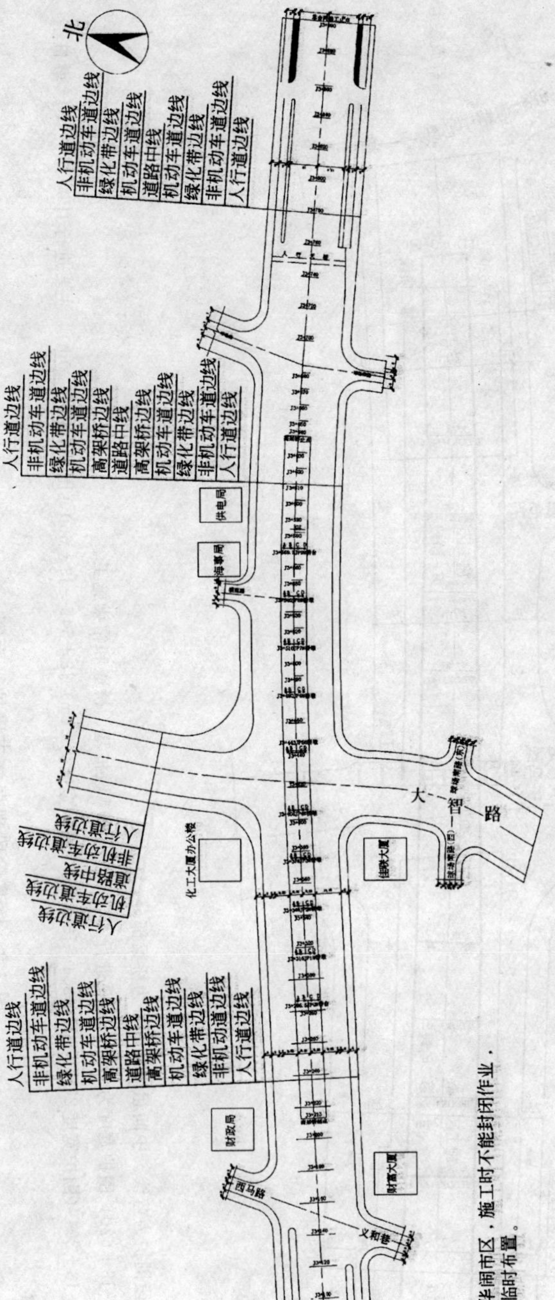

注：由于本工程为市政工程，地址繁华闹市区，施工时不能封闭作业，工程所需的材料和机械随工程的进度临时布置。

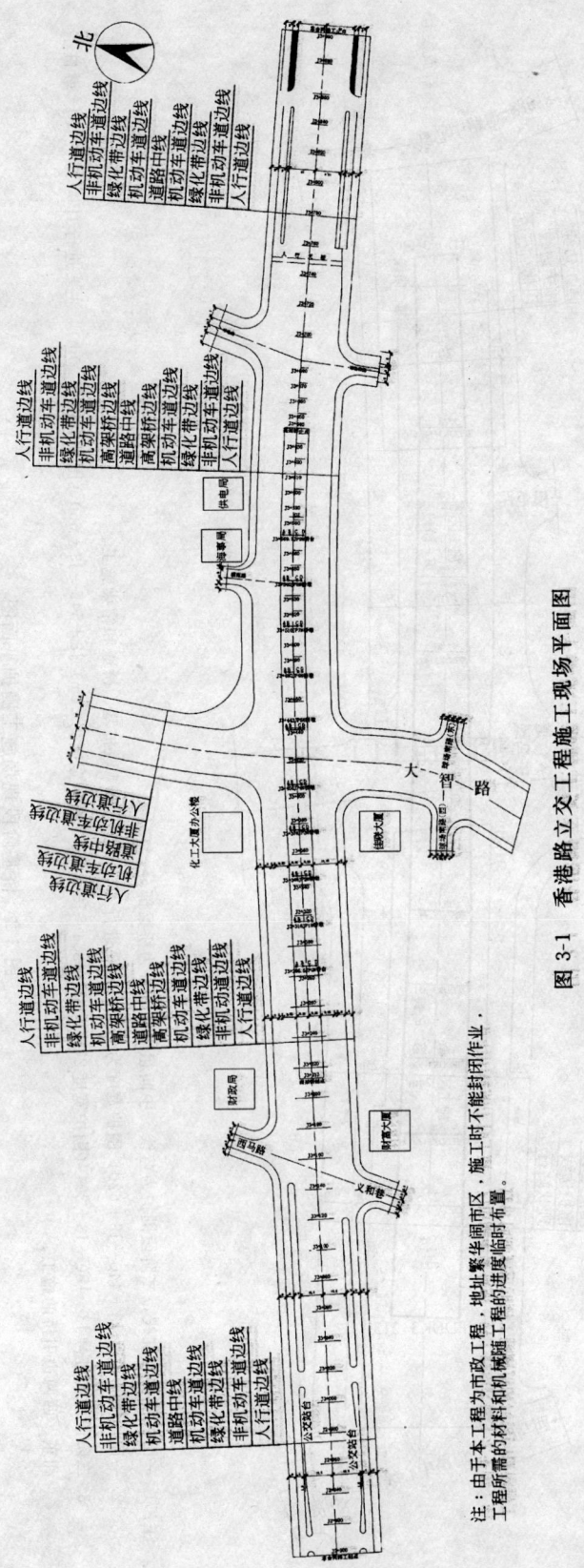

图 3-1 香港路立交工程施工现场平面图

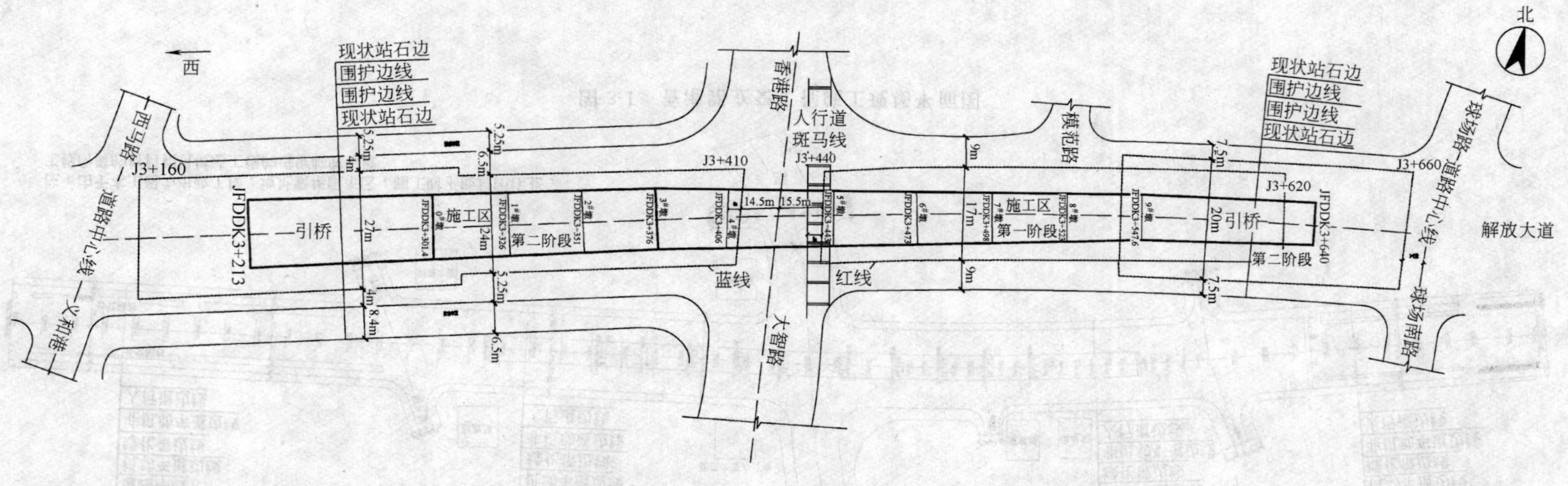

注：1. 一阶段围护为红线，二阶段围护为蓝线。中间粗黑线部分为桥梁部分。

2. 一阶段围护桩号 J3＋440—J3＋620，围护宽度为 16m。主要进行 JP5# 墩—JP9# 墩桩基、桥墩和帽梁施工。

3. 二阶段围护桩号 J3＋180—J3＋304（围护宽度 27m），J3＋304—J3＋410（围护宽度为 21m）J3＋545—J3＋660（围护宽度为 20m），主要进行 JP0# 墩—JP4# 墩桩基和东、西两边引桥的施工。

图 3-2　桥基阶段现场施工围护平面图

表 3-2

解放大道香港路立交桥总进度计划横道图

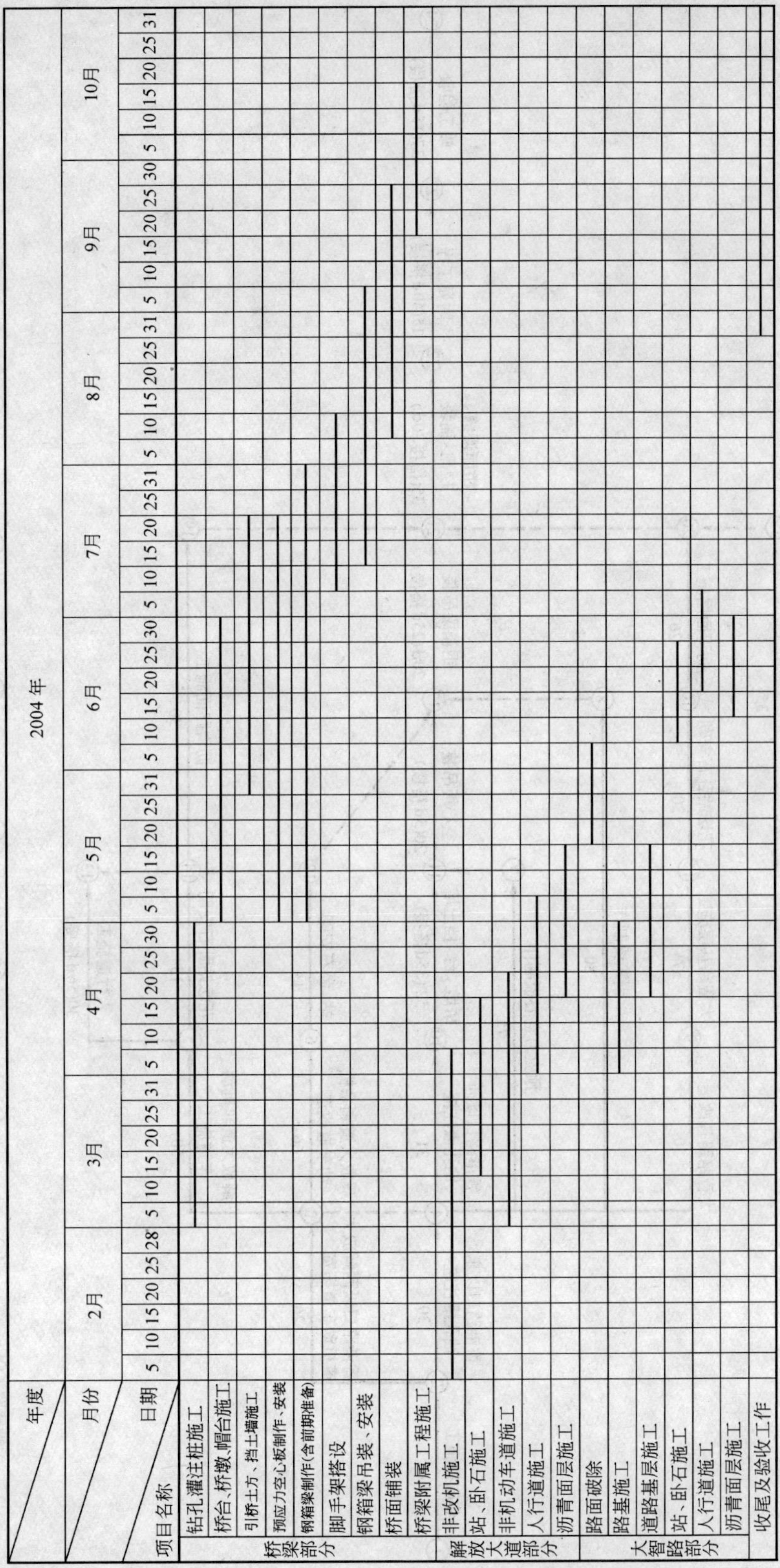
年度
2004年
月份
2月
3月
4月
5月
6月
7月
8月
9月
10月
日期
5 10 15 20 25 28
5 10 15 20 25 31
5 10 15 20 25 30
5 10 15 20 25 31
5 10 15 20 25 30
5 10 15 20 25 31
5 10 15 20 25 31
5 10 15 20 25 30
5 10 15 20 25 31
项目名称
桥梁部分
钻孔灌注桩施工
桥台、桥墩、帽台施工
引桥土方、挡土墙施工
预应力空心板制作、安装
钢箱梁制作(含前期准备)
脚手架搭设
钢箱梁吊装、安装
桥面铺装
桥梁附属工程施工
解放大道部分
非改机施工
站、卧石施工
非机动车道施工
人行道施工
沥青面层施工
大智路部分
路面破除
路基施工
道路基层施工
站、卧石施工
人行道施工
沥青面层施工
收尾及验收工作

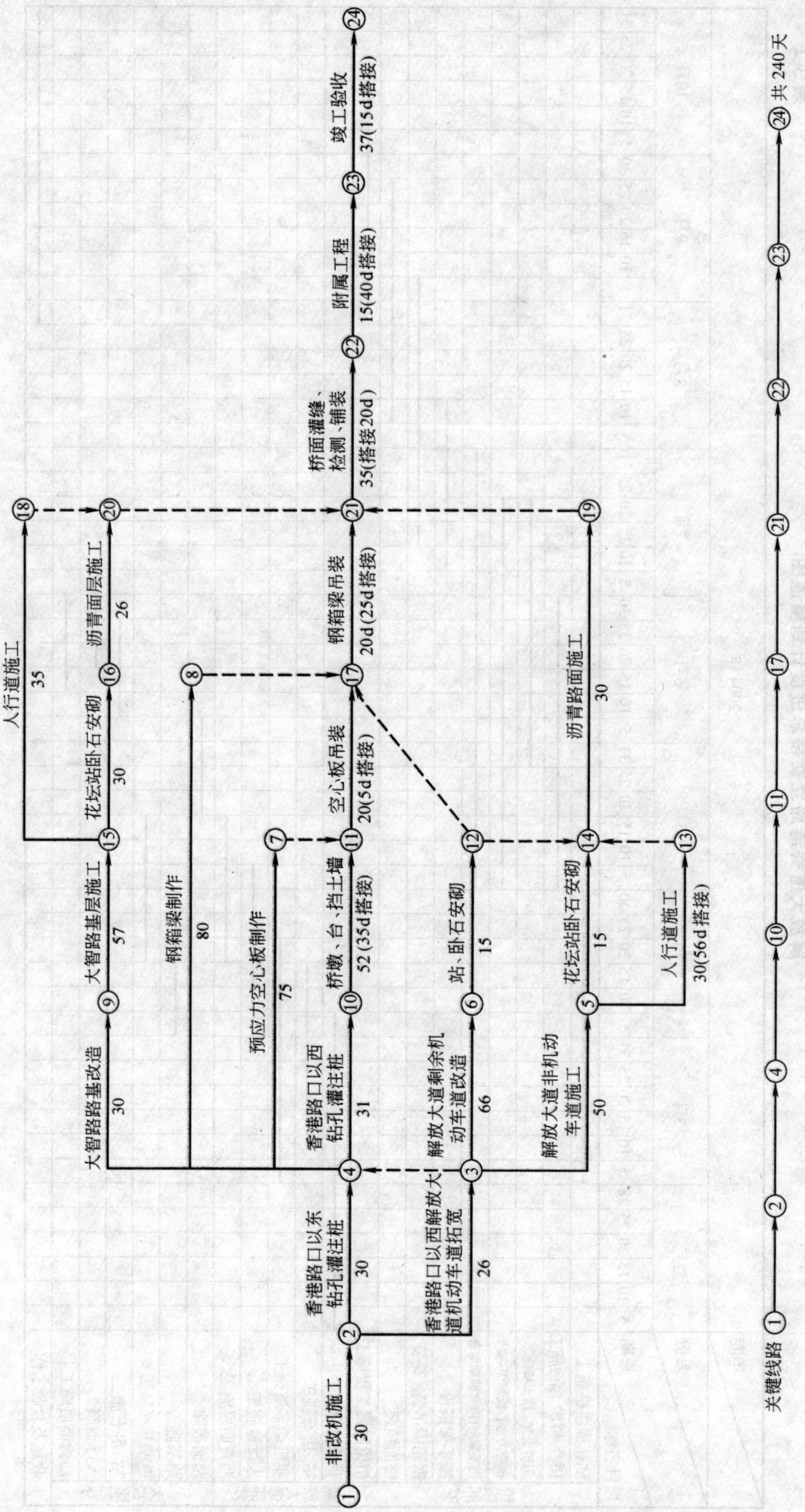

图 3-3 解放大道香港路立交桥工程网络图

4 主要项目施工方法

4.1 道路施工

4.1.1 施工准备

(1) 开工前的测量

在工程开工前应做好施工测量工作，其内容包括导线复核、中线的恢复、水准点复测与增设等，施工测量的精度应符合《公路勘测规范》和《公路路基施工技术规范》中要求。当原测线主要控制桩由导线控制时，事前必须根据设计资料认真搞好导线复测工作。测量时采用全站仪对导线点控制的中线进行施测；若原有导线点不能满足施工要求时，应进行加密，保证在道路施工的全过程中，相邻导线点间能互相通视，导线起讫点应与设计单位测定结果进行比较，测量精度必须满足设计要求。导线复测时必须和相邻施工段的导线闭合，对有碍施工的导线点，施工前应加以固定，所设护桩必须设在路基红线外并牢固可靠。

对路基中线的复测，在开工前应进行全面恢复，并将路线的主要控制桩移出路基施工范围以外加以保护固定。发现问题要及时查明原因并报监理工程师。

对于水准点的校核在使用前应仔细复核，校核的结果应与国家水准点闭合，其闭合差应在$\pm 20\sqrt{L}$（单位 mm，L 为水准测量闭合路线长度，以 km 计）以内，若超出允许范围时，应查明原因报请监理工程师进行处理。施工中所用的控制桩及标志，特别是原始控制桩，要加以保护；发现损坏、移动或松动情况，不得继续使用。

(2) 施工前的复查和试验

土方施工前，施工人员应对路基工程范围内的工程地质、水文、障碍物等进行详细调查，通过取样、试验确定其性质和范围。特别要注意根据设计文件提供的参考资料，对筑路材料进行取样试验，试验方法按《公路土工试验规程》执行，具体试验项目如下：

1) 液限、塑限、塑性指数、天然稠度。

2) 颗粒大小分析试验。

3) 含水量试验。

4) 天然密实度试验。

5) 相对密度试验。

6) 土的击实试验。

7) 有机质含量和易溶盐含量试验。

将试验结果以书面形式报告监理工程师备案；如调查和试验的结果与图纸资料不符时，应提出解决方案，报监理工程师审批。

(3) 场地清理与现场调查

协助有关部门对路基用地范围内现有房屋、道路、花坛、绿化带、通信、电力设施、下水道、煤气管道及其他建筑物事先进行拆迁或改造，但事先应请产权方派人到场，对附近危险建筑进行适当加固并确保安全。清出的杂物、垃圾应集中堆放，并及时清运。

在工程开工之前，要对现场影响施工的地上障碍物进行详细调查，调查材料报业主进行协调和拆迁。地下管线开工前，要对照业主提供的图纸进行详细调查，并挖坑探测管线的埋置深度和走向；若发现实际和设计有冲突的地方，应及时向监理工程师以及业主汇报，并与设计部门取得联系，协调解决。

4.1.2　道路工程

道路改建的施工工艺为：

测量放线──→障碍物清除──→路基施工──→管道预埋──→路面基层施工──→花坛站卧石施工──→人行道施工──→路面面层施工──→路面标志和路灯施工──→竣工验收。

(1) 土石方工程

本分项工程的工作内容中有原有路面的破除和现有围墙的拆除以及路面少量排水管道的开挖和路基的回填等相关施工作业。解放大道开挖土方 3446m^3、回填土方 3199m^3、余土外运 247m^3、现状砖墙围墙 140m^3、现状围墙基础 81m^3、现状花坛站石 1439m、现状普通站卧石 2910m；球场街大智路开挖土方 768m^3、回填路面土方 653m^3、余土外运 115m^3，拆除普通站卧石 712m、花坛站石 106m、人行道结构 3699m、现状机动车道沥青路面 4441m^2。

(2) 拆除施工

采用“啄木鸟”配合挖掘机破除原部分机动车道和非机动车道需要改建的路面结构层，在破除过程中，要时刻注意对地下管线的保护；若遇见埋置较浅的管线，则采用人工破除。对机动车道沿纵向破除不足一块板宽度的地方，要先用混凝土切割机切出需要破除的边线，再用“啄木鸟”施工。

现状站卧石及人行道面板采用人工拆除。花坛、交通站牌要拆除的必须由专业单位进行拆除。

所有拆除的垃圾应集中堆放，运输应尽量在夜间施工，在运输工程中，应采取覆盖等措施，以免粉尘飞扬，造成污染。

(3) 路基施工

道路扩宽部分障碍物清除后，用反铲挖掘机挖至路面标高，然后用 12～15t 振动压路机探压；若发现有反弹的地方，则用人工挖探坑。看具体影响反弹的深度，然后报监理和业主，并请设计部门到现场制定换填措施。路基填方区 0～80cm 压实度不小于 95%。土方的压实应注意含水量和压实厚度的控制，每层的压实厚度应控制在 10～25cm 之间。填料中不得有树根、杂草、腐殖土和砖渣等杂物。土方碾压应遵循“先两边再中间，先轻后重，振动由弱到强”的原则。碾压前，应测定土的含水量；如含水量过小，则必须洒水。待土的含水量略大于最佳含水量时，再碾压。每填完一层土后，先由质检员进行自检，自检合格后填写相应资料报监理工程师检查，签字确认后，才能进行下道工序的施工。

(4) 水泥稳定碎石基层施工

1) 配料

水泥稳定碎石的施工要严格按试验室配合比进行，报监理审核后实施。

2) 拌和与运输

水泥稳定混合料的拌合采用厂拌法。正式拌制混合料前，必须先调试所用的设备，使混合料的颗粒组成和含水量都达到规定的要求。原集料的颗粒组成发生变化时，应重新调试设备。距离拌合站较远时，混合料在运输过程中应加以覆盖，以防水分蒸发，拌合好的混合料要及时摊铺。

3）摊铺和整形

摊铺采用人工摊铺，按混合料要求的松铺厚度，均匀地摊铺在要求的宽度上；混合料的松铺系数根据施工经验为 1.35，摊铺时的混合料含水量比最佳含水量稍大于 0.5%～1.0%，用以补偿摊铺及碾压过程中损失的水分。在摊铺机后面应设专人，消除粗细集料离析现象，特别应该铲除局部粗集料“窝”，并用新拌混合料填补。

4）碾压

混合料经摊铺整形后，立即在全宽范围内进行碾压。碾压先采用二轮压路机稳压，而后用 18～21t 振动压路机碾压，最后用 21t 三轮压路机收光碾压。直线段由两侧向中心碾压，超高段由内侧向外侧碾压。每道碾压与上道碾压相重叠 1/2 轮宽，使每层整个厚度和宽度完全均匀地压实到规定的密实度，压实后表面平整，无轮迹或隆起，并且断面正确，路拱符合要求；凡压路机不能作业的地方，采用机夯或其他夯实工具压实到规定标准；碾压过程中，混合料表面应始终保持潮湿；如水分蒸发快时，及时补洒少量水；严禁压路机在已完成或正在碾压的路段上“调头”和急刹车，以保证水泥稳定碎石层不受破坏；施工中，从加水拌合到碾压终了的延迟时间不超过水泥的终凝时间。

5）养护

碾压完成后立即进行养护。养护时间不少于 7d。养护方法可视具体情况采用洒水或覆盖砂，或采用不透水薄膜等。养护期间封闭交通，养护车辆车速限制在 30km/h 以下，并严禁重型车辆通行。

6）施工注意事项

A. 冬期施工气温不低于 5℃。雨期施工时，要特别注意天气变化，现场准备足够的防雨设备，勿使水泥混合料受雨淋，下雨时停止施工，但已摊铺的混合料应尽快碾压密实。

B. 两工作段的搭接应采用直缝对接形式，且压路机在碾压过程时后轮应过缝 1m。

C. 碾压过程中，如有“弹簧”、松散、起皮等现象，应及时翻开，重新拌合，或用其他方法处理，使其达到质量要求。

（5）混凝土基层施工

施工工艺流程如下：

施工准备（材料、机具）——→测量放线（基层检修、试验路段）——→混凝土运输——→混凝土摊铺与振捣——→整平——→切缝、养护——→灌缝——→检测。

1）施工准备

由于混凝土基层采用商品混凝土，在材料准备方面，项目经理部负责对商品混凝土的质量进行全面控制，施工前需报监理工程师审批。

机具准备：开始浇筑混凝土前，对振捣机具进行检查和维修、保养，保证施工过程中机具的完好率、使用率。

2）施工方法

道路工程的混凝土施工质量的好坏直接影响整个工程的质量，施工时尤其要控制好施工质量。

施工中要控制好面板的平整度、宽度、横坡、强度、平面位置、纵坡及高程，在混凝土浇筑前，对模板的支设要进行仔细检查，有不合格的地方坚决整改，符合要求后方可进行浇筑。

施工完毕应认真按质量评定标准进行质量评定，并按要求做好各种施工资料。

3）基层的检测与修整

基层完成后应加强养护，控制行车以防出现车撤；如有损坏，应在浇筑混凝土前采取相同材料修补、压实。在混凝土施工前，应按照验收规范，对基层的强度、压实度、平整度、宽度、高程、纵坡、横坡进行检验，检验合格后才能浇筑混凝土；否则，应进行处理，直至达到要求。

4）施工放样

首先根据设计图纸放出路中线及路边线，在路中心线上每隔 10m 设一中心桩，曲线段每 5m 一桩，并把设计标高标在桩上。

模板采用钢模，曲线段可采用木模或标准模板。用于施工缝的模板，应根据传力杆或拉杆的设计位置钻孔，模板采用钢筋加工的水平支撑和斜撑固定。

模板的接头及模板与基层的接触处，用塑料薄膜封住，以防漏浆产生蜂窝、麻面现象。在每次浇筑混凝土前，应将模板清理干净，涂刷隔离剂。

5）混凝土的搅拌与运输

混凝土由我局二公司商品混凝土搅拌站供应。在施工前，应按混凝土配合比要求，对水泥、石料等各种集料的用量准确调试后，经试拌检验无误，再正式拌合生产。

为保证混凝土的和易性，在运输中应考虑蒸发失水和水化失水，以及因运输的颠簸和振动，使混凝土发生离析。要减少这些因素的影响程度，其关键是缩短运输时间，在冬期施工时，要使用抗冻剂和减水剂，混凝土采用混凝土运输车运输。混合料从搅拌机出料后运到铺筑地点浇筑完毕的允许最长时间，应根据试验室的水泥初凝时间及施工气温确定。

6）摊铺和振捣

摊铺采用人工摊铺，摊铺应均匀连续地在整个宽度上进行。严禁抛掷和楼耙，以防离析。中途因故停工，应设施工缝，由于该混凝土基层厚 20cm 或者 22cm，应按规范要求一次摊铺成型。

对混合料的振捣，采用插入式振动棒振捣。每一位置的持续时间，应以混合料停止下沉，不再冒气泡并泛出砂浆为准。不宜过振，振捣时应辅以人工找平，并应随时检查模板有无下沉、变形或松动。

7）整平、抹光、压纹

振捣完毕，先用 4m 长、25cm 高的振动梁进行粗平，再用专用滚筒精平。低洼处用新制较细的碎石混凝土找平，严禁用纯水泥砂浆找平。严禁在振捣后的混凝土上洒干灰修平。

先施工的 J3＋160—J3＋660 段两边非改机的混凝土基层上，由于交通的需要暂时不加铺沥青，所以，面层应做压纹处理。

（6）沥青混凝土面层

总体要求如下：

1）沥青材料及混合料的各项指标应符合图纸和施工规范要求。

2）严格控制各种矿料和沥青的用量及各种材料和沥青混合料的加热温度。

3）拌合后的沥青混合料应均匀一致，无花白，无粗细料分离和结团成块现象。

4）摊铺时应严格掌握厚度和平整，细致找平，要注意控制摊铺温度，碾压至要求的温度。

(7) 施工方法

1）准备下承层：在已验收合格的混凝土顶面上的浮土杂物清除干净。

2）施工放样：恢复中线，每10m一个桩，每个断面两个点控制标高、厚度、宽度等，自检合格后，报监理工程师审批。

3）混合料的拌制：

A. 沥青拌合厂的集料应按规格分开堆放，不得混杂，按不同规格分别由装载机装入指定的料斗内。

B. 拌合机操作人员按生产标准配合比将各种矿料输入各个料仓，并保证拌合设备处于正常运转状态。

C. 矿料和沥青按规定的温度加热，一般矿料的加热为170～180℃，沥青的加热温度为165～170℃。

D. 当沥青与粗集料的粘结力小于4级时，应在沥青中加抗剥离材料；若用磨细的生石灰粉，加量为矿料总重量的1.2%，与矿料同时加入；若加抗剥离剂、液体，应经有资质的部门检测后才准使用。使用前在实验室先实验，符合要求后，在沥青罐中加入用量为沥青的2.5%～3%，两种抗剥离材料均应经过实验比较、综合分析后确定。

E. 沥青混合料应做到级配均匀，拌出的混合料应色泽一致、无百花料、发生离析及细集料结团现象。

F. 混合料应提前1～2h拌合，先装入热料存仓，准备工作开始即装车运至工地，装入储料仓，在储料仓内温度最多能降低10℃。所有的混合料摊铺温度应不低于130℃。

G. 混合料的出厂温度应进行抽检，要求不低于140℃。

4）混合料的运输：

A. 运料的自卸车应清理干净，底板和车厢板应喷洒1∶3的油水混合液，使车厢不粘沥青混合料。

B. 根据施工现场到拌合场的运距，配备足够的运料车辆，并有两辆备用车辆。为了防止下雨，每车应配有篷布。

C. 装料时，车辆应每装一斗料前后移动一下，防止混合料发生离析。

D. 开始摊铺前，在现场等待卸料的车辆应不少于5辆，施工过程中应保持有2辆待卸料，以保证摊铺机连续摊铺。

E. 运料车在靠近摊铺机时，应停在摊铺机前30cm左右。在缓慢靠近摊铺机、卸料过程中应慢速均匀，由摊铺机前滚轮顶着轮胎，与摊铺机同步前进。

5）混合料的摊铺：

A. 准备若干块30cm×50cm的木板，厚度与虚铺厚度相同，将木板置于摊铺机熨斗下，调整机板横坡，使其符合2%设计横坡。摊铺开始时，取出木板。调整摊铺机两侧挡板，使其宽度与路面宽度相同，将传感器臂杆以45°搭在基准钢线上，按通电源，打开开关，摊铺机熨平板应预热10～15min，温度不低于65℃。

B. 运料车应对准摊铺机中心，均匀卸料，挂空档由摊铺机推着前进；如遇坡度较大时，可用低速档与摊铺机同步前进。

C. 摊铺中应使螺旋布料口向两边分送的混合料分布均衡，并使振动板前的混合料保持固定的高度，以保证熨平板下沥青面平整。

D. 铺筑沥青混合料应连续进行，因此，必须有足够的拌合生产能力，不能发生供料中断现象。应有两辆以上的卸料车，才能重新开始铺筑。

E. 摊铺机的铺筑速度以 2～3m/min 为宜；如天气临降雨，可适当提高铺筑速度。

F. 摊铺一定时间后，要清理摊铺机两侧斗板粘着的沥青混合料，并摊入刮板送料器，与热料一起铺筑。

G. 铺筑过程中，如发生混合料在机板下有拖痕现象或其他异常，应查明原因，妥善处理，并尽量缩短停机时间。

6）沥青混合料的压实

A. 沥青混合料压实是保证沥青路面质量的重要环节，压实度必须达到标准密度的95%，并具有良好的平整度。为此，应根据摊铺的能力配置足够的压路机数量，选择合理的压路机组合方式。

B. 沥青混合料的压实分初压、复压、终压（成型）三阶段，分别采用不同型号压路机。压路机的组合使用如下：

a. 初压：采用16t 和 18t 的双钢轮振动压路机各 1 台，初压温度不低于 120℃。

b. 终压：采用轮胎压路机，终压温度不低于 80℃。

C. 碾压前，压路机碾轮上的泥土、沥青及污物要清除干净，擦上防粘剂，按初压、复压、终压的顺序组织好压路机，停放于现场指挥人员指定的位置。

D. 碾压速度及遍数，碾压工序应紧密衔接，压路机以慢而均匀的速度碾压。

7）开放交通

待摊铺层完全自然冷却，混合料表面温度低于 50℃后，方可开放交通。需要提早开放交通时，可洒水冷却，降低混合料温度。

8）施工注意事项

A. 施工时注意土工布的铺设和粘层油的洒布。

B. 在原有混凝土机动车道上铺筑沥青前，一定要用 15～18t 的钢轮压路机进行探压；如发现有晃动的混凝土板块，应进行注浆处理，使其平稳密实后方可铺设沥青混凝土。

4.2 立交桥工程

4.2.1 概述

本工程立交桥的起止桩号为 J3＋213 至 J3＋640，全长 427m，其中西侧挡土墙段J3＋213～J3＋301.4，长 88.4m，桥梁部分为 J3＋301.4～ J3＋547.6，长 246.2m，东侧挡土墙段 J3＋547.6～J3＋640，长 92.4m。

全长共 9 跨，东西三跨为 30m 的预制空心板，共 111 片；中间三跨为连续钢箱梁结构，钢箱梁重 900t。桩基为钻孔灌注桩，桩径为 1.2m 和 1.5m，共 40 根。

4.2.2 施工场地和临时设施的布置

根据本工程的特点和周围场地情况，拟在施工现场设立临时值班工棚 3 间，整座立交桥的混凝土采用商品混凝土，各工区设立机械设备停置场、材料堆放场地和生产加工车间。

4.2.3 桥梁工程的施工顺序

桥梁工程的施工顺序：施工准备──→测量放样──→基桩施工（上构同步制作）──→墩、台施工──→支座安装──→桥梁上构安装──→桥面铺装──→附属工程施工。

4.2.4 测量

桥梁的各类要素较复杂，如何建立施工控制网，其重要性是不容置疑的，根据业主所提交的坐标点、高程点和平面布置图，进行施工控制网测量，并绘制控制网桩位图。施工控制网桩位图及测量资料须经监理工程师审定确认后，方可实施。在测量过程中，应经常复核坐标，位置移动或精度与要求不符时，必须进行补测加固，并将测量结果通知监理工程师。

(1) 平面控制基准点的布设

采用全站仪进行附合导线测量，导线起闭于业主已交的坐标点，导线点的布设根据工程范围、通视条件均匀分布，但必须满足施工放样的要求。导线测量应满足测量规范中一级导线的要求。个别平面控制点可采用测角交会法，测角误差、三角形闭合差应满足技术规范的要求。

施工放样采用测距极坐标法，从一已知点出发，根据一个水平角和一段水平距离进行放样得到所求点的平面位置，在放样时要努力提高放样精度。

(2) 高程基准点的布设

高程控制网建立在监理工程师已交水准点的基础上，采用 S3 自动整平水准仪控制，高程点以附合水准路线布设，应分布均匀，以满足施工放样的要求。

(3) 施工过程中的测量

在施工过程中，应随时进行桥梁轴线、桩位、下构平面位置等的精细测量工作。施工全部采用坐标法放样。为保证桥面铺装层厚度，在桥梁墩台盖梁施工中，应严格控制其顶面高程和支座垫石顶面高程。

(4) 桥梁总体实测项目（表 4-1）

桥梁总体实测项目 **表 4-1**

项次	检查项目		规定值或允许误差(mm)	检查方法和频率
1	桥面中线偏位		10	用经纬仪检查 3～8 处
2	桥宽	车行道	±10	用钢尺量 3～5 处
		人行道	±10	
3	桥长		+300，−100	用测距仪检查
4	引道中心线与桥梁中心线的衔接		±20	用经纬仪或钢尺检查 3 处
5	桥头高程衔接		±3	用水准仪测量

4.2.5 模板和支架

本工程桥墩为清水混凝土，将采用专业厂家定制钢模板。

4.2.6 钢筋的储存、加工与安装

(1) 钢筋的采购、储存

钢筋应按《公路工程金属试验规程》JTJ 055—83 进行屈服点、抗拉强度、延伸率和冷弯试验。

钢筋必须按不同钢种、等级、牌号、规格及生产厂分批验收，分别堆存，并立牌以便识别。

所有部位用的钢筋均应有生产厂质量合格证书，并符合 GB 1499—91 和 GB 130139—91 的规定；否则，不得使用于工程中，直径超过 12mm 时，应进行机械性能及可焊性能试验。凡经试验后不符合要求的，则该批钢筋将拒收，或根据试验结果由监理工程师审查决定降低级别，用于非承重结构。

钢筋应储存于地面以上的平台、垫木或其他支承上，并应保护它不受机械损伤及由于暴露而产生锈蚀和表面破损。使用时钢筋应无灰尘、有害的锈蚀、松散的锈皮、油漆、油脂或其他杂质。

（2）钢筋加工与安装

1）钢筋加工弯曲图须经监理工程师批准，否则不能进行钢筋加工。所有钢筋加工均在工地加工厂内进行，所有钢筋均应冷弯。

2）盘筋和弯曲的钢筋，经过调直以后，其受损表面对截面积的减少不得大于 5%。

3）箍筋的端部应按图纸规定设弯钩；如图纸未示出半径，则弯钩内直径不小于 2.5d（HPB 235 级）及 4d（HRB 335 级），且不小于被箍主筋的直径。弯钩直线段长度，一般不小于 5d，用于抗震结构时不小于 10d。箍筋弯钩长度为自弯曲起点至末端的长度。

4）主筋的弯曲半径应按图纸所示。图纸中未示出半径的按图 4-1 规定。

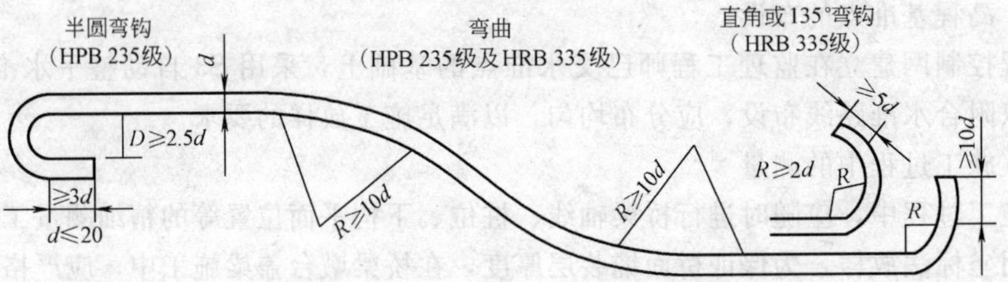

图 4-1　主筋弯钩及弯曲示意图

（3）安设、支承及固定钢筋

1）所有钢筋应准确安设，当浇混凝土时，用支承将钢筋牢固地固定。钢筋应可靠地系紧在一起，不允许在浇混凝土时安设或插入钢筋。钢筋网的交叉点均应绑扎牢固；当两个方向的钢筋间距小于 300mm 时，则可隔一个交叉点进行绑扎。

2）用于保证钢筋固定正确位置的预制混凝土垫块，根据它们的用途应尽量做得小些，其形状大小应为监理工程师所接受。钢筋的支垫间距在纵横向均不得大于 1.2m。不得用碎石或碎砖、金属管木块作为钢筋垫块。

3）任何构件内绑扎的的钢筋，在浇筑混凝土以前，须经监理工程师检查认可。

4）制作和安装在预制构件上的吊环钢筋，只允许采用未经冷拉的 HPB235 级热轧钢筋。

5）钢筋网片间或钢筋网格间，相互搭接要能保持强度均匀，且在端部及边缘牢固地绑扎，边缘搭接长度不小于一个网眼宽度。

（4）钢筋的代用

屈服强度高的钢筋可以代替屈服强度低的钢筋，代用筋总面积和周长均不得小于原图所用钢筋。不得以多种直径的钢筋代替原有同一直径钢筋，代用钢筋的净距应遵守《公路钢筋混凝土及预应力混凝土桥涵设计规范》JTJ 023—85中的规定。但所有钢筋的代用均需经监理工程师同意。

(5) 钢筋接头

钢筋接头应严格按图示或批准的加工图设置。钢筋连接点不应设于最大应力点处，并应使接头交错排列。

钢筋的接头一般应采用焊接，热轧钢筋可按设计图采用绑扎搭接或机械接头，但要取得监理工程师的同意。

4.2.7 混凝土施工

(1) 混凝土的供应

本工程混凝土采用商品混凝土，混凝土运输车运输，现场采用泵送。

为保证混凝土的质量，应按设计要求做好试配，混凝土的原材料也应进行控制，水泥、砂石及各种外加剂均应有材质证明，并要求做检验，合格后才能使用。

(2) 混凝土浇捣

先清理工作面上各类垃圾，冲洗完毕后加以封闭，清理重点在施工缝及墩底。注意墩底与墩侧面振捣情况，振动器不要直接触及钢筋和预埋件。墩顶振捣完后用抹子抹平。

(3) 混凝土的养护

竖向结构的混凝土养护涂刷亲水型养护剂，平面结构采用喷淋洒水覆盖养护，养护期不得少于7d。

(4) 混凝土季节性施工措施

混凝土施工针对气温及环境情况制定季节性施工技术措施，以确保工程质量。在冬期低温和夏季高温施工时，应先做混凝土季节性技术措施，报监理批准后方可进行施工。

4.2.8 钻孔灌注桩施工

(1) 工程地层情况特征

施工场地地质情况为：

①-1 杂填土

①-2 素填土

② 淤泥　　灰黑色、流塑、饱和、含腐植物。

③-1 黏土　　褐黄色、软塑、夹亚砂土、亚砂土。

③-2 淤泥　　灰色、流塑、夹亚砂土。

③-3 淤泥质黏土　　灰色、流～软塑、饱和。

③-4 黏土　　褐黄色、硬塑、饱和。

③-5 亚黏土　　灰褐色、软塑、局部见少量斑点砂。

④ 亚砂土　　灰、灰褐色、稍密、局部夹粉砂。

⑤-1 细粉砂、亚黏土　　灰、青灰色、稍松、局部中密。

⑤-2 粉细砂　　埋深22m

⑤-3 细砂、粉砂　　灰色、饱和、中密。

⑤-4 细砂　　青灰色、中密。

⑤-5 含砾中砂　　埋深47m。

⑥ 强风化泥质砂岩　　灰色、风化呈坚硬土状埋深51m。

根据上述土层分析，确定桩端以⑤-4 细砂和⑤-5 含砾中细砂为持力层。

本场地属Ⅲ类场地，Ⅱ类普通土，无活动性断裂通过，相对稳定。

(2) 施工准备

1) 同业主联系要求电通、水通、道路通、施工场地筑围。

2) 联系商品混凝土、住宿、食堂筹建等。

3) 联系废浆处理。

4) 测量防线定桩位，安装机械设备。

5) 技术准备。

(3) 施工目标

1) 质量目标：施工阶段要全面进行质量监控，确保钻孔灌注桩施工质量，Ⅰ类桩占90%，杜绝Ⅲ类桩。

2) 工期目标：投入 2 台 TS-15 型钻孔机，计划 2 台钻机每天成桩 2 根，从进场之日起 40 条桩工期为 2 个月。

该工程处于闹市，必须尽快地提高效率，加快速度，并采取有效措施，确保工期的实现。

当施工进度不能按计划完成时，要及时分析原因，并采取相应的调整措施，保证进度计划的实施。

为了提高施工效率，实行钻灌分离的方法，钻灌分离是钻机只承担钻孔，一次清孔。沉渣符合要求，就可以移位到另外的桩位进行钻孔，剩下的工序由吊车来完成。

争取相关部门的支持，与交通、城管、环保等部门的密切配合，及时处理施工中出现的事故和意外事件。采取相应的防范和保证措施，杜绝事故和意外事件发生。

3) 机械设备安排计划见表 4-2。

4) 劳动力安排计划见表 4-3。

机械设备安排　　　　**表 4-2**

名　称	型　号	单　位	数　量	功　率	备　注
钻 机	TS-15	台套	2	30kW	
电焊机	300-500A	台	3		
吊 车	16t	台	1	120 马力	外协
排污车	$5m^3$	台	1	80 马力	外协
泥浆泵	3PN	台	3	22kW	
发电机	6135	台	4	120kW	
混凝土运输车	$5m^3$	台	3	80 马力	外协

注：必须配备 $10m^3$ 以上大水箱 2 个，钢板焊制，作为泥浆池。

劳动力安排　　　　**表 4-3**

序　号	工　种	人　数	职　责　范　围
1	施工管理	5	施工组织及管理
2	司钻	20	成孔、灌注水下混凝土
3	钢筋工	4	钢筋制作、下笼焊接
4	机修工	2	设备维修保养
5	电工	1	用点安全管理、电路维修
6	后勤	2	生活保障、物质供应
7	焊工	2	工地钻头制作修理
8	杂工	2	排污及零碎事
合计		38	

5）主要材料消耗见表 4-4。

主要材料消耗　　表 4-4

名　称	规　格	计量单位	计划用量	备　注
钢筋	ϕ22	t	66.9	计算时加焊笼搭接长
钢筋	ϕ20	t	9.15	
钢筋	ϕ16	t	1.34	
钢筋	ϕ8	t	6.76	
钢管	ϕ57×3	t	15.58	检测管
钢管	ϕ70×6	t	3.6	检测管套焊箍
钢板	76×76×10	t	0.56	
商品混凝土	C25	m^3	1325.76	1.13 充盈系数，混凝土方量为 1498

注：钢筋合计：84.15t　　钢管：19.18t
钢板：0.56t　　金属材料总计：103.89t

（4）成桩技术及工艺

1）成桩工艺及质量监控

A. 成桩工艺流程

桩位定点──→护筒埋设──→桩位复测──→钻进成孔──→一次清孔──→起钻杆──→吊放焊接钢筋笼──→下入灌浆导管──→二次清孔（灌前测量沉渣）──→灌注混凝土──→逐步拔出导管和护筒──→成桩移机。

按施工成桩工艺流程，从桩位放样到灌注混凝土，每道工序必须经驻现场监理工程师检查验收，满足设计和规范要求。

B. 施工质量监控

本工程桩基施工必须严格执行市政工程、公路桥梁工程的有关规定要求，并参照 JGJ 94—94 规范的钻孔灌注桩细则和施工土的具体要求进行施工。主要监控标准如下：

a. 桩位偏差：＜50mm。

b. 混凝土强度等级：C25。

c. 孔底沉渣：≤150mm。

d. 充盈系数：＞1.1。

e. 各种原材料除应有合格证外，并均须复检。

f. 用经纬仪定点，护筒中心偏差满足规范要求。

g. 钻机安装时，天车、转盘中心与孔位三点一线，保证钻孔垂直度小于 0.5%。

h. 钢筋笼制作的允许偏差：主筋间距±10mm，箍筋间距±10mm，直径±10mm，笼长度±50mm，焊接长度≥10d，同一截面接头数量≤50%。

i. 检测管制作必须按设计进行严格监控、保证密封。

j. 灌注导管下入离孔底 0.3～0.5m。

k. 清孔时间大于 30min，泥浆相对密度 1.15～1.20。

m. 混凝土配合比须经有资质的实验室试验制定，坍落度 18～22cm。

n. 水下混凝土灌注，导管埋深 2～6m。

o. 桩顶超灌 1m。

p. 每根桩三组试块，养护 28d 送实验室试压。

2）成孔钻进工艺

本工程根据地层特点，采用正循环进行成孔施工。

A. 护筒埋设

护筒具有固定桩位，导正钻头，保护孔口作用。首先有测量人员按施工图进行桩位定点，桩位确定后，以位点为圆心，挖一圆形坑，该坑直径比护筒直径大 100mm，深 1.3m，短于护筒长度 200mm（护筒长 1.5m）。护筒中心和桩位中心偏差值满足规范要求，周围用黏土捣实。

B. 设备选择和安装

施工选用 2 台泰山-15 型的低速大扭矩钻机，适用本工程施工。钻机安装精度高是桩孔垂直度和桩位精度的有力保证。施工中钻机安装须由技术人员核准验收后方可开钻，孔位、地面要平整、平尺反复校正转盘水平，使钻架顶端起重滑车、转盘固定钻杆的下孔和护筒中心三者在同一铅垂线上。

C. 钻头选择

本工程用 ϕ1000mm 双腰带钻头，此钻头稳定性导向性能好，能满足施工需要。

D. 钻孔护壁及管理

本工程除黏土层、亚黏土层外，孔壁不稳定，故选用泥浆护壁。

a. 施工地层黏土层塑性指数达 16 以上是造浆黏土，施工中采用孔内黏土自然造浆。其泥浆性能指标要求：泥浆相对密度为 1.15～1.30（用比重秤测量），漏斗黏度为 20～28s（用漏斗粘度计测量）；如性能不能满足，则在外地运送塑性指数 16 以上的黏土到施工现场，投入到孔内进行搅拌造浆。开工前现场备一定量的粘土。

b. 泥浆循环系统的布置：工地处于交通量大的繁华大街。钻机在限制性的狭小地区施工，须配备独特的单机泥浆配制循环系统。包括 10m^3 以上的大水箱循环泵提升机械设备。孔口流出的泥浆抽出到大水箱进行循环。

c. 泥浆性能的调整及管理：随着钻孔加深，泥浆黏度和相对密度均因钻进地层自然造浆而不段增加，此时可逐渐加清水和加适量 $NaCO_3$，并用泥浆泵回水管或空压机冲搅混合，达到钻进需要的泥浆性能，并经常清理泥浆箱，始终保持泥浆优质性。

E. 桩孔成孔工艺

采用正循环钻进成孔，其转速控制在 30～50 转/min，水量 600～1000L/min，泥浆黏度不超过 24s（漏斗黏度计），相对密度为 1.2～1.3 左右。在黏土层中钻进，要防止缩颈；若遇到缩颈地层，要反复钻进，保持钻机在平稳的状态中工作，求得最佳钻进效率。在砂层和淤泥不稳定地层要使用高相对密度（1.3～1.6）、高黏度（25～35s）泥浆钻进，并要控制钻速在 0.75～2m/h，增强泥浆的护壁和排屑功能。

在钻孔达到桩底设计标高后，要进行清孔。用相对密度 1.2 左右、黏度 20～28s 泥浆大泵量冲孔，并间断回转钻具，以排除孔底沉渣，清孔时间 15～30min，直到孔底沉渣小于 150mm，终孔后用测绳测量沉渣厚度。沉渣厚度需小于或等于 150mm。

如果遇到有些钻孔在上述泥浆指标钻进中出现孔壁坍塌、重复扫孔而护壁无效的情况，借鉴我局在汉口地区三阳路立交桥桩基础的施工经验，可采用高黏度 25～35s、高相对密度 1.3～1.6 的泥浆钻进，钻速控制在 1.5～2m/h，利用泥浆充分循环护壁。高相对密度泥浆柱压迫孔壁，目的是遏制不稳定地层孔壁坍塌；另外，还须注意的是，终孔钻具全部提出时，必须一面提钻，一面往孔内注浆，保持泥浆面与护筒口持平，目的是保证泥浆柱对孔壁的径向侧压力，确保孔壁的稳定。

终孔深度经监理技术人员检验满足设计要求后，提吊钻具。吊入钢筋笼前，必须用特制的验孔器用钢丝绳吊放到孔底，测量孔径和垂直度。要求验孔器在孔内畅通无阻。验孔器用ϕ20钢筋作箍筋，12根ϕ22钢筋做纵筋均布焊牢在箍筋上，上、下部各0.5m有30°倒角，外径为ϕ1000mm，长度为桩径的2.5～3倍，即2.5～3m。

3）水下混凝土灌注工艺

A. 钢筋笼和检测管制作，必须按设计进行，并由专人负责，确保制笼质量，笼制作后必须经监理和甲方检查验收，验收合格后方能使用。

检测管连接处和底端要焊接密封，应注水检验，不能渗漏。焊接在钢筋笼后，顶部用木头塞实，以防异物掉进管内。

为确保钢筋笼下到预定位置，下笼前由技术组详细交代下笼长度和笼顶标高。笼主筋搭接长度为220mm（为主筋直径的10倍），采用单面帮接焊。

B. 下入灌浆导管

下导管是灌注的一个重要环节，导管下入前必须认真检查，并做水密检验。导管必须平直，内壁光滑，无破损，螺纹连接处密封性能好，使用后及时清洗干净。

应详细测量导管总长，其总长须大于孔深0.3～0.5m，螺纹连接处应加密封圈，并拧紧，确保水泥浆不渗漏。

C. 二次清孔

导管离孔底0.3m左右，进行二次清孔，直到孔底沉渣≤150mm、返出泥浆相对密度1.15～1.2为止。

D. 混凝土配合比

本工程使用商品混凝土，商品混凝土必须符合国家标准，派质检人员到搅拌站进行质量监督。混凝土配合比要严格按实验室配合比报告进行，使用材料必须达到下列要求：

a. 选用42.5级矿渣水泥，质量符合有关规范要求。

b. 采用公称5～20mm的碎石作为混凝土的粗骨料，级配符合要求，其质量标准：含泥量不大于1%；压碎值为20%～30%；砂料要求细度模数为2.7～3的中砂；作为混凝土的细骨料，其质量标准：含泥量按重量计不大于1.5%，云母含量按重量计不大于2%，轻物质含量按重量计不大于1%。

c. 确保混凝土质量措施如下：

① 在施工过程中严格执行配合比，必须在灌注前进行坍落度测定。坍落度标准值为18～22cm；如发现坍落度超过以上标准和混凝土出现离析现象，严禁灌注。

② 在灌注水下混凝土时，每条桩必须做3组试块。桩身的上、中、下各1组。试块开盒并编号（标明桩号、日期）放入17～23℃温度养护池养护，养护28d后试压，得出的试压数据即为桩的混凝土的强度等级。试压时，监理人员必须到试验室监督。

d. 灌注工艺及措施

① 导管下至离孔底0.3～0.5m，导管顶装好漏斗，漏斗导管内系好隔水塞，下放至管内泥浆面。在劳动组织上，从混凝土开始搅拌起，每道工序环环扣紧。

② 开始灌注时，为确保初埋导管深度大于1m，第一盘混凝土要满足初灌量为1.6m^3，即拔隔水塞，使混凝土压迫出泥浆，导管埋在混凝土内。在灌注过程中，应及时测量混凝土

深度，认真记录数据，严防灌注出现断桩和夹层。始终保证埋管深度＞1.5m和灌注连续是混凝土灌注的关键。为保证桩头混凝土的质量，混凝土的灌注高度应超设计标高1m。

③ 确保混凝土灌注的连续性，除应从劳动组织上做到环环扣紧外，灌注设备和工具必须在使用前和使用过程中严格检查，保证完好的技术状况。

灌注前必须将灌注桩号、混凝土方量、强度等级、混凝土坍落度、开盘准确时间等通知搅拌站，保证混凝土连续灌注的车辆。

e. 桩基检测：桩基施工结束，待28d后进行检测。

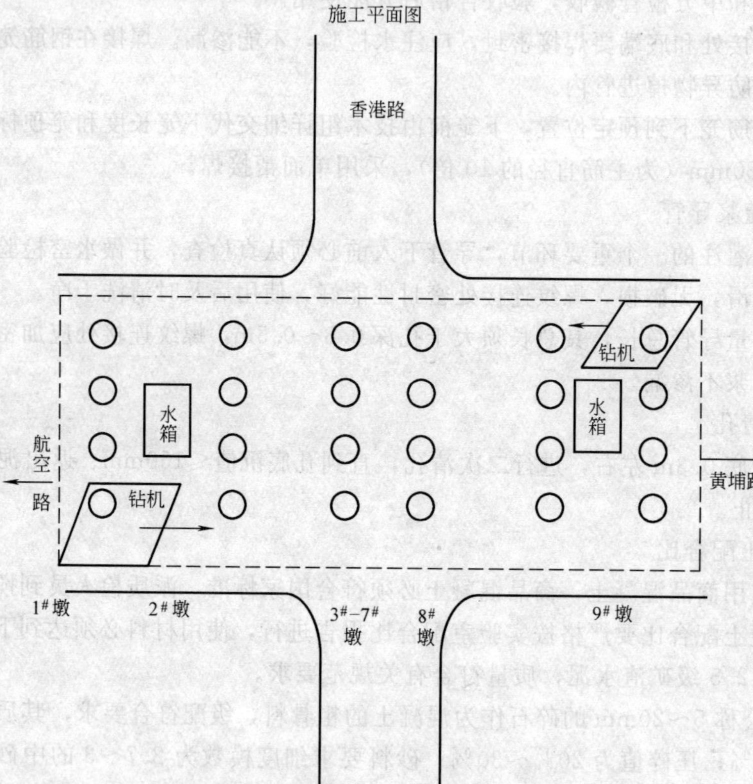

钢筋制作在每两个桥墩之间分别制作

4.2.9 桥梁墩柱、台身施工

(1) 工程概况及特点

1) 工程概况

解放大道香港路立交桥工程桥梁部分桩号为J3＋301.4—J3＋54706，长246.2m。高架桥西侧三跨桥面设计宽度为23.5m，东边三跨桥面设计宽度为16.5m，中间三跨为变截面。上部结构采用先张法混凝土预应力空心板和全焊接连续钢箱梁。桥梁下构1～3号墩采用门式墩柱，4～5号为桥墩，没有帽梁，6～8号为单柱式墩柱。0、9号为桥台。混凝土均为C30混凝土，其中帽梁混凝土为450m^3。墩柱混凝土为68m^3，承台混凝土为586m^3。共1104m^3，墩柱最高为5.26m。柱截面为1000mm×900mm、1300mm×1000mm和1200mm×1000mm三种形式。承台尺寸为5400mm×2200mm×1800mm、5400mm×2200mm×2000mm和2500mm×2500mm×1500mm三种形式。

2）工程特点

A. 桥梁下构施工只能在路面打围宽度范围内（东边打围 17m，西边打围 24m）施工，场地受限制。

B. 受交通管制的影响，工期受制约。

C. 墩柱和帽梁截面变化多，周转材料投入较大。

D. 钢筋布置密集，且形状要求特殊，质量标准高，不仅钢筋加工安装难度大，而且混凝土浇注难度也很大。

（2）工期计划和保证措施

1）工期安排

5#～9# 承台、墩柱、帽梁施工计划从 2004 年 7 月 16 日开始，到 8 月 25 日结束。

0#～4# 承台、墩柱、帽梁施工计划从 2004 年 8 月 20 日开始，到 9 月 25 日结束。

2）工期保证措施

A. 加紧对钻机灌注桩的施工，尽量为承台施工做准备。

B. 加大周转材料的投入，以缩短工期。

C. 加大劳务人员的投入，连续 24h 施工，实行三班制。

D. 切实做好防暑降温工作。

3）施工方法

A. 工艺流程：施工准备──→测量放线──→破桩头──→开挖承台──→绑扎承台钢筋──→承台混凝土施工──→墩、柱的钢筋绑扎──→墩、柱的模板绑扎与加固──→墩、柱混凝土施工──→帽梁施工。

B. 施工方法

a. 总体思路

① 承台的开挖尺寸比承台设计尺寸每边宽 2～3cm，开挖断面为垂直断面，不预留工作面，浇筑混凝土前土壁检查密实后，用 3mm 厚木板贴面或粉刷水泥砂浆。

② 模板全部使用 2cm 厚的木模板，模板在现场拼装，模板加固采用木方和 ϕ16mm 的拉杆加固，帽梁木模的加固上端采用 ϕ16mm 拉杆加固，拉杆外套 ϕ20mm 的 PVC 塑料管。

③ 钢筋在现场制作和绑扎，焊接采用电弧焊。

④ 混凝土采用 C30 商品混凝土，墩、柱、帽梁、承台混凝土浇注采用汽车泵送。

⑤ 施工顺序应是先施工 5#～9# 墩，再施工 0#～4# 墩。

b. 模板制作、安装及拆除

① 桥梁下构的模板全部采用 2cm 厚的新木模板，转角处用木条钉牢，模板整体内表面必须光滑、密实，按清水混凝土模板标准进行验收。

② 模板安装前，表面应满涂隔离剂。

③ 模板安装完毕后，应对其平面位置、顶部标高、节点连系及纵横向稳定性进行检查，签认后方可浇筑混凝土。

④ 模板安装过程中，必须设置防倾覆设施。

⑤ 模板拆除遵循先支后拆、后支先拆的顺序，拆时严禁抛扔。

⑥ 模板拆除时间应满足规范要求。

c. 钢筋工程

① 钢筋进场前应按规范进行抽检，并做焊接试验，合格后方可投入使用。

② 钢筋的表面应洁净，使用前应将表面油污、漆皮等清除干净。

③ 钢筋应平直，无局部弯折，成盘的钢筋和弯曲的钢筋均应调直。

④ 用 HPB235 钢筋制作的箍筋，其末端应做弯钩，弯钩的弯曲直径应大于受力主钢筋的直径，且不小于箍筋直径的 2.5 倍。弯钩平直部分的长度，一般结构不宜小于箍筋直径的 5 倍；有抗震要求的结构，不应小于箍筋直径的 10 倍。

⑤ 轴心受拉和小偏心受拉杆件中的钢筋接头，不宜绑接。普通混凝土中直径大于 25mm 的钢筋，宜采用焊接。

⑥ 钢筋焊接前，必须根据施工条件进行试焊，合格后方可正式施焊。焊工必须持考试合格证上岗。

⑦ 钢筋接头采用焊接或搭接电弧焊时，两钢筋搭接端部应预先折向一侧，使两接合钢筋轴线一致。接头双面焊缝的长度不应小于 $5d$，单面焊缝的长度不应小于 $10d$（d 为钢筋直径）。

⑧ 凡施焊的各种钢筋、钢板均应有材质证明书或试验报告单。焊条、焊剂应有合格证，各种焊接材料的性能应符合现行《钢筋焊接及验收规程》JGJ 18 的规定。各种焊接材料应分类存放和妥善管理，并应采取防止腐蚀、受潮变质的措施。

⑨ 受力钢筋焊接或绑扎接头应设置在内力较小处，并错开布置，对于绑扎接头，两接头间距离不小于 1.3 倍搭接长度。对于焊接接头，在接头长度区段内，同一根钢筋不得有两个接头，配置在接头长度区段内的受力钢筋，其接头的截面面积占总截面面积的百分率应符合规范的规定。

⑩ 钢筋骨架拼装时，应按设计图纸放大样，放样时应考虑焊接变形和预留拱度。

⑪ 钢筋拼装前，对有焊接接头的钢筋应检查每根接头是否符合焊接要求。

⑫ 拼装时，在需要焊接的位置用楔形卡卡住，防止电焊时局部变形。待所有焊接点卡好后，先在焊缝两端点焊定位，然后进行焊缝施焊。

⑬ 骨架焊接时，不同直径的钢筋的中心线应在同一平面上。为此，较小直径的钢筋在焊接时，下面宜垫以厚度适当的钢板。

⑭ 施焊顺序宜由中到边对称地向两端进行，先焊骨架下部，后焊骨架上部。相邻的焊缝采用分区对称跳焊，不得顺方向一次焊成。

⑮ 墩、台身、柱中的竖向钢筋搭接时，转角处的钢筋弯钩应与模板成 45°，中间钢筋的弯钩应与模板成 90°。

⑯ 应在钢筋与模板间设置垫块，垫块应与钢筋扎紧，并互相错开。非焊接钢筋骨架的多层钢筋之间，应用短钢筋支垫，保证位置准确，并保证钢筋混凝土保护层厚度符合设计要求。

d. 混凝土工程

① 混凝土浇筑采用汽车泵送商品混凝土。

② 施工缝的预留位置为承台顶面处和帽梁的底部。

③ 施工缝的位置在浇筑下次混凝土前，应凿除处理混凝土表面的水泥砂浆和松弱层。用人工凿除时，混凝土强度需达到 2.5MPa。经凿毛处理的混凝土面，应用水冲洗干净。在浇筑次层混凝土前，对水平缝应铺一层 10～20mm 的 1∶2 水泥砂浆。

④ 混凝土振捣采用插入式振动器，移动间距不应超过振动器作用半径的 1.5 倍，与侧模应保持 50～100mm 的距离。插入下层混凝土 50～100mm；每一处振动完毕后，应边振动边徐徐提出振动棒。应避免振动棒碰撞模板、钢筋或其他预埋件。

⑤ 墩柱、帽梁的混凝土浇筑必须一次成型，混凝土浇筑 40cm 时振捣一次，下部振捣时人要站在下面操作。

⑥ 浇筑帽梁和桥台混凝土时，须注意按设计要求预埋钢筋。

4.2.10 钢箱梁施工

(1) 工程概述

香港路立交桥钢箱梁全长 97m（30＋37＋30 三跨连续钢箱梁），采用双箱双室截面。宽度由 23.5m 渐变至 16.5m，两边各挑臂 2.5m，钢箱梁横向设置 1.5%的双向横坡，其中在中心线处梁高 1.6m。底板设计成水平。顶、底板均采用开口 T 形加劲肋，腹板厚 16mm，腹板水平加劲肋采用板式加劲肋，主梁结构采用 Q345C 钢，辅助结构采用 235B 钢。

钢箱梁纵向每隔 2m 设置加劲横隔板，中间开孔，在端支点处设置 0.8m 宽的横梁，在中支点处设置 1.6m 宽的横梁，钢箱梁为全封闭构造。

(2) 钢箱梁制作方案

1) 以单元件为中间产品，进行托盘管理；采用成组技术组织生产；按工序定人员、定作业对象、定工艺方案、定场地的五定原则组织生产。

2) 钢箱梁制造采用单元件制造、组合单元件制造、吊装梁段总成及预拼装一体化的施工工艺方案。

3) 零件下料采用预加补偿量一次下料的工艺方案。顶板、底板等平直矩形零件在各自的专用下料平台上连同坡口一次下料完成，其他零件采用数控精密切割。

4) 单元件在工厂专用生产线上制造。工序为：平台⟶纵肋无马装配⟶预变形⟶平台矫正、检查⟶专用工装装焊连接板。

5) 梁段预拼装采用“1＋4”预拼装工艺方案。梁段总长及梁段预拼在同一胎架上匹配制造完成。此组装预拼胎架横向设计预变形，纵向按设计成桥线形制造。

6) 板对接焊缝采用陶质衬垫药芯焊丝 CO_2 气体保护自动（摇摆）焊打底，埋弧焊盖面的单面焊双面成型的焊接方法。

7) 纵向与板角焊缝采用药芯焊丝 CO_2 气体保护全自动焊焊接。

8) 钢箱梁制造流程，钢箱梁制作分三个阶段：①单元件及部件制造；②钢箱梁总成及预拼装；③钢箱梁工地组焊。

单元件、部件制造和钢箱梁组装及预拼均在车间内进行。

三个阶段的具体工作内容、施工环境存在着差异，针对不同的工艺阶段及结构特点，采用不同施工技术和措施。

(3) 钢箱梁零件下料及加工

1) 放样、下料前准备

钢板在下料前，保证板材平面度，为板单元制造平面度的保证奠定坚实基础。

2) 钢材预处理

各种型材在工厂钢材预处理流水线上完成抛丸处理和喷涂车间底漆工作。所用磨材采用粒度为 1.0～1.2mm 的铸钢丸与钢丝按 3：1 比例混合，处理等级达到 Sa2.5；喷涂无机硅酸锌车间底漆，漆膜厚度为 20μm。

3）放样

A. 采用计算机放样技术，对钢箱梁各构件进行准确放样，绘制各构件零件详图，作为绘制下料套料图及数控编程的依据。

B. 放样时按工艺要求预留制作和安装时的焊接收缩补偿量和加工余量，为无余量一次下料奠定基础。

C. 放样流程见图 4-2。

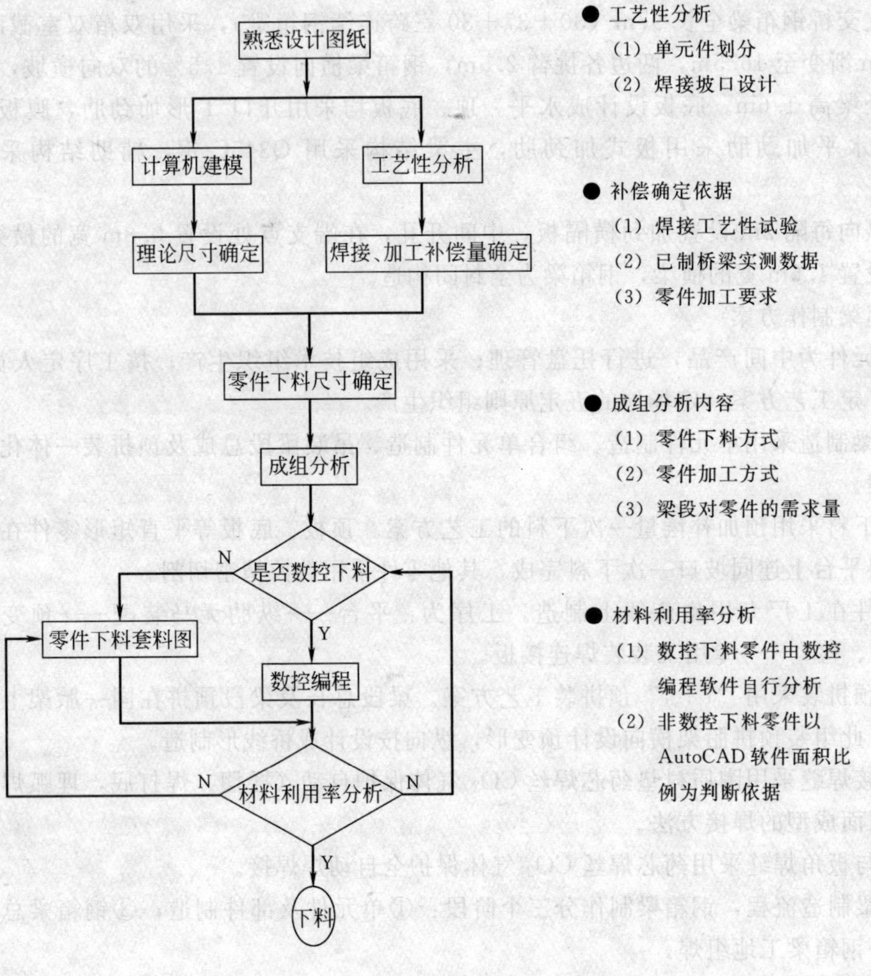

图 4-2　钢箱梁放样流程图

4）下料

A. 号料前核对钢板的牌号、规格，检查表面质量，再进行号料。

B. 号料严格按工艺套料图进行，保证钢材轧制方向与构件受力方向一致。钢板及大型零件的起吊转运采用磁力吊具，保证钢板及下料后零件的平整度。

C. 所有零件下料，根据放样结果采用无余量一次下料工艺。低合金钢和碳素钢钢板采用等离子或火焰切割。

D. 大型矩形板在专用下料切割平台上采用自动切割机一次性下料成型，并同时将焊接坡口开出。

5）零件加工及矫正

A. T形肋在内厂平台上装焊完后，要对平直度、垂直度进行校验，以保证其几何尺寸精度。

B. 所有过度坡口，采用刨边机加工。

C. 横隔板入孔及管线孔加劲圈采用三芯辊或油压机辊压成型。

D. 零、部件在制造、起吊、运输过程中，如产生变形；根据其结构形式，可采用机械矫正或热矫正。

E. 冷矫正后的零件表面不得有明显的凹痕和其他损伤。热矫正时，温度控制在600～700℃，矫正后零件随空气缓慢冷却，降至室温以前，不得锤击或用水急冷。

F. 零件矫正后的允许偏差，按设计图纸及相关标准执行。

（4）单元件制造方案

采用托盘管理和成组技术，按工序实行定人员、定设备、定作业对象、定工艺方案、定场地的五定原则进行制造。钢箱梁梁段的结构特点及梁段制造的需要，将梁段划分为顶板、底板、腹板、横隔板和悬臂等单元件。

1）顶、底板单元件在拼装胎架上组焊成组合单元，安装T形肋，顶、底板单元件焊接在胎架上进行，采用药芯焊丝 CO_2 气体保护半自动焊；单元件矫正、检测在“单元件检验平台”上进行；同一梁段的顶、底板单元横隔板连接板在同一“横肋装配定位装置”上画线装焊。

2）主梁横隔板梁分为4块单元，在专用胎架上进行匹配装焊。焊接采用药芯焊丝 CO_2 气体保护自动焊和药芯焊丝 CO_2 气体保护半自动焊。在检验平台上矫正、检测。

3）腹板单元件在“腹板装焊平台”上进行，腹板加劲肋焊接采用药芯焊丝 CO_2 气体保护自动焊。

4）悬臂人行道单元在专用胎架上制造，焊接采用药芯焊丝 CO_2 气体保护半自动焊。

5）纵隔板分为实纵隔板和桁架纵隔板。实隔板制作成部件，在梁段总成时安装；桁架纵隔板的T形部件在顶、底板单元件制造时安装。

6）单元件制造工序：

下料⟶平台画线⟶纵肋无马装配⟶预变形⟶焊接⟶平台矫正、检查。

（5）箱梁组装及预拼方案

1）采用横向放预变形，纵向线型与设计成桥线型一致的5个节段长度的整体线型胎架，组装、预拼均在此胎架一次完成。

2）板对接缝采用陶质忖垫药芯焊丝 CO_2 气体保护自动（摇摆）焊打底、埋弧焊盖面的单面焊双面成型的焊接方法；箱梁封闭体内采用药芯焊丝 CO_2 气体保护半自动焊。

3）纵肋与板角焊缝采用药芯焊丝 CO_2 气体保护全自动焊焊接。

4）顶板、腹板、底板以及纵肋的横向焊缝均要达到Ⅰ级焊缝，并按有关标准进行超声波检查，必要时用X射线拍片检查。

5）箱梁预拼装采用“1+4”方式进行，每轮预拼完后，需对箱梁的横向、纵向纵肋现场完装件做好标记并归类整理，以方便现场的箱梁预拼作业。

6）箱梁组装工序：

胎架制造⟶底板单元上胎架定位⟶安装横隔板⟶腹板单元安装并焊接⟶预拼单元安装⟶翻身焊接顶板腹板角焊缝⟶箱梁内加劲肋安装焊接⟶校正⟶完工检验、标识。

7）钢箱梁组装控制关键点：

A. 箱梁组装预拼线型与全桥成桥线型一致性。

B. 相邻两节段组装时必须用专用工装螺栓连接，以保障工地施工节段对接、节段光顺。

C. 相邻箱梁端口与纵向腹板、T形肋板、加劲肋组装的一致性。

D. 箱梁端口外形尺寸。

E. 箱梁组装焊接质量。

（6）现场施工

1）现场施工前的准备工作全部准备完毕，包括施工设备、梁段支撑等。

2）梁段晚上封路进行运输。先将梁段吊至墩上或排架上进行对接。

3）梁段吊装到位后，先将梁段临时连接件连接好，安装顶板T肋拼接板，再进行顶板、腹板、底板拼接缝的定位，按梁段工地焊接工艺和焊接程序进行施焊，焊缝焊接完24h后对焊缝进行无损探伤检测，焊缝合格后进行接头处嵌补段的装焊工作。

4）各节段按钢箱梁安装顺序依次进行吊装（2台100t汽车吊）。

5）梁段的环行焊缝坡口全部开成V形坡口，采用一面烧焊、两面成型的焊接工艺方法进行。

6）现场对接环行焊缝施工时，对焊缝区域要临时搭设施焊活动防风防雨棚，以防止恶劣天气对施工的影响和对环境保护的要求，并且箱形梁内要保证良好的通风环境和照明。

（7）运输方案

1）钢箱梁总重约850t，各节段在厂内制造完毕后，根据安装需要分批次发运至工地。

2）箱梁箱体在总装厂内的转运采用汽车和平板车运输，再由汽车运输到工地工程师指定位置。

（8）钢箱梁涂装方案

1）拼装场二次涂装

钢箱梁采用整体喷涂工艺，即梁段完工后用汽车转运到喷涂车间进行外围喷砂除锈，除锈质量达到GB 8923—88Sa2.5级，粗糙度R_z—75μm。除锈合格进行一度热喷涂，合格后再转运到涂装车间进行底漆和面漆的工作；另一道聚氨酯面漆在全桥钢箱梁桥面焊接完工后再进行。

2）现场桥上涂装

桥上焊接工作完成报验合格后，进行焊缝区域底漆和中间漆的补涂工作，完成补涂工作后，对全桥钢箱梁进行面漆涂装。

3）钢箱梁涂装施工要求

A. 表面清理包括表面缺陷修补、打磨，钢板表面油污的检查及清除，粉尘记号、油漆、胶带等表面附着物及杂物的清除。表面清理的质量直接影响到喷砂处理后的表面质量，对基材与底漆之间的结合力有至关重要的影响。

B. 钢箱梁节段制造完工后，进行补焊、打磨，应满足表 4-5 对表面形状的要求。

C. 表面清理工艺流程为：

焊接缺陷补焊、打磨——→清洗剂清洗油污——→高压清水冲洗——→风干。

补焊、打磨要求　　表 4-5

序号	部　位	焊缝及缺陷部位的打磨标准	评定方法
1	自由边	1. 用砂轮机磨去锐边或其他边角，使其圆滑过渡，最小曲率半径为 2mm 2. 圆角不可处理	目测
2	飞溅	1. 用工具除去可见的飞溅物：①用刮刀铲除；②用砂轮机磨钝 2. 钝角飞溅物可不打磨	目测
3	焊缝咬边	超过 0.8mm 深或宽度小于深度的咬边均采用补焊或打磨进行修复	目测
4	表面损伤	超过 0.8mm 深或宽度小于深度的咬边均采用补焊或打磨进行修复	目测
5	手工焊缝	表面超过 3mm 不平度的手工焊缝或焊缝有夹杂物，均用磨光机打磨至不平度小于 3mm	目测
6	自动焊缝	一般不需特别处理	目测
7	正边焊缝	带有铁槽、坑的正边焊缝应按“咬边”的要求进行处理	目测
8	焊接弧	按“飞溅”和“表面损伤”的要求进行处理	目测
9	割边表面	打磨至凹凸度小于 1mm	目测
10	厚钢板边缘切割硬化层	用砂轮磨掉 0.3mm	目测

(9) 质量控制要点

1）原材料进厂严格按照厂内的质保体系进行检验。

2）节段完工后严格执行三级检验制度。

3）各部件装配精度应满足总体装配要求，焊后清磨完工报验。

4）平面组合件及节段装配应在平台或胎架上进行，画线要准确。

5）所有结构及组合件安装位置准确无误，接头装配精度要保证。

6）节段自由边及其他切割线应采用半自动切割设备，保证切割精度。

7）所有结构、焊接要保证其焊角的高度及一致性，焊缝成形美观，尽量采用高效焊。焊接时，必须将铁锈、氧化皮、油污、水分和其他污物清除干净。

8）各节段装配精度要满足其节段总装要求。

9）加大现场质量巡检力度，从根本上控制质量，把项目的施工人员、检验人员、质量过程控制人员、技术指导人员、现场生产协调人员具体落实到人，并按生产进度的要求，控制好每道工序的质量点，来提高产品的总体质量。

(10) 安全生产管理

1）严格执行厂内施工安全制度。

2）加强现场的安全管理，并及时消除安全隐患。

3）严格检查特种作业人员的上岗证，杜绝无证上岗。

4）制定并完善适合钢结构制造特点的安全管理制度。

5）完善本项目制造的所有安全设施。

6）消防人员坚守岗位，随时巡查各个作业区的安全情况。

4.2.11　桥梁附属工程施工

（1）空心板桥面混凝土铺装施工方法

1）空心板桥面铺装前，要对空心板间的缝灌严实并与空心板表面平齐。

2）要对表面浮渣全部清除，并用水清洗干净。

3）空心板与墩帽之间的缝用泡沫板填实并与空心板表面平齐。

4）为了保证铺装层不出现收缩裂缝，铺装采用从中心分两幅浇筑施工，横向施工缝留在连续缝处。

5）浇筑混凝土时，从下坡向上坡进行，横向坡度为1.5%。

6）浇筑混凝土时，若最低气温低于0℃以下时，混凝土中应加防冻剂。

7）混凝土质量要求：每立方米掺异形钢纤维60kg，钢纤维长度28～32mm。混凝土坍落度控制在14～18cm范围内，砂率控制在40%左右，粉煤灰最大不宜超过15%。

8）混凝土浇筑程序：泵送混凝土⟶人工摊平⟶振动棒振捣⟶平板振动器振2遍⟶振动梁拖1遍⟶在拖平过程中混凝土用人工找平⟶收浆抹平⟶拉毛⟶养护。

9）测量控制网布设：帽梁顶中心线布设一排ϕ12mm钢筋，间距5m。而后用红蓝铅笔在钢筋上画出标高。防撞栏杆上用细墨线弹出设计标高。

10）混凝土铺装厚度按10cm控制。

11）浇混凝土时，雨水箅子处用3mm的薄钢板挡住，以免混凝土流进。

12）钢纤维混凝土施工时，收浆要及时，表面不能有钢纤维露出，以免锈蚀而影响表面美观。

13）桥面连续缝处和伸缩缝位置，在施工混凝土前，要用红蓝铅笔在防撞栏杆上画出缝中心的准确位置。待混凝土初凝后，即用墨线在混凝土上弹出缝的位置，再用切割机切缝，切缝深度3cm。

14）中心分幅支模用10cm的槽钢平放，槽钢下面用硬质泡沫板填实，槽钢要牢固、稳定。

15）靠防撞栏杆一侧，也要支设模板，以便架设振动梁。待混凝土终凝后，取出模板，再用混凝土补平齐。

16）铺沥青前，要对混凝土铺装层的边缘按设计用切割机切出一条沟，用碎石填平，形成一条盲沟后，再铺沥青。

17）桥面铺装支模见图4-3。

（2）空心板桥面防撞栏杆施工

1）钢筋混凝土防撞栏杆采用定型钢模。由于业主要求的工期非常紧，项目计划采购100m定型钢模，重约20t。定型钢模2m为一个单元件，以便于施工。

2）钢模上、下采用ϕ16mm对拉螺杆固定、加固，详见图4-4。

3）防撞栏杆在桥面伸缩缝、连续缝处完全断开，伸缩缝处断开4cm，变形缝断开1cm，断缝留空缝。边棱角整齐平顺。缝内填XQ—1型聚乙烯泡沫板，表面涂与周边同色高弹水泥。

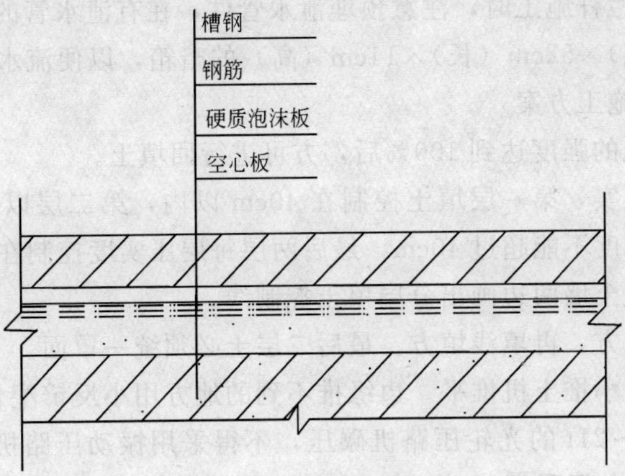

图 4-3 桥面铺装支模示意图

4）防撞栏杆顶面的纵向钢管在桥面伸缩缝处断开。

5）挡土墙施工时，注意防撞栏杆钢筋的预埋。

6）防撞栏杆内预埋 2 根 ϕ63mm 的 PVC 管，用作照明等用。施工时，要和路灯部门保持联系，注意灯杆处的施工。

7）钢筋绑扎完毕后，在支模前，首先每 10m 一段测量标高，然后拉线用 1：2 水泥砂浆找平，再支设钢模板。定型钢模的内模设计比图纸短 3cm。以保证混凝土表面不平，带来栏杆顶的不平整。

8）浇筑混凝土振捣用振动棒振捣，振捣要密实，但要注意不得碰松预埋 PVC 管。

9）钢筋混凝土栏杆段 150mm×10mm×250mm 的预埋钢板按间距 2m 设置，钢板与 2 根 ϕ16mm 的钢筋焊接在一起。

10）挡土墙段和桥面段的防撞栏杆钢筋的制作和型号不一样，施工时要严格区分。

11）栏杆外露部分按设计要求用 1：2 水泥砂浆厚 15mm 粉刷收光。

12）钢模板加固如图 4-4 所示。

13）挡土墙上防撞栏杆的加固方法与空心板上基本相同，区别在于 5t 的手动葫芦固定在地面上。

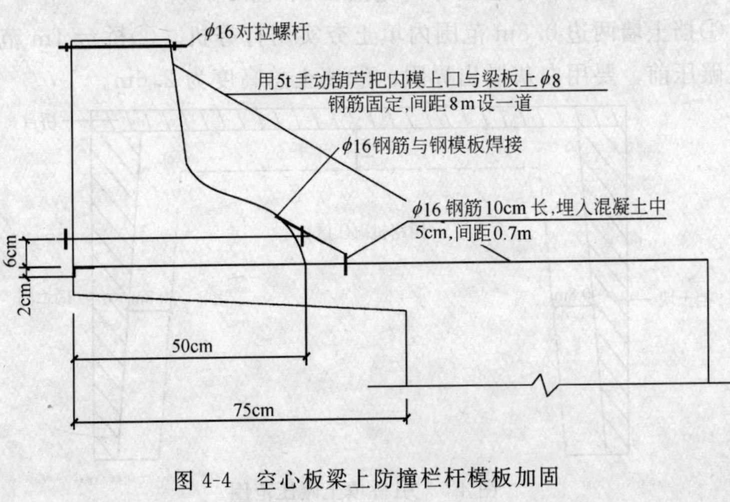

图 4-4 空心板梁上防撞栏杆模板加固

14）在进行桥面栏杆施工时，注意预埋泄水管件，在有泄水管的地方，钢筋混凝土栏杆内要预留 30cm（宽）×52cm（长）×14cm（高）的暗箱，以便流水。

（3）引桥回填土施工方案

1）挡土墙混凝土的强度达到 100%后，方可进行回填土。

2）填土要分层压实，第一层填土控制在 40cm 以内，第二层以上每层的压实厚度不能超过 30cm，虚铺厚度不能超过 40cm，最后两层每层压实度控制在 20cm。

3）填土前，在挡土墙两边画出分层填土控制线。

4）填土先填深填方，再填浅填方。最后二层土必须统一罩面。

5）填土推平采用小推土机推平。边缘推不到的地方用小反铲配合施工。

6）压实采用 18～21t 的光轮压路机碾压，不得采用振动压路机，以免振坏挡土墙。压路机碾压从两边向中间碾压。挡土墙两边的碾压开始四层土可以碾压到边，最后几层土两边各 0.5m 范围内禁止压路机碾压。此宽度范围内回填土用冲击夯和蛙式打夯机夯实。

7）压路机碾压速度应先慢后快，每次后轮重叠 1/3 轮宽，不得大轮碾压。压路机不得在碾压好的路床上调头或急刹车。

8）土方推平后，应测含水量。碾压前的含水量应略大于最佳含水量，以免碾压时水分蒸发。若土质过干，则应适当洒水；若土质过湿，则应翻晒或包灰处理。

9）引桥端头部分填土应到边，碾压时到桥台混凝土外边 1m 处。待填到设计标高后，再用反铲挖出上口宽 3m、下口宽 1.5m 的沟槽，而后用级配碎石回填。

10）压实度控制：0～80cm 范围内为 95%；80cm 以下压实度为 93%；150cm 以下压实度为 90%。压路机碾压每层土方 3～4 遍后，及时测定压实度；若达不到设计要求，应及时补压至合格为止，压实度合格率为 100%。

11）现场准备长 100m、宽 23m 的彩条布；若下雨时，土方没及时碾压，则应用彩条布及时覆盖；雨停后，掀开彩条布，可以照常施工。

12）运输土方车辆应封闭，不得污染路面。车辆出工地时，应派专人检查车辆是否有污染路面的迹象；若有，则及时处理，并派专人清扫施工现场附近的路面。

13）引桥填土碾压范围和分层图分别见图 4-5、图 4-6。

应注意：①挡土墙两边 0.8m 范围内填土夯实用打夯机。②桥台 1m 范围内填土不碾压，每层填土碾压前，要用白灰撒出界限。③填土总高度为 2.6m。

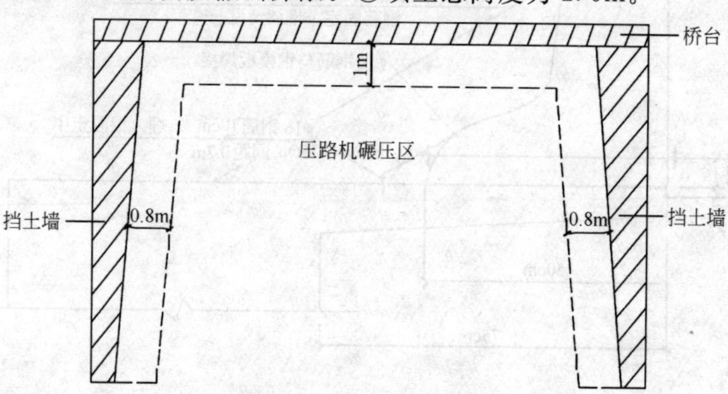

图 4-5　引桥填土碾压范围

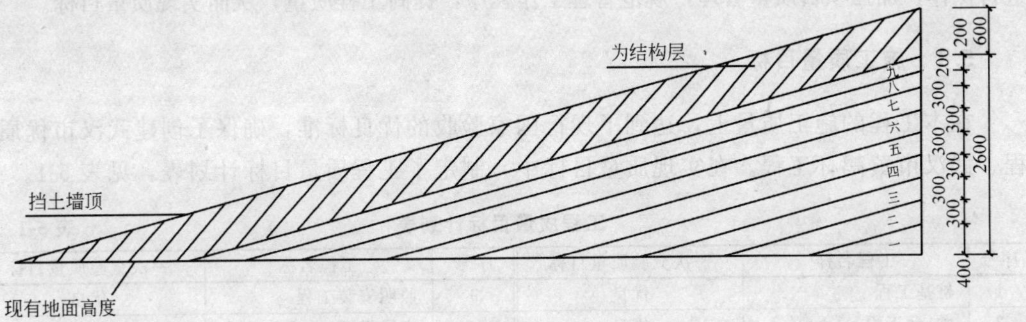

图 4-6 引桥填土碾压分层布置图

(4) 引桥混凝土基层施工方案

1) 东边引桥素混凝土基层施工的净宽为 14.9m，下基层沿中线纵向划分 2 幅施工，每幅宽度为 7.45m，每幅距中线 3.7m 处切一条纵缝。上基层分 4 幅施工，幅宽分别为 3.75m、3.70m。西边引桥素混凝土基层施工的净宽为 21.9m，上、下混凝土基层均沿中线纵向划分 4 幅施工，下基层中间两幅宽度为 5.0m，两边宽度为 5.95m；上基层中间两幅宽度为 5.5m，两边每幅宽度均为 5.45m。

2) 混凝土中水泥采用普通硅酸盐水泥，粉煤灰最大掺量不大于 15%，坍落度控制在 18cm 以内。

3) 混凝土基层施工工艺流程：下承层整理──→测量放线──→支模──→复测标高和中线──→浇筑混凝土──→振动棒振动──→平板振动──→振动梁振动──→滚筒粗平──→木抹找平（上基层用铁模收浆 3 次）。

4) 模板应支撑牢固，应不漏浆，不吸水，并应涂以隔离剂。每次浇筑混凝土前 4h，应通知监理工程师检查模板、高程和尺寸。

5) 混凝土应均匀浇筑在模板内，不应有离析现象。混凝土应先用插入式振捣器捣实，并用受控平板振动器至少振两遍，每遍应覆盖整个板宽。混凝土整平修饰后应用麻袋养护。

6) 收浆必须在跳板上进行，严禁站在混凝土上操作。收浆时，严禁采用洒水、撒干水泥等方法进行修整。

7) 当施工温度低于 0℃以下时，混凝土应加防冻剂。

8) 在与桥台搭板和老路面搭头处均设一条 2.5cm 宽的胀缝，胀缝中的材料为沥青木屑板，上部 5cm 填聚氯乙烯胶泥。

9) 每块板原则上横向 5m 切一条缩缝，缩缝采用假缝形式，缝宽 5～7mm，缝内填聚氯乙烯胶泥。

10) 在与桥台搭板交接设胀缝处的位置，设一个 C30 混凝土枕垫，混凝土枕垫尺寸 15cm 厚，60cm 宽。具体施工方法为：在压实好的土路基上沿搭接中线每边各挖 30cm 宽、15cm 深的沟槽，而后浇 C30 混凝土并捣实、抹平。

5 质量保证措施

本工程严格按照 ISO 9001—2000 质量保证体系进行质量管理，按我局的质量体系程序文件进行操作，加强项目质量管理，规范管理工作程序，提高工程质量，从而实现质量目标。

5.1 施工质量目标

在本工程的施工质量上，达到了现行国家验收的优良标准，确保了创建武汉市优质工程、武汉市黄鹤杯工程。在实现质量目标中，制定了工程质量目标计划表，见表 5-1。

工程质量目标计划表 **表 5-1**

序号	工程名称	一次交验质量目标	序号	工程名称	一次交验质量目标
1	桩基工程	优良	9	照明安装工程	优良
2	墩、台工程	优良	10	交通设置	优良
3	桥体钢结构工程	优良	11	绿化工程	合格
4	桥面铺装工程	优良	12	优良率	85%以上
5	装修工程	优良	13	观感得分	≥85.5
6	排水工程	合格	14	工程资料	齐全
7	路基结构改造工程	优良	15	环境保护	达标
8	沥青路面工程	优良	16	总体单位工程	优良

5.2 施工质量保证措施

5.2.1 施工阶段性的质量控制措施

(1) 事前控制阶段

事前控制，主要是建立完善的质量保证体系，编制质量保证计划，制定现场的各种管理制度、技术措施，进行设计交底、图纸会审工作，完善计量及质量检测技术手段，对工程项目所需的原材料、半成品、配件进行质量检查和控制，并编制相应的检验计划等。

(2) 事中控制阶段

主要是完善工序质量控制，把影响工程质量的因素都纳入管理范围，及时检查和审核质量统计分析资料和质量控制范围，抓住影响质量的关键问题，进行处理和解决。

(3) 事后控制阶段

按规定的质量评定标准和办法对完成单位工程、单项工程进行检查验收，整理所有的技术资料，并编制目录、建档。在保修阶段，对本工程进行维修。

5.2.2 各施工要素的质量控制措施

(1) 施工计划的质量控制

鉴于本工程工期紧，在施工中应树立工程质量为本工程的最高宗旨；如果工期和质量两者发生矛盾，则应把质量放在首位，工期必须服从质量，没有质量的保证，也就没有工期的保证。

(2) 施工技术的质量控制

首先，对图纸进行深化熟悉、了解，提出施工图纸中的问题及难点，错误，并在图纸会审及设计交底时予以解决；同时，根据工程特点、重点难点，采取相应的技术措施、新的施工工艺并编制相应的作业指导书，从而在技术上对此类问题进行质量上的保证，并严格实施。

本工程在施工过程中将采用多级交底模式进行技术交底。第一级为项目总工程师向项目全体施工管理人员特别是施工工长进行交底；第二级为工长向作业队进行技术交底，然后各作业队内部进行技术交底。

在本工程中，对以下的技术保证进行重点控制：①施工前各种翻样图、翻样单、钢结构图纸深化；②原材料的材质证明、合格证、复试报告；③混凝土、沥青、钢材焊接等分项试验报告和桩基的检测；④基准线、控制线、高程标高的控制。

(3) 施工操作中的质量控制措施

对操作人员加强质量意识的同时，加强管理，以确保操作过程中的质量要求。

首先，对每个进入本项目施工的人员，均要求达到一定的技术等级，具有相应的操作技能；其次，加强对每个施工人员的质量意识教育，提高他们的质量意识，自觉按操作规程进行操作，在质量控制上加强其自觉性；再次，施工管理人员，特别是工长及质检人员，应随时对操作人员操作过程进行检查，在现场为他们解决施工难点，进行质量标准的测试；随时指出达不到质量要求及标准的部位，要求操作者整改。

最后，在施工中各工序管理坚持自检，互检，专业检查制定，在整个施工过程中做到工前有交底，过程有检查，工后有验收的"一条龙"操作管理方式，以确保工程质量。

(4) 施工材料的质量控制措施。

选择合格的材料供应商，在各种材料进场时，一定要提供产品的合格证或质保书，同时对钢材、水泥、沥青等及时做复试和分析报告，只有当复试报告、分析报告等全部合格，方能允许用于施工。

在材料供应和使用过程中，必须做到"四检"、"三把关"，即"验规格，验品种，验数量，验质量"、"材料验收人员把关，质量试验人员把关，操作人员把关"，以保证用于本工程上的各种材料均是合格优质的材料。

(5) 施工中的计量管理的保证措施。

选用符合规定的计量设备，并在武汉市指定技术监管部门进行的计量工具周期。使整个计量工作符合国家的计量规定的要求，使整个计量工作完全受控，从而确保工程的施工质量。

5.3 工程回访和维修服务措施

在工程竣工是我们将发放维修卡，交付使用后将进行工程回访，了解业主的要求，及时解决发现的质量问题，作为竣工后的服务工作。

5.4 工程质量技术资料管理

工程质量技术管理资料是工程质量评定的主要依据和重要内容，因此，必须加强工程质量技术资料的管理，做好工程质量技术资料的收集，填写，整理，编制，审查，归档工作，为工程竣工验收和创优质工程提供完整、准确的工程质量技术资料。

6 安全保证措施

6.1 安全生产目标

本工程为武汉市一级重点管理项目，工程范围包括：解放大道部分路面改造（J2＋900～J3＋900），京汉大道至解放大道间（大智路段）路段扩建，香港路口改造，解放大道高架桥，以及各相邻路口标段内的改建，并涵盖其范围内的部分排水、照明、绿化及交通工程。

施工地段为汉口中心闹市区，人流、车流量大，周边建筑以多层，高层居民住宅，人口稠密，同时，整治路段相交道口较多，作业区段较长。因此，安全生产与安全管理难度极大。

在本工程施工上，我们进行科学管理，采取切实可行的安全措施，搞好安全生产工作，具体安全生产目标为：采取有效措施，杜绝交通、电击、吊装、火灾导致死亡的各类重大安全事故，一般年工伤事故频率控制在1.5‰以内。

6.2 安全生产管理体系

6.2.1 安全生产管理体系

(1) 建立健全安全生产责任制，明确各职能部门安全生产职责。

(2) 成立以项目经理为首的安全生产领导小组，项目经理是项目安全生产第一责任人，项目专职安全员主要负责项目施工生产的安全管理工作，各专业生产班组设兼职安全员配合管理工作，各职能部门在各自相应的业务范围内对安全生产负责，使本工程的安全管理体系形成为“纵管成线，横管成网”，确保工程施工得以优质、高速、低耗、安全、顺利完成。

6.2.2 项目安全控制体系

项目安全控制体系如图6-1所示。

图6-1　项目安全控制体系

6.3 安全生产管理措施

在本工程施工中严格按照我局 ISO 14001 安全生产管理体系的程序要求组织管理，严格执行《施工现场临时用电安全技术规范》JGJ 46—88、《建筑机械使用安全技术规程》JGJ 33—86 等国家及地方政府各项安全生产法规与标准组织施工与作业，对交通路口，吊装区域的安全围护，现场用电管理，易燃易爆物品的管理，防盗治安管理进行重点考虑。

6.3.1 钢结构安装、吊装安全措施

(1) 明确施工管理责任区，充分合理利用现场路面，划分钢构件堆放场地，使现场处于整齐有序的状态，按“谁施工、谁负责”的原则，实行统一规划，分工负责，分区分段包干制。

(2) 实施“施工生产安全否决权”制，对于违章指挥及违章作业，施工人员有权进行抵制，专职安全员有权中止施工，并限期进行整改。

(3) 项目与专业安装、吊装队，班组分级签订安全生产合同，使职责与利益挂钩。

(4) 施工用电机械设备必须执行工作接地和重复接零保护。总配电采用“三相五线制”，电焊机上有防雨盖，下铺防潮垫，电源接头前有防护。

(5) 钢构件吊装、安装时，应划分隔离区，标明隔离线，吊装区内严禁闲杂人员进入，安装部位周围或正下方搭设操作平台并用安全网围护，以保证操作人员安全操作。

(6) 现场机械、机具应分类摆放整齐，并标识明确，安全装置灵敏、可靠。

(7) 现场吊装机械必须按规定区域和行走路线进行布置，钢丝绳、制动设备要完好无损。

(8) 施工现场各种机械设备要挂安全技术操作规程，并派专人维护保养，保证机械正常运行。

(9) 双机抬吊时，除一人总指挥外，其余各处增派专人监护确保安全，凡影响吊装安全因素，事先必须考虑充分；妥善解决，确保一次性对接成功。

(10) 坚持用好“三宝”，进入现场必须戴好安全帽，高空作业必须系好安全带，穿软底防滑绝缘鞋；同时，做好边口悬挂部位的防护工作。

(11) 在钢梁吊装垂直面下，严禁人员施工及走动，形成封闭作业区，在施工中需临时搬开护栏时，事后应及时恢复。

(12) 加强临时用电管理，做好夜间照明工作，保证施工区内照明亮度。

(13) 抓好现场防火工作、氧气、乙炔气应按规定存放和使用，焊接区域上下周围应清除易燃易爆物品。

(14) 建立高度统一的指挥系统，作业人员要求步调一致，指挥明确、果断，不得含糊不清。

(15) 吊装时应注意以下几点：

1) 吊装前，应对吊装设备的滑车组、卷扬机等转动部位进行检查，润油、试车后方可使用。

2) 吊装前必须进行试吊，完成起重、变幅、回转三个动作，以便检查起重机的各项性能是否满足要求。

3）起重机在起落钩、变幅、回转及制动时，应力求平稳，避免产生冲击，必须由施工经验丰富的专业起重工指挥。

6.3.2 钢构件制作安全措施

由于本工程钢结构制作全部在厂内进行，因此，安全保证体系及措施严格执行厂内制作安全生产体系及相应的安全生产措施。

6.3.3 道路交通及路面围护安全措施

由于本工程地处武汉市繁华中心地段，且在解放大道交通主干道上，相连路口较多，车流、人流大，周边环境复杂，施工工期相对较长，作业区域跨度大，因此，为了保证作业区内的正常施工，加强现场规划管理，维持正常的施工秩序，有利于场内的材料、机械、机具及成品路面的保护，必须对施工路段进行分期、分段围护，并设立相应行人及非机动车分流指示牌。

7 文明施工与环境保护

7.1 文明施工目标

在本工程施工过程中，严格按照武汉市有关施工现场标准化管理规定的内容及相关文件进行布置及管理。按我局文明施工要求进行现场布置和标识，避免和消除对周围环境的影响与破坏，协调好邻里关系。

本工程文明施工达到了一流文明施工管理标准，获得文明施工样板工地称号。

7.2 文明施工体系

为实现文明施工目标，在项目内建立以项目经理为首和相关各部门为主的文明施工管理体系，加强文明管理制度共同构成本项目的文明施工体系。

文明施工管理制度：

(1) 以项目经理为首，项目书记带队，每周至少一次对施工现场进行定期大检查，每日例行检查由项目安全员负责进行。

(2) 为明确文明施工职责，将施工现场划分为多个责任区，由项目经理部指定工长具体负责该区的文明施工工作。

7.3 文明施工措施

严格按照各施工阶段的具体特点，进行施工平面布置图的规划和管理，具体表现在：

(1) 施工平面图规划按照文明施工的有关规定，在明显的地方设置工程概况、施工进度计划、现场管理制度、施工阶段平面图、防火安全保卫制度等标示牌。

(2) 供电、供水、排水系统等系统的设置严格遵循平面图的布置。

(3) 所有的材料堆场、机械布设均按平面图要求放置；如有调整，应有书面的平面修改通知。

(4) 在做好总平面管理工作的同时，应经常检查执行情况，坚持合理的施工顺序，不打乱仗，力求均衡生产。

(5) 工完场清：在施工中，要求各作业队伍及班组做到工完场清，以保证施工作业面没有多余材料及垃圾。项目经理部应派专人对各区段路面进行清扫，检查，使每个已施工完的区段作业面清洁，无垃圾，而对运入各区段的材料要求堆放整齐，以使工作面整齐划一。

(6) 宿舍管理以统一管理为主，制定详细的《宿舍管理条例》，要求每间宿舍排出值勤表，每天打扫卫生，以保证宿舍的清洁。宿舍内不允许私拉乱接电线及各种电器。

(7) 施工现场的食堂应符合《食品卫生法》，明亮整洁，设置冷冻、消毒器具，生熟食品分开存放，防蝇设施完好。食堂有卫生许可证，炊事员体检合格方能上岗操作。并保证食堂清洁、卫生，无杂物、无四害。食堂墙面粉刷整洁。

(8) 厕所拟使用现场已有厕所，派专人打扫，以保证厕所卫生、清洁。

7.4 环境保护措施

(1) 防水排水措施

1) 在施工期间始终要保持工地的良好排水状态，修建一些有足够泄水断面的临时排水渠道，并与永久性排水设施连接，以不致引起淤积和冲刷。

2) 未设置足够的排水设施致使路床遭到破坏，应及时修复。

(2) 废料废方的处理

及时清理场地废料，不得影响排灌系统，不得覆盖周边绿化草地。废料堆放到指定地点，并限时清出现场。

(3) 控制扬尘措施

1) 施工作业产生的灰尘，除场地的作业人员配备必要专用劳保用品外，还应随时进行洒水，以使灰尘减至最小程度，并符合环卫部门的有关规定。

2) 易于引起粉尘的细料或散料应予遮盖或适当洒水，运输时应用帆布盖套及类似物品遮盖。

(4) 减少噪声措施

1) 噪音大的作业尽量安排在白天进行。夜间施工不得大鸣大放，作业人员尽量避免产生较大噪声。

2) 要使用机械设备的工艺操作，尽量减少噪声、废气等的污染，应采取措施减少噪声。

8 季节性施工

鉴于本工程施工期间，将跨越冬期、夏季、雨期等不同季节性气候，因此，针对不同季节气候采取不同措施进行指导施工，以确保工程质量。

8.1 冬期施工措施

根据本市多年来的冬季气候情况，平均气温为4～5℃，极端最低气温为－4～－6℃。当室外平均气温连续5天稳定低于5℃时，应当采取冬期施工措施。因此，为保证工期的如期完成和达到工程预定的质量目标，除应做好冬期施工准备工作，以确保冬期施工期间的施工质量，针对本工程特点和进度安排，应对桥台、桥墩、承台钢筋混凝土工程制定如下冬期技术措施：

(1) 冬期钢筋焊接，尽量在室内进行，必须在室外进行时，应有防风挡雪措施。焊接后的接头，严禁立即碰到冰雪。

(2) 冬施期间，应同混凝土供应站联系，配制同等强度等级的防冻混凝土。

(3) 混凝土入模温度不得低于5℃，浇捣前将模板和钢筋上的冰雪处理干净，必要时用温水冲刷，以防形成夹层，影响质量。

(4) 混凝土工程，冬期施工期间以蓄热覆盖保温为主进行养护。

(5) 冬期施工期间，除标准养护的试块组数外，还应按施工需要设拆模试块。

(6) 另外，冬期施工期间，应特别注意机械安全，做好防冻防滑工作。并加强成品保护，防止已施工的部分遭到损坏。

8.2 夏季施工措施

武汉地区夏季气温较高，且空气湿度大，虽然本工程夏季施工时已进入后期阶段，但应以安全生产为主题，以“防暑降温”为重点，只有抓好安全生产，才可确保工程质量。

(1) 组织措施

1) 采用合理的劳动休息制定，可根据具体情况，在气温较高的条件下，适当调整作息时间，早晚工作，中午休息。

2) 改善宿舍、职工生活条件，确保防暑降温物品及设备落到实处。

3) 根据工地实际情况，尽可能调整劳动力组织，缩短一次连续作业时间。

(2) 技术措施

1) 确保现场水、电供应畅通，加强对各种机械设备的维护与检修，保证其能正常操作。

2) 在高温天气施工的工程，应及时采取相应对策，进行养护，以保证工程质量。

3) 在大型机械上配备空调或电风扇，防止操作室内温度过高。

4) 对现场使用仪器设备进行标定校正，使其始终处于合格的状态下，对测量人员配备太阳伞。

8.3 雨期施工措施

(1) 雨期施工准备工作

1) 施工场地

场地排水：对施工现场应根据地形对场地排水系统进行疏通以保证水流畅通，不积水，并要防止相邻地区地面水流入场地内。

道路：现场内主要场区两旁要做好排水沟。

2) 机电设备及材料防护

机电设备：机电设备的电闸采取防雨、防潮等措施，并安装接地保护装置。

原材料及半成品的保护：对怕雨淋的材料要采取防雨措施，可放入棚内或室内，垫高码好并要通风良好。

3) 另外，配备足够的防雨用具和设施，以保证工程施工中不因气候影响而停歇或影响施工质量。

9 施工总结

9.1 社会效益

香港路立交桥工程是武汉市重点工程，位于武汉市繁华闹市区，在武汉市大型立交桥中，第一次采用大跨度钢箱梁结构，不仅受到当地政府、业主、质监站的高度重视，同时也受到同行业的关注。我项目部在整个施工中，施工质量一致受到质监站、设计院和业主的好评，安全和文明施工也一直走在武汉市的前列，多次上建委文明施工的红榜。市长、副市长、建委主任也多次到香港路项目视察和指导工作，2005 年 4 月 30 日比预计工期提前 2 个月通车受到了市政府、交管部门和业主的高度评价。特别是钢箱梁桥面铺装为世界性难题，国内大部分钢桥面铺装不到一年时间就进行返修处理。而香港路立交桥的钢桥面铺装通车一年来，未发现有任何变形的迹象。

9.2 工期效益

由于预应力空心板采用了“三片式钢模板”，墩柱采用了定型钢模板，减少了支、拆模的时间，整个工程的工期缩短了 2 个月。

9.3 经济效益

(1) 桥梁下构部分施工，设计中墩柱和帽梁为清水混凝土，采用整体大钢模板和新型脱模剂施工，保证外观质量，又保证了结构质量，并且也减少了模板损耗，减少了支、拆模的人工费用。

(2) 预应力空心板的制作采用了“三片式钢模板”，既省略了低模，又减少了模板损耗，减少了支、拆模的人工费用。

(3) 钢箱梁的制作，我们成立了 QC 管理小组，严格按 PDCA 循环进行控制。施工前，对施工技术人员进行培训，并请质监站、设计人员到项目部进行技术交底工作，对关键的工序要进行多人不同时间的复核制度，主要从下料、单元件制造和分段上进行控制。减少了材料的损耗，降低施工成本。

第十二篇

重庆融侨大道螺旋桥工程施工组织设计

编制单位：中建三局三公司

编 制 人：胡骞　赵研华

［简介］　重庆融侨大道螺旋桥是国内第一座曲率半径小、现浇钢筋混凝土特大型双层螺旋桥，工程施工地段为城市中心主干道交叉路口，人流、车流量很大，不能全封闭施工，又是世界银行贷款项目，工期要求紧，质量要求高，所以在施工组织管理方面很有特点，在施工技术运用上，钢箱梁制作和安装工艺较复杂，在钢桥面上铺装沥青混凝土更有特色。

目 录

1　工程概况

1.1　工程概况

重庆融侨大道螺旋桥工程位于重庆市南岸区铜元局长江电工厂厂区内，一端通往海铜路至铜元局，另一端通往南坪明佳路。桥梁依山而建，设计为双层螺旋式坡道桥，桥梁顶板距基础面最大高差 42m，桥梁结构从 K0＋723.213 至 K1＋360.598 为止，桥长 643.885m，桥面幅宽 18.8m，单一半幅宽度 9.39m，两个半幅箱梁翼缘之间设置有 20mm 宽纵向变形缝。平面曲线半径 55m，设计荷载城-A 级，桥面宽 2×9.39m，双向四车道，桥梁横坡 2%，最大纵坡 6%。

本工程基础由 16 个人工挖孔桩桩基承台及 9 个扩大基础组成。下部结构设计有 14 个桥梁墩台，其中 0# 墩台设计为地梁式桥台，13# 设计为圬工桥台，11a、11b、12a 和 12b 桥墩按独立式墩柱设计，其余部位设计为门式墩台。其中 0# ～10# 桥墩的墩柱为 3000mm×3000mm 四角倒 R250mm 圆角的空心墩柱，空心钢筋混凝土墩柱壁厚 500mm，并在内空四角作 500mm × 500mm 的刚性加强腋角；11b、12a 和 12b 墩柱设计为 1500mm×1500mm 四角倒 R150mm 圆角的实心墩柱。门式墩台的盖梁设计为 3000mm×3000mm、净跨 19.3m 的钢筋混凝土梁。盖梁为后张有粘结预应力钢筋混凝土构件，采用波纹管套、ϕ_j 15.24～19 高强度、低松弛钢绞线作预应力筋，钢绞线抗拉强度为 1860MPa，张拉控制应力 σ_k＝1339MPa；预应力锚具采用 AYM-19 及其配套系列。

上部结构为预应力混凝土连续箱梁结构，横截面为分离式双箱单室结构。单箱单室桥宽 9.39m，梁高 1.8m，翼缘悬臂长度 2.445m。全桥由一层的 0# ～4# （4×31m）、4# ～7# （31m＋35.575m＋31m）、7# ～0# （4×31m），二层的 0# ～4# （4×31m）、4# ～13# （31m＋35.81m＋2×35m＋31m）共 5 联桥组成。箱梁预应力束纵向为多个曲线同时沿桥成弧形布置，实际孔道为空间曲线，最长的预应力束为 174.36m，最短束为 90m，全部为通长束。预应力连续箱梁、盖梁、单支座处中横隔梁按部分预应力 A 类构件设计。箱梁、盖梁和横隔梁上布置抗拉强度为 1860MPa 的 ϕ_j 15.24 钢绞线共 327 束，预应力张拉应力为 1339～1395MPa。采用 9 孔锚具、12 孔、14 孔、15 孔、19 孔锚具共计 800 多套，全桥合计钢绞线用量 310t。

1.2　工程地质情况和水文地质情况

1.2.1　工程地质情况

（1）地形地貌

场地属丘陵地貌，拟建桥位范围为一斜坡地，呈北东高南西低，地面高程为248.50～305.16m，最大高差 56.66m，自然坡度角度大约 10°～30°。

（2）地质构造

场地位于重庆向斜东翼，岩层产状：倾向 200°，倾角 10°。场地构造裂隙不发育。

（3）地层岩性

场地范围内主要土层有全新统人工素填土（Q4ml）、残坡积（Q4el＋dl）黏土、中侏罗统砂溪庙组（J2S）的砂岩及泥岩。

（4）地震基本烈度和场地类别

根据国家地震局1990年版《中国地震烈度区划图》，重庆市南岸区基本地震烈度为Ⅵ度。

本工程场地素填土及粉质黏土为中软场地，砂岩、泥岩为稳定的岩石，砂岩、泥岩的剪切波速为500～800m/s，素填土及粉质黏土的剪切波速为140～250m/s，场地类别为Ⅱ类建筑场地。

1.2.2 水文地质情况

场地属丘陵斜坡地带，径流条件较好，无大量富存地下水，地下水不发育，仅第四系覆土层中存在少量孔隙滞水，基岩中存在少量裂隙水，主要受降雨和生活废水补给，水量较小，地下水对钢筋混凝土结构无腐蚀性。

1.3 工程特点

（1）局部地质条件复杂。桥梁2b、3b、4b桩基位于原鱼塘中，回填鱼塘时没有清淤；如果在桩基施工过程中出现淤泥将影响施工，根据淤泥出现的情况决定采取必要的技术措施处理。

（2）钢筋密度大。本工程墩柱、盖梁和箱梁的纵横梁中钢筋净距很小，最小的只有88mm，而且还有多数构件采用双层或双排筋。

（3）钢筋混凝土构件外观质量要求高。本工程钢筋混凝土构件特别是桥梁构件，要求采用清水混凝土。

（4）现浇钢筋混凝土构件脚手架密集。现浇钢筋混凝土构件特别是盖梁和箱梁的施工荷载比较大，要求支承其模板的脚手架支承能力也比较大。

（5）工序之间的交叉施工关系比较复杂。本工程既存在结构施工工序与水电安装工序之间的交叉关系问题，也存在结构本身（特别是普通钢筋与预应力钢绞线、波纹管等）施工工序之间的穿插关系问题。施工过程中需要充分发挥项目部统一指挥协调的职能，并根据工程实际情况制定诸如普通钢筋与预应力钢绞线、波纹管就位顺序等问题的专项技术措施。

（6）部分空心钢筋混凝土构件的内空尺寸较小。空心墩柱的内空尺寸只有1～2m宽，而箱梁空心高度只有1.35m，在支座附近构件局部加厚处只有0.95m。

（7）钢筋混凝土箱梁构件长度超长。箱梁纵向尺寸一般在130～170m。

1.4 工程难点

（1）工程测量

本工程依山而建，植被浓密，通视条件差，高差大，导线网点布设困难，三角网难以达到设计要求的图形强度，且建设方只在北1线提供了4个图根控制点，难以满足施工控制网布设要求。

（2）支架设计与施工

本工程场地属丘陵地貌，地面高程为248.50～305.16m，最大高差56.66m，自然坡度角度大约10°～50°。支架搭设高度高（最高处达40m），支架基础地形、地貌复杂，支架承受荷载大（箱梁支架荷载为32.1122.8kN/m²、盖梁支架荷载为122.8kN/m²）。

（3）高强、高性能混凝土施工

本工程盖梁、箱梁全部采用C50混凝土，盖梁为净跨长为19.3m、断面为3000mm×3000mm的大体积构件，箱梁为超长无缝构件（最短跨90m，最长跨176m），受地理位置条件限制，重庆本地只有特细砂拌制混凝土，高强、高性能混凝土配合比的试配与混凝土防裂是本工程一大难点。

（4）超长空间曲线预应力张拉

本工程箱梁设计为平面曲线仅55m的超长（最长束176m）空间曲线预应力构件，在国内尚属罕见，如何采取技术措施保证张拉延伸量满足设计要求并有效建立构件的预应力，是本工程施工的最大难点。

2 施工部署

2.1 施工工艺流程图

施工工艺流程如图2-1所示。

2.2 流水段的划分

螺旋式桥梁按照设计的伸缩缝将桥梁划分为5个施工段，但由于本工程工期紧的特点，拟将本工程桥梁按照墩柱及其以下部分和箱形梁板划分为3个大的施工作业段（A、B、C三段），详见图2-2。三段的模板架料除墩柱、盖梁组织流水相互协调使用外，箱梁部分支架、模板均各自单独配置，分别组织进、退场。

A段：0#～4#墩一、二层结构。本段内又划分为2个小的流水段，先施工A-1段（0#～4#二层结构），然后施工A-2段（0#～4#一层结构）。

B段：4#～7#一层结构及4#～13#结构。本段内划分为2个小的流水段，先施工B-1段（4#～13#结构），然后施工B-2段（4#～7#一层结构）。

C段：7#～0#墩一层结构。

2.3 施工组织

（1）第A-1施工流水段：0#二层（K1＋068.788）～4#二层（K1＋192.788）。本施工段施工时，需搭设两层支架，是整个螺旋桥施工架料投入最大的部分，本施工段完成、预应力张拉、灌浆结束后，立即转入A-2施工流水段施工。

（2）第A-2施工流水段：从0#一层（K0＋723.213）～4#一层（K0＋847.213）及从7#一层（K0＋944.788）～0#二层（K1＋068.788）。本施工段是A-1施工流水段的紧后作业段，0#～4#一层支架在二层支架拆除后调平即可使用，7#～0#一层支架在0#～4#二层支架拆除后方可搭设，脚手架的底托、顶撑另行补充。本流水段施工完、预应力张拉、灌浆结束、模板架料拆除后可组织退场。

（3）第B-1施工流水段：从4#二层（K1＋192.788）～13#（K1＋360.598），本段施工段长度最长，施工完成、预应力张拉、灌浆结束后，4#～6#段二层及6#～13#段

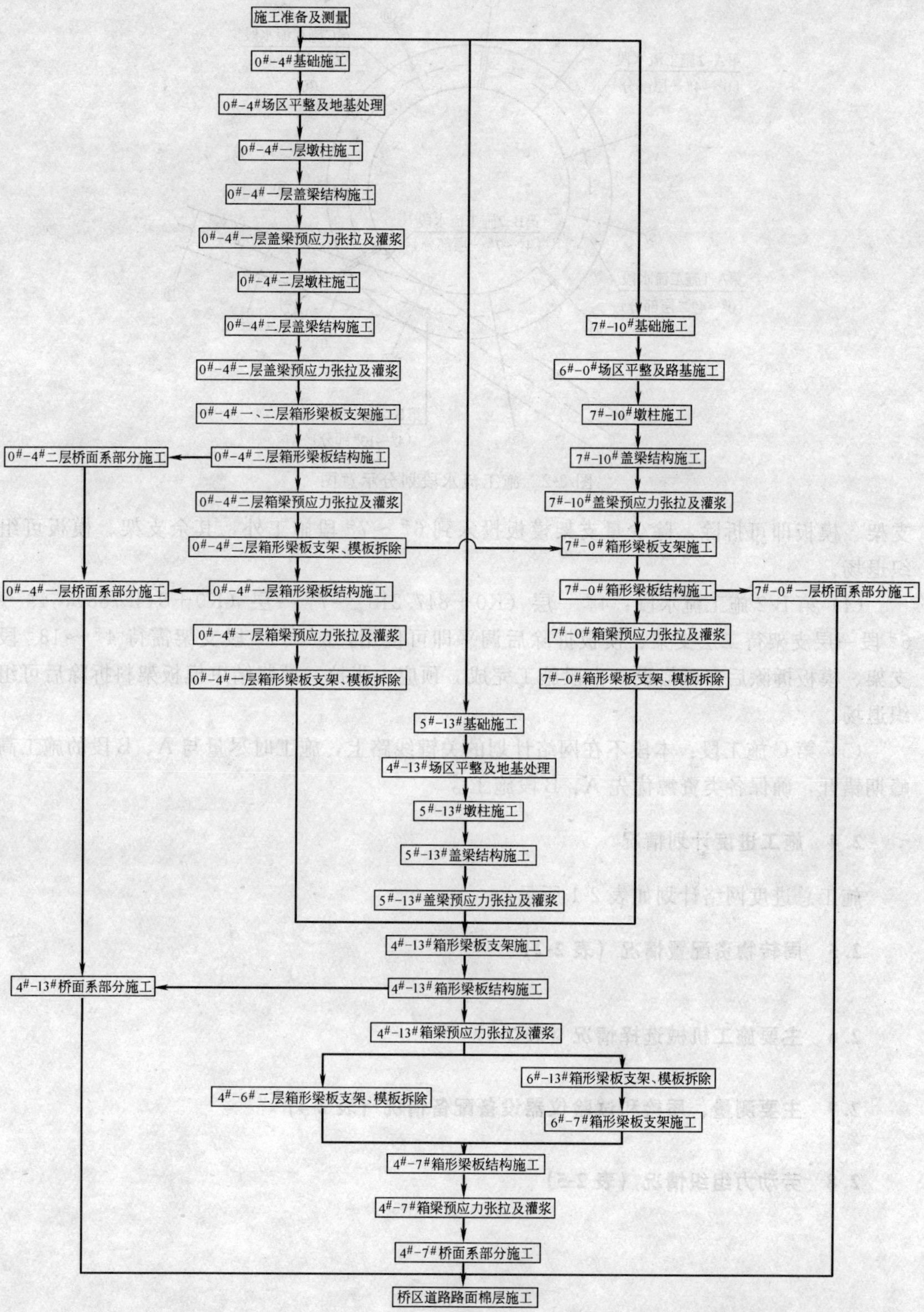
施工准备及测量
0#-4#基础施工
0#-4#场区平整及地基处理
0#-4#一层墩柱施工
0#-4#一层盖梁结构施工
0#-4#一层盖梁预应力张拉及灌浆
0#-4#二层墩柱施工
0#-4#二层盖梁结构施工
0#-4#二层盖梁预应力张拉及灌浆
0#-4#一、二层箱形梁板支架施工
0#-4#二层桥面系部分施工
0#-4#二层箱形梁板结构施工
0#-4#二层箱梁预应力张拉及灌浆
0#-4#二层箱形梁板支架、模板拆除
0#-4#一层桥面系部分施工
0#-4#一层箱形梁板结构施工
0#-4#一层箱梁预应力张拉及灌浆
0#-4#一层箱形梁板支架、模板拆除
7#-10#基础施工
6#-0#场区平整及路基施工
7#-10#墩柱施工
7#-10#盖梁结构施工
7#-10#盖梁预应力张拉及灌浆
7#-0#箱形梁板支架施工
7#-0#箱形梁板结构施工
7#-0#一层桥面系部分施工
7#-0#箱梁预应力张拉及灌浆
7#-0#箱形梁板支架、模板拆除
5#-13#基础施工
4#-13#场区平整及地基处理
5#-13#墩柱施工
5#-13#盖梁结构施工
5#-13#盖梁预应力张拉及灌浆
4#-13#箱形梁板支架施工
4#-13#桥面系部分施工
4#-13#箱形梁板结构施工
4#-13#箱梁预应力张拉及灌浆
6#-13#箱形梁板支架、模板拆除
4#-6#二层箱形梁板支架、模板拆除
6#-7#箱形梁板支架施工
4#-7#箱形梁板结构施工
4#-7#箱梁预应力张拉及灌浆
4#-7#桥面系部分施工
桥区道路路面棉层施工

图 2-1 施工工艺流程图

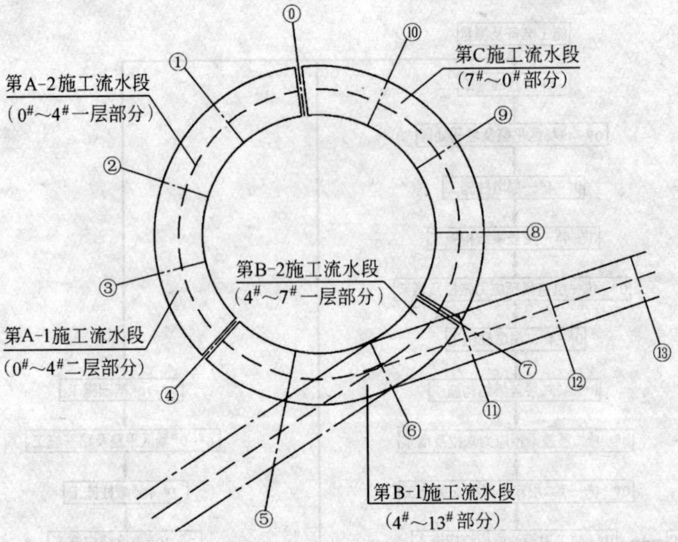

图 2-2　施工流水段划分示意图

支架、模板即可拆除，除少量支架模板投入到 6＃～7＃段施工外，其余支架、模板可组织退场。

(4) 第 B-2 施工流水段：4＃一层（K0＋847.213）～7＃一层（K0＋944.788），4＃～6＃段一层支架待二层支架、模板拆除后调平即可使用，6＃～7＃段支架需待 4＃～13＃段支架、模板拆除后方可搭设。本段施工完成、预应力张拉、灌浆结束模板架料拆除后可组织退场。

(5) 第 C 施工段：本段不在网络计划的关键线路上，施工时尽量与 A、B 段的施工高峰期错开，确保各类资源优先 A、B 段施工。

2.4　施工进度计划情况

施工总进度网络计划如表 2-1 所示。

2.5　周转物资配置情况（表 2-2）

2.6　主要施工机械选择情况（表 2-3）

2.7　主要测量、质检和试验仪器设备配备情况（表 2-4）

2.8　劳动力组织情况（表 2-5）

融侨大道螺旋桥工程施工总进度网络计划

表 2-1

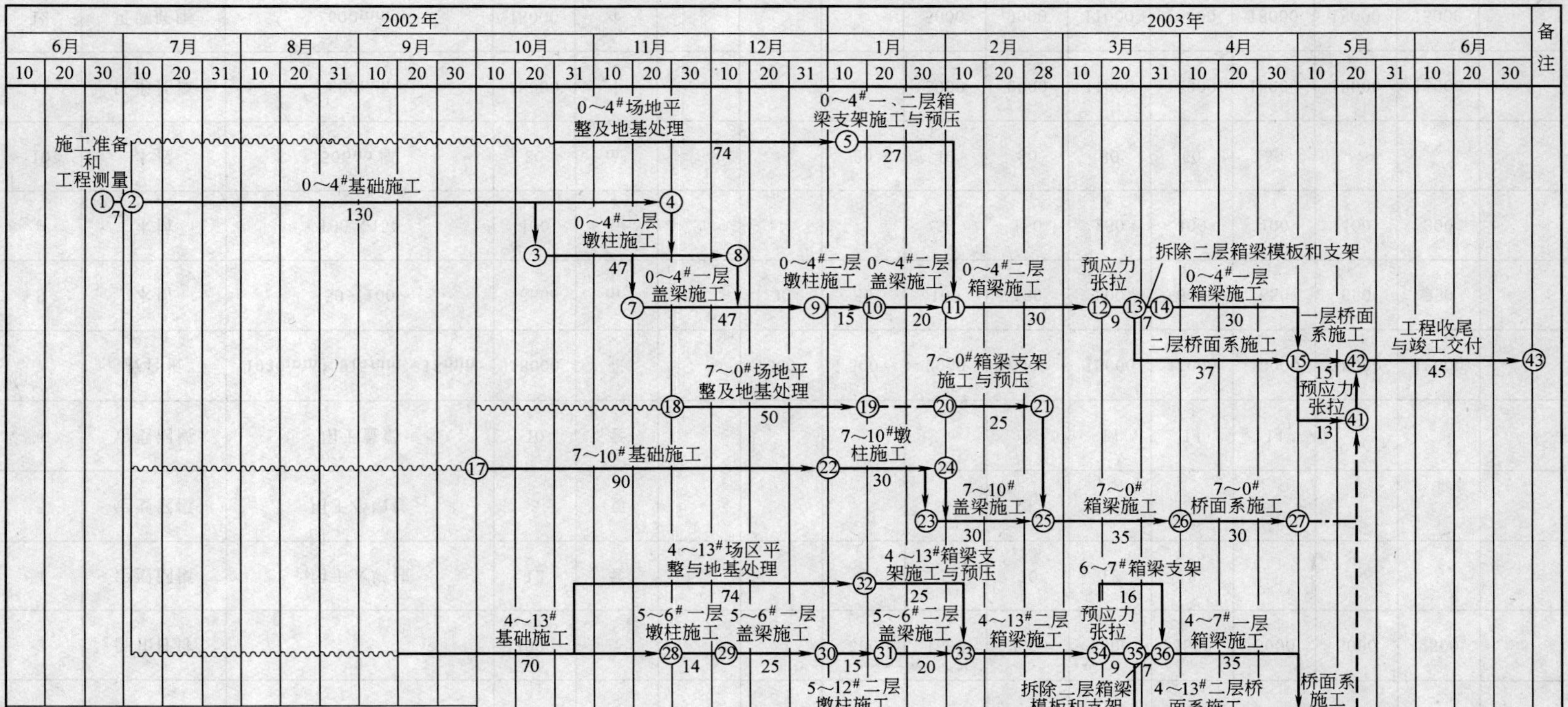

编制说明：

1. 本计划中盖梁施工时间中未考虑支架搭设时间和预压,这些工序应该在盖梁施工前完成。
2. 目前施工现场施工滞后的3B和6A基础施工处于关键线路上,应全力加快进度,确保工期实现。

编制单位：中建三局三公司西南分公司第三项目经理部　　审核人　　编制人　　编制日期：2002 年 10 月 20 日

主要周转料具需用量及进场计划

表 2-2

序号	料具名称	规格	数量	单位	需用量(月份)										备注
					7	8	9	10	11	12	1	2	3	4	
1	钢管	ϕ48mm×3.5mm	2800	t		50	150	360	900	1000	2000	2300	2300	1580	
2	扣件		300000	颗		7500	24000	55800	140000	155000	31000	350000	350000	24500	
3	碗扣杆件		4000	t			500	1500	2000	2500	4500	5000	5000	2500	
4	定型钢模	用于大墩柱	12	套				6	10	12	8				
5	定型钢模	用于小墩柱	3	套				3	3						
6	定型钢模	用于盖梁	10	套					8	14	14	14			
7	胶合板	1930mm×915mm×18mm	18000	张		500	500	2000	6000	10000	15000	18000	18000	12000	
8	木枋	50×100	650	m^3		30	80	100	150	300	500	650	650	550	
9	木枋	100×150	400	m^3				50	150	250	400	400	400	300	
10	木板	50mm 厚	80	m^3			20	40	50	80	60	30			
11	U 形托撑	600mm	18000	个				5000	9000	11000	18000	18000	18000	15000	
12	可调底座	600mm	18000	个				5000	9000	11000	18000	18000	18000	15000	

机械设备一览表 **表 2-3**

序号	机械设备	规格型号	数量	初用时间	按施工期需用量(月份)											
					7	8	9	10	11	12	1	2	3	4	5	6
1	塔吊	QTZ5512	2	8.5		2	2	2	2	2	2	2	2	2	2	2
2	塔吊	QTZ63	1	8.15		1	1	1	1	1	1	1	1	1	1	1
3	汽车吊	QY25A	1	7.15	1	1					1					
4	挖掘机	WY100	4	6.25	2	1	1	1	4	4	2	2	1	1	1	
5	混凝土输送泵	HBT60	2	7.18	1	1	1	2	2	2	2	2	2	2	1	
6	断钢机	GQ40	2	7.6	1	2	2	2	2	2	2	2	2	2		
7	弯钢机	GW40	2	7.10	1	2	2	2	2	2	2	2	2	2		
8	电焊机	BX400	10	7.5	2	10	10	10	10	10	10	10	10	10	10	2
9	空压机	$6m^3/min$	20	7.5	8	20	10	10	10							
10	千斤顶	YC18	4	12.15						12	12	12	12	12	12	
11	圆锯机	MJ400	2	8.15		1	2	2	2	2	2	2	2	2	2	
12	刨木机	MB1043	1	8.15		1	1	1	1	1	1	1	1	1	1	

试验仪器、设备一览表 **表 2-4**

序号	仪器设备名称	规格型号	精度	数量	备注
1	GPS 接收机			3	
2	全站仪	索佳 SET2CⅡ	2mm±3ppm	1	
3	普通经纬仪	J2	2″	2	
4	自动安平水准仪	DS3	3mm	1	
5	普通水准仪	S3	3mm	3	
6	空盒温度气压计			1	
7	钢卷尺	50m	1mm	3	
8	花杆			4	
9	对讲机	松下 5km		6	
10	砂浆试模			5	
11	混凝土强度试模			10	
12	混凝土抗剪试模			3	
13	各类天平、案秤			4	
14	线坠	1 磅		3	
15	坡度尺			3	
16	坍落度筒			1	
17	环刀			2	

主要劳动力计划一览表　　表 2-5

序号	工种	按施工期需用量(月份)											备注
		6	7	8	9	10	11	12	1	2	3	4	
1	普工	10	30	30	30	30	30	30	150	150	150	150	
2	挖桩工		80	80	60	60	40	40					
3	模板工		20	30	50	80	100	100	240	240	240	180	
4	钢筋工		20	40	80	80	100	120	150	150	150	120	
5	混凝土工	3	20	20	40	40	60	60	60	60	60	60	
6	架子工		8	20	20	60	100	120	150	150	150	100	
7	防水工									40	40	40	
8	预应力工							20	30	40	40	40	
9	机操工		2	10	20	20	20	20	20	20	20	20	
10	电焊工		4	10	10	15	20	20	20	20	20	20	
11	机修工		2	2	2	6	6	6	6	6	6	6	
12	测量工	6	6	6	6	6	6	6	6	6	6	6	
13	试验工	3	3	3	3	3	3	3	3	3	3	3	
14	驾驶员	1	1	1	1	1	1	1	1	1	1	1	
15	电工	2	2	2	2	2	4	4	4	4	4	4	
16	管工		2	2	2	2	4	4	4	4	4	4	
合计		25	200	256	326	405	494	554	844	894	894	754	

3　主要施工方法

3.1　工程测量

3.1.1　GPS 全球卫星定位系统应用技术

融侨半岛建设区域 3000 亩，是个能容纳 20 多万人居住的多功能小区。建设方在开发前期对整个开发区没有布设测量控制网，对测量控制缺乏认识。融侨大道全长 1.4km，其中有 600 多米为桥梁部分，但建设方只在北 1 线上提供了 4 个图根控制点，控制点周围都有在建房屋，极不方便施工控制网的布设。本工程依山而建，施工区域地形复杂，植被浓密，通视条件差，高差大，传统的测量方法和手段受到很大制约，导线网点布设困难。

为了保证沿线道路控制桩和螺旋桥墩柱（桥位）施工首级控制网的精度要求，决定利用 GPS 全球卫星定位系统进行测量控制，在施工区域及其周围布设四等 GPS 施工控制网和四等水准控制网。GPS 控制系统的高效率、多功能、高精度以及不受通视情况、不受天气条件影响的特点，是传统测量不可比拟的，高精度也正符合桥梁施工测量的要求。

(1) GPS 点的布设

本施工控制网按设计要求共布设了 9 个 GPS 点，对螺旋桥能形成直接控制的有 4 个点，若林木清除后均可相互通视，其余 5 个点按道路设计走向合理布设，埋点遵守

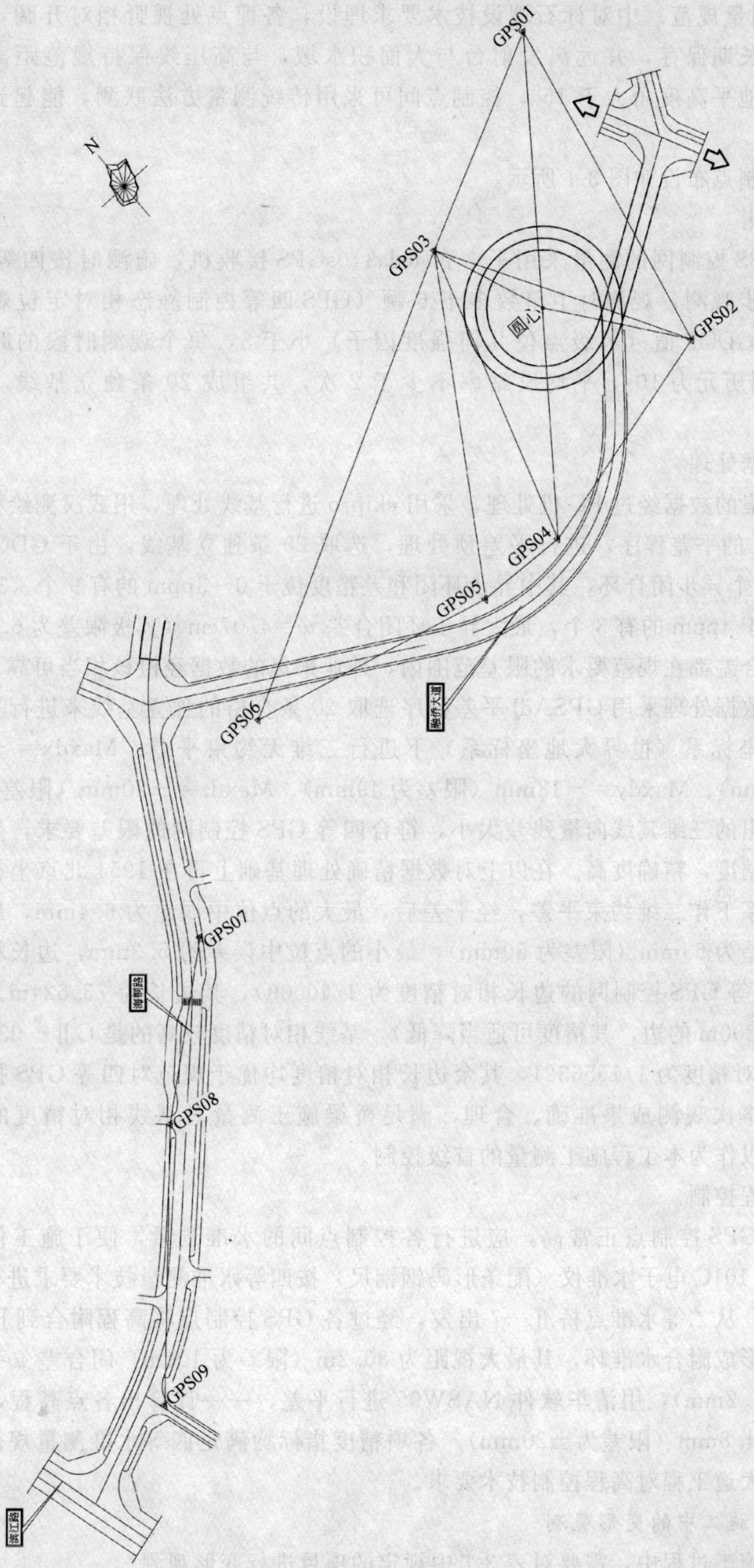

图 3-1 GPS控制点布设示意图

《GPS定位测量规范》中对标石埋设技术要求埋设，各埋点处视野相对开阔，地质坚实稳定，易于长期保存，并远离发射台与大面积水域，与高压线保持规范距离，并能保证被测卫星地平高度角大于15°，控制点间可采用传统测量方法联测，能起到相互检核作用。

GPS控制点布设如图3-1所示。

（2）观测

本次GPS控制网的测量采用了3台leila340sGPS接收机，施测时按四等GPS精度要求进行同步观测，观测时卫星数多于6颗（GPS四等控制静态相对定位观测时卫星数≥4颗）、GDOP值（等级点位几何强度因子）小于5，每个观测时段的时间都超过60min，观测历元为10s，平均设站率不少于2次，共组成20条独立基线，图形强度较高。

（3）数据处理

外业采集的数据经过PC机处理，采用skipro进行基线处理，用武汉测绘科技大学研制的GpsAdj的平差程序，进行平差预处理，选取20条独立基线，由于GDOP值较小，共组成了14个异步闭合环，其中异步环闭和差精度位于0～3ppm的有9个、3～4ppm的有2个、大于4ppm的有3个，最大异步环闭合差w=4.07cm（其极限差为6.73cm），其余异步环闭合差都在规范要求的限差范围内，外业采集的数据经检核相当可靠。

内业的数据处理采用GPSAdj平差程序选取20条合格的独立基线来进行平差。首先在WGS-84坐标系（世界大地坐标系）下进行三维无约束平差、Maxdx=－0.008mm（限差为42mm）、Maxdy=－18mm（限差为49mm）、Maxdz=－20mm（限差为37mm），其平差所求出的三维其线向量残差太小，符合四等GPS控制网的限差要求，数据具备很好的内符合精度，精确度高。在以上对数据精确处理基础上再在1954北京坐标系和重庆市独立坐标系下作二维约束平差，经平差后，最大的点位中误差为6.4mm，最弱相邻点的点位中误差为53mm（限差为50mm），最小的点位中误差为5.3mm，边长相对精度为1/37559（四等GPS控制网的边长相对精度为1/40000），其边长为75.624m。符合规范要求（小于200m的边，其精度可适当降低）。基线相对精度较高的是GⅡ—032至GⅣ—05边，其相对精度为1/1556321，其余边长相对精度均优于规范对四等GPS控制网精度要求，因此本次观测成果准确、合理，满足桥梁施工测量对基线相对精度的要求（1/50000），可以作为本工程施工测量的首级控制。

（4）高程控制

为求得GPS控制点正常高，应进行各控制点间的水准测量，便于施工使用。采用TopconDL—101C电子水准仪（配条形码铟钢尺）按四等水准测量技术要求进行各控制点的高程联测。从二等水准点桥Ⅱ—7出发，经过各GPS控制点将高程附合到Ⅱ南大2—1水准点上，形成附合水准环，其最大视距为80.2m（限差为100m）闭合差w=－7.9mm（限差为±54.2mm），用清华软件NASW95进行平差，一一计算出各点高程，平差后高程中误差为4.8mm（限差为±20mm）。各项精度指标均满足四等水准测量规范要求，也能达到融侨大道工程对高程控制技术要求。

3.1.2 施工中的变形观测

在桥梁施工过程中，需要对表3-1中规定的项目进行变形观测。

桥梁施工过程中的变形观测项目 表 3-1

序号	观测部位和观测项目	观测点布置和观测设备	观测频次	备注
1	桥墩沉降观测	(1)基础施工完以后在基础上埋钢筋设置沉降观测点进行观测(每墩1个点) (2)墩柱施工一段以后,在墩柱上作油漆标记作为观测点进行观测(每墩1个点) (3)采用沉降观测仪和铟钢尺进行沉降观测	每增加一级荷载观测1次,荷载加完后每周观测1次	竣工时结束观测并整理观测成果
2	箱梁支撑架预压沉降观测	箱梁底模安装完以后,在箱梁底模上作好标记设置沉降观测点(纵向每10m左右设3点,即每边翼缘各1点、中间箱梁一个点),采用水准仪和塔尺进行沉降观测	加载过程中4h观测1次,加载完观测1天(1次/4h),卸载时每4h观测1次,卸载完观测1天(1次/4h)	观测完后整理成果并相应调整模板预拱度
3	箱梁浇混凝土过程中的沉降观测	在箱梁支撑架上悬挂线坠(同上纵向每10m左右挂3点)作为观测点,通过水准仪和塔尺在地面上测量线坠标高来进行沉降观测	每4h观测1次	
4	箱梁拆除模板过程中的预拱度变形观测	在箱梁顶面上埋设钢筋设置观测点(同上每10m左右设3点),采用水准仪和塔尺进行变形观测	拆模前观测1次作为初始标高,拆模后观测1次确定变形量	验证预拱度

3.2 基础工程

3.2.1 土石方施工

(1) 土石方开挖方式（表 3-2）

土石方开挖方式 表 3-2

部位	开挖方式	备注
扩大基础和桩基承台面层土石方	反铲挖掘机开挖,人工配合机械修整边坡	
扩大基础石方	主要采用风镐破碎后开挖,岩石硬度较大的采取先松动爆破、后机械开挖的方式	松动性爆破需预留500mm厚人工开挖,以防止扰动基底岩石
8b# 桩基承台	人工开挖	

另外，由于10a扩大基础距离我司目前正在施工的营销中心太近（基础中心距离营销中心柱子只有16m)，而且其挖掘深度达17.01m之深，鉴于此，已经不能再考虑2级或3级放坡进行大开挖了，因此，只有根据现场实际情况确定有效的边坡支护方案才能确保营销中心的结构安全。因此，10a扩大基础的土石方在本方案中暂不考虑，另行制定专项施工方案。

(2) 绘制基坑平面图和剖面图指导现场施工

1) 确定基坑技术参数

A. 根据本工程地质勘察报告和设计图纸要求，将本工程一般的基坑边坡放坡系数确定为1∶0.75。

B. 由于6a#、7a#、8a#基础挖掘深度比较深，为了有效防止施工过程中边坡产生滑坡或失稳现象，特将这些基坑的边坡按照2级放坡；同时，将下面的那一级边坡系数适当放大到 1∶1，而上面的那一级边坡系数仍然采用 1∶0.75，上下 2 级边坡之间设置宽度 1m 左右的平台。

C. 0a# 基础从当前初步挖平的平台计算挖掘深度达 10.88m；另外，再考虑到山坡上挖掘土石方时边坡范围扩大后最大挖掘深度会超过 12m，因此，将 0a 基坑按 3 级放坡来考虑，其中最上面的一级边坡系数按 1∶0.75、下面的 2 级均按 1∶1 计，每相邻 2 级边坡之间也设置 1m 宽的平台。

D. 原则上每个基坑都按照 1000mm 留置工作面宽度，但部分基础（特别是扩大基础和 7a#、8a# 桩基承台）开挖出基岩以后，尽量按照不放坡开挖直至挖到设计基底标高，直立基岩边坡可充分用来作原槽浇灌，从而减少土石方开挖量并节约模板工程量。

2）绘制各基坑平面图和剖面图

根据上述技术参数确定原则，结合设计图纸要求绘制成各基坑开挖平面示意图。

（3）开挖顺序的确定

遵循优先开挖的顺序原则。

A. 先开挖处于工程进度关键线路上的 0#～7# 范围内的基坑，在桩基施工期间可先考虑开挖 0a#、0b#、1a#、1b#、6a#、5a#、5b# 扩大基础的基坑；当桩基施工完成以后，再开挖 2#～4# 和 6b#、7a#、7b# 桩基承台基坑。

B. 关键线路上的基坑土石方开挖完成以后，再开始进行 8#～10# 范围内的基坑开挖。

C. 在山坡上同一编号桥墩的 a、b 两个墩柱下基坑之间确定开挖顺序时，按照先上后下的顺序开挖，以防坡上基坑的土石方滑落而影响坡下基坑的施工。包括邻近编号的基坑也是按照本原则来确定施工顺序，如：6a# 与 5a#、5b# 之间确定顺序时，就应将 6a# 基坑先安排开挖。

综上所述，特拟定扩大基础开挖顺序为：0a→0b→1a→1b→6a→5a→5b→9a→10a；而桩基承台的开挖顺序：2a→2b→3a→3b→4a→4b→7a→6b→7b→8a→9b→8b→10b。

（4）基础施工阶段测量控制

A. 在基坑开挖以前，根据基坑平面尺寸在现场放出灰线，以控制开挖范围。

B. 在开挖接近基底标高 1m 左右时，测量员将基坑标高控制点引测到基坑边坡上适当位置处，并做好标记移交工长，由工长利用水准仪和塔尺依据基坑标高控制点连续监控基坑开挖标高。

C. 基础垫层施工完成以后，测量员将基础控制中心线、基础边线和墩柱边线测设到垫层上，用以控制模板安装位置和钢筋绑扎位置。

D. 当基础上层钢筋网绑扎完成以后，利用线坠将垫层上测设的墩柱边线引测到上层钢筋网上，用以控制墩柱插筋绑扎位置。

（5）土石方主要施工方法

A. 挖掘机一次性最大挖掘深度可以挖 5m 深，因此，凡是超过 5m 深的部位都事先考虑分层开挖。

B. 在基坑开挖以前，先在基坑外边缘挖一条约 300mm×300mm 左右的截水沟，以拦截地表水，防止流入基坑中。

C. 土石方开挖过程中，始终保持基坑底部的排水沟和集水坑，并使排水沟和集水坑随分层挖掘深度的下降而下降，以便及时地将基坑中的集水抽排到坑外。

D. 根据现场实际条件修建一条临时便道进入 2a、2b、3b、4a、4b 桩基承台的基坑附近，将挖掘出来的土石方用自卸汽车运到弃土场，弃土场也需根据现场实际情况在道路施工区段内选定。其余部位的基坑没有临时便道也由于山坡较陡而无法运输，而且连推土机都无法进入这些部位，因此，这部分基坑的土石方都考虑采用挖掘机直接转运（个别基坑土石方还需要挖掘机二次转运）到基坑 2m 范围以外，具体土石方堆积的位置也需根据现场实际情况来确定。

E. 基坑中心部位的土石方主要以挖掘机开挖为主，而基坑的边坡采用人工配合机械进行修整。

F. 扩大基础和个别桩基承台（预计 7a#、8a#）采用机械开挖时，将面层土石方全部挖完并露出基岩面以后才停止机械开挖，再进行石方爆破施工（爆破另行制定专项方案)，爆破以后采用风镐破碎配合挖掘机将石块转运到基坑以外；而其余桩基承台在机械开挖到距离设计基底标高 300～500mm 左右时，暂时停止机械开挖，而改用人工进行清底，并用挖掘机将人工挖掘的土石方转运到基坑以外。

G. 基坑开挖达到设计标高以后，立即组织项目有关人员验收其施工质量并检查基底土质情况，作好隐蔽验收资料，报请监理工程师验收，请监理邀请建设、设计和地勘等有关单位进行验槽工作，验槽合格以后进行下道工序的施工。

H. 扩大基础按照设计图纸要求，基坑开挖进入基岩中风化层 1.5m 以上；当勘岩深度达到设计要求以后，立即对基岩进行取样试验，试验结果达到设计要求以后才算合格；同时，在试验结果合格并组织验槽合格以后，再按设计要求下挖 200mm 深，并立即用 C30 混凝土封闭基岩。

I. 桩基承台在验收基坑时同步检查桩基平面位移量，并对应桩号逐个记录位移数据；最后，在基础施工完成验收时绘制成桩位竣工图，并将位移量标记在竣工图上。

3.2.2 人工挖孔桩工程

(1) 施工工艺流程（图 3-2）

除了遵图 3-2 施工工艺流程以外，另根据本工程桥梁的总体施工部署，由于 3# 桥墩下的 8 根桩基从图示深度尺寸来看是明显大于 2# 和 3# 桥墩下桩基深度的，深约 10～13m，因此，特要求在同步施工的前提条件下还需抓紧 3# 桥墩下的 8 根桩基的施工进程，它将直接关系到本工程桥梁施工进度计划的关键线路进程，也就是关系到本工程工期目标能否顺利实现的重要因素之一。

其次，要抓紧 11b# 桥墩下的那根桩基的施工进程，因为此桩深约 16～17m，虽然 11# 桥墩的施工进度不一定是在桥梁总进度计划的关键线路上；但如果该桩基不抓紧施工的话，很可能就会使 11# 桥墩的施工进度成为关键线路，到时还会引起不必要的技术措施投入。

(2) 桩基测量控制

1) 桩基定位控制

A. 根据前述有关规定，采用全站仪测设出桥梁各墩台控制线以后，再在进行挖孔桩的开挖前，先用经纬仪放出每一根桩的中心十字交叉线，并在桩基开挖影响范围以外适当区域中做出十字线标记或四个控制桩；同时，根据现场实际情况，采取措施保护十字线标

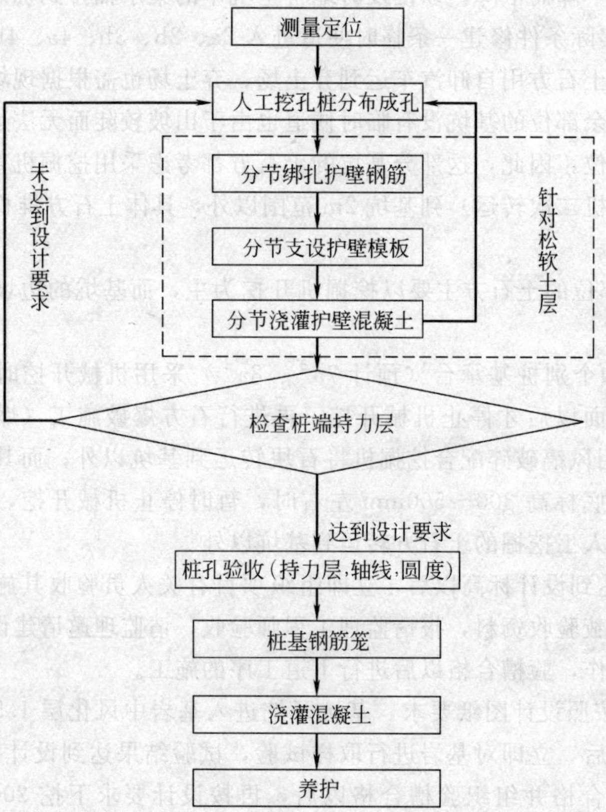

图 3-2 人工挖孔桩施工工艺流程图

记或控制桩（如临时砌筑小砖井等措施）。

B. 在桩基第一节成孔并浇灌钢筋混凝土护壁以后，将桩基控制十字线用经纬仪投射到桩孔护壁的顶面和井口下 100mm 左右处的侧壁上，并用油漆做好标记，以便于下部施工复核使用。

C. 在开挖下部桩基土石方前，放开挖线或复核护壁模板位置时，均可沿桩基护壁上油漆标记的十字线拉线找出桩孔平面圆心位置，再用线坠将圆心点引测到施工面，再通过圆心来测量或复核尺寸（用专制的桩径检验木枋来检查复核模板位置等）；但发现护壁变形或移位后，将重新放线定位。

2）桩基高程控制

A. 根据前述有关规定采用全站仪测设出桥梁各墩台附近的水准控制点以后，再在第一节护壁施工完成以后，用全站仪或水准仪将标高引测到桩基护壁井口下适当位置处，并用油漆做好标记；同时，还要随施工进程随时复核井口标记处的高程。

B. 再施工下部桩基时，用钢卷尺从桩孔井口标记处垂直向下引测或复核标高。

(3) 人工成孔施工

人工挖孔桩作业班组采用每天一班作业，分节向下开挖桩基土石方，同一个桩基孔内采用一套模板轮流向下翻模施工护壁。桩孔井下作业人员通过麻绳软梯上下桩孔（用麻绳和木棒或竹棒制作），成孔的主要施工方法：

A. 土方和部分软石采用人工直接开挖，风化石先采用人工手持风镐或钢钎破碎，再行开挖。挖出的土石方采用吊桶盛装，用手摇止坠式辘轳（见图 3-3）提升到地面，再用手推车将挖出的土石方运出施工现场影响施工的区域以外（原则上是考虑运到桥位附近的原有鱼塘处用作回填土，具体地点根据现场实际情况确定）。

B. 现场配备带有漏电保护器的潜水泵若干台，桩孔内照明采 36V 的低压灯（或由工人佩带 36V 充电式照明灯具），先将地面以上的照明电经变压器降至 36V 后，再接到桩孔内照明灯上（灯上配防护罩）。

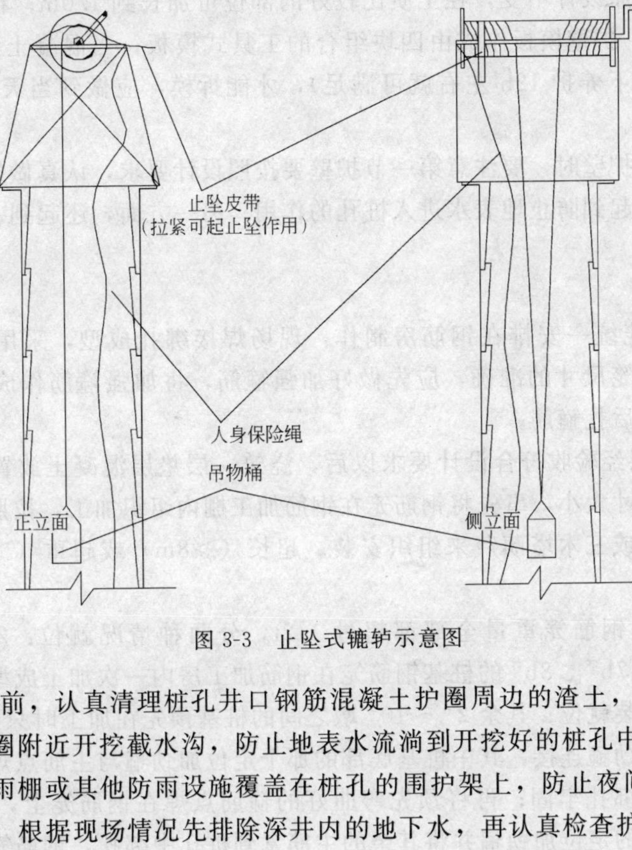

图 3-3　止坠式辘轳示意图

C. 每天下班前，认真清理桩孔井口钢筋混凝土护圈周边的渣土，甚至还需要根据现场实际情况在护圈附近开挖截水沟，防止地表水流淌到开挖好的桩孔中；同时，在下班前还用编织布、防雨棚或其他防雨设施覆盖在桩孔的围护架上，防止夜间雨水洒入桩孔中。而在次日下井前，根据现场情况先排除深井内的地下水，再认真检查护壁的完好性，确认无误后方可下井作业。

D. 在桩孔内挖土，每次都从中心向周边对称开挖，防止因开挖不对称造成上部的护壁倾斜。当桩孔中开挖过程中遇到较大的孤石时（根据地质勘探报告有关资料表明存在这种可能性），根据孤石的硬度大小，分别采取以下措施处理，见表 3-3。

桩孔中遇到大块石时的处理措施　　**表 3-3**

块石位置在桩孔平面中所占的比例		主要处理措施	备　注
小于 1/4	块石较小	将整个块石全部掏出来，再用干硬混凝土填补块石在护壁所形成的坑	块石尺寸小于 0.5m
	块石较大	用钢钎或风镐将块石的露出沿土壁周圈部分凿除	
大于 1/4	但块石较坚硬	用钢钎或风镐沿土壁周圈将块石的露出部分凿除	

E. 挖到设计要求的持力层以后，全面检查验收其持力层是否符合设计要求（切取原样岩石试块并密封送检，根据试验结果判断持力层是否满足设计要求的天然湿度极限抗压强度 8MPa 的条件）；如满足，及时清理桩孔内的杂物及渍水并准备钢筋笼就位和混凝土浇灌工作；如不满足设计要求，则继续向下开挖，直至满足设计要求。

(4) 挖孔桩护壁施工

护壁配筋、混凝土厚度及混凝土强度等级均按设计图纸进行，为保证在人工成孔阶段的质量、安全，同时加快施工速度。每一节护壁的设计长度可根据土质的好坏进行调整，但壁厚及配筋等按原设计不变，在土质比较好的部位可加长到 1.0m；在土质比较差的部位可减短到 0.5m。护壁模板作成由四块组合的工具式模板；当混凝土强度达到 1.2MPa 以上时（一般情况下养护 12h 左右就可满足），才能拆模，应做到当天成孔、当天扎筋、当天支模浇混凝土。

同时，在施工护壁时，要注意第一节护壁要按照设计要求，认真做好井口钢筋混凝土护圈，护圈一方面起到防止地表水进入桩孔的作用；另一方面，还起到一定的防止护壁下坠的作用。

(5) 基桩施工

A. 桩基钢筋笼统一安排在钢筋房制作，现场焊接绑扎成型，采用吊车或三木塔安装，为了保证钢筋笼尺寸的准确，应先做好加强箍筋，将加强箍筋作成经焊接的封闭环形，先焊主筋，然后扎箍筋。

B. 桩基持力层经验收符合设计要求以后，浇筑一层垫层混凝土放置钢筋笼。根据本工程钢筋笼长度尺寸大小，事先将钢筋笼在钢筋加工棚内组织加工，按照每根桩的钢筋笼长度用塔吊或吊车或三木塔葫芦来组织安装。超长（>8m）或超重（>1.2t）的钢筋笼就位方法如下：

a. 本工程桩基钢筋笼重量全部都超过 1.2t，分两种情况就位：2a#、2b#、3a#、3b#、4a#、4b#、7b#、8b# 的桩基钢筋笼在钢筋加工房内一次加工成型，用 QY12 以上的汽车式起重机吊装就位；其余 2#～10# 墩之间的桩基预先在加工时只用 3～4 根主筋与上、下 2 个定位加劲箍连接，其中桩基底部的那个定位加劲箍与主筋点焊，顶部的那个定位加劲箍只用铁丝绑扎牢固；再将预先弯曲好的箍筋点焊在钢筋笼上，利用塔吊吊装就位；最后取出顶部的定位加劲箍并将其余的主筋拿到桩孔中绑扎，钢筋笼的加劲箍也拿到桩孔中绑扎。

b. 11b#、12a#、12b# 桩基钢筋笼在制作时，也同样按照上述原则，预先只用 3～4 根主筋形成钢筋笼骨架，并将钢筋笼重量控制在 1t 以内，并在桩孔周边的地面上搭设脚手架悬挂手拉葫芦吊装就位，就位后在桩孔中绑扎其余主筋和加劲箍。

c. 钢筋笼长度超过原材料长度（9m）的，如：3# 桥墩下的 8 根桩和 11b# 桥墩下的 1 根桩，预先分节制作钢筋笼，并在现场采用接长法来焊接接长钢筋笼；然后，再放下钢筋笼就位。

C. 钢筋笼就位后，安装混凝土导管（或串筒），使其能够垂直灌入桩内，并连续分层浇筑，分层用 8m 长轴振动棒振捣密实。桩基深度超过 8m 时，用镳铲悬挂振动器、施工人员进入桩孔中进行振捣，每层浇筑厚度控制在 0.5m 以内。

D. 当混凝土浇灌到接近设计标高 1m 左右时，开始用钢卷尺通过井口上油漆标记的标高监控桩顶混凝土标高。

E. 桩基混凝土初凝（用手按混凝土表面起窝但并不粘手）以后，开始养护桩基混凝土（可根据现场实际情况采取灌水养护或用湿麻袋覆盖养护）7d 以上。

F. 桩基养护 7d 以后，根据设计和规范有关规定邀请具备相应资质的检测单位前来进行桩基低应变动测试验或埋设检测，试验合格以后方可进行下道工序的施工。

3.3 下部结构

3.3.1 模板工程

墩柱外模板采用定型钢模板，外围采用专制的型钢桁架加固模板；墩柱内模板采用 50mm 厚木模拼装，用 50mm×100mm 木枋、100mm×100mm 木枋和对撑钢管加固。

盖梁底模板采用 1830mm×915mm×18mm 胶合板作模板；盖梁与墩柱交接部位侧模板采用定型钢模板，其余部位采用 1830mm×915mm×18mm 胶合板作模板，盖梁侧模采用对拉螺杆加固。盖梁底模的支撑架设计请参见“3.7 脚手架工程”的有关内容。

（1）模板制作

A. 定型钢模板提前一个月按 2.5m 标准节和少量非标高度外协加工定作，预先将加工计划和构件几何尺寸要求一并提交加工制作单位，根据现场施工进度要求提前 3～5d 进场。

B. 少量异形模板（空心墩柱与盖梁交接处的一次性内模板、箱梁翼缘板的弧线底模板等）集中在现场木材加工房内统一制作编号，再运输到安装现场拼装。

C. 其余模板都利用胶合板和木枋在安装现场组装。

（2）模板构件的运输

A. 模板构件的场外运输，委托木材供应商或定型钢模板加工单位负责完成。

B. 螺旋桥同心圆范围内（0#～10#墩）的各模板构件，都采用塔吊从堆场吊运到安装现场。

C. 桥梁 11#～13#桥台区段范围是塔吊的吊臂覆盖不到的部位，模板以人工转运为主，而重量相对比较大的墩柱定型钢模板垂直运输，通过悬挂在模板操作架上的葫芦完成。

（3）下部结构模板主要施工方法

A. 墩柱模板

墩柱模板安排在浇灌段钢筋绑扎完成以后再进行安装，按混凝土一次最大浇灌高度 8m 左右，安排其相应模板安装高度，同一工作面的墩柱模板按照“先外后内”的顺序安装；另外，将盖梁钢筋锚入墩柱处 3m 高的墩柱混凝土安排与盖梁一起浇灌，并将该部位的内模板制作成定型的模板一次性埋入混凝土中。墩柱模板安装工艺流程见图 3-4。

a. 施工以前绘制模板安装示意图，用来指导模板施工。

b. 在墩柱外模板安装前，沿墩柱外围搭设模板操作脚手架，并将其中上部有盖梁的部位处的操作架与盖梁支模架合二为一，其搭设技术参数参见“3.7 脚手架工程”有关内容。采用碗扣脚手架，其余三面的脚手架可采用扣件式钢管脚手架，脚手架内立杆距离墩柱外表面 600mm，以便于模板和支撑桁架的吊装。待桁架就位以后，再从脚手架上架设钢管支托桁架外围杆件，脚手架平面纵距和横距控制在 1.2m 以内，步高随碗扣脚手架的

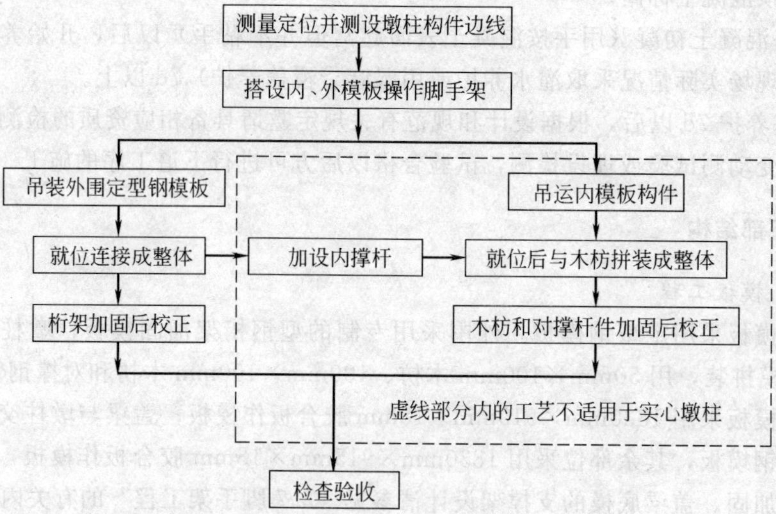

图 3-4 墩柱模板安装工艺流程图

步高控制在 1.2m 以内；同时，扣件式钢管脚手架与碗扣脚手架连接处，要保证扣件式钢管脚手架的大横杆延伸到碗扣式脚手架中 2 跨以上。

c. 空心墩柱内筒最大空间尺寸为 2m，因墩柱根部设计有钢筋混凝土腋角而使得内筒底部平面最大尺寸只有 1m，因此，该部位的操作脚手架采用扣件式钢管脚手架，其立杆只能按平面尺寸 750mm×750mm 搭设，其步高控制在 1.8m 以内。

d. 沿着在基层所测设的构件边线安装模板，分别将四片外模板就位以后采用螺栓将四片模板连接起来形成整体；当上节外模板就位时，采用专制销钉连接上下节模板；内模板就位以后，采用 50mm×100mm 木枋连接成整体。

e. 墩柱外模板连接成整体以后，开始安装其支撑杆件，墩柱外围定型钢模板采用专制的型钢桁架@500 作支撑，对应的每两榀桁架之间也采用 M24 螺栓连接。

f. 空心墩柱内模板连成整体以后，在墩柱的内、外模板之间设置内撑杆（内撑杆采用 16mm 左右的短钢筋制作成等于混凝土构件厚度尺寸的长度），再将 100mm×100mm 的木枋钉在 50mm×100mm 木枋上临时稳固，最后自下而上逐层安装 U 形托撑和钢管组成的对撑杆。

g. 在墩柱与盖梁交接处的模板安装以前，预先在下部墩柱浇灌混凝土时，在墩柱内空边缘加设 100mm×100mm 的钢筋混凝土牛腿，并在牛腿上根据支撑的脚手架尺寸安放 2 根[16b 槽钢，脚手架从槽钢上搭设起来。该部位一次性模板的安装分两种情况：该部位下部等截面尺寸的模板和支撑杆件预先按设计要求的断面尺寸制作成单构件，运输到现场拼装；上部变截面的部分预先用胶合板和木枋加工成一个棱台状的模板，运输到现场以后，与下部安装好的模板对接。

h. 在安装同一个墩柱上部的外围定型钢模板时，保证下面先浇灌完混凝土的部分保留一节模板不拆除，而让上部的模板直接与保留的模板拼装成整体，以防止墩柱外表面的混凝土错台或发生漏浆现象。

i. 安装模板支撑体系并同步校正模板的垂直度、平整度、阴阳角角度，复核模板标高特征值（墩柱几何尺寸、浇灌控制面等处的标高）。

j. 模板的主要技术参数复核确认无误以后，检查验收模板质量并做好相关记录。自检合格以后报请监理工程师检查验收，合格以后进行下道工序施工。

B. 盖梁模板

墩柱与盖梁交接处的模板和盖梁模板一起安装，其安装工艺流程见图 3-5。

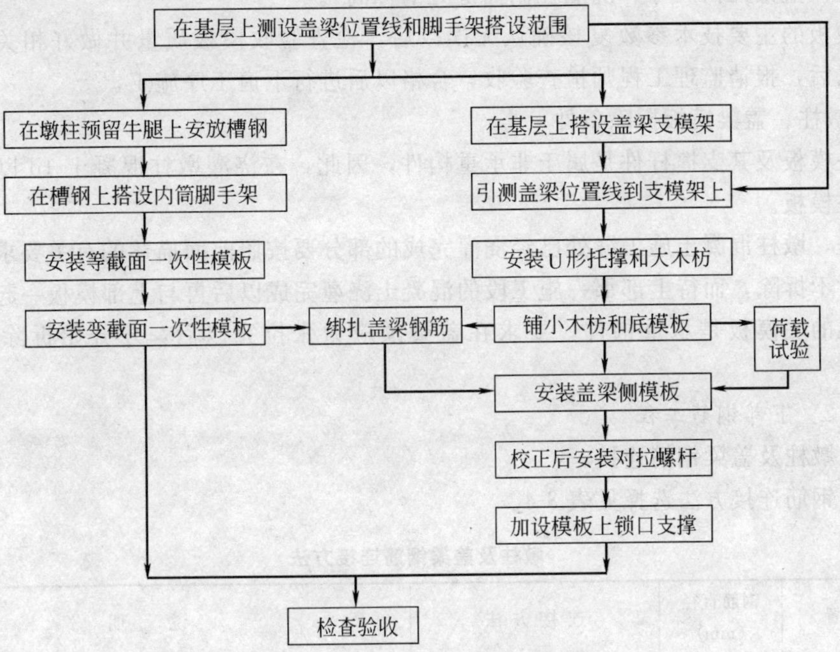

图 3-5　盖梁模板安装工艺流程图

a. 施工以前绘制盖梁模板安装示意图，用来指导模板施工。

b. 盖梁施工以前，在基层地面上用全站仪测设出盖梁位置边线和支撑架搭设范围，位置线在地面上可用控制木桩来做标记。

c. 按照计算确定的技术参数搭设碗扣式支模架，盖梁的支模架设计请参见“3.7 脚手架工程”的有关内容。并在铺设盖梁底模以前用全站仪和线坠将盖梁位置线引测到支撑架上，便于控制底模铺设范围；在底模安装完成以后，再用全站仪将盖梁位置线引测到底模上，以便于控制钢筋绑扎和侧模安装位置。

d. 底模板下的大木枋按照超出盖梁宽度 150mm 左右的宽度铺设，但底模板和小木枋不超出盖梁范围，这样便于侧模板支承于大木枋上。底模安装完成以后，根据现场实际情况选择第一段（选填土层比较多、地基比较软弱的 0#～4# 段）中具有代表性的一跨，按照设计要求进行支架荷载试验。进行荷载试验时，可用塔吊调运整捆钢筋或砂袋来堆载，观察 1d 开始卸载，再根据堆载试验时观测的沉降量来调整模板预拱度。

e. 在安装盖梁底模板时要提前或同步按照上述流程要求完成墩柱与盖梁交接部位的一次性模板安装工作，以免影响盖梁钢筋绑扎工作。

f. 盖梁侧模沿底模板边缘就位，用螺栓将盖梁的第一片侧模与墩柱模板连接成整体并临时用钢管斜撑杆稳固于操作脚手架上，再吊装对应的另一片侧模。相对应的两片模板就位以后，再穿盖梁中部的那一排 UPVC 套管和对拉螺杆，校正紧固以后再安装底模下面和侧模顶部的那一排对拉螺杆。

g. 在安装对拉螺杆的同时，采用扣件和钢管将盖梁侧模板顶撑于操作架上，钢管支撑间距为 1000mm×1200mm。

h. 安装模板支撑体系并同步校正模板的垂直度、平整度、阴阳角角度，复核模板标高特征值（盖梁几何尺寸、浇灌控制面等处的标高）。

i. 模板的主要技术参数复核确认无误以后，检查验收模板质量并做好相关记录。自检合格以后，报请监理工程师检查验收，合格以后进行下道工序施工。

C. 墩柱、盖梁模板拆除条件

墩柱模板及其支撑杆件是属于非承重构件，因此，在浇灌墩柱混凝土 1d 以后就可以拆除墩柱模板。

但是，墩柱混凝土施工缝处已经浇灌完成的部分要按照前面描述的有关要求保留一节模板暂时不拆除，而待上部那一施工段的混凝土浇灌完成以后再与上部模板一起拆除。

盖梁的底模板是承重构件，要求在盖梁预应力张拉完以后，才开始拆除该构件的底模。

3.3.2　下部钢筋工程

(1) 墩柱及盖梁钢筋连接

各类钢筋连接方法选择见表 3-4。

墩柱及盖梁钢筋连接方法　　表 3-4

钢筋位置	钢筋直径(mm)	连接方法	说明
墩柱主筋	≥25	滚轧直螺纹	钢筋房统一加工丝扣，到现场用套筒连接
盖梁张拉齿槽处墩柱主筋	≥25	滚轧直螺纹（套加长丝扣并增加锁母）	
墩柱箍筋	12 16	单面搭接焊	将长钢筋裁下的长度≥500mm 且≥40d 的短钢筋焊接接长利用，按设计图纸要求制作好的半箍拿到现场进行搭接焊连接
盖梁主筋	25	滚轧直螺纹	同上
	16	双面搭接焊	
盖梁箍筋	16 12	双面搭接焊	同上

(2) 墩柱钢筋绑扎

墩柱的钢筋绑扎顺序与普通柱子的钢筋绑扎顺序类似，但墩柱钢筋绑扎时要处理好下列两个问题：

A. 外排双主筋的稳固问题

本工程墩柱的外排主筋都是按照双根钢筋来设计的（这里暂且称之为外排钢筋和独立钢筋），而且还有许多中间的独立钢筋既没有与外排钢筋连接也没有与箍筋连接。鉴于此，为了保证独立钢筋的正确位置，在绑扎独立钢筋时增加 $\phi16@2000$ 的水平钢筋，将独立钢筋稳固于墩柱的钢筋骨架上。

B. 墩柱箍筋的焊接

墩柱外箍预先在钢筋房加工时，将少量箍筋按照设计要求焊接成型（如按沿墩柱高度每间隔 2m 焊接一个的数量计），在现场绑扎时每间隔一定距离放置 1 个预先焊接好的箍筋，其余部位绑扎以后在现场焊接成型。

(3) 盖梁钢筋绑扎

盖梁钢筋绑扎与普通深梁钢筋绑扎顺序类似，但这里的盖梁钢筋绑扎需要处理三个特殊问题：

A. 盖梁底部钢筋垫块安放问题

购置一部分 25mm 左右厚的花岗石或大理石碎块来作盖梁底部垫块；同时，购置 10t 以上的手拉葫芦，在盖梁钢筋绑扎成型以后，分段搭设支撑架子挂葫芦，适当提高钢筋骨架，再在安放垫块以后放下钢筋骨架就位。

B. 位于盖梁中的支座垫石钢筋网片安装

位于盖梁中的支座垫石钢筋网片预先只制作成设计要求的直条钢筋，在盖梁箍筋按顺序绑扎到需要加设钢筋网片的位置时，及时穿插钢筋网片的安装工序（将直条钢筋逐根定位焊接）。

C. 普通钢筋绑扎与预应力钢绞线和波纹管的穿插问题

参见预应力结构工程的有关内容。

(4) 特殊部位钢筋处理

在 0# ～10# 墩的盖梁预应力张拉端部，设计了 200mm×1200mm 的张拉齿槽，设计交底时，设计人员要求先断开该部位墩柱主筋，以保证预应力钢绞线束的位置，在张拉锚固后、封锚前再连接所断开的墩柱主筋和箍筋。鉴于此，按照设计要求对该处主筋的滚轧直螺纹连接采取了特殊处理：针对每个接头中的 1 个钢筋头套加长丝扣，并将锁母和套筒一起套入加长丝扣使钢筋端头露出套筒，将被连接的钢筋对接以后旋转套筒到滚轧直螺纹操作规程规定的位置，再将锁母旋转到靠紧套筒的位置；同时，为了保护浇入墩柱混凝土中套好的钢筋丝扣，预先在绑扎该钢筋时利用套筒加一个保护盖套入钢筋丝扣，让套筒和保护盖一起浇入混凝土中，再在连接该部位钢筋前将套筒从混凝土中凿出，取下凿出的套筒废除掉，换一个新套筒按照上述方式连接。张拉齿槽处被切断的箍筋采用现场单面搭接焊连接。

3.3.3 下部结构混凝土工程

0# ～10# 墩柱采用料斗向模板内对称均匀地布料，其余部位混凝土采用输送泵管前端的软管均匀布料，混凝土构件分层浇灌。为了上下两层混凝土间不出现冷缝，要求上层混凝土在下层混凝土初凝以前必须覆盖上去。

(1) 墩柱按水平分层方式浇灌，墩柱浇灌速度控制在 2.5m/h 以内。每一层混凝土的浇筑厚度为 500mm 左右，分层用混凝土振动棒振捣密实。

(2) 盖梁采取水平分层的方式进行浇筑，每一层混凝土的浇筑厚度为 500mm 左右，分层用振动棒振捣密实。

(3) 单个墩柱至少每小时要保证供应混凝土 $15m^3$。

(4) 盖梁至少每小时要保证供应混凝土 $25m^3$。

(5) 墩柱混凝土的养护方式：墩柱外模板拆除以后浇水养护，并立即采用塑料薄膜包裹墩柱外表面，以保持混凝土表面的水分，并根据现场水分散发情况，定期掀开塑料薄膜补充水分，使混凝土外表面保持湿润养护 7d 以上。

空心墩柱的内模板拆除以后，根据现场实际情况，每间隔 2～4h 浇水养护 7d 以上。

(6) 盖梁混凝土的养护：盖梁混凝土浇筑完毕以后，先初步抹平顶面，然后在初凝后终凝前的时间范围内再用木搓板搓平，并及时用一层湿麻袋和一层塑料薄膜对顶面覆盖保水养护，盖梁侧面包裹塑料薄膜保水养护，并根据现场实际情况定期补充一定水分，直至养护 7d 以上。

3.4　上部结构

箱形梁板的支撑架设计参见"3.7 脚手架工程"的有关内容，箱形梁板模板全部采用胶合板拼装的方式组织施工，底模下部采用 50mm×100mm 木枋、100mm×100mm 木枋和 U 形托撑支承于脚手架上。

3.4.1　上部结构模板

(1) 主要施工方法

同一个自然段的 2 个半幅箱梁分两次浇灌混凝土，依此来安排模板的安装工作。以桥面纵向变形缝分两次安装模板，但 2 个半幅箱梁下部的支模架同步搭设完成；同时，同一个半幅箱梁也按照分两次浇灌混凝土来安排模板的安装工作，将施工缝留设在箱梁纵肋梁和顶板交接面处。箱形梁板模板的安装工艺流程见图 3-6。

1) 施工以前绘制箱形梁板模板安装示意图，用来指导模板施工。

2) 箱梁施工以前，在基层地面上用全站仪测设出箱梁各构件的位置边线（包括纵肋梁、横隔梁、横隔板和翼缘位置）和支撑架搭设范围，位置线在地面上可用控制木桩来做标记。

3) 按照计算确定的技术参数搭设碗扣式支模架（参见"3.7 脚手架工程"的有关内容）。并在铺设箱梁底板和翼缘底模以前，用全站仪和线坠将盖梁各构件位置线引测到支撑架上，便于控制底模铺设范围；在底模安装完成以后，再用全站仪将箱梁有关构件的位置线引测到底模上，以便于控制钢筋绑扎和侧模安装位置。

4) 为了保证箱梁侧面的螺旋曲面精度，箱梁底板的底模板按照超出箱梁宽度 150mm 左右的宽度铺设，这样便于测设箱梁边线，也进而方便控制侧模板安装位置。

5) 因桥梁结构设计有横向超高坡度，所以，在安装箱梁底模时通过支撑架上的 U 形托撑调节高差来满足底模板的横向坡度要求。箱梁底模安装完成以后，根据现场实际情况选择第一段（选填土层比较多、地基比较软弱的 $0^{\#}$～$4^{\#}$ 段）中具有代表性的一跨按照设计要求进行支架荷载试验，进行荷载试验时可用塔吊调运整捆钢筋或砂袋来堆载预压。支架预压方法如下：

A. 在支架基础上横向 3m，纵向 4m 满设沉降观测点，用袋装碎石（每袋 50kg）或成捆钢筋作为压重，人工搬运堆码，全梁均布压重为梁自重加施工荷载。

B. 预压流程：设置沉降观测点──→支架加载──→沉降观测──→沉降稳定──→根据施工进度逐步卸载──→调整支架及模板。

C. 预压时间：当预压沉降量呈下降趋势、24h 累计沉降值小于 3mm/d 时，即可进行下步施工。

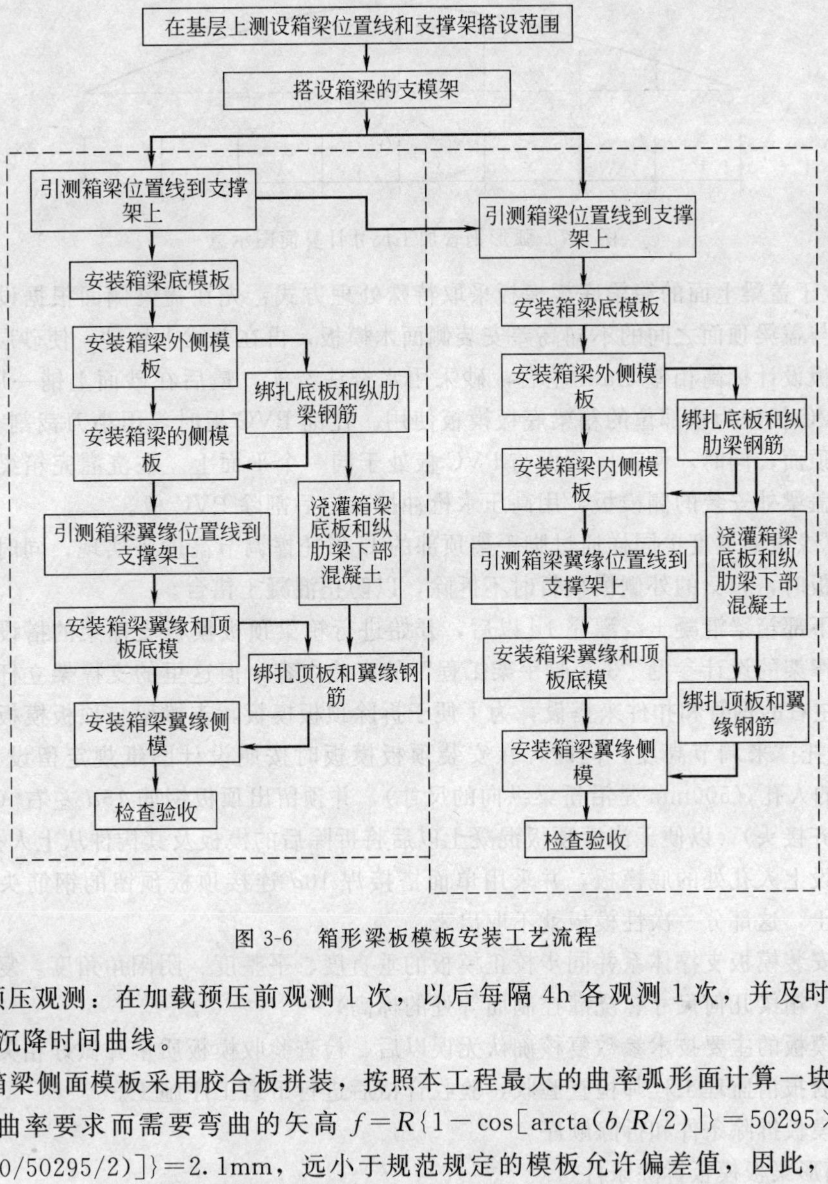

图 3-6 箱形梁板模板安装工艺流程

D. 预压观测：在加载预压前观测 1 次，以后每隔 4h 各观测 1 次，并及时计算沉降量，绘制沉降时间曲线。

6）箱梁侧面模板采用胶合板拼装，按照本工程最大的曲率弧形面计算一块胶合板要保证满足曲率要求而需要弯曲的矢高 $f=R\{1-\cos[\mathrm{arcta}(b/R/2)]\}=50295\times\{1-\cos[\mathrm{arcta}(920/50295/2)]\}=2.1\mathrm{mm}$，远小于规范规定的模板允许偏差值，因此，采用胶合板来拼装箱梁弧形侧模完全是可以满足要求的。但每个自然段的箱梁两端需要根据桥梁设计纵坡和侧模展开长度尺寸要求预先制作成三角形或梯形的模板来安装。箱梁内侧模板与底部的钢筋混凝土腋角模板与专制的折线形角钢加工成单片联体模板，再到现场根据定位线安装。

7）箱梁的侧模背后的加固杆件采用木枋与钢管相结合的方式，即：50mm×100mm 的木枋@400mm 沿纵向布置起加固和连接作用，沿桥梁纵向螺线的方向采用预先加工好的弧形钢管@500mm 加固（弧形钢管预先根据不同曲率要求计算的各等分点相应矢高进行加工，如图 3-7 所示，并用钢管校正器来逐点弯曲钢管）。并用钢丝将弧形钢管捆绑于木枋上；然后，外侧模采用斜向钢管将弧形钢管支撑于脚手架上，内侧模采用钢管和扣件相对应地支撑。

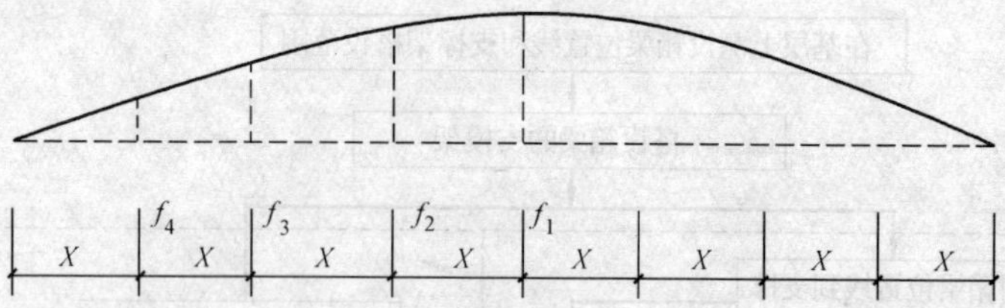

图 3-7　弧形钢管加工尺寸计算简图示意

8）位于盖梁上面的箱梁底板模板采取特殊处理方式：先在盖梁侧面根据设计要求的箱梁底板与盖梁顶面之间的不同高差安装侧面木模板，再在盖梁上填砂，使砂层顶面标高与箱梁底板设计标高相差 3mm 左右，砂采用水夯法夯实，最后在砂面上铺一层 3mm 厚的光面 PVC 板作为该部位的箱梁底板模板使用。在铺 PVC 板时，用小刀裁割 PVC 板并露出支座顶面；同时，使支座顶面与 PVC 板处于同一个平面上。在浇灌完箱梁混凝土以后，拆除盖梁外安装的侧模板，用高压水枪冲掉砂层后割除 PVC 板。

9）翼缘板的坡度也同样通过脚手架顶部的 U 形托撑调节高度来实现；同时，在安装翼缘板模板时，箱梁的外侧模板暂时不拆除，以防止混凝土错台。

10）下部箱梁混凝土浇灌完 1d 以后，开始进行箱梁顶板模板支撑架的搭设，箱梁顶板模板支撑架的设计参见“3.7 脚手架工程”的有关内容，但这里的支撑架立杆采用长度 1000mm 左右的钢管和扣件来搭设，为了便于拆除顶板模板，支撑架与顶板模板之间仍然采用 U 形托撑来调节高度；同时，在安装顶板模板时按照设计图纸规定留设 500mm×1000mm 的人孔（500mm 是沿桥梁纵向的尺寸），并预留出顶板钢筋 15d 左右（由于孔洞小只能留齐接头），以便于浇灌顶板混凝土以后将拆除后的模板及其构件从上人孔拿出来；最后，支设上人孔处的底模板，并采用单面搭接焊 10d 连接顶板预留的钢筋头，浇灌上人孔混凝土，这部分一次性模板就不取出来。

11）安装模板支撑体系并同步校正模板的垂直度、平整度、阴阳角角度，复核模板标高特征值（箱梁几何尺寸、浇灌控制面等处的标高）。

12）模板的主要技术参数复核确认无误以后，检查验收模板质量并做好相关记录。自检合格以后报请监理工程师检查验收，验收合格后进行下道工序施工。

（2）模板拆除条件和拆除顺序

1）箱形梁板模板拆除条件

箱梁的底模板是承重构件，要求在箱梁预应力张拉完以后，才开始拆除该构件的底模。

2）模板拆除顺序

遵照“后安的先拆、先安的后拆”的逆安装顺序原则，来确定各构件的模板拆除顺序。

（3）模板施工注意事项

1）箱形梁板支撑架与模板之间的高差大于 U 形托撑杆件长度（550mm）时，将立杆钢管接长 300mm 后再安装 U 形托撑，保证每根 U 形托撑的杆件插入钢管内 200mm 以上。

2）定型钢模板要在加工厂内将混凝土接触面打磨平整、光滑，初次使用前，在混凝土接触面上刷隔离剂，并在每次拆模以后，用塔吊吊运到模板堆场进行打磨、刷隔离剂。

3）为了防止外表面模板拼缝漏浆，在定型钢模板拼缝侧面贴 75mm 左右宽的双面胶带，在胶合板或木模拼缝侧面贴 20mm 宽的双面胶带。

4）箱梁模板沿纵向预留 1%的预拱度。

5）拆除模板支架或操作脚手架时尽量一次拆除完；如确实因故而中途停止，须在当天拆除工作即将结束前，将活动的部分杆件临时固定，以免发生事故。

6）在先施工完 $0^{\#}\sim4^{\#}\sim7^{\#}$ 之间的上层箱梁以后再施工下层箱梁时，根据现场实际情况选定几个地点搭设脚手架和受料平台，以便于塔吊将模板构件等材料先转运到受料平台上，再由人工将构件或材料转运到施工地点。具体的受料平台及其脚手架将另外进行专门设计。

3.4.2 上部结构钢筋

(1) 箱梁结构钢筋

箱梁结构钢筋连接方法见表 3-5。

箱梁结构钢筋连接方法 **表 3-5**

钢筋部位	钢筋直径(mm)	连接方法	说明
箱梁钢筋	≥25	滚轧直螺纹	钢筋房统一加工丝扣，到现场用套筒连接
	<25	单面搭接焊	

盖梁的钢筋也存在与普通的钢筋绑扎不同的三个问题：

1）按不同部位分两次绑扎成型

箱梁的钢筋也根据需要分两次绑扎成型：第一次将箱梁底板钢筋和箱梁纵肋梁、横隔梁、横隔板的钢筋一次绑扎完成；在下部混凝土浇灌完以后，再清理粘附在纵肋梁、横隔梁和横隔板上部钢筋上的混凝土浮渣，并将翼缘板和顶板的钢筋安排在第二次绑扎完成。

2）箱梁底板、顶板和翼缘板上层钢筋网的支撑

为了保证箱梁底板、顶板和翼缘板上层钢筋网满足设计的位置要求，特在底板上下层钢筋网之间增加 $\phi16@1000\times1000$ 的"⺁⺃"形钢筋支撑。

3）普通钢筋绑扎与预应力钢绞线和波纹管的穿插问题

参见预应力工程的有关内容。

(2) 钢筋的成品保护

1）由于施工过程中常会遇着雨期，因此，在下雨天时于进入钢筋加工区和钢筋半成品堆放场地入口处放置草袋，以减少带入钢筋上的泥浆量。

2）在浇灌混凝土时，要安排钢筋工专门守护钢筋位置和保护层，以便于发现问题时及时纠正偏差。

3）在浇灌混凝土以前，墩柱插筋除了要绑扎 2～3 道定位箍筋以外，还需先用钢管脚手架将墩柱插筋临时固定稳固，以防插筋位移，钢管脚手架可利用基础外侧支撑钢管延伸到上部再根据现场情况搭设。

4）在浇灌箱梁底板、顶板或翼缘板混凝土时，除了按照前述要求在上下层钢筋网之间设置支撑钢筋以外，还要在其上层钢筋网上铺设跳板形成临时走道板，以防止施工人员随意踩踏钢筋网，而使上层钢筋网变形过大。

5）在布置混凝土输送泵管时，要注意让泵管避开上述需要临时稳固的插筋，以免使插筋位移。

（3）钢筋检查验收

每个构件钢筋绑扎完成以后，经工长组织班组有关人员自检合格以后，通知质检员检查验收，合格以后再报请监理工程师检查，经监理检查合格以后才可以浇灌混凝土。

3.4.3 上部结构混凝土工程

（1）箱梁混凝土施工

箱梁采取斜面分层的方式由低标高端向高标高端推进浇筑，每一层浇筑厚度为500mm左右。箱梁至少每小时要保证供应40m^3（960/24=40m^3）。

（2）箱梁混凝土的养护

由于箱梁表面还需要做找平层，因此，箱梁混凝土浇灌完以后表面只需要在初凝后终凝前用木搓板初步搓平，搓平以后用湿麻袋覆盖养护，并根据实际水分散发情况每间隔2～4h补充水分，养护7d以上。

（3）桥面找平层钢纤维混凝土的施工

本工程桥面70mm厚的834.62m^{3}混凝土找平层中设计要求添加钢纤维，整座桥梁的钢纤维总用量设计图纸注明为70942.62kg，即钢纤维掺量为85kg/m^3。

在钢纤维混凝土施工以前，提前1～2个月根据设计要求的钢纤维技术指标（规格品种、抗拉强度、延伸率、反复弯曲次数、长度、直径等），由建设单位组织监理单位、我公司和商品混凝土搅拌站对钢纤维生产厂家进行考察，共同选定合格的生产厂家，向商品混凝土搅拌站供应钢纤维。

要求商品混凝土搅拌站收到钢纤维样品以后立即组织试配工作，经过试配试验，确定合理的施工配合比。

施工现场在进行钢纤维混凝土找平层施工以前，提前处理好箱梁变形缝或在变形缝上铺2块2000mm×1000mm×20mm的钢板于汽车两个轮距位置上，以便于混凝土运输车辆可以直接将钢纤维混凝土运输到浇灌地点，在施工前还预先抄测找平层的标高，并在桥面结构上每间隔2m×2m设置同强度等级的砂浆灰饼，控制找平层标高。

钢纤维混凝土运输到施工地点以后，人工摊铺平整并抹平；最后，在混凝土初凝后终凝前再进行二次收光，立即洒水养护，并根据现场水分散发情况，每间隔2～4h洒水补充水分，连续养护7d以上。找平层养护的过程中，在桥面上设置临时隔断并放置禁止通行的标志牌，以防止闲杂人员或车辆上桥，破坏找平层。

3.5 桥面排水及照明工程

3.5.1 桥面排水工程

施工内容包括排污和雨水管道部分，其中管材都采用重型钢筋混凝土Ⅲ级管，接口采用刚性的钢丝网水泥砂浆抹带接口，采用180°混凝土基础。本次施工采用四合一管道施工方法，满足工期，保证管道结构整体性好。

排水管道安装质量必须符合：

1）纵断高程和平面位置准确，对高程应严格要求；

2）接口严密坚固，污水管道必须经闭水实验合格；

3）混凝土基础与管壁结合严密、坚固稳定。

（1）施工程序

1）槽内运管可用滚杠运送，未打平基时槽底铺垫木板。稳管前应将管子内外清扫干净，稳管时应根据高程线认真掌握高程。管径 600mm 以内稳管不留对口间隙。

2）进行钢丝网水泥砂浆抹带，钢丝网规格应符合设计要求，并应无锈、无油垢。每圈钢丝网应按设计要求，并留出搭接长度，事先裁截好。

（2）抹带具体操作程序

1）管径 600mm 的抹带部分的管口应凿毛；管径 500mm 及以下应刷去浆皮。

2）将已凿毛的管口洗刷干净，并刷水泥浆一道。

3）在灌注混凝土管座时，将钢丝网按设计规定位置和深度插入混凝土管座内，并另加适当抹带砂浆，认真捣固。

4）在带的两侧安装好弧形边模。

5）抹第一层水泥砂浆应压实，使其与管壁粘结牢固，厚度为 15mm；然后，将两片钢丝网包拢，用 20 号镀锌钢丝将两片钢丝网扎牢。

6）待第一层水泥砂浆初凝后，抹第二层水泥砂浆厚 10mm，与模板抹平，初凝后赶光压实。

7）抹带完成后，一般 5h 左右可以拆除模板，拆时应轻敲轻卸，不使碰坏带的边角。

（3）污水管闭水试验

闭水试验应在管道填土前进行，并应在管道灌满水后浸泡 1 昼夜再进行。其水位应为试验段上游管内顶以上 2m。闭水试验时，应对接口和管身进行外观检查，以无漏水和无严重渗水为合格。

（4）回填护管

管道护管材料选用粗黄砂等，回填高度为管顶以上 50cm。护管时两侧同时均匀回填。沟槽回填时必将槽内积水抽干，清除杂物，两侧同时进行还土，每 30cm 夯实一次，由下而上逐段分层拆除支撑。

（5）雨水口

雨水口为石砌双箅，箅材料为钢纤维混凝土，井墙为 M7.5 水泥砂浆砌 MU30 青条石。施工顺序如下：

1）按设计定出雨水口位置；按设计图纸要求预制雨水口井圈；雨水口施工需用材料，应事先准备在每个有雨水口的附近。

2）开挖雨水口槽时，按雨水口外形尺寸，每边应留出 30cm 的废槽；槽底夯实，及时浇筑混凝土基础。

（6）污水和雨水检查井

污水和雨水检查井采用锥形渐缩的部分，为便于上下，井身的一边保持一壁直立。车道上的井盖采用重型钢纤维混凝土，人行道上采用轻型钢纤维混凝土。其中，一部分检查井是跌水井，采用溢流堰式，按照设计上下游管底标高落差小于 1m，跌水井底部做成斜坡，可不采取专门的跌水措施。

（7）橡胶止水带安装

橡胶止水带到现场先严格检查有无损伤、孔眼和变质变形等，并检查长度、尺寸等是否符合设计要求。安装就位时必须用卡具固定，不得移位。伸缩孔对准油板，呈现垂直，油板与端模固定成一体。在安装与使用中严禁破坏止水带，保证完整无损。

3.5.2　桥面电气照明工程

(1) 照明系统

1) 道路照明灯布置在干道道路两侧的人行道上，灯具为双排对称布置，间距控制在30m左右，灯具高度为11m，选用1×250W高压钠灯，灯臂长1.5m，仰角10°。

2) 在道路的末端（K0＋560～K1＋260）有一螺旋状双层立交，其下层采用隧道灯照明方式，将隧道灯安装在箱梁上部，灯具的间距控制在5m左右。上层立交仍采用中杆照明方式，其做法同道路照明灯。

3) 由供电干线引上至顶部灯具的照明线采用BVV-2（1×2.5）的绝缘导线。

4) 每处灯具旁均设置一检修井，灯具分支线与供电干线的接线方式。

(2) 灯具接地系统

道路照明灯利用金属灯杆和基础钢筋接地作可靠连接，并分别在道路两侧沿灯具布置方向沿线暗敷一根－25mm×4mm镀锌接地扁钢（埋深0.5m），每3盏灯做一接地极，要求接地电阻不大于10Ω。

(3) 系统调试

道路照明首先要进行绝缘测试后，然后进行单项调试。控制连锁继电保护和信号传送正确无误后，最后按送电运行方案的程序进行试运行。调试过程要求供应商参与组织协调。发现问题及时解决，争取一次成功，并做好详细记录。

3.6　超长预应力施工技术

3.6.1　预应力工程概况

本工程设计为双层螺旋式坡道桥，桥长643.885m，桥宽19m，平面曲线半径55m，设计荷载城-A级。采用受力性能好、变形小的等截面预应力混凝土连续箱梁结构，横截面为抗扭刚度大的分离式双箱单室结构。单箱单室桥宽9.39m，翼缘悬臂长度2.445m，箱梁顶板厚0.25m，地板厚0.2m，腹板厚0.4m。全桥由0#～4#（4×31m）、4#～7#（31m＋35.575m＋31m）、7#～0#（4×31m）、二层的0#～4#（4×31m）、4#～13#（31m＋35.81m＋2×35m＋31m）共五联桥组成。0～10#墩为门形桥墩，由盖梁GL1（其中6#墩盖梁为GL2）将a、b墩柱连接，盖梁采用预应力混凝土结构。6#上层、11#、12#墩柱采用单支座，箱梁中横隔梁处设置预应力筋束。

预应力连续箱梁、盖梁、单支座处中横隔梁按部分预应力A类构件设计。箱梁和盖梁上布置抗拉强度1860MPa的ϕ15.24mm的钢绞线共327束，预应力张拉应力1339～1395MPa。采用9孔锚具72套、12孔锚具168套、14孔锚具8套、15孔锚具40套、19孔锚具318套、15-12P固定端锚具48套。全桥合计钢绞线用量288.5t。

箱梁预应力束纵向为多个曲线同时沿桥成弧形布置，实际孔道为空间曲线，最长的预应力束为174.36m，最短束为90m，全部为通长束。除五联跨箱梁采用塑料波纹管、真空辅助灌浆工艺外，其余各跨箱梁均采用薄钢板波纹管、普通灌浆。

3.6.2　超长预应力施工难点及处理措施

(1) 波纹管定位及钢绞线布筋就位困难

15 根 174.36m 长的钢绞线自重就有 2882kg，布置时靠人工穿入孔道是相当困难的。只能在布置并定位好波纹管后，用卷扬机将钢绞线牵引进孔道，因桥面为弧形，起弧较多，存在牵引时容易弄坏波纹管壁和定位变动等问题；同时，因孔道较长，浇筑混凝土时，难以保证全孔道的质量。

(2) 空间曲线超长束预应力管道定位与穿束工艺

1) 管道定位

A. 坐标定位

箱梁截面预应力孔道布置如图 3-8 所示，每孔箱梁上布置有 12 束预应力筋，预应力曲线孔道依据图示的曲率半径成空间圆弧布置。根据设计提供的中线虚拟束坐标值，通过计算机投影计算出每束孔道坐标和箱梁体内外侧的 x 坐标值，管道的竖向坐标值（以波纹管底为准）。安装好模板后，在钢筋绑扎前，沿梁体内侧和外侧的模板放出 x 坐标；钢筋绑扎完后，用一根标记有横向孔道位置的放样线连接梁体内外侧 x 坐标；然后，按照放样线上的标记，用刚性尺依次在钢筋骨架的箍筋上用油漆标记出每个孔道的竖向坐标位置；依据放样的坐标，焊接管道的一字形定位钢筋和侧向防崩钢筋。

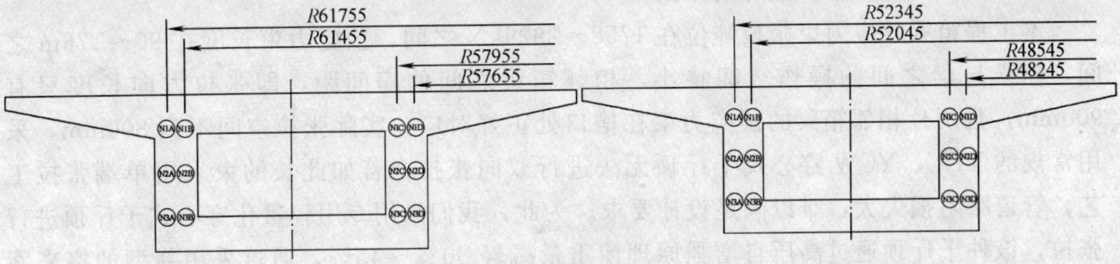

图 3-8 箱梁截面预应力孔道布置

B. 波纹管定位

波纹管的供应长度考虑运输的方便，一般长度为 10m 以内，且波纹管都是柔性的。在本工程中采用的波纹管规格有 ϕ90mm、ϕ100mm 的薄钢板波纹管和 ϕ85mm、ϕ100mm 的塑料波纹管。为保证波纹管的穿管质量，防止波纹管折断和接头脱落。我们采取分段穿入波纹管的方式：

以 30～40m 为一段，首先，从梁端沿焊接好的一字定位钢筋穿入 15～20m 波纹管，中间进行接头连接；在纵坐标 40m 的位置取开箍筋 3 根，穿入 15～20m 波纹管并与前面穿入的波纹管对接上；反向穿入相同长度的波纹管，再在纵坐标 80m 的位置取开箍筋 3 根后穿入波纹管对接；依次类推，直至整联跨的波纹管都穿入；最后，将取开箍筋部位的波纹管用接头管连接上，箍筋复原。

根据 x 坐标点，以 0.5m 的间距焊接 U 形定位钢筋。

2) 预应力筋穿束

本工程采用每束 9 孔、12 孔、14 孔、15 孔四种规格的锚具，钢绞线直径 ϕ^j15.24mm，通过机械牵引的方法穿束；如采用浇筑混凝土后再穿束的方式，因孔道较长，如有孔道漏浆现象将相当难处理，另外因联跨与联跨之间的张拉空间宽度仅 0.9m，深度 1.5m，没有足够穿束要求的空间，所以，只能采取预埋的方式。在混凝土浇筑前穿束。在本工程中我们采用专用穿索连接头，用两台卷扬机配合进行，很顺利地完成了穿束工作，且无波纹管破裂和孔道位置发生变化的情况。

(3) 超长预应力束孔道摩阻试验

本工程箱梁内幅桥内侧钢束的平面曲率半径仅为 48.2m，且都是超长束钢束空间曲线，张拉时按照规范选取摩擦系数理论计算的摩阻与实际的摩阻差别可能会较大；如出现较大的预应力损失，跨中部的预应力值较小，难以满足设计要求，对结构的安全也不利；同时，预应力损失较大，会造成延伸量低于设计计算值，再处理将相当困难，对工期也会造成较大的影响，为此，根据设计要求进行了孔道摩阻测试。

摩阻测试分两部分进行，一部分为 0# ～4# 箱梁四联跨内幅外侧顶上一束进行测试，该跨采用的 VLM15-9 孔锚具，预埋内径 ϕ90mm 的薄钢板波纹管成孔，平面曲率半径 52.3m；另一部分为 4# ～13# 箱梁五联跨内幅内侧顶上一束进行测试，该跨采用的 VLM15-12 孔锚具，预埋内径 ϕ100mm 的高密度聚乙烯（HDPE）塑料波纹管成孔。

根据测试数据可知，薄钢板波纹管的实测值接近规范值 $k=0.0015$，$\mu=0.25$，塑料波纹管的实测值 μ 仅为 0.14。从随后进行的实际张拉伸长值看，与计算值十分吻合，证明测试数据可靠，结果理想。

(4) 小工位超长束预应力筋张拉

本工程箱梁预应力束张拉吨位在 1758～2929kN 之间，预应力束长度在 90～176m 之间，但梁与梁之间的操作空间狭小，相邻箱梁之间的净间距，即张拉方向长度只有 900mm，且两片相邻箱梁的预应力束在槽口处正好对应，实际张拉空间不到 800mm，采用常规的 YDC、YCW 穿心式千斤顶无法进行双向张拉；若如此长的束采用单端张拉工艺，管道摩阻损失大，难以满足设计要求。为此，我们采用专用轻量化穿心式千斤顶进行张拉，该种千斤顶通过高压自增强原理使重量减轻 30%～45%，通过采用新型的格来圈和斯特封在行程不变的条件下，长度减短 30%，能满足 800mm 张拉空间的要求。

另外，钢束张拉后延伸量将达到 1m 以上，每端的延伸量有 500mm 以上，张拉时每端至少需倒顶 3 次，对锚具的分级锚固性能要求相当高；同时，在后浇槽口的张拉端需随张拉过程割除逐步延伸出来的钢绞线。考虑需割除的钢绞线距离锚头较远和施工的效率，我们采取面纱蘸水冷却后氧割的方式进行；同时，我们详细地制定每一行程张拉出的延伸量，每束张拉只需进行 1 次切割，提高了施工的效率。

(5) 单壁塑料波纹管的应用和真空辅助灌浆工艺

由于孔道较长，弧度较多，采用普通灌浆的方法对孔道的填充密实性和饱满性的保证有较大的难度。

为了提高结构的安全度和耐久性，本工程 4～13 联跨箱梁预应力钢束全部使用 HDPE 塑料波纹管与真空辅助灌浆的新工艺。真空灌浆是后张预应力混凝土结构施工中的一项新技术，其基本原理是：在孔道的一端采用真空泵对孔道进行抽真空，使之产生 -0.1MPa 左右的真空度；然后，用灌浆泵将优化后的特种水泥浆从孔道的另一端灌入，直至充满整条孔道，并加以 $\leqslant 0.7$MPa 的正压力，以提高预应力孔道灌浆的饱满度和密实度，使孔道质量和灌浆质量都上一个新台阶。

1) 采用塑料波纹管具有以下优点：

A. 提高预应力筋防腐保护，可防止氯离子入侵而产生的电腐蚀。

B. 不导电，可防止杂散电流腐蚀。

C. 强度高，刚度大，柔性好，不怕踩压，不易被振捣棒凿破，布管连接方便，对于保证孔道的密封性、防止漏浆有很好的效果。

D. 减少张拉过程中预应力的摩擦损失，其摩阻系数仅 0.14，特别适用于超长束的应用。

E. 与传统金属波纹管相比，提高了预应力筋的耐疲劳能力。

2）采用螺杆式灰浆泵的优点

在本工程配合真空灌浆的灌浆泵采用了 G40-3 型螺杆式压浆泵，该泵具有如下特点：

A. 结构简单：其特征部件在于螺杆与螺套。螺杆是钢件，螺套内衬橡胶外包钢壳，容易密封、螺杆在螺套内转动时，一端将浆体吸入，另一端将浆体压出，不需任何阀类。由于结构简单，可靠性大为提高，使用维护也十分方便。

B. 压力高：该泵为 3 级螺杆，出口压力为 1.8MPa，能满足水平 400m、垂直 90m 预应力孔道的压浆，并确保压力传递。

C. 自吸力强传送过程中不会像活塞式灰浆泵那样混入空气，尤其适用于与真空灌浆配合使用，其水泥浆的吸程可达 9m，即使单独用于普通压浆，对防止浆体产生气泡、保证浆体的密实性也有良好的效果。

D. 压力平稳：活塞式灌浆机工作时，活塞往复运动，吸浆压浆，出口处压力波动大；螺杆式灌浆机工作时，螺杆将浆体连续不断地送出，出口处压力平稳，有利于灌浆密实度。

3.6.3 预应力材料

（1）预应力筋

1）本工程采用 ASTMA416-92a 标准 270 级低松弛钢绞线作预应力筋，直径 ϕ15.24mm，强度 1860MPa，弹性模量 1.95×105±10MPa。

2）钢绞线在订货时除应考虑生产厂家的质量和信誉外，还应与本工程采用的锚具相匹配。定购钢绞线的实际强度不得高出一个强度等级（2000MPa）。

3）钢绞线进场时应附产品质量证明书，每盘上挂标牌，分批堆放，并采用适当的防雨防潮措施，防止锈蚀。

4）钢绞线在开盘使用时应进行外观检查，其表面不得有裂纹、机械损伤和其他标准规定不允许有的缺陷。

5）钢绞线使用前，应根据 GB 5224 标准的要求进行屈服强度、极限强度、硬度、弹性模量、极限延伸值、截面面积等检测。检测结果合格后方可使用。

（2）波纹管

1）本工程预应力筋预留孔采用内径 ϕ90mm 和 ϕ100mm 的薄钢板波纹管成型。具有一定的抵抗变形能力、不渗浆性能和较好的弯曲能力，性能符合 JGJ 3003。

2）波纹管进场时应有质量证明书，并对每根进行检查，检查项目包括外形尺寸、表面质量，应无标准规定不允许有的缺陷。

3）波纹管随进随用，存放应有可靠的防护措施。

4）波纹管的性能检测项目包括抵抗集中荷载试验、抵抗均布荷载试验、竖向抗渗试验、弯曲抗渗试验和轴向拉伸试验等。本工程预应力成孔材料对预应力施工顺利与否起着重要作用，具体检测项目和检测频率在与总包单位协商后确定。

(3) 锚具

1) 锚具必须为符合国家标准 GB/T 14370—2000 的产品，是预应力工程中最重要的部件之一，本工程设计上选用了 9、12、14、15 孔和 12P 等多种型号的群锚。

2) 为保证施工的顺利和设备的配套，方便管理。

3) 锚具进场时应附有产品质量证明书，核对锚固性能类别、型号、规格及数量等，必须出具产品的权威鉴定证书、质量检测中心的产品质量检测报告。使用时必须严格要求。锚具出厂前，应由厂方按规定进行检验并提供质量保证书。锚具在本工程使用前必须从所用锚具中随机抽样，并进行组装件静载试验，符合要求后方可使用。

3.6.4 预应力施工机械

本工程使用的预应力施工机械包括：

小砂轮切割机	2 台
GYJ500 型挤压机	1 台
YDC2500-200 型千斤顶	4 台
YDC4000-200 型千斤顶	2 台
YDQ260-160 型千斤顶	1 台
ZYB22-80 型高压电动油泵（配油压表）	5 台
张拉配套工具	随千斤顶配套
SZ-2 型水环式真空灌浆泵	2 台
真空压力表	2 个
QSL-20 型空气过滤器	2 个
10～20kg 秤	1 台
灌浆机	2 台
灰浆搅拌机	1 台
塑料波纹管热焊接机	1 台
其他配套的高压胶管等	

3.6.5 预应力施工流程

预应力施工流程如图 3-9 所示。

3.6.6 施工操作要点

(1) 预应力钢束安装

1) 甲方供应的钢绞线、锚具到场后，应按有关规定送检合格后方可投入使用。

2) 按设计图中钢绞线曲线要素及坐标进行钢绞线的长度复核作业，确保无误后，填写下料单，进行钢绞线的开料。

3) 预应力钢束的成孔采用金属波纹管，波纹管必须符合设计要求，接缝数量尽可能保持最少，其接头采用套接法，套管长不小于 30cm，管纹互相转接吻合，接头处使用塑料胶布缠绕紧密，并仔细检查波纹管有无破损情况，有小孔洞的修补好后，再投入使用，以防止漏入水泥浆。

4) 钢绞线按要求开料后进行编束，编束时，每隔 1～1.5m 绑扎一道钢丝，钢丝扣向里，确保每根钢绞线的顺直、不相互缠绕。将编束后的钢绞线穿入波纹管中。

5) 每 1.0m 计算每一束钢绞线的坐标，施工时按此坐标安装钢绞线，并在钢筋骨架

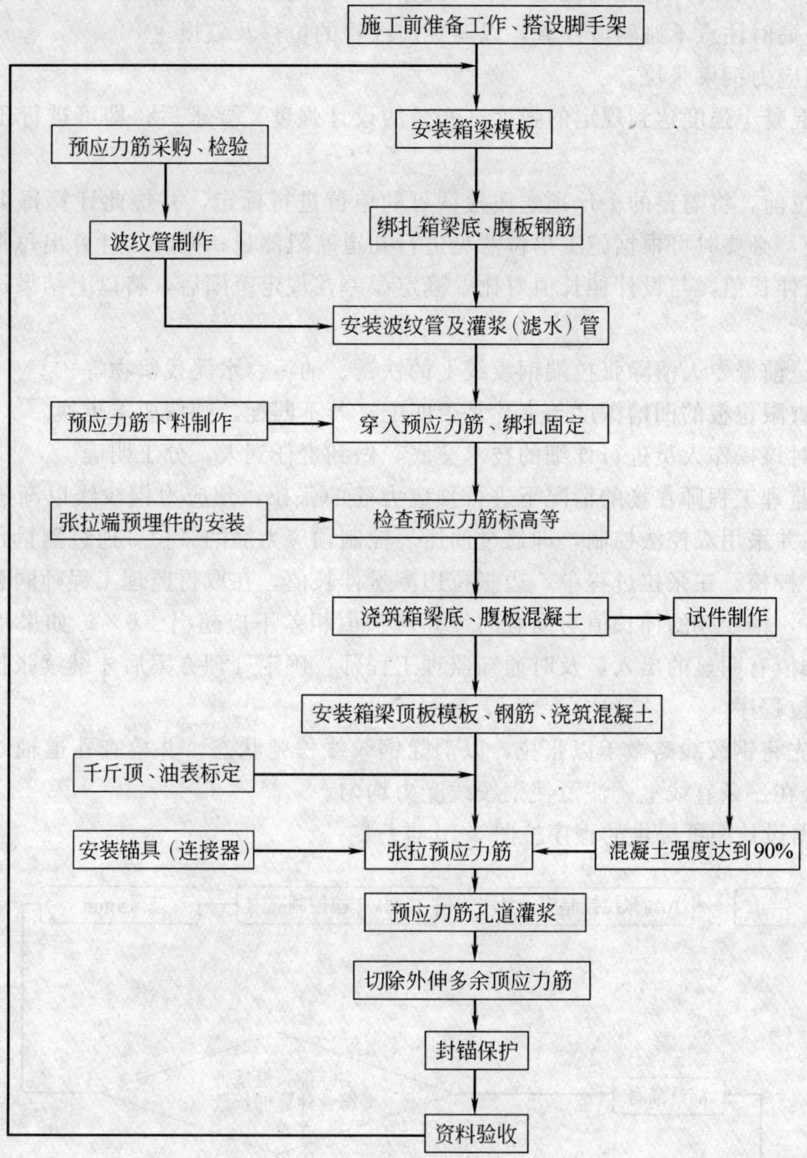

图 3-9　预应力施工流程

上用规定的钢筋和间距焊“井”字架固定钢绞线。焊钢筋时注意保护波纹管，避免焊渣烧坏波纹管，浇筑混凝土前派专人检查波纹管有无破损情况，发现破损即进行修补至满足要求后，再进行下一工序的施工。

6）锚垫板的安装位置要确保准确、稳固，锚下钢筋网及螺旋钢筋安装牢固，位置准确，钢绞线、锚具、千斤顶中心线一定要重合。

7）因钢绞线很长，为保证孔道压浆密实，在波纹管的曲线顶端设置通气孔。

8）普通钢筋与预应力钢绞线有矛盾时，可适当移开钢筋；当钢筋与张拉工作有矛盾，先截断钢筋，在灌浆后、封锚前，按设计要求焊接。

9）在混凝土的浇筑过程中，应派专人监振，确保所有部位均振捣密实，特别注意锚垫板的位置，密实的标志是混凝土停止下沉、不再冒气泡，表面呈现平坦、泛浆。

10）振捣时注意不碰触波纹管，以避免波纹管的位移及破损。

（2）预应力钢束张拉

1）在混凝土强度达到规定的强度（90%的设计强度）要求后，即可进行预应力钢绞线的张拉。

2）张拉前，将需要的千斤顶送质检认可的单位进行标定，并按此计算每个油压表对应的压力值，必要时可根据施工单位意见进行孔道摩阻测量；同时，计算出每根预应力钢绞线的理论伸长值，与设计伸长值对比，确定误差在规定范围后，将以上结果送监理工程师审核同意。

3）张拉前派专人清除张拉端钢绞线上的铁锈、油污、水泥残留物等。

4）检查限位板的凹槽深度与夹片是否匹配；若不匹配，则按要求更换。

5）并对该操作人员进行详细的技术交底，做到责任到人，分工明确。

6）在监理工程师在场的情况下进行预应力筋的张拉，预应力钢绞线以渐进和均匀的速度张拉，并采用双控法控制，即通过油压表控制预应力筋的张拉，通过测量预应力筋的伸长值进行校核。在张拉过程中，边张拉边测量伸长值，在取得监理工程师同意的总张拉力的作用下，钢绞线的伸长值与同意的计算伸长值相差不应超出±6%；如果计算伸长值与实际伸长值有明显的出入，及时通知监理工程师，确定处理方案后才继续张拉施工。

7）张拉程序

A. 首先将钢绞线略微予以张拉，以消除钢绞线松弛状态，并检查孔道轴线、锚具和千斤顶是否在一条直线上，注意使钢绞线受力均匀。

B. 根据设计图纸提供的程序按图 3-10 进行。

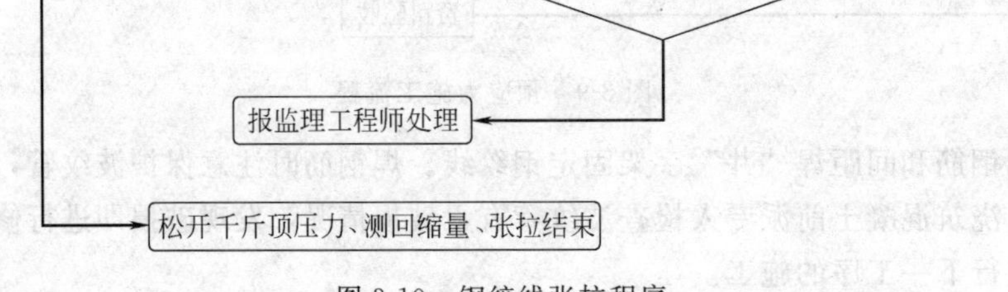

图 3-10 钢绞线张拉程序

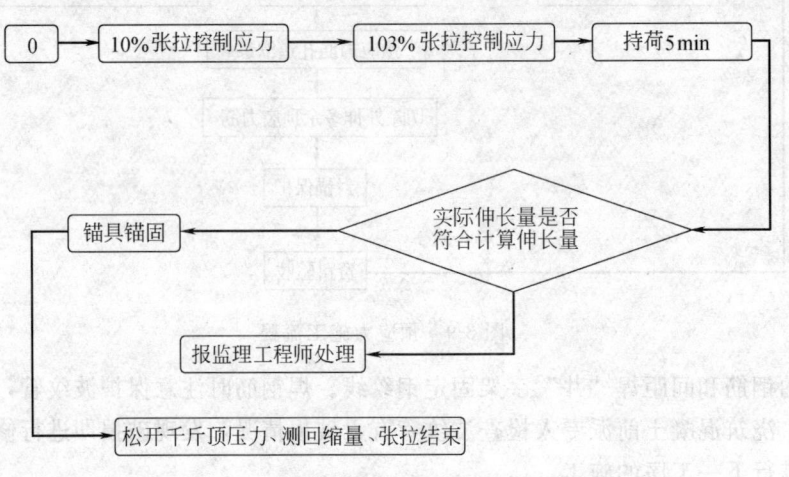

C. 预应力加至设计规定值并经监理工程师同意时，锚固钢绞线，并在锚具和钢绞线不受振动的方式下解除千斤顶的压力。

D. 张拉过程中密切观察；发现异常情况及时报告，得以尽快处理。

（3）真空灌浆

1）工艺介绍

真空灌浆是后张预应力混凝土结构施工中的一项新技术，其基本原理是：在孔道的一端采用真空泵对孔道进行抽真空，使之产生－0.1MPa左右的真空度；然后，用灌浆泵将优化后的特种水泥浆从孔道的另一端灌入，直至充满整条孔道，并加以≤0.7MPa的正压力，以提高预应力孔道灌浆的饱满度和密实度。采用真空灌浆工艺是提高后张预应力混凝土结构安全度和耐久性的有效措施。

重庆融侨大道桥最长束5跨通长174.36m，其余也多数为90m以上的通长束；如采用传统的金属波纹管为成孔管道材料的压浆技术存在着成孔材料摩阻力大、成孔材料不易施工、在施工过程中易漏浆、压浆不密实等众多弊端，易造成张拉延伸量难以满足要求，为此，使用塑料波纹管与真空辅助灌浆的新工艺。采用塑料波纹管的好处：①提高预应力筋的防腐保护，可防止氯离子入侵而产生的电腐蚀；②不导电，可防止杂散电流腐蚀；③密封性好，不生锈；④强度高，刚度大，不怕踩压，不易被振捣棒凿破；⑤减少张拉过程中预应力的摩擦损失；⑥提高了预应力筋的耐疲劳能力等优点，解决了传统金属波纹管所有的弊端。真空辅助灌浆利用真空泵先行清除孔道中的空气，使孔道内达到负压状态；然后，再用压浆机以正压力将水泥注入预应力孔道，由此排除了孔道中的气泡，提高了孔道内压浆的饱满度。

真空辅助灌浆的水灰比可达0.33，在可灌性、管道密实性、浆体强度等方面均比普通压力灌浆要好。其优点体现为：①在真空状态下，孔道的空气、水分以及混在水泥浆中的气泡被消除，减少孔隙、泌水现象。②灌浆过程中孔道良好的密封性，使浆体保压及充满整个孔道得到保证。③工艺及浆体的优化，消除了裂缝的产生，使灌浆的饱满性及强度得到保证。④真空灌浆过程是一个连续且迅速的过程，缩短了灌浆时间。

2）工艺流程

整个灌浆的工艺为：设备检查——→密封孔道——→试抽真空——→搅拌——→灌浆——→清洗——→结束。

A. 准备工作：

a. 检查确认材料数量，种类是否齐备，质量是否符合要求。

b. 检查配套设备的齐备及完好状态。

c. 孔道排气孔、泌水孔密封好，再将孔道两端的锚头用环氧砂浆或专用锚头盖密封好。

d. 检查供水、供电是否齐备、方便、安全。

e. 配方称量浆体材料，将减水剂首先溶于一部分水待用。

f. 检查孔道的质量；如发现管道残留有水分或脏物，则须考虑用压缩风机将残留在管道的水分或脏物排走，确保后续工作顺利进行。

g. 要求连接安装各部件。

B. 试抽真空：将灌浆阀、排气阀全部关闭，使整个孔道形成一个全密封系统，抽真空阀打开；启动真空泵抽真空，观察真空压力表读数，即管内的真空度，当管内有一定的真空度时（压力尽量低为好），停泵1min时间；若压力能保持不变，即可认为能达到并维持真空。

C. 搅拌水泥浆：

a. 搅拌水泥浆前，要求加水空转数分钟，再将积水倒尽，使搅拌机内壁充分湿润。搅拌好的灰浆要做到基本卸尽。在全部灰浆卸尽前，不得再投入未拌合的材料，更不能采取边出料边进料的方法。

b. 装料：①首先将称量好的水（应扣除用于溶化减水剂的那部分）、水泥、膨胀水泥、煤灰粉倒入搅拌机，搅拌 2min；②溶于水的减水剂倒入搅拌机中，再搅拌 3min 出料；③须严格控制泌水量，否则多加的水全部泌出，易造成管道顶端有空隙；④对未及时使用而降低了流动性的水泥浆，严禁采用增加水的办法来增加灰浆的流动性。

D. 灌浆：

a. 将灰浆加到灌浆泵中，在灌浆泵的高压橡胶管出口打出浆体，待打出的浆体浓度与灌浆泵中的浓度一样时，关掉灌浆泵，将高压胶管接到孔道的灌浆管上，绑扎牢固。

b. 关掉灌浆阀，启动真空泵，当真空度达到并维持在－0.06～－0.09MPa 时，启动灌浆泵，打开灌浆阀开始灌浆；当浆体经过空气过滤器时，关掉真空泵及抽气阀，打开排气阀。

c. 观察排气管的出浆情况；当浆体稠度与灌入之前一样时，关掉排气阀，仍继续灌浆 2～3min，使管道内有一定压力，再关掉灌浆阀。

E. 清洗：拆下装真空管的 2 个活接，卸下真空泵；拆下空气过滤器和灌浆胶管，清洗灌浆泵、搅拌机、阀门、空气过滤器以及有灰浆的工具。

3.7　脚手架工程

3.7.1　地基概况

由于本工程现场基本上都是树木林立的山坡，呈北东高南西低，最大高差 56.66m，自然坡度角度大约 10°～30°；同时，融侨大道螺旋桥的 2、3、4、5 号桥墩附近原来是鱼塘，在开工以前建设单位直接用土松填 4m 左右，参照地质勘探资料提供的承载力参数，回填土承载力为 130kPa，因松填需乘以折减系数 0.4，则承载力为 52kPa，而支撑体系担根立杆支撑箱梁设计荷载为 24.41kN，脚手架底座与地面接触面为 0.12m×0.12m，则应力为 24.41/(0.12×0.12)＝1695kPa＞52kPa，根本无法满足支架要求，需对地基进行处理。

考虑到重庆盛产条石，对山坡地基处理采用砌筑条石台阶的方法，既安全可靠又经济实用，为工程造价节约了成本，提供了项目的经济效益。

3.7.2　支架地基处理设计与施工

(1) 地基承载力验算

根据上述情况对各类地基的受力情况验算如下：

1) 立杆直接置于填土层上

支撑箱梁单根立杆轴心设计荷载为 24.41kN，用 0.25m×0.25m×0.75m 条石垫底，则其地基应力 $\sigma=N/A=24.41/(0.25\times0.62)=157.48\text{kPa}>[\sigma]=52\text{kPa}$。

不能满足要求，所以除了垫条石以外，还必须对地基进行加固。

2) 立杆直接置于泥岩或强风化砂岩

地基应力为：

$$\sigma=24.41/(0.12\times0.12)=1695\text{kPa}>\text{页岩承载力}[\sigma]=1500\text{kPa}$$

不能满足要求，需垫条石处理。垫条石以后的地基应力为：

$$\sigma=24.41/(0.25\times0.62)=157.48\text{kPa}<\text{页岩承载力}[\sigma]=1500\text{kPa}$$

可以满足要求。

3）立杆直接置于中风化砂岩

地基应力为：

$$\sigma=24.41/(0.12\times0.12)=1695\text{kPa}<\text{砂岩承载力}[\sigma]=2500\text{kPa}$$

满足要求。

4）混凝土垫层厚度确定

假设C10混凝土厚度为$h=0.15$m，条石宽度为0.25m，混凝土应力扩散角为45°，则混凝土垫层底面应力计算面积为0.55m×0.82m。混凝土垫层面的应力为：

$$\sigma=24.41/(0.25\times0.62)=157.48\text{kPa}<\text{C10混凝土承载力}[\sigma]=5\text{MPa}$$

可以满足要求。再验算混凝土垫层下表面处地基的应力：

$$\sigma=24.41/(0.55\times0.92)=48.24\text{kPa}<\text{填土层承载力}[\sigma]=52\text{kPa}$$

可以满足要求。故混凝土垫层的厚度取150mm。

(2) 地基处理措施及施工

脚手架搭设范围内的地基处理分两种情况：

1）$2^{\#}\sim5^{\#}$墩之间的地基处理

该段所在地原来为鱼塘，开工前松填4m左右，承载力无法满足要求。为了使荷载在局部受压和整体承载力两方面都得到满足，采取如下措施：

A. 对该段表土进行清除，沿路线中心线25m范围内的淤泥、渣土全部清除。露出的基层用18t压路机进行碾压2～3遍，再用透水性砂土或其他材料分层（按0.3m厚分层）碾压密实，回填使架子投影面地基高出周围0.6m，以利排水。

B. 土质地基表面采用C10混凝土硬化处理，厚度按后面计算的情况确定，宽度25m，混凝土中配置ϕ6.5@200双向布置的钢筋。

C. 脚手架底座用条石垫座，以增大接触面积、减小应力集中，条石规格用0.25m×0.25m×0.75m，条石用M10水泥砂浆坐砌；同时，在安装脚手架底座时也用M10水泥砂浆坐浆安装。

2）山坡坡地的地基处理

坡地的地基处理又分三种情况：

A. 土质台阶的地基处理

土质坡地用挖掘机挖除表层耕植土或回填土形成土质台阶，露出硬质的粉质黏土，用蛙式打夯机夯实。

土质台阶地基的处理方法同上述$2^{\#}\sim5^{\#}$墩之间的处理方式。台阶的宽度要求符合支撑体系立杆间距900mm的模数，从而使支撑体系立杆能均匀支撑在台阶上；立杆距离台阶边的宽度要求不小于500mm，从而保证台阶稳定。台阶的高度根据现场的实际情况适当调整。台阶的尺寸控制如图3-11所示。

当纵向和横向都需要挖成台阶时，其台阶如图3-12所示。

B. 泥岩台阶地基的处理

如坡地表层浮土挖除以后露出泥岩，则将泥岩挖成台阶，泥岩台阶尺寸也按上述要求执行。

在泥岩台阶上搭设脚手架时，先用M10水泥砂浆铺砌条石，再在条石上用M10水泥砂浆坐浆，安装脚手架底座。

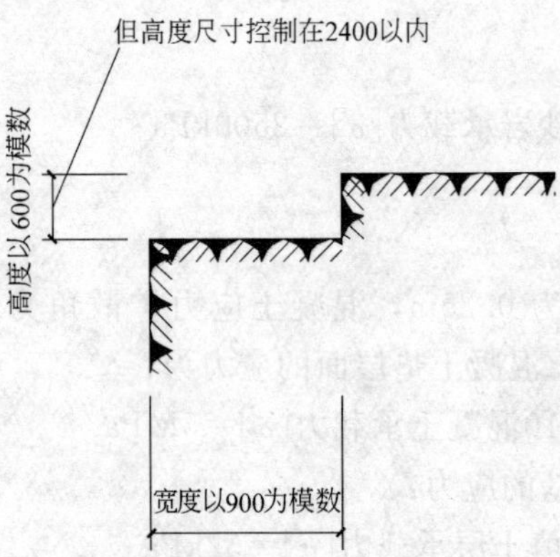

图 3-11　纵横向台阶示意

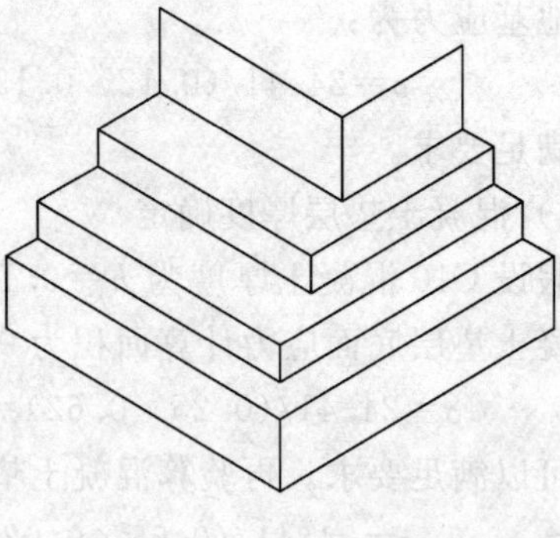

图 3-12　纵横向台阶示意

C. 砂岩台阶地基的处理

如坡地表层浮土挖除以后露出砂岩，则将砂岩挖成台阶，砂岩台阶尺寸也按上述要求执行。

在砂岩台阶上搭设脚手架时，直接用 M10 水泥砂浆坐浆，安装脚手架底座。

(3) 地基处理范围的排水沟设置

为防止山坡流下来的雨水浸泡支撑体系范围内的地基，使支撑体系范围内的地基承载力下降，我们考虑在支撑体系范围外两侧设置排水沟。

根据施工现场实际情况在脚手架搭设范围的两侧挖掘一条断面为 300mm×500mm（宽×深）的排水沟，使沟底排水坡度顺坡势并≥2%。其中，位于石质部位的排水沟可直接挖掘成型；土质部位的排水沟在挖掘时每边留出砌筑条石的位置，土沟成型以后用 M5 水泥砂浆砌筑条石，形成 300mm×500mm 的排水沟。

另外，在 8#～9# 和 2#～3# 墩之间的自然山谷冲沟内也根据现场实际情况设置排水管（沟），将山沟内的水引渡到脚手架施工影响范围以外。其中，在脚手架搭设范围内埋设 ϕ300mm 的混凝土管。

3.7.3　支架施工

(1) 支架施工

1) 墩柱操作架

由于本工程桥梁墩柱最高达 40m，其操作架在墩柱施工时起支模加固用，碗扣脚手架抗剪差，不适宜应用，只能采用扣件式脚手架。脚手架采用三排单立杆，墩柱每施工一段，立即与脚手架进行硬拉结。

2) 盖梁支架

采用碗扣式钢管脚手架，立杆间距 300mm×600mm，步距 1200mm，纵、横向剪刀撑@2400mm。

3) 箱梁支模架

采用碗扣式钢管脚手架，立杆间距 900mm×900mm，步距 1200mm，纵、横向剪刀撑@3600mm。脚手架支撑搭设具体要求如表 3-6。

脚手架搭设总平面布置如图 3-13 所示，立面布置如图 3-14 所示。

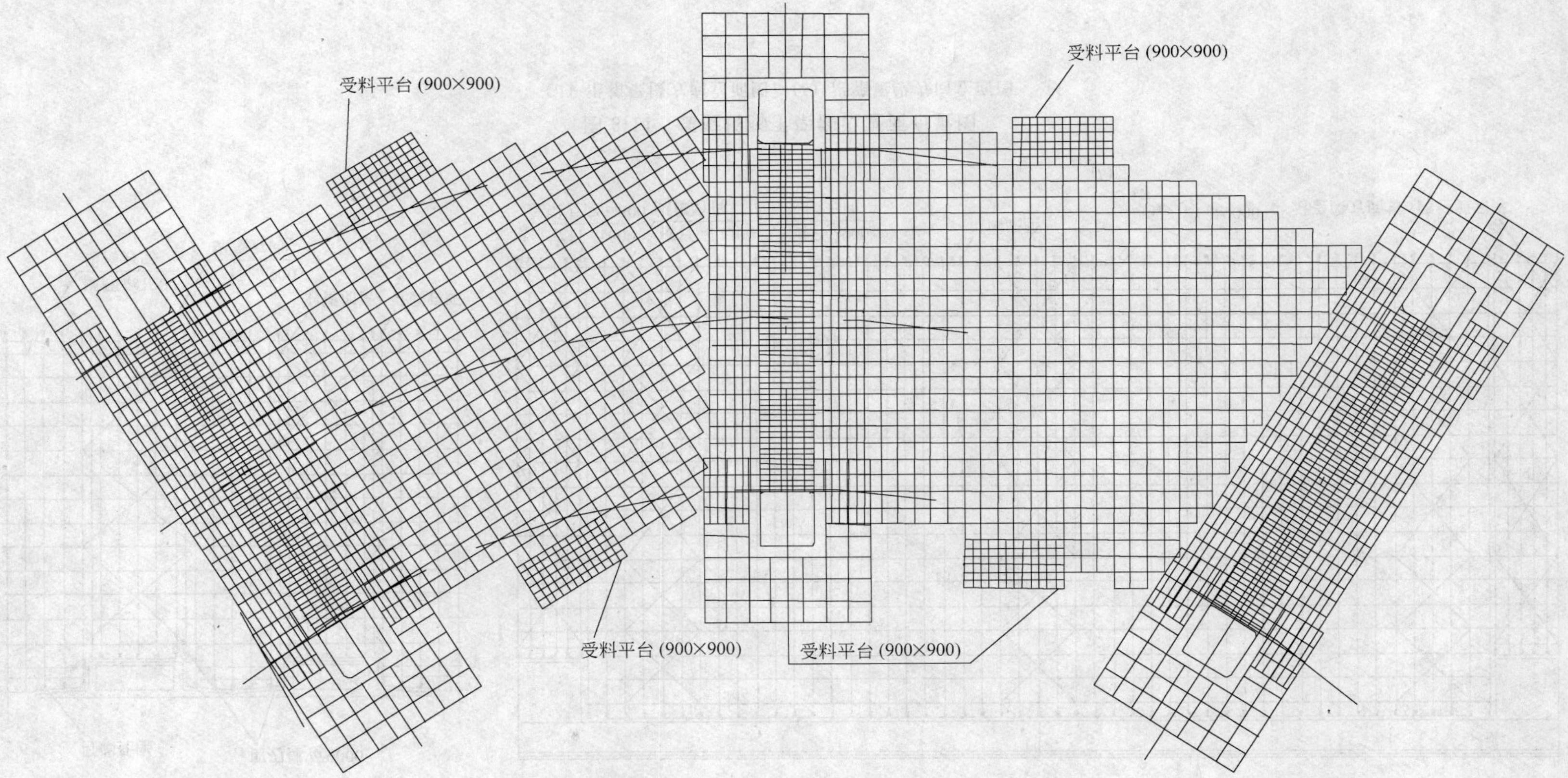

说　明

1. 盖梁下支撑横向间距 600，纵向间距 300，步距 1200。

2. 箱梁下支撑纵横间距均为 900，步距 1200。靠近支座端处将支撑架加密为 900×450（沿箱梁纵向间距 450）。

3. 两片不同布局方式搭设的支撑架之间用扣件式钢管连接起来，以增强其稳定性。

图 3-13　螺旋桥脚手架搭设总平面布置图

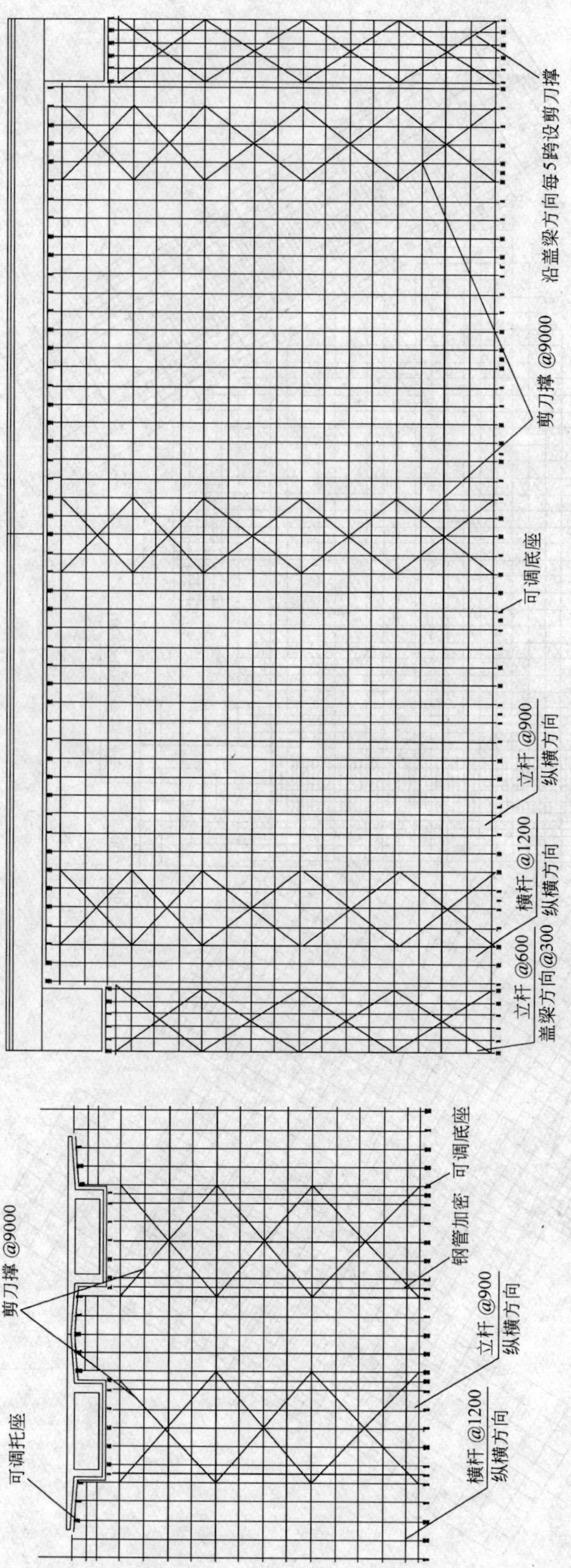

图 3-14 螺旋桥脚手架搭设立面布置图

(*a*) 沿箱梁横方向立面图；(*b*) 沿箱梁纵方向立面图

脚手架支撑搭设要求 **表 3-6**

部位	脚手架				剪刀撑
	杆件形式	纵距(mm)	横距(mm)	步距(mm)	
墩柱操作架	扣件式钢管架	1200	1200	1200	扣件式钢管
盖梁支模架	碗扣式钢管架	300	600	1200	
箱梁支模架	碗扣式钢管架	900	900	1200	
盖梁上木枋	100mm×150mm	300			
	50mm×100mm		200		
箱梁上木枋	100mm×150mm	900			
	50mm×100mm		200		

(2) 支架预压

为检验支架地基处理和搭设施工质量，压实支架竖向塑性变形；同时，根据预压结果调整上部结构施工标高，对支架进行预压。具体方法如下：

1) 在支架基础上横向 3m，纵向 4m 满设沉降观测点，用袋装砂石（每袋 40kg）或成捆钢筋作为压重，人工搬运堆码，全梁均布。压重为梁自重加施工荷载的总量的 90%。

2) 预压流程：设置沉降观测点⟶支架加载⟶沉降观测⟶沉降稳定⟶逐步卸载⟶调整支架及模板。

3) 预压观测：在加载预压前观测 1 次，以后每隔 6h 各观测 1 次，并及时计算沉降量，绘制沉降时间曲线。通过最后一次观测的数据和预压前观测数据对比得出架体及基础的沉降量；同时，测量架体卸载后的回弹量。

4) 支架标高调整：架体预压前，支架按照设计标高搭设，确保支架各杆件均匀受力。预压后，架体已基本消除预压荷载作用下地基塑性变形和支架各竖向杆件的间隙及弹性变形。预压卸荷后的回弹量即是箱梁在混凝土浇筑过程的下沉量。因此，支架顶部的标高值最后调整为设计标高值加设计预拱值、预压回弹量。

(3) 支架应力信息化监控

由于箱梁支架搭设高度高，其安全必须万无一失。为随时掌握支架受力情况，从支架搭设开始到箱梁混凝土浇筑完成，我们采用粘贴应变片的方法，全过程对支架受力情况进行了信息化监控。

4 质量、安全技术措施

4.1 质量保证措施

根据施工图设计要求桥梁墩柱混凝土面应为清水混凝土，为保证混凝土面浇筑质量，现场主要从以下四个方面进行质量控制：

4.1.1 *原材料控制*

墩柱施工涉及的原材料主要有外侧定型钢模板、内侧木模、钢筋、混凝土、塑料或砂浆垫块等。其中，混凝土表面观感质量主要由外模及混凝土的施工质量决定，为了保证钢模及混凝土原材料质量，现场主要采取以下措施对其进行控制：

（1）钢模质量控制

1）钢模进场后，对已出现锈蚀的钢模内表面采用打磨机进行除锈、除渣工作，保证内表面平整度控制在2mm以内。

2）钢模进入现场后，对其加工尺寸进行复核，内表面转角焊缝不满足平整度要求的，采用打磨后补焊；然后，重新打磨，使其满足规范2mm要求。钢模不满足要求的一律不得使用，由材料部门把关，施工工长监督执行。

3）进场后对内表面已发生锈蚀的钢模，采用打磨机打磨，除锈、除渣。验收表面平整度后，进入下道工序加刷防锈油，质量由施工工长把关，表面平整度控制在3mm以内。

4）拆除下来的钢模应及时清除模板内侧附着物，平整度校正无误后，采取竖放。并用彩条布遮盖，防止表面锈蚀、污染。

（2）混凝土质量控制

为保证混凝土表面颜色的一致性，避免产生色差。特别要求混凝土搅拌站在供应本工程墩柱预拌混凝土时采用同品种、同产地的水泥、砂、石、粉煤灰、外加剂等材料。

4.1.2 钢筋绑扎控制

1）钢筋加工：墩柱钢筋、箍筋加工允许误差严格控制在规范范围内，防止尺寸偏大、混凝土出现漏筋现象。

2）墩柱插筋施工：在承台或扩大基础垫层上放线，放置角钢支架，支架采用与垫层上绑扎的底层钢筋点焊固定。插筋放置于角钢支架面上采取焊接固定，且在出承台面略高处采用限位筋绑扎固定，防止浇筑混凝土时插筋偏位。

3）墩柱钢筋绑扎要求：由于墩柱钢筋较高，现场采用搭设操作架施工。在上口调直垂直度后用钢管锁紧，采用2m一个限位箍固定，然后再绑扎钢筋，墩柱其余箍筋在现场焊接成型。

4）垫块保护层厚度控制：为防止今后混凝土表面出现漏筋和返锈现象和出现砂浆混凝土印迹，现场采用塑料垫块，夹紧于墩柱的主筋外箍筋上。

4.1.3 模板控制

墩柱模板安排在浇灌段钢筋绑扎完成以后再进行安装，根据每次最大浇灌高度安排相应模板安装高度，同一工作面模板按照“先内后外”、“内外结合”的顺序。为保证外模板的施工质量，安装过程中，主要从以下四个方面控制：

（1）轴线控制

在模板吊装前，根据承台或扩大基础混凝土面上的控制轴线，精确地测设出外钢模构件边线。在模板安装过程中，采用螺栓进行限位和局部调整来控制模板轴线偏移。

（2）垂直度控制

外钢模的垂直度主要通过控制每节模板的水平度和每节钢模的轴线偏移来控制，而轴线控制已在上面阐述，在此就只说明模板的水平度控制。在具体施工过程中，采用水平管检测方式来调节每一节钢模上口的水平度（包括首节砖胎模）；如果不满足要求，则采用橡胶垫平（首节采用砂浆抹面）调整。上一节模板安装前，应对下部已施工的墩柱混凝土垂直度进行校核；如垂直度偏差超过规范许可要求，应提请监理、设计单位协商解决；如垂直度偏差控制在规范许可范围内，应调整好未安装模板，保证墩柱的整体垂直度符合规范要求。

(3) 平整度控制

由于材料的特殊性，模板平整度主要体现在钢模的拼缝上，而拼缝主要利用螺栓孔的精确连接及拼缝橡皮条进行控制。在吊装基本到位以后，螺栓连接同一水平面采取“先两边，后中间”，同一竖直面采取“先上下，后中间”，边固定边调节，避免错缝现象。切忌在安装过程中，使用榔头敲打螺栓对位固定。

(4) 模板加固

墩柱外围定型模板采用专制的型钢桁架支撑，对应的每两榀桁架之间采用螺栓连接。桁架沿高度方向上布置的间距，以 8m 钢模板为例，自下而上 200－10×300－8×600 依次类推，外围钢模板上口四角采用缆风绳限位固定，防止模板整体偏移。

(5) 防烂根措施

1) 墩柱砖胎模的灰缝必须饱满，在浇筑混凝土前提前 1d，对钢模及砖胎模的接缝进行封闭，以防漏浆。

2) 钢模板安放于砖胎膜上时必须坐浆。

(6) 防止混凝土漏浆措施

对现场使用的钢模板在吊装前一律粘贴 1mm 厚橡皮条，橡皮条不得超过内侧面。如模板边框有少许变形可加贴海绵条封闭。在上次拆模后，再次重新安装钢模板时，为防止“错台”及“穿裙子”现象，第一节钢模板下口比施工缝高度下降至少 30cm 左右固定，并且在混凝土施工缝下 2m 处，粘贴海绵条于混凝土表面。

4.1.4 混凝土施工控制

混凝土施工质量现场主要从以下两个方面进行控制：

(1) 浇捣控制

墩柱混凝土按水平分层方式对称下料浇灌，混凝土浇灌速度严格控制在 2.5m/h 以内，每一层混凝土的浇筑厚度为 500mm 左右。振捣过程中，振动棒必须深入上一次振捣混凝土面以下，采取快插慢拔，层层振捣浇筑，使上下层结合紧密。坚决杜绝漏振现象，振捣半径不超过 40cm（采用 50 振动棒）。

(2) 拆模控制

1) 拆模时间控制

模板拆除时间应控制在混凝土强度能保证其表面及棱角不受损失的情况下，一般在浇灌墩柱混凝土 24h 后进行。

2) 成品保护

拆模时严禁采用受力支点于混凝土表面及外棱角上，且拆除过程吊离定型钢模派人专职监管，严禁碰撞混凝土表面、棱角。拆模板操作架时，也严禁损坏外表面及棱角。

3) 养护

墩柱外模板拆除以后及时浇水养护，并立即采用塑料薄膜包裹墩柱外表面以保持混凝土表面的水分，并根据现场水分散发情况，定期掀开塑料薄膜补充水分，使混凝土外表面保持湿润养护 7d 以上。

4.2　安全施工措施

在桩基工程施工中，应注意以下安全事项：

（1）现场观察到本工程区域表层覆土为杂填土和耕植土等，结构比较松散，分布不均，稳定性较差，因此，成孔时桩内必须采取必要的措施（如：认真按照设计要求施工钢筋混凝土护壁并保证其圆弧度、根据现场实际情况开挖截水沟防止桩孔侧壁土层软化等），防止塌孔现象的发生。

（2）根据桩基深度确定低压照明和通风设备，确保操作人员人身安全。本工程有1根桩基超过15m（11b# 桥墩下的桩基），在桩基开挖超过10m以后就应根据实际情况加强桩孔中的通风，用鼓风机向桩孔中送风；同时，为了防止人员窒息，桩孔深度超过10m后在每天上班前，先用竹篮将小动物（如小猫、小狗或鸽子等）放入桩孔中5min以上，再将小动物提上地面观看动物反应情况，来判断桩孔中的空气是否会令人窒息，确认不会对人员有危害以后才下井作业。

（3）人工挖土方时，先挖桩孔中部，再挖桩孔周围，特别是挖至护壁下方，则需“精雕细凿”，以免使护壁没有支撑点，整体下垮；同时，对称开挖，按照上述方式采取技术措施防止护壁背后土方塌方；作业人员在施工时，随时观察桩孔内土方变化；如有塌方迹象，则及时停止施工，并进行必要的技术处理。

（4）人工挖孔桩基护壁模板安装完毕以后，采用定制的木枋等仔细检查模板尺寸，防止模板失圆度过大，从而使护壁受力不均匀而容易酿成塌方事故。

（5）如果桩基施工过程中发现地下水（根据本工程地质勘探报告资料表明富存地下水的可能性不太大，尽管如此，还是采取措施，防患于未然），则结合现场实际情况认真排除地下水；若地下水难以一时排除干净，则可以采取“水下灌注混凝土”的控制原则来浇灌桩基混凝土；同时，在浇灌时要特别根据地下水位情况，计算出的第一斗混凝土需要数量来控制混凝土数量（如发生，需单独报批方案），以保证灌注的混凝土质量。

（6）下井施工人员都必须正确佩戴安全帽、安全带等安全设施；同时，安全带还必须拴好人身保险安全绳索并拴至井口上，以便一旦桩孔内如有塌方等不安全现象发生，地面上的操作人员能够及时把桩孔中的操作人员从桩孔内拉出来，从而避免安全事故的发生。

5　经济效益分析

本工程在施工过程中，利用GPS全球卫星定位系统进行测量控制，使该工程在平面控制和高程控制上都能满足施工上的精度要求；同时，节约了人力、物力，减少了采用传统测量手段时可能遇到的诸多不利因素。

采用支架施工应力监控技术，合理设计支架，进行地基处理和预压观测，对支架应力采取信息化监控，解决了支架搭设高度高、基础地形复杂、承受荷载大等难题。施工过程中，支架工作状态良好，支架布局和间距布置合理，支架安全可靠，保证了工程施工的顺利进行。

采用超长预应力施工技术，对曲线超长束预应力管道进行空间定位和穿束；利用孔道摩阻试验，为预应力张拉提供了理论依据；应用单壁塑料波纹管和真空辅助灌浆工艺。解决了波纹管定位困难、孔道摩阻大、张拉空间小、灌浆密实性难保证的问题。

上述各项施工技术措施在工程中得到成功运用，并得到了较好的效果。本工程优化混凝土配合比，采用机制砂替代简阳砂，材料费节约 67.3 万元；应用钢筋滚轧直螺纹连接产生的工期效应与材料节约共计 19.5 万元；预应力盖梁施工时采用可回收式对拉螺杆，节约钢材 44.83t，经济效益 18.83 万元。本工程采用各项技术措施，取得了经济效益共 105.63 万元。

同时，该工程查新为国内第一座曲率半径小、现浇钢筋混凝土特大型双层螺旋，创造了社会效益，并在今后的桥梁施工中值得借鉴和参考。

第十三篇

大庆市萨环东路立交桥施工组织设计

编制单位：中建六局北方公司

编 制 人：安文河　解新宇

审 核 人：赵广斋

[简介] 本工程为三层全交通定向式立交桥，桥梁面积 18668m^2，地面道路及引道长 4610m，混凝土量 29500m^3，桥梁结构复杂，采用普通箱梁、预应力箱梁和组合箱梁桥面结构形式，技术难度较高，施工组织合理。

目　录

1 工程概况

1.1 工程简介

1.1.1 线路设计

大庆市萨环东路立交桥工程二标段是整个立交桥的核心工程，处在立交桥的中轴线与世纪大道——中七路主干道交叉的团结路口部位，桥梁为三层全互通定向式立交，线路设计情况如下：

(1) 主线中轴线 A/B 线（AO＋460.00—AO＋974.96 段），全宽 26m，二标段总长 514.96m，其中桥长：364.15m，引道长 150.81m。

(2) 主线主干道：C1 线（宽 35m）、C2 线（宽 15.5m）、C3 线（宽 15.5m）、C4 线（全宽 45m），地面道路总长 1370.24m。

(3) 匝道 D 线，宽 7.5m，总长 634.58m，其中桥长 477.15m，引道长 157.43m。

(4) 匝道 E 线，宽 10m～7.5m＋6.5m，总长 420.94m，其中地面道路 275.62m，引道 145.52m。

(5) 匝道 F 线，宽 7.5m，总长 281.02m，其中桥 116.28m，引道 164.74m。

(6) 匝道 G 线，宽 7.5m～10m，总长 609.66m，其中桥 285.31m，引道 324.35m。

(7) 匝道 H 线，宽 7.5m，总长 402.76m，其中桥 246.65m。

(8) 匝道 P 线，宽 7.5m，总长 303.57m，全为地面道路。

(9) 匝道 Q 线，宽 7.5m，Q 线部分地面道路属二标段，长 246.03m。

(10) 匝道 N 线，宽 7.5m，总长 272.62m，其中桥 101.20m，引道 171.42m。

综上所述，桥面积累计：18668m^2，引道总长 2414m，地面道路总长 2196m。

1.1.2 纵断设计

(1) 本工程纵断设计控制点为：匝道 H、D 线跨越 A、B 主线桥梁净空为 5m，A、B 线跨越 C2、C3 主干道，净空也为 5m。

(2) 本设计最大纵坡：立交主线 3.0%，立交匝道 3.5%，最小纵坡 0.3%。

(3) 主线最小凸曲线半径 2500m，最小凹曲线半径 3000m，竖曲线最小长度 45m，匝道最小凸曲线半径 1000m，最小凹曲线半径 900m，竖曲线最小长度 27m。

1.1.3 横断设计

(1) A、B 线标准横断布置为 0.5m（防撞墙）＋12.25m（机动车道）＋0.5m（防撞墙）＋12.25m（机动车道）＋0.5m（防撞墙）＝26m

(2) C1、C4 线为中七路与世纪大道的地面过渡段，为 1.5%双面坡，标准段路宽 24～28.5m；C2、C3 线为分幅式上下行地面道路，为 1.5%单面坡，标准段路面宽为 12～15.5m。

(3) D、E、F、G、H、N 均为 7.5m 宽立交匝道桥，均设置成 2%单面坡，匝道引道采用加筋土挡土墙形式，标准横断面为 0.5m（防撞墙）＋6.5m（机动车道）＋0.5m（防撞墙）＝7.5m。

(4) P、Q 线为地面匝道，标准断面为 0.5m（硬路肩）＋6.5m（机动车道）＋0.5m

(硬路肩)=7.5m

1.1.4 道路结构设计

(1) 新建机动车道路结构(新建地面道路部分及引道部分):

1) 4cm中粒式沥青纤维混凝土(AC-16Ⅰ型)

2) 5cm粗粒式沥青混凝土(AC-25Ⅰ型)

3) 洒透层沥青(0.9L/m^2)

4) 18cm水泥稳定砂砾(厂拌、水泥重量占6%)

5) 40cm石灰土(石灰:粉煤灰:土=12:35:53)

6) 碾压路床(重型击实压实度≥95%)

(2) 旧路为水泥混凝土路面补强结构:

1) 4cm中粒式沥青纤维混凝土(AC-16Ⅰ型)

2) 7cm粗粒式沥青混凝土(AC-25Ⅰ型)

3) 玻璃纤维土工格栅

4) 清扫路面

5) 现状水泥混凝土路面

(3) 旧路为沥青路面补强结构:

1) 4cm中粒式沥青纤维混凝土(AC-16Ⅰ型)

2) 5cm粗粒式沥青混凝土(AC-25Ⅰ型)

3) 喷洒乳化沥青(0.5L/m^2)

4) 清扫路面

5) 现状沥青路面

(4) 机动车道边石均采用锯切花岗岩边石(18×35×100cm),边石外露20cm。

1.1.5 桥梁结构设计

(1) 桥面铺装

由上到下结构构造为:①4cm中粒式沥青纤维混凝土(AC-16Ⅰ型);②3cm细粒式沥青混凝土(AC-13Ⅰ型);③柔性防水层(一布三涂,沥青基涂膜类材料);④7cm纤维网混凝土;⑤(C30)箱梁结构。

(2) 上部结构

桥梁上部结构分为以下三种形式:

1) 普通钢筋混凝土(C30)连续箱梁。

2) 预应力钢筋混凝土(C50)连续箱梁。

3) 钢/混凝土组合箱梁,其中匝道钢/混凝土组合简支梁顶板为C30混凝土,其余钢/混凝土组合连续箱梁的顶板均为C50混凝土。

各线上部结构跨径布置见表1-1。

(3) 下部结构

1) 桥墩

桥墩分为三柱式、双柱式、单柱式桥墩,除E型4个桥墩截面为1.7m×1.2m外,其余均为1.2m×1.0m,墩身设置15cm倒角;个别桥墩加设盖梁。

2) 桥台

萨环东路立交桥二标段桥梁结构与跨径布置　　表 1-1

墩号	普通钢筋混凝土连续箱梁跨径布置(m)	墩号	预应力钢筋混凝土连续箱梁跨径布置(m)	墩号	钢/混凝土组合箱梁跨径布置(m)
AO-A3	20＋22.68＋20	A3-A8	25＋25＋27＋25＋28	B9-B10	40
BO-B5	20.16＋22.87＋20.17＋24＋20	A8-A11	23.4＋32＋26.36	D11-D14	20＋40.65＋31.35
F0-F3	20＋25＋20	A11-A14	25＋35＋30	H3-H4	30.5
G0-G6	20＋20＋20＋25＋19＋18	B5-B9	30＋30＋32.8＋30		
G6-G10	20＋20＋20＋20	B10-B13	25＋35＋30		
G10-G14	20＋20＋20＋20	D17-D19	30＋25		
H0-H3	20＋25＋20				
H4-H7	17＋23＋20				
H7-H11	20＋25.5＋25.5＋20				
N0-N3	20＋20＋20				
D0-D3	20＋20＋20				
D3-D7	17＋23＋20＋20				
D7-D11	20＋20＋20＋20				
D14-D17	20＋20＋20				

桥台为钢筋混凝土轻型桥台，桥台宽度分为 12.99m，10m 及 7.5m 三种。

3）基础

基础均为钻孔桩，桥台桩直径为 1.2m，D12、D13 桩直径为 2.0m，其余桩直径为 1.5m。

(4) 挡土墙，防撞墙

引道为加筋土挡土墙。桥梁及引道上设置防撞墙，防撞墙混凝土掺加混凝土防腐剂。

(5) 伸缩缝与支座

桥梁伸缩缝采用仿毛勒 GQF-MZL-80 型伸缩缝，支座采用盆式橡胶支座与板式橡胶支座。

1.2 工程特点

(1) 三层立交结构复杂，技术难度高，工程质量要求高。

(2) 工程量大，工期短。本工程桥梁面积达 18668m^2，地面道路及引道长度共 4610m，钢材用量达 5200t，混凝土量达 29500m^3，仅二标段就相当于一座大型桥梁的工程量。桥梁结构为三种形式，且大部分为预应力连续梁，一联最长达 5 跨 130m，每联施工周期都很长，使得支架、模板的周转次数减少，需用量加大。

1.3 参建单位

建设单位：大庆市城建大项目管理办公室。

设计单位：沈阳市市政工程设计院。

大庆高新技术产业开发区规划建筑设计院。

监理单位：黑龙江省华龙公路工程监理咨询公司。

2 土建施工组织及施工部署

2.1 施工部署

2.1.1 施工总体部署

大庆市萨环东路立交桥二标段工程量大，工程复杂，工期紧，施工期间还要不中断世纪大道—中七路主干道的交通，因此，计划采取在世纪大道—中七路主干道两侧分两个主作业区，由两支主施工队平行立体交叉作业施工桥梁部分，另安排专项施工队，承担组合梁钢结构施工及引道、挡墙、地面道路施工。预应力穿束、张拉、锚固、压浆由专业承包队施工，路面沥青混凝土摊铺外委施工，剩余的未完灌注桩仍由原来的队伍承担。

桥梁结构部分要在 8 月 15 日之前全部完成。

2.1.2 施工力量安排

第一施工队：负责 A/B 线的 A0～A8 段，B0～B9 段，G 线、F 线、H 线桥梁的施工，主要包括上述各线的桥台、承台、墩柱、普通箱梁、预应力箱梁、组合箱梁的顶板以及桥面铺装（沥青混凝土摊铺除外）及防撞墙、扶手、伸缩缝安装等。首先施工全部墩柱承台及 A3～A8 段，B5～B9 段箱梁，G0 桥台。

第二施工队：负责 A/B 线的 A8-A14 段，B9-B13 段，D 线、N 线桥梁的施工，主要包括桥台、承台、墩柱、普通箱梁、预应力箱梁、组合箱梁的顶板，以及桥面铺装（沥青混凝土摊铺除外）、防撞墙及扶手、伸缩缝安装等。首先，施工全部墩柱、承台及 D11-D14，D17-D19 段箱梁，D0 桥台。

第三施工队：负责组合箱梁的钢结构部分的工厂制造，运输吊装及现场拼接，包括拼接用临时支架的设计，制造及搭设，拆除，拼接过程对钢梁的预压、支顶工序等的施工。首先，进行 D11～D14 组合梁的工厂预制。

第四施工队：负责引道及挡土墙的施工，包括挡土墙板的工厂预制、现场安装，路床碾压，拉筋埋设以及台背回填，枕梁、桥头搭板现浇，引道部分的防撞墙、扶手施工以及 C1、C2、C3、C4、P、E、Q 线地面道路的施工（沥青混凝土摊铺除外）。第四施工队可分两个区域由两个小队完成。首先，施工引道及挡土墙，最后施工 C1、C2、C3、C4、P、E、Q 线地面道路。

2.2 施工技术准备

(1) 根据招投标文件、施工合同、施工图纸及有关规范、标准，施工现场的实际情况，建设单位、监理单位的要求，编制施工组织设计。

(2) 工程技术人员在经过进一步认真阅读施工图纸后，参加图纸会审，熟悉有关现行施工规范、标准，搞好施工技术交底。

(3) 复核测量资料，进行二次测量放线，补充及复核施工需要的水准点，桥及地面道路轴线，墩台控制桩及已完桩顶的高程。

(4) 根据施工进度安排，及时做好材料试化验工作，以及各等级混凝土的配合比设计与试验，编写专项施工作业指导书。

2.3 施工组织准备

(1) 落实及完善施工项目组织机构，明确各人员管理责任，建立项目管理制度、工作制度等，组织机构框图见图 2-1。

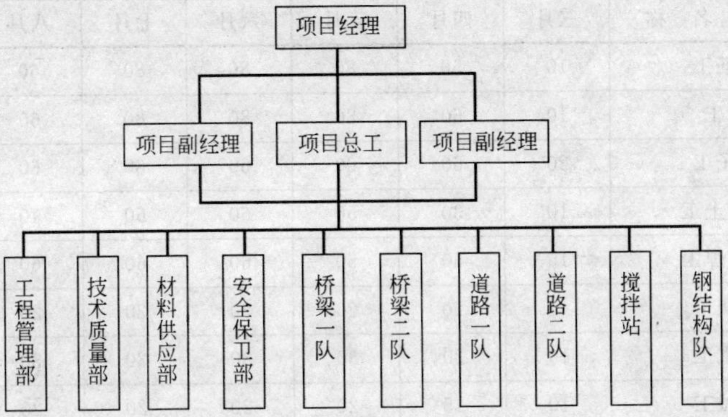

图 2-1 项目组织机构

(2) 建立质量保证体系。明确项目质量目标，制定质量保证措施。按中建六局贯彻 GB/T 19002、ISO 9002—2000 标准的要求及质保手册、程序控制文件规定，编制本项目质量计划。

(3) 落实施工分包或劳务分包队伍，签订分包或劳务合同，组织施工人员进场，并对全部人员进行技术交底、安全教育，明确质量、安全责任，明确工期要求。考虑到世纪大道—中七路主干道在施工期间不中断交通的情况，按两个施工主作业区，搞好施工总平面布置。编制出世纪大道—中七路主干道穿越施工区域的交通组织方案。

2.4 施工现场准备

(1) 修建或租赁施工、生活临时设施，主要包括现场办公室、材料仓库、材料堆放场地、钢筋加工场地、模板制作场地、规划生活区、修建或租赁宿舍、食堂等设施。

(2) 按两个施工主作业区落实施工用水、施工用电及施工便道，在世纪大道—中七路主干道两侧，分别安装一台套混凝土搅拌站，分别打一口水井，建一台贮水罐，配上水泵，并沿施工线路铺设临时水管线；同时，分别设一台电源配电柜，并沿线架设临时电源线路，每 50m 设一个配电箱，并进行计量标定和调试。

(3) 进行大宗材料及重要材料、机具的定货或租赁进场，主要包括：水泥、砂石、钢材、钢绞线、锚具、伸缩缝、支座、钢脚手、木材、竹胶板等的定货进场；墩柱钢模板加工；栏杆支撑件委托加工等。并对进场的材料机具进行验收保管、试验检测与计量鉴定。

(4) 施工现场障碍物拆迁，根据施工进度安排，编报施工现场障碍物拆迁计划，并派专人与建设单位联络，确保拆迁不影响施工进度安排。2005 年 3 月 10 日前，首先要解决 A0/B0 桥台位置，A11-A14 和 B10-B13 箱梁部位上方的高压线、下面的地下管道、埋地光缆、电缆等影响钻孔桩施工的问题。

2.5 施工劳动力准备

为确保本合同段施工顺利进行，我局组建了项目经理部，设置了相应的职能部门，施工生产过程中组建了钻机队、钢筋队、力工队共三个施工队。主要施工人员劳动力计划见表 2-1。

主要施工人员、劳动力需用计划 表 2-1

序号	工种名称	三月	四月	五月	六月	七月	八月	九月	十月
1	钢筋工	10	50	80	80	80	60	30	10
2	木工	10	60	80	80	80	60	30	10
3	架子工	20	60	60	60	60	60	40	20
4	混凝土工	10	30	50	60	60	40	30	10
5	电气焊工	15	40	50	60	60	60	30	10
6	抹灰工		10	20	20	20	20	20	10
7	起重工	10	20	30	30	30	30	20	5
8	机械工	10	15	20	-20	20	20	15	5
9	瓦工				20	20	20	20	
10	电工	5	5	10	10	10	10	5	5
11	力工	50	100	100	150	150	100	50	30
合计		140	390	500	590	590	480	290	115

注：本表不包括挡土墙面板及钢梁工厂预制所需人员

2.6 施工机具设备准备

钻机采用国产旋挖钻机 2 台，首先进场 1 台，钢筋加工设备已进场，具备开钻条件。主要施工机具需用计划见表 2-2。

主要施工机具需用计划 表 2-2

序号	名称	规格型号	数量	备注
1	混凝土搅拌站	$75m^3/h$	2套	
2	混凝土泵送专用车	42m,28m	2台	
3	混凝土运输专用车		6台	
4	发电机	750kW	1台	
5	旋挖钻		2台	
6	汽车吊	100t	2台	
7	汽车吊	15t	1台	
8	散水车		2台	
9	履带吊	15t	2台	
10	拖板	60t	1台	
11	钢筋切断机	CT-32	2台	
12	钢筋切断机	ϕ6-40	2台	

续表

序号	名　称	规格型号	数量	备　注
13	钢筋弯曲机	φ40	2台	
14	钢筋弯曲机	φ6-40	2台	
15	钢筋调直机	GTJ-4	2台	
16	钢筋对焊机	VN-100	2台	
17	钢筋冷拔机	LW1-6/500	2台	
18	电焊机	交直流	20台	
19	压路机	2Y6/8	2台	
20	压路机	3Y12/15	2台	
21	振动压路机	Y210B	2台	
22	装载机	ZL50D	1台	
23	推土机	TS140	2台	
24	路基料拌合站	WQ200	1套	
25	砂浆搅拌机		1台	
26	水泥净浆搅拌机		2台	
27	压浆机	HT-03-C	2台	
28	水泵	ISL50-125-400	4台	
29	振捣器	平板	20个	
30	振捣器	插入式	40个	
31	平地机	PY160B		
32	振动打夯机		6台	
33	试块标准养护箱		2个	
34	坍落度筒		2个	
35	木工平刨		4台	
36	木工电锯		4台	
37	台钻		2台	
38	气焊工具		4套	
39	经纬仪	T2　1″	2台	
40	水平仪		2台	

3　主要分部分项工程施工方案

3.1　钻孔灌注桩施工方案

3.1.1　机械钻孔

(1) 钻机就位

钻机是履带式自行机械，应使钻杆中心、钻头中心、斜筒中心三者处在同一条直线上。钻机底座应平稳牢固。钻杆垂直度、同心度、深度等各项参数均由操作室内电脑控制，调试好后，由两台经纬仪在两个不同方向进行观测，以保证垂直度。经过观测合格后报现场监理工程师检查，得到同意后方可开钻。

钻机就位前，现场电、泥浆等配套设备接送到位。

（2）钻孔

根据地质报告，在桩长 40m 以内的桩均采用干式成孔，遇有粉砂层的桩采用温式成孔。具体步骤如下：

1）把护筒内罐满泥浆，护筒内水头位置不应低于护筒顶下 30cm。

2）旋挖钻孔机根据设计桩径可直接配置 $\phi1.2$m、$\phi1.5$m、$\phi2.0$m 等直径的料筒和钻头，采用中心钻杆连接料筒，旋转料筒，使料筒下的刀盘切割泥土进料筒。料筒采用筒式活底，把土屑收到料筒后再反向旋转，即可关闭筒底提升中心钻杆把土拖至地面，打开活底卸土，此为一个工作循环；如此反复循环，不断钻进，直至设计孔深。

3）钻孔作业应分班连续作业，认真填写施工记录。钻孔工程中每隔 5m 都要对土层岩性进行分析，看是否与地质报告符合；如不符合应暂停钻进，调整钻进参数，并及时做好地质记录，向监理工程师报告。

4）开孔作业时要慢下钻，特别是在桩顶 8m 以下粉砂地质层，此时要加大泥浆密度，以防坍孔。

5）在提钻排渣或因故停钻时，应保持孔内水头压力，泥浆密度和黏度应符合要求，处理孔内事故或因故停钻时，应及时将钻头提出孔外。

6）清孔：当钻至设计孔深时，应及时进行清孔，清孔方法采用抽浆方法，此时施工方与监理工程师共同对泥浆式样孔底沉淀层厚度进行检测，达到下述标准后，清孔方可结束；否则，应继续进行清孔。清孔标准如表 3-1 所列。

清孔标准　　**表 3-1**

相对密度	黏度	含砂率	胶体率	沉淀层厚度	孔深
1.03～1.10	17～20Pa·s	＜2%	＞98%	≤300mm	不大于设计

7）质量检验：钻深达到设计要求后，应立即报请监理工程师进行验孔。验孔采用钢筋验孔器。验孔项目包括孔深、孔径、孔径位置偏差、钻孔倾斜度及沉淀层厚度。检验结果应符合表 3-2 的要求。

钻孔成孔质量标准　　**表 3-2**

序号	检　查　项　目	允　许　偏　差	检　验　方　法
1	孔中心位置(mm)	50	用经纬仪
2	孔径(mm)	不小于设计桩径	验孔器
3	倾斜度	＜1%	验孔器
4	孔深	不小于设计值	测绳
5	沉淀厚度(mm)	≤300mm	测绳

3.1.2　钢筋笼的制作和安装

（1）原材料进场质量要求

钢筋进场时必须出具质量证明文件或出厂合格证，进场后应及时进行力学性能二次检验，合格后方可使用。

（2）钢筋笼的加工制作

1）钢筋笼应按设计要求在操作棚内集中加工制作，由于该合同段桩较长，钢筋笼应分节预制，每节在12m左右。

2）钢筋焊接宜在操作棚内进行；当必须在室外进行时，最低温度不宜低于－20℃，并应采取防雪、挡风措施，减少焊件温度差，焊接后的接头严禁立即接触冰雪。

3）主筋接头采用搭接焊，双面焊缝长度不小于$5d$，单面焊缝长度不小于$10d$，焊缝高度不小于$0.3d$，焊缝宽度不小于$0.7d$。使用的焊条应有合格证，使用时应烘干，焊工必须持考试合格证上岗作业。

4）钢筋加工调直时应保证HPB235钢冷拉率不宜大于2%，冷拉温度不宜低于－15℃。

5）根据设计图纸要求，钢筋骨架每隔2m设加强箍筋一道，加强箍筋为ϕ20钢筋，长度根据不同桩径而有所不同，加工制作时应特别注意，不能发生错误。

6）钢筋笼主筋接头区段内，每搭接长度内（70cm）接头数不应大于主筋根数的50%，两搭接长度应错开70cm以上。

7）在钢筋骨架外侧，顶端设4根吊筋，以备吊装用，吊环要有足够的强度和刚度。

8）两节钢筋笼对接时，应使1#主筋错位相切，错位距离在70cm以上。

9）钢筋笼成型后，经自检合格后报监理工程师检查验收，验收合格后方可使用。

钢筋笼绑扎质量标准见表3-3。

钢筋笼质量标准 **表3-3**

编号	检 查 项 目		规定值或允许偏差	检查方法和频率
1	受力筋间距(mm)		±20	平均检查两个断面
2	箍筋间距(mm)		+0、-20	平均检查5～10个断面
3	骨架尺寸(mm)	长	±10	按骨架总数30%抽检
		直径	±5	
4	保护层厚度(mm)		±10	在周边检查8处

（3）钢筋笼的运输吊装

1）钢筋笼的运输采用自制架子车运输。

2）吊装：钢筋笼的吊装采用16t汽车吊作业。钢筋笼在吊装过程中要缓慢放，保证笼子的垂直度，第一节笼子入孔，先把第一节笼子固定在护筒顶部，再吊第二节，并在现场将第二节笼子焊接连接，焊接时焊缝长度不小于20cm。骨架入孔时，要保证骨架对准孔中心，按其顶标高固定在护筒外侧的支撑枕木上，经监理工程师确认无误后，准备灌注水下混凝土。

3.1.3 灌注水下混凝土

（1）导管安设

A. 导管为钢制导管，壁厚6mm，内径325mm，每节2.5～3.0m，为保证导管刚度，导管连接采用丝扣连接。导管使用前应进行水密承压和接头抗拉实验，严禁用气压试压。

进行水密试验的水压不应小于孔内水深的 1.3 倍，压力也不应小于导管壁和焊缝可能承受的灌注混凝土最大压力的 1.3 倍。

B. 导管底口距孔底高度控制在 40～60cm 为宜。

C. 导管分节用吊车拼装后吊入孔内，导管接口要紧密，导管全部拼装完成后固定在平台上。

(2) 活塞球制作：采用成品活塞球。

(3) 水下混凝土的配制、运输、灌注

A. 水下混凝土的配制、运输：该标段的桩基均采用商品混凝土，故其配制、运输由厂商负责。但需要注意混凝土要有良好的和易性，坍落度为 18～22cm。水泥用量不应少于 $350kg/m^3$，强度等级不低于 42.5MPa，混凝土无泄水、离析现象。生产厂家应出具水泥合格证、骨料级配证明等相关质量证明。运至现场的混凝土每根桩做 3 组抗压试件。

B. 灌注混凝土：首批混凝土灌注前，应重新测孔内沉淀厚度；如不符合要求，应再次清孔，直至合格后，方可灌注首批混凝土。

a. 为保证首批混凝土的数量能够满足导管首次预埋深度（≥1m）和填充导管底部的需要，储料漏斗体积应＞$5m^3$，下端设控制阀。首批灌注混凝土的数量见表 3-4。

首批灌注混凝土数量　　　　**表 3-4**

桩长(m)	23	36	42	48	50	52
首批混凝土数量(m^3)	3.0	4.2	4.5	4.5	5.0	5.0

首批混凝土灌注量计算公式为：

$$V \geqslant \pi D^2/4(H_1+H_2)+\pi d^2/4h_1$$

式中　V——首批混凝土数量（m^3）；

D——桩孔直径（m）；

H_1——桩孔底到导管端间距，(0.4～0.6m)；

d——导管内径（$d=325mm$）；

H_2——埋置深度；

h_1——桩孔内混凝土达到埋置深度 H_2 时导管内混凝土柱平衡导管外压力所需的高度，$h_1=H_W \cdot \gamma_W/\gamma_c$

其中　H_W——井孔内水或泥浆深度（m）；

γ_W——井孔内水或泥浆重度（kN/m^3）；

γ_c——混凝土拌合物的重度，取 $24kN/m^3$。

b. 首批混凝土下落时，混凝土应连续灌注。

c. 混凝土灌注过程中，应经常测探井孔内混凝土面的位置，及时调整导管埋深，导管埋深宜控制在 2～6m。

d. 为防止骨架上浮，当灌注的混凝土顶面距钢筋骨架底部 1m 左右时，应降低混凝土的灌注速度；当混凝土拌合物上升到骨架底口 4m 以上时，提升导管，使其底口高于骨架底部 2m 以上，即可恢复灌注速度。

e. 灌注的桩顶标高应比设计高出 0.5～1.0m，多余部分应在接桩前凿除。

f. 每次灌注水下混凝土，应详细记好灌入的混凝土数量，以确定所测混凝土的灌注高度是否准确。详细填写施工原始记录，并请监理工程师予以确认。

g. 单桩灌注完毕后，应及时清理现场，做好桩头的保护工作；然后，转移吊车等设备，灌注下一根桩。

3.2 承台桥台施工方案

3.2.1 承台桥台的质量检验标准

承台、桥台的质量检验标准分别见表 3-5、表 3-6。

承台的质量检验标准 **表 3-5**

项　目	允许偏差(mm)	项　目	允许偏差(mm)
混凝土强度(MPa)	符合 C25 要求	平面尺寸	±30
轴线偏位	15	顶面高程	±20

桥台允许偏差 **表 3-6**

项　目	允许偏差(mm)	项　目	允许偏差(mm)
宽、高	±10	位置	10
长	±20	垂直度	0.25H% 且不大于 25
顶面高程	±10	平整度	5

3.2.2 施工方法与技术措施

(1) 承台、桥台应在其基础（钻孔桩头）结构混凝土强度达到设计强度的 70%以上，且经检验合格，并对其下部结构的中心位置，顶标高进行复测，确认无误后方可施工。

(2) 根据复测结果，采用 3m^3/min 空压机，带风镐破除桩头和不良混凝土；同时，按设计要求使桩顶进入承台 20cm。破桩头混凝土时，注意不要过分打击桩内钢筋笼主筋，并将预留伸入承台的钢筋清理干净。

(3) 按设计要求的承台尺寸，加上作业面、模板及支撑宽度，基坑底每边加宽 1m。考虑到需用机械挖冻土，放坡按 1∶0.75 计算。基底设集水坑，用水泵排水，基坑外设排水沟，防止其任意流淌。

(4) 模板采用竹胶大模板，其允许偏差应符合表 3-7 的要求。

整体式模板允许偏差 **表 3-7**

项　目		允许偏差(mm)	项　目		允许偏差(mm)
相邻板差		2	模内尺寸		+5，−10
表面平整度		3	轴线位移		10
垂直度		2H‰，不大于 20	高程		+2，−5
预埋件	位置	3	预埋筋	位置	10
	高差	2		外露长度	±10

承台、桥台的模板，根据结构尺寸，先在预制场做成片；然后，到现场组装。模板用 15cm×15cm 木枋作龙骨，网格尺寸为 60cm×60cm，横向两侧模板用 ϕ14mm 穿墙螺栓固定，且在模板外侧加支撑。

（5）钢筋在钢筋加工场地下料、焊接、现场绑扎成型，钢筋焊接应有防风措施，环境温度在－20℃以下时，不宜焊接。

钢筋加工允许偏差应符合表 3-8 要求。

钢筋加工绑扎允许偏差　　表 3-8

项　目	允许偏差(mm)	项　目	允许偏差(mm)
受力筋长度	±10	保护层	±10
箍筋尺寸	±5	主筋间距	±20
骨架尺寸、位置	±20	箍筋间距	0，－20

（6）承台、桥台混凝土浇筑：

1）为控制混凝土内部水化热的温度，用普通水泥加 25％中块石即可。

2）浇筑承台混凝土采用溜槽下料，浇筑桥台混凝土采用串筒下料。浇筑桥台的承台混凝土分三次进行：①第一次浇筑 50cm，焊接台背钢筋；②再浇筑 50cm，焊接桥台侧面钢筋及前台钢筋；③浇筑最后 50cm 混凝土。

3）混凝土在整个平截面范围内分层浇筑，分层厚度 25～30cm，用插入式振捣器振捣。在浇筑第一层混凝土时，可先铺一层 2～3cm 的水泥砂浆。承台下部根据基底情况，先铺一层砂垫层。

4）混凝土浇筑期间，设专人检查模板支撑、预埋件稳固情况。

5）浇筑桥台台身，因台帽混凝土为 C30，台帽与台身混凝土分两次进行。

（7）最大的 2 个承台混凝土量分别为 $100m^3$、$70m^3$，属较大体积混凝土，采取在混凝土中埋放石块的办法，以降低混凝土内部的温度，防止混凝土裂纹。埋设石块的具体方法如下：

1）石块厚度不小于 150mm，其抗压强度不低于 30MPa，无夹层、无裂纹。

2）石块应清洗干净，应在捣实的混凝土中埋入一半左右。

3）石块应均匀分布，净距不小于 100mm，距结构侧面和顶面的净距不小于 150mm，石块不得接触钢筋和预埋件。

4）气温低于 0℃时不得埋放石块，受拉区混凝土也不得埋放石块。

5）埋放石块的数量不超过混凝土结构体积的 25％。

3.2.3　承台、桥台施工流程

施工承台混凝土前，将其上部的桥台或墩柱插筋完成。承台施工流程见图 3-1。

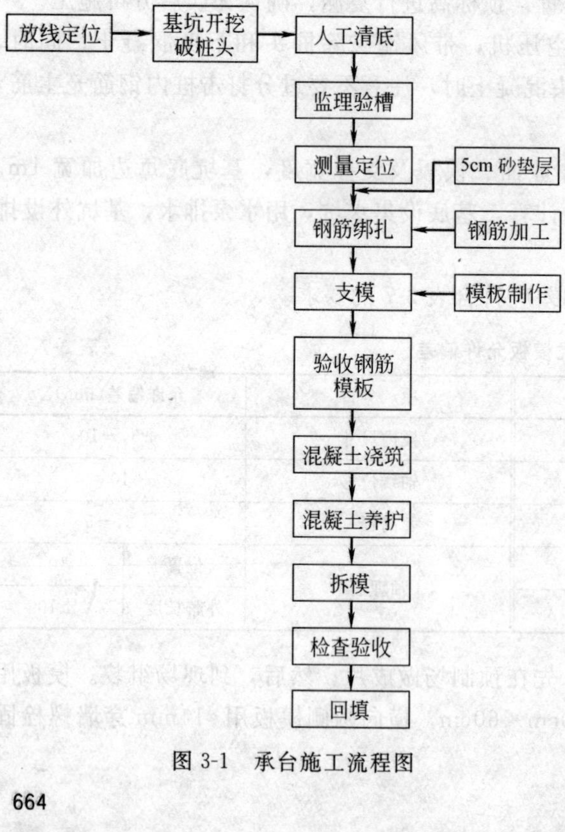

图 3-1　承台施工流程图

3.3 墩柱施工方案

3.3.1 本桥墩柱概况

本桥墩柱种类分为A、B、C、D、E、F、G、H、J、K九种型号，形式主要有带柱帽的独柱墩和带盖梁的双柱墩两大类型。墩柱截面均为矩形，四角有15cm×15cm倒角，墩柱总数为107个，其中103个墩柱截面尺寸为1.2m×1.0m，4个墩柱截面尺寸为1.7m×1.2m，墩高最低2.5m，最高10m，混凝土等级均为C30。

3.3.2 质量要求（表3-9）

墩柱允许偏差 **表3-9**

项目	允许偏差(mm)	项目	允许偏差(mm)
混凝土抗压强度	符合设计要求	垂直度	0.15%H 不大于10
断面尺寸	±5	间距	±10
顶面高程	±10	表面平整度	5
位移	8	麻面	每侧不超过 1%该侧面积

3.3.3 施工方法

墩柱模板、钢筋、混凝土浇筑施工都分两步完成，在墩柱帽（或盖梁）下部与柱相接处留施工缝。

(1) 模板

墩柱模板采用定型分节组合钢模，用钢板、型钢加工。每节由四片组成，用M20螺栓连接，高度为2.0m、0.7m两种，截面尺寸按墩柱截面设计，分1.7m×1.2m及1.2m×1.0m两种，节与节之间以法兰形式也用M20螺栓连接。根据本桥墩柱的形式与数量，模板加工数量见表3-10。

墩柱模板加工一览表 **表3-10**

模板截面类型	2.0m节数量	0.7m节数量
1.7m×1.2m	4	0
1.2m×1.0m	18	6

墩柱顶部的柱帽或盖梁采用15cm×12cm和10cm×10cm木方，与竹胶板制作成竹胶大模板，用ϕ14mm穿墙螺栓固定。模板下用钢脚手架支顶。支架下部基础作加固处理，方法与箱梁支架基础处理方法相同。

柱施工时，沿墩柱四周搭设双排钢脚手，距墩帽下部0.6m部位搭设工作平台，并设置围护栏杆。墩柱帽或盖梁施工时，工作平台外扩上移至墩顶以下0.6m处，同样设围护栏杆。

(2) 钢筋

墩柱钢筋在加工场地整体成型后，与桩头钢筋相焊接1.5m安装定位，校正后用缆风绳或钢脚手临时固定，然后再浇筑接桩混凝土。墩柱钢筋焊接采用双面焊，焊缝长度为5d，墩柱箍筋焊成封闭筋，并与主筋点焊。

盖梁钢筋骨架上下纵向筋之间、纵向筋与弯起筋之间，均采用焊接。双面焊为5d，

单面焊为 $10d$，双层主筋及骨架与主筋之间采用间断焊接。

墩柱内 N2、N2′箍筋在浇筑混凝土时，在模内随混凝土浇筑绑扎，以便于工人在墩柱模板内振捣混凝土作业。

(3) 混凝土浇筑

1) 混凝浇筑前，要检查模板、保护层厚度的控制、钢筋和预埋件安装情况，及混凝土坍落度，确认无误后方可浇筑，并做好记录。

2) 墩柱混凝土为 C30 混凝土。选 42.5 级合格水泥，合格砂、石，预先进行配合比设计和试配。由于工期紧，为加快模板周转，要掺用早强剂，混凝土浇筑入模时的坍落度为 10～30mm。

3) 墩柱混凝土，采用混凝土泵向模内浇筑，浇筑分层厚度不超过 300mm，用插入式振捣器在模内振捣。一个墩柱的混凝土要连续浇筑。

4) 第一层混凝土浇筑前对桩清理干净，并使润湿，先铺一层 20～30mm 的水泥砂浆。浇筑混凝土过程中，应设专人检查支架、模板、钢筋和预埋件稳固情况，发现问题及时处理。

5) 混凝土浇筑完成后，要复测墩顶高程，确认无误后，将墩顶覆盖防护；拆模后如表面有缺陷，要及时处理，并用塑料薄膜封闭养护 7d。

3.3.4　墩柱施工工艺流程（图 3-2）

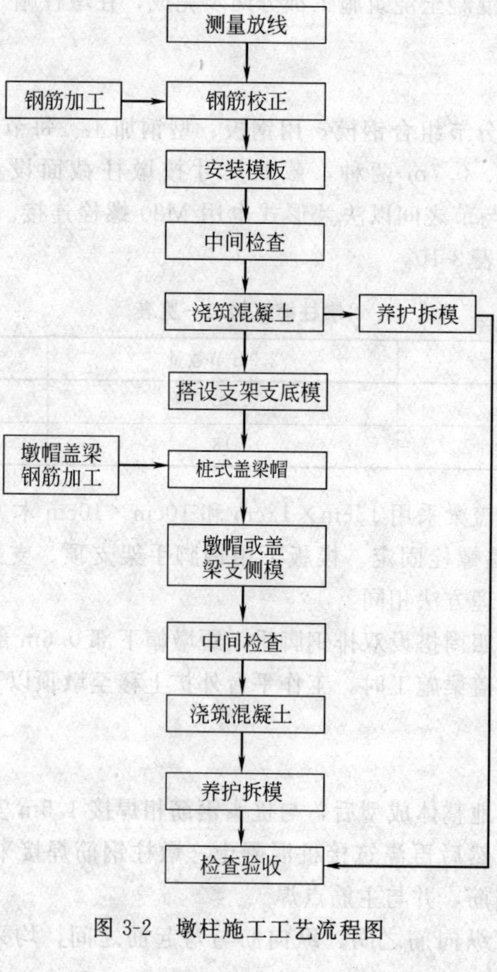

图 3-2　墩柱施工工艺流程图

3.4 现浇普通钢筋混凝土连续箱梁施工方案

3.4.1 概况

二标段普通钢筋混凝土连续箱梁共 14 联，其中主线 2 联，宽 13m，长度分别为 62.68m 及 107.2m。匝道共 12 联，宽 7.5m，每联长度为 60～122m 不等，混凝土为 C30，累计 6132m^3。

3.4.2 工艺流程（图 3-3）

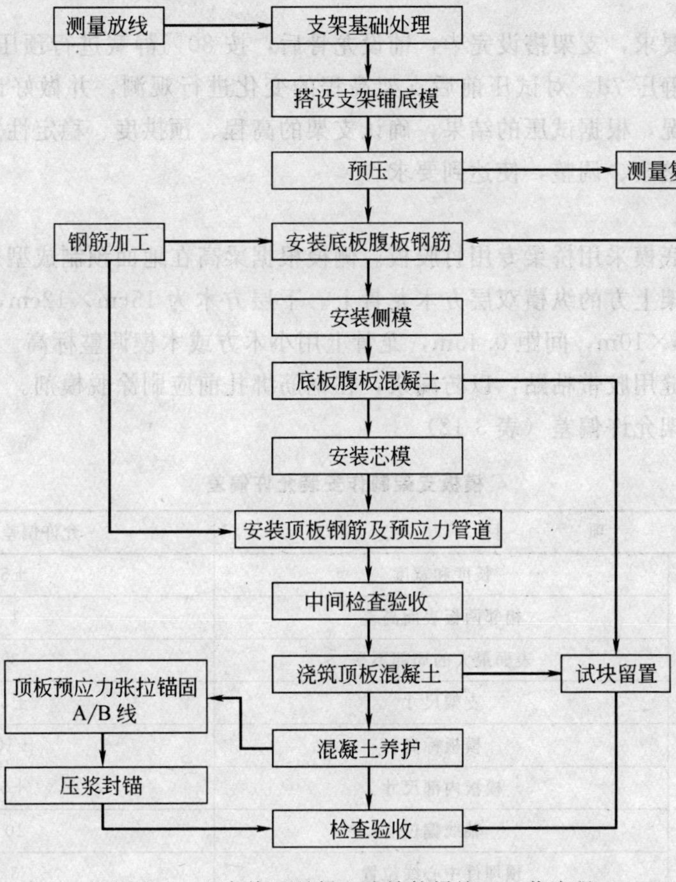

图 3-3　现浇普通混凝土连续箱梁施工工艺流程

3.4.3 质量要求（表 3-11）

箱梁允许偏差　　表 3-11

项　目	允许偏差(mm)	项　目	允许偏差(mm)
混凝土抗压强度	符合设计要求	平整度	8
宽	+5,−8	间距	±10
高		顶面高程	±5
壁厚	±5	侧向弯曲	L/1000,不大于 10
长	0,−10	麻面	每侧不超过该侧面积的 1%
纵横轴线位移	8		

3.4.4 支架基础处理

为保证支架在混凝土浇筑过程中不下沉，支架基础应作加固处理。原地基为混凝土路面，仅做条形基础，间距 60cm，沿桥横向设置，宽 30cm，高 20cm，长与桥面等宽。原地基为原状土基的先碾压平整，上做 30cm 厚二灰石；然后，同样做混凝土条形基础。支架基础处理要提前进行，保证在支架预压时条形基础达到一定的强度。

钢支架采用碗扣式钢脚手。立杆间距为 0.6m，横杆间距为 0.6m，柱脚下垫 6cm 厚木板，纵横方向设置斜拉杆。每联沿纵向在支架外侧搭设一座人行马道，并设防滑条、防护栏杆、安全网。

根据监理的要求，支架搭设完毕，铺设龙骨后，按 80%静载进行预压。采用袋装砂，均匀铺在支架上静压 7d。对试压前后支架高程的变化进行观测，并做好记录；同时，观测支架的稳定情况，根据试压的结果，确认支架的高程、预拱度、稳定性及可靠性。对出现的问题，及时整改、调整，使达到要求。

3.4.5 模板

(1) 侧模、底模采用桥梁专用竹胶板。侧模根据梁高在地面预制成型后然后安装。底模直接铺设在支架上方的纵横双层方木龙骨上。下层方木为 15cm×12cm，间距为 0.9m，上层方木为 10cm×10m，间距 0.45m，龙骨上用小木方或木楔调整标高。

(2) 模板接缝用胶带粘贴，以防漏浆，在钢筋绑扎前应刷涂脱模剂。

(3) 模板支架允许偏差（表 3-12）

模板支架制作安装允许偏差 **表 3-12**

项目		允许偏差(mm)
制作	长度和宽度	±5
	相邻两板表面高差	1
	表面最大的局部不平	3
	支架尺寸	±5
安装	模板标高	±10
	模板内部尺寸	+5
	轴线偏位	10
	预埋件中心线位置	3
	预留孔洞中心线位置	10
	相邻两模板表面高度	2
	模板表面平整	5
	支架纵轴平面位置	跨度 1/1000 或 30

注：模板板面局部不平，用 2m 靠尺、塞尺检测。

(4) 芯模采用一次性杨木板加工定型内模。内模外包油毡或塑料薄膜防止漏浆。在梁跨三分之一处设 400mm×400mm 检查孔。内模安装要保证底板和顶板设计给定的混凝土保护层厚度。

3.4.6 钢筋

(1) 钢筋在制作场地集中加工，挂牌编号，运到现场安装绑扎。钢筋骨架可分段制作，主筋接长采用对焊。斜筋与主筋连接采取双面焊，长度为 $5d$，骨架应避开边横梁和中横梁的钢筋位置；若让不开，模梁钢筋安装好后再焊接骨架。

（2）钢筋安装前先在底模上放线弹出墨线，对号入座。上层钢筋安装前先制作安装“马凳”，将上层钢筋绑在“马凳”上，以保证上层钢筋安装位置正确。

（3）先绑扎梁底板、腹板钢筋，浇筑腹板和底板混凝土后安装芯板，待芯模安装完成后，再绑扎顶板钢筋。

（4）利用预先制作的混凝土垫块控制保护层厚度。

（5）钢筋加工质量要求见表 3-13。

钢筋加工安装允许偏差 **表 3-13**

项　目	允许偏差(mm)	项　目	允许偏差(mm)
受力筋顺长度方向全长	±10	焊接骨架宽及高	±5
受力筋排距	±5	焊接骨架长	±10
弯起钢筋各部位尺寸及位置	±20	焊接网尺寸	±10
箍筋各部位尺寸	±5	保护层厚度	±5
箍筋间距	0,－20		

3.4.7　混凝土浇筑

（1）由于连续梁较长，混凝土浇筑量大，每联可分为 2 个浇筑段，同时进行浇筑。作业段分界选在跨中支座处，从中间向两端同时进行浇筑。

（2）混凝土浇筑分两步：底板、腹板为一步，顶板为一步。各步为全断面一次性浇筑，逐步沿纵向推进，混凝土浇筑分层下料振捣，上下层前后距离保持在 1.8m 以上。

（3）浇筑混凝土前先铺 2～3cm 高强度等级水泥砂浆；然后，从梁的一侧模板角处浇筑混凝土，直至从附近的模底有混凝土流出，再按顺序分层向前推进。

（4）混凝土浇筑用插入式振捣器和平板式振捣器由专人进行振捣，不得用振捣器碰击模板，以防漏浆。为保证底板混凝土的质量，对钢筋密集区域，要特别注意振捣（采用 ϕ30mm 振捣棒）。

（5）振捣时要避免碰撞预应力管道、预埋件。设专人检查模板是否稳固、下沉，检查预应力管道、锚固端垫板及支座预埋件位置是否变化等，保证其位置及尺寸符合设计要求。

（6）由于每联混凝土量大，混凝土浇筑连续进行，要准备防雨措施，备塑料薄膜，及时覆盖防雨。

（7）浇筑混凝土前应预先考虑施工缝的留置，选在受剪力和弯矩较小的位置留置施工缝。

（8）混凝土用泵车混凝土输送管直接入模。混凝土浇筑期间要计量准确，经常检查其坍落度，及时调整用水量。

3.5　预应力钢筋混凝土箱梁施工方案

3.5.1　概况

二标段预应力钢筋混凝土连续箱梁共 6 联。其中主线 5 联，宽 13m，长为 81.76～136m 不等，匝道 1 联。混凝土等级为 C50，累计 7243m^3。

A/B 主线顶板有横向预应力。此外，钢/混凝土组合梁中 D11-D14 顶板为纵向预应力结构。

3.5.2　预应力钢筋混凝土支架搭设

普通钢筋的施工、模板加工安装、混凝土浇筑以及一般质量要求与普通钢筋混凝土箱梁相同。

3.5.3　预应力管道安装

(1) 选用波纹管的内净截面应不小于钢束截面的 2.5 倍。波纹管在使用前应进行渗水性试验，波纹管的连接也必须保证质量。为了杜绝在混凝土浇筑过程中漏进浆料，用大一个直径级别的管道作套管来连接波纹管，套管长度为 5～7 倍的等径。

(2) 波纹管内衬硬塑料管芯，混凝土浇筑完成后拔出。钢筋与波纹管管道相碰时，只能移动，不得切断。

(3) 波纹管必须严格按设计给定的坐标定位，采用 ϕ12mm 井字形架立筋来固定波纹管，间距为 1m。为防止预应力钢束崩出，在梁体曲线段设置防崩钢筋，每 1m 设一个，与定位钢筋交错布置。

(4) 预应力管道安装允许偏差见表 3-14。

预应力管道安装允许偏差　　**表 3-14**

项　目	允许偏差(mm)	项　目	允许偏差(mm)
管道坐标	梁长方向　30	管道间距	同排上下层 10
	梁高方向　10		

3.5.4　预应力施工

(1) 穿预应力钢束

1) 钢绞线在使用前，必须对其强度、引伸量、弹性模量、外形尺寸及初始应力进行严格检查、测试。锚头应进行裂缝检查，夹片应进行硬度检查。

2) 将按设计要求下料的钢绞线放在工作平台上，用 26 号钢丝每隔 50cm 将钢束绑在一起，并在钢绞线的端部编制号码，以便对应张拉。

3) 在波纹管内衬塑料管中先穿入一根钢丝，在钢绞线端部用金属网套牢，可用穿束机牵引或用 2t 慢速卷扬机穿钢束。用钢丝牵引钢束一端，将钢束带入波纹管，同时把塑料管拉出。

(2) 预应力钢束张拉

1) 预应力钢束在混凝土强度达到 100%时方可张拉。

2) 施加预应力必须采取张拉力与引伸量双控，实际引伸量与理论引伸量差值应不大于 6%；否则，应暂停张拉，查明原因、采取措施后，方可继续张拉。

3) 钢绞线束张拉程序：0→初始应力→1.03 控制应力→锚固。两端张拉的钢束一端锚固后，另一端要补足预应力值。设计控制应力为 1395MPa。

4) 钢绞线束在同一断面上的断丝率不大于 1%，不允许整根钢绞线拉断。

(3) 孔道压浆

1) 预应力钢束张拉完后，孔道应尽早压浆，宜在 24h 内完成。水灰比为 0.4～0.45，不许掺氯盐，可掺减水剂，掺量由试验决定。掺减水剂时，水灰比可减小到 0.35。为减少收缩，可掺入 0.0001 倍水泥用量的铝粉或 0.02 倍水泥用量的外掺剂作为膨胀剂。压浆强度等级不低于 C40。

2）压浆前用空压机风力清除管道内杂质；同时，用水冲洗干净，使孔壁湿润。

3）压浆压力控制在 0.6～0.7MPa，从低处向高处压浆，直到高处出原浆 1min 后停止。

4）压浆水泥采用普通硅酸盐水泥，强度等级不低于 42.5，水泥浆的稠度控制在 14～18s 之间。

3.5.5 A/B 线箱梁顶板横向预应力及 D11-D14 钢/混组合梁纵向预应力施工

A/B 主线箱梁顶板有横向预应力，单向张拉。D11-D14 组合梁顶板有纵向预应力双向张拉，在箱梁顶板绑筋时，应及时安装波纹管。波纹管安装，预应力筋穿束、张拉、压浆、封锚，与前述预应力纵向施工方法相同。

萨环东路立交桥二标段预应力材料的验收、保管、试验及施工要严格遵守设计规定和《公路桥桥梁施工技术规范》JTJ 041—2000 执行。同时此项工作的穿束、张拉、锚固、压浆等工作委托专业预应力施工队伍进行。

3.6 组合箱梁施工方案

3.6.1 概况

本标段组合箱梁共三联，其中主线 B9～B10 联长 40m，匝道 D11～D14 联长 92m，匝

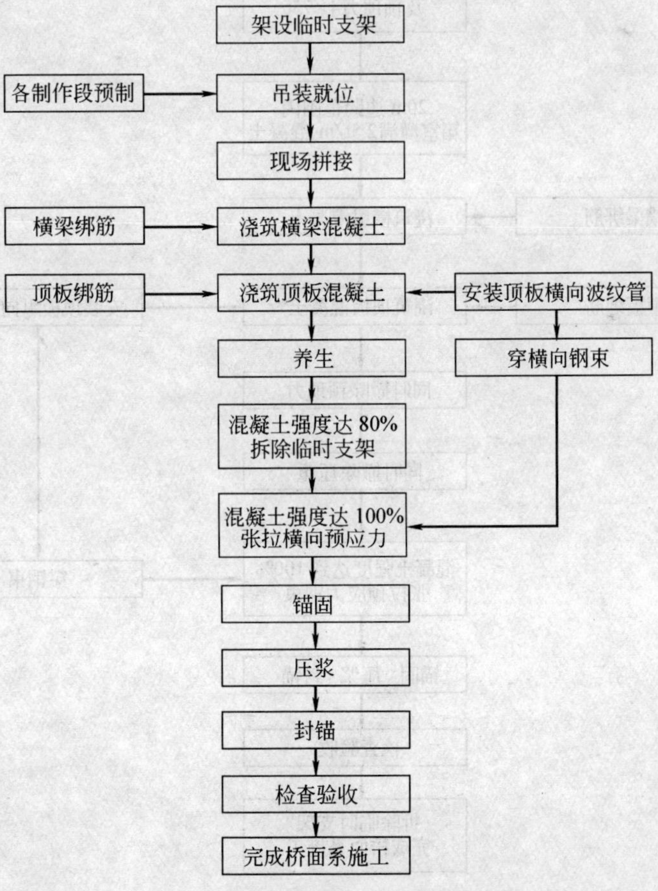

图 3-4 B9～B10 组合梁施工流程

道 H3～H4 联长 30.5m。组合箱梁箱体部分为钢结构，顶板部分为现浇钢筋混凝土结构，H3～H4 顶板混凝土为 C30，其余为 C50；D11～D14 顶板设纵向预应力。

3.6.2 主要施工方法

(1) 组合箱梁钢结构部分在工厂分段预制。用大型拖车和大型吊车运输、吊装，现场拼接。关于组合梁钢结构部分的分段预制、运输、吊装，因委托专业钢结构生产厂家施工，配合厂家单独编写专项施工方案。

(2) 组合钢箱梁现场拼接临时支架选用钢结构，其基础用钢筋混凝土现浇，并用缆风绳做临时固定。

(3) 施工流程见图 3-4、图 3-5、图 3-6。

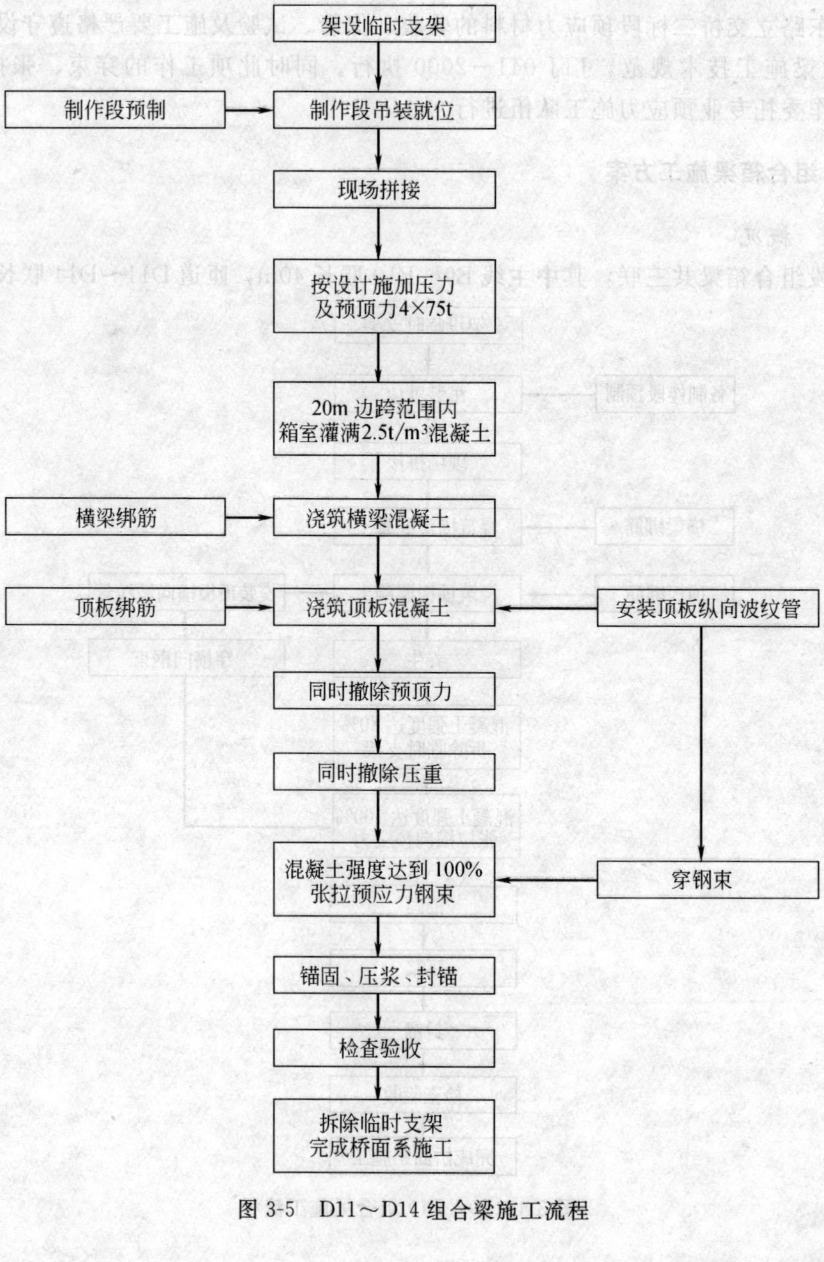

图 3-5 D11～D14 组合梁施工流程

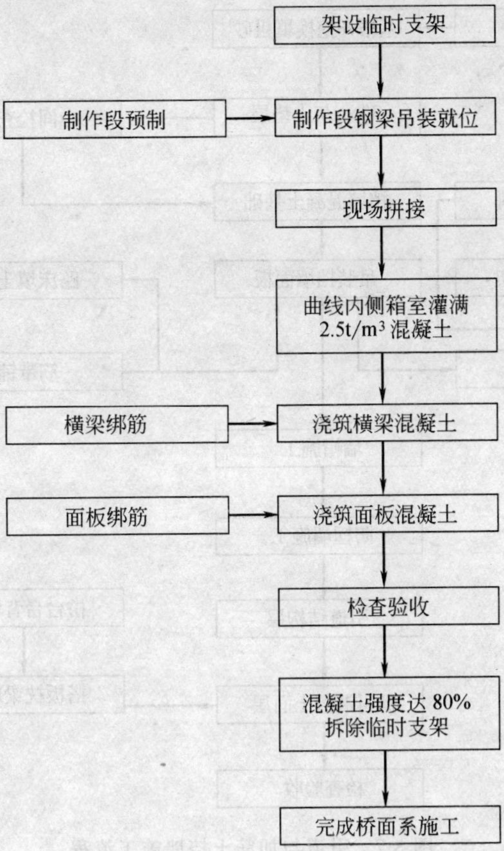

图 3-6 H3～H4 组合梁施工流程

3.7 引道及加筋土挡墙施工方案

3.7.1 概况

二标段引道分布在 A/B 线 A0/B0 端、D 线 D0 端、E 线 EO 端、F 线 F3 端、N 线 N3 端，G 线 G0 及 G14 两端。引道总长 897.25m，挡墙总长 1809m，引道路床土方 $12506m^3$，挡墙基础混凝土 $579m^3$，挡墙面板 4362 块，防撞墙 1809m，根据本工程施工安排的总体部署，拟安排两个作业小队承担。

3.7.2 施工流程（图 3-7）

3.7.3 施工技术要点

(1) 加筋土挡墙施工严格按《公路加筋土工程施工技术规范》JTJ 035—91 执行。

(2) 基槽开挖和换填粗砂分段进行，以避免基础塌方。换填粗砂用水撼砂方法进行，防止挡墙不均匀沉降。

(3) 灰土垫层分两层施工，每层 15cm。灰土混合料先在拌合厂机械拌合，然后运到现场用人工摊铺，机械碾压，并用麻袋片覆盖洒水养护 7d。灰土垫层标高和轴线偏位不大于 30mm。

(4) 挡墙基础为钢筋混凝土结构。钢筋现场绑扎，用定型木模。混凝土用人工入模，

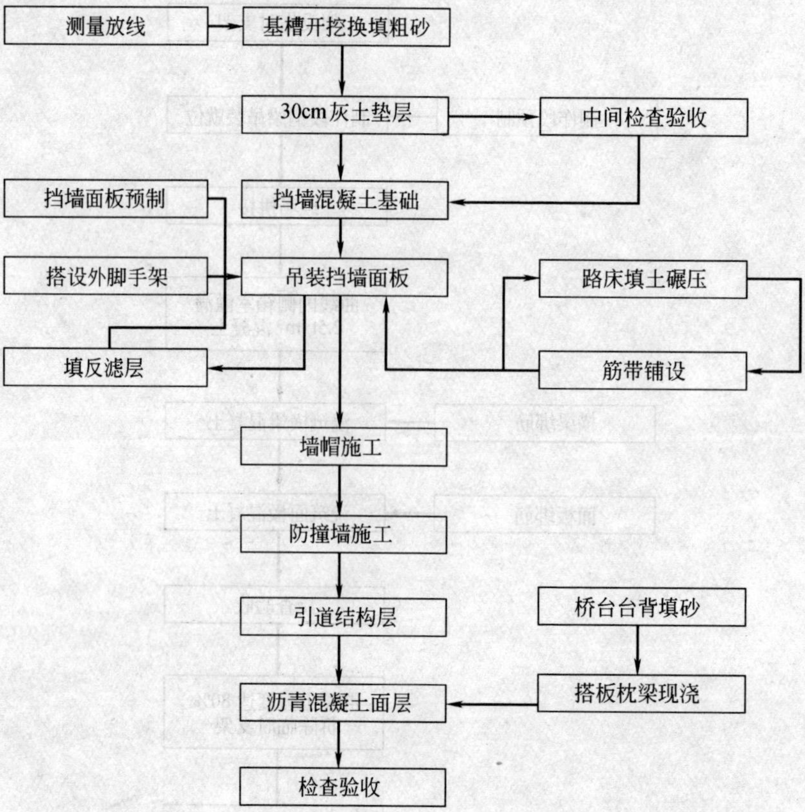

图 3-7 引道与加筋土挡墙施工流程

插入式振捣器振捣。基础顶面用人工抹平，平整度用 2m 尺检测不大于 10mm，标高偏差不大于 20mm，轴线偏位不大于 25mm。

(5) 路床分层回填碾压和筋带铺设交替进行。要确保路床每层碾压密实达到 95%以上，路床碾压至略高于筋带标高时，暂停回填。这时用人工开槽，铺设筋带。做到下层路床回填碾压时，不致造成筋带标高下降，以保证面板安装的质量。压实机械距面板不得小于 1m，在这个范围内采用人工小型机械夯实。

(6) 根据以往施工的经验，建议改变筋带与面板的连接方式。宜先分层碾压路床及埋设筋带约 1m 高，然后吊装面板，校正面板、连接筋带，再人工挖土填反滤层。面板吊装高度始终低于路床碾压 1m，这样可以较有效地保持挡墙面板安装后的平整度和垂直度。

(7) 筋带的一端从面板拉杆穿过折回与另一端对齐，并在拉杆处绑扎以防抽动。每个拉环间的筋带呈扇形分开。筋带铺设方向应与面板垂直，用 2t 以内小型捯链和专用夹具将筋带拉直。

(8) 面板安装用吊车进行，挡墙外侧搭设双排脚手架，用于安装校正面板。

1) 第一层面板安装，在清洁的条形基础顶面上，准确画出面板外缘线。曲线部位应加密控制点。

2) 安装时用低强度砂浆砌筑调平，同层相邻面板水平误差不大于 10mm，轴线偏差每 20 延米不大于 10mm。

3) 按要求的垂度、坡度挂线安装，安装缝宜小于 10mm。安装时，应防止角隅碰坏和插销孔破裂。

4）安装时单块面板倾斜度，一般可内倾1/100～1/200。

(9) 墙帽、挡墙基础混凝土均为C25，施工采用竹胶板模板，用穿墙螺栓固定。钢筋先预制下料，现场绑扎成型。混凝土用小反斗车运输，人工入模浇筑，插入式振捣器振捣。防撞墙混凝土为C25，用定型钢模分段施工，方法与桥面系防撞墙施工方法相同。

(10) 引道结构层施工方法同地面道路。面层沥青混凝土统一由专业队伍施工。

3.7.4 质量要求

(1) 路床平整度：20mm，横坡：±20mm；中线高程：±20mm。

(2) 加筋土工程外观要求见表3-15。

挡土墙外观要求　　表3-15

项　目	允许偏差(mm)	项　目	允许偏差(mm)
墙顶高程	±50	墙面垂直度	$-0.01H$　不大于100
墙顶平面位置	+50，−100	面板缝宽	10
墙面垂直度	$+0.005H$　不大于50	墙面平整度	(2m直尺测量)15

3.8 桥面系施工方案

桥面系包括：①桥面铺装；②防撞墙施工；③伸缩缝安装；④泄水管安装等。

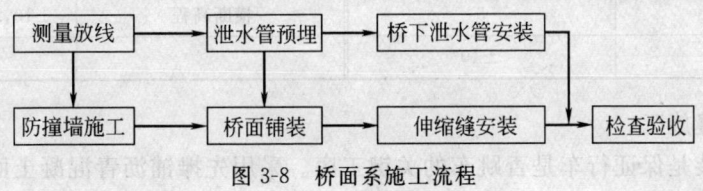

3.8.1 施工流程（图3-8）

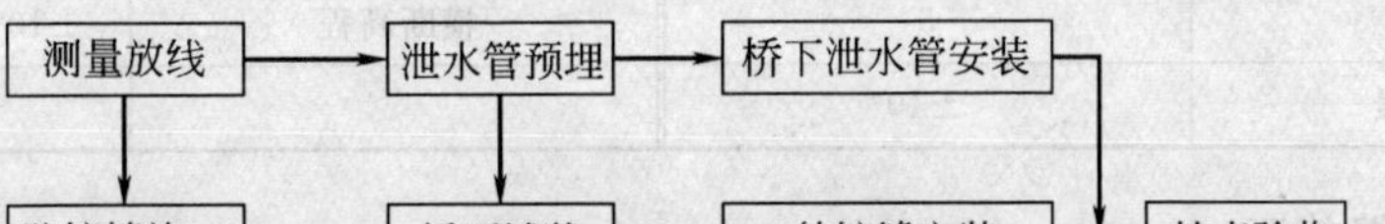

图3-8 桥面系施工流程

3.8.2 主要施工方法

(1) 防撞墙施工

1）箱梁顶板施工完毕后，先测量放钱，并测量顶板高程，按实际高程确定防撞墙的高度。防撞墙的高度要和桥面竖曲线相适应。

2）模板用定型钢模，钢模按内外侧分节加工，每节长2m，在桥面上设简易门架，用捯链安装内外侧模板，内外侧模板用钢脚手杆固定。钢筋在预制场下料现场绑扎成型，泵送浇筑C25防腐混凝土。

3）防撞墙在伸缩缝处断开。两伸缩缝之间应设温度变形假缝，扶手在伸缩缝处同样断开。

4）防撞墙偏位不大于4mm，顶面高程偏差不大于4mm。

(2) 桥面铺装

1）桥面铺装结构形式自下而上为：C50 7cm纤维网混凝土＋一布三涂柔性防水层＋3cm细粒式沥青混凝土＋4cm中粒式纤维沥青混凝土。

2）高程控制

纤维网混凝土就是每立方米混凝土中加 0.6～0.7kg 的专用纤维网，和混凝土一起搅拌。其高程控制是整个桥面铺装的关键，是做好沥青混凝土面层的基础。先根据设计高程和箱梁顶板的实测高程，计算出混凝土的厚度，按纵横坡度的要求，每 2m 设一个高程控制点，控制点用高强细石混凝土堆制。

3）为便于施工，混凝土浇筑以每两条伸缩缝之间为一施工段，每施工段纵向分 2 条浇筑。混凝土浇筑用泵送，振捣采用路面振动行夯和平板式振捣器，用人工抹面、拉毛，抹面时严格控制桥面高程。

4）伸缩缝处先用苯板等材料塞缝，不得使混凝土浆料砂石等进入伸缩缝内部，防止其影响桥梁的正常伸缩。

5）沥青混凝土面层施工前，先将所有伸缩缝用粉煤灰、苯板等材料填满填实，再摊铺沥青混凝土铺装层。

6）沥青混凝土面层摊铺外委专业队伍施工。要求如下：

A. 沥青铺装铺筑前，应检查桥面是否平整、粗糙、干燥、整洁，不得有尘土、杂物或油污。桥面纵坡、横坡应符合要求，对尖锐突出物及凹坑应打磨或修补。

B. 沥青面层的施工碾压采用轮胎压路机，用轻型钢筒式压路机终压的方式。不得采用有可能损坏桥梁的大型振动压路机或重型钢筒式压路机。

C. 桥面铺装和引道路面的连接应平顺，允许偏差见表 3-16。

桥面铺装层允许偏差 **表 3-16**

项目	允许偏差(mm)	项目	允许偏差(mm)
平整度	5	横断高程	±10，坡差不大于 0.5%
中线高程	±10		

（3）伸缩缝施工

伸缩缝安装是保证行车是否跳车的关键工序。采用先摊铺沥青混凝土面层、再开槽施工伸缩缝的方法。

1）伸缩缝安装前，先检查槽内预留锚筋是否正确、槽底高程是否符合要求，清除槽内所有杂物。

2）调整好伸缩缝的间隙，放入槽内，复测高程。先点焊，经检查正确无误后再焊接锚筋，单面焊接焊缝长度大于 $10d$。

3）伸缩缝部位浇筑混凝土前，要清除箱梁伸缩缝内的填充物，然后用苯板将伸缩缝 C 型钢“C”口填满，防止混凝土流入“C”口中。

4）在混凝土初凝阶段，分几次用刮刀将混凝土磨平，保证黑色、白色有型钢三平面的平整度差小于 1mm，为有效防止“跳车”，伸缩缝两侧沥青混凝土铺装层可略高。

5）伸缩缝施工时，注意防止交叉污染，保持沥青混凝土铺装层伸缩缝型钢表面及伸缩缝部位白色混凝土整洁，界限清晰。

6）伸缩缝施工期间及混凝土养护期间严禁通行。

7）伸缩缝安装在厂家技术人员现场指导下进行。

8）伸缩缝安装质量要求见表 3-17。

伸缩缝安装允许偏差 表 3-17

项　目	允 许 偏 差	项　目	允 许 偏 差
缝宽	符合设计要求	横向平整度	用 3m 直尺不大于 3mm
与桥面高差	2mm		

3.9 地面道路施工方案

3.9.1 概况

本工程地面道路总长 2413.32m。主要分布在 C1、C2、C3、C4 线及 P、Q 线，其他各线的引道起点、终点部位都有少量地面道路。地面道路分三种类型：第一类是路基为水泥混凝土旧路面，第二类是路基为沥青混凝土旧路面，第三类是路基为土路基。前两种无须施工结构层，仅做改造，第三种做结构层为 40cm 二灰土＋18cm 水泥稳定砂砾，面层均为二层沥青混凝土面层。

3.9.2 施工技术要点

(1) 路床碾压

路床土含水量应接近于最佳含水量，翻浆或软基地段采用掺 12%石灰处理，深 20cm，采用拌合机拌合，压实采用压路机由路边至中心进行碾压。压路机碾压原则：先轻后重，先慢后快。压实至无明显轮迹为止。压实机具压不到的部位，采用打夯机夯实；如遇雨水浸泡，则应翻晒处理。必要时掺 12%石灰处理，至压实度达到要求的数值。

(2) 二灰土施工

1) 二灰土厚度 40cm，分两层施工，每层 20cm。

2) 施工流程：施工放样──→混合料拌合站集中搅拌──→运输──→摊铺──→整形──→碾压──→养护──→验收。

3) 拌合时严格控制配合比，正式拌合前进行试拌。

4) 运输采用自卸汽车运输，运输时混合料上部覆盖篷布，防止水分散失。

5) 摊铺：用推土机先将分散料摊平，轻压一遍，再以平地机进行平整。机械作业不到部位的地方用人工找平，严格控制高程和横坡度，20m 为一段，以 4 点控制。

6) 碾压：初整成型后，用振动压路机压一遍，正式碾压按试验路段确定的碾压程序进行。压路机压不到位的地方应用振动夯夯实。碾压过程中有弹软起皮现象，应挖出，改换新混合料重新压实。

7) 养护：终压达到要求后，及时覆盖麻袋片养护，保证二灰土表面潮湿。养护期间除洒水车外，其余车辆不允许在路段上行驶。养护时间至少一周。

8) 混合料随拌合随施工。混合料在遭雨淋后，未碾压部分达不到要求的，应清除换料。

(3) 水泥稳定砂砾施工

1) 水泥稳定砂砾按设计要求的配合比集中用机械在工厂拌合。拌合料要湿润，含水量适中。

2) 水泥稳定砂砾厚共 18cm，一次摊铺碾压成型，压实后也应用麻袋片覆盖，洒水养护 7d。

3）根据路面设计高程，严格控制路床二灰土及水泥稳定砂砾各层高程、纵坡、横坡，以保证路面面层高程、纵坡、横坡符合设计要求。

3.9.3 地面道路沥青混凝土面层

外委专业施工队伍施工，施工要求如下：

(1) 沥青混凝土面层铺筑前应检查基层的质量，基层应符合以下要求：①强度、高程符合设计要求；②具有稳定性；③表面平整、密实，基层的拱度与面层的拱度应一致。

(2) 旧沥青路面作为基层时，应按高程控制铺筑，分层整平的一层最大厚度不超过10cm。

(3) 沥青混凝土材料及配合比应符合设计的要求及《沥青路面施工及验收规范》GB 50092—96的规定，经选择确定的材料不得随意变更。

(4) 沥青混凝土运到现场不应低于120～150℃，摊铺温度不低于110～130℃，不超过165℃，碾压温度不低于110℃，碾压终了温度不低于70～80℃。

(5) 路面冷却后，才可开放交通。

(6) 运料车应采用覆盖篷布等保温、防雨、防污染的措施。运输能力应有所富余。开始时，在现场等候卸料的车辆应不少于5辆，摊铺过程中，摊铺机前方应有运输车等候卸料。卸料过程中运输车应挂空档，靠摊铺机推动前进。沥青混合料到现场按运料单接收，并检查拌合质量；如果温度不符合要求或已结成团块，被雨淋湿的混合料都不得用于摊铺。

(7) 沥青混合料的压实按初压、复压、终压（包括成型）三个阶段进行，压路机碾压速度要慢而均匀。在施工缝及连接处，操作要仔细，接缝应紧密、平顺。遇雨或下层潮湿时，不得摊铺沥青混凝土。对未经压实而遭雨淋的沥青混合料，应全部清除，更换新料。

3.10 世纪大道-中七路主干道交通安全组织方案

3.10.1 概况

根据建设单位要求，施工期间，要保障世纪大道-中七路干道交通不中断，为此，计划采取分阶段保车辆通行的方案。

3.10.2 墩柱施工阶段通行方案

(1) 先将石油之光附近区域花坛内的道板等清除，修筑标高与世纪大道相同的临时行车道路，将世纪大道与中七路连接起来。

(2) 以B7墩为分界，将主干道分为左右侧两半，单侧通行。左侧、右侧交替封闭，墩柱施工交替进行。

3.10.3 箱梁施工阶段通行方案

箱梁施工期间，由于B5-B9，A3-A8两联箱梁，正处于主干道上方，计划采取以A8、B9墩为隔离界限，主干道车辆仍按现在老路线路行驶。安排A8-A11、B9-B10段后施工，因此，南侧可正常行驶。北侧A3-A8、B5-B9先施工，为保通行在A5-A6、B6-B7间搭设钢柱梁结构的通道，车辆在通道内缓慢行驶，待A3-A8、B5-B9施工完后，拆除支架，车辆全部在北侧单侧行驶，南侧封闭，施工A8-A11、B9-B10段。

3.10.4 地面道路施工阶段通行方案

在地面道路施工阶段，主干线箱梁已经施工完毕，需施工C1、C2、C3、C4地面道路。采取交替施工单侧通行的方案，即 C1 线北侧、C2 线、C4 线北侧先施工，另一侧通行。C1 线南侧、C3 线，C4 线南侧后施工，车辆改由北侧通行，这样北侧和南侧交替施工、交替单侧通行，直到竣工。

车辆通行线路与施工区域要全部隔离，并设明显限速、限高，有绕行并线标志。

正施工的箱梁下所搭设的车辆通道要坚固、稳定，并有防撞设施。此外在距通道 10m、20m 外专设两道限高龙门架，确保车辆不刮碰正施工的箱梁支架、模板。

施工区与车辆运行交叉段，车行道路的上方搭设安全防护棚和安全网，防止施工材料、器具、人员落在行车道路上，造成安全事故。

设专人日夜看管行车道路、管理交通，保障行人、行车及施工人员、机具的安全。

4 质量、安全保证体系及安全保证措施

4.1 质量保证体系

为使质量保证体系可靠、工作有序，将配齐专职机构和人员（图 4-1），建立完善的自检制度，制订可行的质量保证措施和可行的创优规划及创优目标，并自觉接受建设单位、监理单位和质量监督单位的监督。

4.1.1 建立针对本项目的质量保证体系

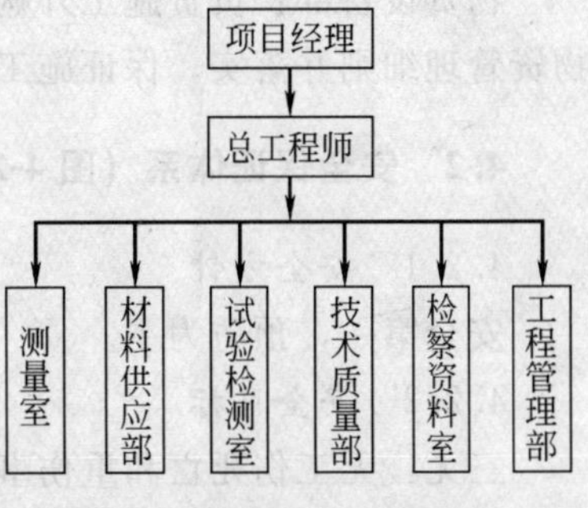

图 4-1 质量保证体系框图

采取有效手段，制定工序、工艺、分项、分部工程操作标准和质量标准，使整个生产过程连续、稳定地处于受控状态，保证各分项、分部和单位工程达到国家和行业标准。本标段工程的质量环活动状态内容如下：

（1）任务承接与施工调查：对施工环境、水文气象、地形地质、交通、通信、原材料、地方材料、行政规划、民风民俗等全面调查，为落实质量体系打好基础。

（2）施工准备：全面认真按照合同要求、招标文件、设计资料和当地行政部门有关规定及质量控制计划，选定机械设备，对现场进行复核与控制测量，调遣和培训参建队伍，完成临时工程。

（3）材料设备采购：明确采购的材料、设备、器具的规格型号、卖方信誉及检验的资料，并在驻地监理工程师的监督下实施，杜绝不合格产品进入本项目。

（4）建筑安装施工：施工过程的控制主要通过质量体系的正常运行，参照设计及规范要求、工艺标准和操作标准，对分项、分部工序进行检验、检查和评价。采用全面质量管理等各种现代化手段进行统计、分析和预测。对原材料、工程实体连续检测，提高参建人员的素质和技术水平，对工序、工艺和整个施工过程进行有效控制。为了达到有效控制，必须做到：工期、质量、成本三位一体；各职能部门明确控制任务，进行密切合作，做好仪器和设备的检测保养。

（5）试验与检验：进货检、工序检、分项分部检、预检、隐检、功能检等，作到及

时、明确、可靠。

(6) 竣工交验：首先由竣工单位汇集分项、分部验收记录及试验检测资料，对各单项工程进行最后检测、评价，实行内部自验，接受监理工程师检验，合格后办理交接手续。

(7) 回访与保修：配备足够人力、物力自费检修，做到迅速、及时。

4.1.2　*质量管理人员职责*

项目经理：负责整个施工过程中的质量管理工作，并监督检查各职能部门质量措施的制定、检查、监督、管理及落实情况。

项目副经理：直接监督检查各职能部门质量措施的制定，检查监督及落实情况，配合项目经理负责整个施工过程的质量管理工作。

总工程师：负责审核技术部制定的质量措施的可行性，监督实验室对施工中试验检测工作。

施工技术部：施工前制定质量措施，并对施工队进行技术交底，施工中检查质量的落实情况。

安置监察部：监督施工队在施工中对质量的落实情况，有权制止违反质量措施的一切行为。

物资设备部：负责施工外购物资的质量并对进入施工现场的物资进行妥善保管，制定物资管理细则并落实；保证施工设备正常运行，制定设备质量管理细则并落实。

4.2　安全保证体系 (图 4-2)

4.2.1　*安全方针*

安全第一，预防为主。

4.2.2　*安全目标*

三无：无工伤死亡和重伤事故、无交通死亡事故、无火灾、水灾事故。

一控：年负伤频率控制在 2‰以下。

三消灭：消灭违章指挥、消灭违章操作、消灭惯性事故。

4.2.3　*安全管理体系*

(1) 安全管理组织机构

建立健全安全生产管理机构，成立以项目经理为组长的安全生产领导小组，全面负责并领导本项目的安全生产工作。主管安全生产的项目副经理为安全生产的直接责任人，项目总工程师为安全生产的技术负责人。

经理部设安全质量室，安全质量室下设安全组，安全组下设专职安全员。施工队设安全室，配置专职安全员。

(2) 落实安全生产责任制

本项目实行安全生产三级管理，即：一级管理由经理负责，二级管理由专职安全员负责，三级管理由班组长负责，各作业点设安全监督岗。

完善各项安全生产管理制度，针对各工序及各工种的特点制定相应的安全管理制度，并由各级安全组织检查落实。

建立安全生产责任制，落实各级管理人员和操作人员的安全职责，做到纵向到底，横向到边，各自做好本岗位的安全工作。

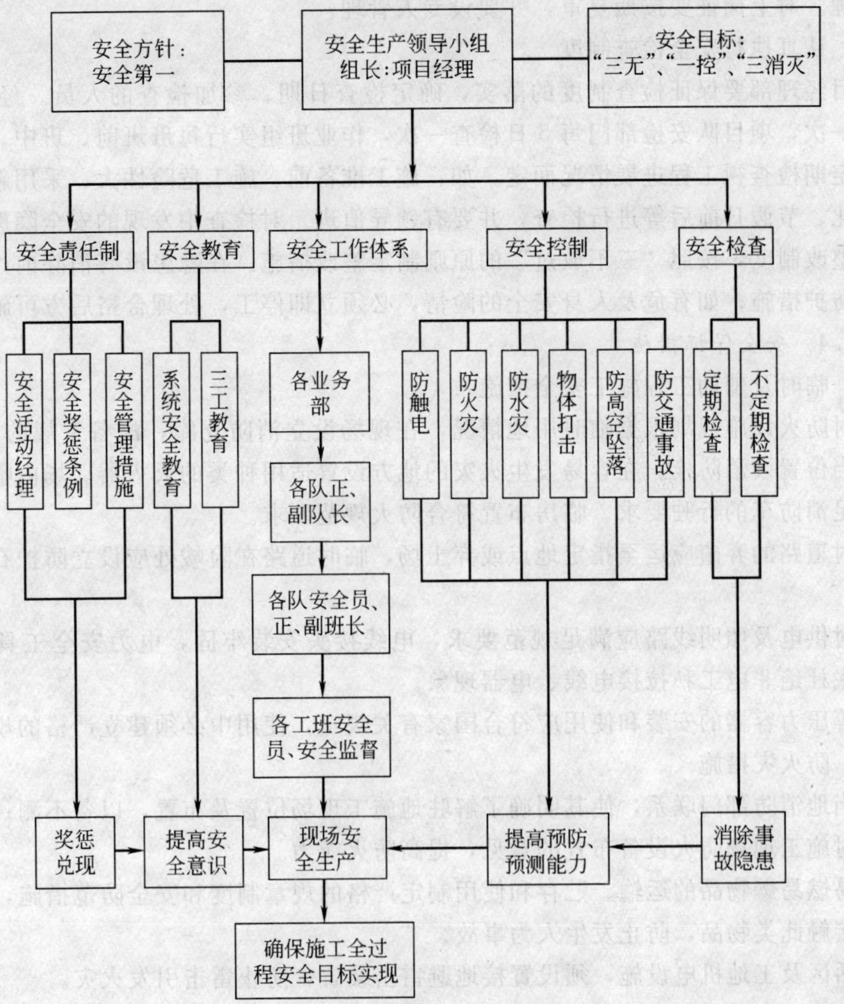

图 4-2 安全保证体系

项目开工前，由项目经理部编制实施性安全技术措施，对各项作业环节要编制专项安全技术措施，报领导小组同意后实施。

严格执行逐级安全技术交底制度，施工前由项目经理部组织有关人员进行详细的技术安全交底。项目施工队对施工班组及具体操作人员进行安全技术交底。各级专职安全员对安全措施的执行情况进行检查、督促并做好记录。

针对工程特点，定期进行安全生产教育，重点对专职安全员、安全监督岗员、班组长及从事特种作业的起重工、电工、焊接工、机械工、机动车辆驾驶员进行培训和考核，学习安全生产必备的基本知识和技能，提高安全意识。

未经安全教育的管理人员及施工人员不准上岗，未进行三级教育的新工人不准上岗。变换工种或参加采用新工艺、新工法、新设备及技术难度较大工序的工人必须经过技术培训，经考试合格者方准上岗。

特殊工种的安全教育和考核，严格按照《特种作业人员安全技术考核管理规则》执行。经过培训考核合格、获取操作证方能持证上岗。对已取得上岗证者，要进行登记存档规范管理。对上岗证要按期复审，并要设专人管理。

(3) 认真执行安全检查制度

项目经理部要保证检查制度的落实，确定检查日期、参加检查的人员。经理部每10日检查一次，项目队安检部门每5日检查一次，作业班组实行每班班前、班中、班后三检制，不定期检查视工程进展情况而定，如：施工准备前、施工危险性大、采用新工艺、季节性变化、节假日前后等进行检查，并要有领导值班。对检查中发现的安全隐患，要建立登记、整改制度，按照“三不放过”的原则制定整改措施。在隐患没有消除前，必须采取可靠的防护措施；如有危及人身安全的险情，必须立即停工，处理合格后方可施工。

4.2.4 安全保证措施

(1) 临时及辅助工程施工安全措施

临时防火设施规划根据临时用地情况，在现场设立消防仓库，配备常规的消防器材，并在适当位置设消防栓，在容易发生火灾的地方设置适用种类的灭火器。场内临时道路布置须满足消防车的行驶要求。临房布置符合防火规范要求。

临时道路的弃碴应运至指定地点或弃土场，临时道路在险峻处应设立防护石墩和安全标志。

临时供电及照明线路应满足规范要求，电线接头安装牢固，电力安全工具应定期检查。彻底杜绝非电工私拉接电线、电器现象。

炉等压力容器的安装和使用应符合国家有关规定，使用中必须建立严格的规章制度。

(2) 防火灾措施

同当地消防部门联系，使其明确了解驻地施工现场位置及布置，以备不测；同时，征求他们对施工现场防火设备布置的意见，提高防火能力。

对易燃易爆物品的运输、贮存和使用制定严格的规章制度和安全防范措施，非专业人员不得接触此类物品，防止发生人为事故。

生活区及工地机电设施，须设置接地避雷击装置，防止雷击引发火灾。

定期由安全部门对职工进行防火教育，杜绝职工使用电炉、乱扔烟头等不良习惯。

安全部门定期组织防火安全检查，及时消除火灾隐患。

(3) 供电与电气设备

施工用电的线路设备按批准的施工组织设施装设，同时符合当地供电部门规定，要达到正式电力工程的技术要求。

配电系统分级配电，配电箱和开关箱外观完整、牢固、防雨防尘，外涂安全色并统一编号。其安装形式必须符合有关规定，箱内电器可靠、完好，造型、定值符合规定，并标明用途。动力电源和照明电源分开布设。

所有电器设备及其金属外壳或构架均应按规定设置可靠的接零及接地保护，配电变压器严禁采用中性点直接接地方式，严禁由地面上中性点接地的变压器或发电机直接向作业点供电。

现场所有用电设备的安装、保管和维修应由专人负责，非专职电器值班人员，不得操作电器设备，检修、搬迁电器设备（包括电缆和设备）时，应切断电源，并悬挂“有人工作，不准送电”的警告牌。

手持式电气设备的操作手柄和工作中必须接触的部分，应有良好的绝缘。使用前应进行绝缘检查。

施工现场所有的用电设备，必须接规定设置漏电保护装置，更应定期检查，发现问题及时处理解决。

（4）机械设备使用安全措施

各种机械要有专人负责维修、保养，并经常对机械的关键部位进行检查，预防机械故障及机械伤害的发生。

机械安装时基础必须稳固，吊装机械臂下不得站人。操作时，机械臂距架空线要符合安全规定。

各种机械设备视其工作性质、性能的不同搭设防尘、防雨、防砸、防噪声工棚等到装置，机械设备附近设标志牌、规则牌。

运输车辆服从指挥，信号要齐全，不得超速，过岔口、遇障碍物时减速鸣笛，制动器齐全，性能好。

基坑开挖用吊斗出土时，通过信号指挥，基坑顶面四周应开挖排水沟，并经常保持畅通。机具、材料、弃土等堆放在基坑周边安全距离以外。

起重作业前应检查绳扣、挂钩、钢索、滑车、吊杆等部件，确认良好后方可作业。作业时，必须有专人指挥，同时注意起吊范围内设备的安全，严禁任何人攀登吊立中的物件和在起重物下通过、停留及作业。

起吊物件时，严禁起吊超过规定重量的物件，不得用来吊运人员。其中，吊装的钢丝绳定期进行检查，凡发现有扭结、变形、断丝、磨损、腐蚀等现象达到破损限度时，必须及时更新。

起重机械的安全保护装置必须齐全、完整、灵敏可靠，不得任意调整和拆除。并指定专人定期检查，检查项目必须符合有关规定。

机械吊装管材时，吊具应完好，拴绑要牢靠，防止管子滑脱。

起重作业中，司机必须先发信号然后起吊。起吊时，重物在吊离地面 20～50cm 时停车检查，当确认重物挂牢、起重机的制动性能良好和稳定后再继续起吊。起吊重物旋转时，速度均匀平稳，防止重物在空中摆动发生事故。吊长大重物时，有专人拉放溜绳。

（5）恶劣天气下的工作

人员在炎热天气下的工作，现场要保证饮用水充足；建议工人要戴遮阳帽，还应提供遮凉棚。将在酷热天气下工作引起的身体不适症状告知工人，以防中暑、脱水等现象发生。

暴露在寒冷、潮湿和风中可能引起体温降低和冻伤。在高空作业时，由于风的原因，气温将变得更低。因此，要提供合适的衣物保暖；此外，还要提供温暖干燥的休息室，供工作人员使用。

4.3 文明施工措施

4.3.1 组织管理措施

（1）建立健全管理组织机构。施工现场应成立以项目经理为组长，生产、技术、质量、安全、消防、保卫、材料、行政卫生等管理人员为成员的文明施工管理组织。

（2）健全管理制度。包括个人岗位责任制、经济责任制、检查制度、奖惩制度、会议制度和各项专业管理制度。

（3）健全管理资料。

（4）开展竞赛。

（5）加强教育培训工作。

（6）积极推广应用新技术、新工艺、新设备和现代化管理方法，提高机械作业程度。

4.3.2　现场管理措施

（1）对施工现场生产的各要素不断地开展“整理、整顿、清扫、清洁以及员工的培训”。

（2）合理定位。使施工现场“秩序化、标准化、规范化”，体现文明施工水平。

（3）目视管理。施工现场各项管理制度、操作规程、工作标准、现场管理细则、岗位责任人应用板、挂板标示清楚；安全标志标示齐全。

4.4　确保工程质量和工期的措施

4.4.1　质量保证措施

工地试验室主要负责各种材料的选择及自检，各种施工配合比的选定，试件的制作，试验报告的填写，以及试验成果是否合格的判断，并对施工过程进行督促和监督。

所有投入工程的原材料、半成品均应具备合格证，并按规范要求进行取样试验，确保符合规范标准，并经监理工程师批准，方可投入使用。

取送样应按规则、规程要求进行，取样或送样单，必须由取、送单位及经办人员填写，不得经他人代填。试验结果或报告单，必须及时填报，不准后补。

取送样及试验人员，分别对取样及试验负责，并接受监理工程师的旁站指导。

原材料检验应遵照图 4-3 所示程序。

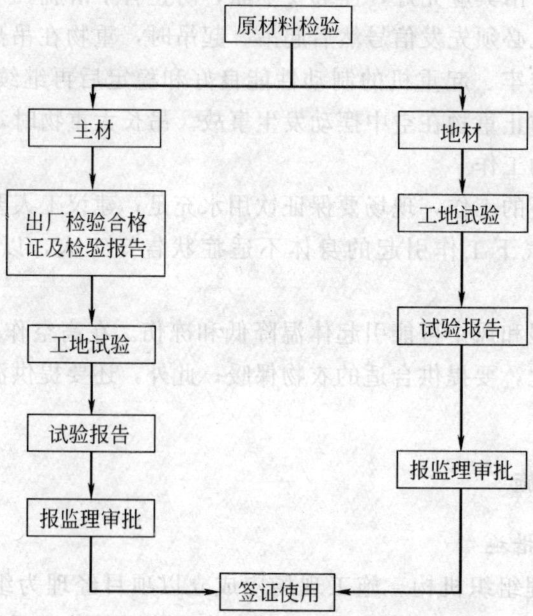

图 4-3　原材料检测程序

4.4.2 施工控制措施

施工控制是工程质量管理最基本的手段，它包括测量、检验试验、检查验收工作。

(1) 工程测量质量保证措施

1) 我公司精测队对全管段进行控制测量。

2) 项目经理部成立测量队。测量队以公司精测队的测量成果为基础，负责进行复测、加密控制网点和重点建筑物的控制测量。

3) 施工队设测量组，负责日常施工测量和放样测量。

4) 建立严格的测量制度，健全测量责任制。

5) 严格复核制度：所有测量工作中的计算均须由两人独立完成，一人计算，一人复核。

(2) 工程试验质量保证措施

工程材料要把好进料质量关，以保证工程质量。其要点如下：

1) 水泥采用大厂转窑产品，钢材采用国家正规厂家产品，采购前应进行检验试验，合格后方准进入施工现场。

2) 砂、石料等地材检验合格后，方准进入施工现场。

3) 混凝土试验的保证施工质量要点：除用于混凝土的水泥、钢材、砂、石料和混凝土外加剂等材料均应满足要求外，还进行混凝土的配合比设计，混凝土施工配合比应满足设计和规范要求。

4) 混凝土构件试验的保证工程质量要点：除用于混凝土结构的水泥、钢材、砂石料和混凝土外加剂等材料均应试验并满足要求外，要按有关要求抽样测定混凝土的应力、弹性模量或轴心抗压强度，绘制应力-应变曲线；当进行抗裂性研究时，还要制作混凝土立方体试验测定抗拉强度。

4.4.3 技术保证措施

(1) 保证技术管理力量，建立技术管理体系

根据本项目的工程技术特点，我公司将选派施工经验丰富、组织管理能力强、技术过硬的工程技术人员组成项目技术管理班子。关键部位施工方案组织专家进驻工地，协助项目经理部做好技术攻关及技术管理工作。以项目经理和总工程师为首，建立起本工程的技术管理体系，严格项目工作程序，详见图 4-4。

(2) 完善各项技术管理制度，在项目工程实施中严格执行

1) 施工组织管理措施

开工前，项目经理主持编制实施性施工组织设计和针对本项目的质量特点，制定质量计划，并组织实施。在施工过程中，全部施工人员要严格按项目部制定的各项技术文件认真执行。

搜集并掌握与项目有关的技术规范、施工操作规程、国家和行业标准、评定验收标准等，据此制定施工方案、各项工序的作业指导书。

施工过程中，要对施工实施动态管理，发现问题及时解决，不断完善、优化施工组织设计方案。

2) 技术图纸复核制度

从业主或监理工程师处所获得的施工图纸，必须经项目总工程师和专业工程师认真审

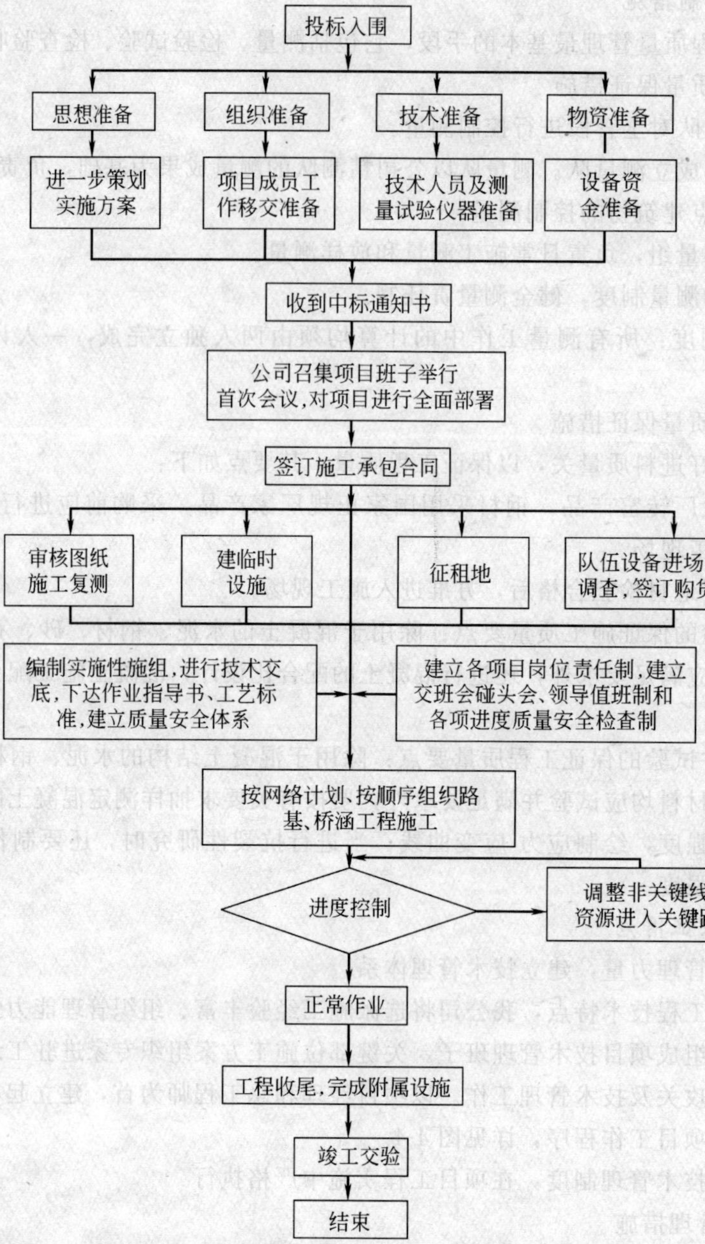

图 4-4　技术管理工作程序

查复核，确认该图纸正确无误并签署复核意见后，才可下发使用。

项目经理部发放给工程队的施工图纸，工程队技术主管负责复核，并进行现场核实，确认无误后才能使用。施工图纸经复核发现有误或与现场实际不符须进行修正，尚未办理修正或变更设计手续，不准使用；发现有误的图纸要立即上报；如属应急图纸且经发现有误，要在征得设计部门对错误澄清注明错误之处并签认后，方可使用，防止用错图纸造成施工错误。

3）技术交底制度

施工前，项目总工程师和主管工程师亲自抓技术交底工作，将工程特点、工程内容、施工部署、施工方法、施工顺序、进度安排、设计要求等以书面形式向各部门和工程队施工管理人员进行详细的技术交底，施工阶段由经理部技术人员和工程队技术主管将单位、分部、分项工程的工程内容、结构特点、操作要求、技术标准等，向现场技术人员及领工员进行交底，现场技术交底由现场技术人员向领工员和作业人员进行分项技术交底。

4）隐蔽检查制度

工程开工前，项目经理部要制定本工程的全部隐检项目，报监理审批。

施工过程中，严格执行施工人员自检、专业检查工程师检查和监理终检的制度。未经专业检查工程师检查和监理检查合格的任何工序不得自行转入下道工序，隐蔽部位不得覆盖。

5）试验检验制度

项目中心试验室和工地试验室应按试验检测程序进行现场检测试验工作，不得漏检。定期对测量、监测、试验仪器进行检验、校正或送有资格的部门进行检验、标定。

6）技术资料管理制度

工程现场技术文件和资料，由工程技术部门负责填写、整理、分类。施工过程中，要随时收集、记录和整理各项施工资料，以便于竣工文件编制，做到工程施工完成，竣工文件也编制完成。

7）推行规范化管理、标准化施工

按照 ISO 9002 质量保证体系，规范技术操作及技术管理工作，杜绝由于管理上的随意性造成的技术失误；施工过程中严格执行本公司质量体系中的检验、施工过程控制、不合格控制等程序文件，以及制定的施工工艺细则和相关的规范、规程，以严格的工作标准确保技术、质量标准的实现。

4.4.4 混凝土质量保证措施

（1）原材料保证措施

本标段混凝土采用混凝土拌合站集中拌合，所有原材料必须有试验检验证书，外加剂、掺合料使用符合国家标准。

（2）配合比管理措施

需根据不同结构、不同部位、不同强度等级，按设计规定分别进行配合比设计。

配合比选定后，将严格按照规范要求，制作试件试验，确保设计的配合比满足设计要求。

（3）混凝土施工组织措施

成立以施工队长组长的混凝土灌注施工小组，主要负责实施混凝土施工的组织工作，确保混凝土连续供应和按施工工艺组织施工，从而保证混凝土施工质量。

混凝土浇筑前，由项目技术主管组织人员进行技术交底，明确混凝土浇筑的工艺、特点和施工注意事项等；拌合站队长负责组织拌合站、砂石加工场的布设和施工机具、运输工具以及劳动力的安排；项目质检和技术部门专职负责相应部位的灌注质量控制。

质量监察工程师负责监督混凝土的拌制、灌注质量。

（4）混凝土质量控制措施

混凝土的质量形成过程为：原材料检验及配合比设计→混凝土拌合及运输→混凝土灌

注。为确保本工程结构混凝土质量，采取如下措施保证混凝土的运输及灌注质量。

1）混凝土拌合及运输

将混凝土拌合站质量管理纳入本工程创优目标管理范围，拌合站将根据混凝土的质量技术性能要求，制定相应的控制措施。

拌合站每次搅拌前，应检查拌合计量控制设备的技术状态，以保证按施工配合比计量拌合，中心实验室还应根据材料的变化状况和拌合料含水量，及时调整施工配合比，确保混凝土的坍落度、和易性，并随时接受监理工程师的监督。

根据使用情况编排好拌合运输计划，保证在规定时间内准时运到，保证现场连续灌注。

2）混凝土灌注

制定混凝土灌注操作规程，制定设备、人员、小型机具及运输组织计划，由现场负责人组织实施。

每次浇筑前，模板均应刷脱模剂，变形模板不得使用。

混凝土拌合站运来的混凝土先经工地试验人员检查，核实配料单是否符合配合比要求，坍落度是否满足要求。泌水、离析、拌合不均、坍落度损失超标准以及超过允许运输时间的混凝土作废弃处理。

按照灌注工艺要求，混凝土进行对称灌注。在灌注过程中，全力组织好混凝土的运输供应，缩短灌注时间，以免出现施工冷缝。

4.4.5　隐蔽工程质量保证措施

结合 GB/T 19002 标准管理和程序文件，把责任落实到人，建立健全的隐蔽工程质量检查和验收制度。详见图 4-5。

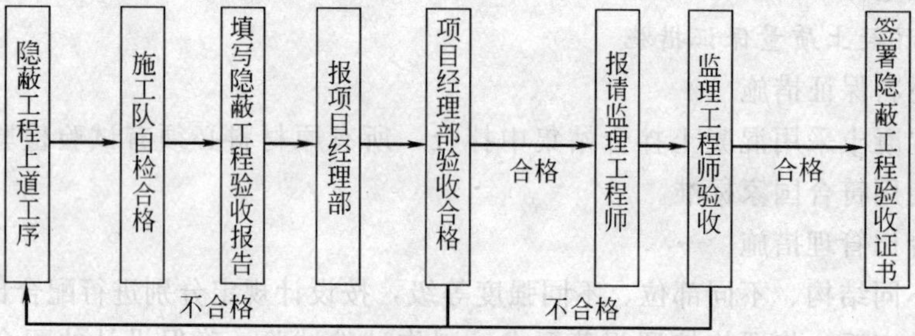

图 4-5　隐蔽工程检查程序

（1）保证隐蔽工程检查和验收的管理措施

隐蔽工程专职检查以自检与专职检查相结合。施工班组在班中、下班前应对当天隐蔽工程初始质量进行自检；对不符合质量要求的，由质检工程师命令返工。

各工序工作完成后，由分管工序的技术负责人、质量检查人员组织工班长，按技术规范进行检验；凡不符合质量标准的，坚决返工处理，直到再次验收合格。

工序中间交接，必须有明确质量交接意见，每个班组的各工序都应当严格执行“三工序制度”即检查上道工序，做好本道工序，服务下道工序。

每道工序完成并经自检合格后，邀请驻地监理工程师验收，并做好隐蔽工程验收记录和隐蔽工程检查签证。

所有隐蔽工程必须在获得监理工程师的签证后才允许进行下一道工序的施工，未经签证的工序不得进行下道工序的施工。

未通过隐蔽工程验收的项目，返工自检、复验合格后，填写隐蔽工程验收记录，并向驻地监理工程师发出复验申请，并办理相应的签认手续。

按要求整理各项隐蔽工程资料，并按文件、资料控制程序进行归档。在工序施工中，应有严格的施工记录，隐蔽工程施工记录应有检查项目、检查手段技术要求及检查验收部位等，签认栏应有技术负责人及质量自检检查人员签名。监理工程师检查时，要主动提供必须的仪器设备。

(2) 内部各级质检人员都要明确隐蔽工程检查项目和程序，实行逐级负责制度，为保证上述隐蔽工程质量，实行定岗制度。

4.5 工期保证措施

(1) 超前准备：我公司已安排各级主要管理人员以及由各类工种组成的基本队伍，已提前进行技术培训；对于重点和难点工程，已有足够的技术储备；拟投入的主要机械设备进行了保养维修；测量、项目前站人员做好出发准备。保证在最短时间内进场开展工作，确保进场快、安点快和开工快，抓住有利施工季节，为施工创造良好开端。

(2) 组建一个精干高效的项目班子。

(3) 安排好分段平行流水作业，组织均衡生产和稳产高产，对施工进度实行动态管理。

(4) 推行工期目标责任制。

(5) 确立合理的分阶段工期目标，分阶段进行工期控制。

(6) 强化计划管理，加强协调指挥。

(7) 组织得力的后勤保障系统。

(8) 抓好安全、质量，加快施工进度。

(9) 推广新技术、新工艺，促进科技成果和工法成果的转化。充分依靠科技组织重点工程的快速施工，向科技要进度。

(10) 服从大局，听从业主统一指挥。

4.6 冬期施工措施

该工程计划开工日期：2004年11月16日～2004年12月20日。

工期紧、任务重，指挥部要求必须在今年冬天完成桩基础的施工任务，为保质保量按期完成任务，冬期施工时除执行相应冬期施工操作规程外，必须按以下条款进行施工。

4.6.1 钢筋工程

(1) 钢筋焊接宜在操作棚内进行；当必须在室外进行时，最低温度不宜低于－20℃，并应采取防雪挡风措施，减少焊件温度差，焊接后的接头严禁立即接触冰雪。

(2) 钢筋加工调直时应保证 HPB235 钢冷拉率不宜大于 2%，冷拉温度不宜低于－15℃。

4.6.2 混凝土工程

为保证混凝土搅拌质量，采用商品混凝土。

配制混凝土时，优先选用普通硅酸盐水泥，水泥强度等级不低于42.5，水灰比为0.5～0.6。拌制混凝土采用的骨料应清洁，不得含有冰、雪、冻块及其他易冻裂物质。严格控制混凝土的配合比和坍落度；投料前，先用热水或蒸汽冲洗搅拌机，投料顺序为骨料、水，搅拌，再加水泥搅拌，时间应较常温时延长50%。混凝土的出机温度不低于10℃，灌注混凝土温度不低于5℃。

冬期施工配制混凝土，水泥强度等级不低于42.5，骨料不得带有冰雪和冻结固块。混凝土出机温度不低于10℃，入模温度不低于5℃。

对于露出地面或水面的桩头、承台应覆盖保温养护。对掺有防冻剂的承台，在负温下严禁浇水。浇筑桩混凝土不准掺防冻剂、抗冻剂。

沿施工临时便道修建临时排水沟，设水泵排水，保证作业现场雨期不积水。现场的施工暂设区、搅拌站、钢筋加工场地、模板制作场地、现场材料堆放场地，也都应设排水沟，及时排除积水。

水泥、钢材堆放时，下要垫高，上要有棚盖，并保持通风良好，排水畅通，不被雨水浸蚀。重要的工程材料（如焊条、高强螺栓、锚具、夹片等）要入库保管。

雨期搅拌混凝土时，要根据砂、石材料中含水量的变化，随时调整配合比中的用水量，保证混凝土的坍落度符合要求。

雨期浇筑混凝土，要预先设计正确的施工缝，并要有防雨棚，备足够的塑料薄膜，防止混凝土初凝前被雨水浇坏。

雨期施工期间，所有模板、支架基础范围周边应开挖排水沟，并设专人巡查地基被雨水冲刷情况，发现问题及时处理，直到支架拆除前，都要保证在支架承受荷载期间不下沉、不倾斜。

钢绞线、锚具及高强螺栓等材料禁止被雨水浸蚀。对已穿入钢绞线的波纹管孔道，两端要封堵保护。已张拉完毕的钢绞线，要及时压浆、封锚。

组合钢梁现场拼接时，在雨期要保护高强螺栓连接的钢板摩擦面，及时清除浮锈，及时完成高强螺栓的终拧紧固。组合钢梁安装用的钢支柱在整个拼接期间都要防止雨水浸泡其基础，防止下沉或倾斜。

用电设施要有良好的接地，并安装漏电保护器，要有防雷设施。工人要配备防雨劳保用品，登高施工要穿防滑鞋，挂安全带，防坠落、防触电。脚手马道要有防滑条，两侧要设稳固的栏杆。

设专人收集天气预报资料，合理安排施工及吊装作业。对引道加筋土路基、地面道路的路床等施工，应避开雨期施工。大雨、暴雨应停止施工，五级以上大风应停止高空作业和吊装。

4.7　保证安全施工措施

建立健全安全组织机构及安全管理责任制度，贯彻执行“安全第一，预防为主”和“管生产必须管安全”的原则，按照《市政工程施工安全技术规程》操作，创省级“安全文明样板工地”，杜绝重伤、死亡事故，轻伤事故频率低于2‰。

全员必须在入场前接受安全技术教育，作业工人必须按各自安全操作规程及技术交底施工。并定期进行安全考核，合格后方准上岗。

项目部要设立安全保卫管理机构，各施工作业班组设专、兼职安全员，并由主管领导负责安全防火工作。定期召开安全工作会议，随时和定期进行安全检查。

施工现场要设安全标志、防火标志。电闸箱要上锁，责任人要挂牌，所有机械班前要试运转。施工用电要定期检查维护。输油气管线与焊接作业区应隔离，支架使用的木材等堆放场地重点防火部位要加强防范、特殊设防。施工现场要备足够的消防器具、砂箱，施工人员要熟悉消防器具的性能和使用方法。

施工人员凡进入现场必须戴好安全帽，不准穿高跟鞋。高空作业要系好安全带，穿防滑鞋。对施工所用的机械设备和劳动保护用品，要定期进行检查和维护，保证其处于良好的状态。不合格的机具设备和劳动用品严禁使用，所有用电设备由专人负责。

由于现场有高压线路，防止触电是本工程施工安全的重点。吊车钻机起落、拖车、大型反斗车运输都要有专人监督，与高压线保持规定的安全距离。严禁违章作业。无法保持安全距离时申请停电作业。此外，现场有光缆通过，要保护光缆不受损坏，钻孔桩施工前先人工挖坑，确认无管道或无电缆方可施工；如有管线，应采取措施保护。

由于世纪大道-中七路主干线不中断，其与施工现场交叉路口设专人看守。履带吊车、钻机等爬行设备通过时要和看守人员事先联系，必要时可暂时中断交通，以防事故的发生。施工现场设立明显交通标志，有专人看管和负责指挥、维护交通，行人通过应设专门通道，与作业区隔离不交叉，确保施工和交通安全。

每天做好安全记录，及时掌握气温、雨、风暴和讯情等信息，以做好防范工作。

专项制定世纪大道-中七路主干道交通组织方案，交通与施工区应隔离，确保施工区域内交通安全和施工设施安全。

4.8 文明施工、职业健康和环境保护措施

明确目标，要创建省级安全文明样板工地。要按省安全文明样板工地标准执行，按中建六局对施工现场管理标准化的要求实施。

施工现场机械设备要整洁、有序，完好及保养状态要挂牌标识。材料要按规格、型号分别堆放，并标识清楚、正确。

办公区、生活区及食堂、宿舍要整洁、卫生。现场要在多处设厕所，禁止随地便溺。在生活区、办公区要设水冲厕所，设淋浴设施，生活区要力求绿化、美化。食堂要使用合格的饮用水，饭菜要力求“绿色”、卫生、有营养、多样化。炊事人员体检合格后方可上岗，预防传染病发生，预防食物中毒，垃圾、污水要及时清理。

施工现场要全封闭作业，作业区与行人及车辆隔离。采取措施，尽量降低施工噪声，做到便民不扰民。

加强对现场人员的文明素质教育。人人遵纪，讲文明，有礼貌，不酗酒，不打闹，不赌博。

对起重、登高作业的人员要进行体检。高血压、心脏病患者不得从事起重登高作业。要制定应对发生流行性疾病传染的预案，防止流行性疾病发生，危害从事施工的人群。

4.9 现场CI策划管理

CI战略目标：创建文明卫生施工现场，争创名牌工程。

CI 战略作为工程项目管理的一项重要内容，从树立企业形象整体出发，规范员工行为，促进施工过程中的质量、安全、文明及卫生等方面的管理标准化，保证项目管理目标的实现。现场 CI 策划从企业整体出发，对项目工程全过程按照 MI（理念识别）、BI（行为识别）、VI（视觉识别）三方面要求系统地进行运作；同时，在 CI 战略基础上积极导入全新的 CS（消费者满意）理念，牢固树立“业主至上，质量第一”的思想，在业主满意目标中突出为业主提供优质产品、优质服务及规范施工行为，推动“创建优质工程，争创名牌工牌”目标的实现，树立良好的企业形象，为业主打出好的招牌。

现场 CI 策划围绕总体目标，分为规划阶段、实施阶段和检查验收阶段三部分进行：

（1）现场 CI 规划阶段：围绕总体目标，并结合现场实际及环境，在项目班子内部组建现场 CI 工作领导小组和现场 CI 工作执行小组，确定现场 CI 目标及实施计划。精心编制《现场 CI 设计及实施细则》、《现场 CI 视觉形象具体实施方案》、《现场 CI 工作管理制度》，保证 CI 工作从策划设计及实施全面受控。

（2）现场 CI 实施阶段：现场 CI 工作实施由 CI 执行小组按照现场 CI 策划总体设计要求落实责任具体实施，工作内容主要包含：施工平面 CI 总体策划，员工行为规范，办公及着装要求，现场外貌视觉策划，主体工程 CI 整体策划，工程“七牌一图”设计，工程宣传牌、导向牌及标志牌设计，施工机械、机具标识，材料堆码要求等方面。把 CI 实施与施工质量、安全、文明及卫生结合起来抓，并注意随着施工进度改变宣传形式。

（3）现场 CI 检查验收阶段：CI 工作检查分局部及整体效果进行质量目标检查验收，从理念、行为到视觉识别，深化到用户满意理念，提高内在素质，保证外在效果。推动“创建优质工程，争创名牌工程”目标的实现。

实施 CI 战略，强化工程形象对企业形象、企业实力和企业层次的展现力，对工地外貌、现场办公室及会议接待室、门卫室、现场图牌、生活临建、施工设备、楼面形象、人员形象等八个方面，按中建施工现场 CI 达标细则执行，以树立良好的社会形象。

4.10 主要消防措施

消防工作必须列入现场管理重要议事日程，加强领导，健全组织，严格制度，建立现场防火领导小组，统筹施工现场生活区等消防安全工作。定期与不定期开展防火检查，整治隐患。

对消防员进行培训，熟练掌握消防的操作规程。请专职消防员对现场所有管理人员及工人进行消防常识教育，演示常用灭火器的操作。

施工现场可燃气体及助燃气体，如乙炔和氧气、汽油、油漆等，不得混乱堆放，防止露天暴晒。按施工现场有关规定配备消防器材，对易燃、易爆、剧毒物品设专库专人管理，严格控制电焊、气焊地盘位置，采取保证消防用水的措施。

第十四篇

武汉市滠水河特大桥施工组织设计

编制单位： 中建七局

编 制 人： 崔秉育

审 核 人： 毋存粮

[简介] 滠水河大桥工程全长1063m，主桥为预应力混凝土连续箱梁，引桥为30m预应力混凝土T梁及20m预应力混凝土预制空心板梁。本工程主跨箱梁采用挂篮悬臂箱梁施工法，很有特色。

目 录

1 编制说明

黄陂区巨龙大道工程项目Ⅱ滠水河特大桥工程由中国建筑第七工程局中标承建，由中国建筑第七工程局组成“中国建筑第七工程局滠水河特大桥项目经理部”具体组织施工。

滠水河特大桥是黄陂区巨龙大道项目Ⅱ的控制性工程，合同工期14个月，中国建筑第七工程局本着“中国建筑，服务跨越五洲；过程精品，质量重于泰山”的服务宗旨，为保证优质、高效、安全地完成施工任务，本着“精心组织、精心施工”的原则，认真编制了本施工组织设计。

2 编制依据

(1) 滠水河特大桥两阶段施工图设计文件；
(2) 黄陂区巨龙大道工程项目Ⅱ滠水河特大桥工程施工招、投标文件等；
(3) 黄陂区巨龙大道工程项目Ⅱ滠水河特大桥工程施工合同书；
(4)《公路桥涵施工技术规范》(JTJ 041—2000)；
(5)《公路工程水泥混凝土试验规程》(JTJ 053—94)；
(6)《公路工程石料试验规程》(JTJ 053—94)；
(7)《公路工程金属试验规程》(JTJ 055—83)；
(8)《公路工程集料试验规程》(JTJ 058—2000)；
(9)《公路工程质量检验评定标准》(JTJ 71—98)；
(10)《公路工程施工安全技术规程》(JTJ 76—95)；
(11)《公路钢筋混凝土及预应力混凝土桥涵设计规范》(JTJ 023—85)；
(12)《公路桥涵地基与基础设计规范》(JTJ 24—85)。

3 工程概况

3.1 工程规模及结构形式

滠水河特大桥工程为黄陂区巨龙大道工程项目Ⅱ控制性工程，起止桩号为K6＋128.5～K7＋191.5，全长1063km。桥跨设置为（4×20＋4×20＋5×20＋5×30)m（引桥)＋(40＋70＋40)m（主桥)＋(4×30＋3×30＋5×20＋5×20＋4×20)m（引桥)。主桥为预应力混凝土连续箱梁，引桥为30m预应力混凝土预制T梁及20m预应力混凝土预制空心板梁。基础为钻孔桩基础。另含滠水河两岸大堤背水面侧设分离式立交道路400m。

本工程主要工程数量如下：

1）桥梁：

ϕ1.5m钻孔桩：4550m；ϕ1.8m钻孔桩：2000m；普通钢筋：4852t；预应力筋：537.9t；混凝土：42500m^3。

2）分离式立交道路：

填土：2000m^3；混凝土面板：2000m^2。

3.2　主要设计技术指标

（1）设计车道

机动车车道：双向六车道，每幅桥三车道。

人行道：单向 3m 宽人行道（含栏杆、灯柱）。

（2）桥面布置

桥梁全宽 30m，分为上下行双幅桥，桥幅布置为 3m（人行道）+11.75m（车行道）+0.25m（1/2 双黄线）+0.25m（1/2 双黄线）+11.75m（车行道）+3m（人行道）。

（3）桥面铺装

主桥：8cm 厚 C40 混凝土找平层加 8cm 厚 C30 防水混凝土铺装层。

引桥：10cm 厚 C40 混凝土找平层加 8cm 厚 C30 防水混凝土铺装层。

（4）设计纵坡

西侧采用 2.4376%，东侧采用 2.0862%。

（5）竖曲线

R=10000m，T=226.189m，E=2.558m。

（6）水位

设计水位+28.00m。

（7）通航标准

内河Ⅴ级航道，设计最高通航水位 26.0m，通航净高 6.0m，通航净宽 46m。

（8）设计里程：

为巨龙大道线路里程。

（9）冲刷深度

一般冲刷深度 1.5m，局部冲刷 1.6m。

（10）气温

极端最高气温 41.3℃，极端最低气温−17.3℃。

（11）设计荷载

汽车-超 20 级设计，挂车-120 级验算，人群 3.5kN/m^2。

（12）地震

地震基本烈度为Ⅵ级，按Ⅶ度设防。

3.3　自然条件

（1）水文

滠水河位于长江北岸，全长 126.5km。滠水河源出大别山南麓三角山，自北向南流经红安、大悟，在大悟河口镇流入黄陂境内，流经滠口等村镇，汇入长江天兴洲北汊。

滠水河大桥位于滠水河中下游的黄陂区滠口镇，距入江河口 5100m，桥址处水位受长江水位顶托影响。该地区多年平均降雨量 1248.5mm，滠水河平均流量为 2440m^3/s，平均年输砂量为 16.75 万吨。设计采用 300 年一遇的设计流量及相应的设计水位，即设计流量为 6400m^3/s，相应设计水位 28m。枯水期水位 16m 左右，施工期水位可按 16.5m 考虑。桥址处河道有冲刷，一般冲刷深 1.5m，局部冲刷深 1.6m。

（2）工程地质

1）地质条件

根据工程地质钻探资料，桥址区岩土层在勘探深度范围内，主要由第四系全新统（Q_4）、第四第上更新统（Q_3）及第三系上新统风化岩（N_2）组成。各岩土层特征简述如下：

A. 第四系全新统冲、湖冲新近沉积层（Q_4^{al+l}）：地层代号为①，主要由人工填土、黏性土及砂组成，该层厚约 0.5～9.5m，层底高程在 8.10～19.5m 之间。

B. 第四系全新统冲、湖积层（Q_4^{al+pl}）：地层代号为②，主要由黏性土及砂组成，该层厚约 4.6～13.2m，层底高程在 3.5～14.46m 之间。

C. 第四系更新统冲、洪积层（Q_4^{al+pl}）：地层代号为③，主要由黏性土及砾砂组成，该层厚约 1.1～12.0m，层底高程在 0.8～7.56m 之间。

D. 残积层（Q^{el}）：地层代号为④，主要由黏性土及砂组成。

E. 第三系上新统风化砂岩（N_2）：地层代号为⑤，主要由砂岩组成，属半固结极软质岩，揭露层面高程在 7.56～3.24m 之间，最大揭露层厚为 57.1m。

2）水文地质条件

桥址区地表水主要为溵水河河水，地下水主要为第四系砂类土层中孔隙潜水及第三系风化砂岩中孔隙或微孔隙承压水，受地表水及区域径流补给，一般稳定地下水位埋深高程与地表河水位高程基本相当。桥址处地下水及地表河水对混凝土无侵蚀性。

3）不良地质

桥址处及周边地区存在有厚薄不匀的较弱土层，工程力系强度低，压缩性大，具有易触变特点，对浅基础稳定不利，特别是在大桥西端桥台附近及引道路基地段不均匀分布的浅表层软土，将直接对高填土路基稳定造成明显的不良影响。

桥址处地震基本烈度为 5 度，场地土类型为中软场地土，一般不考虑砂土、亚砂土的液化影响。

4）岩土工程设计参数建议值（表 3-1）

岩土工程设计参数建议值　　表 3-1

层号	岩 土 名 称	揭露层厚(m)	推荐地基承载力 [σ_0]kPa	极限侧摩阻力 ζ_i (kPa)
①-1	人工填土	0.6～3.6		
①-2	细砂	0.5～1.8		
①-3	粉质黏土	2.2～3.3	90～200	15～45
①-4	粉质黏土	1.5～1.9	120～160	25～30
①-5	粉砂、细砂	3.0～7.3	90～100	25～30
②-1	粉质黏土	1.4～5.0	160～300	40～60
②-2	黏土、粉质黏土	1.9～10.3	70～150	10～30
②-3	黏性土	0.9～9.7	230～260	40～45
②-4	砂类土	0.9～5.5	100～240	30～38

续表

层号	岩土名称	揭露层厚(m)	推荐地基承载力 [σ_0]kPa	极限侧摩阻力 ζ_i (kPa)
③-1	粉质黏土	0.6～7.0	300～400	55～65
③-2	砂砾石、卵石	1.1～7.9	300～450	60～120
④	全风化泥质粉砂层	2.2～3.4	150～360	30～75
⑤-1	强风化砂岩	2.9～13.0	350～450	75～110
⑤-2	强风化砂岩	7.0～19.2	400～550	75～120
⑤-3	强风化砂岩	最大 22.9	450～550	90～120
⑤-4	强～弱风化砂质泥岩	2.6	500	90
⑤-5	弱～强风化含砾粗砂岩	最大 10.4	1000	

3.4　社会经济条件

本工程位于武汉市黄陂区滠口镇，紧临九省通衢武汉三镇，地理位置优越，该工程又是黄陂区招商引资的重点工程，地方政府工程建设极大重视，也有利于工程建设的正常施工。

本工程所需砂、石均可在当地采购，水泥、钢材货源亦相对充足，工程所在地交通便利，施工条件相对较好。

工程施工所需主要材料如下：

(1) 混凝土：主桥箱梁、引桥 T 梁均采用 C50 混凝土，引桥空心板采用 C40 混凝土，桥面铺装防水混凝土采用 C30 混凝土，墩身、台身、耳墙、背墙、系梁、承台、桥台搭板均采用 C30 混凝土，桩基采用水下 C25 混凝土。

(2) 钢筋：采用 HPB235 级和 HRB335 级钢筋，其质量必须符合国家标准的有关规定，钢筋连接须符合有关规范和规定要求。

(3) 钢板：钢板采用 Q235 钢板，技术条件必须符合国家标准的规定。

(4) 桥面防水：采用 FND-W 混凝土防水剂。

3.5　工程特点及施工要点

该桥主桥采用变截面预应力混凝土连续箱梁，桥跨布置为 40＋70＋40＝150m，采用 R＝10000m 的竖曲线。宋家岗侧引桥为 13m×20m 预应力混凝土空心板＋5m×30m 预应力混凝土 T 梁，武湖侧引桥为 7m×30m 预应力混凝土 T 梁＋14m×20m 预应力混凝土空心板，主桥桥墩采用变截面异形墩，过渡墩及引桥墩采用钢筋混凝土圆柱墩，基础采用钻孔灌注桩。滠水河大桥自西向东跨越滠水河，起点里程 K6＋135m，止点里程 K7＋185m，总长 1050m。桥面宽度 30m，分两幅分离布置。桥两端设路堤与道路衔接。由于桥梁截断了河两侧的堤顶道路，为恢复堤顶路的畅通，在堤脚处各修建一条连通路，穿越巨龙大道与堤顶道路连接。为保障墩身及各墩帽棱角分明、线条流畅、色泽一致、表面光洁，特别对于主墩、台、帽、预制梁板所有模板，均采用精加工的整体无拉杆钢模板，以保证能达到清水混凝土的要求。

(1) 主桥上部结构

1）梁体截面形式为单箱单室直腹板箱梁。梁体截面尺寸如下：

梁高：跨中截面及梁端部高度均为2m。支点截面梁高4.2m，设2m等高梁段，中跨设10m等高梁段，边跨设10m等高梁段。其间以R＝192.236m的圆曲线变化。

顶板：宽14.5m，悬臂翼缘宽3.5m，悬臂外侧翼缘厚为15cm，根部厚60cm，箱内顶板厚28cm。

腹板：支座处60cm，跨中厚40cm。

底板：中支座处厚60cm，边支座处厚50cm，跨中处厚22cm。

腹板每隔2m设ϕ10mm通风孔一个，两侧腹板均应设置，其位置相同。每跨均设ϕ10mm泄水孔，置于箱底最低处，以利于排水。为方便施工，每跨顶板可设置60cm（横桥向）×80cm（纵桥向）施工进人孔2个，置于各跨跨中处。

顶板设1.5％横坡，利用内外两侧腹板变高度调整。

2）预应力体系：采用三向预应力体系。纵向预应力采用高强度低松弛钢绞线，布置在腹板及顶底板内，锚具均采用OVM锚固体系，波纹管制孔。腹板及顶板合拢束采用7$\phi^{a'}$15.24mm钢绞线（采用美国标准ASTM A416-90a 270级，R_y^b＝1860MPa），高度方向布置6排，采用两端张拉，波纹管内径为7cm，锚下张拉吨位为1367kN。顶板采用15$\phi^{a'}$15.24mm钢绞线（R_y^b＝1860MPa），均按两端张拉，箱内设锯齿块，边跨布置8束，中跨布置18束。为满足锚固要求，梁端处底板束须平弯。顶、底板束波纹管内径均为10cm。顶、底板束锚下张拉吨位为2929kN。

横向预应力采用3$\phi^{a'}$15.24mm钢绞线，BM锚具，按0.5m间距布置，锚下张拉吨位为586kN。

竖向预应力采用冷拉Ⅳ级粗螺纹钢筋40Si_2V，直径Φ^L25，轧丝锚具，按0.3m间距布置，锚下张拉吨位为331kN。

（2）引桥上部结构

引桥采用20m预应力混凝土空心板和30m预应力混凝土T梁，西侧引桥分为4×20m＋4×20m＋5×20m＋5×30m四联，东侧引桥分为4×30m＋3×30m＋5×20m＋5×20m＋4×20m五联，共九联。空心板每孔布置4片边板，14片中板，T梁每孔布置4片边梁，8片中梁，空心板边板共108片，中板共378片，T梁边梁共48片，中梁共96片。

（3）下部结构

1）桥台

桥台为柱式桥台，在桥梁中心线处设1cm断缝。0号台高4.305m，42号台高6.205m，每个桥台设单排ϕ1.5m钻孔灌注桩（摩擦桩），共3根。

2）主桥桥墩

主桥墩形为花瓶形，上大下小，呈流线形设计，外形较为美观。墩厚尺寸：中间2.1m，两端为2.6m，平面呈哑铃形，横向尺寸上宽7.5m，下宽5.5m。承台厚2.5m，承台平面尺寸为10.3m×6.4m。双排ϕ1.5m钻孔灌注桩（摩擦桩），共6根，承台底面标高参照历年低水位的资料，定为＋17.00m。

3）引桥桥墩

每幅桥桥墩为单排双圆柱形墩，帽梁高分别为1.5m（空心板）、2m（T梁）、2.5m（过渡墩），主桥边跨联接墩墩柱直径1.6m，桩径1.8m，桩长42m，20m空心板梁桥墩墩柱直径为1.3m，T梁桥墩墩柱直径为1.5m，柱距7.8m，桩平均为ϕ1.5m、ϕ1.8m钻孔灌注桩，桩长35m，采用系梁连接。系梁高1.3～1.5m，系梁顶置于河床面以下约0.5m。

4）附属结构

支座：主桥采用盆式橡胶支座，其中，主桥与引桥18、21号连接墩每幅布置1个GPZ3500DX（内）及1个GPZ3500SX（外）支座，主桥19号墩每幅布置1个GPZ1500DX（内）及1个GPZ1500SX（外）支座，主桥20号墩每幅布置1个GPZ1500GD（内）及1个GPZ1500DX（外）支座，引桥30m长的T梁采用288个GJZ300mm×400mm×57mm板式支座，20m空心板采用1944个GJZ200mm×250mm×56mm板式支座，支座必须放置水平，引桥均配板式橡胶支座。

桥面系：主桥8cm厚C40混凝土找平层加8cm厚C30防水混凝土铺装层。引桥10cm厚C40混凝土找平层加8cm厚C30防水混凝土铺装层。防水混凝土采用SLA-0808焊接钢筋网。

桥面横坡：采用单向横坡，横坡坡度为1.5%，主桥利用内外侧腹板变高调坡，引桥采用支座垫石变高度构成桥面横坡。

4　施工部署

4.1　工程目标

（1）质量目标

在第9合同段的施工中，我们将严格执行根据国际ISO 9002质量标准制定的质量体系，确保该单位工程最终质量评定优良，分项工程交验合格率100%，各分项工程优良率达90%以上。

（2）工期目标

工程开工、竣工时间为2003年10月15日～2004年12月15日，总工期14个月。

（3）安全目标

根据我局有关规定，该工程安全生产目标为在整个施工过程中杜绝重大伤亡事故，轻伤事故率不超过0.5‰。

（4）文明施工目标

现场文明施工目标为争创武汉市文明施工工地。

4.2　施工组织机构及人员配备

按照中建筑七局及公司要求，结合本工程情况，我单位现场项目经理部设立四部一室（即工程技术部、合约计量部、材料设备部、财务资金部、综合办公室）。管理部门作为项目纵向控制的职能部门，对内，全面组织协调管理桩基、下部结构、梁板预制、安装、刚构、桥面铺装等等具体的施工队伍（人员）；对外，做好与业主、监理等单位的协调工作。下设桩基、下部结构、梁板预制、安装、刚构、桥面铺装等专项施工队。

同时，七局总部的TC、QC、CC、CA、O&C、IM等有关职能部门亦通过现场抓点、计算机（Internet）远程控制等方法，对现场的各项工作进行宏观管理。采用矩阵式管理模式。单位总部与项目部之间采用现代化的通信手段（Internet 等）连接，能够随时掌握工地的动向，并保证与业主和项目部项目管理机构的联系畅通。由于移动通讯与电脑的结合，保证了主要指挥者在任何地域都能够与现场保持联系。

为加强局总部对项目的监控和指挥，针对本工程，特别成立了以副局长为指挥长的工程项目指挥部，局总工程师和主管生产的副局长为副指挥长，对项目经理部实行全面监督、管理。

项目组织管理形式示意图见图 4-1。

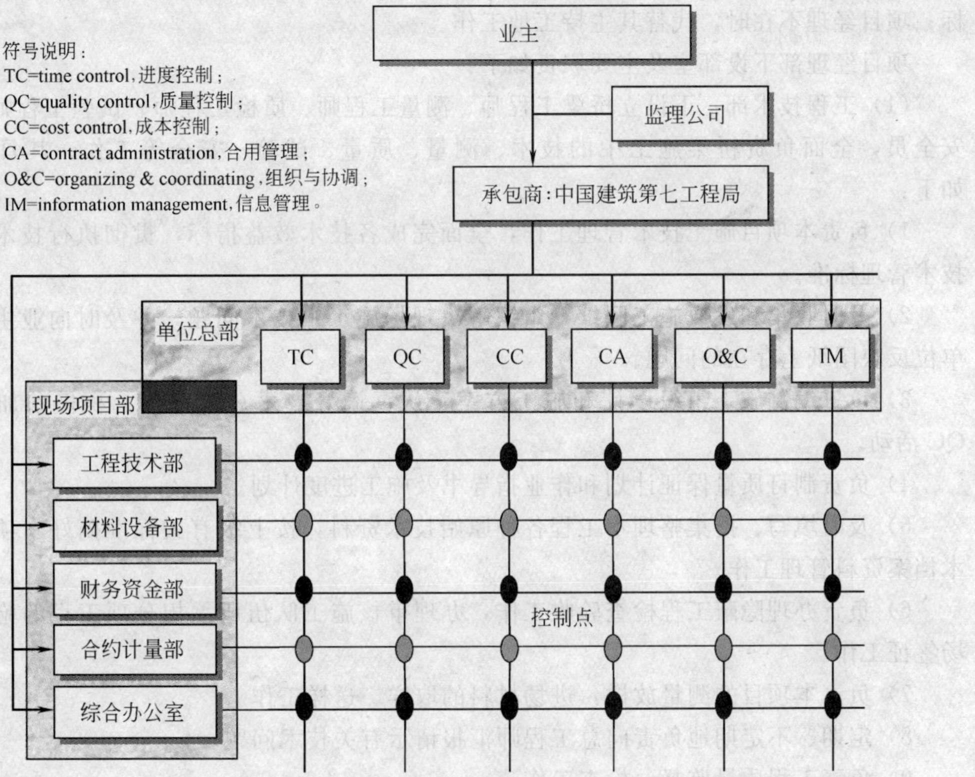

图 4-1 项目组织管理形式

项目部设项目经理一人、项目副经理一人、项目总工一人，项目部下设四部一室。

项目经理部是施工队伍的核心，其职能是按照业主和合同条款的要求，圆满地履行施工合同，即指挥施工机械和人员在业主规定的工期，以优良质量完成合同范围内的所有工程项目。

项目经理全面负责本工程项目生产计划、调度、管理、各类合同签订及文明施工管理工作；负责落实岗位责任制，监督考核各部门工作，处理工期与质量的关系；负责定期召开生产调度会，控制落实工程进度，解决施工中出现的重大问题；负责定期对全体职工进行质量、安全意识教育，保证各类人员掌握本项目的管理目标；对外接受监理工程师和业主的一切有关工程的指令，对内则要协调和指挥各施工处、队顺利完成分项工程。

总工程师负责工程质量与工程施工技术。对本项目施工技术、质量管理工作负责，对工程产品的质量符合性负责；负责贯彻执行技术法规、规范、标准及上级的技术规定，制定施工项目技术管理制度，编制关键工序、特殊工序作业指导书；负责组织有关人员进行图纸自会审、编制施工技术方案，组织有关人员进行技术学习、经验交流；负责组织有关人员进行工程质量检查，召开分析会，制定纠正措施和预防措施；负责制定本项目推广应用新技术、新工艺、新材料计划，组织开展 QC 活动。

副经理负责项目经理部内部事务；负责本工程生产活动的计划、调度工作；负责协助项目经理落实各部门的岗位责任制，监督考核各部门工作，组织施工生产，处理工期与质量的关系；负责不定期召开生产调度会，落实项目部整体工程进度，解决施工中出现的各类问题；负责定期对职工进行质量、安全、成本意识教育，确保职工掌握本项目的管理目标；项目经理不在时，代替其主持工地工作。

项目经理部下设部室及主要职责如下：

(1) 工程技术部：下设立桥梁工程师、测量工程师、质检工程师、试验工程师、专职安全员，全面负责桥梁施工中的技术、测量、质量、试验、安全等工作。其具体职责如下：

1) 负责本项目施工技术管理工作，全面完成各技术效益指标，贯彻执行技术标准和技术管理标准。

2) 及时收集和发放施工图纸，组织解决现场施工中技术问题，并及时向业主、设计单位反映图纸上存在的问题。

3) 负责编制施工组织设计和施工方案，认真搞好技术总结工作，积极参加本项目 QC 活动。

4) 负责制订质量保证计划和作业指导书及施工进度计划。

5) 及时填写、搜集整理本工程各种原始技术资料，按上级有关标准搞好本项目的技术档案资料管理工作。

6) 负责办理隐蔽工程检查验收工作，办理审核施工队伍所承担分项工程的验收及现场签证工作。

7) 负责本项目的测量放样，进场材料的取样、送样工作。

8) 定期、不定期地负责向总工程师汇报请示有关技术问题。

9) 负责工程质量监督、检查工作。

10) 负责现场安全施工监督，检查督促安全措施的落实，定期、不定期对职工进行安全知识教育。

11) 负责现场文明施工，按河南省安全文明标化工地标准进行管理。

12) 对发现的质量问题要及时提出纠正（预防）措施，确保各分部分项工程达到优良。

13) 定期组织施工班组 QC 小组开会，对质量目标进行检查，保证质量体系的正常运行。

14) 定期、不定期地负责向监理工程师汇报、请示有关质量管理的情况。

15) 严格遵循国家部门和地区颁发的有关公路工程的技术标准、规范和规程，按等级证书批准的业务范围承担试验任务并出具报告。

16) 试验室工作要严格执行国家《计量法》，试验仪器设备的性能和精度应符合国家标准和有关规定，定期检定并有专人管理，建立管理台账，并在仪器设备前方做出明显标识。

17）负责对试验资料进行统计分析，提出分析报告及建议。

（2）材料设备部主要职责如下：

1）积极与项目各部门联系，做好材料计划管理工作，努力完成项目下达的材料降低率及“三材”节约指标。

2）制定采购、加工订货合同，做到合同条款明确、内容准确无误，合同签订后，及时催交，整理好到货，付款结算台账。

3）深入现场，及时了解物资库存情况，确保账物相符，账、单、卡数据一致，把好材料、成品、半成品进场质量关，保证物资及时供应。

4）认真贯彻执行上级颁发的有关机械设备管理条例、规定、制度，对机械设备从造型购置、安装调试、验收投产、使用维修、更新改造直到报废实行综合管理，建立相应的规章制度、规程、指标等。

5）建立健全项目机械设备统计台账，健全设备卡片；并根据施工生产情况，编制设备配置计划，设备大修计划和月度计划，使其经常处于良好的技术状态。

6）重视安全生产，遵守技术规程、操作规程、保养规程，及时解决设备使用和日常维修中的问题，并对机械设备故障进行认真调查、分析、处理。

（3）合约计量部主要职责如下：

1）负责洽谈或签订审核项目承包合同、劳务合同、材料供货合同、设备机具订货、租赁合同等各种为本项目服务的合同，及横向联合协议，并负责开工前对合同进行部门交底。施工期间对工程合同履行情况进行监督、跟踪、检查，解决履约中所出现的合同纠纷，并报局总部备案。

2）认真学习各种定额、文件及政策法规，收集整理施工中原始资料，负责编制施工图预算、施工队结算、工程结算，并在工程实施中根据设计变更作出调整和补充。

3）负责本项目经营统计工作，做好各类经营统计报表台账，按时送交局经营处审核。

4）根据验收工程和工程结算办理财务结算、中间结算，并及时回收工程款。

5）认真执行成本开支范围，审查监督成本费用的支出，不乱挤乱摊成本。

6）审查采购计划，防止盲目采购，对于计划采购的各种物资，要严格审核其报销凭证，防止各种漏洞的产生。

7）按月、季、年做好成本分析和成本核算，对项目经济活动提供建设性意见。

8）按监理工程师的要求及时报送计量支付报表。

（4）综合办公室主要职责如下：

1）办公室负责项目部内日常生活、生产后勤事务，以及对外协调、处理与当地政府、村镇百姓的关系，创造一个良好的周边环境，以利于工程施工。

2）协助领导贯彻执行本项目各种规定、制度等，并督促检查各部门的执行情况。

3）掌握和收集本项目生产施工经营活动情况，协调项目各科室的工作关系。

4）负责起草本项目综合性总结、报告、会议纪要、情况反映简报等，审核以本项目名义发放的文件，做好收发、传递、管理工作，做好本项目的大事记，搞好印、信的管理和使用工作。

5）负责本项目行政报刊的订阅以及通信电话、文字打印、电脑应用、资料复印、交通车辆管理等事务性工作，并做好记录及台账。

6）完整、准确、及时地做好各类文件和资料的整理、收发、传阅、借用记录，并及时整理、装订成册、分类存放、妥善保管。

7）负责职工膳食供应、保健工作。

(5) 财务资金部主要职责如下：

1）负责本项目的财务工作，并对项目经理负责。

2）负责分析工程项目财务状况，编制项目财务报表，并负责向局财务处报送。

3）根据计量科编制的支付报表，负责工程款的回收和支付。

4）配合计量科做好成本核算工作。

5）负责本项目职工工资的审核和发放。

4.3 设备、人员、材料进场安排

我局中标后，立即按照投标书中明确的设备和人员数量，根据工程进度情况，陆续进入现场。

首批项目经理部主要负责人、管理人员、技术人员进驻工地后，在和业主接洽的同时，详细勘察、了解施工现场情况，已安排落实施工营地，并全面组织管理人员、施工队伍、材料、设备进场。根据业主批准的总平面布置图，合理布置好办公室、宿舍、库房及各种机械、材料堆场、混凝土集中搅拌站合预制场、电线路布置等。对各种设施按总体进度计划提前安装调试，确保不影响工程进度。

为了保证有计划的组织施工和劳动力的及时进场，实施先安排生活，后组织施工的原则。按照施工方案中工序的先后，组织相应的机械陆续进入工地。做到临建工程、电力设施的修建、架设与施工机械、人员进入现场同步进行。工程所需的砂、石、钢筋、水泥等材料从周围择优选用。

4.4 施工进度计划

根据合同工期要求，结合现场实际情况，施工计划安排如下：

桩基施工	2004.01.08—2004.06.20
立柱施工	2004.02.18—2004.08.30
盖梁施工	2004.03.01—2004.09.30
悬臂现浇施工	2004.02.15—2004.06.30
空心板预制	2004.03.30—2004.05.30
T梁预制	2004.05.30—2004.08.15
空心板预制	2004.08.15—2004.11.15
梁板安装	2004.05.01—2004.11.30
桥面系施工	2004.12.05—2005.02.05
整修交工	2005.02.05—2005.03.05

4～9月份为盈水期，因此，12～29排的桩基以及下部结构必须在2004年3月底施工完。总进度计划见表4-1。

漯水河特大桥旋工进度控制计划表

表 4-1

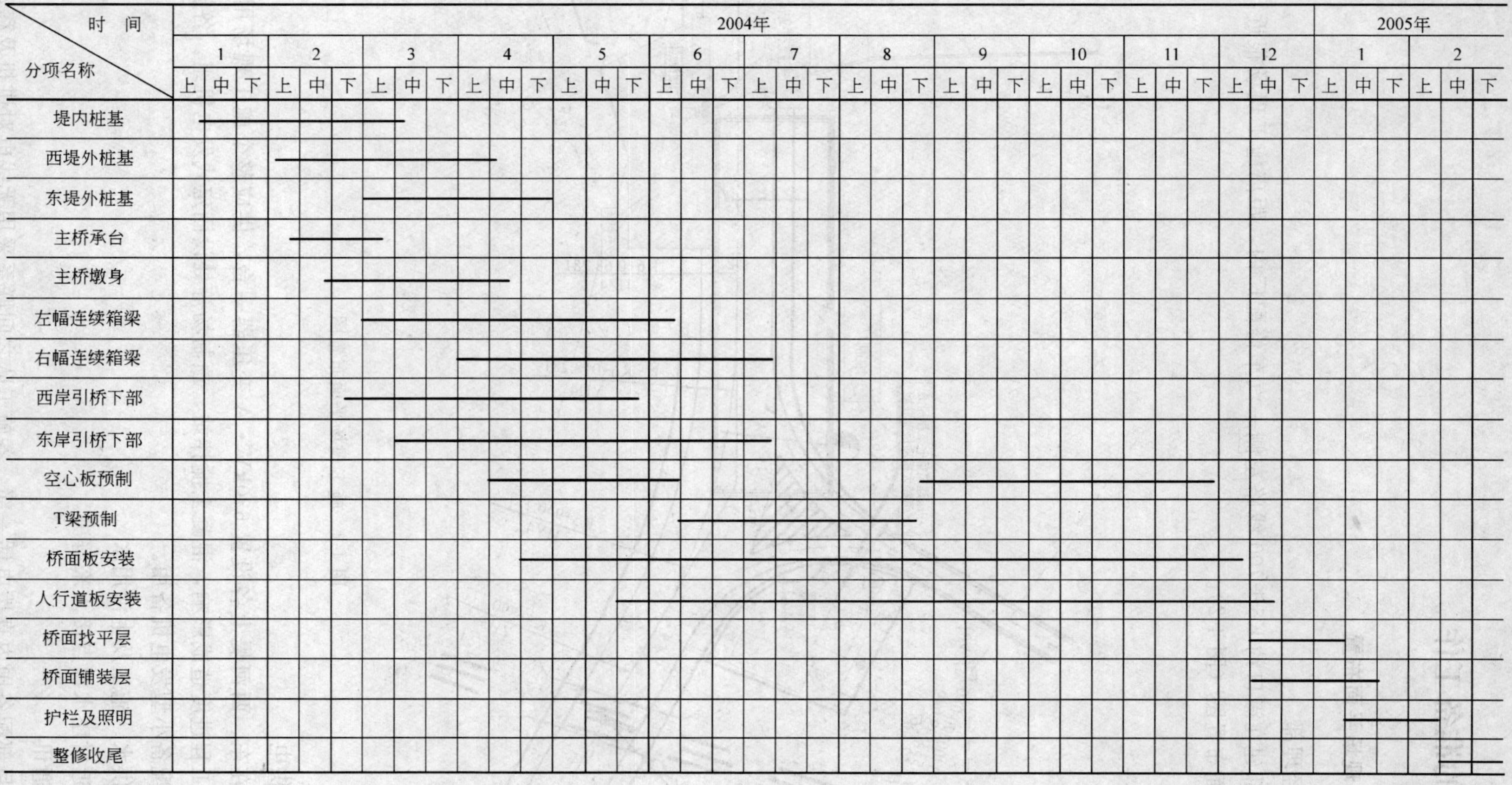
时间
分项名称
2004年
2005年
1
2
3
4
5
6
7
8
9
10
11
12
1
2
上 中 下
堤内桩基
西堤外桩基
东堤外桩基
主桥承台
主桥墩身
左幅连续箱梁
右幅连续箱梁
西岸引桥下部
东岸引桥下部
空心板预制
T梁预制
桥面板安装
人行道板安装
桥面找平层
桥面铺装层
护栏及照明
整修收尾

5 开工前的准备工作

5.1 施工现场平面布置

(1) 项目经理部

项目经理部建在滠口约 K5＋700 线路左侧一汽车修配厂内，距离施工现场很近，详见施工现场平面布置图（图 4-2）。

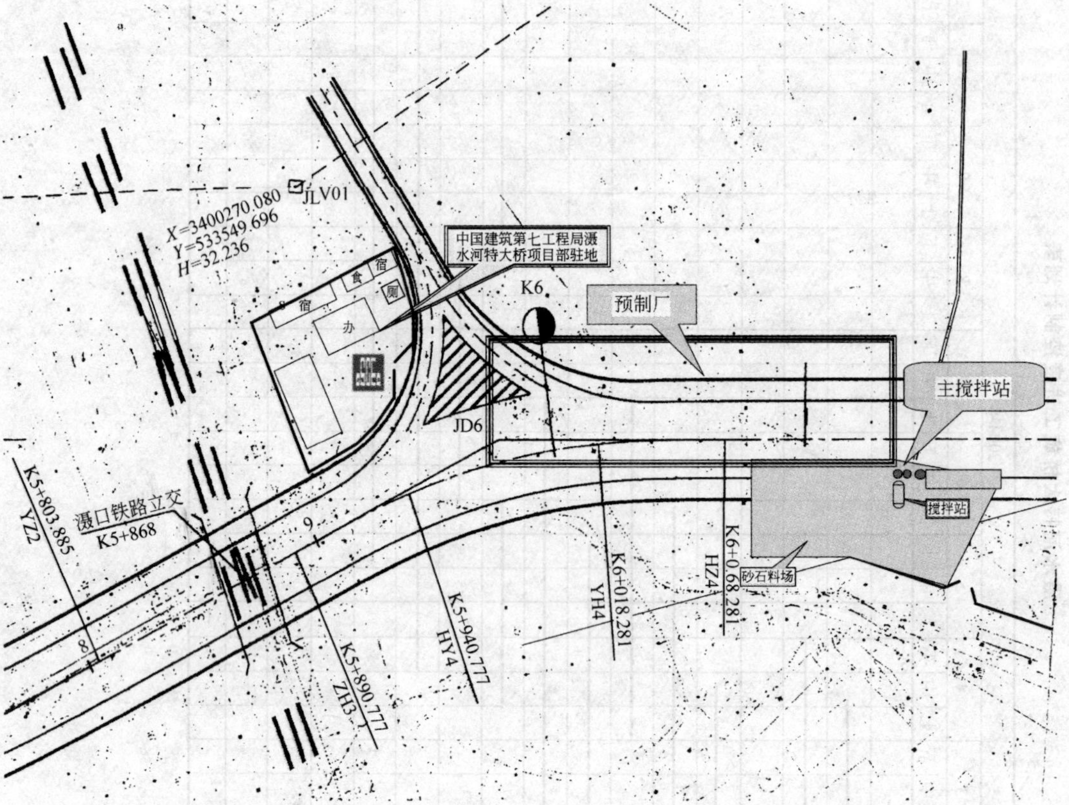

图 4-2 施工现场平面布置图

(2) 临时供电

施工现场在东、西河堤上各设置 630kV·A 变压器一台，供应整个施工现场用电。为防止停电对工程进度造成影响，混凝土搅拌站、预制场等处设固定式发电机组。各施工队、施工班组配备小型发电机备用。

(3) 临时供水、施工及生活用水

采用由附近村庄水源点接入来解决。

(4) 临时通讯

本合同项目部配备国内直拨电话一部。各施工队之间联系采用无线电对讲机及移动电话联络。

5.2 技术准备

工程中标后，我们立即组织工程技术人员先进场，熟悉施工图纸，了解设计意图，进一步弄清工程特点，会审图纸，清除漏、错、缺等问题，解决施工技术和施工工艺之间的矛盾。

组织技术人员详细阅读和学习施工图纸及其他技术资料，编制实施性施工组织设计，进行全方位的技术交底，以便组织及指导施工。编制详细的施工组织设计，要求全面、突出重点，以施工图、施工规范、质量标准、操作规程及业主提供的各种资料作为组织施工的指导文件。

编制质量保证计划，制定各岗位职责，确保质量目标的实现。针对工程具体工程情况，确定重要工序和特殊工序，并编制作业指导书。

编制施工预算，计算各个分部、分项工程的工程量，疏通材料供应渠道，分析劳动力和技术力量，组织建立施工技术、机械管理等各种规章制度，编制详细的施工网络计划。

已筹备中心试验室，配齐试验设备、确保各类材料的检验试验，保证各类配合比设计按期完成，为工程开工创造条件。

5.3 测量准备

在承建合同签订后一周内，组成了专业测量组，对全线导线点进行了复测。测量组配备宾得全站仪 1 台，4 台对讲机，1 台 DS_3 水准仪，标准水准尺 1 副，太阳伞 2 把，单、三棱镜各 1 套。

本工程控制网的布设按四等精度要求进行复测，将复测成果整理成册，上报监理工程师审批。待监理工程师复核、复测后，误差在允许范围内，同意按此成果测量，我们以此控制网为施工控制网。

6 主要分部分项工程施工方案

6.1 桩基施工

6.1.1 概况

溉水河特大桥工程基础全部采用钻孔灌注桩，桩基共计 192 根，直径为 ϕ150mm，ϕ180mm，长度 30m、35m、40m 不等，详见表 6-1。

工程量一览表　　表 6-1

桩名	0#台 42#台	1～12#墩	19#墩 20#墩	18#墩 21#墩	29～41#墩	13#墩 28#墩	14～17#墩 22～27#墩	小计
桩径(m)	1.5	1.5	1.5	1.8	1.5	1.8	1.8	
桩长(m)	25	30	40	40	35	35	35	
根数	12	48	24	8	52	8	40	192
混凝土量(m^3)	530	2545	1696	814	3216	713	3562	13076

6.1.2　施工质量要求

本工程施工执行的标准、规程、规范和主要技术指标：

(1)《公路桥涵地基与基础设计规范》(JTJ 024—85)；

(2)《公路桥涵施工技术规范》(JTJ 041—2000)；

(3)《公路工程质量检验评定标准》(JTJ 071—98)。

6.1.3　施工部署

(1) 组织机构

成立桩基施工队领导小组，在项目部领导下，全面负责桩基生产。

(2) 人员配备（表6-2）

人员配备表　　表6-2

序号	人员配备	人员总数	主要职责
1	队长	1	全面负责生产、安全及管理
2	分队长	2	分别负责东、西两岸的生产
3	工程师	1	技术管理
4	技术员	2	填写、收集原始技术资料及现场施工指导
5	质检员	1	质量检查、监督
6	安全员	1	施工安全
7	钻机班	40	成孔
8	灌注班	30	混凝土灌注
9	电工班	2	用电设备
10	吊车班	4	移位、装卸
11	钢筋班	40	钢筋笼制作、安装
12	场地班	8	埋设护筒、清理场地

(3) 施工准备

1) 技术准备

A. 接到施工图纸后，项目部组织相关的技术人员认真进行研究，组织图纸会审，熟悉各项规定，力求将技术要求与图纸中模糊不清的问题在施工前解决好。

B. 按照设计文件，项目部组织学习相关的技术规范、规程，分析桩位处的地层情况，合理选用钻进技术参数，对特殊地质情况应专题研究，制定特殊作业指导书。

C. 由项目总工组织，工程技术科负责对桩基施工班组进行技术交底和安全交底，交底的形式采用口头交底、书面交底等形式。

D. 对水下混凝土所需的材料，进行料源选择。提前一个月进行水下混凝土配合比的试配工作，配合比设计报告经监理工程师批准后备用。

2) 施工现场准备

A. 开工前根据项目的总体计划，制定出方便、经济的便道填筑方案，为施工创造条件。

B. 认真组织测量放样，做好测量基线与水准点，并请监理工程师复核确认。

C. 本合同段地下水源丰富，工程用水采用打井取水。

D. 施工用电由高压线引下，设立变压器做为主电源，估计用电量在630kW左右，并配备柴油发电机组两台。

E. 做好施工现场的临时设施搭建工作，开挖泥浆循环池、沉淀池和储浆池等，并做好文明与保洁工作。

F. 注意做好与周边居民的协调工作。

G. 大型机械设备的调运进场和调试：根据施工组织需要，合理组织大型机械设备调运进场。前期先进行搅拌站、试验室设备的调运进场，钻孔桩机、汽车起重机等设备根据施工总进度计划安排陆续进场。

主要机械设备配置见表6-3。

主要机械设备配备情况一览表 **表6-3**

序号	名　称	规　格	单　位	数　量
1	回旋钻机	GPS-20	台	20
2	泥浆泵	3PN	台	10
3	砂石泵	6BS	台	10
4	汽车起重机	25t	台	1
5	汽车起重机	20t	台	1
6	混凝土输送泵	HBT50	台	1
7	挖掘机	SH200	台	1
8	电焊机	BS-300	台	4
9	全站仪	R-322N	台	1
10	水准仪	DS3	台	1

（4）施工工期

1）工期目标

濉水河特大桥桩基从2004年1月8日开始，到2004年6月20日结束，共计160天。

2）进度计划

根据我局现有的施工人员、机械设备实力，我们制定了较为详细的施工计划，并将严格执行，认真组织施工，加快施工进度。在保证工程质量的前提下，尽可能地缩短施工工期，达到最终工期的按期实现。我们将按总体计划的要求安排有关人员、设备进场，做好施工准备工作。

计划投入GPS-20回旋钻机20台，2004年1月8日正式投入生产。顺序为：①一阶段：20#台→29#、19#台→12#墩（共78根桩）；②二阶段：0#台→11#墩、30#→42#台（共114根桩）。

3）工期保证措施

A. 指挥机构及时到位：为加快桩基施工，成立强有力的施工生产班组，对内指挥桩基生产，对外向项目部负责。

B. 施工力量迅速进点：实施本桥的施工班组已经准备就绪，可迅速进驻，所需的机械设备已经保修好。

C. 施工准备抓早抓紧：尽快做好施工准备工作，认真复核图纸，编制作业指导书。

D. 网络计划过程控制：实施短期网络计划控制，服从项目全过程的网络计划，及时掌握进度，分析调整，使桩基施工处于受控状态。

E. 加强组织纪律：强化施工管理，严明劳动纪律，发扬中国建筑七局部队的优良作风和光荣传统，对劳动力实行动态管理，优化组合，使作业专业化、正规化。

F. 经济责任制承包：实行内部经济责任承包责任制，既重包又重管，使责任和效益挂钩，个人利益和完成工作量挂钩，做到多劳多得，调动个人的积极性和创造性。

G. 科学化生产：施工中采用先进的施工技术和施工机械，提高机械化程度。采用集中搅拌站拌合混凝土，混凝土输送泵送至施工现场，缩短混凝土从搅拌到浇筑的施工时间。

本工程管理过程中，坚持质量管理全面化、计划管理网络化、技术管理规范化、安全生产标准化、成本核算经常化，以保证在控制质量的前提下，确保工期，提高经济效益。

(5) 施工工艺

1) 施工工艺流程

灌注桩施工工艺流程见图 6-1。

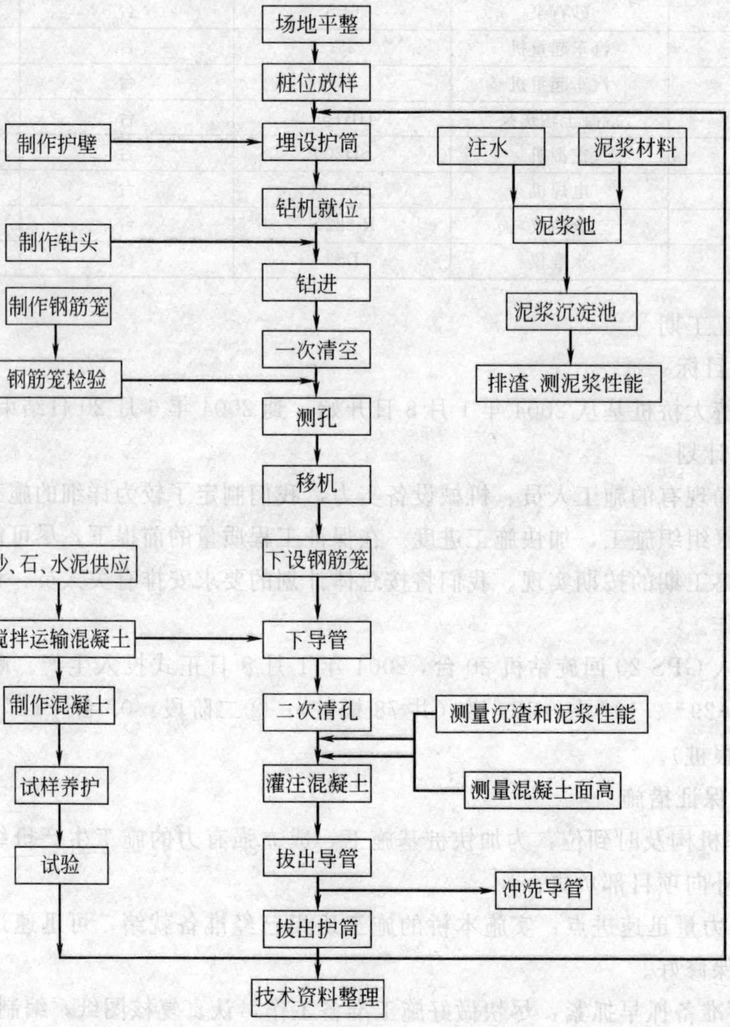

图 6-1　钻孔灌注桩施工工艺流程图

A. 施工准备：钻孔灌注桩在开钻前必须认真准备，除了做好前面的施工准备外，还应做好以下工作：

a. 机械设备科安排对所有进场钻机进行开工前的维修、保养工作，并提前制作好探孔器，用以检测成孔直径是否满足设计要求。

b. 按照设计图纸提供的坐标资料，用全站仪进行定位、放样，误差必须符合规范要求。

B. 埋设护筒

钢护筒采用5mm厚钢板卷成，直径大于设计桩径20cm（水中桩大30cm），护筒长度根据桩位地下水位及地质实际情况确定。开挖土至护筒埋深足够深度，然后起吊安放护筒，四周用黏土夯实。护筒口高出地面30cm。桩位再用全站仪进行二次复核，确保放样偏差在2cm范围内，垂直度控制在1%范围内。水中护筒采用压入、振动和锤击的方法沉入，并保持护筒口高出水面2m，保证孔内水头的高度。

C. 成孔

要根据地质的不断变化，合理调整转速，保证正常进尺，确保成孔垂直度。要经常测试泥浆相对密度，保持孔内水面标高，严防斜孔、坍孔现象的发生。

泥浆的配置好坏，直接影响到护壁的成败，应根据钻孔方法和地层情况采用不同性能指标，具体要求见表6-4。

泥浆性能指标汇总表　　表6-4

钻进方法	地层情况	泥浆性能指标				
		相对密度	黏度(s)	含砂率(%)	胶体率(%)	失水量(mL/30min)
正循环回转、冲击	黏性土	1.05～1.20	16～22	<4	>96	<25
	碎石土 卵石	1.2～1.45	19～28	<4	>96	<15
反循环回转	黏性土	1.02～1.06	16～20	<4	>95	<20
	碎石土 卵石	1.10～1.15	20～35	<4	>95	<20
冲抓	黏性土	1.10～1.20	18～24	—	>95	<20
	碎石土 卵石	1.2～1.4	22～30	—	>95	<20

成孔过程中，应按规定的监理表格填写钻孔记录。记录的内容包括护筒顶标高、桩尖设计标高、桩尖实际标高、钻机型号、钻进时间、地层记录、停机时间和原因等。成孔过程中若发生严重的质量事故，如坍孔、斜孔、护筒下沉、串孔等，应及时报告监理工程师和项目总工，采取合理的措施进行补救。

D. 提钻验孔

终孔后，项目部在自检合格的前提下，报监理工程师进行提钻终孔验收，验收的内容包括孔径和孔深。孔径用探孔器进行检测，孔深用经过标定过的测绳进行测量。钻孔的倾斜度可将钻杆稍微提起，对方钻杆进行测量。

E. 清孔

采用换浆法或掏渣法进行清孔，确保孔底沉渣厚度符合设计和规范要求。对于直径等于或小于 1.5m 的摩擦桩，沉渣厚度应小于或等于 300mm；当桩径大于 1.5m 或桩长大于 40m 或土质较差的摩擦桩，沉渣厚度应小于或等于 500mm。

F. 钢筋笼制作与下放

清孔后，应立即安排下放钢筋笼。钢筋笼骨架根据设计长度分节制作，每节长度 9～10m。为确保质量，钢筋笼在加工车间制作，并绑扎成型，用平车运至现场。加强筋点焊在主筋上，保证钢筋笼骨架刚度；必要时，可用十字撑将钢筋笼临时支撑，防止变形。螺旋箍筋调直后均匀地绑扎在主筋上，为确保连接牢固，每节钢筋笼箍筋点焊在主筋上。主筋接头在同一截面不能超过 50%，搭接位置必须按规范错开 1m。钢筋笼保护层预先用砂浆制成圆饼状，中间留一孔可穿钢筋。在钢筋笼骨架制作好后，将混凝土保护块穿在箍筋上，同一截面设置 4 块，竖向错开布置。

设计要求每根桩基布设 3 根声测管，声测管与钢筋笼绑扎或焊接在一起。施工时注意，声测管接头及底部密封好，灌满水，顶部用木塞封闭，防止砂浆、杂物堵塞管道。

钢筋笼由平车运到孔位处，利用钻机或汽车吊分节起吊、安放、孔口焊接各段钢筋笼。

钢筋笼慢慢吊起移至孔口，在工人的扶持下将正位后的钢筋笼吊入孔内（有十字撑筋的要拆除）。在骨架入孔时，应清除钢筋骨架上的泥土和杂物，修复变形或移位的箍筋。钢筋笼焊接时，上下两节必须保证在同一竖直线上，主筋搭接采用单面焊，焊缝长度≥ $10d$（d 为钢筋直径）。在焊接前，用钢筋扳手绞紧，点焊使两主筋密贴，进行立焊。吊放钢筋笼时，现场设置三台电焊机同时进行焊接，以缩短吊放钢筋笼时间。钢筋焊接结束后，严禁将钢筋焊接段立刻下放入孔，防止钢筋淬火。

钢筋笼顶端定位钢筋长度必须根据桩顶标高来计算，保证其深入承台的锚固长度符合设计和规范要求。为防止钢筋偏位，可在钢筋笼顶加焊定位钢筋，与护筒连接。

G. 安放导管

灌注水下混凝土时选用 $Dg250$ 快速接头钢管，利用桩机逐节下放。导管应事先进行水密试验，不得有漏水、漏气现象。

H. 水下混凝土的灌注

a. 灌注前的检查及二次清孔工作。在钢筋笼骨架和导管就位后、灌注水下混凝土前，应用反循环进行二次清孔，直到沉渣厚度符合设计或规定值，孔深符合设计要求。

b. 首批混凝土的灌注。混凝土由预制场的搅拌站拌合，混凝土罐车运输到孔口。首批混凝土应先拌 $0.5m^3$ 左右的同强度等级砂浆。灌注时，砂浆要在混凝土之前，防止导管口被骨料卡住。贮料斗的容积要等于或略大于计算的首批混凝土体积。混凝土吊斗的贮量除了满足首批混凝土的数量要求外，还要吊装方便，开启灵活，操作简单，不漏浆。吊斗放料口距离漏斗的距离以 0.3～0.5m 为宜。

灌注混凝土前应对隔水栓进行全面检查。检查内容有：球式隔水栓距浆表面的高度是否在 30cm 左右；过球是否灵便；铁线固定端是否牢靠；导线装置是否稳定。检查合格后，可进行下道工序。

随着贮料斗的开启，首批混凝土缓缓注入漏斗内，待漏斗内混凝土灌满后，贮料斗一次贮量要满足首批混凝土的需要，则可同时剪球；否则，要继续向贮料斗内加混凝土，直至达到足量的混凝土后，即可剪球并使所有的混凝土下落。为准确判断首批混凝土灌注的成败，必须做到"看"、"听"、"测"相结合。"看"是指观察孔内水头是否泛起和外溢；导管内混凝土下降是否顺畅；导管内混凝土面是否低于孔内泥浆（如果低于孔内泥浆面，则说明导管下口已被埋住）；管接头有无向孔内漏水的问题。导管内混凝土下落时是否发出落差很大的隆隆声；用手锤敲击导管时，是否发出空声。如是，则说明混凝土已顺利落下，并排除了导管内的泥浆。"听"是指导管是否有漏水的声响。"测"是指测量孔内混凝土面和导管内混凝土面距孔口水面的距离，以判断埋管的深浅和压力的平衡情况。

c. 连续混凝土的灌注。连续灌注混凝土应注意以下几方面工作：

① 及时测量孔内和导管内混凝土面的高度，并认真填写混凝土灌注记录表。根据导管在孔内的随即长度，计算导管在混凝土内的埋深，并将埋深控制在2.0～6.0m。当混凝土灌注速度较快（$30m^3/h$以上）时，最大埋深亦不得大于10m。导管埋深的上限值或导管内混凝土外溢仍不下降时，要提起导管并满足埋深的限制要求，卸下超过需要高度的导管，将其刷洗干净后存放于备用处；当孔内混凝土接近钢筋笼时，埋管深度要控制在较小的范围内，以减小混凝土对骨架的上浮力，防止钢筋骨架上浮。待钢筋笼在混凝土中的埋深超过5m且导管下端已高于钢筋笼下端2m以上时，可加大埋深至上限值。

② 经常观察护筒内泥浆外溢情况。灌注时，泥浆应源源不断地流出孔外；否则，应查明原因，及时采取相应的措施，防止混凝土堵塞导管。在孔内混凝土面接近钢筋笼时，观察钢筋笼是否有上浮现象；如有，应立即采取相应的处理措施。

③ 灌注过程中，要保证孔内有足够的水头高度（和成孔时要求相同）。如返上来的泥浆的各项技术指标（密度除外）符合使用要求，可用泥浆泵将泥浆回收至泥浆池重新使用，以降低成本造价。灌注中，严禁散落混凝土落入孔内，避免增加混凝土面上的沉淀层厚度而增加导管下端的压力，给灌注混凝土带来不必要的困难。提升导管时，应避免导管倾斜或刮碰钢筋笼。

④ 当孔内混凝土面接近设计标高时，要及时估算运输车内或输送管内搅拌待出的混凝土量，以及导管内超高部分的混凝土量的剩余量和混凝土灌注差额，以便搅拌站做好供应计划，减小浪费。

⑤ 在混凝土灌注完毕前，适当增加混凝土灌注高度的测量次数，并防止因导管提动过快，造成夹泥。灌注末期，导管内混凝土压力减小，为保证桩头质量，应将导管和漏斗提高3～4m（泵送混凝土除外），增大压力差，确保桩头密实。灌注末期，泥浆较浓，夹带大量泥块，应考虑至少50cm的超灌高度，保证桩头质量。

⑥ 灌注完毕后，应缓慢提升最后一节导管，当其将要离开混凝土面时，要抖动几次导管，以防混凝土上面的泥浆和沉淀物挤入导管所遗留的小孔内，造成桩心不密实和夹泥，影响桩的质量。导管提出后，根据实际灌注的混凝土总量，反算扩孔率和平均桩径，并计入原始记录。

I. 混凝土灌注高度的检测

a. 测锤法

当前国内外均采用测深锤检测混凝土的灌注高度。测深锤应有适当质量、容量的形状。一般都采用圆锥桩，锤外壳可用钢板焊接或镀锌薄钢板制成，锤内装砂或铅来调整其表观密度（$25～26kN/m^3$）。表观密度过大，测锤进入混凝土太深；表观密度过小，则锤接触不到完好混凝土。因此，其表观密度以略大于灌注的混凝土为宜。

测绳以选用质轻、抗拉强度高及遇水不伸缩的材料。测绳每使用2次后，要用钢尺校正其长度及刻度，以保证测试结果的精度。这种检测方法主要依靠手感和经验来判定测锤在混凝土内的位置。要使测锤位置在扰动混凝土和表面混凝土接触面附近时读数，并校验读数的准确性，以防止误测。检测时宜靠近导管放锤，防止测锤刮碰钢筋笼，致使检测失败。检测次数视灌注情况而定，但在接近桩顶时，必须增加检测的次数。

准确确定不被搅动及不含泥浆（泥块）且质量符合设计要求的桩顶混凝土的位置，对正确确定桩头的预留高度有很大益处，这也是不造成桩头松散、保证桩头质量的关键问题。具体方法是：

桩顶混凝土超过水面（浅层地下水面）的桩在灌注完毕后，用吸泥机抽出护筒内的泥浆、沉渣及散落物，以准确判别桩顶混凝土的质量和标高；如桩顶标高低于设计标高，可直接加灌混凝土；如高出设计标高1.0m以上，可排出至设计桩顶以上30～50cm左右。

b. 取样法

采用沉入混凝土后能够开启和关闭的取样器取出桩内混凝土，通过其质量鉴别情况来去顶桩，顶完好混凝土的位置。

J. 泥浆排放

采用外运和就地处理相结合的办法解决。泥浆处理必须遵照招标文件上的规定，做到符合环保要求，不造成环境污染，不影响农田水利。因此，要与当地取得协议，得到有关部门的批准。外运排放在断头河尾端的河沟中或指定的荒地上，也可运至堆放场中。就地处理是将水分蒸发后，把可塑状的泥土堆放在桥孔下面。

(6) 钻孔灌注桩检查项目及允许偏差（表6-5）

钻孔灌注桩检查项目及允许偏差　　**表6-5**

项次	检查项目		规定值或允许偏差	检查方法和频率
1	混凝土强度(MPa)		在合格标准内	按JTJ 071—98附录D检查
2	桩位(mm)	群桩	100	用经纬仪检查纵、横方向
		排架桩	50	
3	钻孔倾斜度	直桩	1%	查灌注前记录
		斜桩	±2.5%	
4	沉淀厚度(mm)	摩擦桩	符合图纸要求	查灌注前记录
		支承桩	不大于图纸规定	
5	钢筋骨架底面高程(mm)		±50	查灌注前记录

(7) 常见事故的预防和处理方法（表6-6）

6.2 下部结构施工

6.2.1 立柱施工工序及措施

(1) 柱式墩台施工工艺流程

施工放样──→支架搭设──→钢筋绑扎──→模板安装──→轴线复核──→混凝土浇筑──→养护、拆模──→外观及几何尺寸检查。

常见事故预防及处理方法 表 6-6

序号	类别	产生原因	预防和处理措施
1	塌孔	1. 泥浆密度不够及其他性能指标不符合要求，使孔壁未形成坚实泥皮。 2. 护筒埋置太浅，下端孔口漏水。 3. 由于掏渣后未及时补充水或泥浆或钻孔通过砂砾等强透水层，孔内水流失造成孔内水头高度不够。 4. 松散砂层中进尺太快	1. 在松散砂层中钻进时要严格控制进尺，投入粘土膏、卵石等挤入孔壁起护壁作用。 2. 发生孔中坍塌时，拔出护筒用粘土回填重新埋设再钻。 3. 发生孔内坍塌判明其位置，用砂和粘土回填到坍孔处以上 1～2m，待沉积物密实后再钻。 4. 清孔时指定专人补水，吊放钢筋笼时对准钻孔中心竖直插入
2	钻孔倾斜	1. 钻孔中遇有较大孤石。 2. 在有倾斜度的软硬地层交界处钻头受力不均。 3. 扩孔较大处，钻头摆头偏向一方。 4. 钻机底座不水平，钻杆弯曲	1. 遇孤石或倾斜的软硬地层钻进时，低速钻进，控制进尺。 2. 经常检查钻机底盘水平度，钻杆接头逐个检查及时调正
3	扩孔	孔壁坍塌	局部扩孔不影响钻进至设计标高可不处理，若扩孔后继续坍塌，按坍塌孔处理
4	缩孔	钻锥严重磨耗或软塑土遇水膨胀	及时焊补钻锥，上下反复扫孔以扩大孔径
5	掉钻落物	1. 卡钻时强扭； 2. 钻杆疲劳断裂； 3. 操作不当，使不应反转的钻机反转，钻杆松脱	1. 开钻前清除孔内杂物，用电磁铁或冲抓锥打捞。 2. 常检查钻具、钻杆、钢丝绳和连接装置。 3. 采用打捞钩叉吊出

(2) 施工措施

1) 测量放样：用宾得 R-322N 全站仪放出桥墩中心点和纵横向轴线，在地面标出每根立柱的十字中心线，并标示出模板的安装位置。

2) 搭设支架：为方便钢筋绑扎、模板安装后的校核以及浇筑混凝土，在地面上用 $\phi48$ 钢管搭设施工脚手架。脚手架搭设时，注意空出立柱模板的空间。

6.2.2 立柱钢筋绑扎

立柱的钢筋绑扎工作主要包括箍筋的定位和绑扎，绑扎箍筋采用 20# 扎丝，梅花形节点布置；半球形混凝土保护层垫块采用 22# 扎丝固定在主筋上，沿柱高方向交错梅花形布置，间距 50～100cm。

6.2.3 立柱模板安装

钢模板运到施工现场后，组织质检人员进行拼装验收，合格后投入生产。

立柱模板使用前，必须先进行除锈处理，然后涂刷脱模剂备用。钢模板为两片装，拼缝使用聚乙烯塑料垫片。

立柱模板采用汽车吊进行安装，人工配合。安装时，注意安全操作，避免模板对脚手架的碰撞。模板四周用缆风绳固定，紧线器拉紧，地锚使用 1m 长的短钢管打入土中。

立柱模板安装完成后，对模板的垂直度和轴线位置进行最后复核，并把立柱顶标高位置标示在模板外侧，然后报监理工程师验收。

6.2.4 立柱混凝土浇筑

立柱混凝土由混凝土搅拌站集中拌合，混凝土输送车运至施工现场，用混凝土泵浇筑混凝土。

浇筑前，用砂浆将模板底部所有缝隙堵住，以确保不漏浆。混凝土浇筑采用输送泵直接送入模板内，混凝土分层浇筑，30cm 为一层，插入式振动器振捣。

6.2.5　拆模和养护

立柱施工完后的 2～3d 即可拆模，拆模时严禁对模板砸、撬，防止对混凝土外观造成损伤。

立柱是桥梁结构重要的承重构件，因此，必须加强后期养护，使其表面维持适当温度和湿度，保证内部充分水化，促进强度不断增长。

立柱模板拆除后，尽早喷涂养护剂一遍，并用塑料薄膜包裹进行养护。

6.2.6　肋板桥台施工

钢筋、模板、混凝土施工均同立柱。

6.3　盖梁施工

6.3.1　施工工艺流程

水平测量放样⟶搭设支架⟶底模铺设⟶轴线和边线放样⟶绑扎钢筋⟶侧模安装⟶标高复核⟶浇筑盖梁混凝土⟶拆模⟶外观和尺寸检查⟶拆除支架⟶养护。

6.3.2　测量放样

桥墩盖梁和桥台的施工支架标高初步控制，根据在立柱（肋板）上的弹线标记。

6.3.3　搭设支架

采用 ϕ50mm 钢棒穿立柱，钢棒上放置 40 号槽钢，然后再铺 5cm×10cm 方木，铺设底模，以此作为盖梁底模的施工支架。详见图 6-2。

6.3.4　底模铺设

盖梁底模采用定型钢模板，按照模板设计图进行对号拼装，底模与立柱接缝处用聚乙烯塑料密贴。底模铺设完成后，必须进行标高复测，并调整底模标高。

6.3.5　钢筋绑扎

在铺设完成的盖梁底模上面，用全站仪投放出盖梁的中心点、纵横轴线，然后放出边线。根据测量情况绑扎钢筋。帽梁钢筋主要是骨架钢筋网片，须预先在钢筋加工车间焊接成型。钢筋骨架焊接时，必须严格控制焊接变形。

为了保证骨架焊接时不同直径钢筋的中心线在同一平面上，较小直径的钢筋下垫以适当厚度的钢板。各号钢筋全部拼装好后，在需要焊接的部位用楔形卡卡住，防止电焊时局部变形。待所有焊点卡好后，先在焊缝两端点焊定位，然后进行焊缝施焊。施焊顺序宜由中间向两边对称地进行，先焊骨架下部，后焊骨架上部；相临的焊缝采用分区对称跳焊，不得顺方向一次焊成。

骨架钢筋安装并临时固定后，再绑扎其他型号的水平钢筋和插筋，最后进行验收。

6.3.6　侧模安装

盖梁侧模采用定型钢模制作，在所有模板接缝处均设置聚乙烯塑料止浆垫。侧模安装后，外面用夹木、拉杆固定。夹木用 12 号槽钢，拉杆用 ϕ20mm 圆钢，上下设两道，在盖梁混凝土处不穿拉杆；然后，调整加固支撑，检查垂直度，验收合格后进行下道工序。

6.3.7　标高复核

为了保证梁板安装和桥面铺装层的最小厚度，盖梁顶标高不能高于设计值，只能出现负误差，因此，在浇筑盖梁混凝土前，必须复核墩顶标高。

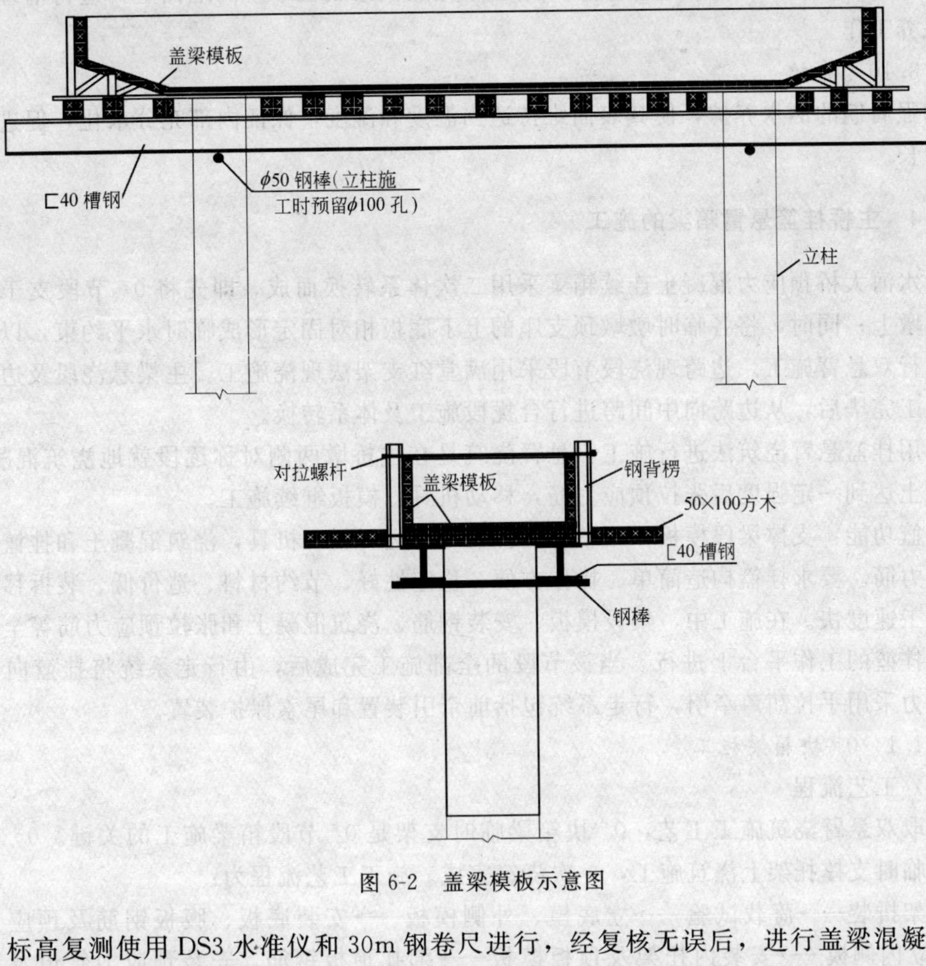

图 6-2 盖梁模板示意图

标高复测使用 DS3 水准仪和 30m 钢卷尺进行，经复核无误后，进行盖梁混凝土浇筑工序。

6.3.8 盖梁混凝土浇筑

混凝土浇筑采用混凝土输送泵车进行，坍落度控制在 12±2cm。混凝土由混凝土搅拌站集中拌合，混凝土输送罐车送至施工现场。混凝土运输过程中，不得停止搅拌，防止混凝土离析。

盖梁端部尺寸较小，构造较复杂，选用插入式振动棒，确保混凝土振捣密实。

浇筑混凝土前，先对立柱和盖梁的施工缝进行清洗，并接浆处理。浇筑顺序为先两端后中间，分层浇筑，每 30cm 为一层，插入式振动棒振捣至密实不冒气泡为止。浇筑过程中，派专人检查帽梁支架、模板、钢筋和预埋件等稳固情况；如发现松动、变形时，必须马上处理。浇筑混凝土末期，须严格控制混凝土顶面标高。

为便于梁板安装，盖梁两侧的挡块在梁板架好后，再浇筑混凝土。

6.3.9 拆模

当盖梁混凝土抗压强度达到 2.5MPa 时，可拆除侧模板，此时尚不能拆除底模。拆模后，及时用湿麻袋覆盖并洒水养护。拆模时，注意保护盖梁表面及棱角。

底模拆除，必须等到盖梁混凝土达到 70%的设计强度后才能进行。拆底模时，将木楔打出，轻敲底模，则模板自然落下，用吊车把底模吊放在平整的地面上，进行清理、刷油等保养工作。

6.3.10　养护

加强后期的洒水养护，使其表面维持适当温度和湿度，保证内部充分水化，促进强度不断增长。

6.4　主桥挂篮悬臂箱梁的施工

滠水河大桥预应力混凝土连续箱梁采用二次体系转换而成。即先将0#节段支于主墩旁临时墩上；同时，将各临时墩墩顶支座的上下底板相对固定形成临时水平约束，以挂篮对称进行双悬臂施工。边跨现浇段节段采用满堂红支架法现浇施工。主梁悬浇段及边跨现浇段施工完毕后，从边跨向中间跨进行合拢段施工及体系转换。

采用挂篮悬臂浇筑法进行施工。悬臂浇筑是在主桥墩两侧对称逐段就地浇筑混凝土，待混凝土达到一定强度后张拉预应力筋，移动机具、模板继续施工。

挂篮功能：支撑梁段模板，调整正确位置，吊运材料、机具，浇筑混凝土和挂篮上张拉预应力筋。要求挂篮构造简单、操作方便、稳定性好、节约材料、造价低、装拆移动灵活、施工速度快。在施工中，架设模板、安装钢筋、浇筑混凝土和张拉预应力筋等全部工作均在挂篮的工作平台上进行。当该节段的全部施工完成后，由行走系统将挂篮向前移动，动力采用手拉葫芦牵引，行走系统包括前牵引装置和尾索保护装置。

6.4.1　0#块箱梁施工

(1) 工艺流程

采取双悬臂浇筑施工工艺，0#块箱梁临时支架是0#节段箱梁施工的关键。0#节段在墩旁临时支撑托架上浇筑施工，一次浇筑完成。施工工艺流程为：

托架拼装──→荷载试验──→立底模、外侧模板──→安装底板、腹板钢筋及预应力管道──→立内侧模──→安装内托架及顶板模板──→绑扎顶板钢筋、安装预应力管道及预埋件──→检查签证──→浇筑混凝土──→养护──→张拉、压浆。

(2) 临时支座的制作安装

根据施工的需要，设置临时支座，在0#节段混凝土灌注前完成。临时支座必须保证承载力符合设计要求，根据以往经验，现场采用砂箱支撑。

(3) 正式支座安装

在灌注0#节段混凝土时应埋设支座预埋板，要求支座预埋板保持水平，且混凝土与预埋板接触处应密室不允许有气孔，梁底混凝土在正式支座段内保持水平。0#节段底模铺设前，按设计位置及标高正式支座安装就位。正式支座起吊时，需将支座临时捆扎连成整体起吊，且务必将支座遮盖严实，不允许混凝土及其他杂物进入支座内，影响其性能。安装时，支座顶板用焊连于锚固在H级钢筋的槽钢压紧，先将地脚螺栓用流动度稍大的砂浆填平，用水泥砂浆按稍高于支座设计标高调平支承垫石。直接吊装支座，用铁楔块抄垫支座下摆控制支座标高，以满足设计要求。从下摆四周补砸一定稠度的砂浆用锤捣实(配合比由实验室提供)，直至砂浆饱满为止，完成支座安装。在双悬臂浇筑主梁时，正式支座不受力。

(4) 支座安装注意事项

1）安装前应用丙酮或酒精将支座各相对滑移面及有关部分擦拭干净，并在聚四氟乙烯板的储油槽内注满硅脂润滑剂。

2）安装支座的标高应符合图纸要求，支座顶板、底板表面应水平，支座的四角高差不得大于2mm。

3）支座安装顺序，宜先将支座顶板固定在大梁上，然后根据顶板位置确定底盆在墩台上的位置，最后予以固定。支座的上、下部分由于温度变化等原因而需要将两部分中线错开时，应按图纸规定。

4）支座中线应尽可能与主梁中线应重合，其最大水平位置偏差不得大于2mm；安装时，支座上下各个部件纵轴线必须对正；对活动支座，其上下部件的横轴线应根据安装时的温度与年平均的最高、最低温差，由计算确定其错位的距离；支座上下导向挡块必须平行，最大偏差的交叉角不得大于5′。

（5）托架制安

托架是悬臂灌注过程中主要受力结构，设置在桥墩两侧，其支点落在承台上，作为0#节段灌筑施工平台，要注意各连接螺栓应上紧。平台悬臂部分安装时，要先挂好安全网，再进行拧紧螺栓等收尾作业。为消除托架的非弹性变形，保证箱梁施工质量，在灌注0#节段时，应考虑在平台悬臂端模拟施工荷载压重，使非弹性变形完成后卸载，重新检查结构，拧紧螺栓，撤除压重，安装模板。

6.4.2 挂篮施工

（1）悬臂挂篮的拼装

1）当墩顶0#节段混凝土灌注、张拉、压浆完毕，清理箱梁内侧及桥面，拆除墩旁现浇混凝土支架，在0#节段上进行挂篮的拼装。

2）挂篮设置为三角斜拉式挂篮，主要由主梁、主梁平联、斜拉杆、配重块、后锚固杆、走行滑移系统前后吊带及其持力千斤顶，底部的前横梁、后横梁、纵梁及张拉吊篮等组成。挂篮拼装采用塔吊作垂直提升设备。本挂篮结构经本投标人多次使用，它具有足够的强度和刚度，稳固可靠，并且轻巧、灵活、拆装方便，质量容易控制，能满足本工程施工要求。

3）挂篮的制造质量要求

A. 纵梁（或横梁）的装配位置和主要尺寸必须达到按设计图纸的标示尺寸要求，并达到有关规定的精度要求。各连接部位的连接形式正确。

B. 焊缝尺寸、质量，按图纸和规范的要求，根据现有的施工技术条件，确保焊缝的质量。焊缝表面形状不得有高低不平、焊缝宽度不齐、焊缝尺寸过大或过小、咬边、弧坑、焊瘤、表面气孔、表面裂纹等现象。

C. 挂篮的行走系统主要由支腿和滑道及拖移收紧设备组成，滑道的布设要求平整光滑，摩阻小，铺拆方便，能反复使用。

D. 挂篮采用的模板必须满足其刚度和平整度的要求。下横梁、底模纵梁、吊杆及后锚系统的制造和安装必须达到设计要求，尽量减少结构的安装应力、安装变形。各连接结点的位置正确。

（2）挂篮的安装程序

1）安装工序：拼装挂篮纵横梁、底篮、模板⟶安装主纵梁和支点⟶安装主横梁⟶安装前后吊杆（吊带）和千斤顶的横梁⟶主纵梁加锚并调整纵梁和横梁位置⟶吊挂两侧底篮⟶试压⟶调整底篮高程⟶安装外侧模顶模、内模⟶走行滑道铺设⟶走行支腿安装⟶挂篮主梁及后锚固结构安装⟶斜拉杆安装⟶前、后吊带安装⟶前后横梁及纵梁安装⟶张拉吊篮安装⟶底模安装。

2）挂篮在试压前，需经严格的检查、签证，确保其安全，在挂篮加载试验过程中，要求试压块分布与箱梁混凝土分布一致。挂篮加载试验可采用外加加载法分级加载，加载最大重力应为最大浇筑梁段重的 1.3 倍，然后再分级卸载，反复两次。在加载过程中，应用高精度水准仪测量挂篮底的竖向变形，根据实测值推算各梁段挂篮的竖向变形，为施工预拱度提供数据。

(3) 挂篮悬浇箱梁节段施工

1）箱梁节段施工流程：挂蓝安装⟶试压⟶外侧模安装⟶端头模板安装⟶底板钢筋（锯齿块钢筋及其模板、底板预应力孔道等）⟶腹板钢筋安装⟶竖向预应力筋安装⟶内模安装⟶顶板钢筋、顶板纵向、横向波纹管安装⟶检查验收⟶混凝土灌注⟶混凝土养生⟶端头模板拆除、端头混凝土表面凿毛⟶内外模拆除，纵向、横向、竖向预应力筋张拉⟶压浆⟶挂篮各吊带及后锚固放松⟶挂篮及模板前移⟶挂篮就位⟶继续下⟶节段施工。

2）悬臂浇筑开始前，对墩顶组拼后的挂篮进行质量安全检查，并报监理工程师检查批准后方可使用。

3）挂篮行走时，需在其走行滑道上画出刻度，由油压千斤顶对称均匀、平稳地向前移，两端前移的距离偏差不超过 0.2m。施工中材料、设备、人员等荷载，任何情况下，不得集中一端或超过偏差。走行到位后，立即将后锚周杆连接，经检查合格后，才可进行箱梁节段施工。

4）线形按设计要求办理。

5）箱梁节段模板应与前段梁段紧密结合，浇筑混凝土时，从前端开始浇筑，在根部与前段混凝土连接。在混凝土灌注时，严格控制施工荷载，力求两端平衡。为有效控制箱梁两端的混凝土灌注重量偏差，将严格控制两端的混凝土灌注的盘数，一盘一盘控制。两端交叉泵送，做到两端混凝土等量对称进行，灌注速度一致，使桥墩两侧的梁体和施工设备的重量差以及相应的在桥墩两侧产生的弯矩差，不超过设计规定。

6）悬臂浇筑前，已浇筑梁段端部应充分凿毛，并洒水湿润，然后再浇筑混凝土。

6.4.3　边跨箱梁现浇段施工

40m＋70m＋40m 三跨连续箱梁在两个边跨，均设有一段 2m 的现浇段。现浇段将在满铺支架上整体浇灌。为了有效消除支架的非弹性变形，支架基础应先用压路机碾压 2～3 遍，然后铺筑 10cm 厚的碎砂石垫层，再按设计要求满铺道木。基础处理的宽度要比桥面略宽。支架用贝雷架拼装而成。支架拼装完毕，必须进行试压，以检查支架的承载能力，消除支架的非弹性变形和地基不均匀沉降并测定其弹性变形，从而确保混凝土梁的浇筑质量。支架拼装并试压合格后，即可在上面进行现浇段箱梁混凝土施工，现浇段施工方法与现浇方法基本相同，在此不再赘述。

6.4.4　连续箱梁合拢及体系转换

当 19#、20# 墩两个临时 T 构及两个边跨现浇段浇筑全部完成后，施工挂篮拆除，即可进行合拢段施工。本三跨连续箱梁，施工过程中分三次合拢，两个边跨合拢段合拢长度均为2m长。中跨合拢段箱梁两端对称施工。合拢时，先合拢两边跨合拢段节段，解除主墩墩旁托架上临时支座的水平约束，边跨合拢并完成预应力索张拉，拆除边跨现浇支架及临时支撑，拆除19#（20#）主墩临时支座，进行体系转换。使正式支座受力，形成两个单悬臂梁；然后，合拢中跨合拢段节段，完成体系转换，形成连续梁体系。主桥悬臂浇混凝土施工完毕。

（1）边跨合拢段施工

1）拆除悬浇挂篮，安装合拢段临时钢支架，在合拢段安装吊架。在T构悬臂端采用浮箱加水作为平衡配重。在吊架上安装底、外侧模，绑扎合拢段底板、腹板钢筋，布置底板及竖向预应力管道，安装内模，绑扎顶板钢筋，布置顶板纵向、横向预应力管道，经检查合格后，解除主墩墩旁托架临时支座的水平约束，浇筑混凝土。

2）选择设计合拢温度中的较低温度进行合拢，浇筑合拢段混凝土，同时逐级解除配重。

3）当混凝土强度达设计强度85%时，按顺序张拉合拢段钢束。张拉顺序仍为纵向⟶横向⟶竖向。张拉完成后，即可将合拢段吊架拆除；同时，拆除临时边跨现浇支架及临时支撑，拆除主墩临时锚固及临时支撑，正式支座受力。完成第一次合拢体系转换。

（2）中跨合拢施工

1）在浇筑中跨合拢段混凝土前，为保证两边已浇梁段的位置稳定，在中跨合拢段（单幅）设置了由四根刚接杆组成的临时支撑，分别位于箱梁顶、底板与腹板的交汇处附近。刚接杆按图纸预先拼焊好后，在箱梁两端对应预埋件上就位和焊接，张拉临时预应力钢束，形成顶压抗拉近于刚性的接头。

2）钢接杆的安装。临时钢接杆按图纸预先拼焊好后，在箱梁两端对应预埋件上就位和焊接，每根钢接杆由2根40号槽钢组拼，间距30cm，上下缘用厚10mm及20mm钢板焊接，施工时一个合拢点4根钢接杆，共安排4台交流电焊机，一般2h可完成。焊接合拢临时钢接杆的温度要求为20℃，故在正式施工前，需先对一天中的气温变化情况进行观测，以选择合适时间。焊接时应保证钢接杆与预埋座板接触密实；否则，用薄钢板垫塞，焊接应堆满，焊缝长度不少于60cm，余下长度则间断点焊。

3）拆除悬浇挂篮，安装中跨合拢段吊架。在T构悬臂端采用浮箱加水作为平衡配重。在吊架上安装底、外侧模，绑扎合拢段底板、腹板钢筋，布置底板及竖向预应力管道，安装内模，绑扎顶板钢筋，布置顶板纵向、横向预应力管道，经检查合格后浇筑混凝土。合拢前应调整两端标高，合拢段混凝土灌注在一天中温度较低条件下或设计单位要求的合拢温度下，且气温相对稳定、温差变化不大的时间进行。合拢段的混凝土可掺加必要的早强剂和减水剂，使之能尽早张拉。混凝土合拢后，要加强养护，并将悬臂端覆盖，防止日晒。

4）待中跨合拢段混凝土达到设计强度的85%时，按顺序张拉中跨合拢段钢束。拆除合拢段施工吊架。主桥连续箱梁全部合拢。解除各活动支座水平约束，完成体系转换。

（3）体系转换中注意事项

1）连续梁预应力筋的张拉顺序应按照设计的规定，先短预应力筋后长预应力筋，并对称实施张拉。一般为先顶板后底板。

2）正弯矩筋张拉过程中，要有专人观察记录锯齿板后端梁断面的变化，检查是否出现裂纹。

3）在解除临时支座后，注意观察永久支座的下沉量并做好记录，以校核转换效果。

6.4.5　线型控制

悬臂箱梁线型受到多种因素影响，施工中应严加控制，拟定采取下列措施保证达到设计要求：

1）悬臂施工对称进行，力求做到施工荷载两端均等。

2）合拢段龄期尽量缩短、接近。

3）预应力张拉按设计程序进行，张拉质量和张拉力严格控制，必须符合设计要求。

4）在每一节段混凝土施工时，应考虑前面已施工部分的箱梁段，在其混凝土自重、混凝土收缩徐变、温度等共同作用下所产生的挠度，并设预抬量，加强监测监控工作，使节段梁高、桥面标高、底板上下缘曲线变化等均达到规范要求。

6.4.6　主桥施工机械设备

主桥施工项目部拟投入三角形挂篮4副，以满足左、右幅桥同时施工的需要；同时，为满足施工垂直运输的需要拟投入塔吊2台，塔吊基础采用ϕ150mm灌注桩（桩长30m），在主墩承台施工时可预埋插筋，与塔吊基础连接，待工程完工前拆除。

6.5　预应力T梁施工

本标段共有边梁48片，中梁96片。根据每天预制T梁的数量，确定加工T梁钢模3套，确保每天预制1片，在5个月内完成梁板生产任务。预制场设混凝土搅拌站一座，每小时生产量为25m^3，20t龙门吊1台，ZL40装载机1台，T梁底模台座15条。

6.5.1　台座的施工设计

T梁在台座上制作，台座即为T梁底模，采用混凝土台座，其上放置10mm钢板，施工前均匀涂抹脱模剂，使T梁底板混凝土颜色均匀，光洁美观。

由于张拉后T梁上拱，其自重主要由两端支撑，施工时两端设矩形钢筋混凝土墩，并计算基础承载力，以保证张拉后台座的稳定。

6.5.2　模板加工

采用5mm厚钢板在厂家定型加工而成，内面刨光，外侧采用100mm×10mm的槽钢十字形交叉焊接骨架，间距30～40cm，具体每段分为1片，装配一整体侧模。外侧面安装附着式振捣器，每1.0m设置1台；然后，在台模上进行钢筋骨架的制作，钢筋骨架制作完成经后报监理工程师验收合格后进行立模。立模前先抹一层脱模剂，立模时严格控制侧模的倾斜度和顺直度，并用斜撑支持。每2m设置一钢斜撑，固定牢固，不允许漏浆；同时，模板拼装时严格控制好接缝处的平整，以免影响混凝土面的质量、美观。为了保证侧模位置准确、不胀模，在其上下部位均用对拉螺栓拉接。为了拆模方便，不损伤混凝土面，侧模底部

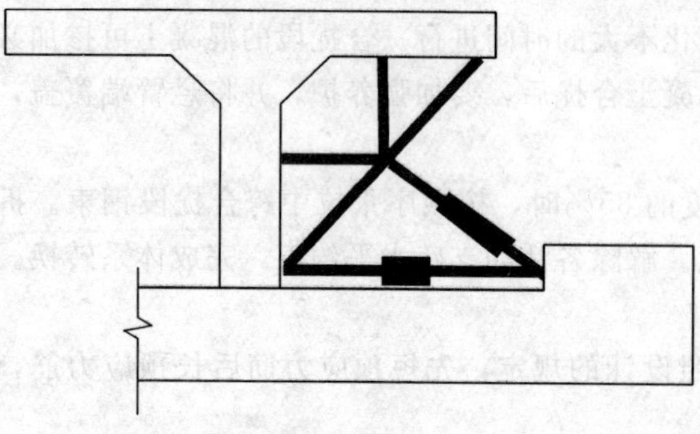

图6-3　T梁模板示意图

采用螺栓调节高度，钢模由龙门吊协助吊运。T梁侧模立面图如图6-3所示。

6.5.3 钢筋工程

钢筋在加工场加工成形后，运往现场在底座上进行绑扎，扎钢筋的进程中应注意预埋件的位置，并根据图纸准确测出位置，钢筋绑扎完成后，报监理工程师验收许可。

6.5.4 混凝土浇筑

混凝土在预制场设置的混凝土搅拌站拌制，用翻斗车运送至现场料斗内，用龙门吊吊至模板内。在浇筑过程中要连续不断，一次性完成。振捣采用模板外侧的附着式振捣器和插入式振捣器进行振捣，仔细观察模板有否出现漏浆现象，并做好防御措施。振捣混凝土时注意控制好振捣质量，并注意振捣棒不得碰触钢绞线。

6.5.5 T梁的张拉

(1) 张拉设备

1) 选用及检验

张拉设备进场后须经过有资质的检测中心检定，合格后方可使用；同时，为了保证质量及设备资料的准确度，在检定后6个月内或使用不超过200次就重新检定、校验。

2) 张拉设备的使用

A. 灌入油箱的油液须经过过滤，不得有杂质。油液使用寿命半年或500工时后，应更换油和对油路进行清洗。油箱内应保持85%左右的油位，不足时补充，补充的油与油泵中的油相同。

B. 连接油泵和千斤顶的油管保持清洁，不用时用螺钉堵封。油泵和千斤顶不用时，油嘴也用螺钉封住，防止灰尘、杂质进入机内。

C. 油泵接电源时，机壳必须接地线，线路必须绝缘良好。

D. 油泵运转前，将各油路调节阀松开，然后开动油泵，待运转正常后，再紧闭回油阀，逐渐拧进油泵阀杆，增大负荷，并注意压力表指针是否正常。

E. 千斤顶油泵不宜超负荷工作，油泵安全阀按设备额定油或使用油压调整压力，不可任意调整。

F. 油泵停止工作时，先将回油阀缓缓松开，待压力表指针退回至零位后，方可卸下千斤顶的油管接头螺母。

G. 千斤顶在使用时必须保证活塞外露部分清洁，使用完毕后各油缸回程到底，保持进出口的清洁。

H. 千斤顶张拉开压时，应观察有无漏油、偏斜等现象，必要时应回油调整。进油开压时必须徐缓、均匀、平稳、回油降压时应缓慢松开回油阀，并使油缸回程到底。

I. 张拉机具由专人使用和管理，并应经常维护定期检查。

(2) 锚夹具

锚夹具采用设计要求的型号，进场时按质保书仔细核对批号、规格等，与质保书相符后，则取10%的锚夹具检查外观与尺寸；若符合要求，按同一批次进场的锚具以不超过1000套为一批取样试验，检测其强度、硬度、锚固性能及疲劳情况。

(3) 钢绞线的施工

钢绞线是重要的受力钢筋，其质量的好坏直接影响到整个T梁的质量。因此，除进场时严格按照规范逐盘进行外观检查外，还应及时按批号以不大于20t为一批取样送检，经试验合格后才使用。同时，钢绞线存放时注意遮盖，不得露天存放和避免油类及腐蚀性介质污损。

在施工上，钢绞线从下料到施工程序均与普通钢筋不同，具体施工如下：

1）钢丝束下料长度的计算

两端张拉时，

$$L=l+2l_4+\Delta$$

式中　L——构件孔道长度；

$2l_4$——张拉端钢丝束伸出构件外长度（包括垫板、锚具千斤顶端部至夹盘全部长度及钢丝露出夹盘外的长度）；

Δ——应力下料后的弹性回量。

2）下料

下料时用砂轮切割，切割口的两侧各 5cm 处先用钢丝绑扎；然后，下料切割，切割后应立即将割口扎牢，以防松散。

3）编束

编束应在地坪上进行，使钢绞线平直。将束内各根钢绞线编号并按顺序摆放。每根钢绞线之间严格顺直，不得有扭曲变形。然后将其每隔 1m 用 18～22 号钢丝编制，合拢捆扎牢固。

4）穿束

A. 钢绞线编束完成后穿入波纹管。穿束前仔细检查波纹管内是否干净或通畅，清理完后即开始穿束。穿束时，用机具将钢绞线吊起，采用人工向前送入。送入时要缓慢均匀，根据情况调节送入速度和方式。

B. 穿束前将锚具锚环用电焊固定在构件预埋铁板上。锚具的位置应与孔道中心对正，焊接时可用木塞固定其位置，以保证位置准确。当端头面与孔道中心不垂直时，可在锚环下另加斜垫，调整准确。

C. 穿束前，将每一束内的各根预应力钢丝束顺序编号，对构件两端编号进行检查，防止其在孔道内交叉扭结。

(4) 预应力张拉

1）张拉施工计算

预应力筋张拉力大小和伸长值直接影响预应力效果。有效预应力值 $\sigma=\sigma_{con}-\sum\sigma_{li}$（式中 σ_{con} 为控制应力，σ_{li} 为应力损失值），因此，施工前需对应力损失、引伸量进行计算，以建立准确的预应力值。

A. 预应力损失计算

预应力损失包括锚固损失、孔道摩擦损失、应力松弛损失、混凝土收缩徐变损失等。

a. 锚固损失，直线预应力筋锚固损失 σ_{11} 按下式计算：

$$\sigma_{11}=5E_s/L$$

式中　E_s 为弹性模量，L 为张拉端至固定端距离。

b. 孔道摩擦损失 σ_{12} 按下式计算：

$$\sigma_{12}=\sigma_{con}(1-1/e^{0.003x+0.35\theta})$$

式中，x 为从张拉端至计算截面的孔道长度；θ 为从张拉端至计算截面曲线孔道部分切线夹角。

c. 应力松弛损失 σ_{14} 按下式计算：

$$\sigma_{14}=0.2(\sigma_{con}/f_{ptk}-0.575)\sigma_{con}$$

式中，f_{ptk}为预应力冷拔钢丝强度标准值。

d. 混凝土收缩徐变损失 σ_{15} 按下式计算：

$$\sigma_{15}=(25+220\times\sigma_{pc}/f_{cu})/(1+15\times\rho)$$

式中，σ_{pc}为受拉区预应力筋在各自合力点处混凝土的发向应力；f_{cu}为施加预应力时混凝土的立方体强度；ρ 为受拉区或受压区的预应力、非预应力筋的配筋率。

B. 预应力筋张拉伸长值计算

预应力筋张拉伸卡值 ΔL 按下式计算：

$$\Delta L=E_s PL/A$$

式中，L 为预应力筋长度；P 为预应力筋平均张拉力；A 为预应力筋截面积，E_s 为预应力筋的弹性模量。

2）张拉施工准备工作

a. 按照设计要求，张拉时混凝土强度应达到设计强度的 85%以上，张拉前通过同条件试块的强度试压，达到设计要求即可张拉。

b. 检查钢绞线的位置、编号、数量是否正确。

c. 安装千斤顶。将预应力钢丝束穿入千斤顶，锚环对中，并将张拉油缸先伸出 2～4cm，在千斤顶尾部安上垫板及工具锚，将预应力钢丝束夹紧。为便于松开销片，工具锚内壁可涂少量润滑油。

d. 人员齐全并全部到场，各个程序记录、监督、检查有固定的技术员。

3）预应力筋张拉

a. 张拉程序为：0→103%σ_K→ 持荷 5min→锚固。σ_K 为张拉应力。

b. 张拉控制为双控，即控制张拉应力和伸长量。张拉控制吨位按设计要求。

c. 张拉过程如下：

① 使顶压油缸处于回油状态，向张拉缸供油，开始张拉；同时，注意工具锚和固定端的工作锚，使夹片保持整齐（一般差 3mm 时不会明显影响夹持力）；张拉至初应力时，做好标记，作为测量伸长值的起点。

② 按规定程序张拉至规定吨位或换算的油压值，并测量预应力钢丝束伸长值，以校检应力。

③ 在保持张拉油缸调压阀口开度不变的情况下向顶压缸供油，直至需要的顶压力。在顶压过程中，如张拉油缸升压超过最大张拉力规定时，应使张拉油缸适当降压。

④ 在保持继续向顶压油缸供油的情况下，使张拉油缸缓慢回油，完成油缸回油动作。

⑤ 打开顶压阀的回油缸，油泵停车，千斤顶借助其内部回程弹簧作用，顶压活塞自动回程，张拉锚固结束。

⑥ 顶压过程中应注意工作锚夹片移动情况；发现不正常时，可将顶压油缸回油，取出夹片，找出原因后重新张拉。

d. 张拉过程中的应力、伸长量等均应仔细准确，按照监理要求的记录表填写记录。

e. 张拉过程中控制好钢绞线伸长率，偏差不超过 6%（钢绞线引伸量图纸）；T 梁上拱度按设计要求，允许偏差 5mm。

6.5.6　孔道压浆

(1) 水泥浆

压浆用水泥浆采用纯水泥浆，水泥浆配合比经试验确定。

(2) 压浆方法

1) 压浆时间根据施工情况调整，控制在张拉后10d内进行。

2) 压浆采用活塞式灰浆泵。压浆前应将灰浆泵试开一次，运转正常并能达到所需压力时，才能正式开始压浆。压浆时灰浆泵的压力一般应取0.5～0.7MPa。根据情况，孔道或输浆管较长时，压力应稍加大；反之，可小些。

3) 压浆前应用压力水冲洗孔道，压力水从一端压入，从另一端排出。

4) 每一孔道宜于两端先后各压浆一次。两次的间隔时间以达到压注的水泥浆既充分泌水又未初凝为度，根据经验按30～45min控制。通过部分T梁施工实践证明；水泥浆的泌水率较小，压浆可达到饱满，质量较好时，我们根据情况采取一次压浆的方法。对曲线孔道，为保证质量，尽量采取二次压浆。

5) 压浆缓慢、均匀地进行。尽量将N1、N2连续压浆完成，以免水泥窜到邻孔后凝

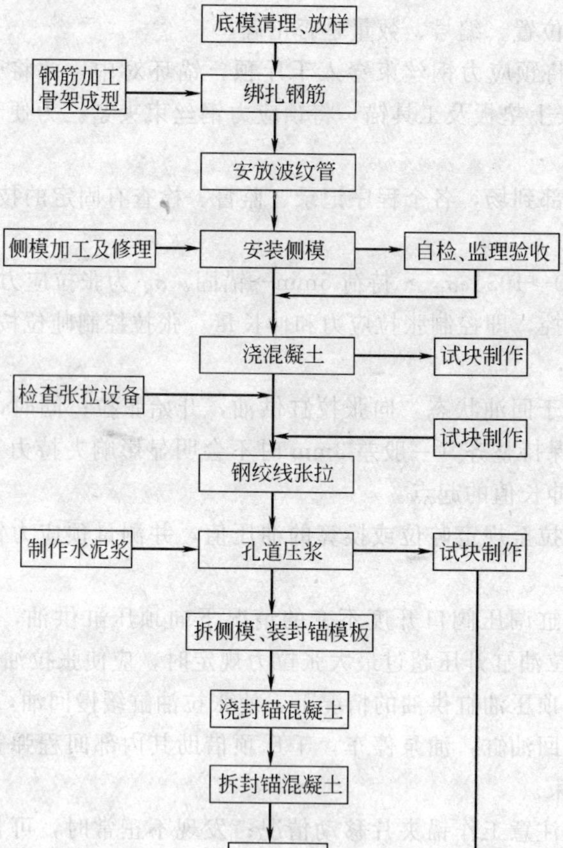

图6-4　预制T梁工艺流程图

固、堵塞孔道；确实不能连续压浆时，压浆的孔道在压浆前用压力水冲洗通畅。

6）当构件两端排气孔依次排出空气→水→稀浆→浓浆时，用木塞塞住，并稍加大压力，稍停一些时间，再从压浆孔拔出喷嘴，立即用木塞塞住。

7）压浆后即检查压浆的密实情况；如有不实，及时处理。

8）压浆过程中及压浆后 48h 内，结构混凝土温度不低于 5℃；否则，采取保温措施。当气温高于 35℃时，压浆宜在夜间进行。

9）水泥浆按规定制作试块，其尺寸为 7.07cm×7.07cm×7.07cm，以检查其强度。

10）压浆中途发生故障、不能连续一次压满时，立即用压力水洗干净，故障处理后再压浆。

(3) 封锚混凝土

压浆完成后，将锚具其四周混凝土凿毛、冲洗干净；然后，设置钢筋网，绑扎好后封好模板，浇筑混凝土。封锚混凝土设计强度等级 C40，强度较高，形状不规则，施工难度较大，必须保证质量。

预制 T 梁工艺流程图见图 6-4。

6.5.7 T 梁的安装施工

T 梁安装施工工艺流程图见图 6-5。

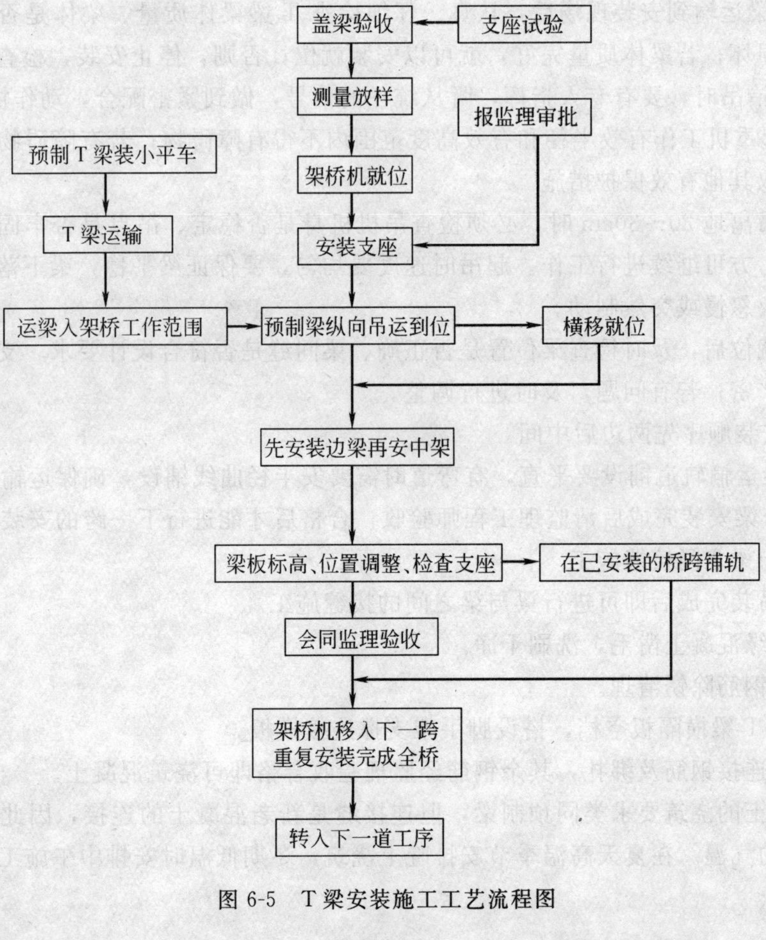

图 6-5 T 梁安装施工工艺流程图

（1）T梁安装

本工程最重T梁约70t，因此采用两台双导梁架桥机从桥两侧进行T梁安装，架桥机按120t受力荷载进行设计。

1）主桥30m的T梁设计为先简支后连续，对梁的安装有很大困难。

2）为了减少已安好T梁上的荷载，采取在桥墩上安放钢支架（利用梁接头现浇混凝土位置）作为双导梁受力支点。

3）T梁安装在现浇段及连续张拉未进行前，必须要有临时支座进行安装，为了在梁完成连续体系后方便拆除临时支座，采用硫磺砂浆加热电丝。拆除时只须通电加热电丝，熔化即可。

4）采用轨道运梁平车运送，由预制场龙门吊起吊T梁放到运输平车上，直接运到安装跨位置进行安装。

5）T梁安装前，首先进行盖梁复测，桥向轴线T梁位置支座的标高。一切正确无误，才能进行安装。

6）架桥机应在岸上拼装，拼装完成即进行试载试吊，进行全面检查，确保受力荷载无误，才能进行桥上安装。

7）安装预制梁前，及时与预制厂商定T梁架设的桥跨、安装顺序、运输顺序和梁体朝向等，以便于T梁到安装现场后能一次安装就位。

8）预制梁运输到安装现场后，认真、仔细检查T梁梁体质量、梁体是否有裂纹、梁体棱角是否损坏；若梁体质量完好，就可以安装就位；否则，停止安装，检查原因。

9）双机抬吊时，要有专人指挥，听从统一的信号，做到紧密配合，动作协调一致。

10）在起重机工作有效半径和有效高度范围内不得有障碍物；若有障碍物，必须进行清除，或采取其他有效保护措施。

当梁起吊离地20～30cm时，必须检查吊机机身是否稳定、吊点是否牢固。在情况良好的条件下，方可继续进行工作。起吊时速度要均匀，要保证梁平稳，梁下落必须慢速轻放，严禁忽快忽慢或突然制动。

梁安装就位后，及时检查梁位置是否正确、梁间缝是否符合设计要求、支座处梁与支座接触是否严密；若有问题，及时进行调整。

11）梁安装顺序先两边后中间。

12）T梁运输轨道铺设要平直，有弯道时需要安半径曲线铺设，确保运输中的安全。

13）一跨梁安装完成后请监理工程师验收，合格后才能进行下一跨的安装。

（2）梁与梁之间接缝施工

一联梁吊装完成后即可进行梁与梁之间的接缝施工。

1）梁边缘混凝土凿毛，洗刷干净。

2）预埋钢筋除锈清理。

3）利用T梁横隔板空档，搭设脚手架支撑连接模板。

4）焊接连接钢筋及绑扎，其余钢筋经监理验收合格即可浇筑混凝土。

5）混凝土的浇筑要求类同预制梁，但连接缝是新老混凝土的连接，因此，要绝对把握好浇筑时的气温。在夏天高温季节安排晚上浇筑，冬期低温时安排中午施工，以防止出现裂缝。

6.6 预应力空心板的预制安装

本合同段预制梁为后张法预应力空心板，边板 108 片，中板 378 片。在 2004 年 1 月开始预制场建设，在桥西侧设置 1 个预制场，投入中梁模板 4 套，边模 2 套，芯模 8 套，预制场设台座 20 条，每天共生产 4 片梁。

6.6.1 预应力空心板施工工艺流程

本标段后张法预应力梁板预制施工工艺流程为：底模清理、放样──→绑扎钢筋──→安装侧模──→浇筑底板混凝土──→安放芯模──→浇筑顶板混凝土──→拆侧模、拆芯模──→养护至设计要求──→钢绞线张拉──→浇筑封头混凝土──→养护──→梁板出坑。

6.6.2 空心板梁的预制

空心板梁的预制在预制场进行，预制场设置于桥旁，采用混凝土台座，其上放置 10mm 钢板，施工前均匀涂抹脱模剂，使梁底板混凝土颜色均匀，光洁、美观。

由于张拉后梁上拱，其自重主要由两端支撑，施工时，两端设矩形钢筋混凝土墩，并计算基础承载力，以保证张拉后台座的稳定。

(1) 钢筋在加工场加工成形后，运往现场在底座上进行绑扎，绑扎钢筋的过程中应注意预埋件的位置，并根据图纸准确测出位置。钢筋绑扎完成后，报监理工程师验收许可。

(2) 模板安装及顶板钢筋绑扎。侧模采用定型钢模，内模采用木芯模，钢筋在加工场加工成形后在清理干净的底模上进行绑扎，然后安放芯模。芯模应固定好位置，以免移位，定位钢筋应与主钢筋焊接牢固，待内模板安装完好后绑扎顶板钢筋。如图 6-6。

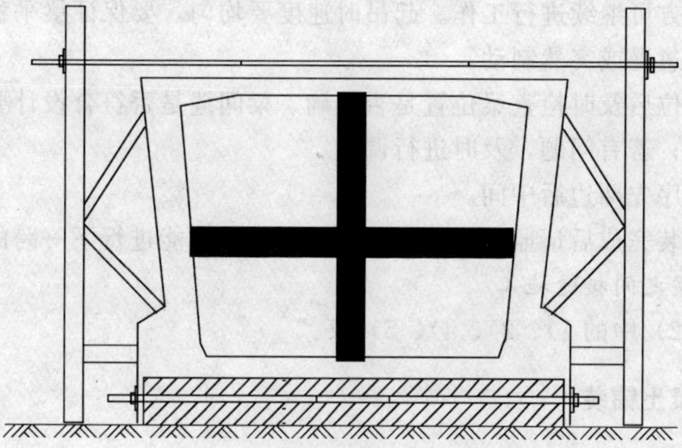

图 6-6 模板安装及顶板钢筋绑扎

(3) 混凝土浇筑

钢筋绑扎、模板安装完成，并经监理工程师验收合格后，进行混凝土浇筑。混凝土浇筑时先浇筑底板，再浇筑腹板，最后浇筑面板。

混凝土在预制场设置的混凝土搅拌站拌制，用翻斗车运送至现场料斗内，用龙门吊吊至模板内。在浇筑过程中要连续不断，一次性完成。振捣采用模板外侧的附着式振捣器和插入式振捣器进行振捣，仔细观察模板有否出现漏浆现象，并做好防御措施。振捣混凝土时，注意控制好振捣质量，并注意振捣棒不得碰触钢绞线。

混凝土终凝后即可抽拔芯模，待混凝土强度达到 2.5MPa 后拆除侧模，并注意养护。

(4) 钢绞线施工

同“6.5.5 T 梁的张拉”中钢绞线施工有关内容。此处不再详述。

6.6.3　预制空心板安装

1) 采用两台双导梁架桥机从桥两侧进行梁板安装，架桥机按 120t 受力荷载进行设计。

2) 采用轨道运梁平车运送，由预制场龙门吊起吊梁放到运输平车上，直接运到安装跨位置进行安装。

3) 梁安装前首先进行盖梁复测，桥向轴线梁位置支座的标高。一切正确无误，才能进行安装。

4) 架桥机应在岸上拼装，拼装完成即进行试载试吊，全面检查，确保受力荷载无误，才能进行桥上安装。

5) 安装预制梁前，及时与预制场商定梁架设的桥跨、安装顺序、运输顺序和梁体朝向等，以便于梁到安装现场后能一次安装就位。

6) 预制梁运输到安装现场后认真仔细检查梁梁体质量，梁体是否有裂纹，梁体棱角是否损坏，若梁体质量完好，就可以安装就位；否则，停止安装，检查原因。

7) 双机抬吊时，要有专人指挥，听从统一的信号，做到紧密配合，动作协调一致。

8) 在起重机工作有效半径和有效高度范围内不得有障碍物；若有障碍物必须进行清除，或采取其他有效保护措施。

9) 当梁起吊离地 20～30cm 时，必须检查吊机机身是否稳定、吊点是否牢固。在情况良好的条件下，方可继续进行工作。起吊时速度要均匀，要保证梁平稳，梁下落必须慢速轻放，严禁忽快忽慢或突然制动。

10) 梁安装就位后及时检查梁位置是否正确、梁间缝是否符合设计要求、支座处梁与支座接触是否严密；若有问题，及时进行调整。

11) 梁安装顺序先两边后中间。

12) 一跨梁安装完成后请监理工程师验收，合格后才能进行下一跨的安装。

6.6.4　梁与梁之间接缝施工

同“6.5.6 (2) 中的 1)、2)、4)、5) 条。”

6.7 桥面混凝土铺装

6.7.1　桥面铺装施工工艺

本工程桥面混凝土为：主桥 8cm 厚 C40 混凝土找平层加 8cm 厚 C30 防水混凝土铺装层。引桥 10cm 厚 C40 混凝土找平层加 8cm 厚 C30 防水混凝土铺装层。防水混凝土采用 SLA-0808 焊接钢筋网。

施工工艺为：桥面清理──→测量放样──→钢筋网铺设──→模板安装──→标高复测──→浇筑找平层──→养护──→喷涂防水涂料──→浇筑铺装层──→养护。

6.7.2　桥面清理

为使桥面混凝土铺装层能与梁板混凝土很好的粘结，必须清除桥面上的木块、钢筋头、油污等，并用水冲洗干净；检查每块梁板顶面混凝土是否已经拉毛；否则，应进行人工凿毛，剔除表面浮石。

6.7.3　测量放样

沿半幅桥梁防撞墩内侧，每隔 5m 打点标记，测量出每一点的实际标高，并和理论上计算出的标高相比较，从而得出该点桥面水泥混凝土铺装层的实际厚度，以此作为安装、调整模板标高的依据。

6.7.4　铺设钢筋网

桥面铺装层中的钢筋用量比较大，钢筋长度比较统一，因此，可直接购买定尺钢筋，减少钢筋加工工时，提高工效。钢筋绑扎前，先按照设计钢筋间距打好标记，用 20# 扎丝进行绑扎。绑扎完成后，统一按梅花形布置混凝土垫块。

6.7.5　安装模板和标高复测

根据实测的桥面标高和理论桥面铺装层标高，对模板进行安装和调整，确保水泥混凝土铺装层厚度符合设计及规范要求。

6.7.6　浇筑水泥混凝土铺装层

水泥混凝土由混凝土搅拌站集中供应，混凝土搅拌输送车送至施工现场，用输送泵将混凝土送至桥面，先用人工摊平，施工时要避免对桥面钢筋网产生破坏；然后，用大型振捣梁全幅振捣，大型磨光机进行磨光，用 3m 长的自制直板将混凝土精平，人工用抹子二次收浆，在混凝土初凝前，将混凝土面拉毛，喷洒养护剂。在必要时，将新浇混凝土面覆盖，以避免产生收缩裂缝。摊铺工作一旦开始，不得中断。工人站在特制的支撑架上，以避免对桥面钢筋、混凝土表面平整度产生影响。在混凝土浇筑完毕后，安排专人养护。在强度达到规范规定后，才能承受车辆及行人荷载。

混凝土面初步整修后，使用 3m 的直尺检查混凝土表面，高出的混凝土使用手镘法清除。在混凝土硬结前，修整好除规定切边外的所有超过 5mm 的路面边角坍落处；在混凝土终凝前，处理好各施工缝每侧面板边缘，使其具有界限分明的连续半径和密实光滑的砂浆饰面。修整作业在混凝土仍保持塑性与具有和易性时进行，清除路表面水分和浮浆。

混凝土找平层与铺装层的施工工艺相同。

6.8　桥面伸缩缝

6.8.1　施工工艺流程

伸缩缝施工质量包括伸缩缝的耐久性、平整性和防水性，施工时我们拟安排专业队伍精心安装，采用先做桥面铺装、后安装型钢伸缩缝的工艺。工艺流程如下：

切割伸缩缝部位沥青混凝土⟶型钢定位⟶浇筑过渡段混凝土⟶养护⟶嵌橡胶条。

6.8.2　施工准备

（1）检查梁和盖梁、桥台内的预埋钢筋是否有遗漏，梁与盖梁及桥台之间的缝隙是否在 4cm 左右，如果存在问题就要采取补救措施。

（2）材料要求与设计相符。

6.8.3　设置伸缩缝后浇带

竖端模浇 8cm 白色混凝土铺装层，待混凝土强度达到后，在伸缩缝区域内用砂袋铺垫与白色混凝土顶面相平，防止施工杂物流入缝隙内。连续摊铺 6cm 黑色沥青混凝土

(分两次摊铺)，黑色沥青混凝土必须振压密实，减少以后沥青混凝土的压缩变形量。车辆行走产生的压缩变形量，会影响伸缩缝区域行车平稳性。

6.8.4 切割伸缩缝区域沥青混凝土

在伸缩缝区域两端切割沥青混凝土，清除梁顶和盖梁顶上预埋的砂袋、沥青混凝土、白色混凝土，凿出预埋钢板，测量沥青混凝土面的纵、横坡的平整度值。

6.8.5 浇筑混凝土

混凝土浇筑后振捣要密实，尤其在型钢底部混凝土要注意，不能有空洞出现，混凝土表面要平整。平整度要与桥面平整度相对应，与沥青混凝土面层及型钢顶面接顺。

6.8.6 养护

钢纤维混凝土表面覆盖湿麻袋，每天浇水养护，早、中、晚各一次，达到设计强度时才能通车使用。

7 劳动力、机械设备安排

7.1 劳动力安排计划

劳动力安排计划见表 7-1。

劳力资源需求计划 **表 7-1**

序号	工期 / 工种	2003 年		2004 年											
		11	12	1	2	3	4	5	6	7	8	9	10	11	12
1	管理人员	8	15	20	30	30	30	30	30	30	30	30	30	30	30
2	机械工	1	4	8	45	45	45	45	45	45	45	40	40	40	15
3	汽车司机	2	2	10	30	35	35	35	35	35	35	30	20	20	20
4	混凝土工	0	10	30	80	80	80	80	80	80	80	80	80	80	30
5	模板工		8	10	45	45	45	45	45	45	45	45	45		
6	机修工	0	5	5	15	5	5	5	5	5	5	5	5	5	5
7	电工	0	2	5	10	12	12	12	12	12	12	12	12	12	10
8	电焊工	0	2	25	25	25	25	30	30	30	30	30	30	30	30
9	普通工	4	20	180	180	180	180	180	180	180	180	120	120	120	80
10	钢筋工		0	20	35	45	45	45	45	45	40	40	40	45	
11	起重工		2	3	5	5	5	5	5	5	5	5	5	5	5
12	合计	15	70	316	500	507	507	512	512	512	507	437	427	387	225

7.2 机械设备配备计划

机械设备配备计划见表 7-2。仪器仪表配置见表 7-3。

机械设备一览表 **表 7-2**

设备名称	规格/型号	单 位	数 量	进 场 日 期
挂篮	120t	副	4	2004.2
推土机	162kW	台	1	2003.11

续表

设备名称	规格/型号	单位	数量	进场日期
挖掘机	$1m^3$	台	2	2003.11
装载机	ZL50	台	3	2003.11
装载机	ZL40	台	2	2003.11
压路机	振动18t	台	1	2003.11
搅拌机	1000L	台	4	2003.11
对焊机	100kW	台	2	2003.12
电焊机	100kW	台	5	2003.12
电焊机	30kW	台	4	2003.12
弯曲机	4.5kW	台	4	2003.12
发电机组	120kW	台	2	2003.12
切断机	GQ50B	台	4	2003.12
混凝土输送泵	HBT 60	台	2	2003.12
变压器	315kV·A	台	2	2003.11
架桥机	双导梁	套	2	2004.3
混凝土切缝机		台	2	2004.7
卷扬机	3t	台	4	2003.12
水　泵	100m	台	6	2003.12
张拉设备	YC60	台	4	2004.3
张拉设备	YCW400	台	1	2004.3
自卸车	8t	台	40	2003.11
吊　车	16t	台	2	2004.5
吊车	25t	台	2	2003.11
回旋钻机	GPS-15	台	10	2003.12
回旋钻机	GPS-20	台	10	2003.12
水泥混凝土搅拌站	$60m^3/h$	台	1	2003.12
混凝土运输车	$6m^3$	台	3	2004.1
龙门吊	60t	台	2	2004.3
平板拖车		台	1	2003.12
电锯		台	2	2003.12
电刨		台	2	2003.12
翻斗车	$1.2m^3$	台	3	2004.4
泥浆泵		台	10	2003.12

材料试验、测量、质检仪器配置计划　表 7-3

设备名称	规格/型号	单　位	数　量	进场日期
电子天平		台	3	2003.12
烘箱		台	1	2003.12
混凝土养护箱		台	2	2003.12
300kN 压力机		台	1	2003.12
2000kN 万能材料试验机		台	1	2003.12
负压筛析仪		台	2	2003.12
标准稠度仪		台	1	2003.12
雷氏沸煮箱		台	1	2003.12
水泥胶砂流动度测定仪		台	1	2003.12
水泥净浆搅拌机		台	1	2003.12
水泥胶砂搅拌机		台	1	2003.12
水泥胶砂振动机		台	1	2003.12
水泥强度电动抗折机		台	1	2003.12
钙镁含量自动测定仪		台	1	2003.12
混凝土抗折试验机		台	1	2003.12
混凝土回弹仪		台	1	2003.12
水准仪		台	1	2003.12
全站仪		台	1	2003.12

8　确保工程质量措施

8.1　质量管理目标

（1）质量方针：从我做起，用高的工作质量实现高的工程质量和高的服务质量。

（2）质量目标：分项工程质量一次检查合格率100%，优良率95%以上，主要分部分项工程优良，项目工程优良等级，争创国优。

8.2　质量保证体系

8.2.1　组织体系

为确保本合同段达到优良工程，建立以项目经理为首、总工程师分管的质量管理组织体系，在项目经理部下设质量安全部，各分部、施工队设质检员，形成一个从“主管领导⟶职能部门⟶质检员”的三级管理系统。

8.2.2　质量管理组织机构

项目经理是工程质量的第一责任人，对质量全面负责，对质量工作进行全面领导；项目总工程师是质量管理的第二责任人，项目总工代表项目经理对本工程进行全面质量管理。

工程技术部：协助项目总工对项目技术、质量进行管理，设技术主管工程师、技术员、测量员、资料员。

质量安全部：对本工程质量进行检查、报验，设质量主管工程师、专职质检员、专职安全员。

工地试验室：负责对本工程进场材料的检验、试验工作，设试验室主任、试验工程师、试验员。

8.2.3 质量管理制度

(1) 技术和质量交底制度

技术、质量的交底工作是施工过程基础管理中一项不可缺少的重要内容，交底必须采用书面形式，具体分如下几个方面：

1) 当项目部接到设计图纸后，项目经理必须组织项目部全体人员对图纸进行认真学习，组织设计交底会。

2) 施工组织设计编制完毕并送审确认后，由项目经理牵头，项目总工程师组织全体人员认真学习施工方案，并进行技术、质量、安全书面交底，列出监控部位及监控要点。

3) 本着谁施工谁负责原则，各分管工种负责人在安排施工任务的同时，必须对施工班组进行书面技术交底；必须做到交底不明确不上岗，不签字不上岗。

(2) 技术复核与隐蔽验收制度

1) 凡施工结果被后道工序所覆盖的，均应进行隐蔽工程验收，隐蔽验收的结果必须填写在"隐蔽工程验收记录"内，作为档案资料保存。

2) 技术复核与隐蔽工程验收流程见图 8-1。

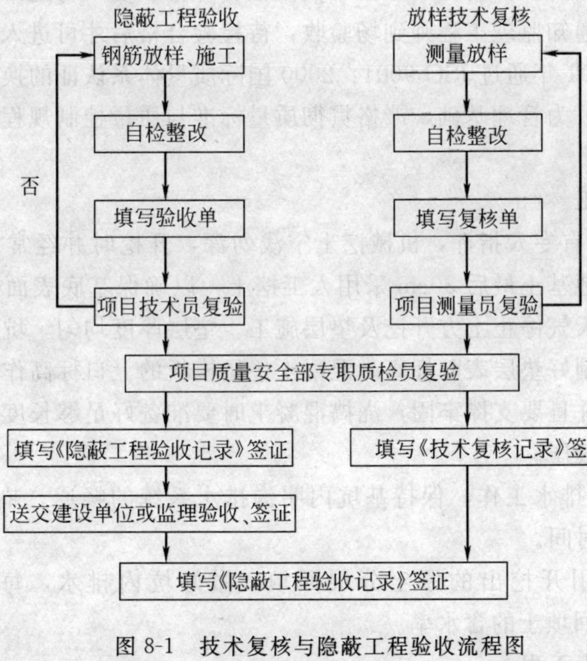

图 8-1 技术复核与隐蔽工程验收流程图

(3) 工序产品、材料半成品和成品的检验制度

工序产品、材料半成品和成品的检验是质量控制的关键，只有控制好这几方面，才能

从根本上保证工程质量。检验和试验的原则如下：

1）经检验和试验合格后的原材料、半成品方能使用。

2）上道工序经检验合格后方能进入下道工序施工。

3）所有分项工程经检验合格后，方能进入分部工程检验、验收。

(4) 推行项目经理责任制

项目经理是管理的第一责任人，也是项目管理的中心，因此，我们根据管理情况推行项目经理责任制，实行责、权、利到人，从管理制度上保障工程质量的优良。

8.3 质量保证措施

8.3.1 管理措施

(1) 现场项目经理对质量全面负责，对质量工作进行全面领导，是质量的第一责任者。项目总工程师代表项目经理对质量进行全面管理，是质量的第二责任者。

(2) 成立以项目经理、副经理、项目总工程师领导，有各职能部门负责人及施工队责任工程师参加的全面质量管理领导小组，对工程进行全面质量管理，建立完善的质量保证体系和质量信息反馈体系，对工程质量进行控制和监督，层层落实“工程质量管理责任制”和“工程质量操作责任制”。

(3) 实行质量一票否决制。

(4) 在职工中开展全面质量管理基础知识教育，努力提高职工的质量意识。组织QC技术质量攻关小组，实行质量目标管理，以一流的质量、一流的速度、一流的技术和一流的管理创造优质工程。

(5) 施工中严格认真执行自检、互检、交接检、专检制度，每道工序必须在施工单位自检合格的基础上，通知监理工程师到场验收，待检验合格后才可进入下道工序施工。

(6) 我局已于2001年通过ISO 9001：2000国际质量体系认证的换证工作，施工中必须以《质量管理手册》为管理基础，严格贯彻质量标准与质量控制规程。

8.3.2 技术措施

(1) 基坑土方施工

1）机械开挖必须有专人指挥，机械挖土宁浅勿深，开挖时并经常复测坑底标高，严禁超挖和虚士回填。地基土最后30cm采用人工挖土，以确保基底表面平整。挖土机械严禁碰撞工程桩，大雨天气停止土方开挖及垫层施工。垫层厚度均匀，坑底按1.5m×1.5m间距布置竹板桩，控制好垫层表面标高。混凝土垫层模板的上口标高作为垫层标高控制的依据必须严格控制，并且要支撑牢固，浇捣混凝土时要准备好足够长度的刮尺，依模板上口刮平，并用钢滚筒滚压。

2）做好基坑内的排水工作，保持基坑内明沟排水系统的畅通。垫层施工及时跟上，减少基坑土面暴露的时间。

3）土方回填选用开挖出的原土分层回填，做好坑内排水，每层土厚度不超过300mm。应严格控制回填土的含水率。

(2) 钢筋、混凝土工程

1）钢筋要求

墩台、箱梁等钢筋制作和安放有相同之处，箱梁为预应力结构，除普通钢筋外，每片梁还有预应力筋、部分预埋件，施工时根据各自要求及特点采取不同措施。

A. 钢筋按图纸要求的规格，购置时根据施工计划，分期分批进场。一次购置数量不能太多；否则，堆放时间过长会引起锈蚀。

B. 钢筋进场后，材料人员根据质保书仔细核对，检查外观是否符合要求，若均无问题即分批分类堆放，做出标识，并立即通知试验人员取样送检，合格后方能使用；同时，堆放时应离地面 30cm，上部覆盖，做好围护，避免油污、锈蚀，确保钢筋洁净。

C. 钢筋制作时严格按照图纸设计尺寸放样下料，严格按照图标规格、形状、数量等施工，控制好制作的准确性。

D. 钢筋放样时对纵向钢筋考虑好，避免在跨中设置接头，确实不能避免时应注意将接头交错布置，错开距离不小于 $35d$，并尽量少设；同时，还应满足在同一断面内接头设置不超过总数的 25%。

E. 钢筋搭接采用焊接，并按照不同规格、焊接形式，取样试验，对闪光对焊每 200 个接头取一组，电弧焊 300 个接头取一组。

F. 搭接和绑扎接头与钢筋的弯曲点之间的距离不小于 $10d$，接头不位于最大拉应力截面处。同一根钢筋有两个以上接头时间距大于 $45d$。

2）钢筋的安放

A. 钢筋安放前将主要钢筋位置、预埋件等弹好线。

B. 钢筋保护层厚度采用砂浆预制垫块来保证。

C. 对有泄水孔的梁其泄水孔处用预埋件绑扎在钢筋上，面板钢筋经过该处将其向侧面扳弯，绕过泄水孔，不截断。

3）混凝土控制

A. 混凝土用料

水泥选用 32.5、42.5 级普通硅酸盐水泥，进场后按批号送检。粗骨料采用石料，抗压强度大于 2 倍混凝土强度等级，碎石粒径 5～20mm。5mm 以内的人工碎石控制在 5% 以下，入场后均取样试验。细骨料采用中砂。

B. 混凝土拌制

混凝土拌制采用电子计量。施工中每天均测定骨料含水率，以调整出施工配合比，具体调整由工地试验人员执行。混凝土拌制前先用清水湿润搅拌机壁，并拌一盘砂浆。混凝土拌制时，上料严格按规范要求，其偏差如下：水泥为±1%，粗细骨料±2%，水、外加剂±1%。混凝土拌合时间，从原料完全进入搅拌机起算，不小于 120s。

混凝土拌制时按实际需要情况而定，不多拌混凝土，以防放置时间过长，造成离析；在天气较热时水分损失较大，影响质量；同时，拌制量也不能太小，以防造成施工停顿，影响连续性。混凝土拌好后检查其和易性、黏聚性，抽查坍落度，符合要求才用。

C. 混凝土施工

混凝土采用混凝土搅拌运输车运输。混凝土按水平分层浇筑，分层厚度不得超过 30cm，铺好后即用振捣器振捣。每层混凝土必须在初凝前完成浇筑和捣实。混凝土初凝后，模板不得振动，伸出的钢筋不得承受外力。工程各部位的浇筑日期、时间及浇筑条件都应保持完整的记录。

振捣时，避免振动棒碰撞板和钢筋及其他预埋件。

D. 混凝土的养护

混凝土终凝后即开始养护，养护龄期28d。对已经捣实并初凝或不能重塑混凝土区段或层次，不得受到直接或间接的振动。养护时，外界温度低于5℃时采取麻袋覆盖养护，不得洒水；夏季温度较高时，直接洒水养护并遮盖，避免阳光直接照射引起干缩裂缝。混凝土强度达到2.0MPa前，不准上人行走或进行下道工序施工。

8.4　质量检查措施

质量检查是质量控制的关键手段，施工中实行三检，严格控制质量。

(1) 施工前检查

1) 检查主要钢筋、预埋件位置的弹线是否准确。

2) 尺寸、位置按图纸检查放样是否正确。

(2) 施工中检查

1) 模板拼缝是否平整，脱模剂不得漏刷，并应均匀，不得采用对混凝土颜色有影响的深色脱模剂。

2) 钢筋绑扎应符合要求，位置应准确，弯起钢筋是否符合规范，钢筋（箍筋）间距要符合设计，保护层厚度满足要求，预埋件准确、牢固。

3) 混凝土拌制时经常抽查上料资料，以确定上料准确，外加剂没有漏加；并经常测定坍落度，检查黏聚性，以保证混凝土质量。

4) 混凝土倾倒时离梁顶不超过1m。用振动棒插捣混凝土时，间距不宜太大，应振捣到混凝土泛浆、不下沉、无气泡冒出为止。振捣时，注意避开预埋件。

5) 水泥砂浆拌制时严格按照配合比下料，经常抽查其稠度，检查其泌水性。

8.5　创优计划

8.5.1　成立创优小组

为加强对本工程的管理力度，实现优良工程目标，成立创优实施小组，由项目经理任组长，项目副经理和项目总工任副组长，工程技术部、质量安全部、材料设备部、工地试验室、综合办公室和桥梁、路基工区的部门负责人为成员。

8.5.2　建立创优目标责任制

(1) 组建高素质的施工队伍

组建一支精干、技术过硬、工种齐全、作风顽强、能打硬仗的施工队伍，加强队伍思想建设，提高全员质量意识。

在施工全过程中，始终坚持“百年大计，质量第一”的原则，视工程质量为企业的生命，认真依照招标文件所明确的各项施工技术规范、规则和各项质量验收评定标准去组织实施。

(2) 加强科学技术管理

科学、规范、经济合理的施工技术措施是保工期、保质量、保安全、求效益的重要条件，做好以下几方面工作：

1) 建立技术管理体系和岗位责任制

实行以项目总工程师为主的项目经理部技术责任制，同时建立各级技术人员的岗位责任制，逐级签订技术责任状，做到分工明确，责任到人，严格遵守基建施工程序，坚决执行施工规范。

2）认真编制施工组织设计

运用统筹法、网络计划技术等现代化管理方法，在经过周密调查研究取得可靠数据的基础上，编制可行的施工组织计划，并严格按网络计划组织实施，坚决杜绝计划执行过程中的随意性，使整个施工过程时时处于受控状态，做到环环相扣，井然有序。

3）认真编制施工技术方案及作业指导书

由单项工程技术负责人牵头，针对所承担工程的技术难易程度和环境特点，拟定两个以上的施工技术方案，提交给项目总工程师。项目总工程师组织有关人员，对所提出的施工技术方案进行对比分析、优化，最后确定一个实施方案。

4）保证技术力量

本局将挑选具有丰富高速公路施工经验的优秀队伍和精良的设备投入本工程施工；同时，选派有施工经验、责任心强的工程技术人员参加该工程施工，以确保技术工作顺利进行。

（3）强化监督检查

项目经理部、工区设专职质检工程师。由坚持原则、不循私情、秉公办事的质检工程师担任，严把工程质量关。

严格执行工程质量检查签认制度，凡须检查的工序经检查签认后才能转入下道工序施工。

主动配合支持监理工程师的工作，积极征求监理工程师的意见和建议，坚决执行监理工程师的决定。

（4）实行创优目标责任制

项目部与施工队签订创优目标责任状，并实行创优保证金制度。在工程竣工交验之前，先按合格工程价款予以支付，实现优良工程目标后返还优良奖金；若达不到创优目标，则优良奖金不予返还。每月一考核，每季度一总结，奖优罚劣，奖罚兑现。

工区对班组实行与工程质量挂钩的计件工资制，并使工程质量在工资分配上占重要的发言权，体现重奖重罚，优质优价。

建立内部竞争机制，实行优胜劣汰，对工程质量好的班组和个人，在评先、晋级、调资等问题上予以优先考虑，对工程质量差的班组和个人，予以行政和经济处罚，或内部歇工待业的处罚。

（5）严格制度，狠抓落实

制度落实是创优达标的主要途径，在质量管理工作中，一定要努力做到质量管理工作规范化、制度化。坚持做到定期质量检查，对每次检查的工程质量情况及时总结通报，奖优罚劣，使工程质量通过定期检查得到有效控制。各级质检人员要明确岗位责任制和工作职责标准，坚持做好经常性的质量检查监督工作，及时解决施工中存在的质量问题。

（6）合理组织施工

合理安排施工组织顺序，最大限度地开展平行作业，组织好流水作业，发挥好专业队伍的优势。合理使用施工机械和机具，为保证工程质量创优提供物质条件。

（7）加强劳务施工队伍的管理

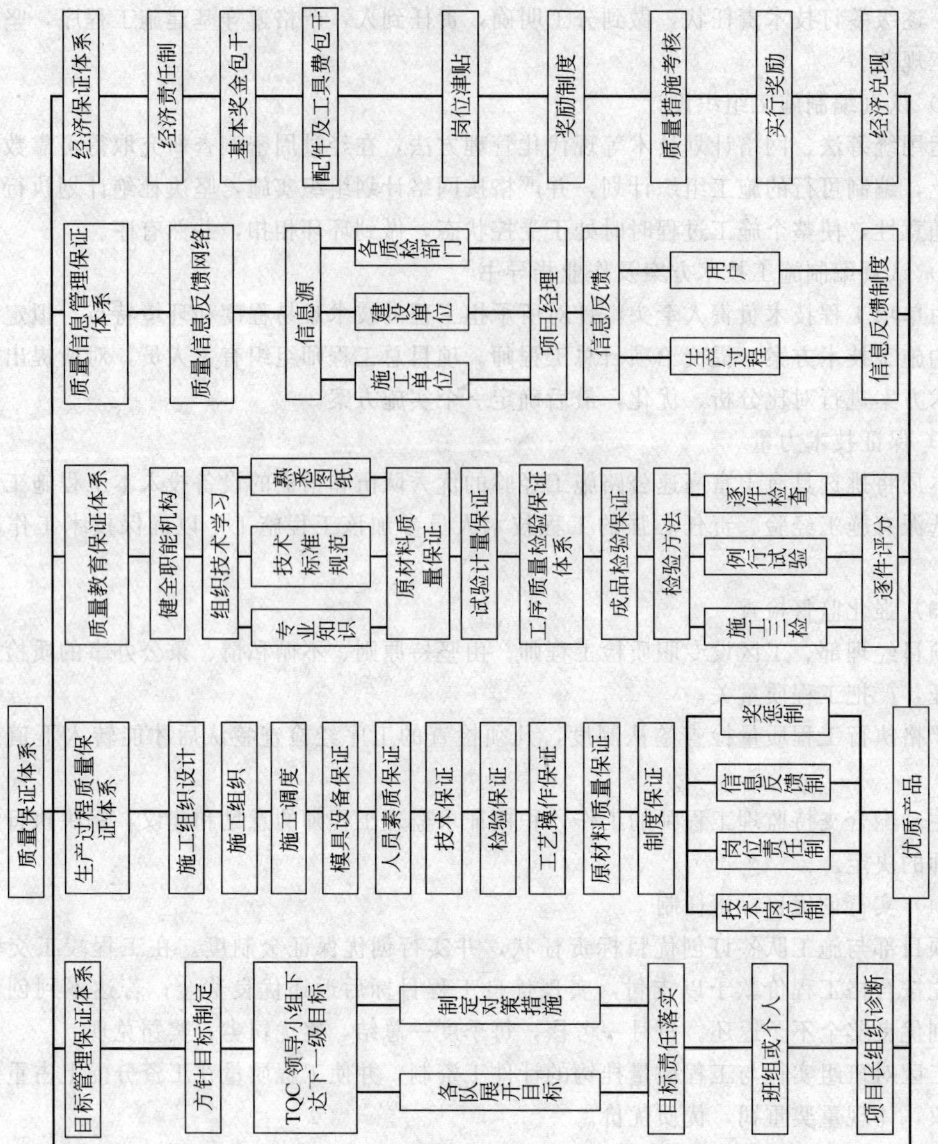
质量保证体系
思想保证体系
思想教育
TQC 教育
一切为用户负责
一切以预防为主
一切用数量说明
全面管理
提高质量意识管理水平
组织保证体系
项目经理责任制
各队科室负责人
班组长
TQC 领导小组
QC小组
质量监督
班组质量员
全员
目标管理保证体系
方针目标制定
TQC 领导小组下达下一级目标
各队展开目标
制定对策措施
目标责任落实
班组或个人
项目长组织诊断
生产过程质量保证体系
施工组织设计
施工组织
施工调度
模具设备保证
人员素质保证
技术保证
检验保证
工艺操作保证
原材料质量保证
制度保证
技术岗位制
岗位责任制
信息反馈制
奖惩制
优质产品
质量教育保证体系
健全职能机构
组织技术学习
专业知识
技术标准规范
熟悉图纸
原材料质量保证
试验计量保证
工序质量检验保证体系
成品检验保证
检验方法
施工三检
例行试验
逐件检查
逐件评分
质量信息管理保证体系
质量信息反馈网络
信息源
施工单位
建设单位
各质检部门
项目经理
信息反馈
生产过程
用户
信息反馈制度
经济保证体系
经济责任制
基本奖金包干
配件及工具费包干
岗位津贴
奖励制度
质量措施考核
实行奖励
经济兑现
图 8-2 质量保证体系图

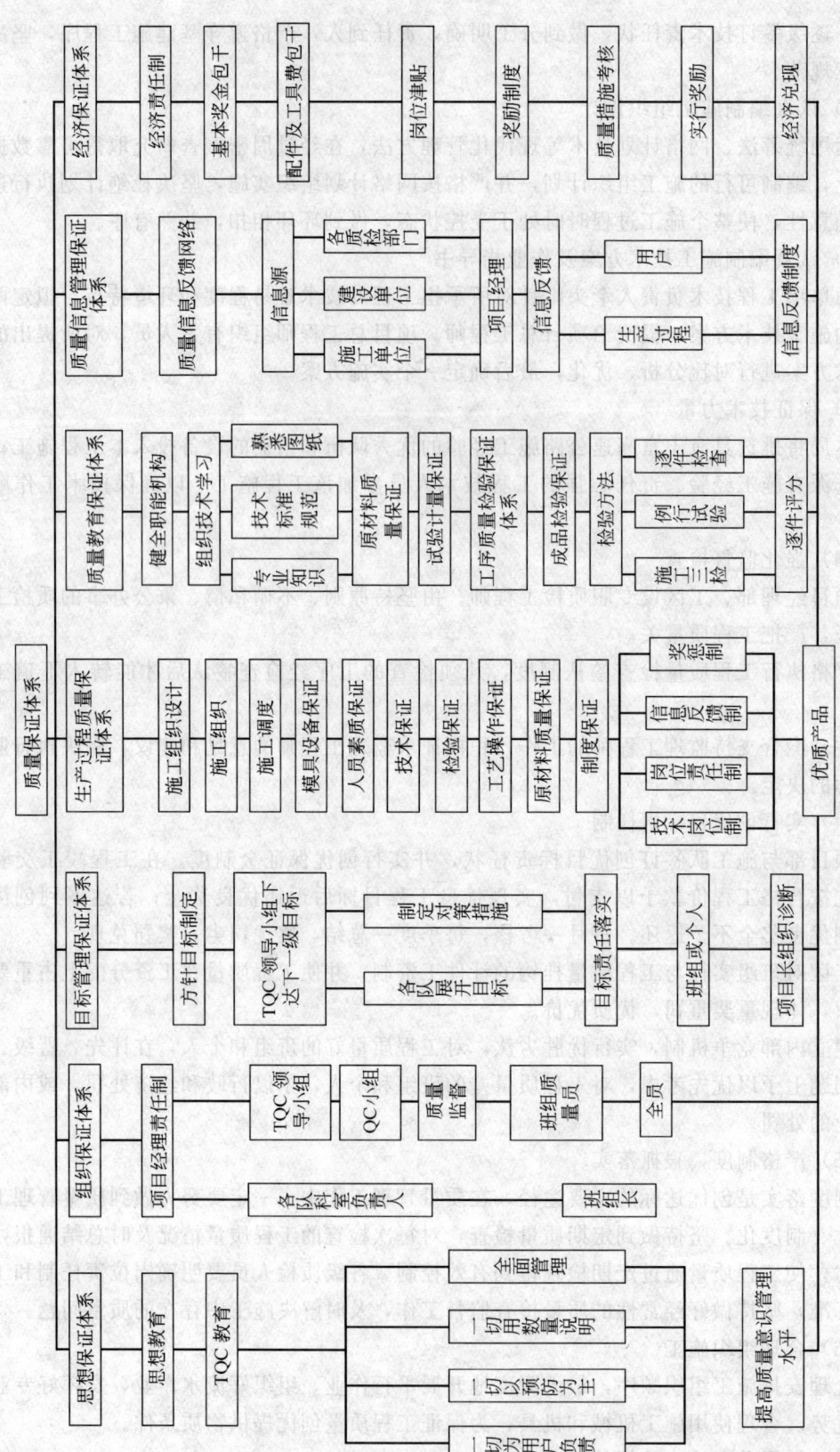

对承包范围内的工程，施工前认真搞好技术交底，施工中循环检查，施工后总结评比。使广大职工熟悉和掌握有关的施工规范、规程和质量标准。在施工中，加强质量监督和技术指导，保证人人准确操作，确保工程质量。

8.5.3 开展QC小组科技攻关活动

组织年轻科技人员成立QC攻关小组，针对本工程预应力施工等施工工艺展开活动，为工程质量控制献计献策，保证达到优良工程目标。质量保证体系图见图8-2。

9 安全生产、文明施工

9.1 安全生产措施

9.1.1 安全生产目标

确保施工期间生产的安全顺利进行，杜绝重大工伤、死亡和重大交通事故。

9.1.2 安全生产管理体系

(1) 安全生产管理体系

项目部成立安全生产领导小组，由项目副经理任组长，质量安全部安全主管工程师任副组长，配备专职安全员两人，在项目经理的领导下，全面负责本标段的施工安全生产工作。安全生产管理体系图见图9-1。

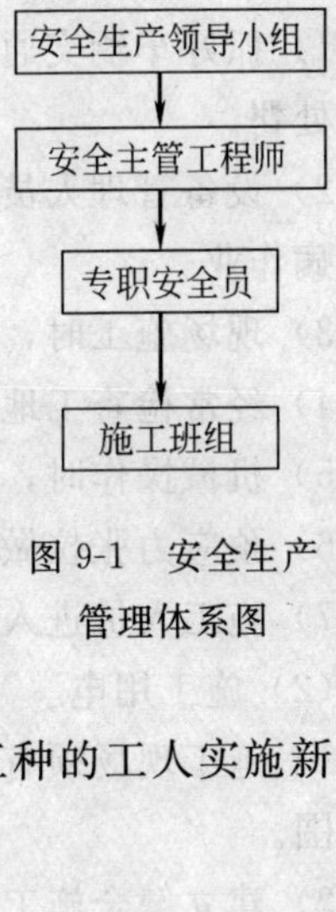

图9-1 安全生产管理体系图

(2) 安全生产责任制

1) 必须建立健全各级安全生产责任制，职责明确，落实到人。

2) 各项经济承包行为中有明确的安全指标和包括奖惩办法在内的安全保证措施。

3) 项目部、施工队、班组之间依据有关法规签订内部安全生产协议书，做到主体合法，内容合法，程序合法，各自的权利和义务明确。

(3) 安全教育

1) 对新工人实施局、项目部和班组的三级安全教育，对变换工种的工人实施新工种的安全技术教育，并及时做好记录。

2) 工人熟悉本工种安全技术操作规程，掌握本工种操作技能。

(4) 安全防护方案编制

编制安全防护的施工组织设计要针对工程的特点、施工方法、所用的机械、设备、电气、特殊作业、生产环境和季节影响等制订出相应的安全技术措施，审批手续齐全，有技术负责人签名和技术部门盖章。

(5) 分部分项工程安全技术交底

各分部分项工程施工前，对工人进行全面的、有针对性的安全技术交底，并履行签名手续。

(6) 特种作业

各特种作业人员都按要求培训，考试合格后持证上岗，操作证不过期，名册齐全，真实无误。

(7) 安全检查

1) 建立各级安全检查制度，重点、危险部位明确，并做出警示标志。

2) 检查记录齐全，隐患整改做到定人、定时、定措施。

(8) 班组的班前交底

班组长在班前进行上岗交底（交当天的作业环境、气候情况、主要工作内容和各个环节的操作安全要求，以及特殊工种的配合等），上岗检查，并做好上岗记录。

(9) 遵章守纪

各级管理人员，佩戴证明其身份的证卡；各类施工人员，应戴有识别标记的安全帽；遵守劳动纪律，无违章作业。

(10) 防火管理

1) 建立健全防火责任制，职责明确，防火安全制度齐全。

2) 成立人数不少于施工总人员百分之十的义务消防队，并建立相应的活动制度。

3) 防火奖惩、火灾事故、消防器材等齐全。

9.1.3 安全生产保证措施

本工程为交通工程，在施工过程必须制定有针对性的安全技术措施，特别保证：安全行驶，防止交通事故；用电安全。

(1) 安全防护

1) 抓好车辆交通安全，加强对司机的教育，严禁酒后开车，违章开车，对违规者要加重处罚。

2) 设备管理人员不得离岗；同时，要经常检查各种施工机械的状况，保证施工机械不带病作业。

3) 现场施工时，施工人员上岗一律佩戴安全帽。

4) 经常检查工地，捡取朝天钉等不安全物品，以防伤人。

5) 机械操作时，注意观察四周，严防无意伤人。

6) 预应力张拉做好安全防护措施。

7) 施工人员进入预制场及其他施工现场，必须戴安全帽。

(2) 施工用电

1) 施工现场须有一名主管施工现场临时用电的负责人，明确临时用电电工的具体工作范围。

2) 建立健全施工现场临时用电安全技术档案。

3) 供电系统必须实行 TN-S 系统（三相五线制）。

4) 配电系统实行三级保护系统

5) 加强对施工现场临时用电系统的检查和维修。所有配电箱及开关箱应有门、锁，有箱的原理图贴在对应箱的内表面；所有箱、线路至少每月进行检查和维修一次；检修时，必须将其一级相应的电源开关分闸断电，并悬挂停电标志牌，严禁带电作业。

9.2 文明施工

9.2.1 文明施工目标

加强工地安全生产、文明施工管理，对促进工程进度、树立企业良好形象有着极为重要的现实意义。因此，我局根据标准化现场 CI 达标模式规范组合，结合地方有关规定，在本工程中创建出省级标准化工地。

9.2.2 文明施工措施

(1) 场容场貌

1) 施工工地大门，按中建 CI 达标规范门楼式组合，大门门体形象见图 9-2。

2) 施工现场围墙封闭严密、完整、牢固、美观，上口平直，立面抹光，高度为 2m，颜色为白色，其中围墙上端 0.2m 高，下端 0.3m 高，刷成标准蓝色，见图 9-3。

3) 施工现场设置五牌一图。

4) 施工现场场内设环形道路，尽可能利用原有乡村道路位置，按设计要求做好碎石路基，用混凝土硬化。场外进入大门道路也用混凝土浇筑，其他路口根据实际选择砾石或矿渣路面，并在施工过程中保持畅通。

5) 施工场内保持场容场貌整洁，物料堆放整齐，建筑垃圾集中清运，各种物具按施工平面图位置存放，做好标识。

6) 施工现场所有管理人员及技术人员在施工现场均佩戴胸卡，特殊工种人员持证上岗。

(2) 生活卫生

1) 办公室、会议室内应卫生整洁，办公用品摆放有序，环境要保持清洁，无污水和污物。

2) 食堂卫生：①食堂应距厕所、垃圾场（箱）及其他有毒、有害物质的场所 20m 以外，并做到四周场地平整、清洁、无污水。②食堂应设置通风、排气和污水排放设施，并配备一定数量的灭火器。③有防蝇设施，室内不得有蚊蝇。④炊事人员上岗必须保持个人卫生，并定时进行一次健康检查。

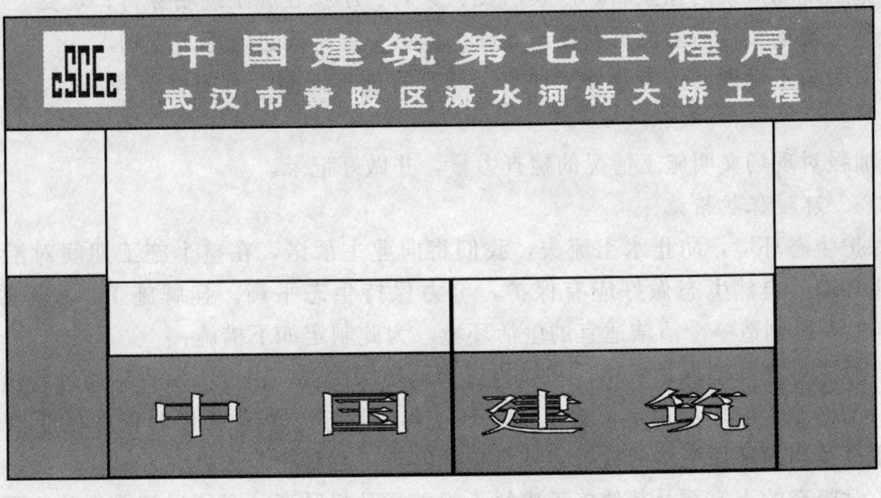

图 9-2 工地大门标化示意图

(3) 宿舍卫生

1) 施工人员宿舍地面为混凝土地面，要保持宿舍卫生整洁、通风，日常用品放置整齐有序。

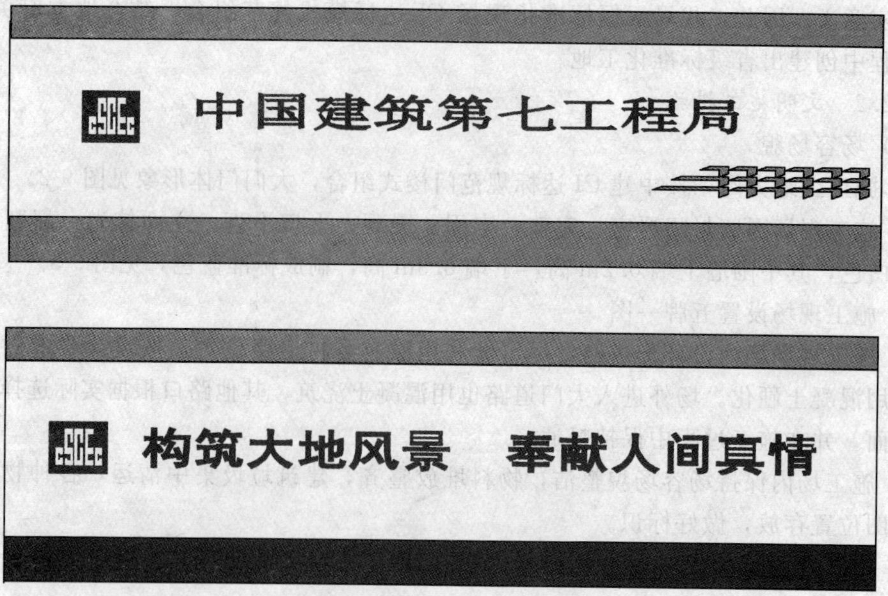

图 9-3　工地围墙标准化示意图

2）宿舍须设置 2m×0.8m 规格的单人床或上下双层床。

（4）厕所卫生

1）建立水冲式厕所，人与蹲位比为 15：1 或 20：1。

2）厕所卫生设专人负责，定期进行冲刷、清理、消毒，防止蚊蝇孳生。

（5）教育管理

1）施工现场设置黑板报和宣传栏、宣传标语。

2）施工现场严禁居住家属，严禁居民、家属、小孩在施工现场穿行、玩耍。

3）施工现场实行门卫值班制度，非施工人员一律不准进入施工现场。

4）文明施工管理要按专业分工种实行场容管理责任制，有明确管理目标，并落实责任到人。

5）加强对现场文明施工情况的检查力量，并做好记录。

9.2.3　环境保护措施

为保护生态环境，防止水土流失，我们将向业主承诺，在整个施工期间对沿线水环境、野生环境等自然生态做好应有保护，努力保持生态平衡。挂牌施工、规范取（弃）土，为当地人民创造一个清洁适宜的生活环境。为此制定如下措施：

（1）设立生态环境保护机构，积极执行当地环保法规，由专人负责定期进行检验。

（2）严格业主的环保规定，为了确保环境得到保护，不管任何时候都接受监理工程师、业主以及当地环保机构的检查，认真按照监理工程师指令去办。

（3）对废弃的土、石及其他施工废料不得随意乱扔乱弃，必须运到业主及监理工程师指定的地点进行处理，并整理成型。

（4）积极主动与当地环保部门联系，取得当地环保部门对我们的支持，加强对全体职工、民工的环保思想教育，重视生态平衡环境保护工作，禁止所属工人进行非法捕猎行为。经理部的环保负责人要经常对所属工地进行检查、评比，奖优罚劣，把环保工作当成我们一项重要的、经常性的工作来抓。

(5) 加强对施工机械的维修保养，遇到漏油、漏水的机械，必须维修好后方可继续参与施工，废油要收回集中存放，统一处理。

(6) 加强对施工边缘边缘部分的机械压实和人工整修，防止集中冲刷造成的水土流失，抓好施工计划和现场管理，保证施工区域内的永久性和临时性排水设施畅通。

(7) 认真做好施工时的安全措施，确保因施工对当地的生态环境造成污染和破坏。

(8) 及时清理施工现场，安排专人、专车，加强对所需机耕道、便道的清扫养护和洒水除尘工作。

(9) 树立农田保护意识，采取有效措施，保证农田正常灌溉及防止粉尘对农田的污染。

(10) 在业主、监理及地方政府同意的情况下，尽量使弃方给农民造田，还田与民。

(11) 尊重当地的民俗民风，尊重当地村规民约、生活习惯，确保所施工路段的人文社会环境不受破坏。

10 工期保证措施和农忙季节工作安排

10.1 保证工期的主要措施

“时间就是效益，工期就是信誉”，为了确保本合同段能按期保质完成，我们主要采取以下措施：

(1) 指挥机构及时到位。为加快本合同的实施，我局成立了强有力的项目经理部，对内指挥施工生产，对外负责合同履行及协调联络。经理部主要成员已经确定。

(2) 施工力量迅速进点。实施本合同的主要桩基施工班组已进场，部分钻机已到位，下部、上部结构施工队伍已确定，近期也将进驻，确保工程按期开工。

(3) 施工准备抓早抓紧。尽快做好施工准备工作，认真复核图纸，编制实施性施工组织设计，落实重大施工方案，积极配合甲方及有关单位办理各种手续。主动疏通当地关系，取得地方政府及有关部门的支持。施工遇到问题影响进度时，将统筹安排，见缝插针，及时调整，确保总体工期。

(4) 施工组织不断优化。以投标的施工组织进度和工期要求为依据，编制实施性施工组织设计，进一步落实施工方案，报监理工程师审批。根据情况变化，进行改进、优化，使工序衔接、劳动力组织、机具设备、工期安排等更趋合理和完善。

(5) 施工调度高效运转。建立从项目部到各施工班组的调度指挥系统，全面、及时掌握并准确地处理影响施工进度的各种问题，对工程交叉和施工干扰应加强指挥与协调，对重大关键问题要超前研究，制订措施。及时调整工序和调动人、财、物、机，保证工程的连续性和均衡性。

(6) 网络计划过程控制。实施短期网络计划控制，根据项目全过程的网络计划，编制分阶段和月度网络计划，及时发现关键工序的转化，确定阶段工作重点，运用微机进行网络计划管理，及时掌握进度，分析调整，使项目实施处于受控状态。

(7) 加强组织纪律。强化施工管理，严明劳动纪律，发扬我局部队的优良作风和光荣传统，对劳动力实行动态管理，优化组合，使作业专业化、正规化。

(8) 经济责任制承包。实行内部经济责任承包责任制，既重包又重管，使责任和效益挂钩，个人利益和完成工作量挂钩，做到多劳多得，调动单位、个人的积极性和创造性。

(9) 加强机械设备管理。切实做好加强机械设备的检修和维修工作，配齐维修人员，配足常用配件，确保机械正常运转，对主要工序储备一定的备用机械。

(10) 确保劳动力充足、高效。根据工程需要，配备充足的技术人员和技术工人，并采取各项措施，提高劳动者的技术素质和工作效率。

10.2 农忙季节工作安排

本工程工期短，施工任务紧，因此，在农忙和节假日均不放假，并根据需要采取夜间加班施工，以保证工程能按时完成。农忙季节不放假作为工作安排，同时，我们也做好以下几方面：

(1) 我们使用自有职工，在各主要施工工序均为我局基本作业队伍，队伍保持相对稳定，我们会充分发挥这些基本力量的作用，合理组织，科学安排生产，使工程顺利进行。

(2) 发扬纪律严明、作风顽强的军队光荣传统，令行禁止，一切行动听指挥。

(3) 做好职工的思想工作，个人利益服从企业利益，信守“献身、进取、守信”的企业精神。

(4) 在农忙季节，我们有特殊的经济政策，能够保证参加施工的工人坚持工作岗位。

11 廉政建设

为加强交通基础设施建设中的廉政建设工作，保证工程建设的高效优质，根据交通部《关于交通部在交通基础设施建设中推行廉政建设合同的通知》文件精神，我们将积极配合指挥部和各上级主管部门开展廉政建设工作，并制订以下制度：

(1) 严格遵守党和国家有关法律法规及交通部的有关规定，严格执行与业主签订的《廉政建设合同》，自觉按合同办事。

(2) 建立健全廉政制度，开展廉政教育，设立廉政告示牌，公布举报电话，监督并认真查处违法违纪行为。对损害国家和集体利益，违反工程建设管理规章制度的人员坚决予以处理，决不姑息迁就。

(3) 本着对国家、对人民负责的态度，作好本工程的施工建设任务，反对用利益来交换质量的恶劣行为，对本单位违法乱纪的人员由上级主管单位监察纪检部门处理；触犯法律的，移交司法部门依法处理。

(4) 不以任何理由向业主及监理工程师行贿或馈赠礼金、有价证券、贵重礼品。不以任何名义为业主及监理工程师报销合同以外的任何费用。

(5) 积极与业主等各级主管部门配合，开展监督与互相监督的廉政建设活动。

12 冬雨期施工措施

12.1 雨期施工措施

本地区雨水较少，降雨主要集中在每年的七、八、九月份，施工时需要考虑雨期施工的防护措施。

(1) 在雨期到来前，应按照规范中雨期施工有关规定，结合本工程本地区的情况确定雨期施工路段，编制可行的雨期施工方案，报工程师审批。

(2) 基坑开挖时，如果不能立即施工，则应预留 30cm 土方待施工时再挖除；同时，在开挖基坑时应在基底留出排水沟和集水坑，并准备好抽水泵，以便施工。

(3) 经常关注天气预报，根据下雨预报安排近两天的施工。

(4) 雨天尽量不浇筑混凝土，以免影响质量。

(5) 混凝土浇筑后遇下雨时，要及时用彩条布覆盖。

(6) 水泥不得露天堆放，以免淋雨。

12.2 冬期施工措施

由于冬期温度较低，为了保证质量，冬期不进行混凝土工程施工。冬期主要做好材料、机械设备进场、测量复核等准备工作。

(1) 在冬期施工到来前一个月，应根据通车要求、经济效益、气候、地质情况及物资供应、施工能力等，充分做好冬期施工准备工作。

(2) 利用冬期水位较低的条件，安排构造物基础开挖和防护工程基础开挖，以及在河滩地段备砂砾料等。

(3) 及时清理施工场地，并做好已完工程的防冻工作。

第十五篇

柳州市潭中高架桥施工组织设计

编制单位： 中建八局广西公司
编 制 人： 方思忠　黄贵
审 核 人： 窦孟廷

［简介］ 本工程为多座多层互通式立交桥施工，结构复杂，桩基施工遇到溶洞及地下潜水，施工交通组织困难。本施工组织设计中，在桩基、桥墩、桥梁工程、下沉式跨线桥等方面有很多值得借鉴的经验和做法。

目 录

1 工程概况

1.1 工程简介

柳州市潭中高架桥是柳州市重要交通枢纽，在城市道路网中具有十分重要的战略地位，是内环线东西向交通轴的一部分。

主线全长1.357km。工程内容及规模主要包括三座立体交叉，主线桥、匝道采用多跨预应力混凝土连续梁施工，主线桥为单箱双室箱梁，匝道为单箱单室箱梁，箱梁形式均为预应力空心板梁。

1.2 设计概略及主要实物工程量

全桥主线总长1357.775m，围绕跃进路与主桥共设C、D、E、F四条匝道桥。主线桥划分9联，除Z3联为普通钢筋混凝土结构外，其余8联均为预应力混凝土结构。匝道桥22联。

通道工程计51.8m，改建道路计905m。

1.3 气象、水文、地质条件及地震条件

1.3.1 气象

柳州市气候属亚热带季风气候，气候温和，雨量充沛。

雨期集中在4～8月份。

1.3.2 水文

柳江河是区域内主要地下潜水的补给源。枯水期为12月至次年2月份。丰水期为6～8月份。

1.3.3 地质

(1) 设防烈度

由《全国地震烈度分区图》，柳州市位于6度区，设计按6度区设防。

(2) 地形、地貌

工程所在区域地势呈西高东低，地面标高84～95m。地形条件位于城市中心区，沿线多企事业单位和学校、小区等。

地貌属柳江河曲内侧北岸Ⅱ冲积阶地。

(3) 工程地质条件

本工程在施工图设计阶段，原则上按每一墩台位置布置钻探孔进行详勘。经钻探揭露，场区出露岩土层由上而下可分为十一层。

(4) 水文地质条件

场区地下水分上层滞水和下层潜水两层。

根据勘察钻孔资料分析，选择枯水期进行人工挖孔桩的施工，大部分桩孔适当止水处理后，是切实可行的；但对个别涌水量较大的桩孔尚应采取其他有效的止水措施，方能保证基础的正常施工。

(5) 不良地质情况

地质钻探揭示：场区下伏白云岩不良地质以局部溶蚀沟槽、溶蚀风化破碎及小规模充填溶洞为其主要特征。

局部地段岩溶较为发育，以充填溶洞、溶蚀裂隙、风化破碎带为特征，集中分布在：Z13、Z21、C7、C17、D1、D13、E8、E12、F14、F16、Y2、Y6、Y11 共 13 处。

(6) 区域地质构造特征

工程地处于南北向轴线的太阳村背斜东翼，属单斜构造。岩层走向大致南北向，侧向东，倾角 11°～15°。场区内无大断裂带通过。

1.4 材料和劳动力供应，水电、交通、通讯及环境条件

1.4.1 材料和劳动力供应

本工程所需土方可就地取土，主要利用路基、桩基挖方即可满足需要。其余需用物资在周边地区也较易采购。

劳动力以自有施工队的劳动力为主，结合临时聘用人员的原则。钢筋、混凝土、模板、预应力等工程施工的劳动力依靠我局现有劳动力完全可以满足需要，而一些辅助性、服务性工程则可利用临时聘用人员。

1.4.2 水电、交通、通信

施工场地内水电、通信等均能满足现场施工要求。

交通通畅，施工机具设备和材料的进场非常方便。

1.4.3 环境条件

施工现场范围内“三通一平”均已完成。黄村路，主体工程开工后封闭交通作为场地内部交通通道，跃进路口南北向在保证交通通畅的前提下，作为场区运输通道。

1.5 工程特点及难点

高架桥位处市区，涉及供水、供电、排水、通信以及煤气管网和城市规划等市政工程之间关系，并地处河套，地下水量大，具有喀斯特地形的特点，岩溶发育，地层破碎，且降雨量较大，给桩基施工造成困难，对上部结构施工也将有不利影响。

桥线多处与现行交通汇交，为满足市政交通不受阻滞，带来了一定施工难度。

高架桥工程本身量大，支架多，技术和质量要求高，又较费时费力。

工程承包合同要求：工期 260 个日历天，质量标准优良，质量要求高，工期要求紧。

工程施工程序多，有预应力施工，各联施工安排必须有先后，不能平行施工，因而在工期控制上存在困难不小。

桥梁上部结构是连续箱梁，有等高和不等高载面，中间为闭合环特殊结构，施工难度大，且箱梁长度长，工程量大，模板、钢支架等投入多。

概括地说，这项工程的特点为：标准高，要求严，困难多，意义大。

1.6 关键工程

潭中高架桥为人工挖孔桩现浇连续箱梁结构，根据施工图设计情况，本工程有如下分部、分项工程比较特殊，需进行认真的施工组织：

(1) 根据地质资料显示，桩基有遇溶洞及地下潜水情况，需采取相应的技术措施予以解决。

(2) 由于本工程为城市立交，墩柱、箱梁等混凝土施工外观质量对柳州市市容有着致关重要的影响；因此，其外观质量必须有充分的技术措施来保证。

(3) 主线桥 Z2、Z5、Z9 联及部分匝道、横跨跃进、白沙及北鹊路，为了确保施工期间城市交通不受影响，必须采用相应的围挡、防护措施。

2　施工部署

2.1　总体和重点部位施工顺序

由于本工程工期短、时间紧、工程量大，没有足够的时间进行分段施工，为了完成既定的工期目标，桩基、承台、墩柱及上部结构必须各联同步施工，同一联的各道工序进行合理的穿插；道路、排水及附属工程也须在桥梁结构施工的同时穿插施工。施工顺序如图 2-1 所示。

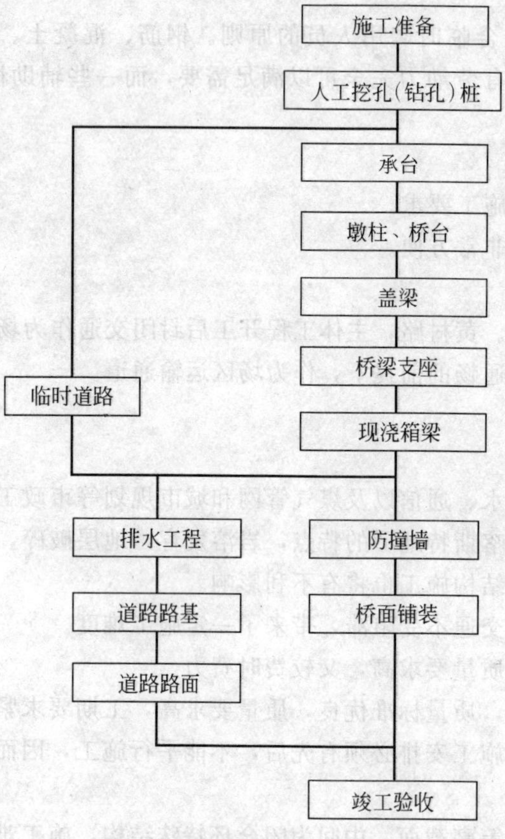

图 2-1　总体和重点部位施工顺序

2.2　流水段划分情况

根据现场条件和设计图中的要求，拟分成四个区段施工作业，并按一定的顺序进行，为主线桥和匝道桥梁体混凝土的浇筑及预应力的张拉创造必要的条件；同时，也最大限度地减少对城市交通的影响。

第一施工段，K0＋000～K0＋433.384　即主线桥 Z12 墩柱以西。

第二施工段，K0＋433.384～K0＋593.348　即主线桥 Z12～Z17 墩柱间。

第三施工段，K0＋593.348～K0＋711.9　即主线桥 Z17～Z20 墩柱间，并含跃进路南北向匝道及通道。

第四施工段，K0＋711.9～K1＋357　即主线桥 Z20 墩柱以东。

第一、第二施工段施工顺序和要点：在保障黄村地面交通的情况下，先行施工桥梁桩基、墩柱，然后利用原有地面作为加固处理，作为浇梁支架的基础，完成梁体混凝土浇筑。支架拆除以后，再施工地面道路工程。

第三施工段，在确保跃进路地面交通的条件下，先行施工桩基及墩柱，然后利用现有路面加固处理作支架基础，再搭架现浇上部结构，注意在搭架过路口时要留出足够的车行通道，并设置必要的安全防护设施，确保下行车辆、行人的安全。现浇梁完成拆架后，再行疏导封闭黄村路至跃进路的交通，施工路基和下穿铁路线的通道等工程。

第四施工段，先行施工路基工程，并穿插施工桩基和墩柱，在路面碾压混凝土基层达到设计要求后作为支架基础，搭架现浇上部结构，拆架后再施工道路剩余工程，并注意搭架时要留出行车通道，做好安全防护。

以上四个施工段的划分是每个施工段内工程的实施顺序，段内的施工顺序必须满足并服从主线、匝道箱梁的浇筑程序，梁的浇筑程序将在后面章节叙述。

各施工段主体工程完工后，桥面附属交通工程、环保工程可穿插进行，并注意分段点的衔接问题。在实施各段工程中，对北鹊路立交、跃进路立交、白沙路立交，以及上越、下穿湘桂铁路等关键段落或部位要作为重点工程对待，投入足够的组织管理力量、材料、设备，并制定有效的技术措施，确保工程实施万无一失。

2.3 施工平面布置情况

2.3.1 总平面布置

根据建设单位提供的临时用地和施工红线范围内的可利用场地，结合本工程特点进行如下布置：

(1) 壶西大桥以西建设单位提供的1#、2#、3#场地用于布置搅拌站、住宿区、加工堆放场。

(2) 4#、5#场地为红线范围内的可利用场地，布置现场指挥部和分包单位临设预留场地。

2.3.2 临时设施布置及临时用地计划

略。

2.4 施工进度计划情况

2.4.1 施工总进度计划

(1) 根据招标文件中工期的要求，结合我局具体情况。本工程计划于1999年11月28日开工，2001年8月8日竣工，共计620个日历天。

(2) 进度计划的安排以主线桥为重点（关键线路），以桩基工程为前导，力争开工后四个月内完成全部桩基工程，主桥墩柱及上部结构立即跟上，分离式立交桥、匝道桥在主桥完成后穿插进行。通道工程在桥梁上部结构全部完成，达到车辆分流目的后进行；同时，进行地面道路改造工程，确保2001年5月前桥梁主体结构完。

(3) 整个工程按以下控制点进行控制：

1) 1999年11月28日　开工；

2) 2000年3月31日　桩基工程完（白沙路至跃进路段桩，基完后，穿插施工该段碾压混凝土基层并于2000年3月10日完）；

3) 2000年5月31日　主线桥盖梁完；

4) 2001年2月28日　主线桥箱梁结构完；

5) 2001年5月31日　桥梁工程主体结构完（至铺装层）；

6) 2001年8月8日　竣工验收完。

2.4.2 单位工程施工进度计划

(1) 施工进场准备工作

导线点、水准点的复核、加密，生产、生活临时设施的修建，临时道路的修建作为接到中标通知书后立即开始进行的工作。拟定于1999年11月15日开始至1999年11月30日完成。

(2) 路基土石方工程

开工后以清除草皮及表土、挖树根为首项任务，然后进行K0＋700至K1＋100段填方工作，为此段的路面尽早成型提供条件。路面其余段挖填工作等主线箱梁完成后进行。土石方工程在地面车辆分流完成和不影响上部结构施工的前提下尽早进行，以减轻后期施工压力。

(3) 路面工程

K0＋700至K1＋100段路面碾压混凝土于2000年3月10日完成，为箱梁支架搭设减少沉降量创造条件。其余段路面基层、面层的施工紧接土方完成后进行，沥青混凝土面层的施工作为路面的最后一道工序于2001年7月20日完成，这对工程竣工前保持路面清洁有利。

(4) 防护工程

防护工程主要是指填方段路基的浆砌片石挡土墙和护坡，挡土墙砌筑随土方填筑而进行，护坡待土方填筑完成修坡后进行。全部防护工程于2000年12月20日完成。

(5) 桥梁工程

人工挖孔桩的施工于1999年12月15日开始，全部168根桩计划105天内完成，按照先主线后匝道的顺序依次完成墩柱、盖梁、箱梁的施工。支架工程和预应力的张拉分别于箱梁施工的前后进行。

(6) 交通工程

防撞护栏的施工于桥面铺装完成后进行，计划于2001年7月30日完成。

(7) 通道工程

通道工程在上部箱梁支架拆除后进行，计划于2001年6月15日完成。

2.5 周转物资配置情况（脚手架、支撑、模板等）

本工程施工的周转材料主要有：脚手架钢管（ϕ48mm×3.5mm），扣件（搭接扣、十字扣等），大木方（12cm×15cm），小木方（6cm×8cm），镜面竹胶板（122cm×244cm×1.2cm），上托、底托、工字钢、墩柱钢模板、防撞墙钢模板等。

2.6 主要施工机械选择情况

本工程配备足够的机械设备和必要的备用设备，如发电机组等以保证工程连续施工。使用过程中要加强机械设备的维修保养，使其经常保持良好状态，提高使用率和生产效率。主要施工机械、设备配置见表2-1。

本工程将在柳州市四桥西侧设置一个混凝土搅拌站和二级试验室。

此外，尚需准备足够数量的夜间现场照明用的各种灯具和安全变压器。预应力张拉设备按2套两班人员使用配备。

机械设备的保养维护和计量设备的校验实行制度化。

主要施工机械、设备一览表 **表 2-1**

名　称	型　号	数　量	动力功率
混凝土输送泵	HBT60	2	60kW
混凝土输送泵	HBT60-16-110S	2	110kW
混凝土搅拌站	HZS50	1	100kW
钢筋切断机	GQ40A	2	3kW
钢筋弯曲机	GW40A	2	3kW
对焊机	UX100	1	100kV·A
交流电焊机	BX-300	5	
直流电焊机	ZX7-400	2	
竖向压力焊机	BX-630	1	
震动冲击夯	HCD70	1	2.2kW
木工平刨	MC392	2	3kW
圆锯	MJ1040	2	3kW
卷扬机	1t	1	7.5kW
装载机	ZL40	1	118kW
装载机	ZL50	1	118kW
混凝土搅拌车	$7m^3$	8	
汽车吊	25t	1	
汽车吊	16t	1	
推土机	T120	1	
压路机	Y16T	1	
插入式振动器	ZM50	15	1.5kW
平板振动器	2.2kW	4	
柴油发电机组	300kW	1	
柴油发电机组	160kW	1	
柴油发电机组	10kW	1	
混凝土输送汽车泵			

2.7 劳动力组织情况

拟分成三个作业单位同步协调施工，每个作业单位在统一安排下，相对独立地完成各自区段内的工程量。

第一作业单位为主要作业单位。亦为全部工程的总承包单位，负责完成工程承建合同的签订，工程实施中的统筹安排和全面管理，工程的交验、结算和保修，向业主对工程全面负责。

第二、第三作业单位为分包单位，完成分包的工程内容，并向总包单位签订分包合同和就工程向总包单位全面负责。

第二作业单位拟最终投入劳动力 200 人和所需的机械机具材料等，完成的工程项目为：主线第④联和该范围内匝道工程，下穿铁路的通道工程。

第三作业单位拟最终投入200人和工程所需的机具、设备，完成主线桥第九联和该范围内的附属工程。

第一作业单位拟最终投入600～800人，完成其余的全部工程内容。

工程实施的劳动力组织结构，分为前期、中期和后期三个阶段，前期为桩、柱施工阶段，中期为浇筑梁阶段，后期为道路和附属工程施工阶段。

3　主要项目施工方法

3.1　桥梁工程

本工程项目中，桥梁工程是主要内容和核心部分，具有规模大、结构新颖、布局合理等特点。但因交叉作业多，又是在城市的交通要道上施工，故具有一定的施工难度，要严格按照要求的步骤和程序分段实施。

3.1.1　桥梁工程的范围

桥梁工程分成三个部分，主线高架桥西端台尾起于0＋146.998，东端台尾止于1＋243.666，桥轴线水平长度1096.668m。第二部分为跃进路口环形道和与之相交汇而过的C、D、E、F四条匝道。第三部分为下穿湘桂铁路正线和与之并行的专用线的框构地道桥，轴线长度19.805m。

3.1.2　结构类型

主线高架桥为单箱双室断面，桥宽在低墩段时为18.0m，与匝道等高并行时主线匝道全宽34.0m，为顶板相联的三箱四室断面，高出匝道后又变成宽度为桥宽为13.2m的单箱双室断面。匝道桥为单箱单室宽8.0m断面，环道桥为单箱双室宽11.6m，与匝道交汇时顶板相连接。主线桥共九联35跨，其中有两联共2跨为钢筋混凝土连续梁，其余为预应力钢筋混凝土连续梁，最长联为6跨195.416m，最短联为2跨45m。匝道为每条三联，最长联3跨150m，最短联为3跨75m，环道为与部分匝道等高并汇的闭合环。闭合环为非预应力钢筋混凝土结构，匝道除C_3D_1联外其余各联均为预应力连续梁结构。下穿铁路的通道为钢筋混凝土框构式地道，两孔并置，轴线间距11m，净距4.0m，跨度6.0m，壁厚0.4～0.5m，地道出入口顺坡段为浆砌片石挡墙。

主线、匝道、环道桥均为挖（钻）孔桩基础，圆柱式墩柱，每联分界处有盖梁，其余墩柱顶均为隐形盖梁。

3.1.3　桥梁主体施工步骤

为使预应力的张拉能正常进行，并尽可能地减少对交通的影响和具体情况，将分以下步骤进行施工：

(1) 首先，完成主线、匝道和环道上述各联下的桩基和墩柱；然后，再完成剩余其他各联下的桩基和墩柱，并本着先主线后匝道的原则进行，在白鹊路至跃进路口段、交通较繁忙、车辆行人多，拟在施工主线桩、墩时，留出一侧匝道位置作交通道，另一侧作施工便道。施工匝道时，先施工一侧，完成后再施工另一侧，跃进路上匝道桩、柱的施工也按此先后分侧进行。挖桩弃土，拟先在施工场地内选一合适的临时位置，用小型车辆由孔口运于此暂存，当体积够一汽车后立即运走。

所有挖孔桩基须在明年（2000 年）三月中旬以前全部完成，所有墩柱在明年六月底以前完成，首批要浇筑的梁体下的墩柱按其先后顺序，在五月底以前次第完成。

主线 K0＋711.9～K1＋357.8 段在施工桩基时，该范围内的其他市政和附属工程应同步进行，当桩基完成后施工基层，基层完成后再施工墩柱。

（2）梁的施工顺序为首先浇筑主线 Z2、Z5 联，Z7、Z9 联待地面基层完成后再进行。

（3）当 Z2 联完成后拆架至 Z1 联浇筑，Z5 联完成后，拆架至环形道浇筑，Z7 联完成后拆架至 Z6 联浇筑。

（4）当 Z5 联完成以后搭架浇筑 Z4 联。

（5）环道浇筑完毕后，拆架至匝道 C1、E3、D3、F1 浇筑。

（6）主线 Z4 联完成以后，拆架至匝道 C2、D2 浇筑。

（7）主线 Z6 联完成后拆架至匝道 E2、F2 浇筑。

（8）最后浇筑 Z3、Z8 和匝道 C1、E3、D3、F1。

箱梁浇筑顺序见表 3-1。

箱梁浇筑顺序表 **表 3-1**

梁体浇筑循环	主线		匝道	
第一循环	Z2 Z7	Z5 Z9		
第二循环	Z4	Z6	D1C3 环道、E1F3	
第三循环	Z1		D2C2	E2F2
第四循环	Z3	Z8	C1E3	F1D3

注：表中循环只表示梁的浇筑和支撑架子材料的倒用次序，不表示绝对时间。

（9）当主线 Z5 联、Z4 联及环道施工完毕并拆架后，即可进行穿湘桂线通道工程的施工。

（10）当浇梁完成以后，再分别或统一施工桥面和其他附属工程。

现浇连续箱梁施工工艺见图 3-1。

3.1.4 实施方案和方法

（1）桩基成孔

本工程共有桩基 168 根，桩径部分为 1.5m 和 1.6m，有 10 根公用墩上的桩基直径为 1.7m，桩长在 15.5～36.4m 之间，根据钻探资料显示，桥址处地层表层有 2～8m 厚的人工堆填土、杂填土、淤泥、中密黏土、砂砾土等较软的地层，层厚随位置不同有较大差别，其下为白云岩风化层、微风化层和白云基岩层，柱桩底置于该岩层内。有少量钻孔显示有溶洞，但范围都不大。潜水位一般都在柱底下，且随柳江水位的升降而变化，上部较软地层中有大气补给滞留在内的裂隙水，随冬夏季的交替而变化。

桩基成孔拟采用人工挖孔，人力或小型机具提升出碴，进入岩层以后用风动破坏器掘进，或者风钻打眼钻爆掘进的总体施工方案，出碴用汽车拉走，混凝土护壁防塌孔，并保障人员安全。不在万不得已的情况下不采用钻孔成桩，以避免出碴泥浆污染城市。人工挖孔桩施工工艺不多赘述。

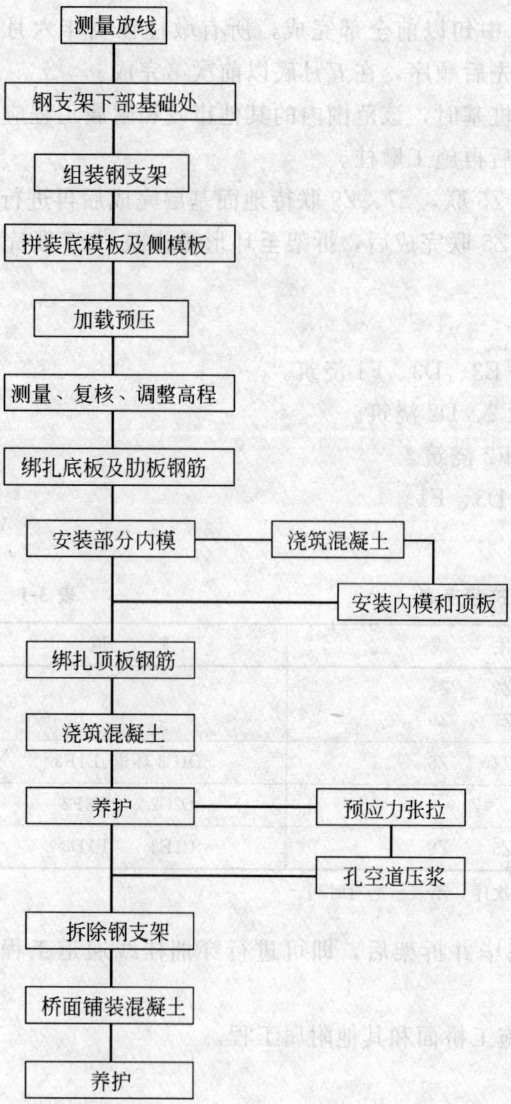

图 3-1　现浇连续箱梁施工工艺框图

(2) 上构支架

本工程为箱形断面预应力连续梁，拟用搭设架子，泵送混凝土现浇法施工。最初投入 Z2、Z5、Z7、Z9 联的全部支撑材料，第二浇筑循环开始后，再投入 Z4 联支撑材料，以此五联支撑料不停倒用，直至浇筑完毕；第一循环中的 Z5 联支撑料倒至第二循环浇筑环道时，若不够用则适当增加数量，其他各联则相互调整使用。

拟采用满堂钢管脚手架，如图 3-2 所示。

脚手架的搭设按下列步骤进行：

1）整平地面：当墩柱完成以后（0＋711.9～1＋357.8 段还须道路基完成后），清除原地面上的残碴浮土和杂物，然后用塘碴（即碎石、砾屑和土的混合物）找平夯实地面，若有支撑杆将布置在其上时，要作特别处理。

2）放线布杆：用经纬仪定出待浇联段下的布杆范围，并定出四个角的立杆位置；然后，在边线上定出纵向和横向立杆间距位置。

3）找平铺垫木：用粒径 5mm 以下碎石铺平地面，厚度不超过 5cm 并压实。在碎石层上横向通长铺设厚 5cm、宽度不小于 25cm 的垫木，并在垫木上标出立杆位置。

4）布杆：在已标出位置的垫木上布设立杆底座和已规划好长度的底节立杆，布杆顺序为先角后边，由里至外，并同时设置纵横向水平杆，以固定立杆；最后，检查立杆间距和竖直度。

5）按要求由下至上布设纵向、横向水平杆，并接长立杆，用普通钢管接长时要加对接芯棒和外箍，严禁用普通扣件搭接立杆，水平杆一般情况下不受力，可用普通扣件与立杆连接和互相搭接。

6）立杆上端控制在梁底以下 52cm 左右为宜，在此高度上利用上托丝口可有±20cm 的调整量。

7）立杆上端插入上托不少于 10cm，按预先计算出的在每根立杆处的梁底立模标高减去 32cm（5cm＋12cm＋15cm）控制上托承压面的标高。梁底立模标高＝设计梁底标高＋设计起拱值＋施工预留值。

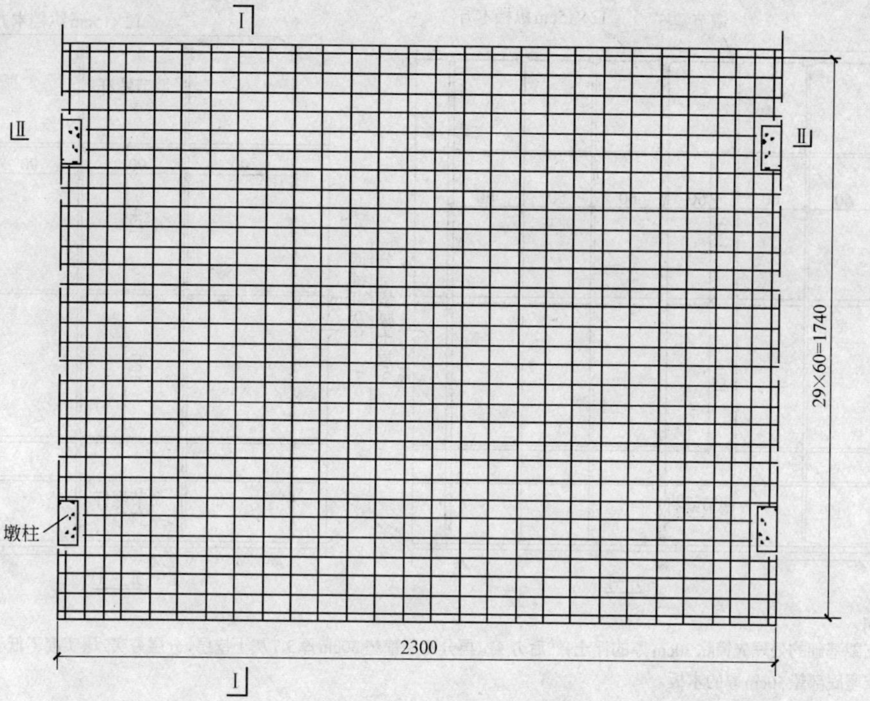

说明：
1.本图尺寸均以 cm 计。
2.图中仅画出半幅布置，另半幅布置按同样的方式处理。
3.本方案采用碗扣式钢管支撑。每孔两端非标杆用普通扣件连接。

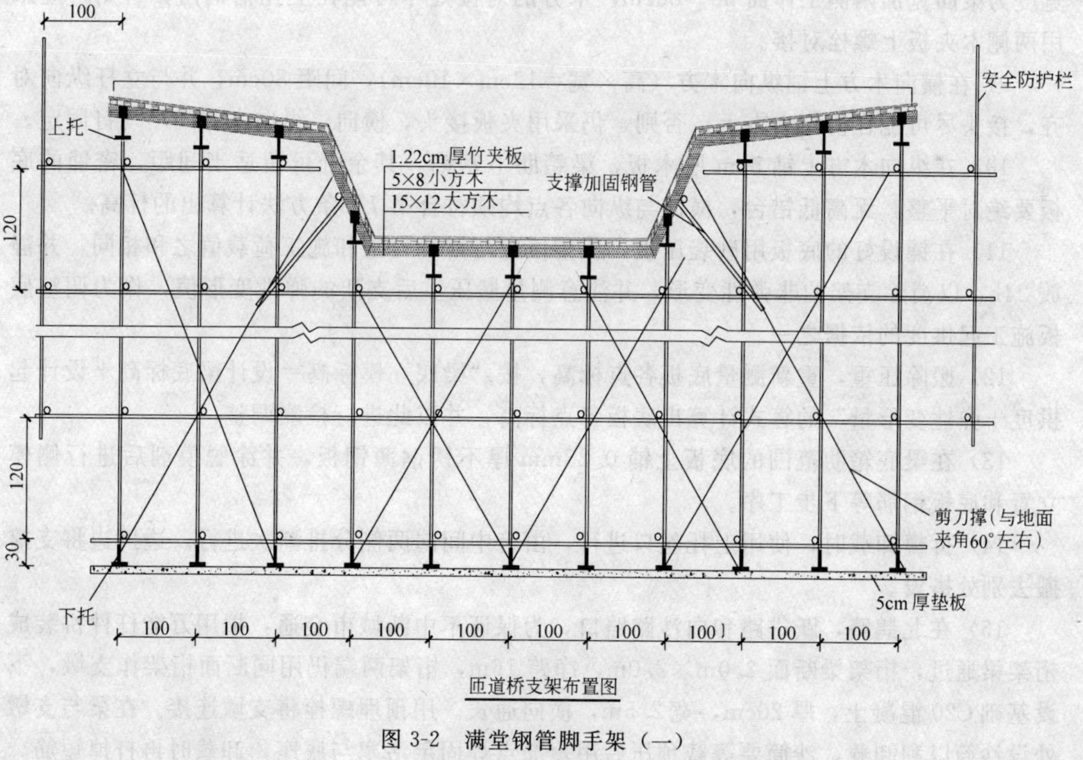

匝道桥支架布置图

图 3-2 满堂钢管脚手架（一）

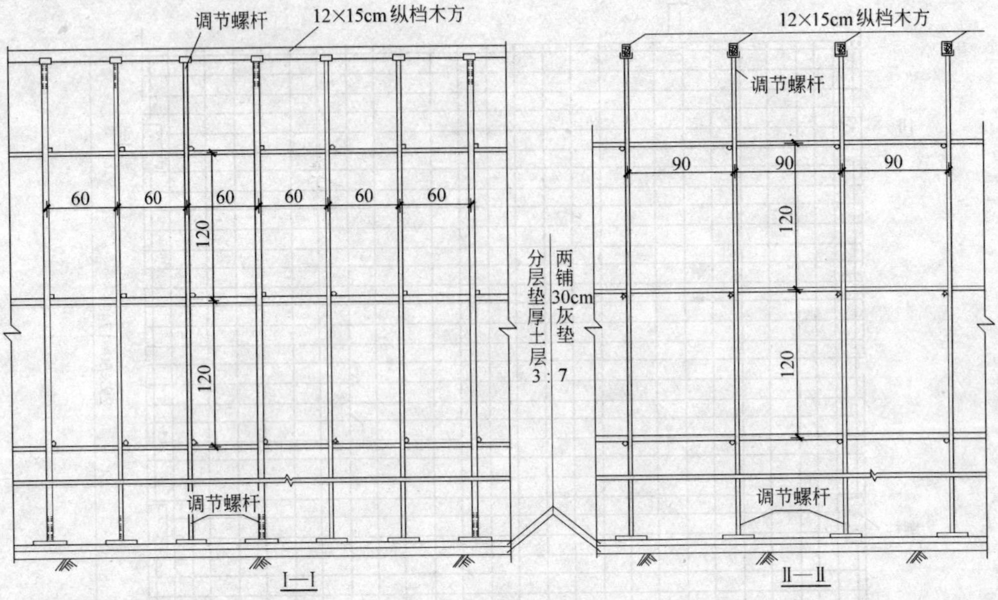

说明：

1. 支架基础的处理先铲除30cm厚的浮土，然后夯实。再分两层铺垫30cm厚3:7灰土垫层，分层夯实，压实度不低于93%。

2. 支座底部垫50cm厚的木板。

3. 沿纵向布置尖刀撑，中部5.4m一道，共三道。两端3.4m一道，共两道。

图 3-2　满堂钢管脚手架（二）

8）在上托的支撑槽钢内铺设横向木方高×宽＝15cm×12cm，间距60～80cm，铺设宽度为梁面宽加两侧工作面60～80cm，木方的对接处尽可能在上托槽钢内；否则，应采用两侧木夹板上螺栓对接。

9）在横向木方上铺纵向木方（高×宽＝12cm×10cm），间距80cm，并与立杆纵向对齐，接头尽可能在横向木方上；否则，仍采用夹板接头，横向、纵向木方间用马钉固定。

10）在纵向木方上铺5cm厚木板，梁箱肋下密铺，其余处可留适当间距，密铺的底板要绝对平整，无高低错台，横向与纵向各点均须符合第7）条方法计算出的标高。

11）在铺设好的底板用砂袋压重，压重值应与梁的自重和施工荷载值之和相同，并静放24h，以消除支架的非弹性变形，并注意测量搬压重后支架的弹性变形值，作为调整底板施工起拱度的依据之一。

12）搬除压重，重新测量底板各点标高，按“梁底立模标高＝设计梁底标高＋设计起拱度＋弹性变形量”的算式计算出底板各点标高，并以此进行检测调整。

13）在梁底箱肋范围的底板上铺0.25mm厚不锈钢薄钢板，并涂脱模剂后进行侧模立置和底板钢筋等下步工序。

14）拆模卸载时，使用上托丝口进行，由跨中间向两侧分排渐次进行。边拆边将支撑搬去别处搭设。

15）在北鹊路，跃进路和白沙路路口，为保证不中断城市交通，拟用万能杆件拼装成桁架梁通过，桁架梁断面2.0m×2.0m，净跨16m，桁架两端仍用同断面桁架作支墩，下设基础C20混凝土，厚20cm，宽2.5m，横向通长。用预埋螺栓将支墩连接。在梁与支墩处设沙筒以利卸载，沙筒要等载预压后用短筋点焊固定活塞与底座，卸载时再打掉短筋。

(3) 模板工程

1) 构模板

潭中高架桥主体工程宏观上可分为下构模板施工和上构模板施工两大块，其中下构模板的施工包括柱、梁系以及桥台模板的施工，高架桥的主体和四条匝道的柱模全部用钢模施工，按柱径分为四种定型模板：分别为内径 170cm、160cm、150cm、130cm 的定型钢模板，定型钢模的统一高度尺寸为 150cm。

在施工时模板配置数量以满足施工进度的要求为目的，按平行流水施工的原则配备。其中，内径为 160cm 的模板 15 套，原则是按此种类型模板和混凝土接触总的表面 1/4 平方面积配置。内径为 170cm 模板和内径为 160cm 模板配置的原则相同，配置数量为 16 套。内径为 130cm 和内径为 150cm 的柱占柱总工程量的 75%以上。考虑到模板可以多次重复周转使用且不能影响工期的情况，所以各配置了 23 套模板。柱子高度超过 6m 的，施工时分两次立模，所以，如果柱子高度在 6～9m 之间时，每次立模的高度按柱高的 1/2 计。

柱模的施工工艺为：模板的除锈──→模板拼接──→模板拼缝的处理──→立模前的清理──→立模──→柱模精确定位──→最后校正和固定──→预埋预留空洞，共九道工序。

要保证清水混凝土处理达到良好的效果，在立模前模板处理的工作中除锈、拼接、拼缝处理、立模前清理包括校正等每一个工序都非常重要。在高架桥工程例子中，柱子清水混凝土做得很成功，在施工前项目部制定了一系列的管理措施；如钢模板在立模前验收标准是手戴白手套，要求手在接触钢模后不能在手套上有任何的痕迹；否则，视为验收不合格。如果在拼缝位置上，手接触后能感觉出有高低不平现象同样视为不合格。

在模板方面除了做了以上工作外，其他的方方面面也不能忽视，比如说模板最后固定好的时间和混凝土浇筑的时间差不能超过 6h（防止模板生锈）。

模板的加固和精确定位也直接影响到柱子的整个质量。在高架桥施工中使用的测量仪器也比较先进，除两台自动精平的水准仪和一台 J2 经纬仪以外，还配备了精确度高的全站仪。更重要的是，公司管理人员经过摸索和探讨，总结出一条成功的管理套路。并且每次立模前，对班组交底和操作工人都有严格要求。

有了完善管理措施和硬件设施，浇筑的柱子偏差和外质量上都满足甚至高于规范要求。2 月份对所有测量数据做过一次统计，高架桥的柱子轴线偏差没有一个超过 5mm 的，柱外表没有一条缝口高差错台超过 2mm。柱子外观质量没有一处有缺陷。并且实验室的强度报告也很理想。为了使整个高架桥的清水混凝土达到一个比较高的层次，高架桥工程中对盖梁以及桥台模板也有严格的要求。

盖梁和系梁的施工工艺和柱模基本相同，相对而言，盖梁的施工难度比柱子的难度要大。同样按施工进度要求，充分准备了各种型号尺寸的盖梁模板。盖梁施工时，侧模全部使用钢模板，底模全部用镜面竹夹板，不同柱径的盖梁竹夹板分类加工。

盖梁模板的施工工艺为：模板的除锈──→模板拼接──→模板拼缝的处理──→立模前的清理──→立模──→柱模精确──→定位──→最后校正和固定──→预埋预留空洞。

虽然工艺和要求基本和柱模相同，但是盖梁加固的要求比柱更高。整个高架桥的盖梁和柱模施工一样，达到并且部分高于规范的要求，完善的管理和硬件设施使整个下构工程的施工完全处于高水准的施工中。

桥台模板的施工相对较简单，但是为了保证整个高架桥协调，美观。所以，全部桥台模板都用镜面竹夹板。镜面竹夹板有标准、面平且容易脱模等优点。在桥台的施工中，同样注重对模板的处理；同时，要求模板拼装达到规定的要求，模板拼缝不能大于2cm，板缝之间不能出现高低错台现象。加固的措施要牢固可靠，浇筑时模板不允许发生变形。

桥台、柱以及梁系的施工中除了注意施工工艺达到严格要求以外，对于成品的保护也相当重要。成品保护主要是阴阳角的保护，以及模板吊装时直接影响成品的外观质量，对模板施工的卸装方面特别重视，模板卸装的时候必须有安全人员值班，并对班组详细地进行工字钢卸装的详细交底。

2）上构模板

上构的施工工序可分为支架工程和模板工程两大类。

支架工程施工的工序为：支架基础处理⟶支架垫板的铺设⟶支架搭设⟶支架上部处理。支架处理主要是场地平整压实和支架基础的排水处理，其中，基础的压实度根据地基承载力达到92MPa以上，经过试验室试压确定、达到强度后才可进行下一道工序的施工。柳州3～11月的降雨特别丰富，所以在做好基础后，为防止基础因为浸水后土发生软化，承载力下降，必须做好相应的排水措施。

Z1～Z3联地基因为是沥青混凝土，所以在做排水的时候间距可以放大一点。在排水做好以后，接下来就是支架工程的施工。支架工程的施工是根据Z5联和闭合环最高跨的计算书得到的计算依据确定的。

（4）混凝土工程

本工程采用后台集中搅拌站搅拌混凝土，搅拌站设在柳州市壶西大桥西头，距施工现场最远不超过1.5km，方便运输。用混凝土罐车运输，输送泵浇筑箱梁混凝土，墩柱混凝土用汽车吊进行垂直运输。

本工程选用沈阳工程机械厂生产的混凝土泵和武汉楚天牌泵（一台备用）。沈阳泵最大泵送压力7/9MPa。料斗容积/上料高度600L/1230mm，混凝土输送管径为ϕ125mm。

混凝土工程应注意如下事项：

1）混凝土浇筑前的施工准备。根据施工对象制定混凝土浇筑的详细施工方案，搅拌机使用前要检修调试，保证水电的供应，注意天气预报，掌握天气情况，认真检查模板、支架、钢筋和预埋件是否满足荷载及位置尺寸要求。

2）泵送混凝土的配合比，必须满足混凝土设计强度、耐久性和混凝土的可泵送要求。拌制泵送混凝土应严格按设计配合比，对各种材料进行计量。投料时，外加剂宜滞后于水和水泥，搅拌时间最短不得少于120s。

3）混凝土泵置于坚实的地面上，在泵机下浇150mm厚的C20混凝土垫层。支腿及支腿底板必须用机械化装置销住。泵机周围至少有1m的工作空间以便于操作和维修，在距泵3～5m的输送管路要固定，用于吸收输送管路在泵送时的反作用力。布置水平管或向下的垂直管时，宜采用混凝土浇筑方向与泵送方向相反，布置向上垂直管时宜采用混凝土浇筑方向与泵送方向相同，向下泵送混凝土的输送管路，应按图进行安装。垂直向上输送时，底管用厚壁管，混凝土泵的位置距垂直管应有一段水平距离（大于17m）。在靠近泵机水平管路处装截止阀，泵送时将专门支架设水管平管。

4）输送管路的接头应保证密封，不得漏气、漏水，末端软管弯曲不得超过70°并不得强制扭转。从泵机出口ϕ150mm至泵管ϕ125mm，必须接一个过滤接头，长500mm，距泵机 5m 左右。泵机出口锥管处不允许直接接弯管，间隔水平距离至少 5m 以后才能接弯管。向下输送时，为了避免因自重作用造成混凝土离析，泵车开始压送时可塞进几个水浸海绵球或湿布、水浸卷成柱状的水泥袋纸等，作为压送混凝土的先导。除此之外，在下行管上部另装一个排气阀，在开始泵送以后按需要随时排气；在泵送前，根据输送管的线路长度注入水泥砂浆，例如，200m 时料斗内注入水泥砂浆 500L（即水泥 500kg，砂 250kg）。坍落度控制在 15～20cm 左右。

5）新管路易使泵输送增加阻力，在泵送最初的 $50m^3$ 混凝土时要缓慢，以后可逐渐增大泵送量。

6）若泵送发生堵塞时，立即反泵 3～4 个行程，把管路内混凝土吸到料斗中，重新搅拌，再缓慢泵送。正常泵送时不允许随意换向，主控阀和换向阀以调好的动作自动换向。在中断泵送工作时，应立即反泵 2～3 个行程，释放输送管路的压力；停泵时间在 30min 以内时，应将混凝土泵回料斗，经搅拌后再泵送。

7）泵送混凝土对模板的要求：由于泵送混凝土的流动性大，施工冲击力强，因此，模板在设计时，必须根据泵送混凝土对模板侧压力大的特点，确保模板和支撑有足够的强度、刚度和稳定性。

8）泵送混凝土对钢筋的要求：浇筑混凝土时应注意钢筋，一旦钢筋骨架产生变形和位移，应及时纠正。梁顶板和底板水平钢筋，应设计足够的钢筋撑脚和钢支架。

9）混凝土的泵送：泵送混凝土必须由专门人员操作，泵车启动后应先泵送适量的水，以湿润混凝土泵的料斗、活塞及输送管内壁。确认混凝土泵和输送管中无异物后，可采用与将要泵送的混凝土内粗骨料以外的其他成分相同配合比的水泥砂浆，也可用纯水泥浆或 1∶2 水泥浆试泵。润滑用的浆体应散布，不得集中浇筑在一起。泵送的速度应先慢后快。混凝土泵送时应连续进行；如必须中断时，其时间不得超过从搅拌到浇筑完毕所允许的延续时间。

10）混凝土的浇筑：

泵送混凝土的浇筑应由梁的跨中向两侧进行。

同一区域混凝土浇筑，应先竖向结构后水平结构，分层连续浇筑。

当不允许留施工缝时，区域间、上下层之间混凝土浇筑间歇时间，不得大于混凝土初凝时间。

当下层混凝土初凝后，再浇上层混凝土时，应先按留施工缝的规定处理。

浇筑竖向结构混凝土时，布料口离模板内侧不应小于 50mm，并不向模板内侧面直冲布料，也不得直冲钢筋骨架。

浇筑水平结构混凝土时，不得在同一处连续布料，应在 2～3m 范围内水平移动布料，且宜垂直于模板。

混凝土浇筑分层厚度一般为 300～500mm；当水平结构的混凝土浇筑厚度超过 500mm 时，可按 1∶（6～10）坡度分层浇筑，且上层混凝土应超前覆盖下层混凝土 500mm。

振捣泵送混凝土时，振动棒插入的间距一般为 400mm 左右，振捣时间一般为 15～30s，并且在 20～30s 后进行第二次复振。

由于本工程预应力采用后张法施工，箱梁内纵向有大量的波纹管，且 Z1 联、闭合环、

Z8联桥面有横向无粘结预应力束，故振捣人员必须熟悉预应力束的位置，振捣过程中振动棒严禁触及波纹管和无粘结预应力筋。对端部及齿块钢筋密集区，应特别注意振捣密实。并且，浇筑过程中需有专人跟班检查，杜绝野蛮施工；发现波纹管振破进浆，立即停止施工，进行清理修补。混凝土终凝前，及时从两端往返拉动孔道内的钢绞线束（不小于250mm）。24h后，应及时拆除张拉端部模板，随即清干净喇叭管口内外混凝土，以便装锚张拉。

水平结构的混凝土表面，应适时用木抹子搓平两遍以上，必要时用铁滚筒压两遍以上，以防止产生收缩裂缝。

桩的混凝土浇筑相对容易，但必须注意在浇筑前清理干净孔底，露出新鲜的岩石面，混凝土由集中生产的拌合站用罐车运至井口，然后卸至井口设置的漏斗内。由串筒输至井下浇筑，串筒下口离浇筑面的高度不大于1.5m。捣固人员在井下用插入式振动棒捣固，浇筑面上升后取出一节串筒提出井口，注意配足混凝土运输的罐车，使浇筑停歇的时间不长于45min，确保接槎面良好。

墩柱的混凝土的生产和运输同桩基，竖直运输采用汽车吊，仍用模口漏斗和串筒输入浇筑面，其余操作方法皆同桩基，注意用插入式振动器捣固时速度要慢；否则，容易出现气泡。捣固人员要随时检查钢筋笼与模型之间的混凝土小垫块是否脱落；否则，易出现露筋。柱模立置前，仔细检查、清理企口处的残浆和污垢，使其接触密贴。

箱梁混凝土浇筑时昼夜24h连续进行，并随时掌握天气变化情况备足防雨设施，防止梁顶面混凝土在终凝前遭雨水冲刷，养护工作在终凝后立即进行，酷热天气施工，随时测定掌握梁腔内外温差情况。必要时，通风降低腔内温度，尽量减少混凝土内由于温差而出现的内应力。

另外，本工程闭合环箱梁一次浇筑完毕，由于混凝土体量过大，浇筑时间预计在8月份，届时采用两台混凝土输送泵，以跃进路方向的东头中轴线为起浇点；同时，进行浇筑，在西侧中轴线处合拢。

(5) 非预应力钢筋工程

1) 总则：本工程钢材耗用量大，钢筋品种、分类很多，进场后要分类堆放，挂好标志牌上注明编号。每批钢筋的去向都要做好记录。

2) 钢筋进场首先要进行外观检查，并按规定进行力学性能试验，若系进口钢材，尚需作化学分析。

焊条的型号、焊剂的品种，必须符合设计规定：HPB235级钢互焊用E42，HPB235级钢与HRB335级钢相焊、HRB335级钢互焊用E50，并具备出厂合格证。

3) 钢筋的加工

A. 钢筋加工前的除锈和调直。钢筋直径在先6～14mm之间时用调直机调直，较大规格的钢筋局部弯曲可用人工调直。

B. 钢筋弯曲。HPB235级钢筋末端需做180°弯钩，弯曲直径应大于钢筋直径2.5倍，平直部分长度大于钢筋直径的3倍；HRB335级钢筋需做90°弯折时，弯曲直径应大于钢筋直径的4倍，平直部分长度按设计要求定。

4) 钢筋的焊接

钢筋焊接前，必须根据施工条件进行试焊，合格后方可施焊，焊工必须持有焊工考试合格证，应符合《公路桥涵施工技术规范》JTJ 041—2000中的要求。

A. 本工程高墩柱要两次或两次以上浇筑的竖筋拟采用锥形螺栓套筒连接外，其余采用对焊、搭焊和绑扎搭接进行配筋。

B. 闪光对焊：适用在钢筋的纵向连接上，钢筋直径较小，可采取连续闪光焊，钢筋直径较大，端面比较平整，宜采用预热闪光焊，端面不够平整，宜采用闪光⟶预热⟶闪光焊。

5）钢筋的绑扎与搭接、对焊位置

钢筋绑扎接头设计，有要求的首先符合设计要求；设计无要求的，按照公路桥涵施工技术规范有关规定执行。

顶、底板钢筋搭接、对焊接头位置，尽可能设在跨间1/3处。主筋的绑扎接头在同一截面内，在受拉区不大于25%的主筋总截面积，受压区不大于50%；焊接接头在受拉区不大于50%，受压区不受限制。“同一截面”系指30倍直径范围，并不小于50cm。

焊接接头的长度必须符合设计及规范的要求。

6）钢筋撑脚

底板筋撑脚：本工程为箱形连续梁，柱顶盆式支座，钢筋、模板施工荷载很大，必须建立稳定的支撑体系。钢筋撑脚梅花形布置，以保证底、顶、肋板内两层筋的相对距离符合设计。

7）钢筋的检查验收

A. 对绑扎好的钢筋应严格按照国家《公路工程质量检验评定标准》JTJ 071—99组织验收，符合标准后方能进行混凝土的浇筑。

B. 保护层厚度严格按设计要求控制，混凝土垫块间距1000mm。

C. 浇筑混凝土时，应有专职人员修整钢筋，确保钢筋的间距、位置正确。

D. 采取保护已绑扎钢筋的措施，施工时加铺跳板，跳板下要有撑脚。保证板的上部负弯矩筋不被踩下，特别是悬臂板的负弯矩筋，要严格控制其位置。

8）预埋件的留设

本工程预埋件主要有梁支座上板、锚下垫板、梁底板排水管、防撞墩连接筋、市政管线等，钢筋绑扎完毕，必须逐项验收预埋件设置情况，不得遗漏。墩柱顶和联段两端盖梁上，支座下部的预埋螺栓或预留孔，位置标高要准确无误。在安置支座时，使其接触面要密贴；若标高在数毫米内有出入，可用加薄钢板的方法调整。

9）钢筋绑扎

A. 桩、柱钢筋的绑扎

a. 桩的钢筋一般在加工场内完成，墩柱钢筋在立模前完成，系梁和外露盖梁在底板立撑完善后进行。

b. 柱中竖向筋绑扎时，钢筋弯钩应与模板成90°角。

c. 箍筋的接头应交错布置在纵向筋上，箍筋转角与纵向筋交叉点均应扎牢；绑扎箍时，绑扣和箍筋互相间应成八字形。

d. 柱若分两次以上浇筑时，下层柱的钢筋露出部分，宜用工具式柱箍将其收进一个柱筋直径，以利上层筋的搭接。

e. 系梁及盖梁等钢筋，应放在柱的纵向钢筋内。

f. 高墩柱若需接长竖筋时，拟采用螺纹套筒接长，以避免焊接时汽车吊长时占用柱旁地面，影响交通或施工。

g. 桩钢筋在地面上绑扎后，用吊车吊入井内。当桩筋笼很长时，须将吊点设在距端头三分之一长度上，并在吊点处作加固处理，防止弯折；当桩位处地面狭窄，无法停放吊车或其他特殊原因时，也可在井下绑扎。此时，将竖筋按间距吊在井口，箍筋由下端套入，人员站在活动平台上，由上而下绑扎。

B. 梁的钢筋绑扎

a. 在已立好的底板上，按设计间距标出各主筋和箍筋位置，将主筋略为抬起，由两端套入箍筋，并注意由两侧箍筋须同时套住的主筋根数和位置。

b. 每隔一定纵长，一般为 3～4m 左右，按间距竖立 2～3 根箍筋，并与其四个角上的主筋绑扎，使其架立于底板上，并在其底部设置垫块。

c. 将已放置在箍筋内的主筋固定数根，在已架立的箍筋上形成骨架；最后，再绑扎其余的箍筋和主筋。

d. 注意在钢筋绑扎过程中，放入已穿入波纹管的预应力筋束。

e. 检查预埋件、垫块和预应力筋坐标等情况是否符合设计和规范要求，有缺陷时进行整修调整，直到十分完善。

10）钢筋的质量检查和允许偏差

钢筋安装完毕后，应检查下列方面：

A. 根据设计图纸检查钢筋的钢号、直径、根数、间距是否正确；特别是要注意检查钢筋位置和根数。

B. 检查钢筋接头的位置及搭接长度是否满足要求。

C. 检查混凝土保护层是否符合要求。

D. 检查钢筋绑扎是否牢固，有无松动变形现象。

E. 预埋件是否固定妥善，预留孔是否设置。

F. 钢筋表面不允许有油渍、漆污和颗粒（片状）铁锈。

G. 钢筋位置的允许偏差，不得大于表 3-2 的要求。

自验完成后报请监理工程师作最后复验和签认。

施工中拟配钢筋机械有钢筋切断机、钢筋弯曲机、钢筋对焊机、张拉设备等，数量详见表 3-2。

钢筋位置的允许偏差 **表 3-2**

<table>
<tr><th>序 号</th><th colspan="2">项 目</th><th>允许偏差(mm)</th></tr>
<tr><td>1</td><td colspan="2">受力钢筋的排距</td><td>±5</td></tr>
<tr><td>2</td><td colspan="2">钢筋弯起点位置</td><td>20</td></tr>
<tr><td rowspan="2">3</td><td rowspan="2">箍筋、横向钢筋间距</td><td>绑扎骨架</td><td>±20</td></tr>
<tr><td>焊接骨架</td><td>±10</td></tr>
<tr><td rowspan="2">4</td><td rowspan="2">焊接预埋件</td><td>中心线位置</td><td>5</td></tr>
<tr><td>水平高差</td><td>+3、−0</td></tr>
<tr><td rowspan="3">5</td><td rowspan="3">受力钢筋的保护层</td><td>基础</td><td>±10</td></tr>
<tr><td>柱、梁</td><td>±5</td></tr>
<tr><td>板、墙、壳</td><td>±3</td></tr>
</table>

3.2 路基土石方工程

3.2.1 施工准备

(1) 工程地质条件：本地段挖方区土质主要为杂填土、黄褐色黏土、中密状含黏性土砾砂。填方区表层土为杂填土和旧建筑物混凝土基础，局部有淤泥层，下层土体承载力良好。

(2) 做好施工前的测量准备工作（详见“3.4.1施工测量”）。

(3) 为保证回填土方工程的顺利进行及人员、机械运输的畅通，在已清表完成的路基上修筑临时便道，全线贯通，并与原市政道路连通。

3.2.2 土质挖方路基的施工

本工程主要挖方段位置是主线 ZK0＋000～ZK0＋600 段，此部分土方经标准击实试验合格后，可用作填方段施工。施工时用反铲挖土机、装载机挖土装车，自卸汽车运输至填方段。按照路基标准横断面图放坡开挖，每层开挖深度一般控制在 1.5～2.0m 左右；当挖方段路堑开挖接近设计高程时，应及时测量放样，控制标高及横断面，防止超挖。对基顶土质取样测试，当符合路基土质要求时，即对路基底面以下 0～30cm 范围内翻松、平整，用 15t 以上压路机碾压，达到95%。

在挖方过程中应及时修整边坡，处理好欠挖部分，并及时挖好截水沟、边沟等附属工程。边坡顶面保持 2%～3%的横坡且基本平坦，以防止路基积水或路堑冲蚀。

3.2.3 土质填方路基的施工

(1) 填方路基施工时，首先对填方材料进行试验，以确定其实用性。

(2) 与驻地监理工程师共同选定具有代表性的地点进行压实试验，试验面积最小为 $400m^2$，以确定压实机具的铺筑和压实方法、碾压遍数、振动碾功率、碾压时速、含水量控制、松铺系数、压实度和施工工序等，作为填筑路段的施工依据。

(3) 路基填筑前，首先对基底处理，清除所有非适用材料，搞好回填工作，进行坡面处理和基底压实。经监理工程师验收合格后，开始路堤填筑工作。

(4) 路堤填方采用机械化施工，运距大于 100m 时，由推土机配合装载机和自卸汽车施工；运距小于 100m 时，由推土机推送为主，用推土机和平地机按标准厚度及宽度平整(最大填厚不大于 30cm)，并以适合的压实机械碾压，直至达到所要求的密实度为止。具体施工方法如下：

1) 卸土料：用 8～15t 汽车运输到填筑段，为使压实的土不产生剪切，汽车应用后退法卸料。

2) 平土：推土机粗平后，用平地机向前推进平土。

3) 碾压：采用振动碾进行退错距法分段碾压，碾压遍数和碾压时速根据现场试验值确定。碾压时行走方向应尽量与路基纵向平行，按先两侧后中间、先慢后快的原则进行。分段碾压的搭接长度为 1～1.5m，顺碾方向的压迹宽度为 0.2m 左右，路基压实采用重型击实标准。在填筑施工中，按规范作土工试验和质量监控，施工质量须符合设计及公路施工技术规范的要求。

路堤填筑时，每层填料铺设的宽度，应超出每层路堤边线 0.5m，以保证完工后路堤边缘有足够的压实度。

零填区路床面 30cm 以内的压实度应符合设计要求。

(5) 路堤填筑时应注意的问题

路堤宜采用水平分层填筑，即按照横断面全宽分成水平层次，逐层向上填筑。如原地面不平，应从最低处分层填起，每填一层经过压实，符合规定要求后，再填上一层。原地面纵坡大于 12%地段，可采用纵向分层填筑法施工，沿纵坡分层逐层填压密实。但填至路堤的上部，仍应采用水平分层填筑法。水平分层填筑是填筑路基的基本方法，它最能保证填土质量，一般均应采用。

在同一路段上要用到不同性质填料时，应注意：

1) 不同性质的填料要分别分层填筑，不得混填，以免内部形成水囊或薄弱面，影响路堤稳定。

2) 路堤上部受车辆荷载的作用影响较大，故一般宜将水稳性、冻稳性较好的土填在路堤上部；但路堤的下部可能受水浸淹时，也宜用水稳性好的土填筑。

3) 透水性较大的土填在透水性较小的土之下时，如果两者料径相差悬殊，应在层间加铺过渡垫层，以免上层的细颗粒散落到下层内；如果透水性较小的土填在透水性较大的土之下时，其顶面应做成 4%的双向向外横坡，以免积水。

4) 沿纵向同层次填料种类改变时，应做成斜面衔接，且将透水性好的填料置于斜面的上面为宜。

5) 填方相邻作业段交接处若非同时填筑，则先填地段按 1∶1 坡度分层留好台阶；若同时填筑，则应分层相互交叠衔接，搭头长度不得少于 2m。

如果便道修筑在路堤范围内，则该便道不得作为路堤填筑的部分，应重新填筑成符合规定要求的新路堤。

3.2.4 *石质挖方路基的施工*

本工程为旧路改造项目，挖方区要挖除原路面和旧建筑物垃圾及混凝土基础。此部分按照规范中的石质挖方路基施工方法予以考虑。开挖时，能用机械开挖的均应采用机械开挖。对体积较大部分的，采用风镐破碎后挖运。必须采用爆破施工时，优先采用小型松动爆破。施工前应拟定经审批的爆破方案，并设立警戒，爆破作业为经过专业培训并取得爆破证书的专业人员施爆。

3.2.5 *石质填方路基的施工*

本工程旧路开挖及旧建筑物拆除时的碎石、石块经监理批准后，可用作填方段的施工。

3.2.6 *路基雨期施工*

对于路堤的雨期施工，作好现场排水，保持排水沟渠畅通；修筑路堤时做到随挖随填随运，每层表面保证有 2%～3%横坡，雨期和收工前将铺好的松土压实，不致积水。

3.2.7 *特殊路基的处理方法*

(1) 本路段有部分路基处于低洼的水塘段，清淤过后应取样对基底土进行试验；如承载力不能满足要求时，应考虑增加砂垫层或袋装砂井处理等方案。在获得监理工程师的批准后，进行施工。

(2) 台背填土：桥梁、通道台背的填筑必须按设计选用的材料放坡后分层施工；否则，易造成跳车现象。本工程选用的填筑材料采用 3∶7 灰土或砂。

3.3 路面工程

3.3.1 路面工程的组成

底基层根据不同部位分别为10cm、15cm、20cm厚三种级配碎石层，基层分别为15cm、20cm、25cm厚石灰粉煤灰碎石层，跃进路、白鹊路面层为24cm厚水泥混凝土面层，其余道路及桥面为沥青面层。沥青面层由柳州市市政道路公司进行施工。

3.3.2 底基层、基层的施工方法及技术要求

由于本工程底基层与基层的结构组成和施工方法大致相同，在此一并予以叙述。在部分路基土石方完成后，即可组织机械进行底基层和基层流水作业。为保证施工质量和加快进度，减少对地面交通分流的压力，拟采用厂拌法施工。拌合厂设在柳江四桥以西收费站以外的进场地（70m×250m)。采用汽车运输、摊铺机摊铺、人工修整、压路机碾压成型的施工方法。

本工程底基层、基层选择在二月份冬期后进行，柳州市气象局提供的资料显示：年平均最低气温17.5℃，极端最低气温-0.3℃。为此，不受冬期气温对施工的影响。

(1) 施工前准备工作

根据施工设计图纸，对路基顶面高程，中边桩位置进行复测，并复核下承层压实度、平整度和弯沉值等指标。进行集中搅拌站的建设和料场的备料，并储备足够数量的基层材料。在正式搅拌前，首先对厂拌设备及供电、供水线路进行全面检查，确保设备在安全有效状态下运行。投料搅拌稳定混合料前，必须先调试所用设备，使混合料的颗粒组成、含水量都达到规定的要求。原集料的组成发生变化时，应重新调试设备，搅拌应根据集料和混合料含水量的大小，及时调整向拌合室中添加水量。搅合均匀的混合料应尽快运到铺筑现场，如运距远，车上的混合料应当覆盖，以防水分过分损失，并根据气温高低，适当调整用水量。

(2) 铺筑试验路段

使用经监理工程师批准的路面材料和施工机具，在指定地段修筑面积不小于500m²的试验路，一方面检验施工计划、方法、安排的合理性，为大面积作业积累必要的经验；另外，通过试验以确定以下施工要素：

1) 筑路材料的配合比，水泥剂量。

2) 松铺系数。

3) 最佳含水量。

4) 铺筑的标准施工方法，集料数量的控制，集料摊铺方法和机具，水泥终凝时间，压实机械的选择和组合，压实的顺序、速度和遍数，密实度的检查方法。

5) 一次作业段的合适长度、厚度。

(3) 施工步骤

1) 将拌合料从拌合厂运输到施工现场，并依据试验路段提供的施工方法和数据、施工程序，用稳定土摊铺机摊铺混合料。拌合机与摊铺机的生产能力应互相协调；如拌合机的生产能力较低，用摊铺机摊铺混合料时，应采用最低速度摊铺，减少摊铺机停机待料的情况。

2) 在摊铺机后面应设专人消除粗细集料离析现象，特别是局部粗集料窝应该铲除，

并用新拌混合料填补。

3）摊铺均匀后的混合料，用振动压路机及时碾压，稳定土基层工作面不宜超过 200m。

4）碾压时的含水量应等于或略大于最佳含水量，碾压机应优先采用振动压路机，在路基全宽范围内进行碾压。直线段由两侧向路中心碾压，平曲线段由内侧路肩向外侧路肩进行碾压。碾压时应重叠 1/2 轮宽，后轮必须超过两段接缝处，后轮压完路面全宽时即为一遍。应在水泥终凝前碾到要求的密实；同时，应没有明显的轮迹，根据碾压机具的作用力，通过试验确定每层碾压厚度、遍数，一般需碾 6～8 遍。压路机的碾压速度，头两遍应采用 1.5～1.7km/h，以后用 2.0～2.5km/h 的速度。如果在人工摊铺和整平的情况下，由于稳定土层很松，需要先用 6～8t 的两轮压路机或轮胎压路机碾压 1～2 遍后再用重型压路机碾压。碾压过程中，稳定土的表面应始终保持潮湿；如表层水蒸发得快，应及时补洒少量水，严禁洒大水碾压。碾压过程中，如有“弹簧”、松散、起皮等现象，应及时翻开重新拌合或用其他方法处理，使其达到质量要求。

5）用摊铺机摊铺混合料时，中间不宜中断；如因故中断时间超过 2h，应设置横向接缝，摊铺机驶离混合料末端。接缝和“调头”的处理：

A. 人工将末端混合料弄整齐，紧靠混合料放两根方木，方木的高度应与混合料的压实厚度相同，整平紧靠方木的混合料。

B. 方木的另一侧用砂砾或碎石回填约 3m 长，其高度应高出方木几厘米。

C. 将混合料碾压密实。

D. 在重新开始摊铺混合料前，将砂砾碎石和方木除去，并将下承层顶面清扫干净。

E. 摊铺机返回到已压实层的末端，重新开始摊铺混合料。

F. 如摊铺中断 2～3h 以上仍未按上述方法处理，则应将摊铺机附近及下面未经压实的混合料铲除，并将已碾压密实且高程和平整度符合要求的末端挖成一横向（与路中心线垂直）垂直向下的断面，然后再摊铺新的混合料。

6）纵缝的处理：施工应该避免纵向接缝，在必须分两幅施工时，纵缝必须垂直相接，不应斜接，纵缝应按下述方法处理：

A. 在前一幅施工时，在靠中央一侧用方木或钢模板做支撑，方木或钢模板的高度与稳定土层的压实厚度相同。

B. 混合料拌合结束后，靠近支撑木（或板）的一条带，应人工进行补充拌合，然后进行整型和碾压。

7）养护及交通管制：每一段碾压完成并经压实度检查合格后应立即开始养护，不应延误。宜采用不透水薄膜或湿砂进行养护。用砂覆盖时，砂厚 7～10cm，砂铺匀后，应立即洒水，并保持在整个养护期间砂的潮湿状态。也可以用潮湿的帆布、粗麻布、草帘或其他合适的材料覆盖，但不得用湿黏性土覆盖。养护结束后，必须将覆盖物清除干净；另外，也可以用沥青乳液进行养护。无上述条件时，即用洒水车经常洒水养生，养护期不宜少于 7d。

在养护期间未采用覆盖措施的稳定层上，除洒水车外应封闭交通，在采用覆盖措施的稳定层上不能封闭交通的应限制重车通行，其他车辆的车速不应超过 30km/h。养护期结束后，应立即喷洒透层沥青或做下封层，并尽快施工面层。

3.3.3 水泥混凝土路面的施工方法及技术要求

(1) 施工前的准备工作

对基层的宽度、路拱与标高、表面平整度和压实度，均应检查合格。摊铺前，基层表面应洒水湿润。复测平面和高程控制桩，定出路面中心，路面宽度和纵横高程等桩位。根据设计强度等级，结合原材料情况和施工方法，做出混凝土各组成材料的技术性质试验，进行配合比设计。解决好搅拌场地的备料、机械调试、水电检修等工作，并对操作人员进行培训，制定详细的实施方案。

(2) 轨道式摊铺机进行铺筑

用轨道式摊铺机铺筑混凝土路面时，首先在基层上安装轨道和钢模板，然后将运送卸下的混凝土用均料机均匀分布在铺筑路段内。当摊铺机在轨道上行驶时，通过螺旋摊铺器或叶片摊铺器，将事先初步均匀的混凝土进一步摊铺整平，并在机械自重作用下，对路面进行初压；同时，用插入式振捣机组或弧形振捣梁进行捣实，整平机进行整平。其施工要点是严格控制基层强度、平整度和高程；轨道模板必须安装牢固，校对高程，在摊铺行驶过程中不能出现错位现象；均料机均布后，铺筑在路段内的混凝土要预留足够的虚高，以保证螺旋摊铺器对混凝土进一步整平；根据不同摊铺机的使用性能，进行相适应的配合比设计。

(3) 接缝处理

1) 膨胀缝：在压缝板条上涂废机油或润滑油，待两侧混凝土振捣完后抽动一下，终凝前取出，缝内浇灌填缝料。

2) 横向伸缩缝：采用锯缝法，当混凝土强度达到设计强度的25%～30%时，用锯缝机切割。

3) 纵缝：平缝纵缝是在已浇筑混凝土板的缝壁上涂刷沥青，然后再浇筑相邻的混凝土板；企口缝施工是在已浇筑混凝土板凹榫一边缝壁上涂沥青，再浇筑凸榫一侧混凝土板。

(4) 表面修整

当用滚筒反复滚压，整平、提浆后，即开始进行表面整修。表面整修时，先用大抹子反复粗抹找平，再用铁抹板拖抹，小抹子精平；最后，用拖光带横向施工拖几次，个别部位再用小抹子精抹找补，使之达到平整度要求。

为了保证行车安全、高速，混凝土表面应粗糙，因此，在抹平后的混凝土表面上沿垂直路中心方向进行拉毛或压槽，深为1～2mm，拉成或压槽的间距应均匀，大小以达到表面粗糙、色泽一致为宜。

(5) 养护与填缝

1) 养护：养护在抹面2h后混凝土有相当硬度时开始。一般采用湿麻袋或草袋，或在混凝土表面覆盖2～3cm厚的湿砂，每天均匀洒水几次的方法。实践证明用湿草袋、草垫子覆盖，洒水养护效果较好，因阳光不能直接照晒混凝土表面，使混凝土面层板上下温度变化小，不会引起缩裂。

2) 填缝：采用沥青橡胶类加热式施工填缝，为了保证填缝质量，填缝时应首先清缝；同时，填缝料应满足《水泥混凝土路面设计规范》提出的技术要求。

3.4　施工测量与试验

3.4.1　施工测量

（1）首级施工控制点复测与加密

1）导线点的复测与加密

本工程只提供9个导线点，须对其进行加密。加密导线点主要集中在主桥的起点、终点、各相交路口（跃进路口、北鹊路口、白沙路口）以及相交道路的起点、终点，控制桥的关键点。导线点加密时，注意以下几点：

A. 保证在桥体施工的全过程中，相邻导线点能互相通视。

B. 点位的地势处在视野较开阔的地方。本工程地处城市交通要道，再加上高架立交桥自身的特点，在条件允许的情况下导线点选在楼顶上，这也有利于点的保护，但所选的楼或其他构筑物必须是沉降至少5年的老建筑物。

C. 地面导线点选在受施工影响少、安全稳固的地方，埋石满足深度60cm，用混凝土浇灌加固，钢筋头锯“十”字标识。

D. 所有的地面导线点在埋石时，注意略低于地面；然后，用木盖或其他板盖加以保护，并统一编号，标注其上。

E. 埋石至少7d方可进行测设。

F. 绘制全桥导线点位置图，以利施工找点。

为确保施工控制网的整体性，导线点的复测与加密点测设同时进行，拟采用闭合或附合导线测定，统一平差、计算。精度等级按二级导线。测角取两测回，测距四次取平均(对向测距)。

2）水准点的复测与加密采用四等附合水准，往返观测，并在联测的基础上统一平差计算。

（2）桥中线、红线桩的复测

1）桥中线点及轴线长的复测

在首级平面控制的基础上，根据设计坐标，用全站仪极坐标放样法对主桥及相交道路的控制点进行全面复核，并标定于现场；发现有误，及时上报监理或业主，其中，主桥的起点、终点、跃进路口、北鹊路口、白沙路口将作为重点复核。

主桥及匝道轴线的长度复测，采用全站仪往返对向测距的方法进行。观测条件选在气象稳定、能见度好的时候，观测时间选上、下午各一次往返测。精度指标为：测距往返测不符值误差：±15mm；桥轴线长度不符值相对误差：1/80000。

2）征地红线桩的复核

工程建设中，土地的征用是前期极为重要的一个环节，征地范围的准确与否将直接影响到前期工作的开展，因此，在主桥及相交道路的轴线恢复后，依据招标文件征地相应的数据，对征地红线复核，发现有误及时报监理或业主。

（3）纵横断面测量

在中线恢复后，以中桩为基准，对主桥地面道路及各相交道路的地面进行纵横断面测量，并做详细记录。纵横断面图的绘制采用电脑自动成图法进行，相应的断面面积也由电脑程序自动计算；最后，成果列成图表形式，与原设计校对，并报送监理或业主。

(4) 施工放样测量

1) 主桥及相交道路轴线控制的建立

在本工程中选主桥轴线为测量基础轴线，控制点位拟选在主桥起点（四桥桥头）、终点（三桥桥头）、跃进路口交点（ZK0＋652.673）、北鹊路口主线交点 JD1、白沙路口交点（ZK0＋154.608）、交点 JD2 以及三条相交道路的起点终点，共 13 个点，并用全站仪根据设计坐标，采取多方位定点交会法测定，以用于施工过程中对桥轴线的控制；同时，也可用于墩、台中心点位置的复核。

2) 墩、台中心测量

根据墩、台中心设计坐标，用全站仪极坐标放样法进行测定；同时，辅助以经纬仪在控制点校核，无误再标定于现场。

3) 墩、台纵横轴线的测设

墩、台中心测定后，标定其纵横轴线，作为细部放样依据。

A. C、D、E、F 匝道及跃进路口环行道为单柱式墩，在直线段其横轴与匝道中心线重合，纵轴与横轴垂直，用经纬仪在墩台中心点上，以匝道中心线为后视，盘左盘右各转 90°（或 270°），取其平均值即为纵轴方向。在施工过程中，随着柱墩的浇筑，视线被阻，轴线将无法定出。因此，为了便于恢复轴线，利于上部墩、台帽施工，在墩、台纵横轴线的延长线上各设两个护桩。

考虑墩、台帽施工脚手架支撑影响等因素，护桩要距基础边线一定距离，至少 2.0m，以免被施工破坏。

在曲线段，先根据墩、台的纵横轴线设计方位角，以墩、台中心坐标为基准，内业分别计算出纵、横轴线方位点坐标，再用全站仪在现场标定，并测设纵、横轴向护桩。对于跃进路闭合环形道，墩帽的纵轴呈辐射状，定轴线时亦可参考环的圆心位置来定。

B. 主桥为双柱式墩，其横轴即为桥轴线，由主桥轴线控制桩来控制，不另行测设标志和护桩。纵轴线的测设方法同匝道护桩布置。

4) 基础桩位放样

基础桩位是以墩台中心及基础（墩）中心纵轴线为基准。

A. 对 C、D、E、F 匝道及跃进路口闭合环，墩中心与桩基中心重合，桩位即为墩中心。用墩轴线校核无误即可挖孔施工。

B. 主桥为双柱式墩，桩基放样以墩中心坐标为出发点，根据纵横轴方位角及桩位距墩中心的设计距离，分别计算出墩中心两边的桩位坐标值，组成“主桥桩位坐标表”；再用全站仪极坐标放样逐桩测定每一桩位，并通过墩纵横轴线进行校核，确认无误再进行桩基挖孔或钻孔施工。

5) 桥位、洞位主体结构的放样

根据主轴线各控制点，桥位、洞位等主体结构的设计尺寸，到实地放样。由于在本工程中存在曲线，也有很多线与线间交角。为了防止测量错误或交角误测造成返工事故，将建立测量复核制度，对桥位、洞位等的桩位，以及各轴线（或线路）间的交角，作认真检查复核；发现问题及时校正，以免造成不必要的返工事故。

6) 其他放样工作

在主桥和匝道中都有曲线段，尤其是跃进路口闭合环形道和 I、J 道的回头曲线，先根据设计的曲线元素，对其中线桩进行适当的加密（用计算机程序计算逐桩坐标）；然后，再用全站仪逐点放样，以体现曲线的平滑、美观。

墩帽施工时，通过墩纵横轴严格控制墩帽轴线和各部分尺寸，并用经纬仪（或全站仪）检查墩帽中心是否在相邻墩中心的连线上（对直线段而言），如超出范围则进行校正。台帽施工时，特别注意不能以基础中心线作为台帽背墙线，支模时反复核实，以确保台帽位置的正确性。

立柱竖直性检查用经纬仪检查，在无风情况用吊坠的方法进行。

(5) 施工水准测量

为施工方便，在水准基点的基础上，测设若干施工水准点，由施工水准点来控制各细部的标高。

对平坦、起伏小的地方，直接由基点或施工水准点进行高程传递。

在立柱和墩帽施工时，由于高差太大，水准尺无法直接测定高差，拟辅助以钢尺配合传递高程，钢尺的下部挂重锤保证钢尺始终处于竖直状态；同时，把全站仪架在基点上用三角高程测量的方法进行校核，确认无误再进行混凝土的浇筑。

对于大体积混凝土体顶面标高的控制，综合考虑模板的变形、混凝土凝固体积收缩徐变，以及其他各种施工荷载的影响等因素，视情况预留一定的拱度；此外，对预应力箱梁还须考虑张拉起拱因素，具体数值参照规范有关规定。

(6) 竣工测量及沉降观测

在分项工程完成后，将进行竣工测量，并做详细记录，以作为施工验收及变形观测的依据。

(7) 复核项目

测量工作要求严谨、认真，才能保证精度。本工程的结构复杂，为了防止测量错误造成返工事故，拟以下复核项目：

A. 仪器设备每三个月定期检查，内容主要有：三轴误差、水准仪 i 角误差、自动补偿灵敏性等，确保仪器性能稳定。

B. 导线点、水准点经常检查；发现移位或损坏及时补救，导线点复测频率 1 次/6 个月，水准点复测频率 1 次/2 个月。

C. 在墩台中心桩放样时，一定要用轴线进行检查；如果偏位太大，应找出原因，及时更正。

D. 桥基础桩位放样必须认真复查，以免造成桩位错位。

E. 对两线相交的地方，测量放线特别注意防止将交角误测成补角（即 α 测成 $180°-\alpha$）。

F. 在曲线超高部分高程标定时，要特别注意坡向，以免弄反。

(8) 先进仪器设备和高新技术的引用

随着科学技术的进步，普遍采用机械化施工，进度较快，因此，必须迅速、及时地放样测量，才能满足施工需要；同时，还须保证测量精度以达到各部分构造物间的正确衔接。本工程高架立交桥的结构较为复杂，有等高和不等高截面，中间有闭合环特殊结构，施工难度较大。在施工放样中，拟用日本索佳公司最新出厂的 2″级 SET2100Ⅱ型电子全站仪，其测角精度±2″，测距精度 2mm+2ppm·D。水准测量拟用 DS3 自动安平水准仪；同时，还配备相应计算机计算程序来进行数据处理，以求高效、准确地进行测量工作，确保工程质量。

3.4.2 试验

为便于土方、混凝土及各种材料的试验，快捷、有效地控制工程进展和工程质量，项目经理部将建立面积约为 $80m^2$ 的工地中心实验室，各项试验有机结合，使之符合施工中各阶段的要求，以保证施工的质量，改进、完善施工方法，加快施工进度。试验方法和技术指标遵照招标文件的技术规范进行，对招标文件中未指定者，参照国标或交通部标准。

此外，项目部将配备既有理论知识又有实践经验的专职试验技术人员负责日常检测试验业务和仪器设备的维护工作，并接受工程师的监督指导。

在试验工作进行的过程中，我方切实加强质量意识，严格执行试验制度的规定，快速、准确地反映工程的质量状况，为技术的监控提供有力的依据，为质量优良目标的实现提供最强大的保障。本工地试验室拟订工作制度如下：

(1) 严格遵守实验仪器操作规程，定期检查、保养仪器设备。

(2) 实施工程质量全过程监控，上道工序不合格，下道工序绝不许施工，确保优良工程目标圆满进行。

(3) 严格控制台背、挡土墙路基等土方的密实度以及砂浆、混凝土的强度，以达到质量监控的目的。

(4) 严格控制钢筋、钢绞线以及粗、细集料的质量，以保证原材料的质量规范化。

(5) 加强资料编制、填写的规范化及真实性，坚决杜绝弄虚作假等有损我局形象的行为发生。

(6) 严格遵从国家规范，遵守我局纪律，实事求是，勤奋踏实，做好本职工作。

(7) 保持实验室内整齐、清洁、有序，树立我局的良好形象。

(8) 我局试验室以“加强试验制度，实施质量保证措施”为中心，具体实施三个试验质量控制点：

1)“原材料”控制点。试验以国家标准为依据，质量的控制在于样品是否能全面、真实地反映原材料的质量情况，因此，取样就是控制点的关键。

2) 台背、挡土墙填土压实度控制点。严格把握每层摊铺厚度不超过 20cm，层层把关，每层压实度不达到 95%就绝不允许下道工序施工。

3) 混凝土强度控制点。混凝土质量是桥梁质量关键之所在，其取样方法、部位、频率及批组规定如下：

A. 一个验收批应由强度等级相同；龄期相同的及生产工艺条件和配比基本相同的混凝土组成。

B. 现浇混凝土按桩基、墩台柱、梁板、桥面划分验收，项目划分验收批。

C. 同一单位工程，每一验收项目中同配比混凝土不得少于一组。

D. 每一现浇层同配合比的混凝土不得少于一组。

E. 每 $100m^3$ 混凝土至少抽一组试块，不足 $100m^3$ 时 100 盘至少抽一组；不足 100 盘时，每一工作班至少抽一组。

F. 每批混凝土试样应制作的试件总组数，除考虑混凝土强度的检验的评定必需的组数外，还考虑为检验结构或构件施工阶段混凝土强度所必需的试件组数。

G. 混凝土试样应在混凝土浇筑地点随机抽取。每组 6 个抗压、3 个抗折件应在同一盘混凝土中取样制作。

混凝土的质量另一个着重点就是养护，24h 脱模后送至 20℃恒温、90%以上恒湿的标准养护室内养护，28 天送检。混凝土试件不得超过 42d；否则，定为超期试件，作为无效试件。

另外，砂浆取样类似混凝土样，但混合砂浆样必须在制作时脱掉底模，放在预先铺有湿新闻纸、吸水性较好的新烧结普通砖上（砖吸水率不小于 10%，含水率不大于 2%）制作，然后在恒温 20℃较潮的地方养护至龄期后送检。

3.5　防护工程

路基防护工程是指填方段的 M7.5 浆砌片石防护墙。施工中应注意以下问题：

(1) 砌筑所用的石料应符合图纸和规范要求，砌筑时应先外后内，内外砌体应交错连成一体，砌体的外露部分和坡顶、边口应选择较大、较平的石块并稍加修整。砌石应分层错缝、挤紧，砌缝宽度不应大于 30mm，嵌缝料和砂浆要填塞饱满，无空洞现象。不允许在石块下面用高于砂浆层的小石块支垫，砌筑过程中不允许灌浆砌筑。砌体隐蔽面可随砌随刮面，砌体外露面用 M10 砂浆勾缝，墙顶外露面采用 M10 砂浆抹面后喷浅色石头漆。

(2) 防护墙应分段砌筑，一般每隔 10～15m 或在基础地质变化处设置伸缩缝或沉降缝，缝宽 2cm，采用麻筋絮在墙顶、墙内、墙外三面填塞，深度约 15cm。

(3) 防护墙纵向、横向每隔 2cm 设置一泄水孔，孔径为 10cm 的圆孔，最下一排泄水孔应高出地面 30cm，上部呈梅花状交错设置。

(4) 防护墙外表面坡度必须一致且在同一平面上，因其宽度不一致，内面地宽可不在同一平面。

(5) 防护墙基抗开挖至设计标高后，首先检测基底土承载力，如承载力小于 200kPa，应考虑换填片石。防护墙砌筑时，每天的砌筑高度不宜大于 1.2m，待砌体强度达于 70%以上时即进行土方回填、碾压，以确保墙体稳定。墙后回填方法参照台背填土的施工方法，确保密实度。土方回填至 1m 时，再继续砌防护墙，回填土方，直至设计高程。

3.6　通道工程

本工程通道工程待桥梁高架部分完成后进行。在开工前首先进行复测定位，基坑开挖自检合格后请监理工程师检查签证。

(1) 施工流程

测量放样⟶挖基础土方⟶铺砂砾垫层⟶砌片石基础（包括防护墙基础）⟶安装台身钢筋及模板⟶浇筑台身混凝土⟶安装台帽钢筋及模板⟶浇筑台帽混凝土⟶安装预制盖板⟶绑扎板面钢筋⟶浇筑板面现浇层混凝土⟶砌筑防护八字墙⟶台身后土方的回填压实⟶浇桥台搭板⟶附属设施。

(2) 基础施工

基础的开挖，采用挖掘机挖掘，挖至标高后填铺砂砾垫层，测量放样后即可进行片石的砌筑。施工混凝土基础时，采用组合钢模板，做好基坑排水工作，砌筑用的砂浆及片石要满足设计要求，经监理工程师检查合格后，方可使用。

(3) 墙身及台帽的施工

1）侧墙施工

侧墙钢筋绑扎：侧墙钢筋的保护层用砂浆垫块进行控制，二层钢筋间距用定位钢筋进行控制，伸缩缝板两侧用钢筋拍子夹住，用斜向钢筋与主筋焊接，用以固定伸缩板的位置，避免其移位、变形。

侧墙模板：墙身模板靠填土面采用组合钢模板，靠通道面采用 2cm 厚胶合板，两侧用 ϕ16mm 拉杆拉紧，拉杆间距竖向 80cm，横向 80～100cm。

侧墙混凝土浇筑：因墙身高度大于 4m 且混凝土方量较大，故分两次浇筑。混凝土运输采用泵送，落差超过 2m 时，要采用串筒辅助下料。浇筑片石混凝土时，严格按设计要求选取片石，并按设计要求分层。

2）台帽施工

墙身混凝土完成后，立即进行台帽的施工。台帽后侧采用组合钢模，靠通道边采用 2cm 厚胶合板。台帽施工前，注意帽顶标高的复核。

(4) 预制板的安装及现浇层的施工

通道预制板在柳江四桥以西的 1# 场地内预制。经预制养护达到设计强度，用汽车运输到现场安装。安装前在台帽上及预制板上弹出安装线，以便安装对位，安装误差要严格控制在设计和规范规定的范围内。安装采用 25t 汽车吊一次吊装就位。

预制板安装完成并经监理工程师验收合格后，即可绑扎板面现浇层钢筋。浇筑前应测量并放出标高控制点，以保证混凝土层表面平整。板缝用小木条塞补密实，以防漏浆。浇筑完成后要注意养护，以免产生收缩裂缝，影响防水。

3.7 关键工程技术方案

3.7.1 在桩基施工中可能出现的问题及处理方法

(1) 地下溶洞

根据钻孔显示，有少量桩位将穿越有溶洞的地层，但范围都不大。掘进中挖穿到溶洞时；若出现渗水，则说明挖穿了地下水囊或地下暗河，可在井内渗水静止后，测其标高以确定水头高度，并用大口径功率抽水机抽排积水后再掘进。在抽排时，注意观察测定井内水位下降速度，估算推断水源补给流量的大小，因为抽水机单位时间的出水量应等于水源补给量加井内水位下降量；当后者大于前者时，反映在井内水位不下降，即抽不干地下水，则应改为冲击钻成孔，并加设连续的钢护筒，直到钻至设计标高，然后浇筑水下混凝土成桩。根据现有的钻探资料，此种情况出现的可能性不大，最大可能是碰到溶洞，虽有水但可抽干，人仍然可以在井下作业。当溶洞在井壁部分出现时，可用浆砌片石砌实或在桩径以外砌厚不少于 1.0m 的片石墙，将桩与溶洞的延伸部分隔开；若溶洞在平面上大大地大于桩断面时，仍可用片石在桩径外围砌筑厚度不小于 1.0m 的圆弧状围墙；然后，再施工护壁或掘进，溶洞在桩底出现。当与桩底距离大于 3 倍桩径时可不做处理，小于 3 倍时，探明大小，用混凝土填实。

(2) 地下渗水

1）方法一

在挖桩过程中极大可能会碰到软地层中的裂隙水，往往以渗流或细流形式出现，可在井底设集水坑用潜水泵排出；若系富水地层，可暂缓掘进一段时间，将已成孔作为井点，不停抽排一段时间，水量自然会减少，水位自然会下降。挖桩遇到裂隙发育的岩层时也会遇到此情况，可按此方法进行。桩基挖到底以后，为使浇桩混凝土在相对无水的情况下进行，可将桩底较设计加深 50～100cm（视其水量大小而定），井中心放置预制的混凝土圈或割去底和顶的汽油桶，直径 50～60cm，其外填粒径 2～4cm 的干净碎石，至桶口下 20cm 处。再在碎石层浇 20cm 厚封闭层混凝土，按此操作时桶内潜水泵不停抽排集水，待封闭层混凝土到强度后，进行井下钢筋笼和其他浇筑准备，浇筑备足 12～18m^3 混凝土（2～3 罐车），浇筑时快速提出抽水机，向中心桶内浇筑混凝土压住水头，并很快连续向井内浇筑备好的混凝土，当桩径为 1.5m 时，12m^3 混凝土可压住约 7.0m 高的水头。

2）方法二

也可以用化学注浆的方法来治理裂隙水，可在每节护壁的接缝辐射状地向地层预先凿孔 ϕ40mm，深 2~3m，带有侧孔的钢管埋入孔内，外端露出护壁 15cm，每处设 4～6 根，作为压浆管，桩挖到底后在井底也竖向同法布管；然后，由上至下向管内压注水泥浆、水玻璃或其他速凝化学浆液，在孔筒的护壁外形成防水帷幕，以达到治水的目的，但此法工序多，周期长，费用也大。

3.7.2 保证墩柱工程质量施工方案

（1）墩柱模板

柱的模型拟用 10mm 钢板卷制而成，后背用角钢弯制成水平肋和竖肋焊在钢板上，使其具有足够的刚度和强度，水平肋和竖向肋交汇处成平面，不得出现错台，每节钢模用两个半圆组成，半圆间的竖缝和节与节之间的水平缝做成 5mm 宽的企口，钢板的接缝边须刨平，使用 ϕ16mm 螺栓连接，以利密合、不漏浆。在系梁处设置特殊的节段，柱模和系梁模型可拼装成一个整体，以达到柱与系梁同时浇筑的目的。浇筑时系梁模型下设简易支撑架，确保底模不变形，桩基顶预埋 ϕ16mm 螺栓，作固定底节模型之用，设一节 2.0m 左右高的连接节；柱若分两次以上浇筑时，设在上端。第一次浇筑后，拆除该模节以下的部分，再立其上的柱模与其连接。立模时搭脚手架，便于人员操作，柱模立后用经纬仪检查定位上端，并用钢丝绳揽风和紧线器作调整，低柱或底节时也可用木顶撑调整并固定。柱高在 10m 以内时，可在地面上，组装好柱模，用吊车一次提吊就位；柱高在 10m 以上时，宜分两次立模和浇筑；若有系梁时，在系梁底标高处须有一次施工接槎。

在立柱的模型中需有不同高度的模节相互搭配使用，以适应不同的柱高，为便其具有良好的搭配法，每种高度尺寸应满足：最低柱高加数倍模数的（纵坡乘跨度）尺寸变化，纵坡×跨度即为每节模高的模数；当纵坡与跨度变化较大，模数也很多时，可采用末次浇筑高度低于模口高度的办法来解决，一般控制在 30～50cm 为宜，以便于操作，预留柱顶支座预埋螺栓孔。

当柱顶有外露的盖梁时，用钢板加角钢肋制成整体式的底模，在底模下设与柱同直径的抱箍，在地面拼装好后用吊车提升底板，将其套入柱顶，搁置在预先设置好的柱箍横梁上，再用螺栓与抱箍梁连接，用方木或圆木将底模支顶在其下 4.0m 左右的系梁上。系梁钢筋完成后，再整体吊装侧模于底板上。侧模和底模接触面加设油毡垫条，最后用螺栓拧紧固定。侧模上口加设内顶撑和外拉杆以固定平面尺寸，底板与柱间的小缝隙用油毡条塞实后，再与底板同色的灰膏压实刮平。拆模时，用吊车配合分块解体吊下。

柱与盖梁的特制钢模拟选用有资质、有经验和加工能力的厂家设计和加工制作。

对于下穿通道位置的墩柱，由于必须待上构部分施工完成后再进行土方开挖，为了保证自然地坪至桩顶位置墩柱外观质量，采用钢护筒作为该部分墩柱模板，待下穿通道施工完成后，再将钢护筒割除。

(2) 混凝土配合比

混凝土配合比在于确定单位体积混凝土中水、水泥、砂子和石子的用量。混凝土配合比的确定，应保证结构设计所规定的强度等级和施工和易性及坍落度的要求，并应符合合理使用材料、节约水泥的原则。为了确保墩柱混凝土外观质量，减少气泡、沙眼等情况出现，本工程墩柱混凝土坍落度控制在3～5cm之间。

混凝土拌合料应具有良好的施工和易性；同时，同一墩柱混凝土应尽量采用同一型号、同一批原材料，避免因原材料不同而造成墩柱色泽不一致。

(3) 混凝土拌制

料斗装料顺序为石子——→水泥——→黄砂，从原料全部投入搅拌楼至混凝土拌合料开始卸出时间，最少不应少于2min。这样才能确保混凝土充分搅拌，使混凝土各种组成材料混合均匀，颜色一致，对于本工程墩柱混凝土更应严格执行。

另外，雨期施工期间要勤测粗细骨料的含水量，随时调整用水量和粗细骨料的用量。夏季施工时砂石材料尽可能加以遮盖，至少在使用前不受烈日暴晒，必要时可采用冷水淋洒，使其蒸发散热。冬期施工期间，要防止砂石材料表面冻结，并应清除冰块。

(4) 混凝土运输

本工程拟采用混凝土搅拌运输车运送混凝土。在运输途中，混凝土搅拌筒必须始终不停地作慢速转动，使筒内的混凝土拌合物可连续得到搅动，以保证混凝土通过长途运输后，仍不致产生离析现象。

使用混凝土搅拌输送车必须注意的事项：

1) 混凝土必须能在盛料缺罐转动均匀卸料，出料干净、方便，能满足施工要求，与混凝土泵联合输送时，其排料速度能相匹配。

2) 从搅拌输送车运卸的混凝土中，分别取1/4和3/4处试样进行坍落度试验。

3) 混凝土搅拌输送车在运送混凝土时，搅动转速为2～4r/min；整个输送过程中拌筒的总转数应控制在330转以内。

4) 混凝土搅拌输送车因途中失水，至浇筑点需加水调整混凝土的坍落度时，搅筒应以6～18r/min搅拌速度搅拌，并另外再转动至少30转。

(5) 混凝土浇筑

墩柱混凝土采用插入式振动器振捣，施工时应注意如下事项：

1) 振动器振捣时采用垂直振捣法振捣。

2) 振动器的操作，要做到“快插慢拔”。快插是为了防止先将表面混凝土振实而与下面混凝土发生分层、离析现象；慢拔是为了使混凝土能填满振动棒抽出时所造成的空洞。对小坍落度混凝土，还要振动棒抽出的洞旁不远处，再将振动棒重新插入才能填满空洞。在振捣过程中，宜将振动棒上下略为抽动，以使上下振捣均匀。

3) 混凝土分层灌筑时，每层混凝土厚度应不超过振动棒长的1.25倍；在振捣上一层时，应插入下层中5cm左右，以消除两层之间的接缝；同时，在振捣上层混凝土时，要在下层混凝土初凝前进行。

4）每一插点要掌握好振捣时间，过短不易捣实，过长可能引起混凝土产生离析现象，对小坍落度混凝土尤其要注意，一般每点振捣时间为20～30s。使用高频振动器时，最短不应少于10s，但应视混凝土表面呈水平不再显著下沉、不再出现气泡、表面泛出灰浆为准。

5）振动器插点要均匀排列，可采用“行列式”或“交错式”的次序移动，不应混用，以免造成混乱而发生漏振。每次移动位置的距离应不大于振动棒作用半径 R 的1.5倍。一般振动棒的作用半径为30～40cm。

6）振动器使用时，振捣器距离模板不应大于振捣器作用半径的0.5倍，并不宜紧靠模板振动，且应尽量避免碰撞钢筋、芯管、吊环、预埋件。

(6) 墩柱混凝土养护

墩柱混凝土采用塑料薄膜养护。塑料薄膜养护是将塑料溶液喷洒在混凝土表面上，溶液挥发的塑料与混凝土表面结合成一层薄膜，使混凝土表面与空气隔绝，封闭混凝土中的水分不再被蒸发，而完成水化作用。

1）塑料溶液的配制

塑料养护液的成分及配比见表3-3。

塑料溶液配合比参考表（重量比） 表3-3

材料	过氯乙烯养生液		氯乙烯-偏氯乙烯养生液
	Ⅰ	Ⅱ	
过氯乙烯树脂	9.5	10	—
氯乙烯-偏氯乙烯(LP-37)乳液	—	—	100
苯二甲酸二丁酯	4	2.5	—
10%浓度磷酸三钠	—	—	5
粗苯	86	—	—
轻溶剂油	—	87.6	—
丙酮	0.5	—	—
水	—	—	100～300
磷酸三丁酯	—	—	适量

过氯乙烯养护液具体配制方法如下：

A. 按配比先将溶剂倒入缸（桶）内，然后将过氯乙烯树脂倒入溶剂内，边加边搅拌，加完后每隔0.5h搅拌一次，直到树脂完全溶解为止（如树脂长时间不能溶解时，加入适量丙酮可加速溶解）。最后加入苯二甲酸二丁酯，边加边搅拌均匀，即可使用。

B. 配制前先检查原材料质量，树脂如受潮应先晒干，溶剂如水化，应以氢氧化钠脱水后方可使用。盛放塑料溶液的容器，应清洁，无油污、铁锈、积水等物，容器上应加盖子，防止溶液蒸发。配制过程中应特别注意防火，原料与成品应分别存放，注意防护工作，防止中毒。

2）施工工艺

A. 喷洒工具及设备：高压橡皮管一般采用气焊割带，安全阀采用解放牌汽车安全阀。高压容罐以钢板焊接，喷具用喷漆枪或农药喷枪。

B. 塑料薄膜的喷洒工艺如下所述：

a. 当空压机工作压力 0.4～0.5N/mm²，容罐压力 0.2～0.3N/mm² 时，喷出来的塑料溶液呈较好的雾状，喷洒速度较快，工效 15～20m²/min。压力小，不易形成雾状；压力大，破坏混凝土表面，喷洒时应离混凝土表面 50cm 为宜。

b. 喷洒时间，应掌握混凝土水分蒸发情况，在混凝土表面以手指轻按无指印时即可进行喷洒。过早影响塑料薄膜与混凝土表面结合，过迟会影响混凝土强度。

c. 溶液喷洒厚度以 2.5m²/kg 为宜，厚度要求均匀一致。

d. 喷完后，应将输液管取下洗净，防止管子堵塞和腐蚀。

e. 溶液喷洒后很快就形成塑料薄膜，为达到养护目的，必须加强保护薄膜的完整性，要求不得损坏破裂，禁止车辆行驶。硬质物品及工具等不得在混凝土表面拖拉撞击，发现损坏应及时补喷塑料溶液。

f. 粗苯及丙酮等材料是易燃有毒物品，注意加强安全防护工作，工作人员应配备眼镜、口罩、手套、围裙等物品，喷洒时注意站在上风向。

3.7.3 上跨铁路部分桥梁施工方法

主线高架桥 Z4 联及与其不等高并行的 C2、D2 联匝道挤在 0＋554.063 处上跨横越湘桂线和专用线而过，由于铁路线上方的净空要求不能满足匝道箱梁浇筑时设支承桁架的高度，故需采用挂模的方法进行。

(1) 下部结构

1) 桩基施工

本合同段主线桥及匝道基础均为桩基，桩长在 17～36.4m 之间，桩径 1.5～1.7m。桩基施工分挖孔桩施工和钻孔桩施工。根据地质钻探资料及施工现场实际情况，Z13 桩基为钻孔桩基，其余桩基为挖孔桩基。

A. 挖孔桩

在挖孔桩施工前，先在桩孔四周做排水沟，孔口上搭防雨棚，安装提升设备，布置出碴道路，对桩长特长的，除准备足够的抽水设备外，还须准备照明及通风设备。

桩的开挖宜选在柳江枯水期施工，施工时先施工最长桩基。这样既可保证桩基础施工的进度，又可在施工其他桩基遇地下水较大时，作为井点降水之用。开孔时，不应将孔壁修为光面，要使孔壁销有凹凸不平，增加护壁的摩擦力。对土层，每掘进 0.6～1.6m（视土质及地下水情况而定）立即浇筑混凝土护壁。顶层护壁应高出地面 20cm，以防杂物掉进孔内伤人。每节护壁下端扩大开挖为喇叭形耳台，使土支托已灌注的混凝土。对不良土质，每灌 20cm 高混凝土靠内圈放入 ϕ8mm 钢筋一圈加固。护壁模板不需光滑，用以增加桩身摩擦力，挖孔中遇大漂石或基岩，须打眼放炮，但需做浇眼放炮，严格控制药量；同时，加强孔壁及安全防护，确保施工及人身安全。挖孔过程中，要经常检查孔净空尺寸和平面位置。孔的中线误差不得大于设计要求，孔口平面位置与设计桩径偏差不得大于 5cm，并清理干净孔底，露出新鲜岩石面，沉淀厚度≤5mm。

桩基钢筋笼在孔外预制，根据吊装能力及各桩实际长度分节制作，并分节吊装，每节均在孔口焊接接长至设计长度。钢筋笼下放后对其进行定位，然后视桩内流水情况确定直接灌注还是灌注清水水下混凝土，混凝土灌注均一次灌至设计标高，中间不留施工缝。

B. 钻孔桩

本合同段 Z13 两桩由于桩长较长，地质情况差，采用钻孔桩施工，钻孔采用冲击钻。钻孔前先清理工地场地，制造泥浆池。泥浆由于上层为混凝土路面，可用人工挖开并将该桩下挖一定深度后，再埋设钢护筒进行钻孔桩作业。钻孔时，对上层黏性土，砂砾石及含砂量较多的卵石层，采用中低冲程，并在孔内多放一些黏土，加适量粒径不大于 15cm 的片石；同时，泥浆相对密度控制在 1.6 左右。由于该桩基上部位于地下水位上；如钻孔过程中发现有失水现象，应补水投黏土，待冲至较下层（护筒下 3～4m）时，加高冲程正常冲孔，并勤抽碴。

钻孔时要察看钢丝绳回弹和回转情况，耳听冲击声音，借以判别孔底情况，钻进中应随时注意，保持孔位正确。并控制泥浆相对密度，经常对泥浆相对密度进行测定，将泥浆相对密度控制在 1.4～1.6 为宜。

根据地质钻探资料，该桩位有一向西北方向且朝深部延伸的溶洞。在冲孔靠近溶洞顶部时应进行低锤慢击。防止进入溶洞出现卡钻，在钻孔穿过溶洞时，采用抛填混凝土片石，并慢慢冲击，让混凝土片石将溶洞填塞密实，使钻孔顺利穿越溶洞。无论何时，为保证孔形正直，钻进时应常用检孔器检孔，更换钻头前，也必须经过检孔，将检孔器检到底才可放入新钻头。如检孔器不能深到原来已钻到的深度，或钢丝绳位紧时的位置偏移护筒中心时，则可能发生了弯孔、斜孔或缩孔等情况。应调整桩锤直径位置，并回填片石夹黏土至正常孔位高少许处进行重新冲孔，直至桩孔满足设计要求。

钻孔达设计标高。经终孔检查后，进行清孔。清孔时应注意泥浆密度，防止因泥浆密度过小而导致坍孔。清孔符合设计及有关规范要求后，即下放钢筋笼进行水下混凝土的灌注，灌注水下混凝土采用竖向导管法。灌注时，应注意第一斗混凝土方量能满足最小埋管要求，其后在灌注过程中应经常测定埋管深度，防止拆除及提升导管时导管拔出混凝土面而导致人为断桩事故。为确保桩基质量，灌注时应比设计标高多出 0.5m 以上。在后期墩柱施工时，作为混凝土浮浆凿去。

2）墩柱施工

本合同段主线桥墩柱为双柱式桥墩，匝道桥采用独柱墩，墩径为 1.3～1.6m，高度在 4.5～16m 之间。在对墩柱进行施工时，为确保墩柱外表的美观，拟采用组合钢模板，内加光面板；同时，为减少施工接缝，墩桩混凝土浇筑一次到顶。

在墩柱施工前应注意对墩位进行复测，并注意各墩标高变化情况。将墩柱的施工误差控制在规范容许范围内。混凝土施工严格按混凝土规范执行，确保混凝土施工质量；在确保精度的前提下，做到内实外美。

（2）上部结构

本联主线及匝道桥均 5m×30m 一联预应力混凝土箱梁。主线桥桥面净宽为 12.2m＋2×0.5m 防撞护栏，双向二车道；匝线桥为桥宽净 7.0m＋2×0.5m 防撞护栏，单向单车道。由于主线及匝道均为一联 150m 预应力箱梁，则需用支架进行立模整体现浇，因此，上部结构工程主要有支架工程、混凝土现浇及预应力张拉。

1）支架工程

支架主要有由竖向受力的钢塔架及纵向受力的 99 式及 64 式军用梁组成，并配以相应的配套杆件，如工字钢、钢轨、枕木、槽钢、砂箱等。

A. 主线桥支架

主线桥钢塔架由英式“T”形钢塔架组成，塔架高度根据各墩柱的实际高度搭设相应的高度，塔架底座进行整平，制作混凝土垫座，垫座宽2.5m，长10m，厚约0.3m。垫座上设地脚螺栓，以固定塔架相对位置，塔架顶部先纵向摆设2/3扣短轨（P43、长约4m）6组，再在其上横向铺设[36b工字梁3根，在工字梁上再设置特制沙箱作为军用梁垫座（砂箱作为落架之用）。砂箱上架设99式军用梁，99式军用梁根据起吊能力在地面上分段做好，然后用吊机吊上支架进行拼装，共由6片军用梁组成，每两片为一组，分三组分别置于箱梁三个肋之下，两侧肋下的军用梁可作成通长。作为整体受力，中间军用梁组由于墩柱系梁而无法穿透做成通长，根据标准杆件长度作成27.9m，两头悬出部分用支撑进行加固。军用梁安置好后，其上横向每1.5m摆放两根[36b工字梁；然后，工字梁上纵向铺P43轨，再在其上摆放方木和立模板。

B. 匝线桥支架

匝线桥支架组成结构与主线桥一样，也主要由钢塔架99式军用梁组成，由于匝线桥为单向单车道，相对于主线桥来说荷载较小，故军用梁由两组四片组成，置于箱梁两肋下，钢塔架支柱同时也做适当调整。

由于匝线桥比主线桥标高低，在跨越湘桂线及地方专用线时若将军用梁作为下承式支架，则军用梁下净空就不能满足列车通行净空要求。为此，需将该孔军用梁升至匝道桥桥面一定高度（以不影响桥面施工为宜）。在梁顶部横向每m设2-[40c槽钢，在槽钢上设置ϕ36mm吊杆3根，两侧各1根，正中1根，各吊顶均穿越箱梁，施工完毕后取出吊杆，对孔眼进行灌浆补填。吊杆下部同样横向设2-[40c槽钢，然后在其上设方木及模板。吊杆上下与2-[40c连拉处纵向设2-[20c槽钢，既作为吊杆与2-[40c槽钢连接之用，也作为使吊杆整体受力，增强稳定性。

C. 支架预压

本联为一联150m预应力混凝土箱梁，对支架的质量要求较高，在浇筑混凝土时不得发生超容许的沉降量。因此，对钢塔架支柱基础及99式军用梁均应具有足够的承载力。为保证支架符合要求，在混凝土施工前对支架进行预压，观测预压结果，根据设计要求进行支架调整，确保结构竣工尺寸符合要求。

D. 主要工程数量表

钢筋混凝土结构及支架的工程量见表3-4、表3-5和表3-6。

钢筋混凝土结构工程量 **表3-4**

序号	工程名称	单位	数量
1	桩基25#混凝土	m^3	722.98
2	护壁20#混凝土	m^3	302.22
3	墩柱25#混凝土	m^3	227.01
4	系梁20#混凝土	m^3	26.28
5	盖梁30#混凝土	m^3	19.86
6	桩基Ⅱ级钢筋	t	35.98
7	桩基Ⅰ级钢筋	t	5.15
8	桩柱Ⅱ级钢筋	t	19.01

主线桥支架工程数量 表 3-5

序号	工程名称	单位	数量
1	99式军用梁	t	162.461
2	英式钢塔架	t	271.5
3	P43轨	t	172.5
4	[35b工字梁	t	229.6
5	砂箱用钢板(δ=10mm)	t	6.58
6	砂箱用钢轨	t	8.61

匝道桥支架工程数量 表 3-6

序号	工程名称	单位	数量
1	99式军用梁	t	233
2	64式军用梁	t	51.66
3	英式钢塔架	t	167
4	苏式万能杆件	t	77.56
5	P43钢轨	t	204.19
6	[36b工字梁(L=8m)	t	226.8
7	[40c槽钢(L=8m)	t	128.08
8	[20b槽钢(L=14.25m)	t	17.64
9	ϕ38吊杆钢(L=6.892m)(含垫圈、螺栓)	t	13.39
10	ϕ20×100mm槽钢连接螺栓	t	2.23
11	砂箱用钢板(δ=10mm)	t	7.45
12	砂箱用钢轨	t	6.78

2）预应力混凝土箱梁

根据"3.1.4 （4）混凝土工程"、"3.1.4 （5）非预应力工程"、"3.7.4 预应力工程"相关章节的内容施工。

在箱梁施工完毕支架下落后，即可进行桥面铺装及防撞墙等附属工程的施工，施工时应严格按设计要求及公路桥涵施工规范施工。

3.7.4 预应力工程

（1）预应力施工工艺流程

钢绞线下料──→固定端挤压锚具──→搭满堂钢支架──→铺梁底木模板（厚度3cm），起拱和校正梁底标高──→绑扎梁钢筋──→标定预应力筋位置，焊定位钢筋──→从梁一端穿入预应力筋──→套金属波纹管──→安装端部锚具──→支侧模──→进行隐蔽验收──→浇筑混凝土并养护──→拆除侧模进行端部清理──→张拉预应力钢筋──→灌浆──→封锚。

（2）预应力施工

1）预应力孔道留设

梁板非预应力筋绑扎完后，按设计图中预应力筋的曲线坐标，在箍筋上定出曲线位置，波纹管用钢筋支架固定，间距为500mm，钢筋支架焊在箍筋底座并垫实。波纹管就位后用钢丝扎牢，以防浇混凝土时波纹管上浮或偏摆而引起曲线偏位，造成质量事故。

波纹管安装后，还应检查波纹管的位置和曲线形状是否符合设计要求、波纹管的固定是否牢靠、接头是否密封、管壁有无破损等；如有破损，应及时用胶粘带修补。

2）钢绞线下料穿束

钢绞线用砂轮锯切割下料，不得采用电弧切割。采用先穿束时，严禁电火花灼伤管道内的钢绞线。

3）预应力筋的铺设和端部安装

A. 定位：将预应力设计曲线高度位置、间距逐一用粉笔画在已绑扎好的梁箍筋上，并将 ϕ12mm 定位托架钢筋按设计标志点焊在箍筋上，定位时以预应力筋底线为准定出托架位置，以保证预应力束型的准确。预应力梁箍筋应事先用垫块垫好，垫块应厚度一致，摆放位置适中，以保证定位钢筋位置的准确。

B. 铺放：铺放时要按编号对号入座，并严格按设计位置铺放，尤其在最高、最低及反弯点处，弧形部分弯曲自然，避免局部小弯。集团束铺设时，应逐根理顺，防止扭绞，每根梁的预应力筋应在底筋铺放后、面筋铺放前进行。预应力筋与非预应力筋交叉有矛盾时，应优先考虑预应力筋，预应力筋铺放后逐节套入金属波纹管，并在其周围严格控制大面积电气焊作业，保护预应力束成品。波纹管的接长采用同类型大一号波纹管套接。

接口部位再包以透明胶带。波纹管与喇叭管接头处尤应注意密封。在全部预应力束就位成型后应全面检查，发现问题及时处理。

C. 端部安装

梁板预应力端部所采用的铸铁喇叭管及螺旋筋应焊接牢固，喇叭管端部与波纹管接口部位必须密封。由于采用先穿束后张拉，为保持外露钢绞线的洁净，波纹管伸出端面10～15cm，喇叭管上预留的灌浆孔应密封好，防止浇混凝土时浆体漏入堵塞孔道。由于梁板端部承受的预压力较大，为防止张拉后端面开裂，宜进行局部加强。

D. 灌浆排气孔设置

预应力束固定牢靠后，在波峰处设置排气泌水孔。中支座处曲线顶部留孔，兼作灌浆孔。为避免浇筑混凝土时漏浆甚至堵塞孔道，在灌浆排气孔与波纹管相交处先不把波纹管打通，待张拉后、灌浆前再将该处波纹管打通。

E. 隐蔽检查

预应力筋部铺放完毕后，由专人检查预应力筋的编号、位置和外露长度等。

4）混凝土浇筑

在预应力筋铺放安装完毕，并做隐蔽工程检查合格后，经预应力施工方与混凝土施工方签字交接后，即可进行混凝土的浇筑。

浇筑混凝土时应注意以下几点：

A. 混凝土严格按施工规范进行施工，尤其对混凝土振捣工人，要求其熟悉预应力筋埋设位置，并提前制定相应措施，避免振坏或伤及预应力束。

B. 混凝土不得有离析泌水现象，振捣过程中振动棒严禁直接触及预应力束，对端部及钢筋密集区应特别注意振捣密实。

C. 浇筑过程中，须有专人随时检查定位钢筋位置，预应力束水平及垂直位置尺寸、波纹管完好情况，发现问题及时处理。

D. 加强养护措施，按规定要求留置试块。

E. 混凝土浇筑过程中，尤其要注意端部混凝土的密实度，保证张拉端强度和张拉质量。

F. 除留置竣工资料中所需要的标养试块外，尚需留置两组试块与梁板同条件养护，以确定张拉时间。

5）预应力张拉

本工程预应力张拉大多为一端张拉，少数采用二端张拉。待梁板混凝土达到设计强度的90%后即可进行张拉，张拉前应对张拉设备进行检查，并复核钢绞线、锚具复试报告，千斤顶检验报告，混凝土强度报告，计算预应力钢绞线张拉理论伸长值。由于梁板采用的是钢绞线及夹片式锚具，故采用如下的张拉程序：

$0 \longrightarrow 0.1\sigma_{con}$（初应力）$\longrightarrow 1.05\sigma_{con}$（终应力）持荷5min $\longrightarrow \sigma_k$（锚固）

张拉时采用双控法，即以张拉应力作为控制值，以张拉伸长值作为校核。

张拉前应对梁板外观质量进行检查，并清理张拉端。锚垫板上不得有焊渣及混凝土残渣等杂物。

采用一端张拉时，安装固定端锚具时一定要使夹片安装到位，并且钢绞线上不得有混凝土浆及其他杂物，以免影响夹片与钢绞线的咬合，影响锚固性能。张拉时应对称进行，并由专人指挥。油泵、千斤顶送油、回油应平衡，所有施工人员须在梁两侧操作。张拉过程中，经配套标定的设备不得更换，操作人员严格按规定的程序操作，施加的预应力不得超过规定值，并及时进行伸长值校核，发现问题及时处理。

6）孔道灌浆

灌浆前彻底检查清理预留孔道及锚垫板预留灌浆孔道。孔道灌浆宜采用42.5级普通硅酸盐水泥配制的水泥浆，其水灰比为0.4～0.45。为增加孔道灌浆的密实性，可在水泥浆中掺加对预应力钢筋无腐蚀作用的外加剂。

梁板灌浆宜先灌下层孔道，灌浆应缓慢、均匀地进行，不得中断并应排气通顺，在灌满孔道并封闭排气孔后再继续加压至0.5～0.6MPa，稍后再封闭灌浆孔。孔道灌浆要求密实，水泥浆强度等级不应低于M20。

7）其他

A. 张拉灌浆结束后，可将外露钢绞线用无齿锯切割至离锚板30～50mm。

B. 张拉后应对梁板外观再进行检查，查看裂缝及起拱情况；如有异常，应及时分析、处理。

C. 预应力施工须提供如下竣工资料：

a. 钢绞线、锚具、波纹管出厂合格证及检验报告、检查记录。

b. 张拉千斤顶标定记录。

c. 隐蔽工程验收记录。

d. 预应力张拉记录。

e. 孔道灌浆与端头防腐处理记录。

f. 设计变更及重大问题处理记录。本方案未尽之处，均按现行有关规范规程执行。

一跨预应力梁板张拉完成后即可拆除支架用于另一跨的施工，待全部梁板完成后即可进行封端、铺装层、搭板、防撞护栏等的施工。

3.7.5 非机动车道下穿湘桂铁路

该工程位于主线Z4联下面，通道与铁路的相交的主线里程为K0＋554.063，通道轴线上17m，为两孔跨度6.0m的独立框构，并置而成，中间有4.0m.的砂类土隔层，框构长19.850m，交角90°37′25″，在铁路下面穿越湘桂正线和另一条专用线，施工时不能中断铁路行车，但可向路局申请办理施工缓行限速手续。在确保不中断铁路行车和行车安全的前提下进行正常施工，是此单项工程的主要特点；另外，铁路线两侧地下埋的通讯，信号及其他光缆线多，需要预先联系有关单位办理迁移或防护手续，施工中不能挖断。基坑挖土要及时搬运。

通道处有既有道口在使用，人员、车辆流量大为不中断地面交通，拟在铁路里程K528＋730处（跑原道口约60m），临时设置另一道口，并作临时便道，以解决地面的交通问题。

为保证铁路运营的安全，施工时必须对既有铁路进行特殊加固。经现场调查后，我单位计划对湘桂正线采用人工挖孔桩作支墩、低高度施工便梁进行加固。由于两座地道外边墙间距为18m，立模型板的活动空间2m×0.8m，挖孔桩的桩径1.5m，合计需梁跨度为21.1m。只因我单位仅有24m轻便梁一孔，故湘桂正线采用24m轻便梁加固线路施工，24m轻便梁必须通过火车运输，运输过程中需要一台40t的汽吊配合吊装。轻便梁从施工单位出发至最后用完返回单位需6个台班汽吊配合。而专用线通运用Ⅰ15b工字钢梁两孔12m加固线路施工。人工挖孔桩的直径为1.5m，桩身为C30钢筋混凝土，人工挖孔桩护壁采用C15混凝土，护壁厚度15cm。桩基要求嵌入中风化基岩大于或等于0.5m，其单轴抗压强度不小于6.5MPa；另外，为防止框架下沉，在框架底需铺一层厚15cm的C15混凝土垫层，表面抹水泥砂浆。

根据铁道部《行车规则》要求，设临时平交道口、施工中列车慢行点均需向铁路局调度室申请报批。临时平交道口需要安排人看守，预防路外伤亡事故。线路加固地段需设专人防护、检查，每趟列车过后都要检查轨道的水平和方向，为确保行车和施工安全，道口、线路加固均安排人三班倒看守、防护。

施工时砂浆、混凝土的配合比必须严格控制，确保其强度等级达到要求。为提高外观质量，混凝土浇筑尽量采用钢模。使用木模时，接触面必须钉薄钢板。浆砌片石外露表面全部凿面及勾缝，各类模板、支撑的设置与制作，必须有足够的强度、刚度和稳定性；另外，所有圬工均采用机拌、机捣的方法施工。

4 质量、安全、环保技术措施

4.1 质量保证措施

4.1.1 质量目标

确保高架桥工程达到优良标准、争创鲁班奖。

4.1.2 质量管理体系及保证体系

(1) 质量管理体系

为了保证潭中高架桥工程质量，潭中高架工程指挥部针对本工程具体情况，建立了完善的质量管理体系。详见图 4-1。

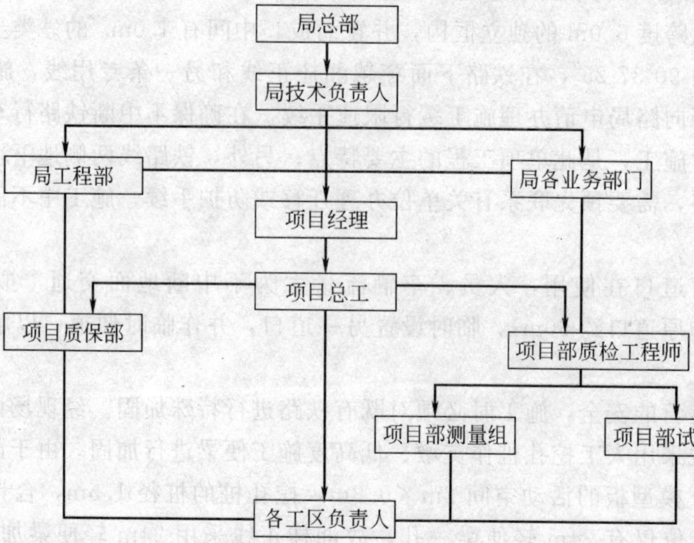

图 4-1 质量管理体系

（2）质量保证体系

为保证工程质量，使施工效率、速度标准达到一流水平，我项目部采取全面质量管理措施，应用 ISO 标准进行工程管理。按照 ISO 9000 标准系列建立项目质量管理保证体系，详见图 4-2。

4.1.3 质量保证措施

（1）总体措施

1）明确质量目标，分解质量目标计划。将高架桥分解为上构及下构两个分部控制质量，道路工程分解为路面、路基、土方、通道工程四个分部；同时，建全和完善各部分岗位的质量管理工作责任，各司其职，各负其责。

2）项目经理部成立以项目经理为组长的工程质量监督、评审小组、工程创优小组和全面质量管理小组，在项目部设立专门的质量管理机构——质量安全科。

3）树立全员质量意识，加强对施工人员全面、系统、全方位的质量教育；同时，要积极开展 QC 小组活动。本工程拟成立桩基工程、上构脚手架、预应力施工及混凝土工程四个 QC 小组，QC 小组根据所担负的工作内容开展技术攻关活动，解决工程施工中遇到的难点问题；如桩基遇溶洞、遇水处理等问题；同时，通过每一循环的 QC 活动，改进施工方法和操作工艺，在生产过程中提高全员的质量意识和整体素质。

4）对质量实行一票否决权制度，坚持自检与专业检查的程序，对项目过程进行严格控制，对关键工序必须有专人检查指导，确保每一道工序质量都处于受控制状态，从而实现整体的质量目标。

5）建立完善的试验室，配备工作经验丰富的试验工程师，配备二级试验室所需的全部试验仪器设备。每道工序、每一次材料都必须进行严格的试验，以满足施工规范的要求，坚持做到不合格的材料不进场，不合格的产品不得转入下一道工序。

6）对各分项工程或工序，要先树立样板工程或样板工序。

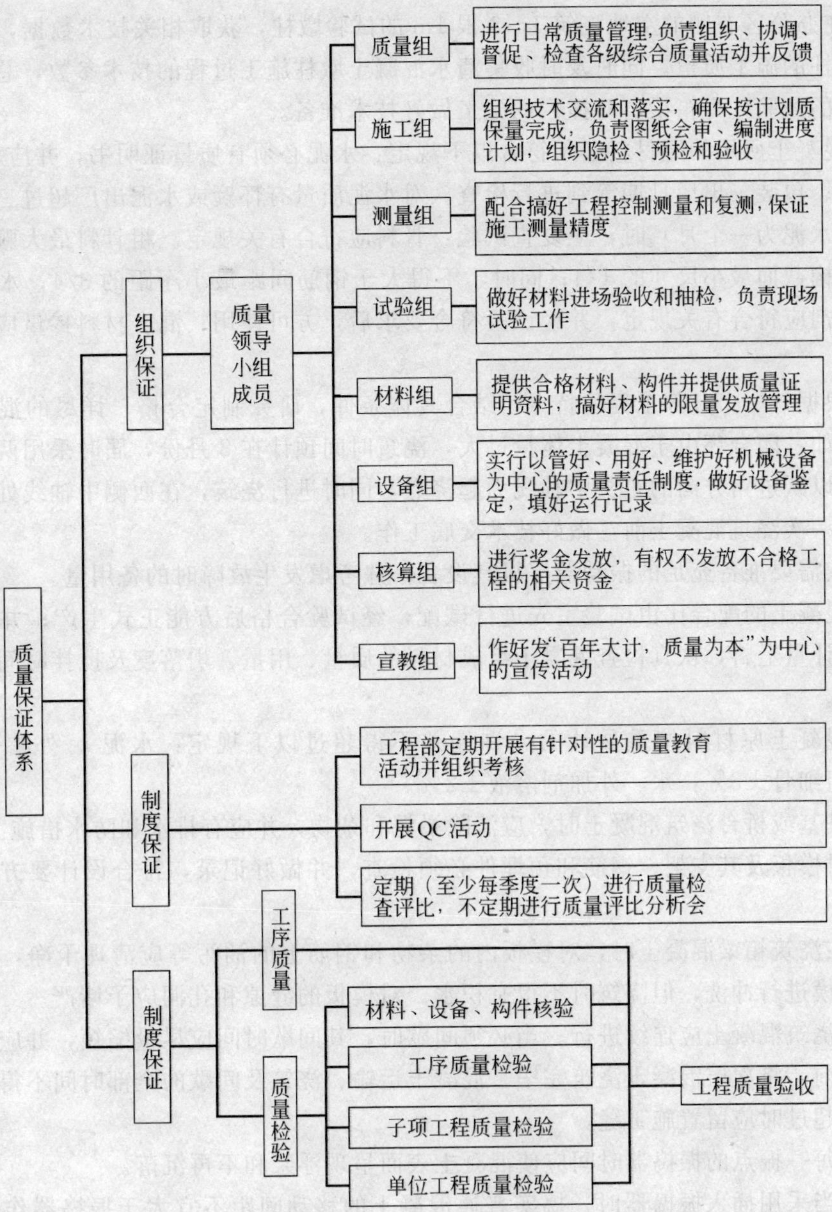

图 4-2 质量保证体系

7）施工记录、检查验收记录和实验报告等所有质量记录，必须按时完成，妥善保管，为竣工交验积累大量的原始资料，为编制竣工资料做好准备。

8）针对质量保证实施过程中的关键部位、关键工序，如材料采购材料检验、施工过程中的模板、钢筋及混凝土工程等，特制定保证质量的具体措施。

（2）混凝土工程

本工程上构为清水混凝土，故混凝土的质量保证措施至关重要。本工程墩柱、防撞栏采用定型钢模，箱梁底模、侧模采用镜面竹胶板。为了保证清水混凝土的施工质量，制定以下措施：

1）在办公区右侧的空地浇筑1～3根1m的试验墩柱，获取相关技术数据，保证清水混凝土墩柱的施工质量。同时及时收集清水混凝土墩柱施工过程的技术参数，总结清水混凝土施工的经验，为箱梁、防撞栏的施工做好技术准备。

2）混凝土所用的原材料必须符合以下规定：水泥必须有质量证明书，并应对其品种、强度等级、包装、出厂日期等到进行检查。对水泥质量有怀疑或水泥出厂超过三个月（快硬硅酸盐水泥为一个月）时，应复查试验：骨料应符合有关规定。粗骨料最大颗粒粒径不得大于结构截面最小尺寸的1/4；同时，不得大于钢筋间距最小净距的3/4；水宜用饮用水；外加剂应符合有关规定，并经试验符合要求后，方可使用；混合材料掺量应通过试验确定。

3）根据每一个分部工程的特点，结合具体条件，研究制定合格、详尽的混凝土浇筑方案，例如：闭合环由于混凝土体量过大，浇筑时间预计在8月份，届时采用两台混凝土输送泵，以跃进路方向的东头中轴线为起浇点，同时进行浇筑，在西侧中轴线处合拢。

在每一次浇筑混凝土前，做好技术交底工作。

4）按需要准备充足的振动器等机具设备，并考虑发生故障时的备用量。

5）混凝土的配合比由试验室先进行试配，经试验合格后方能正式生产；并严格按配合比进行计量上料，认真检查混凝土组成材料的质量、用量、坍落度及搅拌时间，按要求做好试块。

6）混凝土原材料按重量计的允许偏差不得超过以下规定：水泥 、外掺混合材料±2％；粗细骨±3％：水、外加剂溶液±2％。

7）桩基或桥台浇筑混凝土时，应清除淤泥和杂物，并应有排水和防水措施。

8）对模板及其支架、钢筋和预埋件必须检查，并做好记录，符合设计要方能浇筑混凝土。

9）在浇筑箱梁混凝土时，对模板内的杂物和钢筋上的油污等应清理干净，并用高压水枪对底模进行冲洗，但浇筑时不得有积水。对模板的缝隙和孔洞应予堵严。

10）浇筑混凝土应连续进行。当必须间歇时，其间歇时间应尽量缩短，并应在前层混凝土初凝前，将次层混凝土浇筑完毕。混凝土运输、浇筑及间歇的全部时间不得超过规范规定，如超过时应留置施工缝。

11）每一振点的振捣器时间应使混凝土表面呈现浮浆和不再沉落。

12）当采用插入振捣器时，捣实普通混凝土的移动间距不宜大于振捣器作用半径的1.5倍；振捣关轻骨料混凝土的移动间距不宜大于其作用半径；振捣器与模板的距离不应大于其作用半径的0.5倍，并避免碰撞钢筋、模板、预埋件等；振捣器插入下层混凝土内的深度不小于50mm。

13）对已浇筑完毕的混凝土，加以覆盖和浇水，并符合下列规定 ：应在浇筑完毕后12h以内，对混凝土加以覆盖和浇水；混凝土的浇水养护时间，必须符合有关规定；浇水次数应能保持混凝土处于润湿状态；混凝土的养护用水应与拌制用水相同。

14）在已浇筑的混凝土强度未达到1.2N/mm^{2}以前，不得在其上踩踏或安装模板及支架。

15）严格执行混凝土工程施工规范的其他相关规定。

(3) 对不合格品的控制措施

对不合格品进行控制，确保不合格原材料或半成品件不投入使用，不合格工序不转序，不合格工程不交付使用。

1) 不合格品类型

A. 原材料、半成品件不合格。

B. 工序或工程质量通病，质量事故。

2) 对不合格品的控制措施

A. 当原材料、半成品件不合格时，主管部门对不合格材料、半成品件标识清楚，及时采取隔离存放措施，并书面形式与供方联系，由供方自行处理。

B. 若工序或工程发生质量问题或质量事故，施工班组应立即通知质检人员详细记录并标识事故发生的时间、部位、事故性质、严重程度、事故发生所在班组各人员。

C. 主管生产的项目负责人组织技术人员、质检人员、作业班组长等对质量问题按照“三不放过”的原则进行分析，制定切实可行处理方案。

D. 按照制定的方案对质量问题处理过程中，质检人员监督检查，记录处理情况，并对处理的工程质量重新检验评定。

E. 要根据已经发生或可能发生的问题，由技术部门制定纠正和预防措施，防止类似质量问题重复发生。

3) 实行全面质量管理，开展群众性的管理活动。

A. 成立 QC 小组，本项目确定 4 个，由技术负责人亲自抓。

B. 制定创优计划，本项目质量目标为“创优质工程”。

C. 确定攻关课题，制定攻关方案，攻关项目如下：

a. 确保现浇箱梁外观质量的技术措施。

b. 预应力箱梁施工技术。

c. 软基路堤的施工与沉降观测。

d. 跨铁路施工的技术措施。

e. 缓和曲线的测量技术难点。

(4) 配套现场试验室

1) 人员组成

本工程专设一个二级试验室，聘请具有丰富经验的专业人员进行试验工作。

2) 试验设备及检验质量流程

试验设备按二级试验室配备，配有：万能试验机、压力机、水泥设备、混凝土标准养护室、钢丝应力测定仪等试验设备。

根据质量检验流程及质量检验保证体系，试验室制定了健全的管理制度，收集了完整的试验标准、规范及试验方法等试验资料，为试验工作做好了充分的准备工作。

(5) 其他保证制度

1) 样板引路制度。

2) 实行并坚持自检、互检、交接检过程三检制度。

3) 成品保护制度。

4) 技术交底制度。每个工种、每道工序施工前组织进行各级技术交底，包括项目工程师对工长的交底、工长对班组长技术交底、班组长对作业班组的技术交底。

5）材料进场检验制度。材料进场必须进行材质复核检验，不合格的不得使用在工程上。

6）施工挂牌制度。主要工种如钢筋、混凝土、模板、砌砖、抹灰等，施工过程中要在现场实行挂牌制。

7）质量否决制度。对不合格分项、分部和单位工程必须进行返工。

8）质量文件记录制度。各类现场操作记录及材料试验记录、质量检验记录等，要妥善保管。

9）培训上岗制度。工程项目所有管理及操作人员应经过业务知识技能培训，并持证上岗。

（6）竣工阶段的质量控制措施

1）工程项目交验控制措施

A. 工程临近收尾，至少安排一名项目负责人专人专门负责收尾工作。

B. 竣工前，由主管生产的项目经理组织技术负责人、质检人工程技术人员、作业班组长等。按照业主指定的验收标准对已完成工程进行预检。对照图纸逐一进行全面检查，找出存在质量弊病或需完善的部位采取措施，及时落实处理。

C. 工程移交：①工程移交前，所有工程项目需全部完成并符合由项目负责人组织的自检组要求标准。②所有的文件资料完整、齐全，符合规定要求。③按照业主验收程序申请工程移交。

2）质量回访及保修措施

移交工程的同时，项目部的制定质量回访计划，按计划进行质量回访，及时了解、掌握用户对该工程意见和质量要求。

4.2　安全保证技术措施

4.2.1　安全生产目标

本工程确保创“自治区安全文明工地”。

确保无重大伤亡事故，无重大机械设备事故，火灾事故，一般事故频率控制在2‰以内。

4.2.2　安全管理体系

施工现场安全管理体系是施工企业和施工现场整个管理体系的一个组成部分，包括为制定、审核、实施和保持“安全第一，预防为主”方针和安全管理目标所需的组织机构、计划活动、职责、程序、过程和资源。

施工现场安全管理体系的建立不仅是要满足工程项目部自身安全生产的要求；同时，也是为了满足相关各方（政府、投资者、业主、保险公司、社会）对施工现场安全生产管理的持续改善和安全生产保证能力的要求。

（1）安全组织机构

以项目经理为首，由安全总监、项目技术负责人、专业安全工程师、各施工队及各施工班组等各方面的管理人员组成安全管理组织机构，见图4-3。

（2）安全管理制度

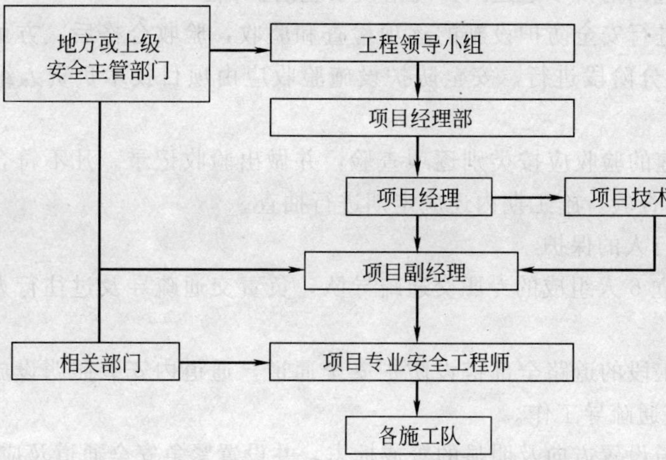

图 4-3 安全管理组织机构

为了确保本工程的安全生产管理目标的顺利实现，根据工程总包施工范围、业主制定分包工程等特点，工程项目经理部需要建立以下制度，并由项目经理部负责落实、实施。

1）编制安全生产技术措施制度。

2）安全技术交底制度。

3）特殊工种职工实行持证上岗制度。

4）安全检查制度。

5）安全验收制度。

6）安全生产责任制度。

7）事故处理“四不放过制度”。

（3）安全生产责任制

1）切实落实项目各级人员安全生产责任制。

2）落实项目各部门安全生产责任制。

3）抓好总包与分包单位安全生产责任制。

4.2.3 重点安全技术保证措施

本工程场地大，周边单位众多，行人、车辆多，除了常规的模板、钢筋、混凝土等专项安全保证措施外，应重点控制以下几个方面：

（1）安全防护

本工程闭合环、Z2 联、Z9 联分别横跨柳州市的三条主要交通干道，行人多、车流大，除了保证基本的安全防护外，重点要控制高空、临边作业的防护以及对过往车辆、行人的保护。

1）高空、临边作业

A. 防护栏杆由上、下两道横杆及栏杆柱组成，上杆离地高度为 1.2m，下杆离地高度 0.6m，并加挂安全立网。

B. 位于车辆行使道旁的洞口、深沟与管道坑、槽，所加盖板应能承受不小于当地额定卡车后轮承载力 2 倍的荷载。

C. 钢模板、脚手架等拆除时，下方不得有其他操作人员。

D. 凡人员车辆进出的桥下通道口，均搭设安全防护棚。

E. 高处作业应进行安全防护设施的逐项检查和验收，验收合格后，方可进行高处作业。验收也可分层或分阶段进行。安全防护设施验收应由项目技术负责人组织有关人员参加。

F. 安全防护设施的验收应按类别逐项查验，并做出验收记录。凡不符合规定者，必须修整合格后再进行查验。施工期内还应定期进行抽查。

2）对过往车辆行人的保护

A. 项目部将成立 6 人组成的专职交通疏导队，负责交通疏导及过往行人车辆的安全防护组织工作。

B. 所有穿越施工段的道路全部搭设防护安全通道，通道内安装照明设施，通道进出口有专人昼夜负责交通疏导工作。

C. 施工段内通道设置方向及明显的警戒标志，并设置紧急安全通道及应急照明设施。过往行人由疏导队员带领穿越施工段，不准在施工段内停留。

D. 施工段内通道经过碾压机碾压硬化，经常洒水、清扫，不准堆放任何材料。

(2) 吊装作业安全防护措施

1）专职司机负责现场吊车的安全使用，保证吊装方案的顺利实行。

2）吊车钢丝绳、绳具由项目经理部负责和安全使用。

3）吊车信号指挥工必须经培训考试合格持证上岗，严格执行“十不吊”的规定。

4）吊车起吊前，必须经安全部门验收合格后方准使用。

(3) 预应力张拉施工安全技术措施

1）预应力张拉前必须由安全部验收操作架，合格后方可上人操作；

2）张拉前操作人员仔细检查张拉设备是否有漏油现象，如果有立即更换设备；

3）检查输油管是否有老化、裂纹、打结现象；

4）张拉过程不准突然加压，或压力超过规定数值。

(4) 安全用电

1）施工现场用电须编制专项施工组织设计，并经主管部门批准后实施。

2）施工现场临时用电按有关要求建立安全技术档案。

3）用电由具备相应专业资质的持证专业人员管理。

4）巡视

A. 恶劣天气易发生断线、电气设备损坏、绝缘降低等事故，应加强巡视和检查。

B. 架空线路的巡视和检查，每季不应少于 1 次。

C. 配电盘应每班巡视检查 1 次。

D. 各种电气设施应定期进行巡视检查，每次巡视检查的情况和发现的问题应记入运行日志内。

E. 接地装置应定期检查。

F. 配电所内必须配备足够的绝缘手套、绝缘杆、绝缘垫、绝缘台等安全工具及防护设施。

G. 供用电设施的运行及维护，必须配备足够的常用电气绝缘工具并按有关规定，定期进行电气性能试验。电气绝缘工具严禁挪做它用。

H. 新设备和检修后的设备，应进行 72h 的试运行，合格后方可投入正式运行。

I. 用电管理应符合下列要求：

a. 现场需要用电时，必须提前提出申请，经用电管理部门批准，通知维护班组进行接引。

b. 接引电源工作，必须由维护电工进行，并应设专人进行监护。

c. 施工用电用毕后，由施工现场用电负责人通知维护班组，进行拆除。

d. 严禁非电工拆装电气设备，严禁乱拉乱接电源。

e. 配电室和现场的开关箱、开关柜应加锁。

f. 电气设备明显部位应设“严禁靠近，以防触电”的标志。

g. 施工现场大型用电设备等，设专人进行维护和管理。

（5）安全检查整改措施

加大安全检查力度，每天例行检查，每周一小检，每月一大检，节假日全面检查。根据安全工作检查的结果和检查部门下发的整改通知书内容，责任到人，分头落实。整改完毕后，由专人根据整改书的内容专项检查落实，并将整改情况意见反馈至检查部门。

施工班组根据检查内容具体落实施工操作工人现场整改，现场检查整改情况，项目部根据定期检查的结果和整改情况及时进行奖罚。

（6）现场消防保卫措施

1）本工程施工场地大，专业工程繁多，工地的消防隐患较多，工程总包项目经理部建立消防工作领导小组；同时，组建义务消防队，并编制好防火应急预案。

领导小组必须定期分析施工人员的思想状况，做到心中有数。

2）定期对项目的管理人员、施工人员进行教育、培训，熟悉掌握防火、灭火知识和消防器材的使用方法，做到能防火和扑救火灾。

3）现场要有明显的防火宣传标志，每半月定期组织一次防火检查，建立防火工作档案。

4）电工、焊工从事电气设备安装和电、气焊切割作业，要有操作证和用火证。动火前，要清除附近易燃物，配备看火人员和灭火用具。用火证当日有效，动火地点变换，要重新办理用火证手续。

5）加强对可燃、可爆物资的存放与管理。施工材料的存放、保管，应符合防火安全要求，库房应用非燃材料支搭。易燃易爆物品应专库储存，分类单独存放，保持通风、用火符合防火规定。材料堆放不要过多，垛之间应保持一定的防火间距，木材加工的废料要及时清理，以防自燃。

6）施工作业用火必须经保卫部门审批，领取用火证方可作业。用火证只在指定地点和限定时间内有效。

7）脚手架、塔吊、易燃易爆仓库等应设置临时避雷装置，对机电设备的电气开关，要有防雨、防潮设施。

4.3 环保技术措施

4.3.1 环境保护措施

（1）严格按国家相关规范、规程施工，必须在保证环境的前提下进行工程的正常施工。

(2) 本工程环保的重点为：水资源的利用和保护、施工临时用地的使用、降噪声、防粉尘以及水土保持、道路保洁等工作。

(3) 对职工进行环保知识教育，加强环保意识，积极主动地参与环保工作，自觉地遵守环保的各项规章制度。

(4) 建立环保工作机构，制定环保工作计划和措施，自觉接受环保部门、地方政府对工地环保工作的监督、检查。

(5) 工地建设用水量较大，要注意节约用水、防止浪费；同时，不要让施工废水直接流入河流、水渠和饮用水源，造成环境污染。

(6) 临时用地、占地要合理使用，要充分考虑以后的利用。

(7) 运输砂石料及土方的车辆通过即有公路时，要尽量进行覆盖，保持清洁上路，不得抛撒，并有专人负责，保持清洁。

(8) 要减少施工噪声和粉尘对临近群众的影响，对发电机等大型机械采取简易的防噪措施。机动车在工地上限速行驶等措施，避免产生灰尘，并经常洒水，减少灰尘的污染。现场易生粉尘的细料存放及运输要加以遮盖。

(9) 现场设备污水处理管理系统，生活区垃圾集中统一处理，禁止在工地焚烧残留的废物。

(10) 路基及排水工程施工，要防止水土流失，减少植被破坏。

(11) 混凝土浇筑尽量不安排在节假日、夜晚等居民休息时间。

(12) 严格控制电锯、电刨使用时间，电锯、电刨必须在搭设的木棚内使用。

(13) 到环保部门办好噪声排放许可证等证件。

(14) 成立三人工作小组，经建设单位牵线，与各住户及居民联系，取得谅解，并定时了解其意见，以便现场及时采取相应措施。

(15) 严格按文明施工管理控制流程图，组织施工现场的文明施工。

4.3.2　降低污染，减少扰民措施

(1) 防止水污染措施

1) 搅拌机的废水排放控制

凡在施工场地进行搅拌作业的，必须在搅拌机前台及运输车清洗处设置沉淀池。排放的废水要排入沉淀池内，经二次沉淀后，方可排入市政污水管线或回收用于洒水降尘。未经处理的泥浆水，严禁直接排入城市排水设施和河流。

2) 食堂污水的排放控制

施工现场临时食堂，要设置简易、有效的隔油池，产生的污水经下水管道排放要经过隔栅池。平时加强管理，定期掏油，防止污染。

3) 禁止将有毒有害废弃物用作土方回填，以免污染地下水和环境。

4) 废弃的混凝土、土方等建筑垃圾倾倒在环保部门指定地点。

5) 下雨前做好围栏附近的泥土的清理工作和未运走土方的覆盖工作，避免泥浆污染路面。

6) 在围栏内介沿围栏设排水沟，避免泥浆水污染路面。

(2) 防止大气污染措施

1）施工垃圾及时清运，清运时适量洒水，减少扬尘。

2）施工现场要在施工前做好施工道路的规划和设置，可利用设计中永久性的施工道路；如采用临时施工道路，基层要夯实，路面铺垫焦渣、细石，并随时洒水，减少道路扬尘。

3）散水泥和其他易飞扬的细颗粒散体材料应尽量安排库内存放；如露天存放，应严密苫盖，运输和卸运时防止遗撒飞扬，以减少扬尘。

4）生石灰的熟化和灰土施工要适当配合洒水，杜绝扬尘。

5）施工现场制定洒水降尘制度，配备专用洒水设备及指定专人负责，定时洒水降尘。

6）搅拌站要搭设封闭的搅拌棚，搅拌机上设置喷淋装置（如 JW-1 型搅拌机雾化器）。

（3）降低噪声污染措施

1）人为噪声的控制措施

施工现场提供文明施工，建立健全控制人为噪声的管理制度。尽量减少人为的大声喧哗，增强全体施工人员防噪声扰民的自觉意识。

2）强噪声作业时间的控制

严格控制作业时间，晚间作业不超过 22：00，早晨作业不早于 6：00。特殊情况需连续作业（或夜间作业）的，应尽量采取降噪措施，事先做好周围群众的工作，并报工地所在地环保部门备案后方可施工。

3）强噪声机械的降噪措施

A. 牵扯到产生强噪声的成品、半成品加工、制作作业（如预制构件，模板制作等），放在封闭工作间内完成，减少因施工现场加工制作产生的噪声。

B. 选用低噪声或备有消声降噪设备的施工机械。施工现场的强噪声机械（如：搅拌机、电锯、电刨、砂轮机等）设置封闭的机械棚，以减少强噪声的扩散。

C. 设立协调办公室和居民监督员，听取居民合理化建议，协调好和居民的关系，尽最大努力做到便民不扰民。

5 新技术应用以及经济效益分析

5.1 简介

本工程采用了九项新技术，均是近年内国内推广应用技术，用以解决施工中难点或达到降低成本的目的。

采用的九项新技术如下：

（1）预拌混凝土预水化工艺，该项技术主要解决混凝土坍落度经时损失大的问题。

（2）长钢筋现场连接技术，该技术主要解决水平长钢筋现场经济而又便捷的连接问题。

（3）镜面竹胶板应用技术，该技术主要解决清水混凝土模板，如何经济而又保证混凝土大面平整、光滑和接缝视差小的问题。

（4）轻型支架可调上托应用技术，该项技术的应用特点是支架标高控制精密，基本可避免现场割钢管的现象，上托重复利用率高，以及少用钢管、木方、铁丝及铁钉。

(5) 空间长束预应力张拉技术，该项技术的应用使项目部技术人员对钢绞线在张拉过程中变形模量、$\Sigma\theta$ 值、μ 值、L 值对应力的影响有了一个定量的认识。

(6) 全站仪及测量软件的应用技术，该项技术的应用使测量精密度大大提高；同时，减少了操作者的内外作业量。

(7) 空气吸泥机清孔技术，在孔内水深，人工无法下井作业的条件下，该技术十分方便。

(8) HM1500 防水剂应用技术，HM1500 涂洒在干净的混凝土面，由于其与构成水泥的各成分发生化学反应，可堵塞混凝土内部气孔、毛细孔和提高混凝土强度的功效，从而起到提高构件耐久性的目的。

(9) 计算机网络及管理软件的应用技术，该技术的应用具有信息联络方便，快捷、协助内业作用的特点。

重点介绍经济效益显著的 5 项新技术。

5.2 计划推广量（表 5-1）

新技术推广数量 **表 5-1**

序号	项目名称	单位	数量	使用部位
1	长钢筋现场连接技术	t	1200	箱梁纵向水平筋
2	镜面竹夹板应用技术	m^2	31800	箱梁外模、桥台外模
3	轻型支架可调上托技术	m^2	29800	箱梁支架
4	空气吸泥机清孔技术	根	34	孔内水位高而人工无法清孔的 34 个桩孔
5	HM1500 防水剂应用技术	m^2	19200	箱梁负弯曲及大悬臂板

5.3 预计产生效益

(1) 预计节约钢材约 80t，节约成本约 19.6 万元。

(2) 预计镜面竹胶板应用技术约降低成本 30 万元。

(3) 预计轻型支架可调上托技术约降低成本 45 万元。

(4) 预计空气吸泥机清孔技术，取得经济效益为 34×1200＝40800 元。

(5) 预计 HM1500 防水剂应用技术降低成本约 62 万元。

以上总计将降低成本额 160.7 万元。

5.4 单项新技术应用

5.4.1 长钢筋现场连接技术

本工程箱梁底板及箱梁顶板皆有大量沿桥纵向水平通长布置的粗钢筋（ϕ25mm 及 ϕ28mm），由于采购的钢筋以 7m 和 9m 为主，故箱梁施工中涉及大量的现场钢筋水平连接。本工程采用的较长钢筋水平连接方式为二次整流闪光对焊。

使用二次整流闪光对焊技术焊接的钢筋接头力学性能优良。且施工方便、快捷，节省了大量时间。

通过本工程的实践，我们取得了比较完整的闪光对焊的技术资料，对今后的进一步完善积累了经验。

5.4.2 镜面竹胶板应用技术

(1) 工艺过程

在已经预压并调整后支架上弹桥轴线（大小方木已铺完）⟶以桥轴线为中线向两侧对称铺竹胶板⟶检查板缝是否超过1mm，若板缝超过此值就地用手提电刨处理⟶检查各缝是否均落在木方上，若不落大木方上，小范围内可调整⟶纵横板缝下贴封口胶⟶若相邻两块出现平面错台，用小木片要较薄板下调整⟶沿板的四角和长边中间画钉处，保证钉眼落在木方上方⟶将画出的钉眼 $\phi 8$ 钻头阔 3mm 深孔⟶钉钉固定竹胶板，使钉冒不要高出竹胶板面⟶安装平整，验收合格后用原子灰把各钉眼刮平。

(2) 应用效果

基本上达到所浇筑混凝土内实外光，无板缝错台、钉眼等现象。

5.4.3 轻型支架可调上托应用技术

柳州潭中高架桥采用现浇连续梁，现浇连续梁的支撑体系是整个桥梁施工成败的关键，而可调上托的使用使得整个轻型钢管承重支撑体系更易于施工操作方便，在施工过程中起了重要的作用。

(1) 施工方法及使用

在轻型钢管承重支架搭设完毕后，就可以把可调上托的低部螺杆插入支架顶上的钢管中，插入的深度 20～40cm 为宜，以保证上托受力的稳定性和可靠性。然后，在上托的上部放置木方、支架预压后，在木方上放置镜面竹夹板之前，就可以利用可调上托的上下调节达到调节箱梁低部标高的目的，整个过程非常方便施工操作，经实践已证明了这一点。

可调上托使用搭设示意如图 5-1。

图 5-1 中，①竹夹板厚 1.2cm；②小方木 6cm×8cm；③大方木 12cm×15cm，$L\geqslant$ 400cm；④可调上托；⑤ϕ48mm 钢管立杆；⑥ϕ48mm 钢管横杆；⑦$\delta=10$mm 钢板底座；⑧5cm 厚木板；⑨找平细石混凝土。

(2) 使用可调上托主要有以下优点：

1) 顶部采用可调上托对梁底板的起拱非常方便；

2) 保持了支架承重立杆轴心受压的特点；

3) 操作方便，降低了劳动力成本；

4) 每次搭设无耗损量，可多次重复使用，不存在因其专用性而难以周转的问题。

5) 对每次预压后产生的非弹性变形，可迅速而精确地调整。

5.4.4 空气吸泥机清孔技术

(1) 采用背景

潭中高架桥基础为人工挖孔嵌岩灌注桩，全桥 168 根桩中有 34 根桩由于桩孔设计深度较深，渗水量较大，人工无法下孔作业。常规做法费用较高，经查阅有关资料，自制了空气吸泥机，可安全、迅速地解决此问题。

(2) 应用效果

每次清孔后由监理用沉渣筒检查，均符合设计要求小于 5mm 沉渣的要求。

(3) 可推广性

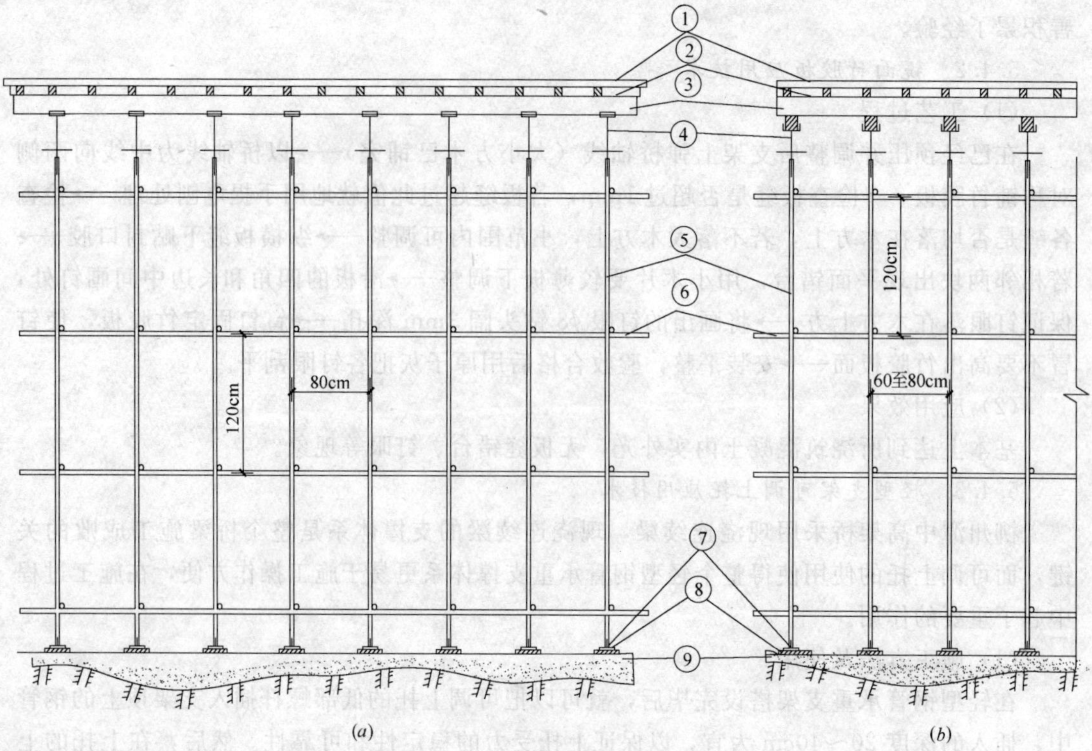

图 5-1　轻型支架可调上托搭设示意

(*a*) 支架横断面；(*b*) 支架纵立面

1）成本低。

2）安全易操作。

3）清孔效果好。

5.4.5　HM1500 防水剂施工技术

柳州地处湿热、高温多雨的气候环境及酸雨腐蚀影响，工程本身桥跨结构为预应力混凝土连续梁，且负弯矩区域预应力钢筋束距桥面仅 5～10cm，桥面防水在一定程度上决定着结构的耐久性。为此，桥面铺装层采用复合式桥面铺装组合设计，在自防水混凝土施工前，基底喷涂 HM1500 无机水性水泥密封防水剂。

在本工程施工过程中，通过抗渗性对比试验，结果证明 HM1500 防水剂确实有较好抗渗防水功效。化学测试表明，其主要技术指标均符合 Q/ZFH13-1999 行业标准。该产品无毒、无味，施工操作安全，投入设备、器具、劳动力少，工序简单且不影响下道工序施工，是一种新型环保型防水材料。

5.5　推广应用新技术的完成情况

在本工程中推广和运用的九项新技术，经实施阶段考核，各项技术指标基本达到预期目标，起到了降低成本和解决施工中疑难点的作用。据测算，降低成本额共约 152.08 万元。

（1）全桥箱梁纵向水平筋共有约 56000 个接头，24m 以内在钢筋场采用闪光对焊连接，24m 以上运至现场采用熔槽绑条焊连接，共计节约钢材约 90t，节约成本约 22 万元。

(2) 镜面竹胶板应用技术约降低成本 26 万元。

1) 竹胶板与普通木材按一次摊销材料费基本持平。

2) 少耗钉钉约 9t，降低成本 2.8 万元。

3) 木方少耗材 $260m^3$，降低成本 23.2 万元。

共计经济效益：2.8＋23.2＝26 万元

(3) 轻型支架可调上托技术约降低成本 40 万元。

1) 减少钢管用量，计节约 500t×3.0 元/d·t×200d＝30 万元

2) 木方少耗材 $108m^3$：108×9120＝10 万元

共计经济效益：30＋10＝40 万元

(4) 空气吸泥机清孔技术，取得经济效益为 34×1200＝40800 元。

1) 共 34 根桩清孔费用：1400×34＝47600 万元

2) 自制空气吸泥机材料及加工费共 6090 元

3) 清孔人工费共计 16 工日×25 元/工日＝400 元

4) 清孔耗电：480 度×0.6 元/度＝288 元

共计经济效益：47600－6092－400－288＝40800 元

(5) HM1500 防水剂应用技术降低成本约 60 万元。

以上共计降低成本额 152.08 万元。

本工程由于前期各种非我方原因的影响，导致工期紧张，通过一些新技术、新工艺、新材料的应用，对工程按时竣工也提供了技术保证，因此，也同时取得了巨大的间接经济效益。

第十六篇

青岛市经济技术开发区嘉陵江路崮山隧道工程施工组织设计

编制单位： 中建一局市政工程事业部
编 制 人： 刘锡波　初鹏　胡维文
审 核 人： 刘小明

目　录

1　编制依据、范围及原则

1.1　编制依据

1.1.1　合同（表 1-1）

合　　同　　　　表 1-1

合同名称	编　　号	签定日期
《建设工程施工合同》	GF-1999-0201	2003 年 5 月 1 日

1.1.2　主要规程　规范　主要图集　主要标准　主要法规（略）

1.2　编制范围

《青岛开发区嵩山隧道工程招标文件》所规定的雁门关隧道，包括路基土石方、隧道、排水、防护、绿化及环境保护等项目的全部工程内容。

1.3　编制原则（略）

2　工程概况

2.1　工程概况（表 2-1）

工程总体概况　　　　表 2-1

项　目	内　　容		
工程名称	青岛经济技术开发区嘉陵江路嵩山隧道工程(暗洞、洞门合同段)		
地理位置	青岛经济技术开发区嘉陵江路东端		
建设单位	青岛经济技术开发区重大项目建设指挥部		
设计单位	铁道第三勘察设计院设计		
监理单位	煤炭工业部济南设计研究院工程建设监理公司隧道项目部		
勘察单位	海军工程设计研究局勘察大队		
监督单位	青岛开发区质量监督站		
施工总承包单位	中国建筑一局(集团)有限公司嘉陵江路嵩山隧道项目经理部		
总承包合作单位	青岛开发区正东建设有限公司		
专业外分包单位	福建海天建设有限公司(隧道暗洞)中港一航局二公司三处(洞门、机电安装)		
合同范围	暗洞、洞门施工图全部	投资性质	青岛经济技术开发区财政拨款
合同质量目标	合格	合同性质	中标价加增、减概算
合同工期	总工期:510 日历天 开工日期:2003 年 5 月 1 日;竣工日期:2003 年 9 月 30 日		

2.1.1 工程地理位置

嵩山隧道位于青岛经济技术开发区以东、丁家河以西的烟固墩山下，隧道所处的嘉陵江路是经济技术开发区通往薛家岛旅游区的城市快速路。

隧道所处地貌单元为构造剥蚀丘陵，外貌成低而平缓的起伏小山丘地貌，高程在80～100m左右。丘陵形态浑圆，东西平均坡度5%，局部达10%，两翼被垦农田较多，植被中等发育。详见图2-1。

图 2-1 隧道出口地形现状图

地貌形态主要受构造作用和岩性控制，主走向为北东向，山丘两侧冲沟发育，由于受长期的剥蚀和切割，冲沟口部较宽，多数沿断层走向延伸，向基岩切割。东部出口一带冲沟两侧坡面冲刷严重，并继续向上游和横向发展，构成一片较开阔的冲刷剥蚀地貌，陡坎发育，隧道最大埋深约46m。

2.1.2 工程地质及水文地质

(1) 工程地质构造特征

该工程所处的黄岛、薛家岛地区，大地构造位置属于鲁东隆起区的胶莱凹陷和胶南隆起的过渡带，以断裂破碎为特征。主要岩性为花岗石、安山岩及少量辉绿岩脉，表层为残积物和坡积物所覆盖，厚度0.5～7.0m，隧道通过的周围地段，断层破碎带发育共有12条，主要构造走向为NE35°～55°，倾向北东（NW），倾角60°～80°，其中和隧道直接有关的9条，各断层破碎带的主要产状为岩体破碎，节理很发育、微张、压扭作用，部分有砂质、泥质填充，对隧道的拱部和侧壁的稳定性影响很大。主要节理有三组，第一组：走向NE35°～45°，倾向NW，倾角60°～75°，以压扭性为主，多闭合状，部分微张节理面有铁锈蚀。该组节理和主要构造走向相符，对隧道的稳定性有较大影响；第二组：走向NW345°，倾向NE，倾角50°～69°，压扭性，闭合状；第三组：走向NW295°～305°，倾向SW，倾角57°～67°，部分倾角90°压扭性，闭合状，部分微张。以上三组节理，互构成“X”状，把岩体切割成块状、碎块状，是隧道岩体弱结构面的成因之一，对隧道岩体的稳定性构成一定威胁。

(2) 水文地质特征

隧道经过的地段，水文地质条件简单，无富含地下水地层，只有弱含水的残一坡积物及风化壳和破碎带，严格受季节性影响，旱季无渗水，雨期有水，但不丰富，断层中裂隙水只有部分胀裂隙地段有少量潜水，补给源为大气降水。

2.1.3 隧道围岩分类及评述

Ⅲ类围岩多处在小丘缓坡下部，冲沟发育，冲刷严重，隧道埋深距地表浅，10～20m左右，均属浅埋隧道，基岩完整性较差，呈碎石、碎块状，风化很重至严重。隧道之上处在强风化和中等风化（弱风化）带中，断层较多，有一条以上的岩脉穿插，节理很发育，达3组以上。隧道拱部不稳定，尤其在断层破碎带部位，可能产生较大的坍塌，侧壁局部不稳定，均需及时支护。

Ⅳ类围岩处在小山丘体的中部，缓坡地貌，植被中等发育，基岩风化严重，为强风化带，一般15m以下为中等风化带。隧道从中等风化带岩体中穿过，基岩基本完整，块状构造坚硬，饱和抗压强度 $R_b \geqslant 50MPa$。节理发育，一般3组，多呈闭合状，受断层影响较重，局部岩体破碎，有小的安山岩脉穿插，隧道拱部局部不稳定，可能产生较小的坍塌，应注意支护，侧壁基本稳定。

地震基本烈度为6度，土壤最大冻结深度为0.5m。

2.2 建筑设计概况

隧道主要设计技术指标见表2-2。

隧道主要设计技术指标 **表2-2**

项 目	技术指标	
总里程桩号	左线 DK0＋035～DK0＋670	右线 DK0＋035～DK0＋670
隧道暗洞里程桩号	左线 DK0＋153～DK0＋584	右线 DK0＋147～DK0＋600
明洞里程桩号	左线 DK0＋070～DK0＋153(西) 左线 DK0＋584～DK0＋635(东)	右线 DK0＋070～DK0＋147 (西) 右线 DK0＋600～DK0＋635(东)
洞门里程桩号	左线 DK0＋035～DK0＋070(西) 左线 DK0＋635～DK0＋670(东)	右线 DK0＋035～DK0＋070(西) 右线 DK0＋635～DK0＋670(东)
公路等级	四车道城市快速路；双洞单向行车	
路线长度(m)	635×2＝1270m(其中明洞段为：246m)	
设计行车速度(km/h)	60km/h	
隧道车道宽度(m)	3×3.75＋2×0.5＝8.5m	
隧道建筑限界(m)	5m	
隧道总高度(m)	7m	
人行车道(m)	1.5m	
设计坡度(%)	2%	
地温	9～14.5℃	
建筑形式	隧道内轮廓为单心圆曲墙式；洞门采用喇叭口斜截式洞门	
地震基本烈度	6度	
结构形式	按照新奥法设计和施工，采用钢筋格栅锚杆喷射混凝土初期支护与模筑混凝土二次衬砌的复合式衬砌	

2.3 结构设计概况

隧道主要技术参数见表 2-3。

隧道结构设计主要技术参数 **表 2-3**

部位	项目	主要材料	主要技术参数		
			洞口加强段	Ⅲ类围岩段	Ⅳ类围岩段
暗洞	衬砌类型	C20P6	复合衬砌	复合衬砌	复合衬砌
	衬砌厚度	C20P6	35cm	35cm	35cm
	锚喷支护类型	C20	钢筋格栅、系统锚杆	钢筋格栅、系统锚杆	系统锚杆、钢筋网片
	锚喷支护厚度	C20	20cm	20cm	15cm
	锚杆长度	HRB335 钢筋	3m	3m	2.5m
	锚杆间距	HRB335 钢筋	1m×1 m	1.2m×1.2 m	1.2m×1.2 m
	格栅间距	HRB335 钢筋	0.75m	1.2m	无
	预留变形量		7cm	7cm	5cm
	施工缝间距	BW 止水条	环向 9m;水平缝	环向 9m;水平缝	环向 9m;水平缝
	变形缝	橡胶止水带	与明洞结构交接处	Ⅲ、Ⅳ类围岩交接处	Ⅲ、Ⅳ类围岩交接处
	防水板	1.2mm 厚	EVA 高延性防水板	EVA 高延性防水板	EVA 高延性防水板
	环向盲沟	$\phi50$	10m	10m	10m
	装饰装修	环氧涂料	2.5 以下边墙 WEP09;2.5 以上拱部 WEP08		
洞门	洞门类型	C20	喇叭口斜截式钢筋混凝土洞门		
	洞门厚度	C20	65cm		
	施工缝间距	BW 止水条	水平缝		
	变形缝	橡胶止水带	与明洞结构交接处		
	洞门类型	混凝土、沥青混凝土	20cm+10cm 沥青路面		
	路面厚度	混凝土、沥青混凝土	30cm		

2.4 专业设计概况

各专业设计概况见表 2-4。

2.5 工程重点、难点及主要对策

(1) 工程重要性。本工程是青岛市重点工程、青岛开发区十大工程五大重点投资项目之一。

(2) 工期目标高。

专业设计概况　　表 2-4

项　目	内　　容
建筑限界及衬砌内轮廓	隧道净高 7m,净宽 10.97m,行车方向右侧设人行道,人行道宽度 1.5m,隧道断面内轮廓综合考虑结构受力、通风、照明施工方便性等因素确定,隧道风机按 ϕ63mm 预留
隧道洞口及洞门	根据地质报告,隧道进出口为Ⅲ类围岩,由于坡面地形较缓,隧道进出口外有较长的挖方路堑段,洞口中心挖高控制在 11～12m,洞口采用喇叭口斜截式洞门,通过 3m 明洞与暗洞挖正洞连接,明洞与喇叭口结构整体浇筑,洞口边坡、仰坡采用锚喷支护体系进行防护。 隧道采用钢筋格栅锚杆喷射混凝土初期支护,与模筑混凝土二次衬砌的复合式衬砌
隧道路面及防排水	隧道路面采用 C35 水泥混凝土路面,厚度 25cm,路面横坡采用单面坡,坡度为 1.5%。 隧道防排水的主要做法:二次衬砌采用防水混凝土,以增强混凝土自身的防水能力,混凝土抗渗等级不低于 P6。隧道拱墙和明洞全断面铺设 WRM 专用防水板,厚度 1.2mm。变形缝采用橡胶止水带防水,施工缝采用遇水膨胀橡胶止水条止水(20mm×30mm)
照明配电及通风消防	照明光源为节能型高压钠灯,按白天、傍晚、黑夜三级控制,通风机械只做预埋件,近期不做安装,洞内消防配备手提式灭火器,存放在设备洞内

(3) 专业分包多。既有我局自行分包工程，又有建设单位直接分包工程，我们不仅要做好自行分包工程的总承包管理，而且要做好对建设单位直接分包工程的总承包管理。

(4) 质量目标高。

(5) 工程地质复杂、不良地质地段较多。Ⅲ类围岩多处在小丘缓坡下部，冲沟发育，冲刷严重，基岩完整性较差，呈碎石、碎块状，风化很重至严重。隧道之上处在强风化和中等风化带中，断层较多，有一条以上的岩脉穿插，节理很发育，达 3 组以上，隧道拱部不稳定，尤其在断层破碎带部位，可能产生较大的坍塌，侧壁局部不稳定，均需及时支护。

(6) 环保要求高。本工程位于青岛开发区中心地段，直通开发区金沙滩旅游景点，隧道穿过规划之中的未来景观公园。

(7) 主要对策：

1) 及早进洞，多开工作面、尽早实现贯通。加强洞口边坡防护，及早进洞，并尽快形成生产能力；同时本合同段内设计有三个断面较大的车行横洞，施工时将充分利用车行横洞的行车条件，增加工作面，采用多工作面互通式开挖方式，工序全面配套，突出贯通目标，加大人员、设备等资源投入，确保工期目标的实现。

2) 加强地质预报和围岩监控量测，优化施工方案。

3) 科学规划，合理投入，保障施工生产。

4) 加强施工调度，合理安排劳力，周密计划材料。

5) 加强施工现场的标准化管理，突出质量与安全目标，保证工期。

2.6 施工条件

(1) 办公室、空压机站房、材料仓库、机械设备停放场、钢筋钢格栅加工场、材料堆放场地均设在两洞口附近，运输机械放在道边。

(2) 临时用水、施工用水东西口分别采用山下的缝隙天然水源，山上设大容量高山水池，蓄水量约 $80m^3$，用高扬程离心泵蓄积施工、防尘用水。空压机设一个 $30m^3$ 水池供空压机冷却循环。施工用水管选用 ϕ89mm 镀锌钢管。

(3) 临时用电：西洞口设一台 560kV·A 变压器。东洞口用电由西洞口用电缆送电，并设 1 台 75kW 发电机备用。

(4) 通风机选择：作业时间长，因此以机械出碴选择风机，经计算选用风机风量 $1500m^3/min$。

(5) 石碴：运至 5km 以内指定地点，进行弃渣处理。

(6) 临时道路：明挖段已施工完毕，只需铺设石碴堆场和料石堆场至引道几十米便道。

3 施工部署

3.1 施工部署的总体思路

在本合同段施工过程中，以高起步、高标准、高质量、高效益的“四高”为总体目标，精心组织，精细正规，精益求精铸精品。

(1) 两个“确保”

一是确保安全和质量目标，二是确保工期目标。

(2) 达到“三高”

高标准控制施工全过程（用检测控制工序，以工序控制过程，以过程控制整体）；高效率建设本合同段工程；高水平建成本合同段工程（一次达标，一次成优）。

(3) 坚持“四先”

在实施中，用先进的设备和科学的配置来满足设计规范和建设单位、监理工程师要求；用先进的技术与工艺来保证质量要求；用先进的组织管理方法，结合本合同段工程特点，统筹考虑，科学安排；用先进的思想观念来统一全体参建职工的认识，不凭老经验、老方法办事，把创优目标全面贯彻到施工的每一个环节。

(4) 狠抓重点、难点工程

对施工中的重点、难点工程，始终放在突出位置狠抓不放，根据我集团公司多年从事类似工程的施工经验，对浅埋地段、断层破碎带、岩溶、岩爆等不良地质地段等，提前预研，优化方案，择优选用，充分发挥我集团公司的施工优势，创出一流水平。

(5) 试验先行

根据本合同段工程特点，对两次衬砌、路面施工等项目先做样板工程，确保工艺参数的可靠性，报监理工程师审批后，方可施工。

(6) 全过程监测、信息化施工

做好隧道施工的超前地质预报和监控量测，对各道工序进行全过程的跟踪监测，并及时反馈施工全过程的各类信息，以便更好地指导施工。

3.2　施工组织管理机构

3.2.1　施工组织管理机构

项目施工组织管理机构框图见图 3-1。

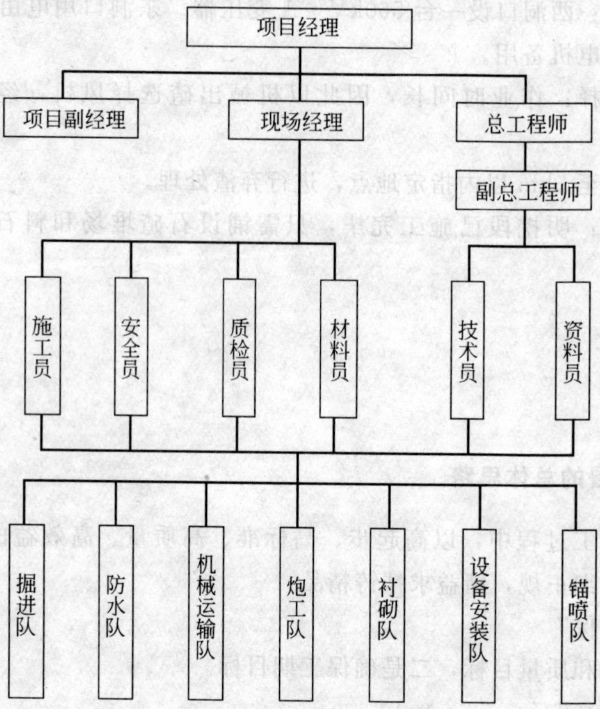

图 3-1　项目组织结构图

为安全、优质、按期完成本合同段的施工任务，本着精干、高效的原则，我单位计划抽调理论和实践经验丰富、业务能力强、综合素质高的技术、管理、行政人员及具有丰富隧道施工经验的施工队伍完成本合同段的施工任务。按项目法组建本合同段工程管理机构，全面负责本合同段工程的施工组织管理工作。项目经理部下设六部一室（工程技术部、安全监察部、质量监察部、资料部、财务部、设备物资部、综合办公室，工程技术部下设中心试验室和测量班），分别负责本合同段工程项目的施工技术、安全、质量、计划、财务、物资设备保障、材料试验与检验、行政管理等工作，全面保证本合同段工程建设任务的优质、高效完成。

3.2.2　管理职责

各部门根据相关要求承担自己的职责。

3.3　任务划分

(1) 总包合同范围

图纸范围内的土建、给排水、采暖、水消防、绿化、动力照明、防雷接地系统等。

(2) 总包组织内分包施工项目

暗洞及东口明洞段结构工程由福建海天建设有限公司承担，西口明洞段由中港第一航务工程局第二工程公司承担。

(3) 总包组织外分包施工项目

针对本工程机电安装工程实行专业分包、总承包管理。

(4) 总包单位与分包单位关系

1) 项目将严格按照总分包合同、项目法施工原则、公司管理等对各专业公司和分包进行管理，使其达到合同中既定的施工总进度计划和项目各项管理标准。

2) 项目根据实际情况建立了一整套的管理办法专门成立协调部，负责和建设单位联络，协调各施工工种、各专业分包公司之间的工作，了解建设单位和设计意图，力争为工程施工创造条件。

(5) 定期召开生产例会

每天项目经理部召集各施工方、各专业召开生产碰头会、生产例会，及时解决工程施工中出现的问题；同时，为下步生产工作提前做好准备。

3.4 施工部署

3.4.1 劳动力部署及任务划分

为优质高效地完成本合同段全部工程施工任务，根据本标段隧道特点以及相应的工程数量，合理配置劳动力资源，拟安排上场8个施工队，各施工队专业技工人数比例控制在75%以上。在中标后，将迅速组织施工队伍上场，并根据工程需要适时调整，上场劳动力总人数为300人。

3.4.2 施工队伍安排（表3-1）

施工队伍安排　　表3-1

序号	施工队伍名称	人数（人）	专业技工人员所占比例（%）	任务划分
1	隧道掘进一队	45	78	负责左线隧道及所有车行横洞、人行横洞开挖
2	隧道衬砌一队	30	72	负责左线隧道及所有车行横洞、人行横洞衬砌
3	机械一队	20	94	负责左线隧道及所有车行横洞、人行横洞出碴及材料运输
4	综合保障一队	55	80	负责左线隧道路面和排水及所有车行横洞、人行横洞的风水电和洞口路基及其他辅助作业
5	隧道掘进二队	45	78	负责右线隧道开挖
6	隧道衬砌二队	30	72	负责右线隧道衬砌
7	机械二队	20	94	负责右线隧道出碴及材料运输
8	综合保障二队	55	80	负责右线隧道路面和排水设施风水电及其他辅助作业
合计		300	79.7	

3.4.3 主要技术力量

在接到中标通知书后，选派一批理论和实践经验丰富、业务素质高、综合能力强并且有良好敬业精神的隧道施工技术和施工管理人员，分配在项目经理部和各施工队，充实和加强对本合同段工程的工程施工技术管理。共计投入不同专业工程技术人员115人。

3.4.4 施工机具安排

主要机械设备、机具安排（注：以下机械、机具均在使用前10d安排进场调试）见表3-2。

主要机械设备、机具安排 **表3-2**

序号	机械名称	规格型号	额定功率（kW）或 m^3 或 t	数量 小计	其中 拥有	其中 新购	其中 租购	拟进场时间（月/日）
1	开挖机械							
	挖掘机	小松2000	$1m^3$	3	√			5/10
	装载机			2	√			5/10
	装载机			2	√			5/10
	凿岩机	YT28		40	√			5/10
	空压机			8	√			5/5
	发电机		75kW	2	√			6/5
2	运输机械							
	自卸车	斯太尔	20t		√			5/20
	机动翻斗车	建设牌	1t		√			5/20
3	混凝土机械							
	混凝土拌合机	JQ500	$0.5m^3$	4	√			5/30
	混凝土运输车	MR-60S	$6m^3$	4	√			5/30
	混凝土喷射机	TK-961	$2.5m^3$	4	√			5/30
	混凝土输送泵	HB-30B	$15\sim30m^3$	2	√			5/30
	插入式震动器	ZX-35/50	1.1kW	8	√			5/30
	附着式震动器	FX型	2.2kW	10	√			5/30
	交流电焊机	JD-3	10kV·A	4	√			5/30
	钢筋切断机	QJ-40	4.5kW	2	√			5/20
	衬砌台车	9		2	√			5/30
	锚杆台车	11×4.2		2	√			6/10
	混凝土路面刻槽机	HSY-10A	5.5kW	1	√			6/10
	混凝土切缝机	HZQ-65	5.5kW	1	√			6/30
	注浆机	NZ130A	$2m^3/H$	2	√			5/10
4	其他机具、机械							
	通风机	88-1	55kW	4	√			5/20
	潜水泵	QB-8	$25m^3/H$	6	√			5/20
	泥浆泵	NB-1	$15m^3/H$	4	√			5/20
	千斤顶	YQD-10	10t	2	√			5/20
	油车	JF141	5t	2	√			5/20
	水车	JF141	5t	2	√			5/5
	气罐		$10m^3$	2	√			5/5

3.5 施工进度计划

3.5.1 施工进度计划（表 3-3）

施工进度计划　　表 3-3

项目			进度计划
1	隧道开工		2003 年 05 月 01 日
2	隧道主体结构验收		2004 年 07 月 01 日
3	隧道竣工验收		2004 年 09 月 30 日
4	隧道竣工通车		2004 年 10 月 01 日
5	暗洞	1# 洞开挖贯通	2003 年 07 月 20 日 ～ 2003 年 11 月 28 日
6		2# 洞开挖贯通	2003 年 07 月 20 日 ～ 2003 年 12 月 01 日
7		1# 洞衬砌结构	2004 年 02 月 26 日 ～ 2004 年 06 月 09 日
8		2# 洞衬砌结构	2004 年 02 月 21 日 ～ 2004 年 06 月 18 日
9	洞门	东侧 1# 洞洞门结构	2004 年 03 月 13 日 ～ 2004 年 04 月 30 日
10		东侧 2# 洞洞门结构	2004 年 05 月 01 日 ～ 2004 年 05 月 18 日
11		西侧 1# 洞洞门结构	2004 年 05 月 20 日 ～ 2004 年 07 月 03 日
12		西侧 2# 洞洞门结构	2004 年 07 月 03 日 ～ 2004 年 08 月 25 日
13	装修	1# 洞涂料装修	2004 年 07 月 03 日 ～ 2004 年 08 月 25 日
14		2# 洞涂料装修	2004 年 07 月 03 日 ～ 2004 年 08 月 25 日
15	地面	1# 洞沥青地面	2004 年 09 月 03 日～2004 年 09 月 25 日
16		2# 洞沥青地面	2004 年 09 月 03 日～2004 年 09 月 25 日

3.5.2 具体施工计划安排

（1）衬砌、明洞结构每循环作业时间、单体喇叭口洞门结构作业时间是根据工程类比法，参照施工单位同类型隧道工程施工经验及本工程的施工特点确定的。冬期衬砌时间为每循环 5d；非冬期衬砌时间为每循环 3d。明洞结构非冬期施工时间为每循环 5d。

（2）竣工前的施工进度计划安排以隧道 2# 洞施工进度为主线进行控制。隧道 1# 洞加快施工进度，保持与隧道 2# 洞同步进行。

（3）明洞结构施工正值雨期，由于基础较深，所以，每一作业循环增加一天的措施时间。

（4）项目经理部将隧道结构施工分派两个专业施工作业队完成：洞内二次衬砌和明洞结构施工队和喇叭口洞门结构施工队。

（5）为确保隧道工程在 2003 年 12 月前开挖贯通，项目经理部根据本工程的地质情况，对开挖施工工序进行了调整。对地质情况较好的暂不进行钢格栅锚喷支护，隧道贯通后再完成钢格栅锚喷支护施工，由于先期施工工序的调整，造成隧道贯通后仰拱开挖的时间相应增长。

（6）衬砌施工步骤

衬砌施工结构断面构造如图 3-2 所示。

（7）二次衬砌模板和明洞内模板采用整体移动式衬砌台车，明洞外模板采用定型组装

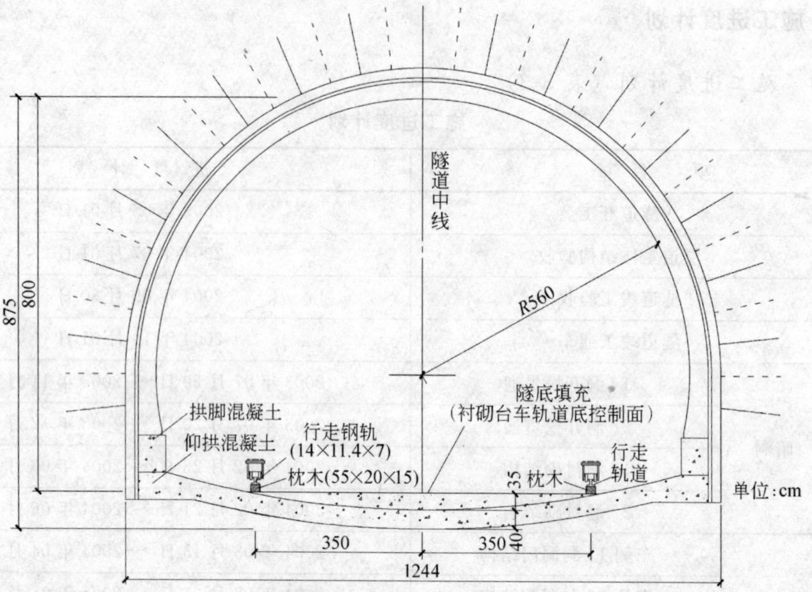

图 3-2 衬砌施工断面构造

模板。

(8) 二次衬砌施工的基本思路是：以衬砌台车的行进路线为主控路线，合理安排衬砌台车的施工路线，尽量减少衬砌台车的调动次数。

先行完成西洞口隧道 2# 洞内的 60m 仰拱混凝土；同时，浇筑隧底填充混凝土（先浇筑至衬砌台车轨道底面标高），仰拱混凝土强度达到 70%时，浇筑拱脚混凝土。待仰拱混凝土强度达到设计要求后，方可进行衬砌台车就位。

2# 衬砌台车从西洞口隧道 2# 洞 DK0＋147 开始向东进行防水、衬砌施工。完成 DK0＋147～DK0＋600 施工段衬砌后连续完成东 2# 洞 DK0＋600～DK0＋635 明洞结构施工。移动衬砌台车至隧道 2# 洞西明洞位置进行 2# 洞 DK0＋070～DK0＋147 明洞结构施工。在进行明洞结构施工的同时，完成浇筑隧底填充混凝土（浇筑路面底标高），并分幅浇筑路面混凝土。

衬砌施工工序如图 3-3 所示。

(9) 春节后喇叭口结构施工队开始进行喇叭口结构施工。首先完成东口两个喇叭口结构，再完成西口两个喇叭口结构，喇叭口内外模板采用定型拼装钢模板。

(10) 机电安装分项工程、装饰装修分项工程安排在隧道结构施工完成，混凝土强度满足设计要求后进行。

(11) 明洞洞顶回填土方及绿化的施工安排在明洞、喇叭口结构施工完成后，混凝土强度达到设计要求，并完成相应的防水、防水保护层施工后进行。本施工进度安排没有考虑洞顶回填土方及绿化施工工期。

(12) 施工作业队尽快将西洞口的临建房屋、钢筋加工场、搅拌站等影响明洞、喇叭口结构施工的临建移到东洞口，为春节后明洞施工创造条件。

(13) 施工进度的计划安排见嘉陵江路嵩山隧道施工网络计划图（左线）、（右线），如图 3-4 所示。

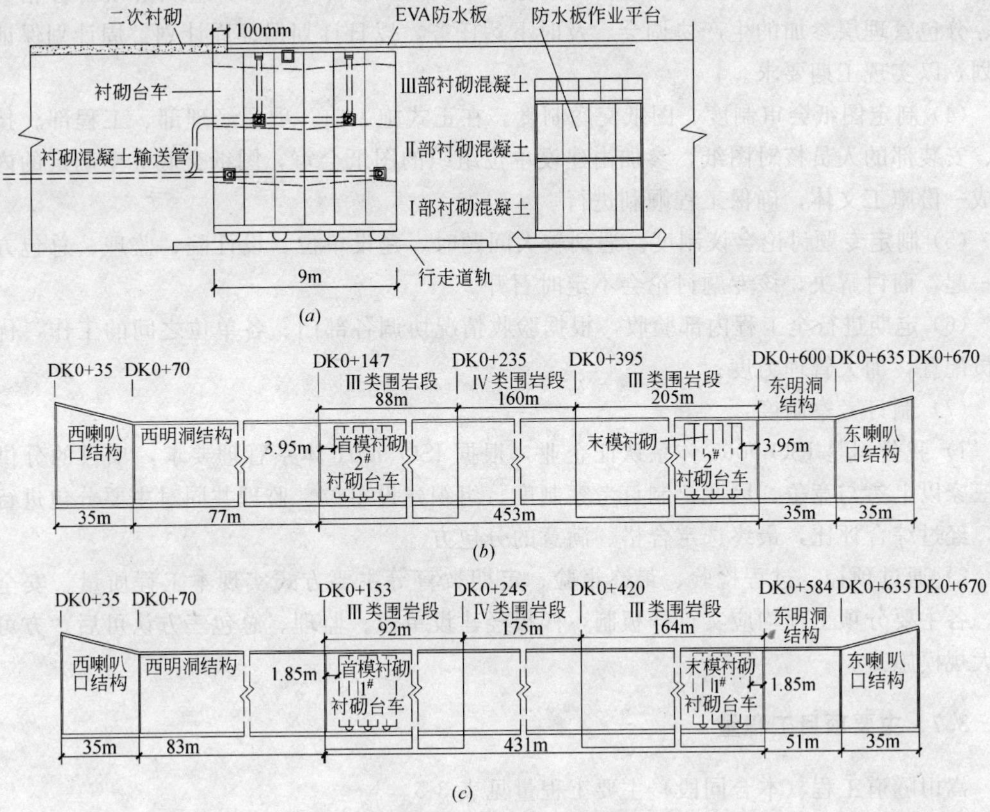

图 3-3 衬砌施工工序

(a) 防水、衬砌混凝土；(b) 2# (右线) 结构混凝土施工图；(c) 1# (左线) 结构混凝土施工图

3.5.3 主要进度控制点（表 3-4）

主要进度控制点 **表 3-4**

控制点	开工日	内容	备 注
A	2004 年 07 月 01 日	隧道主体结构验收	
B	2004 年 09 月 30 日	隧道竣工验收	
C	2004 年 10 月 01 日	隧道竣工通车	
D	2003 年 11 月 28 日	1# 洞开挖贯通	
E	2004 年 06 月 18 日	2# 洞衬砌结构	
F	2004 年 08 月 25 日	东侧 2# 洞洞门结构	

3.6 组织协调

(1) 按总进度计划制定控制节点，组织协调工作会议，检查本节点实施的情况，制定修正调整下一个节点的实施要求。

(2) 项目经理部以周为单位，提出工程简报，向建设单位、监理和有关单位反映，通报工程进展情况及需要解决的问题，使有关方面了解工程的进展情况，及时解决施工中出现的困难和问题。

(3) 制订日生产协调会制度。项目工程部牵头每天下午 17：00 组织由项目各相关部门、分包管理层参加的生产协调会，及时下达任务，以日计划保证周计划，周计划保证月计划，以实现工期要求。

(4) 制定图纸会审制度、图纸交底制度。在正式施工前，项目经理部、工程部、技术部、安装部的人员核对图纸，参加由建设单位组织的图纸会审，图纸交底会中确定的内容形成一份施工文体，确保工程顺利进行。

(5) 制定专题讨论会议制度。遇到较大问题时、建设单位、设计院、监理、总包方聚到一起，商讨解决，该专题讨论会不定时召开。

(6) 定期进行全工程内部验收，根据验收情况协调各部门、各单位之间的工作，优化人员配置，加大管理力度。

(7) 制订考察制度：

1) 我公司是 ISO 9001 体系认证企业，根据 ISO 9001 体系管理要求，项目的分供方要三家以上参与竞争，因此，制订考察制度，组织建设单位、监理共同对主要分包进行考察，经过综合评比，最终选定合格、满意的分包方。

2) 通过预控、过程检验、最终报验、定期教育等主要方式实现本工程质量、安全目标。各主要分项工程均应实行样板制，样板经建设单位、监理、总包三方认可后，方可进行大规模施工。

3.7 主要项目工程量

嵩山隧道工程（本合同段）主要工程量见表 3-5。

主要工程量一览表 表 3-5

项号	分项工程	单位	工程量	项号	分项工程	单位	工程量
1	隧道双线全长	m	1270	18	洞身衬砌钢筋	kg	18780
2	隧道左线全长	m	635	19	洞身衬砌钢材	kg	667
3	隧道右线全长	m	635	20	洞身隧底填充	m^3	4767
4	隧道左线全长(合同段)	m	507	21	洞身电缆沟槽混凝土	m^3	997
5	隧道右线全长(合同段)	m	523	22	洞门混凝土	m^3	3200
6	洞口开挖石方	m^3	21166	23	洞门钢筋	kg	119240
7	洞口坡面喷射混凝土	m^3	503	24	边墙喷涂	m^2	4420
8	隧道洞身开挖石方	m^3	87723	25	拱顶喷涂	m^2	13157
9	超前支护注浆小导管	m	4060	26	人行道路铺砖	m^2	1450
10	超前支护注浆水泥	t	104	27	道路路面	m^2	9202
11	锚喷支护喷射混凝土	m^3	3464	28	灭火器箱	套	18
12	锚喷支护钢筋网	kg	47401	29	手提灭火器(MFZ4)	只	54
13	锚喷支护钢筋格栅	kg	263731	30	控制柜	面	4
14	系统锚杆	m	36906	31	插座箱	只	12
15	防水板	m^2	19503	32	隧道特种照明器(100W)	套	272
16	洞身衬砌拱墙防水混凝土	m^3	11775	33	隧道特种照明器(150W)	套	4
17	洞身衬砌仰拱防水混凝土	m^3	3189	34	隧道特种照明器(250W)	套	120

4 施工准备

4.1 技术准备

(1) 项目经理部技术负责人组织专业工程技术人员、施工员熟读施工图纸，领会设计意图，熟悉设计图纸的细节，对设计文件和图纸进行现场核对，发现图纸设计问题时及时反映。

1) 组织图纸会审及设计交底。

2) 拨付工程预付款。

3) 交三角网点及高程桩点。

4) 根据施工组织施工。

5) 办理施工手续及开工报告报批。

6) 编制完善实施性施工组织设计。

7) 下达施工任务书，签订内部合同。

8) 图纸及设计文件自审及参加会审。

(2) 试验送检准备：联系质量监督站和实验室，配合开挖、喷锚、二次衬砌施工，对工地使用的各种原材料，加工材料及工程结构性材料进行送检，按规定进行检测校正合格，并报监理工程师核准。

(3) 编制施工预算，加强工程成本核算，校核用工，签发施工任务单，限额领料和经济核算工作。

(4) 根据施工图纸及业主提供的测量导线网，控制点，水准点，经复测无误后布设施工控制网和水准高程点，引测施工测量基点基线，并报监理工程师认可。

(5) 对测量仪器，监控量测仪器，按规定进行绘测校正，并将检测资料报监理工程师审核。

4.2 施工机具、材料准备

(1) 编制施工机具进场计划，并做好进场工作，对不符合要求的机具设备不予进场。

(2) 编制各种施工工艺设备及小型生产工具小型配件安全防护用品劳保用品需用计划，并组织进场工作，对不符合要求的不予进场。

(3) 编制各类材料使用计划，落实材料供应点，施工中所用材料品种必须符合设计及规范要求。在开工前，必须按规定对其进行检测、检查；否则，不得进场使用。

4.3 施工人员准备

(1) 确定项目经理部技术、经济、材料、安全质量、施工等各部门人员，落实责任制明确各岗位职责的权限，制定各专业的管理工作细则。

(2) 做好进场人员的动员教育，内容包括安全生产、文明施工、成品保护、劳动纪律、交通安全等有关注意事项。

(3) 对主要工种作业人员，如爆破工、电工、焊工、钢筋工、模板工、衬砌工等工种，按质量保证系统要求，结合本工程特点进行必要的岗位培训，经考核不合格者不予上岗。

4.4　建立健全各项管理制度

（1）建立施工计划管理制度，根据合同工期要求，编制分部、分项工程施工进度控制计划。

（2）建立工程技术管理制度，对施工工艺、工程质量技术措施、技术革新、安全生产技术措施、技术文件等实施控制管理，制定工期目标分解计划，落实到作业队，制定奖罚制度。

（3）建立技术交底制度，技术交底按技术责任制的分工，分级进行，直至从事施工的操作工人，掌握施工程序、方法、质量、标准、安全措施等，并做好交底记录。

（4）制定安全、质量、文明施工等各项规章制度，并组织制度的学习和落实。

（5）建立工程成本管理制度，加强工程合同管理，提高劳动生产率，提高机械设备利用率，降低材料消耗率，从而达到不断降低工程造价。

4.5　通讯

本工程施工现场，人员相对比较集中，在项目经理部设程控电话一部，施工队及有关人员使用手机或传呼机。

4.6　施工现场平面布置方案

施工现场总的规划设计如表 4-1 所列，施工现场平面布置效果见图 4-1。

施工现场平面布置总规划　　**表 4-1**

施工现场环境概述	1. 嵩山隧道位于青岛经济技术开发区嘉陵江路以东，丁家河水库以西的烟固墩山下，隧道山体上方南侧为开发区电视台的电视塔。 2. 隧道东口有环丁家河水库的抢险临时道路，环烟固墩山有一条环山临时道路，东口处于半封闭状态，无行人和车辆通行。 3. 隧道西口为嘉陵江路东侧延长段，有两条壕北头村的临时道路，西口有行人、游人和车辆通行。 4. 嵩山隧道两侧在 1993 年进行了无控制爆破开挖，形成了喇叭口施工面。 5. 隧道东口为开发区薛家岛办事处行政管辖
施工现场平面布置	1. 据施工现场的具体情况和《施工组织设计》方案措施要求，将隧道分为两个项目管理区域：东口管理区域和西口管理区域。 2. 东口由于处于半封闭状态，无行人和车辆通行，将两处临时道路封堵，形成全封闭区域。 3. 西口由于与嘉陵江路相接，所以将项目经理部办公室、现场试块标养室、商品混凝土搅拌站、大型施工机械停放场、空压机站、钢筋加工场等布置在西口，东口设临时办公室，由于隧道开挖采取双向四洞同时施工，因此东口设临时现场搅拌站，满足锚喷施工用混凝土。 4. 项目办公室、现场试验室、商品混凝土搅拌站布置在北侧 DK0＋010 以西、隧道道路设计边线以外，空压机站、钢筋加工场、水泥库、配件库等布置在南侧 DK0＋070 以西隧道道路设计边线以外。 5. 由于隧道变更，明洞段加长（明洞结构由建设单位另外安排施工单位完成），隧道贯通后对施工现场平面布置进行了调整，西口空压机站、水泥库、配件库拆除，西口由中港一航局二公司三处洞门

续表

现场"三通"布置	1. 施工用水采取地下水与市政管网自来水相结合的方案。在山上砌筑一个 $80m^3$ 的蓄水池，在西口北侧开挖一个 $60m^3$ 的积水池收集地下水，地下水收集后用多级水泵 ϕ50mm 管输送到山顶蓄水池，蓄水池水用 ϕ100mm 管向东西两侧施工现场供水。西口用 ϕ100mm 管从市政自来水管网引进一条管线，向西口 $40m^3$ 的蓄水池供水，以满足混凝土搅拌站和冬期施工时的施工用水。 2. 施工现场用电采用城区电网供电。在西口南侧 DK0＋010 位置建 560kV·A 箱式变电站，从西口城区电网引线暗铺至变电站。 3. 设立三个一级配电箱，东线负责隧道施工开挖、空压机站、现场混凝土搅拌站、现场钢筋加工场、隧道内照明等用力。西线一线负责洞门施工用电，一线向商品混凝土搅拌站、项目办公室、现场试验室等用电
项目 CI 管理	1. 项目 CI 布置按照集团公司的《项目 CI 管理手册》要求和青岛经济技术开发区有关的管理规定进行设计。 2. 西口大门及围墙用砖石砌筑，涂料颜色按照《项目 CI 管理手册》要求蓝帽白墙，六板二图按照青岛经济技术开发区有关的管理规定进行制作、布设。在项目经理部办公室四周按照开发区有关的管理规定布设安全操作宣传栏、宣传板。 3. 项目经理部办公室受于施工现场的场地限制，在西口北侧建造项目会议室、项目综合办公室、现场试块标养室、商品混凝土搅拌站办公室。商务、员工休息室、食堂等安排在施工现场外的居民小区租的临时办公室内。 4. 项目经理部配备了七台电脑，应用于项目资料管理、工程管理、技术管理、试验资料管理、商务管理、材料管理等

图 4-1 施工现场三维效果图

5 主要施工方法及技术措施

5.1 总体施工方案

本隧道为复合式衬砌设计，按喷锚构筑法施工。本合同段左线和右线分别由两洞口向分界点掘进。施工过程中采用超前预报系统，进行地质超前勘探。为充分利用车行横洞作为辅助导坑，增加工作面，实现长隧短打，加快施工进度，提前贯通分界里程。主体工程采用“Ⅲ类围岩半断面超前，Ⅳ类围岩全断面稳进，分部开挖作业，平行交错跟进，衬砌完善配套”多工作面推进的施工方案。总体实施掘进（钻爆、无轨运输出碴）、支护（小导管、拌、运、锚、喷）、衬砌（拌、运、灌、振捣）三条机械化作业线。通风采用大功率通风机、大口径软管、压入式长大隧道供风技术。

洞口Ⅰ、Ⅱ类围岩采用人工配合反铲式短臂挖掘机开挖。

Ⅲ、Ⅳ类围岩采用 YT28 风动凿岩机打眼；非电毫秒雷管光面爆破。超前支护采用液压钻孔台车及 ZtGZ-60/120 注浆机施作超前导管，初期支护采用 YSP45 锚杆钻机打注浆锚杆，TK96-1 湿式混凝土喷射机喷射混凝土，人工架立钢支撑，出碴运输采用 CAT966D 及 ZL50C 装载机装碴，济南斯太尔、瑞典 A20、重庆铁马 15～19t 自卸汽车完成无轨运输施工。

衬砌混凝土采用混凝土自动计量拌合机、混凝土搅拌运输车、混凝土输送泵、大模板整体液压衬砌台车（自制）完成全断面衬砌一次成型。路面混凝土和洞内喷涂施工采用集中时间、机械化流水作业，一次施工，一次成优。

隧道剖面结构见图 5-1。

图 5-1　隧道剖面三维效果图

5.2　主要施工方法

5.2.1　施工测量及监控量测方案

(1) 施工测量

1) 平面控制测量

首先对测绘单位提供的测量控制点进行复测，报监理工程师批准后，进行洞外控制点的布设工作，每个洞口布设两个中线控制点，根据导线点测定各控制点的坐标及高程，并定期对控制点进行复测工作，保证测量精度。

2）洞内测量放样

在洞外平面和高程控制测量完成后，用中线法进行洞内测量。正式中线点间距为120m，采用两次正倒镜拨角分中定点，距离采用钢卷尺丈量；临时中线点用正倒镜拨角分中定点，距离用钢卷尺丈量。

3）洞内水准测量

洞内水准路线，由洞口高程控制点向洞内测量，为方便施工，洞内每10m设立一个临时水准点，供施工放样及控制底面开挖高程使用，每50m设立一个固定水准点，水准点布设在底板上。

A. 隧道开挖断面测量

隧道钻爆前，采用串线法，即在拱顶和底部定出中线点，用经纬仪瞄准的方法，在开挖面上，自上而下绘出路线中线位置，并用红油漆将其绘出，再用水准仪放出拱顶标高。按设计断面尺寸从中线（拱顶外线高程），从上而下每隔0.5m（拱部）或1m（直墙地段）向中线左右量测设计距离，在岩石面（开挖土石掌子面）标出定位点。连接这些点形成开挖面轮廓线，然后再根据轮廓线和开挖断面的中线布置炮眼。

B. 衬砌施工放样

衬砌前，进行断面测量，检查净空是否符合要求，以及超、欠挖情况。按10m一个断面，列出该断面的拱顶高程、起拱线高程、边墙高程以及衬砌断面的支距，以供施工放样使用。

4）贯通误差测定及调整

A. 我们用中线法测量，由测量的相向两个方向分别向贯通面延伸，并取一个临时点，量出两点的横向和纵向距离，得出实际贯通误差。

B. 由两端分别向洞内测量，分别测至贯通面附近的同一水准点，得到的差值即为高程贯通误差。

C. 在尚未衬砌的100m地段内，采用折线法进行误差调整。在5′以内，作为直线考虑；转角在5′～25′时，按顶点内移量考虑。

5）隧道实测资料

隧道竣工后应提交贯通误差实测成果和说明、贯通测量技术成果书、净空断面测量和永久中线点、水准点的实测成果及示意图。

（2）监控量测

1）组织体系

成立专门监测小组，由5人组成，项目技术负责人为组长，负责全面工作。监测组成员及时进行量测值的计算和绘制图表，并及时进行信息反馈，即及时向技术负责人报告量测结果，并及时向设计单位报告量测结果。

2）监测管理流程

根据图纸的监测项目有A、B两类，其中A类为必测项目，B类则可根据实际情况在必要时进行监测。详见监测项目一览表（表5-1）。

3）监控量测的主要方法、步骤及范围

A. 监测项目（表5-1）

监测项目一览表 **表 5-1**

类别	序号	项目名称	方法及工具	断面距离	测试频率			备注
					0～15d	16～30d	30d 以后	
A	1	地层及支护状况观察	现场观察及地质描述	全隧道观测				每开挖循环一次
A	2	拱顶下沉	精密水准仪	15～50m	1～2 次/d	1 次/2d	1 次/周	断面距离与围岩类别有关
A	3	净空受敛	收敛计	15～50m	1～2 次/d	1 次/2d	1 次/周	断面距离与围岩类别有关
B	4	围岩压力	压力盒频率	100m	断面开挖后，二次衬砌完成前每天测 2d			
B	5	格栅主筋内力	应变片	局部贴片	1 次/2d	1 次/2d	1 次/周	仅在Ⅱ、Ⅲ类围岩地段

a. 本隧道采用新奥法设计和施工，需将现场临近量测作为必不可少的施工程序，用以监测各施工阶段，在施工中掌握围岩动态，确保施工安全，并为调整初期支护参数、确定二次衬砌和仰拱的施工制时间提供信息。

b. 拱顶下沉量测点布置：拱顶。

c. 净空收敛量测以量测水平收敛为主，起拱线一条，起拱线以上 2m 一条，基底线以上 1m 一条。

d. 量测横断面距离：Ⅲ类围岩为 30m、Ⅳ类围岩为 50m。

e. 为能反映围岩收敛情况，测点埋设应尽量靠近工作面。

B. 地质及支护状况观察

洞内外观察主要对工作面状态、围岩变形、围岩风化，节理裂隙发育、断层分布和形态、地下水情况等进行经验观察，结合施工测量绘制开挖工作面略图，填写工作面状态记录卡和围岩类别判定卡。洞口部位还包括对洞顶沉陷、边坡稳定的观察。

C. 周边位移量测

拱顶下沉和净空水平收敛的量测断面间距定为 20m，围岩变化处增加一个量测断面。各类围岩起始点同样增设一个量测断面。拱顶下沉测点设拱顶一个，在路面以上 1.0m 处设腰线一组并作为水平测线。净空水平收敛点在拱脚、腰线部位、拱顶三个部位设立，并在腰线部位设水平测线一条。

D. 地表下沉量测

在洞轴线地表面处设立地表下沉观测点，间距为 20m，在与轴线平行的 30m 外的线上对应设水准基点。

5.2.2　隧道进洞方案

根据洞口的地质条件，基岩固化严重，隧道口处在强风化至中等风化中，断层较发育、完整性较差，呈碎石碎块状，洞口有 F3 断层通过，岩石裂隙发育，两种不同岩性接触部位裂隙密集分布，透水性强，稳定性差，且原洞口开挖造成局部松裂，断面凹凸不平。

鉴于该处的实际情况，尽可能减少大范围扰动围岩，防止破坏周围自然环境、植被，以开挖后的断面形成自然拱，故进洞施工前要采取加强边坡的防护措施。

(1) 建立洞口排水系统

修建洞顶截水沟，在洞顶适当位置修建截水天沟，设置边坡截水边沟，确保地表降水顺利排泄，保证边、仰坡安全，截水沟暂采用人工开挖，待进洞 10m 后做永久性截水沟，横断面为正倒梯形，坡度 1：1。

(2) 边仰坡防护

洞口段边、仰坡处围岩为中等风化安山岩和正长花岗石，呈碎石、碎块状，完整性差。风化严重，稳定性差，仰坡拟用人工刷坡后，采用锚网联合支护方式进行防护。

(3) ϕ42mm 小导管注浆超前加强支护

在 DK0＋142 处隧道开挖轮廓线外，环向布置，径向间距 50cm，布设 3.5mϕ42mm 小导管 2 排（局部破碎断裂带采用加长小导管长度的做法），梅花形布置，钢管采用间隔一根加工成钢花管，用于注浆，使周围岩体形成一定厚度的加固圈，确保施工安全。

5.2.3　隧道开挖方案

(1) Ⅲ类围岩进洞口加强段断面开挖方案

根据本段围岩特性，加强段根据设计采取超前小导管，超前小导管每根长 3.5m，环向间距每 m 3 根，沿纵向每 2.4m 打一环，导管外插角为 15°，每个口部加强采用 5 个循环，并根据实际情况，报请业主、设计、监理单位，可适当增加循环次数。开挖方案考虑地质情况，采用先拱后墙的台阶法施工。

1) 超前小导管施工（图 5-2）

A. 小导管注浆先对开挖面及注浆周围 5m 范围喷射 5～10cm 混凝土，再以一定压力向管内注入起胶结作用的 1：1 水泥浆，注浆压力 0.5～1.0MPa。等浆液硬化后，隧道周围岩体能得到预加固，并形成一定厚度的加固圈。此加固层能起到超前预支护作用，在其保护作用下，可进行开挖作业。注浆材料采用 1：1 水泥浆，水泥强度等级 42.5MPa，注浆压力 0.5～1.0MPa，孔口设置止浆塞。注浆后重开挖前间隔时间 48h，开挖时应保留 1.5～2.0m 上浆墙，防止下一次注浆孔口跑浆。注浆顺序先注无水孔，后注有水孔，从拱顶顺序对称向下进行，如果窜浆、跑浆，则可间隔一孔或数孔灌注。

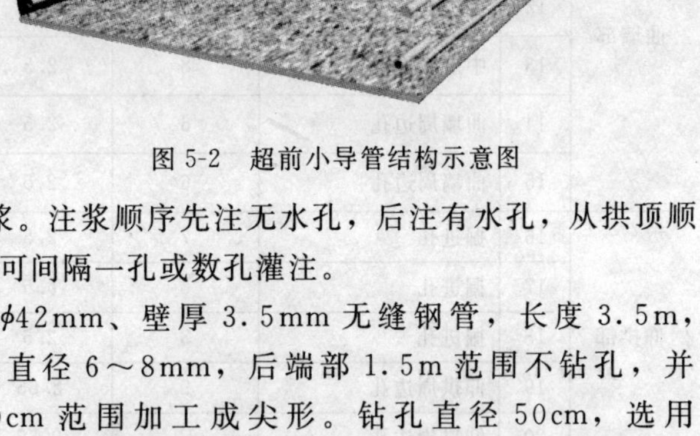

图 5-2　超前小导管结构示意图

B. 小导管加工按设计要求采用 ϕ42mm、壁厚 3.5mm 无缝钢管，长度 3.5m，管壁每隔 10～20cm 交错钻孔，眼孔直径 6～8mm，后端部 1.5m 范围不钻孔，并加焊 ϕ6mm 钢筋作为管箍，前端 20cm 范围加工成尖形。钻孔直径 50cm，选用 ϕ50mm 钻头。

C. 延隧道纵向两组小导管间应有不小于 1m 搭接长度，环向间距 20～50cm，注浆钻孔应做到孔壁圆、角度准、孔身直、深度够，岩粉清洗平净。当出现严重卡钻时应停止钻孔，立即安装注浆管并迅速注浆。注浆压力在现场试验确定，注浆机具设备性能应良好。

2）钻爆方案设计

总体原则采用新奥法施工，光面爆破采用微差毫秒雷管，尽量减少爆破对围岩的扰动，严格控制爆破装药量，按起爆顺序选用合理段别雷管，合理分段起爆。爆破器材选用：炸药、2# 岩石销铵标准 $\phi=32mm$（工作面如遇地下渗水则建议采用防水的措施或者使用水胶、乳化炸药）；起爆器材选用非电塑料导爆破（1～20 段别），采用簇联起爆。钻爆参数确定：钻孔深度 $L=2.5m$，炮孔数目按工程类比法 $N=1.8$ 个/m^2，断面 $S=98.3m^2$，$N=98.3\times1.8=176$ 个。

本段钻爆作业采用气腿式钻机，爆破法施工，装载机、挖掘机装碴，汽车运输。隧洞周边采用光面爆破，预留光爆层厚度 $W=0.60m$，孔间距 $a=0.50m$，钻爆参数详见表 5-2、表 5-3。

Ⅲ类围岩断面开挖钻爆参数表　　表 5-2

部位	段号	名称	数量	孔深(m)	装药量(kg)	角度	起爆顺序
拱部	1	掏槽孔	4	1.8	1.8	72°	1
	2	辅助掏槽孔	4	2.6	2.1	85°	2
	3	扩大孔	8	2.5	1.8	90°	3
	4	扩大孔	8	2.5	1.8	90°	4
	5	扩大孔	10	2.5	1.8	90°	5
	6	扩大孔	8	2.5	1.8	90°	6
	7	底炮	9	2.5	2.1	90°	7
	8	周边孔	11	2.55	0.6	89°	8
	9	周边孔	12	2.55	0.6	89°	9
曲墙部	10	掘进孔	9	2.5	1.8	90°	10
	11	掘进孔	8	2.5	1.8	90°	11
	12	掘进孔	9	2.5	1.8	90°	12
	13	中层底炮	8	2.5	2.1	90°	13
	14	曲墙周边孔	6	2.5	0.6	89°	14
	15	曲墙周边孔	6	2.5	0.6	89°	15
仰拱部	16	掘进孔	7	2.5	1.8	90°	16
	17	掘进孔	6	5.5	1.8	90°	17
	18	掘进孔	3	2.5	2.1	90°	18
	19	仰拱周边孔	9	2.55	0.6	89°	19
	20	仰拱周边孔	10	2.55	0.6	89°	20
		合计	176		258.7		

备注：断面积 $98.3m^2$，炮孔数 176 个，设计进尺 2.4m，炸药单耗 $q=1.01kg/m^3$，光面爆破 $q=0.12kg/m$，Ⅲ类围岩左线 295m，右线 310m。

Ⅳ类围岩断面开挖钻爆参数表　　表 5-3

部位	段号	名称	孔深(m)	孔数(个)	单孔药量(kg)	药量(kg)	备注
下部	2	掏槽孔	1.8	4	1.0	4.0	断面积 88.5m² 炮孔数 158，设计进尺 2.4m，炸药单耗 g=1.12kg，炸药用量 190.01kg
	2	掏槽孔	1.8	4	1.0	4.0	
	4	掏槽孔	3.15	4	1.6	6.4	
	4	掏槽孔	3.15	4	1.6	6.4	
	6	扩槽孔	2.8	4	1.4	5.6	
	6	扩槽孔	2.8	4	1.4	5.6	
	3	掘进孔	2.55	4	1.4	5.6	
	5	掘进孔	2.55	4	1.4	5.6	
	6	掘进孔	2.5	4	1.4	5.6	
	7	掘进孔	2.5	4	1.4	5.6	
	8	掘进孔	2.5	4	1.2	5.6	
	9	掘进孔	2.5	4	1.2	5.6	
	10	掘进孔	2.5	4	1.2	5.6	
	11	掘进孔	2.5	4	1.2	4.8	
	12	掘进孔	2.5	4	1.2	4.8	
	13	掘进孔	2.5	4	1.2	4.8	
	14	周边孔	2.5	6	0.8	4.8	
	15	周边孔	2.5	6	0.8	4.8	
	16	底孔	2.5	4	1.8	7.2	
	17	底孔	2.5	5	1.8	9.0	
	18	底孔	2.5	5	1.8	9.0	
	19	底孔	2.5	4	1.8	7.2	
上部	15+11	掘进孔	2.5	6	1.2	7.2	上部外延期用 5 段毫秒雷管
	15+12	掘进孔	2.5	5	1.2	6.0	
	5+13	掘进孔	2.5	5	1.2	6.0	
	5+14	掘进孔	2.5	5	1.2	6.0	
	5+15	掘进孔	2.5	5	1.2	6.0	
	5+16	掘进孔	2.5	4	1.2	4.8	
	5+17	掘进孔	2.5	7	1.2	8.4	
	5+18	掘进孔	2.5	4	1.2	4.8	
	5+19	周边孔	2.5	12	0.6	7.2	
	5+20	周边孔	2.5	11	0.6	6.6	
		合计		158		190.0	

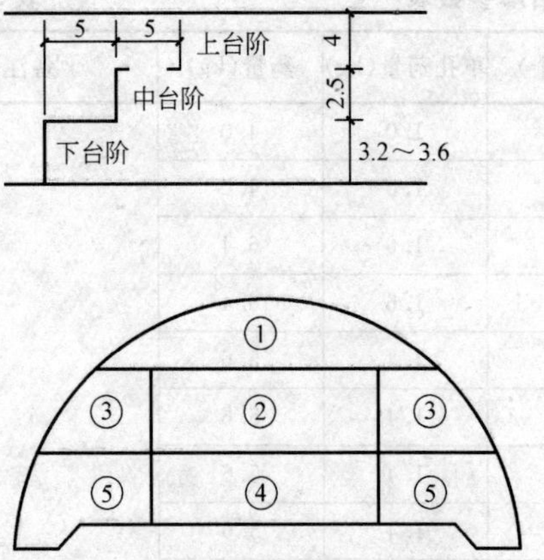

图 5-3　断面分层开挖示意图（图中单位：m）
①—上台掌子面；②—中台阶中部土；③—中台阶两侧；④—下台阶中部土；⑤—边墙基础

(2) 围岩断面爆破开挖方案

1) 开挖程序

整个隧道中，Ⅲ类围岩（加强段除外）属强风化和中等风化带、岩石呈角砾形，整体性差，强度低，裂隙水很发育、围岩稳定性差，而Ⅳ类围岩属微风化岩石，整体性好，强度高。为减少搭架作业，合理加快工程进度，开挖方案采用台阶法，分上、中、下三个断面分层开挖，可以形成自然工作面。上断面只有一个临空面，临空面较小，拟采用楔形孔掏槽逐层扩大；中断面抛渣爆破；下断面有两个临空面，可由上而下逐层起爆，详见图 5-3。周边孔堵塞长度大于 40cm，其余孔全堵满炮泥。炮孔布置见图 5-4。开挖流程如图 5-5 所示。

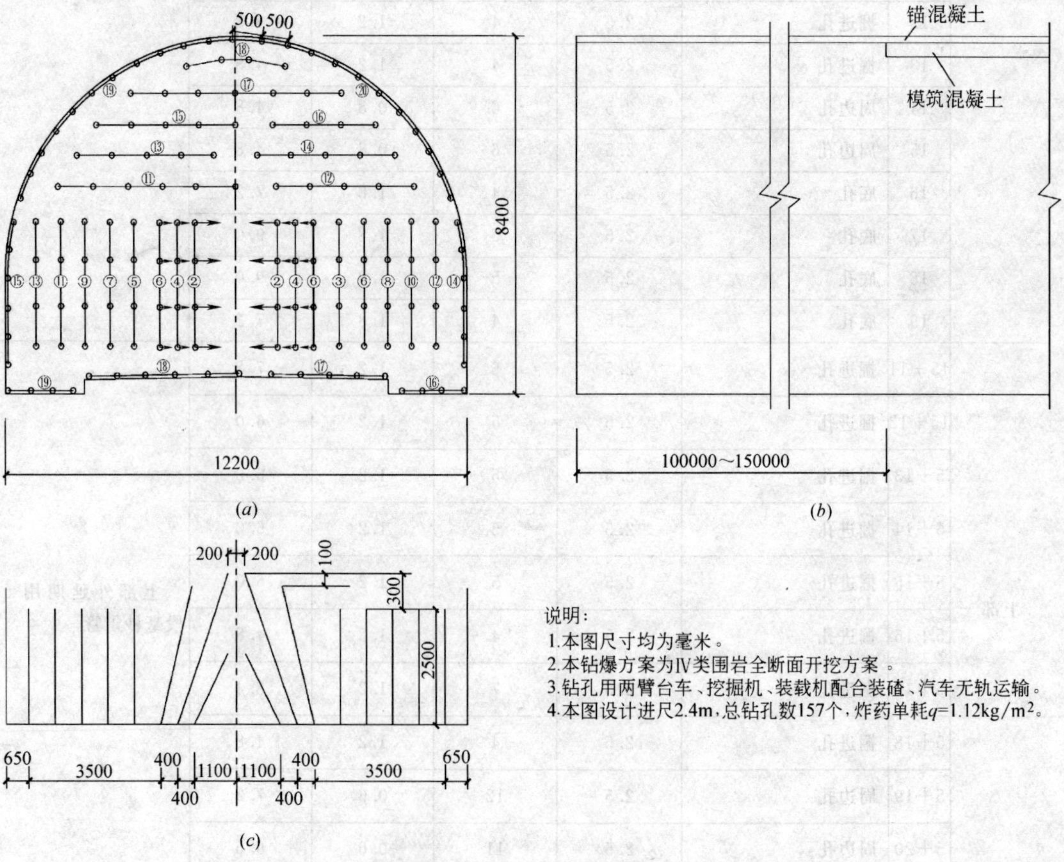

图 5-4　炮孔布置
(a) 全断面开挖炮孔布置示意图；(b) 纵向开挖示意图；(c) 炮孔布置平面示意图

2）光面爆破

爆破参数的选择按光面爆破原理选择，其选择如下：

A. 根据围岩类别，合理选择周边眼的间距和抵抗线，并尽最大努力提高钻眼质量，在施工中根据实际情况适当调整。

a. 周边眼的间距 E=45～60cm；

b. 抵抗线 W=60～75cm；

c. 装药集中度 Q=0.1～0.2kg/m；

d. 装药结构见图 5-6。

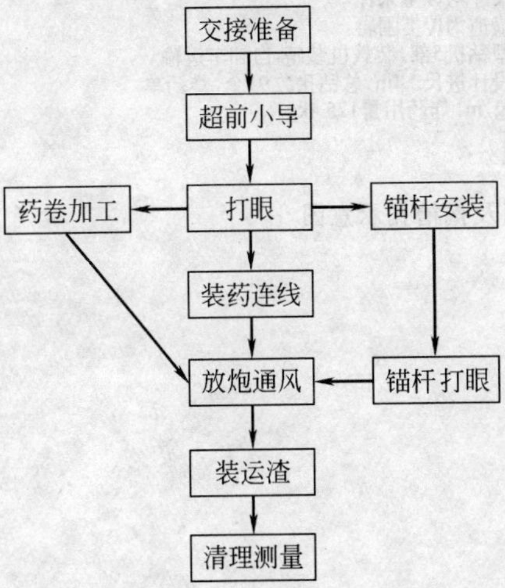

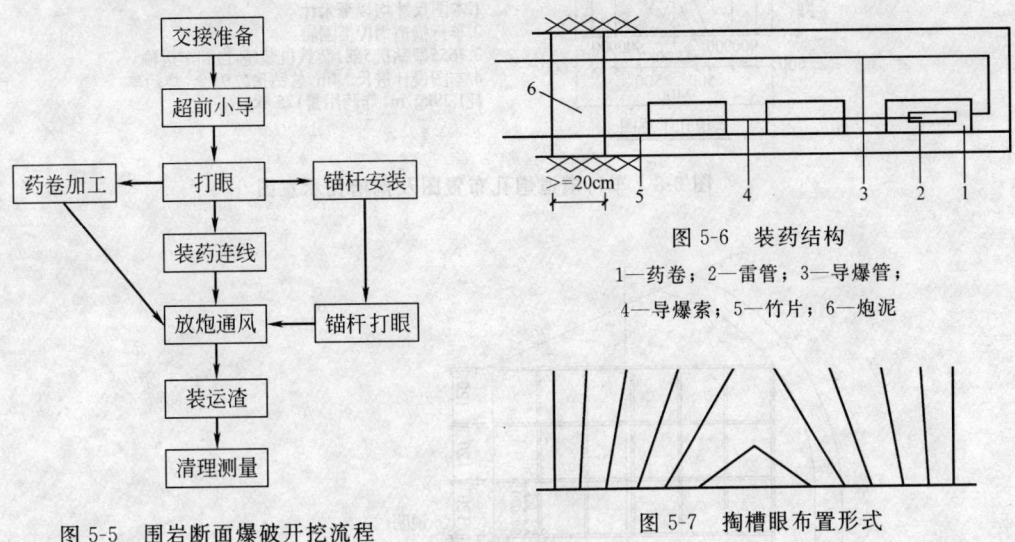

图 5-5 围岩断面爆破开挖流程

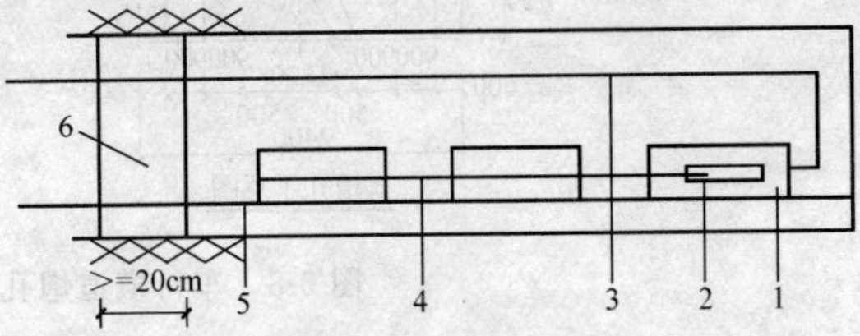

图 5-6 装药结构

1—药卷；2—雷管；3—导爆管；4—导爆索；5—竹片；6—炮泥

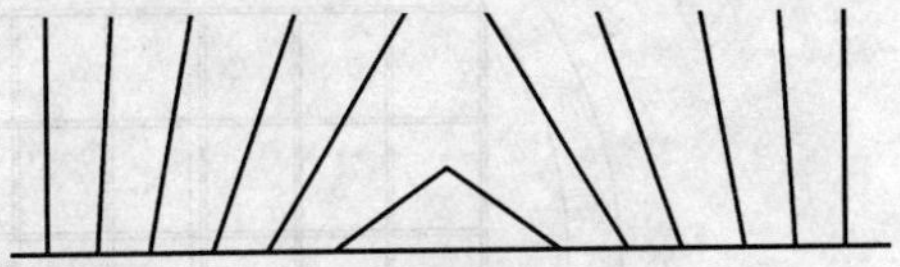

图 5-7 掏槽眼布置形式

B. 掏槽眼参数的选择采用楔形掏槽，毫秒微差有序起爆，合理安排起爆顺序，确保临空面良好。

a. 掏槽眼布置形式，见图 5-7。

b. 掏槽是爆破的关键，受地质条件、起爆间隔、起爆顺序、装药量及炸药种类的控制。

c. 合理爆破顺序：掏槽眼⟶掘进眼⟶内圈眼⟶周边眼。以便逐次开辟临空面，实现有序起爆。利用微差爆破技术，设计合理时间间隔，使石渣堆积集中，且石块较小。非电毫秒雷管是控制分段起爆的核心。

C. 炸药的选择：周边眼采用小直径药卷、低猛度、低爆速炸药。掏槽眼、掘进眼采用大直径、高猛度、高爆速炸药。

D. 起爆系统采用非电毫秒延期起爆系统：火雷管⟶塑料导爆管⟶非电毫秒雷管⟶炸药。

(3) 特殊地质地段的隧道施工

应做好预测、预报工作，坚持以预防为主的原则，在确保安全的前提下，制定切实可行的施工方案，报监理工程师批准执行，主要对下面几种情况制定专项方案：

1）车行横道开挖（图 5-8）

2）料石开采（图 5-9）

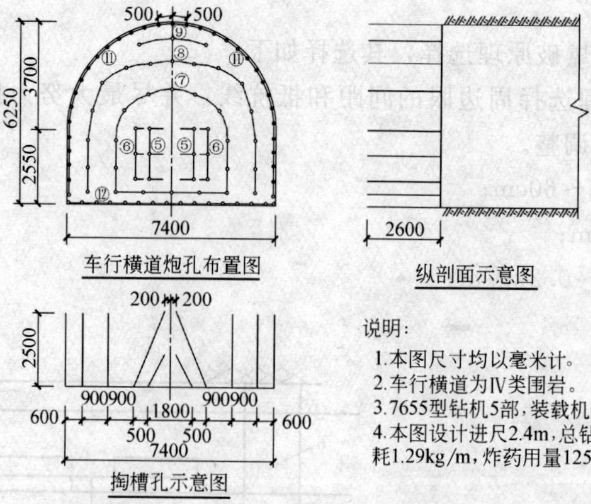

说明：
1.本图尺寸均以毫米计。
2.车行横道为Ⅳ类围岩。
3.7655型钻机5部，装载机装碴，自卸车运输。
4.本图设计进尺2.4m，总钻孔数91个，炸药单耗1.29kg/m，炸药用量125.4kg。

图 5-8　车行横道炮孔布置图及掏槽孔示意图

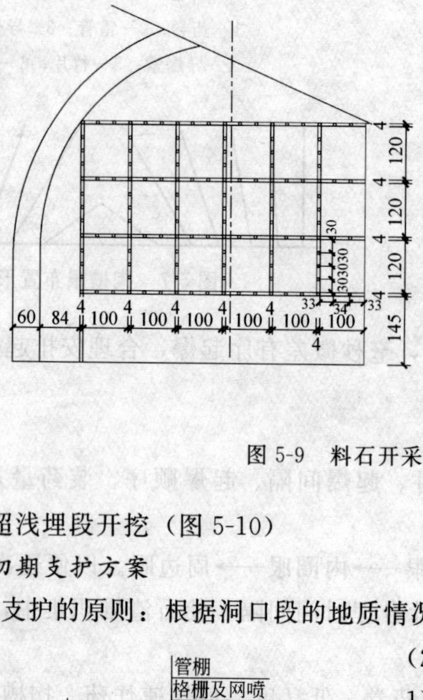

说明：
1.本图尺寸单位均为厘米。
2.施工中为保证料石足够小，规格尺寸长、宽、高各增加3～5cm进行划线布孔。

图 5-9　料石开采布孔图

3）围岩超浅埋段开挖（图 5-10）

5.2.4　*初期支护方案*

（1）锚喷支护的原则：根据洞口段的地质情况和设计图纸要求。

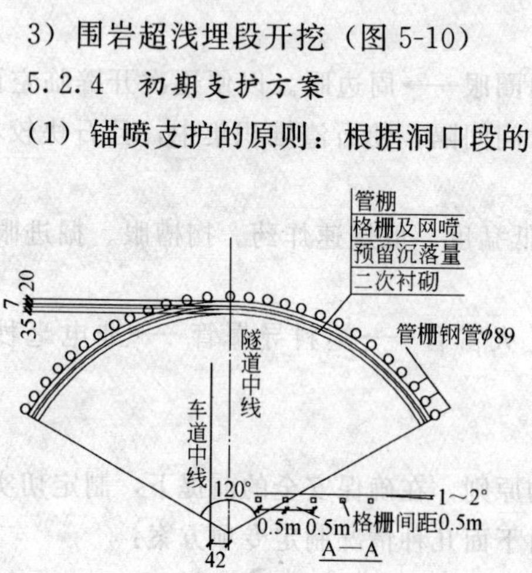

图 5-10　围岩超浅埋段开挖

（2）锚杆施工要点

1）工艺流程：布点──→钻孔──→注浆──→安装锚杆──→安装托板──→抗拔试验。

2）主要操作要点

A. 锚杆：原材料或成品锚杆进场后分类入库，妥善储存，防止雨淋生锈、污染和挤压造成变形。

B. 钻孔

a. 在上一道工序检查认可质量标准后，根据设计要求定出锚杆位置，并做好标记，孔位的纵横向偏差不大于±15mm。

b. 根据锚杆的类型，规格及围岩情况选择钻孔机具和钻头直径。砂浆锚杆的钻孔直径大于杆体直径 15mm。

c. 钻孔要圆而直，钻孔方向与岩层的主要结构面垂直，当岩体没有明显的结构面时，应垂直于岩面的切线。

d. 钻孔的深度：水泥砂浆锚杆钻孔深度允许偏差为±50mm，一般控制为 0～50mm。

C. 水泥砂浆锚杆施工：

砂浆锚杆注浆前先将孔内石粉、水渍用高压风吹干净，将注浆管插至孔底；然后，拔出 5～10cm 开始注浆，随水泥砂浆的注入缓慢匀速拔出，注浆压力一般控制在 0.5～1.0MPa，终压力不越过 2.5MPa。注浆完毕，随即迅速将杆体插入，用锤击或凿岩机顶入法将锚杆打入孔内。锚杆锚入过程中，在孔口周边用棉布堵一下，防止砂浆流出，然后用专用塞楔住锚杆。锚杆安设后要注意保护，不要随意敲击，其端部 3d 内不得悬挂重物。

（3）钢筋网施工

1）钢筋必须有出厂合格证，并经试验合格后，方可使用。

2）根据设计要求选择 ϕ6.5mm 钢筋调直处理后使用。

3）钢筋网片间的连接采用单面电弧焊或绑扎连接。

4）网片应在初喷混凝土 5cm 厚后进行施工，使钢筋在喷混凝土中间偏离位置为好。

（4）钢筋支护格栅支撑施工

本工程采用 ϕ22 钢筋为主筋，ϕ6 钢筋为箍筋，ϕ10 钢筋为肋筋，以 400mm 为一单位，每榀设 8 节点，节点处用两块 170mm 长的 125mm×80mm×10mm 角钢，M22×65G135-66 螺栓固定，主筋与角钢焊接，焊接长度 125mm。格栅随隧洞开挖进度加工安装，格栅每 1.2m 设一处，加强段每 0.75m 设一处。高度在 1.5m 以上采用脚手架搭建作业平台，进行钢筋加工焊接工作，拱脚处预留钢筋搭接头。

5.2.5 防水层施工方案

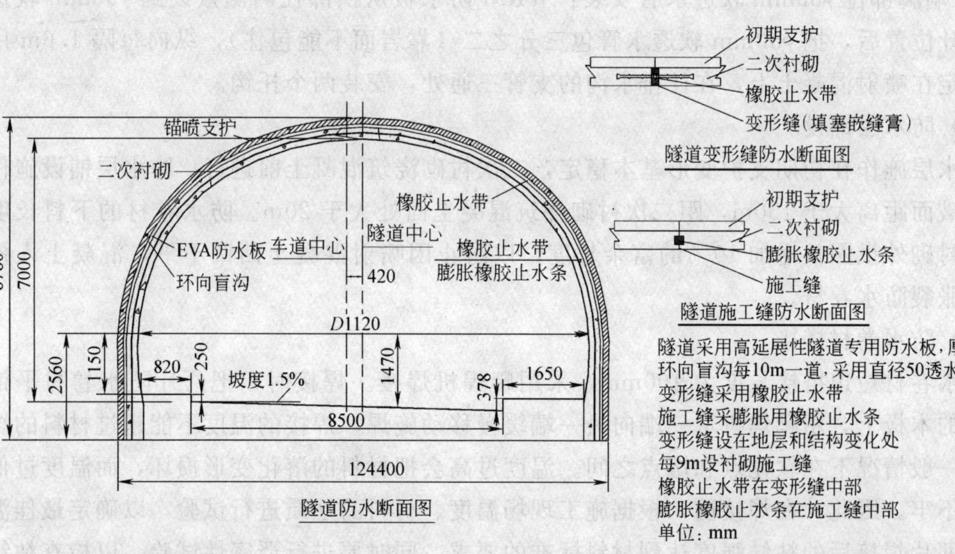

图 5-11 隧道洞内防水结构断面图

隧道洞内防水板施工在隧道爆破施工完成后，二次衬砌施工前进行。防水板铺设时采用先拱后墙的顺序，下部防水板压在上部防水板上边，按照规范要求做好防水板接口处的施工，保证防水的彻底性。隧道内防水构造见图 5-11。

（1）透水软排水管安装

1）本工程设计有 ϕ50mm 软透水软管，布设在拱顶、边墙，纵向间距每 10m 一道。墙角设 ϕ80mm 纵向软透水盲管形成排水系统，使洞体施工后，将岩体内的裂隙水引到两侧水沟排到洞外，泄水孔纵向间距 5m。透水软管排水系统如图 5-12 所示。

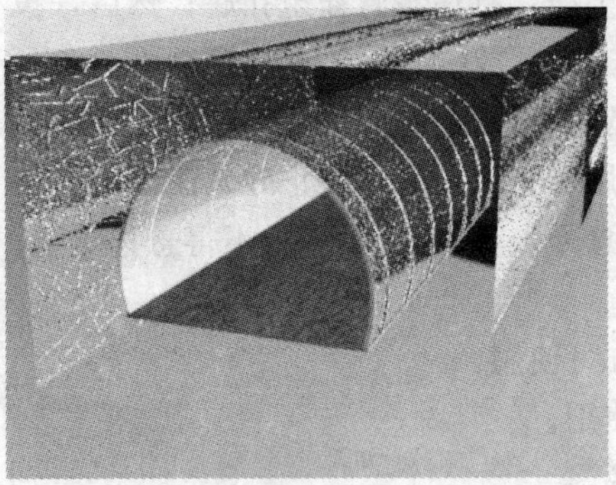

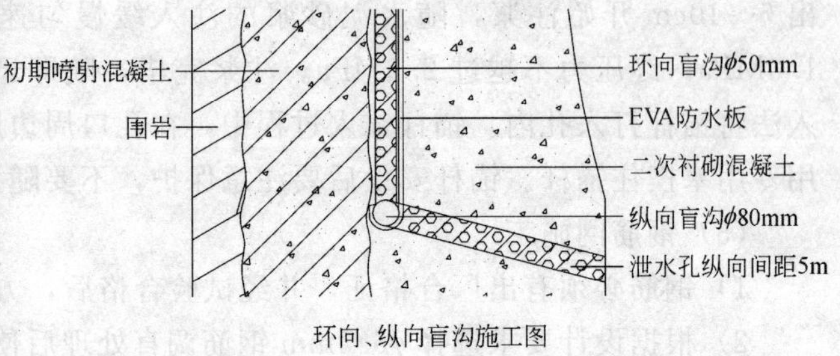

图 5-12　透水软排水管系统

2）透水软管的安装：在初期支护后、二衬之前进行，沿图纸设计位置用冲击钻每隔 300～500mm，钻一个深 50mm 的 ϕ10mm 孔，孔内打入 ϕ12 钢筋头，在钢筋头上焊上通长 ϕ6.5 钢筋，然后将软管用 20# 钢丝每隔 200mm 一道绑扎在 ϕ6.5 钢筋上，使透水软管紧贴混凝土面。

3）排水网络连接：采用成品配套直通、三通或四通接头，需要时用 20# 钢丝扎牢接头。

4）墙脚部位 ϕ50mm 软透水管安装：WRM 防水板从拱部往两侧敷设到 ϕ50mm 软透水管设计位置后，把 ϕ50mm 软透水管包三分之二（靠岩面不能包住），纵向每隔 1.6m 用托钩固定在喷射混凝土上，在往排水沟的支管三通处，安装两个托钩。

（2）防水层铺设

防水层施作在初期支护变形基本稳定，二次衬砌浇筑混凝土前进行；防水层铺设施作点距爆破面距离大于 150m，距二次衬砌浇筑混凝土面处大于 20m。防水卷材的下料长度一般为衬砌外拱圈长增加 10%的富余长度，以防止因喷射混凝土凸凹不平，混凝土入模振捣时胀裂防水卷材。

（3）防水卷材搭接

防水卷材短边搭接长度为 100mm，采用爬焊机焊接。焊接时，把两片防水卷材平铺在平整的木板上，用爬焊机从一端向另一端缓慢移动施焊，焊接的温度不能超过材料的熔化点，一般情况下在软化点和熔点之间。温度过高会把材料的溶化变形损坏，而温度过低又焊接不牢。因此，在焊接前，根据施工现场温度、材料的性质进行试验，以确定最佳温度。使两片焊接后的粘结强度达到材料标准的要求，同时要进行严密性试验，以检查粘结是否严密。

(4) 局部防水处理

隧道在局部防水上根据施工要求、地质勘察报告并结合现场实际情况制定相应的专项防水方案，包括衬砌变形缝的治理、施工缝的治理、洞口段排水沟的处理等。

1) 衬砌变形缝

衬砌变形缝采用橡胶止水带防水，变形缝在地质和隧道结构变化处设置。施工缝设计按照衬砌台车长度，每 9m 设一道考虑。详见图 5-13。

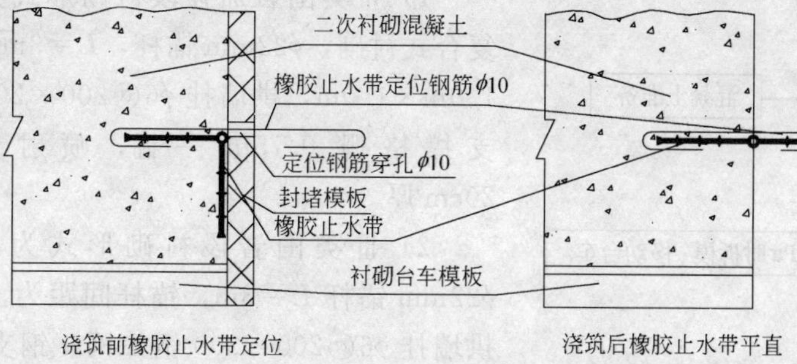

图 5-13 衬砌变形缝处理

2) 施工缝

施工缝采用遇水膨胀橡胶条止水，规格为 20mm×30mm。

A. 浇筑衬砌混凝土前，在封堵模板中部安放 20mm×15mm 木板条，混凝土浇筑完成后板条剔出，将施工缝表面剔毛处理后，在 20mm×15mm 沟槽内安装 20mm×30mm 膨胀橡胶止水条；

B. 定型、定位木条在浇筑衬砌混凝土前要固定牢固，浇筑后及时取出，并将膨胀橡胶止水带钉在衬砌混凝土中部的沟槽内，施工工艺参照图 5-14。

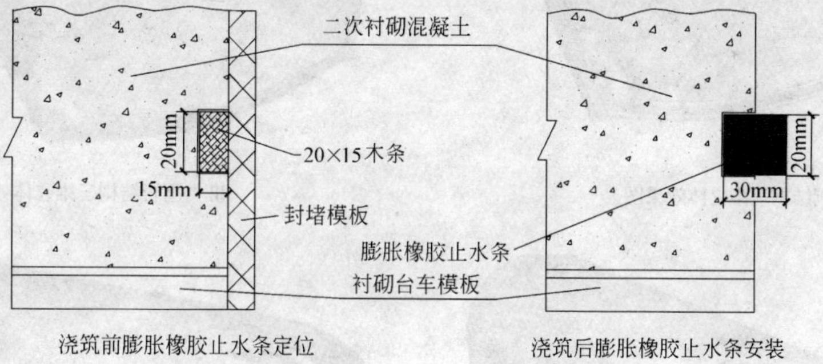

图 5-14 施工缝处理

3) 洞口段排水沟

隧道洞内两侧的排水沟在洞口处通过暗排水沟与洞外道路水沟相连。隧道出口端为上坡，为防止洞外路面的雨水流入隧道，洞外路边沟应设为反坡排水，并在隧道洞口处设路面截水沟。

洞口边仰坡顶外 5～10m 设截水天沟，明洞回填坡角设排水沟截排地表水至线路之外，或与路边排水系统连成一体。

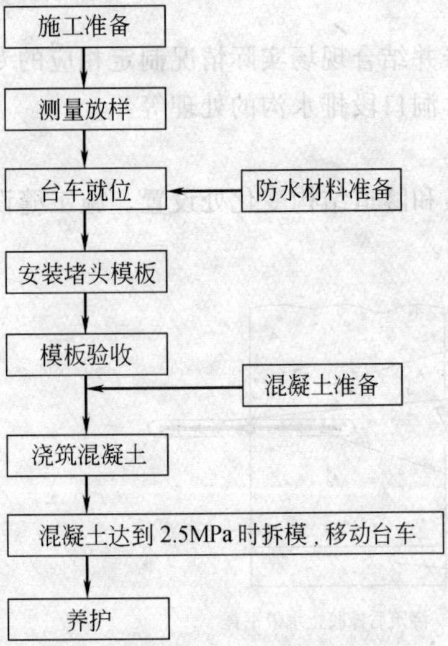

图 5-15　混凝土二次衬砌施工流程图

5.2.6　二次衬砌施工方案

（1）施工流程（图 5-15）

（2）本合同段围岩类别分别为Ⅲ、Ⅳ，Ⅲ类围岩隧道长：左线长 248m，右线 268m；Ⅳ类围岩隧道长：左线 175m、右线 160m，口部Ⅲ类围岩加强段 15m。主要技术方案为：

1）Ⅲ类围岩加强段衬砌形式为带仰拱支护复合式衬砌，ϕ22mm 锚杆，$L=3$m，锚杆间距为 1.0m×1.0m，拱墙挂 ϕ6@200×200 钢筛网；钢支撑格栅 0.75m 一榀；喷射 C20 混凝土 20cm 厚。

2）Ⅲ类围岩段衬砌形式为复合式衬砌，ϕ22mm 锚杆 $L=3$m，锚杆间距为 1.2m×1.2m，拱墙挂 ϕ6@200×200 钢筛网；钢支撑格栅 1.2m 一榀；喷射 C20 混凝土 20cm 厚。

3）Ⅳ类围岩段衬砌形式为复合式衬砌，ϕ22mm 锚杆 $L=2.5$m，锚杆间距为 1.2m×1.2m。

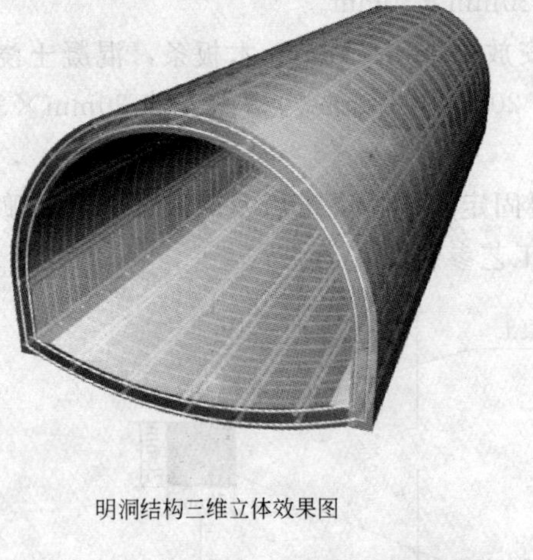
明洞结构三维立体效果图

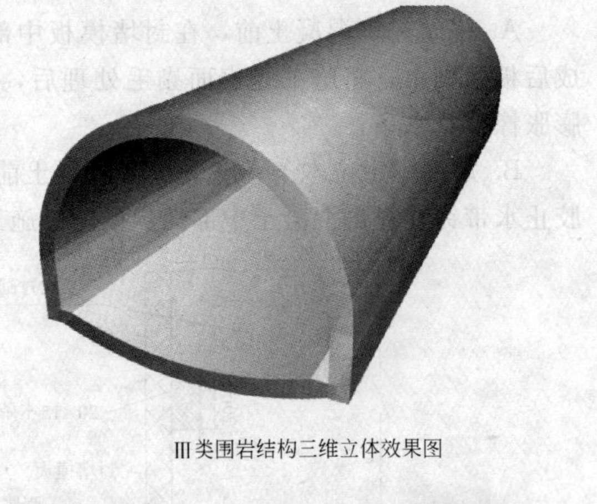
Ⅲ类围岩结构三维立体效果图

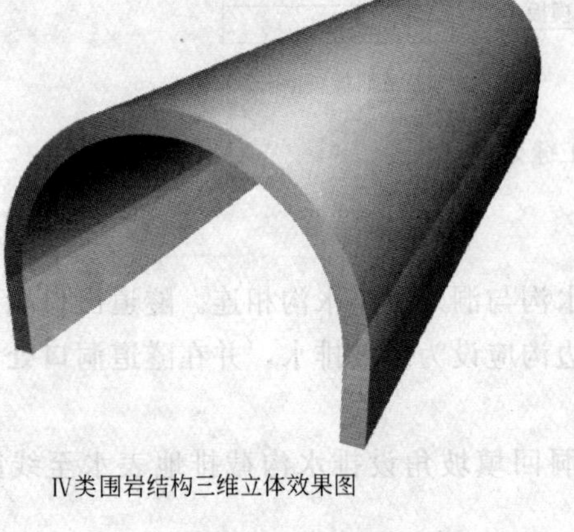
Ⅳ类围岩结构三维立体效果图

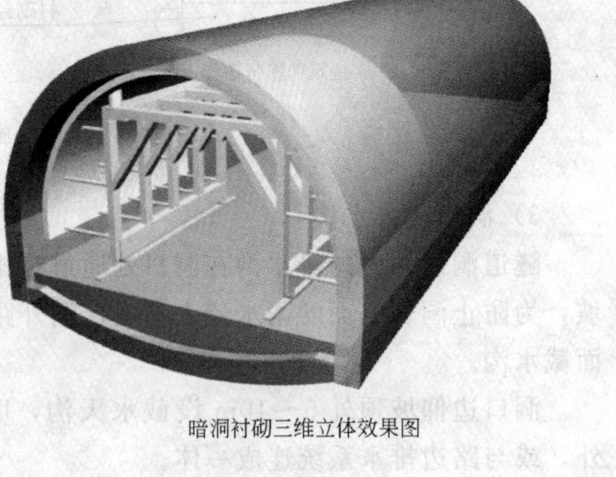
暗洞衬砌三维立体效果图

(3) 衬砌原则

二次衬砌施工必须达到下列三项标准：

1) 隧洞周边水平收敛速度小于0.2mm/d；拱顶或底板垂直位移小于0.1mm/d。

2) 隧洞周边水平收敛速度以及拱顶或底板垂直位移明显下降。

3) 隧洞位移相对值已达到总相对位移量的90%以上。

(4) 衬砌机具

1) 使用液压衬砌台车，台车长度9m，模筑长度每循环9m，台车进料口400mm×400mm，纵向1.5m一个。

2) 拌合料运输，使用混凝土输送泵、混凝土搅拌运输车配合。

3) 混凝土振捣，以模筑混凝土厚度，选用ϕ25～50mm三种型号的高频插入式和直联式振捣器。

4) 拌合设备，两台500L强制式拌合机组成拌合站。

(5) 配合比设计

洞体模筑混凝土为C20P6防水混凝土，加之使用混凝土输送泵输送浇筑，混凝土的配合比应同时满足防水混凝土和泵送混凝土的要求。具体设计为：

水灰比：0.55；

坍落度：10～14cm；

水泥：使用42.5MPa普硅水泥，用量为每立方米混凝土370kg。砂率含量为40%。

石子：连续级配的碎石。

石子含泥量按重量计不得大于1%，泥块含量不得大于0.25%；针片状颗粒含量小于5%；硫化物与硫酸盐（以SO_3计）小于0.5%；氯化物（以NaCl计）小于0.03；坚固性（用硫酸内溶液浸渍5循环后，共质量损失）小于5%。

石子的强度和压碎值：石子的抗压强度不小于45N/mm^2，压碎值小于20%。石子的质量：石子的密度大于2.5g/cm^3，松散体积的密度大于1500kg/m^3，空隙率小于45%，石子中严禁混入煅烧过的白云石或石灰石。

砂、水的质量标准符合喷射混凝土要求。

外加剂：掺入水泥重量12% EA—C膨胀剂，为泵送增大坍落度掺入水泥重量0.8%的Tj—6型减水剂。

(6) 钢筋加工安装与质量要求

钢筋的质量要求见锚喷支护钢筋质量要求。

钢筋加工及安装按照相关规范要求进行。

(7) 混凝土浇筑

采用衬砌台车进行混凝土浇筑施工，如图5-16所示。主要施工工序如下：

1) 放线铺设枕木道轨。

2) 衬砌台车组装就位，校对轴线断面。

3) 台车刷脱模剂。

4) 封头板安装、固定膨胀止水条或安装橡胶止水带。

5) 安装设备预埋管、盒、预埋件。

6) 报监理检查台车就位及浇筑前准备工作，填写模板工程、预埋件工程质量检验评

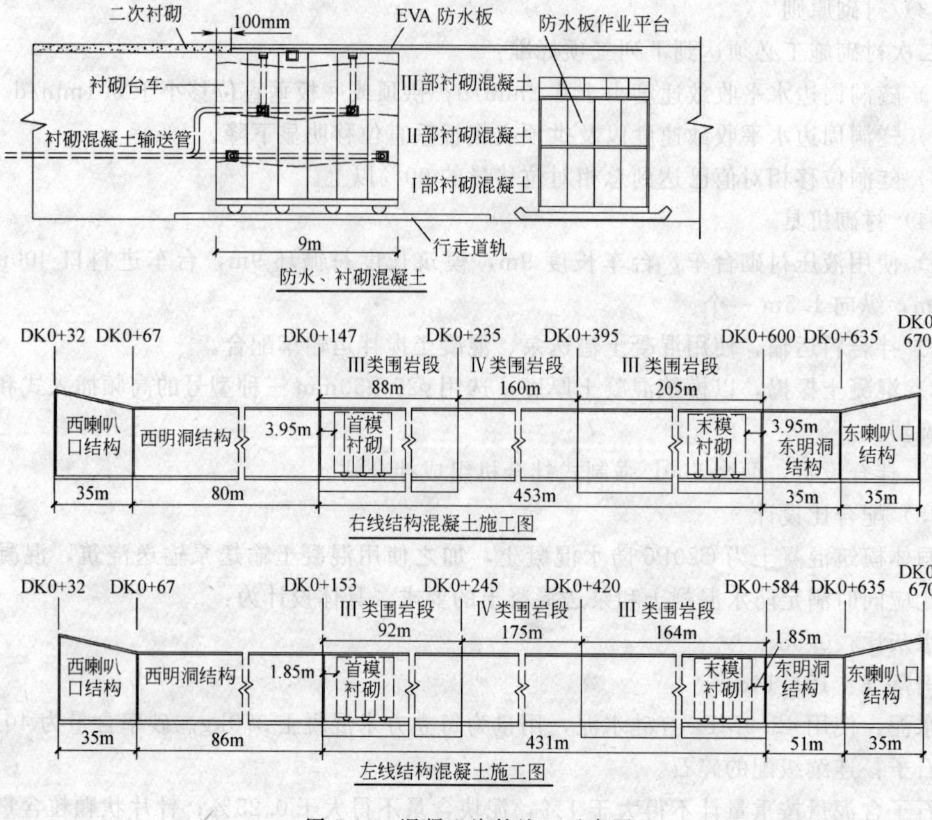

图 5-16　混凝土浇筑施工示意图

定表。

7）检查出料拌合料的坍落度。

8）输送泵输送混凝土拌合料至衬砌台车进料口。

9）浇筑混凝土。浇筑混凝土允许间歇时间见表 5-4。

浇筑混凝土允许间歇时间（s）　　表 5-4

浇筑时气温(℃)	材料	
	普通硅酸盐水泥	矿渣火山灰硅酸盐水泥
20～30	90	120
10～20	135	180
5～10	195	—

10）台车脱模：混凝土强度达到 2.5MPa 时，即可脱模。

11）养护：混凝土的养护时间不少于 14d，在养护期内始终保持混凝土表面湿润。当浇筑作业面气温低于 5℃时，不能使用洒水养护，应采用冬期养护工艺，冬期养护采用喷膜养护或红处线养护工艺。

12）混凝土缺陷处理：混凝土表面质量符合模筑分项工程质量检查评定标准要求，当出现蜂窝、麻面深度超过 10mm，面积大于该模筑段面积 0.5%时，报监理并提出处理方案，进行缺陷处理。

(8) 衬砌模板承载验算

本隧道工程暗洞衬砌采用衬砌台车，现在混凝土的侧压力及拱部荷载按照墙体及梁结构进行验算。

现场数据：

拱部衬砌段高 7m，宽 8.9m，厚 60cm（设计厚度为 35cm，由于局部超挖，经实地勘测，现按最大开挖深度 60cm 计算），混凝土自重（γ_c）为 $24kN/m^3$，设计混凝土强度等级为 C20，坍落度为 15cm，采用混凝土输送泵浇筑，浇筑速度为 1m/h，混凝土温度为 15℃，用插入式振捣器振捣。

(1) 拱墙荷载设计值计算

1) 混凝土侧压力计算

A. 混凝土侧压力标准值：

$\gamma_c=24000N$，$t_0=200/(15+15)=6.667$，

$\beta_1=1$，$\beta_2=1.15$，$v=1$

$$
\begin{aligned}
F_1&=0.22\gamma_c t_0\beta_1\beta_2 v^{1/2}\\
&=0.22\times24000\times6.667\times1\times1.15\times1^{1/2}\\
&=40.475kN/mm^2
\end{aligned}
$$

注：混凝土坍落度按 150mm，混凝土浇筑速度按 1m/h，温度按 15℃计算。

$F_2=\gamma_c H=24\times7=168kN/mm^2$

注：每次按 500mm 浇筑高度计算。

取两者中最小值，即 $F_1=40.475$。

B. 混凝土侧压力设计值：

$F=F_1\times$分项系数$\times$折减系数$=40.475\times1.2\times0.85=41.29kN/m^2$

2) 倾倒混凝土时产生的水平荷载

溜槽、导管式供料倾倒混凝土时产生的水平荷载标准值为 $2kN/m^2$；

荷载设计值为 $2\times1.4\times0.85=2.288kN/m^2$。

3) 荷载组合

$$F'=41.29+2.288=43.57kN/m^2$$

(2) 拱顶荷载计算

按简支梁验算：

荷载组合：承载能力由模板自重、新浇混凝土自重及振捣混凝土时产生的荷载组成。

模板自重$=1.6kN/m^2$

新浇混凝土自重$=24\times0.6\times1.1=15.84kN/m^2$（拱形，添加 1.1 的系数）

振捣混凝土时产生的荷载$=2.0\times1.2=2.4kN/m^2$（拱形，添加 1.2 的系数）

均布荷载 $q=19.84kN/m^2=19.84\times10^{-3}N/mm^2$

5.2.7 隧道排水沟及动力电缆沟混凝土施工

隧道排水沟与电缆沟同沟设置，施工分三阶段进行。

三类围岩地段，待衬砌、仰拱施工完成，仰拱混凝土强度达到设计强度后，进行隧道排水、电缆沟混凝土结构施工。

四类围岩地段，待衬砌施工完成，进行混凝土垫层施工，垫层混凝土强度达到设计强

度后，进行隧道排水、电缆沟混凝土结构施工。

5.2.8　混凝土路面施工

路面混凝土设计抗压强度等级 C35，厚度 25cm，路面横坡采用单面坡，坡度 1.5%，宽 8.5m，长度 1000m，混凝土横向分隔 5m，隧道洞口附近的三道横缝加设 ϕ25mm 的传力杆，其余横缝不加传力杆，隧道两端洞口各设一道胀缝，横缝共 101 条，胀缝 2 条。纵缝加设 ϕ16mm 和传力杆，间距 50cm，长 80cm。

(1) 混凝土路面施工流程（图 5-17）

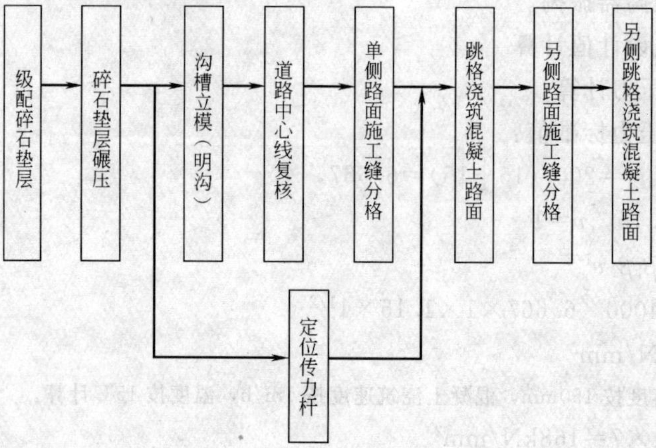

图 5-17　混凝土路面施工流程

(2) 混凝土路面材料要求：符合相关要求。

(3) 级配碎石施工：根据施工图纸及设计要求。

(4) 混凝土路面施工边模、传力杆及钢筋安装完成后，填写隐蔽工作验收记录和分项工程质量检查评定表后，报监理工程师验收。

5.2.9　明洞喇叭口段施工方案

(1) 喇叭口段 35m，其中 19m 需要钢筋混凝土整体模筑，如图 5-18 所示。其中 2-2 断面模筑厚度为 65cm，路面净宽 8.5m，渐变至 3-3 断面，路面净宽 15.7m，模筑厚度 65cm。

(2) 喇叭口斜截式洞门主要尺度见表 5-5。

喇叭口洞门主要尺度　　表 5-5

序号	部　位	长度(m)	半宽(m) 外口 1/外口 2/内口	高度(m) (最大值)	内径(m) 外口/内口	拱圈厚度(m)
1	洞门 1	35	1362/1247/6.25	13.71	9.6/5.6	0.65
2	洞门 2	35	1362/1247/6.25	13.71	9.6/5.6	0.65
3	洞门 3	35	1362/1247/6.25	13.71	9.6/5.6	0.65
4	洞门 4	35	1362/1247/6.25	13.71	9.6/5.6	0.65

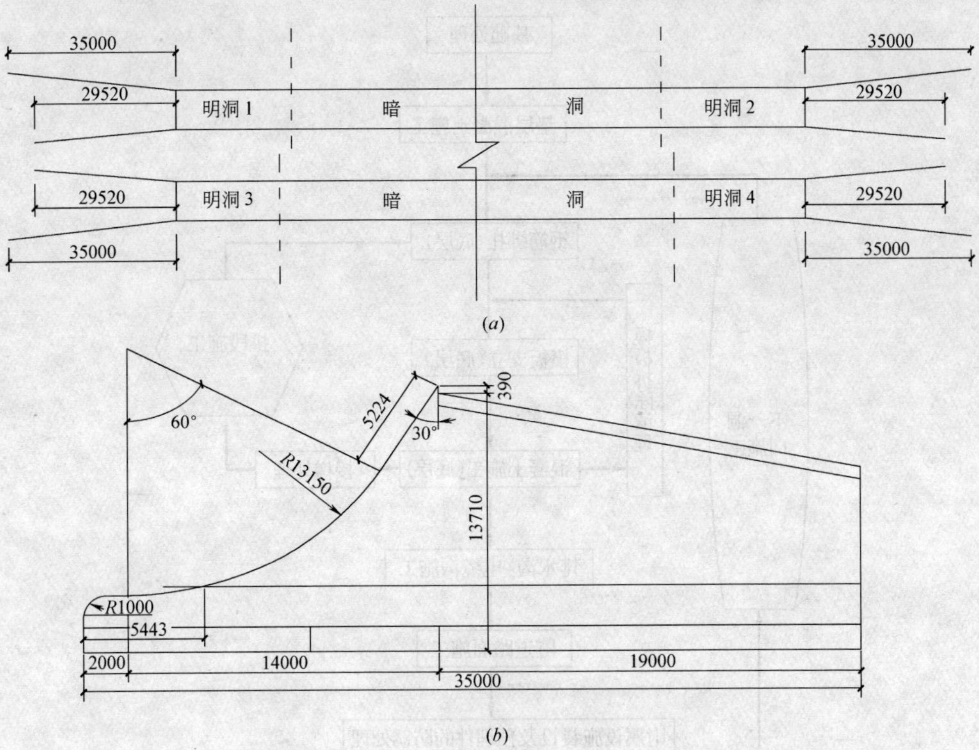

图 5-18 明洞喇叭口段尺寸

（*a*）洞口平面示意图；（*b*）洞门纵断面图

(3) 隧道喇叭口洞门施工工艺流程图如图 5-19 所示。

(4) 明洞喇叭口段模筑混凝土衬砌主要工序为：

准备工作⟶测量放线⟶拱（墙）底模板⟶校正底模板⟶绑扎钢筋⟶拱（墙）外模板⟶模筑混凝土浇筑与养护⟶拆模⟶养护。

1) 准备工作。在模筑混凝土施工开始前，应进行清理场地，进行中心和水平位置、高程施工测量，然后定位放线，架设衬砌模板支架。

2) 基坑及边坡开挖

A. 在本工程施工中，考虑岩石开挖量不是很大，且现场场地狭小；同时，为避免了爆破对山体植被造成较大的影响，采用机械破碎岩石开挖方法。

B. 机械破碎岩石利用履带液压锤进行施工。履带液压锤由液压挖掘机改装，将液压挖掘机的铲斗卸下，装上液压锤，将液压挖掘机的液压油路与液压锤接。破碎的岩石利用装载机和自卸汽车运往现场指定地点。

C. 根据本工程地质勘察报告和前期进行隧道开挖施工时遇到的实际地质情况，排水布置见图 5-20。

D. 采用履带液压锤凿岩机进行边坡凿岩开挖时，施工应从边坡一侧由上向下进行逐层开挖。如图 5-21 所示。

E. 清理危石、浮石的施工人员，应按照要求佩戴好安全防护带、安全防护绳。坡上

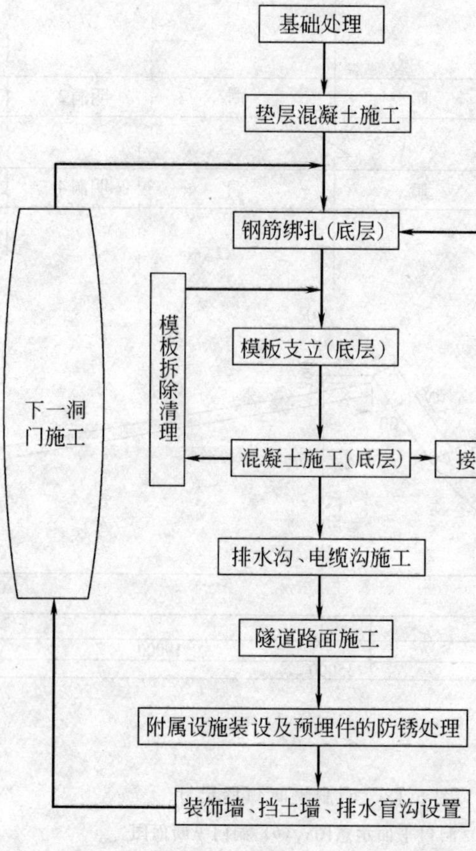

图 5-19 喇叭口门洞施工流程

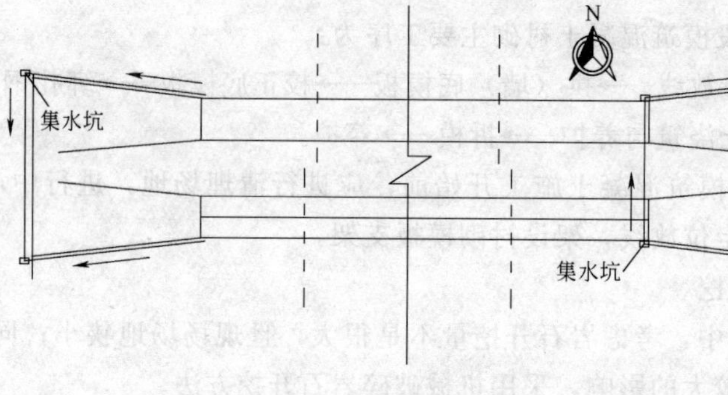

图 5-20 隧道工程洞门施工排水布置示意图

监护人员，每组不得少于 2 人，并听从指挥人员的指挥，统一上下，雨雪、大风天禁止施工。

F. 开挖洞门基础时，基坑边坡坡度按照 1∶0.3 进行控制。洞门基础开挖尺寸为基础几何尺寸每边加 800～1000mm 作业面。基坑开挖后，用脚手杆在基坑四周搭设防护栏杆进行安全围挡。

G. 基坑开挖完后及时进行隐蔽工程验收，验收合格后及时浇筑垫层，进行基础施工。

3）模板

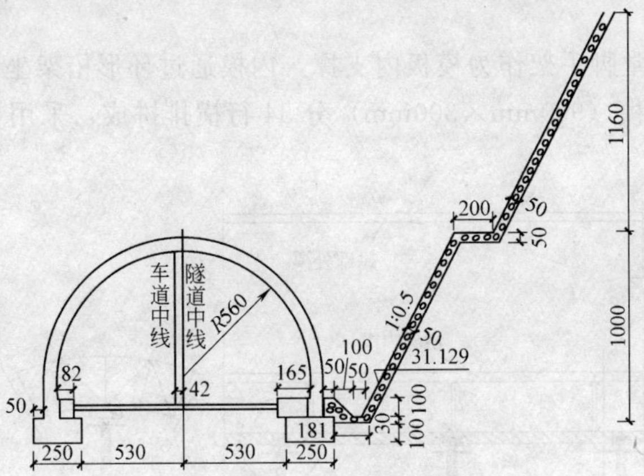

图 5-21 喇叭口洞门边坡开挖立面图

采用木模板外包 1mm 薄钢板，表面要光洁，接缝严密，外涂脱模剂，模板要有足够的强度、刚度和稳定性，模板架支撑应连接牢固，位置准确。拱架、曲墙架使用前，应先在墙台上试拼装，重复使用，应认真做好复核检查，并认真做好记录。模板设计有下列要求：

A. 嵩山隧道洞门结构为大型钢筋混凝土斜截式喇叭口结构，结构较为复杂。洞门模板设计本着“科学、可行、经济”的设计原则，并根据本工程的实际情况。

B. 洞门直墙基础为一般基础结构，按照《建筑施工手册》模板施工要求可满足设计要求，拱部为斜截式喇叭口结构，须对模板稳定性和刚度进行计算。

C. 基础内、外模板采用桁架组合钢模板。按照基础设计尺寸用组合钢模板，通过螺栓连接成整体，并通过桁架连接成大片，整体吊装组合。

D. 拱部曲面模板内模采用组合钢模板，通过拱型桁架坐在支撑架管上。

E. 喇叭口模板沿纵向分为六大片，各片之间分别独立进行吊装组合。

4）钢筋制作、安装

钢筋加工要符合《混凝土结构工程施工质量验收规范》。

5）模筑混凝土浇筑与养护

浇筑顺序从两侧拱脚向拱顶对称进行，应进行连续浇筑，混凝土要振捣密实，混凝土采用商品混凝土，坍落度 14～16cm，分层浇筑，每层 50cm。浇筑上层混凝土时，振捣棒下插 10cm。

混凝土养护与拆模。衬砌混凝土灌筑后强度达到 2.5MPa 拆除外模，并淋水养护，养护时间不少于 14d，拱墙强度达到设计强度 70％拆模。

（5）喇叭口洞门拱部模板构造设计

根据洞门设计图纸，现场加工一套完整喇叭口斜截式洞门模板，模板分三部分，喇叭口洞门外模、内模，弧形堵头模板。

1）外模

拱部外模采用 5mm 厚钢板作为模面，5 号轻型槽钢作为横向背楞，竖向环行桁架作为龙骨，拼装采用焊接。在外模上设置连接件，将六大片外模连成整体。外模上部留有敞口抹灰区，将外模一分为二，形成两对称部分。单侧 35m 分为六大片整体吊装。

2）内模

拱部内模采用满堂脚手架作为模板内支撑，内模通过环形桁架坐在支撑脚手架上。内模板采用P3009小钢模（900mm×300mm）分34行横排拼成，采用桁架背楞支撑，详见图5-22。

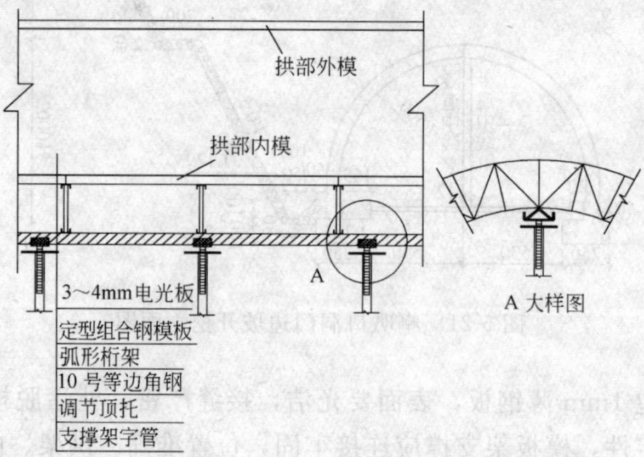

图5-22　拱部内模结构示意图

3）堵头模板

堵头模板采用5mm厚钢板制作，按照设计图纸的尺寸所标示的曲率半径在现场放样，加工成相应形状，如图5-23所示。施工采用堵头模板包外模，内模包堵头模板的施工工艺。

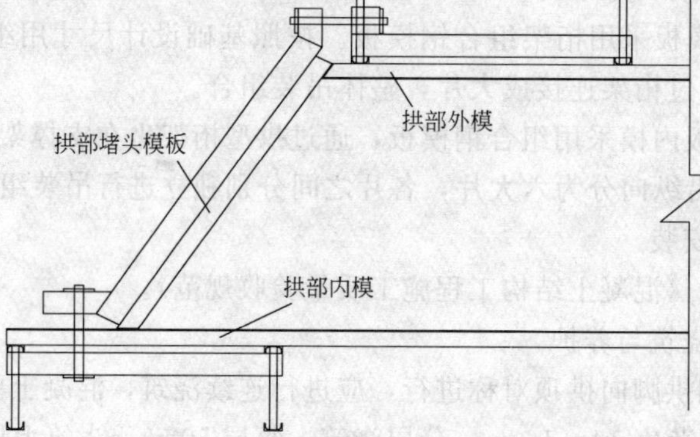

图5-23　喇叭口端模板施工示意图

4）洞口模板组拼

内、外模之间底部通过预埋在基础上的穿墙拉杆对拉，上部设置穿墙拉杆，穿墙拉杆中部设有止水环，以防拉杆处出现渗漏现象。拱部内、外模底部均设有膨胀橡胶止水条。内、外模相邻大片模板之间，通过粘贴白胶板止浆。

外模支立采用整体拼装方法，外模底部通过基础预埋圆台螺母拉紧固定，并与地面上支撑牢固。上部通过对穿拉杆将内、外模形成对拉，将其固定成整体。

边墙基础混凝土达到规定强度后，进行基坑肥槽回填、夯实至设计标高，进行满堂脚手架搭设。

隧道洞门拱部模板整体组装示意图见图 5-24、图 5-25。节点细部见图 5-26。

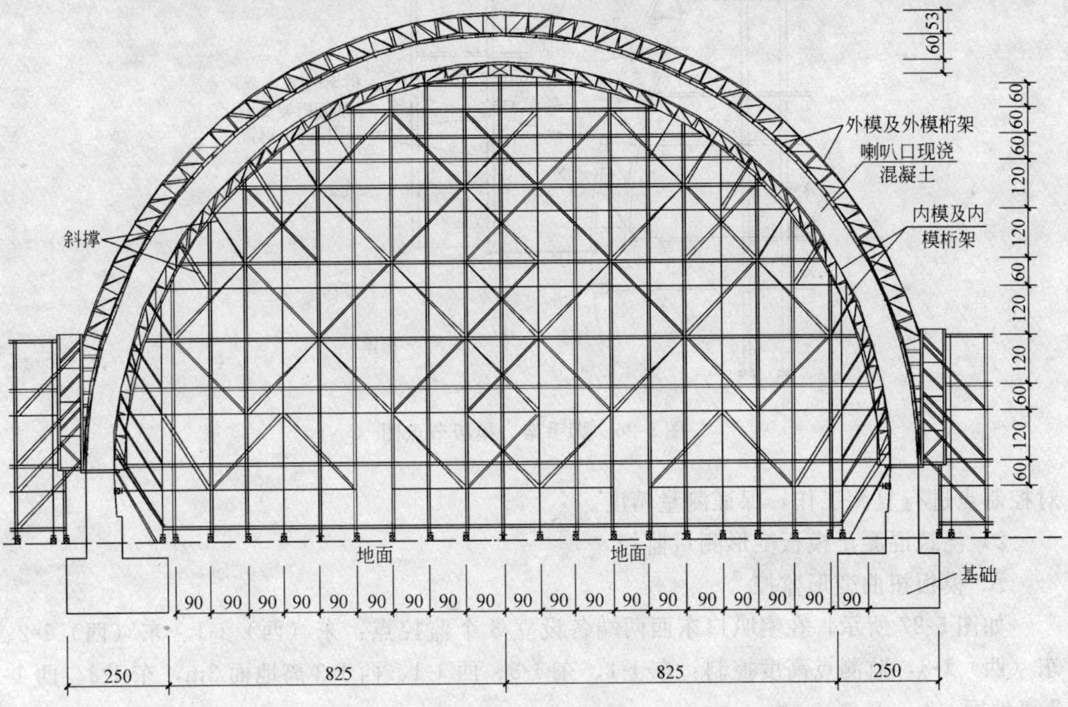

图 5-24　喇叭口模板及脚手架支设示意图

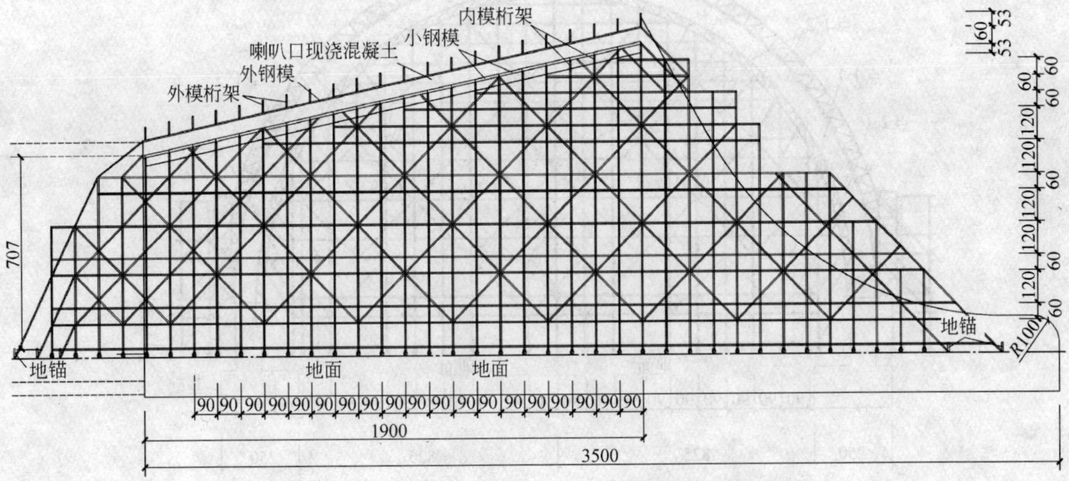

图 5-25　喇叭口模板及脚手架支设纵剖面

(6) 喇叭口洞门模板监测控制

1) 平面定位控制测量监控

首先对测绘单位提供的测量控制点进行复测，报监理工程师批准后，进行洞外控制点的布设工作。每个洞口布设中线控制点，根据导线点测定各控制点的坐标及高程，并定期

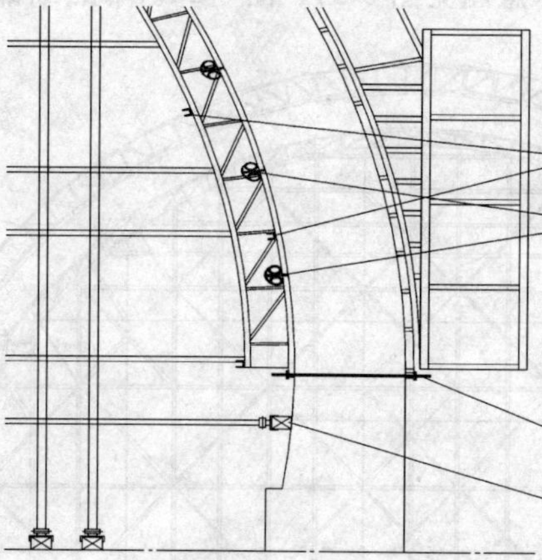

图 5-26　脚手架、模板节点图

对控制点进行复测工作，保证测量精度。

2）浇筑混凝土模板变形测量监控

A. 模板扭曲变形监控

如图 5-27 所示，在喇叭口东西两端各设立 3 个监控点：东（西）1-1、东（西）1-2、东（西）1-3，监测点高度控制：东 1-1、东 1-3、西 1-1、西 1-3 离地面 3m，东 1-2、西 1-2 离地面 6m。

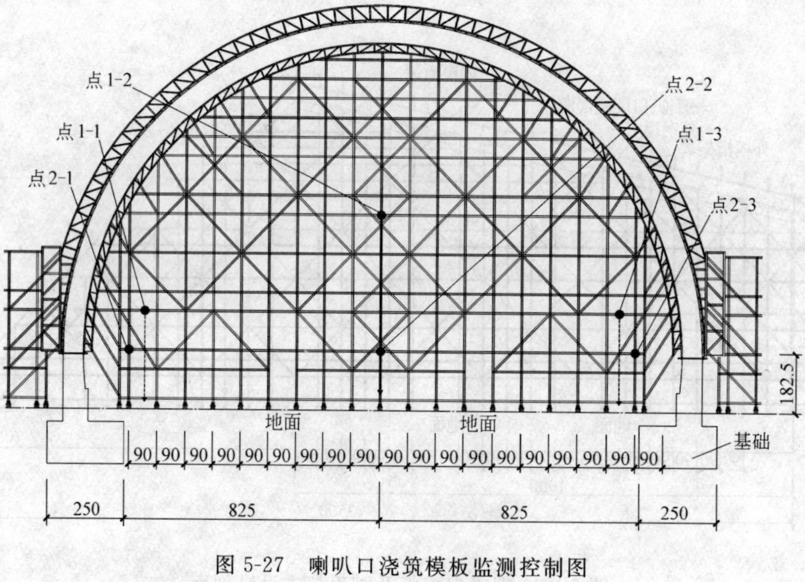

图 5-27　喇叭口浇筑模板监测控制图

监控方法：偏移采用线坠和尺量。

模板扭曲变形量控制：模板扭曲变形量控制在 3mm 以内。

B. 模板沉降变形监控

如图 5-27 所示，喇叭口东西两端各设立三个监控点：东（西）2-1、东（西）2-2、东（西）2-3。全部设立在离地面 1.5m 处。

监控方法：沉降采用水准仪。

模板扭曲变形量控制：模板沉降变形量控制在 3mm 以内。

5.2.10 供电与照明施工（略）

6 主要施工管理措施

6.1 保证工期措施

加快施工进度、如期完成任务是信守合同，提高企业信誉的保证条件之一。在确保安全生产和工程质量的前提条件下，制定科学的技术组织措施，抢时间抓进度，苦干加巧干，以确保目标工期的实现。

(1) 实行项目法管理，组建“精干、有效、权威”的项目经理部，落实经济承包责任制，提高劳动效率。委派有丰富工程施工经验的工程技术人员，担任该项目施工管理工作。配备相关专业的作业班组，做到指挥灵巧，执行有力。进一步深入进行工程调查，认真编制和不断优化调整实施性施工组织设计，做到科学、先进和可操作性，在施工过程中，实行施工组织设计动态管理。运用科学方法组织施工，根据总目标工期，制定分阶段工期目标，层层落实到各施工班组，深入细致地制定月、周、日作业计划，并严格考核，发现问题及时采取补救措施。

配合监理做好分项工程的报验工作，根据施工进度编制报验计划，及时进行分项工程的报验，达到施工规范的要求。监理通过验收后，及时开展下一工序施工。

(2) 合理进行流水段划分，形成流水作业条件，严格工序衔接，形成平行交叉作业，保证施工作业遵章有序进行。

(3) 做好各种机械设备的配备和物资的组织供应，确保不影响施工生产。

(4) 做好测量、试验工作，保证不拖工期后腿。狠抓工程质量，避免因返工造成工期拖延，做好工程中间验收工作，减少技术性问题占用时间。

(5) 加强设备保养维修，保持机械完好率，提高机械设备完好率，保证工程不因机械故障而停工。

(6) 根据工程进度要求配备足够劳动力，各工种合理搭配，做好施工作业与工人轮休安排。保证法定节假日正常生产，不停产。

(7) 加强与气象预报部门联系，做好防洪排水准备，减少雨期对施工的影响。

6.2 保证质量措施

6.2.1 隧道施工质量管理

(1) 质量方针：用我们的承诺和智慧雕塑时代的艺术品。

(2) 质量目标：分项工程一次检验合格率 100%，优良率 85%以上，单位工程质量达到合格以上。

(3) 阶段施工质量目标

1) 洞身开挖

A. 洞身开挖质量达到合格以上。

B. 严格控制欠挖。当石质坚硬，并确认不影响衬砌结构稳定和强度时，允许岩石个别凸出部分（$1m^2$ 不大于 $0.1m^2$）突入衬砌断面，锚喷支护时突入不大于 3cm，衬砌时不大于 5 cm。拱脚、墙角以上 1m 内，严禁欠挖。

C. 开挖轮廓要预留支撑沉降量及变形量，以防出现净空不够的情况。

D. 先拱后墙程序施工时，下部开挖的厚度及用药量应严格控制，并采取防护措施，避免损伤拱圈。洞身开挖，必须清除大浮石。

2）锚喷支护

A. 锚喷支护质量达到合格以上。

B. 支护前做好排水措施，对个别漏水孔洞的缝隙应采取堵水措施，拱脚下沉而引起拱圈开裂。

C. 支护应与围岩结合牢固，回填密实。锚喷支护时，不允许钢筋与锚杆外露，不允许开裂脱落。

3）防水板铺设

A. 防水板施工质量达到合格以上。

B. 防水板施工前应做好排水措施，对个别漏水孔洞的缝隙应采取堵水措施，保证防水板施工质量。

C. 防水板焊接符合质量要求，严密、无开裂，搭接满足要求。

4）二次衬砌

A. 衬砌施工质量达到合格以上。

B. 衬砌前应做好排水措施，对个别漏水孔洞的缝隙应采取堵水措施，保证衬砌质量。

C. 先拱后墙程序施工时，拱脚应有支撑，防止开挖边墙时拱脚下沉而引起拱圈开裂。

D. 衬砌应与围岩结合牢固，回填密实。

5）洞门结构

A. 洞门结构施工质量达到合格以上。

B. 地基必须满足设计要求。

C. 混凝土的配合比符合试验规定。

D. 墙背填料符合设计和施工规范要求。

E. 沉降缝、施工缝应符合设计要求。

6）装饰装修

A. 装饰装修施工质量达到合格以上。

B. 所用涂料满足质量要求，颜色符合设计要求。

C. 涂料与基层结合牢固，无开裂、空鼓、褶皱。

D. 涂料观感质量满足规范要求，无流坠、无色差，颜色均匀一致。

7）机电安装

A. 机电安装施工质量达到合格以上。

B. 所用机电材料满足质量要求。

C. 机电设备安装位置准备，满足设计功能要求。

8）道路地面

A. 路面施工质量达到合格以上。

B. 采用的沥青其物理性能和化学成分应符合国家有关标准的规定。

C. 粗细骨料、接缝填缝料应符合施工规范的要求。

D. 路面平整度、坡度、标高，满足设计及规范要求。

（4）质量保证体系

1）质量体系的建立：

2）项目经理部根据本工程项目管理的具体情况，成立了项目质量领导小组，确保隧道施工质量满足设计及施工规范的要求。

领导小组组长：陶××；

副组长：吴××（合作方现场负责）、丁××（合作方技术负责）、刘××；

组员：柴××（合作方搅拌站负责）、王××（合作方技术）、于××（合作方现场管理）、李××（合作方现场管理）、杨××（专业队现场负责）、王××（专业队技术负责）、王××（专业队现场负责）

3）质量体系的执行、落实：

隧道的开挖、锚喷支护施工是从东西两侧进行，为保证开挖断面尺寸、锚喷质量和质量验收，在东西两侧成立项目质量检查小组，质量验收按照验收程序进行报验。

测量控制采取施工作业队进行施工过程的定位放样，项目经理部测量班负责效核。

防水板、衬砌施工由西口向东口施工，项目经理部成立衬砌质量检查小组，负责防水板、衬砌质量检查和隐蔽工程报验。

4）材料的质量控制：

本工程主要施工材料为水泥、钢筋、商品混凝土、防水板、装修涂料，关键材料为防水板和装修涂料。对于关键材料项目经理部组织建设单位、监理单位对防水板、装修涂料进行厂家考察，厂家各项资质符合要求后，商务部门订货。

所有施工材料进场后，经材料部、质量部验收合格后，报监理公司验收，合格后使用。对不合格材料，按照程序退场，并通知材料部门备案。

5）施工质量整改措施：

对于施工中出现的一般质量问题，及时发现及时整改，并将整改的结果备案，在每周的施工例会上进行强调，避免发生类似问题。

对于重大质量问题实行质量问题专题分析会制度，项目经理部召集设计单位代表、监理公司监理及项目有关技术质量人员针对出现的问题进行认真分析，找出产生质量问题的原因，并制定相应的整改措施，专人负责整改落实，将整改结果上报项目经理部。

6）质量管理制度的落实：

项目经理部认真落实制定的质量管理制度，加强分项工程、隐蔽工程的质量验收，对严重违反施工规范的问题按照合同条款和相关质量管理规定进行通报批评，并根据情节严重给予经济处罚。对施工队报验进行一次验收合格率控制，一次检查验收合格率在95%以上为优；一次检查验收合格率在95%～85%之间为合格；一次检查验收合格率在85%以下，要求施工作业队进行整改；对于严重质量缺陷，要求施工作业队返工，并给予施工作业队经济处罚。

7）质量过程管理：

为保证隧道施工质量的有控管理，实现总体质量目标及各阶段质量目标，项目经理部对重点部位实行严格的过程管理，制定隐蔽工程、隧道开挖、锚喷支护、防水板铺设、衬砌及装修等工序施工的过程检查程序，完善落实验收制度，杜绝违章操作，实现过程精品。

质量过程管理措施：

对进场施工管理人员、施工人员进行质量意识的教育和技术交底，提高施工人员的操作水平。

坚持“三检制”，制定每道工序的验收表格，按照验收程序进行检查和验收。

6.2.2 主要分项工程质量控制重点及措施

(1) 暗洞爆破开挖

1) 质量控制重点：

隧道中心轴线，开挖断面尺寸、隧道开挖断面中心位置。洞顶及仰拱底高程。开挖超挖、欠挖。爆破后没有达到所要求的开挖面，作业面塌方。隧道开挖围岩收敛变形量。

爆破钻眼位置，炮眼长度、角度，装药量，炮眼封堵，雷管规格布设。

2) 质量控制措施：

开挖前应认真反复复核洞口的平面位置、高程。每进行一个工作循环，都应复核平面位置、高程。

每进行一个爆破循环，炮眼位置要严格按照方案设计要求定位，炮眼长度、角度要达到要求，在进行爆破前认真检查雷管规格及布设。

施工中应严格控制欠挖、尽量减少超挖，Ⅳ围岩最大隆起量小于5cm，拱墙脚1m以内严禁欠挖，采用光面爆破提高钻眼精度，控制药量，提高作业人员技术水平，将超挖量控制在：拱部最大25cm，墙、仰拱10cm以内。

开挖方法要根据围岩类别进行确定，满足施工作业的要求，Ⅲ围岩采用台阶分部开挖，开挖进尺以1.0～2.0m为宜。Ⅳ围岩围岩采用全断面开挖，可用深孔爆破，其深度可取2～3.5m。施工中严格控制施工工艺，确保工作质量。

按照施工方案设计要求对围岩进行监控量测，对收敛值超出规范要求的，及时上报设计单位，调整设计参数。

(2) 暗洞锚喷支护

1) 质量控制重点：

系统锚杆钢筋规格，系统锚杆位置、间距，锚杆长度及外露长度。水泥锚固剂填塞密实度。

钢筋规格，钢筋焊接质量，钢筋格栅加工尺寸、曲率半径，格栅连接质量。

喷射混凝土配比、搅拌、计量。喷射混凝土厚度、密实度、强度。锚喷截面尺寸，表面平顺度，表面观感质量。

2) 质量控制措施：

爆破施工后及时进行系统锚杆定位，锚杆位置、间距应符合设计图纸及规范要求，锚杆孔清理完成后及时检查锚杆位置、间距、长度，并做好隐蔽工程验收。

钢筋格栅安装定位后，应再认真复核格栅平面位置、高程，锚喷支护后，再对喷射面进行复核。

喷射混凝土应采用机械搅拌，速凝剂的填加应在施工现场进行，随配制随使用。

喷射混凝土应分层进行喷射，每层控制厚度在 5cm 左右，喷射混凝土应与喷射面保持在 1.0～1.5m 距离，喷射应采取点射旋喷法，并保持喷射面表面平整，喷射后及时对喷射面进行修整。超挖面的喷射，应使表面凹凸符合防水施工基层的质量要求。

(3) 暗洞防水板铺设

1) 质量控制重点：

防水基层（喷射混凝土面）要求：边墙：$D/L \leqslant 1/6$，拱部：$D/L \leqslant 1/8$；D/L：矢弦比。D：喷射混凝土相邻两凸间凹进去的深度。L：喷射混凝土相邻两凸间的距离。喷射混凝土表面应坚固，无松动块体，表面平整。

防水材料质量应满足设计要求，防水面无破损、无孔洞、厚度均匀。

防水板搭接应满足设计及规范要求，热合爬焊机焊接质量符合规范要求。

2) 质量控制措施：

防水基层不满足要求的须对基层面进行处理（剔凿或抹砂浆找平）。

自动爬行热合机工作电压必须稳定，保持在 220±5V 范围内；如电压不稳定，应安设调压器，使自动爬行热合机保持在工作要求的范围内进行操作。

3) 焊缝质量的好坏直接影响防水质量，施工中应严格控制焊接质量，焊缝须平直整齐，轮廓清晰，搭接尺寸满足设计图纸及施工规范要求，焊点牢固，焊缝无气泡、无咬边、无穿孔。

对每批防水板在现场进行焊接充气试验，48h 气压不变为合格。

防水板施工完成后须及时进行二次衬砌施工，防止防水板破坏。施工过程中禁止用重物或尖物刺穿、刻划防水板。

拱部、侧墙绑扎钢筋时，应采取可靠措施避免破坏防水板。

浇筑二次衬砌混凝土时，振动棒不得接触防水板，以免破坏防水板。

施工中无意将防水板破坏，应及时向防水板施工人员进行汇报，采取修补措施。防水板施工过程中，质量检查须安排专人负责，分块分段进行检查；发现有破损、划坏等，应做出明显标记，及时派人进行修补，修补后应进行复查。

(4) 二次衬砌

1) 质量控制重点：

衬砌台车钢结构组装尺寸。钢结构构件安装质量，模板拼装质量。

衬砌台车轴线定位及纵向坡度，衬砌截面尺寸，模板顶、底标高。模板涂刷水性脱模剂。

环向、水平施工缝表面剔凿，膨胀橡胶止水条安装。变形缝处的止水带安装。

衬砌混凝土强度，现场浇筑混凝土的坍落度、温度、混凝土停滞时间，混凝土振捣操作，混凝土每层浇筑高度。

衬砌混凝土强度拆模强度、时间，混凝土养护措施及养护时间。

衬砌混凝土表面观感质量：无裂纹、无蜂窝麻面、无孔洞、无过振和漏振。

冬期衬砌施工按照冬期施工方案施工，冬期混凝土浇筑施工的保温及拆模后混凝土保温。

2) 质量控制措施：

衬砌台车钢结构组装尺寸要符合衬砌设计图纸要求。钢结构构件连接应牢固，表面接缝严密，符合衬砌台车设计要求。衬砌台车组装定位完成后要进行验收。

衬砌台车行进轨道要延出衬砌台车两侧不少于10m，确保衬砌台车准确定位，轨道下面枕木要垫实，枕木间距要保证浇筑混凝土过程中衬砌台车不发生沉降。衬砌台车与前衬砌搭接不少于10cm，以保证两衬砌交接处无错台。衬砌台车定位后，应认真效核衬砌截面尺寸，模板顶、底标高。模板涂刷脱模剂应均匀，无淌油。

环向、水平施工缝表面剔凿，膨胀橡胶止水条质量、安装位置应符合设计及规范要求。变形缝处的止水带质量、安装位置应符合设计及规范要求。

衬砌混凝土强度应符合设计图纸及施工规范要求，现场浇筑混凝土的坍落度、温度、混凝土停滞时间满足规范要求，混凝土振捣应按照操作规程要求无过振漏振现象，严格控制衬砌混凝土拆模时间。拆模时，混凝土的拆模强度为2.5MPa，现场商品混凝土搅拌站按照温度变化提供混凝土的拆模强度为2.5MPa的时间，保证混凝土的质量。

衬砌混凝土施工应按照清水混凝土的表面观感质量进行控制，拆模后应及时对混凝土进行养护。

冬期施工时，严格控制混凝土出模时间，并做好保温工作。隧道采取措施，进行必要的封堵和围挡，减小洞内空气对流造成温度降低。

对出现的局部质量缺陷按照技术部及监理意见进行处理。大型机械设备进出隧道服从洞内施工人员指挥，避免撞击结构。

(5) 洞门

1) 质量控制重点：

洞门基础中轴线位置、坡度、标高控制，洞门外口、内口的截面尺寸控制，基础断截面尺寸、浇筑高度控制。

基础钢筋规格、焊接质量、搭接长度。基础模板结构连接，外支撑顶撑强度。

洞门模板的设计要满足设计图纸及施工规范的要求，技术上要确保模板的整体强度和刚度，支撑系统要安全可靠，模板结构安全储备满足要求。

洞门模板加工平台的整体强度、刚度，加工平台的桁架尺寸。

2) 内模板脚手架地基承载力，满堂红脚手架的整体强度、刚度，环形桁架的间距、标高，整体拉结、拼装的强度、刚度。

环行桁架与满堂红脚手架的整体强度、刚度。内模板与环行桁架的搭接位置，模板与桁架整体连接强度，组合小钢模的平整度、拼装质量。

拼装外模板组合拼装的整体强度、刚度，外支撑的位置、稳定性。

对拉螺杆的质量，止水板的尺寸、焊接质量。

水平施工缝表面剔凿，膨胀橡胶止水条安装。变形缝处的止水带安装。

洞门混凝土强度，现场浇筑混凝土的坍落度、温度、混凝土停滞时间，混凝土振捣操作，混凝土每层浇筑高度及浇筑时间。

洞门混凝土强度、拆模强度、时间，混凝土养护措施及养护时间。

洞门混凝土表面观感质量：无裂纹、无蜂窝麻面、无孔洞、无过振漏振。

3) 质量控制措施：

洞门结构为大型变曲面拱形钢筋混凝土结构，模板的设计要保证整体强度和刚度，在浇筑混凝土的过程中不允许发生变形和胀模。在模板的设计上，要对各种不利因素考虑周全，在施工中制定有效措施尽量减小施工荷载，以保证洞门混凝土顺利浇筑完成。

减小施工荷载措施：拱部钢筋与基础钢筋焊接，使拱部钢筋自身形成稳定结构，减小拱部钢筋对模板的荷载。控制混凝土分层浇筑厚度，以0.3m/h控制，每浇筑完1m停歇1h，使下层混凝土达到初凝，减小混凝土对模板的侧压力。

洞门的整体定位应首先控制洞门基础位置，基础模板安装完成后认真校核，基础内口尺寸要与暗洞的尺寸、坡度保持一致。

为保证洞门模板的整体刚度，基础回填要按照规范回填，以保证内模板脚手架地基承载力。

内模拱形桁架是确保洞门结构的关键工序，拱形桁架的间距要满足设计，组合模板与桁架的连接要牢固、可靠。环向顶撑要对称、均匀分布，以保证内脚手架受力均匀。

外模板与内模的对拉要满足设计要求，外模的整体连接要牢固，保证外模的整体稳定性。模板底部支撑要支撑牢固，在浇筑混凝土过程中调整顶撑，保证外模均匀受力。

在浇筑混凝土的过程中，安排专人对模板支撑及浇筑情况进行检查，及时调整支撑，保证模板在浇筑过程中的整体强度和刚度。

模板涂刷脱模剂应均匀，无淌油。

水平施工缝表面剔凿，膨胀橡胶止水条质量、安装位置应符合设计及规范要求。变形缝处的止水带质量、安装位置应符合设计及规范要求。

洞门混凝土强度应符合设计图纸及施工规范要求，现场浇筑混凝土的坍落度、温度、混凝土停滞时间满足规范要求，混凝土振捣应按照操作规程要求无过振漏振现象。

洞门混凝土施工应按照清水混凝土的表面观感质量进行控制，拆模后应及时对混凝土进行养护。

6.3 施工技术、技术资料管理措施

6.3.1 隧道施工技术管理

(1) 主要施工技术

1) 隧道爆破开挖技术。

2) 洞口加强段超前小导管支护技术。

3) 超浅埋段隧道施工技术。

4) 钢格栅锚喷支护技术。

5) 隧道防水板铺设技术。

6) 隧道衬砌施工技术。

7) 大型斜截式喇叭口洞门施工技术。

8) 隧道量控监测技术。

(2) 主要施工技术特点

1) 隧道爆破开挖技术特点

A. 隧道施工采用新奥法施工技术。

B. 隧道开挖的原则：施工贯彻短进尺、弱爆破、强支护、勤量测、早封闭的原则，

强化安全第一、质量第一的管理意识，做到认识围岩、支护围岩、监测围岩，注视围岩变化情况，不留后患，杜绝安全事故。

C. 爆破开挖从东西两侧左右线同时进行，开挖施工所用气、电、水从西口供应，爆破器材存放在西口。

D. 隧洞周边采用光面爆破技术。

E. 加强段采取超前小导管进行超前支护，开挖根据地质情况，采用先拱后墙的台阶法施工。开挖分三层：拱部、边墙、仰拱。

F. Ⅲ类围岩强风化和中等风化段开挖根据地质情况，采用先拱后墙的台阶法施工。开挖分三层：拱部、边墙、仰拱。

G. Ⅳ类围岩段采用全断面法进行施工。开挖分二层：拱部边墙、仰拱。

2）洞口加强段超前小导管支护技术特点

A. 左线 DK0＋153、左线 DK0＋584、右线 DK0＋147、右线 DK0＋600 隧道开挖口向内 15 米段为洞口加强段，按照设计要求采用超前小导管支护。

B. 超前小导管环向 3 根/m，径向间距 30cm，纵向间距 2.4m，布设 3.5mϕ42 小导管 2 排（局部破碎断裂带采用超前小导管进行加强），梅花形布置。钢管采用间隔一根加工成钢花管，用于注浆，使周围岩体形成一定厚度的加固圈，确保施工安全。

C. 小导管加工按设计要求采用 ϕ42 钢管，壁厚 3.5mm，长度切成 3.5m 管壁每隔 20cm 交错钻孔，眼孔直径 8cm，后端 1.5m 范围不钻孔，前端 20cm 范围加工类型，钻杆直径较小导管管径大 10cm，选用 ϕ50 钻孔。

D. 注浆材料采用 1∶1 水泥浆，水泥强度等级 42.5，注浆压力 0.5～1.0MPa，孔口设置止浆塞。注浆后，重开挖前间隔时间 48h，开挖时应保留 1.5～2.0m 上浆墙，防止下一次注浆孔口跑浆，注浆顺序为先注无水孔后注有水孔，从拱顶顺序对称向下进行；如果窜浆、跑浆，则可间隔一孔或数孔灌注。

3）超浅埋段隧道施工技术特点

A. 隧道东口左线在（DK0＋595-DK0＋552）Ⅲ类围岩段属于超浅埋段。

B. 为保证隧道施工安全，建设单位会同有关专家根据青岛地区的地质情况和山东地区隧道施工经验，制定了“短进尺、弱爆破、勤支护”超浅埋段掘进意见。

C. 项目经理部根据建设单位、监理公司、设计单位意见（监理回执 007#、函件 004#），制定了超浅埋段隧道施工方案。

D. 将（DK0＋584-DK0＋600）段采取爆破断面开挖。

E. 将（DK0＋584-DK0＋562）段格栅间距由 0.75m 更改为 0.5m，系统锚杆环向间距仍为 1.2m，纵向间距由 1.2m 改为 0.5m，并与格栅焊接。DK0＋562-DK0＋552 格栅间距由 1.2m 改为 0.75m，系统锚杆环向间距仍为 1.2m，纵向间距由 1.2m 改为 0.75m，并与格栅焊接。

4）钢格栅锚喷支护技术特点

A. 初期锚喷支护分Ⅲ、Ⅳ类围岩两种施工工艺进行支护。

B. Ⅲ类围岩采用钢筋格栅网喷混凝土支护，拱部、边墙设系统锚杆。Ⅳ类围岩采用网喷混凝土支护，拱部、边墙设系统锚杆。

C. 喷射混凝土采用干喷混凝土掺速凝剂的施工工艺。

D. 喷射混凝土按一定的区段和顺序依次进行。

5）隧道防水板铺设技术特点

A. 隧道防水采用“以排为主，防、排、截、堵相结合”的设计原则，衬砌混凝土采用C20P6防水混凝土，隧道内设两侧设排水沟，衬砌背后设防水板及竖向盲沟。

B. 隧道拱墙全断面铺设具有高延伸性的EVA隧道专用防水板材，防水板厚度1.2mm，隧道暗挖段防水板铺至边墙底部的纵向盲沟。

C. EVA防水板材施工采用防水板专用的自动爬行热合机。防水板的铺设采用移动作业平台来完成。

D. 防水板施工在隧道爆破施工完成后，二次衬砌施工前进行。

E. 防水板铺设时采用先墙后拱，下部防水板压在上部防水板内边。

6）隧道监控量测技术特点

A. 本工程隧道施工为新奥法设计和施工，对开挖面的监控量测为必不可少的施工程序，在施工中掌握围岩动态，确保施工安全，并为调整初期支护参数、确定二次衬砌和仰拱的施作时间提供信息。

B. 拱顶下沉量测点布置：拱顶。

C. 净空收敛量测以量测水平收敛为主，起拱线一条，起拱线以上2m一条，基底线以上1m一条。

D. 量测横断面距离：Ⅲ类围岩为30m、Ⅳ类围岩为50m。

7）隧道衬砌施工技术特点

A. 本隧道工程按照新奥法设计与施工，采用钢筋格栅锚杆喷射混凝土初期支护与模筑混凝土二次衬砌的复合式衬砌。衬砌内轮廓为单心圆曲墙式。

B. Ⅲ类围岩采用曲墙带仰拱衬砌，Ⅳ类围岩采用曲墙不带仰拱衬砌。

C. 二次衬砌厚度为35cm无筋素混凝土，混凝土强度等级为C20，混凝土抗渗等级不低于P6。

D. 衬砌模板采用隧道专用定型定尺衬砌台车，衬砌台车长度9m，台车移动为轨道自驱行走方式。

E. 衬砌混凝土由现场商品混凝土搅拌站供应。

F. 衬砌施工由西口左右线向东口进行施工。

G. 衬砌每模浇筑8.9m，环向、水平施工缝设BW膨胀橡胶止水条，Ⅲ、Ⅳ类围岩和明暗洞交接处设橡胶止水带。

H. 根据衬砌台车尺寸和衬砌结构特点，衬砌分五步完成。

8）大型斜截式喇叭口洞门施工技术特点

A. 洞门为喇叭口斜截式钢筋混凝土结构。

B. 洞门结构下部为现浇混凝土扩大基础，上部靠近明洞的19m范围内为变半径半圆形拱墙结构，再向外为现浇混凝土边墙；喇叭口端上部5m多范围内为斜切面，下部为圆弧形切面。

C. 四个洞门分别独立施工，依次进行，具体的施工顺序为东左洞门、东右洞门、西左洞门、西右洞门。

D. 洞门施工采用水平分层施工工艺，分为拱墙段和直墙基础段两部分。拱墙段一次浇筑成型，两侧直墙基础段依次进行施工，均一次浇筑完成。

E. 水平施工缝设 BW 膨胀橡胶止水条，洞门与明洞交接处设橡胶止水带。

F. 边坡和基础开挖考虑岩石开挖量不是很大，且现场场地狭小；同时，为避免了爆破对山体植被造成较大的影响，采用机械破碎岩石与小爆破相结合的开挖方法。

6.3.2 隧道技术资料管理

<table>
<tr><th></th><th>单位工程</th><th>分部工程</th><th>分项工程</th><th>备注</th></tr>
<tr><td rowspan="4">隧道合同段单位工程划分</td><td rowspan="4">隧道工程</td><td>洞身开挖</td><td>洞身开挖(分施工段)</td><td></td></tr>
<tr><td>洞身衬砌</td><td>锚喷支护，衬砌*等</td><td>“*”主要工程</td></tr>
<tr><td>总体及洞口</td><td>隧道总体*，洞口开挖，明洞混凝土浇筑，沟槽混凝土浇筑，钢筋工程，喇叭口洞门混凝土浇筑*，排水工程等</td><td>“*”主要工程</td></tr>
<tr><td>隧道路面</td><td>基层*，混凝土面层*</td><td>“*”主要工程</td></tr>
<tr><td>报验资料：</td><td colspan="4">(1)工程质量报验认可单(建设工程监理规范 GB 50319—2000)；
(2)隐蔽工程检查记录表(山东省建设工程施工资料管理规范)；
(3)分项工程质量检验评定表(公路工程质量检验评定标准 JTJ 071—98)。
(4)分部工程质量检验评定表(公路工程质量检验评定标准 JTJ 071—98)。
(5)单位工程质量检验评定表(公路工程质量检验评定标准 JTJ 071-98)。</td></tr>
</table>

6.4 安全保证措施

6.4.1 安全方针

(1) 以“安全第一，预防为主”为方针；

(2) 以“保障员工施工作业安全及身体健康，为员工提供安全的工作环境”为宗旨。完善的安全保证体系，杜绝违章施工、违章指挥。

6.4.2 安全目标

(1) 杜绝重大安全事故；

(2) 重大伤亡频率控制在0%，轻伤频率控制在3‰以下。

6.4.3 安全事故控制点

(1) 爆破器材、炸药、雷管的保管与使用。

(2) 爆破、开挖施工作业。

(3) 锚喷支护作业。

(4) 边坡开挖、放坡作业。

(5) 机械施工作业、机械设备操作。

(6) 现场临时用电及小型用电设备使用。

(7) 洞门钢筋、模板、混凝土施工作业、施工高空作业。

6.4.4 安全管理控制措施

(1) 爆破器材安全管理控制措施

1) 爆破器材、炸药、雷管的管理严格按照，应按照《中华人民共和国民用爆破物品管理条例》相关条款执行。

2）根据施工现场的地理环境，按照公安部门指定位置进行炸药库、雷管库建造，并做好安全标识、警示牌。爆破器材加工房应设在洞口50m以外的安全地点。严禁在加工房以外的地点改制和加工爆破器材，加工室的设置应符合《爆破安全规程》（GB 6722—86）的有关规定。禁止在炸药库、雷管库四周存放任何建筑材料。炸药、雷管的保存及堆放严禁超出规定要求。

3）爆破施工作业队必须是具有爆破施工资质的专业施工作业队，并按照当地公安部门的要求进行备案，专业施工人员必须经过岗位培训，取得上岗证后在进行施工作业。

4）对进场爆破施工作业人员进行法制、安全教育，杜绝私存爆破器材、炸药、雷管的行为。节假日期间实行封库。

5）项目经理部专人负责炸药、雷管的申报、定货、发放的统一管理，定期对库房内的炸药、雷管进行盘点，保证进场和使用的数量一致。

（2）爆破、开挖安全管理控制措施

1）开挖人员进入施工作业面后，要认真检查工作面是否处于安全状态，检查前一循环支护是否牢固，顶板和两帮是否稳定；如有松动的石、土块或裂缝，要先予以清除或支护。站在渣堆上作业时，要注意渣堆的稳定，防止滑坍伤人。

2）风钻钻眼时，应先检查机身、螺栓、卡套、弹簧和支架、钻杆是否正常完好，将支架安置稳妥，管子接头牢固，无漏风、孔堵塞现象。风钻卡钻时，应用扳钳松动拔出，不可敲打，未关风前不得拆除钻杆。在工作面内不得拆卸、修理风、电钻。钻孔作业平台进洞时要有专人指挥，认真检查道路状况，其行走速度不得超过25m/min。

3）装药与钻孔不宜平行作业。

4）进行爆破时，所有人员应撤离现场，其安全距离为：独头巷道不少于200m；全新面开挖进行深孔爆破（孔深3～5m）时，不少于500m。

5）洞内每天放炮次数应有明确的规定。装药前应检查爆破工作面附近的支护是否牢固，炮眼内的泥浆、石粉应吹洗干净，刚打好的炮眼热度过高，不得立即装药。如果遇有照明不足，发现流沙、流泥未经妥善处理，或可能大量溶洞涌水时，严禁装药爆破。防止点炮时发生照明中断，爆破工应随身携带手电筒，严禁用明火照明。

6）爆破后必须经过15min通风排烟后，检查人员方可进入工作面，检查有无“盲炮”及可疑现象；有无残余炸药或雷管；顶板两帮有无松动石块；支护有无损坏与变形，在妥善处理并确认无误后，其他工作人员才可进入工作面。严禁在残眼中继续钻眼。

7）当发现“盲炮”时，必须由原爆破人员按规定处理。装炮时应使用木质炮棍装药，严禁火种。无关人员与机具等均应撤至安全地点。两工作面接近贯通时，两端应加强联系与统一指挥。岩石隧道两工作面接近15m（软岩为20m），一端装药放炮时，另一端应撤离到安全地点。导坑已打通的隧道，两端施工单位应协调放炮时间，放炮前要加强联系和警戒，严防对方人员误入危险区。

（3）锚喷支护安全管理控制措施

1）隧道循环段开挖后，必须根据设计图纸及现场围岩实际情况确认围岩类别，Ⅲ类围岩、Ⅳ类围岩按照设计要求的支护形式进行支护。格栅间距、系统锚杆的长度间距、钢筋网片铺设要求、锚喷混凝土厚度等都必须满足设计图纸及施工规范要求，确保锚喷支护安全。

2）施工期间，现场施工负责人应会同有关人员对支护各部定期进行检查。在不良地质地段每班应设专人随时检查；当发现支护变形或损坏时，应立即整修和加固；当变形或损坏情况严重时，应将施工人员撤离现场，制定安全可行的技术保障措施后再行加固支护作业；当发现已喷锚区段的围岩有较大变形或锚杆失效时，应立即在该区段增设加强锚杆，其长度应不小于原锚杆长度的1.5倍；如喷锚后，发现围岩突变或围岩变形量超过设计允许值时，宜用钢支架支护。

3）洞内锚喷支护宜随挖随支护，锚喷支护至开挖面的距离一般不得超过4m；如遇围岩石质破碎、风化严重和断层施工段时，锚喷支护至开挖面的距离一般不得超过2m，应缩小锚喷支护工作面；当短期停工时，应将锚喷支护直抵爆破工作面。

4）不得将格栅支撑置于废渣或活动的石头上。软弱围岩地段的格栅立柱应架设垫板或垫梁，并加木楔塞紧。格栅安装完成后，须及时与系统锚杆进行焊接，初步形成防护结构。

5）喷锚支护前，应先将危石清除，作业平台应平稳、可靠，喷射手应佩戴防护用品。锚喷机械应完好正常，锚喷压力应保持在0.2MPa左右。锚喷管喷嘴严禁对人。锚喷施工作业时发生堵管时，应先立即将空压机、喷射机械关闭，从喷射机口到喷嘴逐段进行检查，禁止在喷射机工作时处理堵塞管路。混凝土输送管应合理布置，各种施工机械禁止碾压输送（气、水）管线。

（4）边坡开挖安全管理控制措施

1）边坡开挖应按照不小于1∶0.5坡度控制。开挖之前，对施工作业人员进行安全技术交底，做好边坡开挖观测记录。发现边坡出现滑坡、塌方、裂纹征兆时，及时进行停工整改，确保开挖施工安全。

2）采用机械凿岩机进行边坡、基础开挖时，边坡上、下放严禁站人，施工应从一侧开始，坡度应满足施工规范要求。机械凿岩机施工作业必须按照机械凿岩机操作规程进行操作施工。

3）每施工2～3m，应采用人工方法从上向下清理危石、浮石，清理危石、浮石作业时，边坡下方的施工机械、人员撤离现场。清理危石、浮石的施工人员，应按照要求佩戴好安全防护带、安全防护绳，坡上监护人员，每组不得少于2人。多组进行施工作业时，应听从指挥人员的指挥，统一上下，并保持在一作业面。雨雪、大风天气禁止施工。

4）开挖洞门基础时，基坑边坡坡度应满足施工规范的要求，基坑开挖后，用脚手杆在基坑四周搭设防护栏杆进行围挡，防护栏杆上杆高度1.2m，下杆高度0.5m，杆柱间距2m。夜间基坑四周须安设警示照明，避免机械、人员掉入坑内。

（5）机械设备安全管理控制措施

1）隧道施工所用机械设备统一由机务部门进行管理，机械设备定期进行保养，禁止带病作业。机械设备应停放到指定地点，严禁堵塞道路。

2）各类进洞车辆必须处于完好的运行状态，制动有效、仪表齐全，严禁人料混装。所有运载车辆均不准超载、超宽、超高运输。运输大体积或超长料时，应有专人指挥，专车运输。

3）隧道内清运渣石时，其回转范围内不得有人通过。渣石堆放以东口为主，在洞口两侧作业面区域内，随时将渣石运出。

4）洞内运输的车速不得超过：机动车在施工作业地段单车10km/h。

（6）临时用电安全管理控制措施

1）施工现场临时用电应严格执行《施工现场临时用电管理规定》。

2）施工现场安装、检修、拆除临时用电工程须由电工进行施工，其他人禁止私接用电机具、设施。现场电工须持证上岗。施工现场应按照要求配备合格的配电箱，配电箱实行分级管理，配电箱内禁止乱放杂物。施工中所用电缆规格应满足施工要求。

3）施工现场用电设备、机具应经常进行检修维护，确保施工设备，工具处于完好运行状态，做好接零、接地保护，严禁设备、机具漏电、带病作业。

4）电缆干线采用埋地或架空敷设。西口向东口送电采取架空敷设。严禁沿地面明设，应避免机械损伤和介质腐蚀。

5）电缆接头应牢固可靠，应做绝缘包扎，保持绝缘强度，不得承受张力。

6）每台用电设备应有各自的专用的开关箱，必须实行"一机一闸"，严禁"一闸多机"。开关箱中必须安装满足施工要求的漏电保护器，漏电保护器安装应规范，漏电保护器应经常检查，确保完好。

7）施工现场所用电焊机应性能完好，并做好防雨、防风措施，一次线长度5m，二次线长度30m，焊线应符合要求。

8）施工现场所用小型手动电动设备，须安装漏电保护器，施工人员佩戴好绝缘保护用品，方可进行作业。施工中所用潜水泵须安装漏电保护器，并使用防水电缆。

（7）洞门施工安全管理控制措施

1）洞门结构高空作业施工时，施工作业人员必须佩戴安全带，严禁从高空向下投掷工具、物料等。洞门结构施工完成后，夜间要保证照明，要在结构两侧做好防止施工机械碰撞的标志，避免施工机械碰撞结构。

2）基坑开挖的石方及时运到场外指定地点，基坑内的地下水安排专人负责及时抽排到场外排水沟内。基础施工完成后，及时进行基坑回填。

6.5 消防保证措施（略）

6.6 环保措施、文明施工（略）

6.7 施工试验管理

（1）试验管理准则

1）对本工程所用材料按照施工规范要求进行取样、试验、复试，确保工程材料质量满足设计要求。

2）认真进行材料取样复试，确保试验资料真实、可靠。

3）工程试验器材、工具、设备计量准确、规范。

4）认真进行资料归档，确保资料真实、完整、齐全、规范。

（2）主要试验项目及执行标准

1）钢筋混凝土用热轧带肋钢筋

执行标准：GB 1499—1998、GB /T 2975—1998、GB /T 2101—89

2）钢筋混凝土用热轧光圆钢筋

执行标准：GB 13013—91、GB /T 2975—1998、GB /T 2101—89

3）钢筋焊接

执行标准：GB 50204—2002、JGJ/T 27—2001、JGJ 18—96

4）普通硅酸盐水泥

执行标准：GB 1344—1999

5）砂

执行标准：JGJ 52—92

6）碎石或卵石

执行标准：JGJ 53—92

7）混凝土拌合用水

执行标准：JGJ 63—89

8）普通混凝土

执行标准：GB 50204—2002、GB 50010—2002、GBJ 80—85、GBJ 81—85、JGJ 55—2000、GBJ 107—87、GB 50209—2002

9）抗渗混凝土

执行标准：GB 50204—2002、GB 50208—2002、JGJ 55—2000、GBJ 80—85、GBJ 82—85、GBJ 107—87

10）EVA 防水板

执行标准：GB 50207—2002、GB 50208—2002

11）高分子防水材料止水带

执行标准：GB 18173.2—2002

12）聚氯乙烯建筑防水接缝材料

执行标准：JC 798—1997

13）隧道锚杆锚固力试验

执行标准：公路隧道施工技术规范（JTJ 042—94）

14）隧道监控量测试验

执行标准：公路隧道施工技术规范（JTJ 042—94）

（3）试验管理措施

1）嵩山隧道工程的材料试验由项目经理部专职试验员负责管理实施。

2）现场材料试验的管理由项目经理部技术部负责监督检查，现场商品混凝土搅拌站的试验由开发区正东建设公司商品混凝土搅拌站负责。

3）在隧道项目办公室西侧按照青岛开发区《施工现场临时标养室管理规定》的要求建造临时标养室，标养室的管理由正东建设公司商品混凝土搅拌站负责。

4）施工材料进场后，由施工员组织项目经理部技术部和监理对进场材料进行进场验收，并按照建筑材料复试管理规定进行抽样复试，复试报告合格后方可使用，不合格材料按照 ISO 90002 质量保证体系程序退场。

5）隧道锚喷支护、仰拱、二次衬砌、隧底填充、洞门基础、洞门结构混凝土施工由现场试验工负责制作混凝土试块，并送标养室养护。试块满 28d 后送开发区建筑工程试验中心进行试验。

6）隧道锚杆锚固力试验、隧道监控量测试验。

7）施工试验所用的计量仪器、试验仪器、标养室标养自动控制设备、锚杆锚固力试验所用拉力仪、监控量测试验所用收敛仪必须进行检测，所用仪器达到相关的质量标准后，方可进行试验、检测。

8）由项目经理部技术部负责各种试验资料的收集、整理、归档。

6.8 降低成本

（1）采用整体式衬砌台模，达到清水混凝土墙标准，减少了湿作业，缩短了工期，保证质量。

（2）整个工程采取大开挖，可缩短工期，节约费用。

（3）采用可拆支撑体系，可以提高工作效率，加快施工进度，提高施工质量，使现场施工文明有序，节约管理费的开支；使现场清洁、文明、有序。

（4）在施工期间采用先进流水施工工艺，编制合理的施工计划，加强管理，可减少施工资源的投入，缩短施工周期。与定额工期相比可提前工期，节约临水、临电、人工及其他费用。

（5）由于高科技技术的应用，可减少项目经理部人员数量，并提高工作效率和管理水平，形成办公自动化，节约管理费的开支。

（6）垂直运输设备设置的大型机械设备，待结构施工封顶后相继拆除，节约了机械设备的台班费和进出场费。

（7）施工现场道路用混凝土进行硬化处理，保证施工现场不起尘土；同时，能减低成本。

（8）严格执行材料限额领料，注意现场进料情况，防止损坏丢失现象。贯彻节约奖、浪费罚的原则。钢筋下料过程中，严禁长料短用。应根据实际情况集中配料，做到合理利用钢筋，利用余料制作钢筋马凳及点焊附加筋用料。

（9）严格控制模板施工质量，以防胀模，造成各种浪费。

（10）混凝土施工前，对所施工部位及用量做准确的统计和计算，以尽最大可能避免浪费。

7 经济技术指标

7.1 工期

2003.5.1～2004.9.30。

7.2 工程质量目标

确保了青岛市优质工程。

7.3　降低造价目标

积极协助建设单位，积极推广应用建设部推荐10项新技术和其他技术成果，在深化设计过程中提出合理化建议，科学地编制施工方案和作业计划，减少消耗，为建设单位最大限度降低工程造价。

7.4　安全目标

青岛市安全文明样板工地。

7.5　场容目标

安全文明工地。

7.6　消防目标

杜绝火灾发生，预防为主，防消结合。

7.7　环保目标

防大气污染、水污染和噪声污染均达标。最大限度减少对周边居民正常工作和生活的影响，减少对环境的污染。合理布置施工现场，做好现场地面硬化及绿化美化工作，对施工现场实施花园式工地管理，进行CI规划设计，合理布置CI标识，使其成为一道靓丽的风景。

7.8　竣工回访和质量保修计划

承诺对工程质量终身负责。工程竣工一个月后，向建设单位提交《工程保修函》，并建立《工程回访服务卡》，采取季节性回访和工程定期保修回访等形式实现“用户满意工程”。

第十七篇

上海蕰川路道路改建工程施工组织设计

编制单位：
编 制 人：江波
审 核 人：张和平

［简介］ 本工程为市政改造工程，是南北向的一级公路。本工程的主要特点一是涵盖面广，一个工程中包括市政道路、水桥、大型立交桥等多种施工工艺。二是本工程为改建工程，蕴川路为上海市区通往宝山区的主要交通干线，道路车流量大，在改建期间还得保持道路的畅通，这对交通组织、行人、车辆及施工安全提出较高的要求。本工程施工难点在于宝安路跨线桥的施工，一是大型 T 梁及板梁的架设，二是清水混凝土外观质量的保证，三是施工期间交通的组织协调，本方案就本工程的难点及特点，着重介绍了 T 梁的架设方案，施工期间的交通组织。

目 录

1　编制依据

1.1　合同

蕰川路道路改建工程1标合同协议书，签定日期2003年9月28日，工期为457天。

1.2　地形与地质

本工程所经地位于上海的西北部，周围大都为厂区和住宅区，地面高程一般在3.5～4.0m左右。

本工程所经地层自上而下可划分为8个地质层，其中：①1为近代人工填土，②2为黄色粉质黏土，③2为灰色砂质粉土，④为灰色淤泥质黏土，⑤1为灰色黏土，⑥为暗绿色粉质黏土，⑦为草黄色粉质黏土夹砂质粉土，⑧1为灰色黏质粉土。

1.3　主要依据

(1) 设计单位提供的有关质量标准：

上海公路处《关于蕰川路道路改建工程施工图设计原则的意见》

《公路工程技术标准》JTJ 001—97

《地基基础设计规范》DJG 09—11—1999

《城市桥梁设计准则》CJJ 11—93

《城市桥梁设计荷载标准》CJJ 77—98

《公路桥涵设计通用规范》JTJ 021—85

《公路砖石及混凝土桥涵设计标准》JTJ 022—85

《上海市地基基础设计规范》DBJ 08—11—1999

《公路钢筋混凝土及预应力混凝土桥涵设计规范》JTJ 023—85

《公路桥涵地基与基础设计规范》JTJ 024—85

《公路工程抗震设计规范》JTJ 004—89

(2) 施工质量评定标准：

《公路路基施工技术规范》JTJ 004—95

《公路路面基层施工技术规范》JTJ 034—2000

《公路施工技术规范》JTJ 041—2000（交通部）

《公路工程质量检验评定标准》JTJ 071—98（交通部）

《上海市公路工程质量检验评定标准》SZ—15—2001

《玻璃纤维增强塑料夹砂排水管道的施工及验收规程》DGJ 08—234—2001

上海市市政管理局《市政工程施工验收技术规程》

(3) 根据设计文件指定的特殊验收标准

(4) 相应专业质量评定验收标准

(略)。

1.4 企业标准文件

(1)"质量、环境、职业、健康安全管理体系管理手册"

文件编号：ZJWJ/QEO—SC，

编排日期：2004 年 7 月 30 号（二版）

(2)"质量、环境、职业、健康安全管理体系程序文件"

文件编号：ZJWJ/QEO—CX—JL

编排日期：2004 年 7 月 30 号（二版）

2 工程概况

蕰川路道路改建工程位于上海市北翼宝山区境内，南接外环线蕰川路立交，北至盛桥镇，是南北向的一级公路。

本工程施工范围为 K0＋000—K1＋550。

本工程施工内容包括道路、雨水管、桥梁。道路包括老路翻挖、路基、路面；下水道包括沟槽开挖、排管、沟槽回填；桥梁工程包括桩基、承台、立柱、盖梁、梁体预制和安装。

2.1 桥梁工程

本标段桥梁工程共有三座桥，分别为桃园港桥、寺前桥、宝安路跨线桥。

(1) 桃园港桥

起始桩号：K0＋564.764—K0＋591.636 全长 26.87m。

桥梁横断面布置：3m（人行道）＋2.5m(非机动车道)＋0.5m(机非分隔带)＋15.5m(机动车道)＋2m（中央分隔带)＋15.5m(机动车道)＋0.5m(机非分隔带)＋2.5m(非机动车道)＋3m(人行道)。

跨径组合：8＋10＋8，共 3 孔。

桩基：桩径 ϕ800mm，长 21m 的共 48 根，长 26m 的共 36 根。

桥台；轻型桥台。

上部结构：钢筋混凝土空心板梁，长 7.96m、9.96m。

桥面系：采用球冠橡胶支座；RG-80 型钢伸缩缝；桥面铺装采用 8cm 钢筋混凝土＋6cm 沥青混凝土，桥面连续。

(2) 寺前桥

起始桩号：左侧桥 K0＋969.064—K0＋999.936，右侧 K0＋966.564—K0＋997.436

桥梁横断面布置：3m(人行道)＋2.5m(非机动车道)＋0.5m(机非分隔带)＋7.75m(机动车道)＋0.5(防隔墙)＋24.5m(宝安路跨线桥)＋0.5m(防隔墙)＋7.75m(机动车道)＋0.5m(机非分隔带)＋2.5m(非机动车道)＋3m(人行道)

跨径组合：10＋10＋10，共 3 孔。

桩基：ϕ800mm，长 25m 52 根，长 21m 32 根。

桥台；轻型桥台。

上部结构：钢筋混凝土空心板梁，长 9.96m。

桥面系：采用球冠橡胶支座；RG-80 型钢伸缩缝；桥面铺装采用 8cm 钢筋混凝土＋6cm 沥青混凝土，桥面连续。

（3）宝安路跨线桥

桥跨组合为 22×4＋21＋22＋21＋22×2＋30＋30＋41＋30＋30＋22×9，共 23 跨；桥宽 25m；钻孔灌注桩桥台直径 ϕ800mm 共 24 根，桥墩直径 ϕ1000mm 长 46～49m 共 236 根；立柱 1000mm×1500mm，1200mm×1500mm，1500mm×1500mm 三种规格，高 4m，双立柱；盖梁为预应力钢筋混凝土外伸梁，悬臂长 9m；21m 预应力空心板梁 48 片，22m 预应力空心板梁 336 片，30m 后张法预应力 T 梁 44 片，41m 后张法预应力 T 梁 11 片。

2.2　道路工程

（1）工程范围

本标段范围为 K0＋000—K1＋550。

工程内容为：翻挖老路、路基填挖方、软基处理、老路加罩、路面结构。

（2）道路横断面

本工程道路横断面分三种形式：

1）A-A：7m（人行道、非机动车道）＋15.5m（车行道）＋5.0m（中央分隔带）＋15.5m（车行道）＋7m（人行道、非机动车道）。

2）B-B：8.5m（人行道、非机动车道）＋15.5m（车行道）＋2.0m（中央分隔带）＋15.5m（车行道）＋8.5m（人行道、非机动车道）。

3）C-C：7m（人行道、非机动车道）＋7.75m（车行道）＋55.0m（中央分隔带）＋7.75m（车行道）＋7m（人行道、非机动车道）。

（3）路面结构

机动车道新建路面结构：4cm 抗滑沥青混凝土；5cm 中粒式沥青混凝土；6cm 粗粒式沥青混凝土；沥青砂封层；50cm 粉煤灰三渣；15cm 砾石砂；30cm 石灰土路基。

机动车道加罩路面结构：4cm 抗滑沥青混凝土；5cm 中粒式沥青混凝土；6cm 粗粒式沥青混凝土；粉煤灰三渣补足。

非机动车道和人行道：18cm4.5MPa 混凝土；10cm 砾石砂。6cm 彩色道板；2cm 水泥砂浆找平；10cmC20 混凝土；10cm 砾石砂。

机动车道新建路面结构：4cm 抗滑沥青混凝土；5cm 中粒式沥青混凝土；6cm 粗粒式沥青混凝土；沥青砂封层；50cm 粉煤灰三渣；15cm 砾石砂；30cm 石灰土路基。

机动车道加罩路面结构：4cm 抗滑沥青混凝土；5cm 中粒式沥青混凝土；5～8cm 粗粒式沥青混凝土。

人行道：6cm 彩色道板；2cm 水泥砂浆找平；10cmC20 混凝土；10cm 砾石砂。

（4）填浜

对于路基范围内的浜塘、河沟须先清除淤泥，然后分地面下和地面上两部分填筑。浜底先铺厚 30cm 道碴，再用高钙粉煤灰回填至原地面不到 30cm，然后铺 30cm 土作包封；在原地面以上，先铺 30cm 碎石或道碴压实，范围伸出路堤底宽或原浜边外 2m；然后铺 30cm 填土，压实后再铺一层土工格栅，然后根据路段要求填料填至设计路槽标高下 30cm，再统一用 30cm 石灰土处理上路床。

2.3 雨水管工程

本工程雨水管位于新建道路两侧下方，ϕ300mmUPVC 管 3000m，埋深 1.5m；ϕ600mm 玻璃钢夹砂管 896m，埋深 3.0m；ϕ800mm 玻璃钢夹砂管 1458m，埋深 4.0m；ϕ1000mm 玻璃钢夹砂管 453m，埋深 4.5m。ϕ1200mm 玻璃钢夹砂管 295m，埋深 4.5m；1000mm×1000mm 窨井 48 座，1000mm×1300mm 窨井 16 座，1000mm×1550mm 窨井 13 座，1100mm×1750mm 窨井 16 座，二通窨井 13 座，三通窨井 8 座。

2.4 自然条件

本区属亚热带季风气候区，温暖、湿润、多雨，四季分明。冬季多偏北风，以晴冷干燥天气为主，为低温少雨季节，是本项目道路施工最为有利的季节。夏季盛行东南风，空气湿润，为高温强光季节。春秋雨季为过渡时节，冷暖变化频繁。降雨多集中在春雨期（3～6 月）、梅雨期（6～7 月）及台风雨期（7～10 月），尤以 6 月中旬至 7 月上旬的梅雨时节，阴雨连绵，昼夜不见日，对公路施工极为不利。

2.5 工程特点

本工程的难点就在宝安路跨线桥，该跨线桥共计 23 跨，全长 556.84m，桥面总宽度为 25m，双向 6 车道，基础采用直径 1m 的钻孔灌注桩，桩长为 49m，上部结构为排架结构，采用 432 榀长 20m 的预应力空心板梁和 55 榀长分别为 30m 和 40m 的 T 梁，其中最大一跨 T 梁为 40m，最重一榀 T 梁达 98.6t。

3 施工部署

3.1 工程目标

(1) 质量目标：优良

验收一次合格率达到 100%，桥梁工程优良率为 95%以上，地面道路和排水工程单位工程优良率 85%以上。本标段施工的质量等级：优质工程，争创市政金奖工程。

(2) 工期目标

在 455 个日历天内完成所有工作。

3.2 项目经理部组织机构（图 3-1）

3.3 施工流水段的划分及施工工艺流程

3.3.1 施工流水段的划分

本工程施工分三个阶段。第一阶段进场后首先施工拓宽部分下水道、道路与桥梁，并铺筑沥青混凝土面层，完成后开放拓宽部分道路作为交通临时道路，此阶段施工时老路范围内保持原有交通；然后翻交，进入第二阶段，拆除老桥，翻挖老路面，施工宝安路跨线桥及新建桃园港桥、寺前桥、道路；第三阶段在第二阶段施工结束后，开放交通，封闭拓

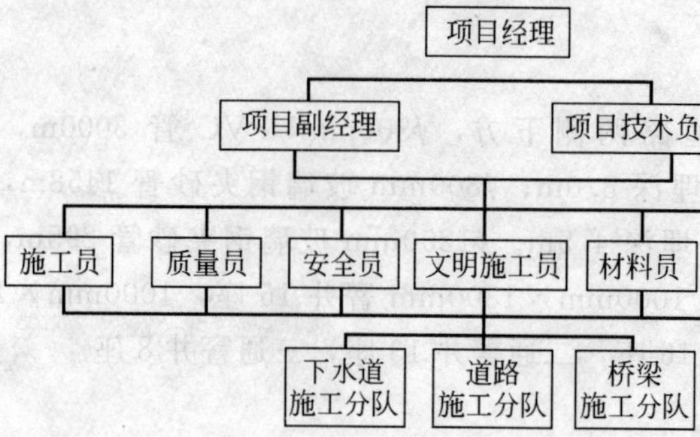

图 3-1　项目经理部组织机构

宽道路，进行铣刨，并加罩沥青混凝土面层。

3.3.2　施工工艺流程

施工工艺流程见图 3-2。

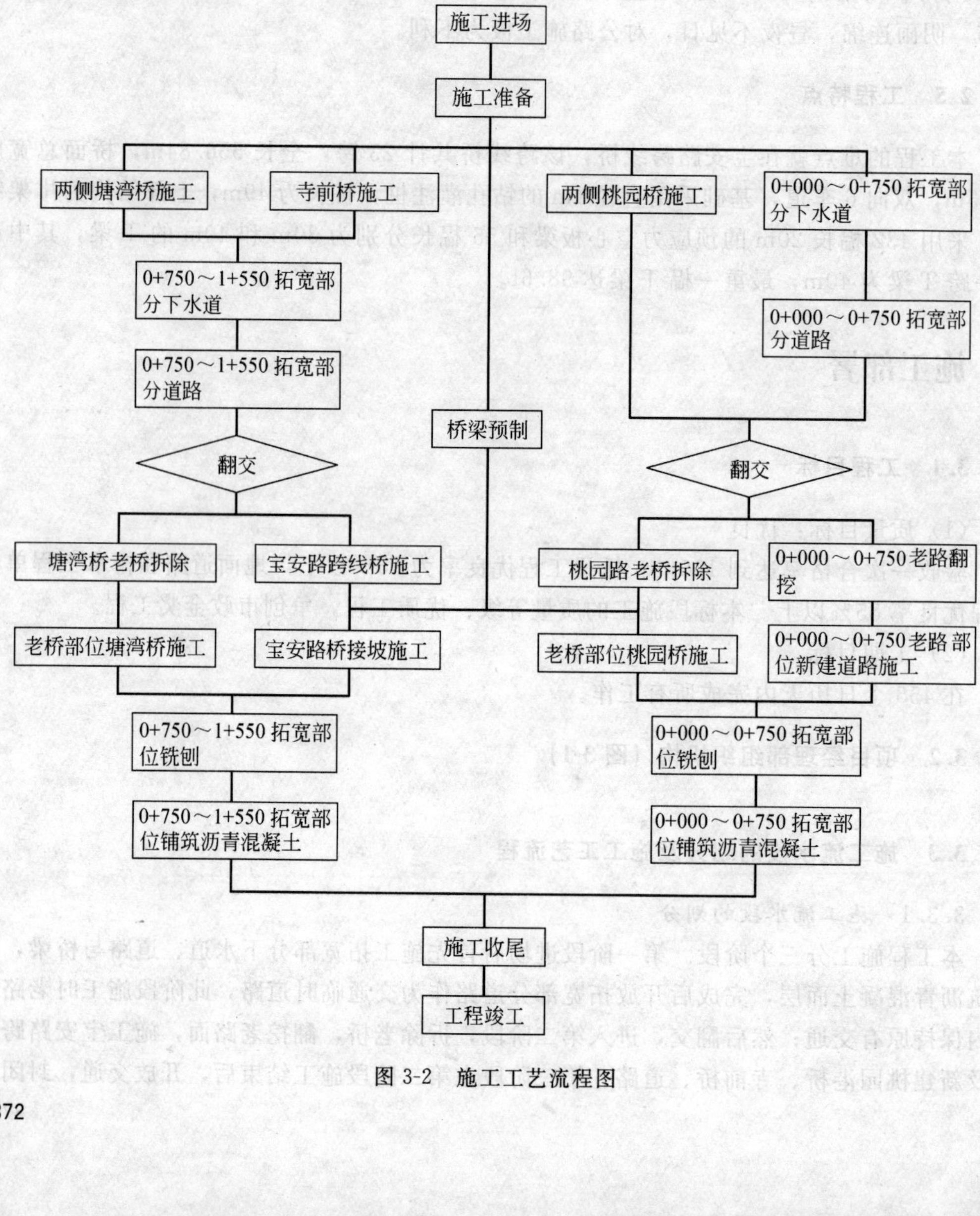

图 3-2　施工工艺流程图

3.4 施工准备

3.4.1 施工测量

（1）轴线测量

1）根据图纸和指挥部给定的导线桩，用坐标控制的方法来复核控制点，复核的结果经现场监理复核后认可。按照施工需要加密了控制网，为了确保控制网的可靠性，把所有的控制点都选定在施工作业以外的适当位置，并且做到各控制点的通视性良好，符合施工需要。控制点选定后，再经过实测和导线闭合把整个工程范围内的控制点坐标定了下来。考虑到桩基施工等影响，施工过程中定期复核整个控制网，控制网的复核和布置，均采用索佳全站仪。

2）下部结构的测设：本工程的桩基、承台、立柱、盖梁均采用坐标法测定。为了确保下部结构的测设精度，尽量从控制点直接测设墩位，只要控制点能通视放样位置，尽量不设中间点。

A. 桩基放样

根据施工图计算桥墩上桩位的坐标，从控制点直接测设桩位坐标，并用钢尺复核每只桥墩中桩与桩的相对位置，再填写桩基轴线和桩位标志记录。

B. 承台放样

根据施工图计算承台纵横轴线上某点坐标，每侧 3～4 点，共计 12～16 点。在实际测设时，从控制点只使用其中 4 点（即每侧 1 点），以确保承台放样速度不受因基坑开挖大小、场地堆物等因素的影响。

C. 立柱放样

根据承台轴线桩测设立柱纵横轴线。如发现承台轴线桩被破坏或位移迹象，从控制点复测轴线桩。立柱纵横轴线用红三角标注在已浇完毕的承台上。

D. 盖梁放样

盖梁是控制跨径和桥面标高的重要项目，因此，盖梁测设时要确保精度。具体测设时可根据桥墩控制点坐标计算盖梁底板边框上 4 个角的设计坐标，然后从控制点直接测设 4 点位置，再用钢尺检查 4 点的相对距离并丈量跨径，以确保梁位置。

3）桥面铺装、防撞墙的测设：采用坐标法和常规测设方法相结合的手段来测设。首先根据平面线型要素表用坐标法测设要素点位置（中线和边线），即测设直线和曲线的起讫点，然后用常规测设方法根据要素点位置，按照施工需要测设线上各点，直线可采用经纬仪、曲线可用偏角法进行复核。

（2）标高测设

1）按照施工规范加密引测临时水准点，并根据不同的施工阶段定期复测。

2）根据施工图纸计算和测设桥墩标高。

3）板梁、桥面铺装、防撞墙的标高测设必须按照纵断面图、横断面图来进行放样工作，必须充分考虑坡道线型是直线坡还是曲线坡（竖曲线），横坡是单线的还是双向的，落水方向如何，路脊线的两侧是否对称等因素来选择标高点的位置和密度，标高点的选择还须根据结构工程的特点和施工工艺方法来测设。

3.4.2　现场准备

(1) 施工用电、用水

根据业主要求，水电均由投标单位自行解决，我们进场后与当地政府部门联系，解决用水用电问题。

本标段的工程范围较广，工程量较大，因此，施工用水和用电量也较大。根据对施工现场的实地考察，决定安排如下：

1) 用电

根据本工程情况，分别在0+560、两处设1台250kV·A的变压器，以满足二个项目组的施工需要。变压器将沿工程范围一侧布置架空线，并且每隔60m左右布置一只接线箱，以满足施工班组临时接线的需求。由于工程进度要求高，大量的工程需进行夜间作业，为确保工程作业的夜间照明，在工程沿线每100m左右布置一台镝灯。为保证镝灯即安全又有一定的照明范围，灯的基础采用混凝土埋入地面以下，上部采用钢骨架结构，高度根据需照明的桥梁结构物的高度及照明范围而定。另拟各项目组长期自备125kV·A发电机2台，以作备用。

2) 用水

除满足正常的生活用水外，混凝土养护和三渣养护是主要的用水需要。施工用水自行解决，所以，开工后根据现场情况，生活用水从附近居民自来水管道接入，生产用水也从附近自来水管道接入，不够部分采用打设深井解决。自来水管除接到生活区以外，将沿工程范围一侧各布置一根2寸自来水管，以满足混凝土养护及其他工程和生活用水的需求。部分工程结构高度较高，除自来水管接到位以外，需配置增压泵，将水送至相应的高度。

(2) 临时排水

本工程施工场地内废水主要是生活用水，混凝土养护用水及部分天然降水，故本工程的排水主要利用原有排水管道，生活区周围和预制场地周围布置小型的排水渠道或利用已施工好的下水道，排水渠道采用浆砌砖墙水沟，并在适当位置设置废水湿淀池。注意不得将杂物和泥浆排入下水道，并注意对下水道的清淤。

施工场地积水需要及时排除。因此，在清理场地的同时，利用原有公路边沟，将水引入到附近的沟浜排除。

(3) 生活临时设施

本标段由于线路较长，需搭设一处生活生产监时设施。搭设在杨鑫路北侧蕰川路东侧的空地上，面积约2000m²。分别搭设三幢装配式彩板房，一幢作为指挥部办公室；一幢作为职工宿舍，可供200人住宿；另一幢楼上层作为办公室及会议室、文艺活动室，下层作为食堂及浴室、职工休息室。生活设施基地布置值班亭，并在工程范围两端及横穿的路口分别布置固定的纠察值班亭，24h值班，并在晚间布置流动岗，加强生活区和工地现场的安全保卫工作，确保工程的顺利进行。

3.4.3　各种资源准备

(1) 劳动力计划

劳动力需用量及计划进场时间见表3-1。

(2) 道路施工机械配备计划（表3-2）。

(3) 桥梁施工机械配备计划（表3-3）。

劳动力计划一览表 **表 3-1**

人员类别	单位	高峰人数	2003				2004										
			9月	10月	11月	12月	1月	2月	3月	4月	5月	6月	7月	8月	9月	10月	11月
管理人员	名	15	5	15	15	15	15	15	15	15	15	15	15	15	15	15	8
高级工	名	5	0	5	5	5	5	5	5	5	5	5	5	5	5	5	7
中级工	名	20	10	20	20	20	20	20	20	20	20	20	20	20	20	20	10
初级工	名	30	10	30	30	30	30	30	30	30	30	30	30	30	30	30	20
普工	名	80	25	80	80	80	80	80	80	80	80	80	80	80	80	80	40
合计	名	150	50	150	150	150	150	150	150	150	150	150	150	150	150	150	85

道路施工机械配备一览表 **表 3-2**

序号	设备名称	型号、规格	数量	功率(kW)	能力
1	平地机	14G	1		
2	推土机	T120A 型	2	69	
3	履带式起重机	25t	1		25t
4	轮胎式装载机	ZL-30 型	2	73.53	1.5m^3
5	自卸汽车	斯太尔	5	208.08	19t
6	压路机	BW141	2	51	
7	压路机	BW160	2	60	
8	振动式压路机	BW201	1	72	
9	沥青混凝土摊铺机	1704	1		
10	履带式挖掘机	WY-60 型	1	69.09	
11	全站仪	TC1700	1		
12	光学经纬仪	J2	2		
13	水准仪	DS3	2		
14	水准尺	5m	2		

桥梁施工机械配备一览表 **表 3-3**

序号	设备名称	型号、规格	数量	功率(kW)	能力
1	钻孔机	GPS-15	6		
2	汽车吊	80t	2		
3	汽车吊	100t	2		
4	履带式起重机	15t	2		
5	自卸汽车	斯太尔	3	208.08	19t
6	挖掘机	WY-60	2		
7	全站仪	TC1700	1		
8	光学经纬仪	J2	2		
9	水准仪	DS3	2		
10	水准尺	5m	2		
11	水泵	MP080	4		
12	卷扬机	5t	5		

4　施工进度计划

4.1　总工期

按业主要求，计划2003年9月1日开工，2004年11月30日竣工。

4.2　各分项工程节点进度计划

（1）施工进场：2003.9.1。

（2）施工准备：2003.9.1～2003.9.20。

（3）桥梁预制：2003.9.20～2004.4.30。

（4）第一阶段施工：2003.9.20～2004.1.15。

1）0＋750～1＋550拓宽部分：

A. 寺前桥：2003.9.20～2003.12.30；

B. 填浜处理：2003.9.20～2003.10.10；

C. 下水道：2003.9.20～2003.11.20；

D. 公用管线施工：2003.10.20～2003.11.30；

E. 道路结构层施工（至中粒式）：2003.11.20～2004.1.15。

2）0＋000～0＋750拓宽部分：

A. 桃园港桥：2003.9.20～2003.12.30；

B. 填浜处理：2003.9.20～2003.10.10；

C. 下水道：2003.9.20～2003.11.20；

D. 公用管线施工：2003.10.20～2003.11.30；

E. 道路结构层施工（至中粒式）：2004.11.20～2004.1.15；

F. 翻交：2004.1.15。

（5）第二阶段施工：2004.1.15～2004.11.20

1）0＋000～0＋750主线：

A. 桃园港桥老桥拆除：2004.1.15～2004.2.30；

B. 公用管线施工：2004.1.15～2004.3.30；

C. 道路结构层施工：2004.3.30～2004.8.15。

2）0＋750～1＋550主线：

A. 塘湾桥老桥拆除：2004.1.15～2004.2.20；

B. 寺前桥老桥拆除：2004.2.20～2004.3.30；

C. 宝安路跨线桥：2004.1.15～2004.10.15。

（6）第三阶段（0＋000～1＋550）主线：2004.10.15～2004.11.20

A. 拓宽部分沥青混凝土铣刨：2004.10.15～2004.10.25；

B. 拓宽部分沥青混凝土摊铺：2004.10.25～2004.11.5；

C. 宝安路跨线桥沥青混凝土摊铺：2004.11.5～2004.11.20。

（7）施工收尾、竣工：2004.11.20～2004.11.30。

5 施工总平面图布置

5.1 施工便道

第一阶段施工便道即利用两侧土路基，第二阶段施工便道即利用原路，第三阶段不需要施工便道。

5.2 施工栈桥和水中墩工作平台

本工程的桃园港桥、寺前桥，根据业主要求均不许封航，所以，施工临时辅助工程，由搭设施工栈桥、工作平台（即水上支架）等组成。

5.2.1 栈桥下部结构和上部结构

施工便桥采用双拼 30 号槽钢组成的 30cm×30cm 钢管桩，桩长 7m 左右，钢管桩间距 1m，其入土深度在 4.5m 左右；其上架 50 号工字钢并焊牢，工字钢上铺设道木，并在道木上铺设路基箱板，用作支架平台。岸与墩的联系采用搭设栈桥来连接。

上部结构用双拼槽钢搁于钢管桩上。采用四排单层钢便桥，另一端搁于岸墩上。

5.2.2 水中墩工作平台

工作平台要承担水平、垂直运输，为钻孔桩施工和为立柱、盖梁施工服务。整个平台外形尺寸约为 26m×5m，桩基同样用双拼 30 号槽钢组成的 30cm×30cm 钢管桩，间距 1m。其上架 50 号工字钢并焊牢，工字钢上铺设道木，上铺槽钢和路基箱板。

6 主要分部（分项）工程施工方法

6.1 桥梁工程施工方案和施工方法

6.1.1 桥梁工程主要项目的施工方案

根据本标段的特点，工程量分布情况以及工期安排，确定桥梁施工中桩基、墩台、梁体安装、桥面系施工实行流水作业。具体方案如下：

(1) 下部结构桩基的施工方案

钻孔灌注桩 453 根，桩长 46～49m。钻孔灌注桩采用 6 台 GPS-15 钻机施工，成孔的方法采用反循环的方法，钻孔桩需铺设垫枕木或路基箱板后即可进行陆上钻孔；混凝土拌合采用商品混凝土，混凝土运输采用泵送和拌车送到灌注地点。

水中桩基采用搭设临时工作平台进行施工。

(2) 下部结构桥墩（台）的施工方案

承台立柱与盖梁紧跟桩基作业，基本做到完成一个墩的桩基，立即跟上承台或墩柱、盖梁的施工，形成环环相扣的流水作业。使用商品混凝土，直接运至各浇筑点。

1) 承台施工

承台采用现浇，先挖土到标高，凿出相应基桩，浇筑底层混凝土，用组合钢模或木模（竹夹板或九层板）拼装侧模，绑扎钢筋即可进行混凝土浇筑。水中承台根据高程可筑围堰施工。

2）立柱及墩身施工

先根据承台预埋筋绑扎立柱钢筋，成型后，再把钢模板组成牢固的整体，再用起重机套在已完成的立柱钢筋骨架外，校正以后，浇筑混凝土。

3）盖梁施工

首先对盖梁下的地基要进行处理，并在其上搭设满堂支架，再在其支架上安装模板。盖梁支架一定要等混凝土强度达到设计要求后再拆除。

水中墩盖梁支架利用水中平台进行搭设。

(3) 上部结构的施工方案

本工程上部结构为先张法预应力空心板梁、钢筋混凝土空心板梁、T形梁。先张法预应力空心板梁及钢筋混凝土空心板梁均购买工厂预制成品，T形梁也购买工厂预制成品。梁体运输在道路、便道具备一定的条件下采用40t和80t平板车运输。桃园港桥、寺前桥空心板梁架设采用1台80t汽车吊单机架设；宝安路跨线桥T形梁采用1台160t和1台300t汽车吊双机架设，空心板梁采用2台80t汽车吊双机架设。

1）板梁架设方案

本工程系中国建筑第五工程局总承包，其中架梁任务分包给上海黄渡桥梁构件厂施工安装。主要工作为主线跨宝安路跨线桥中的20m板梁，K1～K9孔及K15～K23孔预应力空心板梁架设安装，构件最大自重为34t，最小为23.2t。

A. 施工方案和技术措施

a. 前期准备，确定运输和吊装路线能确保运输车辆进出，办好道路运行证。

b. 凡涉及架设桥梁时所用下卧路基必须严实，上铺碎石或建筑垃圾，用压路机压实，并防止路面积水、打滑，杜绝路基在吊梁时下沉。

c. 板梁出厂前会同监理，对生产厂家的成品验收梁的外观质量、外形尺寸，质保书和合格证书等。预制构件到达现场后，仍需再进行外观检查。

d. 要求甲方在盖梁上测放支座点位置，并画线。防振支座送达现场，测量支座的标高。

B. 架梁方案

a. 蕰川路跨线桥中K1～K9孔及K15～K23孔的20m板梁，拟采用二台80t履带吊进行双机抬吊，一台80t履带吊停在K1孔1号墩的北面，另一台50t履带吊停在K2孔2号墩的北面。当梁车就位后，二台80t履带进行双机抬吊，慢慢回转进行安装，依次架设要求在绝对安全情况下进行安装。

b. 板梁架设荷载计算：停靠在孔外的吊车，吊臂中心与盖梁中心保持4m距离，吊臂角度控制在66°，确保吊臂跨越上盖梁时与盖梁有1～1.5m的水平安全距离。主臂臂长控制在19m，作业半径控制在7m，此时的单点吊装重量为19t，双机台吊荷重为38t，满足本工程20m板梁安装净重量最大34t的要求。

C. 质量要求

a. 检查支座类型数量及摆放位置是否符合设计规定，支座必须严密，不得有空隙；如有空隙，用水泥砂浆或钢板垫衬平稳，要求板梁架设完毕后用钢筋插。

b. 伸缩缝处横向必须全面贯通，不得有堵塞或变形，按图纸要求，根据气温调整缝宽。

c. 板梁与板梁之间的缝道必须大小均匀，梁间保持 0.8～1.0cm 间距，架设期间同时根据梁的起拱度调整梁底高差，上下误差在 1cm 高度内。

d. 板梁架设质量必须允许偏差应符合公路验收规范和本市有关的地方标准要求。

e. 板梁架设后不得有硬伤、掉角和裂缝等缺陷；如有损坏，及时专人修补。

D. 安全措施

a. 吊装前对所有机械及器具作认真细致检查，确保完好；发现磨损超标，应及时更换。

b. 机械设备均由专人操作，持证上岗。

c. 指挥系统专人指挥，指挥人员应与吊机驾驶员统一指挥信号，拟采用哨子信号。吊机吊装时应注意避免出现单机超载现象，遇大风、大雨等恶劣天气应停止施工。

d. 做好地基平整工作，确保吊机行使路线上地基承载力，吊机支腿下方铺设路基箱板。

e. 吊装作业要严格遵守“十不吊”，严禁违章作业。

f. 架设人员不得从单根梁上从一根盖梁走向另一根盖梁。安全带必须生根。

g. 所有施工人员必须做到戴好安全帽等安全防范措施。

E. 交通组织

本工程桥梁为南北向，东西两侧均为蕰川路道路改建工程的翻交道路，道路净宽为 14.25m，结构为 7.75m 机动车道，外侧是人行道和非机动车道，吊装作业拟在东西两侧各占用 1 根车道，详见图 6-1。采用活动护栏进行警戒隔离，封闭距离为所吊孔跨加上前后各一跨，共计单侧 70m；同时，配备交通指挥人员共 6 名，东、西两侧各 3 人，身穿反光标志服，协助交通管理部门管理交通和隔离维护。夜间施工，在警戒护栏上每侧悬挂不

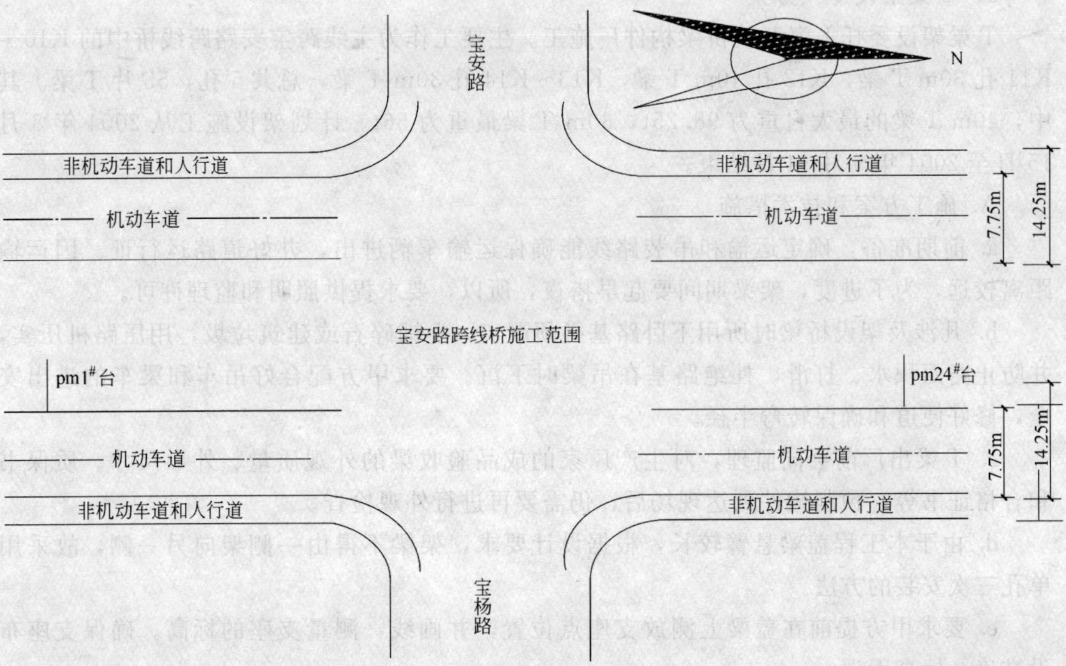

图 6-1　宝安路跨线桥架梁道路平面示意图（一）

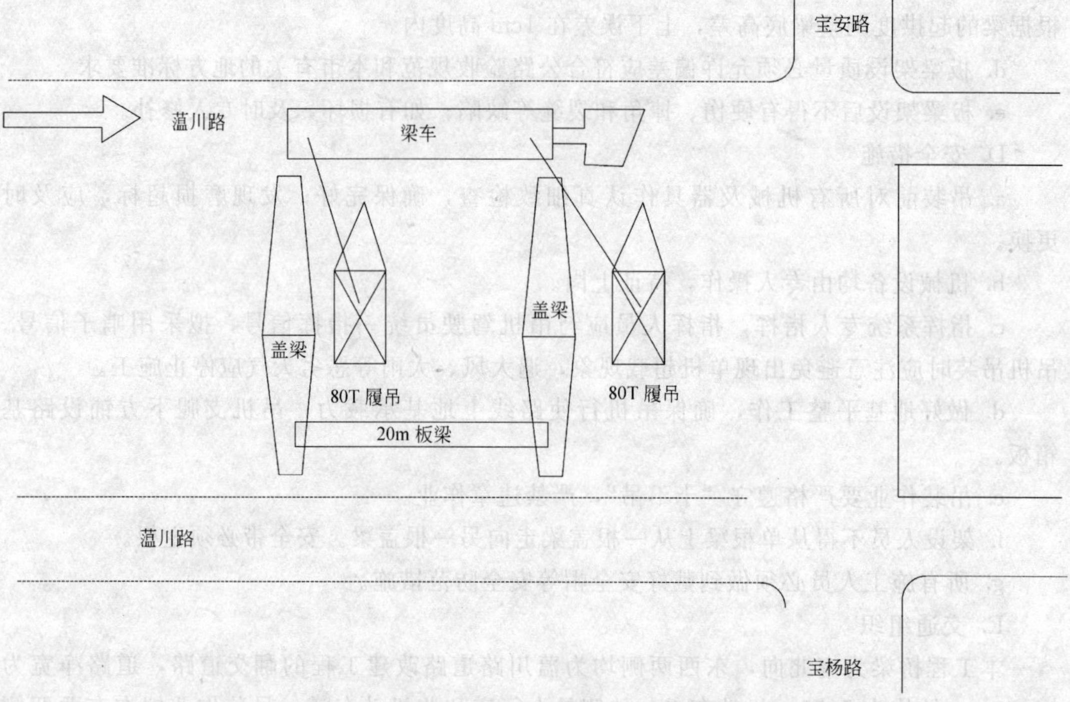

图 6-1　宝安路跨线桥架梁道路平面示意图（二）

少于 3 个警示灯，以确保交通安全。

吊装施工必须征得当地交警部门的统一，同时要求交警部门派员进行现场配合。

2）T 梁架设专项方案

T 梁架设委托上海黄渡桥梁构件厂施工。主要工作为主线跨宝安路跨线桥中的 K10～K11 孔 30m T 梁，K12 孔 40m T 梁，K13～K14 孔 30m T 梁，总共 5 孔，55 片 T 梁。其中，40m T 梁的最大自重为 98.25t，30m T 梁最重为 56t。计划架设施工从 2004 年 8 月 15 日至 2004 年 9 月 14 日结束。

A. 施工方案和技术措施

a. 前期准备，确定运输和吊装路线能确保运输车辆进出，办好道路运行证。因运输距离较远，为了进度，架梁期间要起早搭夜，所以，要求提供照明和监理许可。

b. 凡涉及架设桥梁时所用下卧路基必须严实，上铺碎石或建筑垃圾，用压路机压实，并防止路面积水、打滑，杜绝路基在吊梁时下沉。要求甲方配合好吊车和梁车的进出安全，修好便道和确保转弯半径。

c. T 梁出厂前会同监理，对生产厂家的成品验收梁的外观质量、外形尺寸、质保书和合格证书等。预制构件到达现场后，仍需要再进行外观检查。

d. 由于本工程盖梁悬臂较长，根据设计要求，架梁不得由一侧架向另一侧，故采用单孔三次安装的方法。

e. 要求甲方提前在盖梁上测放支座点位置，并画线，测量支座的标高。确保支座布设准确，标高无误。

B. 架梁方案

a. 架设 30m T 梁时最大自重在 58t，采用一台 120t 汽车吊和一台 100t 汽车吊。30m T 梁就位后，由甲方负责梁的固定工作，固定宜采用木楔块和电焊机进行固定。结束后开始安装第二片梁。每孔总共为 11 片 T 梁，架设时间需要 8h；另外，其他 30m T 梁均采用同样方法安装。

b. 架设 40m T 梁时最大自重在 98.25t，采用 160t 和 300t 汽车吊各一台，进行双机抬吊，顺序和 30m T 梁相同，工作半径在 7.5m 之间，在绝对安全的范围内操作。

C. 吊装计算

① 40m T 梁架设：盖梁净宽 3.1m，离地面高度 8.6m，吊臂与盖梁的保护距离 1m。

300t 吊机，控制作业半径为 10m，控制吊臂长度为 21.9m，吊装夹角 62.8°，吊臂垂直净高 19.5m，吊装荷重 59t。

160t 吊机，控制作业半径为 9m，控制吊臂长度为 21.8m，吊装夹角 65.6°，吊臂垂直净高 19.9m，吊装荷重 56t。

双机台吊荷重为 115t，满足本工程 40m 板梁安装净重量最大 98.25t 的要求。

② 30m T 梁架设：盖梁净宽 2.7m，离地面高度 8.6m，吊装与盖梁的保护距离 1m。

120t 吊机，控制作业半径为 9m，控制吊臂长度为 21.2m，吊装夹角 64.8°，吊臂垂直净高 19.2m，吊装荷重 34t。

100t 吊机，控制作业半径为 8m，控制吊臂长度为 24.7m，吊装夹角 71.1°，吊臂垂直净高 23.37m，吊装荷重 44t。

双机台吊荷重为 78t，满足本工程 40m 板梁安装净重量最大 56t 的要求。

D. 质量要求

a. 检查支座类型数量及摆放中心是否符合设计规定，并根据设计要求支座下应用钢板双向水平垫衬平稳。梁体安装后，支座必须严密，不得有空隙，确保 T 梁架设平稳。

b. 伸缩缝处横向必须全面贯通，同时注意桥面泄水孔的位置。

c. T 梁架设质量必须符合公路验收规范和本市有关地方标准的要求。

d. T 梁架设后不得有硬伤、掉角和裂缝等缺陷；如有损坏，应指派专人修补，修补时应有相应的安全措施。

E. 安全措施

a. 吊装前对所有机械及器具作认真细致检查确保完好，发现磨损超标，应及时更换。

b. 机械设备均由专人操作，持证上岗。

c. 指挥系统专人指挥，指挥人员应与吊机驾驶员统一指挥信号，采用哨子信号。吊机吊装时，应注意避免出现单机超载现象，遇大风、大雨等恶劣天气应停止施工。

d. 做好地基平整工作，确保吊机行使路线上地基承载力，吊机支腿下方铺设路基箱板。

e. 吊装作业要严格遵守“十不吊”，严禁违章作业。

f. 架设人员不得从单根梁上，从一根盖梁走向另一根盖梁。空中作业人员必须挂安全带，同时生根，确保安全。所有施工人员必须做到戴好安全帽等安全防范。

F. 交通组织

本工程桥梁为南北向，东西两侧均为蕰川路道路改建工程的翻交道路，道路净宽为 14.25m，结构为 7.75m 机动车道，外缘为人行道和非机动车道。

30m T 梁架设的交通安全：当架设 30m T 梁时，中间 7 片梁是在孔中，二侧各还有 2 片，在架西侧时，梁车必须停在蕰川路由北向南占用一行车道，东侧两片占用蕰川路由南向北一行车道。因此，吊装作业拟在东西两侧各占用 1 条车道（见平面示意图）。采用活动护栏进行警戒隔离，封闭距离为所吊孔跨加上前后各一跨，共计单侧 80m；同时，配备交通指挥人员共 8 名，东、西两侧各 4 人，身穿反光标志服，协助交通管理部门管理交通和隔离维护。夜间施工，在警戒护栏上每侧悬挂不少于 3 个警示灯，以确保交通安全。

40m T 梁处于宝安路与蕰川路交叉口中央，梁体架设时有封车变道的要求，具体如下：当架设 40m T 梁时，梁车停在宝安路中进行安装，所以，在吊装时宝安路蕰川路两只路口必须封闭，确保安全。拟安排改道至五跨 T 梁的最外侧的 30m T 梁下；同时，要求在晚间进行施工。吊装区域采用活动护栏进行警戒隔离，在警戒护栏上每侧悬挂不少于 3 个警示灯，封闭距离为所吊孔跨加上前后各一跨，共计单侧 70m；同时，配备交通指挥人员共 8 名，东、西两侧各 4 人，身穿反光标志服，协助交通管理部门管理交通和隔离维护。

吊装施工必须征得当地交警部门的同意，同时要求交警部门派员进行现场配合。

6.1.2 桩基施工（包括公用管线和交通保护与处理）

（1）钻孔灌注桩施工

本标段有 ϕ800～ϕ1000mm 钻孔灌注桩 428 根，桩长为 21～49m，配 6 台 GPS-15 钻机进行施工。

1）钻孔灌注桩施工工艺框图见图 6-2。

2）测量放样

首先，根据设计提供的墩位中心桩坐标及方向角，用全站仪定出中心控制桩及法向控制桩，然后以此测放出钻孔灌注桩桩位中心及其攀线桩。桩位中心控制桩及法向控制桩必须经过监理复核后才能使用。

3）钻机选型

根据本工程地质勘察报告，其中①1 层为近代人工填土，②2 黄色粉质黏土，③2 层为灰色砂质粉土，④灰色淤泥质黏土，⑤1 层为灰色黏土，⑥层为暗绿色粉质黏土，⑦草黄色粉质黏土夹砂质粉土，⑧1 层为灰色黏质粉土。

故钻孔桩施工采用上海探机厂生产的 GPS-15 反循环钻机。

4）护筒埋设

A. 护筒采用钢护筒，壁厚为 3～5mm，护筒的内径比钻孔桩设计直径稍大 10cm 左右。

B. 护筒按照预先布置好的设计桩位中心进行埋设，并应严格保持护筒的垂直。护筒埋设完成后，必须用经纬仪和检定过的钢尺测量护筒中心与设计桩位中心之间的偏差；同时，用铅坠与钢尺检查其平面尺寸大小与垂直度偏差情况，各项指标经监理验收都符合标准后方可进行使用。

D. 护筒埋设深度为 1.5m 左右；如护筒底的土质较差、护筒底容易渗水坍塌时，必须挖深换土，在筒底换 50cm 厚的黏土，分层夯实后再安放护筒。护筒就位后，在护筒四周分层回填黏土并夯打密实。夯填时应对称匀称，防止护筒移位。夯填完成后必须按上条所述的办法检测护筒各项指标，合格后方可使用。

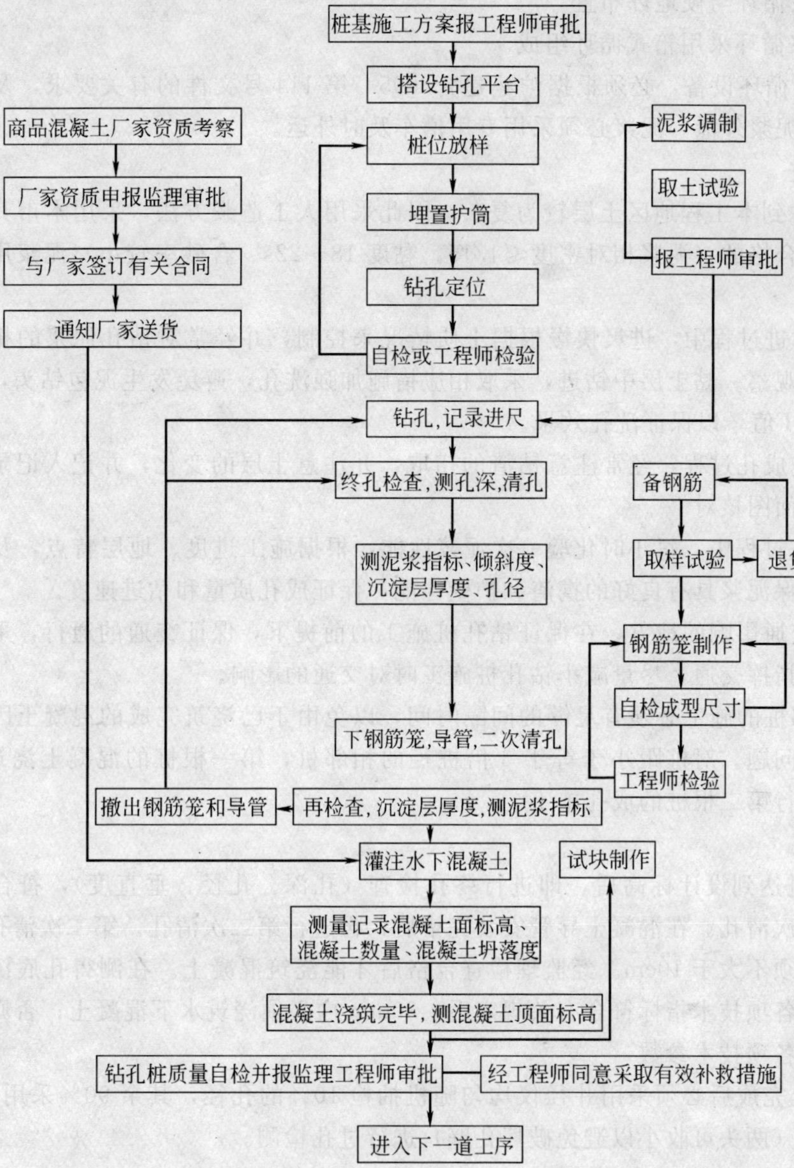

图 6-2　钻孔灌注桩施工工艺流程

E. 护筒顶必须高出地面 0.3m 左右，避免雨水及地面积水流入护筒内。

F. 钢护筒中心与桩孔中心偏差控制在 2cm 以内，埋设垂直度偏差控制在 1%以内。

5）钻机就位

A. 钻机安装就位必须保证底座平稳，必须控制好机头钻杆的垂直度与机架平台的水平度，保证钻机顶部、钻盘中心与护筒中心必须在一条垂直线上，偏差控制在 2cm 以内。

B. 钻进前应仔细做好钻杆、钻头长度量测工作，在钻杆上标志编号并记录各节长度。钻进中钻杆下放前应复核长度，以保证钻孔深度的准确性。

C. 钻机就位后，必须及时复测钻机平台与护筒的顶标高，作为今后量测孔深与沉渣厚度的依据。

6）泥浆循环与硬地坪布置

A. 泥浆循环采用箱式循环组成。

B. 采用循环设备，必须根据沪建建管［95］第 114 号文件的有关要求，及时做好硬地坪，避免泥浆外泄。泥浆必须采用专用槽车及时外运。

7）钻进

A. 考虑到本工程地区土层较为复杂，因此采用人工造浆方法，采用本市其他工地较好的、性能合格的（泥浆相对密度≤1.15，黏度 18～22s、含砂率较小）泥浆用槽车运来后使用。

B. 在钻进过程中，进尺快慢根据土质情况来控制，并经常对钻孔泥浆的相对密度和浆面等检查观察。黏土层中钻进，采取相应措施加强洗孔，避免发生泥包钻头，重点控制失水量和 pH 值，以保证洗孔效果。

C. 钻进成孔过程，经常注意钻渣的捞取，并注意土层的变化，并记入记录表中，以便与地质剖面图核对。

D. 钻进过程中，每小时化验一次泥浆性能，根据施工进度、地层特点，及时调整泥浆参数，确保泥浆具有良好的携渣和护壁性能，保证成孔质量和钻进速度。

E. 有交通影响的地方，在保证钻孔桩施工的前提下，保证交通的通行，采用护栏围筑，有专人指挥交通，尽量减小钻孔桩施工时对交通的影响。

F. 相邻桩的施工必须有足够的间隔时间，以免由于已浇筑完成的混凝土因强度过低而产生质量问题。对桩距小于等于 3 倍桩径的相邻桩，第一根桩的混凝土浇筑结束 24h 后，才能进行第二根桩的成孔施工。

8）终孔

A. 钻进达到设计标高后，即进行终孔检查（孔深、孔径、垂直度），符合设计要求后进行第一次清孔。在混凝土导管安装完毕后，再进行第二次清孔。第二次清孔后，孔底沉渣厚度必须不大于 10cm。经监理检查合格后才能浇筑混凝土。在测得孔底沉渣厚度和泥浆密度等各项技术指标符合有关规定后，30min 内必须浇筑水下混凝土；否则，必须重新测定上述各项技术参数。

B. 清孔完成后必须采用井径仪均匀随机抽检 10％的孔径，其余 90％采用长度 2.5m 的短钢筋笼（两头可收小以避免破坏孔壁）进行过孔检测。

9）钢筋笼的制作

本工序采用常规施工方法，这里不再描述。

10）钢筋笼安装

钢筋笼安装时采用起重机分段安装成形。

11）安装导管

A. 导管直径为 25cm（允许偏差±2mm），壁厚 3mm，每节长度 2.5m，底节长度 4m。

B. 每节导管的连接必须牢固可靠，确保不漏水、不漏气。

C. 导管在使用前必须对规格、质量和连接构造做认真的检查验收，保证橡胶密封圈密封效果完好、螺纹丝扣完好。符合要求后，应在导管外壁用明显标记逐节编号，并标明长度尺寸，有关数据必须记录在案。

D. 吊放导管时，导管位置必须居中，轴线顺直，稳定沉放，防止卡挂钢筋骨架和碰撞孔壁。

12）水下混凝土浇筑

A. 水下混凝土设计强度等级为C25，实际使用的水下混凝土强度等级必须达到C30，混凝土试块等级强度必须按C30进行验收。混凝土坍落度为16～22cm，水灰比不得大于0.5。混凝土粗骨料最大粒径不得大于4cm。

B. 二次清孔后至水下混凝土开始浇灌的时间间隔不得大于30min；超过30min，必须再次检测沉渣厚度与泥浆指标等各项技术参数；如超出规范与设计要求，必须再次清孔至符合要求。

C. 开始灌注前，最下节导管底口与孔底的距离30～50cm。隔水塞采用篮球内胆。

D. 水下混凝土灌注必须连续进行，严禁中途停顿，必须密切注意管内混凝土下降和孔内水位升降情况，及时测量孔内混凝土面高度，计算导管埋入深度（一般埋管深度控制在3～6m，在任何情况下不得小于1m或大于10m）。

E. 当混凝土面升至钢筋骨架下端时，应保持埋管较深，并适当放慢灌注速度，以防止钢筋骨架被托顶上升。

F. 混凝土实际灌注高度应比设计桩顶高出2m，以确保设计桩顶部位的水下混凝土强度符合设计要求。

G. 混凝土施工过程中，必须按要求及时测量混凝土坍落度。单桩混凝土数量小于$25m^3$的，每根桩测定2次；大于$25m^3$的，每根桩测定3次。

H. 实际灌注混凝土体积和按设计桩身计算体积加预留长度体积之比，即混凝土充盈系数，不得小于1.05，也不宜大于1.3。

13）钻孔灌注桩检测抽检频率

由于本工程钻孔桩数量较多，桩身质量要用超声波来检测，具体的方法按《地基基础设计规范》DGJ 08—11—1999有关规定及蕰川路道路改建工程项管部6号文件执行，还必须及时完成以下有关检测工作。

A. 成孔检测

均匀随机抽样10%进行井径仪成孔检测。

B. 超声波检测

每根桩必须安装声测管，按规定抽样进行超声波检测。

C. 低应变检测

超声波以外的钻桩，全部做低应变检测。

D. 高应变动测

抽检频率按业主与设计单位的要求进行。由监理随机抽检，检测数量不少于总桩数的5%，并不少于5根。

6.1.3 承台（桥台）施工

(1) 基坑开挖

本标段承台基础高度在为2.3m，挖土深度1.2～2.3m左右。根据设计图给定的承台几何尺寸及基础模板设计所需，开挖基坑各边可比设计尺寸增宽80cm。基坑开挖必须事先通知施工监理，以便复核地面高程和平面位置。在监理批准后方可开挖。基坑采用放坡大开挖，其中临近公路的基坑采用打5m钢板桩围护。基坑排水采用设置集水坑，以便及时排出坑内的水。开挖采用机械结合人工开挖。

（2）水中承台施工

本标段的桃园港桥、寺前桥均有桥墩承台均位于水中，承台处最大水深为 2.5m 左右。

根据上述条件，水中桥台施工前先修筑水上围堰，围堰采用钢板桩围堰，围堰离承台边 1.2m 左右，围堰宽为 1.0m。围堰施工好以后，抽干围堰内的水，再进行下步工序施工。围堰构造如图 6-3。

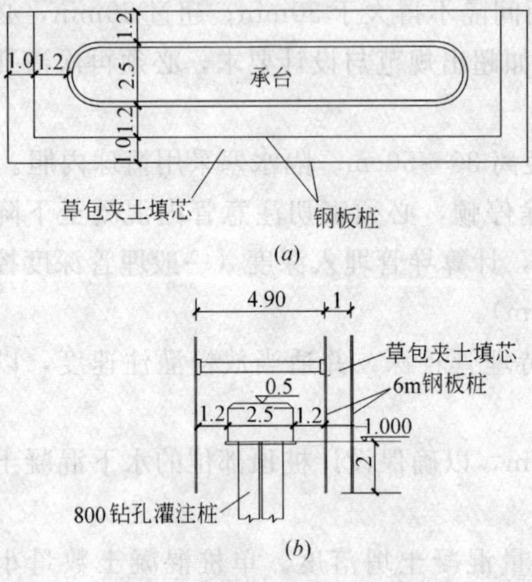

图 6-3　承台钢板桩围堰构造

（*a*）平面图；（*b*）立面图

（3）钢筋施工

1）为保证承台面层钢筋位置正确不下挠，在承台面层钢筋和下层钢筋之间设置适当的架立钢筋。并在模板上铺设横梁，用 8 号钢丝吊住面层钢筋。

2）绑扎承台预埋钢筋（即立柱钢筋）时，其伸入承台内的长度按设计规定的长度。外露承台的钢筋用环箍（同墩柱的箍筋）扎牢固定，并与承台的顶面钢筋点焊牢固，以确保墩柱主筋位置的准确。

（4）模板施工

1）模板采用定型钢模板，立于已浇好的混凝土垫层上。

2）安装前，在模板上涂刷脱模剂。安装完毕后，及时检查承台位置（轴线）及几何尺寸是否符合图纸要求。

3）模板支撑必须牢固，不能支撑立于浮土上；必要时，打支撑桩或将底部模板绑扎在混凝土桩的钢筋上，以防模板走样。

4）浇筑混凝土时派专人看模，及时纠正模板系统的变形和阻止漏浆。

（5）混凝土施工

采用常规施工方法。

6.1.4　立柱施工（包括混凝土内在质量和外观质量控制）

（1）钢筋施工

1）本工程宝安路跨线桥的立柱采用 1000mm × 1500mm、1200mm × 1500mm、1500mm×1500mm 三种规格。桃园港桥、寺前桥为 ϕ800mm，立柱最大高度在 6m 左右。故施工时，立柱竖向钢筋一次到位，以搭设脚手架来固定钢筋的位置。为了确保保护层厚度，应在钢筋与模板之间设置钢丝混凝土垫块，并互相错开。

2）本工程的立柱均设有盖梁，立柱中的竖向钢筋是直接插入在盖梁中的，对立柱中其他钢筋，施工要求同承台钢筋施工要求。

（2）立柱模板施工

1）为了确保立柱混凝土表面平整、光洁，模板采用装配式钢模板，而且钢面板一定要平整、光洁。模板制作高度根据立柱的高度而制定，以适合各类立柱高度的组合，对短模板只允许用于底部。

2）在进行承台混凝土浇筑时，在立柱周围必须设置预留钢筋和预埋件，以利于柱模板加固、定位。模板拼缝处用双面胶带进行处理，防止漏浆。在模板底部与承台表面接触处，应用砂浆或其他软质物填平嵌实以后（砂浆要达到一定强度后），方可浇筑立柱混凝土。

3）模板组成牢固的整体，再用起重机套在已完成的立柱钢筋骨架外。安装时在内侧用垂球检查垂直度，控制定位，组装完毕后再用经纬仪校核，并及时在四周用缆风绳纠正垂直度后收紧固定。

4）钢模板在第一次使用前一定要涂足隔离油，但不得沾污钢筋和成型后的混凝土表面。以后每次使用前，都要铲除残剩于模板上的混凝土，并涂隔离油或脱模剂。

5）支架、模板应在混凝土强度能保证其表面及棱角不致因拆模而损坏时方可拆除，一般应在混凝土抗压强度达到2.5MPa时方可拆除侧模板。

(3) 混凝土施工

1）立柱的混凝土为C40，混凝土采用商品混凝土，泵送方法入模。

2）每组立柱盖梁混凝土材料，必须选用同产地的砂石料和同规格的水泥，以保证每一组立柱盖梁的颜色一致。

3）用泵送混凝土时，为防止模板的变形，要求每次浇筑高度不得大于3m，对需要多层浇筑时，其间隙时间最长不应超过混凝土初凝时间，一般不得超过2h。

4）混凝土的坍落度一般控制在10～12cm左右，混凝土振捣器采用高频插入式振捣器。

5）混凝土浇捣时，其卸落高度不应超过2m；若超过2m，应采用导管式串筒。

6）每次浇筑时，以50cm为一层往上浇筑，严禁超振或漏振。

7）立柱的混凝土养护，采用塑料薄膜包裹起来进行养护。

(4) 混凝土外观质量控制措施

为了确保清水混凝土的施工质量，使得混凝土外表平整、光洁，色差基本一致，在施工中采取如下措施：

1）施工前的模板要清除干净，模板拼接处高低不平处用汽车粘脂嵌平，中间用吹塑纸嵌实，以防漏浆。

2）同一结构物使用的水泥要求同批，浇捣混凝土的坍落度尽量控制在12cm左右；如坍落度过大，容易产生过多的气泡；特别是对钢模板，气泡很不容易跑出来。故每层在浇捣时，插入式振捣棒沿模板多次来回插数次，速度放慢，使气泡能够跑出来。

6.1.5 盖梁施工

本标段盖梁为钢筋预应力混凝土盖梁，混凝土采用C50。

(1) 地基加固

1）本标段桥梁盖梁施工前地基必须进行加固，先除去浮土，对基础进行夯实及平整，用压路机辗压数遍，铺设20cm道碴，用压路机辗压数遍，然后浇筑15cm厚C20混凝土；待混凝土强度到达150MPa时，即可搭设钢管支架。加固基础的面积为盖梁投影面积四周加宽1m。

2）为了保证施工地基排水，在加固的地基一边设置临时边沟。

（2）支架布置

1）本标段的盖梁支架采用满堂支架。盖梁的支架采用 ϕ48mm×3.5mm 钢管支架，立杆采用搭接接长，根据施工图纸，经荷载验算后，布置钢管支架纵横向间距 600mm。剪刀撑横向布置，每隔 3m 布置一道连续剪刀撑。

2）钢管支撑的底端用铁板衬垫，以防支撑管下沉。搭设支架过程中，要及时设置斜撑杆、剪刀撑以及必要的缆绳，避免脚手架在搭设过程中发生偏斜和倾斜。

3）立杆与立杆之间通过两只旋转扣件绑扎连接，间距 45cm，这样有利于调节盖梁底部的倾斜度。当多根立杆搭接接长时，应保证顶端的力点与底部立杆竖向吻合，不得于一侧偏心搭接接长。

4）由于支架搭设是靠扣件螺栓紧固完成的。因此，每个节点的扣件螺栓施工中都必须用力矩板进行检查，只有当力矩达到 5kN·m 才能通过，对搭接支架顶端放 3 寸×6 板的横杆与立杆之间的扣件要作重点检查，支架顶端横杆与立杆之间应有保护扣件。

5）水中墩盖梁支架利用已有的水中平台进行搭设。

支架搭设立面图见图 6-4。

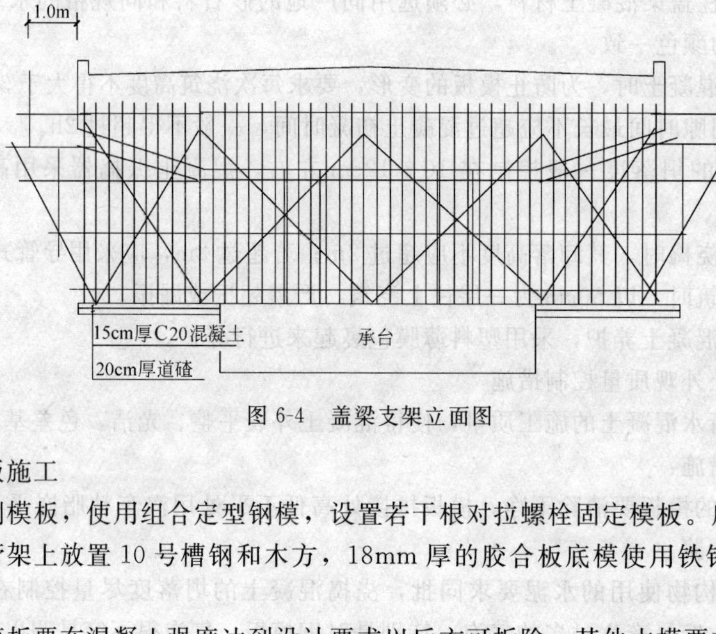

图 6-4　盖梁支架立面图

（3）模板施工

盖梁的侧模板，使用组合定型钢模，设置若干根对拉螺栓固定模板。底板采用搭设钢管架，在钢管架上放置 10 号槽钢和木方，18mm 厚的胶合板底模使用铁钉钉在木方上进行固定。

支架、模板要在混凝土强度达到设计要求以后方可拆除，其他木模要求同立柱模板施工要求。

（4）钢筋骨架制作

采用常规施工方法。

（5）预应力钢筋施工

1）本工程锚具夹片要做静载锚固性试验，千斤顶、油泵做标定试验。钢绞线必须进行 E_y 复试。采取张拉力与伸长量双控。

2）预应力钢绞线采用高强度低松弛预应力钢绞线（ASTM　A416—92（270 级））。标准强度 R_{yb}=1860MPa，E_y=1.95×10^5MPa，张拉控制应力为 0.75R_{yb}，每束张拉力为 1757.7kN（9ϕ15.24）。锚具型号选用符合国家标准《预应力筋用锚具、夹具和连接器》

GB/T 14370—93中的一类要求。

3）每个盖梁都设置后张预应力钢束，分两批装拉。在盖梁混凝土强度达到100%后，张拉第一批钢束；待板梁架设完成后，再张拉第二批钢束。

4）预应力钢束张拉程序：0 ⟶张拉初始力（0.1张拉控制力）⟶张拉控制力（持荷2min）⟶锚固⟶回零。

5）锚垫板位置、尺寸要求正确，锚垫板必须与预应力束管道垂直。预应力管道布置时，应按规范要求布置定位钢筋。预应力钢束孔道与普通钢筋相碰时，普通钢筋的位置可适当调整，张拉槽处的钢筋如影响钢束的张拉时，可临时弯起或裁断；但在封锚时，钢筋必须恢复。

6）现浇混凝土先穿束，在浇筑混凝土时不断移动钢束，以利管道畅通。预应力张拉完毕后，在24h内灌注强度等级不低于C40水泥浆，且压注密实，管道中设置排气孔，以利压浆。

（6）盖梁混凝土施工

1）为了保证混凝土质量，混凝土采用商品混凝土，泵送方法入模。

2）每组盖梁混凝土材料，必须选用同产地的砂石料和同规格的水泥，以保证每一组盖梁的颜色一致。

3）本工程每只盖梁均按照整体一次浇筑，中间不设施工缝。

4）浇捣的顺序从中间往两侧悬臂端浇筑。

5）混凝土应分层水平灌注，每层灌注厚度≤40cm，分层水平灌注时，必须在下层混凝土初凝前灌注上层混凝土，以确保混凝土的整体性（一般不应超过90min）。

6）在悬臂倾斜面上灌注混凝土时，应从低处向高处，使混凝土灌注始终接近同一平面。

混凝土外观质量控制同立柱施工。

6.1.6　T梁预制

本标段T梁位于宝安路跨线桥8#～13#墩之间，跨径为30～41m，共55片。T梁全部由梁厂提供。

6.1.7　空心板梁、T梁的架设

详见“6.1.1　桥梁工程主要项目施工方案”。

6.1.8　桥面系施工

（1）空心板梁铰缝施工

在桥面铺装层施工前，要进行梁间灌缝施工，在接缝处要吊底模。浇铰缝混凝土前，要清除结合面上的浮皮，并用水冲洗干净后，方可浇缝内混凝土及水泥砂浆，铰缝混凝土及砂浆必须振捣密实。灌缝结束以后进行梁面清扫，必须将堆积的水泥砂浆或混凝土残碴等清除干净。

（2）现浇横隔梁、桥面板施工

1）T形梁安装就位后应随即进行梁间横隔梁现浇施工。桥面板现浇施工，一般首先施工梁间横隔梁，然后施工梁间桥面板。

2）T形梁现浇横隔梁的平台，利用梁间间缝搭设悬吊支架。悬吊支架利用钢管脚手架搭设，支架搭设必须保证稳定牢固，桥面板现浇采用悬吊模板。

3）在现浇横隔梁前，首先进行接缝面凿毛处理，再进行绑扎（焊接）钢筋。横隔梁钢筋应按设计要求进行焊接。

4）现浇横隔梁与桥面板混凝土级配与相应梁体混凝土级配相同，混凝土强度等级相同。

（3）桥面混凝土铺装层施工

1）桥面混凝土采用C30混凝土。在施工桥面混凝土铺装层前，应复测梁面标高，复测桥跨中和支点处的中线和边线标高。

2）认真清扫梁顶面，将堆积的杂物清除干净，并在梁顶面上洒水湿润，以有利于铺装层混凝土与梁面的结合。

3）钢筋绑扎：用吊车将钢筋吊至梁面上，然后人工开始绑扎。绑扎时要求纵横间距相等、平直。钢筋接头要错开，并垫好保护层垫块。

4）桥面混凝土铺装层厚度及顶面标高通过木条来控制，木条间距（横桥向）一般为3.5m左右。

（4）防撞墙施工

1）钢筋施工

在绑扎防撞墙钢筋的同时，要特别注意防撞墙内的预埋件。预埋件包括制作栏杆钢扶手、安装灯柱的预埋钢板以及设置照明、监控预埋件预埋管道等，要保证预埋件位置的准确，在安装模板前必须特别检查，还要注意桥面排水通道位置。

2）模板施工

A. 为了保证防撞墙外观，保证模板周转，防撞墙模板全部采用装配式定型钢模板。

B. 防撞栏杆的外边线必须与桥面边线保持一致，要求尺寸准确，线形和顺，外观不能有明显的折角。故在安装模板时应认真放样定位，注意防撞栏杆在每跨端头及挡土墙伸缩缝处均设接缝。

C. 防撞墙支架全部采用金属结构托架施工，故在预制梁的边梁中，事先预埋好预留孔。

3）混凝土施工

防撞栏杆为C30混凝土，坍落度控制在5～7cm左右，混凝土运到现场后采用铁锹翻锹下料。混凝土分层浇筑，分层厚度控制在20cm左右，振捣棒在振捣时应伸入下层混凝土10cm左右，振捣棒不能碰击模板。

（5）伸缩缝施工

1）施工前，核对伸缩缝宽度及水泥铺装预留宽度是否符合要求，并做好底层铺设处的标记（留在防冲墙处），以便切割沥青混凝土面层时，保证伸缩缝白色铺装宽度。

2）根据标记切割沥青混凝土，保证在沥青混凝土下无填缝料作底层；如发现填缝料时，须重新切割，以保证沥青混凝土面层强度。

3）挖除伸缩缝处填料，并清洁底层，整理钢筋，发现缺筋时必须补足，方可进一步施工。

4）对伸缩缝钢构件应做技术检查，对少量不及格钢构件剔除，对可调整的做整直调平处理。

5）做好放样托板，在烧电焊时，边焊边检查高程、宽度，使其与已铺好的桥面在一条水平线上。

6）钢构件验收合格后，进行水泥混凝土施工，根据天气情况及混凝土强度等级，组织好施工人员，严格把握好收水一关。

7）浇筑混凝土时进行充分振动，但也应防止过振。混凝土收水前，用只有凸形的金属压滚将竖起的钢纤维和碎石压下去，再用金属圆筒将表面滚压平整。待钢纤维混凝土表面无泌水时，再用金属抹平并压滚。

8）应进行早期湿养护，保持一定温度，避免过热、过冷等现象的产生。混凝土初凝后，即覆盖麻袋进行养护，并定人定时浇水。

9）清除伸缩缝中杂物，进行橡胶缝施工，细心安装，防止橡胶条断裂，保证安装完整。

6.2 道路工程施工方法

6.2.1 翻挖老路

（1）老路硬路肩采用 0.9m^3 空压机凿除。

（2）考虑到不影响原有交通，先用切割机切割加罩部位。

（3）翻挖时要将道路面层、基层用风镐全部打碎。不得将没有打碎的面层、基层用挖掘机挖除，以免扰动原有机动车道。

（4）翻挖后的旧料及时通过边坡临时坡道外运，不得通过高速公路外运。

（5）施工区域与非施工区域用彩钢板护栏分隔。

6.2.2 路基施工

（1）施工准备

路基填方施工前，需要认真做好测量放样、清理现场、场地排水等准备工作。

1）测量放样

为确保施工符合设计要求，施工前需认真做好线路复测、认桩、补桩、施工放样等工作，以保证施工顺利进行和施工质量。

开工前，采用全站仪（SET-2B 型）、经纬仪（S3 型）、水准仪（DJ2 型）等仪器做好现场恢复和固定路线，其内容包括中线及高程的复测，水准点的复查与增设，横断面的测量与绘制等。

用十字架确定横断面的方向，然后确定填土断面的坡脚点、挖方断面的坡顶点、半挖半填断面的坡脚点和坡顶点，放置边桩，画出作业界限。有了边桩后，再按照设计的边坡坡度、高度确定坡桩位置。

横断面放样的距离，视地形复杂程度和机械施工方法而定，在本标段平坦地区，一般可根据横断面图，50m 做一次断面放样。

2）清除基底垃圾土及场地排水

施工前必须清除施工现场内的所有有碍施工的障碍物。根据施工需要，可以分期分批进行场地清除工作。

在路基施工过程中要维护好排水沟，保证水流畅通。

（2）路基填方

1）填筑材料的选用与处理

本工程填筑材料为素土。本工地上的填方量和挖方量基本可保持平衡。

A. 本工程采用的填料必须在最佳含水量状态下能被压实到规定的密实度，以形成稳定填方的适用材料。所有用作路堤填筑的材料须按招标文件技术规范的规定进行试验，并经监理工程师批准后方可采用。

B. 透水性不良的土填筑路堤时，碾压含水量与最佳含水量之差适当控制在不超过2%的范围内。最佳含水量的测定采用按 JTJ 051—93 重型击实试验法。

C. 高于或低于最佳含水量 4%的填料，可以采取在填方路堤的路边进行晾晒或洒水处理，直至填料含水量与最佳含水量之差不超过 2%时，方能进行摊铺碾压。

2）基底处理

A. 清理表层以后，须根据地形起伏情况做好坡面基底处理。一般横向坡度较小（1：5 之间）时，做好把表土翻挖后再填土压实；当横向坡度在 1：5～1：3 时，应挖成台阶形基底。

B. 零填挖的地段，其顶面 30cm 范围内的压实度应达到 95%；如果达不到，必须翻挖压实，使压实度达到要求。其顶面若位于天然含水量超过最佳含水量 4%～5%土层上，采取翻挖、晾晒、粉碎等处理措施后进行压实；如果仍达不到要求，只能采取路基顶面换以透水性良好的土，换土厚度由监理工程师现场决定。

C. 本地段降雨量大、雨期长、地下水位高、土天然含水量高，一般黏土填料属于过湿黏土。对于过湿黏土路基处理，可掺加外掺剂对原状土进行改性。根据我们沪杭高速公路（上海段）施工体会，采用磨细生石灰外掺剂用于处理过湿黏土路基的效果良好。磨细生石灰吸水能力较强，掺量控制在 4%～5%。

3）土路基填筑作业

A. 路基填筑以机械化施工为主，配备足够数量的推土机、轻型压路机、重型压路机以及羊足压路机和蛙式打夯机，并配合足够人力。

B. 路堤填土采取水平分层法，即填土时按路基横断面全宽分成水平层次，逐层往上填筑。每层最大松铺厚度不得超过 30cm，每层厚度均匀，路堤填筑的每层压实宽度不得小于图纸所示宽度，以利最后削坡，严禁贴坡；除另有规定外，路基应按断面全幅施工，每次修筑的长度不得小于 200m。

C. 路堤所用材料应在监理工程师所规定的含水量状态下摊铺，通过摊晒、洒水等方法，控制最佳含水量，以达到规定的压实度。为达到规定压实度所需的压实遍数，将通过试验及监理工程师要求而定。

D. 填方分多个作业段施工，每段与邻段交接处不在同一时间填筑时，则先施工地段应按 1：1 坡度分层留台阶；若两个地同时填筑，则应分层相互交叠衔接，其搭接长度台阶宽应不小于 1m。

E. 填土地段的表层不得积水，并应保持适当干燥。填筑需逐段分层进行，先填低洼路段，后填一般地段；先填路中，再逐渐填至路边，保持平面上有一定的路拱和纵坡。

每层填筑时，填方料在路堤全宽都要很好成形。任何出现不规则或凹陷的表面，应采取挖松、添加、移去或换土重铺的方法予以修正，并重新压实，以保持表面平整和均匀。

F. 填方表面做到保持排水流畅不受侵蚀。

G. 新老路基衔接时（包括填浜段），应先将原边坡挖成阶梯形，然后分层填筑压实，每几级台阶高度一般为 20cm，台阶高宽比为 1∶1.5。

桥头处路堤视高度分粉煤灰与土工格栅间隔填筑和土与土工格栅间隔填筑（土工格栅每隔 40cm 铺一层）。桥头处地面上先铺 30cm 砾石砂，然后铺 50cm 土，路堤高度≥2.3m 路段采用土工格栅和粉煤灰（一般厚 0.2m）间隔填筑；路堤高度＜2.3m 路段采用土工格栅和土间隔填筑，直至路槽下 30cm，余下 30cm 采用石灰土填筑。粉煤灰路堤在边坡、桥台后背、挡墙后背、涵洞周围均应用素土包封（粉煤灰周围一般采用厚 1m 的土作包封）。

6.2.3 软基处理施工

根据道路平面设计图纸来看，本标段道路工程有浜塘须处理，我们决定可在道路工程范围内将该浜筑坝截流、抽干河水，对浜底进行处理，然后修筑道路。具体措施如下：

（1）浜、塘填土，应先抽水和清淤（清至原土层），范围伸出路堤路宽外 2m。

（2）然后，在浜、塘底铺 30cm 砾石砂并压实，上铺土工布。

（3）填筑采用高钙粉煤灰分层填筑，每层压实厚度为 20cm，每层压实后按规定的频率抽取环刀，进行压实度试验，合格后方可填筑上一层。

（4）原浜、塘边坡按不小于 1∶1 的坡度挖成阶梯状，每层阶梯高为 20cm，宽不小于 30cm。

6.2.4 老路加罩施工

为加快施工进度，老路路面翻挖、破碎均采用液压冲击镐和液压挖掘机等机械设备进行，翻挖的土方、碎块及时外运，翻挖时注意保护各类地下管线。翻挖厚度根据设计要求，以保证设计新建路面结构层的厚度。

本工程分新建和加罩结构。路面拓宽部分和新建路按新路面结构进行施工；当原有路面未损坏，并且设计路面标高与原路面标高差≥31cm 时，车行道路面采用加罩结构施工；当 6cm≤高差＜31cm 时，将老路沥青面层挖除，确保新铺三渣层等于 15cm，然后按加罩结构施工；当高差＜6cm 时或原路已损坏，则将老路全部挖除，按新的车行道路面结构进行施工（范围以实地为准）。

路面采用加罩结构时，先对原路进行翻浆、坑槽、裂缝、沉陷、拥包、松散、车辙、排水等病害修复工作，适当凿毛原路面层，并清除路面上的泥土杂物，再做三渣层摊铺。

凡新旧路面接缝处、原路地段修复区、或粉煤灰三渣裂缝处应在粉煤灰三渣顶上铺设宽 2m 的玻璃纤维格栅（缝在中间），然后再铺筑沥青混凝土面层。玻璃格栅应能耐 170℃以上的高温，材料要求抗拉强度≥60kN/m，最大负荷延伸率≤3%，网孔尺寸 20mm×20mm。

6.2.5 路面结构层施工

（1）石灰土底基层施工

1）施工机械选用

石灰土混合料采用路拌，机械采用旋耕犁进行拌合。

2）施工方法

A. 石灰土底基层厚 30cm，分二层施工，第一层、第二层厚度均为 15cm。在下层施工完毕后，立即进行上层石灰土的施工。

B. 石灰土路槽摊铺，石灰土使用旋耕犁就地路槽内拌合。

C. 路槽开挖整平，做好设计标高测定及土的含水量和土液塑限的测定工作。

D. 本工程全部采用磨细生石灰。

E. 在路基质量经验收合格后，先摊铺打碎的土层，上面铺磨细生石灰，磨细生石灰用量为6%（重量比）。按计算所得的每袋石灰纵横间距，用石灰在土层上做标记；同时，画出摊铺石灰的边线。用刮板将石灰均匀摊开，石灰摊铺完后，表面应没有空白位置。量测石灰的松铺厚度，根据石灰的含水量和松密度，校核石灰用量是否合适。石灰拌合采用旋耕犁往复拌合三次，路幅边缘带采用人工翻拌。

F. 整形和碾压：当石灰土含水量接近最佳值后，即可整平碾压。整平前，先用二轮平碾全面初打一滚，然后用推土机整平，推出大致路拱横坡，接着用重型压路机充分压实至无轮迹为止。成形后的路拱如果横坡或平整度不合要求，仍可用推土机整修，人工配合找平，确保石灰土面层平整度达到验收标准。

G. 接缝处理：分段施工时，工作缝采用对接法，即采用台阶式进行处理，并确保接缝平整。

H. 养护：石灰土碾压成形后，即进行保湿养护，采用洒水养护法，一天浇三遍水。

I. 石灰土在施工前后，必须进行石灰氧化钙检测、石灰土最大干密度试验、石灰土CBR值检测和压实度检测。

J. 石灰土施工的质量要求：压实度必须达到95%，平整度不大于12mm，厚度控制在-10mm以内。

（2）粉煤灰三渣基层施工

本标段道路粉煤灰三渣基层设计厚度50cm，分两层摊铺碾压，下层摊铺厚度为25cm，采用现有一般粉煤灰三渣，用推土机摊铺；面层摊铺厚度为25cm，采用推土机摊铺，上下层横向接缝间距需错开1m以上。下层施工后，及时进行上层的施工；上层施工前，对下层顶面要打扫干净，并洒水湿润。粉煤灰三渣选用质量信誉好的专业厂进行厂拌法集中控制。

1）施工放样

A. 在砾石砂底基层上恢复中线，每25cm设一桩，并在两侧边缘处设指示桩。

B. 进行水平测量，在两侧指示桩上，用明显标记标出二灰土底基层边缘的设计高度。

2）推土机摊铺下层的三渣混合料

A. 当天来料应当天立即摊铺，防止混合料水分蒸发或下雨，使混合料含水量增加。

B. 经施工现场实地试验确定混合料的松铺系数，一般机摊的松铺系数为1.2～1.3，以试验段实际数据为准。

C. 用推土机将料均匀地摊铺在预定的宽度上，表面应力求平整，并具有规定的路拱；摊铺时，应防止出现粗细颗粒“窝”或“带”；如出现离析，可适当洒水，湿润混合料。

D. 整型：①混合料摊铺均匀后，先初步整平和整型，直线段由外侧向内侧进行刮平。②然后用轮胎压路机或轻型压路机快速碾压1～2遍，以暴露潜在的不平整。③再整型一遍，然后再碾压一遍。④最后再整型一次，每次整型都应按照规定的纵坡和路拱进行，并应特别注意接缝处的整平，必须使接缝顺适、平整。⑤在整型过程中，严禁任何车辆通行，并配合人工消除粗细集料“窝”。

E. 碾压：①整型后，当混合料处于最佳含水量±1%时，可进行碾压；如表面水分不足，应适当洒水，但严禁洒大水吊浆碾压。②用BW213型重型压路机或CC21型和CA25型振动压路机在路基全宽内进行全幅碾压，直线段由外侧开始向路中心碾压，在有超高的路段上，由内侧向外侧进行碾压。碾压时，后轮应重叠 1/2 轮宽；后轮必须超过两段的接缝处，后轮压完基层的全宽时即为一遍，碾压一直进行到要求的压实度为止。③基层的两侧和纵横接缝处，应多压 2～3 遍。④碾压过程中，如有“弹簧”、松散、起皮等现象，应及时翻开，重新拌合，使其达到质量要求。⑤严禁压路机在已完成的或正在碾压的路段上“调头”和急刹车，以保证表层不受破坏。⑥碾压结束前，利用人工终平一次，使其纵向顺适，路拱和超高符合要求。终平应仔细进行，局部高出的应刮除并扫出路外，低洼的不再进行找补，留待下层处理。

3）摊铺基层面层

A. 道路基层面层采用推土机进行摊铺。

B. 基层的下层整型和碾压结束，压实度、弯沉检测符合要求，即可摊铺面层。

C. 在推土机后面应设专人消除粗细集料离析现象，特别是粗集料窝或粗集料带应该铲除，并用新混合料填补，或补充细混合料并拌合均匀。

D. 用振动压路机，三轮压路机和轮胎压路机及时进行碾压，碾压方法同下层。

4）早期养护及交通管制

由收缩试验表明，级配三渣起始干缩系数很大，产生较大的干缩应力，而此时的混合料强度又较低，容易产生裂缝，故务必注意加强早期养护。当施工碾压结束，压实度达到要求时，便立即开始湿治养护。特别在施工后两个星期内，使三渣层表面保持湿润，但不得以水柱直接冲向路表。一般干热夏天须每天洒水，冷湿季节如表面未干燥泛白，可不洒水。在三渣基层养护期间，做好封闭交通工作。

检测的主要项目有：压实度为 98%，平整度为 10mm（3m 直尺检测）。

(3) 沥青混凝土施工

1）原材料准备

A. 沥青采用进口沥青。及时采集沥青样品做技术鉴定，沥青质量技术指标应符合技术规范的要求。

B. 粗集料（碎石）集中向具有生产许可证的采石场采购，具有良好的颗粒形状和适当的颗粒级配，洁净、干燥、无风化、无杂质，并具有足够的强度和耐磨耗性，各项质量指标满足技术规范的要求。

C. 细集料采用与沥青有良好粘结能力的天然砂和碱性石屑，且这些细集料洁净、干燥、无风化、无杂质，并有适当的颗粒级配，各项质量指标满足技术规范的要求。

D. 填料采用石灰岩或岩浆岩中的强基性岩石等憎水性石料经磨细得到的矿粉，且这些矿粉洁净、干燥，并不带泥土、杂质；如采用回收粉尘作为矿粉的一部分使用，回收粉的用量不超过填料总量 50%，且掺用粉尘填料的塑性指数不大于 4%，其余质量品质与矿粉相同。进入拌合场的各种原材料，登记注明材料的来源、品种、规格、数量、购置日期、存放地点，并按一定的批量做好级配筛分试验，以确保原材料质量稳定、可靠。

2）沥青混合料的配合比设计

A. 目标配合比设计阶段，将充分利用同类道路与同类材料的施工实践经验，采用工程实际使用的材料计算各种材料的用量比例，配合成的矿料级配符合技术规范的级配要求，并通过马歇尔试验确定最佳沥青用量。此矿料级配及沥青用量作为目标配合比，供拌合机确定各冷料仓的供料比例、进料速度及试拌使用。

B. 生产配合比设计阶段，从二次筛分后，进入各热料仓的材料中取样，并进行筛分，确定各热料仓的材料比例，供拌合机控制室使用；同时，反复调整冷料仓进料比例，使供料均衡，并取目标配合比设计的最佳沥青用量、最佳沥青用量加0.3%和最佳沥青用量减0.3%等三个沥青用量进行马歇尔试验，确定生产配合比的最佳沥青用量。

C. 生产配合比验证阶段。拌合机采用生产配合比进行试拌，铺筑试验段，并用拌合的沥青混合料进行马歇尔试验及路上钻取的芯样检验，由此确定生产的标准配合比。标准配合比的矿料合成级配中，方孔筛0.075mm、2.36mm、4.75mm三档筛孔的通过率应接近要求级配的中值，标准配合比将来作为生产上控制的依据和质量检验的标准。

经设计确定和监理工程师批准的标准配合比，在施工过程中不能随意变更。

3）沥青混合料的拌合

沥青混合料在拌合厂生产，拌制沥青混合料的沥青储存在密封的油罐中，各种矿料分别堆放在具有硬质基底的场地上，矿粉等填料放置在防雨仓库里，拌合厂具备良好的排水设施，能确保场地不积水。

间歇式拌合机全部用电脑控制拌合，并配置自动记录设备，拌合过程中能逐盘打印沥青及各种矿料的用量和拌合温度。

要满足沥青混合料拌合均匀，所有矿料颗粒全部裹覆沥青结合料，必须控制好拌合时间。一般情况下，干拌时间要保证5s，湿拌时间为35～45s。

拌合厂配置比较完善的试验及足够的仪器设备，对每天生产的沥青混合料进行取样试验，马歇尔试验每天每品种一次，沥青抽提和浸水马歇尔试验每周每品种两次。并在第三天，将试验报告呈报监理工程师。

考虑到沥青混合料在运输途中和等待摊铺过程中可能的温度损失，一般情况下，沥青混合料的出厂温度均取出厂温度的上限160～170℃。

出厂的沥青混合料要做到逐车用地磅称重，并测量运料车中的沥青混合料温度，签发一式三份的运料单，一份存拌合厂，一份交摊铺现场，一份交司机。

4）沥青混合料的运输

运输时为防止沥青混合料与车厢板粘结，车厢要清扫干净，车厢侧板和底板涂一层油水混合液，并防止多余的混合液积聚在车厢底部。

运输车在运输过程中，全部采取油布覆盖等保温、防雨和防污染措施。

沥青混合料运至摊铺机地点后，凭运料单接收，并检查拌合质量和到场料温；不符合技术规范要求的沥青混合料，不能在施工现场摊铺，全部作废料处理。

摊铺机开始工作时，现场必须有10辆以上料车在等候摊铺，以避摊铺机等料停机，不能连续摊铺，从而影响施工的平整度质量。

5）施工方法

A. 施工机械选用：沥青混凝土的摊铺，采用有自动调平装置的德国进口的2000型和1704型的沥青摊铺机。压实采用BW141型、BW160型和BW201型振动压路机。

B. 沥青混凝土摊铺：

摊铺前准备：安装好自动找平仪及滑车装置、预热熨平板，使夯锤能正常振动，并调整夯锤振动频率（40～50Hz），料斗及相关部件适当喷洒油水混合物。

摊铺起步控制：根据摊铺平均厚度及松方系数测定熨平板下垫块厚度，用前一天施工结束段的标尺读数，校正熨平板摊铺角度至最佳状态。摊铺机起步速度控制在 1m/min，待摊铺正常后，以 3m/min 速度向前摊铺。

摊铺过程中：按规定速度沿放样线向前摊铺，摊铺机推进过程中，注意同料车的配合，并掌握好进料速度。每隔 10m 检查一次摊铺厚度，收料、测温人员做好收料、记数和温度的检测工作。

摊铺后随时检查平整度、坡度及厚度，个别未达到要求时，适当用人工修正，不允许在摊铺机后面用人工大量摊铺沥青混合料，修整时最好不站在刚铺好的热沥青混凝土表面或在其上行走。每条摊铺纵向搭接 10cm，以使接缝紧密。

摊铺作业时，采用两台摊铺机排成梯形队连续操作，使纵向接缝尽可能为热接缝。

纵缝的压实。摊铺机后面用一台静态钢轮压路机或振动压路机以静态进行碾压，碾压工作应连续进行，直至接缝平顺而密实为止。

沥青上下层的接缝应错开，纵缝至少 15cm，横缝至少 1m。各层接缝用切割机切齐接平。接缝处涂沥青粘层油，接缝表面要熨平。

遇雨或地面潮湿时，禁止摊铺沥青混凝土，沥青混凝土摊铺时的气温确保在 10℃以上。

C. 压实：碾压工作是沥青混凝土路面施工的最后一道工序，对施工质量的保证至关重要，必须严格控制，本次施工配备了业务熟练考核合格的压路机驾驶员承担压实工作。

本次施工中，为保证压实度达到 98%，加开振动，振动频率采用 30～50Hz 之间，振幅在 0.4～1mm 之间。

压路机在碾压开始时，前后滚轮喷水要充分，待前后轮全部喷湿后，再上摊铺层碾压。

在连续碾压的过程中，前后滚轮在达到一定温度时应适当控制喷水的水量，喷水量以不粘轮为标准。

在碾压过程中，压路机不得在摊铺层上转向、调头、左右移动位置或突然刹车。驾驶员必须防止压路机在同一断面上停顿，以及在回程过程中，在尚未冷却的面层上停留，压路机碾压每幅重叠 30cm。

D. 纵横接缝处理：由于本次施工的特点，纵向冷缝、起步横缝处理平整度的好坏，直接影响路面的质量，为了做好这项关键工序，采取以下措施：

① 成立专职接缝收边小组。选择有施工经验的道路工，负责纵向横向缝作业。

② 接缝修整时应认真仔细，毛面应用细骨料充实，保证一次碾压成型后不再修补。保证接缝的外观良好。

本工程沥青混凝土采用的规格型号为：粗粒式下面层 AC-25（1)、中粒式中面层 AC-16（Ⅰ)、表面层 SMA-13、桥面铺装 SMA-16。

6.3 排水施工方案及施工方法

6.3.1 排水工程的施工技术方案

在蕰川路沿线中大型企业单位较多交通繁忙，各类地下管线多而复杂。根据蕰川路改建工程项目部的安排和现场实际情况，我标段就下水道施工方案和管线保护提出以下方案。

下水道工程按从下游往上游施工的顺序原则施工。察看工地现场东侧 K0＋837—K1＋550 因拆迁未完成，西侧 K0＋000—K0＋860 管位在现道路内，K0＋860—K1＋550 因煤气管保护方案未定。只有东侧 K0＋000—K0＋837 拆迁已完成，故先做该段。

在东侧 K0＋000—K0＋837 范围内有下水道，其中管径 ϕ1200mm 的 295m，ϕ1000mm 的 453m，ϕ800mm 的 110m；K0＋837—K1＋550 范围内有下水道，管径 ϕ800mm 的 275m，ϕ600mm 的 341m。在西侧 K0＋000—K0＋860 范围内有下水道，管径 ϕ800mm 的 777m，ϕ600mm 的 245m；K0＋837—K1＋550 范围内有下水道管径 ϕ800mm 的 296m，ϕ600mm 的 310m。

6.3.2　管线保护方案

蕰川路 1 标东侧主要管线情况如下：三万伏架空高压线；联通通信及有线电视架空线；地下有 ϕ500mm 上水管、ϕ200mm 上煤管。下水道的设计中心线上有架空一万伏电线及有线电视，东侧有 ϕ500mm 上水管。

根据以上情况，为了对架空线的保护，现提出下水道管位向东移 1.2m。

现有管线离开施沟槽太近，主要是 ϕ500mm 上水管道。根据上水局的交底，上水管道的埋设年代较早，管材使用的是铸铁管，强度较低，土体略有移动就可能造成上水管道的损坏。为了确保上水管道的安全，必须采取保护措施。

西侧离路边太近道路上交通繁忙，行驶的都是大型集装箱卡车，考虑到交通安全，上方又有 2 万伏架空线和架空的通讯线路。为了确保架空线的安全，必须采取保护措施。

因坑周边有保护的 ϕ500mm 上水管，土体不能有位移。而场地土层较差，第三层粉质土较厚，易发生管涌现象。沟槽施工时，用钢板桩维护沟槽。

在全线沟槽边上水管接头处，采用 6 根一组 ϕ300 长 7m、大头 4 根，小头 2 根。桩长取沟槽深度两倍的树根桩进行挑起保护。

电杆保护采用 3 根 ϕ300mm、长为两倍沟槽深度的树根桩成 120°保护，桩顶用 C30 混凝土浇筑保护。

树根桩钢筋笼直径为 250mm，配筋为 8ϕ14＋ϕ8@200。强度等级为 C30。

树根桩内填碎石后注浆，浆液用 32.5 普通水泥，水灰比不大于 0.5。

6.3.3　施工顺序及评定标准

(1) 施工顺序

前期准备⟶沟槽开挖及支护⟶管道基础⟶管道铺设⟶管道接口⟶检查井⟶沟槽回填。

(2) 排水工程主要项目的施工方法

1) 管材质量控制

每一合格产品的检验报告和产品质量保证书；厂商提供与产品有关的技术文件，包括管壁设计厚度、铺层方案。查验每根管材的产品合格标志；管材的内表面应无龟裂、分层、针孔、杂质、贫胶区及气泡；管材的外表面应无明显缺陷；管材端面平齐、光滑，无毛刺；管材长度允许偏差±0.005L，且不大于±20mm。

2) 装卸、运输

管材在装卸过程中轻装轻放，装卸时吊索用柔韧较宽皮带、吊带或绳，不得用钢丝绳直接接触吊装管材。

管材起吊采用两个吊点起吊，禁止用绳子贯穿两端来装卸管材。

橡胶圈在保存及运输中，不得受到损伤。

6.3.4 测量放样

本工程采用坐标和总样相结合的方法测设。

(1) 轴线测设

控制网的测设：本工程线形较复杂，在布置控制点位置时将充分考虑不同的施工阶段和施工作业对场地的需要，控制点尽量布置在高处，通视情况良好，不易被施工机械破坏的地方；另外，还将考虑控制点的精度，以确保道路位置的准确。控制网用 2s 级全站仪测设，坐标计算将全部采用计算机程序计算。

1) 对业主的测量交底桩进行复核，复核时须注意相邻标段控制点的校核，复核结果经现场监理复核认可后方可使用。为了确保控制网的可靠性，将根据现场条件把控制点都选定在施工作业范围以外的地方，用混凝土护桩，做到各控制点的通视性良好，符合施工需要。控制点选定后经过实测和附合导线的平差计算，把整个工程范围内的控制点坐标定了下来。考虑到地基的不均匀沉降，将根据施工阶段定期复核整个控制网。

2) 根据业主所交的导线桩，按照施工需要测设平面曲线特殊点，如：直线或曲线的起点和终点。

3) 测设总样（管道中心线、里程桩），在道路两侧布置轴线控制点，在设定控制点时，要充分考虑施工对场地的需要，把控制点布置在不影响施工的地方，并用混凝土护桩。轴线测设完毕后，经现场监理复核认可后方可使用。

4) 管道中线的放样主要根据设计蓝图，直线段直线用通视法，圆曲线两井间仍按直线做，井位按圆曲线施工。

5) 每隔 200m 左右布置临时水准点，临时水准点设置在相对稳定的位置，并根据施工阶段定期复测。

(2) 标高测设

1) 按照施工规范加密引测临时水准点，并根据不同的施工阶段定期复测。

2) 根据施工图纸计算和测设下水道标高。井间用龙门板控制高程，排管时用样尺测定管底标高。

6.3.5 下水道施工

采用开槽埋管。全线采用轻型井点降水并用钢板桩围护或采用横列板支撑的方法进行施工，沟槽回填管顶 50cm 以下采用黄砂进行回填。管顶 50cm 以上根据回填深度，可采用素土回填和高钙粉煤灰与道碴间隔回填，20cm 高钙灰，10cm 道碴。

(1) 井点降水

本工程根据地下含水量情况可采用轻型井点降水。轻型井点降水是先进行地面平整后在一侧沟槽边，开出宽 0.8m 井点沟槽，挖除三和土及路面材料至原土层，井点管间距每隔 1.2m。

采用冲枪冲孔法将井点管沉放，井点管应垂直居中放入孔中，吊住不放，并加以固定，随即倾入中粗砂，均匀地灌入孔内。灌砂时，采用长竹竿在孔内上下抽动和轻摇井管，使中粗砂灌到滤网底部及其周围，灌砂完毕才可松掉井点管。

总管联接用法兰连接，总管和井点管采用塑料软管连接，总管布设应稳固，连接处不得有漏气、漏水，井点抽出的地下水将统一排入下水道内。

井点在沟槽开挖前 2d 即进行降水，出水由混变清，此时即可开挖沟槽。

（2）沟槽开挖

本排水工程管道为 ϕ600～ϕ1200mm 玻璃夹砂管，埋深为 2.5～5m。

本工程所有土方均外运，本工程地下管线复杂，有管线地方采用人工开挖，无管线地方采用机械开挖。现场施工中，挖土机在开挖沟槽施工前要检查四周围确无人员、无障碍物才可进行作业。

深度超过 2m 的沟槽，采用临时防护栏，并设置上下的扶梯。机械开挖应严格控制标高，防止超挖或扰动基底面，应挖至槽底标高以上 20cm，预备底层土，再用人工挖除、修整槽底、边挖边修，槽底土方堆土高度不超过 1.3m，并立即进行基础施工。机挖时应设专人指挥，并维持施工现场安全。沟槽支撑采用铁撑柱，铁撑柱由 ϕ150mm 的无缝钢管和两端的铸铁撑脚组成。

铁撑柱两头要求水平，每层高度一致，铁撑柱的水平间距不大于 3m，垂直间距不大于 1.5m，头档铁撑柱距离地面一般为 0.6～0.8m。

铁撑柱在施工时，要求其钢管套筒不得弯曲，支撑要充分绞紧。钢板桩支护的沟槽：钢板桩采用 15t 履带吊挂振拔桩锤施打。支撑设水平向双拼 30 号槽钢围檩，并采用 ϕ200mm 左右桐木为横撑，水平向间距 2.5～3m，横撑垂直向间距不大于 1.5m。在拆除底档支撑进行排管前，用短木或砖在混凝土基础侧面与钢板桩之间设临时支撑。

沟槽挖土采用机械和人工相结合的施工方法，沟槽的头层土（约 1.0～1.5m 左右）采用履带液压挖掘机挖土，头层土以下的土采用 5t 电动履带吊抓斗挖土。机械挖土时，采用人工修边。为防止扰动槽底土层或超挖，机械挖土控制在距槽底土基标高 30cm 处，采用人工挖土，修整槽底，两侧开挖排水明沟。根据沟槽长度布设集水井和抽水泵，确保在施工期间沟槽内不积水。

为维持开挖的沟槽内无水直到施工完成，必须认真做好沟槽排水工作。首先，在沟槽外两侧填筑土坝，尽量减少地面上的雨水等流入沟槽内；另外，在沟槽底两侧设置排水明沟，在每节两端的窨井处设置集水坑，并配备足够数量的污泥泵和潜水泵等设备进行抽水，确保沟槽内无积水。

（3）管道基础

基础应夯实紧密，表面平整。管道基础在接口部位应预留凹槽，以便接口操作。接口完成后，随即用相同材料填实。

（4）管道铺设

复核高程样板，排除槽内积水。

待用的管节应按产品标准进行逐节质量检验，不符合标准者不得使用，并应做好记号，另行处理。

下管可由人工进行，由地面人员将管材传递给沟槽底施工人员。对大开挖沟槽，也可用非金属绳索系住管身两端，保持管身平衡匀速溜放，使管材平稳地放在沟槽内，严禁将管材至槽边翻滚入槽内。起重机下管时，应用非金属绳索扣系住，严禁串心吊装。

管材宜将插口顺水流方向，承口逆水流方向安装，安装一般由下游往上游进行。

（5）管道接口

1）橡胶圈是玻璃夹砂管承插式接口的密封件，为实心圆形截面。

2）接口时，先将承口的内壁清理干净，并在承口内壁及插口橡胶圈上涂上润滑剂，然后将承插口端的中心轴线对齐。

3）接口方法，一人用棉纱绳吊住B管的插口，另一人用长橇棒斜插入基础，并抵住管端端部中心位置的横挡板，然后用力将B管插口缓缓插入A管的承口至预定位置。

4）管道接口后，应复核管道的高程和直线使其符合设计要求。

5）管道与窨井的连接采用短管，窨井砖墙短管外露部分宜小于600mm，管筋位于砖墙部分砂浆饱满，以防接缝处渗水。

（6）检查井

本工程检查井分为直线窨井、三通交汇井及四通交汇井。窨井基础为混凝土，墙体用M10砂浆砖砌，砌砖做到墙面平整，边角整齐，宽度一致，井体不走样；砌砖时对齐上下错缝，内外搭接；砖缝中砂浆均饱满，不得有通缝，缝宽在1cm。砖砌一定高度，采用1∶2水泥砂浆进行墙体粉刷。窨井流槽用砖砌，流槽高度应为管径的一半，两肩向中间落水。

（7）沟槽覆土

沟槽覆土应在管道隐蔽工程验收合格后进行。沟槽覆土应及时，防止管道暴露时间过长造成损失。沟槽覆土应遵循以下规定：

1）钢板桩拔起时严格按照第1根→第4根→第7根…的顺序进行。在钢板桩的空洞内注入粉煤灰水泥浆，以减少地面的沉降，确保公用管线的道路的施工安全。

2）管顶50cm范围内，必须用人工回填，严禁机械推土回填。

3）回填先从管底与基础结合部位开始，沿管胸腔两侧同时对称分层回填并夯实，每层回填高度不超过20cm，坞膀采用中砂，回填至管顶上50cm。管顶上50cm采用道碴、高钙粉煤灰间隔土，回填材料质量应符合设计要求。

（8）树根桩施工工艺

施工顺序：钻机就位⟶成孔⟶清孔⟶吊放钢筋笼⟶插入压浆管、填灌碎石⟶压浆⟶移位。

6.3.6 挡土墙施工

本工程分别在K0＋761.61～K0＋81.61、K1＋422.45～K1＋502.45宝安路跨线桥端部设置L型钢筋混凝土挡土墙。挡土墙分别为特殊侧石结构设计，有1.5m、2m、2.5m、3m四种尺寸。因挡土墙墙身高度随桩号而变化，不宜用定型钢模。根据实际情况，用涂塑九夹板作侧模，制作模板前先熟悉图纸，核对各细部尺寸，按样配置。因挡土墙外侧将是今后通车的机动车道，混凝土平整和光滑尤其重要。为防止模板接缝处漏浆，接缝处采用双面胶带拼缝，并用汽车腻子嵌缝。安装前，对模板与混凝土接触面涂刷脱模剂。

安装模板时，为防止移位，在绑扎完成的钢筋上用电焊设置限位，支撑采用24方子，外侧用ϕ48mm钢管固定，并设置若干ϕ12mm圆钢作对拉螺杆。

根据设计，每隔10m设置2cm沉降缝，沉降缝系用二毡三油。每隔2.5m设置泄水孔，泄水孔内侧设置反滤层，L形混凝土挡土墙墙体采用C25混凝土。商品混凝土，用泵车送入模内。为防止混凝土气泡，将严格控制混凝土坍落度，坍落度控制在7～8cm内。为防止单侧压力过大而爆模，每次入模的混凝土高度控制在50～60cm，待振捣完成后继续入模。

钢筋施工同桥梁承台。

6.4　重点（关键点）工程的施工方法和措施

本工程的关键点和难点是交通组织、管线保护，为了确保蕰川路及与之相交道路的交通畅通。经过详细踏勘现场和仔细阅读了设计图纸后，根据我局的施工经验，针对本工程关键点交通方案和管线保护加以叙述。

6.4.1　交通方案与措施

(1) 交通现状

蕰川路改建工程Ⅰ标现为10m左右的道路。交通流量较大，与之相交的主要道路有水产路、宝安路及一条不知名的道路（桩号0＋725）。其中，水产路、宝安路交通流量也较大。还有桩号0＋275、1＋350、1＋390三处不知名小路。

(2) 交通方案

本工程施工分三个阶段。

1) 第一阶段（2003年9月20日～2004年1月15日），进场后首先施工拓宽部分下水道、道路与桥梁，并铺筑沥青混凝土面层，完成后开放拓宽部分道路作为交通临时道路。此阶段施工时老路范围内保持原有交通，然后翻交。

翻交时间为2004年1月15日。

2) 翻交后进入第二阶段（2004年1月15日～2004年10月15日），拆除老桥，翻挖老路面，施工宝安路跨线桥及新建桃园港桥、寺前桥、塘湾桥和桩号K0＋000-K0＋750道路。此阶段社会车辆由已建两侧拓宽部分道路通行。

3) 第三阶段（2004年10月15日～2004年11月20日）：第二阶段施工结束后，主线道路开放交通。由于拓宽道路被作为交通便道，可能有部分损坏，所以，封闭拓宽道路，进行铣刨，并加罩沥青混凝土面层；同时，施工宝安路跨线桥沥青混凝土面层。

(3) 交通措施

开工前，主动和交通部门联系，请交通部门给予支持、指导，改进、完善运输方案，制定实施细则。

施工区域与非施工区域严格分开，采用全封闭施工，工地进出口位置经交通部门审批后决定，主要出入口设置交通指令标志和示警灯，以保护车辆和行人的安全。

设专职的交通纠察员，负责指挥车辆及人员的进出工地，维持交通秩序。

施工期间，宝安跨线桥桥墩施工时，采用彩钢板护栏封闭。为避免承台开挖影响边上路面沉降而影响交通，承台基坑支护采用钢板桩。用混凝土块分隔墩分隔施工区域与机动车道。

6.4.2　管线保护方案与措施

(1) 管线现状

根据图纸，现有管线位于新建机动车下的有：

西侧：上水管ϕ200mm（距设计下水道6m），燃气管ϕ500mm（距设计下水道9.5m），其他地下管线搬迁。

东侧：上水管ϕ500mm（距设计下水道5m）。

在桃园港桥、寺前桥、宝安路跨线桥边上有上水管 ϕ200mm、燃气管 ϕ500mm。

(2) 管线保护措施

参见下水道管线保护方案。

6.5 冬期和雨期的施工安排

6.5.1 冬期施工工作安排

(1) 凡昼夜间的室外平均气温低于＋5℃和最低温度低于－3℃时，一般不得浇筑混凝土；如要浇筑混凝土，应按冬期施工处理。

(2) 进行冬期施工前，必须向施工监理提交详细的有关混凝土浇筑及养护的施工方案，保证混凝土在浇筑后头 7d 温度不低于 10℃。

(3) 浇筑混凝土前，应清除模板内和钢筋上粘附的冰块、雪，做好防风、保温措施。

(4) 配制混凝土时，宜优先选用硅酸盐水泥或普通硅酸盐水泥，水泥强度等级不低于 42.5 级，水灰比不应大于 0.7，宜掺入早强型外加剂或引气减水剂。

(5) 混凝土浇筑完毕，必须及时进行覆盖保温。

(6) 当气温下降到＋5℃以下时，禁止进行预应力张拉工作和孔道压浆。

6.5.2 雨期的施工安排

(1) 由于本工程是跨年度工程，雨期施工难以避免，考虑到雨期对工程施工的影响，在雨期，本投标人将考虑不受气候影响或影响较小的单项工程在阴雨天气施工。

(2) 雨期施工前，首先做好防洪排水工作，如截、排水沟的设置、洼地疏水、集水带排引、汇水坑、集水井的挖设、抽水机的配备以及机械停放位置，水泥一定放入水泥库或棚内，严防受潮、水浸而变质报废。

(3) 对选择雨期施工的地段和项目进行详细的现场调查研究，据实编制实施性的雨期施工组织计划。

(4) 修建施工便道，并保持道路畅通。

(5) 修建临时排水设施，保证雨期作业的场地不被洪水淹没，并能及时排出地面水。

(6) 储备足够的工程材料和生活物资，在混凝土浇筑时，布置好雨棚和雨布。

(7) 注意气象预报，与气象单位保持必要联系，做好每日气象预报记录，以便正确合理的安排和指导施工。特别是在台风预报后，要加强工地材料收验和保护，对部分临时工程，要采取必要的加固措施。

7 各项管理及保证措施

7.1 工程质量保证体系

根据《公路桥涵施工技术规范》JTJ 041—2000、《公路工程质量评定标准》JTJ 071—94，为保证施工质量，在施工现场实行以总工程师为核心的质量管理网络。建立质量保证体系，如图 7-1 所示。

7.2 安全施工保证体系

根据《建筑安全生产监督管理规定》、《上海市工程建设地方标准强制性条文》、《中华

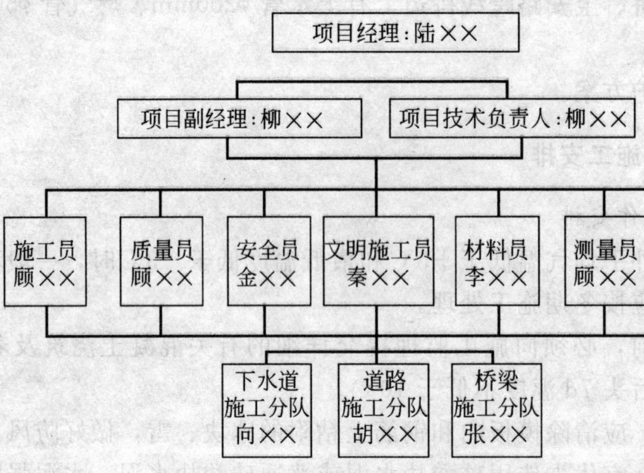

图 7-1 质量保证体系

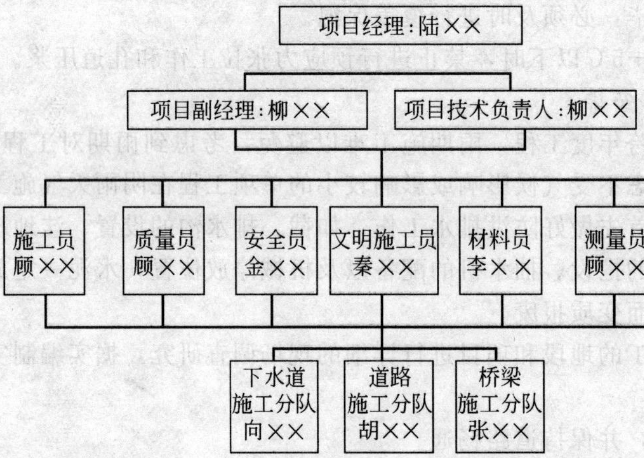

图 7-2 安全施工保证体系

人民共和国工程建设标准强制性条文》、《建筑施工安全检查标准》JGJ 59—99 中的有关规定，为了加强安全管理，确保工程顺利进行，建立安全保证体系，如图 7-2 所示。

7.3 安全施工措施

（1）加强对工程施工的安全管理工作，遵守标书、合同和政府有关安全生产的规章制度，施工负责人对本单位的安全工作负责，要做到有针对性的详细安全交底，提出明确安全要求，并认真监督检查。对违反安全规定冒险蛮干的要勒令停工，严格执行安全一票否决制度。

（2）加强机械设备安全技术管理，机械设备的操作人员和起重指挥人员做到经过专门训练，并考试合格取得主管部门颁发的特殊工种操作证后方可独立操作。

（3）设备安全防护装置做到可靠有效，起重机械严格执行“十不吊”规定和安全操作规程。所有起吊索具确保满足六倍以上安全系数，捆绑钢丝绳确保满足十倍以上安全系数。禁止在 6 级以上大风、暴雨、雷、电、大雾恶劣天气下从事吊装作业。

（4）施工现场有健全电气安全管理责任制度和严格的安全规程。电力线路和设备的选型需按国家标准限定安全载流量，所有电气设备的金属外壳做到具备良好的接地或接零保护，所有的临时电源和移动电具要设置有效的漏电保护装置，做到经常对现场的电气线路、设备进行安全检查，对电气绝缘、接电零电阻和漏电保护器是否完好，指定专人定期测试。

(5) 施工现场应设置安全警示牌，进入施工现场须戴好安全帽，上、下沟槽有扶梯，过沟槽设有扶栏的走道板。

(6) 建立安全检查制度，项目部专职安全员负责对现场施工人员进行安全生产教育和对安全制度的学习，组织定期安全检查，发现问题及时整改，执行按季评比，增强全体职工安全意识和自我保护观念。

(7) 在采用履带式起重机和桩机施工时，必须夯实行走道路，必要时必须铺设路基箱板，确保机械工作可靠，安全施工。

(8) 本工程部分预制梁架设采用架桥机施工，在预制梁架设安装和架桥机纵向、横向移动的过程中，必须做好一切准备工作，要求一次到位，中途不得停顿。在遇到在有上下纵坡的线路架梁时，对架桥机纵向移位时要采取防止滑行措施。架桥机拼装后一定要进行试吊，保证各部分构件、设备运行可靠。架桥机安装作业时，每安装一孔必须进行一次全面安全检查，严禁带故障工作。

(9) 针对本工程特点，施工外部和内部环境以及业主的有关要求，制定各工序具体的安全技术交底，并履行签字手续，下达作业计划的同时下达安全防护要求。

(10) 在施工区域和生活区域及道路上设置照明系统，保证夜间照明和生活用电。

(11) 现场施工的坑、洞、危险处，设防护设施和明显的警示标志，不准任意移动。

(12) 在台风季节，现场的临时设施如脚手架、临建、库房均需有抗风能力。施工现场，对高空作业安设防护栏。

(13) 施工区域内按有关规定建立消防责任制，按照有关防火要求布置临设，配备足够数量的消防器材，并设立明显的防火标志。

(14) 雨期要认真进行防洪涝、防淤积的安全检查。

(15) 加强工地临时施工便道的保养工作，教育司机遵守交通规则，文明驾驶，并加强车辆的维修保养工作。

7.4 文明施工措施

工程文明施工的好坏直接影响到我们施工企业的信誉和形象，为了搞好本工程的文明施工，维护城市环境卫生，严格执行下述施工措施。

(1) 本工程项目经理对工程的文明施工负责，并设立以项目经理为主的文明施工网络、管理网络。

(2) 施工过程中严格遵循“两通三无五必须”的原则，并定期组织巡回检查。夜间不得使用噪声较大的机具设备（大于 55dB）。施工沿线采用玻璃钢瓦围蔽，围墙统一采用砖砌墙，高度大于 2m，并放压顶，以降低施工对周围的干扰与影响。

生活区与施工区应该分明，生活区整齐划一，室内外、食堂和宿舍干净整洁，施工区建材、机具设备堆放整齐，有条不紊。

(3) 生活区现场执行硬地化，在施工区力求保护施工现场的平坦，有利于施工现场物资和构件的驳运，也方便施工人员安全作业。

在承包区域内的通道，指派专职班组打扫落实养护管理措施，保证道路处于平整、畅通、无坑塘积水等良好状况。

在施工中做好排水，严禁将施工水排到道路上。在汛期或遇暴雨时，应积极配合，做好防汛排水工作。

(4) 实行挂牌施工，接受群众监督，主动与兄弟施工单位搞好协调，加强联系，以便工程顺利开展。

(5) 做好地下管线的保护工作，主动请有关单位到施工现场监护指导，对公用管线做到施工人员个个心中有数，并在有管线的地方竖立标牌，做好对新埋设的供水管、电缆管线的保护工作。

(6) 各种施工渣土及时外运，不得污染附近路面的单位、居民区，严禁排入地下排水系统。

(7) 施工现场设专职文明施工员，加强文明施工管理。每旬举行一次活动，每季定期进行评比，做好记录，收集好音像等资料归档。加强现场施工管理，每道工序做到现场落手清，加快施工进展，做到工完场清，不留尾巴。

(8) 施工现场的食堂卫生按有关卫生条例操作。食堂位置原则上应远离厕所、污水沟、垃圾等污染源 20m 以上，有合格的可供食用的清洁水源和畅通的排水设施。夏季施工应有防暑降温措施。

(9) 施工现场办公室、工人宿舍应具备良好的防潮、通风、采光性能。

(10) 施工现场设置职工厕所，厕所有简易化粪池或集粪坑，并加盖定期喷药。厕所内设置水源可供冲洗，落实每日有专人负责清洁。工地设立专用的生活垃圾桶，并每日清运。

(11) 工地大门的设置，其高度要与围墙相适应，宽度不得小于 5m，材料统一采用镀锌 2 寸水管做架。双面铁板做门并油上红丹漆，焊接要平整、坚固、耐用。加强施工沿线的夜间照明，确保出入口和道路的畅通，以及通行安全。

(12) 工地一切建筑材料和设施，设专门的堆放位置，不得堆放在围墙外，并须设置临时围栏。分类堆放整齐，散料要砌池围筑、杆料要立杆设栏、块料要起堆叠放，保证施工现场道路畅通，场容整洁。

(13) 因施工要求，夜间需延长施工时间，要经工程所在地建设行政主管部门批准，方能延长作业时间。

(14) 工地卫生是体现一个施工单位的总体精神面貌，是提高职工素养和确保工程优质、快速顺利进展的必备条件。

施工现场做好消除坑洼积水、消灭蚊蝇等工作。

(15) 工程竣工后，我们将在一个月内拆除工地围栏、安全防护设施和其他临时设施，并将工地及四周环境清理整洁，做到工完料净场地清。

7.5　消防及防卫措施

(1) 项目部设置专门治安保卫机构。

(2) 加强施工现场的治安管理，严格出入，组织夜班巡逻。

(3) 对现场的贵重物资、重要器材和大型设备，加强管理，严格把关，设置防护设施和报警设备。

(4) 广泛开展法制宣传和“四防”教育，提高广大职工群众保卫工程建设和遵纪守法的自觉性。

(5) 经常开展以防火、防爆、防盗为中心的安全大检查，发现问题及时整改。

(6) 严格执行有关防火规定，脚手架层层配备灭火机，危险品仓库、生活区内按配备各种消防器材，并定期检查。

(7) 严格执行动用明火审批制度，凡动用明火时，一定要有防火监护人在场，方可动用。施工区域内严禁使用电炉，禁止乱拉电线、乱接灯头。木工间严禁吸烟和燃烧刨花，当天的刨花及时清理。

(8) 加强队伍管理，专人负责对外包队伍（民工）进行法制、规章制度、消防知识教育，对参加施工的民工进行细致审查，登记造册，早报临时户口，发工作证方可上岗作业。

7.6 施工期间防汛措施

(1) 项目部设防汛领导小组，全面负责防汛工作。

(2) 配备草袋、水泵、电筒、铁锹等各种防汛器材，由专人管理。

(3) 夜间派人值班，注意收听天气预报；遇有暴雨天气时，加强值班，做好应急措施。

(4) 经常检查明沟和原有排水管道并及时疏通，确保汛期施工排水和沿线居民、单位的排水畅通。

7.7 航道配合措施

(1) 本工程河道为通航河道，所以需做好航道配合措施。

(2) 工程开工前通过报刊及交通信息发布航行通告。工程开工前，召开大型施工安全与航道安全配合会，要求将施工情况及配合要求安民告示，并要求港监部门对该水域减少航流量，尽量改道航行。

(3) 施工期间，要求港航监督在该水域上下游设立水上纠察亭，监视航船减速循规安全航径施工水域；同时，派遣水上巡逻艇加强警力，确保航行与施工安全。

(4) 在以后施工一直保证航运与施工的相互联系。

(5) 工程期间，组建施工与航运安全领导协调小组处理各种事务。

(6) 为了尽量使航船明确施工情况，在桩机施工期间设立明显的标志牌，打桩时间尽量安排在白天。

(7) 为了最大限制减少航运对打桩的影响，船务处用港监纠察船为工程24h服务，纠察船及时发现和处理河中发生的一切事务，并用对讲机和工地负责人随时联系。

(8) 为保证航道不受架梁影响，本工程跨河桥梁架梁全部架桥机和架梁。

7.8 环境保护措施

随着人民生活水平的日益提高，环保工作的地位越来越重要。根据本工程特点，努力做好环保工作。

(1) 利用每周的安全学习后的时间，增加环保条例、知识的宣传，提高全体员工的环保意识。

(2) 在填筑二灰土上路床过程中，要注意施工便道的及时洒水，防止在干燥天气灰尘飞扬，影响农作物和周围的居民生活。

(3) 多雨季节时，要及时做好石灰土路基的排水工作，以防止石灰土的流失。

(4) 要加强对施工现场管理，经常清理施工现场，做到材料堆放整齐，机械设备停放、排列有次序，防止野蛮施工，做到文明施工，使整个施工现场文明、整洁。

(5) 加强现场施工人员教育，施工过程中，必须与当地群众搞好关系，不准动用当地群众的一草一木，为完成本标段建设任务做出努力。

(6) 施工中发现有文物、古墓葬、古生物化石以及矿藏露头等，应立即停工，及时向当地政府及文物管理部门报告，并采取相应措施加以保护，待文物管理部门做出处理后，方能继续施工。

(7) 生产、生活区等产生的所有生活垃圾，集运至当地环保部门指定的地点堆放，不得倒入江河、水塘等水域内，避免污染水体，淤积河流、水道或排水系统。

(8) 施工使用的打夯机、破碎机、空压机、风镐、搅拌机、电锯、压路机等高噪声和高振动的施工机械，尽量避免夜间在居住区和敏感区施工作业，并采取消声、防振措施，使噪声和振动达到环境保护标准。

(9) 路基的开挖地段，应选择对地形、地貌和植物影响最小的施工方法。边坡挖成后，应及时做好防护工程，防止水土流失，减少生态环境的破坏。

(10) 路堑和高路堤边坡以及筑路开挖形成的裸露土地，应及时种植花草树木，岩质边坡可栽植蔓生植物。

一、路基填筑施工工艺框图

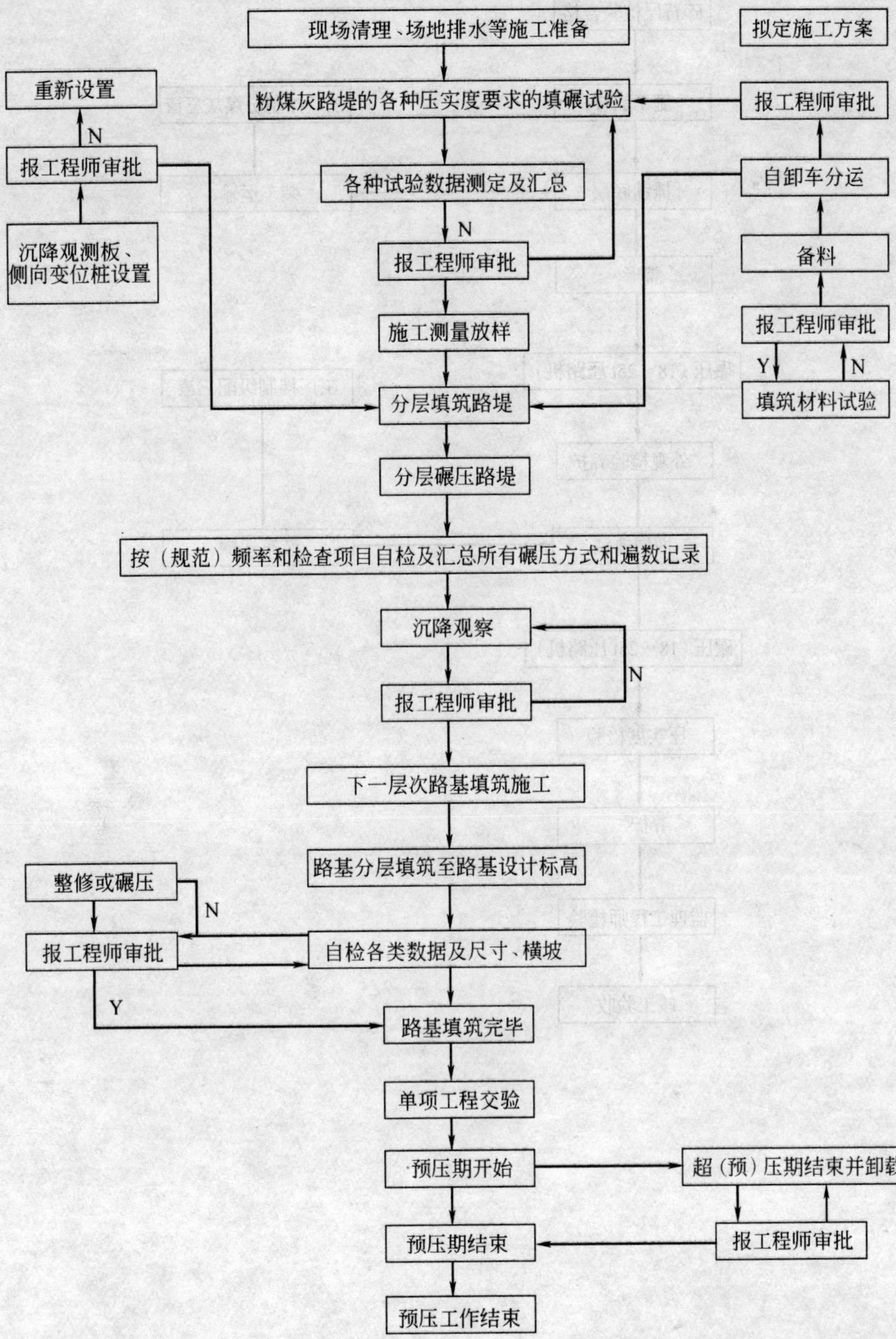

二、粉煤灰三碴基层施工工艺框图

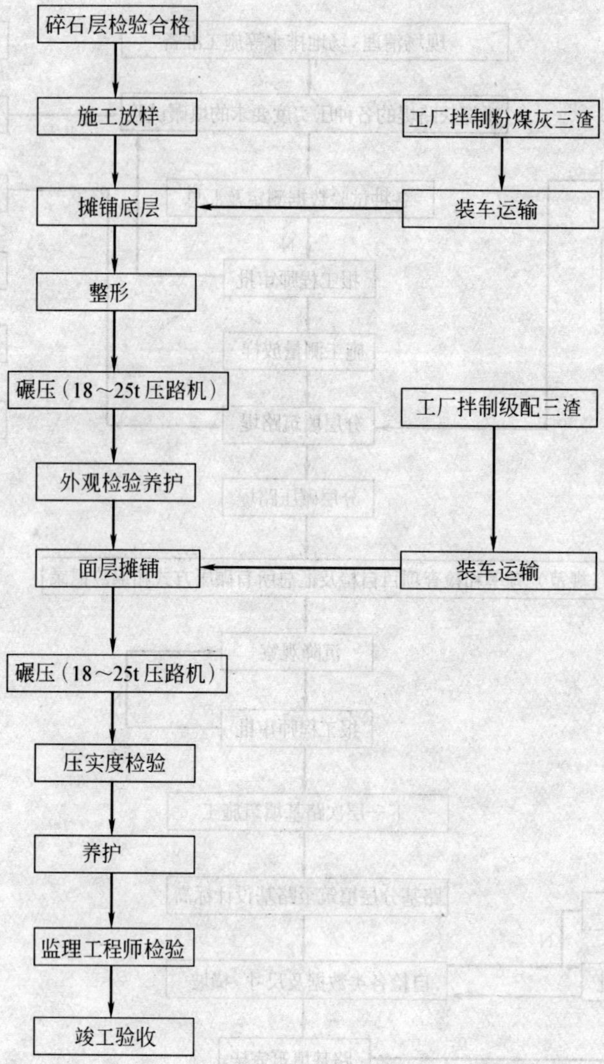

三、先张法预应力空心板梁预制工艺框图

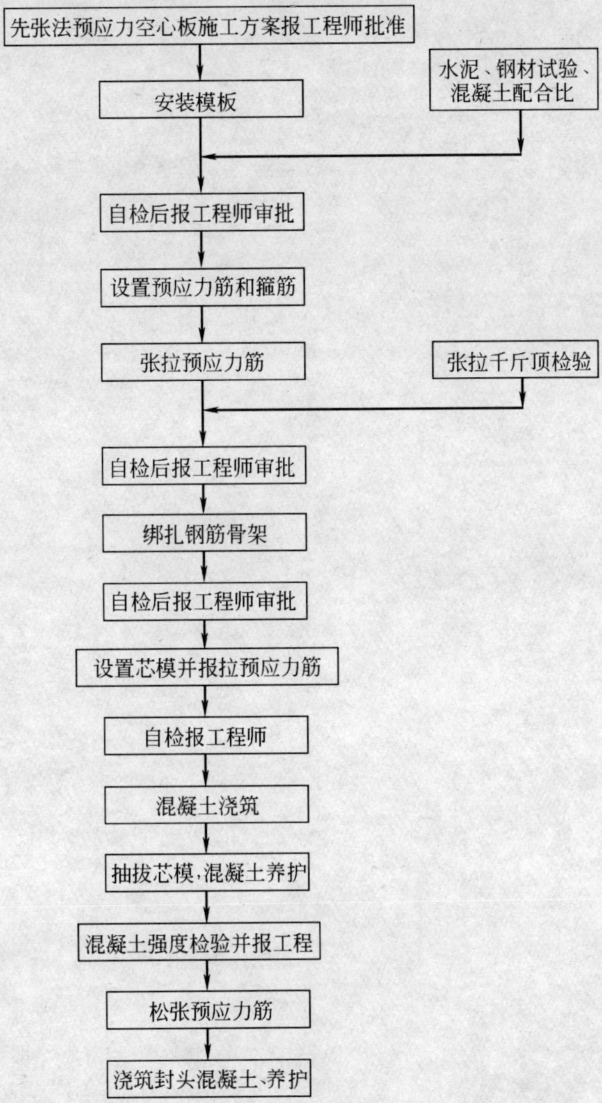

分项工程生产率和施工周期表

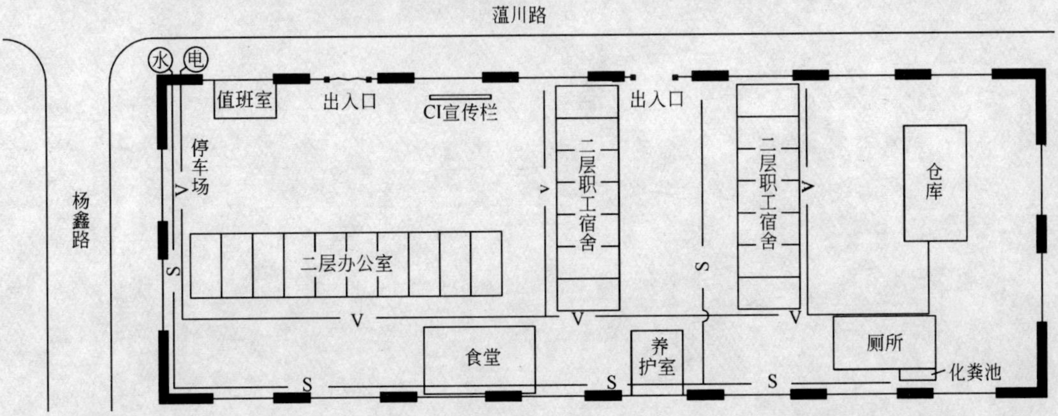

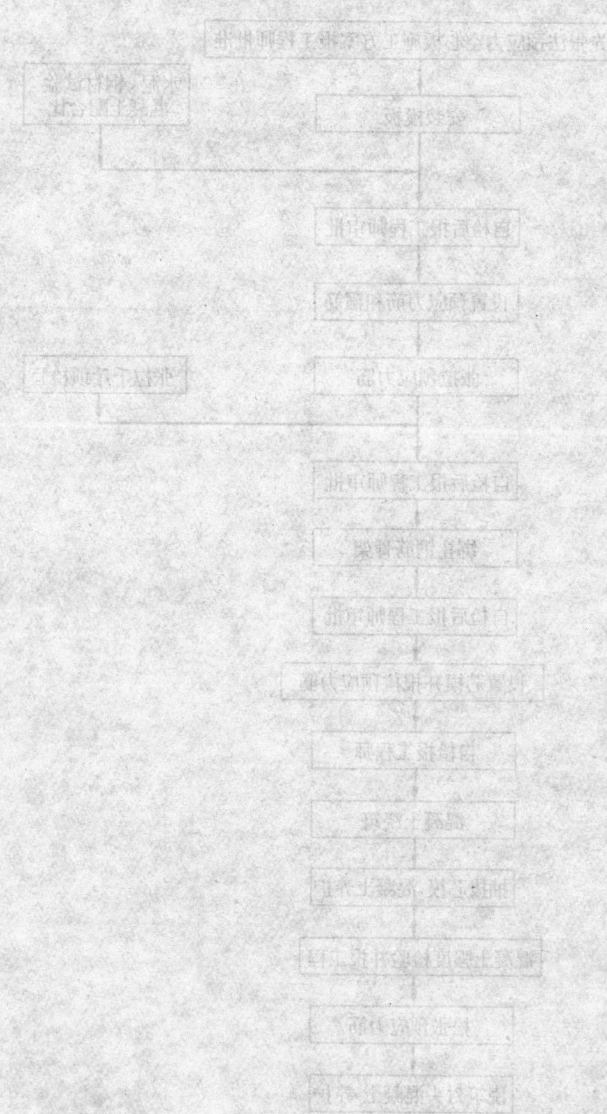

第十八篇

天津市快速路项目北横线志成道段施工组织设计

编制单位：中建六局土木工程公司
编 制 人：王建鹏　林立光
审 核 人：徐士林

［简介］ 本工程为天津市北衡、东纵快速道路市政道路立交桥。工程范围大，工程量大。在市政工程施工中，合理组织施工总平面，在施工组的划分、劳动力准备、施工机械准备及施工测量放线、桥梁工程、道路工程、管线工程方面采用新技术、新工艺确保工程质量及安全，具有借鉴的参考作用。

目 录

本工程范围包括：志成道、志成道立交，其东西向为快速系统北横的一部分，南北向为快速系统东纵一部分。东西向起点为北横子牙河大桥终点处，终点接外环线，全长4727.352m；志成道立交南北向起点为东纵北宁公园段，终点接东纵铁东路高架桥，全长1060m。志成道包括路面道路及志成道立交东西向1782.52m的高架段及上下高架的引路，志成道立交南北向为从东纵延伸的高架段及跨越新开河后降至地面的引路。

主要施工技术有：旋挖机灌注桩施工工艺，支架法现浇预应力箱梁，跨铁路部分大吨位架桥机预制梁架设。新开河段围堤式围堰，深基坑轻型沉井施工，过城市主干道（南口路）排水管线采用顶管埋设，由于施工地段居民较多，组织管理难点在于拆迁切改和地方协调。施工战线长，管理力量投入大，周转材用量多，给管理造成一定难度。因此，必须精心组织、科学管理、合理利用地方优势和自身资源，才能管理好项目，使项目的三大目标得以实现。

1　工程概况

1.1　工程建设概况

（1）工程名称：天津市快速路项目（八合同）北横线志成道段

（2）合同编号：八合同（志成道立交桥）

（3）工程地点：天津市北辰区志成道段

（4）建设单位：天津滨海发展有限公司

（5）设计单位：大连市市政工程设计研究院

（6）监理单位：天津市华盾工程监理咨询有限公司

（7）施工单位：中国建筑第六工程局

1.2　工程设计概况

（1）设计车速：志成道、东纵设计车速快速环内为60km/h；辅路堤外设计车速为40km/h，堤内设计车速为20km/h；立交匝道、高架路上下匝道为30km/h。

（2）设计断面：志成道红线宽80m，双向八个机动车道；东纵红线宽27.5m，双向六个机动车道。

（3）荷载标准：桥梁，城-A级；道路，BZZ-100。

（4）地震基本烈度：7度；重要性修正系数1.3。

（5）车道宽度：

志成道：车道数8车道，单向3条3.50m宽车道，一条3.75m宽车道。

东纵：桥梁车道数6车道，单向2条3.50m宽车道，一条3.75m宽车道。

（6）机动车道：立交各层间4.5m；辅道≥3.0m。铁路≥7.2m。

1.3　主要结构形式

1.3.1　道路横断面

（1）志成道

地面范围标准断面为：3m（人行道）＋18m（辅道）＋25m（绿化带）＋15.25m（机动车道）＋3.5m（中央分隔带）＋15.25m（机动车道）；断面总宽为 80m，另在南侧预留 5m（设施带），机动车道采用双向八车道。

高架桥范围桥梁断面采用双向六车道，断面为：12.75m（上行桥）＋3.5m（分隔带）＋12.75m（下行桥），局部根据需要进行加宽。

（2）东纵

桥梁断面采用双向六车道，断面为：12.75m（上行桥）＋2.0m（分隔带）＋12.75m（下行桥），局部根据需要进行加宽。

（3）匝道

D、E、G、H、I、J 匝道采用单车道，总宽 8m；上下坡道 O、P、N 线也采用单车道，总宽 8m；单向单车道断面见图 1-1。F 匝道与 G、H 匝道交织段采用三车道，总宽 12m。

（4）路基、路面

1）路基

本工程地处Ⅱ4 区，沿线土质为低液限黏土或高液限黏土，地下水位较低，含水量较高，路基土质多处于潮湿、过湿状态。加之现状管线较多，埋深一般在 0.5～1.5m 左右，管线迁改时，必然过多扰动原状土基，而现状土基处于潮湿、过湿状态，路槽以下土质密实度较小，重建路面结构时，路槽以下必须进行处理，原则上路槽以下 60cm 采用戗灰处理，使土基回弹模量≥30MPa，同时需考虑新旧路基强度的不同，采用不同的石灰剂量，使新旧路基强度一致（局部软弱地段采用碴石处理），同时在新旧路基处铺设上工格栅，避免路面因路基强度不均产生开裂。

桥梁引道填土高度控制在 3.5～7.0m，两侧均采用钢筋混凝土挡土墙，桥头 25m 范围采用高压旋喷桩处理，处理深度 15m。

2）普通路面结构形式

上面层为 4cm 细粒式沥青混凝土面层（改性沥青），石料选用玄武岩，沥青为重交通道路沥青 AH-90，级配为 AC-25Ⅰ型。

下面层为 8cm 粗粒式沥青混凝土，重交通道路沥青 AH-90，级配为 AC-25Ⅰ型。

基层采用 18cm 水泥稳定级配碎石（5%）＋18cm 二灰碎石（8%：12%：80%）。

底基层采用 18cm 石灰粉煤灰土（12%：40%：48%）。路面总厚度 66cm。

3）匝道路面结构

4cm 细粒式沥青混凝土面层＋8cm 粗粒式沥青混凝土＋18cm 水泥稳定级配碎石（5%）＋18cm 二灰碎石（8%：12%：80%）＋15cm 石灰土（12%），路面总厚 63cm。

4）地道路面结构

20cm 钢纤维水泥混凝土面层＋18cm 水泥稳定级配碎石（5%）＋15cm 二灰碎石（8%：12%：80%）＋15cm 石灰土（12%），路面总厚 68cm。

5）人行道路面结构

6cm 彩色花砖＋2cm 石灰砂浆（1：3）＋15cm 石灰粉煤灰土（12：40：48）＋15cm 石灰土（12%），总厚度 38cm。

1.3.2 桥梁横断面布置

（1）A 线桥梁：双向六车道标准，采用上下行桥分开布置形式，标准断面横断面布置为 0.5m(防撞栏杆)＋11.75m(行车道)＋0.5m(防撞栏杆)＋3.5m(分隔带)＋0.5m(防撞栏杆)＋11.75m(车行道)＋0.5m(防撞栏杆)，断面全宽 28m。

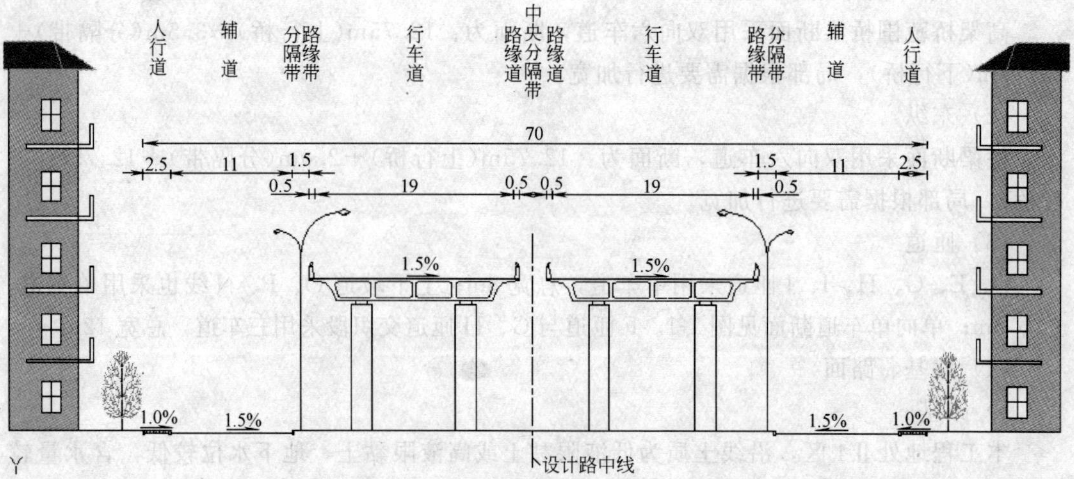

(2) B、C 线桥梁：为东纵上下行两幅桥梁，间距为 2.0m，每幅桥梁按三车道标准布置，标准断面横断面布置为 0.5m(防撞栏杆)＋11.75m(车行道)＋0.5m(防撞栏杆)，断面全宽 12.75m。

(3) D、E、G、H、I、J、M、N 线桥梁：采用单车道标准，标准断面横断面布置为 0.5m(防撞栏杆)＋7.0m(车行道)＋0.5m(防撞栏杆)，断面全宽 8.0m。

(4) F 线桥梁：交织段采用三车道标准，标准断面横断面布置为 0.5m(防撞栏杆)＋11.0m(车行道)＋0.5m(防撞栏杆)，断面全宽 12.0m。

A、B、C 线桥梁：A、B、C 线桥梁单幅标准断面宽度为 12.75m，上部结构采用单箱双室截面形式，考虑景观要求和立交整体协调一致，除跨越辅道位置（跨径为 48m）梁高为 2.2m、跨越中环线位置（跨径 50m）梁高采用 2.0m 外，其余位置均采用 1.4m，悬臂采用 2.0m，斜腹板采用 0.4m。箱梁顶板厚度采用 0.2m，底板厚度采用 0.18m。预应力混凝土连续箱梁跨中腹板厚度采用 0.4m，支点位置厚度 0.6m。变宽段箱梁同样采用单箱多室截面，腹板、顶、底板厚度同样标准断面。

D、E、G、H、I、J、M、N 线桥梁宽度均为 8.0m，上部结构均采用单箱单室截面形式，考虑景观要求和立交整体协调一致，除 J 线跨越盐坨桥梁高采用 1.0m 外，其他位置箱梁高均采用 1.1m；悬臂采用 2.0m，斜腹板采用 0.4m。箱梁顶板厚度采用 0.2m，底板厚度采用 0.18m。预应力混凝土连续箱梁跨中腹板厚度采用 0.4m，支点位置厚度 0.6m；普通钢筋混凝土连续箱梁跨中腹板厚度采用 0.3m，支点位置厚度 0.5m。

1.4　地理位置及施工环境

志成道与京山铁路及津浦铁路相交，津浦铁路及京山铁路为国铁Ⅰ级正线（复线），现状分别设有一平交道口及地道穿越。与该范围相交的规划道路主要有：育婴路、南口路、乐康道、铁东路、虹光路、华光路、曙光路、均富路、宜兴路（津围路）、宏园路及外环线。

1.5 工程自然条件

本地区位于北纬 39°12′，东经 117°12′。地处华北平原的东部，北依燕山，东临渤海，是首都北京的门户，也是华北地区的交通枢纽，内外贸易的集散地。

本地区属暖温带半湿润大陆季风气候，气候特点是四季分明，春季干旱多风，夏季炎热多雨，秋季晴朗气爽，冬季寒冷干燥，全年以冬季最长。

全年平均气温为 13.1℃，全年最冷为 1 月份，月平均气温为－3.9～5.7℃；夏季最热为 7 月份，平均气温为 25.6～26.4℃，最热时达 39.6℃。

年平均降雨量为 500～700mm，四季降水分布很不均匀，夏季降水量最多，集中 7、8 月份，平均降雨量为 390mm，占全年降雨量的 65%。全年月平均风速 3.3m/s，最大风速为 33m/s。

从地质报告可知，该段道路原状表层土主要为杂填土，层厚 0.5～2.5m 之间；下层为黏土、粉质黏土，局部为素填土，层厚 1.5～5.5m，属中压缩性或高压缩性；再下层为黏土和粉质黏土，属中压缩性或高压缩性土，该土层厚 3.5～7.5m 不等。

1.6 工程地质情况

拟建场地地层情况为：以建筑垃圾为主，厚 2.10m 左右，以下为黏土有细砂夹层。

1.7 主要工程量

（1）道路工程主要工程数量（表 1-1）

道路工程主要工程量　　表 1-1

类别	工程项目										
	土方 (m^3)	破旧路 (m^2)	人行道 (m^2)	机动车道 (m^2)	地道路面 (m^2)	匝道面积 (m^2)	侧石 (m)	缘石 (m)	平石 (m)	挡土墙 (m)	搅拌桩 (m)
主线	689078	33091		109712		5260	21463	6775	4985	1615	19125
辅道			13802	81158	7210					883	

（2）桥梁工程主要工程量

桥梁面积共 106317m^2，其中预应力混凝土连续梁结构面积 99817m^2，普通混凝土连续梁结构面积 1298m^2，预制梁结构面积 5202m^2。钻孔桩 1352 根 69200m，墩柱 358 根。钢筋 17480t，混凝土 172700m^3，钢材 3000t。

2 施工总体部署

2.1 施工总体目标

2.1.1 质量目标

（1）施工总体质量目标：鲁班奖。

（2）单位工程优良率≥95%；主要分项、分部工程优良率 100%；混凝土强度合格率

100%；钻孔桩质量：100%达到Ⅱ类桩以上标准，90%以上达到Ⅰ类桩标准。隐蔽工程检查验收一次合格率100%。混凝土表面平整密实，色泽一致，棱角分明。

2.1.2 工期目标

根据合同要求，确定本项目的工期目标为：

计划开工日期：2003年11月30日。

计划竣工日期：2005年6月30日。

计划工期：577天。

2.1.3 安全目标

（1）杜绝死亡事故、重伤和职业病的发生。

（2）杜绝火灾、爆炸和重大机械事故的发生。

（3）轻伤事故发生率控制在3‰之内。

（4）创建文明安全工地。

2.1.4 环境保护目标

（1）施工噪声达标：桩基工程施工噪声≤85dB。结构工程施工噪声≤70dB（白昼），≤55dB（夜间）。

（2）施工现场扬尘：减少粉尘排放，水泥等易飞扬材料入库率100%。

（3）施工污水排放：符合《污水综合排放标准》GB 8978—1996的规定。

（4）施工废弃物的处理：建筑垃圾和废弃物实行分类管理，可回收废物及时回收。

（5）杜绝材料运输时的灰土遗撒。

2.2 施工组织机构

我公司对本工程的重要性认识深刻，组建了一个强有力的现场项目经理部。选派具有国家一级项目经理资质、管理能力强、并主持过城市路桥施工，具有丰富施工管理经验的人员担任项目经理，抽调我单位具有丰富施工经验的熟练队伍承担施工。拟设立项目经理1名、项目副经理2名、项目总工1名、合约商务经理1名。下设六个职能管理部门：综合管理部、物资部、技术质量部、安保外联部、合约估算部；现场设三个施工工区，每个工区分别配备各自的专业施工队伍。组织机构框图详见图2-1。

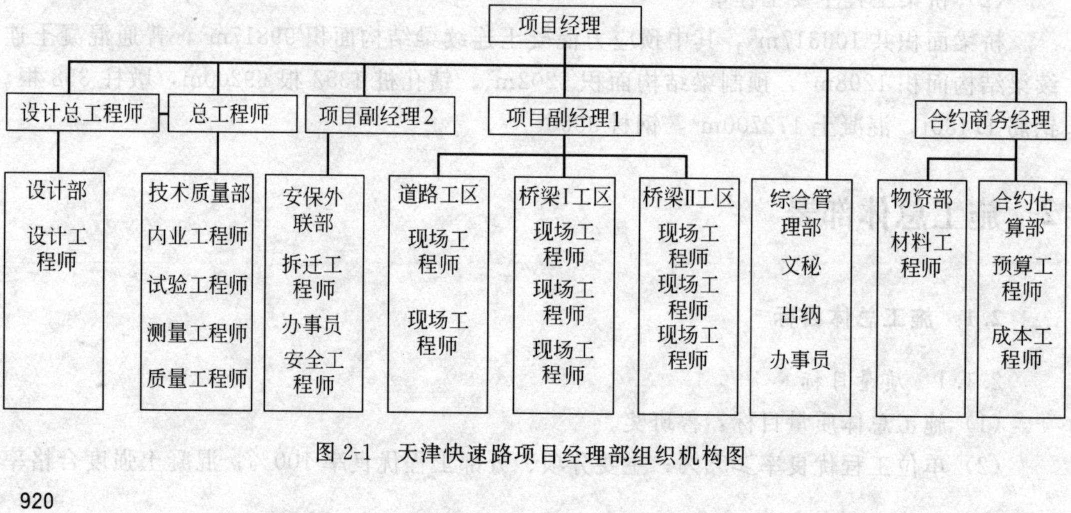

图2-1 天津快速路项目经理部组织机构图

2.3 施工作业面划分

根据本工程的特点和工程量，将整体工程分为排水管线、路基、路面、上部构造、下部构造、照明等6部分，其中管线安装由两个队负责施工、路基由一个队负责施工、路面由一个队负责施工、桥梁基础由两个队负责施工、桥梁主体由四个队负责施工、照明由一个队负责施工。各队的具体划分及主要工作内容如下：

(1) 桥梁分为两个施工队，施工一队负责A线上、下行A0—A30段及M线、N线；施工二队负责A线上、下行A30—A61段；施工三队负责B0-B8 (C0-C18) 段及E线、G线、I线、F线；施工四队负责B19-B31 (C19-C30) 段D线、H线、J线。

(2) 排水管线安装分两个队施工，施工一队负责盐驼桥以西的所有管线，施工二队负责盐驼桥以东的所有管线。工作内容包括：基坑开挖支护、垫层、制管、安管、稳管、回填等。

(3) 道路工区分三个施工队：

1) AK0＋000—AK0＋481；K0＋000—K1＋800

2) AK2＋262—AK3＋490；K1＋800—K3＋525

3) AK3＋490—AK4＋742.23；K3＋525—K4＋755.32

(4) 路面由一个施工队负责，工作内容包括：路面底基层、路面基层、路面面层的回填、压实。

(5) 照明由一个队负责施工，工作内容包括：管线预埋、穿线、灯架安装、配电室安装等。

2.4 施工现场准备及主要施工机械设备

进一步复查和了解施工现场的地形、地物、水源、电源、材料运输路线、通信联络以及城镇建设规划、农田水利设施、环境保护等有关情况，进行现场规划，按照施工总平面图搭设工棚、仓库、加工厂和驻地建设；安装供水管线、架设供电和通信线路；修筑进出现场的临时道路和设置施工围挡等。

2.4.1 材料准备

对施工中需要的商品混凝土、木材、钢材等主要外购材料，在保证材料品质的前提下，本着就地取材的原则，广泛调查厂商、价格、运输道路、费用等，做好技术经济比较，择优选用；同时，根据使用计划组织进场，力争节省投资。

2.4.2 技术准备

熟悉图纸资料和有关文件。

全面熟悉施工图纸、资料和有关文件，参加业主工程主管部门或建设单位组织的设计交底和图纸会审，并做好记录。

(1) 设计图纸是施工的依据，施工单位和全体施工人员必须按图施工，未经业主和监理工程师同意，施工单位和施工人员无权修改设计图纸，更不能没有设计图纸就擅自施工。

(2) 组织有关人员对施工图纸和资料进行学习和自审，做到心中有数，如有疑问或发现差错应在设计交底和图纸会审中提出，请上级给予解答。

(3) 设计交底和图纸会审中，着重要解决以下几个问题：

1) 设计依据与施工现场的实际情况是否一致。

2) 设计中所提出的工程材料、施工工艺的特殊要求，施工单位能否实现和解决。

3) 设计能否满足工程质量及安全要求，是否符合国家和有关规范、标准。

4) 车站段高架桥与区间高架桥衔接高程、尺寸、结构设计是否合理。

根据设计文件、现场条件，各分项工程的施工程序及相互关系，工期要求以及有关定额等编制施工组织设计。合理安排施工总平面图的布局。

(4) 导线点交接及复测

会同设计、监理单位进行导线及控制桩交接，导线点及控制桩复测后将复测成果上报监理工程师。复核无误后据以布设平面控制网，加密水准控制网。控制网按《工程测量规范》要求施测，并将“控制网测量成果书”报监理，经签认后据以完成施工测设工作。

(5) 试验室与标养室建设

选择合理的位置建立标准养护室，本合同段拟建标养间2间，在施工准备期内完成试验室所有设备的采购、安装、就位、鉴定，并通过业主和监理工程师的认证，确保大面积工程开工后的正常使用。

(6) 技术交底

根据设计文件和施工组织设计，分三级做好技术交底工作，先由总工程师负责向有关工区领导、技术干部及职能部门有关人员交底；工区向主要施工负责人员交底；最后由工程负责人向参加施工的班组长和作业人员交底，并认真讨论贯彻落实。做好交底记录。

(7) 技术保障

对于施工过程中出现的难度大、技术要求高以及首次采用的新技术、新工艺、新材料和工程中出现的重大质量问题，项目将请示公司总部，请求技术支持，必要时可以动用社会权威专家到现场解决问题。

(8) 技术支持

购置办公自动化设备，并配置工程所需的相关计算机应用软件，对有关人员进行培训。

2.4.3　施工机械设备配备

根据本工程规模、特点和工期要求，按施工进度制定本工程的主要机械设备清单如表2-1，主要施工机械配置说明如下：

(1) 灌注桩施工机械：配置旋挖钻机10台，每台钻机配套泥浆泵一台；配套钢筋加工设备40套，运输废浆用泥浆车4台，吊车8台，挖土机2台用于开挖、清理泥浆池。

(2) 桥梁下部结构施工机械：基坑开挖用挖土机6台，装载机6台，吊车6台，钢筋加工设备24套，振捣棒18只，土方车12台，打桩机1台。

(3) 桥梁上部结构现浇箱梁：汽车吊3台，钢筋加工设备30套，振捣棒30只。预应力张拉设备16套，钢绞线切割机3台，压浆机6台，钢绞线穿束机3台，挤压机2台，汽车泵2台。

(4) 管道安装：挖土机2台，打桩机2台，装载机2台。

(5) 路基施工：挖土机12台、推土机6台、装载机4台、平地机2台、压路机6台、自卸汽车40辆，洒水车2台。

机械设备配置及进场时间表 **表 2-1**

序号	机械名称	机械型号	产地	单位	数量	进场时间
1	汽车起重机	QLY-25	徐州	台	4	2003.12
2	履带起重机	W1001	抚顺	台	4	2004.3
3	汽车起重机	QY-16	徐州	台	6	2004.3
4	汽车起重机	QLY-40	徐州	台	2	2004.5
5	履带起重机	KH180	日立	台	4	2004.9
6	发电机	120KW		台	2	2003.12
7	打桩机	70P	日立	台	3	2004.3
8	装载机	ZL50	厦门	台	8	2004.2
9	装载机	ZL-50	厦门	台	4	2004.5
10	稳定土拌合机	MWBZ200	廊坊	台	1	2004.10
11	架桥机	GT40/130	德国	台	1	2004.12
12	挖土机	EX-300	日立	台	9	2004.5
13	推土机	山推 180	山东	台	4	2004.5
14	平地机	PY-180	天津	台	2	2004.6
15	振动压路机	YZ-15	徐州	台	2	2004.5
16	振动压路机	YZ-25	徐州	台	2	2004.5
17	光轮压路机	BM202AD-2	济南	台	3	2004.6
18	轮胎压路机	英格索兰 175D	英国	台	2	2005.5
19	摊铺机	德国 ABG423	陕西	台	2	2005.5
20	沥青洒布机	FD5060GLD	陕西	台	2	2005.5
21	旋挖钻机	BSP335	德国	台	1	2003.12
22	旋挖钻机	BG18		台	2	2004.1
23	旋挖钻机	E180	意大利	台	2	2004.1
24	泥浆泵	3PN	郑州	台	10	2003.12
25	泥浆车	$10m^3$	长春	台	4	2003.12
26	土方车	$8m^3$	长春	台	8	2004.3
27	土方车	$10m^3$	长春	台	20	2004.5
28	土方车	$10m^3$	长春	台	12	2004.3
29	洒水车	$5m^3$	长春	台	2	2004.6
30	钢筋切断机	GQ40-B		台	6	2003.12
31	钢筋弯曲机	GW40B		台	8	2003.12
32	钢筋调直机	GT4×8		台	4	2003.12
33	钢筋对焊机	UN1-100		台	8	2003.12
34	交流电焊机	BX1-300-400		台	40	2003.12
35	直螺纹套丝机	ZJ4-D5		台	8	2004.2
36	慢速卷扬机	JJK-3		台	8	2003.12

续表

序号	机械名称	机械型号	产地	单位	数量	进场时间
37	电锯	MJ105		台	6	2004.3
38	电刨	MB104		台	6	2004.4
39	插入式振捣棒	Z150		只	60	2004.3
40	插入式振捣棒	H26X-30		只	12	2004.2
41	平板振捣器	1.5kW		个	10	2004.5
42	平板式振捣器	PZ-50		个	12	2004.2
43	潜水泵	QS25×40		台	20	2003.12
44	蛙式夯	WH-201		台	8	2004.3
45	空压机	VYS17		台	6	2004.3
46	空压机	YV-3/8		台	4	2004.2
47	风镐	4PS		台	20	2004.3
48	张拉设备	YCW-250	柳州	套	16	2004.4

（6）路面施工：平地机 2 台、压路机 6 台、自卸汽车 40 辆、沥青摊铺机 2 台。

（7）其他机械：备用两台 120kW 的发电机，以备突然停电之用；钢梁吊装用两台 100t 履带吊车；桩头凿除配备空压机接风镐；小面积的压实采用蛙式夯等。其他清单中未考虑的设备，我方根据工程需要随时进行调整，准备进场。

2.4.4　主要检测设备配备

本工程的主要试验内容为混凝土抗压试验、钢筋的物理力学性能试验及路基压实度检测设备，因此考虑试验仪器的配置主要是以上述的试验内容为主，所有的试验设备在工程开工后即进场，并在施工准备期安装调试完毕，通过业主和监理的验收，具备试验能力。本合同段内临时试验室不能承担的试验项目，委托当地具有试验资质的试验检测机构完成。试验设备配置清单见表 2-2，所有试验设备的使用时间：2003.12～2006.6。

配备本合同的主要试验、测量、质检仪器清单　　表 2-2

序号	仪器设备名称	规格型号	单位	数量	备　注
试　验　设　备					
1	万能试验机	WE-300A	台	1	钢筋试验
2	压力试验机	NYL-20000D	台	1	混凝土抗压强度试验
3	混凝土标准养护室	$40m^2$	套	1	混凝土试块养护
4	标准砂石筛	新标准	套	1	粒径检验
5	砂浆稠度仪	S×145 型	台	1	砂浆试验
6	胶砂搅拌机	NRJ-411A	台	1	砂浆试验
7	净浆搅拌机	NJ160A	台	1	砂浆试验
8	胶砂振动台	GZ-85	台	1	砂浆试验
9	回弹仪	HT-225A	台	1	混凝土强度检验
10	电动取芯机		台	1	混凝土、沥青取样

续表

序号	仪器设备名称	规格型号	单位	数量	备注
11	游标卡尺	0～100mm	把	2	钢筋检验
12	电热烘干箱	100×80×80	台	2	含水量试验
13	液塑限联合测定仪	TS4 型	台	1	土壤试验
14	电动击实仪	EL24-9000/01	台	1	土壤试验
15	手动击实仪	997、2177cm³	台	1	土壤试验
16	电动抗折机	DKZ-5000	台	1	水泥试件试验
17	砂石压碎值仪	YS-ISLϕ75	套	1	砂石强度检验
18	针片状规准仪		套	1	针片状含量检验
19	灌砂筒		个	10	现场压实度检验
20	灰土模		组	200	水稳材料试验
21	混凝土试模	15×15×15cm³	组	500	混凝土现场检测
22	电动脱模机	DT-15T 北京	台	1	
23	马歇尔试验仪	LQY-100D 北京	台	1	沥青混凝土试验
24	马氏成型仪	MJ-1Z 北京	台	1	沥青混凝土试验
25	分析天平	TG328A 上海	台	1	沥青混凝土试验
26	蒸馏水设备	家用蒸馏水壶	台	1	沥青混凝土试验
27	恒温水浴	HHW-21 天津	台	1	沥青混凝土试验
28	0～300℃烘箱	101-3 天津	台	1	沥青混凝土试验
29	离心式抽提议	LIF-Ⅱ天津	台	1	沥青混凝土试验
30	溶剂回收仪	HRH-2	台	1	沥青混凝土试验
测量设备					
31	全站仪	托普康	台	2	测量定位、放线
32	水准仪	自动安平	台	6	高程测量
33	经纬仪	J_6	台	2	模板垂直度控制
34	钢尺	50m	把	9	放线、长度检验
35	游标卡尺	0～100mm	把	1	钢筋直径等
检验设备					
36	靠尺	2m	把	3	混凝土外观检验
37	3m 直尺		把	2	路面平整度检测
38	路面弯沉仪	3.6m	套	1	检测路面承载能力
39	摆式仪		个	1	路面摩阻检测
40	连续式平整度仪	LXBP-2 北京	台	1	路面平整度检测
41	塞尺		把	2	路面平整度检测及混凝土平整度检验
42	水平尺	60cm	把	5	定位检验

2.4.5 劳动力安排

本工程主要施工内容为道路和桥梁，道路施工以机械为主，需投入大量的土方施工机械，施工人员以机械操作工为主，配合少量的人工；桥梁施工大部为人工作业，需投入的劳动力较多，技术工种多样，专业性较强。本工程被列为我单位的重点工程，我单位在全公司范围内抽调最好的机械和劳动力队伍进驻现场，参与施工。并组织精干的、具有丰富的城市路桥施工经验的管理班子对项目进行管理。在施工期间所有人员均挂牌持证上岗。各分项工程的人员配置如下：

1）路基施工：机械操作工 160 人，力工 40 人。

2）路面施工：机械操作工 120 人，力工 30 人。

3）桩基施工：机械操作工 70 人，钢筋工 40 人，混凝土工 10 人，起重工 20 人，力工 80 人。

4）管线安装：机械操作工 20 人，力工 100 人。

5）桥梁主体：钢筋工 480 人，木工 120 人，混凝土工 120 人，架子工 480 人。

6）桥面系：钢筋工 80 人，木工 40 人，混凝土工 60 人，架子工 20 人。

为保证劳动力充足，在农忙及特殊时期劳动力采取以下保证措施：

1）加强员工的思想政治教育，使全体员工从思想上认识到本工程的重要性和工期的紧迫性，以及现在建筑市场竞争的激烈和残酷，让员工正确处理好企业与个人之间的关系。

2）在节假日期间有计划的安排部分人员进行轮休，给员工发放慰问金和礼品，并安排好节假日的生活，让员工在施工现场既能过好一个愉快的节日，又能安心地从事施工生产。

3）农忙季节会不可避免的造成人员减少，在此之前根据季节的不同，从南方召集成建制的施工队伍，以补充人员的减少，将损失和影响降低到最小程度。

4）突发事件发生对施工的影响：在突发事件来临时，要加强对员工的防范意识教育，加强现场施工人员管理，为施工人员提供必要的安全和劳动保护措施，稳定施工人员的心理，降低劳动强度，保证人员的身心健康，为恢复生产和保证生产的正常进行创造条件。

2.5　施工总体工作安排

2.5.1　施工进度编制说明

本标段的计划工期从 2003 年 11 月 30～2005 年 6 月 30 日，总工期为 577 天。由于障碍物切改问题，工期推迟至 2006 年 6 月 30 日。根据施工工期要求，各项工程的施工任务安排如下。

（1）施工准备：

从 2003 年 11 月 30 日开始，到 2004 年 1 月 30 日完成，历时两个月。组织人员深入现场调查研究，建立项目经理部，完善办公、生活设施，组织经理部人员编制具有可操作性的施工组织设计，建立各项管理制度。测量人员抓紧测量控制点的交接，并组织复测和控制点的加密，经监理工程师认可后，即可组织桥的定位测量。机械管理人员积极组织施工设备，分期分批地进场。完成试验室建设、认证，具备试验能力。

（2）全桥桩基础共 1352 根，计划分 4 个作业区间，投入 10 台旋挖钻机、220 个施工人员根据拆迁进度情况进行施工；A 线起点段 K0＋480.796～K0＋886 段目前拆迁已经完成，桩基施工计划 2003 年 12 月 26 日开始，B、C 线 K0＋220～K0＋360 跨河段首先进行筑岛围堰，计划2004年1月5日完成，1月6日开始施工桩基，其余段落受拆迁影响，暂时不能施工。初步计划2004年2月1日起施工，全桥桩基预计2004年8月7日完成，桩基施工春节不休息，照常施工。

(3) 桥梁分为四个施工队，每个队投入400个施工人员，分八个作业面同时施工；计划在2004年3月15日，完成部分桩基，并检测完成后，开始施工承台。这样可以避开冬期施工，随后，墩柱、箱梁的施工次第展开。全桥共368根墩柱，墩柱模板采用定型钢模，每5d倒用一次，全桥计划投入18套墩柱模板；全桥共75联箱梁，投入12套模板，预计2005年5月1日完成。

(4) 排水管线安装分队投入4台挖土机、3台打桩机，240个施工人员，分4个作业面同时施工；计划2004年1月31日开始，2004年5月31日完成。

(5) 路基投入9台挖土机、4台推土机、4台装载机、2台平地机、4台压路机、40辆自卸汽车，200个施工人员；计划2004年3月18日开始，即管线安装完成500m以后，预计2004年9月2日完成。

(6) 路面投入2台平地机、6台压路机、40辆自卸汽车、2台沥青摊铺机，150个施工人员；计划2005年3月15日开始，预计2005年6月15日完成。

(7) 桥面系由两个队负责，每个队投入150个施工人员，计划2005年4月1日，预计2005年6月15日完成。

(8) 照明投入50个施工人员，计划2005年4月10日开始，2006年6月10日完成。

(9) 2006年6月16日～6月30日安排进行竣工验收。

2.5.2 施工阶段划分及阶段工期目标

按总工期目标，将本合同段的施工划分为十个阶段，每阶段的工期目标见表2-3。

各阶段工期目标　　表2-3

施工阶段划分		阶段工期目标
第一阶段	施工准备阶段	2003年11月30日～2004年1月30日
第二阶段	管线施工	2004年1月31日～2004年5月31日
第三阶段	路基施工	2004年3月18日～2005年9月2日
第四阶段	路面施工	2004年8月1日～2005年11月27日
第五阶段	桩基础完成	2003年12月26日～2005年8月7日
第六阶段	承台施工	2004年3月15日～2005年9月6日
第七阶段	墩台施工	2004年4月1日～2005年11月6日
第八阶段	现浇箱梁施工	2004年5月1日～2006年4月30日
第九阶段	桥面铺装施工	2005年4月1日～2006年3月15日
第十阶段	竣工验收	2005年6月16日～2006年6月30日

注：障碍物切改问题，现工期推迟至2006年6月30日。

2.5.3 总平面布置

(1) 施工临时道路

本工程全线在现有志成道及辅路的基础上修筑便道，施工现场东西方向可以贯通，在结构物位置修筑绕行便道，便道范围平整后采用混合料填筑，宽7m，厚30cm；进出场道路安排在路线中部中环线盐驼桥处和路线东侧外环线附近。工程所需的钢材、木材、机械设备从盐驼桥进入施工现场，路基土方等从外环线进出施工现场。

(2) 临建设施布置

1) 在立交桥附近的环宇酒店，作为项目部驻地，该临设区内主要有项目部办公室、车辆停放场。

2) 工现场采用彩色钢板围挡，全封闭施工，与现况路交叉处断开，设置出入口；每施工段设置一个施工人员和车辆进出口，并设门卫进行管理，与施工无关人员严禁进入施工现场。围挡上设红色警示灯，围挡外侧设施工标牌标语。围挡内侧悬挂安全、施工操作规程以及安全标语。

3) 施工现场设混凝土养生池及临时值班室，供管理人员休息之用。一线施工人员在施工现场内设置临时活动板房作为生活区。

(3) 用水用电

1) 施工用水主要包括混凝土养护、钻孔桩成孔、路基洒水、管线试压等，因工程沿线有新开河，可将该河水作为施工用水。

2) 施工用电可利用沿线的高压电线在全线合理设置6个400kW的变压器，利用架空电缆引至各分电箱。

2.6　工程难点分析及主要施工方法简述

2.6.1　工程难点分析

本工程桥梁要跨越铁路线、中环线、新开河，地形相对比较复杂，施工中要把上述几个部位作为重点，要考虑各方面的因素，编制详细的施工方案，本工程的几个难点部位为：①跨铁路桥梁部分；②新开河上空桥梁部分；③跨中环线（盐坨桥）部分；④深管线的基坑处理。上述部位初步施工方案如下。

2.6.2　主要施工方法简述

(1) 跨铁路桥梁部分

此段横跨京山、津浦两条铁路线，设计桥梁基础为钻孔灌注桩，上部结构为钢筋混凝土空心梁，京山、津浦铁路线是铁路主干线之一，交通比较繁忙，施工时钻孔灌注桩、钢梁安装、桥面混凝土是难点。

1) 钻孔灌注桩

钻孔桩施工时受火车往返振动的影响，孔壁极易坍塌，因此需采用加长护筒的方法来保护钻孔的上部、选用优质泥浆护壁以增加孔壁的稳定。

护筒采用钢板卷制，钻孔时采用膨润土优质泥浆，在泥浆中加入外加剂以改善泥浆性能，钻孔开孔时采用慢转速、低泵量、控制进尺以保证成孔质量。成孔完成后抓紧其他工序的施工，以确保灌注桩质量。

2) 上部结构施工

施工主要受铁路交通的影响，空心板梁的吊装和上部混凝土的施工带来不便，施工中准备采用以下方法：空心板梁在现场预制，采用架桥机架设，尽量减少铁路范围内的工作时间；上部混凝土施工采用在上面挂蓝的方法，尽量减少支架，以便不影响铁路交通的正常运行。

（2）跨盐坨桥部分

此段的施工难点有两个，一是破除部分路面；二是施工区间保证通车及安全。A线、B线在铁东路中间有一个墩，基础及墩柱施工时需将铁东路中间破除，采用旋挖钻机在桥上进行钻孔桩的施工；上部现浇箱梁施工时搭设门字架，保证继续通车。

A. 深管线的基坑处理

本工程部分管线的埋置深度达到6～8m，拟建场地的地下水位很高，土层条件比较差，基坑支护比较困难，施工时拟采用以下方法，首先用挖土机放坡开挖至第一层台阶，开挖深度3～4m，放坡比例不小于1：1，然后打入钢板桩，再用挖土机开挖至管底标高以上20cm，人工清除。第二次开挖时，应边开挖边进行支撑，详见图2-2。

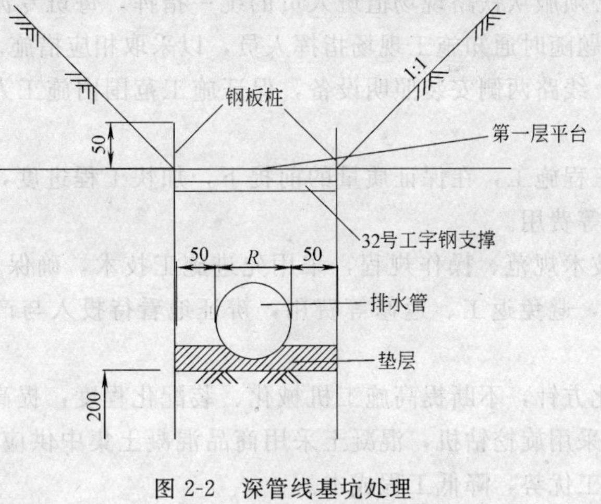

图 2-2　深管线基坑处理

B. 主要施工方法简述

桩基础旋挖钻机利用泥浆护壁成孔，导管法灌注水下混凝土；承台采用挖土机放坡开挖，袋装黏土支护，大块组合模板，混凝土采用混凝土泵车或流槽入模，覆盖养护；墩柱采用定型钢模板，混凝土浇筑用吊车或泵车串筒入模，塑料薄膜养护；现浇箱梁采用满堂红支架，道口用门式架、组合钢模板，混凝土采用泵车浇筑，覆盖养生；叠合梁钢梁部分工厂内加工，现场拼装，两台100t履带吊车整体吊装，上部混凝土采用挂蓝法施工，泵车输送；排水管道采用挖土机放坡开槽，深度超过4m的用钢板桩支护，吊车或挖土机安装；路基施工全部采用机械、挖土机或装载机装车，自卸车运输，推土机平整，平地机找平，光轮和振动压路机结合碾压，石灰现场用挖土机或装载机搅拌；路面混合料全部采用厂办，自卸车运输，基层采用平地机平整，面层采用摊铺机、光轮和振动压路机结合碾压。

（3）跨铁路施工措施

根据设计图，该段是跨津浦、京山铁路线的立交桥工程，该桥的起止里程为AK1＋491.486—AK1＋644.486，跨度组合为21m＋32m＋21m＋19m＋35.5m＋24.5m，该桥全长153m，其中32m孔跨越津浦铁路线三股，35.5m孔跨越京山线三股，这两跨的上部结构均为后张法预应力混凝土简支空心板梁，梁高1.6m，其余跨为先张法预应力混凝土简支空心板梁，梁高为1.4m，预制空心板梁均采用现场预制，采用GT40/130架桥机施工。施工前，预先与铁路部门取得联系。为保证施工安全，在两条铁路上下行之间加设临时支墩，在架设时铁路两端1000m处设专人进行安全指挥。

志成道快速路跨津浦铁路、京山铁路。这两条铁路线属于干线铁路，交通量大，施工期间必须绝对保障铁路的安全运营。因此，特制定如下措施：

1）施工前与铁路部门联系，设置支架时要满足铁路净空限界的要求；同时，向铁路部门申请施工要点。

2）现场设醒目标志牌，提醒进入现场人员注意行车安全。

3）施工现场设专人负责安全巡视，以口笛、对讲机、警铃、信号灯等形式联系现场操作人员注意行车。

4）接到来车预告时，工作面人员必须按照有关安全要求作业。

5）施工人员必须服从铁路现场值班人员的统一指挥，每班专派一人与铁路现场值班人员联系，发现问题随时通知施工现场指挥人员，以采取相应措施。

6）夜间施工，线路两侧安装照明设备，保证施工范围内施工人员能够及时发现可能出现的问题。

7）科学安排工程施工，在保证质量的前提下，加快工程进度，降低工期成本，节约人工、管理、机械等费用。

8）贯彻施工技术规范、操作规程，采用先进施工技术，确保工程质量和安全生产，做到工程一次成优，避免返工、返修等费用，辨证地看待投入与产出的关系，降低质量成本。

9）贯彻工业化方针，不断提高施工机械化、装配化程度，提高劳动生产率。本工程桩基施工机械主要采用旋挖钻机，混凝土采用商品混凝土集中供应，模板采用定型钢模，充分发挥机械化施工优势，降低工程成本。

10）运用科学的方法，组织立体交叉、平行流水作业，确定最好的施工方案。针对志成道立交的特点，结合总体工期要求，桥梁施工时，本工程将组织四支作业队伍、墩柱分8个作业面，上部结构分12个作业面施工。桩基础施工求快，展开作业面，承台墩柱施工求完美，在2004年3月15日～2004年11月6日期间施工，做到精益求精。上部结构施工求早，从2004年5月1日起，即开始上部结构施工，到2005年4月30日，施工一年，以增加钢模周转次数，降低摊销成本。

11）精心规划现场施工平面布置，合理安排生产生活区设置，减少场内运输次数，最大程度地降低工程成本。

12）一切从实际出发，根据现场拆迁情况，落实机械进场时间，充分发挥机械效率，避免窝工现象、机械停工现象出现。

13）精心组织施工方案，做好各项单项工程的专项设计，做到安全可靠，节约材料。

14）尽量利用当地资源，减少物资运输量，节约能源。

15）发挥中建总公司国际化大公司管理优势，利用现有物资采购平台，对工程大宗物资采购实行招标采购，内部调控，最大限度降低工程采购成本。

（4）跨新开河施工措施

新开河属于人工开挖河，其功能兼具行洪及水源功能，河水不通航。B、C线K0＋220～K0＋360段跨越新开河，河中有B(C)3～B(C)6四座墩台，桩基施工时需要进行筑岛围堰。河水常水位1.5m，现在实测水位1.59m。河床底标高－1.5m。筑岛时，宽度较

B、C线桥面投影宽度一侧宽出6m，作为便道；另一侧超出投影线2m。筑岛高度高出现在水位1m，按1∶1.5放坡，围堰范围如图2-3所示。筑岛时，自志成道与B、C线相交的地方开设向河中的路口，用自卸汽车运土（最好是黏土）自河北岸向河南岸推进。筑岛完成后，周边用砂袋防护，防止河水冲刷。考虑到汛期行洪影响，在明年雨期前，应该完成桥的上部工程。这样，在雨期到来时，可以挖开围堰，恢复河道。

河中桥墩承台顶标高－3.5m，全部位于河床底，不影响正常行洪，桥墩断面尺寸

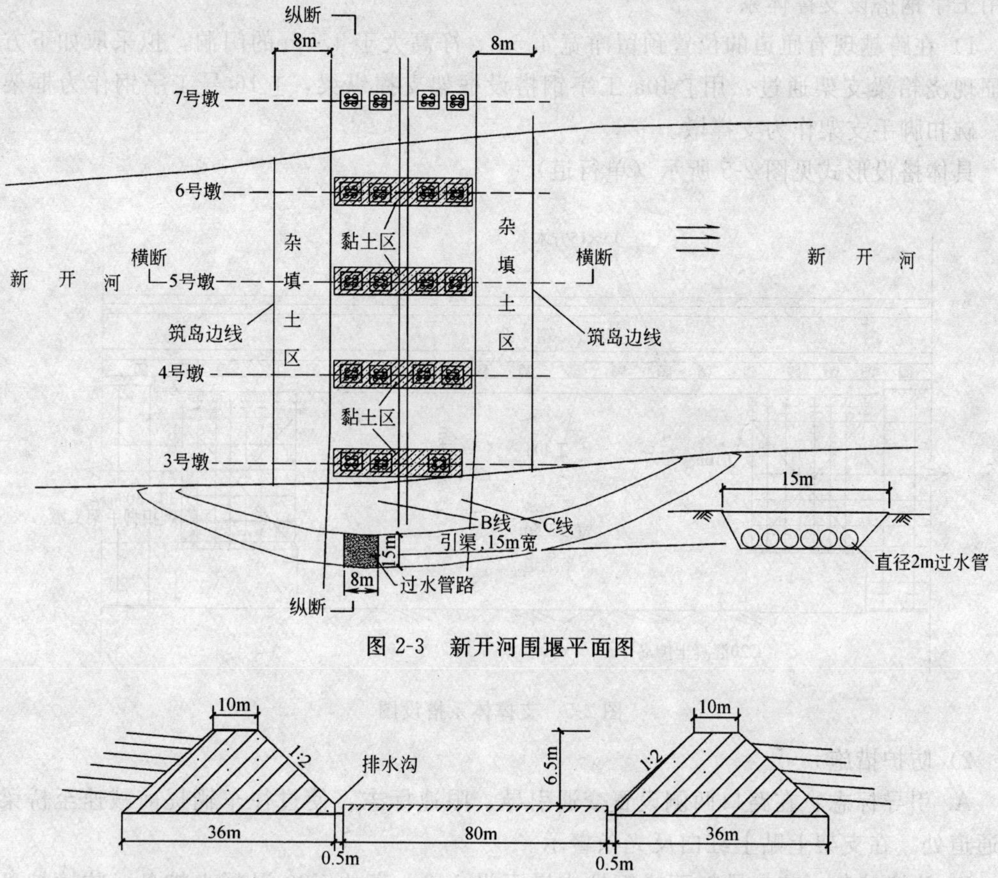

图2-3 新开河围堰平面图

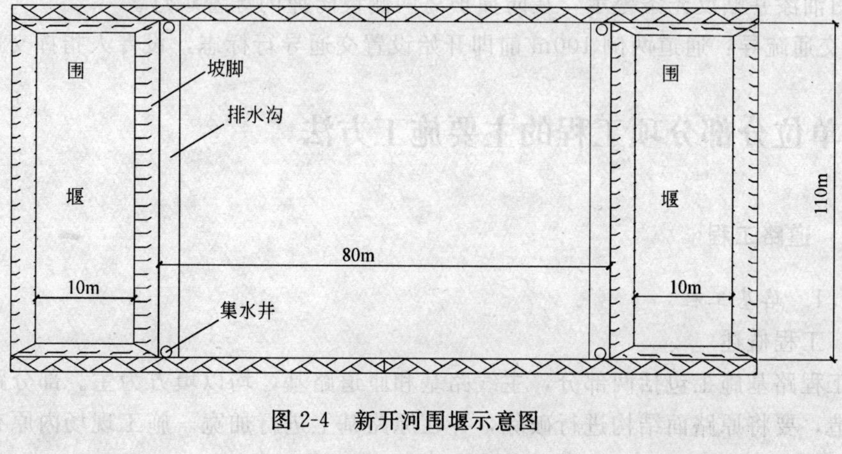

图2-4 新开河围堰示意图

1.6m×1.4m，墩高8～8.43m不等，梁底高程最低在北侧河堤处，高程为5.987m。最高在河中心，高程为7.429m，比常水位高5.93m，高出新开河原有的桥梁。筑岛形式见图2-4。

(5) 跨现有道路交叉口的支撑体系

本工程跨南口路、铁东路、盐坨桥、辅路等都采用大跨径预应力现浇箱梁，A6-A9上下行、A26-A30上下行、A55-A59上下行、C23-C27、G6-G10共八跨，梁高为2.2m，采用工字钢搭设支撑体系。

1) 在跨越现有匝道的位置预留净宽4.5m、净高大于4.5m的门洞，拟采取如下方案保证现浇箱梁支架通过：用I 40a工字钢搭设框架支撑纵梁，I 16号工字钢作为框架横梁。碗扣脚手支架作为支撑墩。

具体搭设形式见图2-5所示（单行道）。

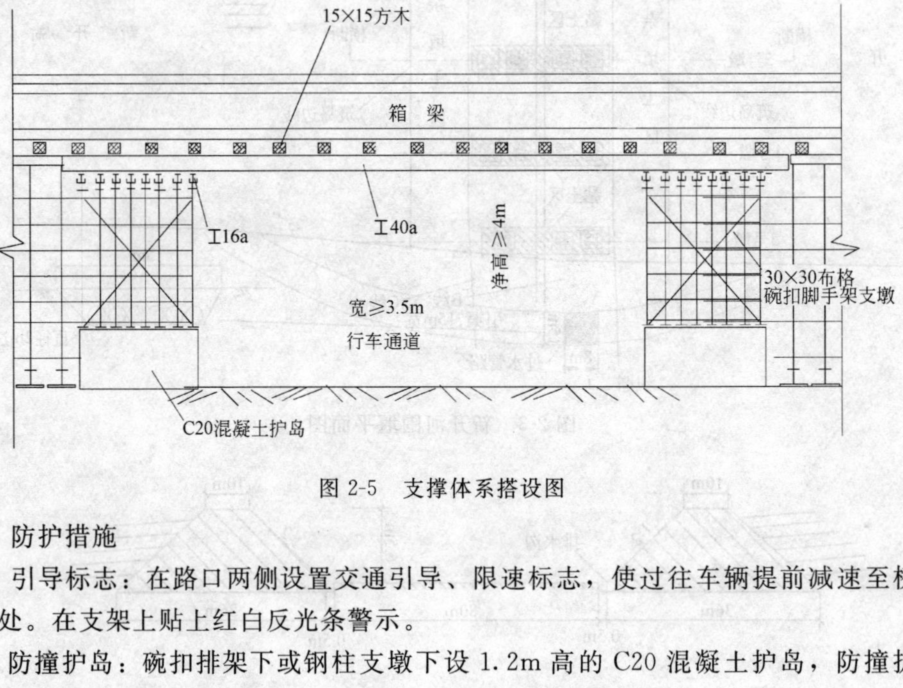

图2-5　支撑体系搭设图

2) 防护措施

A. 引导标志：在路口两侧设置交通引导、限速标志，使过往车辆提前减速至桥梁预留通道处。在支架上贴上红白反光条警示。

B. 防撞护岛：碗扣排架下或钢柱支墩下设1.2m高的C20混凝土护岛，防撞护岛表面刷红白油漆并贴反光条警示，在防撞护岛两侧设防撞闪烁警示灯。

C. 交通疏导：通道两侧100m前即开始设置交通导行标志，设专人指挥交通。

3　各单位分部分项工程的主要施工方法

3.1　道路工程

3.1.1　路基工程

(1) 工程概述

本工程路基施工包括两部分，主线路基和匝道路基，均以填方为主。部分路段为现有道路改造，要将原路面结构进行破除，并在原路基上进行加宽。施工现场内原有道路交通

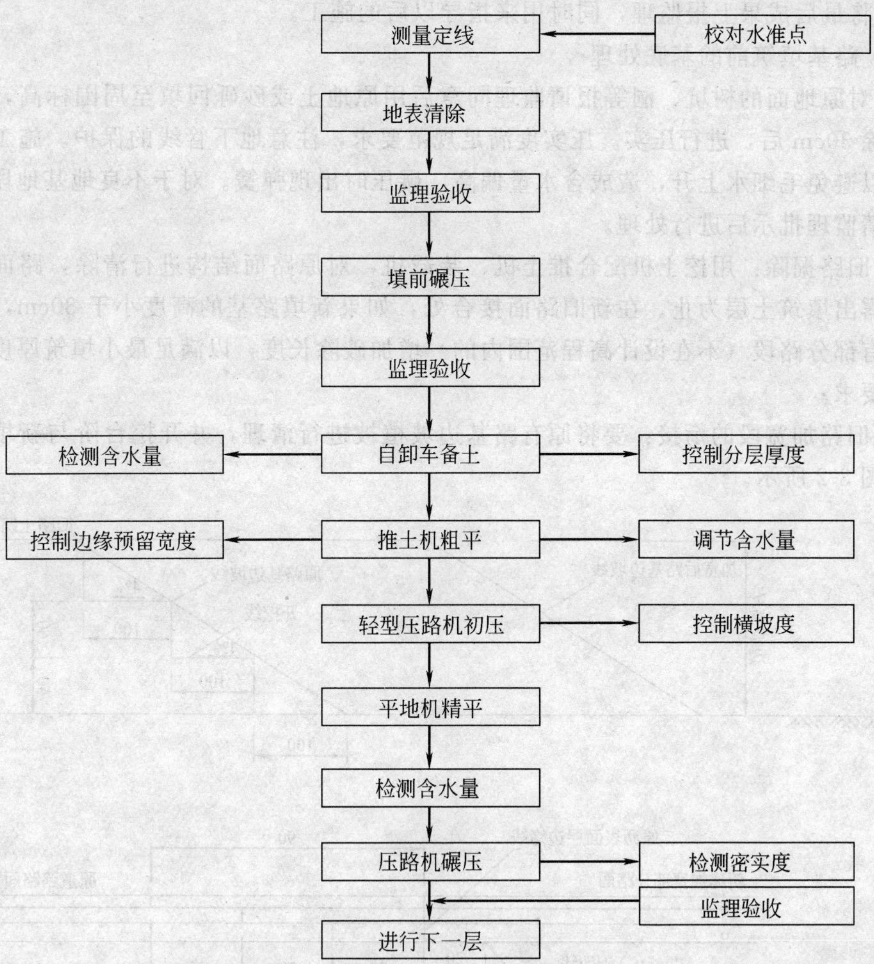

图 3-1 路基施工工艺流程框图

必须保证畅通。路基填方施工的工艺流程见图 3-1。

(2) 施工过程中的重点控制

填筑材料的试验检测：在业主指定的取土场内分层取土进行土样试验，通过重型击实试验测定土的最大干密度和最佳含水量，通过液塑限联合测定仪测定土的液塑限，判定土质是否可以作为填料使用，通过土壤筛测定图的粒径组成，判定土质，委托有资质的试验检测机构进行土的 CBR 值测定，判定土的填筑层位置。以上检测数据为土方填筑施工中现场控制质量的数据来源，当土质发生变化后，要重新进行以上各项试验。

(3) 试验路段的施工

在开工报告批复后，立即着手进行试验段的施工，工作程序如下：

1) 在选好的路段位置进行测量放样，确定边桩部位，然后进行整平碾压，经监理工程师抽检合格后，重新进行测量，确定填筑前固定点位底标高和填筑高度。

2) 运输车辆进行上料，检测含水量，用推土机推平，平地机找平，测量固定点位标高，压路机开始碾压。

3) 设专人进行现场管理，做施工记录，专业测量和试验人员采集详细的施工数据。

4) 根据采集的数据算出松铺系数，合理碾压遍数，大面积施工最佳机械搭配。

5）将最后成果上报监理，同时用来指导以后的施工。

（4）路基填筑前的基底处理

1）对原地面的树坑、洞等报请监理同意后用原地土或砂砾回填至周围标高，原地面处理清除30cm后，进行压实。压实度满足规范要求，注意地下管线的保护。施工中连续作业，以避免毛细水上升，造成含水量偏高，碾压时出现弹簧。对于不良地基地段进行申报，报请监理批示后进行处理。

2）旧路掘除：用挖土机配合推土机、装载机，对原路面结构进行清除，路面的清除深度以露出填筑土层为止。在新旧路面接合处，如果新填路基的高度小于30cm，则原路路段将有部分路段（不在设计高程范围内的）增加破除长度，以满足最小填筑厚度大于路面结构要求。

3）旧路加宽段的衔接：要将原有路基边坡植被进行清理，并开挖台阶与新填路基衔接。如图3-2所示。

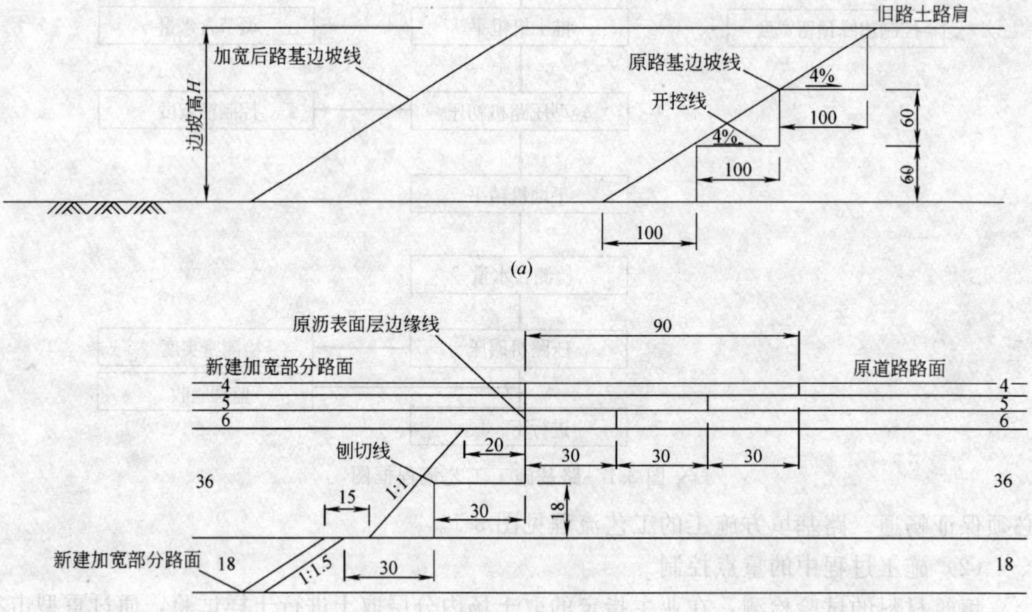

图3-2 旧路加宽段的衔接

（a）路基衔接示意图；（b）路面衔接示意图

4）路基施工排水措施：原地面清表土运完后，在路基两侧护坡道外纵向挖临时排水沟，沟外侧填筑土埂，防止绿地内的水流入，与现场永久性排水设施相结合，排走雨水。在路基施工期间随时疏通排水沟，保证施工顺利进行。

（5）路基填筑

1）首先测量放线，根据设计数值进行准确边桩定位，确定填筑的范围。

2）用推土机和平地机进行推平、找平，检测含水量；如果含水量合适，立刻就地碾压。

3）自检合格的报请监理进行抽检，抽检合格的立刻进行下层填筑工作。在填筑中应将施工程序分为：测量——运料——整平——碾压——自检——抽检。

4）旧路改建施工段，填方压实度应按照规范技术要求施工，碾压后密实度按不小于95%控制。

5）雨期施工时，要在路基边坡设置混凝土排水沟，以免路基水冲刷边坡。

6）路基备料：路基所用填筑材料，从路基堆料场运至现场；填料进场前，先测定含水量，控制在最佳含水量的2%。随着进场推平压实。含水量不够时，推平后应洒水，保持处于最佳含水量。施工组织以每条匝道或结构物至结构物为一施工段。填料运至施工现场，安排专人指挥卸车，采用梅花形布点，保持一定间距，使推平后的松铺厚度符合试验段数据要求。

7）填料摊铺、翻晒、整平及碾压：推土机推平，控制最大松铺厚度不超过30cm，每层压实宽度大于设计宽度30～50cm。填料的含水量不适宜时，或用洒水车加水或用圆盘耙将料充分翻拌进行晾晒，含水量控制在最佳压实含水量2%之内后，用平地机进行整平，自路中线向两侧设置1%～2%横向坡度，从而保证路基排水。碾压组合及行进速度由试验路段测定。碾压时先由两边向中间，曲线地段（有超高地段）由内侧向外侧，纵向进退式进行。横向接槎对于振动压路机重叠40～50cm，对于三轮压路机重叠1/2后轮宽，前后相邻两区段（碾压区段之前的平整预压区段与其后的检验区段）纵向重叠1～1.5m，应做到无漏压、无死角和确保碾压均匀。

8）路基整修：路基土路肩填高大于6m的施工段，当路基填至土路肩5m高处时，进行第一次刷边坡，刷边坡挖出的多余填料甩到路基上，继续向上填筑；待路基填至设计标高后，再进行第二次刷边坡。路基土路肩填高小于6m的施工段，路基填至设计标高后，一次刷边坡成型。

3.1.2 土质路堑开挖

对于土质路堑段开挖，近距离采用推土机施工，远距离挖土机装车，自卸汽车运至填方地段或弃土点，开挖自上而下阶梯式分层进行。长路堑地段应分层分段展开施工，各层均应有独立的排水设施，并与截水沟等永久排水设施相连通，防止地表水对边坡冲刷破坏影响施工。路堑施工，当挖到接近设计标高时，对路基面以下路床部分的地基强度和密实度进行检测，路床顶面以下0～30cm范围内压实度应大于95%；如密实度不足，采取换填加固处理。

3.2 台背处理

根据设计要求，对于桥背填土采用高压旋喷桩进行加固处理。

3.2.1 施工工艺

工艺流程：准备工作⟶钻机就位⟶试喷⟶钻孔⟶接长钻孔⟶钻孔结束⟶粉喷⟶粉喷结束⟶清理钻机⟶结束。

（1）施工准备

施工前应做好现场调查，检修机械设备，取土点的土样进行水泥土试验，检查钻机并进行试运转，备足施工所需材料。

（2）钻机就位

移动钻机至设计孔位，使钻头对准桩位中心。

（3）试喷

钻机就位后，首先进行低压（0.3MPa）喷粉试验，以检查喷嘴是否畅通，压力是否正常。

（4）钻孔

钻机经试喷合格后即行钻孔。启动搅拌机及空压机，边旋转边钻进。钻头钻至设计标高后，停止钻进。

（5）粉喷工艺

1）粉喷主要技术参数：粉喷压力 0.1～0.6MPa，搅拌速度 30～40r/min，提升速度 1～2m/min。

2）粉喷

启动搅拌机，边转边提升；同时，喷射水泥粉与土体掺和搅拌。当钻头提升至上部设计标高（至少距地面 0.5m）时，停止供给水泥粉。

在正式打桩前应做试桩，根据成桩的含粉量确定合适的喷射压力，对喷粉量达不到设计要求的桩应做复喷。

3.2.2　机具设备

使用的机具设备主要有钻机、空压机、高压送灰管等，详见表 3-1。

粉喷机具设备表　　　**表 3-1**

序号	机 具 名 称	型　号	台　数	作　用
1	钻　机	JJG-30	1	钻孔、粉喷
2	空压机	3L-10/8	1	对水泥粉加压
3	高压管	20mm(内径)		输送高压水泥粉

3.2.3　质量控制及施工注意事项

（1）检验手段

1）静力触探试验：在成桩后 24～48h 内，用静力触探仪进行自检，填写自检单。当发现水泥土桩身比贯入阻力 p_s 较小（小于原地基土 p_s 的 4～5 倍），应考虑重新补钻，进行粉喷。

2）挖坑，桩体取样做无限抗压强度试验：挖坑深 3～4m，分 5～6 段，每段中做一试样，进行 28d 侧限抗压强度试验，在砍桩过程中测量桩径和桩中心盲区直径，并对桩身的搅拌均匀性填写工程记录。

3）单桩静载破坏试验：每工点抽 1～2 根做单桩静载破坏试验，测定单桩极限承载及沉降低值。

（2）施工注意事项

1）钻杆旋转和提升必须连续不中断，拆卸接长钻杆和连续粉喷时要保持 10～20cm 的搭接长度，以免出现断桩。

2）在粉喷过程中，如因机械故障中断粉喷时，应重新钻至桩底设计标高后，重新粉喷。

3.3　桥梁工程

3.3.1　简述

本工程桥梁全长 7236.3m，面积共 106317m²，其中预应力混凝土连续梁结构面积 99817m²，普通混凝土连续梁结构面积 1298m²，预制空心板梁结构面积 5202m²。钻孔桩 69200m，钢筋 17480t，混凝土 172700m³，钢材 3000t，设计结构形式为钻孔桩基础、承台、墩柱、现浇箱梁。

桩基础采用旋挖钻机利用泥浆护壁成孔，导管法灌注水下混凝土；承台采用挖土机放坡开挖，袋装黏土支护，大块组合模板，混凝土采用混凝土泵车或流槽入模，覆盖养护；墩柱采用定型钢模板，混凝土浇筑用吊车或泵车串筒入模，塑料薄膜养护；现浇箱梁采用满堂红支架，道口用门式架、组合钢模板，混凝土采用泵车浇筑，覆盖养生。

3.3.2 钻孔灌注桩基础

(1) 施工准备

1) 施工前，在桩位范围内进行场地平整工作；另外，单独平整出一块场地，用于钢筋存放及钢筋笼制作，场地要整平、压实，并以便道连接。

2) 在桩位附近开挖泥浆循环池和废浆池。

3) 在正式施工前，对灌注混凝土用的导管进行闭水实验，合格后方能用于施工。

4) 通过导线控制网用全站仪现场放样放出桩位中心线，并引出十字护桩。

(2) 施工工艺

本工程拟采用旋挖机利用泥浆护壁成孔，导管法灌注水下混凝土，其施工工艺流程如图 3-3 所示。

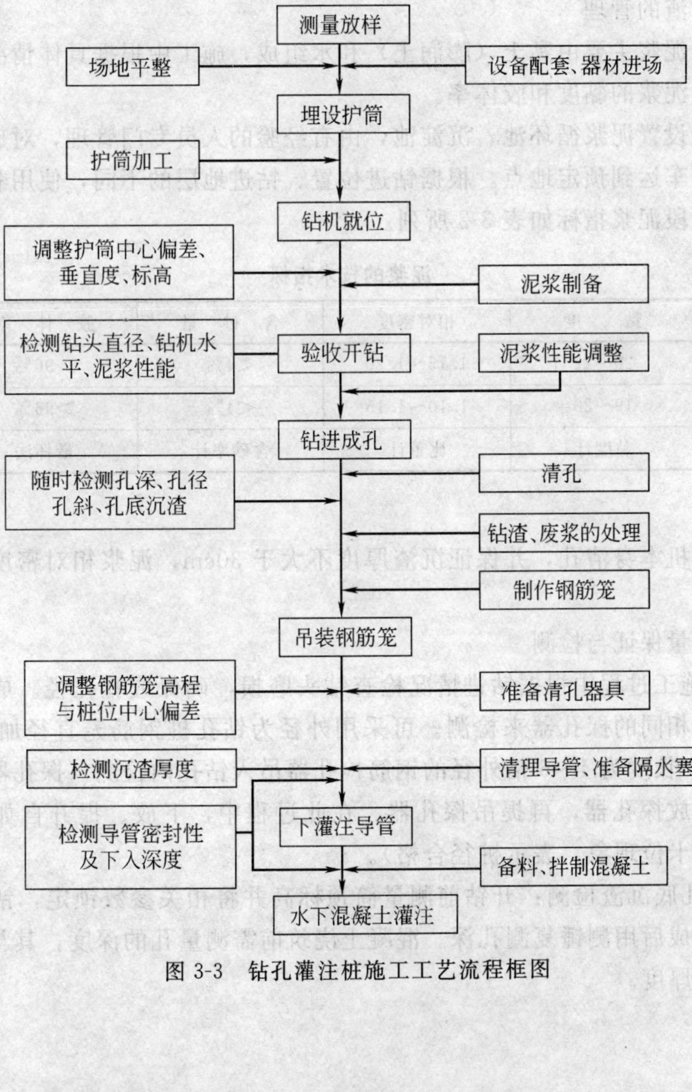

图 3-3 钻孔灌注桩施工工艺流程框图

3.3.3　钻孔灌注桩施工工艺

(1) 埋设护筒

护筒采用10mm钢板卷制，其内径比设计桩径大100mm；其偏差不得大于50mm；护筒埋设必须垂直，垂直度偏差不得大于1%，护筒周围用黏性土回填夯实。

(2) 钻机就位调整垂直度

钻机施工前场地必须平整，施工现场采用薄木板调整细部高差。钻机就位时护筒上面放置一个十字架，十字中心和桩位中心相吻合，钻机就位后锁定回转参数。钻机必须平稳，并确保施工中不发生倾斜、移动，钻机的成孔中心和桩位中心的偏差不能大于2cm。

(3) 钻进成孔

1) 开始钻进时，进尺应适当控制，在护筒刃脚处，应低档慢速钻进，使刃脚处形成坚固的泥皮护壁。钻进至刃脚下2m后，可根据土质情况以正常速度钻进；如果发现护筒内漏浆时，可提起钻具，向孔中倒入黏土，挤入孔壁，堵住漏浆空隙，稳住泥浆后继续钻进。

2) 开孔及整个钻进过程中，应始终保持孔内水位高出地下水位（河中水位）1.5～2.0m，以防孔壁坍塌。

(4) 泥浆钻渣的管理

本工程所用泥浆主要由黏土（膨润土）和水组成，施工中根据具体情况在泥浆中加入纯碱，用于调整泥浆的黏度和胶体率。

在桩位附近设置泥浆循环池、沉淀池，由有经验的人员专门管理，对旋挖钻机挖出的钻渣，应立即装车运到预定地点。根据钻进位置、钻进地层的不同，使用黏土调整护壁泥浆的性能，各阶段泥浆指标如表3-2所列。

泥浆的技术指标　　**表3-2**

地　层	黏　度	相对密度	含　砂　量	胶　体　率	pH值
砂性土	20～22	1.15～1.20	<4%	>96%	8.0～11
黏性土	19～20	1.10～1.15	<4%	>96%	8.0～11
检测方法	黏度计	比重计	含砂率计	量杯法	pH试纸

(5) 清孔

利用旋挖钻机本身清孔，并保证沉渣厚度不大于30cm，泥浆相对密度<1.15，含砂率<4%。

(6) 成孔质量保证与检测

1) 孔径：施工过程中根据钻进情况检查钻头磨损，确保成孔孔径。成孔完毕后，孔径用和设计直径相同的探孔器来检测。可采用外径为钻孔桩钢筋笼直径加100mm（不得大于钻头直径）、长度为4～6倍外径的钢筋检孔器吊入钻孔内检测（探孔器中心对准孔中心，垂直匀速下放探孔器，再提吊探孔器。在此过程中，下放、提升自如，没有发现下放、提升困难及卡位现象，表示桩径合格）。

2) 孔深与孔底沉渣检测：开钻前测量筒顶标高并将相关参数锁定，钻机自动测算钻进深度，钻进完成后用测锤复测孔深。混凝土浇筑前需测量孔的深度，其与钻孔深度的差值即为孔底沉渣厚度。

3）钻孔垂直度的控制：用旋挖钻机可以用钻机的自动控制机构控制钻架的垂直度；在用15循环钻的钻机可应用圆环测斜法（将吊绳控制在孔中心位置将探孔器下入成孔中，可测量中心位置的吊绳的倾斜度来判断成孔的倾斜度，也可通过匀速吊下、吊升的顺畅来说明）。

(7）钢筋笼的制作与吊装

钢筋笼骨架在钢筋棚集中加工。钢筋焊接时注意焊条的选用要符合规范要求。

制好的钢筋笼放在平整、干燥的场地上，下设木方架空。每个节段的钢筋笼都必须挂好标志牌；同时，做好防雨、防潮工作。

钢筋笼的吊运采用汽车吊，为使钢筋笼在吊运时不散架、不变形，在每个起吊位置处焊"△"形吊装钢筋。钢筋笼分节现场制作，基本节长度在9m左右，钢筋笼对接在孔口进行。

钢筋笼分多段对接，对接处采用双面帮条焊。钢筋笼顶部应与孔口固定好，以防在混凝土浇筑过程中钢筋笼浮起；另外，在安放前，应在钢筋笼周边安装钢筋保护层垫块，以确保钢筋保护层。

(8）水下混凝土灌注

水下混凝土采用自拌混凝土导管法进行灌注，水下混凝土一般用钢导管灌注，导管内径为200～350mm，视桩径大小而定。导管使用前，应进行水密承压和接头抗拉试验，严禁用压气试压。进行水密试验的水压不应小于孔内水深的1.3倍压力，也不应小于导管壁和焊缝可能承受灌注混凝土时最大内压力 p 的1.3倍，p 可按下式计算：

$$p=\gamma_c h_c-\gamma_w h_w$$

式中 p——导管可能受到的最大内压力（kPa）；

γ_c——混凝土拌合物的重度（取24kN/m^3）；

h_c——导管内混凝土柱最大高度（m），以导管全长或预计的最大高度计；

γ_w——孔内水和泥浆的重度（kN/m^3）；

h_w——孔内水或泥浆的深度。

试验方法：首先，根据灌注桩的计算混凝土量及高度计算出 p 值，再计算 $1.3p$ 需用多少立方水，制作一个相应容量的储料斗；然后，连接相应的几节标准节导管，连接时各节之间需用密封橡胶垫圈，下端用堵头堵死，顶端安装储料斗。检查各节拼接情况完好后，用吊车吊起，用水泵向储料斗中注水，注水量与 p 的1.3倍压力相同。观察0.5h以上，无渗漏、无裂坏现象，即表示导管符合要求。合格的导管才能使用。导管要居中稳步安放，不接触到钢筋笼，以免导管在提升中将钢筋笼带起。导管可吊挂在钻机顶部滑轮上或用卡具吊在孔口上，导管底部距桩底的距离符合规范要求，一般为0.25～0.4m，导管顶部的贮料斗内混凝土量，保证满足首次灌注剪球后导管端能埋入混凝土中0.8～1.2m。施工前，要仔细计算贮料斗容积，剪球后向导管内倾倒混凝土宜徐徐进行，防止产生高压气囊。施工中导管内确保始终充满混凝土，并随着混凝土的不断浇入，及时测量混凝土顶面高度和埋管深度，及时提拔、拆除导管，使导管埋入混凝土中的深度保持在2～6m。灌注过程中，使用不小于1kg测锤检测混凝土面标高。

每根导管的水下混凝土浇筑工作，保证在该导管首批混凝土初凝前完成；否则，掺入缓凝剂，推迟初凝时间，混凝土的坍落度满足设计要求。混凝土浇筑连续进行，为保证桩的质量，混凝土浇筑至少比桩顶标高高出 0.5～1.0m 左右。

在灌注混凝土时，每根桩应制作 2～4 组（每组 3 块）的混凝土试块。试块应妥善保护，并按规范要求进行养护。强度测试后，应填入试验报告。强度不合要求，应及时提出报告予以补救处理。

施工过程中，技术人员对钻孔灌注桩各项原始记录及时进行整理签认。

(9) 首批灌注混凝土数量计算

首批灌注混凝土的数量应能满足导管首次埋置深度（≥1.0m）和填充导管底部的需要：

$$V \geqslant \frac{\pi D^2}{4}(H_1 + H_2) + \frac{\pi d^2}{4}h_1$$

V——灌注首批混凝土所需数量（m^3）；

D——桩孔直径（m）；

H_1——桩孔底至导管端间距，一般为 0.4m；

H_2——导管初次埋置深度（m）；

d——导管直径（m）；

h_1——桩孔内混凝土达到埋置深度 H_2 时，导管内混凝土柱平衡导管外（或泥浆）压力所需的高度（m），即 $h_1 = H_w \gamma_w / \gamma_c$。

例如，$D=1.0$m，桩长为 38m，$H_1=0.4$m；$H_2=1.5\text{m} \geqslant 1.0$m，计算如下：

因为，本工程地面高程大多数为 5.0m，桩顶高程为 2.85m，因此

$$H_w = 38 + (5.0 - 2.85) = 40.15\text{m}$$

$h_1 = 40.15 \times 1.1/24 = 1.840$m 清孔后，规范要求泥浆密度不大于 1.03～1.1kN/m^3，取最大值；

$$V \geqslant 3.14 \times (1.0)^2/4 \times (0.4 + 1.5) + 3.14 \times (0.3)^2/4 \times 1.84 = 1.622\text{m}^3$$

其余桩径计算，见各分项工程开工报告。

(10) 灌注桩检测管的埋设及严密性检测方法

桥墩每施工 4 根桩基设 1 组检测管，检测管与加强钢筋固定。钢管采用无缝钢管，可以用焊接也可螺纹连接。检测管连接完成后，先灌水并用空压机打压检测。浇筑混凝土时，测试管内水或机油作为声耦合剂。

通过在桩内不同标高处的声波传播时间，来检测混凝土的连续性。一般正常混凝土内的传播速度约为 4000m/s；但在有蜂窝的混凝土、卵石及泥土中，波速急剧下降至2000～3000m/s 以下；如有此种缺陷或夹有泥土时，可立即发现。

(11) 质量控制要点

钻孔灌注桩是桥梁的基础，包括钻孔、钢筋加工与绑扎、清孔、水下混凝土浇筑等多道工序，施工时应加强质量检查与控制。每道工序检查验收通过后，才能进行下道工序的施工。具体检查项目、频率和标准见表 3-3。

3.3.4　承台施工

(1) 基坑开挖

使用挖土机放坡开挖，挖出的土在坑边就近存放，以备以后回填使用。开挖时要观测基坑的稳定情况，有异常时采取支护措施后再继续开挖。挖土机开挖至承台底标高以上 10cm 时采用人工清理，以防扰动下部土层。

钻孔灌注桩质量检查实测项目表　　表 3-3

序号	检查项目	允许偏差	检查方法和频率
1	钢筋笼主筋间距	610mm	用尺量 2 个断面
2	钢筋笼底面高程	±50mm	检查记录
3	桩位	±50mm	用全站仪检查
4	钻孔倾斜度	<1%	检查验孔记录
5	沉淀厚度	符合设计规定	检查验孔记录
6	孔深	不小于设计值	用测绳检查
7	桩顶标高	满足设计	用水准仪检测
8	混凝土强度	合格	检查混凝土试块强度

(2) 基坑支护排水

天津市地下水位较高，土质较松散，而且紧靠新开河，基坑开挖过程中及挖成后，必须进行排水；在基坑的四角设置积水井、盲沟，用潜水泵明排水。基坑支护视开挖情况，采用钢板桩加木板或砂袋支护。

(3) 基底处理及垫层施工

开挖至设计标高后，在基坑四周布置排水沟、积水井，将水排出坑外，保持基坑底的干燥。施工一层素混凝土垫层，在上进行钢筋绑扎、直立模板施工。

(4) 钢筋绑扎：钢筋在加工场加工，现场绑扎成型。

(5) 直立模板：模板采用大块组合钢模板，面板厚 5mm，在倒角处使用小块钢模或木模，在 50cm 和 100cm 处设置两道型钢加固，保证模板的整体稳固性。模板内部采用直径 16mm 的对拉螺栓固定，竖向在 50cm 和 100cm 处各设置一道，水平向间隔 1.5m 设置一道。详见图 3-4。

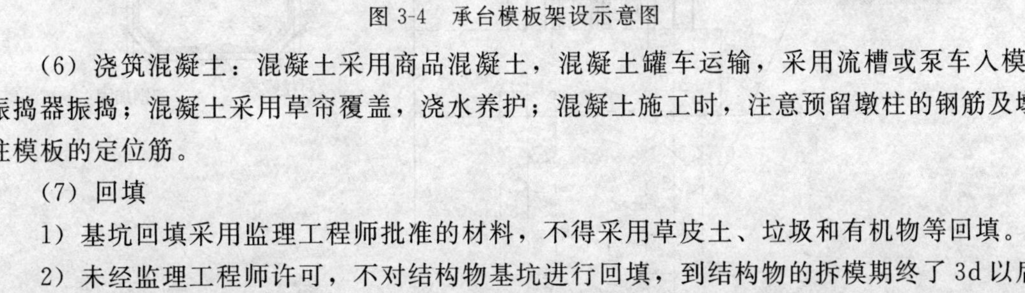

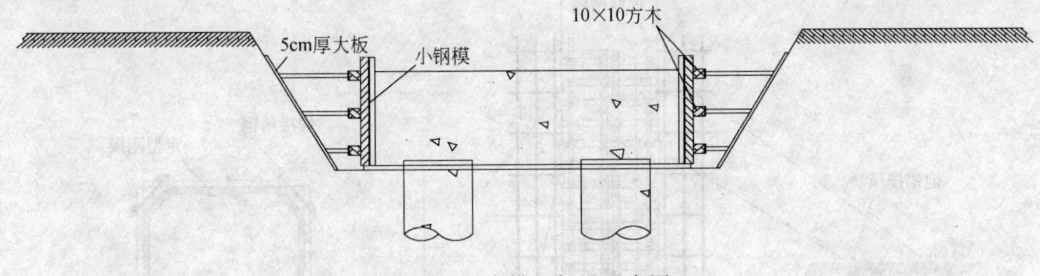

图 3-4　承台模板架设示意图

(6) 浇筑混凝土：混凝土采用商品混凝土，混凝土罐车运输，采用流槽或泵车入模，振捣器振捣；混凝土采用草帘覆盖，浇水养护；混凝土施工时，注意预留墩柱的钢筋及墩柱模板的定位筋。

(7) 回填

1) 基坑回填采用监理工程师批准的材料，不得采用草皮土、垃圾和有机物等回填。

2) 未经监理工程师许可，不对结构物基坑进行回填，到结构物的拆模期终了 3d 以后进行回填；如果混凝土养护条件不正常，按监理工程师的指示延长时间。

3) 回填材料分层摊铺并夯实。

3.3.5　墩台施工

现浇混凝土墩台施工主要有三个工序，一是模板的制作和安装；二是钢筋绑扎；三是混凝土的浇筑。

(1) 钢筋加工和安装

墩台施工前，首先按设计要求进行墩台钢筋的加工和安装。

钢筋采用就地绑扎，吊车整体吊装的方法安装，吊装时除按设计图纸安装加劲钢筋外，还要根据钢筋笼的实际情况采取加固措施。例如：对加劲钢筋适当加密及利用十字吊架进行多点吊装，以防止在吊装过程中钢筋笼变形。

(2) 模板制作和安装

1) 为保证工程内实外美和接缝少，墩柱统一采用定型钢模板，模板分两节制作，并结合墩台的实际高度，以满足不同墩身高度的需要，并有利于施工。模板正式投入使用前，在加工厂进行试拼装，经检查验收合格后方可进入施工现场。

定型墩柱模板具有以下几个优点：具有足够的强度、刚度和稳定性，能可靠地承受施工过程中可能产生的各项荷载，保证结构物各部形状；模板表面平整，接缝严密、不漏浆，接缝少；模板拆装方便，可以重复多次使用。

2) 人工配合汽车吊安装模板。墩柱模板就位前，首先在施工现场将两片钢模进行清理，并按要求涂抹脱模剂，模板的缝隙可夹海绵条，利用人工配合汽车吊将模板在水平方向进行安装。测量放样后，利用汽车吊将模板吊起，初步就位后利用千斤顶进行，做到各项指标满足规范和技术标准的规定，利用地锚加固后，用水泥砂浆将模板底部和桩基结合部位的缝隙堵严，以防止漏浆。模板架设详见图 3-5。

(3) 混凝土浇筑

1) 混凝土的配制

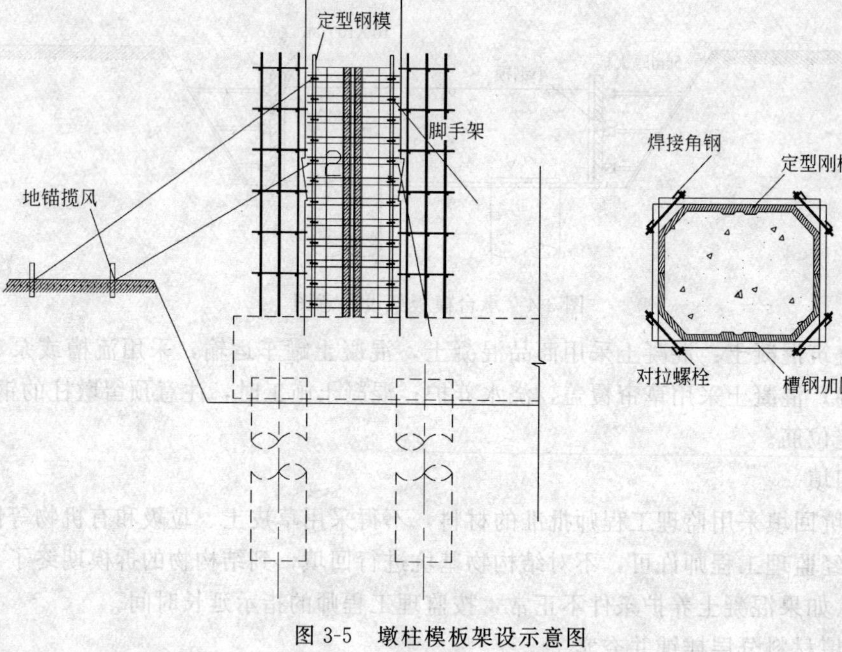

图 3-5　墩柱模板架设示意图

首先按设计及工程施工方案的要求，合理确定所需要的混凝土的性能，要保证结构物的外表美观、颜色一致。按规范及设计文件的要求，先在试验室进行混凝土的试配，要求混凝土要有良好的和易性、坍落度、保水性和黏聚性。结合施工现场骨料中的含水率等方面原因，确定合理的施工配合比。施工现场应严格控制混凝土的验收工作，混凝土拌合物必须均匀且色泽一致。浇筑现场定时检查新制备混凝土的坍落度或工作性，以确保结构物的质量。

2）混凝土的运输

混凝土利用输送车运送到位后通过串筒进行浇筑，在串筒出料口下面，混凝土的堆积高度不宜超过1m，防止混凝土因落差过大产生离析现象，导致结构物的外表麻面或漏石、漏筋。

3）混凝土的浇筑

混凝土应按一定厚度、顺序和方向分层浇筑，混凝土一次性连续浇筑完成。墩柱浇筑混凝土前，应先将基面凿毛并加已润湿，铺一层厚2～3cm的水泥砂浆；然后，在水泥砂浆凝结前浇筑第一层混凝土。其成分与浇筑混凝土中的砂浆成分相同，以免底部产生蜂窝现象。

混凝土的振捣在施工中相当重要，振捣由专业工人进行，每层的浇筑厚度30cm为宜。采用插入式振捣器，插入式振动器在施工中移动间距不应超过振动器作用半径的1.5倍，与侧模应保持5～10cm的距离。分层浇筑时，插入下层混凝土5～10cm。每处振动完毕边振动边缓慢提起振动器，插入深度不超过振动器长度的1.25倍。应避免振动器碰撞模板，钢筋及其他预埋件。插入点要均匀排列，可排成“行列式”或“交错式”。

混凝土必须振动到停止下沉，不再冒气泡，表面呈现平坦、泛浆。振捣过程应严防漏振或过振发生，以免混凝土结构表面产生蜂窝、麻面。

浇筑混凝土期间，应设专人检查支架、模板、钢筋和预埋件等稳固情况；当发现有松动、变形、移位时，应及时处理。

4）混凝土的养护

混凝土浇筑完毕后，在收浆后尽快予以覆盖和洒水养护。当气温低于5℃时，应覆盖保温，不得向混凝土洒水。混凝土养护达到2.5MPa后，可拆除模板。

5）模板拆除

墩柱模板可由人工放松螺栓后，直接利用吊车垂直吊运拆除。拆除过程中防止碰撞、刮伤混凝土；若有损害但没有破坏内部的结构，及时利用与原相同配合比的混凝土或砂浆进行修补；然后，再进行修饰，保证结构外表美观。

6）结构物的保护

模板拆除前要防止模板被撞击或振动，在混凝土强度未到2.5MPa前禁止拆除模板。在墩台未到达设计强度前禁止回填基坑，回填作业时，禁止机械设备碰撞墩台，使其产生水平裂缝。

3.3.6 现浇箱梁施工

(1) 体系选用及受力计算

1）箱梁模板支架体系如图3-6所示。从下到上依次为15cm×20cm木方、可调底座、碗扣脚手支架、可调顶托、15cm×15cm纵向木方、10cm×10cm横向木方、钢模。

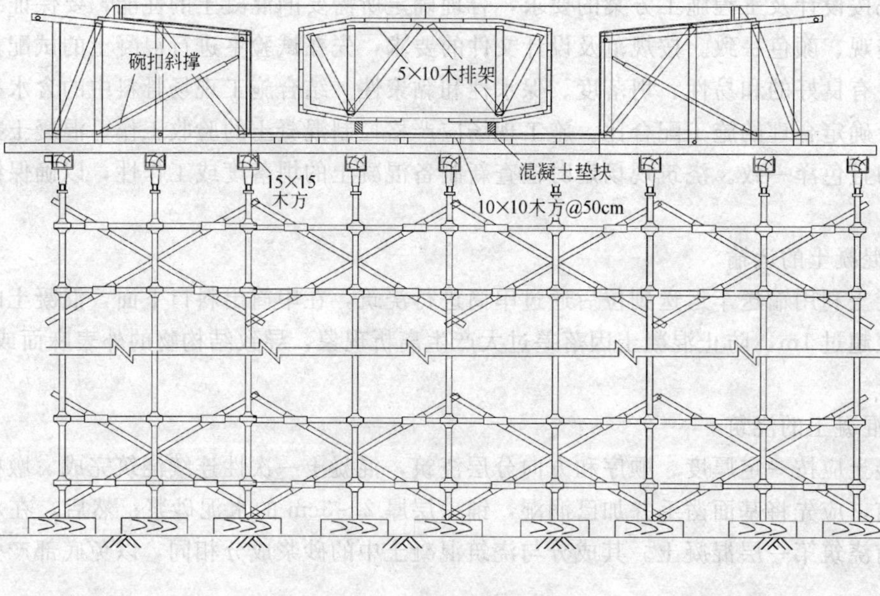

图 3-6　箱梁模板支架体系

2）支撑基底的处理

视具体情况采用换填碎石：原地面清表碾压后测定密实度和承载力，换填碎石。

3）高程的调整：上、下可调支托的自由伸缩高度为 60cm，安放时将可调支托的螺杠旋转到中间，上下均留有空间，可以完成局部高程的调整。

4）翼板支撑方式：采用 5cm×10cm 木方定制木桁架，作为翼板的支撑骨架。

（2）模板的选用：箱梁内腔模板采用小块组合钢模，5cm×10cm 木方作内支撑。底模、侧模和翼板采用钢模，模板间采用帮夹底的铺设方式，板缝之间用密封条填塞。

（3）支架连接

普通跨径选用碗扣支架与方木组成支架体系。

为确保安全可靠，支架立柱纵横间距取 0.9m，立柱之间由横向杆连接，形成 0.9m×0.9m 的网格，水平杆间距 0.6m。在各段支架外侧布置纵横剪刀撑，将各段支架连接成一个整体。

（4）支架预压

为减少施工时支架发生变形，解决木方与木方、木方与顶托以及支架各节立杆接头和地基的沉降，根据设计要求，每跨均进行预压。

（5）预压方法

为减少对箱梁木模板的损伤，准备在支架搭设完成并铺设完方木、楞木，未铺底模前即对支架进行预压。预压采用在支架顶面堆码砂袋的方式，砂袋的重量须达到施工荷载的 1.1～1.2 倍，用吊车吊装，荷载分布与箱梁施工荷载分布相同。预压过程中加强布点量测工作，待支撑体系沉降量基本稳定，小于规范或监理工程师的要求，撤除砂袋，进行箱梁底模施工。底模铺设前，根据预压结果和设计计算要求，预留预拱度。

（6）施工工艺

钢筋混凝土预应力箱梁施工工艺流程如图 3-7 所示。

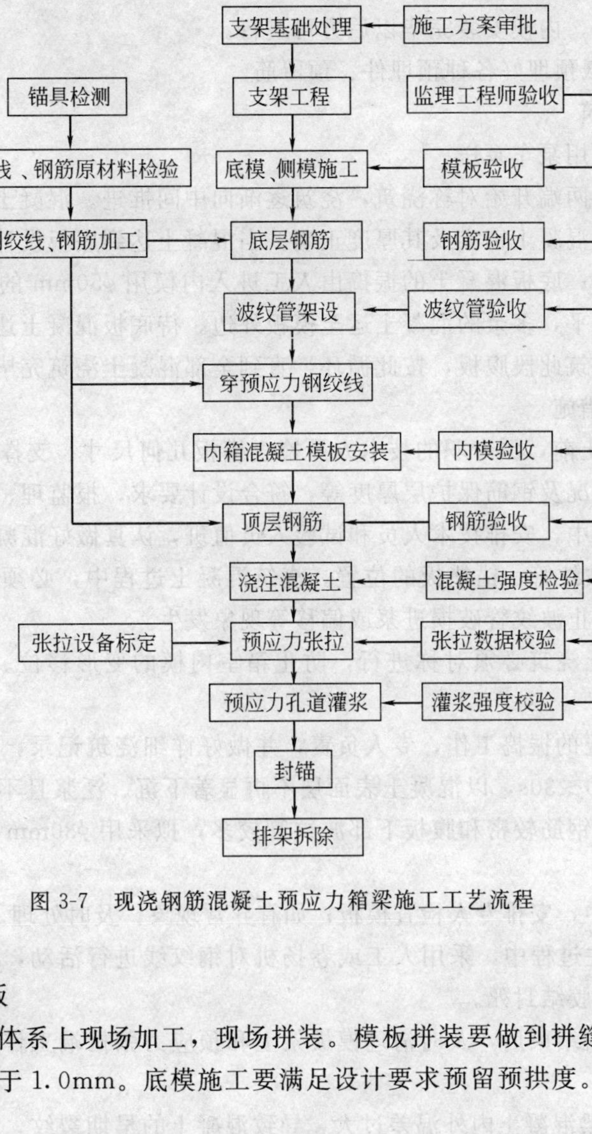

图 3-7　现浇钢筋混凝土预应力箱梁施工工艺流程

1）模板施工

A. 安装底部模板

底部模板在支撑体系上现场加工，现场拼装。模板拼装要做到拼缝严密，宽窄一致，固定牢固，错台不大于 1.0mm。底模施工要满足设计要求预留预拱度。

B. 安装侧模板

侧模排架提前加工，现场安装，纵向间距 0.6m。模板安装工作同底部模板。

C. 安装箱室内模

箱室内模在场地提前加工完成，在底板和腹板钢筋绑扎结束后进行吊装，内模外包塑料布，以便同混凝土接触面隔离，防止漏浆且便于拆模。为避免内模上浮，采用打包带，将内模固定在底板钢筋上。底板混凝土浇筑时，一定要控制好坍落度。底板浇筑完毕后，打包带固定在其中。肋板浇筑时，预先在浇筑段内模顶铺设一薄层混凝土，起一定的下压作用；但铺设长度不宜超过 5m，避免初凝后在接槎处表面产生裂缝。

2）钢筋加工及安装

A. 首先，根据箱梁的钢筋设计图纸在现场加工钢筋，并按照各种型号钢筋进行编号，堆放整齐。钢筋绑扎、焊缝、主筋间距等严格按照《混凝土结构工程施工质量验收规范》GB 50204—2002 标准执行。

B. 钢筋在绑扎过程中，如局部与波纹管位置冲突时，钢筋适当移位。顶板钢筋待腹板内波纹管安装好、内模安装完毕以后方可进行。

C. 按设计图纸预埋好各种预埋件、预留筋。

3）混凝土浇筑

箱梁混凝土采用泵车泵送。

混凝土浇筑从两端开始对称浇筑，浇筑逐渐向中间推进。混凝土从腹板对称入仓，均匀布料，保证底板混凝土密实及其厚度正确。当混凝土达到底板设计标高时，停止此段的灌注，向前段推移；底板混凝土的振捣由人工进入内模用 ϕ50mm 的振捣棒进行振捣，振捣密实后用人工抹平，多余的混凝土运至模板外边。待底板混凝土达到一定强度且未初凝时，再返回继续浇筑此段腹板，按此循环，直到全部混凝土浇筑完毕。

4）主要技术措施

A. 浇筑混凝土前，派专职的技术人员检查模板几何尺寸、支撑体系，钢筋骨架、波纹管位置、固定情况及钢筋保护层厚度等，符合设计要求，报监理、设计检查认可后浇筑混凝土。浇筑过程中，安排技术人员和试验人员值班，认真做好混凝土浇筑记录。

B. 准确定出波纹管、锚垫板的位置。浇筑混凝土过程中，必须保证振捣棒不触及波纹管和锚垫板，防止波纹管破损进浆或偏移等现象发生。

C. 箱梁混凝土浇筑必须对称进行，防止箱室内模的变形移位。内模必须安设牢固，并派专人看护。

D. 加强混凝土的振捣工作，专人负责，并做好详细浇筑记录，责任落实到人。振捣时间一般控制在 20～30s，以混凝土表面层不再显著下沉、泛浆且不再有大量气泡冒出为准。因锚垫板后部钢筋较密和腹板下部波纹管较多，拟采用 ϕ30mm 振捣棒振捣，确保该处混凝土密实。

E. 浇筑过程中，安排专人检查模板；如有异常现象，及时处理。

F. 混凝土浇注过程中，采用人工或卷扬机对钢绞线进行活动，防止波纹管意外漏浆时，造成钢绞线的胶结封死。

G. 混凝土浇筑结束后，及时清理模板架上和预应力张拉端工作面周围的混凝土，确保张拉时不滑丝。

H. 为防止箱梁混凝土内外温差过大，导致混凝土的早期裂纹，在箱梁顶板混凝土浇筑完成后，及时采用通风机对箱室进行通风降温工作，保持箱梁内外温差不大于 20℃。

5）混凝土养护

混凝土初凝前人工再用钢抹压光一遍，覆盖土工布并洒水养护，终凝后在土工布上覆盖一层塑料布，防止水分散失过快，洒水的频率保证混凝土表面湿润。

6）预应力张拉

A. 张拉前准备工作

a. 对锚具、钢绞线外观和尺寸进行检验，符合质量标准要求，梁的混凝土强度达到设计强度的 100％时方可进行预应力的张拉工作，混凝土强度确定以现场同期养护的混凝土试块的混凝土抗压强度为准。

b. 将工作锚的锚环穿入钢绞线，按自然状态插入夹片，用小锤轻轻将夹片打入锚环内，束尾 100cm 处绑扎，以利于安装千斤顶。

B. 机具及设备

张拉前必须对油泵、千斤顶、油表进行校验标定，标出油表读数和相应张拉吨位曲线，张拉按标定曲线取值，工作状态一致时应编号使用。施加预应力所有的机具设备及仪表由专人使用和管理，并定期维护和校验。千斤顶与压力表配套校验，以确定张拉力与压力表之间的关系曲线，检验应在经主管部门授权的法定计量单位进行，千斤顶使用超过 6 个月或 200 次必须进行重新检验。

C. 预应力张拉

预应力张拉操作步骤见图 3-8。

预应力筋采用张拉应力和伸长值进行双控。

a. 实际伸长值与理论伸长值的差值控制在 6% 以内；否则，暂停张拉，查明原因并采取措施予以调整，方可继续张拉。

理论伸长值计算公式：

$$\Delta L=\sigma\times L/E_g\times[1-e^{-(kl+\mu\theta)}/(kl+\mu\theta)]$$

式中 ΔL——预应力钢绞束理论伸长值；

σ——预应力控制张拉力；

L——计算钢绞线长度；

θ——计算长度内预应力钢绞束所有曲线转角之和；

k——每米长度孔道偏差系数 0.0015/m；

μ——孔道阻力系数，取实测值或设计给出的经验值。

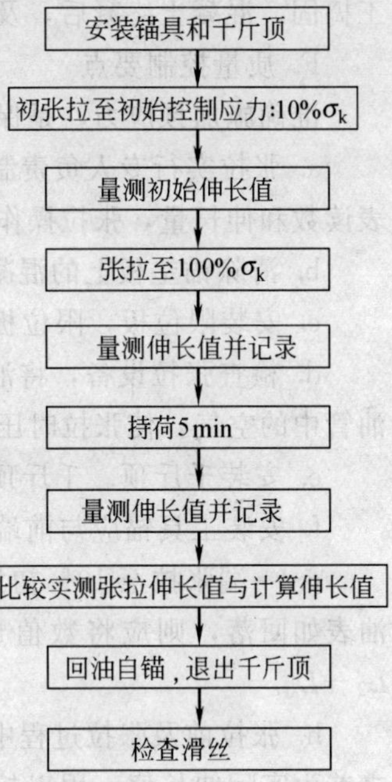

图 3-8 预应力张拉步骤

b. 预应力筋张拉时，先调整到初应力 σ_0，初应力为预应力筋张拉控制应力 σ_k 的 5%～10%，伸长值应从初应力时开始量测。实际伸长值除量测的伸长值外，必须加上初应力以下的推算伸长值。

$$\Delta L=\Delta L_1+\Delta L_2$$

ΔL_1——从初应力至最大张拉应力间的实测伸长值（mm）；

ΔL_2—— 初应力以下的推算伸长值（mm）。

D. 孔道压浆

预应力筋张拉完成后，及时进行孔道压浆工作。

a. 试验室按设计要求配置水泥浆，并提前进行水泥浆的各项性能、指标的试验复核工作。

b. 水泥浆的拌制在压浆机的灰浆搅拌桶内进行，先将水加入拌合机内，然后再放入水泥，充分拌合以后再加入膨胀剂，膨胀剂的掺量试验室确定，一般不超过水泥总量的 0.01%。

c. 拌合好的水泥浆由拌合机倒入注浆泵内，压浆自波纹管的一端注入，直到从另一端压浆孔和排气孔溢出与压浆同稠度且均匀的水泥浆为止，注浆压力控制在 0.5～0.6MPa。

d. 在整个压浆过程中试验人员必须旁站记录，并且每一工作班取一组水泥浆试件，进行水泥浆的各项指标测试评定。

E. 封锚

a. 切割锚圈外多余钢绞线，采用砂轮切割机。对混凝土进行凿毛处理。

b. 根据箱梁的钢筋设计图纸，恢复张拉槽内的钢筋。

c. 浇筑与箱梁同强度等级的混凝土，浇筑过程中严禁用振捣棒进行捣固，只能用人工捣固。混凝土终凝后，及时洒水养护。

F. 质量控制要点

准确施加预应力，是保证结构承受荷载的关键，为此制定如下控制要点：

a. 张拉实行专人负责制，张拉记录表上由技术负责人填写张拉顺序，控制应力、油表读数和伸长量，张拉操作者应将实际值计入记录表内，并作为原始记录。

b. 清除锚垫板上的混凝土，夹片与锚板、锥孔不应黏附泥浆或其他杂物。

c. 安装限位板，限位板有止口与锚板定位。

d. 检查张拉设备，将油泵空运转 1～2min，使油缸进回油 1～2 次，以排除千斤顶及油管中的空气，使张拉时压力平稳。

e. 安装千斤顶。千斤顶前端止口对准限位板。

f. 安装工具锚应与前端张拉锚具对正，不得使工具锚与张拉端之间钢绞线扭绞。

g. 一端张拉至 10%初始应力后，继续向张拉油缸加油，张拉至 100%σ_k持荷 5min，油表如回落，则应将数值重新补充到 σ_k，测量伸长值 L_2，钢绞线的实际伸长值等于 L_2-L_1。

h. 张拉前及张拉过程中，应认真测量预应力筋的外露尺寸 L_1，并做好记录，其尺寸之差为实际伸长值，用以校核理论伸长值。实际伸长值与理论伸长值相差大于 10%时，应停止张拉进行处理；相差小于 10%时，可继续张拉或二次补张。张拉锚固完毕后，经检验各项工作无误，方可进行端部锚固。

i. 预应力筋张拉过程中遇有下列情况之一时，需要重新校验：

① 张拉时预应力筋连续断裂；

② 千斤顶油封损坏，漏油严重；

③ 油压表指针不能返回零；

④ 千斤顶调换新油压表。

j. 锚固：打开高压油缸截止阀，张拉油缸缓慢降至零，活塞回程，夹片即自动跟进锚固。逐项卸下工具锚、千斤顶、限位板、封锚并做好张记录，一束钢绞线张拉完毕。

k. 孔道压浆：张拉锚固后应及时压浆（一般在 24h 之内）。考虑到本次灌浆的孔道内为钢绞线，摩擦阻力较大，故选用水泥净浆。其操作过程如下：

① 压浆前必须将孔道冲洗洁净，湿润。

② 在孔道一端的灌浆孔上安装压浆嘴并备好木塞，然后检查压浆设备。

③ 由压浆口注入水泥浆，当出口浆由水至出清浆再出浓浆时，将出浆口用木塞堵住。

④ 当压浆压力上升到 0.6MPa 时，保持此压力压浆 1min，将压浆口关闭。使水泥浆在有压状态下凝结，以保证泥浆丰满、密实。

⑤ 每一孔道压浆完毕后，应填写压浆记录表，每班至少做 7.07cm×7.07cm×7.07cm 立方体试件两组，标准养护 28d，检查其抗压强度，作为水泥浆质量评定的依据；

另外，压浆过程中，还应注意水泥自搅拌到灌入的延续时间不得超过 30～45min，并在使用前和压浆过程中经常搅动。

l. 质量控制：为了能够保证预应力工程的施工质量，一方面严格按照规范、规程和预应力施工方案进行施工；另一方面，加强质量管理和监督，严把质量关，不留任何工程隐患。由经理和主任工程师进行总体监督，每道工序严格控制。具体质量控制见图 3-9。

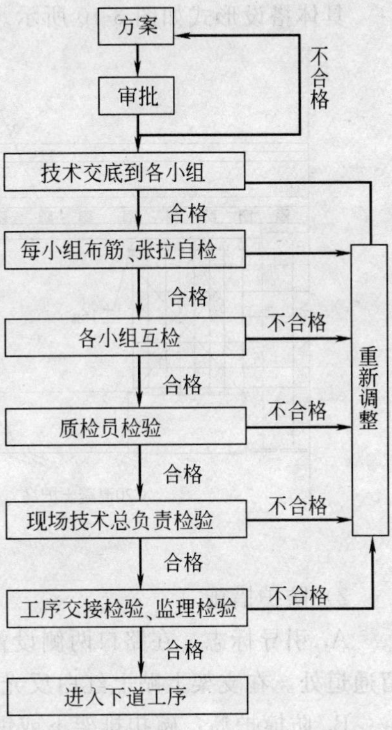

图 3-9　预应力施工质量控制框图

预应力材料检查应进行下列检查：①钢绞线外观检查：无锈坑、无折弯、无断丝及直径检测。②力学性能检查：以每次重量不大于 60t 为一验收批，抽检一组，进行力学性能实验；同时，要对钢绞线的弹性模量进行检测，以便计算钢绞线张拉时的理论伸长值。

预应力施工及验收标准：预应力专项工程在结构施工中是技术含量较高的部分；同时，预应力部分对结构的受力影响大，因而在施工过程中，应严格依据规范、规程和标准的要求，进行施工和验收，并对技术资料及时整理和归档。

预应力结构施工时应满足设计施工相应规范、规程和标准。

7）支架和模板拆除

箱梁侧模在混凝土强度达到设计要求后拆除，模板拆除洒水养护。底模和支架必须在预应力钢绞束张拉结束，管道压浆强度达到设计要求后方可拆除。落架的次序为先跨中后支点，纵横对称，均匀进行。

(7) 现浇预应力钢筋混凝土连续箱梁混凝土徐变的控制

为了有效控制和减少施工原因对混凝土徐变的不利因素，特采取以下施工控制措施：

1）在满足工期要求和设计规定的前提下，尽量推迟张拉。使得张拉时的混凝土在强度和弹性模量上均达到或将近达到终值，在混凝土成熟过程中，与时间相关徐变上拱的影响会减小。

2）加强混凝土施工质量控制。选用级配良好、质地坚硬的骨料，以提高混凝土的弹性模量。

3）在配合比中掺进一定的粉煤灰，降低水泥用量，提高混凝土的和易性。减少混凝土的水化热，避免后期裂缝的开展，使混凝土徐变特性达到最优。

4）制梁时预设反拱，使其抵消或部分抵消徐变上拱，以便梁体顶面得到直线形的最终状态。

(8) 跨越现有道路交叉口的支撑体系

1）在跨越现有匝道的位置预留净宽 3.5m，净高大于 4m 的门洞，拟采取如下方案保证现浇箱梁支架通过：用Ⅰ40a 工字钢搭设框架支撑纵梁，Ⅰ16 工字钢作为框架横梁。碗扣脚手支架作为支撑墩。

具体搭设形式如图 3-10 所示。

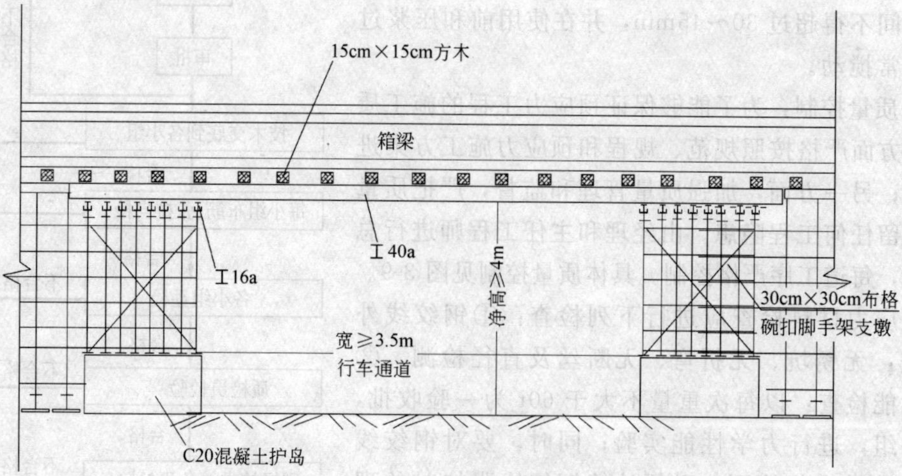

图 3-10　支撑体系搭设

2）防护措施

A. 引导标志：在路口两侧设置交通引导、限速标志，使过往车辆提前减速至桥梁预留通道处。在支架上贴上红白反光条警示。

B. 防撞护岛：碗扣排架下或钢柱支墩下设 1.2m 高的 C20 混凝土护岛，防撞护岛表面刷红白油漆并贴反光条警示，在防撞护岛两侧设防撞闪烁警示灯。

C. 交通疏导：通道两侧 100m 前即开始设置交通导行标志，设专人指挥交通，防止交通堵塞。

3）跨铁路交叉处施工方法

据设计图，跨铁路处为桥梁上部结构为钢筋混凝土叠合梁、钢梁均采用工厂内加工、工地组装成型后再吊装的施工方案。施工前，预先与铁路部门取得联系。为保证施工安全，在两条铁路上下行之间加设临时支墩，在架设时铁路两端 1000m 处设专人进行安全指挥。

（9）桥梁支座的施工

支座的安装分两步进行，支座下部与墩柱顶的预埋钢板焊接，上部与板顶预埋钢板焊接。预埋在墩柱顶的钢板预埋筋与墩柱钢筋焊接牢固。墩柱施工完毕后，即可进行支座的安装。支座下部与墩柱钢板焊接时，支座上、下部结构暂时分开。支座下部与钢板焊接时严格控制高程，确保支座的水平。焊接完成后，在支座表面均匀涂一层硅胶，以增加支座的滑动性。最后，将上部支座与下部合并，完成整个安装过程。支座一旦安装就位完成，严禁重物撞击，并将暴露在空气中的钢板及时涂刷防锈漆。

（10）防撞混凝土护栏的施工

1）防撞护栏的模板全部采用定型钢模，钢模的支撑加固如图 3-11 所示。

2）防撞护栏施工的注意事项

A. 检查梁板搭板处预埋件位置，不符合要求处必须进行处理，达到要求后方可施工。

B. 钢筋加工及绑扎严格按设计图及钢筋工程要求进行。

C. 模板选用定型钢模板连接牢固，连接处用海绵条填塞。

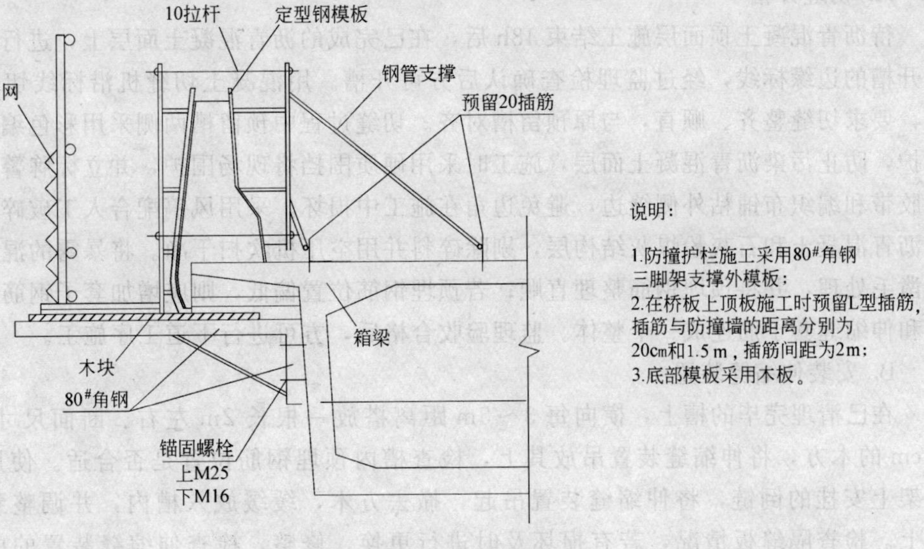

图 3-11　定型钢模的支撑加固

D. 栏杆的高度通过支护模板调整，模板线型顺适、美观，支护牢靠。

E. 施工时，注意预埋件位置的准确性。

F. 立柱及加筋板与法兰盘面板焊接施工中确保质量，质检人员逐一验收。

G. 安装金属预制件时，螺栓应拧紧，松紧要适度。

H. 金属预制件表面平顺，安装后外露部分防腐涂料。

I. 在伸缩缝处，各墩中线及跨中断开，连接构件按设计要求进行处理。

J. 护栏采用现浇混凝土分层浇筑振捣，混凝土的坍落度控制在5～7cm。

(11) 伸缩缝施工

1) 伸缩装置安装工艺流程见图 3-12。

2) 施工控制要点：

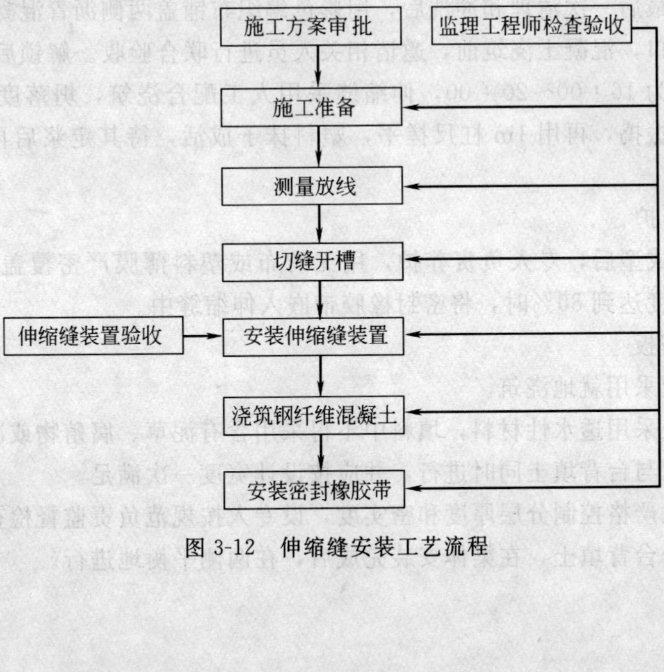

图 3-12　伸缩缝安装工艺流程

A. 切缝开槽

待沥青混凝土顶面层施工结束48h后，在已完成的沥青混凝土面层上，进行测量并弹出开槽的边缘标线，经过监理检查确认后方可开槽。用混凝土切缝机沿标线切开沥青面层，要求切缝整齐、顺直，与原预留槽对齐。切缝过程中预留槽两侧采用彩色编织布进行保护，防止污染沥青混凝土面层，施工时采用硬质围挡将现场围护，并立标牌警示。及时用胶带和编织布铺粘外侧缝边，避免边角在施工中损坏。采用风镐配合人工破碎预留槽内的沥青混凝土和石灰粉煤灰结构层，剔除碎料并用空压机吹扫干净。将暴露的混凝土面进行凿毛处理，并将预埋钢筋整理直顺；若预埋钢筋位置偏低，则应增加套子钢筋，将预埋筋和伸缩缝套子筋连成一个整体。监理验收合格后，方可进行下道工序施工。

B. 安装伸缩缝装置

在已清理完毕的槽上，横向每3～5m距离搭放一根长2m左右、断面尺寸10cm×10cm的木方，将伸缩缝装置吊放其上，检查槽内预埋钢筋位置是否合适。使用自制小门架上安挂的倒链，将伸缩缝装置吊起，撤去方木，缓缓放入槽内，并调整到设计位置上。检查隔缝板情况，若有损坏及时进行更换、修整。检查伸缩缝装置的中线位置（要与桥梁端间隙中心线对应）。沿预留槽纵向每3m搭设一根Ⅰ16工字钢（事先调直），保证工字钢底面与路面水平。用捯链将缝体调整到与工字钢底面齐平，并在伸缩缝装置纵向非活动端，将伸缩缝与工字钢点焊。用3m直尺检查非活动端，纵向直顺度，若有不平整处，用木楔子垫平。施工应保证“三个当天”，既当天焊接、当天解锁、当天浇筑混凝土。首先，整理非活动端预埋钢筋，将伸缩缝装置与预埋钢筋焊接，采用对称焊接的方法，并执行首件样板制，焊接过程中，边焊边检查直顺度。伸缩缝装置安装前，应按照安装时的气温调整安装时的定位值，确定后将活动端预埋钢筋与伸缩缝装置焊接，调整及焊接过程同非活动端。焊接固定完毕经甲方、设计、监理检查同意后，方可进行下道工序的施工。最后，用手砂轮将伸缩缝装置与Ⅰ16工字钢的焊点磨开，并将伸缩缝装置顶面打磨平整。

C. 浇筑混凝土

对预留槽作最后一次清理和冲洗后，用彩色编织布铺盖两侧沥青混凝土路面，同时用胶带粘封伸缩缝口，混凝土浇筑前，邀请相关人员进行联合验收。解锁后4～6h内浇筑混凝土，浇筑时间为16：00～20：00，伸缩缝采用人工配合浇筑，坍落度不大于8cm，采用插入式振捣器振捣，再用1m杠尺搓平，塑料抹子成活，待其定浆后再用铁抹子赶光，最后做拉毛处理。

D. 混凝土养护

混凝土浇筑成型后，专人负责养护，用无纺布或塑料薄膜严密覆盖，洒水湿润养护7d。待混凝土强度达到80%时，将密封橡胶带嵌入伸缩缝中。

（12）桥头搭板

1）桥头搭板采用就地浇筑。

2）台后填土采用透水性材料，填料中不得采用含有泥草、腐殖物或冻土块。

3）锥坡填土与台背填土同时进行，并应按设计宽度一次满足。

4）台背填土严格控制分层厚度和密实度，设专人按规范负责监督检查。

5）轻型桥台台背填土，在梁体安装完成后，在两侧平衡地进行。

6）钢筋加工及安装按照设计图进行及钢筋工程进行。

7）混凝土浇筑严格遵照工程要求分层进行。

（13）桥面防水

本工程采用的桥面防水材料为柔性防水材料，材料进场后要对其质量进行检测，符合规定标准后才能使用。

防水层施工的注意事项：

1）混凝土基面必须充分干燥，保持平顺、清洁。防水层施工组织专业单位施工。

2）乳化沥青涂刷完毕后不可有车辆在上边行走。

3）防水层在浇筑伸缩缝混凝土前上翻。并在两侧的混凝土护栏上翻 5cm，并与混凝土粘结牢固。防水材料在折角处做成圆弧过渡，消灭死角。

4）防水层采用纵桥向铺放，纵向搭接长度不小于 10cm 横向搭接长度不小于 15cm，横向搭接的接头要错开布置，底层表面必须平顺、干燥、干净。

5）防水层施工完毕后，已完成段及时封闭隔离，运输沥青混凝土的重车在上通过时，要铺设草袋进行防护。

6）及时清理掉在地上防水层上的石子，避免车辆通过时硌破防水层。

3.3.7　挡土墙工程

施工工艺为：测量放线——→基底开挖——→基底承载试验——→钢筋绑扎——→立模——→浇筑混凝土——→拆摸——→养护。

基础开挖后，对地基的承载能力要进行检测；如不符合设计要求，应及时向设计单位提出，进行补强处理。

挡墙分段位置设置在伸缩缝处，混凝土浇筑时应分层对称浇筑。

墙后填料在混凝土强度达到 70％以上方可进行填筑，距离墙体 1m 范围内的填料，采用砂砾填筑，并不得采用大型压路机械进行碾压，以确保墙体的稳定。

3.4　排水工程

3.4.1　开工前的准备工作

（1）技术准备

组织施工技术人员学习招标文件有关条款，熟悉施工图纸和有关图集及规范。查看现场环境，调查地上地下其他设施位置及高程是否与设计发生矛盾。分层进行交底工作。

就业主提供的桩位和水准点进行复核，并对桩位做出控制桩，沿线做临时水准点。

（2）材料准备

1）建立职工生活区，搞好后勤供应及管理工作，保证职工生活及健康。

2）准备路口封闭围挡、路挡、警示灯、警示牌、布标、彩旗等宣传用品。

3）与沿途单位联系施工用电，自设控制表箱，挂表计量。

4）进入现场后对施工地段的现状地面高程进行测量制出断面图，请建设单位认定。

5）调查影响拟建管道正常施工的其他设施，就地刨验、绘制出拟建管道与设施的关系图，提出拆迁、切改的建议、方案，并制定对其他设施的加固。

3.4.2　工艺流程

施工工艺流程为：放线——→打钢桩——→打井降水——→开槽、支撑——→砂石基础——→安管→砌筑检查井→闭水试验→回填、夯实→竣工验收。

3.4.3　主要施工方法

（1）施工放线

依据规划桩和施工图纸给定尺寸进行放线，经监理复核后准许开工。实际位置、高程与设计不符合处及时通知监理、设计人员，现场更正确定。

（2）打钢桩

本施工段部分开槽深度大于4m按设计要求进行打钢桩支护。钢桩采用工字钢，桩长8～10m，钢桩间距0.8m。钢桩选用1.2t柴油打桩机打入。

（3）打井降水

槽深4m以上打桩段采取大口井降水方法，保持水位低于沟槽底以下500mm。

（4）挖槽

选用挖土机挖槽、人工配合，上部较干燥的土暂存一侧留用还槽，其余土方装车外运。应留有20～30cm原土由人工清挖。

槽深2m以内的采取单侧排水沟，槽深2m以上的采取双侧排水沟。

（5）碎石垫层

碎石最大粒径不大于25mm，天然级配最大粒径不大于32mm。

*D*200的污水支管与*D*300的雨水支管基础采用C10混凝土。大管径平口管混凝土基础尺寸按照《排水标准图集》施做。

（6）安管

采用人机配合安管，下管前要认真检查管材质量，将管内的杂物清理干净，管子的承口朝向上游。对口后由两个3t手搬葫芦索管，管子的中线及高程由经纬仪和水准仪监控施工。

安管按先深后浅的原则，深槽管安装完毕回填至浅槽槽底后，再进行浅槽的施工。

原马蹄管为雨污水合流管，管内水位较高，淤泥较多，破井安管前必须进行施工措施交底和安全技术交底。

雨水收水井支管及收水井待路两侧路基施工完毕后施做。

（7）砌筑检查井

各型检查井、收水井，均采用MU10机制砖、M10水泥砂浆砌筑。井盖高程受路面高程及坡度的控制。各型检查井分两次砌筑，第一次砌筑高度至道路结构层，第二次待道路灰土层施做完毕后砌筑。在验收前上游来水方向的管头和下游排水方向的管头及预埋管头砌堵抹面。

（8）管道试验

污水管道在试验段井内砌堵抹面，向管内注水，注水高度应高出上游管顶4m，试验时间不少于30min。

（9）回填

雨、污水管道的管子胸腔部位回填碎石，管顶以下由人工对称填土，防止管身发生位移，每步回填厚度不大于300mm。回填高度至管顶以上400mm。道路结构层以下0.6～1.5m范围内密实度要求95%，大于1.5m部分密实度要求90%。

4 质量安全环保技术措施

4.1 质量保证体系及管理组织机构

为保证优质地完成本工程的施工任务，我们将建立具有针对性的一套完整的技术、质量保证体系，成立技术攻关组织机构、质量管理组织机构，编制《技术管理规定》、《质量控制规定》及《创优计划》，针对重点难点项目进行科技攻关，对与工程质量有关的内容进行详细分解，对每一项控制内容都进行定人、定工作内容、定标准、定责任制度。

（1）质量控制目标

1）满足业主对工程质量的要求，确保工程质量等级达到市优。

2）工程一次验收合格率达到100%，优良率达到95%以上，确保市级优质工程。

3）施工资料完整、真实、准确。

4）质量控制体系完备

5）质量管理方针

质量方针为："中国建筑，服务跨越五洲；过程精品，质量重于泰山"。工程质量是建筑施工企业的生存之本，必须对全体施工人员进行深入的质量教育，树立"质量第一"的观念，体现企业以质量、信誉取胜的经营理念和道德风尚。

（2）质量管理体系

为了贯彻质量方针，确保工程质量目标在本工程项目的实现，我单位建立质量管理体系，设置现场工程质量控制机构，配备足够的有经验的技术人员、质检人员、管理人员和操作人员，按照由上到下的顺序进行工程质量管理，确定质量职责和质量活动的内容及要求，明确施工过程中的质量控制程序。

（3）质量保证体系

为保证工程的创优目标，我公司将严格按照 ISO 9002 标准建立强有力的质量保证体系，进行标准化、程序化管理，认真落实质量责任终身保证制度。质量保证体系框图如图4-1所示。

（4）质量管理组织机构

成立以项目经理为第一负责人的工程质量管理小组，组员为项目部各部室和各施工工区，在公司技术质量和监理单位的监督下，树立"百年大计，质量第一"的思想，对本项目的工程质量全面负责。

4.2 质量管理措施

（1）组织保证措施

1）加强施工技术管理，严格执行以项目总工程师为首的技术责任制，使施工管理标准化、规范化、程序化，认真熟悉施工图纸，深入领会设计意图，严格按照设计文件和图纸施工，吃透设计文件和施工规范、验收标准。施工人员严格掌握施工标准、质量检查及验收标准和工艺要求，并及时进行技术交底，在施工期间技术人员要跟班作业，发现问题及时解决。

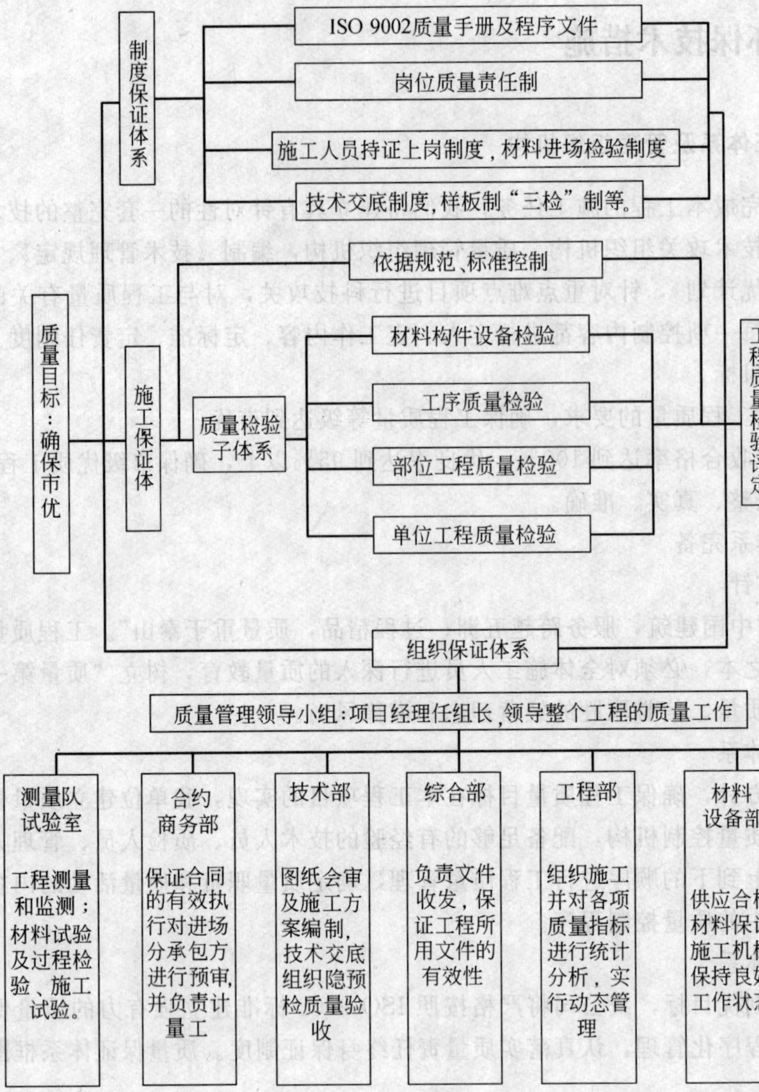

图 4-1　质量保证体系框图

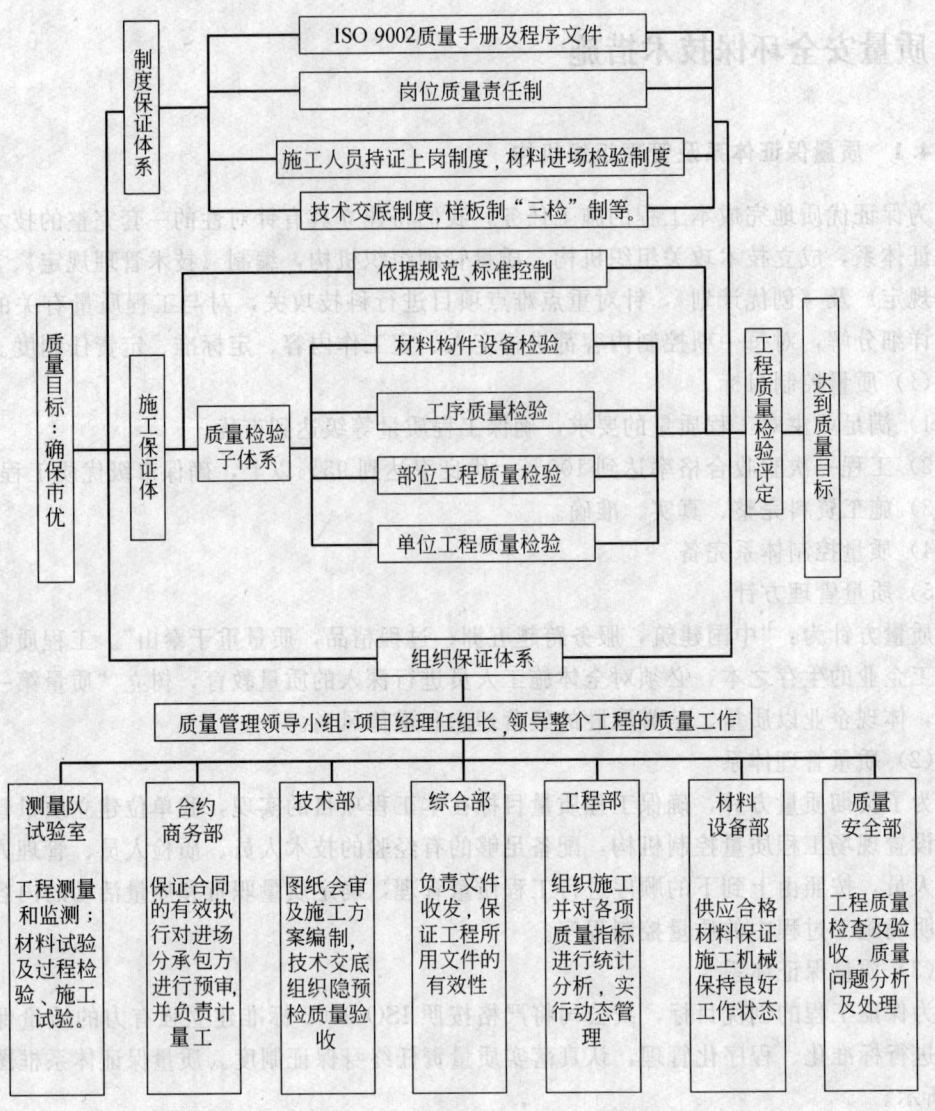

2）严格执行工程监理制度，施工队自检、经理部复检合格后及时通知监理工程师检查签认，隐蔽工程的质量验收必须经监理工程师签认后方能隐蔽。

3）项目经理部设专职质检工程师、工程队设兼职质检员，保证施工作业始终在质检人员的严格监督下进行。质检工程师拥有质量否决权，发现违背施工程序，不按设计图纸、规范及技术交底施工，或者使用材料半成品及设备不符合质量要求者，有权制止，必要时下停工令，限期整改并有权进行处罚，杜绝半成品或成品不合格。

4）制定实施性施工计划的同时，编制详细的质量保证措施，没有质量保证措施不能开工。质量保证体系和措施不完善或没有落实的应停工整顿，达到要求后再继续施工。

5）建立质量奖罚制度，明确奖罚标准，做到奖罚分明，杜绝质量事故发生。

6）严格施工纪律，把好工序质量关，上道工序不合格不能进行下道工序的施工；否则，质量问题由下道工序的班组负责。对工艺流程的每一步工作内容要认真进行检查，使施工规范化、合理化。

7）制定工程创优计划，明确工程创优目标，层层落实创优措施，责任到人。

8）坚持三级测量复核制，各测量桩点要认真保护，施工中可能损毁的重要桩点要设置保护桩，施工测量放线要反复校核。认真进行交接班，确保中线、标高及结构物尺寸位置正确。

9）施工所用的各种计量仪器设备应按照有关规定进行定期检查和标定，确保计量检测仪器设备的精度和准确度，严格计量施工。

10）所有工程材料应实现进行检查，严格把好原材料进场关，不合格材料不准验收，保证使用的材料全部符合工程质量的要求。每项材料到工地应有出厂检验单，同时在现场进行抽查，一定要做到来历不明的材料不用，过期变质的材料不用，不符合工程质量要求的材料不用，消除外来因素对工程质量的影响。

11）做好质量记录。质量记录与质量活动同期进行，内容要客观、具体、完整、真实、有效，条理清楚，字迹清晰，各方签字齐全，并有可追溯性。由施工技术员、质检员、测试人员或施工负责人按时收集并保存，确保本工程全过程记录齐全。

12）坚持文明施工，创造良好的施工环境。为优质、安全、高效的施工创造良好的施工条件，并做到道路平整，排水通畅，材料堆放整齐和机械车辆停放有序。

（2）制度保证措施

1）工程质量责任制：实行工程质量终身责任制，建立层层负责的质量责任制，对所有施工项目明确领导责任人，所有参与施工的有关负责人，按职责分工，承担相应的质量责任。

2）质量包保责任制：采取质量包保责任制，签定承包合同，将质量目标分解到每个人，使每个人的质量责任与经济利益挂钩。

3）质检工程师监督制：设立专职质检工程师。以制度化管理确保现场质检工程师对工程质量检查监督的有效性；同时，以行政手段赋予质检工程师对工程质量实施奖惩权威性。项目部对工区的验工计价，必须经监理、质检工程师签字，项目经理审批后，财务部才能支付。

4）优质优价计价制：合同项目由项目部统一按投资的1%提取优质优价基金，凡被项目部评为优质项目的，将提取的1%予以返还；否则，不予返回。

5）质量教育培训制：根据本工程的施工特点、技术措施、质量要求，充分利用一切机会，通过全面质量管理教育，组织技术业务学习、岗前培训等形式，提高全员质量意识和技术素质。

6）QC小组活动制：按贯标质量计划要求，在各工区成立一定数量的QC小组，并随工程进展开展活动。

7）质量检查制：施工期间，各工区必须严格建立各种检查制度，坚持定期和不定期的质量自查自检自评和抽查制度，并对检查结果予以真实记录，发现问题及时制定整改方案、措施，限期整改。

定期检查：项目部在每月底，由质量管理小组实施，各工区领导、质检工程师并邀请监理工程师参加。

不定期检查：主要对验工计价项目进行抽检。

8）建立与监理工程师联系制度：项目部、各施工队的质检工程师及时听取监理工程师对本工程质量工作的意见，特别对监理提出的改进意见、措施应及时组织有关人员进行落实。

(3) 技术保证措施

1）建立以项目经理领导下的技术责任人负责的责任制度。

2）技术责任人负责贯彻执行技术规范标准和上级技术决定，制定施工项目的施工技术管理制度。

3）技术责任人直接领导技术员、施工员及有关职能人员的技术工作。

4）及时组织有关人员熟悉图纸，编制单位工程和分项工程的施工组织设计。

5）对于施工中的重要工序，技术负责人必须向施工项目内有关人员进行施工技术交底。

6）定期审定施工技术组织措施计划并组织实施。

7）技术负责人应参加隐蔽工程验收，处理质量事故并向上级报告。

8）领导项目部有关人员组织技术学习，总结交流技术经验。

(4) 施工技术管理主要内容

1）承接工程后，详细阅读业主提供的工程建设大纲和地下管线、临近结构物等图纸资料、设计单位提供的工程地质勘测报告、工程设计图纸、技术文件和监理单位提供的工程监理大纲及有关文件；透彻了解建设、设计和监理单位对本工程施工质量的原则要求和特殊要求，并在工程实施前召开由设计、建设、监理和施工四个单位有关人员参加的技术、质量交底会，进一步明确设计意图、技术要求和质量检验标准。

2）工程施工前，按照设计技术规格书、施工图纸、设计变更等设计文件要求编制工程实施性施工组织设计、施工方案、技术措施、工程质量保证体系、质量计划、质量控制程序及工程质量保证措施，经工程监理单位审查批复后实施。

(5) 现场施工技术管理

根据施工任务需要，配置足够的、能满足使用要求与测试精度的各种设备、工具、卡具、仪器仪表、计量器具。现场所用计量器具必须经过国家认可的有关部门或单位鉴定，并在鉴定合格证的有效期内使用。

(6) 贯彻技术交底制度

严格按照设计文件、国家颁布的施工验收规范、操作规程和工程质量检查评定标准指导施工，并结合实际情况建立保证质量的各种管理制度和管理办法，坚决执行"三个必须"的技术管理制度，即设计图纸必须详细审查，未经审核的设计图纸不得交付施工；方案必须批准，未经批准的方案不得施工；技术必须交底，特别是在施工前要详细进行交底，把施工要点、质量标准通过各种形式写出来，做到人人心中有数。

(7) 贯彻技术交底复核制度

1）分项工程主管工程师，根据施工任务和质量要求，制定相应的工作计划，做好各项工程的衔接，认真进行各道工序的施工质量控制及防止污染措施的检验，对施工中的每道工序，按技术标准的要求检验合格后，经监理工程师或业主代表检验合格后方可进行下一道工序的施工；同时，对工程质量及施工进度进行严格管理，使整个工程施工处于受控状态。

2）把好各道工序中施工过程的质量检验关，对加工的半成品按要求认真进行检查验收，并报驻地监理检验。认真做好原材料的检查试验和对混凝土、喷射混凝土的质量检查工作，使其始终处于可控状态。

3）坚持三级测量复核制，各测量桩点要认真保护，施工中可能损毁的重要桩点要做好护桩，施工测量放线反复复核，确保中线、水平及结构物尺寸位置正确。

4）工程实施前，严格按照经过业主审定的施工组织设计和保证质量的施工技术措施的要求进行施工，每道工序都要严格按照图纸施工，不折不扣地执行 ISO 9002 标准和施工与验收规范及建设单位、监理单位做出的技术规定；每道工序完毕，先由班组自检，合格后填写质检报告单；然后，由施工队初检，合格后再由项目部专职质检员会同建设单位代表和驻地监理正式验收，获准后方可进入下一道工序施工。

（8）现场内业资料收集、整理、汇编、归档

1）内业资料的内容包括设备、材料、文件和施工工程资料。

2）认真填写各类原始报表和隐蔽工程验收报告单，验收原始报表装订成册，归档管理。

3）各种原始资料和技术资料均须报经有关部门，经过签认后进行汇编归档。

4）内业资料的归档要正确规范，条理清晰。

（9）竣工资料编制、验收、归档、管理

1）原始资料进行重新整理，按照规范要求归入竣工资料。

2）竣工资料的编制必须按照业主、监理、档案馆及有关技术规范的要求进行编制。

3）竣工资料管理归档必须做到及时、正确、齐全、规范。

（10）技术管理措施

1）建立以技术责任人为核心的，包括测量员、资料员在内的技术管理体制。

2）根据工程特点和施工规范，制定安全、合理、经济的技术方案指导施工。

3）深入现场，在施工现场及时发现问题，解决问题。

4）对施工中的特殊部位及难点、重点、关键点，应重点编写施工技术措施。

5）所有施工组织设计应由公司总工程师及项目总工程师审核后，再报建设单位和监理单位审批，并根据审批意见，对施工组织设计予以补充和完善。

6）施工组织设计审查批准后，立即组织项目部相关人员进行学习，并对关键部位予以重点交底。

7）在施工过程中，各单项工程的关键工序、技术要点，由技术人员现场交底，随班作业，不但要交到施工队，还应交到班组及个人，做到人人对技术要点清楚，个个对技术要点明白，并且要严格做好现场签证工作。

8）图纸到项目部后，组织项目部相关人员进行学习，对提出的问题予以汇总，并在设计交底会议上提出，得到答复后再组织有关人员进行交底。

9）施工中遇到的设计问题及时与设计单位进行联系。

10）积极与设计单位联系，优化设计方案，使其更符合工地实际情况。

11）随着工程的开展，根据要求，确定所需资料的全部内容，在工程施工中进行认真的收集、填写、整理。

12）工程部时刻掌握工程进度情况，整理好相应的资料和报表，并及时报送监理、建

设单位所需资料。

13）施工结束后，根据要求将资料装订成册，并做到竣工资料正确、齐全、真实。

4.3 质量通病的防治措施

（1）混凝土质量通病的病因及防治（表4-1）

混凝土工程质量通病及防治 表4-1

质量通病	产生原因	防治措施
蜂窝	1. 混凝土配合比不当； 2. 混凝土搅拌时间不够，拌合不均匀，振捣不密实； 3. 混凝土未分层下料、振捣不实、漏振或振捣时间不够； 4. 模板漏浆； 5. 钢筋较密，使用石子粒径过大或坍落度过小	1. 严格控制混凝土配合比，做到计量准确； 2. 混凝土拌合均匀，适当控制坍落度； 3. 加强振捣工序，严格振捣工序，防止漏振、欠振； 4. 浇灌时分层下料，分层捣固，振捣时间要充分； 5. 模板缝要堵塞严密，随时检查模板支撑，防止漏浆； 6. 严格控制原材料的选用，不合格材料不进场
孔洞	1. 钢筋较密部位或埋设处，混凝土下料被搁住，未振捣就继续浇筑上层混凝土； 2. 混凝土离析、砂浆分离、石子堆积，严重跑浆，又未进行振捣	在钢筋密集处及复杂部位，采用细石子混凝土浇筑，模板缝充满，认真分层振捣密实或配合人工振捣
麻面	1. 模板表面粗糙，杂物未清除干净； 2. 模板未浇水湿润或滋润不够； 3. 模板拼缝不严，局部漏浆； 4. 模板隔离剂涂刷不匀或局部漏刷； 5. 混凝土振捣不实，气泡未排出停在模板表面形成麻点	1. 将模板表面清理干净，不得粘有干硬水泥砂浆等杂物； 2. 浇灌混凝土前将模板充分湿润； 模板拼接严密，防止出现缝隙； 模板隔离剂涂刷均匀，不得漏刷； 混凝土分层均匀振捣密实，至排除气泡为止
混凝土表面不平整	1. 混凝土浇筑后，表面未用抹子找平压光，造成表面粗糙不平； 2. 模板支撑松动或支撑面不平、泡水，致使新浇灌混凝土早期养护发生不均匀沉降； 3. 混凝土未达到一定强度便上人操作或运料	严格按施工规范操作，灌注混凝土后应根据水平控制标志用抹子找平、压光，终凝后浇水养护，模板应有足够刚度和稳定性，支撑应牢固，以保证不发生下沉

（2）裂缝出现的病因及防治

1）温差裂缝

由于混凝土在凝结过程中，产生水化热，散热慢，混凝土外部散热快，产生内外温度差，温差产生温度应力，温度应力产生形变，混凝土在硬强化过程中，其拉应力抵挡不了由于温差而产生的形变，因而产生裂缝。通常，内外温差在25℃时就容易产生温差裂缝，其宽度一般在0.5mm以下，裂缝走向无规律；如果温差过大时，能引起危害很大的纵深贯穿裂缝。

主要防治措施是：

A. 对混凝土表面进行保温覆盖，勿使表面降温过快。

B. 严格按规定进行养护。

C. 采用低水化热水泥，不使用有早强性能的水泥，采用粉煤灰掺合剂。

D. 夏季作业采用低温水拌合，必要时对骨料采取冷却措施，浇筑大面积混凝土时，还在混凝土内部埋设循环冷却水管，进行内部水冷。冬期作业时，混凝土外部一定要进行防范，模板内贴塑料气孔薄蜡，是一项成功的措施。

2）干缩裂缝

多发生在混凝土表面，宽度在0.05～0.2mm之间，其原因是没有按规定时间洒水养护，混凝土表面水分散失过快，造成内外的不均匀收缩，引起混凝土表面产生裂缝。混凝土超振形成大量浮浆或者水泥用量过多，或者使用了含泥量大的粉细砂配置混凝土，加上养护不好，更容易产生干缩裂缝。

3）冷缝

在同一浇筑块之间，上下浇筑层由于超过允许间隙时间，下面浇筑层表面已形成的乳皮（含游离石灰的水泥膜），无法在振捣中消失，上下浇筑层不能形成浇筑整体，上下层面成为软弱夹层，称为冷缝。冷缝影响抗渗能力，影响抗剪抗拉和构筑物的整体安全，严重影响构筑物的施工质量；如果冷缝发生在结构物的剪应力或拉应力最大的部位，则构成重大质量事故。

防止冷缝的措施，除了必要时添加一定的缓凝剂，延长上下层面浇筑的允许间隙时间外，最根本的措施是确保仓号的浇筑强度，即上层混凝土浇筑完毕的时间，不能大于下层已浇混凝土的时间；否则，必然出现冷缝。夏季高气温作业，更应注意防止。

4）流塑裂缝

是指混凝土在振捣前发生的塑性变形而产生的裂缝，其主要原因有：

A. 由于模板支护不牢，拉紧螺栓不紧，该楔除的部位没楔，和模板支架、支点间距无穷大等造成跑模而产生的裂缝；

B. 如有特殊要求则按设计图纸说明施工；

C. 自上而下振捣不当，应该是自下而上振捣。

5）缺少补强钢筋产生的裂缝

变断面和孔洞四周是应力集中的部位，容易产生裂缝；混凝土强度最低的部位和应力最大的核心部位，也容易产生裂缝。在钢筋混凝土中，拉应力主要由钢筋承担，合理配置钢筋可以限制裂缝的开展。配置细而密的能提高混凝土的抗裂性。除在结构表层设置防裂钢筋外，在变断面和洞口四周必须配置补强钢筋。钢筋的合理布置和在混凝土薄弱处增加补强钢筋可减少裂缝。

（3）桥梁上部构造工程质量通病及防治措施（表4-2）

4.4 安全保证体系

工程施工中建立安全保证体系如图4-2所示。

4.5 安全措施

为加强现场安全施工管理工作，在施工前对全体参与施工人员进行全面的安全生产教育，全面进行安全施工交底，在施工过程中认真按照各项安全操作规程执行，杜绝各种安全事故的发生，以保证安全施工的顺利进行。

桥梁上部构造工程质量通病及防治　　　　**表 4-2**

质量通病	产生原因	防治措施
桥头跳车	桥头标高顺接不好，伸缩缝安装平整度不够，桥头回填压实质量不好	(1)严格按施工要求的台背填筑范围进行台背填筑。 (2)台背填料选择，级配较好的天然砂砾。 (3)台背碾压方法，尽可能扩大施工场地，以便充分发挥大型填方压实机械的使用，每层填筑厚度不大于15cm，确保台背的压实度。接近台背结构物不能使用大型压路机械碾压的，采用立式震动夯，控制每层的填筑厚度10cm以下。 (4)强化质量管理，设专人控制每个台背的碾压质量，挂牌上岗
桥面漏水	伸缩缝处理不当，预留漏水孔四周围堵不严密	伸缩缝施工时要精心施作，安装中间的防水橡胶条要由专业施工队伍施工，与螺栓连接孔洞要作防水处理；桥面板上的预留泄水孔四周用防水材料封堵
支座脱空	施工时未注意各部分标高控制，尤其是桥台、桥墩、盖梁顶面标高控制；支座坐浆空鼓，造成支座底支撑不牢固；支座移位，支撑中心线标高与设计标高偏离	施工时准确进行各部位施工测量放样。检查支座安装前的支座垫石高度，支座与垫石的固定最好采用胶粘，避免脱落或移位

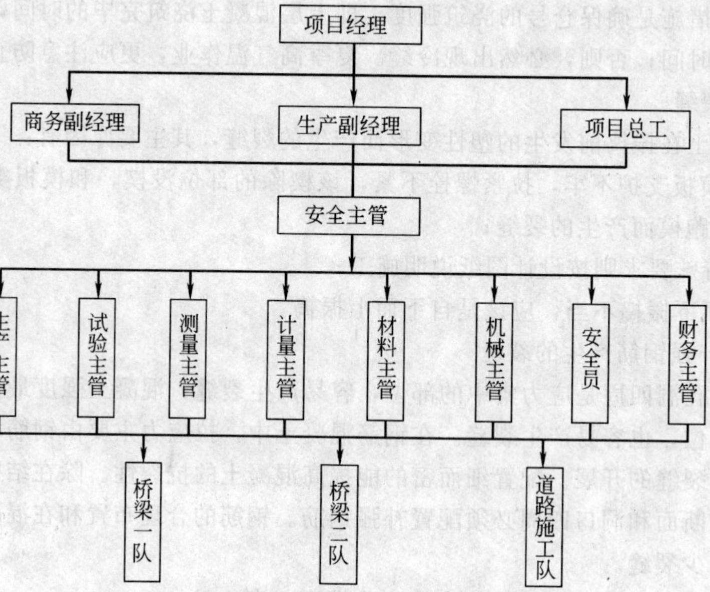

图 4-2　安全保证体系框图

(1) 参加施工的人员必须熟知本工种的安全操作规程，在操作规程中严格遵守，听从指挥。

(2) 特殊工种须经过专业培训，持证上岗。

(3) 夜间施工有足够的照明，重点路口应设警示灯防止行人和自行车撞入沟槽。加强消防安全投入，对油料、生活区等重点部位要重点控制。施工现场不能存放油料。消防设施要健全，并使其始终处于良好的状态。针对道路施工战线长、机械多、车辆多的特点，加强机械驾驶人员的安全教育尤其重要。严禁酒后上岗。

(4) 经常组织安全检查工作，以增强施工人员的安全意识，设专职人员负责安全工作，发现问题随时纠正处理。

(5) 贯彻执行安全生产责任制，做到分组负责，分片负责，事事有人负责，时时有人负责，把安全工作贯彻到各个生产环节，并与民工队伍签定安全合同或协议，明确责任。

(6) 建立由项目经理和项目专职保卫员主管、各单位工程项目负责人及保卫员配合的保卫组织体系。将保卫工作系统责任化，形成由项目经理部、项目分部、施工作业队三级管理的保卫网络。

(7) 对项目全体职工经常性的进行法制教育和法制宣传，增强职工的法制观念和保卫防范意识，让职工自觉的各项规章制度。尤其是当地政府及管理部门的有关治安保卫方面的规定。组织职工加强学习，保证与群众建立友好的关系。

(8) 项目经理部和分部保卫人员要定期对施工路段的消防、保卫、交通安全等项工作进行检查。对发现的各项隐患及时给予整改；当时无法整改的，要制定临时防护措施，进行专项登记研究，制定出切实可行的解决办法。

(9) 为保证保卫防范制度的充分落实与实施，项目经理部将制定奖惩制度，对保卫工作成绩突出的个人进行物质和精神奖励，对于违反规定的个人，将视情节轻重，给予同种程度经济或纪律处分，确保做到奖罚分明。

4.6 环境保护措施

为了保证环境，减少施工对环境的危害，在施工过程中，要严格贯彻执行国家、当地政府的有关环境的政策、法规、法律及其招标文件中有关环保的要求，切实将环境保护工作落实到实处，达到较好的环保效果。

(1) 组建由项目经理部主要负责人牵头，分部项目负责人配合的环保工作领导小组，项目经理部办公室负责实施，检查监督。

(2) 组织项目全体职工学习《中华人民共和国环境保护法》的基础知识，了解环保工作的意义与重要性，并结合当地有关环保法规，开展专题学习，让每位职工均树立较强的环保意识。

(3) 结合实地情况，制定本合同段环境保护管理办法，将环保管理工作规范化，制度化。

(4) 严格控制粉尘污染。砂石等材料运输车全部用帆布苫盖，施工范围内的居民区地带，要配备洒水车每日洒水，减少粉尘污染，并设专人进行清洁。

(5) 所有施工机械均采取措施，尽量减少噪声，并遵守有关部门对夜间施工的要求。

(6) 在施工中发现文物、化石等要及时停工，组织人员保护现场，上报业主及文化部门听候处理。

4.7 文明施工措施

文明施工应全面体现一个施工单位整体形象和管理水平。通过文明施工加强与地方联系，促进感情交流，也是保证施工顺利进行的必备条件。对此，我项目部制订如下具体措施：

(1) 将组成由项目经理亲自挂帅的文明施工领导小组，包括现场管理和对外协调两大职能，设立专职的工作人员，负责具体事宜。

（2）加大文明施工的宣传力度，作到全面、广泛，深入人心。施工现场应设置醒目的施工标志、文明宣传牌、文明施工名称、工程概况、开竣工日期、建设单位、设计单位、施工单位、监理工程师单位名称及项目负责人、施工现场平面布置图、文明施工措施等。

（3）聘请文明礼貌施工监督员，搞好工、警、民共建活动。在施工现场设立“群众来访接待站”，有专人负责解决周围群众提出的意见。

（4）加强施工现场的管理，要保持清洁、整齐，按现场平面布置图划分物料堆放区、现场加工区、机械停放区、现场办公区、生活区等。施工现场应定时洒水，尤其是在道路工程施工中，要避免尘土飞扬对周围环境的污染，努力做到施工不扰民。

（5）加强对自身队伍的人员管理，要求施工及管理人员必须佩戴统一胸卡标志，自觉接受监督。杜绝打架、赌博、酗酒和偷盗等违法以及其他不文明礼貌行为。

（6）工地设两名专职的、具有一定卫生常识及传染病防治知识的卫生员，负责工地的施工人员的卫生保健和传染病的防控工作。

4.8　安全应急预案

（1）目的

为了对施工过程中突发的坍塌事故及时采取有效控制和实施抢险，防止事故影响蔓延，最大限度降低损失，特制定本预案。

本预案将事故分为三级：

1）一级事故是指由于工作中发生坍塌事故导致死亡 1 人以上或重伤 3 人的事故（事故发生后立即报告）；

2）二级事故是指由于工作中发生坍塌事故导致重伤 1～2 人的事故（事故发生后立即报告）；

3）三级事故是指由于工作原因中发生坍塌事故而造成的一般工伤事故（事故报告时间不准超过 12h）。

公司成立常设工程施工突发事故抢险小组。发生一、二级突发事故时，抢险小成员要立即赶赴事故现场，调查研究情况并提出抢险方案。

公司突发事故抢险小组由公司经理和工会、安保部、劳资部、工程计划部、设备器材部、综合办公室等有关部门负责人组成。

（2）程序

1）项目经理部设立应急预案领导小组，由项目经理任组长，成员包括车辆管理人员、医务人员、司机、工会人员、安全技术人员及施工员等，并每日设人员值班。

2）项目经理部应急预案小组应建立信息联络网，一旦发生事故，保证全体成员能及时到位。

3）项目经理部应随时备有应急用车，有专人值班，遇到紧急事故能保证马上行动，及时抢救伤员。

4）项目经理部要公布应急预案领导小组主要人员电话，便于联系。

5）项目经理部的应急预案领导小组分三个系统即：

A. 报警与通讯系统——事故发生后迅速上报；

B. 现场抢险系统——事故发生后立即营救人员、保护现场、工程排险、缩小事故范围、降低事故损失；

C. 救援保障系统——提供抢救器材，保障抢险工作顺利开展。

以上三个系统都要落实具体人员。

(3) 应急方法

1) 发生伤亡事故后，首先由现场作业人员对受伤害者进行抢救，并立即报告项目经理或应急预案值班人员，项目经理部组织人员进行全力抢救，派车将受伤人员送往医院抢救治疗。

2) 故发生后，事故现场要迅速撤离与事故处理无关的人员及群众，安全员要对现场进行隔离、保护。对现场进行勘察并画出草图，记录事故经过。

3) 项目经理在抢救伤员的同时，应立即向公司经理报告。报告后也要与抢救人员联系，掌握最新情况，便于事故的处理。

4) 公司经理接到报告后，立即向总公司安全技术部报告。并赶往事故现场进行调查了解。

5) 公司安全技术部负责人接到伤亡事故报告后，首先向主管安全生产的经理、公司总经理报告并赶往事故现场进行初步调查；同时，将事故发生地点、时间、伤亡情况，初步原因分析等事故概要向城建集团安保处报告，最迟不得超过24h（特大事故不准超过12h）。

(4) 职责

1) 公司安技部应立即前往事故现场进行事故调查，并接受、配合上级部门进行调查取证工作。

2) 本着“三不放过”的原则，公司成立由工会、安保部、技术质量、设备器材部等有关部门组成的事故调查小组，对事故进行分析，查出事故原因及事故责任者并提出初步处理意见报公司领导批准。

3) 由公司经理组织公司相关人员成立恢复生产领导小组，尽快恢复正常生产。

4) 公司应急预案领导小组由总经理任组长、副总经理任副组长、组员由安保部、工会、劳资部、设备器材部、综合办公室有关人员组成。

5) 项目经理部的项目经理、安全生产委员会及应急预案小组有关人员配合公司及市有关管理部门的调查处理。

6) 项目经理部应急预案小组每年应进行一次预练演习。

(5) 事故预防及抢救

1) 预防措施

A. 严格遵守《作业指导书》。

B. 按照规定要求逐级地进行有针对性的、分部分项的安全技术交底。

C. 施工作业前，进行相关安全教育。

D. 作业人员严格遵守安全生产操作规程。

E. 作业人员正确穿戴和使用合格、有效的劳动防护用品。

2) 急救要遵循的四个急救步骤：

A. 调查事故现场，调查时要确保对自己、伤病员或其他人无任何危险，迅速使伤病员脱离危险场所。

B. 初步检查伤病员，判断其神志、气管、呼吸循环是否有问题，必要时立即进行现场急救和监护，使伤病员保持呼吸道通畅，视情况采取有效的止血、防止休克、包扎伤口、固定、保存好断离的器官或组织、预防感染、止痛等措施。

C. 呼救。应请人去呼叫救护车，可继续施救，一直要坚持到救护人员或其他施教者到达现场接替为止；此时，还应反映伤病员的伤病情和简单的救治过程。

D. 如果没有发现危及伤病员的体征，可作第二次检查，以免遗漏其他的损伤、骨折和病变。这样有利于现场施行必要的急救和稳定病情，降低并发症和伤残率。

（6）器材准备

1）现场施工作业期间内、至少保留一辆值班用汽车。

2）急救药箱及必备药品（止血带、纸血散、创可贴、医用棉、绷带、夹拔止痛消炎药品等）若干。

3）担架 1～2 幅。

4）专用工具：铁锨、镐、架子、绳子、灭火器。

5　经济效益分析

新开河中围堰施工采用围堤式，即上游、下游堵截，中间不填土，抽水完成后，清淤回填少量建筑废料，修坡道使施工机械进入河中，缩短施工工期，减少回填土方量 7 万 m^3 左右，节省资金约 200 万元，河中深基坑采用轻型沉井施工。

新开河中深水承台施工困难，河中部分承台距离围堰坡脚较近，且承台挖深均在 6.5m 左右，中间部分用钢板支护、大开挖、水泵排水较为顺利。有一侧四个承台距河岸防洪大堤石岸只有 0.8m。防洪石堤后有引滦入津的 2.5m 直径的给水管。还有 1954 年的国家国防通信电缆。用钢板桩密布打入石岸内侧，开挖承台不到 1m 深时，石岸开始开裂，有坍塌的迹象。使得项目部领导、自来水集团领导、国防通信部门领导均亲临现场阻止施工，并声明若无切实可行的保护方案禁止开挖。若是石堤坍塌、自来水管断裂、国防通信电缆断掉，损失将达千万元以上，且此给水管关系着天津市三分之一居民的生活用水。又由于工期十分紧张，若在汛期来临前不能把河中工程施工完毕，必须拆除围堰。等汛期过后再重新围堰施工大约需花费百万元，且工期大大滞后。为此组织专项在研讨会，根据在江湾大桥施工大型沉井的经验提出使用轻型沉井施工的方案。这样不扰动四周土质，由于河中土质较软，便于沉井下沉且成本较低；然后，在沉井中施工承台，也能保证石堤后面的自来水管及通信电缆的安全。经过精心设计轻型沉井尺寸及结构，编写出轻型沉井施工方案，经专家讨论通过。严格组织施工。从沉井预制下沉到四个承台施工完毕仅用 8d 时间，确保了防汛石堤、自来水管、通信电缆的安全，为项目部节省资金约百万元，避免了事故的发生，并保护了国家财产，为后续施工墩柱、箱梁节省了宝贵时间。最终于 2006 年 6 月 10 日全部完成新开河中施工任务，比要求工期提前 10d 完成，确保河道汛期畅通。

跨铁路施工改现浇为预制箱梁，采用大吨位架桥机架设。确保了施工安全，也减少了向铁路部门要“时点费用”。每节省一点（即 40min）需费用为 80 万元。此项措施共计节省费用超过 500 万元。

第十九篇

杭金衢高速公路施工组织设计

编制单位： 中建六局华东分局
编 制 人： 王建荣　杨森林
审 核 人： 李津

[简介]　该施工组织设计在路基工程、桥梁工程、预制混凝土构件加工和路面工程施工方面分别叙述，条理清楚。在施工组织方面，预制构件场与水泥稳定拌合站和沥青混凝土拌合站，利用时间差先后设置，节省了资源，在劳动力组织方面，分别组建专业施工队伍，安排得当。根据不同的地质构造，采取相应的技术措施等方面具有特色。

目　录

1 工程概况

(1) 概况

杭(州)—(衢)州高速公路是国道主干线上海至瑞丽路中的一部分。本合同段起于K174+340止于K184+450，全长为10.11km，位于金华市境内。设计标准为双向四车道，路基宽度为28m，设计行车速度为120km/h，荷载标准为汽车—超20级，挂车—120。

(2) 地形、地貌

本路段位于金衢盆地的中部，属第四纪冲洪积平原，地形平坦、开阔，地貌类型单一，地面标高一般为30～37m，线路通过地段多为农田，种植水稻、棉花、甘蔗等作物。

(3) 地质情况

根据地质报告，本区均属侵蚀堆积地貌，岩性为上更新纪冲积亚粉质黏土、砂土、砾(卵)石组成，上细下粗，地形平坦，沿线灌溉水渠和河流纵横交错，并存在少量废弃河道、暗塘。河流均属衢江支流，水量随季节变化，雨期水量大，洪水泛滥，两侧水淹严重，旱期水量较小，水质清。河漫滩的岩性为粉质黏土、亚砂土及中细砂，下部为中卵、砾石，结构松散，对钻孔桩不利。基岩均为泥质粉砂岩，质地软，易风化。

(4) 地震及气象

本路段地震强度弱、震级小、频率低，地震烈度<Ⅵ级，属于非地震设防区域，对工程有利。

本地段气候属中亚热带季风气候区，四季分明，年温适中，雨量丰沛，其特点是春早、秋短、冬夏长。年主导风向为东北偏东风。年平均降雨量为1393mm，平均雨日158d，降雪日约有10d，其中5、6月份降雨量最多(梅雨季节)，分别达205.3mm和229.12mm，约占全年降水量的31%，11、12及1月降雨量较小，7～9月还有台风雨。年平均温度17.3℃，极端高温41.2℃，极端低温−9.3℃，年平均霜日30d左右。由于道路工程受气候影响很大，金华地区的气候对道路施工极为不利，年有效施工天数不足200d，这是施工安排中必须很好考虑的。

(5) 本合同段主要工程量

根据设计文件，本合同段路基填筑总长9.013km(扣除桥长，不含匝道)，路面总长10.11km(不含匝道)，大桥3座，中桥4座，小桥6座，互通立交一处，分离式立交桥2座，通道桥26座，涵洞51道，主要工程量为填方176.158万m^3，挖方3.654万m^3，浆砌片、块石约8万m^3，各种强度等级混凝土8.5万m^3，路面底基层、基层、沥青混凝土面层各24万m^2。

2 现场组织机构

(1) 为了确保杭衢高速公路十二合同段按合同要求按期完成，建成精品工程、样板工程，我局组建了杭衢高速公路项目经理部，由华东分局局长亲自担任项目部经理，抽调精兵强将，组成精干高效的项目领导班子和组织机构，具体组织本工程项目的实施。

（2）现场组织机构按照职责分明，各司其职，精干高效，便于管理的原则设置，项目部机关设综合办公室、工程部、技术质量部、合约部、物资部、财务部、试验检测中心，下辖一个路基工程处、两个桥梁工程处、一个路面工程处和一个混凝土构件预制场，各处下设工程队、稳定土拌合站、沥青拌合站等。路面工程在 2001 年开始，其时，混凝土预制构件场已经完成任务，水泥稳定土拌合站和沥青混凝土拌合站可在原混凝土预制构件场位置建立，现场组织机构的设置及管理层次见图 2-1。

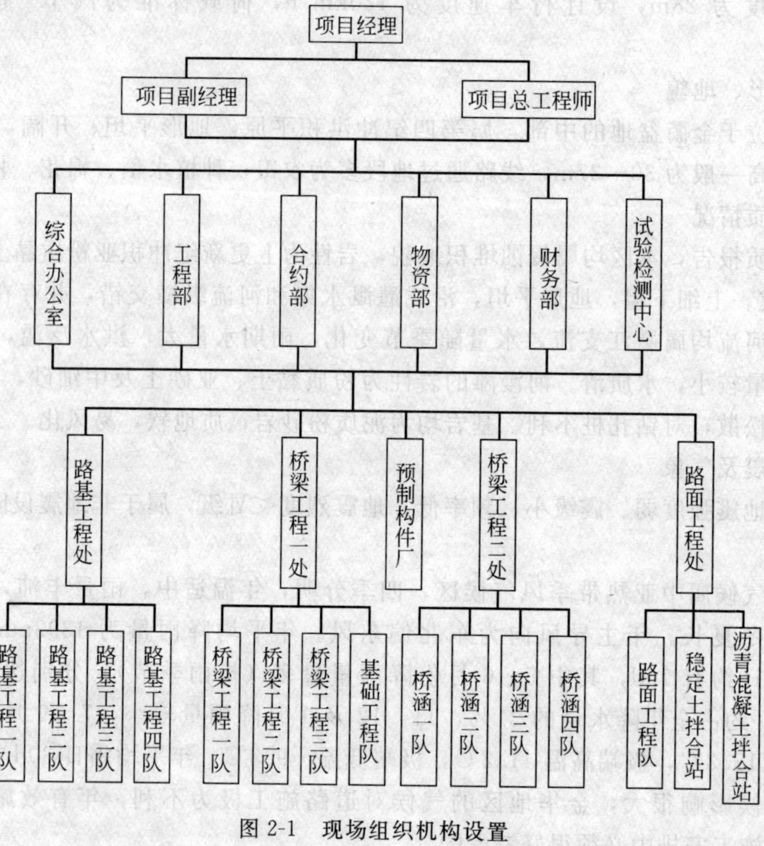

图 2-1　现场组织机构设置

3　施工现场平面布置及临时供电供水方案

3.1　施工现场平面布置

根据本合同段的具体情况，本着既满足工程需要又尽量少占耕地和方便施工的原则，安排施工现场的平面布置。项目经理部、各工程处（除预制场外）生活、办公用房尽量在靠近施工地点附近租用民房解决，各种加工、制作、预制、拌合及仓库等用房、用地尽量利用业主征地范围内搭建临时用房解决，不足部分再改成临时借地。

在本工程红线范围内构筑施工便道为构造物施工和土方运输提供运输便道，减少地方干线公路的运输压力；此外，在部分土场与主线之间还需新修或加宽加固运输便道，以确保运土需要。

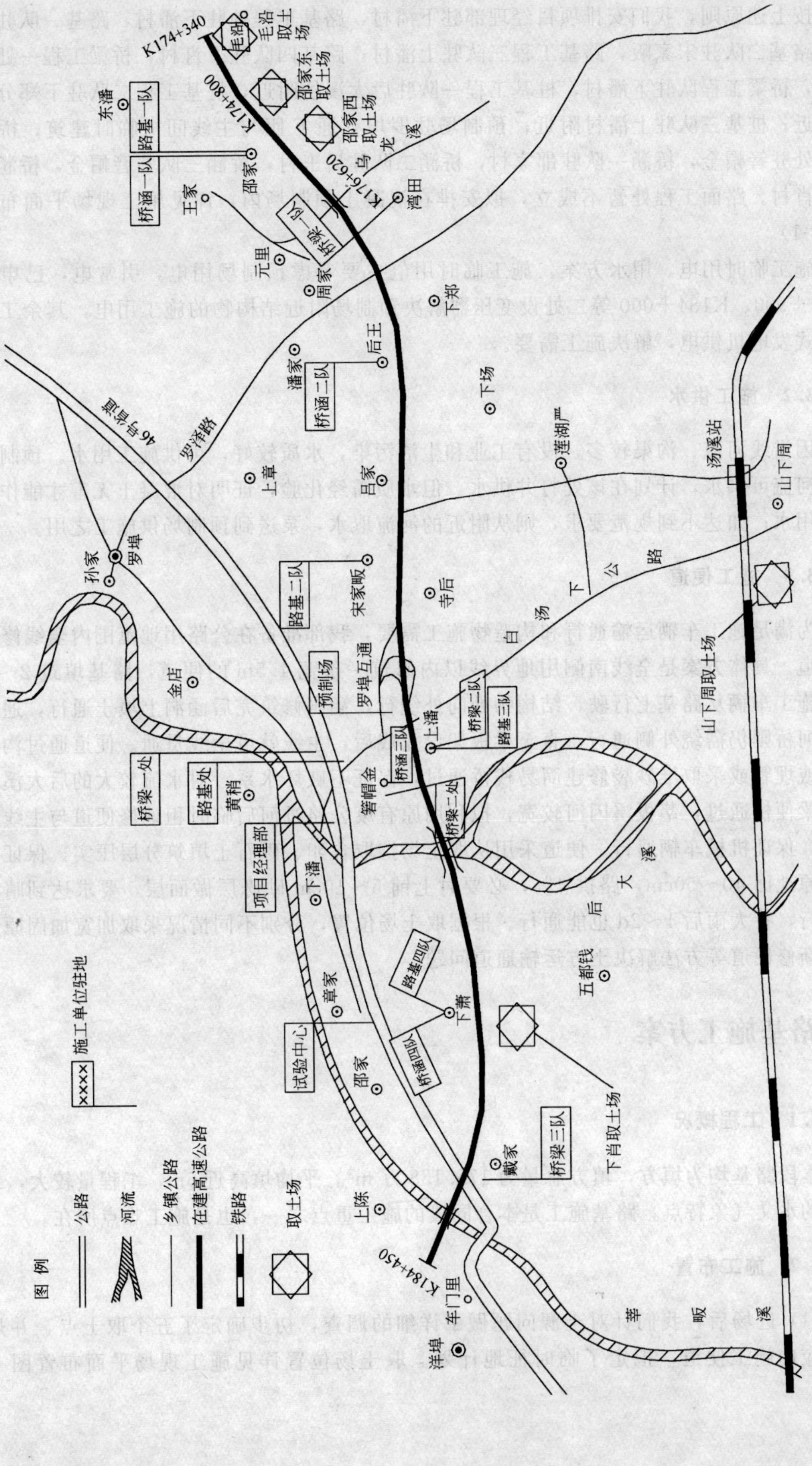

图 3-1 施工现场平面布置图

按上述原则，我们安排项目经理部驻下潘村，路基工程处驻下潘村，路基一队驻邵家村，路基二队驻宋家畈，路基工程三队驻上潘村，路基四队驻下肖村，桥梁工程一处驻下潘村，桥梁工程队驻下潘村，桩基工程一队驻后大溪桥附近，桩基工程二队驻下郑分离立交附近；桩基三队驻上潘村附近；预制场驻罗埠互通F匝与主线间搭临时建筑；桥梁工程二处驻箬帽金，桥涵一队驻邵家村，桥涵二队驻后王村，桥涵三队驻箬帽金，桥涵四队驻下肖村。路面工程处暂不成立，拟安排在混凝土预制场内，详见施工现场平面布置图(图3-1)。

施工临时用电、用水方案：施工临时用电主要考虑预制场用电，引常电，已申请在K181＋900、K184＋000等二处设变压器解决预制场附近结构物的施工用电，其余工程由移动式发电机供电，解决施工需要。

3.2　施工供水

因沿线河流、沟渠较多，没有工业和生活污染，水质较好，可供施工用水。预制场附近无河流可供水，计划在该处打井供水，但水质需经化验，证明对混凝土无害才能作为混凝土用水；如达不到规范要求，则从附近的河流取水，泵送到预制场供施工之用。

3.3　施工便道

为满足施工车辆运输通行和构造物施工需要，我部准备在公路用地范围内全线修筑施工便道。具体方案是全线南侧用地界线以内修筑一条宽4.5m的便道，路基填筑2～3层后，施工车辆从路基上行驶，结构物处向外绕行，涵洞修筑完后涵洞上填土通行，通道桥和跨河桥则仍需绕外侧通行，直至梁板架设完成后，主线就可全线贯通。便道通过沟渠视情况或埋管或采取堆砂袋修建简易栈桥通过，保证不破坏水系，对水流较大的后大溪则搭设钢梁便桥通过，莘板溪因河较宽，拟利用原有废公路过河后临时租地修便道与主线便道沟通，保证机械车辆通行。便道采用从取土场挖取含卵、砾石土填筑分层压实，保证便道高出原地面40～50cm，路拱4%，必要时上铺5～10cm砂砾层做面层，要求达到晴、雨能通行，特大雨后1～2d也能通行。根据取土场位置，分别不同情况采取加宽加固原有道路、新修便道等方法解决土方运输通道问题。

4　路基施工方案

4.1　工程概况

本段路基均为填方，填方总量为176.158万m^3，平均填高近5m，工程量较大，结合本地的水文气象特点，路基施工是本合同段的施工重点之一，也是施工难点所在。

4.2　施工布置

(1) 进场后，我们针对土源问题做了详细的调查，初步确定了五个取土点，并规划了相应的施工便道，拟定了临时征地计划。取土场位置详见施工现场平面布置图（图3-1）。

(2) 施工区段划分与土方调配计划

结合路基各段土方用量和根据取土场的位置，将路堤填筑划分为四个区：

1) Ⅰ区（K174＋340～K177＋242）。此段总长2895m，用土44.8154万m^3，土源来自毛沿和邵家取土场；

2) Ⅱ区（K177＋242～K180＋340）。此段总长3095m，用土39.0094万m^3，土源主要来自邵家和山下周取土场；

3) Ⅲ区（K180＋340～K181＋400）。此段总长1060m，用土36.0213万m^3，土源主要来自山下周取土场。

4) Ⅳ区（K181＋400～K184＋450）。此段总长3050m，用土51.1298万m^3，土源主要来自山下周取土场和下萧取土场。

由于当地土源较少难以满足要求，及本合同段为低洼水淹区，业主要求部分填筑宕渣，我们在监理工程师指导下用砂砾及宕渣材料填筑部分路堤。

(3) 运输路线与进场道路经过对现场的详细勘察，决定先在邵家取土场取土，以最快速度向东西二个方向修通施工便道，在乌龙溪河上设便涵通过，其他水沟、水渠也采取设便涵的方法通过。山下周取土场取土沿白汤下路运至罗埠立交，也向东西二个方向修施工便道，通过后大溪时架设便桥，保证土方调运畅通。下肖取土场至路基需新修便道约200m，设一座简易便桥跨沟至主线，便道占地1600m^2。下肖往西沟通至莘板溪的便道。莘板溪以西路段，利用现有道路进入施工场地需修便道200m，占地1600m^2，解决土方运输问题。

4.3 工期安排

以1999年9月9日正式开工算，路基施工至2001年2月底完全结束，共用日历工期18个月，考虑2000年梅雨期的影响，每月需完成土方15万m^3，日均完成6000m^3。

4.4 施工力量及机具配备（表4-1）

施工机具及人员配备一览表　　表4-1

序号	名称	型号	数量	人数
1	挖土机	CAT320	8台	16人
2	推土机	760	2台	4人
3	推土机	TJ180	1台	2人
4	推土机	宣化140	1台	2人
5	装载机	ZL50	1台	1人
6	平地机	PY180	2台	2人
7	压路机	CZ14	5台	10人
		CZ18	2台	4人
8	汽车	东风5t	30台	120人
		东风8t	30台	120人
9	洒水车	2	2台	2人

4.5　主要工序施工工艺

4.5.1　路基施工工艺流程

路基施工流程见图 4-1。

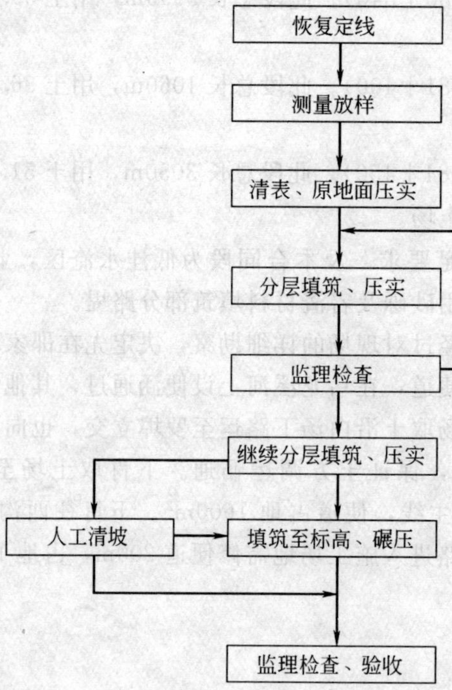

图 4-1　路基施工工艺流程

4.5.2　主要工序施工工艺

(1) 测量放线

用索佳全站仪恢复全线的平面控制并放出各曲线交点及主要控制桩，平差后再用全站仪放出路线中桩及桥位轴线，然后利用 J_2 经纬仪配合水准仪放出边线及边沟的位置。

各平面控制点和高程控制点均每两个月复测一次，以保证线路的准确性。

(2) 清表、原地面压实

测量工作完成后，向驻地办提出开工申请，申请批准后，按照测量成果进行清表及临时排水工作。根据当地的气候特点及地形条件，临时排水沟应贯通全线，以便尽快地排除积水，并降低线路内的地下水位，为清表、碾压做准备。

结合路线经过地段多为稻田及当地多雨的特点，我们采取清一段、压一段、填一段的方法进行路堤施工。用推土机配以人工清除表层植物及耕植土。清表合格后进行填前碾压。碾压到规范规定压实度（82%以上）自检合格，并报监理批准后立即进行路堤填筑。

(3) 路堤填筑施工

全线土方填筑均采用挖运的方式进行。基底碾压达到要求后，上报监理工程师申请填土。批准后立即进行土方的分层填筑。对于地面坡度小于 1∶5 的地方直接在压实后的地面上分层填筑；对于大于 1∶5 的地方将地面挖成台阶，台阶宽度不小于 1m，台阶顶面做成 2%～3%的内倾坡度；然后，再进行分层填筑。

土方上路后，先以 TJ180 或 D60 推土机初平，然后用平地机修成 3%的横坡再进行碾压。土层松铺厚度控制在 30cm 以内，现场采取挂线施工法控制土的摊铺厚度。

土层摊铺整平后，先用振动压路机无振动静压或用 18t 三轮压路机静压两遍，然后再用振动压路机碾压。具体的碾压遍数和施工工艺等，通过试验段确定，碾压要点为先边后中，先慢后快，先静后振，压实轮迹重叠至少 30cm。碾压时的行车路线平行于路中心线，对于超高地段采取由低向高的顺序排压。

碾压完毕后，进行压实度检测。根据现场的土质调查及规范规定的压实度要求，我们采取灌砂法为主、环刀法为辅的方法检测土层的压实度，在该层土的压实度自检合格并经监理工程师认可后，再进行下层土的填筑工作。为保证路基边缘的压实质量，路基边缘每侧放宽 30cm，最后修坡削除。对有护坡的地段，由于护坡在设计边线内，砌筑时要清除 30cm 土基，所以可以按路基设计边缘填筑。砌筑清除的土应尽量运到路基填筑尚未完成的地方填筑，及作为中央分隔带和土路肩的回填土有计划地利用，再多余的部分可运到取土场作复耕用土。

当路基填筑到最后一层时，先由推土机对土层粗平后由轻型压路机压一遍；然后，用平地机按设计图要求修整出合格的路拱，再进行最终压实。压实前应认真计算松铺厚度，使路基标高控制在规范容许的范围内。

在雨期进行路基填筑时，一定要做好路拱，保证雨至水净，减少雨水渗入已成型路基的机会，使雨止后较短时间即能进行铺筑；其次，要缩短填筑段长度，保证在较短时间内即能压实成型；此外，还可采用薄膜覆盖等措施。雨期时各级指挥员应时刻关注天气变化，据此做出正确的决策，对以上土尚不具备压实条件的情况，雨前应先修出路拱，碾压 2 遍，以减少雨水渗入，雨后再翻晒。

(4) 宕渣路堤的填筑

宕渣路堤的施工基本与土方施工一样，唯一需严格注意的是现场卸土要均匀，在用推土机整平时辅以人工，解决大颗粒集中问题。宕渣卸土顺序是先边后中，为此在现场应设专人指挥卸土工作。宕渣或砂砾应优先安排填筑在水淹没线以下部分的路堤，以确保洪水期路堤的稳定，宕渣或砂砾填筑也应先做试验段，确定施工工艺和有关的数据后再全面铺开施工，确保工程质量。

(5) 清淤段路基施工

本合同段水网密布，排水清淤工程量大。而清淤段路基的施工质量因涉及因素多而不易保证，因此，必须重视清淤段的路基施工。

对于路基占据大部分的水塘，采取全水塘排水、路基部分清淤的方式进行；对于水域大的水塘采用，围堰法排水清淤。围堰采用草袋装土，双层码排，中间填黏土，以防渗水而影响清淤。

清淤采用挖掘机配合人工进行清淤，清出的淤泥先堆放塘旁，稍干后再用汽车将其运至指定地点堆放。为防止超清或欠清，最后阶段应由人工进行配合。清淤完毕后，再用砂砾混合料回填至原地面。回填时采用分层回填，振动压路机分层压实。

对于清淤回填段的路基防护工程，基本采取与回填同步进行的方式进行，以避免防护工程施工时重复排水清淤。基本做法是防护与填筑间隔进行。

4.6 路基的整形与防护

路基完工后，对路基进行整形与防护工作。

(1) 路基整形

本段路基设计边坡为1∶1.5，为此我们采用机械修坡。操作方法如下：

由人工修整出一个基准面，然后由 *D*60 推土机或平地机根据基准面进行修坡，并将土送至路基面上。

再由人工对边坡进行精细修整。

(2) 路基防护

本路段处在淹没路段，路基防护工程量很大，框格植草防护共计 81067m²，浆砌片石计 14730m³。

1) 框格植草防护

A. 清基时，选用肥沃的耕植土在护坡道处堆置。

B. 边坡修整好后，放线做浆砌片石骨架。骨架做好后，在内铺上土工布并用 U 形锚钉钉好，然后铺满墒情好的种植土。

C. 将一定量的草籽与砂和土搅拌均匀，再均匀地撒在框格内。

D. 将框格内的土耙一遍，然后洒水促使草籽发芽生长。

E. 由专人负责草皮的浇水及防虫害工作。

2) 砌石防护

A. 采用机拌砂浆，拌合时间不少于 2min，用于石砌的砂浆坍落度控制在 5～7cm，且随拌随用，每盘砂浆一般应在 2h 内使用完毕。

B. 浆砌块石挡土墙：石块采用丁顺砌，并根据墙高进行分层配料，每层石料高度大致齐平，外圈定位行列和镶面石，丁顺相间或二顺一丁排列，砌缝宽度不超过 3cm，上下层竖缝错开距离不小于 8cm，且不在丁石的上下方布设竖缝，砌体里层平缝宽度不大于 3cm，竖缝宽度不大于 4cm。

C. 浆砌片石挡土墙：外圈定位行列和转角石，应选择形状较方正，尺寸较大的片石，并长短相间的与里层砌块交接，较大的砌块应置于下层。安砌时选取形状及尺寸较为合适的砌块，并敲除尖锐突出部分，竖缝较宽时，应在砂浆中塞以小石块。但不在石块下面，用高于砂浆砌缝的小石片支垫，砌缝宽度一般不大于 4cm。

D. 按标志线用坐浆法进行砌筑施工，所有石块均坐于新拌砂浆之上，垂直的缝先将已砌好的石块侧面抹浆，然后侧压砌下一块石，砌筑时按层砌筑，所用石块均满足组砌合理，勾咬紧密。在砂浆凝固前，所有缝均保证满浆。砌筑时，按设计要求间距预埋 ϕ10mm 竹管泄水，注意竹管应坡向墙外，内侧管口下应做黏土隔水层，其上做砾石盲沟，通排水通道。

E. 在砂浆凝固前，将外露缝勾好，勾缝深度不小于 2cm，砌体在完工后，采用植物覆盖，保证砌体在 7～10d 内不受晒，且保持湿润。

F. 冬期施工应按冬期施工要求进行，砌体不管是否完成；如遇低温，都应覆盖草袋保温，防止冻坏表层砂浆，影响质量。

4.7 路基质量标准

4.7.1 基本要求

(1) 路基表面应整型压实，达到规定要求，排水良好。

(2) 所有路段路堤的边坡应修整拍实，边坡挺括，无凹陷或凸实。

4.7.2 实测项目

(1) 路堤分层压实度符合表 4-2 要求。

(2) 路基实测项目符合表 4-3 要求。

路堤压实度要求　　表 4-2

路面底基层以下深度(cm)	土路堤	宕渣路堤
	压实度(%)	固体体积率(%)
0～30	≥95	≥83
30～80	≥95	≥82
80～150	≥93	≥80
>150	≥90	≥78

路基实测项目质量标准　　表 4-3

项次	检查项目	规定值或允许偏差		检查方法和频率
		土或粉煤灰	宕渣	
1	压密度(%)	符合表 4-1 的规定	符合表 4-1 的规定或层厚和碾压遍数要求	土路基用密度法，每 $2000m^2$ 每压层 4 处。宕渣：用固体体积法或用施工工艺控制，查施工记录
2	弯沉(0.01mm)	不大于设计算值		按 JT J071—94 附录 H 检查
3	纵断高程(mm)	+10，−15		水准仪每 200m　4 点
4	中线偏位(mm)	50		经纬仪每 200m　4 点弯道加 HY、YH 两点
5	宽度(mm)	不小于设计值		用尺量每 200m　4 点
6	平整度(mm)	15		3m 直尺每 200m　4 处×3 尺
7	横坡(%)	±0.5		水准仪每 200m　4 断面
8	边坡	不陡于设计值		抽查每 200m　4 处
	平顺度	符合设计		

4.7.3 外观要求

(1) 路基表面平整，边坡直顺，曲线圆滑，路基边坡坡面平整稳定。

(2) 表面无明显碾压轮迹，无软弹现象。

(3) 弃土堆与护坡道的位置适当、整齐、美观，边沟通畅，无积水。

5 路面施工方案

5.1 项目内容

本合同段除部分水泥混凝土路面外，均为沥青混凝土路面，基层采用水泥稳定砂砾，底基层采用水泥稳定土。

5.2　施工区段划分

根据路基施工作业区的划分与成型先后，以满足总体计划为指导，底基层、基层和面层工程本着有条件就安排施工作业的原则进行。在具备有1～2km连续作业面的情况下，就开始施工。

5.3　施工进度

根据进度计划安排底基层2.5个月完成，基层3.5个月完成，面层3.5个月完成。

5.4　路基底基层、基层的施工方案

5.4.1　投入机具和人员（表5-1）

机具和人员配置　　表5-1

机械设备				人员		
机械名称	型号规格	单位	数量	职称或工种	数量	职责
挖掘机	CAT	台	4	施工管理人员	8	工程质量进度
装载机	ZL50	台	8	各类司机	60	
稳定土拌合站	WBC-200	座	2	技术工人	20	技术、质量
摊铺机	ABG423/VDT	台	2	其他管理人员	6	
压路机		台	8	普工	80	辅助人员
洒水车		辆	4			
自卸车	东风	辆	30			

5.4.2　施工准备

施工准备包括路基导线点、水准点的联测，材料准备，配合比设计等。

（1）路基导线点、基准点的联测

在施工前，首先做好沿线各导线点、水准点的复测工作，恢复上一层中心桩及标高控制点。

（2）材料准备

根据设计要求及规范要求，认真选购合格材料，尽早将材料样品及实验报告报监理工程师认可。提前采购备料确保供应。

（3）材料试验及验收准备

材料验收试验的抽样，均在此材料投入工程使用前56d完成。本工程材料的验收，均根据技术规范的有关要求进行。

（4）配合比设计及试验路段的施工

在进行路段试验28d前，根据设计要求，将拟使用于本工程的混合料配合比设计送监理工程师审批，配合比设计指明各种材料的具体掺配百分比以及其按JTJ 57—94规定所设计的强度数据。监理批准后，进行试生产、试铺工作，以决定配合比以及有关的强度数据。试生产、试铺过程如下：选定一块面积不少于2000m^{2}的路段，制定严密的试铺施工方案

经监理批准后进行，施工过程中认真记录，以分析与之有关的施工参数，并将其作为日后的施工依据。

5.4.3 *施工工艺和主要施工方法*

(1) 基层底基层（厂拌法）工艺流程（图 5-1）

(2) 水泥稳定土（砂砾）施工方法

1) 路槽整修。在本层铺筑前，要对原路槽进行检查验收。即用 15t 三轮压路机进行碾压检验（压 3～4 遍），在碾压过程中，如发现土过干，表层松散，应适当洒水；如土过湿，发现“弹簧”现象，则采用挖开晾晒，换土、掺石灰或水泥等措施进行处理，直至合格为止。

2) 施工放样。在土基（下承层）上恢复中线，直线段每 15～20m 设一桩，平曲线段每 10～15m 设一桩。在路肩部位距本层边缘 50cm 处和路中设置标高指示桩。

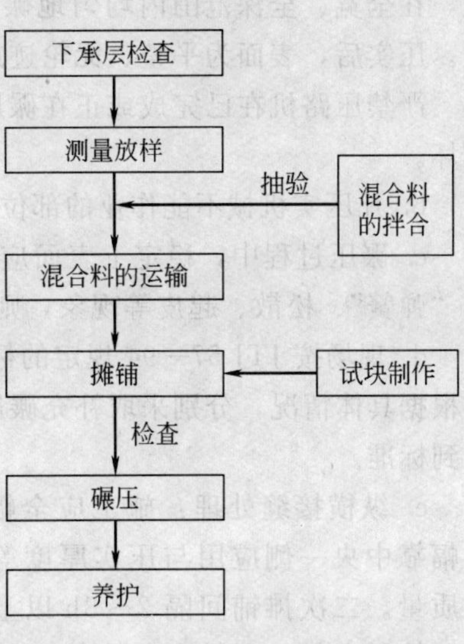

图 5-1 路面基层施工工艺框图

3) 水泥稳定土（砂砾）厂拌：

A. 在工程开工前 56d，进行混合料配合比试验，并报监理工程师批准。

B. 水泥稳定土（砂砾）混合料进行厂拌施工。拌合站在施工前反复调试，以使拌合机械运转正常；拌合均匀，材料配合比比例准确。

C. 拌合好的混合料应均匀，无离析现象，厂拌混合料的拌合质量保证符合表 5-2 的要求。

厂拌混合料的质量要求 **表 5-2**

项目		要求
与配合比设计用量的误差	水泥剂量(%)	±1
	含水量(%)	1～2

D. 混合料的运输：填筑料的运输采用自卸汽车运送，运到现场后，由摊铺机摊铺。

E. 混合料的摊铺：采用摊铺机将混合料按设计的宽度及试验确定的松铺厚度均匀摊铺。具体操作如下：

a. 对于超过 25cm 厚的结构层采用分层摊铺，并保证最薄层摊铺厚度不少于 10cm；对于要分层摊铺的结构层，稍厚层应放在上层。本合同段水泥稳定土底基层厚度均为 20cm 以内，一次摊铺成型，水泥稳定砂砾除水泥混凝土路面为 20cm 一次成型外，均超过 25cm，对厚度为 31cm 的分 15cm、16cm 两层分层摊铺成型，对厚度为 32cm 的分成 15cm、17cm 两层分层摊铺成型。

b. 禁止运输车辆在未经碾压实的铺筑层上行驶。

c. 对于个别摊铺机铺不到的地段，采用人工摊铺。

F. 压实工艺：

a. 每层混合料经摊铺、整平后，即时在全宽范围内进行碾压。碾压方向与路中心线平行。直线段由边到中，超高段由内侧到外侧，由低向高，依次连续均匀碾压。碾压时，三轮压路机后轮重叠 1/2 轮宽，后轮必须超过两段的接缝。按试验段铺筑时确定的碾压遍数，在全宽、全深范围内均匀地碾压到规定的压实度为止。压实程序先慢后快，先静后振。压实后，表面为平整、无轮迹或隆起的平面，并有准确的断面和符合设计的路拱。

严禁压路机在已完成或正在碾压的路段上“调头”和急刹车，以保证稳定土表面不被破坏。

b. 凡压实机械不能作业的部位，采用机动夯夯实，使其达到规定的压实度。

c. 碾压过程中，稳定土表面应始终保持湿润；若有蒸发，应及时洒布适量的水；若有“弹簧”、松散、起皮等现象，则及时清除，重新拌合，整平压实，使达到质量要求。

d. 现场按 JTJ 57—94 规定的标准实验方法，测定压实度。凡不符合要求的路段，必须根据具体情况，分别采取补充碾压，或采取其他有效的经监理工程师批准的措施，使其达到标准。

e. 纵横接缝处理：施工应全幅进行，尽量不设纵向接缝，无法避免时，先施工的一幅靠中央一侧应用与压实厚度等厚的方木做支撑，使纵缝垂直，保证二次摊铺时接缝质量。二次摊铺间隔 2～3h 以上要设置横缝，上次摊铺末端可设方木，保证横缝垂直，接槎良好。不设方木时，二次摊铺前应挖除未充分压实的陈料，使接缝垂直，然后再进行摊铺作业，保证横向接缝质量。挖除间隔时间较短的陈料，如要继续利用需掺水泥，人工拌合均匀。

G. 养护要求：

a. 完工的结构层立即采取措施进行养护工作，养护期不少于 7d，采用洒水车洒水，保持表面潮湿。

b. 养护期内如出现病害，及时上报监理并采取经监理批准的措施进行挖补工作，修整到规定的要求。挖补的压实厚度不小于 8cm，严禁薄层贴补。

c. 在养护期间内，如遇气温降至 5℃以下时，将采取草苫覆盖，以防冰冻。

d. 在养护期间，除允许养护用洒水车通行外，禁止其他施工车辆的通行，洒水车行车速度不得超过 15km/h，并不得急刹车，车辆行驶轮迹应在全宽范围内均匀分布。

e. 在养护结束的底基层上，及时铺筑基层；若不能立即施工，则限制施工车辆通行。

5.4.4　质量控制与检测

(1) 正式摊铺前，要进行路段铺筑试验。通过试验，获得各种实配压实工具的合理碾压程序，得到合乎规定压实度的碾压遍数、含水量与压实度的关系。设定水泥稳定土材料的压实系数，通过现场试铺，全面检查施工质量水平，为今后正式施工提供作业模式，明确质量、规格标准，并为工程的进度计划提供依据。

(2) 雨期施工时，通过及时整平、碾压来防止积水，采取覆盖措施来防止淋湿路料，并合理规划施工段的长度，必保当日铺筑，当日压实成型。

(3) 严格控制层厚和标高以及几何尺寸，既不能用本层不足上层补，更不采用薄层贴补的办法“凑”够设计高程。

(4) 加强水泥稳定土（砂砾）的级配控制，保证混合料颜色一致，并无结团等不良质量现象。

(5) 结构层所用材料及混合料，需经监理工程师代表现场检验合格，方可运输摊铺。粒料应符合设计和施工规范的要求，并根据粒料来源，选择质坚干净的粒料。

(6) 当气温低于 5℃和雨天时，以及重冰冻期（−3～−5℃）到来前 1 个月内，即停止路面基层和底基层的施工。

(7) 路面底基层、基层质量检验频率及允许偏差见表 5-3。

水泥稳定土（砂砾）结构层实测项目 **表 5-3**

项次	检查项目	规定值或允许偏差	检查方法和频率
1	压实度	95(98)极值 91(94)	密实法:每 200m 每车道 2 处
2	平整度	12(8)	3m 直尺:每 200m 2 处×10 尺
3	纵断高程	+5、-15(-10)	水准仪:每 200m 4 处
4	厚度	代表值-10(-8);极值-25(-15)	钻芯或挖验:每 200m 每车道 1 点
5	宽度	不小于设计值	钢尺量:每 200m 4 处
6	横坡度(%)	±0.3	水准仪:每 200m 4 断面
7	抗压强度(MPa)	≥1.5(3～4)	每 200m 2 组,7d 强度

备注:括号内数值为砂砾基层的规定值或允许偏差。

5.5 沥青混凝土路面施工方案

施工期计划安排 2001 年 8～11 月中旬施工，具体开工日期以开工报告为准。

5.5.1 施工机具和力量配备（表 5-4）

施工机具和力量配备表 **表 5-4**

机械设备				人员	
机械名称	型号规格	单位	数量	职称或工种	数量
振动压路机	CC21	台	6	其他管理人员	8
装载机	ZL50	台	8	土木路桥工程师	6
自卸车	东风	台	30	机械电器工程师	4
对讲机		副	8	各类司机	40
测量仪器		台套	4	技术工人	20
沥青实验仪器		台套	1	测量员	8
空压机	Y-1/40	CI	2	质检员	4
发电机	120kW	台	4	普工	80
沥青混凝土拌合站	Bernardis175-E220	台套	1		
摊铺机	ABG	台	2		
沥青洒布车	LS450-05	辆	2		
双轮压路机	YL9-16	台	4		

5.5.2 沥青混凝土路面施工工艺和施工方法

(1) 沥青混凝土路面的施工工艺（图 5-2）

(2) 主要施工方法

1) 下承层检查验收。在铺筑本层之前，首先对下承层进行全面复检。自检合格后报经监理工程师批准，再进行本层施工。

2) 下封层铺筑。下封层铺筑前，应对基层进行人工清扫，并用空压机吹净；若表面

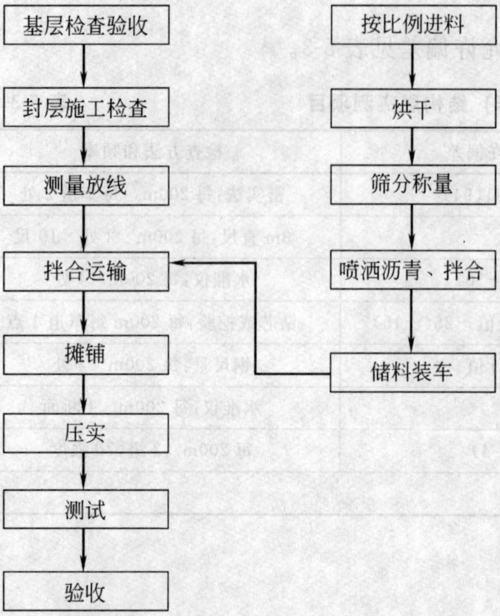

图 5-2　沥青混凝土路面面层施工工艺框图

过干，则用洒水车对基层表面洒水微湿，然后用洒布车按规定用量选择档位、速度和流量，喷洒沥青。在洒布的乳化沥青水分未蒸发前，应立即用人工向上均匀洒布石屑。

3）标高测量和放样挂线。在基层上恢复中线，并根据中线铺设基准线，基准线每两根立杆间距不超过 10m，并在弯道处加密；然后，根据标高和松铺厚度设立基准线的标高。

4）混合料拌合与运输。拌合程序见图 5-3。拌合应重点注意温度控制，温度过高会使沥青老化，一般控制在160～170℃；过低则难以保证全工序质量。运输时，气温较低运距较远时，采用篷布覆盖，以减少热量损失，保证混合料温度卸料时在 130℃以上。每天抽提筛分两次，根据抽检结果，调整拌合的各仓用量，以确保每天的混合料级配。

5）摊铺。新铺路段开始，先采用垫块，将熨平板垫至松铺标高（松铺系数由试验段中取得）；如果已铺接头，应在合理的厚度和变截面的临近处进行切割清扫，涂扫粘层油

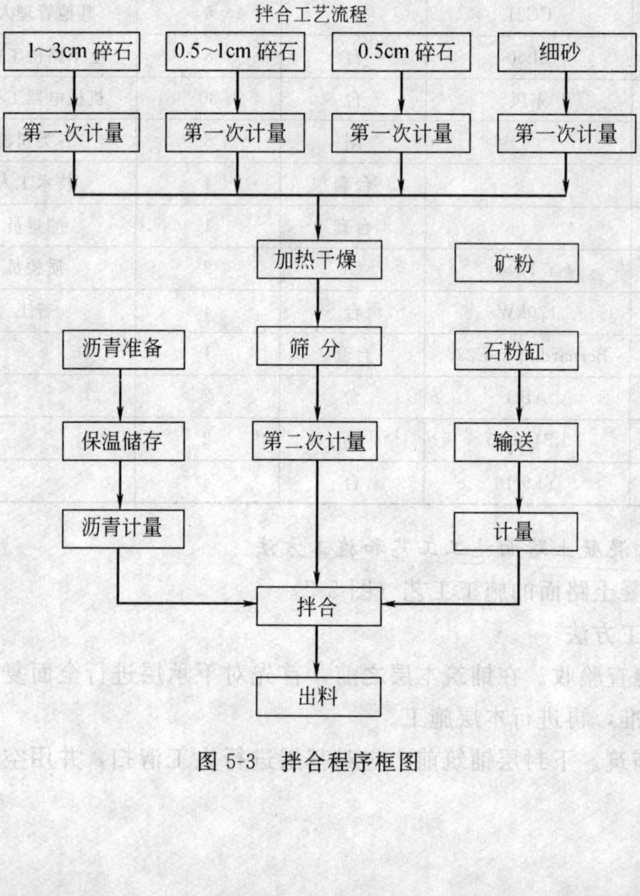

图 5-3　拌合程序框图

(一般在第一天碾压结束就进行)，用垫板将熨平板调整到松铺标高；然后，摊铺机进行预热。当开始摊铺第一斗混合料时，应先开机原地输料 2～3min，使原切割面或与摊铺机均匀预热。本次施工主线部分半幅一次全宽摊铺成型，匝道与主线相接处（变速段）用相距 15m 的两台摊铺机进行阶梯摊铺，使前后两级铺料紧密、平整结合。

摊铺速度均匀、平稳，尽量减少停顿，因此，我们根据运距确定运料车辆数量，并保证不少于 3 辆汽车等待卸料。摊铺时应随时检查标高、厚度、温度，由工人对不平整处进行铲补。对不合格的混合料（温度过高、过低、含油量太多太少，离析或污染严重）作废料处理，对未铺到的边角或机台形成的不足之处，及时进行人工辅助修补。

6）碾压。压实程序分初压（稳压)、复压（重压）和终压三道工序。初压采用双轮压路机，复压采用 CC21 振动压路机，终压采用振动压路机关闭振动进行碾压。一般压实速度为 1.5～4km/h，但具体压实速度需由现场混合料冷却速度确定。压实速度将保证终压完成后，混合料不低于 70℃。

碾压时必须遵照下列原则：

A. 初压 4～6 遍，复压 4～6 遍，终压 4～6 遍，保持主动轮在前，从动轮在后，直至没有轮迹为止。

B. 一般路段先边后中，弯道超高较大时，应先内侧（低侧)，后外侧（高侧)。

C. 两次碾压必须重叠 1/3 轮迹，至少 30cm。

D. 碾压起动、停止应减速缓行，不得突然改变碾压路线和方向，启、闭振动开关均应在行驶状态，严禁急刹车。

E. 严禁行驶机械车辆在正在碾压或刚碾压完的新铺路段上转向调头等，不得在尚未冷却的面层上停机，各道工序温度控制按规范要求进行。

(3) 接缝处理

每次施工完毕后由人工切除非合理部分。下次摊铺开始碾压时，先用 CC21 型振动压路机与横缝 45°方向进行碾压。然后平行于横缝进行碾压，并使 2/3～3/4 的重量落在前一天的路面上，再逐渐移动重心，直至将接缝压实到两侧同平面密实为止。

5.5.3 质量控制与检测

沥青混凝土面层的摊铺与碾压，是道路施工的最后一道工序，也是最重要的一道工序，沥青混凝土路面层的施工质量好坏，直接影响整个道路工程的外观质量和行车速度安全。为此，我们要加强质检力量对沥青混凝土面层的质量进行跟踪控制与检测，严格执行沥青混凝土层施工技术规范和材料试验规程，确保路面工程的施工质量。

(1) 材料质量控制

1）设立材料出入库制度，对材料质量分层把关，责任到人。

2）各种材料均定批量抽验，以保证质量符合技术规范要求。

3）主要材料贮存场所保持干净，并保证在施工操作时不被异物污染。

(2) 施工质量控制

1）工作面应整洁，无任何污染。

2）若工作面层间施工间隔较长，在施工时除保证工作面干燥整洁外，还应洒布粘层沥青。

3）各种施工设备保持在良好工作状态，对于运输沥青混凝土的车辆配齐防雨保温用品。

4）开工前56d，应将沥青混凝土混合料配比设计结果报监理工程师审批，开工前2周，铺实验路段，以取得数据指导施工。

5）加强混合料的温度控制。

6）加强施工过程中混合料的质量控制。各班组设专职质检员按时定量抽检。

7）尽量避免各种接缝；若不可避免，则控制接缝位置并采用热接缝工艺。将断面切割整齐，然后涂粘层油一道。

（3）开放交通时间控制

面层完工后，禁止车辆通行，待面层温度低于50℃后，可允许少量车辆通行，一般一昼夜即可完全开放交通。

（4）各质量控制与检测要求见表5-5～表5-9。

沥青技术要求　　表5-5

试验项目			AH-70
针入度(25℃,100g,5s)		0.1mm	60～80
延度(5cm/min,15℃)		(cm)	>100
软化点(环球法)		(℃)	44～54
闪点(COC)		(℃)	>230
含蜡量(蒸馏法)		(%)	≤3
密度(15℃)		(g/cm²)	实测记录
溶解度(三氯乙烯)		(%)	>99
薄膜加热试验163℃,5h	针入度比	(%)	>55
	延度(25℃)	(cm)	>50
	延度(15℃)	(cm)	实测记录

沥青混合料中集料级配和沥青用量　　表5-6

类型筛孔(方孔)		集料级配通过方孔筛筛孔质量百分率(%)					
		沥青混凝土					
		AC-30 (Ⅰ)	AC-25 (Ⅰ)	AC-20 (Ⅰ)	AC-16 (Ⅰ)	AC-13 (Ⅰ)	AC-5 (Ⅰ)
		粗粒式		中粒式		细粒式	砂粒式
方孔筛孔径(mm)	37.5	100					
	31.5	90～100	100				
	26.5	79～92	95～100	100			
	19.0	66～82	75～90	95～100	100		
	16.0	59～77	62～80	75～90	95～100	100	
	13.2	52～72	53～73	62～80	75～90	95～100	
	9.5	43～63	43～63	52～72	58～78	70～88	100
	4.75	32～52	32～52	38～58	42～63	48～68	95～100
	2.36	25～42	25～42	28～46	32～50	36～53	55～75
	1.18	18～32	18～32	20～34	22～37	24～41	35～55
	0.60	13～25	13～25	15～27	16～28	18～30	20～40
	0.30	8～18	8～18	10～20	11～21	12～22	12～28
	0.15	5～13	5～13	6～14	7～15	8～16	7～18
	0.075	3～7	3～7	4～8	4～8	4～8	5～10
沥青参考用量(%)		4.0～6.0	4.0～6.0	4.0～6.0	4.0～6.0	4.5～6.5	6.0～8.0

沥青混合料技术指标 **表 5-7**

项目	沥青混凝土					
	LH-35 AC-30	LH-30 AC-25	LH-25 AC-20	LH-20 AC-16	LH-15 AC-13	LH-5 AC-5
马歇尔密实度(kN)	>6.5	>6.5	>7.5	>7.5	>7.5	>7.5
马歇尔流值(0.1mm)	20～40	20～40	20～40	20～40	20～40	20～40
空隙率(%)	3～6	3～6	3～6	3～6	3～6	≤3
沥青饱和率(%)	70～85	70～85	70～85	70～85	70～85	70～85
残留稳定率(%)	≥75	≥75	≥75	≥75	≥75	≥75
击实次数(次)	两面各75	两面各75	两面各75	两面各75	两面各75	两面各75

沥青混合料的允许偏差 **表 5-8**

项目	允许偏差
大于5mm圆孔筛的筛余集料	±6%
5mm圆孔筛的筛余集料	±4%
通过2mm圆孔筛的集料	±2%
通过0.075mm圆孔筛的集料	±1%
结合料含量	±0.3%
混合料空隙率	±0.5%
结合料饱和率	±5%
稳定度(马歇尔单个试验值)	不低于表5-7的规定
流值	不低于表5-7的规定

沥青混凝土路面层实测项目 **表 5-9**

项次	检查项目		规定值或允许偏差	检查方法和频率
1	压实度(%)		95	密度法:每200m×1处
2	平整度(mm)	标准偏差(mm)IRI(m/km)	1.2 2.0	平整度仪:全线连续按每100m计算值
		最大间隙 *H*		3m直尺:每200m×10尺
3	弯沉值(0.01mm)		≤设计允许值	贝克曼梁:每车道50m测2点
4	抗滑	磨擦系数	符合设计	摆式仪或磨擦系数测定车
		纹理构造深度		砂铺法:每200m 1处
5	厚度(mm)	代表值	总厚度−8 上面层−4	钻芯或挖验:每200m每车道1点
		极值	总厚度−15 上面层−8	
6	中线平面偏位(mm)		20	经纬仪:每200m 4处
7	纵断高程(mm)		±10	水准仪:每200m 4处
8	宽度(mm)	有侧石	±20	钢尺量:每200m 4处
		无侧石	不小于设计值	
9	横坡度(%)		±0.3	水准仪:每200m 4断面

5.6 混凝土路面施工方案

杭金衢高速公路第十二合同段水泥混凝土路面为收费站段，其工程量：结构厚度24cm的路面，共1660m²。

5.6.1 主要机械和力量配备

本合同段内混凝土路面工程所占整个合同段工程量的比例极少，一切施工机械和人员力量在开工前做到一步到位，本次投入的人员和主要机械设备见表 5-10。

人员和机械设备配置一览表 **表 5-10**

机械设备				人员		
设备名称	机械型号	单位	数量	职称或工种	数量	职责
混凝土拌合机	1350 型	台	2	技术工人	14	
平板振捣器		台	4	测量员	4	
振捣棒		台	4	质检员	4	
机动翻斗车	1t	辆	2	司机	4	
振动整平梁		根	2	管理工人	2	
拉纹器		台	1	普工	40	
真空泵		台	1			
发电机	组合	套	1			

5.6.2 施工工艺流程和施工方法

（1）施工工艺流程（图 5-4）

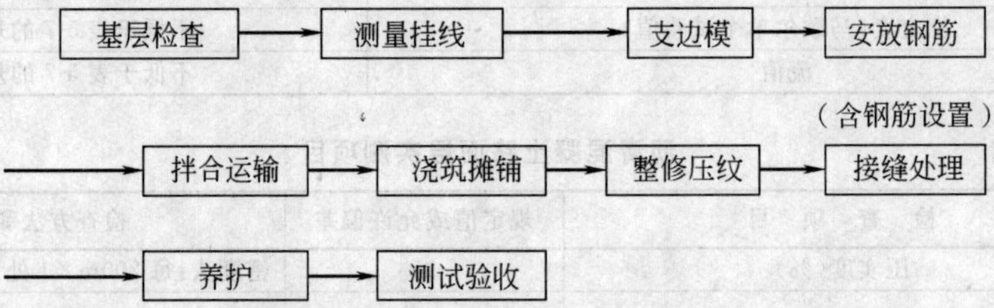

图 5-4 施工工艺流程

（2）主要施工方法

1）基层检查验收：在浇筑本层前，首先对下承层进行全面复查，对人为及其他原因造成的缺陷，必须通过重新复查补救，并经监理工程师批准后方可进行本道工序的施工。

2）标高测量和放样挂线。在基层上恢复中线。直线段每 15～20m 设一桩，平曲线段每 5～10m 设一桩。在路肩部位距本层边缘 50cm 处和路中，设置标高指示桩。

3）支边模和钢筋设置。根据放样挂线所得路外缘和路中边线，钢模要按线支设。钢模就位后测量并调整钢模顶标高（每块测两点），使模板顶端高程即为路面高程，然后用砂浆或其他方法固定好钢模。钢筋设置严格按规范要求和设计大样图纸进行施工。

4）混凝土的拌合运输。根据设计和合同文件技术规程要求混凝土的拌合采用机械搅拌，其投料配比经试验报监理工程师批准同意后方可开盘。混凝土的运输采用小型翻斗车进行。运输过程要确保其坍落度、和易性指标。

5）混凝土的浇筑：

A. 由于本合同段混凝土路面较少，混凝土由预制场拌合楼拌制，汽车运至现场，人工进行铺筑。

B. 混凝土入模板后，先用振捣棒振捣，并采用人工对卸料处进行填补；再以平板振捣器振捣，然后用振捣梁找平，最后以人工对局部进行整修。

C. 混凝土浇筑后须采用真空吸水工艺，以降低水灰比，提高混凝土凝结硬化前的表层结构强度。

6）混凝土收浆后立即进行拉毛作业，拉毛深度 2～3mm，拉毛后再覆盖草袋养护。

7）接缝处理。除胀缝外，其余各缩缝均采用机械切缝，切缝深度 4～5cm，切缝时间由施工时的气温确定，一般浇筑后 2～3d 后进行；然后，对所有接缝槽分别进行填料。填料的品种、规格及填入方法应符合设计要求。填缝前应先清理缝内杂物。

8）拆模养护，所浇混凝土强度大于 1.2MPa 即可拆除侧模，拆模过程中不得损坏混凝土路面的边、角；拆模后如发现蜂窝、麻面、边角损伤等，须及时整修。拆模后仍应进行养护，养护时间不得少于 7d。

5.6.3 质量控制

（1）提前按要求做好混凝土的配合比，并报监理批准。

（2）混凝土路面施工过程中应做好抗弯拉试件的制作工作。一般每天或每 200m³ 混凝土制作二组抗折试件，且每班不得少于一组。

5.6.4 质量要求

（1）混凝土板面外观不应有露石、蜂窝、麻面、裂缝、脱皮、啃边、掉角、印痕和轮迹。接缝填料应平实、粘结牢固，缝缘洁净、整齐。

（2）水泥混凝土路面的实测项目质量应符合表 5-11 的要求。

水泥混凝土路面层实测项目 **表 5-11**

项次	检查项目		规定值或允许偏差	检查方法和频率
1	抗弯拉强度		在合格标准内	小梁或劈裂法：每天或每 200m³ 二组试件
2	板厚(mm)		−5	抽样：每车道板每 200m 2 处钻芯取样
3	平整度	标准差 σ	1.5	平整度仪：抽一车道连续检测每 100m 计算
		IRI (m/km)	2.5	
		最大间隙(mm)		3m 直尺：半幅车道板带每 200m 2 处×10 尺
4	抗滑构造深度(mm)		0.8	砂铺法，每 200m 测 1 处
5	相邻板高差(mm)		2	抽量：每条胀缝 2 点每 200m 抽纵横各 2 处×2 点
6	纵、横缝顺直度(mm)		10	纵缝 20m 拉线，横缝板宽拉线，每 200m×4 处，每 200m×4 条
7	中线平面偏位(mm)		20	经纬仪：每 200m×4 点
8	路面宽度(mm)		±20	抽量：每 200m×4 处
9	纵断高程(mm)		±10	水准仪：每 200m×4 点
10	横坡度(%)		±0.15	水准仪：每 200m×4 断面

6 桥梁与构造物的主要施工方案

6.1 桥梁桩基施工

6.1.1 钻孔灌注桩基础施工

根据地质勘察报告和桥址柱状图揭示情况看，其地质状况依次为：粉质黏土、中细砂、圆砾（卵石）、强风化泥质粉砂岩、中风化和微风化泥质粉砂岩：桩尖持力层一般嵌入微风化 2～3m，桩基类型为嵌岩支承桩。

按此地质状况，并结合我局多年来进行基础施工的工艺经验，拟定本合同段钻孔桩施工工艺如图 6-1 所示。

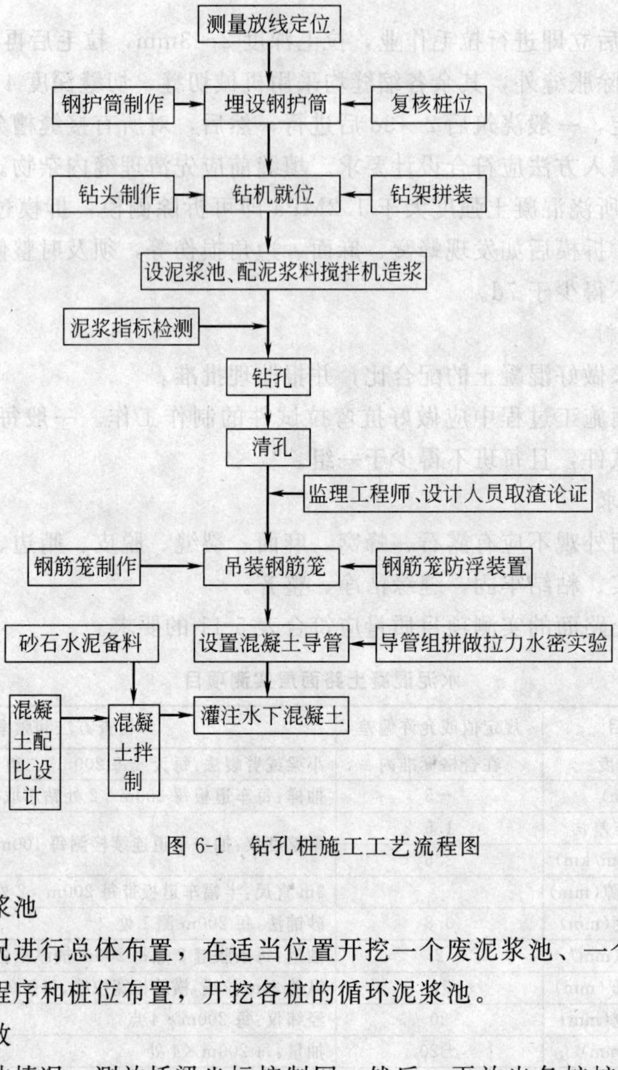

图 6-1　钻孔桩施工工艺流程图

（1）开挖泥浆池

根据现场情况进行总体布置，在适当位置开挖一个废泥浆池、一个沉淀池；然后，根据各钻机的成桩程序和桩位布置，开挖各桩的循环泥浆池。

（2）桩位测放

根据桥的具体情况，测放桥梁坐标控制网；然后，再放出各桩桩位桩，并设置护桩。测放成果经监理复测认可后，才可进行下步作业。

（3）埋设钢护筒

护筒直径分别为 $\phi1.2$m，$\phi1.4$m 和 $\phi1.7$m 三种，护筒埋设时要对桩位进行复测。控制护筒中心与桩位中心偏差不得大于 5cm，倾斜率不大于 1%。护筒顶高一般应高出原地面 30cm，水上桩护筒顶应高出水面 1.5m 以上，以使其有足够的水头压力，保证孔壁稳定。

（4）钻孔

地质报告中介绍本合同段卵石层厚达 5m，其粒径大至 8～10cm，黏土含量少，拟定两套施工方案，即回转钻进和冲击反循环钻进成孔，分述如下：

1）回转钻进成孔

钻孔拟选用 GPS-15（15A）型钻机施工，钻机就位要准确，钻机顶部的起吊滑轮缘转盘中心和桩孔中心三者应在同一铅垂线上，其偏差不得大于 2cm。钻进时钻速要均匀，并根据不同地层采用不同的钻速钻压，选用适宜的泥浆密度。钻进时应一次成孔，不得中途停顿，注意土层变化；同时，取样与地质剖面图核对，并保留钻渣备查。

钻孔质量要求：钻孔中心与桩位中心偏差不大于 5cm。成孔桩径不小于 ϕ1.0m、ϕ1.2m 和 ϕ1.5m，成孔倾斜度不大于 1%。孔深必须满足设计要求，成孔后必须用检孔器进行桩孔检查，以检查孔径及垂直度。

根据本区段地质的特性，在砂卵石层和基岩强度不高于 12MPa 地层中钻进，可选用镶焊硬质合金刀具的笼式钻头，对于较硬的基岩可选用牙轮钻头。

2）冲击反循环钻进成孔

冲击反循环适用于砂、砾石、卵石层、风化及未风化基岩等，成孔直径一般为 ϕ1.0～ϕ2.0m。孔深不超过 60m 为佳，特别对于卵石层和强度低于 100MPa 的基层，最为合适。

冲击反循环设备包括：冲击反循环钻机、砂石泵排渣管、冲击反循环钻头。

在卵砾石层钻进中，冲程为 0.5～1.5m，泥浆密度和黏度应适当提高，特别是在卵砾石层中。黏土含量少，冲击过程中须适量地投入黏土球或黏土块加强护壁，且应适时改正，循环钻进，使投入黏土挤入孔壁后，再用反循环钻进。

在基岩中钻进的冲程为 1.0～1.5m，排渣管口的底口应距离孔底 0.3～0.5m，且应及时跟进。

采用冲击反循环钻进成孔速度快，质量好，相对于回转钻成孔其动力消耗大，操作复杂。待开工后，取得一定数据后，再确定哪一种方法为佳，报监理工程师批准后，再推广使用。

（5）清孔

经测量复核及设计、监理工程师取渣论证，钻孔已达设计标高后停止钻进，将钻头提离孔底进行换浆。由于孔较浅，可采用正循环清孔，清孔后孔底沉渣厚度不大于设计要求。在钻孔中不得以超钻加深孔底深度来代替清孔。清孔后泥浆指标相对密度（比重）1.05～1.08，黏度 18～20s，含砂率不得大于 4%。

（6）钢筋笼制作及安放

根据现场施工条件，钢筋笼可分段制作，待桩孔内清孔完毕后，及时逐段吊放于桩孔并焊接接长：钢筋笼吊装时，要慢慢作业，严防损坏孔内泥浆护壁引起不测。钢筋笼中心要对准桩孔中心。钢筋笼制作偏差：主筋间距±10mm，箍筋间距±20mm，钢筋笼直径±10mm，钢筋笼长度±100mm。

（7）灌注水下混凝土

水下混凝土采用就地拌制导管采用刚性导管，导管内径选用 ϕ250mm 或 ϕ300mm。灌注混凝土前导管要预先组拼。按要求进行水密试验和拉力试验，并做好分节标记，安装时按标记就位。灌注混凝土前应先复查孔底沉渣厚度，并安装满足初灌要求的储料斗及导管提升装置等。储料的体积必须满足导管口在混凝土内的埋深不少于 1m，应通过考虑导管埋深要求和管内混凝土存留量，由计算确定。灌注过程中要及时测量孔内混凝土面的高程，及时调整导管出料口与混凝土表面的相对位置，保证导管在混凝土内的埋深 2～4m，按此要求考虑拆除导管的长度，并做好原始记录，以便准确绘制桩身成桩图。

(8) 水中墩的桩基施工

必须先用草袋围堰筑岛，中填黏性土，其顶应高出水面 2.0m，成桩作业在岛上进行，方法除围堰筑岛时直接埋设护筒外，其余均与以上相同。

6.1.2 人工挖孔灌注桩基础施工

本合同段处于金衢盆地的中部，地层较为单一，基岩以泥质粉砂岩为主。地表覆盖土层较薄。全段内共有桥梁 38 座（含通道、立交桥），有桩 550 根，桩端均支承于泥质粉砂岩中，一般嵌入微风化岩中 2～3m，其桩径为 ϕ1.0m、ϕ1.2m、ϕ1.5m 三种，桩长 7～19m 不等，比较适合用人工挖孔的方法进行桩基施工。但由于卵砾石层为含水层且砂岩地层存在孔隙水，有的地方单井涌水量大。因此，做好降水、排水是挖孔成败的关键。对于水量较大的溪流，如后大溪大桥、乌龙溪大桥和莘板溪大桥的水中桩及近河漫滩桩还有河水补给，不适合用挖孔桩，仍拟采用钻机钻孔，其余均可采取人工挖孔，但应有一套完整可靠的降水措施。本段地震烈度＜Ⅵ度，根据地质报告，未发现地层中存在有害气体，这为操作人员下孔作业的安全提供了有力的保证。据此，我们建议大部分桩基采用人工挖孔桩施工。

(1) 人工挖孔桩施工工艺流程见图 6-2。

(2) 施工前的准备工作

1) 施工机械设备、人员进场、临时设施安排就绪，平整施工场地。

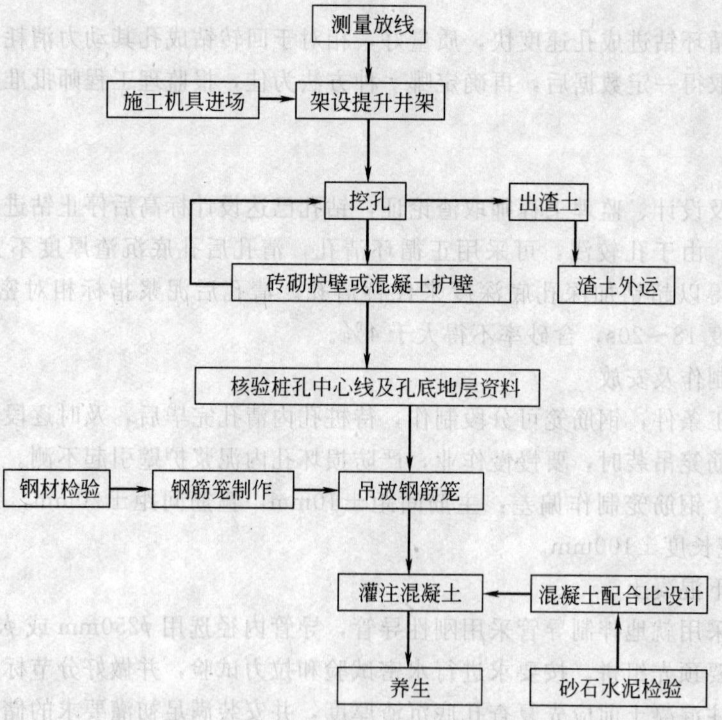

图 6-2 人工挖孔桩施工工艺流程框图

2）技术交底、放桩位中心线及水准标高。

3）安设钢筋笼制作场地。

4）挖设排水沟。

5）布置照明与动力线路。

6）材料进场。

（3）施工人员配备

1）第一阶段，按30个井孔同时施工配备机械、人员及设备。

2）第二阶段，根据工程进度计划和第一阶段施工情况再增加10～20个井孔作业组。

（4）主要施工机具设备

1）井架40～50副，$9m^3$ 移动式空气压缩机二台。$1m^3$ 电动空气压缩机12台，风镐60台。

2）交流电焊机5台，钢筋切断机1台，砂轮切割机1台，氧气乙炔切割设备4套。

3）3t电动卷扬机3台，8t汽车吊机2台。

4）10～30m扬程污水泵50台。

5）350L混凝土搅拌机3台，250L混凝土搅拌机2台。

6）0.5t翻斗车5台，手推车30台。

7）低压照明设备60套。

8）45kW发电机2台。

9）降水钻孔机1～2台。

（5）施工要求与质量保证措施

1）准确确定桩位、桩孔的孔径，井口标高以确保桩体直径和长度。桩位放线测量不闭合不砌井圈，桩位放线未经监理验收不挖土。一般要做护壁，每根桩须布置护桩，以此控制护壁的孔径与垂直度，使偏差小于允许值（桩径允许偏差为±20mm。倾斜度≤1%）。

2）本地段大都需用桩孔内外同时降水的方法，渗水量大的地方在桩孔附近先设置降水井降水，以提高开挖桩孔的质量与效率。降水井可以人工挖掘也可以由钻孔机钻孔。在桩孔开挖过程中，桩孔内设污水泵抽水。还可根据桩孔中渗水情况，在来水的方向用钻机钻孔。真空泵吸水外排，切断桩孔内渗水来源。

3）对于水中挖孔桩，视水的流量和渗水情况而定，对水量大、渗水不易抽干的桩孔拟采用钻孔方法施工，也可安排在枯水期施工。亦可采用筑围堤的方法施工挖孔桩。

4）本工程一般采用砖护壁（对于涌水量大的采用混凝土加水玻璃护壁）倒砌法，边挖掘边护壁。

5）及时做好施工记录，特别应正确填报桩孔地质情况，有利于设计及监理工程师确定基底地质情况，加快成孔速度（如遇基底岩石达不到设计要求时，可及时供设计人员决策，采取加长桩体或扩径处理）。

6）对于在圆砾卵石层和卵石层挖掘时，挖掘高度控制在30～50cm（确保不产生塌方），并及时护壁。

7）在细砂层和粉砂层中挖掘时，应先降水，在挖掘中桩孔内外同时降水，并以桩孔外围降水为主，以防桩孔内产生流砂现象。

8）进入基岩后，如用风镐无法达到设计要求的岩层和标高，拟考虑用爆破法开挖。

9）彻底清理掉入孔底浮渣，做好孔径、孔深、垂直度的自检，及时报请监理工程师验收签证，并在签证验收后，及时用高强度等级水泥砂浆或与桩等强的混凝土封闭孔底，以防岩石风化。

10）在孔内无水或渗水量很小时，可采用串筒直接浇筑混凝土：若桩孔内渗水量较大时，可不抽水，采用水下导管浇筑混凝土。钢筋笼制作、吊放及混凝土浇筑的方法同钻孔灌注桩。

（6）安全措施

1）严格按施工规范和操作规程作业，不定期对各类技术人员、工人进行安全常识教育，做到人人重视、处处谨慎，把安全工作作为一项大事抓到底、抓落实，把事故苗头消灭在萌芽状态。

2）建立安全组织，由项目经理任安全组长，并由工程技术人员、工长参加全方位的安全网络，质量与安全同步抓，并贯穿于整个施工过程。

3）实行各施工班组安全施工管理包干责任制，坚持文明施工，争创文明现场，对抓安全工作成绩突出的班组实行奖惩挂钩。

4）严格井下作业，做到井下作业十不准：①不戴安全帽不准下井作业。②不系安全带不准下井作业。③酒后不准下井作业。④赤臂、赤脚不准下井作业。⑤不砌护壁不准下井作业。⑥患心脏病、高血压者不准下井作业。⑦不准边抽水边挖土作业。⑧井下照明电压不准超过36V。⑨井下作业不准开玩笑、打闹。⑩妇女、年老（超过50岁）者不准下井作业。

5）加强用电管理，施工现场用电由专职电工管理，任何人不得擅自启动，井下污水泵抽水采用双层漏电保护装置。

6）加强井口管理，施工间歇期盖好井口，防止坠落事故。作业时，井口人员不得离开岗位，不得在井口开玩笑、闲谈、睡觉，下井时必须系好安全带，井圈要高出地面，防止落石伤人。井架绳索要经常检查维修，确保施工安全。

6.1.3 质量控制标准

钻孔灌注桩和人工挖孔桩的质量控制标准分别见表6-1和表6-2。

钻孔灌注桩实测项目标准 **表 6-1**

项 次	检查项目	规定值或允许偏差	检查方法和频率
1	混凝土强度(MPa)	在合格标准内	附录D
2	桩位(mm)	50	用经纬仪检查纵、横方向
3	倾斜度	<1%	查灌注前记录
4	沉淀厚度(mm)	符合设计要求	查灌注前记录
5	钢筋骨架底高程(mm)	±50	查灌注前记录

挖孔桩实测项目标准 **表 6-2**

项 次	检查项目	规定值或允许偏差	检查方法和频率
1	混凝土强度(MPa)	在合格标准内	附录D
2	桩位(mm)	50	用经纬仪检查纵、横方向
3	做斜度	<0.5%	查灌注前记录
4	钢筋骨架底高程(mm)	±50	查灌注前记录

6.2 桥台、承台、墩柱施工

钻孔桩施工完毕，桩身混凝土养护至一定强度进行系梁、桥台承台范围内开挖，开挖深度至承台底面以下 10cm，凿去桩顶浮浆。开挖边坡视土壤情况确定，开挖时看到地下水渗出，要采取集水、抽水措施。保证承台施工在无水条件下进行。为防止泥水污染钢筋和桩头，可采取铺 10cm 砂砾的措施隔离泥土；如设计有要求，则浇 10cm 垫层混凝土。承台、系梁施工采用就地拌制混凝土，组合钢模板，钢管支撑。其施工工艺流程图如图 6-3 所示。

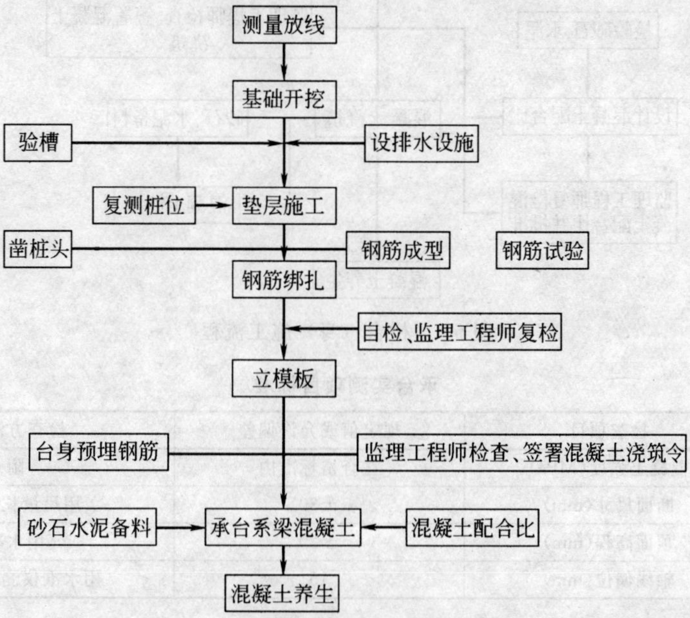

图 6-3 承台、系梁施工流程

柱施工采用钢模板，钢管支架，混凝土采用就地拌制。桥台施工用竹胶板做模板面板，钢框支架和钢管支架。承台系梁、墩柱、桥台钢筋均按设计要求及现行规范进行加工绑扎。浆砌片石桥台施工要求、工艺流程与挡土墙施工相同。

由于本工程为高速公路，桥梁的墩柱、桥台外表要求美观，施工时要加强外观控制，充分振捣。模板表面应涂抹既便于脱模又利于拆模后表面光滑的脱模剂。

台身施工工艺流程图如图 6-4 所示。

墩台基础、承台、墩台身质量控制标准见表 6-3～表 6-7。

混凝土基础实测项目标准 **表 6-3**

项次	检查项目	规定值或允许偏差	检查方法和频率
1	混凝土强度(MPa)	在合格标准内	附录 D
2	断面尺寸(mm)	±50	用尺量长、宽各 3 处
3	基础底标高(mm)	±50	用水准仪测 5～8 点
4	基础顶标高(mm)	±30	用水准仪测 5～8 点
5	轴线偏位(mm)	25	用经纬仪测纵、横各 2 处

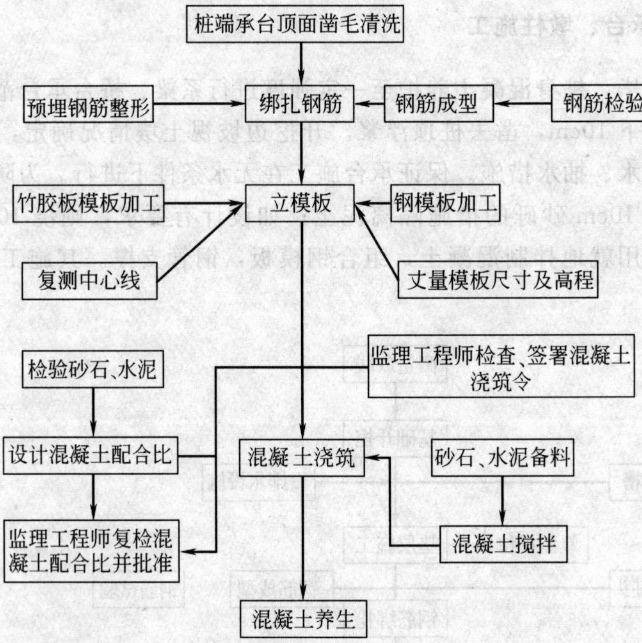

图 6-4　桥台（身）施工流程

承台实测项目标准　　表 6-4

项次	检查项目	规定值或允许偏差	检查方法和频率
1	混凝土强度(MPa)	在合格标准内	附录 D
2	断面尺寸(mm)	±30	用尺量长、宽各 1 处
3	顶面高程(mm)	±20	用水准仪测
4	轴线偏位(mm)	15	用水准仪测纵、横各 2 处

墩台身实测项目标准　　表 6-5

项次	检查项目	规定值或允许偏差	检查方法和频率
1	混凝土强度(MPa)	在合格标准内	附录 D
2	断面尺寸(mm)	±20	用尺量长、宽、高各 2 点
3	竖直度或斜度(mm)	0.3%H，且≤20	用垂线或经纬仪测 2 点
4	顶面高程(mm)	±10	用水准仪测 3 点
5	轴线偏位(mm)	10	用经纬仪测纵、横各 2 点
6	预埋件位置(mm)	10	
7	大面积平整度(mm)	5	用 2m 直尺检查

浆砌片石基础实测项目标准　　表 6-6

项次	检查项目		规定值或允许偏差	检查方法和频率
1	砂浆强度(MPa)		在合格标准内	按附录 C 检查
2	轴线偏位(mm)		25	用经纬仪测纵、横各 2 点
3	平面尺寸(mm)		±50	用尺量长、宽各 3 处
4	顶面高程(mm)		±30	用水准仪测 5～8 点
5	基底高程(mm)	土质	±50	用水准仪测 5～8 点
		石质	+50，−200	

浆砌片石墩台身实测项目标准　　表 6-7

项次	检查项目		规定值或允许偏差	检查方法和频率
1	砂浆强度(MPa)		在合格标准内	按附录 C 检查
2	墩台长、宽(mm)	片石	+40,−10	用尺量 3 个断面
		块石镶面	+30,−10	
3	竖直度或坡度	片石	0.5%	用垂线或经纬仪测纵、横各 2 点
		块石镶面	0.3%	
4	墩、台顶面高程(mm)		±10	用水准仪测 3 点
5	轴线偏位(mm)		10	用经纬仪测纵、横各 2 点
6	大面积平整度(mm)	片石	30	用 2m 直尺检查
		块石	20	

6.3 盖梁施工

根据我局领导的要求及高速公路的特点，盖梁模板采用竹胶板面板钢结构框架，保证盖梁的外观质量，模板分节段制造，现场拼装，模板脱模剂采用食用色拉油，模板分片组拼验收合格后，方可运到墩位处安装。

模板制造的允许偏差：

1) 模板在长度和宽度方向中每米的偏差　±2mm

2) 模板板边与直线偏差　±0.5mm

3) 连接两件的孔眼位置偏差　±0.5mm

4) 两件侧板高低差　±2mm

5) 模板板面平整度（2m 尺）　±1mm

模板安装的允许偏差：

1) 盖梁顶面标高偏差　±5mm

2) 盖梁轴线的平面位置　±5mm

3) 盖梁横桥向坡度偏差　≤0.15%

4) 盖梁长度与宽度方向偏差　±5mm

盖梁的混凝土除四座大桥（莘板溪桥、乌龙溪桥、下郑分离立交桥和后大溪桥）就地生产外，其余小桥视具体位置分数处拌制，用汽车将混凝土送到墩位处。

盖梁采用竹胶模板用钢管支架支承于经压实处理的地面上，支架立柱底应采用方木或槽钢扩大支撑面，防止支架下沉。水中墩采用此法有困难，故采用钢桁架支撑模板，钢桁架吊挂在墩柱的预埋件上，钢桁架梁除满足强度刚度外，还须计算各节点局部受力状况，如承压、撕裂、变形等。墩柱预埋件也须按规定计算各部受力，使其盖梁不致发生变形和开裂。

盖梁模板每装拆一次均须全面检查，加固、涂油，经内部质检工程师同意方可投入使用。

盖梁的质量控制标准见表 6-8。

台帽、盖梁实测项目标准　　表 6-8

项次	检查项目		规定值或允许偏差	检查方法和频率
1	混凝土强度(MPa)		在合格标准内	附录 D
2	断面尺寸(mm)		±20	用尺量 3 个断面
3	轴线偏位(mm)		±10	用经纬仪检查
4	支座处顶面高度(mm)	简支梁	±10	用水准仪每支座检查 1 点
		连续梁	±5	
		双支座梁	±2	
5	支座位置(mm)		5	用尺量
6	预埋件位置(mm)		5	用尺量

6.4　空心板梁施工

本工程有混凝土空心板 585 片，预应力空心板 1681 片，除长 30m 的后张法预应力梁就地制造外，其余均在罗埠互通预制厂生产。

按总工期安排，2266 片空心板共计 12220m^3，混凝土须在 365d 制造完毕，其工作量是较大的；此外，制梁还受到低温期的影响。根据总量及工期，平均每有效工作日应生产 7 片梁，因此，制梁的进度须与架设速度相匹配，减少生产场地的压力。

6.4.1　预制场场地布置

场地布置考虑到：

(1) 混凝土产量：40m^3/d，相当于每天生产 7 片梁。

(2) 场地存放量按 28d、7 片/d 的数量计算，为 28×7＝196 片。

(3) 砂石储备量按 30d 生产量：砂＝40×30×0.9＝1080t；石＝40×30×1.8＝2160t；洪水期按 45d 生产量；砂＝40×45×0.9＝1620t；石＝40×45×1.8＝3240t。

(4) 水泥采用散装水泥，其容量为 5d 的生产量 5×40×0.5＝100t

(5) 锚具一次进货，工地储备。钢筋按 30d 储备量计；钢绞线以 60d 备料计；波纹管就地加工。

(6) 生产用房：有水泥库（备用袋装水泥），钢筋库，钢绞线库，钢筋加工间，钢绞线加工间，料库（机械配件、劳保用品、油料），氧气瓶间，水塔（含水井），抽水机房，乙炔间，试验室，机电维修间，钢模存放间，办公室（生产、技术、调度、计划等），生活用房（职工宿舍、职工食堂）等。

(7) 道路及拌合楼：场内修筑环形简易便道，供材料的进入、成品梁的运出等。道路转弯半径、路幅宽度、路面结构等，均应作全面详细设计。

拌合楼的选型按日产量的 1.5 倍配备，以保证混凝土正常生产。罗埠互通建成后预制场（后为拌土场、沥青搅拌站用）处将是一绿化区，故地面标高不宜超出绿化区设定标高，排水设施以此原则布置，确保雨期场内无积水。

6.4.2　预制场的主要机械设备配置

混凝土搅拌站	1 座
40t 门式起重机	1 台

8t 汽车起重机	1 台
40t 平板车和 40t 炮车	各 1 台（运梁用）
张拉千斤顶	4 台（张拉钢绞线）
搅浆机	2 台（搅水泥浆）
压浆机	2 台（孔道压注水泥浆）
波纹管机	1 台（卷制波纹管）
5t 电动卷扬机	2 台（抽芯管用）
钢筋切断机	1 台
钢筋对焊机	1 台
C610 机床	1 台
立式钻床	1 台
刨床	1 台
电焊机	4 台
自动切割机	1 台

6.4.3　钢筋混凝土空心板与预应力空心板制造

钢筋混凝土空心板共 585 片，预应力混凝土空心板共 1681 片，各种规格数量如下：

$L=6$m	120 片，	$L=8$m	298 片，
$L=10$m	167 片，	$L=13$m	884 片，
$L=16$m	645 片，	$L=20$m	90 片，
$L=25$m	36 片，	$L=30$m	26 片

（1）制梁台座：台座基础为 C20 混凝土，基础上面按设计规定设置拱度，台座数量按工程进度表和空心板多少确定。

各种型号的空心板的侧模均采用整体式钢模板，钢筋混凝土空心板（$L=10$m 以下）的芯模分别选用直径为 $\phi190$mm、$\phi240$mm 和 $\phi260$mm 钢管作抽拔管，预应力空心板采用可拆式钢木组合芯模，以降低工程造价。为加快侧模和台座的周转，在混凝土配合比的优化设计中采用复合型添加剂，使梁体混凝土达到早强的目的，缩短台座的使用时间。

（2）模板：模板的设计除应符合规范的规定及适当考虑反拱影响外，尚应满足下列条件：

1）模板的侧压力计算中，假定混凝土在振动时为流体状态。

2）模板接缝处、侧模与底模接缝处，应仔细填置泡沫橡胶等柔软材料，防止漏浆。

3）底模每米内的高差不得大于 5mm，沿梁板全长任何两点的水平高差不得大于 10mm。

4）两端的支座底模应平整，每端两侧的水平高差不得大于 2mm。

5）侧模板平整度每米（1m 尺丈量）不大于 2mm。垂直度不大于 2mm，25m 以上的空心板梁不大于 3mm。施工中侧模不得产生变形。

6）板梁全高误差＋10mm、－5mm。

7）模板的安装及拆除方便，损耗小。

8）本合同段所有板梁全部采用插入式振捣器和平板式振捣器施工，模板设计中不考虑侧模振捣（即附着式振捣）方式。

9）由于$L>10$m的空心板梁为预应力，在设计台座时，须考虑混凝土在预应力作用下板梁起拱。因此，两端底模应设置在刚性可靠、无沉陷的基础上。为减少起拱对铺装的影响，应适当设置反拱，具体数值与设计、监理一起确定。

（3）混凝土的拌制：钢筋混凝土及预应力混凝土配合比的设计应符合下列要求：

1）水泥用量宜少，但不得低于300kg/m^3，也不得超过500kg/m^3，以减少混凝土的收缩与徐变值（对预应力混凝土而言）。具体用量由试验确定，并经监理工程师批准。

2）混凝土试件强度除应达到设计规定外，宜根据生产的台座数和总体工期安排，留有适当的富余量，以减少板梁的流水作业时间。

3）具有能满足插入式振动灌注梁体混凝土施工需要的坍落度一般为7～9cm。在炎热夏天坍落度损失较大，可通过增加添加剂，加大坍落度。

4）砂宜选用优质中粗河砂。粗骨料可采用碎石，也可根据当地卵石储量丰富的情况采用卵碎石（即将卵石破碎），其技术指标必须满足规范要求。水泥采用普通硅酸盐水泥和硅酸盐水泥。水取用当地地下水（地下水可以饮用）。添加剂根据季节需要，选用新型复合型添加剂。

另外，混凝土的拌制宜采用强制式拌合机，其净拌合时间不得小于1min。

混凝土构件预制厂生产时应有试验员值班，值班试验员应根据实际砂、石含水量调整施工配合比，并按规定制作试块。

（4）梁体混凝土的灌注采用一次性全截面斜向分层，由一端向另一端浇筑，每片板梁要求在混凝土初凝时间内连续浇筑完毕。

凡室外温度超过35℃或拌合物出拌合机的温度达到25℃以上者，按夏季施工办理。应对砂石采用盖棚、隔夜浇水等降温的办法。

当室外平均气温连续5d低于5℃时应按冬期施工，由于梁板制造部分时间处于冬期施工，应按下列要求办理：

1）预先对各项设施和材料做好冬期施工的各项准备工作。

2）已浇混凝土在其抗压强度未达到40%及5MPa前不得使其受冻，可考虑在混凝土配合比设计中掺适量的防冻剂。

3）用于混凝土的各种原材料的温度，应满足混凝土拌合物搅拌合成后所需要的温度。当材料原有温度不能满足要求时，首先考虑对拌合水加热；仍不能满足需要时，再考虑对骨料加热，水泥只需保温，不得加热。

4）冬期搅拌混凝土时，骨料不得带有冰雪和冻结团块，搅拌时间应较常温延长50%。

（5）钢筋的制作成型及安装

1）根据实际的施工进度安排及设计图纸要求的钢筋规格、数量，下料、验收合格后送至现场绑扎、焊接成型。在钢筋工程施工的同时，协调好模板的安装固定、预应力孔道预留及内模的安装等工序，相互配合。具体施工步骤按施工工艺流程要求；如在施工中钢筋与预应力孔道相碰时，应保证预应力孔道位置的准确，适当调整钢筋的位置，但必须征得监理工程师的批准后方可进行。

钢筋制作、安装的允许偏差见表6-9。

钢筋制作、安装允许偏差 **表 6-9**

项目		允许偏差
钢筋制作	冷拉率	不大于设计规定
	受力钢筋(钢筋混凝土板)成型长度	+5，−10mm
	弯起钢筋(同上)	±20mm
	箍筋尺寸	0，−5mm
钢筋网片及骨架成型	网片(预应力梁板)	长度±10mm 宽度±10mm 网格尺寸±10mm 网片两对角线之差 10mm
	骨架	长度+5，−10mm 宽度+5，−10mm 高度+5，−10mm
钢筋安装	受力钢筋	间距±10mm 顺高度方向的排距±5mm
	箍筋及构造筋间距	±20mm
	同一截面内受拉钢筋接头	焊接≤50% 绑扎≤25%
	保护层厚度	±5mm

2）预应力孔道留设：根据设计图预应力孔道布置的尺寸，安装金属波纹管，底板预应力孔道与底板、腹板钢筋一道绑扎，用定位钢筋安装固定。按设计图要求调整横向及纵向、竖向坐标，定位钢筋间距为 30cm。保证波纹管的正确位置，防止上浮和位移。保证预应力孔道顺畅，金属波纹管在现场卷制，使用长度达到最大，可减少孔道接头。接头用大一号的波汶管连接；同时，用胶布密封。每根波纹管使用前需认真检查，防止有沙眼及不合格的产品在施工中使用，防止砂浆流入孔道内。

设置的预应力锚板一定要密封，位置正确。在混凝土施工完后 8h，先用压力水清洗孔道，再用检孔器作检查，防止堵孔。

孔道允许偏差值：

管道坐标： 梁长方向 30mm；
梁高方向 10mm。

管道间距： 同排 10mm；
上下排 10mm。

(6) 预应力施加

本合同段的预应力空心板梁采用高强度低松弛 $R_y^b=1860$MPa，ϕ15.24 的钢绞线，长度为 13、16、20、25、30m 的梁分别选用 YM15-3、YM15-4、YM15-5 锚具，每束控制张拉力分别为 585.9kN、781.2kN、976.5kN，混凝土强度等级均为 C50，钢束的张拉为两端张拉。

张拉前必须对千斤顶、油泵、油压表进行检修标定，合格后方可使用。

对钢绞线、锚具等都要按技术规范进行试验，合格后经监理工程师批准方可使用。

待混凝土强度达到设计强度的 90%时，用 YCW-120 型千斤顶进行张拉。张拉顺序为先内后外，先下后上，对称、分批张拉。锚具垫板必须与钢束轴线垂直，垫板孔中心与管道中心一致，安装千斤顶时必须保证锚圈孔与垫板严格对中，防止滑丝、断丝现象的发生。

张拉顺序：$0 \longrightarrow$初应力$\longrightarrow 1.05\sigma_k \xrightarrow{\text{持荷 5min}} \sigma_k$（锚固）

预应力张拉时，进行张拉力和伸长量双控，并以张拉力为主，当伸长量与计算值超过±6%，须查明原因，再行施工。张拉完后，严禁碰撞锚具钢绞线，钢绞线多余长度应用砂轮切割机切割，切割后用环氧树脂水泥砂浆封堵。

张拉允许偏差：

张拉应力值：符合设计要求；

张拉伸长率：±6%；

断丝滑丝：每根钢绞线断丝、滑丝 1 根，全片梁不超过 2 根。

(7) 压浆

钢绞线张拉完毕后，空心板即可吊出台座放至存梁台座上，并应尽快压浆（一般不超过 24h)。管道压浆前，应先用压力水清除管道内的杂物，并用压缩空气吹干，压浆的水泥浆应符合如下要求：

水泥浆的强度等级为：C40

水灰比为：0.4～0.5

水泥浆的泌水率：最大不超过 4%

水泥浆的稠度宜控制在：14～18s

压浆采用一端压浆，另一端排气至出浓浆时关闭压浆机，压浆的压力要求达到 0.7MPa。30min 后，再从另一端向原压浆端压浆，持荷 2min，压力仍为 0.7MPa。

6.4.4 预制梁板的运输及架设

长度≤25m 的空心板梁一律在罗埠互通预制场内制造，长度＝30m 的预应力空心板梁就地制造。

预制场内配有起重能力为 40t、跨度为 20m 的门式起重机 1 台，空心板梁自检合格经监理工程师批准后，即可通过平板车或炮车运至待架处，再用 80t 履带吊机吊装就位。30m 梁采用高低腿门吊将梁吊到盖梁上，再横移到位。

6.4.5 质量要求

预制钢筋混凝土空心板及预应力空心板的质量要求见表 6-10 和表 6-11。

预制梁板实测项目标准 **表 6-10**

项次	检查项目		规定值或允许偏差	检查方法和频率
1	混凝土强度(MPa)		在合格标准内	附录 D
2	梁板长度(mm)		+5，−10	用尺量
3	宽度(mm)	干接缝	±10	用尺量
		湿接缝	±20	
		箱板顶宽	±30	
		腹板或梁肋	±10，0	
4	高度(mm)	梁板	±5	用尺量 2 处
		箱梁	0，−5	
5	跨度(支座中到中)(mm)		±20	用尺量
6	支座表面平整度(mm)		±2	用尺量
7	平整度(mm)		5	用 2m 直尺量
8	横系梁及预埋件位置(mm)		5	用尺量
9	空心板顶、底板厚(mm)		±10	由监理工程师定

预应力构件质量要求　　　　　　　　　　　　　　　　**表 6-11**

项目要求		附注
1. 梁体及封端混凝土强度 平均极限强度不低于设计		按设计图要求
2. 孔道压浆 孔道内灰浆密实，强度等级不低于设计		压注浆强度大于 15MPa(冬期为 20MPa)构件可运输、安装，但构件应达 28d 设计强度等级
3. 表面裂缝 非预应力部分允许有宽度 0.2mm 以下收缩裂缝，其余不应出现裂缝		
4. 梁体及封端外观 平整密实、不漏筋、无空洞、无蜂窝		有空洞、蜂窝、硬伤、掉角等应修补好并养护到强度等级，对影响承载力的缺陷应作荷载试验，蜂窝麻面不超过该面积的 1%
5. 成品外形尺寸允许误差： 构件全长　+0，−10mm 梁面宽度★　−10，+15mm 腹板厚度★　−0，+10 梁高　+15，−5mm 表面垂直度　≤4mm 预应力束中心偏差　3mm		 检查桥面及底板内外侧 检查 1/4 跨及 3/4 跨截面 检查两端及跨中 检查两端 检查两端(抽检腹板) 任何方向
6. 预埋件	支座表面	边缘高差＜1mm，外露底面平整无损，无渣
	连接板	偏离设计位置小于 20mm，表面无灰浆

注：1. 上列项目均由专人逐片检查，并做出全面观察记录。
　　2. 注有“★”符号的项目，应在工作过程中注意控制，并对成品进行抽查，抽查数目不应少于梁数的 10%。

6.5　桥上护栏及防撞墙施工

桥上护拦及防撞墙施工必须精雕细琢，确保施工质量及外表美观。

防撞墙施工拟用钢模板，钢模板设计时要有足够的刚度，并满足结构形状要求。安装时要求支撑牢固，线形顺直，高程上严格控制，确保成型后线型。

护栏安装要求顺防撞墙的线型，安装时采用纵向拉线，高度方向以高程控制进行。调整好后方可焊接，并严格控制焊接时的变形。

6.6　涵洞工程施工

全线有圆管涵 36 道，盖板涵 22 道，施工方法略有区别。

6.6.1　圆管涵施工方案

(1) 工艺流程

测量放样⟶基坑开挖⟶铺砂砾垫层⟶立管座模板⟶浇第一次管座混凝土⟶安管⟶做防水管接头⟶浇第二次管座混凝土⟶做口部工程⟶管上刷沥青防水层⟶回填土。

(2) 施工方案

1) 放样前应先核对涵洞底标高及角度与当地水系是否匹配；如不匹配，应报告监理工程师予以变更。

2) 放样后经监理工程师校核才可进行下道工序施工。

3）基坑开挖先用挖土机开挖至离基底 20cm，然后用人工开挖，以防机械挖松基土。开挖后请监理工程师检查土质是否符合设计要求，符合则可铺砂砾垫层；如不符合，按监理工程师要求挖至符合要求为止；如基坑有渗水，应加大基坑尺寸，边上挖沟集水排水；如因涵洞施工水系切断，还应有相应沟通水系的措施。

4）砂砾垫层应用蛙式打夯机夯实至符合设计要求。

5）在垫层上放出管座混凝土边线立模浇筑混凝土，管底混凝土分二次浇，第一次浇至管下 4～5cm，顶面拉毛，保证管接头施工空间，做完接头，再浇到位。混凝土就近拌制。

6）圆管采用浙江省水泥制品厂成品，用悬辊离心式工艺生产。圆管应有出厂合格证和质量保证书，并经安装单位验收合格，不合格的产品不得用于工程。安设圆管，一般从下游往上游铺，保证管底标高符合设计要求，相邻管连接平顺。沉降缝的位置应事先算好，确保接头正好在沉降缝位置。经检查无误后做管接头防水，接头处沥青一定要满刷，保证不漏水。

7）做涵洞口部建筑时，要仔细吃透设计图，尽可能与相关的排水设施（口部附近）一起完成。口部完成后，在圆管上满刷沥青防水层。

8）涵洞旁回填应尽量选用透水性较好的土，用小型机具夯实，机械夯不到的地方用人工补夯。涵顶填土高度不足 50cm 时，不允许大型机械通过。

9）涵洞结构完成，即报监理工程师验收，经验收后才允许通水。

（3）质量要求（表 6-12）

管涵实测项目标准 **表 6-12**

项次	检查项目		规定值或允许偏差	检查方法和频率
1	混凝土强度(MPa)		在合格标准内	附录 D
2	轴线偏位(mm)		50	用经纬仪检查纵、横向各 2 点
3	涵底流水面高程(mm)		±20	用水准仪检查 3 处
4	涵管长度(mm)		+100，−50	用尺量
5	管座宽度(mm)		大于设计	用尺量 3 处
6	相邻管节底面错口(mm)	管径≤1m	3	用水平尺检查接头处
		管径>1m	5	

6.6.2 盖板涵施工方案

（1）工艺流程

测量放样──→基坑开挖──→立台基侧模板──→浇涵台基础──→立模浇台身──→洞口建筑施工──→安装盖板──→回填土。

钢筋混凝土盖板在涵洞旁路基上预制。

（2）施工方案

1）测量放样时，应核对设计标高和涵洞交角与实地情况是否符合；不符合时，报监理工程师予以变更。

2）挖基坑时应保证基底原土不受扰动。因此，机械挖土时，最后 20cm 应用人工完成；基坑内如有渗水，应设排水沟、集水井，用水泵抽走。

3）土基干燥，可在其上直接浇台基础；否则，应考虑铺 5～10cm 砂砾垫层，但不得侵占基础厚度。考虑与台身接槎，可在台身位置散插片石。

4）应按要求设置沉降缝，洞口建筑如为一字墙，基础与台基同浇的，可不设沉降缝。但八字墙及锥坡必须与涵身、基础断开。

5）台身混凝土强度达75%以上才允许安装盖板，盖板就地预制，强度达75%以上，才允许起吊安装。

6）回填土必须对称进行，盖板没有安装前，不允许填土超过原地面。盖板以上待盖板强度达100%后进行，且首层虚铺厚度不得少于30cm；如用压路机则不得加振，防止损坏盖板。回填材料应尽量采用渗水性好的土料。盖板上填土超过50cm，可按正常办法填筑。

（3）盖板涵质量要求（表6-13）

盖板涵质量要求　　表6-13

项次	检查项目		规定值或允许偏差	检查方法和频率
1	混凝土强度(MPa)		在合格标准内	附录D
2	轴线偏位(mm)	明涵	20	用经纬仪检查纵、横向各2处
		暗涵	50	
3	涵底流水面高程(mm)		±20	用水准仪检查2处
4	长度(mm)		−50，+100	用钢尺量
5	孔径(mm)		±20	用钢尺量
6	顶面高程(mm)	明涵	±20	用水准仪检查3处
		暗涵	±50	

7 交通安全设施工程施工方案

7.1 材料准备

（1）各种金属材料在购货前，将各种必需的文件资料及供货样品一起提供给监理工程师，并从经监理工程师同意的厂家进货。

（2）混凝土及砂浆配合比及用料均应符合要求，并经监理工程师同意。

7.2 防护设施施工

7.2.1 立柱施工

（1）护栏立柱施工

1）固定护栏立柱：中央分隔带采用打入法施工，土路肩处的立柱采用开挖法埋设，无论打入还是开挖均用人工进行，以期减少对道路的影响。用开挖法施工时，立柱埋好后，回填土采用人工分层夯实，所用材料与原道路用料相同。

2）活动护栏立柱：活动护栏立柱采用开挖法在路面基层完工后进行，挖深50cm。基坑清理合格后，以基坑四壁为土模，浇筑C30混凝土，并保证预埋套管的牢固及位置的正确性，埋设完预埋套管后，管口用彩条布包扎防漏。

3）对于渐变端及端部立柱，严格依照图纸进行，保证设计线形。

（2）隔离网栅立柱施工

首先，在测定位置开挖基坑，检查合格后以坑壁为土模，浇筑混凝土并预埋立柱，预埋时采用木杆三角支撑来固定立柱的位置，并保证立柱的垂直度。

7.2.2 护栏、隔离栅、网的安装

(1) 固定护栏安装

护栏安装采用螺栓拼接并经托架由螺栓固定在立柱上，安装时先将固定螺栓略紧，待装完一定长度后（50～100m），再利用板上的长圆孔来调节护栏的位置，使成形后的护栏线形平顺，并与道路线形相一致。

(2) 活动栏安装

首先，将活动护栏依照设计图纸焊接成形，然后将护栏插入即可。

(3) 隔离栅、防护网的安装

对于隔离栅先将上下横梁用螺栓固定在立柱上，而后用铆枪以铁铆钉将焊网单片铆固在上下横梁上，并在立柱外，以螺栓将立柱与网片连接。

对于防护网，将镀锌刺钢丝绑扎在立柱的预埋铁钩上，并拉紧，刺钢丝拉好后再用其进行续拉，以起加强作用。

7.2.3 防眩板、视线诱导标的安装

防眩板以螺栓固定在设计横梁上，视导线依照图纸区别不同的段，分别以螺栓固定在波形护栏或混凝土护栏上。

7.3 交通标记

7.3.1 基坑开挖

(1) 以距土路肩边缘水平距离 25cm 为准，放出标志板等基坑的位置，并经监理工程师批准。

(2) 人工开挖基坑，开挖时严格依照图示尺寸开挖；若出现超挖，则用混凝土回填。

7.3.2 浇筑支柱底座混凝土

(1) 基坑内混凝土以坑壁为模板，外露部分立钢模，浇筑混凝土灌注并捣实，其顶面抹平。

(2) 浇筑前将连接支柱的地脚螺栓和定位法兰盘预埋，预埋时要求位置准确，确认后再浇筑混凝土。

7.3.3 里程碑、公路界碑和百米桩的埋设

(1) 依照设计图纸预制构件，预制时，其字形和颜色严格依照图纸和规范进行。

(2) 基坑采取监理工程师同意的方案施工，以确保碑、桩的稳定牢固。

(3) 埋完后基坑内填土并夯实。

7.3.4 标志牌的施工

(1) 标志牌的制作依据图纸进行，保证成形的标志牌边缘光洁、方正；对于钢板标志牌，按技术规范的要求进行处理。将处理好的板与槽钢用铆钉组合在一起，然后将钉头磨光，装配好的标志牌需经监理工程师认可后再用于本路段。

(2) 对其他金属构件均做热镀锌处理，且在完成钻孔，焊接后进行。

(3) 以螺栓通过抱箍将标志牌与立柱固定；对于悬臂结构，以悬臂法兰盘将钢筋横梁与立柱连在一起，然后再通过加劲法兰盘和底座法兰盘，用螺栓将立柱与底座固定在一起。

7.4 道路标线

7.4.1 施工准备

(1) 材料准备

根据图纸选定涂料种类和其生产厂家，并报监理工程师批准，然后进货，所进材料进库时应封闭严密。所有用于本工程的材料均须检验，并经监理工程师满意后，再用于本工程。

(2) 场地准备

在路面全线完工后进行本作业，涂刷标线前，清除路面的所有废物、杂质，并将其彻底处理干净，以保持路面清洁。

7.4.2 涂刷作业

本合同段用划线机涂刷标线。

(1) 首先在监理工程师同意的地段用划线机涂刷一段试验线，并取得有关数据后再全面展开。

(2) 对于热烤型标线涂料，涂刷前在路面上涂刷一层与标线相容的粘结层，然后正式涂刷标线。

(3) 按设计要求准确粘贴突起路标。

7.5 预埋管道及其他设施

(1) 施工准备

1) 依图纸要求准备工程所需材料。

2) 对通信管道和人孔的位置进行复测。

(2) 管道沟的开挖

路基完工后，在路面结构层施工前，开始进行管沟的开挖。开挖以人工配合轮胎式挖土机进行，地基及边坡留 15cm 人工清挖。

(3) 管沟开挖后检测其高程，合格后压实，再铺砂垫层，以木夯夯两遍或打混凝土底座。

(4) 铺设管道

按设计要求在相应路段铺设预留管道。

(5) 管道沟的回填

1) 用细砂对称地回填管道两侧，每 15cm 一层，并用木夯每层排夯两遍，直到填到高于管顶 30cm 处。

2) 填好细砂后，再用接近最佳含水量土回填管沟，每 30cm 一层，先用木夯夯三遍，再用蛤蟆夯夯两遍，直至与地面平齐。

7.6 通信人孔的施工

(1) 完成挖方工作工序后，校核坑底及地基的高程，合格后将地基夯实；然后，浇基础混凝土，浇筑时依照图纸预留积水罐的位置。

(2) 基础混凝土达到一定强度后，用合格的烧结普通砖砌筑通信人孔及安装相应人孔附件，砌筑时依设计尺寸，在指定位置安装排水管及电缆管道。

(3) 在人孔砌完后，用1∶2.5的砂浆将内外面抹平，并在与混凝土基础接合处用砂浆抹八字封闭。在沥青封层以上的外壁部分涂双层沥青防渗层。

(4) 各种引入孔，管口在墙内30～50mm处终止，各以砂浆抹成喇叭口，严密封堵。

7.7 过桥管箱施工

(1) 将槽钢托架与梁板内的预埋钢板焊接，然后将接头、管箱扁钢、管箱角钢与槽钢托架焊连。

(2) 对各金属构件打磨干净，并涂防锈漆两道；对于螺栓，涂黄油防锈。

(3) 用螺栓将管箱与管箱角钢和接头管箱连接。

8 环境保护

8.1 文物保护

施工中若发现文物、矿藏等，应立即停工。及时向当地政府及文物管理部门报告，并采取相应的保护措施，待处理后再继续施工。

8.2 防止污染措施

(1) 在生活区设置集中污水处理系统，污水未处理前不直接排入当地的水系，并集中处理生活垃圾。

(2) 各种粉末状材料的运输、堆放、施工，均将制定有效措施，防止扬尘。

(3) 施工废渣弃放到指定地点，不准乱堆乱放。钻孔灌注桩的泥浆应合理排放，防止污染水域和农田。

8.3 保持生态平衡

(1) 约束职工不在任何水域炸鱼和毒鱼，不乱捕乱杀。

(2) 不干扰当地水系的自然流动。当水系与施工冲突时，则采取架临时桥梁等办法来维持其自然流态；当有结构物处于当地水道中时，则抢在枯水期内完成下部结构。

(3) 当取土坑为农田时，将清理的表土集中堆放，以便将来还耕使用。

(4) 对于挖方裸露地段，采取绿化措施。

8.4 绿化工程

8.4.1 材料准备

(1) 植物品种选用。草籽按图纸选用适宜当地生长的优良品种。

(2) 在缺少表土处，采用人工撒土，厚度不少于10cm。

(3) 种草皮的土壤采用清基土中肥沃的土壤。

8.4.2 植物的种植与管理

植物的种植均安排在春季进行，确保成活。

树苗、爬墙虎的种植：

1）挖树坑：树坑挖好后，先在坑底填 15cm 的清表耕植土，然后浇水，浇水量控制在不流泥浆水为宜。

2）植树：将树植入树坑后填土捣实，然后浇透水。

3）管理：派专人负责定时浇水，直至树苗成活。

8.4.3 植草及管理

（1）植草皮

1）将备好的种植土整平育苗。

2）草皮长成后成块起出，铺设在指定路段。

3）派专人定时浇水，直至成活。

（2）种草籽

1）采用人工，将需种草处的表土耙松后均匀施肥。

2）在无风的天气里，将草籽与适量的化肥、沙粒和土粒拌合后均匀撒播，并控制最少撒播量。

3）撒完后再将土耙一遍，将草籽用土盖住，然后用草苫盖住。

4）均匀浇水，直至长出满意的草坪。

8.4.4 植物的管理

植树、植草成活后，仍应安排专门人员管理，使植物生长良好，直至验收竣工。

9 冬雨期施工措施及农忙季节用工对策

9.1 雨期施工措施

本合同段地处浙江省中西部的金华地区，雨期时间长，雨量较大，对工程施工有较大的影响，雨期对路基填方工程、桥梁工程、涵洞通道工程的影响尤为突出。故对雨期施工采取相应的措施，对工程施工的顺利完成将起很大的作用。

9.1.1 路基填筑工程的雨期施工措施

（1）路基填筑前，做好边沟开挖工作，并作为整个施工期中的永久性排水措施。

（2）做好截流，在挖除某处后，对某些路基表面低于地表的部分，施工中及时做好截流工作，防止路基变成汇水池。

（3）做好路拱，及时排除表面积水。填方路基在填筑过程中做 3%的横坡，保证排水及时。

9.1.2 桥梁、涵洞等构造物施工措施

（1）做好钢材，水泥材料的保护，钢筋加工间设防雨工棚，即使下雨也可操作，袋装水泥入库，防止水泥被雨淋失效，影响工程质量。

（2）基槽基坑开挖雨期施工措施：基坑、基槽开挖应分层开挖，严禁一次到位，已经到设计深度的基坑、基槽，尽快组织施工人员铺浇垫层。一旦个别基坑挖至设计深度而被雨淋，做好排水，并清除被泡表层土，加厚垫层处理。

（3）在施工时间，与当地气象部门建立联络，加强天气预报，提前做好防雨的各种准备，防止危及结构的质量和安全。

9.2 冬期施工措施

金华地区霜期 30d 左右，0℃以下天数 30d 左右，本合同段施工工期要经历三个冬期，必须采取措施防止冻害。

9.2.1 冬期挖土和填筑的注意点

(1) 土场冻土应先清除才能挖运，不得用冻土填筑路堤。

(2) 基础土方开挖完毕，应立即进行基础施工；如需停歇，应覆盖草袋、草垫等简易保温材料；如停歇时间过长，应预留 20～30cm 土层不挖除，并用简易保温材料覆盖。

(3) 填方施工：填筑开始前，首先清除表层的霜雪，排除积水，挖出冻块和淤泥。

(4) 填筑做到连续进行，碾压成型后迅速用薄膜覆盖或上一层土。

9.2.2 混凝土工程冬期施工措施

(1) 根据气温变化，科学安排混凝土施工，应避免在特别冷的时间安排结构混凝土施工，防止冻害。

(2) 混凝土拌制采用蓄热法，采用加热水的方式提高混凝土出盘温度，适应运输浇筑过程中的热量消失，达到入模养护的要求。

(3) 混凝土采用保温养护，使用草袋和塑料薄膜缠裹模板保温，并设置防风措施。在混凝土强度达到允许受冻强度时，方能拆除。

(4) 混凝土拌运浇筑，养护过程加强对混凝土温度的观测，及时采取防范措施。

9.2.3 钢筋工程冬期施工措施

设置室内火炉，提高温度至 5℃以上，钢筋焊接与弯制均在棚内进行。混凝土灌注前，钢筋上不得有积冰、积雪，如有应予清除。

9.2.4 预应力工程冬期施工措施

预应力工程尽量安排在无霜期内施工，一旦遇上秋早寒或倒春寒施工时，则采用冬期施工措施。

张拉结束孔道压浆时，如昼夜平均温度低于 5℃并有冰冻情况，应用热水注入孔道，先融化冰块，再用压缩空气吹干压浆。拌浆采用蓄热法，提高水泥浆入孔温度。压浆后，用草袋等覆盖保温防冻。

9.3 农忙季节用工对策

由于本合同段工程量较大，在持续施工过程总是会安排一些民工进行施工。施工期间每年都必须经历两大农忙季节，为防止农村劳工在农忙季节流失，影响工程运作，采取下列措施：

(1) 关键工程工序以我局的施工队伍为主体，在这些工程、工序上优先使用常年跟随我局施工的合同制民工。

(2) 优先使用地少、劳力多地区的民工队伍。

(3) 制定民工使用制度：和参加工程的每个民工签订劳务合同，列出劳动使用计划。并对在农忙季节不返乡的民工给予一定的奖励。

10　施工进度计划

10.1　施工进度计划编制原则

(1) 信守合同的原则

我们与业主签订的合同中规定的工期是计划工期的最长时限，是我们编制计划的出发点和落脚点。本合同规定的工期是1065d，合35个月，工期的起始时间是1999年9月9日，合同竣工时间是2002年8月8日。

(2) 计划既要积极先进又要留有余地

分部分项工程所需时间长度的确定通常按全国平均先进水平确定，一般施工队伍通过努力可以达到。但各个单位的实际水平参差不一，实际施工中还会遇到许多意想不到的情况；如不留有余地，计划将难以实现，成为一纸空文，起不到指导施工的作用。

(3) 计划要符合当地气候条件和工程特点

本工程所在的金华地区年均雨量大，天数多，特别是每年五、六月份的黄梅雨，对路基和桥梁施工影响特别大，做计划时必须对此予以充分的考虑。路面在低温时间施工，质量不易得到保证，且效率低，成本高，必须安排在夏季施工。鉴于本合同竣工前的近7个月是低温或多雨的月份，故必须将沥青混凝土面层安排在2001年7～11月完成，并使整个工程的其他项目都按此要求提前完成。

(4) 要有保证计划完成的相应措施

计划按前述原则制定后，应有相应的保证计划实现的人员和机具配备，并加强计划调度，使进度计划真正落到实处，最终达到按合同工期圆满交工的目的。

10.2　进度计划的主要时间节点安排及说明

(1) 涵洞计划节点安排

本合同段有51道涵洞，其中圆管涵36道，盖板涵（含盖板通道）22道。计划在2000年2月底完成。

本合同段沟渠纵横，涵洞特别多，再加上为数同样众多的通道和桥梁，路基被分割成几十米到一百多米不等的段落，影响土方机械化作业的效率。由于本合同段填方量特别大，填方是控制工期的关键项目，填筑的进度直接影响工程的总工期。因此，虽然涵洞不在关键线路上，但加快了涵洞施工的进度，全盘棋就活了；另外，涵洞及早修成，有利于明春春灌和雨季排涝，直接关系群众的切身利益。

(2) 桥梁基础和下部构造计划节点安排

桥梁桩基础大部分安排在1999年底前完成，少部分桥梁桩基础可略拖后，但必须在2000年4月底前完成。下部构造总体安排在2000年5月底前完成，但对洪水期有可能淹没的桥墩必须在黄梅雨前完成。

上述安排从两方面考虑，一个是利用冬季及春季雨水少、水位低的条件，减小基础和墩台的施工难度，也有利于保证工程质量；另一方面是提前为上部构造安装创造条件，确保2000年底前实现全线结构贯通的目标。

（3）桥梁的梁板计划节点安排

梁板计划分梁板预制与安装两部分，梁板预制拟于1999年12月份开始，先安排中小跨度后安排大跨度，整个预制安排一年时间到2000年11月结束。梁板安装分月分批进行，于2000年12月基本结束，最迟不迟于2001年1月。

安排梁板计划的出发点是在路面工程开始前沟通全线，确保路面施工运输畅通无阻。另外，预制场预制结束后原混凝土拌合、预制场地可改稳定土拌合站、沥青混凝土拌合站及面层骨料的堆放场，为路面施工赢得时间，节省用地。

（4）路基填方计划节点安排

本合同段路基填方数量大，取土场到工地运距长，路基填方是制约工期的关键线路，因此安排好路基填方计划是整个计划的核心。我们根据土方供应情况将全线分成Ⅳ个区，Ⅰ、Ⅱ区离土场最近，应尽可能往前赶，分别安排在2000年12月和2001年1月中旬完成，安排该部分先行路基验收和做路面底基层的试验段等先行工作，意在为路面各层次组织流水作业创造作业面。Ⅲ区安排在2001年1月底完成，路基验收后即可进入路面流水作业程序。鉴于Ⅳ区土方量大运距远，开始进度滞后，但最后阶段能利用主线已完成的路基、桥梁进行快速调运，故可在一个月内完成路基未完的工程量，即使因故不能按时完成，由于前三段路面施工已形成流水作业的程序，也不会影响整个路面完成的时间。

能否按合同工期完成整个工程，路基填方的节点进度是关键，为此我们逐月检查进度计划完成情况，加强计划调度和管理的力度，在发现节点目标实现有问题时立即采取加大资源投入（人力和机具设备）的措施，确保计划安排的节点目标如期或提前实现。

（5）路面工程的计划节点安排

路面底基层、基层Ⅰ、Ⅱ区安排在2001年7月份完成，Ⅲ、Ⅳ区安排在8月份完成，时间长达7个月。沥青混凝土面层安排从8月份开始到11月中旬全部完成。

路面基层安排有七个月的时间，比较充裕，主要是考虑路基能否按时验收，春节前后有效工作日少，及早开始可能气温尚低，特别要防倒春寒，2月份不能满打满算。但底基层、基层施工应抓紧，尽量提前完成，把时间留给沥青混凝土面层，使全局更加主动。

受天气条件的限制，进入11月后气温下降很快，已逐步变得不适宜进行沥青混凝土路面施工了。因此，本计划把2001年11月中旬作为其完成的最后期限，没有后延的可能。在网络计划里，从路基Ⅰ、Ⅱ区进入路面面层施工开始到Ⅳ区路面施工结束，总的时间长度为105d（即三个半月）；如沥青混凝土产量为2000t/d，运输摊铺成型能力与之相适应，按每月工作15d计，三个月即可全部完成，所以，我们认为只要我们控制好路基土方的进度，应用流水作业等科学施工管理方法，按网络计划完成是不成问题的。

11　确保工程质量和工期的措施

11.1　质量目标

确保优良，争创省、部级优质工程

（1）建立以项目经理为首的质量保证体系，确立以质量为中心的管理方针。推行全面质量管理，建立QC活动领导小组，使工程质量在PDCA循环中不断提高。确保本工程质量达到优良等级，力争创部优工程。

（2）项目总工程师在项目经理领导下对工程质量负总责，技术质量部作为质量体系的主管部门，除部门负责人外，设一名专职质检组长，负责抓质量的日常工作；中心试验室是质量体系的主要部门，提供质量是否合格的有关数据；项目部的工程部、物资部及合约部是质量体系的相关部门，对质量负有相关的责任。下属各工程处施工队都应第一把手抓质量，使质量管理真正落到实处。实行三级质量验收制度：施工队一级设兼职质检员，负责监督本队班组自检互检工作，在自检质量符合要求的前提下，向工程处申报工序或隐蔽工程验收，各工程处专职质检员在收到申请后必须如实逐项验收，并填报有关验收表格，请技术质量部专职质量检查组长验收。经验收合格后向监理工程师申报验收。经监理工程师验收签字后方可进行下道工序施工。各级领导和工程技术人员要把确保工程质量当作己任，随时检查、发现并纠正施工中不按规范操作、有碍质量的施工行为，使质量管理在本标段的各项施工活动中得到全面落实。

（3）建立健全质量监测机构，成立项目质量试验检测中心，负责现场的全面检测工作，并与业主和当地权威测试机构加强合作，完善检测手段，使整个工程质量在施工中都处于受控状态。

（4）开工前编制比较完善的施工组织设计，对一些关键部位和分部分项工程，还应编制详细的分部分项工程施工方案，报监理审核批准后，认真组织实施。有些分部分项工程应先做试验段，通行试验段确定施工工艺、机具配备及有关参数，使后续的施工质量建立在可靠的基础上。

（5）严把材料质量关，确保使用优质材料，杜绝劣质产品进入本工程。

1）抓好与材料采购、试验、使用、保管等有关人员的思想教育，使他们认识到材料质量与工程质量的关系，做到人人把关、层层把关，使劣质材料无法进入工程施工环节。要求所有与材料采购、试验有关的人员都要做到秉公办事，不讲人情，不索贿受贿，做到两袖清风，一身正气。

2）材料采购人员要根据工程需要的材种进行广泛调查，在货比三家的基础上选择几家有资质、质量好、信誉佳的供货单位，供项目部领导选择。

3）对大宗的、对工程质量影响重大的材料，在确定是否订货前，由试验、技术质量部派遣有丰富实践经验的同志到供货单位直接观察货的质量和工艺水平及质量保证体系；必要时请监理工程师和总工程师参加，以确保决策的科学性。

4）把好材料的试验关。所有用于工程的材料都必须有合格证或质量保证书，并按有关规定进行取样试验，试验合格后才允许进货，严格禁止未经试验就用于工程。以后每批材料都必须按规定要求抽样实验，不能一劳永逸。一旦发现试验不合格，同批材料都必须清除出场，防止混用，造成质量事故。

5）严格按监理程序对建筑材料的使用进行申报，经监理工程师复验和批准后才能正式使用。

6）加强现场材料的管理，防止已经试验合格的材料因保管不善发生变质而不能使用。特别是钢筋、钢绞线、水泥等材料均应架空堆放，有防雨设备，以防生锈、受潮，造成强度降低，影响工程质量。

（6）严格按设计文件、国家有关规范和施工组织设计进行施工，把好施工过程中各个环节的质量关，将质量隐患消灭在萌芽状态。

(7) 加强质量的检查验收，推行工程质量一票否决制，充分发挥内部质量体系的监督指导职能，把质量考核与职工切身利益挂钩。按照质量分级控制的要求，严格工序报验及隐蔽工程检查验收，分级把关。工序报验不合格，不得实施下道工序。发现重大质量事故，要一查到底，严厉处罚。分部分项工程或工序质量检查验收程序详见图 11-1。

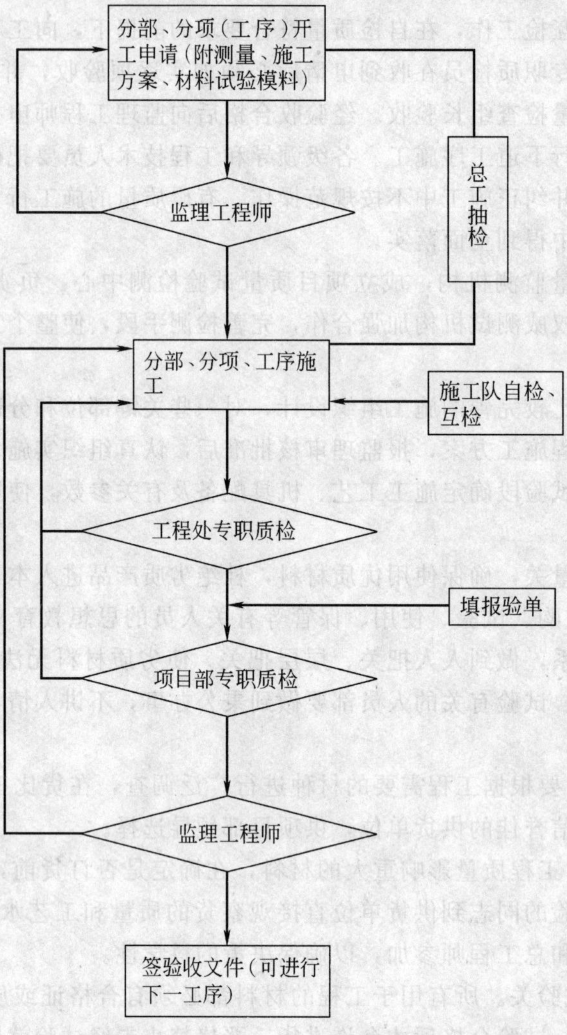

图 11-1　分部、分项或工序质量检查验收框图

11.2　总工期目标及保证措施

为确保工程在 35 个月内竣工，特制订如下工期保证措施。

(1) 科学组织，严密安排

实施“项目法”管理，单项工程成立单项项目经理，履行项目经理与工长岗位负责制，建立高效精干的施工管理班子，组织施工能力最强的专业化施工队伍，负责本标段各项工程施工。

在工程管理上依照网络计划组织各道工序的施工，实施专业化、机械化、立体交叉平行流水作业。

发挥我局机械设备的优势，尽可能投入新设备，保证设备的完好率和利用率，并充分利用我局在公路工程施工方面的一些成熟的工法，以保证质量、缩短工期。

加大材料、物资保障力度，建立材料供应体系，保证各种施工用材料按施工进度的需要如期供应，并确保工地仓库有大于一个月的储备量。

调集有经验的、足够数量的工程技术人员参加本标段工程的施工，加强现场施工管理力度。

(2) 周密计划

1) 按照本标35个月的合同工期绘制全工程工期计划网络图，明确各分部分项工程工序的最早最迟开始时间及最早、最迟结束时间，确立施工关键线路。施工过程中，时时抓住关键线路上的工种、工序的施工，在保证工程质量的前提下，确保整个工程在计划工期内完工。

2) 进度计划的执行与控制

设专职计划调度员，在计划执行阶段加大组织指挥调度的力度，组织综合施工，落实各项技术组织措施，确保人力、物资的供应。通过对计划执行全过程的跟踪，检查计划的实施情况，及时采取相应措施，组织动态平衡，并利用微机对计划执行的全过程实行卓有成效的控制。其主要措施是：

A. 编制保证计划，落实所需的人力、资源，为计划的执行提供可靠的物质保证。

B. 及时汇总与反馈，把实际执行情况与计划对比；如有延误，找出延误的各种因素，并分析这些因素，通过综合平衡，采取措施，加强薄弱环节，使计划动态的获得平衡，各个关键日期都能准点或提前到达，保证计划目标的实现。

C. 安排追赶计划，若由于难以预见的因素而拖延工期时，必须进行研究分析，制定追赶计划和措施，把拖延的工期补回来。

根据周、月、季、年的施工计划表，做好材料、物资供应计划，劳动力进场计划，设备进场计划，资金运用计划。将各种计划输入微机，利用工程管理软件优化，并实现工程全方位的跟踪，随时进行动态调整，保证计划的完善与可实施性。

(3) 严格控制

“抓质量、促进度、保工期”是工程施工的有效方法，落实工期承包责任制，加强内部质检力度，质量有保证就杜绝了返工浪费，以此加快施工速度，保障工期。

(4) 协调关系，加强服务

在施工过程中，协调好与业主、临近施工单位、当地政府群众等关系，力争为施工创造一个良好的外部环境，避免发生阻挠施工事件。

11.3 安全保卫措施

本工程施工机械数量多，场内人员和运行机械流量大、交叉项目多和工序复杂，安全技术要求高，而且作业区域广。因此，必须采用强有力的措施，搞好安全保卫和文明施工工作。

(1) 建立现场安全保卫监督体系。实行三级安全保卫负责制：项目经理部建立安全管理委员会，负责安全保卫日常工作；下属各工程处、施工队设置安全保卫组；设立专职安全检查员，明确责任，层层把关。杜绝亡人事故，尽量减少伤人事故和车辆交通肇事，力争做到工程全期无大的安全事故。

(2) 坚持安全保卫工作以“预防为主”的方针，对职员进行经常性安全教育，认真做好安全交底工作。施工人员明确安全注意事项，懂得防护设施的作用，提高自我保护防范意识。

(3) 定期进行安全检查活动。项目经理部每月检查一次，各施工队每月检查两次，专职安全员跟踪检查，班组安全员上班前 15min 对现场进行安全检查，并建立安全检查日记，对安全事故隐患必须做到“三不放过”，认真严肃处理。

(4) 各种车辆、机械设备实行定机定员，所有特殊工种必须持证上岗，严禁施工机械擅自上交通公路，严禁无证人员操作，严禁违章作业。

(5) 在施工区域及交通要道，在沟槽处设置醒目的安全标志和路障及必要的安全防护设施，安排专人负责安全警戒。

(6) 注意安全用电。所有架空线路，必须满足人、机行走时有足够的安全高度。所有机电设备定期检查，所有用电装置必须按要求设置安全装置，明接电缆必须完好无损，确保绝缘。严禁非专业电工操作，配电箱必须上锁，自备电源必须由专人管理，建立工地临时用电制度。

(7) 夜间施工必须有足够的照明设施。工地及生活区配置足够的消防设施。防火，防盗，确保安全。

(8) 在生活区设医务室，配备救护设备和必要的医务人员、医疗器械、药品，确保施工人员得到及时治疗。

11.4 现场竣工资料管理

11.4.1 承诺

根据 ISO 9002 质量保证体系，对质量记录进行控制和管理，确保资料有可追溯性、有据可查，责任明确。

11.4.2 职责

(1) 项目经理部职责

技术质量部负责整个工程质量资料的管理，审查各工程处上交的工程质量记录，负责资料的编目、标准、查阅归档。项目部试验测量资料在单位工程竣工前，分别由试验中心和技术质量部测量组保存管理，材料的合格证及质量保证书由物资部提供给试验室与抽检试验资料一起保管。竣工时统一编目，归并入相关部分。

(2) 各专业工程处的职责

各专业工程处负责对各自施工的工程项目有关质量记录填写、标识、保管，按单位工程、分部分项工程保管，并定期汇总后，交项目部技术质量部归档。

11.4.3 工作程序

(1) 质量记录表格统一执行国家、行业、地方规定的通用表格。

(2) 质量记录的格式、编号和标识按甲方要求，选定统一标准执行。

(3) 各专业工程处的质量记录填写，应字迹清楚，内容完整、准确。用黑色笔填写，不得使用圆珠笔。填写人应具备岗位资质，应对资料的及时性、完整性、真实性负责。质量记录作为原始资料，一般不得更改。

(4) 质量资料的日常检查

1) 在检查隐蔽工程、关键工序、特殊工序质量时，同时检查相关质量资料。

2) 在工作交接时，检查交接工作分项有关质量资料。

3) 在隐蔽工程、分部分项工程中间质量验收时，检查相关质量资料。

(5) 质量资料归档

1) 在单位工程即将全面竣工时，项目经理部负责指导、协助各专业处做几个竣工资料标样，通过标样引导，保证竣工资料整体质量。

2) 各专业工程处在单位工程竣工后，应指定专人负责施工全过程的质量资料分类归集、整理，并按规定送交专业施工负责人自审，签字后再送项目经理部审核。

3) 项目经理部负责整个工地归档的质量资料进行整理归类（文字、影像、磁盘）、编册，负责向甲方交付验收项目完整的竣工资料。

11.5 文明施工措施

本项目按标准化施工工地的要求进行管理。在施工中，加强文明施工管理，使整个工程严格按施工组织设计总平面图布置，统一规划，统一管理，秩序井然。

(1) 为业主提供优良的施工服务，在施工过程中，服从业主的现场调度协调程序、服从业主的现场调度决定，及时、准确地按指令实施施工。

(2) 教育职工形成团结、文明的风尚，协调好与业主、与监理的关系。

(3) 杜绝野蛮施工，进入施工现场人员必须戴安全帽，不得穿拖鞋进入工地。

(4) 搞好与地方政府、工程指挥部和周边群众的关系，严禁打架闹事，努力为工程建设创造良好的生产、生活环境。

第二十篇

商丘—开封高速公路第九标段施工组织设计

编制单位：中建四局路桥公司

编 制 人：陈洪新　高腾波　刘春生

［简介］　商丘—开封高速公路第九标段全长10.8km，施工中在粉土路基碾压施工采用试验认可的灌水法施工取得很好效果；另外，在空型大钢模、解决清水混凝土要求、钢支架采用贝雷梁施工技术等方面很有特色。

目　　录

1　项目简述

该项目为连云港至霍尔果斯国道主干线河南省境内商丘至开封段第九合同段，是河南省的重要公路项目之一。

本合同段工程路基土方170多万 m^3，大中小桥14座，还包括东西互通立交等，工程量比较大，路线长，施工难度大。

项目实施过程中，采用新技术、新工艺及新材料等，取得了较好的经济效益。

全线适合路基填筑的砂性土或黏土较少，路线两侧大部分土源多为遇水即溶的粉性土，此种土不适合路基填筑。为了不影响工程质量与工期，项目部组建技术攻关组，经过大量实践研究，项目上成功的研究了粉土填筑路基的施工技术，解决了路基填筑的难题。从而减少了因掺加石灰、水泥等的费用，节约了工程成本。

混凝土施工过程中，外加剂的使用缩短了工期，采用了定型钢模板，节省了大量的钢材。

工程项目实施过程中，始终坚持“质量是企业的品牌，效益是企业的生命”的方针，严格控制工程质量，项目部成立由12人组成的质检科，做到每道工序都有自检，加强质量的控制。该工程在竣工验收时被评为河南省优良工程。

2　工程概况

本工程为连云港至霍尔果斯国道主干线商丘至开封段第九合同段，桩号为K82＋700－K95＋500，全长12.8km，位于商丘市境内，合同工期24个月。

2.1　气候条件、地质水文

本合同段位于黄河冲积平原，地貌形态为黄河泛流平原地貌单元，地形平坦开阔，属北温带半湿润大陆性季风气候区。四季分明，年平均气温13.9～14.3℃，一月份平均气温0.5～1.0℃，七月份平均气温27.5℃，极端最高气温43.6℃，极端最低气温－23.4℃。年降雨量634～874mm，雨期集中在7～9月份。

沿线所经地区属淮河流域，河沟平时无水或少水，汛期排洪能力低，雨水量集中，易导致局部洪涝灾害。地下水位埋深在7.5～8.5m左右，属潜水，无侵蚀性。地质构造下部为粉细砂土，中部为砂性土，上部为黏性土。

2.2　交通运输

本标段交通发达便利，与本段平行的有310国道、省道104线，国道105与国道106分别在商丘和开封市与本路线相交。铁路运输有陇海铁路、京九铁路、京广铁路。

2.3　路幅形式

本合同段为双向四车道高速公路，路基宽26m，其中：中央分隔带3m，中缘带宽2×0.75m，行车道宽2×2×3.75m，硬路肩宽2×2.5m，土路肩宽2×0.75m。

全线均为填方路基，路面采用集中排水方式，路基坡脚设置排水边沟、急流槽等。路基两侧面的护坡道和边沟采用C15混凝土预制块护砌，土路肩采用8cm厚的混凝土预制块铺砌。路面为沥青混凝土路面（不属于我标段施工范围），收费站广场采用水泥混凝土路面。

2.4 结构物

本合同段结构物共计有：

大桥1座，长185.12m；中桥1座，长101.06m；立交桥13处，共长621.38m；涵洞14道，共长506.71m；通道21道，共长605.68m；互通式立交2处。桥梁上部结构为16m、20m预应力混凝土空心板，下部结构采用1.2m、1.5m、1.8m桩径钻孔灌注桩基础；涵洞、通道均采用钢筋混凝土盖板构造。

2.5 工程特点

本合同段填土借方量大，路线长，结构物多，气温级差大，四季分明，雨季防涝。施工工期长，材料、预制构件、设备和机具需求量大，运输量大。

3 施工部署

项目部主要成员一律选派技术精、经验丰富的同志担任，现场施工操作主要由项目部实施，实施项目法施工，确保工程质量、进度和文明施工形象。同时加强宏观管理，重点支持和加强项目的施工力量，选派精良设备，提高机械化施工程度。

3.1 总体和重点部位施工顺序

3.1.1 准备阶段

接到中标通知书后，立即组织项目部、前期施工队伍和相应工程设备进场。接着进行项目部临时设施、检测室、生产营地、材料设备仓库、便桥、便道、电力通讯设施、电话线及网线、梁板加工厂的规划建设。同时，对全线进行测量放线，安排落实导线桩、水准点的复测、恢复、加密以及工程材料调查等系列工作，并组织所有相关人员会审施工图纸，熟悉施工现场。

3.1.2 实施阶段

本合同段包括路基工程、桥涵工程、防护排水工程等，工程量较大，在互不干扰的情况下，路基土石方、桥涵基础先开工。遵循“先地下，后地上；先主体，后附属”的施工顺序，施工中根据各工序实际开工顺序合理采用平衡交叉施工及流水作业方法，先施工重要路段，再施工其他工程、一般路段，保证互不干扰。

(1) 路基施工前先完成改河、改渠、改路工程，以保证附近农民的正常通行、灌溉。路基施工前先对特殊路基进行处理，并做好填前碾压工作，准备出填方工作面。

(2) 土方施工前首先安排涵洞的施工，以保证土方工程的正常顺利开展，路线提早贯通。进场后首先组织桥梁下部构造施工，并考虑桥台施工，及早完成其下部构造，及时完成桥背回填工作，保证路基的早日全线贯通。

（3）桥、涵预制梁、板与下部结构的施工同时进行，以保证满足吊装要求的桥、涵梁板及早吊装，为后续施工留出充足的时间。

（4）防护排水工程紧跟路基工程穿插进行，路基分段交验后，尽快安排防护、排水施工。路线全部贯通后，及时将路槽交给路面施工队。

3.2　流水段划分情况

合理组织分项分部工程的施工顺序是非常重要的，合理、有计划的施工组织和施工段的划分、科学有序的工序搭接，是保证工程质量、加快工程进度、降低工程成本的重要保障。

为保证本工程在合同工期内保质按期完成，根据本合同段实际情况，组织各施工队伍承担任务如下：

（1）路基工程组织3个施工队伍

路基1队负责施工K82＋700－K86＋200段所有路基土方及路面底基层、基层。

路基2队负责施工K86＋200－K90＋500段所有路基土方及路面底基层、基层。

路基3队负责施工K92＋000－K95＋500段所有路基土方及路面底基层、基层。

（2）桩基础组织2个施工队伍

桩基1队负责施工K83＋834－K86＋709段共计5348m/154根桩基础。

桩基2队负责施工K87＋165－K95＋421段共计5413m/165根桩基础。

（3）结构物组织3个施工队伍

结构1队负责施工K82＋700－K87＋000段除桩基以外的所有构造物。

结构2队负责施工K87＋800－K91＋000段除桩基以外的所有构造物。

结构3队负责施工K91＋000－K95＋500段除桩基以外的所有构造物。

（4）加工厂设置3个

加工厂1主要负责K82＋700－K90＋460基层粒料的拌合运输，结构物钢筋的加工运输，结构物混凝土的拌合运输和小型预制构件的加工生产。

加工厂2主要负责K90＋460－K95＋500基层粒料的拌合运输，结构物钢筋的加工运输，结构物混凝土的拌合运输和小型预制构件的加工生产。

加工厂3主要负责全线桥涵梁板的预制、运输和吊装工作。

3.3　施工平面布置情况

根据本合同段线路长、运输量大、施工点位多的特点，各施工队伍根据各自的施工段落划分情况，沿线布设，分别在施工段附近租用民房或自建活动板房作为生产营地。

加工厂1设置在东互通区内，加工厂2设置在西互通区内，加工厂3设置在K90＋460处。项目经理部驻地设置在K90＋300左侧，建筑总面积800m²，内设办公室、会议室、宿舍、食堂、娱乐室、澡堂、厕所、门卫等工作、生活设施。中心试验室设置在项目部以北300m处，试验能力均按监理工程师要求配备，完全满足施工和检验的要求，且紧靠豫02公路，交通十分便利。

3.4　施工进度情况

根据施工承包合同及招标文件规定要求，施工总工期按24个月（731日历天）进行进度计划安排，并根据此计划确定机械设备、劳动力、材料等使用计划。施工期间，先以桥涵构造物为施工主线，以加快贯通施工线路，不影响地域排水网络，雨期来临前，即1999年6月底全部完成排灌涵施工。1999年6月底至2000年2月底将路基填筑作为关键线路，2000年2月底以后将路面基层施工作为关键线路，在2000年10月底前全部完成主体工程，并在2000年12月底以前完成剩余附属工程。

各关键项目工期如下：

涵、通道工程（工期9.5个月） 1999年3月——1999年12月中旬

桥梁基桩（工期6.5个月） 1999年3月——1999年8月中旬

桥梁墩台（工期8个月） 1999年5月——1999年12月

预制构件（工期14个月） 1999年4月——2000年5月

路基填筑（工期11.5个月） 1999年3月——2000年2月

路面底基层、基层（10个月） 1999年11月——2000年8月

3.5 主要施工机械选择情况

为加速完成任务，提高机械化施工程度，根据施工计划的实际需要，项目部在接到中标通知书后，积极筹备各种施工机械，保证及时进入施工现场。主要机械设备详见表3-1。

主要施工机械设备表 **表3-1**

类别	设备名称	型号	数量	功率/能力	新旧程度(%)	进场时间	退场时间
土石施工机械	推土机	T220	2	220kW	80	1999、2	2000、8
	推土机	T180	2	180kW	85	1999、2	2000、1
	推土机	T120	2	120kW	85	1999、5	2000、11
	推土机	山推150	1	160kW	90	1999、2	2000、2
	推土机	D85	1	185kW	75	2000、2	2000、11
	推土机	鞍山150	1	150kW	90	1999、2	2000、2
	推土机	120	1	120kW	90	1999、2	2000、2
	挖掘机	PC200	3		90	1999、2	2000、5
	挖掘机	PC300	2		85	1999、2	2000、5
	装载机	ZL50	5		90	1999、2	2000、12
	装载机	ZL30	2		95	1999、3	2000、11
	铲运机	$16m^3$	4	$16m^3$	85	1999、3	2000、11
	自卸车	5t	17	5t	80	1999、2	2000、11
	自卸车	Y185	8	8t	新	1999、2	2000、11
	平地机	PY185	1		新	1999、4	2000、11
	平地机	160	2		95	1999、2	2000、8
	拖式振动碾	45t	2	45t	90	1999、2	2000、11
	振动碾	40t	1	40t	80	1999、3	2000、11
	光轮压路机	YZ12	1	24t	80	1999、3	2000、11

续表

类别	设备名称	型号	数量	功率/能力	新旧程度(%)	进场时间	退场时间
土石施工机械	压路机	C25	1	30t	80	1999、2	2000、5
	三轮压路机	18～21t	1	18～21t	80	1999、2	2000、5
	压路机	14～16t	1	14～16t	80	1999、2	2000、10
	自行式压路机	24t	2	24t	80	1999、3	2000、11
	洒水车	$5m^3$	6	$5m^3$	85～90	1999、2	2000、11
混凝土设备及桥涵施工设备	混凝土搅拌站	HZS50	1	$50m^3/h$	98	1999、3	2000、8
	混凝土搅拌站	HZS25	1	$25m^3/h$	98	1999、3	2000、8
	汽车吊		4	16t		1999、5	2000、8
	汽车吊		2	40t		1999、10	2000、8
	贝雷架			120t	新	1999、8	2000、6
	回旋钻机	GPS-15	10		90	1999、2	1999、8
	回旋钻机	CYG-18	5		95	1999、3	2000、11
	发电机		3	150kW	95	1999、3	2000、11
	发电机		6	50kW	新	1999、3	2000、8
	发电机		3	120kW	90	1999、3	2000、8
	振动器	插入式	60		新	1999、3	2000、8
	振动器	平板	10	2.2kW	新	1999、3	2000、8
	潜水泵		10		90	1999、2	2000、10
	空压机		1		90	1999、5	2000、5
	空压机		1		95	1999、3	2000、5
	空压机		2		90	1999、3	2000、5
	预应力张拉机		6		90	1999、5	2000、5
	高压油泵		6		95	1999、5	2000、5
	多功能木工刨		10		90	1999、3	2000、5
	圆盘锯机		5		95	1999、3	1999、12
	振动锤		2		95	1999、3	2000、12
	混凝土搅拌车		20		95	1999、3	2000、11
	筒式混凝土搅拌车		10	350L	95	1999、2	1999、10
	切断机		5		新	1999、3	2000、5
	对焊机		2	100kW	95	1999、3	2000、5
	对焊机		3	75kW	90	1999、3	2000、5
	电焊机		15		95	1999、3	2000、10
	调整机		6		95	1999、3	2000、10
	弯曲机		6		90	1999、3	2000、8
	小型机具		10		95	1999、2	2000、10
	全站仪		1		95	1999、2	2000、5

续表

类别	设备名称	型号	数量	功率/能力	新旧程度(%)	进场时间	退场时间
混凝土设备及桥涵施工设备	经纬仪		8		95	1999、2	2000、12
	水平仪		12		95	1999、2	2000、12
	土工试验设备		2		90	1999、2	2000、12
	压力机		1		新	1999、2	2000、11
	万能试验机		1		新	1999、2	2000、11
	万能试验机	·	1		新	1999、2	2000、11
	烘箱		1		新	1999、2	2000、11
	标养室		1		新	1999、2	2000、11
	原材料试验设备		2		新	1999、2	2000、11
	混凝土试验设备		8		新	1999、2	2000、11

3.6 劳动力组织情况

为保证本工程的顺利正常开展，项目部根据进度计划安排，组织相应的劳动力进入施工现场，详见图 3-1。

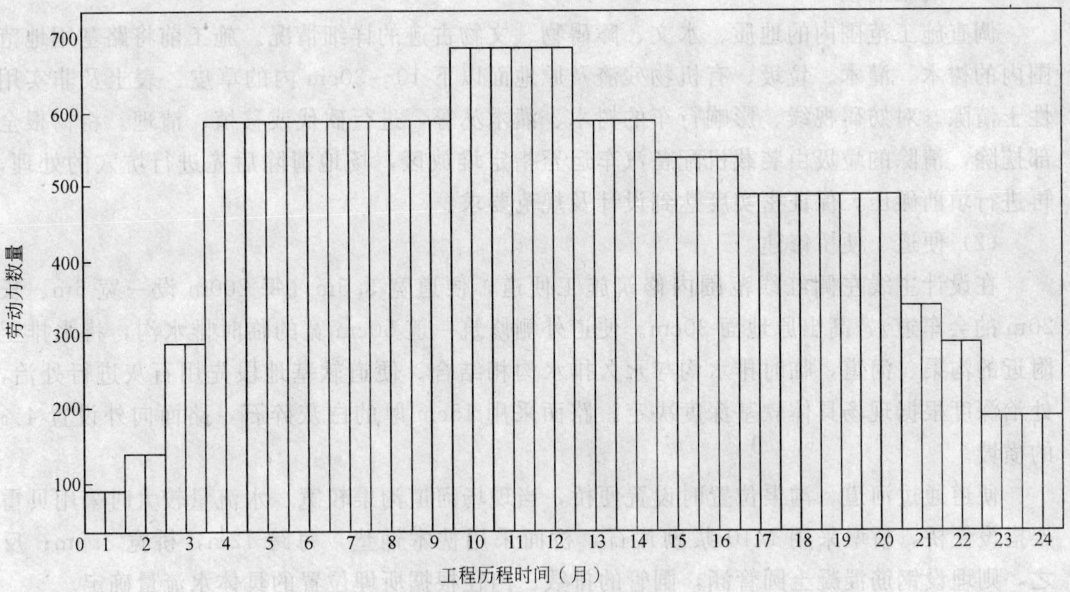

图 3-1 劳动力计划安排图

同时，农忙季节为提高农民工干劲，在不影响雇用农民工春耕秋收的前提下，保证工程的正常施工，项目部特制定工作安排措施如下：

（1）根据工程用工情况，将雇用的农民工分为三个队伍轮流做工（其内部可自行协调调换），保证每个农民工在参加工地建设的同时，均有余暇时间进行春耕秋收。

（2）针对外来务工的农民工设立季节性专项“农忙补贴”，在农忙比较集中的几个月份，设立季节应时性“农忙奖”，采取给农民工工资底薪增加100元，劳务公司补助50元的方式，弥补农忙季节农民工家庭雇工耕种收割庄稼所需费用支出。

(3) 通过与劳务公司协调租用农用机械的办法，帮助农民工春耕秋收，解除其后顾之忧。

(4) 项目部为农忙季节参加工地建设的农民工提供免费早、中、晚三餐，以保证其有足够的休息时间。

4 主要项目施工方法

4.1 测量放样、施工准备

4.1.1 测量放样

交接路线中桩、导线桩后，进行导线桩的复测和加密工作，导线桩加密为200m左右，水准点除按每50m一处加密外，另在主要结构物处加设。本工程测量仪器采用全站仪和自动安平水准仪，导线点成果交监理工程师核查、签认后进行放线。根据施工图纸放出路基中桩、边桩，中桩间距20～25m，匝道半径小于60m时加密为10m。

4.1.2 施工准备

(1) 场地清理

调查施工范围内的地质、水文、障碍物、文物古迹的详细情况。施工前将路基用地范围内的树木、灌木、垃圾、有机物残渣及原地面以下10～30cm内的草皮、表土及非实用性土清除。对妨碍视线、影响行车的树木、灌木丛等，进行砍伐或移植、清理。将树根全部挖除，清除的垃圾由装载机配备汽车运至指定堆放区，场地清除后先进行坑穴的处理，再进行填前碾压，保证密实度达到设计及规范要求。

(2) 便道、便桥修建

在设计主线左侧红线范围内修筑施工便道，便道宽3.5m（每200m设一宽6m、长20m的会车道），高出原地面30cm。便道外侧修筑一道50cm宽的临时排水沟，将水排至附近的沟渠、河道，临时排水沟与永久排水沟相结合。便道软基地段先用石灰进行处治，处治深度根据现场具体软基深度决定。路面采用15cm厚的白灰碎石，路面向外设置4%的横坡。

便道通过河道、沟渠位置时设置便桥，当现场河道沟渠较宽、水流量较大时采用贝雷架搭设便桥，桥墩采用M10浆砌片石，桥面采用枕木铺垫，每跨12m，桥宽3.5m；反之，则埋设钢筋混凝土圆管涵，圆管的排数、内径根据所埋位置的具体水流量确定。

4.2 路基施工

4.2.1 工程概况

本合同段路基宽度26m，全线均为填方路基，属于平原地区填方路基，填方总计2175529m^3，其中：借土填方2015608m^3，道路利用填方144128m^3，中央分隔带填土15793m^3。

本工程地处黄河泛滥区，路基填料均从路外取土回填，土质基本上为低液限黏土和低液限粉土，属于典型的平原高速公路。路堤高度一般为2～4m，最高达到6m，公路基础持力层主要为软塑粉质黏土、中密亚松土和中密至密实的粉细砂和中砂。

4.2.2　施工方法

（1）施工准备

1）根据设计图纸及相关规范要求，进行路基中线、边线放样，埋设路基坡脚线。直线段上每20m设一个中桩，曲线段上每10m一个中桩，并埋设百米桩和公里桩。

2）根据所放出的路基中线和取土场征用表设置用地界限桩。

3）做好路基范围内以及取土场的排水沟、截水沟，将地表水引入附近的天然河流或沟渠中。

（2）试验段施工

为保证路基填筑顺利进行，避免因盲目施工而给工程带来重大损失，正式施工前，在地质条件、断面形式等均具有代表性的地段，选取200m左右做路基填方试验段。试验段施工过程中工地试验室派出试验人员跟踪检测相关土样的土定名、液塑限、颗粒分析、塑性指数、干密度和最佳含水量等数据，确定不同机具压实不同填料的最佳含水量、适宜的松铺厚度和相应的碾压遍数、最佳的机械配套和施工组织计划。

试验路段施工中及完成后，加强各项相关指标的试验、检测、记录，并及时写出总结报告；如发现路基设计有缺陷时，立即提出变更设计意见报审。

（3）正式施工

1）路堤填筑

路基填筑分为若干个计量段施工，计量段的大小原则上以一天施工完一层为宜，并在路基试验段成果经监理批准后方可施工。

A. 根据设计断面按试验段所得各项试验数据及施工工艺分层填筑、分层压实，最大松铺厚度不超过30cm，透水性不良的土控制其含水量在最佳含水量±2%以内。

B. 一般采用水平分层填筑法，即按照横断面全宽分成水平层次逐层向上填筑，原地面纵坡大于12%的地段采用纵向法施工，沿纵坡分层逐层填筑。路基填土宽度每侧宽出填层设计宽度30cm以上，压实宽度不得小于设计宽度，最后削坡。

C. 填方分几个作业段施工，两段交接处不在同一时间填筑时，先填地段按1∶1坡度分层留台阶，两个地段同时填筑时分层相互交叠衔接，搭接长度不小于2m。

D. 不同性质的土分别填筑，不得混填，每种填料层累计总厚不小于50cm。不因潮湿或冻融影响而变更其体积的优良土填在上层，强度较小的土填在下层，透水性较小的土填筑于路堤下层时，应做成4%的双向横坡，不可覆盖在透水性较好的土填筑的路堤边坡上。

2）路堤压实

路堤基底及路堤每一层施工完成后，将该层宽度、填筑厚度、压实厚度、逐桩标高和压实度等检测资料，报监理工程师审查批准后，才能进行上一层的施工。

A. 路基修筑半个月前，工地土工试验人员在取土地点取具有代表性的土样进行击实试验，确定土的压实最佳含水量、最大干密度及其他指标。碾压前，对填土层的松铺厚度、平整度和含水量等进行检测，符合要求时再行碾压。

B. 采用YZ-18以上的振动压路机进行碾压，第一遍不振动静压，然后由弱振至强振，行驶速度先慢后快，最大速度不超过 4km/h；碾压直线段时由两边向中间，小半径曲线段由内侧向外侧，纵向进退式进行；横向接头对振动压路机重叠 0.4～0.5m，三轮压路机重叠后轮宽 1/2，前后相邻两区段纵向重叠 1～1.5m，保证无漏压、无死角，碾压均匀。

3）台背回填、锥坡填土

A. 盖板涵盖板吊装完成，锚固栓钉孔内混凝土强度达到 70%设计值以上后，在台背两侧对称均匀分层回填压实。涵顶填土 50cm 内采用轻型静载压路机压实，涵顶填土压实厚度大于 50cm 后，方可通过重型机械和汽车。

B. 台背回填顺线路方向长度，顶部为距翼墙尾端不小于台高加 2m，底部距基础内缘不小于 2m，涵洞填土长度每侧不小于 2 倍孔径长度。碾压时，采用重型机械按规范操作，局部区域辅助小型夯实机具进行压实。

C. 桥梁台背回填在盖梁施工前先填筑至盖梁底部，待盖梁施工完毕达到规范设计强

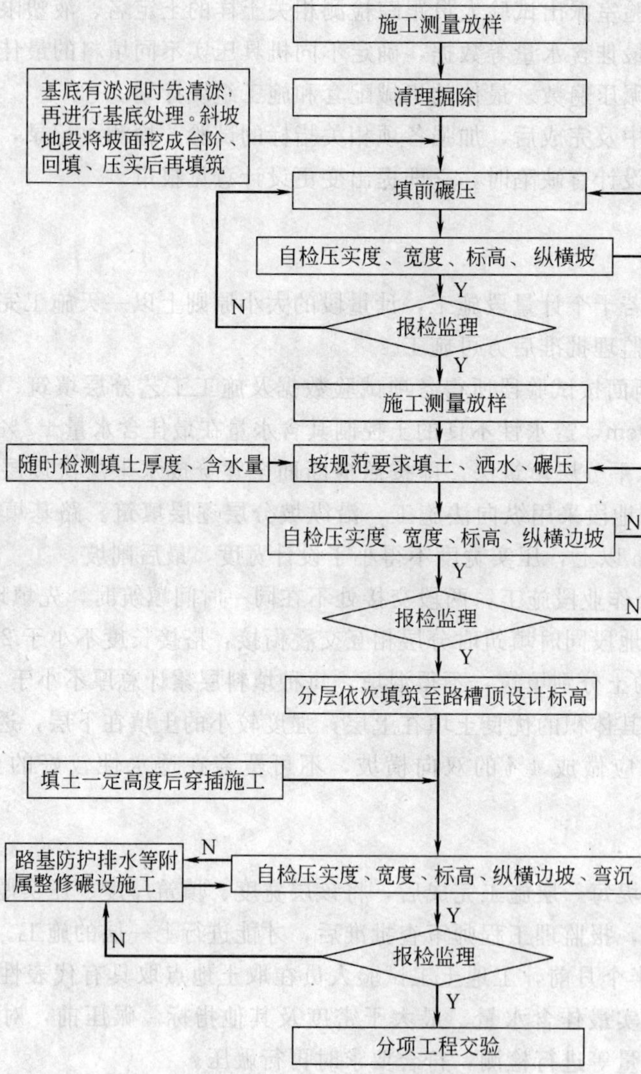

图 4-1　路基填筑施工工艺框图

度要求后，继续回填至设计标高位置。锥坡回填与台背回填同时进行，锥坡分层填土并严格控制含水量，分层松铺厚度不大于 20cm。

4）路基填筑施工工艺流程如图 4-1 所示。

4.3 涵洞、通道工程

4.3.1 工程概况

本合同段涵洞、通道共计 38 道，其中涵洞 17 道，通道 21 道，其大部分均为暗涵、通道。

4.3.2 施工方法

（1）施工准备

1）每道涵洞、通道施工前首先按照设计图纸进行测量放样，定出其轴线位置。

2）用红外线测距仪精确放出涵台基础、八字墙基础的位置、标高，上报监理工程师，经复核无误后，才进行下步工序。

3）注意涵洞轴线位置与路中线的恶交角以及八字墙的角度，进、出水口地面标高及涵底标高；如实际与图纸不符合时，上报监理工程师，申请变更。

（2）基坑开挖

1）基槽采用挖掘机开挖，自卸汽车运土，控制开挖深度，预留 20cm 用人工清除。

2）根据图纸设计要求，涵洞持力层均坐落在亚砂土层，设计地基承载力在 140～225kPa；若发现承载力不够，经设计方同意后采取换填灰土等方法进行处理。

3）当基坑内有渗水或地下水时，做好排水工作，先挖出集水沟槽，用足够排量的潜水泵排出坑外。为防止坑壁坍塌，开挖时按 1∶0.5 的坡率放坡开挖。

（3）基础、台身施工

1）基础施工

基础混凝土分段间隔浇注，相邻两段中间的施工缝作为沉降缝处理。根据设计每 4～6m 设置一道沉降缝，沉降缝上下贯通。混凝土浇筑时，用 2cm 厚泡沫板隔断，施工后用沥青麻絮进行填塞。台身、台帽沉降缝亦照此进行，保证上下贯通不错缝。基础浇筑完毕后，顶面拉毛处理，并预埋竖向钢筋，以利基础与涵台的牢固结合。

2）台身施工

台身模板采用背上纵横加肋的胶合板，钢管脚手架支撑，设双向 ϕ14mm@600mm 的对拉螺杆加固，对拉螺杆穿上塑料管。在螺杆紧贴模板处穿两块 20mm×50mm×50mm 的木块，模板拆除后，取掉木块，抽出对拉螺杆，再用 1∶2 水泥砂浆补平，压光木块孔，保持其具有足够的刚度和稳定性。

混凝土采用拌合站集中拌合，并掺加高效减水剂，运输采用混凝土搅拌车。浇筑时采用水平分层浇筑，分层厚度不超过 30cm，随浇随用插入式振捣器振捣密实，使其成为连续整体。

根据设计要求，涵洞基础和台身每隔 4～6m 设置一道沉降缝，施工时采取跳跃式施工，用 20mm 厚的硬泡沫塑料板作为隔离层，台身施工完毕后将其扣除，填塞 10cm 深的沥青麻絮，并用 M15 水泥砂浆塞缝。

3）台帽施工

台身施工完毕后开始施工台帽，采用自配定型光面胶合板模板，设置 1～2 道 ϕ14@700mm的对拉螺杆加固。施工后台帽顶面压实抹光，支座面压平拉毛。并按照图纸设计要求，准确安设好盖板锚固钢筋。

4）盖板预制、运输、吊装

钢筋混凝土盖板在加工厂内集中预制，台座底面土基整平、压实后浇筑 C10 素混凝土作为底模，底模高出地面 10cm，以利于排水。侧模采用组合木模，采用直径 8mm 钢筋、螺栓固定。

混凝土所用的材料水泥、砂、碎石、钢筋的质量、强度必须符合要求；钢筋应做除锈处理，严格按照图纸尺寸加工、绑扎。每次拌制前，应实地测定砂、石的含水量，调整施工配合比。拌制混凝土时，各分料应严格按照配合比过磅计量，搅拌时间不得少于 2min，坍落度不应大于 3cm，振捣均匀、密实，特别注意模板边、角处振捣。混凝土终凝即进行洒水覆盖养护，养护时间不少于 7d。

涵盖板的脱模在强度达到 2.5MPa 以上后方可进行，吊装、运输必须在强度达到 70%以上后进行。如场地狭小须堆放时，采用两点搁置，支撑点设置在支座中心线位置。

盖板采用汽车吊吊装，吊装时采用兜底吊或预埋钢筋吊环，吊点设置在支座中心线位置。安装前应对台帽高程进行复测无误后方可进行吊装，盖板缝与沉降缝重合，不得压缝。

5）通道（涵洞）施工工艺流程见图 4-2。

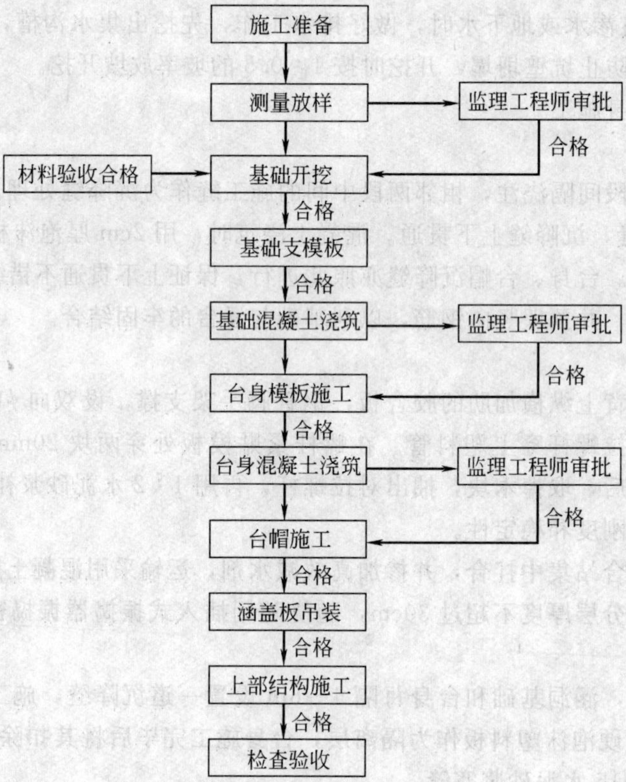

图 4-2　通道（涵洞）施工工艺框图

4.4 桥梁、立交工程

4.4.1 工程概况

本合同段所跨主要河流为K90＋535.5古宋河和K83＋834蔡河，其余均处在平原区内，所经农田生产道及水利灌溉系统完整，为保留其原有规划少受影响，沿线除设置了大量的涵洞、通道外，还设置了多处分离式立交桥，在K83＋609.5、K85＋087两处各设置单喇叭互通立交一座，分别为商丘东西互通。

所有桥梁基础均采用钻孔灌注桩基础，桩径分别为120cm，150cm，180cm，下部构造采用柱式墩（台）、盖梁。上部构造除K85＋87.7、K93＋644.7两处采用连续刚构外，古宋河和蔡河中桥等多跨桥均采用桥面连续，其余单跨简支桥梁均采用预应力空心板，桥跨分别为20m和16m不等。

4.4.2 施工方案

（1）下部构造

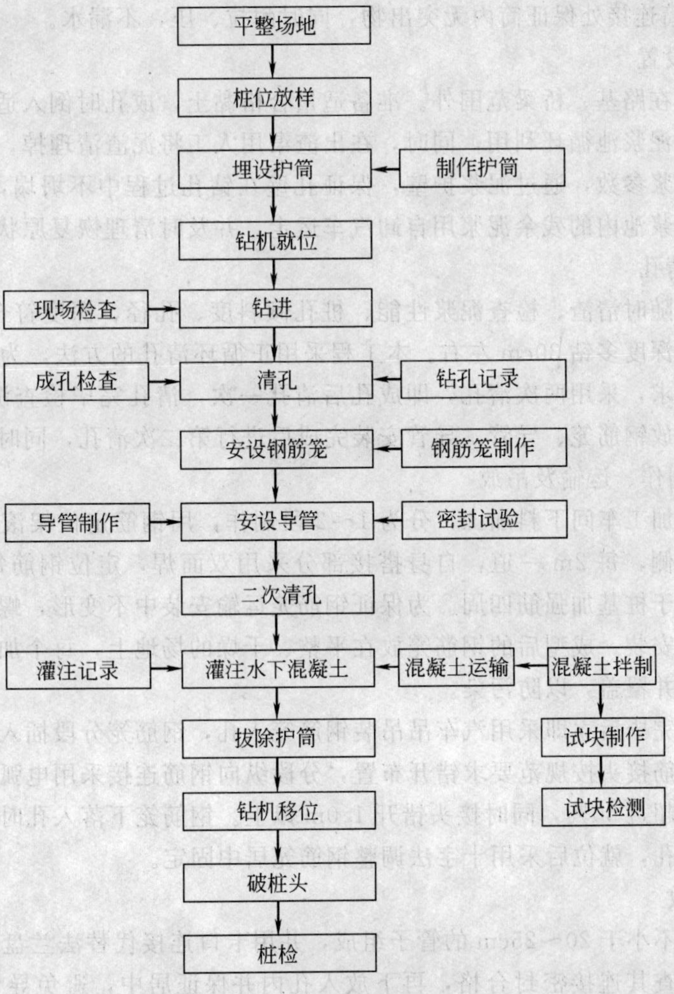

图4-3 钻孔灌注桩施工工艺框图

1）钻孔灌注桩基础

钻孔灌注桩施工工艺流程如图 4-3 所示。

A. 成孔方法选择

本合同段大部分桩基础均为陆上钻孔灌注桩，施工时均按旱地施工工艺进行，对少量水中桩基在枯水季节采用筑岛或钢板桩围堰施工。根据工程地质资料及桩长、桩径情况，采用正旋环回旋式钻机、双层笼式钻头。

B. 施工放线

开工前对桥梁中心位置桩、三角网基点桩、水准基点桩及其他测量资料进行核对、复核，用全站仪测量放线并做好定位记录。护筒埋设开挖前复核桩位，护筒埋设完成后开钻前复核一次，钻进过程中随时检查桩位。

C. 护筒制作、埋设

采用 4mm 厚钢板加工制作，每节长 1.5～2.0m，另根据施工需要接长焊接，护筒内径大于桩径 30～40cm。核对桩中心位置无误后，开挖下放护筒，护筒顶端高程高出地面 0.3m，且高出地下水位 1.5～2.0m，护筒周围 0.5～1.0m 范围内夯填黏质土至护筒底 0.5m 以下。护筒连接处保证筒内无突出物，同时耐拉、压，不漏水。

D. 泥浆池设置

泥浆池设置在路基、桥梁范围外。准备适量合格黏土，成孔时倒入适量黏土造浆，泥浆通过沉淀池、泥浆池循环利用；同时，在出渣渠用人工将泥渣清理掉，并布置滤网。施工中严格控制泥浆参数，通过泥浆护壁，保证孔壁在钻孔过程中不坍塌，确保桩孔质量。成桩后及时将泥浆池内的残余泥浆用自卸汽车运走，并及时清理恢复原状。

E. 成孔、清孔

钻进过程中随时清渣、检查泥浆性能、桩孔倾斜度、孔径、深度符合规范设计要求，成孔深度比设计深度多钻 30cm 左右。本工程采用正循环清孔的方法，为保证沉渣厚度符合规范和设计要求，采用两次清孔，即成孔后清孔一次，清孔完毕检查沉渣厚度和孔深，符合要求及时下放钢筋笼、导管，导管安装完成后进行第二次清孔，同时做好开灌准备。

F. 钢筋笼制作、运输及吊放

钢筋在钢筋加工车间下料加工，分为 1～2 段制作，用钢筋定位架滚制成型。桩基加强筋设在主筋内侧，每 2m 一道，自身搭接部分采用双面焊，定位钢筋每隔 2m 设一组，每组 4 根均匀设于桩基加强筋四周。为保证钢筋笼运输安装中不变形，螺旋筋采用梅花形点焊，运至现场安装。成型后的钢筋笼放在平整、干燥的场地上，每个加劲箍与地面接触处加垫等高木方并覆盖，以防污染。

第一次清孔完毕后立即采用汽车吊吊装钢筋笼入孔，钢筋笼分段插入桩孔内，各段主筋采用焊接，钢筋接头按规范要求错开布置，分段纵向钢筋连接采用电弧搭接焊，同一断面接头面积不得超过 50%，同时接头错开 1.0m 以上。钢筋笼下落入孔时保持垂直，防止触及孔壁造成坍孔，就位后采用十字法调整钢筋笼居中固定。

G. 导管下放

导管由管径不小于 20～25cm 的管子组成，并用卡口连接代替法兰盘。导管下放前在地面用压水法检查其连接密封合格，再下放入孔内并保证居中，避免导管接头提挂钢筋笼，导管下端距离孔底 0.3m（不包括沉渣厚度）左右。

H. 水下混凝土灌注

混凝土到场后试验人员对其各项性能指标试验合格后灌注。混凝土灌注前用隔水栓将导管上口封严，确保导管中泥浆与漏斗中混凝土隔离后，通过漏斗灌注混凝土。灌注前，重新测量孔底沉渣；如不符合规范要求，再清孔。为保证成桩质量，首批灌注混凝土量要大于首灌混凝土计算量。灌注过程中，经常检查孔内混凝土上升高度，及时调整导管出料口与混凝土表面的相应位置，保证导管埋深≥2m。混凝土浇筑结束后及时清除超灌部分，预留 5～10cm，待接桩时人工凿除。

灌注过程中为防止钢筋笼上浮，采取以下措施：

a. 缩短混凝土总的灌注时间。

b. 将钢筋笼固定在钻机机座上，必要时在机座上配重，以增加压力。

c. 混凝土进入钢筋骨架时，使导管底位于钢筋笼底口 3m 以下、1m 以上处，并徐徐灌注混凝土，以减少混凝土出管时对钢筋笼向上的冲击力。进入钢筋骨架 4～5m 后，适当提高导管，增加导管口以下钢筋与混凝土的握裹长度，减少上浮。

2）接桩

钻孔灌注桩验收合格，强度满足设计规范要求后，人工凿除超灌、松散部分桩头，顶面凿毛并清理干净，校正桩顶钢筋后绑扎立柱钢筋，施工桩柱过渡段桩体。接桩模板采用 10～15cm 宽组合钢模板。

3）立柱

立柱模板采用两块半圆定型钢模板组合而成，每节长 5m，采用汽车吊拼装，节间通过螺栓连接。模板拼装完毕检测合格后，四边通过对拉钢丝绳固定，高度较高时，适当增加钢丝绳数量。

混凝土浇筑采用 16t 吊车垂直运输，下料垂直高度大于 2m 时采用溜槽下料。浇筑过程中随时用吊线坠检查立柱的垂直偏差，并通过对角布置的花篮螺栓调整，保证立柱偏差小于 0.15%H，且不大于 10mm。为方便以后搭设盖梁支架，立柱上部预留 10cm 圆孔备用。

4）盖梁

A. 测量放线

准确复核立柱轴线位置及标高，用全站仪放出盖梁轴线及几何尺寸，准确无误后搭设盖梁支架。

B. 支架、模板

在立柱上部预留孔内穿入直径 75mm 的实心钢棒后，将 420 工字钢架到钢棒上，工字钢伸出盖梁端头 40cm，用 ϕ22mm 螺帽将两个工字钢拧紧对拉，从而形成两端悬挑、中间简支的钢梁。工字钢上方横向安装木方（木方下垫调平木楔），再进行底模、侧模安装。底模板采用竹胶板，侧模板采用定型钢模板，面板为 4mm 厚钢板，背纵横肋板采用 6mm 厚钢板，边框采用 63mm×5mm 角钢，模板间采用企口缝连接。施工结束后，将预埋件拆除并对立柱进行环氧树脂砂浆修补，另搭设扣件式脚手架作为操作平台，以方便人员上下和摆放施工设备。

C. 混凝土浇筑

浇筑盖梁混凝土时从两端及中间同时分层对称浇筑，并设观测点观测底模沉降，当沉降量较大时立即停止施工，并采取有效措施进行调整、加固。处理过程需在上层混凝土初凝前结束；否则，按施工缝处理。桥台盖梁在桥背填土完成、沉降期结束、沉降稳定后在土胎模上进行施工。

（2）上部构造

1）预制预应力空心板

预制预应力空心板施工工艺流程见图 4-4。

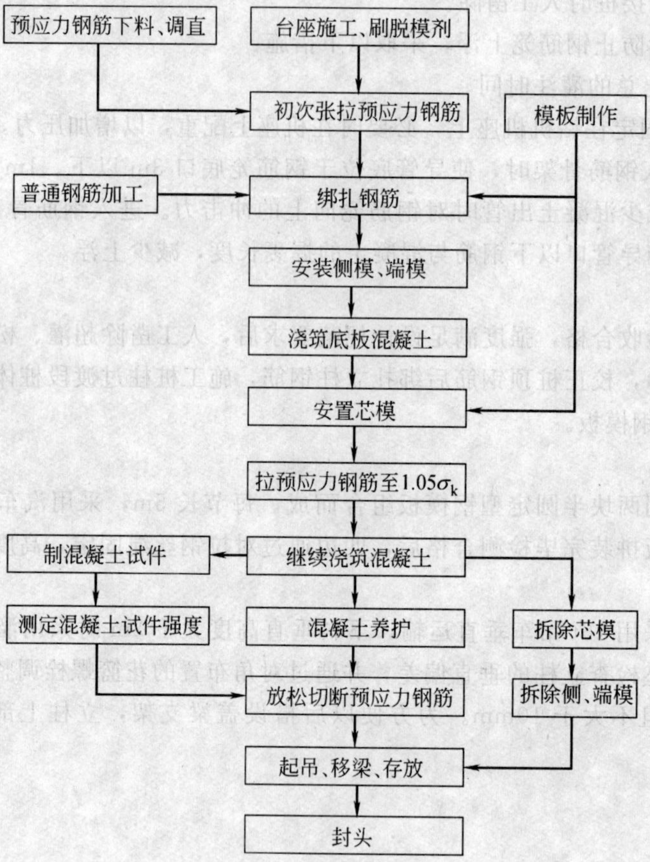

图 4-4 先张法预应力空心板施工工艺框图

A. 预制

在预制厂内设置 120m 长槽式张拉台座，每个台座每次可预制 16m 板 6 块，20m 板 5 块。为加快施工进度，共设 4 条生产线，16m 板和 20m 板各两条。用贝雷杆件拼装两台跨度 30m 的龙门吊机，高度 7.5m，用以构件出坑、移运、装车和混凝土浇筑，在龙门吊范围内沿纵向布置梁板预制台座。

底模在混凝土胎模上铺垫 10mm 厚的钢板，每次浇筑前先清洗干净，空心板侧模采用定型钢模板，芯模采用充气胶囊，分层一次浇筑完毕。

预应力钢筋采用应力控制法张拉，实际拉伸值与理论之差不得超过 6%；否则，应停止张拉查明原因后，并经监理工程师同意后方可继续张拉。为减少预应力的松弛损失，采用超拉法长拉，张拉程序为：0→初应力→105σ_k（持荷 5min）→σ_k（锚固）。张拉时两端交替张拉，张拉后用砂轮切割掉多余的钢绞线。

混凝土浇筑完毕后，及时覆盖，洒水养护，混凝土强度不低于设计强度的70%后，方可开始放张。

B. 吊装

梁板强度不低于设计要求的吊装强度，且龄期达到14d以上后进行吊装。放置、装卸、运输梁板时位置正立，不准上下倒置，按标定记号安放。

吊装前，先根据构件重量和尺寸，配备适当的吊车和平板车及相应配套工具，同时现场实际勘察，确定运输路线，进行路线修整，以保证运行路线平稳。根据橡胶支座中心线，使用设计强度等级砂浆安装垫石、支座，保证支座标高、四角高差符合设计要求，中心偏差≤1mm。

起吊梁板时，不能碰撞盖梁等结构，构件安放时仔细轻放，使构件中心与支座先张法中心对准，最大位移偏差≤2mm。就位不准时，吊起重放，不得用撬棍移动构件。

空心板安装施工工艺流程见图4-5。

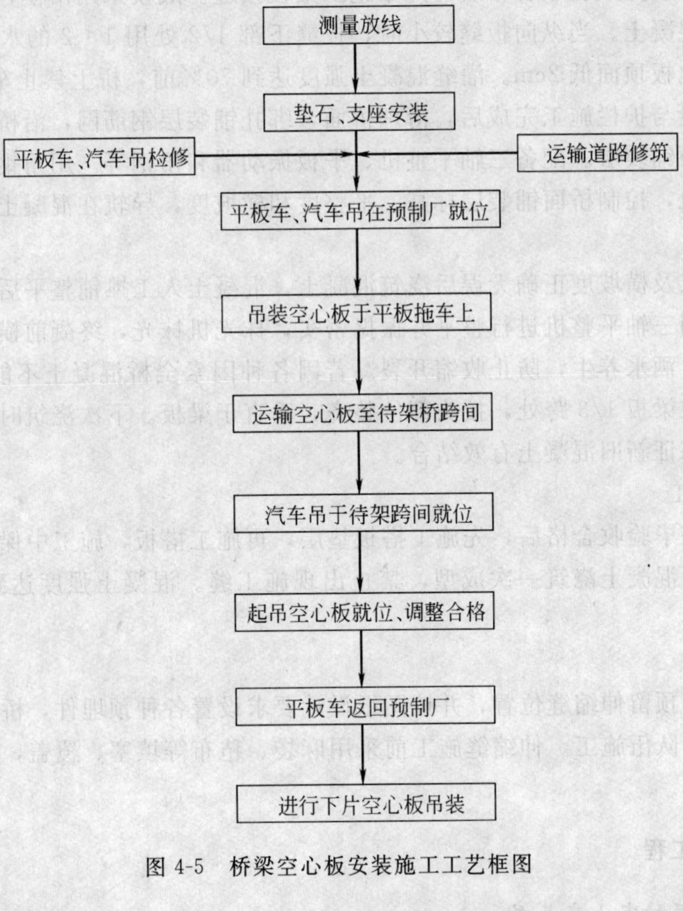

图4-5　桥梁空心板安装施工工艺框图

2）连续刚构施工工艺

本合同段K85＋87.7、K93＋644.7两处桥梁均采用三跨连续刚构，现浇T型刚构分层一次浇筑完毕。悬臂部分搭设成满堂支撑架，并使支撑架超出悬臂部分，做成临时桥墩。底模和侧模板全部采用组合钢模板，以保证其内外光实。

T形刚构浇筑完毕强度符合设计要求后，在临时桥墩支架上架设预制梁板，并按规范设计要求将梁板预留钢筋与T形刚构上的预埋筋进行焊接；然后，浇筑现浇接头混凝土，待其强度达到设计强度80%以上后，开始拆除临时桥墩支撑架。

为确保连续刚构施工的准确、安全，对临时桥墩支架要进行认真的计算，保证其具有足够的安全系数。支撑地基硬化处理时，临时桥墩处原地面处理后，另浇筑50cm厚的混凝土基座，以增大地基承载能力，减少沉降变形。

(3) 桥面及其附属构造

1) 防撞护栏

在梁板施工完毕后开始施工，采用定型钢模板，施工时按图纸设计伸缩缝位置分段，端头模板采用定型钢模板，相邻两段施工时用泡沫板作为伸缩缝隔板。模板安装要求线形顺直美观，接缝紧密不漏浆，安装牢固。施工时，严格按图纸设计要求预留相关孔道，埋设预埋件。

2) 防水混凝土桥面铺装

预制梁板吊装完成验收合格后即开始施工梁板接缝。底模采用吊模，混凝土用同板相同标号的细石混凝土。当纵向板缝较小时，板缝下部1/2处用1∶2的水泥砂浆灌缝，灌缝混凝土顶面比板顶面低2cm。灌缝混凝土强度达到70%前，桥上禁止车辆通行。

各种湿接缝与护栏施工完成后，清理桥面，绑扎铺装层钢筋网，沿桥长方向分块施工防水混凝土桥面铺装层。配备三轴平整机、平板振动器和角钢等。用角钢按分块宽度沿桥长方向铺设导轨，控制桥面铺装层标高、平整度和横坡度，导轨在混凝土找平后、初凝前取出。

检查标高点及横坡度正确无误后浇筑混凝土，混凝土人工摊铺整平后，先用平板振动器振捣，然后用三轴平整机进行整平并振捣密实，抹光机抹光，终凝前横向拉毛并及时用塑料薄膜覆盖，洒水养生，防止收缩开裂。若因各种因素全桥混凝土不能一次浇筑完时，横向施工缝设在梁板1/3跨处，接头部位整齐，垂直于梁板。下次浇筑时，表面凿毛并涂刷水泥浆，以保证新旧混凝土有效结合。

3) 搭板施工

台背施工完毕验收合格后，先施工搭板垫层，再施工搭板，施工中保证交通通畅。侧模用组合钢模，混凝土浇筑一次成型，禁止出现施工缝。混凝土强度达到70%前，禁止车辆碾压。

4) 伸缩缝

桥面施工时预留伸缩缝位置，并按图纸设计要求设置各种预埋件，桥面铺装工程结束后，再组织专业队伍施工。伸缩缝施工前采用麻袋、毡布等填塞、覆盖，防止泥土、石子等垃圾落入堵塞。

4.5 路面工程

4.5.1 水泥稳定土底基层

(1) 施工准备

1) 路槽已验收合格，路基横向排水管已安装完毕，路肩培土已完成。

2) 试验室做出各种土质的水泥土配合比，并已报监理工程师批准，并按照

JTJ 051—94重型击实试验法确定水泥土的最佳含水量及最大干密度，液塑限指数和进行颗粒分析。从取土场取样进行击实试验液塑限试验和颗粒分析，根据做出的最大干密度、最佳含水量和塑性指数，选用相近土质的水泥土配合比。

3）取土场内的树木、草皮和杂土应清除干净，大颗粒的土应予以清除或粉碎，水泥宜选用32.5级普通硅酸盐水泥或硅酸盐水泥，其初凝时间不早于4h。水泥应妥善保管，免遭日晒雨淋，使用时运到施工现场。

4）恢复路基中桩，直线段每20m设一桩，曲线段每10m设一桩，并在路肩边缘处设指示桩。在桩上用明显的标记标出底基层的设计标高和松铺厚度。施工时，纵向采用拉线控制摊铺厚度。

5）用白灰将路基划分成4m×7.5m的网格，根据试验段的长度、宽度、稳定土层的厚度及预定的干密度、水泥剂量计算出需要的土方量及水泥用量，并计算出每袋（50kg）水泥的摊铺面积为1.5m^3和土的松铺系数为1.2。

（2）运土及摊铺

采用挖掘机或装载机在取土场取土，用自卸汽车（8t）往路基上运土，运至路基上的土按每格卸一车的方式卸土堆放。现场用酒精燃烧法检测土的含水量，应洒水使其含水量大于最佳含水量的4%～5%。

用推土机和平地机将土均匀地摊铺在预定的宽度上，表面应力求平整，并有规定的路拱。摊铺过程中应将土块、超尺寸颗粒及其他杂物拣除，同时检查土的松铺厚度。上土摊铺可以提前1d进行，浇水闷土约一夜，使水分在土中能均匀分布。铺水泥前1～2h再洒一次水。

用振动压路机（YZ-16B）稳压1遍，行驶时用一档低速行驶，由边向中间碾压，每次错轮30～50cm，最后再用平地机找平1～2遍。

（3）拌和

将稳定土层划分成若干面积相等的网格。每一网格的面积等于每袋水泥的摊铺面积。把水泥倒在土层上，人工用刮板将水泥均匀摊平。注意使每一网格上的水泥摊铺均匀，水泥摊铺完后，表面应没有空白位置，也没有水泥过分集中的地方。

用两台宝马拌合机进行拌合，拌合深度应达到稳定层底，应略破坏（约1cm左右）下承层的表面，以利上下层的粘结。严禁在拌合层底部留有“素土”夹层。拌合由边向中进行，每次重叠50cm。

拌合机拌合1遍后，应用喷管式洒水车补充洒水，使含水量大于最佳含水量的4%～5%。洒水后，再用拌合机拌合一遍。混和料拌合均匀后应色泽一致，没有灰条、灰团和花面，没有粗细颗粒“窝”，且水分合适和均匀。

（4）整型

混和料拌合均匀后，先用推土机轻压一遍，再用平地机进行初步整平和整型。在直线段，平地机由两侧向中间进行刮平；在曲线段，由内侧向外侧进行刮平。

用振动压路机快速稳压1～2遍，以暴露潜在的不平整，再由人工配合平地机按照规定的坡度和路拱进行修整。

在整型过程中，严禁任何车辆通行，并配合人工消除粗细集料窝。

（5）碾压

先用振动压路机稳压 1～2 遍，使土体基本密实稳定。行驶时用一档低速行驶，由边向中间碾压，每次错轮 30～50cm。再用平地机精平，使路表纵、横坡成型。

接着用振动压路机振动碾压，先弱振后强振。由路肩向路中心碾压。碾压时用一档低速行驶，重叠 1/2 轮宽，避免漏压。振动碾压至压实度符合要求后，用光轮压路机（徐工 I3Y-18/21）静压 1～2 遍，由边向中间碾压。每次错轮宽度为主轮的 1/2 轮宽。行驶速率用 1 档低速行驶，碾压至路表面几乎看不到压痕为止。最后用平地机精平 1～2 遍。

碾压过程中，应洒水使水泥稳定土的表面始终保持潮湿。

(6) 工作缝的处理

在水泥稳定土混和料拌合结束后，在预定长度的未端，沿稳定土挖一条横贯全路宽的宽约 30cm 的槽，直挖到下承层顶面。此槽应与路中心线垂直，且靠稳定土的一面应切成垂直面。在槽内放两根与压实厚度等厚的方木，方木的另一侧用素土回填 2～3cm 宽，然后和稳定土一起进行平整和碾压。

邻近的作业段施工时，待混和料拌合结束后，除去顶木，用混和料回填沟槽，靠近顶木未能拌合的一小段，用人工进行补充拌合。

(7) 试验检测方法

定点检测压实度和标高，上土前先测量各点的原始标高，混和料摊铺完成后，再测量各点标高，振动压路机稳压 2 遍，振压 2 遍后测量 1 次标高，用核子密度仪测 1 次压实度，然后振压 3 遍、4 遍、5 遍……，分别测量压实度及标高，直至压实度满足要求为止。

用光轮压路机静压 1～2 遍后，再用灌砂法检测压实度；若不合格，应继续碾压直至合格。

(8) 质量要求

水泥土从加水拌合至碾压结束不得超过 4 小时 25 分。

严禁压路机在已完成的或正在碾压的路段上“调头”和急刹车，应保证稳定土层表面不受破坏。

完工后应加强养护（不少于 7d），水泥土应始终保持潮湿状态（湿法养生）。在养护期间，只允许养护车辆在路上行驶且速度不超过 15km/h；同时，不得急刹车和急转弯。

洒水养护采用低压喷洒，不得冲刷路面。

水泥稳定土底基层施工工艺流程见图 4-6。

4.5.2　*水泥稳定碎石基层*

(1) 施工准备

恢复路基中桩、边桩，每 10m 设一桩，并在桩位上将基层边线放出来，在路基边缘处设指示桩。在桩上明显的标出桩号。两侧钢钎固定后，按照松铺高程调整两侧挂线高度，同时布置中间铝梁位置并调整高度。

拌合楼根据集料配比进行干拌调试，经筛分合格后固定该拌合楼的调试结果。摊铺机进场并经试验段运行确认机械处于正常状态，压路机和洒水车以及养护用麻布在现场准备好。

(2) 拌合及运输

前场准备就绪后，拌合楼开始拌合，每 $2000m^2$ 对混合料成品做无侧限抗压强度试件两组。开始加水搅拌时间作为施工开始时间。拌合时，考虑天气情况和材料的含水情况，

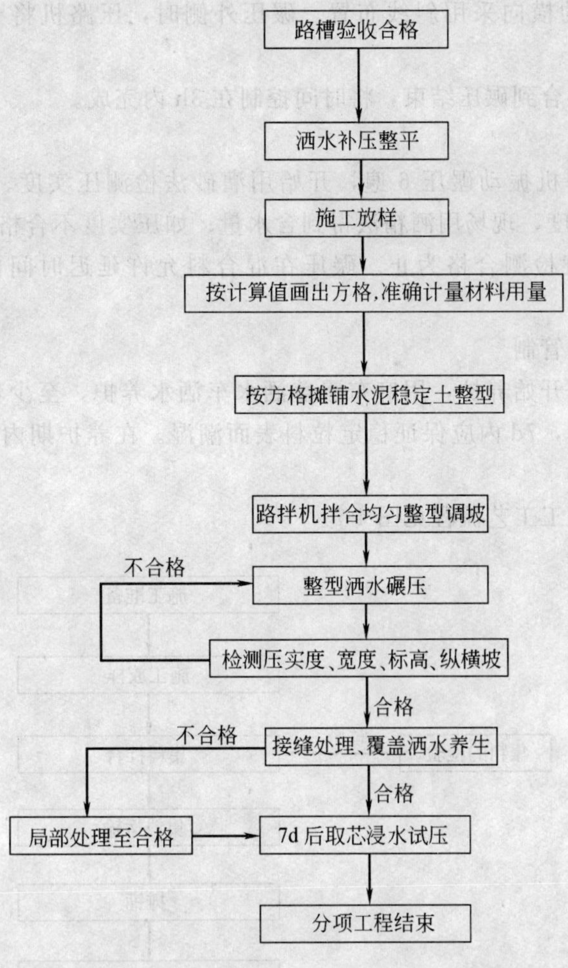

图 4-6　水泥稳定土底基层施工

将混合料的含水量提高 1%～2%。

运输车为 10～20 辆，每车运料量基本相等为 15t，运输车尽快将混合料运到现场。

(3) 摊铺

将土路肩压实，修整作为基层外侧土模板，中央分隔带处用 16cm×18cm 木方作为基层模板，木方背后用钢钎固定，根据实际情况，适当将钢钎加密加粗，以保证模板稳定。

用两台摊铺机开始摊铺，前后间隔 5～10m，施工员随时检测松铺厚度，水准仪跟随调整横坡。不符合要求及时调整，小范围人工补料。施工时专人检查钢钎的挂线高度。

(4) 碾压

施工配备一台 16t 和两台 18t 振动压路机和一台双钢轮压路机，另配备收光用 21t 胶轮压路机，先用双钢轮压路机稳压两遍，使混合料基本密实稳定。行驶时用一档低速行驶，由边向中间碾压，每次错 1/2 轮。

用两台振动压路机跟随压路机双钢轮压路机开始振动碾压，振动碾 6～8 遍，先弱振后强振，由路肩向路中心碾压。碾压时用一档低速行驶，重叠 1/2 轮宽，避免漏压。

碾压过程中压路机禁止在路段上调头或急刹车，保证混合料表面不受到破坏。并且压路机碾压时在路基的横向采用斜线布置。碾压外侧时，压路机将土路肩与底基层同时碾压。

从混合料加水拌合到碾压结束，将时间控制在 3h 内完成。

(5) 检测方法

每一碾压段压路机振动碾压 6 遍，开始用灌砂法检测压实度。按照每车道每 200m 2 点的频率检测压实度，现场用酒精法得到含水量；如压实度不合格，立即加压一遍再重新检测，直到压实度检测合格为止。碾压在混合料允许延迟时间内完成，一般控制在 3h 内。

(6) 养护及交通管制

碾压合格后立即开始养护，用麻布覆盖洒水车洒水养护，至少养护 7d，每天洒水的次数视天气情况而定，7d 内应保证稳定粒料表面潮湿。在养护期内，除洒水车外禁止重型车辆通行。

水泥稳定碎石施工工艺流程见图 4-7。

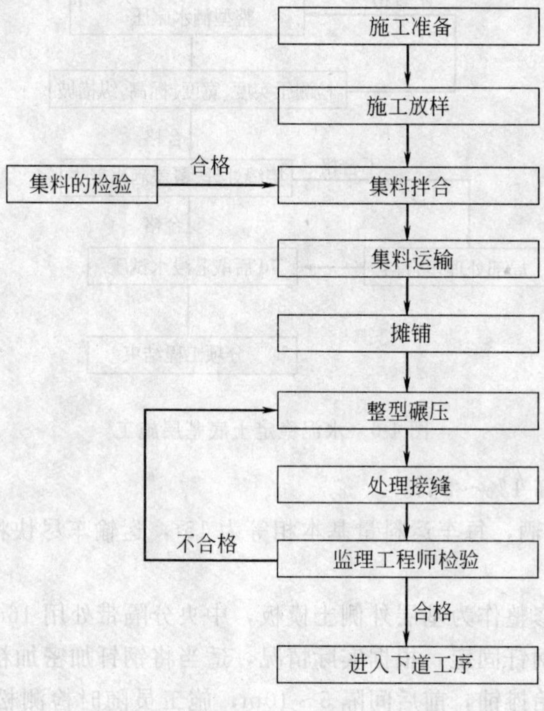

图 4-7　水泥稳定碎石施工工艺框图

4.6　防护、排水工程

4.6.1　排水工程

(1) 工程概况

本合同段排水工程主要包括边沟、急流槽、路面排水管、集水井、灌溉沟、进出水口排水设施等。

（2）施工方法

1）边沟

对于纵向边沟，在施工时，沟型按照设计截面规则开挖，夯实基底，达到密实度要求，并保证基底的干燥。边沟开挖后，引排疏干沟内积水，检查验收合格后及时安排下道工序施工。

沟底铺砌应置于稳定地层上，台阶连接处砌筑密贴，防止水下渗。在水泥砂浆砌片石时，片石块咬口紧密，嵌缝饱满、密实、勾缝平顺无脱落，缝宽一致。边沟线形平顺，尽可能采用直线形，转弯处做成弧形，其半径不小于10m，与桥涵进出口平顺衔接。

为防止水流下渗和冲刷，边沟应进行严密的防渗和加固处理，地质不良地段和土质松软，透水性较大或裂隙较多的岩石路段，对沟底纵坡较大的土质截水沟及截水沟的出水口，采取必要加固措施，防止渗漏和冲刷沟底及沟壁，出入口必须与其他设施平顺衔接。

平曲线处边沟施工时，沟底纵坡与曲线前后沟底纵坡平顺衔接，不允许曲线内侧有积水或外溢现象发生。曲线外侧边沟要适当加深，其增加值等于超高值，但曲线在坡顶时可不加深边沟。

边沟的下游出口段，应绕开路堤坡脚及桥台前锥体坡脚向外引出，以防止水流冲刷，如下方为弃土堆，其渗水条件差者，须以弃土堆外侧挖沟引出。边沟底部坡度，要符合线路坡度和地形坡度，达到流水畅通，几何尺寸符合设计需求。

2）急流槽

预制构件在达到设计强度的70%以上后，方可进行搬运和砌筑。砌筑要求线条直顺，密实平整，进出水口与上下沟槽连接平顺，流水畅通。

急流槽的修筑，应能保证为水流入排水沟提供顺畅通道，路缘开口及流水进入路堤边坡急流槽的过渡段时，应严格按照图纸设计施工，以便排出路面雨水。

3）中央分隔带集水井、纵横向管道、浅碟式中央分隔带

弯道超高处路面外侧排水由浅碟式中央分隔带排至集水井，再由横向管道排至路基外。为及时排出中央分隔带内的水，在中央分隔带内设置纵向排水软管把水排至集水井，再由横向管道将水排至路堤外。

为保证整个路面排水系统得正常排水，其所用材料的规格、尺寸均应符合图纸设计要求，并与路基、路面、绿化和通讯管道施工相结合，协调一致，避免返工，影响工程质量。

4.6.2 防护工程

（1）工程概况

本合同段的防护主要是路缘石和边坡防护两种。

（2）施工工艺

1）路缘石

路缘石预制完毕，经21d养护，强度满足要求后，方可进行搬运、砌筑。

施工时路缘石应按图纸设计线形和坡度准确安装就位，无论在任何情况下，其水平高程都不允许由路面实际高程直接测量得出。

砌筑时先清扫干净基层表面，然后铺筑规定厚度的水泥混凝土砂浆，再开始砌筑。要求砌筑后线条平顺，曲线圆滑，无折角，勾缝密实平整无污染。

2）护坡

施工前根据各个不同坡度区段的具体设计情形，由上至下进行准确放线后，人工开挖修坡，做到坡面密实、无杂草、有机质或垃圾，以保证砌筑片石、预制块的平稳。

熟悉施工图纸，施工时注意相应沉降缝的设置，保证缝宽均匀、顺直，位置准确。并与排水设施相结合，将防护工程与排水设施同步进行。个别排水工程暂时无法施工的，按设计图纸位置、尺寸，准确预留出相应的位置空间。

预制块的强度达到设计强度的75％以上后，方可进行搬运、砌筑。施工时自下而上挂线砌筑，M10水泥砂浆勾缝，保证缝宽均匀、顺直，无假缝、丢缝。端块必须经过准确测量放线后挂线砌筑，保证与路线方向、路肩标高一致。

浆砌片石选用较大的石料，丁顺相间。片石质地均匀，无裂缝，不易风化，抗压强度不低于30MPa。块石大致方正，厚度不小于15cm，宽度和长度分别为厚度的1.5～2.0倍和1.5～3.0倍。

砌筑砂浆为M7.5水泥砂浆，砂浆用砂粒径不超过2.5mm，含泥量不超过10％，砂浆按施工配合比拌制，随拌随用，以保持适宜的流动性，运输中离析的砂浆重新拌合。

4.7 冬、雨期施工

4.7.1 冬期施工安排及措施

（1）路基工程

冬期施工土方在未冰冻前，进行现场放样，保护好控制桩并树立明显标志，防止被积雪掩埋。进入冬期施工时，运输道路采取防滑措施，并定期维修保养冬期施工的车辆和机具设备。

冬期填筑路堤时，按横断面全宽平填，每层松铺厚度控制在22cm以内，压实度不低于设计要求，并做到当天填筑、当天完成碾压工作。填土路基、挖填方交界处，填方高度低于1m的路堤不再施工。砂性土路基填筑，当气温在0℃以下时停止施工，并在已施工完的路基表层铺一层松土进行覆盖保温，待冬期过后再整修碾压。

（2）防护、排水工程

拌合砂浆采用两次投料法，水温加热不超过80℃，砂加热不超过40℃。砌体表面的污物、冰霜等必须清除，砂内不含冰块和直径大于10mm的冻结块。每日砌筑后及时用保温材料覆盖，保证砂浆强度达到70％前不受冻害。对于未采取抗冻措施的浆砌砌体，砂浆内必须掺加防冻剂。

复工前先进行冻害检查，冻坏部分进行修整、返工。

（3）结构工程

及时掌握天气变化情况，备足防冻、保护材料，如防冻剂、塑料布、草袋及升温设施。冬期施工前，试配防冻混凝土配合比，并报监理审批。

为减少冻害，通过控制混凝土坍落度，加入减水剂应将用水量降低到最低限度。骨料必须清洁，不得含有冰雪和冻块，以及易冻裂的物质，拌合时间比常温拌合时延长50％。当材料原有温度不能满足需要时，首先对拌合用水加热；仍不能满足时，再对骨料加热。

混凝土拌合物的出机温度不宜低于10℃，入模温度不得低于5℃。浇筑混凝土前，先清除模板和钢筋上的冰雪和污垢。施工后立即覆盖，减少混凝土在空气中的暴露时间，减少热量损失。当气温低于－5℃时，采取搭暖棚施工，明火升温养护保持温度在10℃以上，棚内湿度不足时，向混凝土表面及模板上喷洒热水。模板拆除要在混凝土面冷却到5℃时方可进行，当混凝土面与外界温度相差大于20℃，拆除模板的混凝土面应加以覆盖，使其缓慢冷却。

4.7.2 雨期施工安排及措施

（1）检查、覆盖水泥、钢筋库房，防止漏水造成水泥失效或钢筋锈蚀。水泥、钢筋离地搁置，库房四周做好排水措施，防止地面水汇入库房。

（2）填筑路堤前，在填方坡脚以外挖掘排水沟，保持场地不积水。做到随挖、随运、随填、随压，雨前和收工前将铺填的松土碾压密实，表面筑成2%～3%的横坡排泄雨水。雨时或雨后不得践踏路基面，并禁止车辆通行。雨后填筑面应晾晒或做处理，经检查合格后，方可复工。

（3）结构物基坑开挖前做好地面排水，在基坑顶缘四周向外设排水坡，并在适当距离设截水沟。施工时，注意观察坑缘顶地面有无裂缝，坑壁有无松散塌落现象发生，确保安全施工。

（4）需连续灌注的混凝土，备足雨具及覆盖物品，并适当调整施工配合比；同时，将运输道路修筑平整，保证施工车辆正常顺利通行。

5 质量、安全、环保技术措施

5.1 质量保证措施

（1）质量方针

科学管理，持续创新，关爱员工，保护环境，诚信守约，构筑精品。

（2）质量目标

1）工程一次交验合格率100%，优良率80%。

2）工程质量达到优良工程，达到优质工程。

3）杜绝重大质量安全责任事故。

4）顾客投诉处理满意率80%，及时率100%。

（3）质量管理体系

我单位2002年已通过ISO 9001—2000质量管理体系认证，并正式运行。项目部根据单位质量管理手册及质量管理文件建立质量管理体系，并严格按体系文件要求运行及改进，确保工程质量得到有效的控制，增进业主的满意度。详见图5-1。

我单位对承接该工程后按优良工程标准精心组织施工，各工序严格按照“三检（即自检、互检、交接检）制度”执行，各施工队、班组均高度重视工程质量。为保证工程达到优良标准，本工程实行创优目标管理，全体施工人员牢固树立“质量是企业的生命”的意识，确保工程质量达到优良。运用ISO 9001—2000质量管理体系国际标准（GB/T 19001—2000质量体系国家标准），全面加强质量管理。成立QC小组，针对工程的特殊环节、薄弱环节，开展技术、质量攻关，预防质量通病。采取以下主要措施：

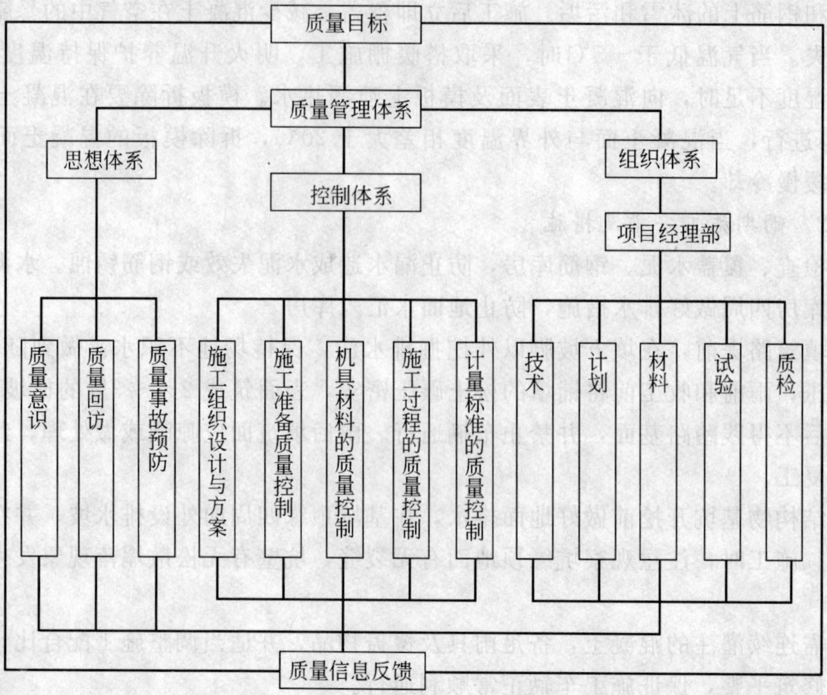

图 5-1　质量管理体系框图

1）从组织机构上保证

项目部根据公司质量管理手册及质量管理文件建立质量管理体系，严格按体系文件要求运行及操作，确保工程质量得到有效的控制，增进业主的满意度，建立、健全质量保证体系。特设置组织机构如图 5-2 所示。

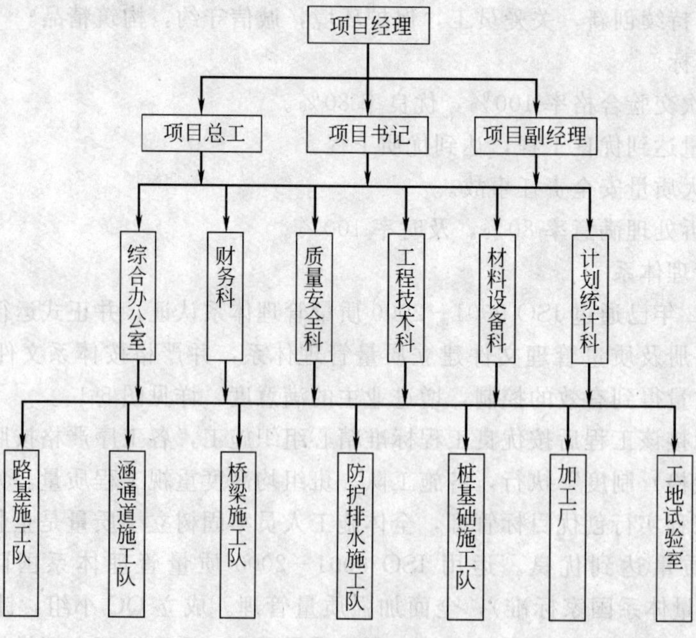

图 5-2　组织机构框图

2）从管理制度上保证

由总工程师组织各专业工程师，按照施工技术规范和操作规程，完善各工序、各专业质量检测规范和条例，加强对上岗人员专业技能和质量意识的教育、培训。施工人员积极参加培训，养成严格执行质检制度的自觉性。实行工程技术人员和质检人员跟班施工的制度，发现问题及时解决，并逐级报告。实行工程技术人员和质检人员对所承担的施工、质检负责的制度，以确保工程质量。实行岗位责任制和逐级责任制，任务落实到个人，各级均对各自所承担工程质量负责，严格执行上级制度的奖惩制度。

3）从工程材料上保证

严格履行材料进场合格证和现场抽样检验制度，并报监理工程师复查，凡无出厂质量检验单或进场抽样化验不合格的产品，一律不得验收和使用。

4）从施工技术措施上保证

认真作好路基试验段的施工，为路基填筑提供准确可行的技术数据。采用先进可行的新技术、新工艺、新材料和新设备等技术措施。对结构物模板、支架进行精确验算后施工，混凝土掺加外加剂，改善其特性，提高强度，减少混凝土的收缩裂纹，减少水泥用量。每道工序实行质量三检制度，如图 5-3 所示。

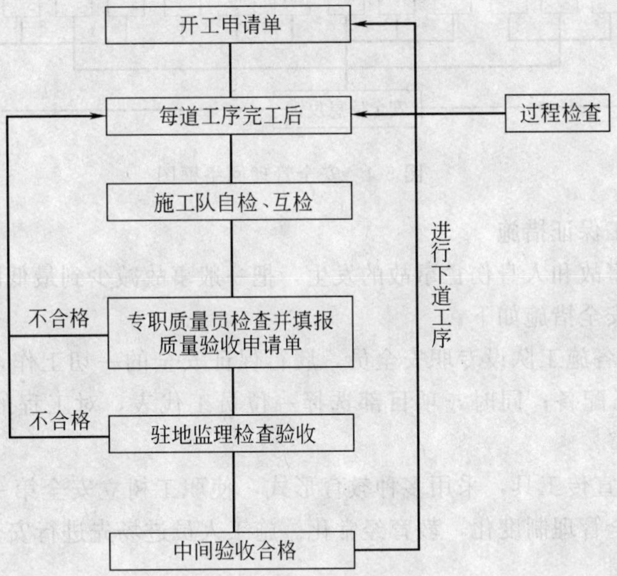

图 5-3　质量“三检”制度

5）从检验设备上保证

为保证工程中质量检检、试验数据的准确性和精确性，使其更具有代表性和说服力，项目部配备了大量先进、优良的试验设备。详见“主要施工机械设备表”（表 3-1）。

5.2　安全保证措施

（1）安全管理网络体系

由项目经理牵头负责，项目副经理、总工程师、主任经济师三条线分管共抓。项目副经理分管安全和材料，具体安全措施的制订；总工程师分管工程部门、质检部门，从技术方案角度来落实安全生产措施；主任经济师分管财务部门，主要考虑安全生产措施的预结算和资金。建立专职安全员和兼职安全员责任制度，将安全生产落实到人，保证项目的顺利实施。详见图5-4。

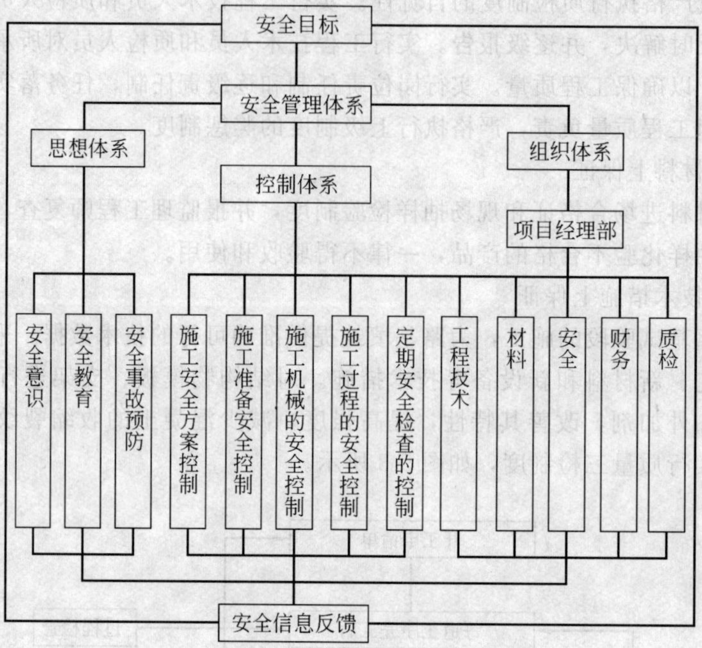

图5-4　安全管理网络框图

（2）安全施工保证措施

为杜绝重大事故和人身伤亡事故的发生，把一般事故减少到最低限度，确保施工的顺利进展，特制订安全措施如下：

1）项目部和各施工队设专职安全员，履行保证安全的一切工作，安全员的数量按照施工员数量的3%配备；同时，项目部选择一位员工代表，对工程的安全工作、员工防护、保护进行监督。

2）利用各种宣传工具，采用多种教育形式，使职工树立安全第一的思想，不断强化安全意识，使安全管理制度化，教育经常化。施工人员进场先进行安全教育，安全培训考核合格后才能上岗。

3）各级领导在下达生产任务时，同时下达安全技术措施，提出安全生产要求，把安全生产贯彻到施工的全过程中去。

4）每一分项工程施工前先进行安全技术交底。认真执行定期安全教育、安全检查制度，对事故隐患和危及到工程、人身安全的事项，及时整改处理，并做出记录。

5）特殊工种操作人员实行持证上岗。架板、起重、高空作业的技术工人，上岗前要进行身体检查和技术考核，合格后方可上岗。高空作业必须按安全规范设置安全网，拴好安全绳，戴好安全帽，并按规定佩戴防护用品。

6）工地修建的临时住房、库房、照明线路的架设均必须符合防火、防电、防爆要求，配置足够的消防设施，安装避雷设备。机电设备的操作实行定员定岗，并定期进行保养，由专业人员维修。施工临时用电按照“三级配电，二级保护”的原则，严格执行“一机、一闸、一漏、一箱”的规定。

5.3 环保保证措施

我单位正在试运行《环境管理体系-规范及使用指南》GB/T 28001—1996，在本工程施工中严格按照此体系进行环境保护管理，加强动植物及土地保护、水环境保护、大气环境保护、降低噪声、固体废弃物处理等方面的保护措施。具体从以下几方面着手：

（1）加强环保教育

组织职工学习环保知识，加强环保意识，使大家认识到环境保护的重要性和必要性。

（2）贯彻环保法规

认真贯彻各级政府的有关水土保护、环境保护方针、政策和法令，自觉遵守有关机构对卫生及劳动保护的要求，结合工程特点，及时申报安全环境保护设计，切实按批准的文件组织实施。

（3）强化环保管理

定期进行环境检查，及时处理违章事宜，主动联系环保机构，请示汇报环保工作，做到文明施工。

（4）美化施工现场

施工中减少对周围绿化环境的影响和破坏，随时清除施工场地不必要的障碍物、设备、材料及各类存储物品。场地废料、土石方废方运至指定地点处理，防止水土流失。保持排水通道畅通，工地干净、卫生。

（5）消除施工污染

工地垃圾及时运往指定地点深埋，清洗集料机具或含有沉淀油污的操作水，采用过滤的方法或沉淀池处理。为减少施工作业产生的灰尘，随时进行洒水或采用其他抑尘措施。易于引起扬尘的细料或松散料予以遮盖或适当洒水湿润，运输时应用帆布、盖套及类似遮盖物覆盖。施工机械防止严重漏油，在施工过程中若发现施工机械漏油，立即进行维修，并对已泄漏的油污进行处理。禁止机械在运转中产生的油污水未经处理就直接排放，或维修施工机械时油污水直接排放。

6 施工总结

本项目通过新科技成果的应用和推广，在科技、管理决策、安全生产、改善劳动条件、公共安全、节能、节水、节材等方面均取得良好的社会效益和经济效益，体现出采用新科技、新材料和新工艺的科技意识，树立科技兴企的形象。尤其是产生了巨大的经济效益，主要体现如下：

（1）粉土路基

本工程地段的土质主要为软塑粉质黏土、中密亚松土、中密至密实的粉土，其中以粉土为主。粉土颗粒细小，可100%通过0.075筛孔，水渗透快，易蒸发，碾压过程中易扰动，压实困难。经过对粉土特性的分析研究，并进行大量的试验发现，采用灌水法施工可以取得较好的效果。即先将填土摊铺好后，进行灌水（控制含水量达到20%以上），静置一段时间使土层充分润透，当含水量高于最佳含水量5%左右时，进行碾压：先静压，再弱振压，最后静压，可取得较高的压实度；另外，粉土具有遇水易流动性，抗冲刷能力差，受雨水、地表水冲刷时易毁坏，在施工过程中要加强排水、引流，边坡应考虑填粘结性好的黏土，路基顶层采用填黏土或拌制水泥土。

通过现场核对和施工调查，并反复试验发现，粉土路基的处理解决，使施工速度明显加快，工期提前两个月完成，减少了人工和机械费的开支，共计节约发生的机械台班如下：

静作用压路机18t，4台，357.10元/台班；

震动压路机16t，2台，844.88元/台班；

震动压路机14t，6台，600.42元/台班。

产生经济效益（357.1×4+844.88×2+600.42×6）×60d=403240.8元

(2) 定型大钢模

本标段结构物混凝土为清水混凝土结构，要求表面平整、光洁，对模板和支撑架的刚度、强度和稳定性要求非常严格。故在模板设计中采用组合大钢模板。在尺寸变化大、不易通用部位采用胶合板模板，加快了模板的安拆速度，增加了模板的周转次数，降低了工程成本，保证了工程质量，取得了良好的经济效益和社会效益。

根据工程实际情况，计算需要模板费用如下：

钢模板：57.98t×4500元/t=26.09万元

组合钢模板：37.16t×4000元/t=14.86万元

钢板：19.94t×3200元/t=6.4万元

型钢：162.89t×2800元/t=45.61万元

通过定型大钢模的应用，节约钢材180t，通过计算比较发现，计算需要的定额模板费用为92.96万元，实际模板费用27.84万元，产生经济效益92.96－27.84＝65.12万元。

(3) 刚构支架

商开路东西互通立交桥为刚构结构，跨度分别为35m、30m。施工时，先将20m的预应力空心板（每板重22t）安装到临时支架上，再进行二次现浇，使板与墩台形成连续梁结构，由此可见临时支架是保证刚构桥施工质量和安全的重要所在。故我公司结合实际施工情况，利用贝雷梁承载力大，安装布置灵活、操作方便等特点，采用贝雷梁片和钢管结合使用的方案，充分利用工地已有材料，用脚手管作贝雷梁片的连接件和撑杆，建成的临时支架刚度大、稳定性好、施工安全，且材料用量少，提高了经济效益。

传统的脚手架方案需要租赁钢管50d（6.5元/d），扣件14000个（0.015元/d），工期90d，合计费用：50d×6.5元/d×90＋14000个×0.015元/个×90＝48150元。采用贝雷架搭设支架需要贝雷片72片（3.2元/d），工期60d，合计费用：72片×3.2元/片/d×60d＝13824元。

通过计算比较发现，贝雷架的应用产生经济效益48150－13824＝34326元。

(4) 预应力钢筋

我公司在大跨度桥梁施工中，预应力空心板生产采用长线法施工，4～5块一槽，预应力筋整体张拉，采用钢绞线连接器连接预应力筋，节约了材料。通过推广应用预应力施工技术，并和高强度混凝土技术相结合，大大提高了空心板的强度，保证了工程质量，取得了良好的经济效益。

本合同段16m空心板共计471块，每5块为一加工槽，计94槽；20m空心板共计648块，每4块为一加工槽，计162槽。通过整体张拉，每块板的每根钢绞线（16m板11根，20m板14根钢绞线）节约张拉工作长度1.3m，另通过中间连接器连接，每槽节约钢绞线19m（共计256槽），ϕ^{j}15.24钢绞线理论重量为1.1kg/m，价格为6500元/t。

产生经济效益如下：

(648×14×1.3+471×11×1.3+19×256×1.1)÷1000×6500=16.74万元

(5) 外加剂

为了提高混凝土的和易性及早期强度，经过对外加剂的选择、检验和试验，采用北京AN—1000高效减水剂和木质素黄酸钙。减水剂主要用于预应力混凝土，用量0.4%，提高了混凝土的和易性、早强性，改善了混凝土的抗冻、抗磨、收缩等性能。木质素黄酸钙主用于水下混凝土灌注桩，用量0.25%，使水泥浆凝结延缓，沁水性下降，水化热速度延缓，峰值下降，以及抗冻、抗渗、抗拉、抗折强度模数提高。预应力混凝土通过掺加外加剂，使强度达到要求，预制件提前出模，节约模板使用费，节约了水泥，创造了良好的社会效益和经济效益。

本合同段C50混凝土采用减水剂费用为4.95元/kg×3.86×8211.97m^3=156906.11元

节约水泥费用48.3元/kg×8211.97m^3÷1000×305元/t=120975.2元

C20混凝土采用黄酸钙费用为3.5元/kg×1.045kg×18683.84m^3=68336.14元

节约水泥费用41.8×18683.84÷1000×255元/T=175720.5元

合计产生经济效益120975.2+175720.5−156906.11−68336.14=71453.45元

第二十一篇

上海北环高速公路施工组织设计

编制单位：中建八局基础设施建设有限公司
编 制 人：李金义
审 核 人：刘永福

［简介］ 本工程全长4750m，软土层较多，部分地段采用等载预压，桥头处采用打塑料排水芯板、薄壁管桩和超载强压等方法处理。路基采用粉煤灰填筑，保护环境。桩基采用PHC高强度预应力管桩和方桩，桩长34.5m，钻孔灌注桩直径1m，桩长47m，很有技术难度。

目 录

1　项目简述

上海北环高速公路 A30-8 标，是上海市规划建设的对外交通联系的一条主要干道，位于上海市郊区环线北段，设计为全封闭式双向 6 车道高速公路。8 标段全长 4.75km，合同造价 17304 万元，合同工期为 23 个月。由上海市政工程设计研究院设计，上海北环高速公路建设发展有限公司负责融资兴建。计划开工日期为 2002 年 5 月 1 日，计划竣工日期为 2004 年 3 月 31 日。因征地拆迁原因实际工程开工日期为 2003 年 6 月 25 日，工程交工时间为 2004 年 12 月 20 日。工程质量等级要求优良。

上海北环高速公路项目是中建八局在上海市的第一个市政工程，由于施工期间速度快、质量好、现场管理好多次受到业主的好评，工程在工程质量、安全管理、现场管理、文明施工等均做得很好。工程获得上海市重大办文明工地、中建总公司上海区文明工地、中建总公司 CI 金奖、上海市高速公路工程 B 赛区先进集体、上海市优质结构工程、中建上海赛区申江杯优质工程、中建总公司优质工程金奖、上海市青年文明号工程、上海市“安全标化工地”等多项奖励，有效地提升了企业的市场形象和竞争力。

通过对各项施工技术的应用和开发，工程产生了良好的经济效益。经计算和认证，本工程实际效益为 642 万元，新技术应用科技进步效益为 578.08 万元，科技进步率为 5.9%。

2　工程概况

2.1　地理位置及建设概况

上海市郊区环线北段工程（沪宁高速公路-同济路-双城路）为全封闭双向六车道高速公路，位于江苏省昆山市花桥镇、上海市嘉定区和宝山区境内，路线南起同三国道，与沪宁高速公路相交，向东至上海市宝山区境内的同济路，沿同济路向南至双城路，主线长 38.78km。其中，8 标段位于上海市宝山区罗南镇境内，从洋泾桥东侧至向东路西侧，路线长 4.75km，路线设计桩号为 K22＋150—K26＋900。

2.2　建筑设计情况

（1）本工程主要技术指标

1）公路等级：双向六车道高速公路。

2）设计车速：100km/h。

3）路基宽度：35m。

4）路基设计荷载：BZZ-100 标准轴载。

5）桥梁设计荷载：汽车-超 20，挂-120。

6）地震烈度：按基本烈度 7 度设防，重要性修正系数 1.3。

（2）主要工程规模

本标段主要工程内容包括软土地基处理、路基土方填筑、桥梁和涵洞工程、路基防护与排水，以及路面底基层、基层的摊铺施工任务，共设置主线桥 4 座，双幅全长 895m，单幅桥宽 15m；汽孔桥 2 座，人孔桥 3 座、互通立交 1 座（含共有三联的 E 匝道桥 120m）、辅道桥 1 座、涵洞 3 道，路基土方挖填约 58 万 m^3、粉煤灰填筑 18 万 m^3。主要工程数量表见表 2-1。

主要工程数量一览表　　表 2-1

序号	项目名称	单位	数量	备注
1	路基工程			
1-1	不适宜材料清理	m^3	118728	淤泥
1-2	土方路基填筑	m^3	402072	借方填筑
1-3	粉煤灰路基填筑	m^3	180390	
1-4	堆载预压	m^3	66436	
2	软基处理			
2-1	砾石砂垫层	m^3	12944	
2-2	砂垫层	m^3	31597	
2-3	土工布	m^2	70316	
2-4	塑料排水板	m	204778	
2-5	薄壁管桩	m	5814	
3	防护与排水			
3-1	双孔钢筋混凝土圆管涵 2ϕ800	m	142.4	
3-2	钢筋混凝土盖板明沟	m	90	
3-3	水泥混凝土边沟	m	9945	
3-4	植草护坡	m	6595	
3-5	拱形护坡	m	100	
3-6	浆砌片石护坡	m	140	
3-7	干砌预制混凝土块	m	9071	
4	桥梁工程			
4-1	ϕ600PHC 预制管桩	m	33366	大、中桥 720 根
4-2	ϕ1000 钻孔灌注桩	m	564	大桥 12 根
4-3	450mm×450mm 预制方桩	m	4923	小桥 150 根
4-4	桥梁上部结构混凝土	m^3	16541.2	
4-5	桥梁下部结构混凝土	m^3	11911.8	
4-6	桥梁附属结构混凝土	m^3	3641.3	
5	路面工程			
5-1	20cm 厚 6%石灰土底基层	m^2	116029	
5-2	40cm 厚二灰稳定碎石基层	m^2	107359	

2.3 现场条件

(1) 气候、水文条件

根据现场调查情况来看，本施工区处于长江入海口，沿线地势较低，地面高程一般在1.5～4.0m之间，地形较为平坦。施工区属于北亚热带湿润气候区，区内气候温和，雨量充沛，四季分明。其中年平均气温15℃，月平均最高气温27.3℃（八月），月平均最低气温2.47℃（1月）。年平均降水量约1045mm，降水多集中在夏、秋两季，即通常所说的梅雨期和秋雨期。常年主要风向为东南风。区域内夏秋季有台风。

本标段内地表水极为发育，其主要来源为大气降水及长江引水，由于地势较低，暴雨及雨季时易形成雨涝；另外，本标段内软土层厚度较大，主要以低液限黏土、砂质粉土及粉细砂为主。

（2）地形地貌及地质条件

本路段地质条件属泻湖沼泽平原地貌的浅部凹陷与正常沉积交潜区。该路段存在着较多的侵蚀、凹陷古地貌，表土层均为黄色、灰黄色粉质黏土。部分软土层一般埋深在3m左右，厚度在4m～25m。

（3）交通、环境条件

本工程路线设计与现有道路交叉共3处，跨越河流3处。路线西段与长联路平行（交叉），西段紧邻富锦路，两路与沪太路平交，交通条件非常便利，但在工程实施阶段，必须与当地交通部门取得沟通协调，处理好与原有公路交叉处的交通疏导工作，确保在建工程顺利实施。

由于本工程地处上海市郊北侧，施工现场周围分布有部分厂矿企业、大量民宅，交通情况复杂，因此在施工时，要特别加强安全文明施工的管理，杜绝扰民现象。

（4）现场施工条件

1）筑路材料

本项目筑路材料主要依靠购买外地材料方能满足工程需要，施工区内地下水位较高，路基借土属于过湿土，填筑前需晾晒或其他处理且土源紧张。本方案采用外购土方，但调查土源运距较远。

施工区内材料供应较发达，距施工4km左右有小型码头。但由于上海砂、石、石灰等筑路材料缺少，需从外地采购，而且粉煤灰供应紧张，日供应数量有所限制。

A. 混凝土：本工程混凝土全部采用商品混凝土，本工程附近设有多处混凝土厂家，距离本工程14～28km左右，运输方便，生产能力及混凝土质量均能满足本工程的建设需要。

B. 砂、砂砾：本项目所需砂、砂砾均从当地码头进入。砂料粒径粗、品质好。

C. 石灰：本工程石灰采用江苏宜兴石灰，所产石灰质量好，满足工程需要。

D. 粉煤灰：采用宝钢粉煤灰，船运至工地。

E. 水泥、钢材、钢绞线：均由业主供应。

2）施工条件

沿线河流较多，水资源丰富，水质良好，一般无腐蚀，沿线各城镇及临近村庄大多有自来水供应，工程用水可取自然水及城镇自来水。

沿线公路网分布较均匀，水运与路线相距较近，交通方便，运输条件较好。沿线现有多条公路，能满足长距离汽车运输要求，公路一般为沥青路面。施工过程中，辅以修建必要的便道、便桥，运输工具及设备即可进入施工点。

沿线水、电条件发达，可以使用，鉴于本工程规模大，点多分散，全部采用电网供电线路难以满足施工用电需求，为此，本方案考虑直接采用电网供电线路（增设变压器）和配备部分自发电设备相结合的供电方法。

2.4 工程特点及施工重、难点分析

（1）本项目场地条件复杂，坐落区域主要为农田，场地自地表至20m深度范围内的地基土以淤泥、粉质黏土和黏土为主，基本为软弱地基。路线地势平坦，但地面水系发育，沿途河流分布较多，河流，明浜、明塘发育。

（2）工程所处区域有众多的水、电、煤气等管线穿越，管线保护工作较大，须作为一个工作重点，投入较大精力。施工前，须与有关部门联系，获取地下管线资料，对现场再做管线探测，不遗漏任何一处须保护的管线。对现场影响施工但还未搬迁的管线，需妥善保护，并联系搬迁；对不需搬迁，但施工过程中可能影响其安全的管线，需进行监测并采取安全有效的保护措施。管线保护工作设专人负责。

（3）本工程穿越的公路、河道较多。穿越公路处施工时，需与交通部门或其他有关部门取得联系，协调并结合桥梁特点及施工方案，制定相应的临时交通及管理措施。穿越河道的，根据具体情况采取围堰措施，并积极主动与当地有关部门取得联系，了解有关部门的相关要求，制定相应措施。

（4）本工程施工路线长、工作量大，地基软弱，有较多的地基处理工作。施工中要采取多种施工技术措施，保证工程质量，特别是软基处理质量。

（5）本工程地处嘉定城附近，工程拆迁量大，拆迁速度慢，对工期影响大。由于工程为上海F1汽车拉力赛分流道路，为满足F1要求，工程完成的后门已经关死：必须在2004年底通车。实际工程工期被缩短约5个月，施工时必须根据现场情况，严格节点控制，在施工总进度编制时，需做到工序搭接紧凑，合理安排施工，确保按节点的时间完成。

2.5 工程目标

（1）质量目标

1）质量方针

在本工程的建设活动中，充分发挥我单位能够吃苦耐劳和敢打硬仗的工作作风和团结、拚博、奉献的企业精神，追求质量卓越，信守合同承诺，保持过程受控，交付满意工程，为上海人民的交通工程建设作出积极贡献。

2）质量目标

严格按照设计文件、施工图纸及施工技术规范、质量检验评定标准施工。根据国家颁布的“工程建设质量管理条例”，在项目经理部建立以项目经理为首的质量保证体系，加强施工过程控制，加强质量通病防治，消除任何质量事故隐患，保证各分部分项工程的一次交验合格率达100%，使整体工程质量达到优良等级，创上海市优质工程。

（2）健康安全及文明施工目标

我公司严格遵守国家及上海市关于安全生产、文明施工、卫生管理及治安管理的一切法律、法规，并严格按照上海市有关建筑工程施工现场标准化管理规定组织施工，全面落实公司GB/T 28000（OHSAS18000）职业健康安全管理体系，确保安全重大事故为零，创上海市安全标准化管理达标工地和上海市文明工地。

（3）环境保护目标

施工期间，我公司严格执行国家及上海市的环保政策、法规和环保标准，全面落实公司 ISO 14000 环境保护体系，确保施工中环境问题无投诉。

（4）工期目标

具体开工日期以接到建设单位书面通知为准。

本标段合同工期为 23 个月，预计开工日期为 2002 年 5 月 1 日，竣工日期为 2004 年 3 月 31 日。保证在合同工期 23 个月之内，完成本合同段内的全部合同工作内容。

3 施工部署

3.1 分部分项工程施工顺序

3.1.1 道路工程

（1）路基填方施工顺序：

测量放样，定出路基中线、边线⟶清除表土、不适宜材料换填、软基处理⟶填前压实原地面，达到设计、规范规定标准⟶路基填筑，路堤要边填边机械整理边坡⟶路基成型，人工整理路床、边坡⟶路基成形，碾压。

（2）底基层、基层的施工顺序：

测量放线，定出中线、边线⟶下承层清理⟶上料、摊铺、整平混合料⟶压实成型、养护。

3.1.2 桥梁工程

（1）钻孔桩施工顺序：

场地准备⟶护筒埋设⟶钻孔⟶清孔⟶成孔验收⟶下钢筋笼⟶放设导管⟶水下混凝土浇筑⟶破桩头⟶成桩检验。

（2）承台施工顺序：

定位复核⟶挖土⟶垫层⟶绑扎桩头锚固筋及承台钢筋绑扎⟶模板安装⟶混凝土浇捣⟶立柱预埋插筋⟶养护⟶拆模⟶回填土。

（3）立柱施工顺序：

轴线放样⟶搭脚手架⟶绑扎立柱钢筋⟶模板安装⟶混凝土浇筑⟶养护⟶拆模⟶养护。

（4）盖梁施工顺序：

地基处理⟶搭设支架⟶铺设底模⟶焊接骨架钢筋⟶绑扎构造筋⟶立侧模⟶混凝土浇筑⟶养护⟶拆模⟶养护。

（5）桥梁架设：

便道修整⟶运梁至现场⟶吊梁⟶板梁就位（T 梁支撑）⟶吊机移位。

3.2 施工流水段划分及力量安排

3.2.1 施工流水段划分

根据本工程的工程特点、工程内容、施工条件，并结合流水作业的原则进行施工力量安排。具体流水段划分如表 3-1 所列。

施工流水段划分　　表 3-1

序号	单位工程名称	流水段划分
1	路基工程软基处理	K22＋150～K24＋446 段
		K25＋130～K26＋900 段
2	路基工程路基填筑	K22＋150～K23＋980 段
		K23＋980～K24＋446 段
		K25＋130～K26＋900 段
3	桥梁工程	荻泾河主线桥、西张茜泾河主线桥及其他
		沪太路立交桥
4	路面工程	K22＋150～K26＋900 段
5	防护工程	同“路基填筑”划分

3.2.2　施工力量安排

（1）软基处理

投入二个施工队，负责本标段的软基处理。配备插板机 4 台和柴油振动沉管机 1 台，其他机械由路基工程处配合。参加施工人员 50 余人。

（2）路基填筑

投入三个施工队，具体负责本标段路基清理、路基土方、粉煤灰回填的施工任务。

第一施工队负责 K22＋150～K23＋980 作业段，全长 1830m，土方 13.8 万 m^3。配备自行式振动压路机 1 台，三轮压路机 3 台，推土机 2 台，平地机 1 台，路拌机 1 台，旋耕机 1 台，挖土机 3 台。

第二施工队负责 K23＋980～K24＋446 段和沪太立交匝道，路线全长 1819m，土方 12.2 万 m^3。配备自行式振动压路机 1 台，三轮压路机 3 台，推土机 2 台，旋耕机 1 台，挖土机 1 台。

第三施工队负责 K25＋130～K26＋900 作业段，全长 1770m，土方 21 万 m^3。配备自行式振动压路机 2 台，三轮压路机 5 台，推土机 3 台，平地机 1 台，路拌机 1 台，旋耕机 1 台，挖土机 2 台。

路基土方挖运和粉煤灰运输均委托社会车辆承担。

参加施工人员共 150 余人。

（3）桥梁工程

投入两个桩基施工队和两个桥梁施工队。混凝土采用商品混凝土，空心板梁委托有资质的制梁厂加工。

桩基施工队分别配备柴油打桩机 3 台、回旋钻机 1 台、汽车（履带）吊车 4 台。

桥梁施工队配备定型钢模、大面积塑胶板、碗扣式钢管脚手架若干，汽车吊 4 台、履带吊 2 台等。参加施工人员约 200 余人。

（4）路面工程

由路面工程处负责本标段路面基层、底基层工程的施工任务。拟配备稳定土拌合机 2 台、粒料拌合站 1 个、平地机 2 台、沥青混凝土摊铺机 2 台、振动压路机 2 台、三轮压路机 4 台、洒水车 2 台和自卸汽车若干。参加施工人员约 60 余人。

（5）防护与排水工程

由我单位防护与排水工程处，负责本标段路基防护与排水工程的施工任务。拟配备施工机械主要有混凝土搅拌机、砂浆搅拌机、小型机动翻斗车及其他小型机具等。参加施工人员约 120 余人。

3.3　临时设施及总平面布置

略。

3.3.1　生产、生活设施用地

为了便于工程管理，我单位已将项目经理部设在罗南镇沪太路与富锦路交汇处。

沪太立交 D、E 匝道与主线相围的范围内布置路面基层粒料拌合站，在 K25＋130 右侧设置小型预制场。场站设施占地面积详见表 3-2。

生产、生活设施一览表　　　　**表 3-2**

序　号	设施名称	面积（m^2）	结构形式	备　注
1	现场办公室	162	活动彩板房	瓷砖地面，空调
2	监理办公室	97	活动彩板房	瓷砖地面，空调
3	会议室	42	活动彩板房	瓷砖地面，空调
4	职工宿舍	200	活动彩板房	瓷砖地面，空调
5	食堂及餐厅	85	活动彩板房	瓷砖地面
6	浴室	40	砖墙预制顶板	瓷砖地面
7	厕所	60	砖墙预制顶板	瓷砖地面
8	化粪池	12	砖墙预制顶板	
9	标准养护室	20	砖混	水泥砂浆地坪
10	水泥库	200	砖混	水泥砂浆地坪
11	材料库	100	砖混	水泥砂浆地坪
12	粒料拌合站	6000	碎石基层	部分
13	小型预制场	3000	碎石基层	C15 混凝土面层
合计		19357		（占地 29 亩）
说明	办公室、宿舍包括项目经理部及施工现场的办公用房，上述大临设施在竣工后一周内全部拆除并撤离现场。			

3.3.2　施工便道

除靠近富锦路段外，为了保证施工期间大宗材料运输、工程机械通行和工程全过程受控，根据合同要求，在路线北侧结合沿线现有长联路及各段辅道，修建一条宽度为 4m 施工便道，并确保全线贯通。路面结构拟采用 30～50cm 耕植土掺低剂量石灰，碾压形成基层＋20cm 钢渣＋5cm 毛米砂。

（1）标段起点 K22＋150～K22＋705（联杨路），修筑 555m。其中 K22＋375～K22＋536（人孔桥）段设计新修辅道 161m。

（2）K22＋705～K23＋625（长联路），该段设计新修辅道及辅道桥 775m，连接联杨路和长联路。辅道未施工完毕时，该段施工便道拟利用联杨路和长联路。辅道拟首先以K23＋480人孔桥为起点分别向西修至K23＋314西张茜泾桥3号桥台，向东修至K23＋235与长联路连接。这两段辅道修好后，从长联路李家桥东桥头向北沿西张茜泾桥边孔下修筑便道与新修辅道联通。

(3) K23＋625～K24＋800（沪太路），利用长联路。另自K23＋980汽孔桥处向北拓宽加固现有村道至长联路；自K23＋980向东修筑便道至K24＋300与现有村道相连；拓宽加固K24＋300～K24＋490现有村道；自K24＋525右侧向北拓宽加固杨家水库浜岸边小道至左侧与新修便道相连并延至长联路；自K24＋525右侧向东拓宽加固现有村中小道至沪太路。

(4) 自K24＋850右侧沪太路边向东拓宽加固村道至K25＋130（沪太桥34号台）。

(5) K25＋130～K25＋520（富锦路），修筑390m与富锦路连接。

(6) K25＋520～26＋900标段终点，利用富锦路。

3.3.3 施工用水

本标段沿线原有水系及水塘较多，其水质均能满足施工用水要求，施工时可就近取用。本工程用水拟采用就地取水，计划在沿线设置四处取水点，分别为K22＋100左侧、K22＋560右侧、K23＋300左侧和K24＋500右侧，最终位置以与当地政府水利部门协商后指定位置为准。本标段采用ϕ50mm输水管作为主供水管，计划ϕ50mm输水管长度共计1200m；至施工用水点采用ϕ32mm的供水支管，计划ϕ32mm的供水支管长1200m。用水总管从源头沿线路线性布置。现场各用水点直接供水。在隧道区管段中间设置2只ϕ50mm消火栓。分水输送管口和供水支管均采用PVC管材。

3.3.4 临时用电

(1) 临时用电布置

根据本工程需要，沿线暂定设置3个箱式变电站。计划于K22＋800左侧设400kV·A变压器、K24＋840右侧设500kV·A变压器、K25＋500右侧设400kV·A变压器供施工使用。具体接入位置与当地电力部门协商及现场接入条件确定。

工程主电线临时安装基本采用架空线，架空线杆采用木杆，长度8m，埋深1.4m。

根据现场各用电设备的布置情况，现场临时用电线路的布置大致沿线路线形布置。设置生活、照明等变电箱，并引向各用电点。

每一工区各配备一台120柴油发电机。

(2) 主要电路分布

箱式变电器尽量布置在线路中部区域。从箱式变电器向两侧各布置二路干线，采取架空线路形式。

根据计算，干线选用BV100 mm^{2}铜芯橡皮绝缘电线；零线、地线为BV50 mm^{2}铜芯橡皮绝缘电线。

3.3.5 施工通信

通信利用当地程控电话、自备电台和对讲机相配合的方法。全标段共配备座机8部(可供电脑联网)，另配备手机8部，电台3台，对讲机12部，保持全线通信畅通。项目经理部安装二台可供上网的电话或宽带，保证外界与工地的联络畅通。

3.3.6　施工的交通疏导

本标段路线跨越或交叉的道路较多，施工中交通疏导采取以下两种办法：

方法一：对于小型道路采用修建临时绕行道路解决交通问题，临时绕行道路规格与施工便道相同，将交通疏导至便道上，施工跨道口的桥梁。完成后恢复交通。

方法二：对于没有绕行条件或繁忙的交通要道，在施工时搭设门式支架代替满堂支架跨越，门架的高度和宽度按跨跃的道路标准确定；同时，安放防落网，有条件的道路可以在施工期封闭绕行。

施工中交通疏导方案报有关部门审批，取得许可证后实施，路口按要求设置限高、限速、导行、指路等交通标识，并指派专人指挥。

3.4　总体施工进度计划

3.4.1　工期目标

本标段合同工期为23个月，预计开工日期为2002年5月1日，竣工日期为2004年3月31日。保证在合同工期23个月之内完成本合同段内的全部合同工作内容。

3.4.2　工期控制点

(1) 施工准备：2002年6月15日——2002年7月15日之内完成，历时30d。

(2) 软土地基处理：2002年7月1日——2002年8月31日之内完成，历时62d。

(3) 路基填筑：2002年7月16日——2002年11月30日之内完成，历时138d。

(4) 堆载预压：2002年10月30日——2003年7月31日之内完成，历时275d。

(5) 路面底基层、基层：2003年9月1日——2004年3月20日之内完成，历时201d。

(6) 防护及排水：2003年9月1日——2004年3月20日之内完成，历时201d。

(7) 桥梁工程

1) 桥梁桩基：2002年7月16日——2002年10月31日之内完成，历时108d。第二次（桥台）施工2003年8月5日——2003年10月15日之内完成，历时72d。

2) 桥梁下部：2002年9月1日——2003年5月31日之内完成，历时273d。第二次（桥台）施工2003年8月15日——2003年11月30日之内完成，历时107d。

3) 桥梁上部：空心板梁于2002年10月16日——2003年12月31日之内完成，历时442d；现浇连续箱梁于2003年8月1日——2003年11月15日之内完成，历时107d。

4) 桥面体系及附属工程：2003年3月1日——2004年3月20日之内完成，历时385d。

(8) 现场清理及竣工验收：2004年3月1日——2004年3月31日之内完成，历时31d。

3.5　施工准备

3.5.1　施工设备配备计划

本工程共计划配置机械设备227台套，各类试验检验设备330个（套）。主要大型设备进场计划及试验检验设备进场计划见表3-3及表3-4。

投入本合同工程的主要施工机械表 **表 3-3**

机械名称	规格型号	额定功率(kW)或容量(m^3)、吨位(t)	厂牌及出厂时间	数量(台)			计划进场时间	计划退场时间
				小计	其中 拥有	其中 租赁		
路基路面施工设备								
挖掘机	PC200	95kW/1.0m^3	日本小松/2001	7	7		2002.6.15	2003.7.31
挖掘机	YW-3	0.5m^3	浙江/2000	2	2		2002.6.15	2002.11.30
推土机	D80A	135kW	日本/1994	2	2		2002.5.10	2002.11.30
推土机	T120	90kW	上海/1998	3	3		2002.5.10	2003.7.30
自卸汽车	东风	8.0t	湖北/1998	22	22		2002.6.10	2002.11.30
平地机	PY160B	110kW	天津/1996	2	2		2002.7.10	2003.7.31
光轮压路机	3Y(18-21)	18～21t	徐州/1994	3	3		2002.6.15	2003.7.31
振动压路机	YZ16B	48t	徐州/1996	4	4		2002.5.20	2002.11.30
柴油发电机	GF-75	75kW	常州/1997	2	2		2002.6.25	2002.9.20
稳定土拌合设备	WCB300	300t/h	泉州/1998	1		1	2003.7.10	2004.3.20
路拌机	WYB210B	270kW	西安华山/1999	2	2		2002.7.20	2004.3.10
旋耕机	60 型	40kW	上海/1996	6	6		2002.6.15	2002.11.30
装载机	ZL50C	3m^3	柳州/1996	2	2		2002.6.20	2003.3.10
强制式混凝土拌合机	HZQ500	25kW	福建/1997	1		1	2002.6.15	2004.3.30
砂浆搅拌机	J-200	200L	扬州/1997	4	4		2003.8.20	2004.3.30
插塑板桩机	IJB-16 型	70kW	浙江/1998	10	10		2002.5.20	2002.8.31
振动沉管桩机	DZ60	90kW	上海/1997	2	2		2002.6.20	2002.8.31
电动冲击夯	HT30	3.0kW	苏州/2002	4	4		2002.5.20	2004.3.20
桥梁施工设备								
混凝土搅拌运输车	MR45	6m^3	长沙/1998	10		4	2002.6.20	2004.3.31
混凝土输送泵	BSA1407	65m^3/h	德国/1998	4		4	2002.6.20	2004.3.31
钻孔桩机	GPS150	ϕ1.0m	上海/1996	8	8		2002.6.20	2003.11.30
走管式打桩架	JZB62	50t	浙江/1998	2	2		2002.6.20	2003.5.31
桩锤	IPD80	8.0t	日本/1995	1	1		2002.6.20	2003.5.31
桩锤	DZ60	6.0t	上海/1998	1	1		2002.6.20	2003.5.31
钢筋切割机	G-40	5cm	上海/1997	15	15		2002.6.20	2004.3.31
电焊机	DN3-75	75kVA	常州/1993	10	10		2002.6.20	2004.3.31
电焊机	DN-30	30kVA	南京/1995	15	15		2002.6.20	2004.3.31
对焊机	UN1-100	100kVA	上海/1997	2	2		2002.6.20	2004.3.31
钢筋调直机	GT4-14	5.5kW	上海/1997	6	6		2002.6.20	2004.3.31
钢筋弯曲机	GW40	3kW	上海/1997	5	5		2002.6.20	2004.3.31
柴油发电机组	GF-120	120kW	常州/1994	4	4		2002.6.20	2004.3.31
柴油发电机组	GF-75	75kW	常州/1994	2	2		2002.6.02	2003.11.15

续表

机械名称	规格型号	额定功率(kW)或容量(m^3)、吨位(t)	厂牌及出厂时间	数量(台)			计划进场时间	计划退场时间
				小计	其中			
					拥有	租赁		
架桥机	JS30m	100t	河北/2000	1	1		2002.9.20	2003.12.31
履带吊	UB162-1	50t	波兰/1994	4	4		2002.9.20	2003.12.31
汽车吊	NK700E	70t	日本/1996	2	2		2002.9.20	2003.12.31
汽车吊	JQZ-200	20t	徐州/1994	3	3		2002.6.20	2004.3.31
装载机	ZL30C	$2m^3$	柳州/1996	5	5		2002.6.20	2004.3.31
张拉千斤顶	YOW24	24t	柳州/1997	4		4	2002.9.20	2003.12.31
张拉千斤顶	YOW240	240t	柳州/1997	6		6	2002.9.20	2003.12.31
活塞式油泵	ZB0.8/630	63MPa	上海/1996	4		4	2002.10.1	2003.12.31
平板振动夯	HXD300	3.5kW	南京/1994	2	2		2002.6.20	2004.3.31
砂浆搅拌机	J-200	200L	扬州/1997	3	3		2003.8.20	2004.3.31
机动翻斗车	FC10-1	$1m^3$	重庆/1995	5	5		2003.8.20	2004.3.31
平板拖车	S29	206kW	安徽/2000	4		4	2002.11.10	2003.12.31
卷扬机	JM0.5	5t	江苏/98	4	4		2002.6.10	2004.3.31
空压机	3W-2/5	$3m^3$	江苏/98	8	8		2002.6.20	2003.12.31
共用设备								
洒水车	CGJ5100	5000L	南京/1998	5	5		2002.5.20	2004.3.31
油车	苏A5104JYCA	5000L	济南/1995	2	2		2002.5.20	2004.3.31

本合同主要的材料试验、测量、质检仪器设备配置表　　　　**表 3-4**

序号	仪器设备名称	规格型号	单位	数量	计划进场时间	计划退场时间
	土工试验仪器					
1	灌砂桶	ϕ-150	套	6	2002.5.10	2004.3.31
2	环刀	$200cm^2$	个	42	2002.5.10	2003.7.31
3	电动击实仪	DJ-DZ	台	1	2002.5.10	2003.10.31
4	土壤手动击实仪		台	1	2002.5.10	2003.10.31
5	电子天平	JJ-2000	台	2	2002.5.10	2003.10.31
6	烘箱	101-2.HG101-1	台	1	2002.5.10	2004.3.31
7	土工标准筛	0.074-10mm	套	1	2002.5.10	2004.3.31
8	塑料限仪	0～60mm	台	1	2002.5.10	2004.3.31
9	养护箱	SBY-40B	台	2	2002.5.10	2004.3.31
10	电动脱模器	LC-T30B	台	1	2002.5.10	2004.3.31
11	台秤	TGT-100	台	4	2002.5.10	2004.3.31

续表

序号	仪器设备名称	规格型号	单位	数量	计划进场时间	计划退场时间
12	反力架	LD114	套	1	2002.5.10	2004.3.31
13	土壤有机质含量测定仪	TG328A	台	1	2002.5.10	2003.10.31
14	含水量测定仪	HIKC-30	台	2	2002.5.10	2003.10.31
15	EDTA 测定仪	EDTA	台	2	2002.5.10	2003.10.31
16	CBR 试验仪＋B30	CBR-1	台	1	2002.5.10	2004.3.31
17	核子密实仪	MC-3	台	1	2002.5.10	2004.3.31
	基层、底基层					
18	路面强度试验仪	ND20	台	1	2002.5.10	2004.4.30
19	无侧限压试模	ϕ150mm	个	12	2002.5.10	2004.4.30
20	劈裂试验及附件	ϕ150mm	套	2	2002.5.10	2004.4.30
21	回弹模量试验及附件		套	1	2002.5.10	2004.4.30
22	调温调湿养护箱	YH-40B	台	1	2002.5.10	2004.4.30
	砂、石仪器					
23	磅秤	TGT-500	台	2	2002.5.10	2004.4.30
24	新标准砂筛	ϕ300	套	2	2002.5.10	2004.4.30
25	新标准石筛	ϕ300	套	2	2002.5.10	2004.4.30
26	新标准集料筛	ϕ300	套	1	2002.5.10	2004.4.30
27	视比重测定	8SJ5KG-1	台	1	2002.5.10	2004.4.30
28	摇筛机	2BSX-92A	台	1	2002.5.10	2004.4.30
29	压碎值测定模	ϕ150	台	1	2002.5.10	2004.4.30
30	针片状规准仪		台	1	2002.5.10	2004.4.30
	钢筋、水泥、混凝土					
31	万能试验机	WE-1000	台	1	2002.5.10	2004.4.30
32	抗压夹具	BE 型	套	1	2002.5.10	2004.4.30
33	负压筛析仪	EYS-150B	台	1	2002.5.10	2004.4.30
34	电动抗析机	DK2-5000	台	1	2002.5.10	2004.4.30
35	混凝土振动台	HZJ-A	台	1	2002.5.10	2004.4.30
36	强制式混凝土搅拌机	J50	台	1	2002.5.10	2004.4.30
37	净浆机	SJ-160	台	1	2002.5.10	2004.4.30
38	水泥稠度仪	CIIN-1	台	4	2002.5.10	2004.4.30
39	混凝土试模(cm)	15×15×15	组	50	2002.5.10	2004.4.30
40	砂浆试模(cm)	7.07×7.07×7.07	组	28	2002.5.10	2004.4.30
41	坍落度测定仪	100×200×13300	台	6	2002.5.10	2004.4.30
42	回弹仪	2C3-A	台	3	2002.5.10	2004.4.30

续表

序号	仪器设备名称	规格型号	单位	数量	计划进场时间	计划退场时间
43	混凝土含气量测定仪	HX-1	台	1	2002.5.10	2004.4.30
44	混凝土超声波探伤仪	CS25	台	1	2002.5.10	2004.4.30
45	混凝土压力机	TYA-2000	台	1	2002.5.10	2004.4.30
46	水泥混凝土试模(cm)	40×40×160	组	30	2002.5.10	2004.4.30
47	标准养护箱	YHB-15A	台	1	2002.5.10	2004.4.30
48	标准养护室	自制	间	1	2002.5.10	2004.4.30
49	自动喷淋装置		套	1	2002.5.10	2004.4.30
50	泥浆含砂量测定仪	ANA—1	台	2	2002.5.10	2004.4.30
51	泥浆比重计	ANB—1	台	2	2002.5.10	2004.4.30
52	泥浆失水量测量仪	ANS—1	台	1	2002.5.10	2003.10.31
53	泥浆黏度计	JND—1006	台	1	2002.5.10	2003.10.31
	测 量					
54	全站仪	DTM-530E	台	2	2002.5.10	2004.4.30
55	经纬仪	J2、J2-2	台	6	2002.5.10	2004.4.30
56	水准仪	DS200、DSZ3	台	10	2002.5.10	2004.4.30
57	水准仪	拓普康 G2	台	2	2002.5.10	2004.4.30
58	小卷尺	3～5m	把	20	2002.5.10	2004.4.30
59	钢尺	30m、50m	把	8	2002.5.10	2004.4.30
60	铝合金塔尺	5m	把	12	2002.5.10	2004.4.30
	检 测					
61	路面弯沉仪	WC 型	台	2	2002.5.10	2004.4.30
62	3m 直尺	DS3	个	2	2002.5.10	2004.4.30
63	温、湿度测定仪		个	2	2002.5.10	2004.4.30
64	粉尘监测仪	FC04J	个	1	2002.5.10	2004.4.30
65	水质检测仪	QND-48	个	1	2002.5.10	2004.4.30
66	噪声测定仪	ST120	个别	1	2002.5.10	2004.4.30

3.5.2 施工人员进场计划

根据总体力量需求，安排各专业队伍进场计划如表 3-5。

3.5.3 劳动力供应计划

按制定的劳动力需要量计划，挑选经验丰富、能吃苦耐劳的各类优秀专业施工人员参加本工程施工，对特殊及技术工种均保证持有劳动管理部门统一颁发的操作作业证及技术等级证书，对工人进行技术、安全操作规程以及消防、文明施工等方面的培训教育。劳动力进场后，项目部按专业和工种之间的合理配置、技工和普工的比例满足合理的劳动组织及符合流水作业方式的要求，组建施工班组。本工程劳动力配置计划见劳动力分月配置计划表（表 3-6）。

施工人员进场计划表 表 3-5

序号	进场队伍名称	计划进场人次	计划进场时间	运输方式	备注
1	路基施工作业队	154	2002 年 5 月 20 日	公路运输	3 个
2	构筑物施工队	28	2002 年 5 月 20 日	公路运输	1 个
3	防护排水工程队	120	2003 年 8 月 20 日	公路运输	3 个
4	桥梁桩基施工队	104	2002 年 6 月 10 日	公路运输	2 个
5	桥梁作业队	122	2006 年 2 月 15 日	公路运输	2 个
6	梁板预制作业队	86	2002 年 8 月 20 日	公路运输	外包
7	梁板安装作业队	41	2003 年 1 月 15 日	公路运输	1 个
8	水泥混凝土搅拌站	36	2002 年 6 月 15 日	公路运输	外包
9	路面作业队	61	2007 年 3 月 10 日	公路运输	1 个
	合计	752			13 个

3.5.4 主要材料供应计划

本工程的使用的主要材料为钢筋、混凝土、钢绞线、木材、钢材、片石等。根据总的工程数量及工程进度计划安排，编制主要材料分月供应计划见主要材料分月供应计划表（表 3-7）。

3.5.5 施工技术准备

（1）技术文件

项目部总工已组织项目部工程技术人员完成了对施工现场实地察看和对施工图纸的复核，并已将图纸问题汇总，书面上报给监理工程师，计划按要求对分部分项工程编制详细的施工技术方案。

（2）测量

进行交接桩和中线桩恢复工作，并增设控制点、埋设控制桩和进行原地面测量复核，测量成果已经监理工程师审核批准。

（3）试验

进行路基基底原状土和路基填料、砂、石、石灰等地材检验、钢材试验和混凝土配合比试验等试验项目，试验成果报监理工程师审核。

3.6 项目管理机构设置

为了对本工程实施有效管理，施工现场设项目经理部、项目经理全权代表我单位行使对业主的承诺，采用项目法组织施工。选派总工程师，项目经理部下设 6 部 2 室，即工程技术部、质量部、计划部、材料部、安全部、财务部和办公室、工地试验室。具体组织机构见图 3-1。

劳动力分月配置计划表 **表 3-6**

时间	2002年								2003年												2004年		
	5月	6月	7月	8月	9月	10月	11月	12月	1月	2月	3月	4月	5月	6月	7月	8月	9月	10月	11月	12月	1月	2月	3月
管理人员	34	47	47	40	40	47	47	47	47	47	47	47	47	47	47	47	47	47	47	40	40	40	36
工长	4	9	11	9	9	12	14	23	20	20	16	16	16	16	16	16	23	20	14	9	9	6	4
机械操作手	14	45	57	43	43	23	28	44	32	32	25	25	25	25	25	25	44	32	28	43	43	10	10
机械修理工	4	5	7	5	5	6	8	12	8	8	7	7	7	7	7	7	12	8	8	5	5	5	3
试验工	6	8	12	8	8	8	8	10	8	8	8	8	8	8	8	8	10	8	8	8	8	4	4
测量工	6	8	12	8	8	12	12	14	12	12	12	12	12	12	12	12	14	12	12	8	8	6	6
钢筋工	30	60	108	60	60	80	98	156	156	156	123	123	123	123	123	123	156	156	98	60	60	48	18
木工	10		22			36	42	74	68	68	52	52	42	52	52	42	74	68	42			22	10
混凝土工	8	10	40	10	10	35	41	51	61	61	48	48	46	48	48	46	51	61	41	10	10	18	8
架子工	6	8	45	8	8	63	81	141	111	111	61	67	67	61	67	67	141	111	81	8	8	32	8
电焊工	8	14	26	14	14	21	29	49	44	44	40	38	38	40	38	38	49	44	29	14	14	14	6
电工	2	7	11	7	7	6	7	9	7	7	7	7	7	7	7	7	9	7	7	7	7	5	2
起重工	4	14	26	14	14	12	18	30	24	24	20	20	20	20	20	20	30	24	18	14	14	12	2
瓦工	2	3	12			12	16	16	20	20	24	24	24	24	24	24	16	20	16			12	2
预应力张拉工								8	20	24	24	24	20	24	24	20	20	8				8	
普工	40	102	137	92	92	78	96	132	118	118	106	106	106	106	106	106	132	118	96	92	92	80	40
后勤人员	10	14	16	14	14	14	16	23	21	21	18	18	18	18	18	18	23	21	16	14	14	14	10
合计	188	354	589	332	332	465	561	839	777	781	638	642	626	638	642	626	851	765	561	332	332	336	169

分月材料供应计划表 **表 3-7**

类别 \ 时间	2002年								2003年												2004年					合计
	5月	6月	7月	8月	9月	10月	11月	12月	1月	2月	3月	4月	5月	6月	7月	8月	9月	10月	11月	12月	1月	2月	3月	4月	5月	
钢筋(t)	0	47	49	220	266	288	262	265	266	288	262	265	434	434	392	295	275	255	68	44	58	63	47	32	0	4875
钢绞线(t)					54	54	65	71	73	73	73	76	56	56	56	44	137	116	44							1048
钢材(t)		5	0	7	7	72	69	67	77	20	21	66	77	56	25	8	30	23	7	5						642
水泥 32.5 级(t)	101	613	656	1605	2207	2605	2207	1125	1125	1125	1125	2559	2461	2142	1125	1125	753	833	589	250	207	233	494	190	65	27520
水泥 42.5 级(t)				20	909	957	957	1185	1135	843	752	566	564	574	564	564	843	852	566	566	334	334	166			13251
碎石(m^3)		213	128	2478	3379	4646	5387	3733	2950	3443	2432	2455	5180	4537	3664	3733	2950	3443	1432	526	436	1298	1516	756	374	61089
中砂(m^3)			152	192	2355	4769	3241	2572	2618	2609	5674	6204	5507	3241	2572	2618	2609	2400	1017	376	311	898	1066	523	258	53782
混凝土(m^3)			264	252	1764	1864	1764	1650	2142	3189	4773	5701	5441	4884	4847	4947	3968	3916	2671	1659	544	614	2301	348	172	59675
片石(m^3)									6542	6542	6542	6542	5018				1527									32713
木材(m^3)		5	5	0	60	5	5	60	80	90	90	90	70	70	50	30	70	50	50	20	15	5	10	5		935
支座(个)												136	180	40	28	172										556

注：混凝土所用中砂、碎石、水泥数量已计入本表相应栏目中。

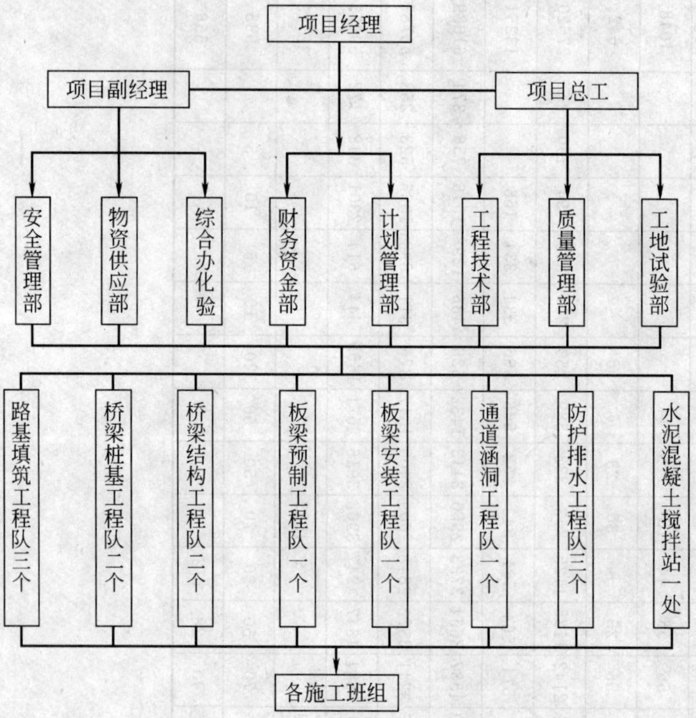

图 3-1　项目部组织管理机构框图

4　主要工程项目施工技术方案

4.1　软基处理

4.1.1　塑料排水板

由于本路段内部分地段粉细砂层较厚，塑料排水板采用履带式插板机施工，排水板采用SPB-I型数字式排水板。为保证供电，每台插板机配一台75kW的柴油发电机。砂垫层采用中粗砂填筑，其质量标准是在压实度100％条件下的渗透系数为0.006～0.06，且含泥量要小于5％。砂垫层分两次摊铺，采用推土机由一侧向另一侧整平，小型压路机碾压。

（1）主要施工程序

塑料排水板主要施工程序：原地面平整──→摊铺下层砂垫层──→测量放线──→机具就位──→塑料排水板穿靴──→插入套管──→拔出套管──→割断塑料排水板──→机具移位──→摊铺上层砂垫层。

（2）注意事项

1）施工现场堆放的塑排板盘带应加以适当覆盖，以防暴露在空气中老化。

2）插入过程中导轨应垂直，透水滤膜不应被撕破和污染。排水板底部应有可靠的锚固措施，以免拔出套管时将芯板带出而出现空打现象。

3）上拔插入杆时带出的淤泥，不得弃于砂砾垫层上，以免堵塞排水通道。

4）塑排板搭接应采用滤膜内平接的方法，芯板对扣，凹凸对齐，搭接长度不少于

20cm，然后包好滤膜，再用订板机订牢。

5）施工时应加强检查，保证板距、垂直度、板长等均符合规范要求，否则应重打。

6）对于施工段地表的硬壳（一般为 0.5～1.0m）层，当插入杆拔起后所留杆孔不能用黏土或其他材料堵塞，必须用砂砾灌满，以防堵塞排水管道，影响排水效果。

7）施工时要逐桩做好施工记录。

4.1.2 薄壁管桩

薄壁管桩采用振动沉模法施工，该施工技术是由河海大学首创，并享有施工技术和施工机械两项专利，根据业主意见该施工项目由河海大学分包施工。

施工选用的施工机械为 DJ120KS-1000-16 型振动打桩机，其技术参数如下：

外形尺寸：2400mm×1700mm×2200mm；

空载振幅：8.2mm；

激振力：630kN；

电动机功率：55kW—4P×2；

电机转速：1480r/min。

（1）施工流程

成孔器就位安装桩靴⟶沉孔过程⟶卸下沉孔器顶部法兰或夹持器后放置钢筋笼（如设计有）⟶灌注已配备好的混凝土⟶振拔成孔器⟶成桩过程完毕⟶移至下一桩位重复以上工序。

（2）桩尖制作

桩尖的制作质量应符合下列规定：

1）桩尖的表面应平整、密实，掉角的深度不应超过 20mm，且局部蜂窝和掉角的缺损总面积不得超过该桩尖表面全部面积的 1%，并不得过分集中。

2）桩尖内外面圆度偏差不得大于桩尖直径的 1%，桩尖上端内外支承面平整度不超过 10mm（最高与最低之差）。

3）预制桩尖上应标明编号、制作日期。

（3）成孔器的技术要求

1）成孔器的内外钢管质量要求是优质锰钢制成，钢管壁厚不得小于 12mm（内管）及 14mm（外管）。

2）成孔器在打入前，应在成孔器的外管的侧面或桩架上设置标尺。

3）成孔器直径：外径以成孔器的外钢管的外壁尺寸为准，外钢管的圆度需达到±0.5%；内径以成孔器的内钢管的内壁尺寸为准，内钢管的圆度与外钢管圆度的精度要求相同。外钢管的外径值减去内钢管的内径值的差值为筒桩的实际壁厚，公式为：

$$\Delta t = t_1 - t_2$$

式中 Δt——筒桩的设计壁厚；

t_1——外钢管的外径值；

t_2——内钢管的外径值。

4）成孔器的安装是筒桩施工的关键性工序，安装上端法兰或缩压夹持器时，需控制底部套筒的环形空隙，即壁厚的均匀性，要求精确测试内、外套管间的环隙，达到精度要求（偏差小于 5mm）后，才能固定上端法兰或缩压夹持器。

(4) 相关施工工艺

1) 止水止漏泥技术

筒桩成孔器的内腔在沉孔后至少是在少水少泥的状态下才能进行混凝土灌注，以保证筒桩桩身混凝土的质量要求。若止水止漏泥技术未实施，在地下水发达地带施工，筒桩的中、下部混凝土易产生离析。开挖后，混凝土薄壁易坍塌。如宁杭高速公路五标桥桩施工时，采用筒桩护壁，人工开挖灌注混凝土，试桩时未考虑止水技术，结果成桩以后，经开挖在15m处出现护壁坍塌，坍塌处混凝土严重离析。现场分析原因后，第二次试桩采用麻布止水，成孔开挖后，护壁光滑，未见塌孔现象。

沉管前，在沉管下端与预制桩尖接触处，应垫置止水材料，如止水编织袋、麻布、棉布、止水胶带等，但埋设时要仔细，确保接触处全部充满止水材料。

2) 成孔器内腔间距固定方法及其工艺要求

成孔器内腔间距即是筒桩壁厚，是保证筒桩质量的关键技术，如果疏忽内腔间距的严格要求，就会出现筒桩壁厚不对称，直接影响工程质量。成孔器安装是筒桩施工关键性工艺，安装上端法兰或缩压夹持器时需控制底部套筒的环形空隙壁厚的均匀性，要求精确测试内、外套管间的环隙，达到精度要求（偏差小于5mm）后，才能固定上端法兰或缩压夹持器。套管底部内、外套管需设置固定装置，以确保内、外套管间距符合要求。

3) 沉孔垂直度的控制及其测量方法

沉孔前需进行垂直度的测量，垂直度按0.5%控制。位置正确与否，可用经纬仪校测。为保证成孔器垂直度，成孔器下沉速度稍慢，防止成孔器倾斜，激振力刚开始选择不宜过大。

4) 筒桩施工常见病害处理工艺

A. 严重偏斜的原因及其处理：产生严重偏斜是桩基机架未水平及沉孔器垂直度未控制好或初始激振力过大。处理方法：重新调整桩基机架至水平，已沉孔的沉管提起，重新调整沉孔器垂直度；再次沉管，缓慢沉孔，激振力均匀加大。

B. 沉孔困难的原因及处理：沉孔困难的原因分两种情况，①沉管已将沉到持力层而产生下沉困难。可能是地质条件发生变化，可以通过现场地质勘察或根据最后的贯入度来判断是否终孔。②沉孔困难发生在沉孔过程中，离设计标高有较大差距。主要原因是沉孔器桩尖遇到障碍物，如遇漂石或木头等障碍物。处理方法：移位避开或冲击冲掉。筒桩如遇沉孔困难时，严禁强行激振，否则会震坏桩尖，严重时将沉孔器挤扁，发生变形，造成沉孔器损坏。

C. 混凝土卡孔的原因及处理：造成混凝土卡孔的主要原因在灌注过程中发生断电或混凝土坍落度过小。处理方法：断电情况下需将沉孔器连同混凝土一起拔出空振或拆除内、外套管。防止措施：施工时需备发电机，其次需加大混凝土坍落度和和易性，需经常测试浇筑混凝土的坍落度。

D. 灌注混凝土时桩顶大量冒浆的原因及处理：灌注混凝土时桩顶大量冒浆的原因是空腔内有水。处理方法：每次灌注前，需测试空腔内是否有水；如有水，需抽干水以后再进行灌注。

E. 振动时时限与混凝土离析的关系：当混凝土长时间振动，极易导致混凝土离析。根据经验，当沉管内灌满混凝土时，振动时限控制在10min内较为合适，严禁振动时限超过 20min。

F. 筒桩壁缺陷的补救措施：经检测以后，发现筒桩桩身存在比较严重的缺陷，就需采取及时补救措施。具体方法：开挖筒内土，直至缺陷部位，并将缺陷部位凿除，重新灌注高标号混凝土，若缺陷严重，整个筒桩灌注混凝土，成为实心桩即可。

4.1.3 变形观测

软土地段从路基开始填筑直至路面施工前，应对路基沉降与水平位移进行连续观测，以控制加荷速率，防止地基变形过大而失稳。

(1) 监测断面布置。软土地段监测断面纵向间距为 200m，桥头处第一块沉降板距桥台背 10m 处开始，对桥头高填土地段（包括非软土地段、桥头）监测断面间距为 20m。

(2) 沉降板埋设。在路基中央分隔带及两侧土路肩边缘埋设沉降板。深层沉降板在浜底清淤，回填完第一层钢渣，再回填填浜材料两层后局部开挖填滨材料至钢渣层后埋设，浅层沉降板在抛高土施工前埋设。沉降板测管每填筑两层（40cm）增接一段，接管数量根据高度确定。

(3) 沉降速率控制。路堤填筑过程中进行沉降和稳定观测；当接近或达到极限填土高度时，严格控制填土速率，以免由于加载过快而造成地基破坏。主要控制要点如下：

1) 路基填筑过程观测。每填筑完一层路基土观测一次，控制标准为：路基中心线地面沉降速率每昼夜不大于 1.0cm；坡脚水平位移速率每昼夜不大于 0.5cm。观测结果应结合沉降和位移发展趋势进行综合分析，其填筑速率应以水平位移控制为主；如超过此限，应立即停止填筑。

2) 预压期观测。第一个月观测频率为每周一次，第二、三个月每半月一次，第四个月起为每月一次，直至预压期结束。

3) 沉降标志在路基施工过程中应妥善保护。每次观测后两日内将观测记录送监理工程师，以便控制路基填土速率，掌握和调整施工进度计划。

4.1.4 河浜回填

采用筑草包坝围堰，草包坝应高出水面不低于 50cm，抽干坝内水后，采用挖掘机清淤至原状土，并将淤泥运输到弃置场。

在河浜底开挖纵横沟槽（30cm×30cm），间距 5m 左右，沟槽内回填砾石砂，河浜两端设集水井，深约 1m。派专人用泵抽水，河浜回填砾石砂后，集水井用片石材料压实；同时，在砾石砂的顶面和河床坡面，铺设不小于 400g/m^2 的土工布，土工布搭接宽度为 50cm，河浜上部边上预留 1m 的包裹边宽度。摊铺二灰及碾压，粉煤灰及石灰的质量比为 95∶5，采用厂拌方法，分层摊铺碾压，摊铺前通过轻型击实试验确定粉煤灰和混合料的最佳含水量及最大干密度，摊铺保证浜内无积水。

4.2 路基填筑工程

4.2.1 路基施工方法概述

路基土方填筑施工，由 3 个路基施工队分段组织施工，采用挖掘机挖土装车、自卸车运输、推土机推平和平地机摊铺整平、压路机碾压的流水作业施工方法。在每个施工点设置四个作业区，即：上土区（150～200m）、摊铺区、碾压区、检查区，进行循环作业。

4.2.2 施工前期准备

(1) 测量放样。测量人员复测设计提供的导线点、水准点及控制桩，建立测量控制网，对路基、涵洞的设计中线进行定位测量。

(2) 临时排水。修筑截水沟和排水沟，并与当地排水系统结合。

(3) 临时工程。做好临时便道、便桥等的临时工程的修筑工作。

(4) 路基填料选择。对路基填料进行土工试验并报验。

(5) 场地清理。对路基范围内的树木、灌木丛等进行砍伐，掘除根系，集中堆放。将施工区内的草皮、耕植土、垃圾及有机物残渣用推土机进行清理，集中堆放至指定地点。

(6) 试验段选择。采用选定的填料做不小于100m的试验路段，结果报批。

4.2.3 土方路基回填

(1) 路基填筑碾压。主要采用推土机推平、压路机碾压的施工方法。待填料摊铺整平以后，其含水量要在最佳含水量±2%内再进行碾压。碾压时，首先用12～15t三轮压路机静压两遍，经平地机平整后，再用18～21t光轮压路机或振动压路机碾压6～8遍。压实顺序由路肩向路中碾压，曲线段由内侧向外侧纵向进退式进行。压路机的行驶速度，前2遍按1.5～1.8km/h进行控制，后3～4遍按2.0～2.5km/h进行控制。

(2) 压实度检测。对于土方路基，拟采用环刀法和核子湿度密度仪等设备进行路基压实度检测，现场检测频率为每间隔20m检测一处，每处测左、中、右三个点。每层填筑压实自检合格，经监理工程师检验认可后，才可进行下一道工序。

4.2.4 构造物台背回填

构造物与路基结合部是压实质量不宜控制的关键部位；若处理不好，易造成跳车现象，所以，在构造物两侧的路基回填必须注意以下问题：

1) 台背回填必须在梁板安装完成后进行。

2) 回填时要在构筑物两侧同步进行，并对称分层夯填。每层回填厚度控制在15cm。压实度要求不小于95%，对于机械作业不到的地方，拟采用人工摊铺整平、手扶振动碾夯压。

4.2.5 路基整形及交工验收

当路基填筑到最后一层时，采用人工配合平地机对路基进行修整；然后，进行最终压实，使路基的各检测项目均控制在设计和规范允许范围之内，并具有满意的外观。同时，组织有关人员整理报验资料，对各检测项目经自检合格后，报请监理工程师对路基土方填筑工程进行验收。

4.2.6 粉煤灰路基填筑

(1) 施工特征

粉煤灰路堤是利用电厂的废料粉煤灰作为路堤填料，粉煤灰干燥后具有松散、无黏性的特点，填筑路堤时要严格控制含水量，并与路肩包边土协调施工。

(2) 主要施工方法

1) 表土清理。清除填方范围内的草皮，树根，淤泥，积水，并翻松、平整、压实，经监理工程师检查认可，实测填前标高后进行粉煤灰填筑路基。

2) 填料选择。选择符合质量要求的粉煤灰和土，提前做好标准击实试验，并报监理工程师批准。

3）下基层准备。在平整压实的地基上，准确放出粉煤灰填筑线和包边土填筑线，以及排水沟的具体位置。在施工前做好排水系统的施工并保证排水沟不被路基填料和施工机械破坏，保持粉煤灰路堤的排水畅通。

4）分层填筑。按照设计要求水平分层填筑施工法进行土质护坡和粉煤灰路堤填筑施工。要求配合紧密，包边土宽度和填筑粉煤灰宽度准确，包边土配合人工整修。粉煤灰用装载机和自卸汽车运到施工路段，采用推土机、平地机摊铺，并在路堤中心和路堤边缘设置松铺厚度控制桩，控制摊铺厚度。当分成不同作业段填筑时，先填地段应按 1：1 坡度分层留台阶，使每一压实层相互交叠衔接，搭接长度不小于 150cm，以保证相邻作业段接头范围的压实度。

5）确定松铺系数。粉煤灰的松铺系数应通过试验确定。无实测资料时，可按下列数值选用并在施工中调整。松铺系数大致为：人工摊铺：1.5～1.7；推土机摊铺：1.2～1.3；平地机摊铺：1.1～1.2。

6）含水量调整。粉煤灰的含水量首先在灰场调整后再运到工地直接摊铺辗压，以达到提高工效的目的。已摊铺的粉煤灰因故造成过湿或过干，应晾晒或喷洒水分，调整含水量，以达到最佳含水量。加水量可按下式计算：

$$Q=[LBH\rho_{LW}/(1+0.1W_0)]\times 0.01(W_1-W_0)$$

式中 Q——所需加水量（kg）；

L——路段长度（m）；

B——路段宽度（m）；

H——松铺厚度（m）；

ρ_{LW}——松铺湿密度（kg/m^3）；

W_1——粉煤灰原始含水量（%）；

W_0——粉煤灰要求达到的含水量（%）。

7）压实厚度。压实厚度应根据压实机械种类和压实功能的大小而定，事前要进行试压试验。一般 20～30t 的中型振动压路机，每层压实厚度不大于 20cm，中型振动单足碾或 40～50t 的重型振动压路机，每层压实厚度不得大于 30cm。

8）平整碾压。粉煤灰辗压，应遵循先轻后重原则。即粉煤灰摊铺后及时进行碾压，做到当天摊铺，当天压实完毕，以防水分蒸发而影响压实效果。碾压时必须使粉煤灰处于最佳含水量范围内。对人工摊铺的灰层宜先用推土机或 8～12t 轻型压路机静压 1～2 遍，稳定后，再用 20t 以上振动压路机碾压 3～4 遍。振动压路机碾压后，再静压 1～2 遍。压路机碾压轮迹相互搭接。后轮必须超过两段的接缝。

9）压实度检测。碾压完毕后，按照设计要求及有关试验规程，及时进行压实度检验，符合规定要求后方可继续填筑上层。

10）交通管制。对做好的粉煤灰堤要进行洒水保湿养护，限制施工车辆行驶。晴天洒水润湿，防止表层干燥松散；雨天及时排水，以免影响上层铺筑。当长时间不能继续施工时，应进行表层覆土封闭处理并碾压密实，做好路拱横坡，以利表面排水。铺筑上层时，应控制卸料汽车的行驶方向和速度。不得在下层灰面上调头、高速行驶、急刹车等，以免造成压实层松散。

(3) 质量检验及检测标准

检查项目及检验方法和频率见表4-1。

粉煤灰路堤检查项目　　表4-1

项次	检查项目	规定值或允许偏差	检验方法和频率
1	纵断高程(mm)	+10,−15	水准仪:每200m测4点
2	中线偏位(mm)	≤50	经纬仪:每200m测2点(弯道加测ZY、YZ两点)
3	宽度(mm)	不小于设计值	米尺:每200m测4处
4	平整度(mm)	≤15	3m直尺:每200m测4处×3尺
5	横坡度(%)	±0.5	水准仪:每200m测4个断面
6	压实度(%)	符合设计要求	环刀法、灌砂法、核子仪法:每200m每层测4处
7	弯沉值(mm)	不大于设计计算值	弯沉仪:单向每车道50m测1点(或根据要求决定)
8	回弹模量(MPa)	不低于设计规定值	承载板法:每500m路中心测1点

4.3 路面基层、底基层施工

根据招标文件和设计要求，本工程路面结构设计：底基层采用20cm厚的6%石灰土，基层采用二灰碎石，厚度均为40cm。为保证施工质量和减少粉尘对环境的污染，石灰土底基层，拟采用集中拌合与路拌的施工方法；二灰碎石采用粒料拌合站拌合，摊铺机摊铺的施工方法。

4.3.1　*石灰土底基层*

(1) 石灰土底基层试验段

在正式填筑之前，要选择具有代表性的路段作为试验段，本方案考虑做150m试验段。经试验段测算出各项技术指标后，方可组织大范围的石灰土底基层填筑施工。

(2) 主要施工方法及施工程序

根据招标文件要求，石灰土底基层摊铺施工主要采用路拌的施工方法，其施工程序为：

施工准备→施工放样→下承层处理→石灰土摊铺(集中拌合后)→推土机、平地机整平→路拌机拌合→平地机整形→碾压养生→质量检测→交工验收。

(3) 施工要点及有关技术要求

1) 施工准备。施工前及时按照材料供应计划及质量要求购进石灰，按规定频率进行质量检测，并出具书面试验结果，完成混合料配合比试验设计。

2) 施工放样。对已交验的路基段先恢复路基中线与面层边线，并在边线外侧0.3m处设指示桩，经水准测量在其上标出二灰土的设计标高。

3) 集中拌合。为了更好地保证施工质量和减少粉尘对环境的污染，在取土坑内进行灰土集中拌合，首先，根据取土数量和石灰掺入比例计算出石灰总量，将总量石灰采用装载机配合人工均匀摊铺在取土坑的范围内；然后，采用挖掘机连土带灰一起开挖并堆放在一侧，形成料堆，再利用挖掘机和装载机翻拌至灰土基本均匀。在运输至施工地段后，通过摊铺及整平，达到进一步完善拌合的目的。

4) 摊石灰土。在准备好的下承层上用石灰打出方格网，根据方格网卸下石灰土，并用平地机摊铺均匀。经确认石灰的掺入量与其在混合料中的比例相符后，即可进入下道工序；若灰剂量不足，应按需要量补充摊铺石灰。

5）拌合整型。在石灰土摊铺好，并经检查厚度合格后，用稳定土拌合机拌合2遍，拌合时应随时检查和调整拌合深度，严禁在底部留有“素土”夹层，也防止过多破坏下承层表面而影响混合料的剂量及底部的压实；同时，应及时检查含水量，使含水量略大于最佳含水量1%～2%。若含水量不足时，应用洒水车均匀洒水补充水分，拌合机应紧跟洒水车拌合，防止水分散失。拌合过程中，应辅以人工捡出超尺寸大块颗粒。拌合混合料应色泽一致，没有灰条、灰团和花面，没有集料窝，且水分均匀合适。拌合完后，在水准测量的配合下，用平地机初步整平，然后用光轮压路机快速碾压1遍，以暴露潜在的不平整，接着再用平地机仔细整平，并留出设计路拱和纵坡；整型时，若发现高程偏低贴补时，则应先将其表面5cm耙松，用新拌的混合料找补平整。整型后，混合料的松铺厚度按照试验段得出的松铺系数进行控制。

6）碾压、养护。在混合料处于最佳含水量时碾压，若不足可洒水补充。碾压时，先用光轮压路机稳压1遍，再用重型压路机振压3～4遍，然后用三轮压路机静压2～3遍。检查其密实度，确定是否需通压，最后用轮胎压路机碾压成型。碾压结束第二天即可开始洒水养护，洒水量以保持面湿润为度，养护期为7d，期间除洒水车外应封闭交通。若下层碾压后能立即施工上层，则不需专门养护期。

7）接缝和调头处处理。两工作段搭接部分，采用对接形式，一段拌合后，留末端5m不碾压。第二天施工时，将前一段留下未压部分一起拌合碾压。拌合机和其他机械应尽量避免在压成型的灰土上调头；否则，需在调头区铺盖一层10cm厚的砂砾，以防损坏灰土表面。

4.3.2 *二灰碎石基层施工*

(1) 二灰碎石基层试验段。在正式施工前，要选择具有代表性的路段作为试验段，本方案考虑做150～200m试验段。经试验段测算出各项技术指标后，方可组织大范围的二灰碎石基层填筑施工。通过试验段需要确定以下技术指标：

1）确定二灰碎石的含水量、干密度、最大干密度、最佳含水量、施工配合比等各项技术指标。

2）确定二灰碎石最佳松铺厚度、松铺系数。

3）确定机械的最佳合理配置。

4）确定压路机的最大行驶速度和最佳压实遍数。

5）确定从二灰碎石从开始摊铺到报验所需的时间。

(2) 施工准备。做好石灰、粉煤灰、碎石及混合料基础试验，同时进行施工放样，放设中线、边线，高程控制采用挂线法，即每隔5m测放定位并订立一根挂线桩，然后用水准仪测量调整所挂钢丝导线高程。

(3) 混合料拌合。各集料均按规定的配比进行料仓装料，材料用量以各料仓电机转速控制，拌合期间，料仓上应有专人用钢钎不停地捅料，以免料仓下口堵塞，造成缺料、拌合不均，出料口成品料堆处应有装载机或挖掘机随时转运成品料，以免料堆过高而产生大料离析。在任何情况下，拌合的混合料都应均匀、含水量适当且无粗细颗粒离析现象。拌成混合料的堆放时间不宜超过24h，最长不得超过48h。

（4）运输及摊铺。混合料采用10～15t自卸汽车运输，运料车向摊铺机倒料时，车辆应停正，尽量与摊铺机行走方向一致，倒车应平稳。避免猛烈撞击摊铺机而影响平整度。测量人员随时随时检查摊铺的高程及横坡，并反馈给摊铺机司机进行调整，熨平板后派人紧随，及时处理集料窝、集料带。在摊铺机后面设专人消除粗细集料离析现象，特别要铲除局部粗集料"窝"，并用新拌混合料填补；如局部低洼，可采用翻松、添加新鲜混合料重新碾压，严禁用贴补的方法进行找平。

（5）碾压及养护。碾压应在最佳含水量时遵循先轻后重的原则进行碾压，并压至要求的压实度。碾压时先用光轮压路机初压1遍，再用振动压路机小振1遍，大振2～3遍，然后用光轮静压2～3遍，最后用轮胎压路机碾压成型，碾压结束标志是表面平整、光滑、无明显轮迹；同时，密实度检测合格，碾压过程中应根据水分蒸发情况，及时均匀洒水，保持表面湿润，防止碾压"起皮"。碾压结束后，视表面情况，于第二天或第三天开始洒水养护，养护期间始终保持表面湿润。养护期一般为7d，养护期间除水车外应封闭交通。当分层施工下层完成后能立即进行上层施工时，则不需专门的养护期。

（6）接缝和调头处处理。摊铺原则上在两结构物间为一施工段，这时可将摊铺起点和终点与结构物搭板重叠0.5～1.0m，并做成缓坡式，以便于压路机碾压，如两结构物间段落过长，则在段落中间留接缝，此处不碾压。施工下一段时，如间隔时间不长，可直接摊铺。碾压时洒一些水；如间隔时间过长，在下一段施工时应将松散部分清除，直至碾压密实；然后，再进行摊铺，纵向接缝间横缝一样处理。施工机械应避免在碾压成型的二灰碎石上调头；如无法避免时，则应在表面铺盖一层砂垫层。

4.3.3　质量控制与检验

（1）混合料配料应准确，含水量要适宜。施工前应事先做一试验段，以确定混合料的施工配合比、拌合遍数及松铺系数、碾压遍数及合理的施工作业段长度。

（2）严格控制含水量，以防起皮、弹簧土或裂缝。

（3）避免在冬期施工；否则，碾压结束后应加铺10～15cm厚毛米砂养护，以防冻结。

4.4　桥梁工程施工

4.4.1　工程概述

上海北环高速公路8标段桥梁设置，主要有上跨沪太路主线桥、上跨获泾河主线桥、上跨西张茜泾河主线桥、沪太互通立交E匝道箱梁桥和3座人孔桥、2座汽孔桥、1座辅道桥，共10座桥梁（不含2座跨线桥）。其中，沪太路主线桥起止桩号为K24＋446.53－K25＋129.47，共34跨，基础及下部结构设计为PHC预制管桩、钻孔灌注桩，A、B、C型三种承台和A、B、C型三种柱式墩及A、B、C型三种盖梁；上部结构设计为18～22m预应力混凝土空心板梁。获泾河主线桥基础及下部结构设计为PHC预制管桩、柱式墩台，上部结构设计为6跨18～22m预应力空心板梁。西张茜泾河主线桥，基础及下部结构设计为PHC管桩、柱式墩台，上部结构设计为3跨13m预应力空心板梁。人孔桥和汽孔桥基础及下部结构为450mm×450mm预制方桩，轻型桥台，上部结构为8m长钢筋混凝土空心板，油毛毡垫层支座。

4.4.2 主要施工方法

(1) 桩基工程施工

根据设计说明，本工程桩基采用PHC高强度预应力管桩，直径为ϕ600mm，桩长40～53m。总桩数为722根；预制方桩450mm×450mm，总桩数为150根，总长4923m，采用锤击沉桩的施工方法。为了保证PHC管桩制作质量，PHC高强度预应力管桩由业主指定厂家定购成品桩。其主要施工程序及施工方法如下。

1) 管桩施工

A. 主要施工程序：桩位测量放线⟶组织机械进场安装⟶桩机就位调试⟶起吊下节桩、喂桩⟶校正桩身垂直度⟶沉下节桩⟶起吊中节桩、喂桩⟶校正桩身垂直度⟶接桩⟶沉中节桩⟶起吊上节桩、喂桩⟶校正桩身垂直度⟶接桩⟶沉上节桩⟶送桩至设计标高⟶桩机移位。

B. 施工工艺及施工要点

a. 测量放线定位。根据甲方提供的坐标控制放设样桩，样桩放设好后，经甲方、监理验收合格后方可进行下道工序施工，所以，样桩在施工过程中要定期校核。

b. 桩机就位、调平。根据所放样桩使桩机就位，并调整好桩机水平度和机身垂直度。

c. 吊桩、喂桩。根据桩长，采用合适的吊点将下节桩吊起，并用吊车辅助配合喂桩，令其垂直对准桩位，插入土中使桩锤、桩帽与桩三者处于同一轴线上。

d. 调整桩身垂直度。喂桩后，使用2台经纬仪从正面、侧面调整桩身垂直度。垂直度偏差按不大于0.5%控制。

e. 沉桩。桩身垂直度调整好后开始沉桩，开始锤击时采用“冷锤”或重锤轻击，待桩入土一定深度后再按正常落距沉桩。

f. 接桩。接桩采用钢板焊接，焊接前端板坡口上的浮锈应清除干净，表面呈金属光泽，坡口槽应分层焊接，焊缝应连续、饱满。上下节桩之间的间隙要用楔形钢板填实焊牢。在同一墩、台中，每根桩相邻接头位置应错开1m以上，同一水平面内的接头数不得多于桩基总数的1/2，最上节桩的接桩位置要大于10m（即上节桩的接桩长度要大于10m)。焊接接桩完毕后，方可沉中节桩、上节桩。

g. 送桩。当上节桩桩顶距地表50cm时，用一专用送桩器送桩，送桩时要使送桩器中心线与桩中心线一致。送桩至设计标高后，拔出送桩器。

h. 桩机移位。一根桩施工完毕后，移机到下一桩位。

C. 成桩质量控制

a. 对进场的PHC管桩要定专人进行检查验收。外观上要求：局部粘皮、麻面累计面积不大于10cm^2；桩身含缝处漏浆深度不大于10mm，长度不大于200mm，累计长度不大于桩身长度的8%；不得有露筋、裂缝等。尺寸要求：长度偏差±0.3%L（L为桩长，下同)，端部倾斜<0.5%D（D为桩外径)，外径偏差±2mm，壁厚偏差+20mm～-2mm，弯曲矢高$\leqslant L/1000$等。桩身混凝土强度达到100%方可起吊运输。

b. 打桩时，桩帽内要垫不小于5cm厚度的木垫或纸垫，在打桩过程中要经常更换。

c. 开始锤击时，采用“冷锤”或“重锤轻击”，待入土一定深度后，再按正常落距打桩。

d. 垂直度要用两台经纬仪从正面及侧面校核，偏差<0.5%，特别是第一节桩的垂直

度要保证。

e. 电焊接桩，焊缝要连续饱满，上下节桩之间间隙要有楔形钢板填实焊牢。接桩时，桩的纵向弯曲矢高不得大于每节桩长的0.2%。

f. 在打桩过程中，如出现贯入度突变或桩身突然倾斜，要立即停止打桩，会同有关部门及时处理，确保成桩质量。

g. 停锤控制原则：以桩尖标高控制为主、贯入度控制为辅，双控。

h. 认真做好施工记录，保证记录真实、可靠。

D. 技术安全措施

a. 打桩场地要求平整，有一定的承载能力能够承受打桩机的压力。

b. 所有的施工机械、电器设备和线路必须符合有关规程和要求、经验收合格后方可使用，并配备专人看护。

c. 沉桩过程中严禁偏心锤击，发现后应立即停锤制定整改措施。

d. 打桩过程中严禁任何人进入施工范围内。

e. 教育职工必须遵守安全规章制度和操作规程，正确使用安全防护装置和防护设施。严禁违章指挥和违章作业。

f. 由于打桩产生的振动及挤土效应会对周边建筑和地下管线产生影响，施工时，要根据甲方提供的总平面图及地下管线图在施工现场对建筑物及地下管线进行标识，对可能产生影响的地点及时采取防护措施，在施工地点与建筑物及地下管线之间开挖防振沟，并合理安排打桩顺序，由专人对建筑及地下管线进行监测。

g. 当风速超过15m/s时，应停止作业并将桩锤下到最低位置，当风速超过30m/s，应将导杆放倒。

2）方桩施工

本合同段小桥基础均采用450mm×450mmC35混凝土预制方桩，间距采用3000mm，共计150根，总长4923m，桩长为31.5m、34.5m，分两节进行预制，对桩长31.5m方桩采用两节，长各为16.5m和15.0m；对桩长34.5m方桩采用两节，长各为16.5m和18.0m。分节进行预制。

根据现场实际情况，本合同段内所有方桩采用现场集中预制、平板汽车运输至桥位、吊车喂桩、筒式柴油锤沉桩的施工方法，由于预制方桩沉桩工艺与预制管桩基本相同，本节不再赘述。

施工时注意以下几点：

A. 施工机具的选择

考虑到本工程桩长、规格、地质条件、单桩承载力等因素，拟采用冲击质量为6.2～8.0t筒式柴油锤两台，桩架选用TUS72履带式打桩架2台，并配备50t的履带吊车主机两台。

B. 总体施工顺序

桩位测量放线⟶组织机械进场安装⟶桩机就位调试⟶起吊下节桩、喂桩⟶插桩⟶校正桩身垂直度⟶沉下节桩⟶起吊上节桩、喂桩⟶校正桩身垂直度⟶接桩⟶沉上节桩⟶送桩至设计标高⟶桩机移位。

C. 打桩施工方法

a. 桩的起吊、运输：由于桩长最长单节为18.0m，故采用两点起吊法。吊点距本节桩端 0.207L。混凝土预制桩达设计强度的 70%方可起吊，达到 100%才能沉桩施工。

b. 打桩：打桩前，场地应平整以满足打桩机械所需地面承载力要求。打桩时，将桩起吊就位后，使其垂直对准桩位中心，用两台经纬仪在正交方向校核，使桩帽、桩锤、桩轴线三者在同一轴线上，方可正式沉桩，并跟踪监测，做好每根桩的沉桩记录。打桩的深度以桩端的设计标高及打桩的最后贯入度两方面进行控制；如打不下去，或桩端达到设计标高而最后贯入度大于规定的数量，应立即停锤，并通知监理单位协商处置。

3）钻孔灌注桩施工

本标段桥梁钻孔灌注桩基础桩径设计为 ϕ1.0m，桩长 47m。根据其工程地质条件，我局在施工中拟采用 GPS-150 矿山钻机进行组织施工。

钻孔灌注桩的主要施工程序为：场地准备⟶护筒埋设⟶钻孔⟶清孔⟶成孔验收⟶下钢筋笼⟶放设导管⟶水下混凝土浇筑⟶破桩头⟶成桩检验。

其主要工艺及施工要点如下：

A. 场地准备。根据施工现场条件及施工需要，首先做好施工场地平整及障碍物清除，并根据现场条件局部软弱地段可进行夯实或换土夯填处理，以满足桩机施工需要。其中，还包括泥浆池开挖及泥浆排放地点布置等。

B. 护筒埋设。护筒采用钢护筒，挖掘埋设。护筒的直径比桩径大 30cm，护筒顶高比地面高 30～50cm，先将护筒坑底部整平，采用十字放线法准确将护筒定位，使护筒中心与桩中心重合，分层对称采用黏土夯填筒边空隙，护筒埋设深度为 1.50m。

C. 钻机就位。钻机可采用自移动就位和吊车移动就位等方式，就位时仔细将钻杆中心和护筒中心对中，并调节钻架平台水平，保证钻孔孔位。钻孔施工顺序：对于群桩，采用对角线顺序间隔施工，对于距离较近的桩位，采取跳打的施工顺序。

D. 泥浆及泥浆池、沉淀池设置。钻孔使用的泥浆采用黏土造浆，黏土采用购入的膨润土或符合要求的黏土。施工中，根据钻孔的需要及时备好造浆用黏土。造浆采用造浆机拌合，形成泥浆，然后流入储浆池。设一个沉淀池和储浆池，储浆池大小为 20m^3；为保证泥浆不四处流溢，沉淀池应满足钻孔要求，施工中不断进行清理。

E. 钻孔。各项准备工作就绪后，即可开机钻孔。钻孔时根据地质情况调整转速，并随时记录钻进和各种施工情况；若遇到异常问题，应及时采取相应措施。

F. 钻孔达到设计标高后即可清孔。清孔采用泵吸反循环方式进行，把钻头抬高 20cm 转动，将砂石泵调节成反循环状态，吸泥泵吸出孔底沉渣；同时，及时向孔内补充合格的泥浆。清孔时，应注意泥浆密度和孔内水头，保证孔壁稳定。

G. 下钢筋笼。钢筋在加工场分节制作、安装，现场下放。在钢筋笼每节两端钢筋加劲环。钢筋笼下放过程中应保持垂直下放，准确焊接，为防止钢筋笼上浮，钢筋笼就位后用 4 根钢筋将主筋固定在工作架上。钢筋笼保护层采用“U”形钢筋制作，并按要求焊在主筋上。

H. 安放导管。水下混凝土采用 ϕ300mm 刚性导管浇筑，使用前进行必要的水密性等试验，满足要求后采用，导管上部采用漏斗，导管底以距孔底 30cm 为宜。导管可采用钻架作为提升设备。

I. 水下混凝土浇筑。水下混凝土浇筑采用泵送。导管初次埋深应大于 1.0m，漏斗中及混凝土泵供应混凝土必须保证初灌的混凝土数量。浇筑时连续进行，当导管内混凝土不满时，徐徐注入混凝土。随时检查孔内混凝土位置，保证导管埋深在2～6m内。由于泵送浇筑较快，施工前应进行灌注速度试验；同时，尽可能缩短拆除导管的时间。混凝土灌注的顶面标高在桩顶标高预加80～100cm，此部分混凝土在桩强度达到后破桩头凿除。对于个别的桩基，也可采用钻机配料斗自行灌注混凝土。混凝土浇筑时，要及时做好施工记录，施工完毕后，移走钻机，施工中应注意环境保护，井孔溢出的泥浆应引入沉淀池内。

J. 对达到强度的桩进行开挖桩头，人工破桩头，按要求进行桩基检测试验，合格后进入下一步工序施工。

成桩检验及质量检验标准，严格按施工技术规范及质量检验评定标准执行。

(2) 承台施工

本标段承台有两种形式，混凝土强度等级为C30。因形式多样，在放样和绑扎钢筋时严格参照相应图纸，以防相互混淆。根据现场条件，承台基本采用打钢板桩围护。少量承台因处在路边的空地上，可以采用大开挖挖土。

主要施工程序：

定位复核⟶挖土⟶垫层⟶绑扎桩头锚固筋及承台钢筋绑扎⟶模板安装⟶混凝土浇捣⟶立柱预埋插筋⟶养护⟶拆模⟶回填土。

(3) 墩柱施工

桥梁立柱设计为清水混凝土，要保证清水混凝土的表面质量，保证其表面平整、光滑、无缺、无接槎、色泽一致，是墩柱施工的一个重点。主要采用定型钢模板和钢管支撑施工方法。

1) 主要施工程序

轴线放样⟶搭脚手架⟶绑扎立柱钢筋⟶模板安装⟶混凝土浇筑⟶养护⟶拆模⟶养护。

2) 施工工艺及施工要点

A. 钢筋施工

a. 钢筋绑扎前必须把立柱台接触面浮浆和松动石子凿除，露出混凝土中粗骨料，用水冲洗干净；同时，把承台面立柱预留筋刷干净。

b. 部分立柱较高必须分次到位，所以需竖向连接的主筋，除按规范要求错开接头外，为保证竖向筋顺直，竖向主筋的连接采用压力熔渣焊或挤压套筒连接的新工艺，确保连接质量。

c. 为防止钢筋骨架变形，箍筋除按图纸绑扎外，间隔1.5m左右与主筋点焊搭接。

d. 钢筋布置就位后，按规定进行验收；发现不符合要求及时整改，并填写自检单。

B. 模板制作安装

a. 模板制作

本标段墩柱模板采用拼装整体式定型钢模板，模板材料为5mm厚钢板机床压制而成，确保其平整度在0.5mm范围内。外侧加劲肋采用14号槽钢纵横布置，以保证混凝土在浇筑过程中不变形。

b. 模板安装

墩柱钢筋制作完成之后，采用20t汽车吊对已拼装成型的立柱钢模进行安装。每块钢模与钢模的拼缝之间垫上5mm厚的双面海绵胶纸，以防漏浆。钢模在地面拼装完毕后，涂好脱模剂；然后，用吊车将钢模板整体吊装到正确的位置，进行垂直度调整；同时，采用10t液压式手动千斤顶局部顶升模板，顶升之后用楔型钢板垫入，以上两个步骤重复进行的同时，用两台经纬仪成90°进行垂直度观察，直到垂直度均符合标准。用钢丝绳为缆风绳，在立柱四面固定于地锚，通过花篮螺丝调紧钢丝绳稳定钢模。地锚采用ϕ48mm钢管入土1m，必须坚固、稳定；同时，在承台内预埋ϕ25mm钢筋，以用作固定墩柱模板平面位置。

由于本标段的部分立柱高度较高，故这些特殊立柱施工采用分段浇筑，模板的分节视立柱的高度分类而定。

墩柱钢模板拼装、安装的允许偏差：平面尺寸：±5mm；立面夹角：±2度；垂直高度：±5mm；拼缝宽度：≤2mm。

c. 模板拆除

墩柱模板拆除时要求其混凝土强度达到设计及规范要求后，进行拆除。为保证清水混凝土质量，拆模时要求不得强行拉、撬模板，以防损伤清水混凝土表面光洁。拆下的模板由专业人员保养，清除表面混凝土斑，用砂皮修整模板平面，确保模板正常周转使用。暂时不用的模板应堆放整齐，并按要求支点位置搁置楞木，避免模板翘曲。

C. 混凝土施工

立柱混凝土采用现场拌制混凝土，由混凝土运输车水平运输至浇筑位置进行浇筑。

a. 混凝土浇捣前，对模板拼缝进行特别检查，并做好新老混凝土接浆。

b. 浇混凝土时，设置串筒等装置垂直向下送料。考虑立柱高度较高，浇筑混凝土时人员进入立柱操作。送料及振捣分层进行，分层厚度30cm左右。插入式振动器按有效直径60cm分布，同步施工，浇筑一层，提升一层，振捣上层时插入下层5～10cm，操作上要求快插慢拔，尽量避免碰撞钢筋模板。混凝土需振捣到停止下沉、无显著气泡上升、表面平整一致、呈现薄层水泥浆为止。

c. 立柱拆模后，立柱外包覆塑料薄膜，以达到保温、保湿养护的目的。

d. 为确保立柱清水混凝土的色差基本一致，要求做好混凝土的材料选用和计量工作。

（4）盖梁施工

经过技术经济论证，本项目确定采用抱箍法施工。

1）主要施工程序

安设抱箍⟶安放工字钢⟶铺设底模⟶焊接骨架钢筋⟶绑扎构造筋⟶立侧模⟶混凝土浇筑⟶养护⟶拆模⟶养护。

2）抱箍法简述

A. 抱箍方案：拟采用12mm的钢板加工抱箍，抱箍的高度和使用高强螺栓的数量应经过受力计算决定，通过抱箍与立拄的摩阻力来支撑施工盖梁的所有荷载。

B. 盖梁梁底支架采用在抱箍牛腿上架设两根工字钢，在工字钢上架设木方或槽钢来承接盖梁底模传递来的所有荷载。

C. 盖梁抱箍法施工时，考虑到与立柱的摩阻力应加垫硬橡胶皮，摩阻力系数取钢材与橡胶、橡胶与混凝土的综合系数。为保护立柱不被橡胶上色，影响外观质量，橡胶与混凝土之间需加设一层粗棉布。

D. 抱箍法施工的盖梁底模板完成后应进行等载预压，进行观测沉降并确定调整参数。安装好的盖梁支架加载试压，加载重量不小于盖梁的自重，加载时间以不少于3d为宜，并进行沉降变形观测，等卸载后根据沉降观测数据，对抱箍摩阻力和底模标高进行确认。

3）施工工艺及施工要点

A. 抱箍的安装：在立柱上标示抱箍安装高程线，然后在柱根部将抱箍预安装，再用人工或吊车吊升到安装高度，拧紧高强螺栓。高强螺栓要用力矩扳手紧固，并达到设计力矩，安放工字钢横梁。

B. 模板施工。盖梁模板采用塑胶板配制，板厚 18mm，立模板时，由专人用灰浆堵塞接缝处的不密处缝隙，防止漏浆。为保证混凝土表面光洁，模板内侧表面打蜡磨光。模板采用 ϕ12mm 对拉螺栓，上下三排，横向间隔 0.6m。盖梁侧模拆除在盖梁混凝土强度达到 15MPa 左右，底模及支撑拆除在盖梁混凝土强度达到 100%设计强度后进行。

C. 盖梁钢筋制作及绑扎。盖梁钢筋绑扎顺序：底板布筋弹线⟶钢管脚手架⟶搭设骨架靠架⟶放箍筋、底板分布筋⟶骨架安放与钢管靠架临时固定⟶安放箍筋⟶骨架固定⟶骨架正面分布筋绑扎⟶骨架侧面分布筋绑扎⟶支座网片筋⟶钢筋绑扎完毕校正。

立柱中避雷筋按规范与主筋连接好，并涂以红漆，做好标记。

钢筋骨架制作就近进行，制作场地应平整且硬，便于钢筋加工及起重机的吊运安装。骨架成型吊装时，因本身长度较长，自身刚度较差，起吊时容易变形，因此，采用铁扁担四点垂直吊。对骨架局部易变形处设临时支杆。起吊时，骨架两端各拉一根缆风绳，以防骨架在空中转动，影响就位。

D. 混凝土施工。盖梁浇筑所需混凝土在搅拌站集中搅拌，采用混凝土运输车运至浇筑地点进行浇筑。为加快施工进度和保证质量优良，混凝土中拟掺入适量优质、高效的减水剂。

盖梁混凝土下料时，由两端向中间立柱部位分片连续施工。浇筑时分层进行，采用插入式振捣，专人负责，混凝土入模后应及时振捣，防止漏振。

浇筑过程中，专人负责检查模板、钢管支架等部位的状况，一旦发现漏浆、模板变形、钢筋走位等问题，立即予以处理；同时，在混凝土浇捣时，由测量员随时观察排架沉降情况，观察到混凝土浇捣结束后 4h，并做好观察记录。在观察过程中如发现沉降异常，应暂停浇捣混凝土，采取必要措施后再继续进行浇捣。

（5）板梁预制与安装

1）前期准备

根据总体施工部署，为了确保预应力空心板梁的施工质量，本工程所用预应力空心板梁均在业主或监理同意的专业生产厂家预制。制作前，会同业主或监理工程师对生产厂家提出技术要求，并检查其质保体系的建立和运行情况。在预制期间，对生产厂家进行不定期的抽查。

梁板架设前，对已完工的盖梁标高、跨距、支座的尺寸、平面位置等进行复测，确保板梁安装时的顺利实施。

2）板梁运输

板梁运输采用专用运输车辆，运输车上要安放大型钢托架及一定的锚固措施，保证运输中的稳定，防止在运输过程中板梁倾覆。

板梁在车辆上的摆设方向，应考虑方便现场吊装及实际架设要求。

3）板梁安装

本标段板梁安装，沪太路主线桥和荻泾河主线桥，主要采用双导梁架桥机和70t履带吊配合进行板梁安装；其他人孔桥、汽孔桥的桥梁的板梁安装采用50t汽车吊进行吊装。

(6) 连续箱梁施工

本工程钢筋混凝土连续箱梁桥，主要是互通区E匝道桥，根据本工程桥梁结构特点主要采用以下施工方法组织施工。

对于混凝土连续箱梁施工，拟采用逐孔搭架、逐孔现浇的施工方法，即由一端向另一端推进。并在互通区设立混凝土搅拌站及钢筋加工厂，负责所有匝道桥的混凝土及钢筋供应。

其主要施工程序：支架搭设⟶底模安装⟶支架预压⟶钢筋骨架、底板制作及钢筋绑扎⟶底板及腹板混凝土浇筑⟶顶板钢筋绑扎⟶顶板混凝土浇筑⟶养生⟶落架。主要施工方法及施工要点如下：

1）支架搭设

支架采用碗扣式钢管满堂搭设。首先用推土机推除地面草皮、杂物及表土，用振动压路机压实整平，铺设15cm厚碎石垫层并夯实，在其上支架立管下铺30cm×30cm×20cm混凝土垫块或15cm×15cm木方，然后搭设满堂钢管支架，钢管顶部设HQ602B顶托，以调节支架高度，达到设计要求。

2）箱梁模板制作安装及支架预压

A. 箱梁模板分底模、侧模及内模三部分制作。为保证混凝土外观光滑美观，底模及侧模采用大块竹胶板。内模采用组合钢模和木模，竖向用木方作支撑，模板分段组合安装。模板接缝处嵌入聚酯膜条，以防漏浆。箱梁模板按设计坐标现场放大样制作，确保曲线线型流畅、圆滑。底模安装前在墩顶弹出支座位置，按设计要求安装好临时支座，支座安装必须水平。箱梁底模铺设时，根据设计要求设预拱度，中跨为2cm，边跨为：(边跨径÷中跨径)×2cm。

B. 支架预压。箱梁底模及侧模安装后，采用砂袋进行加载预压，以减少支架非弹性变形，预压重量为上部结构总重的1.2倍，持荷时间为7d，定时定点观测支架沉降量变化并记录，待沉降稳定后卸载。卸载前后需对支架进行连续观测。观测完毕后，根据观测记录，计算支架非弹性变形量和弹性变形量及弹性变形恢复值和恢复时间；最后，根据计算结果，通过支架上部顶托，调整支架标高至符合设计要求。

3）钢筋、骨架制作与绑扎

卸载后对箱梁断面尺寸、高程、轴线位置及坐标进行全面检查、复核，经监理工程师验收合格后，安装箱梁钢筋。箱梁钢筋骨架在加工厂分段制作，汽车吊配自制“铁扁担”吊钩吊装就位。钢筋骨架制作时，在工作平台上事先放样，并预留预拱度，焊接时从每片中部开始向两端跳焊；同时，注意先焊骨架下部，后焊上部，焊接长度符合规范及设计要求。钢筋安装时数量、位置、下料长度符合图纸要求。为保证保护层厚度，在钢筋和模板之间错开放置同强度等级的砂浆混凝土垫块，钢筋骨架侧面混凝土垫块与钢筋绑扎牢固。

4）现浇箱梁混凝土

A. 箱梁混凝土采用逐孔现浇的方法。每孔箱梁拟分二次进行浇筑，第一次先浇箱梁的底板、腹板到翼板的承托底部，第二次浇顶板及翼缘板。第二次浇筑前，应对接缝处

（腹板顶）凿毛冲洗干净，并浇筑一层1cm厚1∶2水泥砂浆，然后进行第二次浇筑。浇筑混凝土采用搅拌站集中生产混凝土，采用混凝土输送泵及混凝土运输车运输。

B. 底板和顶板浇筑时由一端向另一端一层推进，采用平板式振捣器配合插入式振捣器振捣；腹板则水平分层，纵向分段，逐段逐层依次向前推进，分层厚度为30cm，分段长度为4～6m，采用插入式振捣器振捣。第一次浇筑时，腹板必须在底板混凝土初凝前浇筑，上层混凝土必须在下层混凝土初凝前浇筑。第一次底板及腹板混凝土浇筑完毕、腹板模板拆除后，开始安装箱室顶模及绑扎顶板及翼板钢筋和顶板混凝土浇筑。顶板混凝土浇筑完后，将箱梁顶面及时整平、收浆并拉毛。

C. 为保证箱梁内模拆卸，每孔箱梁浇筑时，在顶板靠近墩位处预留下人孔，待内模拆除后采用挂模法二次浇筑封闭，同时注意焊好接头钢筋。

5）养护

浇筑完成后及时进行养护，养护期间混凝土保持湿润，高温季节加强覆盖、洒水养护。

6）落架

待箱梁混凝土达到规定的强度后方可落架，落架按全孔多点、对称、缓慢、均匀的原则进行，从跨中向支点处拆卸。

（7）桥面系工程施工

桥面及附属设施工程包括：排水设施、伸缩装置、梁间接缝、桥面铺装、防撞护拦、沥青混凝土铺装、预埋接电箱、嵌入式灯盒及灯柱预埋铁板等。桥面排水设施由桥面的进水口、泄水管以及将桥面水引向地面排水系统的管道等组成，其质量应保证排水通畅，接口严密、不漏水。桥面伸缩装置施工质量的好坏，直接影响其耐久性、平整性和不透水性，宜根据不同类型伸缩装置的技术要求，编制技术交底卡，严格按技术要求，确保施工质量。各种预埋件应结合工程进展，按设计要求及时设置。

1）桥面混凝土铺装

A. 施工前认真复测梁板架设后的桥面标高。

B. 测放桥面铺装控制点，并连接作为桥面施工的标高控制线，控制点的间距根据直线及不同半径的曲线合理选择。

C. 对桥面进行清理。采用高压水泵对桥面进行冲洗，冲洗后清除桥面上可能存有的积水。

D. 钢筋施工的基本要求按照前面有关部分的要求。

E. 在布置钢筋网片时，应注意钢筋的间距和钢筋绑扎是否牢固。

F. 布置固定防撞墙模板用的预埋钢筋。

G. 桥面混凝土采用现场集中搅拌混凝土。

H. 混凝土运输采用机动翻斗车负责水平运输，垂直运输采用吊车起吊吊斗至工作面。

I. 按规范严格控制混凝土坍落度，一般为4～6cm，石料粒径采用15～25mm，不掺外加剂。

J. 混凝土振捣采用插入式与平板式振动机结合使用，采用滚动整平桥面。重视桥面平整度的要求，混凝土平整度达到3mm的标准。

K. 混凝土浇筑完毕及收水后，进行拉毛和养护。

L. 混凝土灌注时搭设走道支架，支架架空但不搁置在桥面钢筋上。

2）防撞护栏施工

防撞护拦是桥面上重要组成部分，其混凝土质量的外观标准高，且因防撞墙部分表面为弧形，故施工要求更高。

A. 首先，测设防撞墙的轴线和标高点，标高点的间距根据曲线半径做适当布置。

B. 防撞墙支撑形式采用在边梁侧边位置预埋螺帽，用螺栓固定预制的外挑三角架，在三角架上搭设施工脚手并支外模。

C. 因梁板钢筋与防撞墙钢筋进行电焊搭接，电焊工作量较大，要求电焊工必须持证上岗，确保钢筋搭接电焊接质量，钢筋绑扎完毕，经监理验收，签字后方可进行下道工序。

D. 防撞板为清水混凝土，外观质量要求高，所以模板和支撑对混凝土的外观质量至关重要。本标段防撞墙采用定型钢模板，模板加工要求尺寸准确，拼缝严密，防止漏浆。内模板搁置在做好的板梁或 T 梁面上，外模搁置在三角支架排架上，内模和外模的下口采用穿墙螺栓连接，上口采用杆件连接。

E. 混凝土采用现场集中搅拌，机动翻斗车水平运输，吊车垂直运输浇捣。

F. 混凝土坍落度控制在 4～6cm，石料粒径采用 15～25mm。略掺外加剂。

G. 混凝土分层浇筑，第一层浇筑至圆弧线略下一点，在第二层混凝土浇筑前必须进行混凝土复振，尽可能驱赶掉积留在圆弧斜板处的气泡。

H. 由于防撞墙内预埋件较多，要防止混凝土漏振、出现蜂窝。

I. 派专人负责防撞墙模板的观察，如有跑模和漏浆现象，及时采取必须的补救措施。

J. 混凝土浇筑结束后，及时组织养护，防止混凝土表面产生收缩裂缝。

K. 防撞墙混凝土质量检验标准（允许偏差）：断面尺寸±5mm；顶面高程±5mm；预埋件位置 5mm。

3）桥面伸缩缝施工

A. 施工步骤

a. 混凝土盖梁内预埋钢筋。

b. 缝内用泡沫塑料或软木嵌填。用黄砂填到钢混凝土铺装面高度。

c. 摊铺沥青混凝土，包括设缝处。

d. 安装伸缩缝，将缝面端沥青切除，清除预留槽内的黄砂。

e. 最后安装钢缝，浇混凝土，满足产品要求。

B. 施工要求

a. 安装伸缩缝所用的预埋件及钢板上的预留孔洞，其位置必须准确，应采用样板定位。

b. 伸缩缝由专业队伍承担施工，前道工序提供施工条件的好坏，将直接影响到伸缩缝的施工质量及使用效果，所以，在桥梁结构施工中要做到：安装伸缩缝装置的二孔梁之间的伸缩缝宽度应符合设计要求，梁体施工时严格控制长度，尺寸不得出现正误差，并适当考虑施工的气温调整尺寸。现浇部分、埋缝材料的厚度等于伸缩缝宽度，并根据伸缩缝长度事先断料，不用零料、不规则料，拼缝用密封材料密封，确保伸缩缝净宽，缝内无浆水。

c. 安装伸缩缝的梁面标高符合设计要求。

d. 预制部分梁面控制的关键在于支座标高面和梁高尺寸的严格控制，现浇部分的标高控制按常规设置。

e. 预埋件的定位用样板，标高用水准仪控制。

4.5　防护与排水工程

4.5.1　路基防护

本工程路基均为填方路基，为防止水流冲刷，特采取以下防护措施：

(1) 土路肩及边坡上部 50cm 范围内设置植草砖，植草砖规格为 400mm×200mm×60mm 的透水砖，其抗压强度不小于 25.0MPa，其抗折强度不小于 3.5MPa。

(2) 一般路堤边坡采用植草边坡，在原状土含水量较高地段，可先铺 30cm 砾石砂后再填素土，可根据现场实际情况确定。低路堤植草砖铺至坡角。

(3) 高填土桥头 20～40m 范围边坡采用全铺面浆砌片石或拱形，浆砌块石护坡浆砌块石采用 MU10，每隔 12.5m（10m）设置 2cm 宽沉降缝，并以沥青木条填塞；拱形护坡浆砌块石采用 MU10，混凝土预制条采用 C25，拱肋部分采用 5cm×30cm×50cm 长方形混凝土预制块，拱圈部分采用半圆半径为 125cm 的弧形预制块，每隔 12.5m（10m）设置 2cm 宽沉降缝，并以沥青木条填塞。

4.5.2　路基排水

路基排水主要通过在路基坡角外设置纵向排水沟，将路基范围内的表面水汇集于排水沟内并引至附近的天然河浜，排水边沟采用厚度为 4cm 钢筋水泥混凝土预制板，底板尺寸长 54cm，宽 50cm，侧板尺寸长宽均为 50cm。

5　工程质量保证措施

5.1　保证质量的组织措施

(1) 质量管理体系

为加强工程质量管理，本单位成立以总工程师为主的三级质量管理体系。第一级质量管理体系主要由各班组负责人以及班组质检员组成，负责本班组在施工过程中的质量监督、检查及控制。第二级质量管理体系由项目经理以及工地质量员组成，全面负责本工地各班组在施工过程中的质量控制和质量资料的收集。第三级质量管理体系是以单位总工程师以及质检科长为主要领导，对工程的主要工序和重点工序制定技术、质量控制方案，定期对工程质量进行检查、评比，从而保证优质工程。

(2) 建立健全质量保证体系

项目经理部成立质量管理领导小组，项目经理任质量管理领导小组组长，总工程师任副组长。项目经理部设专职质量检查工程师，队、班设专职质量检查员，各级质量管理干部和质检人员坚持跟班作业，及时发现存在的问题。定期召开质量分析会议，研究制定改进措施，虚心倾听建设、设计、监理工程师的意见并及时改正，进一步推动和改进质量管理工作。

(3) 提高全员质量意识

工程开工前将针对工程特点，由项目总工程师负责组织有关部门及人员编写本项目的质量意识教育计划。通过教育提高各类管理人员与施工人员的质量意识，并贯穿到实际工作中去，以确保项目创优计划的顺利实现。

(4) 加强对劳务分包的培训

项目对劳务分包班组长及主要施工人员，按不同专业进行技术、工艺、质量综合培训，未经培训或培训不合格的劳务分包队伍不允许进场施工。项目将责成劳务分包建立责任制，并将项目的质量保证体系贯彻落实到各自施工质量管理中，并督促其对各项工作落实。

(5) 对材料供应商的选择和物资的进场管理

项目建立合格材料分供方的档案库，并对其进行考核评价，从中定出信誉最好的材料分供方，并报业主审批。

(6) 严格按施工组织设计和方案施工

每个方案的实施都要通过方案提出⟶讨论⟶编制⟶审核⟶修改⟶定稿⟶交底⟶实施几个步骤进行。方案一旦确定就不得随意更改，并组织项目有关人员及劳务分包负责人进行方案书面交底，严格实施。

5.2 保证质量的技术措施

(1) 建立设备精良齐全的工地试验室

为了确保工程质量，在开工前，首先根据工程需要，建立能满足各项试验要求的工地试验室，选派技术熟练的人员，组成高水平的试验队伍，装备精良、齐全的试验仪器，在有关专家的指导下，做好各项试验工作。试验人员必须持证上岗，试验仪器必须经由国家有关部门标定认可。

(2) 按照设计和施工技术要求，做好各项试验和测试工作

进场后，在开工前，首先对场区的不同土壤进行详细的调查和取样，在此基础上，做好各项试验和测试工作。

(3) 采用新技术、新设备

本工程采用较新型的反循环冲击成孔设备、SEJ1300 全站仪、德国 KETBOOM352E 全自动液压台车及 TSP 超前预报仪等能很好的改善工程质量。

(4) 重视测量工作

组建高水平的测量队伍，配备先进的测量仪器，从位置、高程和几何尺寸上确保工程质量的控制，做好以下工作：

1) 选派技术水平高操作熟练的技术人员组成项目经理部和施工队两级高水平的测量队伍。

2) 装配先进的测量仪器。项目部装配全站仪、精密水准仪等先进的测量仪器，以便充分地保证测量精度。

3) 做好测量的档案工作，测量时认真做好记录，所有施工测量记录和计算成果均按工程项目分类装订成册，并附必要的文字说明。

5.3　施工质量管理制度

(1) 实行样板先行制度

分项工程开工前，由项目经理部的责任工程师，根据专项施工方案、技术交底及现行的国家规范、标准，组织劳务分包单位进行样板分项施工，确认符合设计与规范要求后方可进行施工。

(2) 执行检查验收制度

分项工程完工后采取“自检、互检、交接检”制度，合格后方可报验。

(3) 实行周例会制度

建立周质量例会制度、质量会诊制度、质量讲评制度，对出现的质量问题及时进行整改。

(4) 挂牌制度

采取技术交底挂牌、施工部位挂牌、操作管理制度挂牌、半成品、成品挂牌制度等制度，保证质量措施到位。

(5) 图纸会审，设计交底制度

组织有关人员认真学习图纸领会设计意图，并将图纸中的疑点与问题汇总后，与业主、设计、监理联系，约定设计交底日期。

(6) 设计变更、技术核定制度

设计方要求修改图纸时，应予以积极配合。设计变更通知及时归档。

在施工时，发现图纸有错误时，及时将信息反馈给业主、设计单位。技术核定单经设计、业主、监理、施工单位四方签字盖章后生效，并及时归档。

(7) 施工组织设计编制、审批、执行制度

编制施工组织设计经单位总工程师审核后送交监理工程师审核、业主审批，作为指导现场施工的依据。

实际施工中严格按照编制的施工组织设计执行，不得擅自修改，若必须进行技术调整，必须重新编制修改方案审批，程序同上。

(8) 分项工程技术复核，隐蔽工程验收制度

技术复核应在施工组织设计中编制技术复核计划，明确复核内容、部位、复核人员及复核方法。技术复合的主要内容见表5-1。

技术复核的主要内容　　表5-1

分部分项	技术复核的主要内容
主线桥	测量定位的轴线、标高
基础	土质、位置、尺寸、标高、桩位及桩标高
模板	尺寸、标高、预埋件规格及预留孔位置
橡胶支座	轴线位置、标高、规格

技术复核结果应填写《分部分项工程技术复核记录》作为技术资料归档。凡分项工程的施工结果被后道施工所覆盖，均应进行隐藏工程验收，隐蔽验收的结果必须填写在《隐蔽工程验收记录》内，作为资料保存。其主要内容见表5-2。

隐蔽工程验收内容 表 5-2

分部分项	检查验收内容
钢筋工程	规格、数量、位置、形状、间距、接头形式、位置、尺寸，埋件数量、位置、规格及代用情况
排水工程	泛水坡度、管道接口施工、管道坞膀等
防水工程	用料、措施、质量情况
其他	完工后无法进行检查的工程，重要结构部位和有特殊要求隐蔽工程

(9) 混凝土级配、试块操作及试压制度

在浇捣混凝土前，必须根据图纸填写混凝土级配申请表，填写级配比例，由项目工程师审核后，送交有关部门。在混凝土浇捣过程中，应根据规范进行混凝土坍落度测试和试块的制作及养护。

混凝土强度以 28d 强度为准，等 28d 龄期到达后（标准养护），应及时进行试压，并取报告。

(10) 材料抽检、复试制度

回填、钢筋焊接、混凝土试块等材料必须由监理见证取样后送有关部门进行复试，数量必须符合规范规定。

材料复试报告必须及时整理归档。

(11) 使用商品混凝土必须具备的资料

1) 商品混凝土交易凭证；

2) 商品混凝土供应记录；

3) 商品混凝土质量证明书；

4) 商品混凝土生产许可证。

(12) 工程技术资料管理制度

在施工过程中及时收集的原始记录和资料，按建设工程有关规定，制定各类分册统一表格填写汇总。

每天记录好施工时发生的工作量、人工、机械使用、施工部分、材料设备进出场、质量问题、产生原因及天气情况等内容。

竣工前到有关部门咨询并及时请档案专职人员对竣工资料进行检查。

在工程竣工后，根据工程特点、性质要进行施工总结。总结内容包括：使用新工艺、特殊材料、新的施工方法的采用情况以及施工过程中的经验与教训，都应写在施工总结中。

6 项目安全保证措施

6.1 安全保证体系

根据国家颁发的“建设工程安全管理条例”，我单位将建立健全以项目经理为首的施工安全保证体系，并在项目经理部设立安全管理领导小组和安全保卫部门。项目经理任安全管理领导小组组长，成员由各工程队主要领导组成；并在项目部和各施工队设置专职安全员，共同负责本工程的施工安全管理工作。各工程处、施工队设专职安全员 1～2 名，施工班组设兼职安全员 1 名，一般由施工组长担任。

安全保证体系如图 6-1 所示。

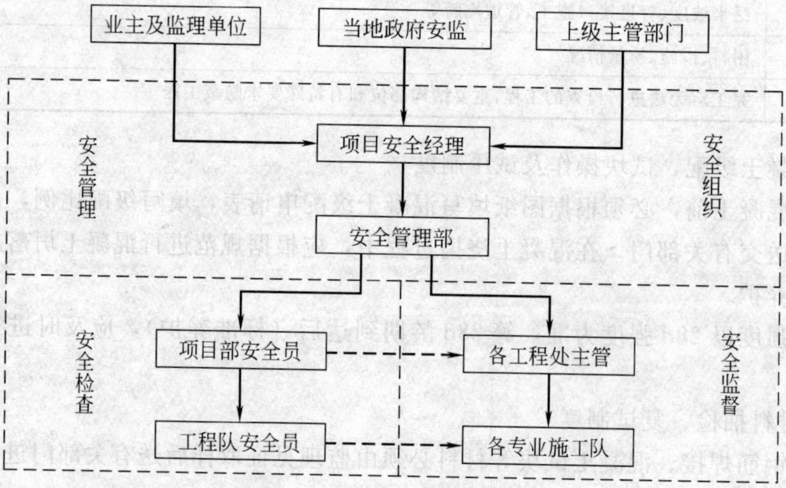

图 6-1　安全保证体系框图

6.2　安全管理制度

(1) 各级管理部门，必须建立健全各项管理制度和安全管理台账，实施安全管理责任制。各级安全管理人员必须通过安全培训合格后持证上岗。下一级安全管理人员，必须在上一级安全管理部门的领导下积极开展工作。

(2) 各级管理人员和施工人员必须严格按照《公路工程安全施工技术规程》和当地政府有关安全管理的法规条例，科学、合理地组织施工，实施科学管理。

(3) 特殊部位或重点工程，如桥梁支架、结构吊装、大件运输等项目施工，在施工前必须制订较详细的施工技术方案和安全技术措施，经上级主管部门和监理审批同意后，方可组织实施。

(4) 项目经理部安全管理部门，开工前主动与当地治安管理部门和项目指挥部取得联系，认真调查、了解当地的民风、民俗和进场道路的交通情况，确保施工人员和施工机械设备安全。

(5) 认真做好进场施工人员的法纪宣传教育，并积极组织开展安全月和安全竞赛活动，不断提高所有施工人员的安全意识。

(6) 加强对重点施工地段和重要施工机具的安全巡逻、保卫工作，经当地公安部门同意批准，在施工现场设立安全联防值班室，并建立安全值班制度。

(7) 积极配合当地政府、公安部门和工程指挥部的治安管理工作，坚决服从当地政府、公安部门和工程指挥部的安全检查、监督和指导，积极创建一个安全、文明的施工现场。

(8) 施工前积极建立应急预案和积极响应体系，制度和完善各级组织措施，确保能够积极完善处理好各类突发事件。

6.3 地下管线保护措施

为了保证施工期间的各种地下管线的安全，各施工队必须派专人负责管线保护工作，并实施层层管线交底制度，执行“三卡一单，双监护”的办法，加强对施工作业工人的教育，提高管线的保护意识，确保管线安全。

(1) 施工前准备工作

摸清地下管线分布情况，根据初步掌握的情况，绘制管线平面图，与管线单位联系，进一步了解完善管线资料，校核管线位置、走向、性质。

及时与各管线单位签订保护协议，办理管线监护交底等有关手续。

分阶段召开管线配合会，通报管线保护情况和施工作业情况，协调管线施工配合，确认施工保护措施。

由于管线复杂，可能所提供的管线位置尺寸与实际情况有出入，施工时必须对所有墩台位置事先组织人员开洞，确认管线的正确位置、性质、走向和管径。

(2) 管线保护措施

1) 工程施工中，请管线单位派人定期监测，本标段对管线保护的原则为“一般性质的软管离承台边线净距为 0.8～1.0m 以外，一般性质的硬管离承台基坑边 0.5m 以外”。

2) 对一般性质的软管保护，宜采用常规手段，桩基施工前，挖开管线或开挖管线探测沟槽，使之暴露。桩基施工时视桩基结构形式及管线距离情况，做相应的保护措施。对于打桩，管线距承台 3000mm 以内的管线采用开设防振沟槽，使桩基打设时产生的挤压力不直接传递到地下管线，桩打设时离地下管线较近的一排首先进行打设，然后逐渐向外打设，以减少累计挤压量。对承台开挖前，打设钢板桩围护，采用支撑技术，使之不产生位移。打设钢板桩之前需探明附近管线位置及钢板桩位置是否存在管线。对一般性质的硬管保护，首先区分其性质，向管线单位审定沉降范围。对离承台净距离较小的硬管，使其暴露，打入钢板桩。在桩基施工和承台施工时，进行跟踪监测，使管线的位移在规定的范围内。

3) 对穿越基坑的管线，采用吊空的保护方法。施工前应与管线单位联系确定管线的性质。针对重要管线必须采取有效措施，加强观测，及时汇报。如管线承台，需联系设计等有关部门，采用落低承台等措施。

4) 对围护结构的拔除，如贴近地下管线，应采取边拔除边下灌砂石填充料，并注意间隔跳的方式振动拔除围护结构的措施。

5) 原有地下管线两侧净距各 1m 范围内所形成的两平行线之间的区域为保护区。

6) 施工过程中发现管线有异常现象或管位有差异，对地下管线的安全和维修产生影响时应立即停止施工；同时，与相关管线单位联系，落实保护管线的安全措施后方可连续施工。

7) 施工中发现不明管线应及时报告业主，并会同相关管线单位专业人员实地鉴定，确定相关施工方法和处理办法，不准擅自处理。

8) 原管线拆除后留下的孔洞，用素土回填，并对地基进行加固处理。

9) 由于现浇箱梁施工大跨度支架，基础承受压力较大，对地下管线有一定的影响。在支架搭设前，探明支撑位置附近的管线，适当调整支撑位置。

10) 对于暂未搬拆的高压线，周围采用竹排架进行限位。

施工时应按有关规定制定一系列有针对性、切实可行的保护措施，确保施工区域内管线安全。

7　工期保证措施

7.1　进度计划设定控制点

为保证总计划的实现，我们在总体网络计划中设置了关键工期控制点：如桩基完成日期、承台完成日期、桥台完成日期、桥墩完成日期、盖梁完成日期、板梁完成日期、桥面铺装完成日期。该控制点是施工阶段性目标，是编制各专业进度计划的依据。

7.2　做好开工前的准备工作

（1）接到中标通知书后，我们立即与业主和设计、监理单位进行联系，尽快取得场地坐标控制点的布置图和位置，为进场测量定位做好准备。充分了解设计意图，尽快组织图纸会审，优化施工组织设计，为开工做好准备。

（2）制定详细的施工准备工作计划，尽快做好现场平面规划，布设水电管线，搭设临时生产、生活设施，使其尽早具备开工条件。

7.3　优化施工方案

（1）充分熟悉本标段工程的设计图纸，对拟定的施工组织设计、施工方案及方法进行认真的分析比较，以主体结构为重点，桩基施工、预应力施工、梁墩清水混凝土施工为难点，进行施工组织优化。

（2）根据各分项工程的特点，采取相应的措施提高主体工程的施工进度，如混凝土施工掺高效早强减水剂，提高混凝土的早期强度，缩短结构施工周期；墩台采用定型钢模、支撑用碗扣式满堂脚手架早期拆模体系等。

（3）合理地加大投入，提高机械化作业程度，充分满足工程所需的人、财、物要求。

7.4　做好各项资源的供应

（1）按照施工组织设计的要求，根据施工进度计划中各个阶段控制点的要求，编制劳动力进场计划、材料进场计划、机械设备进场计划、资金使用计划，以保证各种资源能够满足施工需要。

（2）物资材料按计划明确的数量、规格和时间进场，保证现场库存。

（3）施工人员进场前进行严格的施工安全培训和技术考核。

（4）进场前对所有机械设备进行维护、保养和试运转等工作，保证所有机械设备进场后能够正常投入使用。

7.5　加强项目管理

（1）强化项目法管理，推行项目法施工，实行项目经理负责制，设立能协调各方面关系的调度指挥机构，确保施工进度。

（2）利用计算机实行全面计划动态管理，控制工程进度，建立主要形象进度控制点，运用网络计划跟踪技术和动态管理方法，做到周保旬，旬保月，坚持月平衡、周调度、工期倒排，确保总体进度计划实施。

（3）认真做好施工中的计划统筹、协调与控制。严格坚持落实每周工地施工协调会制度，做好每日工程进度安排，确保各项计划落实。

（4）实行奖励机制。在施工期间，开展劳动竞赛，拿出一定的资金作为目标管理和科技进步奖励基金，充分调动全体施工人员的积极性和创造性，力保各项目标按期实现。

（5）制定各工序的操作规程和质量标准，强化施工现场管理，做到文明施工，努力实现施工管理的标准化、科学化、合理化，使施工生产有条不紊。

（6）做好雨期施工的管理和安排，尽量减少雨期施工对施工的影响，混凝土工程施工尽量错开雨期施工。

（7）强化项目部内部管理人员的工作效率与协调能力，加强与业主的工作联系，加强对各施工点的质量控制和与各供货商的团结协作，明确各管理方的工作职责，减少扯皮现象，充分调动各方面人员的工作积极性，确保总体工程目标按时完成。

（8）营造和保持与各方管理人员之间的良好的人际关系，认清其间相互依赖和相互制约的关系。特别是加强同有关方面（交通疏导、材料运输、周围居民）的协调，增进与业主、监理、设计单位的联系和配合，及时解决施工期间出现的一些问题。

（9）质量与成品保护。加强质量检查和成品保护工作，尤其是施工过程中的监督检查工作，确保各道工序一次验收成功，减少返工、窝工现象造成的浪费和对其他工序的延误，以及对整体工程施工的拖延。

（10）外围保障工作。加强安全文明施工、现场与环保、治安保卫工作的管理，积极做好与当地政府及各主管部门的工作联系，取得良好的管理环境和服务质量，减少由于外围保障不周或事故而对施工造成的干扰，创造良好的施工环境和条件。

8　冬、雨期施工技术措施

8.1　雨期施工

由于本地区是一个多雨区，工程施工期间，将不可避免地会遇到雨天或台风等阴雨天气的影响。雨期施工应注意以下几点：

（1）雨期现场排水

做好施工现场的排水工作，保证路基无积水，并保证所有临时排水沟排水畅通。

（2）雨期沟槽施工

1）挖土时在其底部设置集水井和排水沟，加强排水，在基坑面四周设置排水沟，避免地表水流入基坑内。

2）基槽回填，选择在无雨天进行，回填时严格按照设计及施工规范进行，使其回填土密实度达到设计或规范要求；如回填土出现橡皮土，要全部挖除，重新处理。填土时严禁带水回填。

（3）雨期路基施工

1）首先做好施工地段的临时排水系统，防止雨水长期浸泡路基，下雨时应指派专人巡视，发现积水或阻塞的地方及时疏通放水。

2）进入雨期施工时，每一路段的施工面不宜过长，要加快施工进度，切忌全面铺开。三渣层施工时，注意天气变化情况，保证摊铺和碾压等工序抢在下雨前完成，防止摊好的三渣未经碾压即遇雨，无法继续施工。

（4）雨期混凝土施工

1）混凝土浇捣前必须和气象站密切联系，有大雨或中雨时均不得进行混凝土浇筑施工，若因工期关系，在小雨天浇筑混凝土时，必须准备足够的防雨和覆盖用的油布、塑料布等，以便防止雨水冲刷混凝土。

2）刚浇好的混凝土若遇雨，不得用草袋直接覆盖，要用塑料薄膜覆盖；否则，草袋受雨淋后泛黄，造成混凝土面层出现色差污染。

3）对于混凝土在阴雨天施工时，要充分做好运输设备、劳动力准备，避免发生纵向施工缝。雨后及时进行检查，处理雨水冲刷带来的问题。

8.2　冬期施工

8.2.1　冬期施工准备

(1) 进入冬期施工时，首先要编制实施性的冬期施工作业计划。做到有计划、有准备，防止发生冻害。

(2) 在施工期间，经常与气象站保持密切联系，及时做好冬期施工的一切准备工作。

(3) 在冰冻前，要对施工现场进行清理，保护好控制桩。

(4) 维修保养好冬期施工所需车辆、机具设备，充分备足在冬期施工期间所需用的工程材料。

(5) 准备好施工队伍的生活设施，取暖照明设备和燃料等物资。

8.2.2　冬期施工措施

(1) 冬期填筑路堤时，按横断面全宽平填，每层松铺厚度按正常施工减少20%～30%，最大松铺厚度不大于30cm。压实度不低于正常施工时的要求，当天填土要当天碾压完成。

(2) 冬期填筑路堤，每层每侧超宽压实，待冬期过后修整边坡削去多余部分并拍打密实。

(3) 桥涵构造物施工时，要做好各种材料的复验工作，保证混凝土的施工质量、性能。

(4) 准备好足够的覆盖物，混凝土浇捣完后，及时覆盖塑料薄膜和草袋保温，在迎风面要覆盖严密，包括模板外侧都需盖好。

(5) 施工期间及时和气象站取得联系，遇特大寒流或当天预报气温低于5℃时，应停止混凝土浇筑施工。

9　文明施工管理保证措施

9.1　文明施工管理体系

文明施工管理体系见图9-1。

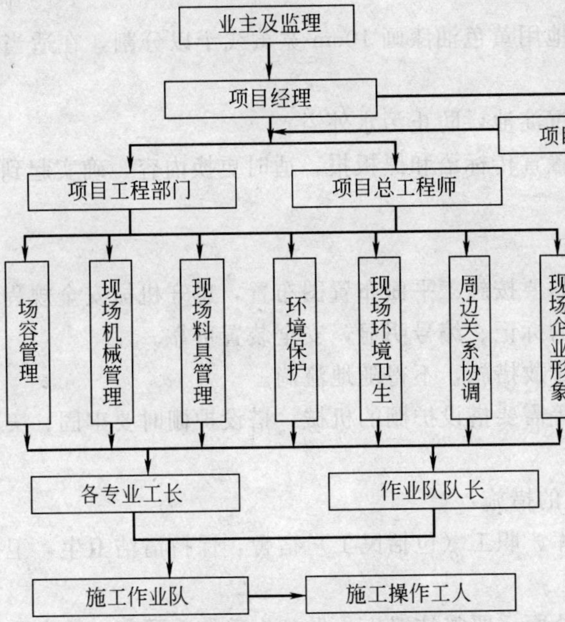

图 9-1　文明施工管理体系框图

9.2　文明施工保证措施

(1) 现场管理原则

1) 进行动态管理

现场管理必须以施工组织设计中的施工总平面布置和《陕西省公路建设文明工地标准》的有关规定为依据，进行动态管理。分基础施工阶段、结构施工阶段、装饰施工阶段分别绘制施工平面布置图，并严格遵照执行。

2) 建立岗位责任制

按专业分工，实行现场管理岗位责任制，把现场管理的目标进行分解，落实到有关专业和工种。

3) 勤于检查，及时整改

文明施工的检查工作要从工程开工做起，直到竣工交验为止。由于施工现场情况复杂，可能会出现三不管的死角，在检查中要特别注意，一旦发现要进行协调、落实，及时整改，消灭死角。

(2) 文明施工措施

1) 现场场容管理措施

施工工地的大门门柱为正方形 490mm×490mm，高度为 2.5m，大门采用 ϕ50mm 钢管及 0.5mm 钢板焊接制作。

在现场入口的显著位置设规定的“一图六板”，内容包括现场施工总平面图、总平面管理、安全生产、文明施工、环境保护、质量控制、材料管理等规章制度和主要参建单位名称和工程概况等情况。

建立文明施工责任制，划分区域，明确管理负责人，实行挂牌制，做到现场清洁、整齐。

将道路、材料堆放场地用黄色油漆画 10cm 宽黄线予以分割，在适当位置设置花草等绿化植物，美化环境。

修建场内排水管道、沉淀池，防止污水外溢。

针对施工现场情况设置宣传标语和黑板报，适时更换内容，确实起到鼓舞士气、表扬先进的作用。

2）现场机械管理措施

现场使用的机械设备，要按施工平面布置图布置，遵守机械安全规程，经常保持机身等周围环境的清洁。机械的标记、编号明显，安全装置可靠。

机械排出的污水要有排放措施，不得随地流淌。

钢筋切断机、对焊机等需要搭设护棚的机械，搭设护棚时要牢固、美观，符合施工平面布置的要求。

3）现场生活卫生管理的措施：

施工现场办公室、仓库、职工（包括民工）宿舍，保持清洁卫生，卫生区域设专人负责清扫。

工地食堂及临时卖饭处所，要整洁卫生，做到生熟食物隔离，并有防蝇防尘设施。

施工现场设置临时厕所，厕所采用地砖地面，瓷砖墙面，石膏板吊顶，厕所由专人负责定期打扫。

施工现场严禁居住随行家属。

总之，我们在做好质量、安全工作的同时，组织力量，认真贯彻《市级文明工地评选 100 条》要求，积极参与市级文明工地评选活动。

10 环境保护措施

10.1 环境保护管理体系

（1）根据本工程特点，建立环境保护管理组织体系。

（2）明确各管理部门职责：

项目部：负责环境管理制度和方案的实施工作。

项目经理：对项目部环境管理体系的运行工作总负责。

项目副经理：具体负责项目部环境管理方案和措施的落实工作。

项目总工：负责根据项目部的具体情况制定相应的环境管理方案和措施。

工程部：项目经理部实施环境管理的主管部门。

（3）环境管理流程图（图 10-1）进行管理。

10.2 环境保护管理措施

（1）防止大气污染措施

施工垃圾使用封闭的专用垃圾道或采用容器吊运，严禁随意凌空抛撒，造成扬尘。施工垃圾要及时清运，清运前要适量洒水，减少扬尘。

施工现场要在施工前做好施工道路规划和设置，尽量利用设计中永久性的施工道路。路面及其余场地地面均要硬化。闲置场地要设置绿化池，进行环境绿化，以美化环境。

水泥和其他易飞扬的细颗粒散体材料，应尽量安排库内存放。露天存放时，要严密苫盖，运输和卸运时防止遗撒飞扬，以减少扬尘。

施工现场要制定洒水降尘制度，配备专用洒水设备及指定专人负责，在易产生扬尘的季节，施工场地采取洒水降尘。

茶炉采用电热开水器，食堂大灶使用液化气、电蒸饭。

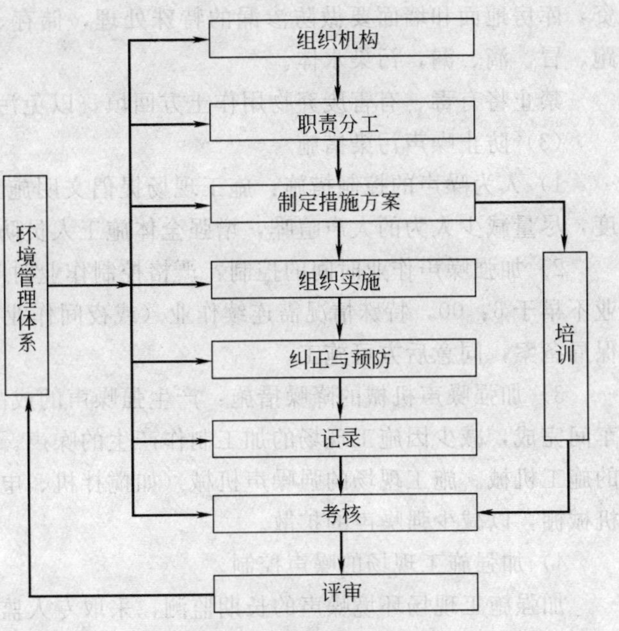

图 10-1 环境管理流程图

(2) 防止水污染措施

现场搅拌机前台及运输车辆清洗处设置洗车台、沉淀池。排放的废水要排入沉淀池内；经二次沉淀后，方可排入市政污水管线或回收用于洒水降尘。未经处理的泥浆水，严禁直接排入城市排水设施。洗车台、沉淀池构造见图 10-2。

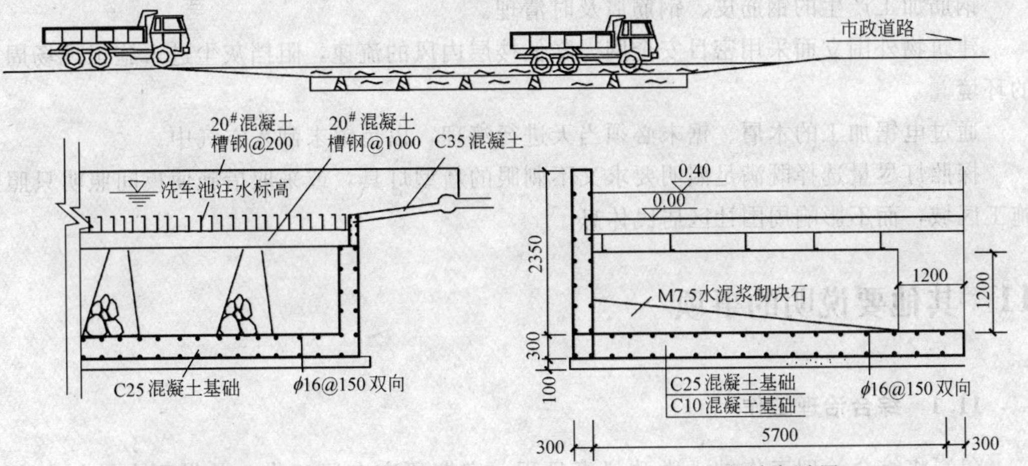

图 10-2 洗车台、沉淀池构造

冲洗模板、泵车、汽车时，污水（浆）经专门的排水设施排至沉淀池，经沉淀后排至城市污水管网，而沉淀池由专人定期清理干净；

食堂污水的排放控制。施工现场临时食堂，要设置简易、有效的隔油池，产生的污水经下水管道排放时先要经过隔油池。平时加强管理定期掏油，防止污染。

油漆油料库的防漏控制。施工现场要设置专用的油漆油料库，油库内严禁放置其他物资，库房地面和墙面要做防渗漏的特殊处理，储存、使用和保管要专人负责，防止油料跑、冒、滴、漏，污染水体。

禁止将有毒、有害废弃物用作土方回填，以免污染地下水和环境。

(3) 防止噪声污染措施

1) 人为噪声的控制措施：施工现场提倡文明施工，建立健全控制人为噪声的管理制度，尽量减少人为的大声喧哗，增强全体施工人员防噪声扰民的自觉意识。

2) 加强噪声作业时间的控制：严格控制作业时间，晚间作业不超过 22：00，早晨作业不早于 6：00，特殊情况需连续作业（或夜间作业）的，尽量采取降噪措施，报地方环保局备案，同意后方可施工。

3) 加强噪声机械的降噪措施：产生强噪声的成品加工、制作作业，应尽量放在工厂、车间完成，减少因施工现场的加工制作产生的噪声。尽量选用低噪声或备有消声降噪设备的施工机械。施工现场的强噪声机械（如搅拌机、电锯、电刨、砂轮机等）要设置封闭的机械棚，以减少强噪声的扩散。

4) 加强施工现场的噪声控制

加强施工现场环境噪声的长期监测，采取专人监测、专人管理的原则，要及时对施工现场噪声超标的有关因素进行调整，达到施工噪声受控、达标的目的。

(4) 管制措施

施工垃圾分类处理，尽量回收利用。

制定水、电、办公用品（纸张）的节约措施，通过减少浪费，节约能源达到保护环境的目的。

钢筋加工产生的钢筋皮、钢筋屑及时清理。

建筑物外围立面采用密目安全网，降低楼层内风的流速，阻挡灰尘进入施工现场周围的环境。

通过电锯加工的木屑、锯末必须当天进行清理，以免锯末刮入空气中。

探照灯尽量选择既满足照明要求又不刺眼的新型灯具，或采取措施使夜间照明只照射施工区域，而不影响周围社区居民休息。

11　其他要说明的事项

11.1　综合治理工作

(1) 将综合治理工作纳入党政议事日程，定期研究布置工作，并做到有计划、有检查、有考核、有总结。

(2) 经常性地开展法制宣传教育，增强干部职工的法制观念和参与社会治安综合治理。

(3) 成立综合治理领导小组，由项目经理出任组长，定期活动，定期研究分析单位内部的稳定状态，及时做好对各类突发事故的处理工作。

11.2　加强对外来人口的管理

(1) 外来施工人员在进场施工前，须签订治安、消防协议，廉政协议，签约率

100％。

（2）外来施工人员须及时办理好暂住证、健康证、务工证，交付治安、消防押金。

（3）搞好治安联防，保持与地区公安部门的联系。

11.3 治安、消防工作

（1）治安消防工作必须坚持“预防为主，确保重点，打击敌人”和“预防为主，消防为辅”的指导思想。

（2）在施工现场建立专门的保卫机构，统一领导治安保卫工作。各施工单位建立、健全现场安全保卫体系，在现场保卫机构的统一领导下，实行分片包干，协同作战。

（3）在工程区域内所发生的各类案件，当事单位和个人必须及时报告现场保卫机构和属地公安机关，各单位治保组织应予积极配合，认真处理。加强施工现场的治安管理。

（4）认真执行上海市社会治安防范责任相关条例，层层签订治安、消防责任协议书。对施工现场的贵重物资、重要器材和大型设备，要加强管理，严守有关制度，设置防护设施和报警设备，防止物资哄抢、盗窃或破坏。

（5）广泛开展法制宣传和“四防”教育，提高广大职工群众保卫工程建设和遵纪守法的自觉性。经常开展以防火、防爆、防盗为中心的安全大检查，堵塞漏洞。发现隐患，要向分包单位发“隐患整改通知书”，限期整改，一时整改不了的，要采取临时措施，防止发生问题。

（6）严格执行上海市关于施工宣传防火规定的要求，危险品仓库、生活区内都要按规定配备各种消防器材，并要定期检查。严格执行动用明火审批制度。动用明火时，一定要有防火监护人在场，方可动用明火。施工区域内严禁使用电炉，禁止乱拉乱接电线灯头。木加工棚严禁吸烟和燃烧刨花，当天的刨花要及时清理。上述情况一经发现，除追究肇事人责任，情节严重又造成后果的还要追究事故单位负责人的责任。